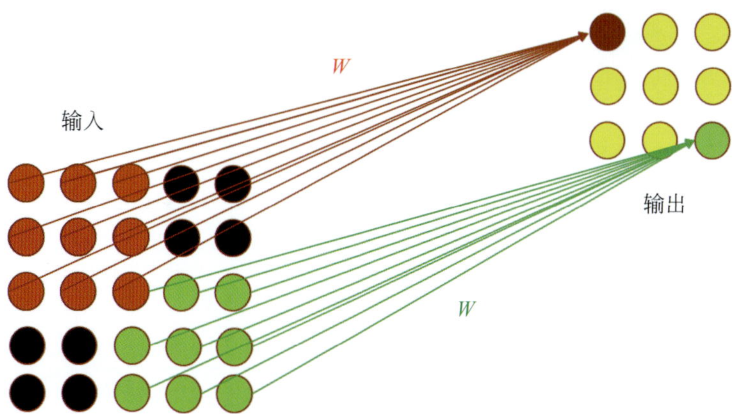

图 1.21　卷积神经网络示意图

0	0	0	0	0	0	0	0	0	0	0	0	0	0	0	0	0
0	1	1	1	1	1	1	1	1	1	1	1	1	1	1	1	0
0	1	1	1	1	1	1	1	1	1	1	1	1	1	1	1	0
0	1	1	1	1	1	1	1	1	1	1	1	1	1	1	1	0
0	1	1	1	0	0	0	0	0	0	0	0	0	1	1	1	0
0	1	1	1	0	0	0	0	0	0	0	0	0	1	1	1	0
0	1	1	1	0	0	0	0	0	0	0	0	0	1	1	1	0
0	1	1	1	0	0	0	0	0	0	0	0	0	1	1	1	0
0	1	1	1	0	0	0	0	0	0	0	0	0	1	1	1	0
0	1	1	1	0	0	0	0	0	0	0	0	0	1	1	1	0
0	1	1	1	0	0	0	0	0	0	0	0	0	1	1	1	0
0	1	1	1	0	0	0	0	0	0	0	0	0	1	1	1	0
0	1	1	1	0	0	0	0	0	0	0	0	0	1	1	1	0
0	1	1	1	1	1	1	1	1	1	1	1	1	1	1	1	0
0	1	1	1	1	1	1	1	1	1	1	1	1	1	1	1	0
0	1	1	1	1	1	1	1	1	1	1	1	1	1	1	1	0
0	0	0	0	0	0	0	0	0	0	0	0	0	0	0	0	0

图 1.22　“口”字图像

3	4	4	4	4	4	4	4	4	4	4	4	4	4	3
0	0	0	0	0	0	0	0	0	0	0	0	0	0	0
0	0	−1	−3	−4	−4	−4	−4	−4	−4	−4	−3	−1	0	0
0	0	−1	−3	−4	−4	−4	−4	−4	−4	−4	−3	−1	0	0
0	0	0	0	0	0	0	0	0	0	0	0	0	0	0
0	0	0	0	0	0	0	0	0	0	0	0	0	0	0
0	0	0	0	0	0	0	0	0	0	0	0	0	0	0
0	0	0	0	0	0	0	0	0	0	0	0	0	0	0
0	0	0	0	0	0	0	0	0	0	0	0	0	0	0
0	0	0	0	0	0	0	0	0	0	0	0	0	0	0
0	0	0	0	0	0	0	0	0	0	0	0	0	0	0
0	0	1	3	4	4	4	4	4	4	4	3	1	0	0
0	0	1	3	4	4	4	4	4	4	4	3	1	0	0
0	0	0	0	0	0	0	0	0	0	0	0	0	0	0
−3	−4	−4	−4	−4	−4	−4	−4	−4	−4	−4	−4	−4	−4	−3

(a) “口”字卷积结果（没有加激活函数）

1.0	1.0	1.0	1.0	1.0	1.0	1.0	1.0	1.0	1.0	1.0	1.0	1.0	1.0	1.0
0.5	0.5	0.5	0.5	0.5	0.5	0.5	0.5	0.5	0.5	0.5	0.5	0.5	0.5	0.5
0.5	0.5	0.3	0.0	0.0	0.0	0.0	0.0	0.0	0.0	0.0	0.0	0.3	0.5	0.5
0.5	0.5	0.3	0.0	0.0	0.0	0.0	0.0	0.0	0.0	0.0	0.0	0.3	0.5	0.5
0.5	0.5	0.5	0.5	0.5	0.5	0.5	0.5	0.5	0.5	0.5	0.5	0.5	0.5	0.5
0.5	0.5	0.5	0.5	0.5	0.5	0.5	0.5	0.5	0.5	0.5	0.5	0.5	0.5	0.5
0.5	0.5	0.5	0.5	0.5	0.5	0.5	0.5	0.5	0.5	0.5	0.5	0.5	0.5	0.5
0.5	0.5	0.5	0.5	0.5	0.5	0.5	0.5	0.5	0.5	0.5	0.5	0.5	0.5	0.5
0.5	0.5	0.5	0.5	0.5	0.5	0.5	0.5	0.5	0.5	0.5	0.5	0.5	0.5	0.5
0.5	0.5	0.5	0.5	0.5	0.5	0.5	0.5	0.5	0.5	0.5	0.5	0.5	0.5	0.5
0.5	0.5	0.5	0.5	0.5	0.5	0.5	0.5	0.5	0.5	0.5	0.5	0.5	0.5	0.5
0.5	0.5	0.7	1.0	1.0	1.0	1.0	1.0	1.0	1.0	1.0	1.0	0.7	0.5	0.5
0.5	0.5	0.7	1.0	1.0	1.0	1.0	1.0	1.0	1.0	1.0	1.0	0.7	0.5	0.5
0.5	0.5	0.5	0.5	0.5	0.5	0.5	0.5	0.5	0.5	0.5	0.5	0.5	0.5	0.5
0.0	0.0	0.0	0.0	0.0	0.0	0.0	0.0	0.0	0.0	0.0	0.0	0.0	0.0	0.0

(b) “口”字卷积结果（加了激活函数）

图 1.24　“口”字卷积结果

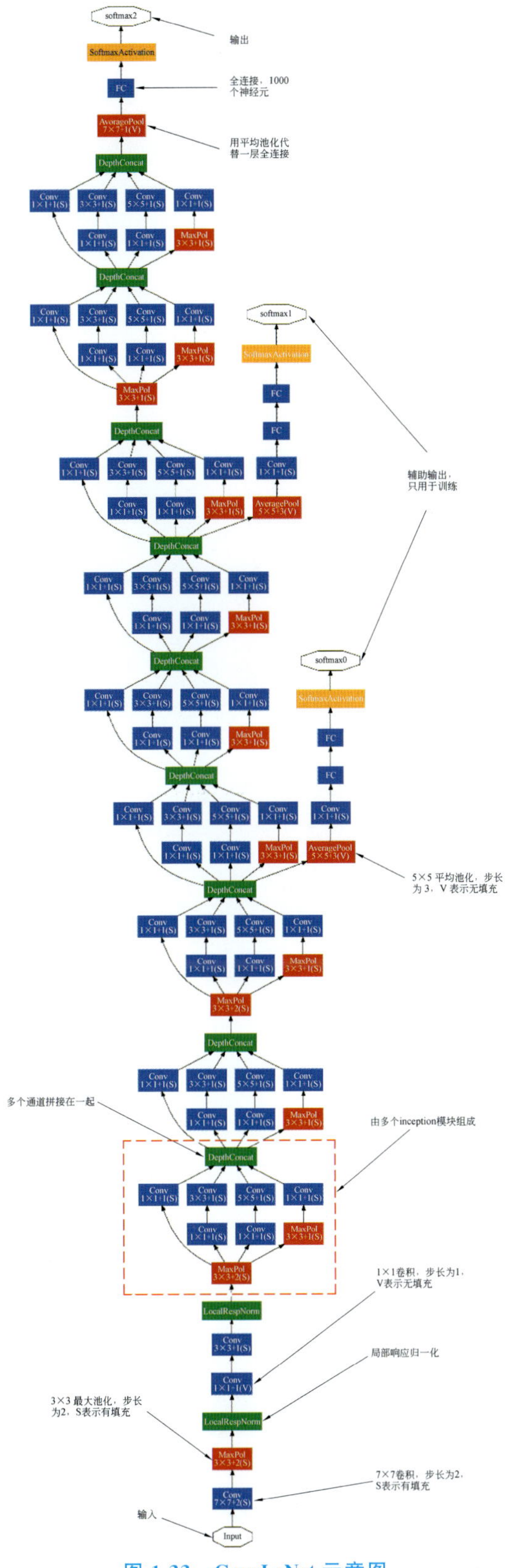

图 1.33　GoogLeNet 示意图

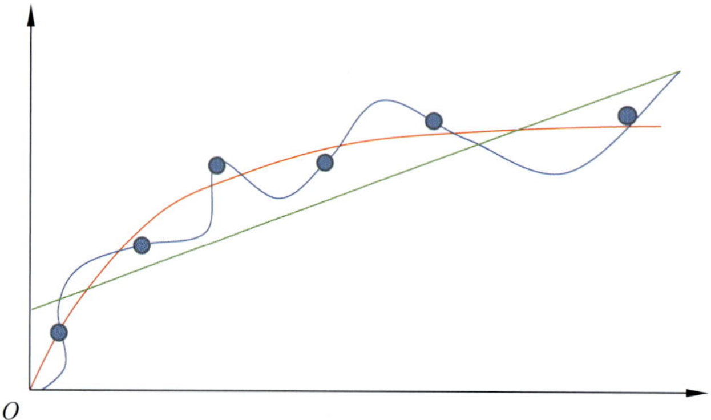

图 1.41　过拟合问题示意图

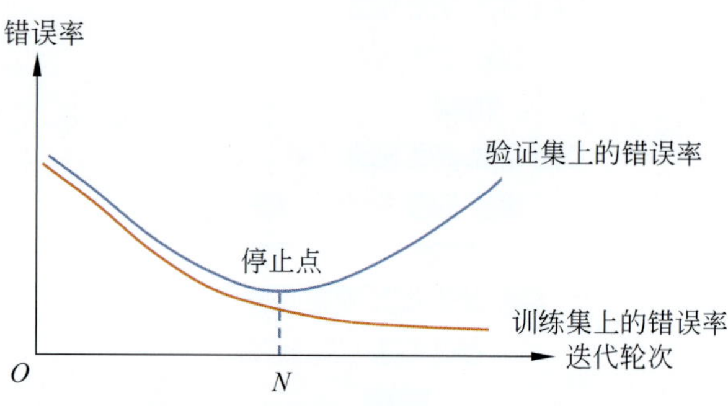

图 1.42　神经网络训练、测试示意图

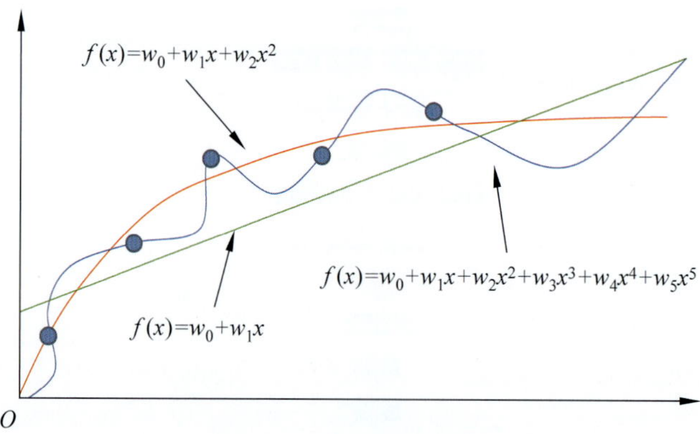

图 1.43　拟合函数示意图

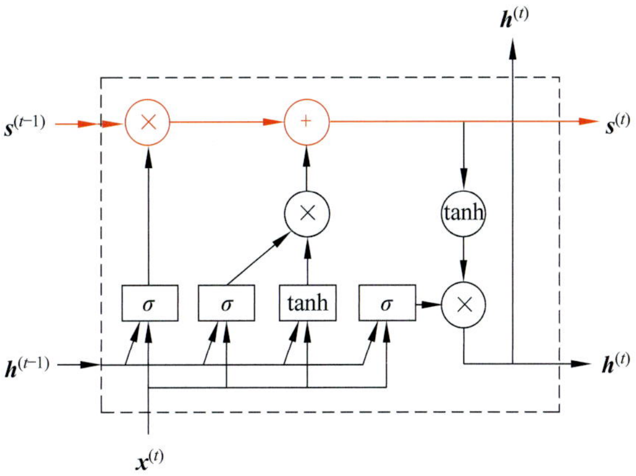

图 1.67　LSTM 中的状态 s

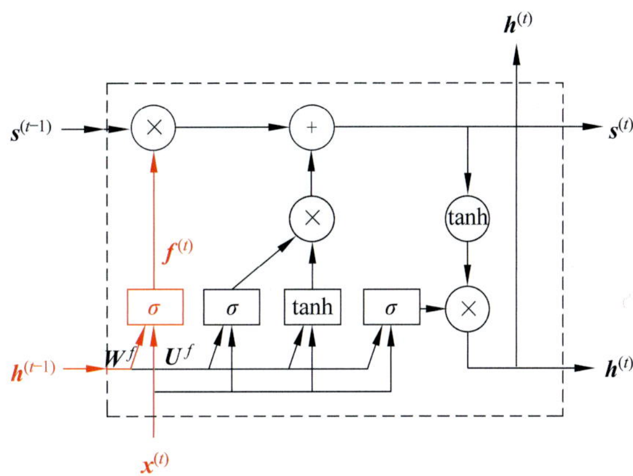

图 1.68　LSTM 中的遗忘门

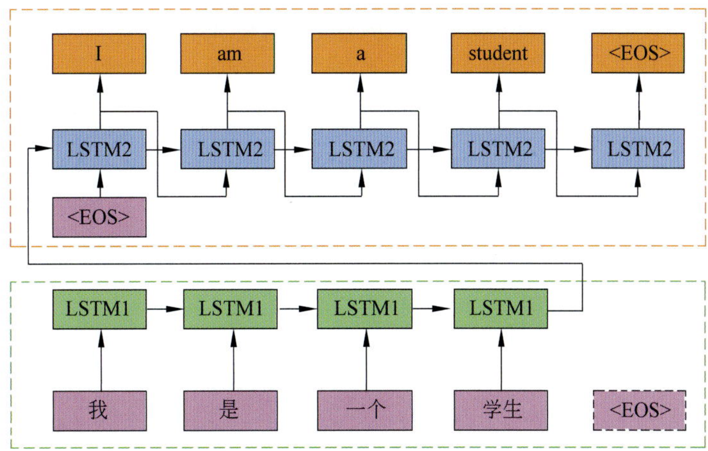

图 1.76　用 LSTM 实现的机器翻译示意图

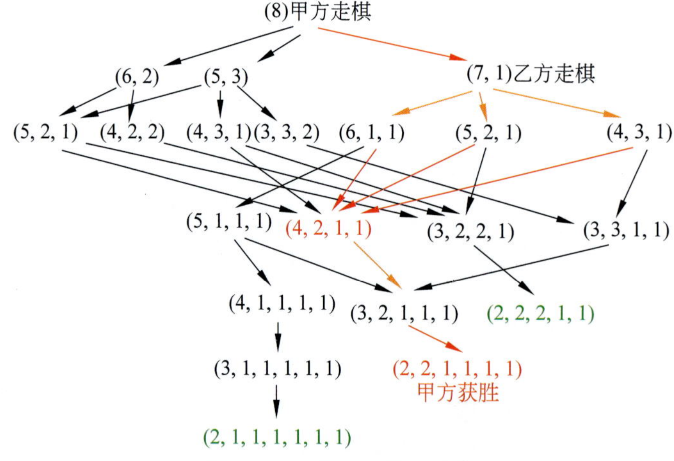

图 2.4　分钱币问题状态图

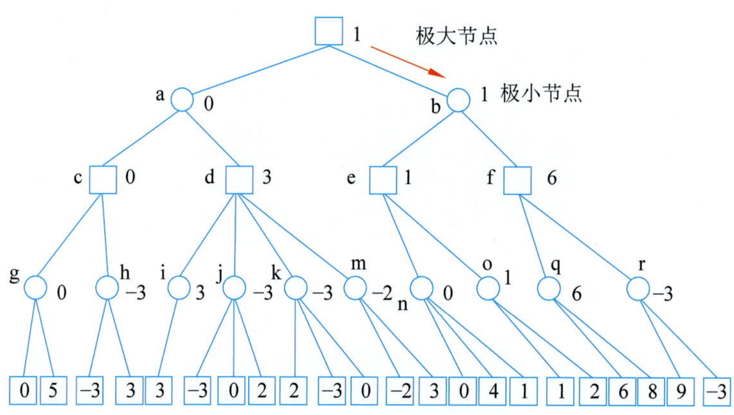

图 2.5　极小-极大模型示意图

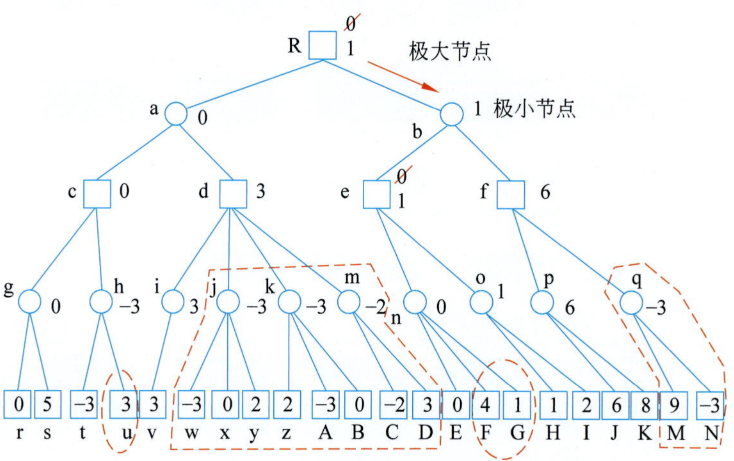

图 2.6　α-β 剪枝示意图

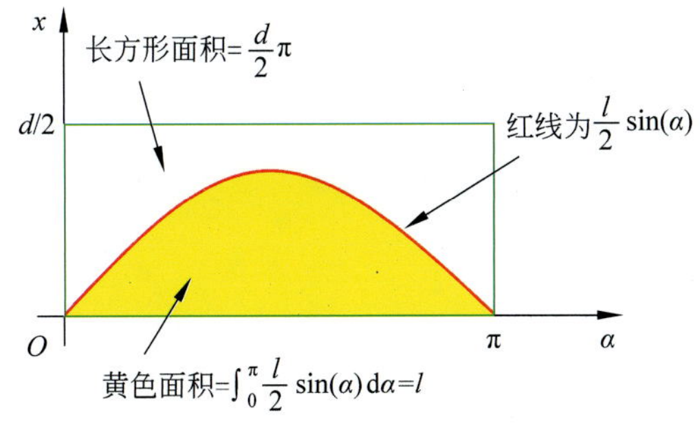

图 2.10　蒲丰投针计算 π 值示意图

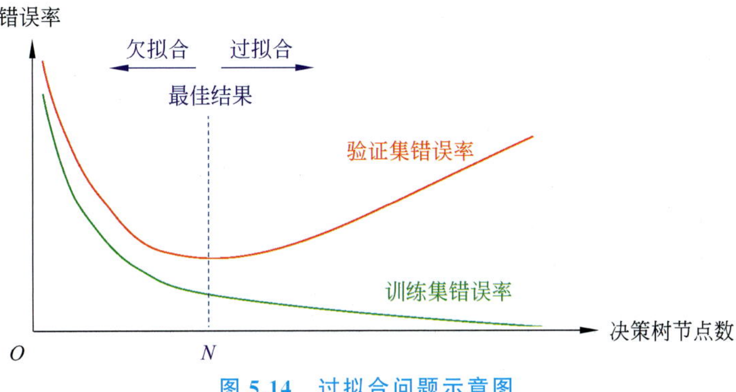

图 5.14　过拟合问题示意图

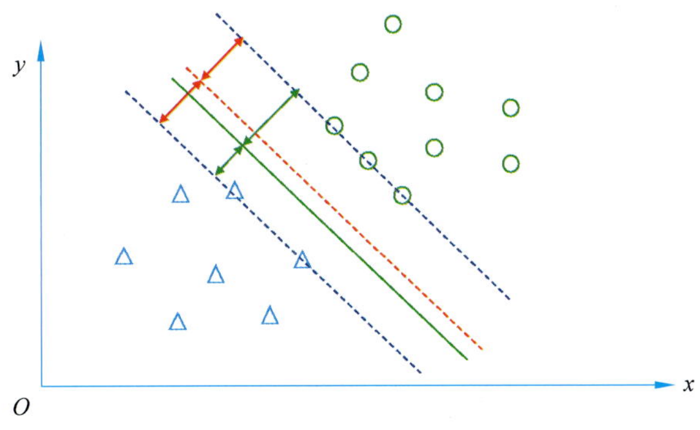

图 5.28　偏离中间线的分界线

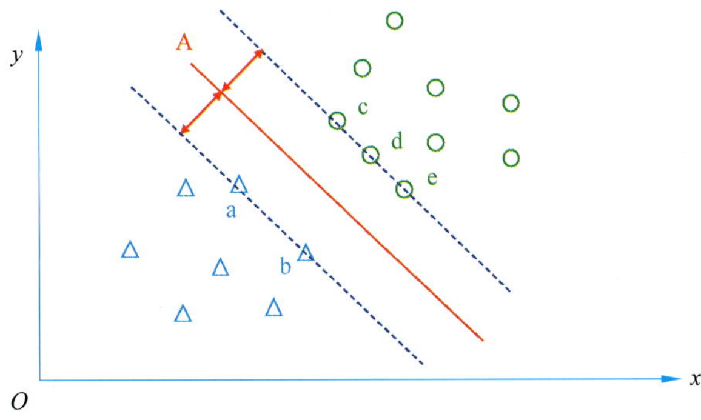

图 5.29　最优分界线示意图

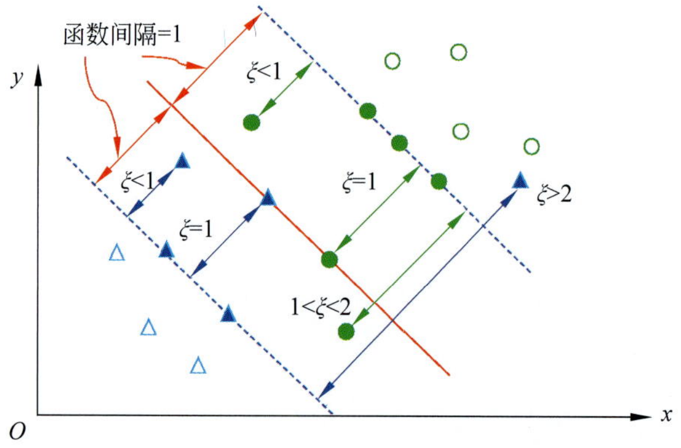

图 5.35　支持向量与 ξ_i 之间的关系示意图

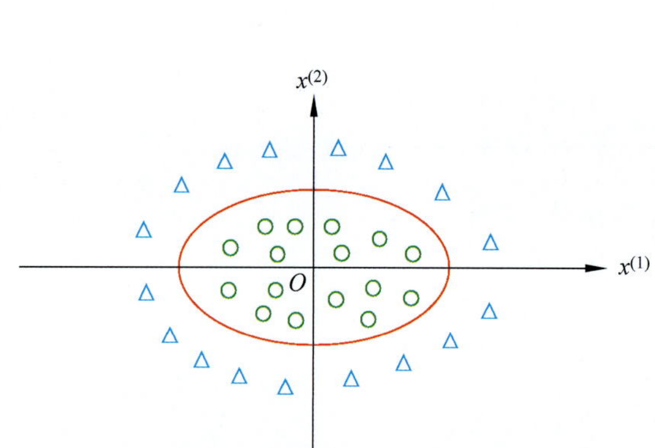

图 5.36　非线性分类示意图

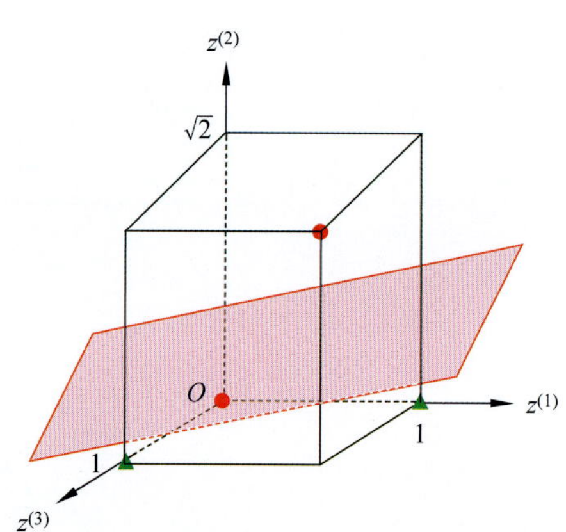

图 5.39　变换后在三维空间的示意图

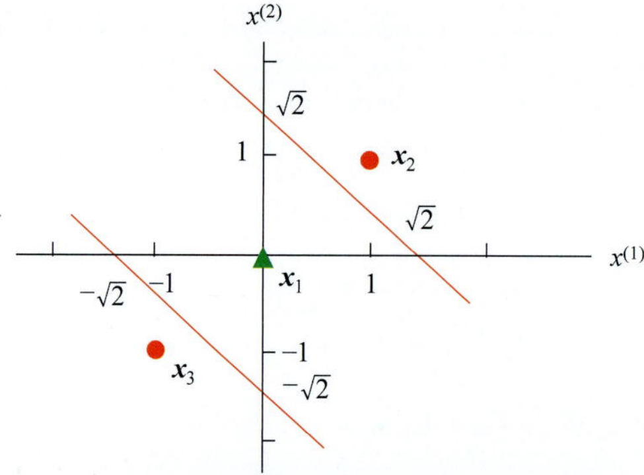

图 5.41　例题的最优分界超曲面示意图

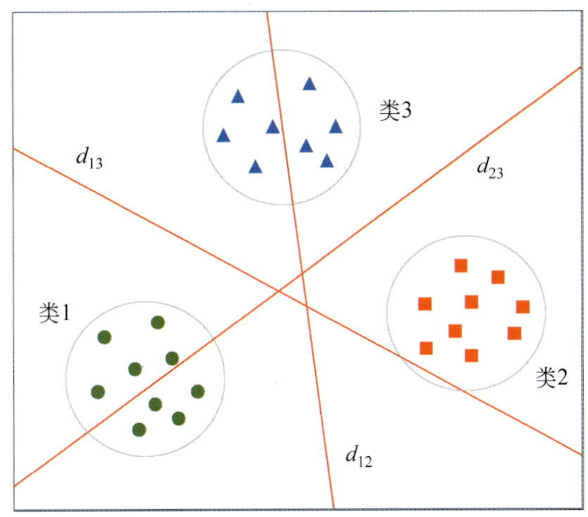

图 5.42　一对一法三分类方法示意图

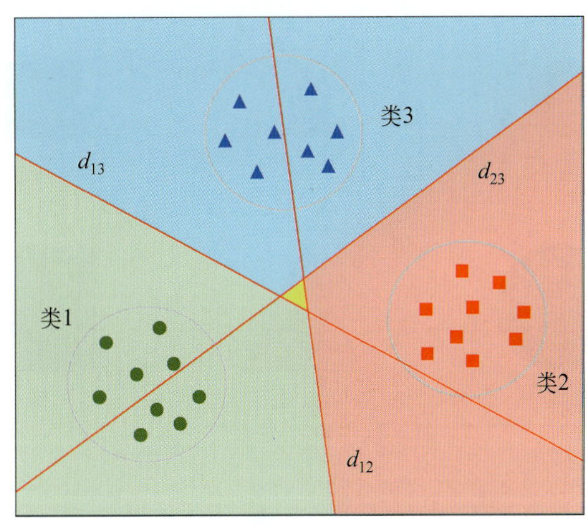

图 5.43　3 个类别最优决策边界示意图(1)

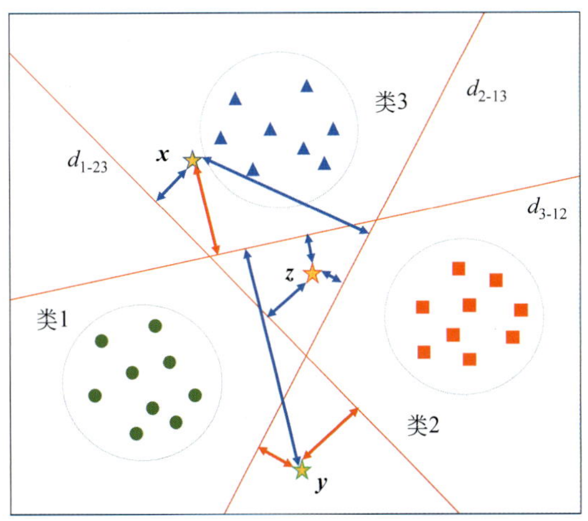

图 5.45　3 个待识别样本到 3 条分界线的函数间隔示意图

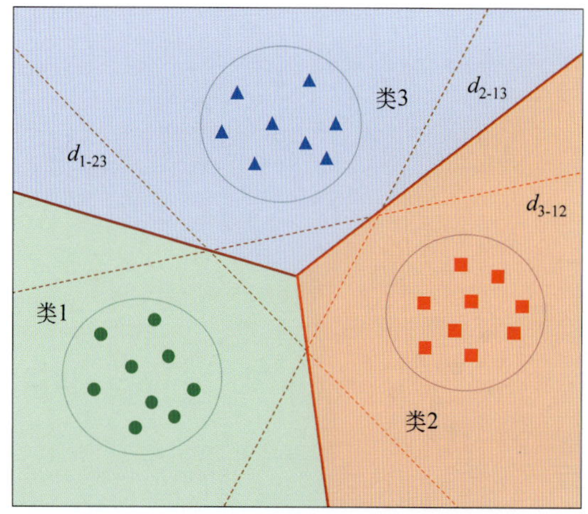

图 5.46　3 个类别最优决策边界示意图(2)

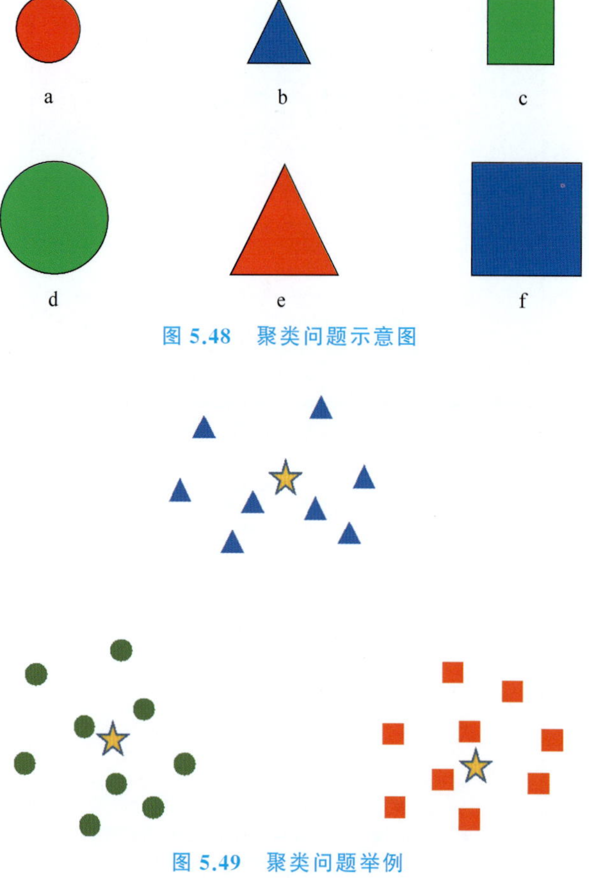

图 5.48　聚类问题示意图

图 5.49　聚类问题举例

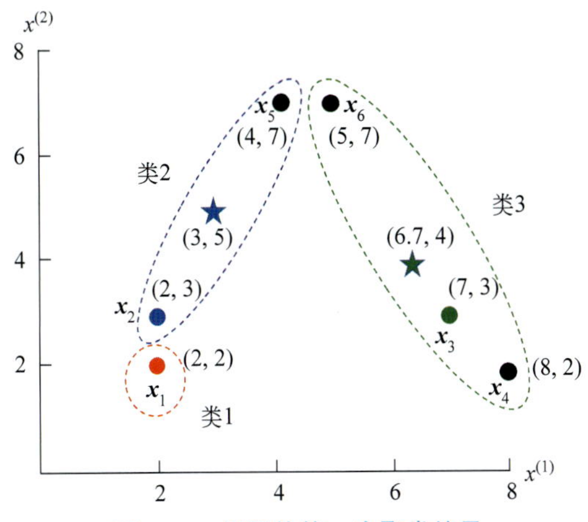

图 5.51　例题的第一次聚类结果

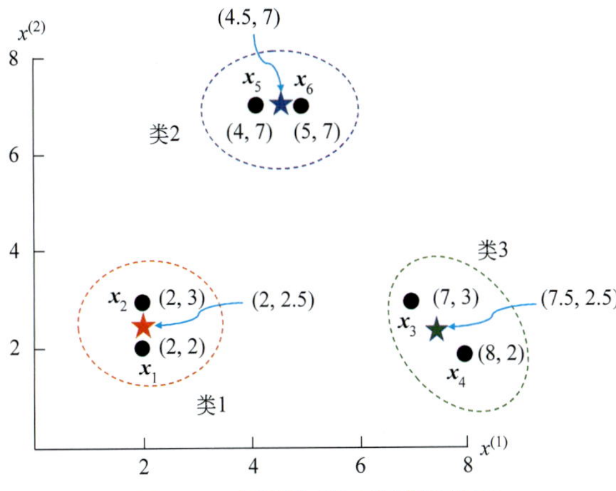

图 5.53　例题的第三次聚类结果

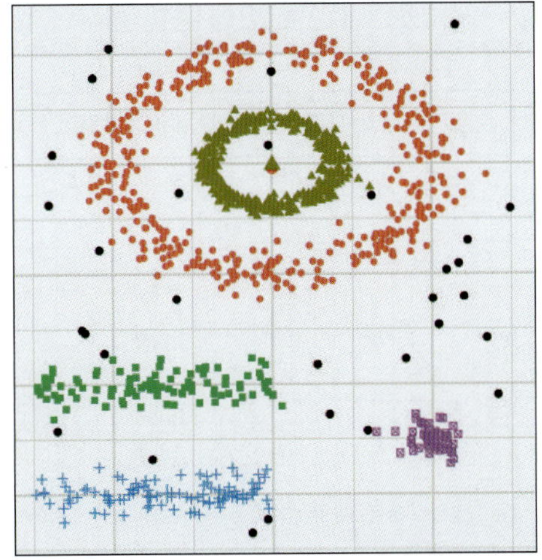

图 5.59　不同类别形状并带有噪声的样本示意图

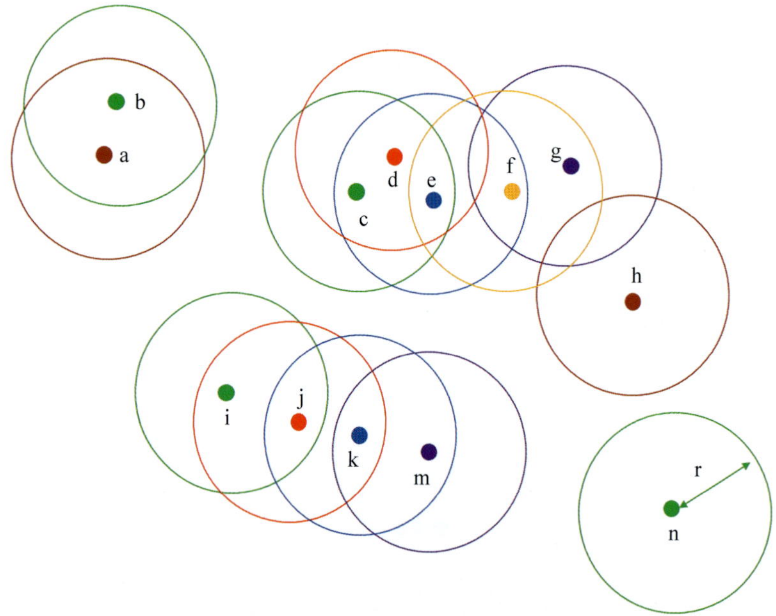

图 5.60 核心样本和异常样本示意图

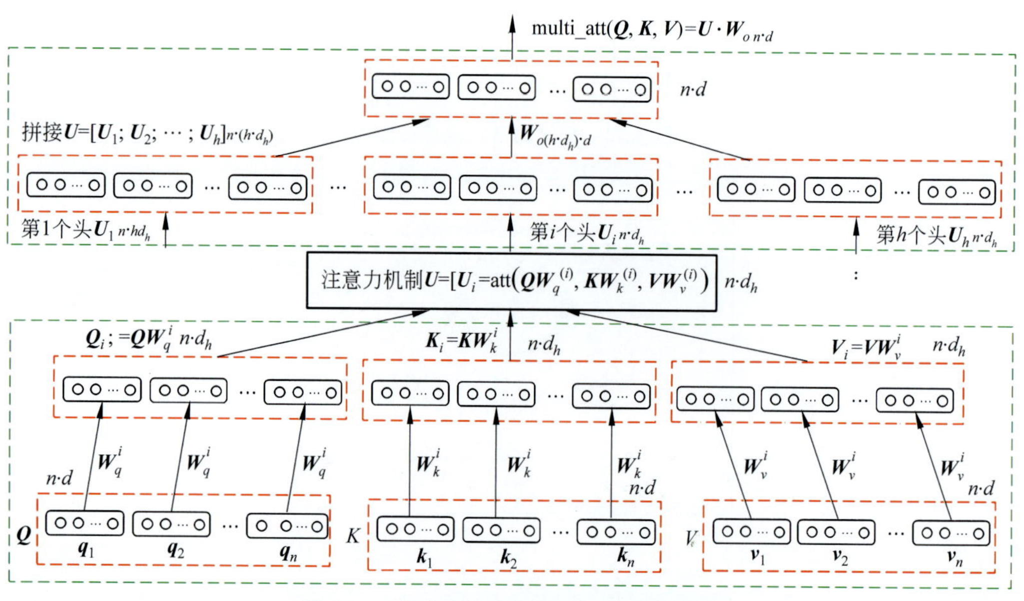

图 7.11 多头注意力机制的神经网络表示

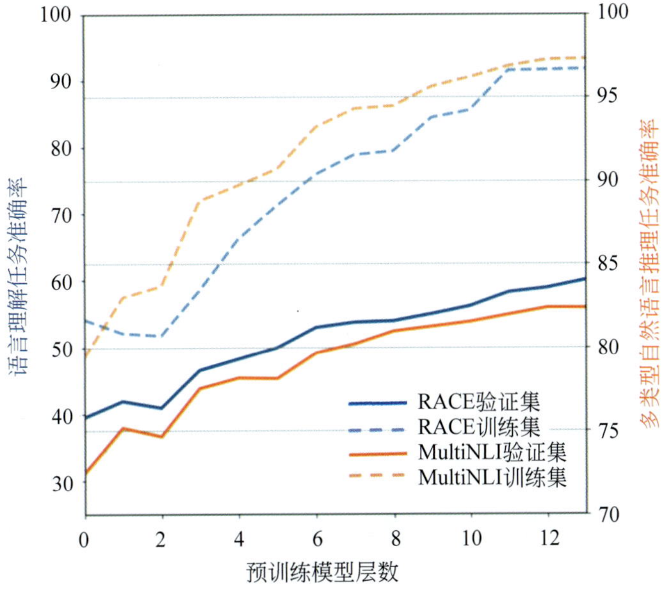

图 7.32 模型层数与模型性能的对比实验

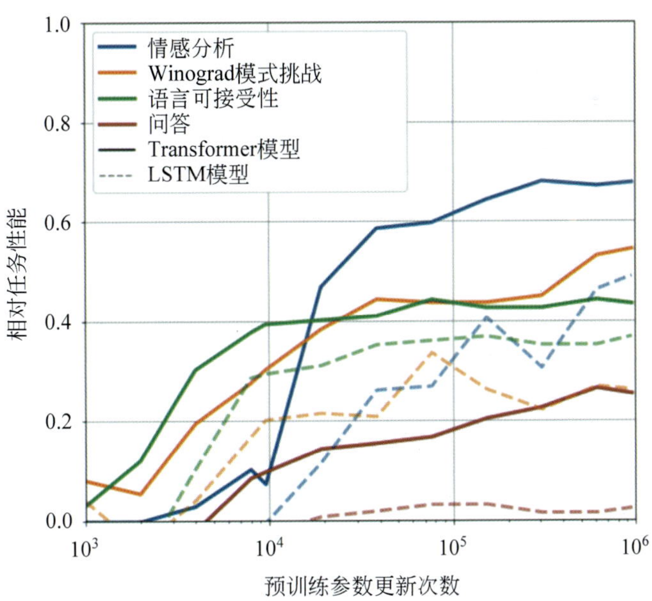

图 7.33 Transformer 与 LSTM 在 4 个不同任务上的对比测试

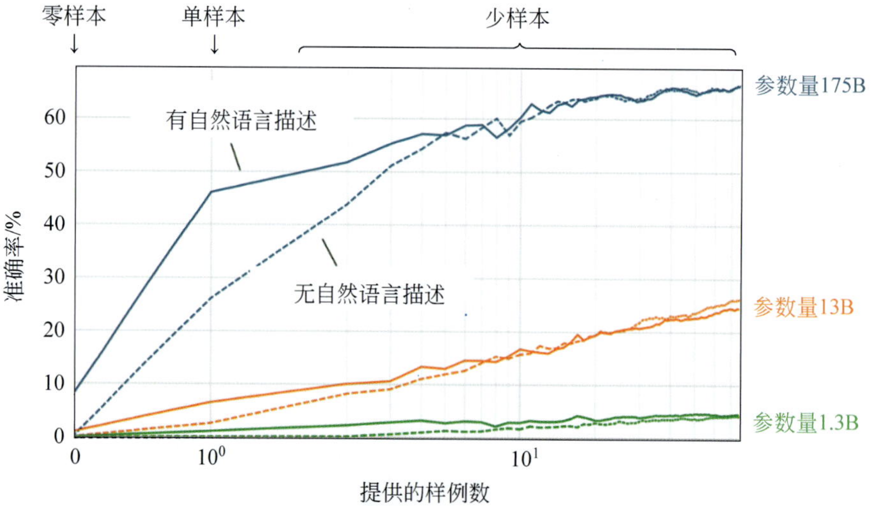

图 7.35　不同模型规模下语境学习的性能

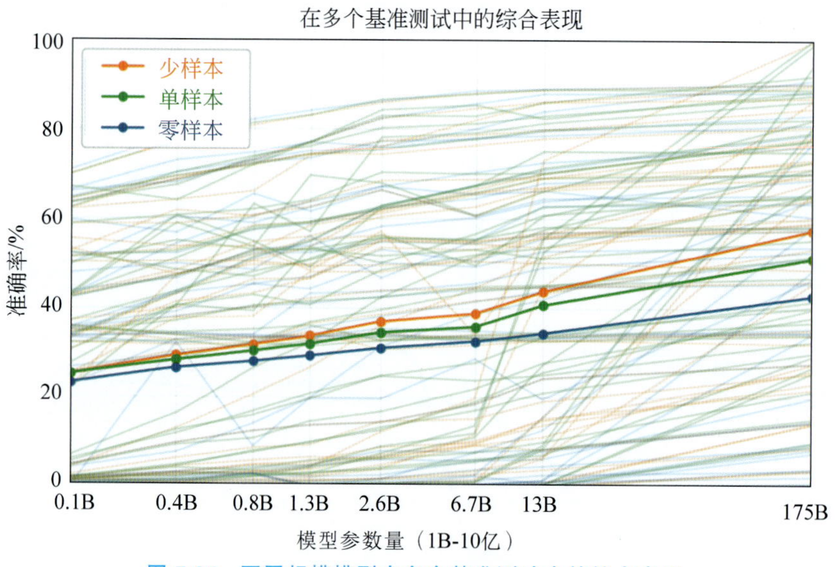

图 7.36　不同规模模型在多个基准测试中的综合表现

艾博士

深入浅出人工智能

第2版

马少平　编著

清华大学出版社
北京

内容简介

本书是一本针对初学者介绍人工智能基础知识的书籍。本书采用通俗易懂的语言讲解人工智能的基本概念、发展历程和主要方法，内容涵盖人工智能的核心方法，包括什么是人工智能、神经网络（深度学习）是如何实现的、计算机是如何学会下棋的、计算机是如何找到最优路径的、如何用随机算法求解组合优化问题、统计机器学习方法是如何实现分类与聚类的、专家系统是如何实现的等，每种方法都配有例题并给出详细的求解过程，以帮助读者理解和掌握算法实质，提高读者解决实际问题的能力。

此外，本书可以帮助人工智能的开发人员理解各种算法背后的基本原理。书中的讲解方法和示例，有助于相关课程的教师讲解相关概念和算法。

总之，这是一本实用性强、通俗易懂的人工智能入门教材，适合人工智能、智能科学与技术、计算机科学与技术等不同专业的读者学习和使用。

图书在版编目(CIP)数据

艾博士：深入浅出人工智能/马少平编著. -- 2 版. -- 北京：清华大学出版社，2025.5. -- ISBN 978-7-302-68817-4

Ⅰ. TP18

中国国家版本馆 CIP 数据核字第 2025QX9523 号

策划编辑：白立军
责任编辑：杨 帆
封面设计：刘 键
责任校对：申晓焕
责任印制：沈 露

出版发行：清华大学出版社
网 址：https://www.tup.com.cn，https://www.wqxuetang.com
地 址：北京清华大学学研大厦 A 座　**邮 编**：100084
社 总 机：010-83470000　**邮 购**：010-62786544
投稿与读者服务：010-62776969，c-service@tup.tsinghua.edu.cn
质量反馈：010-62772015，zhiliang@tup.tsinghua.edu.cn
课件下载：https://www.tup.com.cn，010-83470236
印 装 者：三河市铭诚印务有限公司
经 销：全国新华书店
开 本：185mm×260mm　**印 张**：35.5　**彩 插**：7　**字 数**：885 千字
版 次：2023 年 10 月第 1 版　2025 年 5 月第 2 版　**印 次**：2025 年 5 月第 1 次印刷
定 价：99.80 元

产品编号：110232-01

前言

1978 年 3 月，作为恢复高考后首届七七级大学生，我来到了清华大学计算机系学习，当时系里每个班级对应一个教研组，与我们班对应的是"人工智能与智能控制"教研组。记得刚入校不久，班主任老师带领我们参观实验室，观看了几个演示，包括语音识别、汉字识别、计算机控制等，对于首次见到计算机的我来说，留下了极其深刻的印象，尤其是语音识别的演示，至今不能忘怀。

在一个房间里，老师对着麦克风说："芝麻芝麻快开灯"，一盏台灯就打开了。老师再说："芝麻芝麻关上灯"，台灯就又被关闭了。同学们纷纷上去测试，感觉非常神奇。当时虽然还不知道什么是人工智能，但在我的心里埋下了一颗人工智能的种子。

1979 年大二时，我们班开设了"人工智能导论"课，由林尧瑞老师主讲，教材是一本油印的小册子，记得内容有 A^* 算法、α-β 剪枝算法、规划、用于定理证明的归结法等，这很可能是国内本科生最早的人工智能课。这是我第一次正式接触人工智能，后来又学习了 LISP 语言，记得期末作业我选做的是用 α-β 剪枝算法实现五子棋下棋程序，因受各种条件的限制，做得还非常初级，但如果不认真跟它下的话，还不一定能战胜它。

1984 年我硕士毕业后留校工作，跟随林尧瑞老师从事专家系统方面的研究工作，同时辅助林尧瑞老师开始准备《人工智能导论》一书的编写工作。林尧瑞老师已经在我们系讲授多年的人工智能课程，积攒了很多资料，我主要是辅助整理，只参与书写了少部分内容。该书曾经在国内很多高校作为研究生教材使用，后来还被中国台湾的一家出版社选中，出版了繁体版。直到现在，遇到一些年龄稍大的朋友还会提到当年是读这本书入门的。

2004 年，我又与朱小燕老师合作编写了《人工智能》一书，该书也被很多高校当作本科生或者研究生教材使用。

随着人工智能热潮的到来，应用也逐渐渗透到各行各业、各个领域，希望学习人工智能相关技术的人越来越多。市面上出现了很多非常出色的书籍，清华大学出版社多次联系我，希望出版上述两本书的第 2 版。我也多次提起笔来进行写作，但每次都半途而废，浪费了不少时间。主要原因是有关人工智能的书越来越多，如何写出新意，一直困扰着我。我也一直在思考如何写出一本通俗易懂、适合初学者的书，真正起到"导论"的作用。

大约在 2020 年，我在线上做了一次人工智能科普讲座，梳理了人工智能的发展历史，介绍了人工智能在不同的发展阶段所采用的主要方法等。这次科普讲座很受欢迎，会后组织者整理出讲座的文字版发布在网上，得到不少朋友的称赞。看到整理的讲座文字版，我突然受到启发，有了一些灵感。从 1993 年起我接替林尧瑞老师主讲"人工智能导论"课，至今有

30年了，积攒了不少资料，很多讲课内容也有我自己的理解，何不就以讲课的方式写一本书呢？就如同讲课一样，课上怎么讲的就怎么写，让读者感到真的如同在听我讲课一样，是不是一种很好的方法？

有了这个想法之后，我就决定如同教师在给学生授课一样，用通俗易懂的语言，由浅入深地讲述人工智能的基本原理。

很快我就着手动笔写了起来。开始写得还算顺利，但是越写越觉得没有上课那种感觉。毕竟在上课的过程中，面对的是学生，和学生之间的交流有助于激发我的讲课热情，也能发现讲课中的问题所在，重点解释一些不容易理解或者容易理解错误的问题。经过反复思考之后，我在书中设计了一位博学的艾博士（"艾"即AI）和一位聪明好学的小明同学，以师徒二人"一问一答"的形式，讲授课程内容。

由于都是自己非常熟悉的内容，很快我就完成了第1篇"神经网络是如何实现的"，发给一些朋友征求意见后，收到了很多好的反馈意见和建议，其中不少朋友提到先发到微信公众号上，看看读者的反应，也算是一次在线测试。

在公众号以"跟我学AI"连载几次之后，收到不少反馈信息，普遍反映良好，尤其是受到多家出版社编辑老师的青睐，纷纷表示要出版这本书。编辑老师的肯定，给了我继续写下去的勇气，无论如何，这是一本与众不同的介绍人工智能的书。

本书共由8篇内容构成，除了第2篇、第7篇部分内容需要第1篇作为基础知识外，其余各篇独立成章，可以单独阅读。各篇内容简介如下。

第0篇：什么是人工智能。

主要通过回顾人工智能的简要发展历史，介绍不同时期人工智能研究的主要问题，了解实现人工智能的基本方法、当前面临的问题和发展方向。

第1篇：神经网络是如何实现的。

结合实例引入神经元和神经网络的概念，讲解深度学习及其基本原理，以及主要实现方法。

第2篇：计算机是如何学会下棋的。

从分析人下棋的基本过程入手，介绍计算机下棋的基本模型极小-极大方法、为改进搜索效率提出的α-β剪枝算法，以及为解决局面评估问题提出的蒙特卡洛树搜索方法。介绍AlphaGo和AlphaGo Zero的基本实现原理。

第3篇：计算机是如何找到最优路径的。

最优路径问题是人工智能的基本问题之一，首先介绍宽度优先搜索算法，进而通过不断引入新的信息，给出迪杰斯特拉算法、A算法、A^*算法等，以及利用深度优先搜索算法实现的迭代加深式搜索算法。

第4篇：如何用随机算法求解组合优化问题。

首先介绍什么是组合优化问题以及求解这类问题的困难，在局部搜索算法的基础上，重点介绍模拟退火算法和遗传算法，以及如何用这两种随机算法求解组合优化问题。

第5篇：统计机器学习方法是如何实现分类与聚类的。

分类与聚类是人工智能面临的重要问题,机器学习是求解这类问题的主要手段。本篇详细讲解常用的几种统计机器学习方法,如决策树、支持向量机、k 均值聚类算法等。

第 6 篇:专家系统是如何实现的。

专家系统在人工智能历史上起到过举足轻重的作用,本篇主要介绍专家系统的基本结构,讲解专家系统的基本实现方法。介绍非确定性推理方法、知识表示方法,以及实现对数据和知识进行层次管理的黑板模型。

第 7 篇:细说大模型的基石 Transformer。

大语言模型的出现,可以说让人工智能研究取得了质的飞跃,人工智能的发展迈向了一个新的台阶。作为大语言模型的基石,Transformer 模型在其中起到了至关重要的作用。本篇介绍 Transformer 的基本原理和实现方法,在此基础上介绍 GPT 系列和 BERT 的实现原理。

本书的读者对象主要定位为以下 3 类人群。

(1) 对人工智能感兴趣的初学者。书中对很多基本概念、算法和实例做了非常详细的讲解,几乎每种算法都给出了具体实例,对初学者掌握这些概念和算法非常友好,容易理解和掌握。同时本书还配有详细的讲解视频,供感兴趣的读者免费使用。

(2) 正在或者准备讲授人工智能课程的教师。"跟我学 AI"在公众号连载过程中,收到不少高校老师的热情反馈,对一些例子和讲解方法深表赞同,认为对以后讲授相关内容的课程很有启发和帮助,不少朋友希望我整理成书,出版发行。

(3) 从事人工智能开发的工程人员。这个人群大多对人工智能比较熟悉,精通各种算法,但在部分工程人员中也存在"只知其然,不知其所以然"的问题。从公众号连载过程中收到的反馈信息也能体现出这一点,不少朋友表示看了"跟我学 AI"公众号以后,加深了对概念和算法的深入理解,了解了算法实现背后所蕴含的原理和物理意义,从"知其然"向"知其所以然"前进了一步,有"原来是这样啊"茅塞顿开的感觉。

本书在微信公众号"跟我学 AI"、学习强国(搜"跟我学 AI")和 B 站(搜"马少平")还配有详细讲解视频,可以通过扫描下面的二维码获取全部的讲解 PPT、讲解视频(视频内容逐步更新中)和本书勘误表。请注意新印刷的书随时在修订中。

PPT 和讲解视频

在本书写作过程中,大语言模型(LLM)研究迅猛,特别是 ChatGPT 的问世,给人工智能的发展带来了新的活力。ChatGPT 在诸多方面均表现优异,尤其是在自然语言理解、语言生成能力以及对话上下文处理方面,更是上了一个新的台阶。本书第 1 版虽然出版只有 1 年多,但是出版后受到了包括高校教师、本科生、研究生以及人工智能从业人员的广泛好评,很多学校将该书当作本科生、研究生的教材或参考书。其间也收到一些读者的反馈意见，建议增加一些大语言模型方面的内容，以适应人工智能的快速发展。为此，出版了第2版，增加了"第7篇 细说大模型的基石Transformer"，详细介绍了Transformer模型的实现原理，并在此基础上介绍了GPT系列模型以及BERT模型，为读者进一步学习和研究大模型打下良好的基础。

下面引用的内容是ChatGPT根据我给的提示信息，并经几次"调教"之后自动生成的，我以此作为前言的结束语，既是对人工智能的一种敬意，也是我此时的真情表达。

"2024年春节期间，我很高兴地完成了本书的写作，赶在开学前将其交给了出版社。虽然我知道自己的水平有限，但我心中充满了希望。我深知，没有读者朋友们的支持和关注，我是无法不断进步的。

因此，我诚挚地请求各位读者朋友们不吝赐教，指出本书的错误和不妥之处。我将努力不懈，不断完善，使本书更加完美。

在此，我向读者朋友们表示最诚挚的感谢，感谢您一直以来的关注和支持。我希望本书能够带给您更多的收获和欢乐，并期待您的宝贵意见。"

最后，让我们跟随艾博士一起进入人工智能的世界，开启奇妙的人工智能之旅吧。

谢谢！

马少平

2024年12月10日

目　录

第 0 篇　什么是人工智能 …… **1**

0.1　人工智能的诞生 …… 1

0.2　人工智能的 5 个发展时代 …… 4

0.2.1　初期时代 …… 4

0.2.2　知识时代 …… 6

0.2.3　特征时代 …… 8

0.2.4　数据时代 …… 11

0.2.5　大模型时代 …… 14

0.3　什么是人工智能 …… 21

0.4　图灵测试与中文屋子问题 …… 24

0.4.1　图灵测试 …… 24

0.4.2　中文屋子问题 …… 26

0.5　第三代人工智能 …… 28

0.6　总结 …… 31

第 1 篇　神经网络是如何实现的 …… **34**

1.1　从数字识别谈起 …… 35

1.2　神经元与神经网络 …… 40

1.3　神经网络是如何训练的 …… 44

1.4　卷积神经网络 …… 53

1.5　梯度消失问题 …… 64

1.6　过拟合问题 …… 74

1.7　词向量 …… 79

1.7.1　词的向量表示 …… 79

1.7.2　神经网络语言模型 …… 81

1.7.3　word2vec 模型 …… 87

1.7.4　词向量应用举例 …… 90

1.8　循环神经网络 …… 93

1.9　长短期记忆网络 …… 101

1.10　深度学习框架 …… 109

1.11　总结 …… 109

第2篇 计算机是如何学会下棋的 …… 111
2.1 能穷举吗？ …… 112
2.2 极小-极大模型 …… 115
2.3 α-β剪枝算法 …… 117
2.4 蒙特卡洛树搜索 …… 120
2.5 AlphaGo是如何下棋的 …… 129
2.6 围棋中的深度强化学习方法 …… 137
2.6.1 基于策略梯度的强化学习 …… 139
2.6.2 基于价值评估的强化学习 …… 140
2.6.3 基于演员-评价方法的强化学习 …… 142
2.7 AlphaGo Zero是如何自学成才的 …… 145
2.8 总结 …… 152

第3篇 计算机是如何找到最优路径的 …… 154
3.1 路径搜索问题 …… 155
3.2 宽度优先搜索算法 …… 157
3.3 迪杰斯特拉算法 …… 160
3.4 启发式搜索 …… 162
3.4.1 A算法 …… 162
3.4.2 A^*算法 …… 169
3.4.3 定义h函数的一般原则 …… 170
3.4.4 h函数的评价 …… 173
3.4.5 A^*算法存在的不足 …… 175
3.4.6 单调的h函数 …… 177
3.4.7 改进的A^*算法 …… 180
3.5 深度优先搜索算法 …… 186
3.6 迭代加深式搜索算法 …… 190
3.6.1 迭代加深式宽度优先搜索算法 …… 191
3.6.2 迭代加深式A^*算法 …… 193
3.7 动态规划与Viterbi算法 …… 194
3.8 拼音输入法问题 …… 196
3.9 总结 …… 202

第4篇 如何用随机算法求解组合优化问题 …… 205
4.1 组合优化问题 …… 206
4.2 局部搜索算法 …… 208
4.3 局部搜索算法存在的问题 …… 216
4.4 退火过程及分析 …… 221
4.4.1 退火现象 …… 221

4.4.2 退火过程分析 …… 222
4.5 模拟退火算法 …… 229
4.6 模拟退火算法的参数选择 …… 234
4.6.1 起始温度t_0的选取 …… 235
4.6.2 温度的下降方法 …… 237
4.6.3 每一温度下的停止准则 …… 239
4.6.4 算法的终止原则 …… 240
4.7 模拟退火算法应用举例 …… 243
4.8 遗传算法 …… 248
4.9 遗传算法应用举例 …… 258
4.10 遗传算法的实现问题 …… 263
4.10.1 编码问题 …… 263
4.10.2 二进制编码的交叉操作规则 …… 267
4.10.3 整数编码的交叉操作规则 …… 269
4.10.4 变异规则 …… 273
4.10.5 适应函数 …… 275
4.10.6 遗传算法的停止准则 …… 279
4.11 用遗传算法求解旅行商问题 …… 281
4.12 性能评价问题 …… 282
4.13 模拟退火算法与遗传算法的对比 …… 284
4.14 总结 …… 286

第 5 篇 统计机器学习方法是如何实现分类与聚类的 …… 288
5.1 统计学习方法 …… 289
5.2 朴素贝叶斯方法 …… 294
5.3 决策树 …… 302
5.3.1 决策树算法——ID3 算法 …… 304
5.3.2 决策树算法——C4.5 算法 …… 318
5.3.3 过拟合问题与剪枝 …… 325
5.3.4 随机森林算法 …… 332
5.4 k 近邻方法 …… 335
5.5 支持向量机 …… 338
5.5.1 什么是支持向量机 …… 338
5.5.2 线性可分支持向量机 …… 344
5.5.3 线性支持向量机 …… 357
5.5.4 非线性支持向量机 …… 361
5.5.5 核函数与核方法 …… 364
5.5.6 支持向量机用于多分类问题 …… 369
5.6 k 均值聚类算法 …… 376

5.7 层次聚类算法 …… 384
5.8 DBSCAN 聚类算法 …… 386
5.9 验证与测试问题 …… 389
5.10 特征抽取问题 …… 392
5.11 总结 …… 397

第6篇 专家系统是如何实现的 …… 400
6.1 什么是专家系统 …… 401
6.2 推理方法 …… 404
6.3 一个简单的专家系统 …… 408
6.4 非确定性推理 …… 414
6.4.1 事实的表示 …… 415
6.4.2 规则的表示 …… 415
6.4.3 逻辑运算 …… 416
6.4.4 规则运算 …… 418
6.4.5 规则合成 …… 420
6.4.6 置信度方法的理论根据 …… 425
6.5 黑板模型 …… 428
6.6 知识的结构化表示 …… 430
6.6.1 语义网络 …… 430
6.6.2 框架 …… 434
6.7 专家系统工具 …… 438
6.8 专家系统的应用 …… 441
6.9 专家系统的局限性 …… 442
6.10 总结 …… 443

第7篇 细说大模型的基石 Transformer …… 445
7.1 矩阵和向量的基础知识 …… 446
7.1.1 矩阵 …… 446
7.1.2 向量 …… 448
7.2 序列到序列问题 …… 451
7.3 注意力机制 …… 455
7.3.1 什么是注意力机制 …… 455
7.3.2 自注意力机制 …… 458
7.3.3 多头注意力机制 …… 459
7.4 残差连接 …… 465
7.5 层归一化 …… 467
7.6 Transformer 模型 …… 469
7.6.1 Transformer 模型的编码器 …… 470

7.6.2 Transformer 模型的解码器 …… 472
7.6.3 Transformer 模型的训练 …… 479
7.6.4 位置编码 …… 479
7.6.5 层归一化的位置 …… 489
7.6.6 词元化(tokenization)方法 …… 490
7.7 GPT 模型 …… 493
7.7.1 预训练模型 …… 493
7.7.2 GPT-1 模型 …… 495
7.7.3 GPT-1 模型的应用 …… 500
7.7.4 GPT-1 性能分析 …… 502
7.7.5 GPT-2 模型 …… 504
7.7.6 GPT-3 模型 …… 507
7.7.7 ChatGPT 模型 …… 512
7.8 BERT 模型 …… 516
7.8.1 BERT 模型架构 …… 517
7.8.2 BERT 模型的输入 …… 519
7.8.3 BERT 模型的预训练方法 …… 520
7.8.4 BERT 模型的微调方法 …… 523
7.9 总结 …… 528
附录 A BP 算法 …… 529
A.1 求导数的链式法则 …… 529
A.2 符号约定 …… 530
A.3 对于输出层的神经元 …… 531
A.4 对于隐含层的神经元 …… 533
A.5 BP 算法——随机梯度下降版 …… 535
附录 B 序列最小最优化(SMO)算法 …… 537
B.1 SMO 算法的基本思想 …… 537
B.2 SMO 算法的详细计算过程 …… 543
附录 C A* 算法的性质及证明 …… 549

第 0 篇

什么是人工智能

艾博士导读

人工智能自从 1956 年诞生至今已有 60 多年，在这 60 多年中，人工智能的发展既有高潮也有低谷，可谓是历经千难万苦才取得今天的成绩。本篇首先讲述人工智能的诞生过程，然后将人工智能的发展划分为 5 个时代，并简要介绍每个时代的特点和遇到的问题，通过讲述历史了解人工智能是如何实现的，以及是如何一步步克服困难发展过来的。

图灵测试和中文屋子问题是人工智能中经常被提及的两个问题，通过这两个问题的讨论和理解，可以帮助我们了解什么是人工智能。

当前以深度学习为主导的人工智能还存在很多的问题，如何解决这些问题，构建安全、可信、可靠、可扩展、可解释的人工智能是今后人工智能研究发展的重要方向，是第三代人工智能重点解决的问题。

2016 年，正值人工智能诞生 60 周年，一场举世瞩目的围棋人机大战在 DeepMind 公司研发的围棋软件 AlphaGo 和来自韩国的世界著名围棋手李世石之间展开。由于围棋一直被认为是难以被人工智能突破的堡垒，此次人机大战吸引了全世界的关注。最终，AlphaGo 以 4∶1 的成绩战胜李世石，轰动了全世界。

小明从头至尾观看了这场激动人心的人机大战，对于人工智能为什么能取得如此辉煌的成就，既感到震惊又觉得不可思议。究竟什么是人工智能呢？小明找到一直从事人工智能研究的艾博士，向艾博士请教究竟什么是人工智能，人工智能是如何实现的。

0.1 人工智能的诞生

一见到艾博士，小明就开门见山地说：艾博士好！您肯定观看了这场人机大战吧？这 AlphaGo 也太厉害了，竟然战胜了李世石，真是令人震惊，我想请艾博士讲讲究竟什么是人工智能。

艾博士：我全程观看了这场比赛，AlphaGo 确实令人震惊。什么是人工智能呢？这确实是一个不好回答的问题，我们从人工智能的历史慢慢讲起吧。很早人类就有制造智能机器的幻想，比如传说中的木牛流马，就是诸葛亮发明的一种运输工具，解决几十万大军的粮草运输问题。在指南针出现之前，作为行军打仗指引方向的装置，三国时期的马钧发明了指南车（见图 0.1）。车上有个木人，无论车子如何行走，木人的手指永远指向南方，“车虽回运而手常指南”。这些可以说就是最早的机器人。

说到机器人，小明你知道机器人的英文怎么说吗？

小明不假思索地回答说：机器人的英文是robot。

艾博士又接着问：机器人的英文为什么是robot呢？

小明手摸着头不好意思地说：这我就不知道了，英文课上老师说的。

艾博士哈哈大笑：robot一词最早来源于1921年的一部捷克舞台剧《罗素姆万能机器人》(*Rossum's Universal Robots*)(见图0.2)，用来代表剧中的"人造劳役"，从而诞生了robot一词，用来表示"机器人"。

图0.1 指南车

图0.2 《罗素姆万能机器人》剧照

小明：原来robot一词是这么来的。

艾博士：计算机科学之父图灵(见图0.3)很早就对智能机器进行过研究，于1950年发表了一篇非常重要的论文——《计算机与智能》(*Computing machinery and intelligence*)，文中提出一个"模仿游戏"，详细论述了如何测试一台机器是否具有智能，这就是被后人称作"图灵测试"的测试，并预测50年之后可以建造出可以通过图灵测试的智能机器。当然现在来看，图灵的这个预测失败了，目前还没有一般意义下能通过图灵测试的人工智能系统。

图0.3 计算机科学之父图灵

小明：听说过图灵测试，原来这么早就提出了图灵测试。

艾博士：虽然很早就有建造智能机器的幻想，但苦于没有合适的工具，直到电子计算机诞生，人们才突然意识到，借助于计算机也许可以实现建造智能机器的梦想。正是在这样的背景下，诞生了"人工智能"一词，开创了一个至今仍然火热的研究领域。

那是在1956年夏天，一群意气风发的年轻人聚集在达特茅斯学院，利用暑假的机会召开了一个夏季讨论会(见图0.4)，讨论会长达2个月，正是在这次讨论会上，第一次公开提出了人工智能，标志着人工智能这一研究方向的诞生。当年参加达特茅斯会议的大多数学者是年龄20多岁的年轻人，他们年轻气盛，敢想敢干，很多人后来成为人工智能研究的著名学者，多人获得计算机领域最高奖项图灵奖。这次讨论会的发起者是来自达特茅斯学院的助理教授约翰·麦卡锡，也是他最早提出了人工智能这一名称。1971年，约翰·麦肯锡教授因在人工智能方面的突出贡献获得图灵奖。达特茅斯会议会址如图 0.4(a)所示。

(a) 达特茅斯会议会址

(b) 一群具有青春活力的年轻人聚集在达特茅斯

(c) 曾经参加1956年达特茅斯会议的部分学者

(d) 达特茅斯会议组织者、图灵奖获得者约翰·麦卡锡

图 0.4　达特茅斯会议

小明：为什么刚好在这个时期提出了人工智能的概念，与当时的背景有什么渊源吗？

艾博士：就像刚才提到的，虽然人们一直有建造智能机器的想法，但是苦于没有合适的工具。到了 1956 年，现代计算机已经出现了几年，相对于以前的各种计算工具，计算机的计算能力得到了很大发展，借助这样一个强大的计算工具，应该开展哪些新的研究工作呢？正是在这样的背景之下，召开了达特茅斯夏季讨论会。当时一些学者已经开展了一些与人工智能相关的研究工作，在讨论会上就有人报告了有关定理证明、模式识别、计算机下棋的一些成果。研究方向是明确的，但是应该对这一方向起一个什么样的名称充满了争议，开始时研究者对“人工智能”一词并没有取得共识，比如有学者建议用复杂信息处理，英国等一直用机器智能表示，若干年之后大家才逐渐接受人工智能这一说法。

小明：在达特茅斯会议上主要讨论了哪些问题呢？

艾博士：在讨论会的建议书中，罗列了以下几方面的内容。

(1) 自动计算机(这里的自动指可编程)。

(2) 编程语言。

(3) 神经网络。

(4) 计算规模理论(指计算复杂性)。

(5) 自我改进(指机器学习)。

(6) 抽象。

(7) 随机性与创造性。

从这些内容可以看出，达特茅斯会议上讨论的内容是十分广泛的，涉及了人工智能的方方面面，很多问题到现在也还处于研究之中。

小明读书笔记

很早人类就有制造智能机器的幻想，但苦于没有合适的工具，直到电子计算机诞生，让人们看到了实现机器智能的希望。在这一背景下，1956年在达特茅斯召开了一次讨论会，首次公开提出人工智能，标志着人工智能的诞生。

0.2 人工智能的5个发展时代

艾博士：人工智能诞生以来，经历过几次高潮和低谷，既有成功又有失败。60多年来，人工智能的研究一直在曲折地前进，大体上我们可以将人工智能划分为以下5个时代。

(1) 初期时代。

(2) 知识时代。

(3) 特征时代。

(4) 数据时代。

(5) 大模型时代。

这5个时代主要是以处理对象的不同划分的，每个时代代表了当时人工智能主要的研究方法。下面我们就简述一下每个时代的代表性研究工作。

0.2.1 初期时代

初期时代，也就是人工智能诞生的1956年前后，当时人们对人工智能研究给予了极大热情，研究内容涉及人工智能的很多方面，从多个方面积极探索人工智能实现的可能性。

赫伯特·西蒙和艾伦·纽厄尔(见图0.5)开发了一个定理证明程序"逻辑理论家"，在达特茅斯会议上二人曾经演示了这个程序，可以对著名数学家罗素和怀特海的名著《数学原理》第2章52个定理中的38个定理给出证明。后来经过改进之后，可以实现第2章全部52个定理的证明。据说其中有一个定理，还给出了一种比之前人类的证明方法更加简练的证明方法。

(a) 赫伯特·西蒙

(b) 艾伦·纽厄尔

图0.5 图灵奖获得者赫伯特·西蒙和艾伦·纽厄尔

听到这里小明不禁赞叹到：在当时的条件下就可以取得这样的成绩真是了不起。

艾博士：在"逻辑理论家"的基础上，赫伯特·西蒙和艾伦·纽厄尔又进一步开发了一个称作通用问题求解器(General Problem Solver，GPS)的计算机程序，试图从逻辑的角度，构造一个可以解决多种问题的问题求解器，其逻辑基础就是赫伯特·西蒙和艾伦·纽厄尔提出的逻辑机。从原理上来说，这种求解器可以解决任何形式化的符号问题，比如定理证明、几何问题、下棋等，经形式化后，都可以统一在通用问题求解器这个框架下得以解决。

1975 年，赫伯特·西蒙和艾伦·纽厄尔两人同获图灵奖，赫伯特·西蒙后来还获得了诺贝尔经济学奖，成为一代传奇人物。

小明：赫伯特·西蒙一人获得图灵奖和诺贝尔奖，可太厉害了。

艾博士：下棋可以认为是人类的一种高级智力活动，从一开始就被当作人工智能研究的对象，在 1956 年的达特茅斯夏季讨论会上，就曾经演示过计算机下棋。图灵很早就对计算机下棋做过研究，信息论的提出者香农早期也发表过论文《计算机下棋程序》，提出了极小-极大算法，成为计算机下棋最基础的算法。图灵和香农还一起就计算机下棋问题进行过探讨。约翰·麦卡锡在 20 世纪 50 年代提出了 α-β 剪枝算法的雏形，Edwards、Timothy 于 1961 年、Brudno 于 1963 年分别独立提出了 α-β 剪枝算法。在相当长时间内，α-β 剪枝算法成为了计算机下棋的主要算法框架。1963 年，一个采用该算法的跳棋程序，战胜了美国康涅狄格州的跳棋大师罗伯特·尼尔利，这在当时可以说是非常辉煌的成绩。1997 年，战胜国际象棋大师卡斯帕罗夫的深蓝采用的也是 α-β 剪枝算法。

小明：没想到在人工智能的初期时代就取得了这么多的成果。

艾博士：机器翻译也是当时的一个研究热点。当时把这个问题看得有些简单化，认为只要建造一个强大的电子词典，借助于计算机的强大计算能力，就可以解决世界范围内的语言翻译问题。

小明：结果怎么样呢？

艾博士：翻译问题当然不是只靠词典就可以解决的，结果自然是以失败告终。

在初期时代，人工智能开展了很多研究，虽然取得了一些很好的成果，但是由于对人工智能研究的困难认识不足，很快就陷入了困境之中。如何走出困境成为人们思考的问题。

小明：怎么做才能走出人工智能研究的困境呢？

艾博士：科学研究总是在与困难的搏斗中前行。遇到问题并不可怕，关键是要找到为什么出现这样的问题，以便想办法去战胜困难，解决问题。那么什么是走出困境的关键所在呢？科学家们开始认真反思以往的研究工作存在的问题。

前面介绍过在初期时代机器翻译是一个研究热点问题，但遇到了困难。如图 0.6 所示，对于这样一个英文句子：

The spirit is willing but the flesh is weak.

请小明说一下这句英文是什么意思？

小明回答说：这句话翻译成中文就是

心有余而力不足。

艾博士称赞道：小明，你的英文很好，翻译得很准确。

为了检验机器翻译的效果，有人将这句英文输入一个英-俄翻译系统中，如图 0.6 所示，

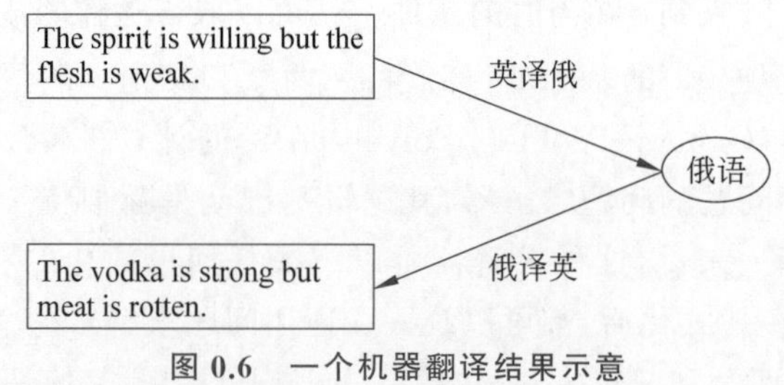

图 0.6　一个机器翻译结果示意

翻译得到一句俄语，然后又将翻译得到的俄语输入一个俄-英翻译系统中，再次得到一句英语。如果翻译系统靠谱的话，前后两句英文的意思应该差不多，然而最后得到的却是如下一句英文：

The vodka is strong but meat is rotten.

请小明再说一下这句英文是什么意思？

小明看后哈哈大笑说：这句英文翻译成中文就是

伏特加酒虽然很浓，但肉是腐烂的。

小明非常不解地问道：为什么是这样的结果呢？前后两句英文句子完全不是一个意思。

艾博士：因为当时的机器翻译缺乏理解能力，只是机械地按照词典进行翻译。而一些词具有多个含义，不同的搭配下具有不同的意思，如果不加以区分就会出现翻译错误。

比如这里的 spirit 一词，字典上有两个意思：一个是"精神的"，另一个是"烈性酒"，在这句英文中，正确的含义应该是指"精神的"，显然机器翻译系统把它当成"烈性酒"了。如果按照"烈性酒"理解，翻译成"伏特加酒"还是比较确切的，因为"伏特加酒"是俄罗斯的一种烈性酒，但是这里的意思是"精神的"，所以造成了翻译错误。

小明：原来是这样的啊。

艾博士说：也有人说这并不是一个真实的例子，而是根据当时的机器翻译水平人为构造的一个例子。无论是真实例子还是人造的例子，其实都反映了当时机器翻译系统的一个痛点问题，即单凭构造一个庞大的字典是不能解决机器翻译问题的。翻译需要理解，而理解需要知识。就好比我要翻译一本有关人工智能的书，译者有两个候选：一个是人工智能专业的学生，另一个是英文专业的学生。一般来说，英文专业的学生其英语水平应该远胜于人工智能专业的学生，但是我会首选人工智能专业的学生做翻译，因为他懂得人工智能方面的知识，这些知识可以辅助他正确理解书的内容，而英语专业的学生虽然英语水平很高，但是由于不懂专业，很可能犯一些类似上面例子这样的可笑错误。

小明：您说得很有道理，我也会选择人工智能专业的学生翻译这本书。

艾博士：经过总结经验教训，研究者认识到知识在人工智能中的重要性，开始研究如何将知识融入人工智能系统中，这就进入了人工智能的知识时代。

0.2.2 知识时代

艾博士：知识时代最典型的代表性工作就是专家系统。

小明：什么是专家系统呢？

艾博士：一个学者之所以能成为某个领域的专家，因为他充分掌握了该领域的知识，并具有运用这些知识解决本领域问题的能力。如果将专家的知识总结出来，以某种计算机可以使用的形式存储到计算机中，那么计算机也可以使用这些知识解决该领域的问题。存储了某领域知识，并能运用这些知识像专家那样求解该领域问题的计算机系统称作专家系统。

图 0.7　图灵奖获得者爱德华·费根鲍姆

小明：原来专家系统是这样的含义。

艾博士：斯坦福大学的爱德华·费根鲍姆(见图 0.7)开发了世界上第一个专家系统 DENDRAL，该系统可以帮助化学家判断某待定物质的分子结构。接着又开发了帮助医生对血液感染者进行诊断和药物治疗的专家系统 MYCIN，可以说 MYCIN 奠定了专家系统的基本结构。在此基础之上，爱德华·费根鲍姆又进一步提出了知识工程，并使得知识工程成为人工智能领域的重要分支。在这个时期，专家系统几乎成为了人工智能的代名词，也是最早应用于实际、并取得经济效益的人工智能系统。

爱德华·费根鲍姆因在专家系统、知识工程等方面的贡献，于 1994 年获得图灵奖。

这个时代主要的研究内容包括知识表示方法和非确定性推理方法等。首先为了让计算机能够使用知识，必须将专家的知识以某种计算机可以使用的形式存储起来，以便于计算机能够使用这些知识求解问题。为此提出了很多种知识表示方法，比如常用的知识表示方法有规则、逻辑、语义网络和框架等。其次，现实生活中的问题大多数具有非确定性，而计算机擅长求解确定性问题，如何用善于求解确定性问题的计算机完成具有非确定性问题的求解，也是专家系统研究中遇到的问题，为此很多学者从不同角度，提出了很多非确定推理方法等，像 MYCIN 系统采用的置信度方法就是非确定性推理的典型方法。

专家系统的出现让人工智能走向了应用。XCON 是第一个实现商用并带来经济效益的专家系统，该系统拥有 1000 多条人工整理的规则，帮助 DEC 公司为计算机系统配置订单。美军在伊拉克战争中也使用了专家系统为后勤保障做规划。战胜国际象棋大师卡斯帕罗夫(见图 0.8)的深蓝，在“浪潮杯”首届中国象棋人机大战中战胜柳大华(见图 0.9)为首的 5 位中国象棋大师的浪潮天梭等，均属于专家系统的范畴。

图 0.8　与深蓝对战的国际象棋大师卡斯帕罗夫

图 0.9　与浪潮天梭对战的中国象棋大师柳大华

小明：建构专家系统，专家知识的获取非常关键，如何有效地获取专家知识呢？

艾博士：是的，你提出了一个非常重要的问题。一个专家系统能否成功，很大程度上取决于是否足够地整理了专家知识，这是一个非常困难的任务，也是建构专家系统时最花费精力的地方。一方面，领域专家一般并不懂人工智能，专家系统的建构者也不懂领域知识，双方沟通起来非常困难。另一方面，专家可以解决某个问题，但是很多情况下，专家又难于说清楚在具体解决这个问题的过程中，运用了哪些知识。因此，知识获取成为了建构专家系统的瓶颈问题。如果不能有效地获取到专家的知识，那么建构的专家系统也就没有任何意义。

小明有些疑惑地问道：为什么专家可以解决问题，却说不出来运用了哪些知识呢？

艾博士解释说：我们举一个例子说明这个问题。小明你会骑自行车吧？

小明不太明白艾博士为什么问这样的问题，回答道：我会骑自行车，每天都是骑车去上学。

艾博士：假设说我不会骑自行车，一上车摇摆几下就摔倒了，你能告诉我为什么你可以平稳地骑车，总结出一些知识来告诉我，以便让我学会骑自行车吗？

小明想了想说：我不知道为什么我骑车就不会摔倒，我也不是一开始就会骑车的，慢慢练习就会了，也说不出个所以然来。

艾博士：很多专家也是类似，他们长期从事某个领域的工作，积累了大量经验，但是却很难将知识整理出来，存在"只可意会不可言传"的问题，从而如何有效地获取知识成为专家系统建构过程中的瓶颈问题。这极大影响了专家系统的研发和应用。

专家的一个特点就是善于学习。我们人类一生都在学习，从中小学到大学，再到工作中，一直都在学习，我们所有的知识都是通过学习得到的。那么计算机是否也可以像人类那样学习呢？通过学习获得知识？在这样的背景下，为了克服专家系统获取知识的瓶颈问题，研究者提出了机器学习，也就是研究如何让计算机自己学习，以便获取解决某些问题的知识。

小明：这是一个很好的想法，如果计算机自己会学习，就可以实现知识自动获取了。

艾博士：实现机器学习是一个很好的想法，但是如何实现却是一个很难的问题。早期提出过很多的机器学习方法，比如归纳学习、基于解释的学习等，虽然取得一些研究成果，但距离实用还差得比较远，直到统计机器学习方法的提出，才使得机器学习走向实用。这就进入了特征时代。

0.2.3 特征时代

艾博士：机器学习是通过执行某个过程从而改进系统性能的方法，统计机器学习是运用数据和统计方法提高系统性能的机器学习方法。统计机器学习方法的提出让人工智能走向了更广泛的应用，同时随着互联网的发展，网上内容越来越多，也为人工智能应用提供了用武之地。毫不夸张地说，统计机器学习方法的提出和互联网的发展拯救了人工智能，将滑向低谷的人工智能从崩溃的边缘又拉了回来，并逐步走向发展高潮。像IBM公司的"沃森"在美国电视智力竞猜节目《危险边缘》中战胜两位人类冠军选手（见图0.10）、清华大学的中文古籍识别系统实现《四库全书》的数字化（见图0.11）等，都采用了统计机器学习方法。

《危险边缘》是美国的一个智力竞猜节目，已经有数十年历史，问题涉及历史、文学、艺

图 0.10　“沃森”在《危险边缘》竞赛中

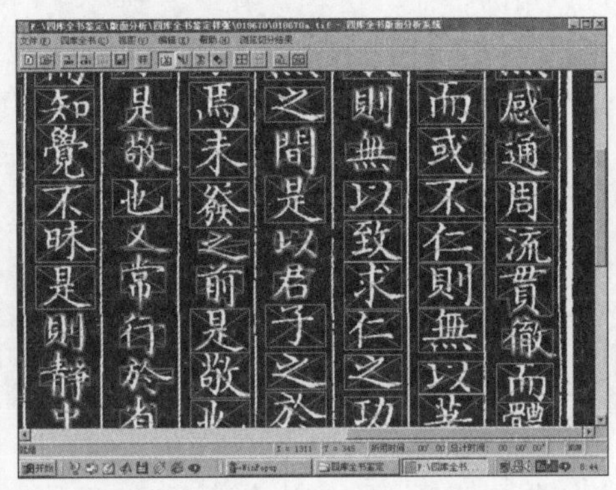

图 0.11　大型中文古籍《四库全书》识别

术、流行文化、科技、体育、地理、文字游戏等，范围广泛。与一般的智力竞猜节目不同，选手听到的题目是问题的答案，选手需要根据答案构造一个合适的问题。比如对于“他是一位计算机理论学家，他提出了一种测试方法，用于测试一台机器是否具有了智能”，选手要构造出类似“图灵是谁”这样的问题。

小明：这听起来是个很有意思的竞猜节目，在问题涉及这么广泛的情况下，采用统计机器学习方法实现的沃森竟然战胜了人类冠军选手，可真是一件不容易的事情。那么都有哪些统计机器学习方法呢？

艾博士：研究者提出了很多不同的统计机器学习方法，常用的方法有朴素贝叶斯方法、决策树、随机森林、支持向量机等，这些都是在实际工作中经常使用的方法。莱斯利・瓦利安特和朱迪亚・佩尔（见图 0.12）两位学者做了很多基础理论方面的研究工作，为机器学习研究建立了理论基础，二人分别于 2010 年和 2011 年获得图灵奖。

小明：为什么把这个时期称作特征时代，而不是统计机器学习时代呢？

艾博士：前面曾经提到过，我这里对时代的划分是从处理对象的角度考虑的。统计机器学习方法具有很多种不同的方法，但是它们的共同特点是将特征作为处理对象，也就是输入是抽取的特征，对特征数据进行统计分析和处理。所以把这一时代称作特征时代。比如用统计机器学习方法做汉字识别的话，首先需要我们编写程序抽取出汉字的特征，然后再运用统计机器学习方法对汉字的特征数据进行处理，从而实现汉字识别。而这里的特征是人为定义的。

图 0.12 图灵奖获得者莱斯利·瓦利安特和朱迪亚·佩尔

特别需要强调的是，计算机用的特征与我们人类用的特征并不一定一致，需要定义计算机可以用的特征。还是以汉字识别为例，我们人认识汉字靠的是偏旁部首、横竖撇捺等特征，但是这些特征并不能用于计算机识别汉字，因为无论是偏旁部首还是横竖撇捺特征都很难抽取出来，这些特征的抽取难度并不亚于汉字识别的难度。因此，定义的特征必须是容易抽取并且具有一定区分度的特征。

小明："特征"听起来有些抽象，能否举个例子，说明统计机器学习方法究竟采用的是什么特征呢？

艾博士：好的，我们简单举几个例子说明。

比如说要对男女同学照片做分类，头发长短、鞋跟高度、衣服颜色和衣服式样等，都可以作为男女同学分类的特征使用。

如果要实现一个文本分类任务，就是将讲述不同内容的文本分类到不同的类别中。我们人要实现这样的任务是按照其文本内容做分类，但是目前计算机还很难做到理解文本的内容。

小明：那怎么办呢？有什么好的办法吗？

艾博士：这就要抽取特征，一种简单的办法就是看文本中都包含哪些词汇以及将不同词汇的多少作为特征。比如如果一个文本中足球、中超、国安等词汇比较多，显然这是一个有关体育方面的文本，应该分类到体育类别中。

小明：这听起来还是挺有道理的，这样就能实现分类任务吗？

艾博士：这只是抽取特征，还需要配合统计机器学习方法才能实现分类任务。

我们再举一个稍微复杂一点的例子，比如说汉字识别需要什么特征。小明请你说说你是如何区分"清"和"请"这两个汉字的？

清 请

三点水 言字旁

图 0.13 "清"和"请"的区别

小明：这两个汉字的主要区别在于偏旁不一样，"清"的偏旁是"三点水"，"请"的偏旁是"言字旁"（见图 0.13）。

艾博士：但是计算机并不认识什么是"三点水"、什么是"言字旁"，在统计机器学习中，只能通过一些"特征"来表达。

对汉字图像抽取其笔画的"骨架"后笔画宽度为一像素，如图 0.14 所示。这样对应汉字中"横"的部分，左右排列的像素就比较多，对应"竖"的部分则是上下排列的像素比较多，同样，对应"撇"或者"捺"的部分则分别是右上左下或者左上右下排列的像素比较多。如果我们统计不同位置两个相连像素的排列数量，就可以大致判断这个位置具有哪种笔画比较多，从而可以区分不同的汉字。这种特征称作“方向线素特征”，如图0.15所示，统计不同的方向线素的数量，就可以区别出“三点水”和“言字旁”了。

小明：这些特征确实可以在一定程度上区分出不同的汉字。

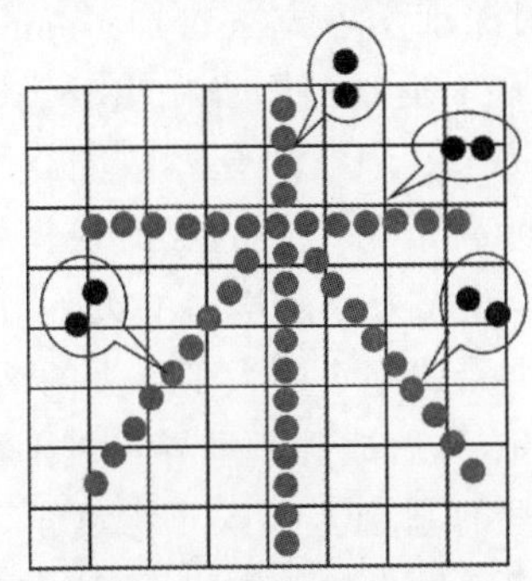

图 0.14 汉字笔画“骨架”

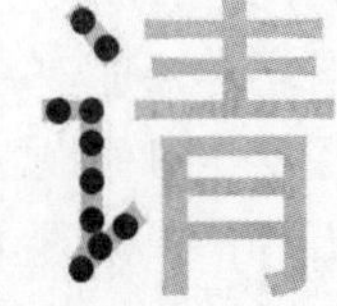

图 0.15 汉字的“方向线素特征”

艾博士：在利用统计机器学方法做应用时，最主要的就是如何抽取特征问题。然而寻找一个计算机可以使用、容易抽取并具有一定区分度的特征，并不是一件容易的事情。比如语音识别，我们很容易听懂别人在说什么，但是其特征是什么？什么特征可以区分出每一个音节？我们很难说出来。很多研究者对语音识别特征抽取做了大量的研究，然而并没有找出一个有效的特征，很长时间内语音识别的错误率居高不下。这就遇到了特征抽取的瓶颈问题。

小明：科学研究真是不容易啊，克服了一个困难又遇到了新的困难。

艾博士：我一直强调，遇到困难并不可怕，关键是要找出克服困难的方法，努力去攻克这些困难。我们人类很容易区分猫和狗，也很容易区分自家的猫和别人家的猫，哪怕是同一个品种的猫。在这个过程中并没有人告诉我们如何区分，用的特征是什么。一个小孩刚开始可能并不能准确地做出这些区分，但是慢慢地看得多了，自然就会区分了，即所谓的见多识广。计算机是否也可以从原始数据中自动抽取特征呢？这就进入了数据时代。

0.2.4 数据时代

艾博士：数据时代的典型代表就是深度学习，实际上是采用深层神经网络实现的一种学习方法，其特点是直接输入原始数据，深度学习方法可以自动地抽取特征。不仅是自动抽取特征，还可以抽取不同层次、不同粒度的特征，实现深层次的特征映射，获得更好的系统性能。

深度学习的概念首先由多伦多大学的杰弗里·辛顿教授提出，实际上就是一种多层的神经网络。神经网络的研究起始于20世纪40年代，20世纪80年代中期随着反向传播算法(BP算法)的提出又一次掀起研究热潮。由于受当时计算条件的限制，以及统计机器学习方法的崛起，有关神经网络的研究很快落入低谷，不被人看好。但是以辛顿教授为代表的少数研究者一直坚持自己的理念，在不被看好、得不到研究经费、发表不了论文的情况下，依然“固执”地从事相关研究，直到2006年辛顿教授在《科学》期刊上发表论文提出深度学习的概念，才再一次受到业界的重视。

在这个过程中，两件事情引起了研究者对深度学习的广泛关注，推动了深度学习的发展。第一件事是辛顿教授与微软公司合作，将深度学习应用于语音识别中，在公开的测试集上取得了非常惊人的成绩，使得错误率下降了 30%，如同一石激起千层浪，让沉默了多年的语音识别看到了新的希望。在此之前，多年来语音识别没有什么大的进展，识别错误率每年只以不到 1% 的水平下降。第二件事是辛顿教授组织学生用深度学习方法参加 ImageNet 比赛。ImageNet 比赛是一个图像识别任务，需要对多达 1000 个类别的图像做出分类。在比赛中辛顿教授及他的学生率先使用线性整流单元激活函数(ReLU)和舍弃正则化方法(Dropout)提升了深度卷积神经网络的性能，首次参赛就以远高于第二名的成绩取得了第一名，分类错误率几乎降低了一半。自此以后 ImageNet 比赛就成为深度学习的天下，历届前几名均为深度学习方法，并最终达到了在这个数据集上分类错误率小于人工分类的结果。

深度学习的提出，极大地推动这一次人工智能的发展浪潮，先后战胜了世界顶级围棋手李世石、柯洁(见图 0.16)的 AlphaGo，就是在蒙特卡洛树搜索的基础上引入了深度学习的结果。围棋曾经被认为是计算机下棋领域的最后一个堡垒，战胜世界顶级围棋手，这在以前是不可想象的。清华大学与搜狗公司合办的“天工”智能计算研究院研发的“汪仔”，在浙江卫视智力竞赛“一站到底”中，多次战胜人类，并最终战胜五年巅峰战的人类冠军，采用的也是深度学习方法。图 0.17 所示的就是“汪仔”参加《一站到底》节目时的电视截屏图，“汪仔”以一个机器人的形象出场，同时以语音和文字两种形式给出问题的答案。

图 0.16　与 AlphaGo 对弈的李世石、柯洁

艾博士继续介绍说：在神经网络和深度学习的发展过程中，4 位研究者的贡献功不可没，除了前面提到的辛顿教授外，另 3 位研究者分别是纽约大学的杨立昆教授、蒙特利尔大学的约书亚·本吉奥和瑞士人工智能实验室(IDSIA)的于尔根·施密布尔(Jürgen Schmidhuber)博士。这 3 位学者均出生于 20 世纪 60 年代初期，而辛顿教授则年长他们 20 岁左右。

纽约大学的杨立昆(Yann LeCun)教授曾经跟随辛顿教授做博士后研究，杨立昆是他自己确认的中文名。杨立昆教授在卷积神经网络方面做出了特殊贡献，早在 20 世纪 90 年代就开展了有关卷积神经网络的研究工作，实现的数字识别系统取得了很好的成绩，用于支票识别之中。现在卷积神经网络已经成为深度学习中几乎不可或缺的组成部分。

蒙特利尔大学的约书亚·本吉奥教授曾经于 20 世纪 90 年代提出了序列概率模型，将

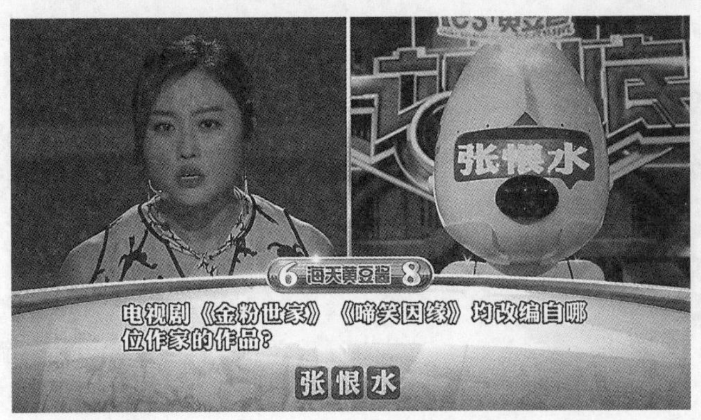

图 0.17　参加《一站到底》节目的"汪仔"(右)

神经网络与概率模型(隐马尔可夫模型等)相结合,用于手写识别数字,现代深度学习技术中的语音识别可以认为是该模型的扩展。2003 年本吉奥教授发表了一篇具有里程碑意义的论文《神经概率语言模型》,通过引入高维词嵌入技术实现了词义的向量表示,将一个单词表达为一个向量,通过词向量可以计算词的语义之间的相似性。该方法对包括机器翻译、知识问答、语言理解等在内的自然语言处理任务产生了巨大的影响,使得应用深度学习方法处理自然语言问题成为可能,相关任务的性能得到大幅度提升。本吉奥教授的团队还提出了一种注意力机制,直接导致机器翻译取得突破性进展,并构成了深度学习序列建模的关键组成部分。本吉奥教授与其合作者提出的生成对抗网络(GAN),引发一场计算机视觉和图形学的技术革命,使得计算机生成与原始图像相媲美的图像成为可能。

鉴于辛顿教授、杨立昆教授和本吉奥教授(见图 0.18)3 人对深度学习的贡献,2018 年 3 人同时获得图灵奖。

图 0.18　图灵奖获得者辛顿、杨立昆和本吉奥(从左至右)

非常难能可贵的是,在神经网络、深度学习遭遇学界质疑甚至不被看好的情况下,3 位教授仍然坚持研究,经过 30 多年的不断努力,终于克服种种困难,取得突破性进展。如今计算机视觉、语音识别、自然语言处理和机器人技术以及其他应用取得的突破,均与他们的研究探索有关,并引发了新的人工智能热潮。

小明:听了您的介绍,这些科学家可真了不起,在那么困难的情况下,仍然坚持研究,并最终取得这么了不起的成就,真是令人敬佩。

艾博士：在神经网络、深度学习的发展过程中，另一位值得一提的是瑞士人工智能实验室（IDSIA）的于尔根·施密布尔博士（见图 0.19）。1997 年，施密布尔博士和塞普·霍克利特（Sepp Hochreiter）博士共同发表论文，提出了长短期记忆（Long Short-Term Memory，LSTM）循环神经网络，为神经网络提供了一种记忆机制，可以有效解决长序列训练过程中的梯度消失问题。由于其思想过于超前，在当时并没有得到学界的理解和广泛关注。后来的实践证明这项技术对于自然语言理解和视觉处理等序列问题的处理，起到了非常关键的作用，广泛应用于机器翻译、自然语言处理、语音识别、对话机器人等任务。2016 年、2021 年 IEEE 神经网络先驱奖分别授予了施密布尔博士和霍克利特博士。

图 0.19　施密布尔博士

对于 2018 年图灵奖颁发给辛顿、杨立昆和本吉奥 3 位教授，施密布尔博士多次表达过不满，认为现在很多神经网络和深度学习的工作是在自己以前工作的基础上发展起来的，忽略了自己在神经网络方面做出的贡献，曾发表长文列举自己在 20 世纪 90 年代的 20 项有关神经网络方面的研究工作，以及这些工作与现在的深度学习方法的关系。

小明：这一时代称作数据时代，是不是因为深度学习的处理对象是原始数据的原因？

艾博士：小明，你的理解非常正确。深度学习方法不需要人为提取特征，直接输入原始数据，实现自动特征抽取，不但解决了特征抽取的瓶颈问题，其效果还远好于人为抽取的特征，因为深度学习方法可以抽取多层次、多粒度的特征。

0.2.5　大模型时代

艾博士：2022 年年末随着 OpenAI 公司推出 ChatGPT，标志着人工智能研究进入了大模型时代。

小明：我也听说过 ChatGPT，感觉它很神奇，请艾博士讲讲吧。

艾博士：ChatGPT 是 OpenAI 公司推出的一个以大语言模型为基础实现的“聊天”系统，其强大的语言理解能力和生成能力，一经推出就受到了研究界的广泛关注，由于其以“聊天”的形式出现，很快被社会大众所接受，成为人人谈论的话题。

ChatGPT 是一个非常庞大的神经网络系统，拥有 1750 亿个参数，训练数据为 45TB 的文本数据，硬件系统由 28.5 万个 CPU 和 1 万个高端 GPU 组成，训练一次的成本就高达 1200 万美元，其主要花费为电费。

小明：啊，这么庞大的一个系统啊，耗电量竟然这么高。ChatGPT 都有哪些特点呢？

艾博士：ChatGPT 的特点是 4 个能力和 1 个缺陷。

（1）强大的语言理解能力。其表现在无论向它提出什么问题，ChatGPT 都会围绕着你的问题进行回答，很少出现答非所问的情况，虽然给出的回答不一定正确。

（2）强大的语言生成能力。ChatGPT 以自然语言的形式回答问题，其结果非常通顺、流畅，达到了非常高的水平，甚至可以帮助人类，对人类给出的文字进行润色。

（3）强大的交互能力。ChatGPT 具有很强的交互管理能力，可以很好地实现多轮会话管理，在会话过程中体现出很好的前后关联性，很少出现对话主题漂移的情况。

(4) 强大的多任务求解能力。ChatGPT 可以自动地适应不同类型的自然语言求解任务，实现对多种自然语言理解任务的求解，从某种程度来说，具有了通用人工智能的雏形。

(5) 幻觉。ChatGPT 虽然在上述几个方面取得了惊人的成绩，但也存在一个缺陷——幻觉。所谓的幻觉其实是一种"无中生有"的能力，常被人说成是"一本正经地胡说八道"，比如让 ChatGPT 介绍某个人，很可能就是拼凑出该人的简历，很多内容可能与该人没有任何关系。但是这种"无中生有"的能力，也体现出某种"创造力"，所以这也是一把双刃剑。

小明：ChatGPT 是如何实现这些能力的呢？

艾博士：下面我们简单"剖析"一下 ChatGPT 的基本原理。小明，你知道 chat 是什么意思吧？

小明：我知道，chat 是聊天的意思。

艾博士：对，chat 是英文聊天的意思，ChatGPT 中最重要的是 GPT，聊天只是它的展现形式。我们首先说一下什么是 GPT。

GPT 是"生成式预训练变换模型"(Generative Pre-Trained Transformer)的英文缩写，从字母含义可以看出包含了"生成式模型""预训练模型""变换模型"3 部分内容。

小明：GPT 原来是这个意思，请艾博士具体解释一下吧。

艾博士：ChatGPT 所具有的强大的自然语言生成能力就是通过生成模型实现的，其本质是一个"文字接龙"，根据当前输入信息生成出下一个文字。

如图 0.20 所示，假定当前输入是"我是一个"，小明，你说接下来可能是什么文字？

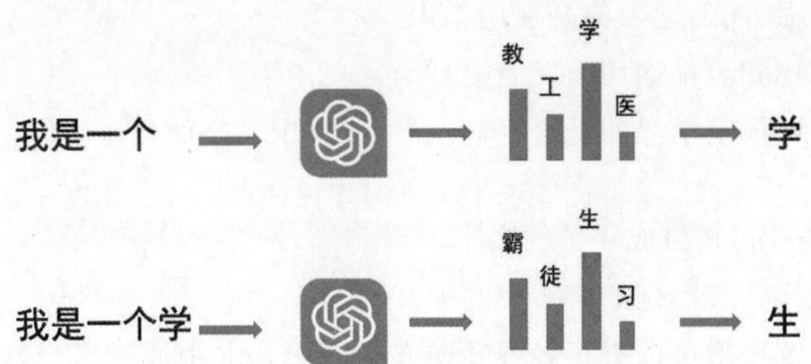

图 0.20　生成模型示意图

小明：我觉得有很多种可能，因为我是一个学生，所以让我来接的话，肯定会接"学"字。

艾博士：对，生成模型也是这样，预测出下一个文字可能是"教""工""学""医"等的概率，按照概率预测，得到下一个文字为"学"，然后将"学"拼接到输入中，将"我是一个学"作为输入，再次依据概率预测下一个文字为"生"。

采用这样的方法，生成模型就可以实现问答，比如输入为"白日依山尽的一下一句是"，模型就可以给出回答是"黄河入海流"(见图 0.21)。当然，这里的"黄河入海流"也是一个文字一个文字生成出来的。

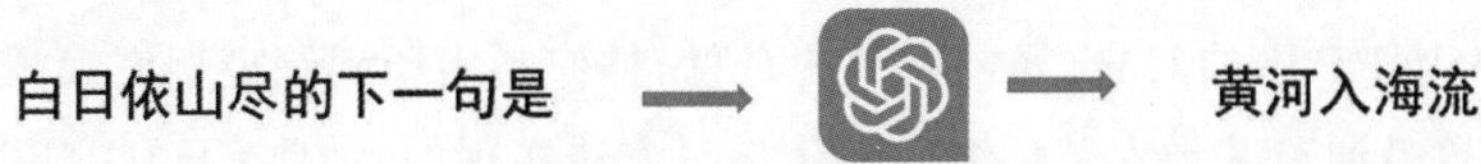

图 0.21　问答示意图

小明：这里所说的文字就是指汉字吗？如果是英文呢？

艾博士：这里所说的文字，在 GPT 中称作 token，是按照统计划分的词的基本组成元素，也是模型进行语言处理的基本信息单元，可以翻译为“词元”“词素”等。对于英文来说，极限情况下，一个英文字母可以是一个 token，共 26 个 token，显然 token 数太少，不利于预测。另一个极限情况是一个英文单词就是一个 token，有几十万个 token，显然数量又太多，而且无法处理新出现的单词。GPT 采用统计的方法，在字母和单词之间选择一个折中方案，按照统计规律划分出字母的常用组合作为 token。比如 re、tion 等，对于比较短的单词，比如 car 则直接作为 token。这样一个英文单词由一个或者若干个 token 组成，也可以处理一些新出现的单词。汉语也采用类似的处理方法，token 可能是字也可能是词。生成模型实际上是按照 token 进行预测的。

小明：GPT 就是这样依靠“文字接龙”实现这样强大的功能的吗？

艾博士：所谓的“文字接龙”只是一个比喻，实际情况要复杂得多，在本书第 7 篇会有相关内容介绍，这里我们不做详细的介绍。

小明：生成模型为什么会具有这样强大的预测能力呢？

艾博士：这是通过预训练实现的。

一般地，预训练模型是一种迁移学习方法，为了完成某种任务预先训练一个模型，或者将别人训练好的模型迁移到自己的目标任务上。

GPT 中的预训练模型是利用大量的文本信息，学习输入句子中每一个文字间的相关表示，隐式地学习通用的语法、语义知识。这种预训练方法类似于我们在中小学阶段的学习，并不针对学生将来做什么，学习的是通用知识。

小明：这种通用知识是如何体现的呢？

艾博士：预训练模型学习的是给定输入下，下一个文字的概率。即

$$P(w_n \mid w_1 w_2 \cdots w_{n-1})$$

其中，$w_i(i=1,2,\cdots,n)$是组成句子的文字。

小明：预训练模式具体是如何实现的呢？

艾博士：预训练模型可以有很多种实现方式，在 GPT 中通过多个基本的 Transformer 模块组合而成，具体的 Transformer 模块如图 0.22 所示，图 0.23 是多个 Transformer 模块组合而成的 ChatGPT 结构示意图，其中每个 Trm 都是一个 Transformer 模块。前面提到的 ChatGPT 拥有多达 1750 亿个参数指的就是这些模块的参数，预训练的目的就是通过大规模的文本数据确定这些参数值。

在第 7 篇我们将详细介绍 Transformer 模块的实现方法，其中最重要的是注意力机制，通过注意力机制，预训练模型在文本中的文字间建立联系，形成一定的概率约束，从而实现预测下一个文字的能力。

预训练模型利用大规模的文本信息，学习输入文本中的每一个文字的上下文相关的表示，从而实现隐式地学习通用的语法、语义知识。

小明：ChatGPT 中的 Chat 是“聊天”的意思，如何利用预训练模型实现“聊天”呢？

艾博士：这是通过基于人类反馈的强化学习方法实现的，为此 ChatGPT 通过以下 3 个步骤实现“聊天”能力。

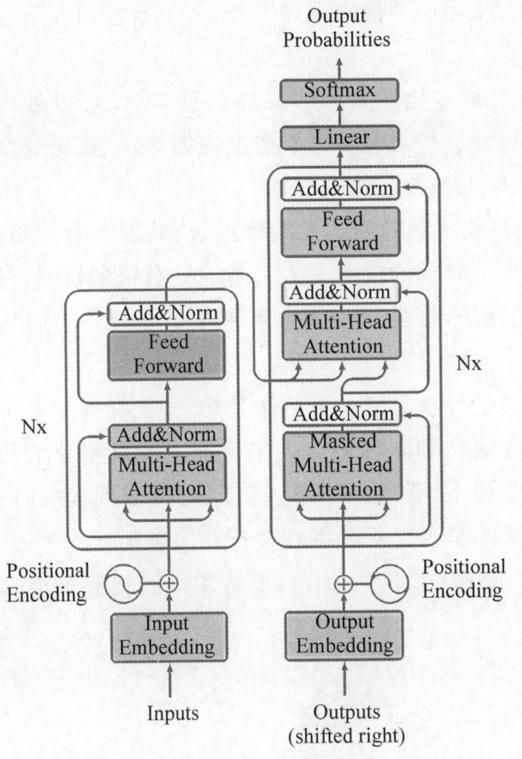

图 0.22 Transformer 模块示意图

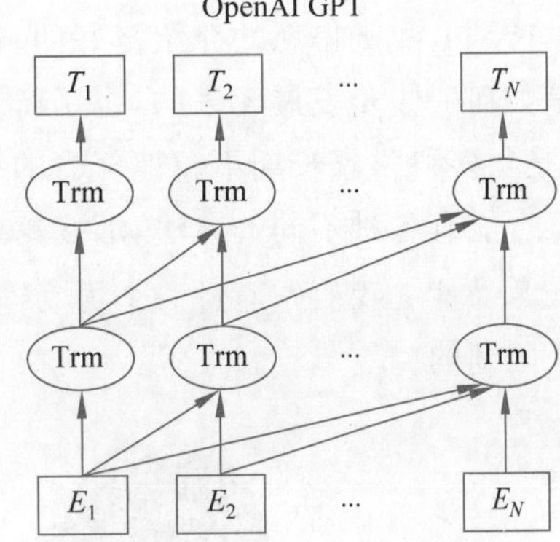

图 0.23 ChatGPT 结构示意图

第一步：指令学习。

首先随机地从问题集抽取问题，人工给出问题的答案，利用监督学习技术对预训练模型进行微调，学习像人一样回答问题。

通过指令学习，模型具有了一定的回答问题的能力。

第二步：偏好学习。

人给出的答案总是有限的，能否学习人类的偏好，让模型自己学习呢？偏好学习就是为了解决这个问题。首先让模型学会具有“判断是非”的能力，即对于同样的问题，哪些答案好，哪些答案不好。为此还是从问题集中随机抽取问题，模型采样生成多个问题的答案，然后标注人员按照答案质量给出排序。利用排序数据训练一个评估模型，该模型可以对问题的答案进行评估。

第三步：强化学习。

这一步也称作对齐，其意思是让模型进一步学会像人类一样回答问题，并符合人类的价值观。

同前面一样，还是从问题集中随机抽取问题，模型给出一个答案，评估模型对答案做出评价，依据评价结果利用强化学习方法优化模型。经过反复学习之后，模型逐步改善回答问题的能力，并在一定程度上符合人类的价值观。

通过以上步骤就得到了具有聊天能力的ChatGPT。

小明：我明白了，预训练让GPT掌握了知识，基于人类反馈的强化学习方法提高了GPT回答问题的能力。

艾博士：现在国内外都建造了很多大模型，大模型的出现，标志着人工智能研究迈入了新时代，是人工智能发展史上的重要里程碑。

随着大模型技术的发展，大模型中也越来越多地融入了多媒体信息，不仅可以处理文本，也可以处理图像、视频等，这方面的发展也非常快，2024年年初出现的Sora就是一个采用大模型技术实现的根据给定的文字生成视频的系统。

艾博士最后总结说：前面我们根据人工智能不同时期的发展特点，从处理对象的角度，将人工智能划分为5个时代，每个时代具有每个时代的特点。人工智能具有很多研究方向，在60多年的发展史上，提出了很多种不同的方法，这里只是简单地列举了一些每个时代的主要方法，试图让大家对人工智能的发展有个大概了解。

小明：我觉得您的介绍挺好的，让我对人工智能有了一个总体了解，大概知道了人工智能是如何一步步发展起来的，也了解了其中的艰辛和不容易。人工智能之所以有今天的结果，是很多科学家长期不懈地努力的结果。艾博士，我想问一下，从知识、特征到数据时代，人工智能有各种不同的方法，那么这些方法之间是否有所联系和具有共同点呢？

艾博士：我们先通过一个男女同学分类的例子（见图0.24），看看不同时代是如何解决这个问题的。

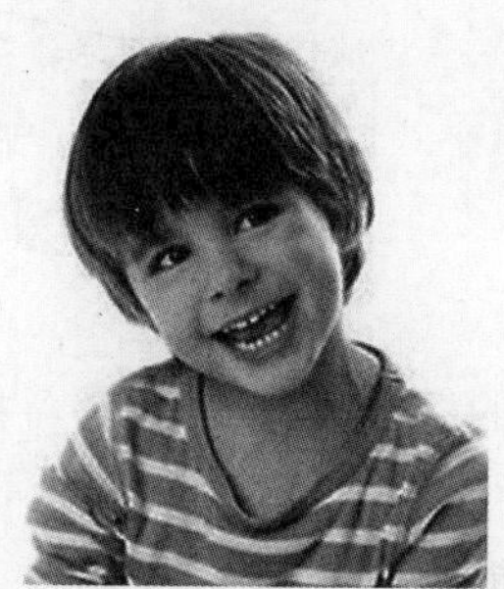 

图0.24　男女同学分类问题

在知识时代，如果用专家系统解决这个问题的话，需要总结大量相关知识，并以规则的形式表达出来。比如可以总结如下规则：

如果 长发 并且 带发卡 则 是女同学

如果 短发 并且 穿短裤 则 是男同学

如果 穿高跟鞋 则 是女同学

通过这些知识实现男女同学的分类。需要总结很多知识才有可能建立一个具有一定分类能力的专家系统。

在特征时代，不需要总结知识，只需给出不同的特征即可。每种特征只需要具有一定的分类能力就可以，不需要完全100%的区分能力。比如头发长度、鞋跟高度、衣服颜色等都可以作为特征使用。也不需要给出特征的组合，这些都交给统计机器学习方法求解即可。比起总结知识来，抽取特征相对容易得多。

在数据时代，只需收集数据就可以了，找来足够多的男女同学照片，并分别标注哪些照片是男同学，哪些照片是女同学。收集好数据之后，提交给深度学习进行训练就可以了。比起总结知识、抽取特征来，收集数据是件容易得多的事情。

在大模型时代，可以预训练很多多媒体信息，并建立不同信息之间的联系，从而实现多种不同类型复杂任务求解。不但具有男女同学分类的能力，还可以解释图像内容等，回答与图像有关的问题，从某种程度上来说具有一定的通用性。下面我们给出国内某个大模型的应用例子。

图 0.25 给出一张头戴棉帽的男士照片，询问系统该照片所处的环境，系统识别出男士头戴的棉帽子以及背后的白雪，回答出照片所处环境是“下雪的寒冷天气”。再询问“这是位男性还是女性”，系统也给出“男性”的正确答案。

图 0.26 给出一张董存瑞的纪念雕塑，然后问“这个雕塑是谁”，系统不仅可以准确地识别出这是“董存瑞纪念碑”，还可以就照片内容给出一些具体的说明。

图 **0.25**　大模型应用举例之一

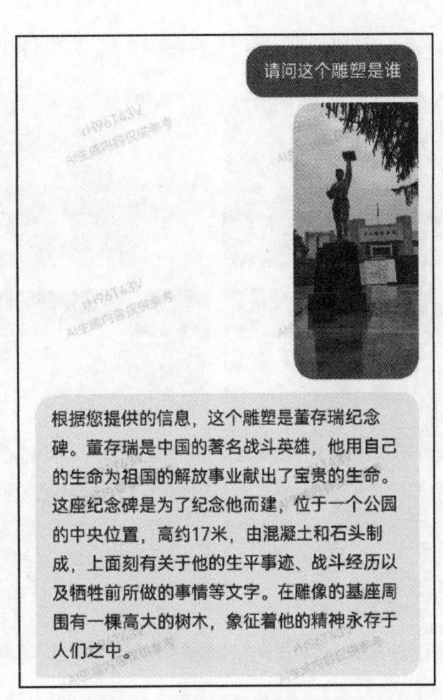

图 **0.26**　大模型应用举例之二

通过这两个例子，充分说明了大模型的强大功能，并显示出一定的通用人工智能能力。

从男女分类的例子可以看出，不同方法解决问题的角度是不同的，但它们也存在共同之处。从实现的角度，人工智能一直在研究如何定义问题、描述问题，然后再结合具体的表示方法加以求解。这样我们可以将人工智能表示如下：

人工智能＝描述＋算法

其中，“描述”指的如何定义问题、描述问题，告诉计算机做什么；“算法”则是具体的求解方法。这就如同老师布置作业一样。老师布置作业时，要说清楚具体的作业是什么，有什么要求，这就相当于描述问题。然后同学们按照学过的方法完成作业，所学的方法就相当于“算法”。

对于人工智能来说，不同时代用不同的描述方法，比如知识时代用规则等描述问题，而特征时代用特征描述问题，数据时代就用数据描述问题。而大模型时代则是通过预训练的方式描述问题，从而具有一定的通用性。这些必须以计算机可以处理的方式给出描述，不同的描述问题的方法，再配以相应的算法进行求解，比如数据时代用的是深度学习方法。

大模型时代采用的是更加复杂的预训练方法和基于人类反馈的强化学习方法等。

小明：还是感觉有些抽象，能否举一个例子说明呢？

艾博士：我们以识别猫为例说明这个问题。什么是猫呢？网上百科对猫的定义如下。

猫，头圆，颜面部短，前肢五指，后肢四趾，趾端具锐利而弯曲的爪，爪能伸缩，具有夜行性，行动敏捷，善跳跃，大多能攀缘上树，以伏击的方式猎捕其他动物。

这无疑是准确的描述，但是这个定义对于计算机识别猫无任何意义，因为计算机无法知道什么是头圆，什么是颜面部短等这些猫的特征，也就无法实现识别猫。在数据时代如何实现识别猫呢？这就是用数据定义猫，当然不是一两个数据，而是大量的数据，说明这些就是猫，如图 0.27 所示，告诉计算机这些就是猫，然后再利用深度学习方法，让计算机见多识广，自己去学习什么是猫，这样就可以实现如何识别猫了。

图 0.27　各种猫的数据

小明：这其实跟我们人类认识猫的过程是类似的，小孩子一开始并不认识猫，见得多了，自然就认识猫了。

从您举的例子看，数据时代的深度学习方法更具有优势，是不是就可以抛弃以前的方法了？

艾博士：虽然现在深度学习、大模型方法确实在多个方面具有优势，实现了很强大的功能，但是传统方法也有不可替代的作用。比如专家系统对结果比较容易控制，遇到不能求解或者求解错误的问题，容易分析出问题所在，找出问题的根源，也可以对结果给出解释。而基于特征的统计机器学习方法则具有很好的理论基础。这些都是深度学习方法不可比拟的。而深度学习方法也存在很多问题，比如不具有可解释性、理论依据不足等。以大模型为基础的多智能体也是当前的研究热点之一，通过大模型调用一些专用系统，以更好地求解问题。所以学习人工智能的话，要多方面学习不同的方法，而不能只限于少数方法。知识面要宽，这样才有利于创新。

小明读书笔记

按照不同的处理对象，人工智能可以划分为 5 个时代。

在初期时代，研究者们从多方面开始探讨实现人工智能的可能性，并取得了初步成果，但是由于盲目乐观，对人工智能的实现难度估计不足，很快陷入困境之中。

如何走出困境？研究者认识到知识的重要性，试图通过总结专家知识，让计算机使用这些知识像专家那样解决某些领域内的问题。这就是专家系统，并进一步提出知识工程。从此人工智能进入知识时代。然后如何有效地获取知识成为专家系统建构过程中的瓶颈。

计算机能否像人类一样通过学习获取知识呢？从而提出了机器学习。真正让机器学习走向实用的是统计机器学习。统计机器学习利用统计学方法，对输入特征进行统计分析和建模，用于求解实际问题。统计机器学习有多种方法，共同特点是对人为定义、抽取的特征进行处理，所以把这一时代称作特征时代。同样，如何抽取特征成为人工智能新的瓶颈。

能否让计算机从原始数据中自动抽取特征呢？深度学习方法使其成为可能。深度学习可以实现从原始数据中抽取不同层次、不同粒度的特征，实现多层次的特征映射，从而获取更好的系统性能。

随着 ChatGPT 的推出，标志着人工智能研究进入了大模型时代。利用巨大的数据实现预训练，再通过微调、对齐等手段得到一个具有一定通用能力的大模型。以 ChatGPT 为代表的大模型，以其出色的语言理解能力、语言生成能力，以及多轮对话管理能力，实现了人工智能发展史上的大突破。

不同的方法各具特点，不拘泥于某种方法，更有利于创新。

0.3　什么是人工智能

小明：经过您的介绍，我对人工智能有了一个初步的了解，那么究竟什么是人工智能呢？是否有一个明确的定义？

艾博士：由于智能包含了多种因素，智能的表现也是各种各样，所以如何定义人工智能也是一个难题。很多研究者从不同的角度给出了人工智能的定义，都局限于智能的某一方面，挂一漏百。因此，到目前为止也没有一个能让大家都接受的统一定义。麻省理工学院人工智能实验室前主任帕特里克·温斯顿(Patrick Winston)教授，从功能的角度将人工智能定义如下：

“人工智能就是研究如何使计算机做过去只有人才能做的智能工作。”

该定义虽然也存在一些问题，但比较通俗易懂，对初学者更容易理解。

从本质上来说，人工智能研究如何制造出人造的智能机器或系统，来模拟人类智能行为的能力，以延伸人们智能的科学。

这里有 3 个关键词：第一，人工智能是一个“人造”系统；第二，人工智能“模拟”人类的智能行为；第三，人工智能“延伸”人类的智能行为。这 3 点即是人工智能的关键因素，也反映了人们研究人工智能的目的，就是让人工智能为人类服务，帮助人类做更多的事情，成为人类智力的放大器。

小明：这个定义确实容易理解一些，回避了什么是智能的问题，直接从模拟人的智能行为角度说明了什么是人工智能。

艾博士：从这个角度出发，我们可以给出人工智能的定义为——人工智能是探讨用计算机模拟人类智能行为的科学。

艾博士：从应用的角度来说，一个实用、受欢迎的人工智能系统应该具有如下称作“五算”的要素。

(1) 算据。

(2) 算力。

(3) 算法。

(4) 算者。

(5) 算景。

小明：这“五算”具体是什么含义呢？

艾博士：我们先来做一个类比。小明你说一下，做一桌好的年夜饭需要哪些要素呢？

小明思考了一下回答说：我觉得首先要有好的食材，鸡鸭鱼肉样样都有，没有好的食材做不出来一桌丰盛的年夜饭，这就是所谓的巧妇难为无米之炊。然后再有一个好的厨师，厨师的手艺很重要，否则再好的食材也做不出好的饭菜。还有就是有一副好的灶具，灶具对厨师来说是非常重要的武器，家里普通的灶具绝对做不出饭馆的味道，主要原因是火力不够。我能想到的就是这3个要素。

艾博士：这3个要素都很重要，也确实是做一桌丰盛年夜饭的主要要素。还有一个要素就是菜谱。比如鱼可以红烧，也可以清蒸，同样是鱼，红烧和清蒸的味道完全不同。并且有的鱼适合红烧，有的鱼适合清蒸。当然这个菜谱可能是一本书，也可能完全装在厨师的脑子里。

小明：这么说的话，菜谱也很重要。

艾博士：除此以外，还有一个重要要素，就是天时地利。做任何事情都需要考虑天时地利，做年夜饭也不例外。比如说年夜饭等到了凌晨三四点钟才开饭，你睡得正香甜呢，突然喊你起来吃饭，即便是满汉全席你也不会喜欢去吃。

小明：是这个理儿。

艾博士：所以一桌受欢迎的年夜饭应该具备食材、灶具、厨师、菜谱和天时地利这5个要素(见图0.28)。

小明不解地问道：这与人工智能有什么关系呢？

艾博士：一个实用、受欢迎的人工智能系统就如同一桌年夜饭一样，也具有与此对应的5要素(见图0.29)，就是前面说的“五算”。

算据对应着食材，简单说就是计算的依据，包括数据、特征、知识等，是一个人工智能系统要加工的原始材料。

算力对应着灶具，就是计算的能力。现在强调大数据，对大数据的处理需要超强的计算能力，大型计算平台是必备条件。

图 0.28 年夜饭 5 要素

图 0.29 人工智能 5 要素

算法对应着菜谱，就是对数据、特征、知识等进行处理的计算方法。不同的算法可以解决不同的问题，同一个问题也可以有不同的解决方法。

算者对应着厨师，是熟练掌握算法和计算工具的人。

算景对应的是天时地利，简单说就是合适的计算场景。如同年夜饭一样，必须正确选择合适的时间、合适的场景和合适的人，才能成为一款受欢迎的人工智能系统。

小明读书笔记

什么是人工智能？由于智能的多样性，很难给出一个让大家都接受的统一定义。温斯顿教授从功能的角度给出了一个比较通俗易懂的定义：

“人工智能就是研究如何使计算机做过去只有人才能做的智能工作。”

从本质上说，人工智能是研究如何制造出人造的智能机器或系统，来模拟人类智能活动的能力，以延伸人们智能的科学。研究人工智能的目的就是为了让计算机帮助我们做更多的事情。

一个实用的人工智能系统应具有“5 要素”，包括算据、算力、算法、算者和算景，强调人工智能系统要考虑天时地利，即合适的时间、合适的环境，才有可能取得好的应用效果。

0.4 图灵测试与中文屋子问题

0.4.1 图灵测试

小明：艾博士，我一直有一个疑问，人工智能系统做到什么程度就算有了智能呢？

艾博士：这是一个好问题。计算机科学之父图灵早在1950年就对这个问题进行了深入研究。在1950年发表的一篇论文中，图灵提出了被后人称为“图灵测试”的著名测试方法，详细讨论了这个问题。

小明：图灵测试？听说过这个说法，但是还不是太了解具体内容，请艾博士讲讲吧。

艾博士：前面我们提到过，人工智能至今没有统一的定义，不同的人从不同的角度给出了不同的定义，每种定义都是侧重了人工智能的某个方面。为什么定义人工智能这么难呢？究其根源在于什么是智能至今都无法准确说清楚。图灵早就意识到了这一点，在早期研究“机器能思维吗”问题时曾经提到：“定义很容易拘泥于词汇的常规用法，但这种思路很危险。”“与其如此定义，倒不如用另一个相对清晰无误表达的问题来取代原问题。”正是在这样的情况下，图灵提出了后来被称为“图灵测试”的测试，以此来说明什么是机器智能，也就是后来所说的人工智能。

1950年，图灵发表了一篇题为《计算机与智能》(*Computing Machinery and Intelligence*)的论文，这里的Computing Machinery指的就是现在所说的计算机，由于当时Computer一词指从事计算工作的一种职业，所以图灵采用了Computing Machinery。在这篇论文中，图灵提出了判断机器是否具有智能的一种测试方法，后来被称为“图灵测试”。

图灵测试来源于一种模仿游戏，描述图灵生平的电影《模仿游戏》片名就来源于此。游戏由一男(A)、一女(B)和一名测试者(C)进行；C与A、B隔离，通过电传打字机与A、B对话。测试者C通过提问和A、B的回答，做出谁是A即男士，谁是B即女士的结论。在游戏中，A必须尽力使C判断错误，而B的任务是帮助C。也就是说，男士A要尽力模仿女士，从而让测试者C错误地将男士A判断为女士。这也是《模仿游戏》名称的由来。在论文中，图灵首先叙述了这个游戏，进而提出这样一个问题：如果让一台计算机代替游戏中的男士A，将会发生什么情况呢？也就是说，B换成一般的人类，机器A尽可能模仿人类，如果测试者C不能区分出A和B哪个是机器，哪个是人类，那么是不是就可以说这台机器具有了智能呢？图灵在论文中预测，在50年之后，计算机在模拟游戏中就会如鱼得水，一般的提问者在5分钟提问后，能够准确鉴别“哪个是机器哪个是人类”的概率不会高于70%，也就是说，机器成功欺骗了提问者的概率将会大于30%。后来，图灵在一次BBC的广播节目中，进一步明确说：让计算机模仿人，如果不足70%的人判断正确，也就是超过30%的测试者误以为在和自己说话的是人而非计算机，那就算机器具有了智能。这样一种测试机器是否具有智能的方法，后来被称为图灵测试(见图0.30)。

事实上，与其说图灵测试是一种测试，倒不如说是一种思想实验，是对什么是人工智能的一种定义，计算机只有达到了这样的程度，才可以说具有了智能。

小明：原来图灵测试是这么提出来的。在图灵测试中，为什么提出“5分钟内”“30%”这样的标准呢？又是如何确定的呢？

图 0.30　图灵测试

艾博士：据说当初男士模仿女士的游戏就是5分钟之后由测试者判断，而据统计，当时测试者正确区分出男女的成功率大约为70%。也就是说，约30%的情况下，男士成功地扮演了女士，骗过了测试者。图灵也从拟人的角度，以此作为人工智能通过测试的标准。

在论文中，图灵非常详细地讨论了图灵测试的各种情况，但是在提到图灵测试时，经常会遇到一些错误的说法或用法。

小明：都有哪些错误说法或者用法呢？

艾博士：常见的错误有以下2种。

错误1：将机器在某一方面的能力超过人类认作是通过了图灵测试。比如有人说AlphaGo在围棋比赛中通过了图灵测试。这也是不正确的说法。图灵测试要求的是模仿人类，不能让测试者很容易就分辨出它是机器，除了要求像人一样回答问题外，还要求它会伪装，不能表现出明显的超人一等的能力。因为如果一台机器具有明显的超出人类的能力，也很容易让测试者判断出它不是人类而是一台机器。就如同谷歌的Master在网上围棋赛上连续获胜时，很多人就已经猜测它是机器了。

图灵在论文中也已经明确地提到了这一点："有人声称，在游戏中提问者可以试问几道算术题来分辨哪个是机器，哪个是人，因为机器在回答算术题时总是丝毫不差。这种说法未免太轻率了。(带模拟游戏程序的)机器并没有准备给算术题以正确的答案。它会故意算错，以蒙骗提问者。"也就是说，一个通过了图灵测试的机器，应该会蒙骗，也会像人一样出错，也不能表现出明显超出人类的能力。比如当它遇到一个复杂的计算题时，应该会适当地说不会做，或者说我需要一些时间来计算，甚至可能会算错。学会隐藏自己的实力也是智能的表现。

错误2：将超过30%的测试者误把机器当作人类，理解为机器的回答中超过30%的内容与人类一致，区分不出是否为机器所答。比如在某年某市的高考试卷上就出现了这样的说法："超过30%的回答让测试者误认为是人类所答，那么就可以认为这台机器具有了智能"。在新闻中也看到过有公司声称自己的什么产品通过了图灵测试，给出的理由是超过30%的内容区分不出是否为机器所答。这显然是错误的。因为对于测试者来说，只要有一个回答有明显的问题，就可以被认作为机器所答，图灵测试的通过标准是骗过30%以上的测试者，而不是超过 30％的回答无法确认是否为人回答的。

还有一点需要说明的是，图灵测试是一个全面的测试，而不是某个单一领域的测试。在单一领域，机器水平再高，也不能说它通过了图灵测试。

小明：以上两点您总结得真好，如果不是您强调说明，我可能也会犯类似错误。

0.4.2 中文屋子问题

艾博士：关于图灵测试也一直存在一些争议，即便通过了图灵测试，就说明计算机具有智能了吗？哲学家希尔勒对此有不同看法，提出“中文屋子问题”（见图 0.31）加以反驳。

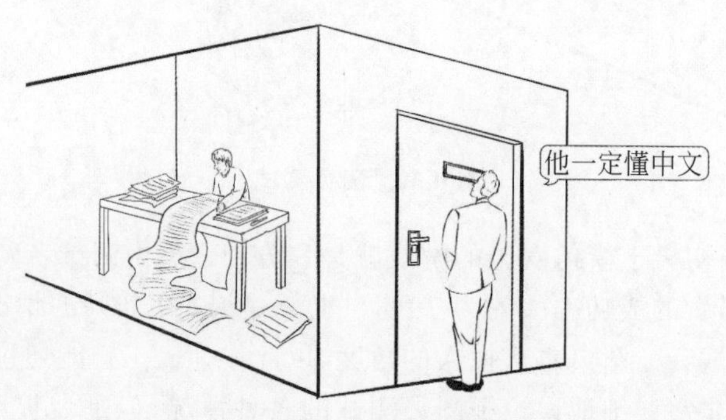

图 0.31 中文屋子问题

小明：希尔勒是如何反驳的呢？

艾博士：这要从罗杰·施安克设计的故事理解程序开始讲起，该程序可以理解用自然语言输入的一段简短的故事。

小明：如何知道这个程序理解了输入的故事呢？

艾博士：这就如同我们上课学习一样，老师怎么知道同学们是否听懂了上课内容呢？

小明：可以通过提问，看同学们是否能正确回答问题就知道同学们是否听懂了上课内容。

艾博士：对于故事理解程序也采用类似的方法，输入一段简短的故事之后，就故事内容进行提问，如果程序能正确回答问题，则说明程序理解了这段故事。提问的内容可以是故事中直接叙述的内容，也可以是故事并没有明确说明，但隐含在故事内的内容，尤其是后者更能检验程序是否理解了故事。

小明：听起来是一个很有意思的研究，那么罗杰·施安克的这个程序可以正确回答问题吗？

艾博士：对于比较简单的故事还是可以正确回答问题的。比如下面的两小段故事。

故事 A：

“一个人进入餐馆并订了一份汉堡包。当汉堡包端来时发现被烘脆了，此人暴怒地离开餐馆，没有付账或留下小费。”

故事 B：

“一个人进入餐馆并订了一份汉堡包。当汉堡包端来后他非常喜欢它，而且在离开餐馆付账之前，给了女服务员很多小费。”

这两段故事情节差不多，但是结果不同。作为对程序是否“理解”了故事的检验，可以分别向程序提问：在每个故事中，主人公是否吃了汉堡包。小明你回答一下，主人公是否吃了汉堡包？

小明：两段故事都没有明确说主人公是否吃了汉堡包，但是根据故事情节，故事A中主人公并没有吃汉堡包，因为该人“暴怒地离开餐馆，没有付账或留下小费”。而在故事B中，主人公肯定吃了汉堡包，因为该人“非常喜欢它”“给了女服务员很多小费”。这些都是隐含的内容，对于我们人来说理解起来并不难，但是让程序做到这一点感觉并不容易。

艾博士：小明，你的回答是对的。对于程序来说，这种理解确实具有难度，但是对于类似的简短故事，罗杰·施安克的程序做到了这一点。

但是，哲学家希尔勒却提出了异议。他说，能正确回答问题就是理解了吗？希尔勒背后质疑的实际是图灵测试，他认为，计算机即便通过了图灵测试，也并不代表计算机就具有了智能。

小明：不太理解希尔勒是怎样一种逻辑，难道都通过图灵测试了，还不能说计算机具备了智能吗？

艾博士：为此，希尔勒构造了一个理想实验，即“中文屋子问题”，用来阐述他的思想。

罗杰·施安克的程序本来是理解英文故事的，希尔勒认为什么语言并不重要，他假定该程序同样可以理解中文故事。

小明：为什么要换成理解中文故事呢？

艾博士笑道：可能与西方人认为中文最难有关吧？

艾博士接着讲道：既然这是一个程序，那么懂编程的人就可以看得懂这段程序，并按照程序像计算机一样进行数据处理，虽然可能很慢。希尔勒设想自己就是那个懂编程的人，把自己和程序一起关在一个称作“中文屋子”的屋子里，有人将中文故事和问题像输入计算机一样送到屋子里，希尔勒按照程序一步步地操作，并按照程序给出答案，显然答案也是中文的，因为希尔勒一切都在按照程序操作，如果程序能给出中文回答，那么希尔勒也可以做到。如果程序可以理解这段中文故事、给出正确答案，那么希尔勒自己按照程序也同样可以给出正确答案。这似乎没有问题吧？

小明回答说：应该没有问题，如果不考虑处理所用时间的话。

艾博士：但是希尔勒最后说“我并不认识中文，也不知道这段故事讲了什么，甚至最后给出的答案是什么也不知道，但是我却通过了这个测试”。所以希尔勒提出疑问：能给出正确答案就是理解了吗？就实现了智能吗？

小明：哲学家就是不一样，通过一个简单的例子，提出了一个很有意思的问题。

艾博士：中文屋子问题提出后，引起了世界范围内有关什么是智能的大讨论，有赞同希尔勒观点的，也有反对他的观点的，公说公有理婆说婆有理，各自发表不同的见解。

小明：最终有什么结果吗？

艾博士：这类问题注定不会有一个统一的结果，但是通过讨论，加深了人们对什么是智能、什么是人工智能的认识。

小明：艾博士您是如何看待中文屋子问题的呢？

艾博士：我个人认为，中文屋子应该当作一个整体来看待，虽然屋子里的希尔勒并没有理解这段中文故事，但是从屋子整体来说，能正确回答问题就是理解了，也就具有了智能。就如同我们人，也是从一个人的整体来讨论是否理解了问题，不能说人体里面的哪个部分理解了故事。

小明：我觉得您说得很有道理，中文屋子应该当作一个整体看待，理解故事的是屋子整体，而不是内部的某个部分。

小明读书笔记

图灵测试和中文屋子问题是人工智能中经常被涉及的话题，这两个话题可以帮助我们理解什么是智能、什么是人工智能等问题。

简单地说，图灵测试就是测试者通过一定的对话，能否区分出与他对话的是人还是机器，如果机器成功地欺骗了测试者，则机器通过了图灵测试，即机器具有了智能。从某种程度上来说，图灵测试是一种对人工智能的定义。

通过了图灵测试机器就具有了智能吗？中文屋子问题是对图灵测试的一个反驳，通过一个假想试验，试图说明即便通过了图灵测试机器也不一定就具有了智能。这样的讨论对于弄清楚什么是理解、什么是智能具有重要意义。

0.5 第三代人工智能

艾博士：人工智能发展到今天虽然取得了很好的成绩，但是目前以深度学习为主导的人工智能还存在很多问题有待解决。

小明：主要存在哪些问题呢？

艾博士：我们通过一些典型的例子说明一下当前以深度学习为主导的人工智能存在的问题。

在大数据时代，人工智能需要大量的数据，但是人认识事物，并不需要太多的数据，人可以很容易做到举一反三。图0.32是国宝级文物东汉时期的青铜器“马踏飞燕”侧面和正面图，对于人来说，如果认识了侧面图是马踏飞燕，那么当看到正面图时，也能认出是马踏飞燕，不会由于没有见过正面图而不认识。但是对于目前的人工智能系统来说，很难做到这一点，需要学习大量不同角度的图片，才有可能正确识别出不同角度的马踏飞燕。

图0.32 马踏飞燕图

小明：为什么人工智能系统不能像人一样做到举一反三呢？

艾博士：人之所以能做到举一反三，是人具有理解能力，是在理解的基础上做识别，很多情况下即便不给出全图也可以正确识别。而目前的人工智能系统依靠的是“见多识广”，通过大量数据的训练形成“概念”，人工智能所谓的“认识”，其实是在猜测，由于“见过”的数据多，往往猜测的也比较准确，但也存在猜错了的风险，甚至可能错得离谱。

小明不解地问道：会有哪些风险呢？

艾博士：比如图 0.33 给出的是某自动驾驶汽车发生的车祸照片，其中图 0.33(a)是车祸现场，图 0.33(b)是与汽车发生碰撞的大货车。当时该自动驾驶汽车在没有任何刹车的情况下，与大货车直接相撞，造成惨重后果。经事后分析，自动驾驶汽车将大货车识别成了立交桥，所以没有采取任何措施就撞了上去。图 0.33(b)椭圆形圆圈所标示的就是汽车与大货车相撞的具体位置。

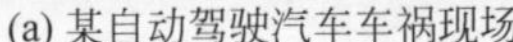

(a) 某自动驾驶汽车车祸现场

(b) 发生碰撞的大货车

图 0.33　某自动驾驶汽车车祸

小明：原来是这样啊，在自动驾驶汽车场景下，万一发生了识别错误，就可能造成严重后果。

艾博士：还有人针对人工智能系统研究对抗样本，利用人工智能系统的脆弱性，对人工智能系统进行攻击。

小明：这里所说的攻击是什么含义呢？又是怎么实现攻击的呢？

艾博士：这里说的攻击，指的是在一个原始图像上增加少量人眼无法察觉的噪声，欺骗人工智能系统发生识别错误，达到攻击的目的。图 0.34 就是一个对抗样本攻击的例子。其中左图是一个熊猫图像，中图是专为攻击构造的噪声图像，然后将噪声图像以 0.7%的强度添加到左图中，得到右图所示的添加了噪声之后的熊猫图像。小明你对比一下看，能看出图 0.34 左图和右图有什么差别吗？

+0.7%×

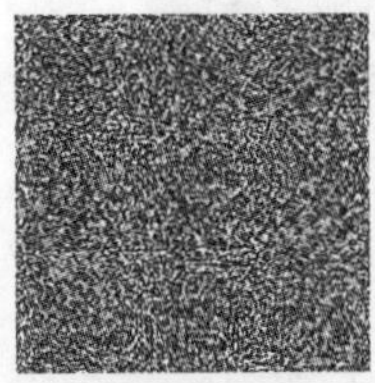

=

图 0.34　对抗样本举例

小明反复对比以后说：看不出任何差别来。

艾博士：对于人来说，加上这么少的噪声不会有任何影响，即便是涂抹几下，或者部分遮挡，也不会影响我们人类识别这是一个熊猫。但是对于人工智能系统就不同了，对于左图可以正确地识别出这是熊猫，但是却将右图识别为一只长臂猿，并且信心满满地认为是长臂猿的可信度高达99.3%。

小明：这也太不可思议了，一点点噪声就会带来这么奇怪的事情发生。

艾博士：这就是对抗样本带来的效果，这个噪声不是普通的噪声，而是利用了目前人工智能方法的弱点，为了攻击有意构造的噪声。这件事情就更危险了，对一些人工智能的应用可能带来灾难性的后果。比如说如果自动驾驶汽车大量使用，有人对路标进行攻击，本来指引右转的路牌，攻击者通过对抗样本的方法让汽车错误地识别为向左转，而人又很难发现路牌有问题，岂不是非常危险？

小明：这确实是件可怕的事情。

艾博士：最近MIT和UC Berkeley的研究者发表了他们的研究成果，利用类似对抗样本的攻击方法，成功地攻击了与AlphaGo类似的计算机围棋系统KataGo，通过训练得到的围棋AI可以77%的胜率战胜KataGo，而KataGo同AlphaGo一样，在围棋方面具有超越人类的能力。

小明：就是说通过对抗训练的这个围棋AI具有更高的下棋水平了吗？

艾博士：不是的，这个围棋AI水平并不高，甚至下不过普通的业余棋手，只能说是一物降一物，只对KataGo有效，它是通过欺骗KataGo犯下严重错误而获胜的，并不是真的具有什么下棋水平。

小明：艾博士，听您讲的人工智能存在的这些问题，让我想起来古希腊神话中的"阿喀琉斯之踵"(见图0.35)。阿喀琉斯是一位大英雄，在他刚出生时其母将其沉浸进冥河中做洗礼，因为相传在冥河水中洗过礼就可以做到刀枪不入、长生不老。但遗憾的是洗礼时被母亲提着的脚踝没有浸入水中，从而留下了一个死穴，最终在特洛伊战争中阿喀琉斯被帕里斯一箭射中脚踝而死。目前的人工智能可能就存在这样的"死穴"，一旦这些"死穴"被利用，可能会带来不可预测的灾难性后果。

(a)

(b)

图0.35 阿喀琉斯之踵

艾博士：这里只是通过几个例子说明了当前人工智能存在的一些典型问题，更多的问题我们就不再叙述了。这些问题在实际应用中出现就会带来不可靠、不可信、不安全等问题，究其原因是因为目前的人工智能方法靠的是猜测，缺乏理解和可解释性，无论是做对了还是做错了，都很难给出其原因所在。

为了克服这些存在的问题，清华大学的张钹院士提出了第三代人工智能的概念。张钹院士按照人工智能的发展，将目前的人工智能划分为两代。第一代是以专家系统、知识工程为代表的基于知识的人工智能，第二代是以统计机器学习、深度学习为代表的基于数据的人工智能。在这里张钹院士认为特征也是数据的一种，所以将我们前面讲的特征时代和数据时代合并为一代。在两代人工智能发展过程中，虽然取得了很好的成绩，但是还存在诸如我们所说的各种问题。

张钹院士认为，当前的人工智能适于求解满足如下条件的问题。

(1) 掌握丰富的数据或知识。

(2) 信息完全。

(3) 确定性信息。

(4) 静态与结构化环境。

(5) 有限领域与单一任务。

但是在实际应用中并不能满足这样的条件，比如不足的数据、不完备的信息、动态的环境、非确定性信息等，因此一旦超出了条件所限，人工智能系统就可能出现问题。而第三代人工智能就是要解决这些问题，在数据不充分、信息不完全、信息不确定、动态环境、复合任务条件下，实现安全、可信、可靠、可扩展、可解释的人工智能。这也是人工智能今后发展的重要方向，在其中一个或者几个方面取得进展，都将是人工智能研究的重大突破。

小明：看起来人工智能需要研究的问题还有很多，困难与机遇并存，我要努力学习，先打好基础，学会已有的东西，在前人的基础上才有可能取得新的进展。

艾博士：小明加油！将来就靠你们了！

小明读书笔记

目前以深度学习为主导的人工智能还存在很多问题，很大程度上靠的是猜测而不是理解，这样就可能出现很多问题，给应用带来不可靠、不可信、不安全等问题。之所以会出现这样的问题，是因为目前人工智能方法是在假定信息完全、确定性信息、静态与结构化环境、单一任务等条件下实现的，而现实条件往往并不满足这样的假设。为此张钹院士提出了第三代人工智能的概念，在数据不充分、信息不完全、信息不确定、动态环境、复合任务条件下，实现安全、可信、可靠、可扩展、可解释的人工智能。这是未来人工智能研究的重要方向。

0.6 总结

艾博士：关于什么是人工智能就简单地讲这么多，下面请小明对这部分内容做一个总结。

小明：好的，我试着总结一下。

1956 年在达特茅斯讨论会上，第一次公开提出了人工智能这一概念，标志着人工智能的诞生。60 多年以来，人工智能研究经风历雨，几次陷入困境，在一代代研究者不畏艰难的努力之下，终于取得今天这样的成绩。从研究对象的角度，人工智能 60 多年的研究史，可以大体上划分为 5 个时代。

第一个时代为初期时代。随着人工智能的提出，研究者们满腔热情地投入研究中，在诸如定理证明、通用问题求解、机器博弈、机器翻译等多个方面开展了全方位的研究工作，也取得了一些成绩。但是由于对实现人工智能的困难估计不足，很快陷入困境。通过总结经验教训，人们认识到知识的重要性，必须让计算机拥有知识，才有可能实现人工智能。

第二个时代为知识时代。一个专家之所以能够成为某个领域的专家，关键是他拥有了这个领域的知识以及运用这些知识解决领域内问题的能力。如果能将专家的知识总结出来，并以计算机可以使用的方式加以表示、存储，那么计算机也可以像专家那样求解该领域的问题。这就诞生了专家系统，专家系统是知识时代最具代表性的工作，后来又进一步发展为知识工程。

专家系统最重要的就是知识，但是如何获取专家的知识，成为建构专家系统的瓶颈问题。

第三个时代是特征时代。人的知识是通过学习获得的，那么计算机是否可以实现自动学习呢？这就诞生了机器学习，也就是让计算机自动获取知识。曾经提出过多种机器学习方法，但都无法应用于实际之中，直到统计机器学习方法的提出才改变了这一现象，使得机器学习可以真正解决实际问题。

统计机器学习方法利用统计学方法对输入特征进行统计分析，找出特征之间的统计规律，实现对特征数据统计建模，并应用于求解实际问题。在互联网大发展、数据海量增加的情况下，为人工智能的广泛应用打下了基础，可以说是统计机器学习方法将人工智能从低谷之中拯救回来，为后来的人工智能热潮奠定了基础。

在应用统计机器学习解决实际问题过程中，除了统计机器学习方法外，最重要的就是特征抽取，各种应用研究主要围绕着针对具体问题的特征抽取方法展开，但是如何抽取特征又成为了人工智能应用中新的瓶颈问题，阻碍了人工智能的发展。

第四个时代是数据时代。能否让计算机从原始数据中自动抽取特征呢？能够从数据中自动抽取特征的深度学习方法应运而生。

简单地说，深度学习就是一种多层人工神经网络，简称神经网络。神经网络的研究起始于 20 世纪 40 年代，五六十年代曾经有过很多研究，但由于缺少通用的学习方法而受到冷落。到了 20 世纪 80 年代中期，随着 BP 算法的提出再次受到研究者的重视，并掀起新的研究热潮。但由于受诸如计算能力、数据量等客观条件的限制，有关神经网络的研究再次陷入低潮。直到 2006 年神经网络以深度学习的面貌再次出现，并在语音识别、图像识别中获得成功应用后，以深度学习为主导的人工智能才取得爆发性发展，在多个不同的领域取得快速发展和应用，重新引领了人工智能的发展热潮。

深度学习之所以能在多个方面取得好成绩，主要是因为深度学习方法具有从原始数据中自动抽取特征的能力，通过多层神经网络，可以实现不同层次、不同粒度的特征抽取，实现多层的特征映射。

第五个时代是大模型时代，这一时代刚刚开始。利用巨大的数据实现预训练，再通过微调、对齐等手段得到一个具有一定通用能力的大模型。以 ChatGPT 为代表的大模型，以其出色的语言理解能力、语言生成能力，以及多轮对话管理能力，实现了人工智能发展史上的大突破。

如何验证一个计算机系统是否具有了智能呢？图灵对此进行了深入研究，提出了著名的图灵测试。图灵在论文中设想，有一台机器 A 和一个人 B，并有一个测试者 C。测试者 C 向机器 A 和人 B 提出问题，机器 A 和人 B 回答问题。如果经过若干轮测试之后，测试者 C 不能准确地判断出 A 是机器、B 是人，则说明机器 A 通过了测试，具有了智能。

针对通过图灵测试是否就预示着具有智能这个问题也引起过争论，“中文屋子问题”就是针对此问题而提出的。假设有一个可以理解中文的程序，一个懂得编程但并不懂中文的人，把人和程序放在一个称作“中文屋子”的房间里，提问者用中文向屋子里的人提问，屋子里的人按照程序像计算机那样“人工”执行程序。如果程序可以给出正确答案，那么屋子里的人也应该可以给出正确答案，因为他是严格按照程序操作的。虽然答案是正确的，但是屋子里的人不懂中文，他根本不知道问题是什么，也不知道回答的是什么，能说他理解了中文吗？这样的讨论推动了研究者对什么是智能、什么是人工智能的理解。

基于深度学习的人工智能虽然取得了很辉煌的成绩，但是在很多方面还存在不足，具有被攻击的风险，从而导致人工智能系统具有不安全、不可靠、不可信等问题。如何解决这些问题，是下一代人工智能也就是第三代人工智能要解决的问题，也是未来人工智能的重要发展方向。

第1篇

神经网络是如何实现的

艾博士导读

这些年来人工智能蓬勃发展，在语音识别、图像识别、自然语言处理等多个领域得到了很好的应用。推动这波人工智能浪潮的无疑是深度学习。深度学习实际上就是多层神经网络，至少到目前为止，深度学习基本上是用神经网络实现的。神经网络并不是什么新的概念，早在20世纪40年代就开展了以感知机为代表的神经网络的研究，只是限于当时的客观条件，提出的模型比较简单，只有输入、输出两层，功能有限，连最简单的异或问题(XOR问题)都不能求解，神经网络的研究走向低潮。

到了20世纪80年代中期，随着反向传播算法(BP算法)的提出，神经网络再次引发研究热潮。当时被广泛使用的神经网络，在输入层和输出层之间引入了隐含层，不但能轻松求解异或问题，还被证明可以逼近任意连续函数。但限于计算能力和数据资源的不足，神经网络的研究再次陷入低潮。

一直对神经网络情有独钟的多伦多大学的辛顿教授，于2006年在《科学》上发表了一篇论文，提出了深度学习的概念，至此神经网络以深度学习的面貌再次出现在研究者的面前。但是深度学习并不是简单地重复以往的神经网络，而是针对以往神经网络研究中存在的问题，提出了一些解决方法，可以实现更深层次的神经网络，这也是“深度学习”一词的来源。

随着深度学习方法先后被应用到语音识别、图像识别中，并取得了传统方法不可比拟的性能，深度学习引起了人工智能研究的再次高潮。

那么神经网络是如何实现的呢？本篇将逐一解开这个谜团。

本篇内容按照难易程度划分为三个等级，读者可以根据自身需要有选择地选读其中几节或者全部内容。

第一级：1.1～1.2节，介绍神经元和神经网络的基本概念。通过一个简单的数字识别问题，引出神经元的概念，以及神经元与模式之间的对应关系。然后系统地介绍神经元和全连接神经网络。

第二级：1.3～1.4节，介绍神经网络的基本训练方法，引出BP算法以及BP算法的基本工作原理。从模式提取的角度引出卷积神经网络的概念，并进一步讲解卷积神经网络的实现方法。最后介绍几个神经网络的应用实例，详细说明其组成结构等。在阅读这些内容之前，需要读者大体了解向量、导数、偏导数等基本概念，但并不需要太深的知识。

第三级：1.5～1.11节，介绍什么是梯度消失问题以及常用的解决方法。介绍什么是过拟合问题以及常用的解决方法。为了用神经网络处理自然语言问题，引出词的表示方法及求解方法。对于像语句这样的序列数据处理对象，介绍什么是循环神经网络以及求解方法，给出一些应用实例。接下来介绍一种特殊的循环神经网络 LSTM，讲解其组成结构和基本的求解原理。同第二级一样，需要读者大体了解向量、导数、偏导数等基本概念，但并不需要太深的知识。

小明是个聪明好学的孩子，对什么事情都充满了好奇心。最近人工智能火热，无论是电视上，还是网络媒体上，经常听到的一个词就是神经网络。小明在生物课上学习过人类的神经网络，我们的思维思考过程，都是依赖于大脑的神经网络进行的。那么计算机上的神经网络是如何实现的呢？带着这个问题，小明找到了万能的艾博士，向艾博士请教有关神经网络的实现原理以及计算机是如何利用神经网络实现人工智能的。

1.1　从数字识别谈起

这天是周末，艾博士正在家中整理自己的读书笔记，为周一的讲课做准备，在得知了小明的来意之后，对小明说：小明，你来得刚好，我正在准备这方面的资料，我们一起来探讨一下这个问题。

小明你看，图 1.1(a)是数字 3 的图像，其中 1 代表有笔画的部分，0 代表没有笔画的部分。假设想对 0～9 这 10 个数字图像进行识别，也就是说，如果任给一个数字图像，我们想让计算机识别出这个图像是数字几，我们应该如何做呢？

一种简单的办法就是对每个数字构造一个模式，比如对数字 3，我们这样构造模式：有笔画的部分用 1 表示，而没有笔画的部分，用 −1 表示，如图 1.1(b)所示。当有一个待识别图像时，我们用待识别图像与该模式进行匹配，匹配的方法就是用图像和模式的对应位置数字相乘，然后再对相乘结果进行累加，累加的结果称为匹配值。为了方便表示，我们将模式一行一行展开用 $w_i(i=1,2,\cdots,n)$ 表示模式的每一个点。待识别图像也同样处理，用 $x_i(i=1,2,\cdots,n)$ 表示。这里假定模式和待识别图像的大小是一样的，均由 n 个点组成。则以上所说的匹配可以表示为

$$\text{net}=w_1\cdot x_1+w_2\cdot x_2+\cdots+w_n\cdot x_n$$

艾博士问小明：你看这样的匹配会是什么结果呢？

小明想了一下回答道：如果模式与待识别图像中的笔画是一样的，就会得到一个比较大的匹配结果，如果有不一致的地方，比如模式中某个位置没有笔画，这部分在模式中为 −1，而待识别图像中相应位置有笔画，这部分在待识别图像中为 1，这样对应位置相乘就是 −1，相当于对结果做了惩罚，会使得匹配结果变小。所以我猜想，匹配结果越大说明待识别图像与模式越一致，否则差别就越大。

听了小明的回答，艾博士很高兴：小明，你说得很对。我们用 3 和 8 举例说明。如图 1.2 所示是 8 的图像。这两个数字的区别只是在最左边是否有笔画，当用 8 与 3 的模式匹配时，8 的左边部分与 3 的模式的左边部分相乘时，会得到负值，这样匹配结果受到了惩罚，降低了匹配值。相反如果当 3 与 8 的模式匹配时，由于 3 的左边没有笔画，值为 0，与 8 的左边对应位置相乘得到的结果是 0，也同样受到了惩罚，降低了匹配值。只有当待识别图像与模式笔画一致时，才会得到最大的匹配值。

接着，艾博士让小明算一下数字 3、8 分别与 3 的模式的匹配值各是多少。小明很快就给出了计算结果，3 与 3 的模式的匹配值是 143，而 8 与 3 的模式的匹配值是 115。可见前者

1	1	1	1	1	1	1	1	1	1	1	1	1	0	0
1	1	1	1	1	1	1	1	1	1	1	1	1	1	0
1	1	1	1	1	1	1	1	1	1	1	1	1	1	1
0	0	0	0	0	0	0	0	0	0	0	0	1	1	1
0	0	0	0	0	0	0	0	0	0	0	0	1	1	1
0	0	0	0	0	0	0	0	0	0	0	0	1	1	1
1	1	1	1	1	1	1	1	1	1	1	1	1	1	0
1	1	1	1	1	1	1	1	1	1	1	1	1	0	0
1	1	1	1	1	1	1	1	1	1	1	1	1	1	0
0	0	0	0	0	0	0	0	0	0	0	0	1	1	1
0	0	0	0	0	0	0	0	0	0	0	0	1	1	1
0	0	0	0	0	0	0	0	0	0	0	0	1	1	1
1	1	1	1	1	1	1	1	1	1	1	1	1	1	1
1	1	1	1	1	1	1	1	1	1	1	1	1	1	0
1	1	1	1	1	1	1	1	1	1	1	1	1	0	0

(a) 数字 3 的图像

1	1	1	1	1	1	1	1	1	1	1	1	1	-1	-1
1	1	1	1	1	1	1	1	1	1	1	1	1	1	-1
1	1	1	1	1	1	1	1	1	1	1	1	1	1	1
-1	-1	-1	-1	-1	-1	-1	-1	-1	-1	-1	-1	1	1	1
-1	-1	-1	-1	-1	-1	-1	-1	-1	-1	-1	-1	1	1	1
-1	-1	-1	-1	-1	-1	-1	-1	-1	-1	-1	-1	1	1	1
1	1	1	1	1	1	1	1	1	1	1	1	1	1	-1
1	1	1	1	1	1	1	1	1	1	1	1	1	-1	-1
1	1	1	1	1	1	1	1	1	1	1	1	1	1	-1
-1	-1	-1	-1	-1	-1	-1	-1	-1	-1	-1	-1	1	1	1
-1	-1	-1	-1	-1	-1	-1	-1	-1	-1	-1	-1	1	1	1
-1	-1	-1	-1	-1	-1	-1	-1	-1	-1	-1	-1	1	1	1
1	1	1	1	1	1	1	1	1	1	1	1	1	1	1
1	1	1	1	1	1	1	1	1	1	1	1	1	1	-1
1	1	1	1	1	1	1	1	1	1	1	1	1	-1	-1

(b) 数字 3 的模式

图 1.1　数字 3 的图像和模式

远大于后者。图 1.3 给出了数字 8 与模式 3 匹配的示意图，为表示方便用了一个小图。

看着计算结果小明很兴奋，马上问艾博士：如果我想识别一个数字是 3 还是 8，是不是分别和这两个数字的模式进行匹配，看与哪个模式的匹配值大，就是哪个数字？

艾博士肯定地回答说：非常正确。如果识别 0～9 这 10 个数字，只要分别建造这 10 个数字的模式就可以了。对于一个待识别图像，分别与 10 个模式匹配，选取匹配值最大的作为识别结果就可以了。但是由于不同数字的笔画有多有少，比如 1 笔画就少，而 8 就比较多，所以识别结果的匹配值也会有大有小，为此我们可以对匹配值用一个称作 sigmoid 的函

0	0	1	1	1	1	1	1	1	1	1	1	1	0	0
0	1	1	1	1	1	1	1	1	1	1	1	1	1	0
1	1	1	1	1	1	1	1	1	1	1	1	1	1	1
1	1	1	0	0	0	0	0	0	0	0	0	1	1	1
1	1	1	0	0	0	0	0	0	0	0	0	1	1	1
1	1	1	0	0	0	0	0	0	0	0	0	1	1	1
0	1	1	1	1	1	1	1	1	1	1	1	1	1	0
0	0	1	1	1	1	1	1	1	1	1	1	1	0	0
0	1	1	1	1	1	1	1	1	1	1	1	1	1	0
1	1	1	0	0	0	0	0	0	0	0	0	1	1	1
1	1	1	0	0	0	0	0	0	0	0	0	1	1	1
1	1	1	0	0	0	0	0	0	0	0	0	1	1	1
1	1	1	1	1	1	1	1	1	1	1	1	1	1	1
0	1	1	1	1	1	1	1	1	1	1	1	1	1	0
0	0	1	1	1	1	1	1	1	1	1	1	1	0	0

图 1.2　数字 8 的图像

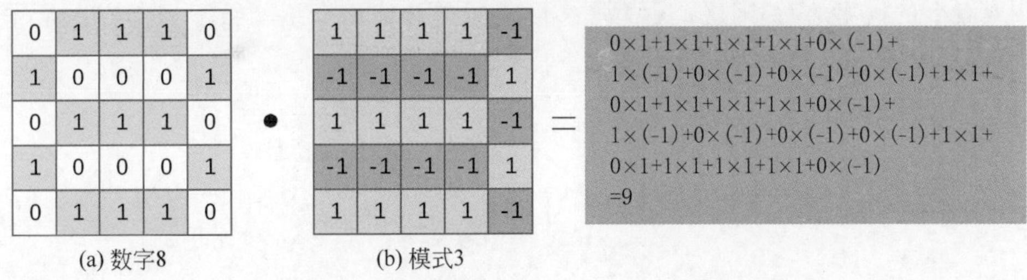

图 1.3　数字 8 与模式 3 的对应位置相乘再累加

数进行变换，将匹配值变换到 0 和 1 之间。sigmoid 函数如下式所示，通常用 σ 表示。

$$\sigma(x)=\frac{1}{1+\mathrm{e}^{-x}}$$

其图形如图 1.4 所示。

从图中可以看出，当 x 比较大时，sigmoid 输出接近于 1；当 x 比较小时(负数)，sigmoid 输出接近于 0。经过 sigmoid 函数变换后的结果可以认作是待识别图像属于该数字的概率。

听艾博士讲到这里，聪明的小明用计算器计算一番后，马上想到一个问题：艾博士，像前面的 3 和 8 的匹配结果分别为 143、115，把两个结果代入 sigmoid 函数中，都接近于 1，并没有明显的区分啊？

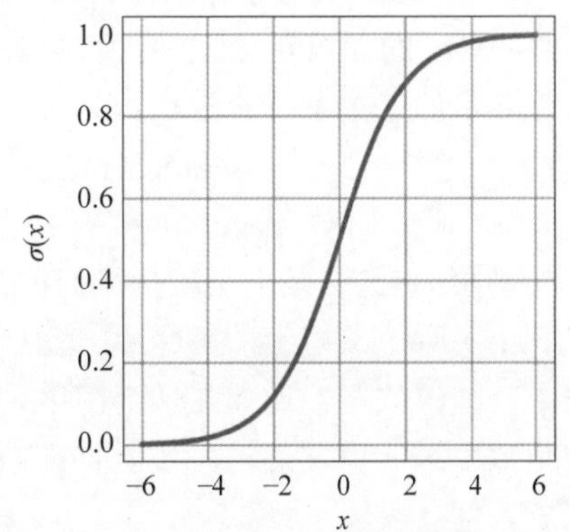

图 1.4　sigmoid 函数示意图

艾博士夸赞小明想得仔细：小明你说得非常对，sigmoid 函数并不能直接这样用，而是要“平移”一下，加上一个适当的偏置 b，使得加上偏置后，两个结果分别在 sigmoid 函数中心线的两边，来解决这个问题：

$$\text{net}=w_1\cdot x_1+w_2\cdot x_2+\cdots+w_n\cdot x_n+b$$

比如这里我们让 $b=-129$,小明你再计算一下这样处理后的 sigmoid 值分别是多少？

小明用计算器再次计算一番后，得出结果分别为

$$\text{sigmoid}(143-129)=0.999999$$

$$\text{sigmoid}(115-129)=0.000001$$

小明对这个结果非常满意：这个 sigmoid 函数真是神奇，这样区分就非常清楚了，接近1的就是识别结果，而接近0的就不是识别结果。但是艾博士，对于不同的数字模式这个偏置 b 是固定值吗？

艾博士回答说：当然不能是固定的，不同的数字模式具有不同的 b 值，这样才能解决前面提到的不同数字之间笔画有多有少的问题。

经过艾博士的详细讲解，小明明白了这样一种简单的数字识别基本原理。但是，这与神经网络有什么关系呢？

对于小明的问题，艾博士在纸上画了一个示意图，如图1.5所示。艾博士指着图说：我们上面介绍的，其实就是一个简单的神经网络。这是一个可以识别3和8的神经网络，与前面介绍的一样，$x_1,x_2,\cdots,x_n$ 表示待识别图像，$w_{3,1},w_{3,2},\cdots,w_{3,n}$ 和 $w_{8,1},w_{8,2},\cdots,w_{8,n}$ 分别表示3的模式和8的模式，在图中可以看成是每条边的权重。如果用 y_3、y_8 分别表示识别为3或者8的概率的话，则这个示意图实际表示的和前面介绍的数字识别方法是完全一样的，只不过是换成了用网络的形式表达。

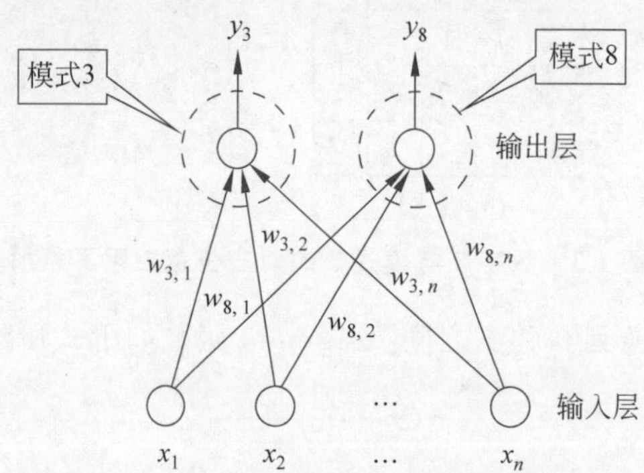

图1.5　用神经网络形式表达的数字识别

艾博士指着图进一步解释说：图中下边表示输入层，每个圆圈对应输入图像在位置 i 的值 x_i，上边一层表示输出层，每一个圆圈代表了一个神经元，所有的神经元都采取同样的运算：输入的加权和，加上偏置，再经过 sigmoid 函数得到输出值。这样的一个神经网络，实际表示的是如下计算过程：

$$y_3=\text{sigmoid}(w_{3,1}\cdot x_1+w_{3,2}\cdot x_2+\cdots+w_{3,n}\cdot x_n+b_3)$$

$$y_8=\text{sigmoid}(w_{8,1}\cdot x_1+w_{8,2}\cdot x_2+\cdots+w_{8,n}\cdot x_n+b_8)$$

小明你看，这是不是就是我们前面讲的数字识别方法？

小明听了艾博士的解释后，恍然大悟，问道：那么是不是说每个神经元对应的权重都代表了一种模式呢？比如在这个图中，一个神经元代表的是数字3的模式，另一个神经元代表的是数字8的模式。进一步，如果在输出层补足了10个数字，是不是就可以实现数字识别了？

在得到了艾博士的肯定回答后，小明又问道：刚刚您说这是一个简单的神经网络，那么

是否有更复杂的神经网络呢？复杂的神经网络又是如何构造的呢？

艾博士回答说：这个网络过于简单了，要想构造复杂一些的网络，可以有两个途径。比如一个数字可以有不同的写法，这样的话，同一个数字就可以构造多个不同的模式，只要匹配上一个模式，就可以认为是这个数字。这是一种横向扩展，如图 1.6(a)所示，图中增加了数字 3 和 8 的新模式。另外一个途径就是构造局部的模式。比如可以将一个数字划分为上下左右 4 部分，每部分是一个模式，多个模式组合在一起合成一个数字。不同的数字，也可以共享相同的局部模式。比如 3 和 8 在右上、右下部分模式可以是相同的，而区别在左上和左下的模式上。要实现这样的功能，需要在神经网络的输入层、输出层之间增加一层表示局部模式的神经元，这层神经元由于在神经网络的中间部分，所以被称为隐含层。如图 1.6(b)所示，输入层到隐含层的神经元之间都有带权重的连接，而隐含层到输出层之间也同样具有带权重的连接。隐含层的每个神经元，均表示了某种局部模式。这是一种纵向扩展。

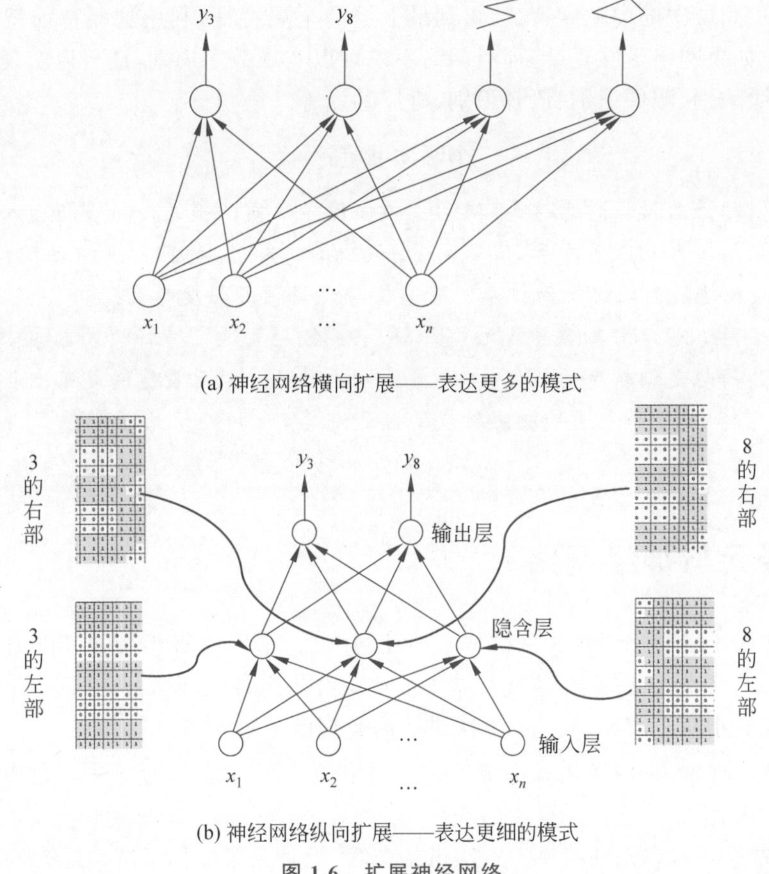

(a) 神经网络横向扩展——表达更多的模式

(b) 神经网络纵向扩展——表达更细的模式

图 1.6　扩展神经网络

小明对照着艾博士画的图，思考了一下说：如果要刻画更细致的局部模式，是不是增加更多的隐含层就可以了？

艾博士回答说：小明你说得很对，可以通过增加隐含层的数量来刻画更细致的模式，每增加一层隐含层，模式就被刻画得更详细一些。这样就建立了一个深层的神经网络，越靠近输入层的神经元，刻画的模式越细致，体现的越是细微信息的特征；越是靠近输出层的神经元,刻画的模式越能体现整体信息的特征。这样通过不同层次的神经元体现的是不同粒度的特征。每一层隐含层也可以横向扩展,在同一层中每增加一个神经元,就增加了一种与同层神经元相同粒度特征的模式。

小明又问道:这样看起来,神经网络越深越能刻画不同粒度特征的模式,而横向神经元越多,则越能表示不同的模式。但是当神经网络变得复杂后,所要表达的模式会非常多,如何构造各种不同粒度的模式呢?

艾博士很是欣赏小明善于思考的作风:小明你这个问题非常好,上面咱们只是举例说明可以这么做。构造模式是非常难的事情,事实上我们也很难手工构造这些模式。在后面我们可以看到,这些模式,也就是神经网络的权重是可以通过样本训练得到的,根据标注好的样本,神经网络会自动学习这些权值,也就是模式,从而实现数字识别。

最后艾博士总结到:通过上述讲解,我们了解了神经元可以表示某种模式,不同层次的神经元可以表示不同粒度的特征,从输入层开始,越往上表示的特征粒度越大,从开始的细粒度特征,到中间层次的中粒度特征,再到最上层的全局特征,利用这些特征就可以实现对数字的识别。如果网络足够复杂,神经网络不仅可以实现数字识别,还可以实现更多的智能系统,比如人脸识别、图像识别、语音识别、机器翻译等。

小明读书笔记

神经元实际上是模式的表达,不同的权重体现了不同的模式。权重与输入的加权和,即权重与对应的输入相乘再求和,实现的是一次输入与模式的匹配。该匹配结果可以通过 sigmoid 函数转换为匹配上的概率。概率值越大说明匹配度越高。

一个神经网络可以由多层神经元构成,每个神经元表达了一种模式,越是靠近输入层的神经元表达的越是细粒度的特征,越是靠近输出层的神经元表达的越是粗粒度的特征。同一层神经元越多,说明表达的相同粒度的模式越多,而神经网络层数越多,越能刻画不同粒度的特征。

1.2 神经元与神经网络

自从听艾博士以数字识别为例讲解了神经网络后,小明一直想着神经网络如何训练的问题。这天小明又来找艾博士,请教艾博士如何训练一个神经网络。

艾博士见到小明很高兴,问道:上次讲的内容理解了吗?

小明:基本理解了,但是还是不清楚神经网络是如何训练的,今天来就是想请艾博士给讲讲这方面的内容。

艾博士说:小明,你先别着急。上次讲的内容,只是为了让你了解神经元和神经网络是怎么回事。因此,上次讲的网络结构比较特殊,不具有一般性。比如前面我们讲过的权重都是1或者-1,这是很特殊的情况,实际上权重可以是任何数值,可以是正的,也可以是负的,还可以是带小数的。权重的大小可以体现模式在不同位置的重要程度。比如,在笔画的中心位置,权重可能会比较大,而在边缘权重可能会比较小。正像上次已经说过的,这些权重也不是依靠手工设置的,而是通过样例学习得到的。

那么神经网络是如何学习的呢?在讲这个问题之前,我们先给出神经元和神经网络的一般性描述，这样比较方便我们讲解如何训练神经网络。

首先需要强调的是，这里所说的神经元和神经网络，指的是人工神经元和人工神经网络，为了简化起见，我们常常省略“人工”二字。

那么什么是神经元呢？图1.7所示是一个神经元，它有 $x_1,x_2,\cdots,x_n$ 共 n 个输入，每个输入对应一个权重 $w_1,w_2,\cdots,w_n$，一个神经元还有一个偏置 b，每个输入乘以对应的权重并求和，再加上偏置 b，我们用 net 表示：

$$\begin{aligned}\text{net}&=w_1\cdot x_1+w_2\cdot x_2+\cdots+w_n\cdot x_n+b\\&=\sum_{i=1}^{n}w_i\cdot x_i+b\end{aligned}$$

对 net 再施加一个函数 g，就得到了神经元的输出 o：

$$o=g(\text{net})$$

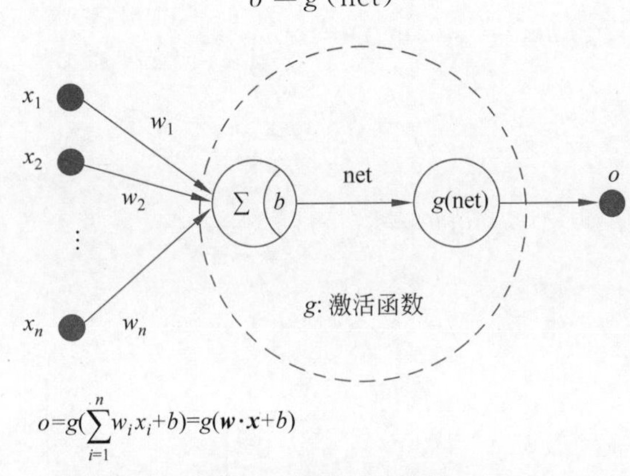

图1.7　神经元示意图

这就是神经元的一般描述。为了更方便地描述神经元，我们引入 $x_0=1$，并令 $w_0=b$，则 net 也可以表示为

$$\begin{aligned}\text{net}&=w_0\cdot x_0+w_1\cdot x_1+w_2\cdot x_2+\cdots+w_n\cdot x_n\\&=\sum_{i=0}^{n}w_i\cdot x_i\end{aligned}$$

艾博士指着上式对小明说：小明你看，上式中的求和符号与前面式中的求和符号有什么区别吗？

小明对比了两个表达式后回答说：后一个表达式中起始下标由原来的1变为了0，由于我们用 w_0 表示 b，并且 $x_0=1$，所以就可以去掉原来式中的 b。这样看起来更加简练。

艾博士说：小明总结得很到位，这些都是为了表达简便。还可以更加简单。

小明不解地问道：还能表达得更简单吗？我可想不出来。

艾博士说：这就要引入向量的概念了。小明你看，我们可以把 n 个输入 x_i 用一个向量 $\boldsymbol{x}$ 表示：$\boldsymbol{x}=[x_0,x_1,\cdots,x_n]$。

同样，权重也可以表示为向量：$\boldsymbol{w}=[w_0,w_1,\cdots,w_n]$。

这样 net 就可以表示为两个向量的点积：

$$\text{net}=\boldsymbol{w}\cdot\boldsymbol{x}$$

向量的点积，就是两个向量对应元素相乘再求和。从相似性的角度，向量的点积表达了两个向量的相似程度，从这里也可以看出，为什么说一个神经元的输出表达了输入与模式的匹配程度。

有了向量表示，神经元的输出 o 就可以表达为

$$o = g(\text{net}) = g(\boldsymbol{w} \cdot \boldsymbol{x})$$

小明你看，这样表达是不是就更简单了？

小明高兴地拍起手来：用向量表示果然更简单了，但是这个 g 又是表示什么呢？

艾博士对小明说：这里的 g 叫激活函数，你还记得前面我们讲过的 sigmoid 函数吗？sigmoid 函数就是一个激活函数。除了 sigmoid 函数外，激活函数还可以有其他形式，以下是常用的几种。

(1) 符号函数：

$$g(\text{net}) = \text{sgn}(\text{net}) = \begin{cases} 1, & \text{当 net} \geqslant 0 \\ -1, & \text{当 net} < 0 \end{cases}$$

其图形如图 1.8 所示。

(2) sigmoid 函数：

$$g(\text{net}) = \sigma(\text{net}) = \frac{1}{1 + \mathrm{e}^{-\text{net}}}$$

其图形如图 1.9 所示。

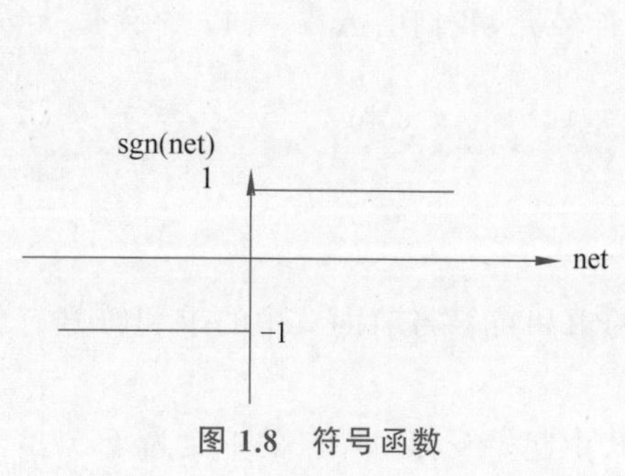

图 1.8 符号函数

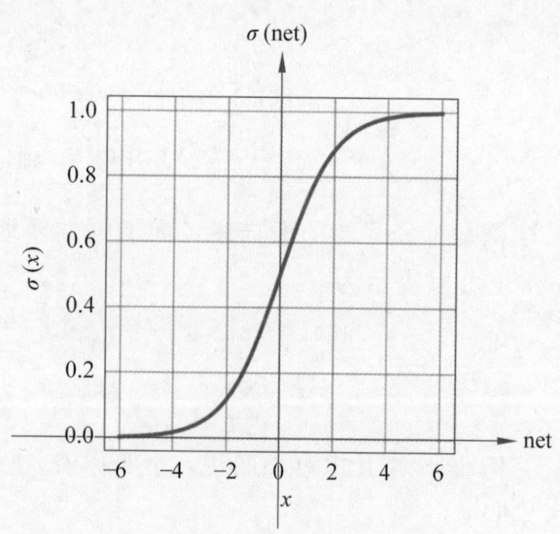

图 1.9 sigmoid 函数

(3) 双曲正切函数：

$$g(\text{net}) = \tanh(\text{net}) = \frac{\mathrm{e}^{\text{net}} - \mathrm{e}^{-\text{net}}}{\mathrm{e}^{\text{net}} + \mathrm{e}^{-\text{net}}}$$

其图形如图 1.10 所示。

(4) 线性整流函数：

$$g(\text{net}) = \text{ReLU}(\text{net}) = \max(0, \text{net})$$

其图形如图 1.11 所示。

小明听了艾博士的讲解，对神经元有了更深入的了解，感叹道：原来神经元还有这么多的变化呢。

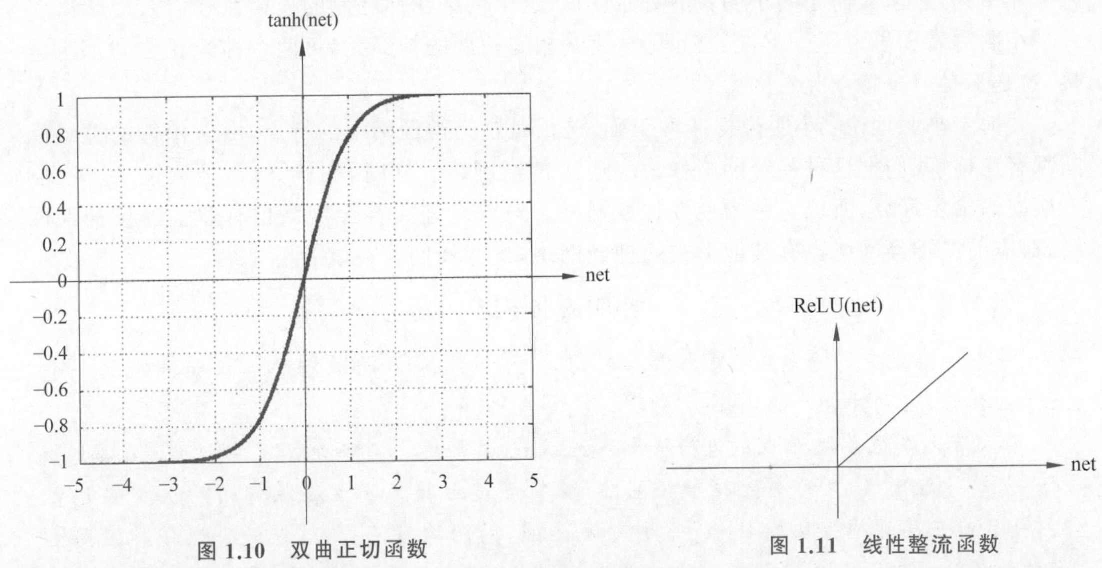

图 1.10　双曲正切函数

图 1.11　线性整流函数

艾博士接着小明的话说：是的。多个神经元连接在一起，就组成了一个神经网络。图 1.12 所示就是一个神经网络示意图。

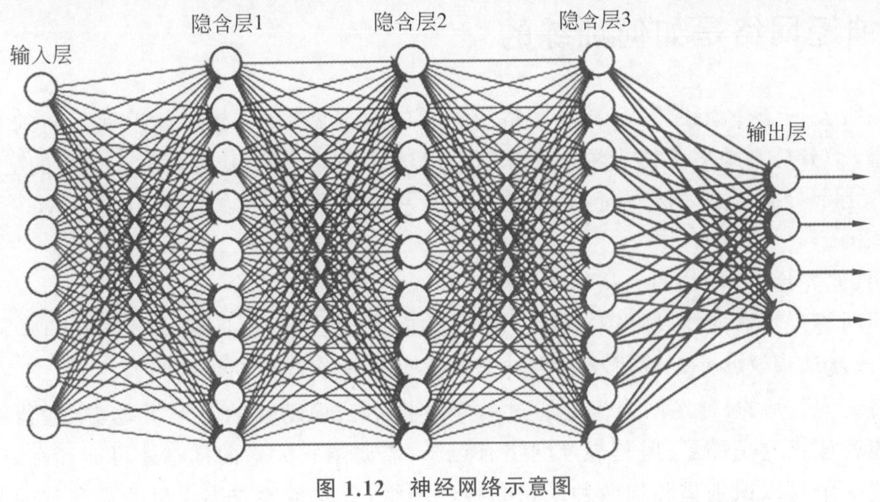

图 1.12　神经网络示意图

在这个神经网络中，有一个输入层和一个输出层，中间有 3 个隐含层，每个连接都有一个权重。

小明看着图问艾博士：这个神经网络和您前面讲的数字识别神经网络，工作原理是否一样呢？

艾博士说：工作原理是完全一样的。假定这是一个训练好的识别宠物的神经网络，并假定第一个输出代表狗、第二个输出代表猫、……，当输入一个动物图像时，如果第一个输出接近于 1，而其他输出接近于 0，则这个动物图像被识别为狗；如果第二个输出接近于 1，其他输出接近于 0，则这个动物被识别为猫。至于哪个输出代表什么，则是人为事先规定好的。这样的网络可以识别宠物，也可以识别花草，也可以识别是哪个人。用什么数据做的训练，就可以做到识别什么，网络结构并没有什么大的变化。

介绍到这里，艾博士问小明：小明你看看，这个网络在神经元的连接上有什么特点？

小明看着图思考了一下说：艾博士，我看相邻两层的神经元，每两个神经元之间都有连接，这是不是一个特点呢？

艾博士高兴地说：小明说得非常正确，这正是这类神经网络的特点，由于相邻的神经元间都有连接，我们把这种神经网络称为全连接神经网络。同时，在计算时，是从输入层一层一层向输出层计算，所以又称为前馈神经网络。对应全连接神经网络也有非全连接神经网络，对应前馈神经网络也有其他形式的神经网络，这些我们将在以后再介绍。

小明读书笔记

一个神经元有 n 个输入，每个输入对应一个权重，输入与权重的加权和再经过一个激活函数后，得到神经元的输出。

激活函数有很多种，常用的包括符号函数、sigmoid 函数、双曲正切函数、线性整流函数等。

前馈神经网络，又称全连接神经网络，其特点是连接只发生在相邻的两层神经元之间，并且前一层的神经元与下一层的神经元之间，两两均有连接，这也是全连接神经网络名称的来源。由于全连接神经网络均是由输入层开始，一层层向输出层方向连接，所以又称为前馈神经网络。

1.3 神经网络是如何训练的

小明听艾博士介绍说，一个神经网络用不同的数据做训练，就可以识别不同的东西，感到很神奇，十分好奇地对艾博士说：艾博士，请您说说神经网络究竟是怎么训练的吧？

艾博士十分欣赏小明的好奇心，说道：好的，下面我们就开始介绍神经网络究竟是如何进行训练的。

小明，你先说说，你是如何认识动物的？

小明回答说：小时候，每当看到一个小动物时，妈妈就会告诉我这是什么动物，见得多了，慢慢地就认识这些小动物了。难道神经网络也是这么认识动物的吗？

艾博士说：是的，神经网络也是通过一个个样本认识动物的。人很聪明，见到一次猫，下次可能就认识这是猫了，但是神经网络有点笨，需要给它大量的样本才可能训练好。比如我们要建一个可以识别猫和狗两种动物的神经网络，首先需要收集大量的猫和狗的照片，不同品种、不同大小、不同姿势的照片都要收集，并标注好哪些照片是猫，哪些照片是狗，就像妈妈告诉你哪个是猫哪个是狗一样。这是训练一个神经网络的第一步，数据越多越好。其实我们人类有时候也会这么做，所谓的"熟读唐诗三百首、不会作诗也会吟"，说的就是这个道理，所谓的见多识广。

准备好数据后，下一步就要进行训练。所谓训练，就是调整神经网络的权重，使得当输入一个猫的照片时，猫对应的输出接近于1，狗对应的输出接近于0，而当输入一个狗的照片时，狗对应的输出接近于1，猫对应的输出接近于0。

小明：如何做到这一点呢？

艾博士接着对小明说：我们先来举个例子。小明，你每天是不是要洗澡？洗澡时，你是怎么调节热水器的温度的？

小明不解地看着艾博士，心想我在问神经网络是怎么训练的，怎么说起洗澡了？不知道艾博士这葫芦里卖的什么药。但既然艾博士问到了，只好回答说：这个很容易啊，热水器上有两个旋钮阀门，一个调节热水，一个调节冷水，如果感觉水热了，就调大冷水，如果感觉水冷了，就调大热水。

艾博士又问道：感觉水热时也可以调小热水，感觉水冷时也可以调小冷水，对不对？

小明一想也确实这样，回答道：是的，有不同的调整方法，究竟调整哪个阀门可能还需要看水量的大小。比如感觉水热了，但是水量也很大，这时就可以调节热水变小，如果水量不够大，则可以调节冷水变大。总之要根据水温和水量两个因素进行调节。

艾博士见小明终于说到点子上了，在肯定了他的说法之后又说：其实还有个调节大小的问题，如果感觉水温与自己的理想温度差别比较大，就一次把阀门多调节一些，如果差别不大就少调节一些，经过多次调整之后，就可以得到比较理想的水温和水量了。热水器调节示意图如图 1.13 所示。

艾博士继续讲解说：我们可以把热水器抽象成图 1.14，你看看这是不是就是一个神经网络？

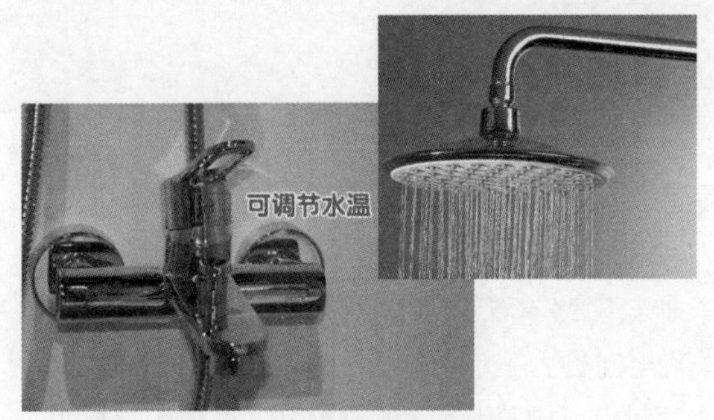

图 1.13　热水器调节示意图

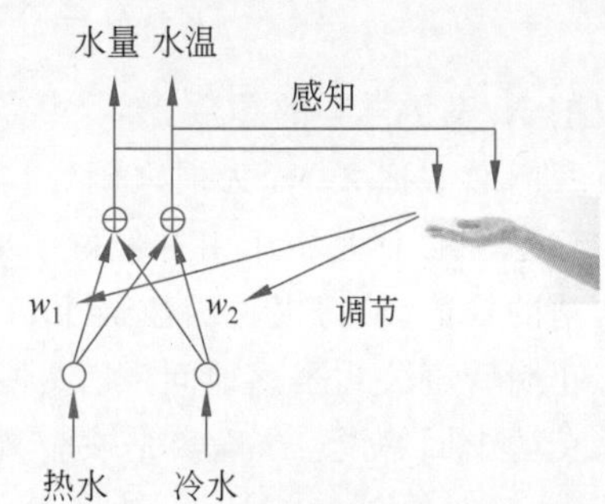

图 1.14　热水器可以表达为一个神经网络

小明用手拍着自己的小脑瓜说：我终于明白了，这确实就是一个神经网络。两个输入是热水和冷水，冷热水的两个阀门大小相当于权重，冷热水汇合的地方就相当于加权求和，最后从莲蓬头出来的水相当于两个输出：一个是水温，另一个是水量。

那么调整冷热水阀门的大小是不是就相当于训练呢？小明歪着小脑瓜又问道。

艾博士回答说：正是这样的。调整水阀门时可以向大调也可以向小调，这是调整的方向，也可以一次调整得大一些，也可以调整得小一些，这是调整量的大小，还有就是调整哪个阀门，或者两个阀门都调整，但是大小和方向可能是不同的。

小明感慨道：没想到，我们每天洗澡时调整洗澡水这么简单的事情还有这么多的学问。那么这个思想如何用到训练神经网络上呢？

艾博士说：小明，在回答如何训练神经网络之前，我们先说说如何评价一个神经网络是否训练好了，这与训练神经网络是紧密相关的。在前面热水器的例子中，什么情况下你会认为热水器调节好了？

小明回答说：如果我觉得水温和水量跟我希望的差不多了，就认为调节好了。

艾博士说：你说的没错。但是对于计算机来说，什么叫差不多呢？需要有个衡量标准。比如我们用 $t_{水温}$ 表示希望设定的水温，而用 $o_{水温}$ 表示实际的水温，用 $t_{水量}$ 表示希望的水量，用$o_{水量}$表示实际的水量，这样就可以用希望值与实际值的误差来衡量是否“差不多”，即当误差比较小时，则认为水温和水量调节得差不多了。但是由于误差有可能是正的(实际值小于希望值时)，也可能是负的(实际值大于希望值时)，不方便使用，所以我们常常用输出的“误差平方和”作为衡量标准。如下式所示：

$$E(\text{阀门}) = (t_{\text{水温}} - o_{\text{水温}})^2 + (t_{\text{水量}} - o_{\text{水量}})^2$$

其中，E 是阀门大小的函数，通过适当调节冷、热水阀门的大小，就可以使得 E 取得比较小的值，当 E 比较小时，就认为热水器调节好了。这里的“阀门”就相当于神经网络的权值 $\boldsymbol{w}$。

对于一个神经网络来说，我们假定有 M 个输出，对于一个输入样本 d，用 $o_{kd}(k=1, 2, \cdots, M)$表示网络的第 k 个实际输出值，其对应的期望输出值为 $t_{kd}(k=1, 2, \cdots, M)$，对于该样本 d 神经网络输出的误差平方和可以表示为

$$E_d(\boldsymbol{w}) = \sum_{k=1}^{M}(t_{kd} - o_{kd})^2$$

这是对于某一个样本 d 的输出误差平方和，如果是对于所有的样本呢？只要把所有样本的输出误差平方和累加到一起即可，我们用 $E(\boldsymbol{w})$表示：

$$E(\boldsymbol{w}) = \sum_{d=1}^{N}E_d(\boldsymbol{w}) = \sum_{d=1}^{N}\sum_{k=1}^{M}(t_{kd} - o_{kd})^2$$

这里的 N 表示样本的总数。

我们通常称 $E(\boldsymbol{w})$为损失函数，当然还有其他形式的损失函数，误差平方和只是其中的一个。这里的 $\boldsymbol{w}$ 是一个由神经网络的所有权重组成的向量。神经网络的训练问题，就是求得合适的权值，使得损失函数最小。

小明看着公式困惑地问道：艾博士，一个神经网络有那么多的权值，这可怎么求解啊？

艾博士回答说：这确实是一个复杂的最优化问题。我们先从一个简单的例子说起，假定函数 $f(\theta)$如图1.15所示，该函数只有一个变量 θ，我们想求它的最小值，怎么求解呢？

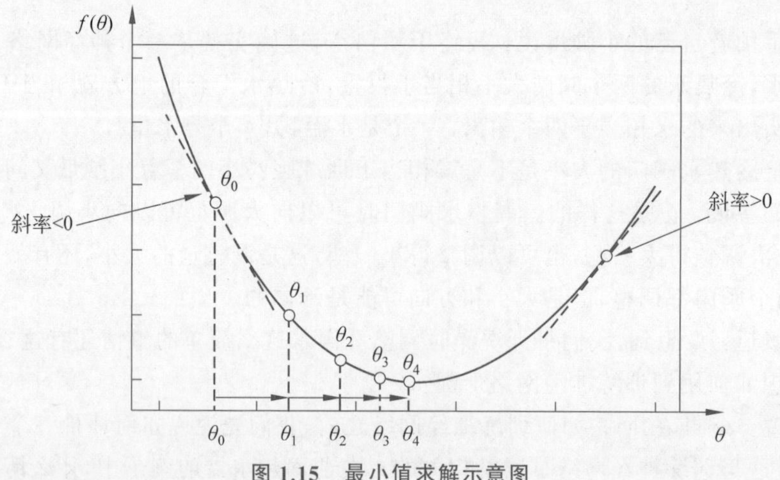

图1.15 最小值求解示意图

基本想法是，开始我们随机地取一个 θ 值为 θ_0，然后对 θ_0 进行修改得到 θ_1，再对 θ_1 做修改得到 θ_2，这么一步步地迭代下去，使得 $f(\theta_i)$一点点接近最小值。

假设当前值为 θ_i，对 θ_i 的修改量为 $\Delta\theta_i$，则

$$\theta_{i+1} = \theta_i + \Delta\theta_i$$

如何计算 $\Delta\theta_i$ 呢？这里有两点需要确定：一个是修改量的大小，另一个是修改的方向，即加大还是减小。

小明你看图 1.15，在图的两边距离最小值比较远的地方比较陡峭，而靠近最小值处则比较平缓，所以在没有其他信息的情况下，有理由认为，越是陡峭的地方距离最小值就越远，此处对 θ 的修改量应该加大，而平缓的地方则说明距离最小值比较近了，修改量要比较小一些，以免越过最小值点。所以修改量的大小，也就是 $\Delta\theta_i$ 的绝对值，应该与该处的陡峭程度有关，越是陡峭修改量越大，而越是平缓则修改量越小。

请小明说一下，如何度量曲线某处的陡峭程度呢？

小明很快地回答道：艾博士，我们学过函数的导数，在某一点的导数就是曲线在该点切线的斜率，斜率的大小直接反映了该处的陡峭程度。是不是可以用导数值作为曲线在某点陡峭程度的度量呢？

艾博士说：小明真是一个善于思考的好孩子！导数确实反映了曲线在某点的陡峭程度。接下来的问题就是如何确定 θ 的修改方向，也就是 θ 是加大还是减小。

艾博士指着图 1.15 问小明：在最小值两边的导数有什么特点呢？

小明想了想学过的高等数学知识，回答道：就像前面说过的，在某一点的导数就是曲线在该点切线的斜率，我们看图 1.15 的左半部分，曲线的切线是从左上到右下的，其斜率也就是导数值是小于 0 的负数，而在图 1.15 的右半部分，曲线的切线是从左下到右上的，其斜率也就是导数值是大于 0 的正数。

艾博士接着小明的话说：左边的导数值是负的，这时 θ 值应该加大，右边的导数值是正的，这时 θ 值应该减小，这样才能使得 θ 值向中间靠近，逐步接近 $f(\theta)$取值最小的地方。所以，θ 的修改方向刚好与导数值的正负号相反。因此，我们可以如下修改 θ_i 值：

$$\theta_{i+1}=\theta_i+\Delta\theta_i$$

$$\Delta\theta_i=-\frac{\mathrm{d}f}{\mathrm{d}\theta}$$

其中，$\frac{\mathrm{d}f}{\mathrm{d}\theta}$表示函数 $f(\theta)$的导数。

小明听着艾博士的讲解，兴奋地说：这样求最小值的问题就解决了吧？

艾博士回答说：还有一个问题，如果导数值比较大可能会使得修改量过大，错过了最佳值，出现如图 1.16 所示的“振荡”，降低了求解效率。

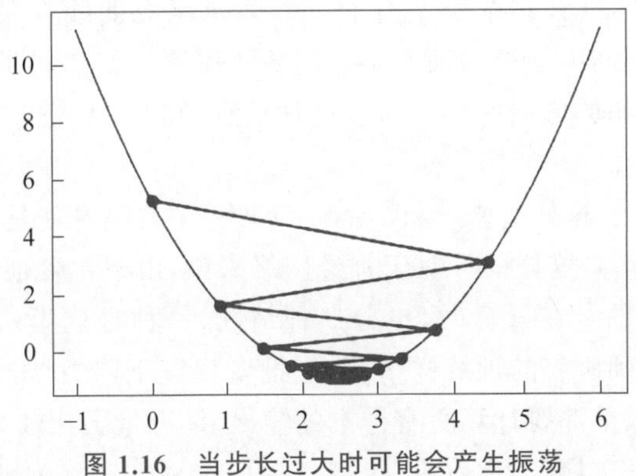

图 1.16　当步长过大时可能会产生振荡

小明摸了摸自己的头问道：那可怎么办呢？

艾博士说：一种简单的处理办法是对修改量乘以一个称作步长的常量 η，这是一个小于1的正数，让修改量人为地变小。也就是

$$\Delta\theta_i = -\eta \frac{\mathrm{d}f}{\mathrm{d}\theta}$$

步长 η 需要选取一个合适的值，往往根据经验和实验决定。也有一些自动选择步长，甚至变步长的方法，我们这里就不讲了，如果有兴趣可以阅读相关材料。

小明问艾博士：神经网络也是这样训练的吗？

艾博士说：基本原理是一样的。小明你还记得训练神经网络我们要优化的目标吗？

小明回答说：记得啊，就是求误差平方和的最小值，也就是前面讲过的损失函数 $E(\boldsymbol{w})$ 的最小值。

艾博士说：我们可以用同样的方法求解 $E(\boldsymbol{w})$ 的最小值，所不同的是 $E(\boldsymbol{w})$ 是一个多变量函数，所有的权重都是变量，都要求解，每个权重的修改方式与前面讲的 θ 的修改方式是一样的，只是导数要用偏导数代替。如果用 w_i 表示某个权重的话，则采用下式对权重 w_i 进行更新：

$$w_i^{\text{new}} = w_i^{\text{old}} + \Delta w_i$$

$$\Delta w_i = -\eta \frac{\partial E(\boldsymbol{w})}{\partial w_i}$$

其中，w_i^{old}、w_i^{new} 分别表示 w_i 修改前、修改后的值；$\frac{\partial E(\boldsymbol{w})}{\partial w_i}$ 表示 $E(\boldsymbol{w})$ 对 w_i 的偏导数。所有对 w_i 的偏导数组成的向量称为梯度，记作 $\nabla_w E(\boldsymbol{w})$：

$$\nabla_w E(\boldsymbol{w}) = \left[\frac{\partial E(\boldsymbol{w})}{\partial w_1}, \frac{\partial E(\boldsymbol{w})}{\partial w_2}, \cdots, \frac{\partial E(\boldsymbol{w})}{\partial w_n}\right]$$

所以对所有 $\boldsymbol{w}$ 的修改，可以用梯度表示如下：

$$\boldsymbol{w}^{\text{new}} = \boldsymbol{w}^{\text{old}} + \Delta \boldsymbol{w}$$

$$\Delta \boldsymbol{w} = -\eta \nabla_w E(\boldsymbol{w})$$

这里的 $\boldsymbol{w}^{\text{old}}$、$\boldsymbol{w}^{\text{new}}$、$\Delta\boldsymbol{w}$、$\nabla_w E(\boldsymbol{w})$ 均为向量，η 是常量。两个向量相加为对应元素相加，一个常量乘以一个向量，则是该常量与向量的每个元素相乘，结果还是向量。

小明看着梯度符号问艾博士：艾博士，这里的梯度物理含义是什么呢？

艾博士回答说：如同只有一个变量时的导数表示函数曲线在某个点处的陡峭程度一样，梯度反映的是多维空间中一个曲面在某点的陡峭程度。就如同我们下山时，每次都选择我们当前站的位置最陡峭的方向一样。所以这种求解函数最小值的方法又称作梯度下降算法（见图1.17）。

小明又问道：艾博士，这样看来，要训练神经网络，主要问题就是如何计算梯度了？

艾博士回答说：确实是这样的。对于神经网络来说，由于包含很多在不同层的神经元，计算梯度还是有些复杂的。在计算时，也分3种情况，一种是这里所说的标准梯度下降方法。在计算梯度时要用到所有的训练样本，称作批量梯度下降方法。一般来说训练样本量是很大的，每更新一次权重都要计算所有样本的输出，计算量会比较大。另一种极端的方法是，对每个样本都计算一次梯度，然后更新一次权重，这种方法称为随机梯度下降。由于每

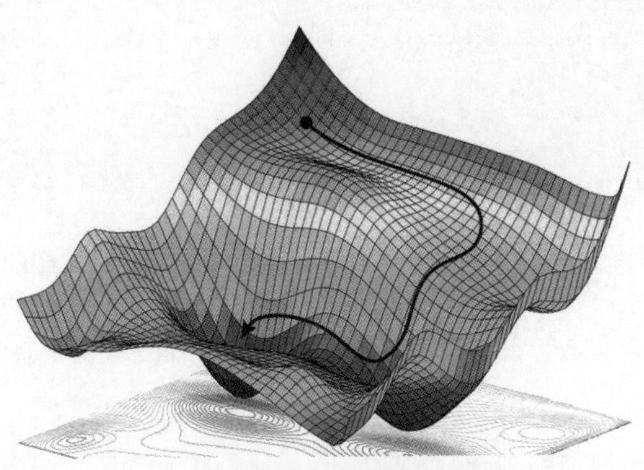

图 1.17　梯度下降算法示意图

个样本都调整一次 w 的值，所以计算速度会比较快，一般情况下可以比较快地得到一个还不错的结果。在使用这个方法时，要求训练样本随机排列，比如训练一个识别猫和狗的神经网络，不能前面都用猫训练，后面都用狗训练，而是猫和狗随机交错地使用，这样才可能得到一个比较好的结果。这也是随机梯度下降算法这一名称的由来。

小明：这倒是一个比较好的方法，但是这样一次只用一个样本是否会存在问题呢？

艾博士：确实存在一些问题。随机梯度下降方法在训练的开始阶段可能下降得比较快，但在后期，尤其是接近最小值时，可能效果并不好，毕竟梯度是由一个样本计算得到的，并不能代表所有样本的梯度方向。另外就是可能有个别不好的样本，甚至标注错了的样本，会对结果产生比较大的影响。

说到这里艾博士又问小明：小明，我们说了两种情况：一种是一次用上全部样本，另一种是一次只用一个样本，你想想是否可以有折中的办法呢？

小明歪着小脑瓜回答说：折中的办法吗……，既不是用全部，也不是用一个，那就是一次用一部分了？

艾博士高兴地看着小明说：是的，介于上述两种方法之间的一种方法是每次用一小部分样本计算梯度，修改权重 w 的值。这种方法称作小批量梯度下降算法，是目前用得最多的方法。

小明说：知道了这 3 种方法，但是还是不知道梯度如何计算啊？

艾博士说：小明你别着急，我们马上就讲梯度的计算方法。其实以上 3 种方法只是计算时用的样本量有所不同，梯度的计算方法是差不多的，为了简单起见，我们以随机梯度下降算法为例说明，很容易推广到梯度下降算法或者小批量梯度下降算法。

下面我们以随机梯度下降算法为例给出具体的算法描述，想了解如何得到这个算法的话，请参看附录 A，在附录 A 中我们给出该算法的推导过程。

利用随机梯度下降算法训练神经网络，就是求下式的最小值：

$$E_d(\boldsymbol{w}) = \sum_{k=1}^{M} (t_{kd} - o_{kd})^2$$

其中，d 为给定的样本；M 为输出层神经元的个数；$t_{kd}(k=1,2,\cdots,M)$ 为样本 d 希望得到的输出值，$o_{kd}(k=1,2,\cdots,M)$ 为样本 d 的实际的输出值。

作为损失函数，一般我们会乘以一个$\frac{1}{2}$，即

$$E_d(w)=\frac{1}{2}\sum_{k=1}^{M}(t_{kd}-o_{kd})^2$$

小明有些不太明白地问道：这是为什么呢？

艾博士解释说：首先，乘以$\frac{1}{2}$以后，二者取得最小值的 w 是一样的，因为乘以一个常量，不影响取得最小值的位置。二是如果有一个$\frac{1}{2}$，则在最后的结果中，刚好可以消掉这个$\frac{1}{2}$，使得结果更加简练。

小明：原来是这个原因啊，我明白了。

艾博士接着说：为了叙述方便，对于神经网络中的任意一个神经元 j，我们约定如下符号：神经元 j 的第 i 个输入为 x_{ji}，相对应的权重为 w_{ji}。这里的神经元 j 可能是输出层的，也可能是隐含层的。x_{ji} 不一定是神经网络的输入，也可能是神经元 j 所在层的前一层的第 i 个神经元的输出，直接连接到了神经元 j。我们得到随机梯度下降算法如下。

算法：随机梯度下降算法。

1 神经网络的所有权值赋值一个比较小的随机值，如范围[−0.05, 0.05]内的随机值
2 在满足结束条件前做：
3 　对于每个训练样本
4 　把样本输入神经网络，从输入层到输出层，计算每个神经元的输出
5 　对于输出层神经元 k，计算误差项：

$$\delta_k=(t_k-o_k)o_k(1-o_k)$$

6 　对于隐含层神经元 h，计算误差项：

$$\delta_h=o_h(1-o_h)\sum_{k\in 后续(h)}\delta_k w_{kh}$$

7 　更新每个权值：

$$\Delta w_{ji}=\eta\delta_j x_{ji}$$
$$w_{ji}=w_{ji}+\Delta w_{ji}$$

其中算法第二行的结束条件，可以设定为所有样本中最大的 $E_d(w)$ 小于某个给定值时，或者所有样本中最大的 $|\Delta w_{ji}|$ 小于给定值时，算法结束。

小明指着算法第 6 行问艾博士：这里公式中的“$k\in$后续(h)”是什么意思呢？

艾博士解释说：h 是隐含层的神经元，它的输出会连接到它的下一层神经元中，“后续(h)”指的是所有的以 h 的输出作为输入的神经元，对于全连接神经网络来说，就是 h 所在层的下一层的所有神经元。

第 6 行公式中：

$$\sum_{k\in 后续(h)}\delta_k w_{kh}$$

就是用 h 的每个后续神经元的误差项 δ_k 乘以 h 到神经元 k 的输入权重，再求和得到。

小明弄清楚了这些符号的意义后又问艾博士：艾博士，这个算法看起来像是从输出层开始，先计算输出层每个神经元的 δ 值，有了 δ 值，就可以对输出层神经元的权重进行更新。然后再利用输出层神经元的 δ 值，计算其前一层神经元的 δ，这样就可以更新前一层的神经元的权重。这样一层层往前推，每次利用后一层的 δ 值计算前一层的 δ 值，就可以实现对所有神经元的权重更新了，真是巧妙。

艾博士说：小明的分析非常正确。当给定一个训练样本后，先是利用当前的权重从输入向输出方向计算每个神经元的输出值，然后再从输出层开始反向计算每个神经元的 δ 值，从而对每个神经元的权重进行更新，如图 1.18 所示。正是由于采用这样一种反向一层层向前推进的计算过程，所以它有个名称叫“反向传播算法”，简称 BP 算法（Backpropagation Algorithm）。该算法也是神经网络训练的基本算法，不只是可以训练全连接神经网络，到目前为止的任何神经网络都是采用这个算法或者该算法的改进算法，只是根据神经网络的结构不同，具体计算上有所不同。另外，在训练过程中需要多轮次反复迭代，逐渐减小损失函数值，直到满足结束条件为止。

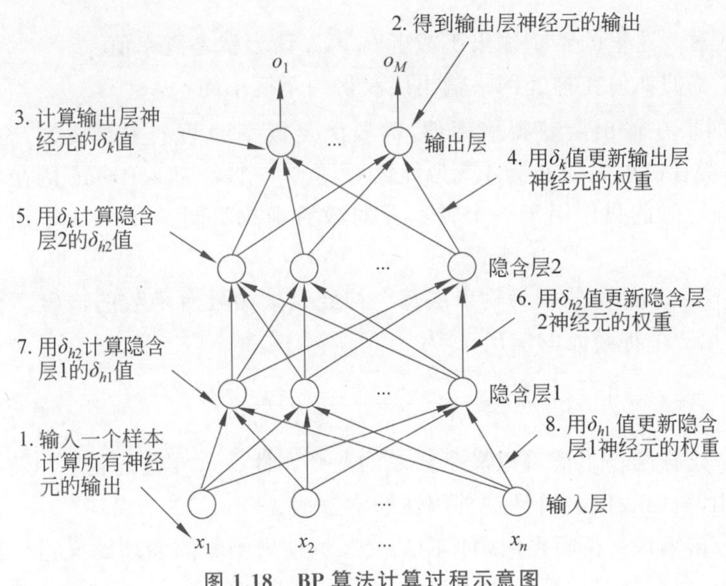

图 1.18　BP 算法计算过程示意图

小明：这里的“多轮次”是什么意思呢？

艾博士：在训练中，全部样本使用一次称为“一轮”，“多轮次”就是指反复、一遍一遍地使用样本进行训练。因为神经网络需要多轮次训练才可能得到一个比较好的训练结果。

小明：我明白了，就好像我们学习要反复复习、巩固一样，不能像狗熊掰棒子学了后面忘记了前面。

艾博士又强调说：前面介绍的随机梯度算法中的具体计算方法，是在损失函数采用误差平方和，并且激活函数采用 sigmoid 函数这种特殊情况下推导出来的，如果用其他的损失函数，或者用其他的激活函数，其具体的计算方法都会有所改变，这一点一定要注意。

听到这里，小明问道：我已经知道有多种不同的激活函数，但是还有其他的损失函数吗？

艾博士回答说：损失函数有很多种，还有一种常用的损失函数叫交叉熵损失函数，其表达式如下：

$$H_d(\boldsymbol{w}) = -\sum_{k=1}^{M} t_{kd}\log_2(o_{kd})$$

这是对于一个样本 d 的损失函数，如果是对于所有的样本，则为

$$H(\boldsymbol{w}) = \sum_{d=1}^{N} H_d(\boldsymbol{w}) = -\sum_{d=1}^{N}\sum_{k=1}^{M} t_{kd}\log_2(o_{kd})$$

其中，t_{kd} 表示样本 d 在输出层第 k 个神经元的希望输出；o_{kd} 表示样本 d 在输出层第 k 个神经元的实际输出；$\log_2(o_{kd})$ 表示对输出 o_{kd} 求对数。

小明看着公式不明白地问道：交叉熵损失函数有什么具体的物理含义吗？

艾博士反问小明：你还记得我们前面以猫、狗识别举例时，神经网络的希望输出是什么样子吗？

小明想了想回答道：一个输出代表猫，另一个输出代表狗。当输入为猫时，代表猫的输出希望为 1，另一个希望为 0；而当输入为狗时，则是代表狗的输出希望为 1，另一个希望为 0。

艾博士说：对。这里的希望输出 1 或者 0，可以认为就是概率值。

小明问道：我们如何在神经网络输出层获得一个概率呢？

艾博士：如果在输出层获得概率值，需要满足概率的两个主要属性：一个是取值在 0～1，另一个是所有输出累加和为 1。为此需要用到一个名为 softmax 的激活函数。该激活函数与我们介绍过的只作用于一个神经元的激活函数不同，softmax 作用在输出层的所有神经元上。

设 $\text{net}_1, \text{net}_2, \cdots, \text{net}_M$ 分别为输出层每个神经元未加激活函数的输出，则经过 softmax 激活函数之后，第 i 个神经元的输出 o_i 为

$$o_i = \frac{e^{\text{net}_i}}{e^{\text{net}_1} + e^{\text{net}_2} + \cdots + e^{\text{net}_M}}$$

很容易验证这样的输出值可以满足概率的两个属性。这样我们就可以将神经网络的输出当作概率使用，后面我们会看到这种用法非常普遍。

艾博士继续讲解说：我们再回到你问的交叉熵损失函数的物理意义这个问题上来。从概率的角度来说，我们就是希望与输入对应的输出概率比较大，而其他输出概率比较小。对于一个分类问题，当输入样本给定时，M 个希望输出中只有一个为 1，其他均为 0，所以这时的交叉熵中求和部分实际上只有一项不为 0，其他项均为 0，所以

$$H_d(\boldsymbol{w}) = -\log_2(o_{kd})$$

我们求 $-\log_2(o_{kd})$ 的最小值，去掉负号实际就是求 $\log_2(o_{kd})$ 的最大值，也就是求样本 d 对应输出的概率值 o_{kd} 最大。由于输出层用的是 softmax 激活函数，输出层所有神经元输出之和为 1，样本 d 对应的输出变大了，其他输出也就自然变小了。

小明：原来是这个含义啊，我明白了。那么误差平方和损失函数与交叉熵损失函数各有什么用处呢？

艾博士：小明你这个问题问得非常好。从上面的分析看，交叉熵损失函数更适合于分类问题，直接优化输出的概率值。而误差平方和损失函数比较适合于预测等问题。

小明不明白什么是预测问题，马上问道：艾博士，什么是预测问题呢？

艾博士举例说：如果输出是预测某个具有具体大小的数值，就是预测问题。比如，我们根据今天的天气情况，预测明天的最高气温，就属于预测问题，因为我们预测的是气温的具体数值。

经过艾博士的认真讲解，小明终于明白了什么是神经网络，以及神经网络的训练方法，跟艾博士道别后，带着满满的收获回家了。

小明读书笔记

神经网络通过损失函数最小化进行训练，损失函数有误差的平方和、交叉熵等损失函数。不同的损失函数应用于不同的应用场景，误差的平方和损失函数一般用于求解预测等问题，交叉熵损失函数一般用于求解分类问题。

BP 算法是神经网络常用的优化方法，来源于梯度下降算法。其特点是给出了一种反向传播计算误差的方法，从输出层开始，一层一层地计算误差，以便实现对权重的更新。

一次只使用一个样本的 BP 算法称为随机梯度下降算法，而一次使用若干个样本的 BP 算法称为小批量梯度下降算法。小批量梯度下降算法是更常用的神经网络优化算法。

BP 算法是一个迭代过程，反复使用训练集中的样本对神经网络进行训练。训练集中的全部样本被使用一次称为一个轮次，一般需要多个轮次才能完成神经网络的训练。

1.4　卷积神经网络

小明对神经网络的学习越来越感兴趣，这天又来找艾博士。

小明：艾博士，上次您说除了全连接神经网络外，还有其他形式的神经网络，我想知道还有哪些形式的神经网络。

艾博士说：好的，今天我们就来讲讲神经网络的另一种形式——卷积神经网络。

首先我们看看全连接神经网络有什么不足。正如其名字一样，全连接神经网络，两个相邻层的神经元都有连接，当神经元个数比较多时，连接权重会非常多，一方面，会影响神经网络的训练速度，另一方面，在使用神经网络时也会影响计算速度。实际上，在有些情况下，神经元是可以共享的。

小明你还记得我们讲过，一个神经元的作用是什么吗？

小明回答说：艾博士，我记得您以数字识别举例时讲过，一个神经元就相当于一个模式。

艾博士说：小明你说得很对。一个神经元可以看作一个模式，模式体现在权重上，通过运算，可以抽取出相应的模式。神经元的输出可以看作与指定模式匹配的程度或者概率。

检测在一个图像的局部是否有某个模式，概率有多大，用一个小粒度的模式，在一个局部范围内匹配就可以了。比如，假设 $\boldsymbol{k}=\begin{bmatrix}-1,0,1\\-1,0,1\\-1,0,1\end{bmatrix}$ 表示一个 3×3 的模式，我们先不管这个模式代表什么，我们想知道在一个更大的图像中，比如 5×5 大小的图像上是否具有这种模式。由于图像比模式大，具有多个 3×3 的区域，每个区域上都可能具有这个模式，这样的话，我们就需要用 $\boldsymbol{k}$ 在每个区域上做匹配得到每个区域的匹配值，匹配值的大小反映了每个区域与模式的匹配程度。图 1.19 给出了左上角 3×3 区域与模式 ***k*** 的匹配结果，图 1.20 给出的是中间 3×3 区域与模式 ***k*** 的匹配结果。如果我们先按行、再按列，每次移动一个位置进行匹配，就得到了图 1.19、图 1.20 中的输出结果。

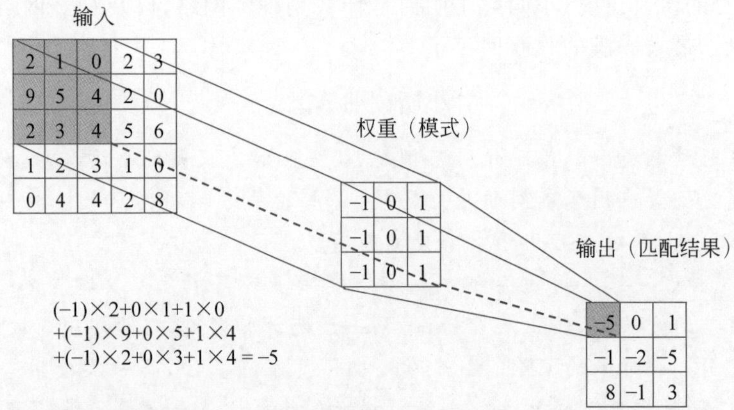

图 1.19　左上角区域与模式匹配示意图

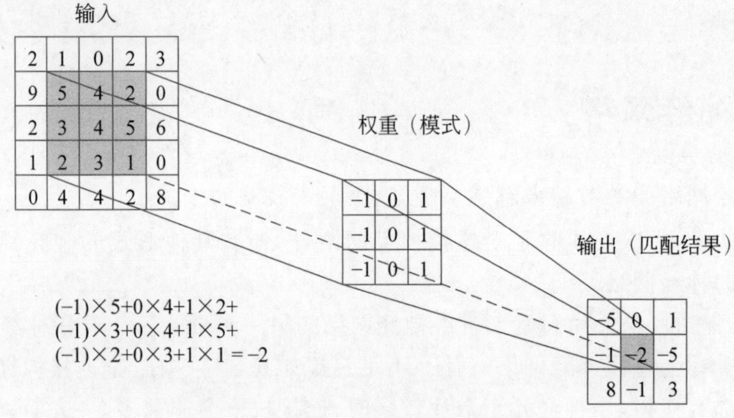

图 1.20　中间区域与模式匹配示意图

图 1.19 和图 1.20 也可以看成图 1.21 所示的神经网络，5×5 的图像就是输入层，最终得到的 3×3 的匹配结果就可以看成输出层。

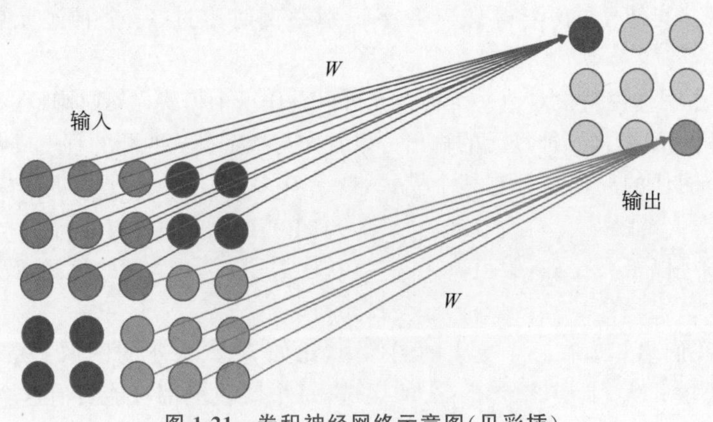

图 1.21　卷积神经网络示意图（见彩插）

艾博士指着图问小明：你看看图 1.21 的神经网络与我们之前介绍的全连接神经网络有什么不同吗？

小明一边观察一边回答说：两层之间的神经元不是全部有连接的，比如输出层左上角的神经元只与输入层左上角区域的 9 个神经元有连接，而输出层右下角的神经元只与输入层右下角区域的 9 个神经元有连接，其他神经元虽然没有画出来，也应该是一样的。

艾博士说：小明，你的回答很对，正是这样的。这就是所谓的局部连接。因为我们只是查看一个局部范围内是否有这种模式，所以只需要局部连接就可以了，既减少了连接数量，又达到了局部匹配的目的。这样就减少了连接权重，可以加快计算速度。还有就是，像图 1.21 所示的，无论是与图像的左上角匹配，还是与右下角匹配，我们都是与同一个模式进行匹配，因此图中红色（见彩插，后面正文描述有颜色的图都见彩插）的连接权重，和绿色的连接权重应该是一样的，这样才可能匹配的是同一个模式。

小明听到这里，忍不住说起来：还真是这样啊，不同区域的权重应该是一样的。

艾博士接着说：是这样的。在这种情况下，权重一共就 9 个，再加上神经元的偏置项 b，一共也就 10 个参数。而且与输入层有多少个神经元无关，这就是所谓的权值共享。

艾博士对小明说：小明，你计算一下如果是全连接神经网络需要多少个参数？

小明边说边计算起来：输入是 5×5 共 25 个输入，输出是 3×3 共 9 个神经元，如果是全连接的话，则需要 25×9＝225 个权重参数，再加上每个神经元有一个偏置项 b，则总的参数量为 225＋9＝234 个。

艾博士：你看，如果是全连接神经网络需要 234 个参数，而采用这种局部连接、权值共享的神经网络则只需要 10 个参数，是不是大幅减少了参数量？

小明：还真是这样的。

艾博士进一步解释说：这样的神经网络，称为卷积神经网络，其中的模式 $\boldsymbol{k}$ 称作卷积核。其特点就是局部连接、权值共享。

小明恍然大悟道：原来这就是卷积神经网络啊，那么卷积核的大小都是 3×3 吗？

艾博士说：当然不是，可以根据需要设置不同的大小，卷积核越小，所表示的模式粒度就越小。由于卷积核相当于抽取具有某种模式的特征，所以又被称作过滤器。

小明向艾博士提出建议：艾博士，经您的讲解基本了解了卷积神经网络是怎么回事，但是前面的例子还是比较抽象，能举个具体的例子吗？

艾博士回答说：好啊，下面我们就给一个例子。图 1.22 是“口”字的图像，我们想提取图像中“横”模式的特征，可以使用如图 1.23 所示的 3×3 卷积核对其进行匹配，卷积结果如图 1.24(a)所示。

图 1.24(a)中，绿色部分反映了“口”字上下两个“横”的上边缘信息，除了两端的匹配结果为 3 外，其余均为 4，匹配值都比较大。而黄色部分反映的是“口”字上下两个“横”的下边缘信息，除了两端匹配值为－3 外，其余均为－4，匹配值的绝对值也都比较大。“口”字中间部分如图 1.22 所示的中间蓝色部分是没有笔画的，可以认为是一个没有笔画的“虚横”，其上边缘反映在图 1.24(a)中的粉色部分，匹配值为－3 或－4，而下边缘对应图 1.24(a)的灰色部分，匹配值为 3 或者 4。对于“口”字的其他与“横”没有关系的部分，匹配值基本为 0，少数几个与“横”连接的位置匹配是 1 或者－1。由此可见，只要是与“横”有关的，匹配值的绝对值都比较大，大多为 4，少数位置为 3，而与“横”无关的部分，匹配值的绝对值都比较小，大

多为 0，少数地方为 1。

0	0	0	0	0	0	0	0	0	0	0	0	0	0	0	0	0
0	1	1	1	1	1	1	1	1	1	1	1	1	1	1	1	0
0	1	1	1	1	1	1	1	1	1	1	1	1	1	1	1	0
0	1	1	1	1	1	1	1	1	1	1	1	1	1	1	1	0
0	1	1	1	0	0	0	0	0	0	0	0	0	1	1	1	0
0	1	1	1	0	0	0	0	0	0	0	0	0	1	1	1	0
0	1	1	1	0	0	0	0	0	0	0	0	0	1	1	1	0
0	1	1	1	0	0	0	0	0	0	0	0	0	1	1	1	0
0	1	1	1	0	0	0	0	0	0	0	0	0	1	1	1	0
0	1	1	1	0	0	0	0	0	0	0	0	0	1	1	1	0
0	1	1	1	0	0	0	0	0	0	0	0	0	1	1	1	0
0	1	1	1	0	0	0	0	0	0	0	0	0	1	1	1	0
0	1	1	1	0	0	0	0	0	0	0	0	0	1	1	1	0
0	1	1	1	1	1	1	1	1	1	1	1	1	1	1	1	0
0	1	1	1	1	1	1	1	1	1	1	1	1	1	1	1	0
0	1	1	1	1	1	1	1	1	1	1	1	1	1	1	1	0
0	0	0	0	0	0	0	0	0	0	0	0	0	0	0	0	0

图 1.22 “口”字图像（见彩插）

-1	-2	-1
0	0	0
1	2	1

图 1.23 反映“横”模式特征的卷积核

同前面介绍的数字识别的例子一样，也可以在卷积神经元中加上一个 sigmoid 函数，表示是不是“横”的概率。使用 sigmoid 函数后的结果如图 1.24(b)所示，从图中可以看出，与“横”的上边缘有关的位置概率值基本为 1.0，下边缘位置概率基本为 0.0；与此相反，与“虚横”（空白组成的“横”）的上边缘有关的位置概率值基本为 0.0，下边缘位置概率基本为 1.0；

3	4	4	4	4	4	4	4	4	4	4	4	4	4	3
0	0	0	0	0	0	0	0	0	0	0	0	0	0	0
0	0	-1	-3	-4	-4	-4	-4	-4	-4	-4	-3	-1	0	0
0	0	-1	-3	-4	-4	-4	-4	-4	-4	-4	-3	-1	0	0
0	0	0	0	0	0	0	0	0	0	0	0	0	0	0
0	0	0	0	0	0	0	0	0	0	0	0	0	0	0
0	0	0	0	0	0	0	0	0	0	0	0	0	0	0
0	0	0	0	0	0	0	0	0	0	0	0	0	0	0
0	0	0	0	0	0	0	0	0	0	0	0	0	0	0
0	0	0	0	0	0	0	0	0	0	0	0	0	0	0
0	0	0	0	0	0	0	0	0	0	0	0	0	0	0
0	0	1	3	4	4	4	4	4	4	4	3	1	0	0
0	0	1	3	4	4	4	4	4	4	4	3	1	0	0
0	0	0	0	0	0	0	0	0	0	0	0	0	0	0
-3	-4	-4	-4	-4	-4	-4	-4	-4	-4	-4	-4	-4	-4	-3

(a) “口”字卷积结果（没有加激活函数）

图 1.24 “口”字卷积结果（见彩插）

1.0	1.0	1.0	1.0	1.0	1.0	1.0	1.0	1.0	1.0	1.0	1.0	1.0	1.0	1.0
0.5	0.5	0.5	0.5	0.5	0.5	0.5	0.5	0.5	0.5	0.5	0.5	0.5	0.5	0.5
0.5	0.5	0.3	0.0	0.0	0.0	0.0	0.0	0.0	0.0	0.0	0.0	0.3	0.5	0.5
0.5	0.5	0.3	0.0	0.0	0.0	0.0	0.0	0.0	0.0	0.0	0.0	0.3	0.5	0.5
0.5	0.5	0.5	0.5	0.5	0.5	0.5	0.5	0.5	0.5	0.5	0.5	0.5	0.5	0.5
0.5	0.5	0.5	0.5	0.5	0.5	0.5	0.5	0.5	0.5	0.5	0.5	0.5	0.5	0.5
0.5	0.5	0.5	0.5	0.5	0.5	0.5	0.5	0.5	0.5	0.5	0.5	0.5	0.5	0.5
0.5	0.5	0.5	0.5	0.5	0.5	0.5	0.5	0.5	0.5	0.5	0.5	0.5	0.5	0.5
0.5	0.5	0.5	0.5	0.5	0.5	0.5	0.5	0.5	0.5	0.5	0.5	0.5	0.5	0.5
0.5	0.5	0.5	0.5	0.5	0.5	0.5	0.5	0.5	0.5	0.5	0.5	0.5	0.5	0.5
0.5	0.5	0.5	0.5	0.5	0.5	0.5	0.5	0.5	0.5	0.5	0.5	0.5	0.5	0.5
0.5	0.5	0.7	1.0	1.0	1.0	1.0	1.0	1.0	1.0	1.0	1.0	0.7	0.5	0.5
0.5	0.5	0.7	1.0	1.0	1.0	1.0	1.0	1.0	1.0	1.0	1.0	0.7	0.5	0.5
0.5	0.5	0.5	0.5	0.5	0.5	0.5	0.5	0.5	0.5	0.5	0.5	0.5	0.5	0.5
0.0	0.0	0.0	0.0	0.0	0.0	0.0	0.0	0.0	0.0	0.0	0.0	0.0	0.0	0.0

(b) “口”字卷积结果（加了激活函数）

图 1.24　（续）（见彩插）

而其他位置的概率基本为 0.5，说明结果不确定。所以，图 1.23 所示的卷积核起到了提取“横”模式特征的作用，其值是“横”的上边缘或者“虚横”的下边缘的概率。同样地，我们也可以用类似的方法提取“竖”模式特征。

小明看着结果很兴奋地说：这个例子可以很好地体现出卷积神经网络提取局部模式特征的作用。但是如何设计卷积核呢？

艾博士回答说：同全连接神经网络一样，卷积核也就是权重，也是可以通过 BP 算法训练出来的，不需要人工设计。只是对于卷积神经网络来说，由于有局部连接和权值共享等，需要重新推导具体的 BP 算法，其算法思想是完全一样的。

听了艾博士的讲解，小明对卷积神经网络有了一定了解，但还是有一系列的问题想问艾博士，他一一问道：艾博士，那么卷积神经网络只有一个输入层和一个输出层吗？

艾博士：不是的，在一层卷积之后，还可以再添加卷积层，可以有很多层。

小明又问道：以图 1.19 所示的例子为例，输入层有 5×5 个神经元，经过一个 3×3 的卷积操作后，下一层就只有 3×3 个神经元了，这样一层层做下去后面的神经元数是不是就越来越少了？

艾博士：小明，你说的是对的，这样一层层加上卷积层后，每层的神经元确实会越来越少。如果想保持经过一个卷积层后神经元个数不变，可以通过在前一层神经元四周填充 0 的办法解决。比如图 1.19 的例子，我们可以在输入层填充一圈 0，由原来的 5×5 变为 7×7，这样卷积层的输出就还是保持 5×5 的大小了，如图 1.25 所示。究竟需要补充几圈 0，与卷积核的大小有关，对于 3×3 的卷积核需要补充一圈 0；而对于 5×5 的卷积核，则需要补充两圈 0，才能使得输出的神经元数与输入保持一致。事实上，在讲图 1.22 所示的“口”字的例子时，为了保持输出的神经元个数与输入一致，我们已经进行了填充操作。

小明：对于一个输入可以做不同的卷积吧？当有多个卷积核时，输出是怎样的呢？

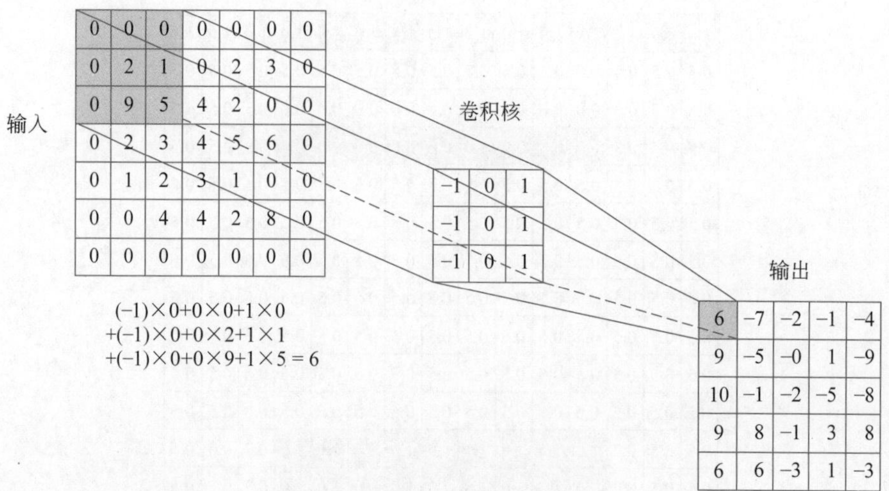

图 1.25 通过填充使得卷积层前后的神经元个数不变

艾博士：同一个输入可以有多个不同的卷积核，每个卷积核得到一个输出，称作通道，有多少个卷积核，就得到多少个通道，不同的通道并列起来作为输出。如图 1.26 所示，具有两个卷积核，得到两个通道的输出。

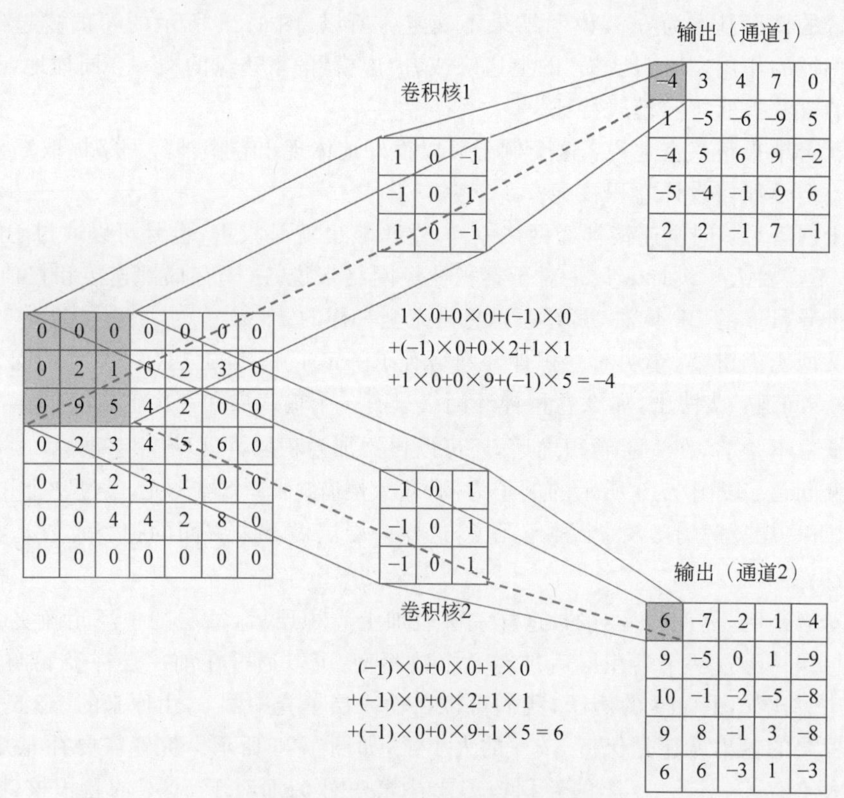

图 1.26 有两个卷积核的卷积示意图

小明：如图 1.26 所示，输出得到两个通道，如果在后面再接一个卷积层，由于输入变成了两个通道，这时卷积如何计算呢？

艾博士：这真是一个好问题，这就涉及了多通道卷积问题。这时的卷积核可以看成“立体”的，除了高和宽外，又多了一个“厚度”，厚度的大小与输入的通道数一样。图 1.27 给出了一个多通道输入时卷积示意图。

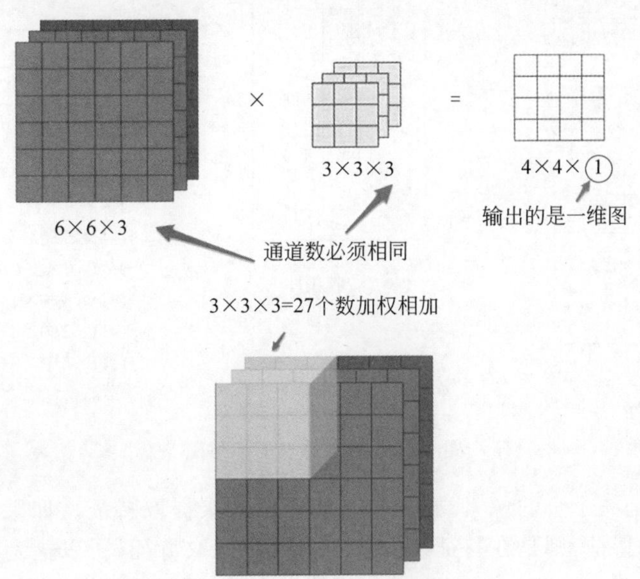

图 1.27　多通道输入时卷积示意图

在图 1.27 中，输入由 3 个通道组成，所以卷积核的厚度与通道数一致，也为 3。这样卷积核的参数共有 3×3×3+1=28 个。前面的 3×3 是卷积核的大小，最后一个 3 对应 3 个通道，加 1 是偏置 b。计算时与单通道时一样，也是从左上角开始，按照先行后列的方式，依次从输入中取 3×3×3 的区域，与卷积核对应位置的权重相乘，再求和，得到一个输出值。值得注意的是，无论有几个输入通道，如果只有一个卷积核，那么输出的通道数也只有一个；如果有多个卷积核，则输出的通道数就有多个，与卷积核数一致。图 1.28 给出了一个输入具有两个通道的卷积计算示例。

图 1.28 中，最左边是输入的两个通道，中间是与两个通道相对应的厚度为 2 的卷积核，最右边是卷积的结果，由于只有一个卷积核，结果也只有一个通道。同样可以通过多个卷积核得到多个通道的输出。

由于卷积核的厚度总是与输入的通道数一致，所以平时说卷积核时，往往会省略其厚度，只说卷积核的高和宽，比如上例中的卷积核为 3×3，不用说具体的厚度是多少，默认厚度就是输入的通道数。

小明又问道：卷积核的大小体现了什么特点呢？

艾博士回答说：卷积核越小，关注的“视野”范围也越小，提取的特征粒度也就越小。反之卷积核越大，其视野范围也大，提取的特征粒度也就越大。但是这些都是相对于同样的输入情况下来说的。由于多个卷积层可以串联起来，同样大小的卷积核在不同的层次上，其提取的特征粒度也是不一样的。

小明不解地问道：这是为什么呢？

艾博士解释说：因为不同层的卷积其输入是不同的。以图像处理为例，如果输入是原

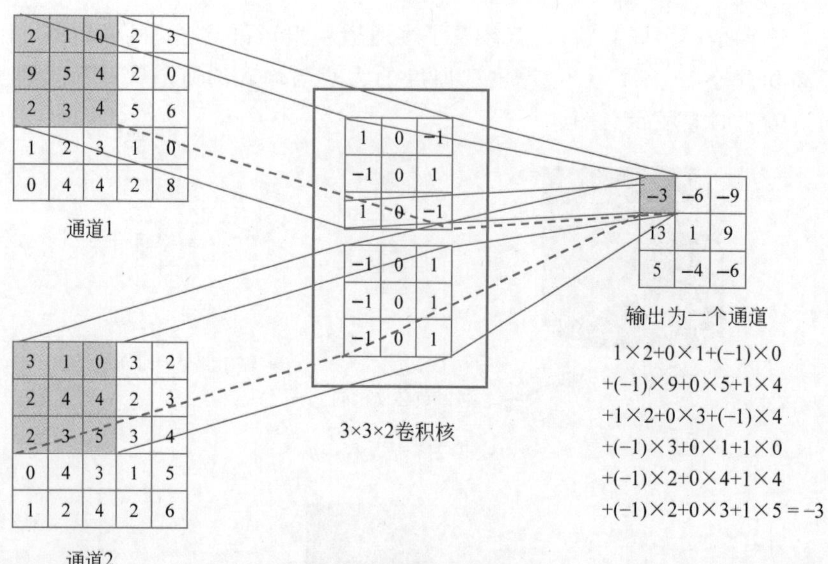

图 1.28　两通道卷积示意图

始图像，则输入都是一个个的像素，卷积核只能在像素级提取特征。如果是下一个卷积层，输入是已经抽取的特征，则是在特征级的水平上再次抽取特征，所以这两种情况下，即便卷积核大小是相同的，其抽取的特征粒度也是不同的，越是上层（靠近输出层），提取到的特征粒度越大。下面举一个简单的例子说明这个道理。

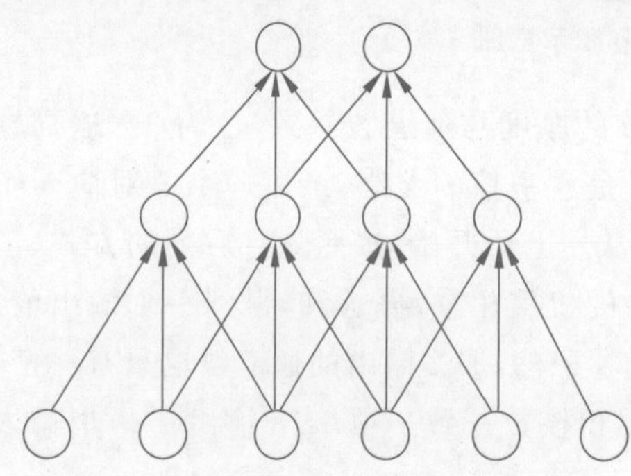

图 1.29　高层的卷积核具有更大的视野

图 1.29 给出了一个简单的卷积核大小为 3 的例子。中间一层神经元（可以认为是一个卷积核）每个只能感受到下面 3 个输入的信息，最上边的神经元，虽然卷积核也是 3，但是通过中间层的 3 个神经元，可以感受到输入层的 5 个输入信息，相当于视野被扩大了，提取的特征粒度也就变大了。

小明对照着图想了想回答道：确实是这么一个道理。

小明又问道：卷积核在对输入进行“扫描”时，每次都是只移动一个位置吗？

艾博士：卷积核移动的距离称为步长，步长是可以设定的，不一定为 1，可以是 2、3 等。

一系列的问题得到解答之后，小明又陷入了沉思之中。沉默片刻之后，他问艾博士：卷积核的作用相当于提取具有某种模式的特征，有些特征比较明显，取值就比较大，有些特征不明显，甚至没有这种特征，取值就会比较小。是否可以只把取值大的特征保留下来，突出这些特征呢？

艾博士非常满意小明认真思考的精神，高兴地说道：小明你说得非常正确，我正想讲解这个问题呢。在卷积层之后，可以加入一个被称作“池化”的层进行一次特征筛选，将明显的特征保留下来，去掉那些不明显的特征。

图 1.30 展示的是一个窗口为 2×2、步长为 2 的最大池化示意图。池化窗口先行后列进行移动，每次移动一个步长的位置，在这个例子中就是两个位置，然后取窗口内的最大值作为池化的输出，这就是最大池化方法。窗口和步长的大小是可以设置的，最常用的是窗口为

2×2、步长为 2 的池化。经过这种最大池化之后，保留了每个窗口内最大的模式特征，同时使得神经元的个数减少到原来的 1/4，起到了数据压缩的作用。

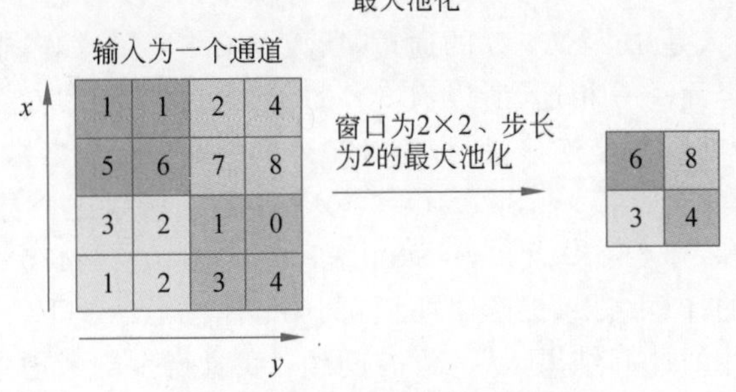

图 1.30 最大池化示意图

除了最大池化方法外，还有平均池化方法，取窗口内的平均值作为输出。最大池化体现的是一个局部区域内的主要特征，平均池化体现的是一个局部区域内特征的平均值。

另外，需要强调的是，池化方法是作用在每个通道上的，池化前后的通道数是一样多的。

小明越学越兴奋，迫不及待地问艾博士：艾博士，您讲解了全连接神经网络和卷积神经网络，能否举一个实际应用的例子呢？

艾博士说：可以的，下面就讲解一个数字识别的实际例子，该例子通过联合应用全连接神经网络和卷积神经网络实现手写数字的识别，如图 1.31 所示。

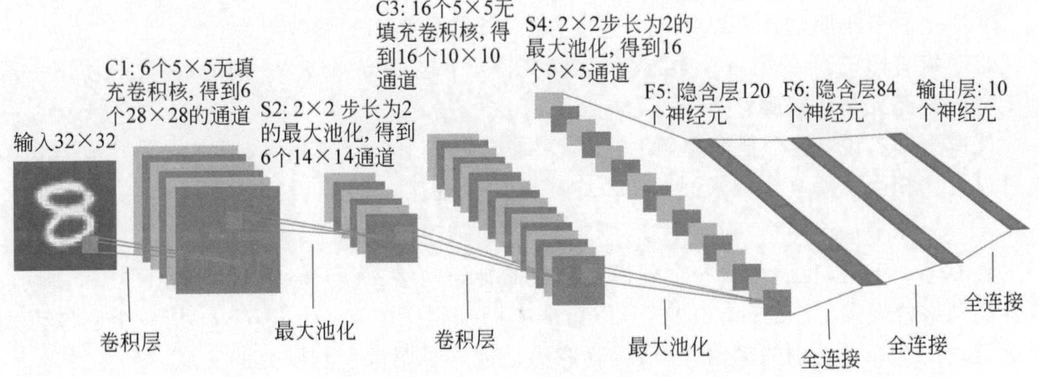

图 1.31 数字识别方法示意图

这是一个比较早期的用于手写数字识别的神经网络 LeNet，输入是 32×32 的灰度数字图像，第一个卷积层采用 6 个无填充、步长为 1 的 5×5 卷积核，这样就得到了 6 个通道，每个通道为 28×28 个输出。然后使用一个 2×2 的步长为 2 的最大池化，得到 6 个 14×14 的通道。第二个卷积层采用 16 个无填充、步长为 1 的 5×5 卷积核，得到 16 个通道，每个通道为 10×10 的输出。再使用一个 2×2 步长为 2 的最大池化，进一步压缩为 16 个通道、每个通道为 5×5 的输出。接下来连接两个全连接的隐含层，神经元个数分别为 120 和 84，最后一层是 10 个输出，分别对应 10 个数字的识别结果。每个卷积核或者神经元均带有激活函数，早期激活函数大多采用 sigmoid 函数，现在一般在输出层用 softmax 激活函数，其他层用 ReLU 激活函数。

艾博士指着图 1.31 对小明说：你计算一下，这个数字识别系统共有多少个参数？

小明拿出笔和纸认真地计算了起来。

第一个卷积层是5×5的卷积核，输入是单通道，每个卷积核25个参数，共6个卷积核，所以参数个数为5×5×6=150；第二个卷积层的卷积核还是5×5的，但是通道数为6，所以每个卷积核参数个数为5×5×6个，共有16个卷积核，所以参数个数为5×5×6×16=2400；第一个全连接输入是16个5×5的通道，所以共有5×5×16个神经元，这些神经元与其下一层的120个神经元一一相连，所以有5×5×16×120=48000个参数，该120个神经元又与下一层的84个神经元全连接，所以有120×84=10080个参数；这层的84个神经元与输出层的10个神经元全连接，有84×10=840个参数。所以这个神经网络的全部参数个数为上述参数个数之和，即150+2400+48000+10080+840=61470个参数。

艾博士看着小明的计算结果，提醒小明说：小明，你再考虑一下，是否漏掉了什么？

小明一一验算刚才的计算结果，认为没有问题：我觉得全部考虑进去了，应该没有漏掉吧？池化层应该没有参数吧。

艾博士提醒说：池化层确实没有参数，我说的不是这个。我们前面讲神经元时，是不是还有一个偏置b？

小明恍然大悟道：我怎么把这个给忘记了？偏置b也应该是一个参数。对于卷积核来说，由于共享参数，所以一个卷积核有一个b，而对于全连接部分来说，每个神经元有一个b。这样的话，第一个卷积层有6个卷积核，所以有6个b，第二个卷积层有16个卷积核，所以有16个b，而后面的全连接层分别有120、84和10个神经元，所以偏置的数量分别是120、84和10。这样算的话，在前面参数的基础上，应该再加上6+16+120+84+10=236个参数，所以全部参数是61470+236=61706个。

艾博士看着小明的计算结果说：这次算对了，这是全部的参数个数。

小明指着图1.31的第一个全连接层，问艾博士：这里16个5×5的通道，怎么跟下一层的120个神经元全连接呢？

艾博士回答说：这个很简单，16个5×5通道共有400个神经元，把它们展开成一长串就可以了。相当于400个神经元与120个神经元全连接。

小明：原来是这样啊，确实不难，刚才被16个通道给迷惑了。

艾博士：小明，我们再举一个规模比较大的神经网络VGG-16的例子，如图1.32所示。该神经网络曾经参加ImageNet比赛，以微弱差距获得第二名。ImageNet是一个图像识别的比赛，有1000个类别的输出，该项比赛有力地促进了图像识别研究的发展。

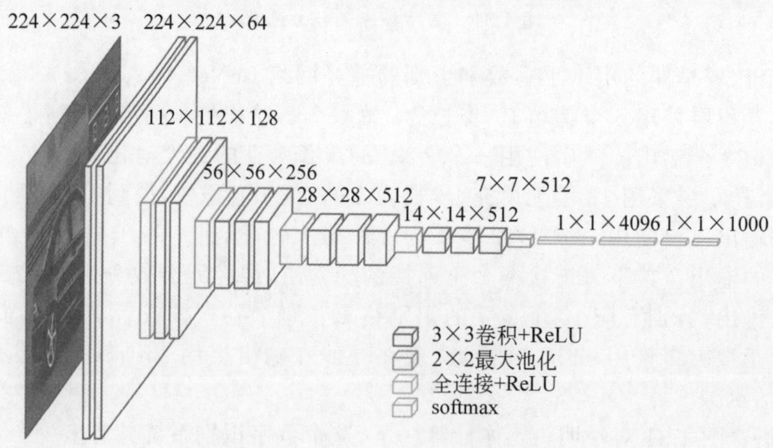

图1.32 VGG-16神经网络示意图

该神经网络非常规整，像一个电视塔一样，我们从输入到输出分块介绍其组成。

(1) 由于处理的是彩色图像，所以输入是由红、绿、蓝 3 色组成的 3 个通道，大小为 224×224×3，这里的 3 是指 3 个通道。

(2) 连续 2 层带填充步长为 1 的 3×3 卷积层(即边缘补充 0)，每层都有 64 个卷积核，输出是 64 个通道，每个通道为 224×224。每个卷积核均附加 ReLU 激活函数。后面的卷积核均附加了 ReLU 激活函数，如果没有特殊情况，就不再单独说明了。

(3) 2×2 步长为 2 的最大池化，池化不改变通道数，还是 64 个通道，每个通道被压缩到 112×112。

(4) 连续 2 层带填充步长为 1 的 3×3 卷积层，每层都有 128 个卷积核，输出是 128 个通道，每个通道为 112×112。

(5) 2×2 步长为 2 的最大池化，输出是 128 个通道，每个通道被压缩到 56×56。

(6) 连续 3 层带填充步长为 1 的 3×3 卷积层，每层都有 256 个卷积核，输出是 256 个通道，每个通道为 56×56。

(7) 2×2 步长为 2 的最大池化，输出是 256 个通道，每个通道被压缩到 28×28。

(8) 连续 3 层带填充步长为 1 的 3×3 卷积层，每层都有 512 个卷积核，输出是 512 个通道，每个通道为 28×28。

(9) 2×2 步长为 2 的最大池化，输出是 512 个通道，每个通道被压缩到 14×14。

(10) 连续 3 层带填充步长为 1 的 3×3 卷积层，每层都有 512 个卷积核，输出是 512 个通道，每个通道为 14×14。

(11) 2×2 步长为 2 的最大池化，输出是 512 个通道，每个通道被压缩到 7×7。

(12) 连续 2 层全连接层，每层 4096 个神经元，均附带 ReLU 激活函数。

(13) 由于输出是 1000 个类别，所以输出层有 1000 个神经元，最后加一个 softmax 激活函数，将输出转换为概率。

小明读书笔记

卷积神经网络的特点是局部连接、参数共享，通过这种方式有效减少了神经网络的参数量。

卷积神经网络通过卷积核提取局部特征，由于其局部连接、参数共享的特点，可以提取输入图像在不同位置具有相似属性的特征模式。卷积核的大小决定了提取的特征粒度，卷积核越小，提取的特征粒度越小；卷积核越大，提取的特征粒度越大。当多个卷积层串联在一起时，越是在上层(靠近输出层)的卷积层，体现的视野越大，提取的特征粒度也越大，即使卷积核大小是一样的，由于输入的粒度大小不一样，其提取的特征粒度也是不一样的。

在图像处理中，卷积核的大小一般是 $k\times k$ 的方形矩阵，按照给定的步长对输入图像先行后列地进行“扫描”，获取图像中不同位置的相似特征。当输入为多个通道时，卷积核变成一个长方体，其“厚度”与输入的通道数一致，所以通常在说卷积核大小时并不包含其厚度，厚度默认为输入的通道数。

一个卷积核构成一个输出通道，而不论其输入包含多少个通道。在同一个输入下可以使用多个卷积核，获得多个输出通道，输出通道数与卷积核的数量一致。

如果希望卷积层的输出大小与输入大小一致，可以通过在输入图像四周填充 0 的方式实现，具体需要填充多少圈 0，与卷积核的大小和步长有关。比如同是在步长为 1 的情况下，如果卷积核的大小是 3×3，则需要在输入图像四周填充一圈 0；如果卷积核的大小是 5×5，则需要填充两圈 0。

在卷积神经网络中，通常还包含池化层，起到特征压缩的目的。在图像处理中，池化窗口一般是方形的，依据取窗口内的最大值或者平均值，池化分为最大池化和平均池化两种。同卷积操作一样，池化也是依据给定的步长对输入进行先行后列的扫描。所不同的是，池化窗口并没有厚度，只作用在一个通道上，输入有多少个通道，输出还是多少个通道，并不改变通道的个数。

通常卷积神经网络是和全连接神经网络混合在一起使用的，前面几层是卷积层，用于提取特征，后面几层是全连接层，通过对特征的综合实现分类等操作。LeNet 网络和 VGG-16 网络是两个典型的应用。

1.5 梯度消失问题

小明：艾博士，在这两个例子中，您均提到了用 ReLU 这个激活函数，这是为什么呢？

艾博士：你又提了一个好问题。小明，我先问你一个问题，在前面我们介绍的 BP 算法中，是如何更新权重值的？

小明：这个我还记得，更新公式为

$$\delta_h = o_h(1-o_h)\sum_{k\in 后续(h)}\delta_k w_{kh}$$

$$\Delta w_{ji} = \eta\delta_j x_{ji}$$

$$w_{ji} = w_{ji} + \Delta w_{ji}$$

艾博士：小明你记得很清楚。BP 算法中主要是根据后一层的 δ 值计算前一层的 δ 值，一层一层反向传播。由 δ 的计算公式可以看到，每次都要乘一个 $o_h(1-o_h)$，其中 o_h 是神经元 h 的输出。当采用 sigmoid 激活函数时，o_h 取值在 0～1，无论 o_h 接近 1 还是接近 0，$o_h(1-o_h)$的值都比较小，即便是最大值也只有 0.25（当 $o_h=0.5$ 时）。如果神经网络的层数比较多的话，反复乘以一个比较小的数，会造成靠近输入层的 δ_h 趋近于 0，从而无法对权重进行更新，失去了训练的能力。这一现象称作梯度消失。而 $o_h(1-o_h)$刚好是 sigmoid 函数的导数，所以用 sigmoid 激活函数的话，很容易造成梯度消失。而如果换成 ReLU 激活函数的话，由于 ReLU(net)＝max(0，net)，当 net＞0 时，ReLU 的导数等于 1，$o_h(1-o_h)$这一项就可以用 1 代替了，从而减少了梯度消失现象的发生。当然，梯度消失并不完全是激活函数造成的，为了建造更多层的神经网络，研究者也提出了其他的一些减少梯度消失现象发生的方法。梯度消失问题是多层神经网络面临的重要问题之一，是深度学习发展过程中一直要解决的问题。

小明：都有哪些减少梯度消失问题的方法，能否再举几个例子呢？

艾博士：好的，我们再举两个比较典型的例子。

第一个例子是 GoogLeNet，该神经网络在 ImageNet 比赛中曾经获得第一名。

小明看着 GoogLeNet 这个名字有些奇怪，问艾博士：这里的 L 为什么是大写呢？是不是写错了？

艾博士说：没有写错，这里用的就是大写的 L。前面咱们介绍过一个早期的识别手写数字的神经网络 LeNet，可以说是最早的达到了实用水平的神经网络，所以 GoogLeNet 在命名时有意将 L 大写（后边 5 个字符刚好是 LeNet），以示该网络是在 LeNet 的基础上发展而来。

GoogLeNet 有些复杂，其结构如图 1.33 所示，输入层在最下边。该网络有两个主要特点，第一个特点与解决梯度消失问题有关。

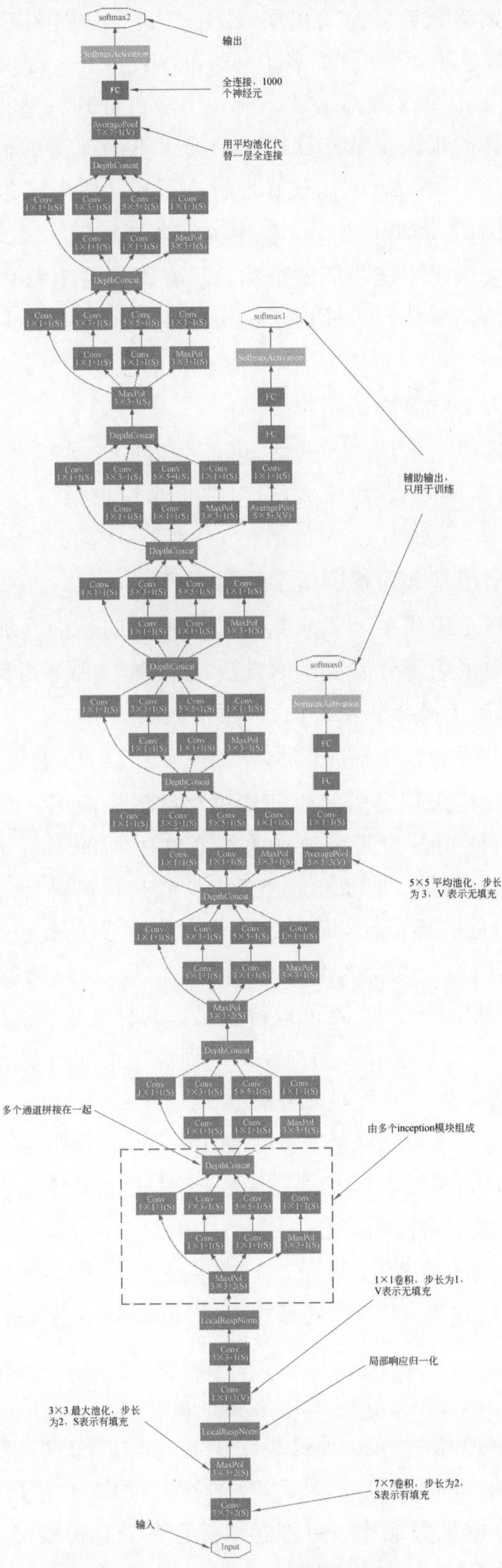

图 1.33　GoogLeNet 示意图（见彩插）

不同于一般的神经网络只有一个输出层，GoogLeNet分别在不同的深度位置设置了3个输出，图1.33中用黄颜色表示，分别命名为softmax0、softmax1和softmax2，从名称可以看出，3个输出均采用了softmax激活函数。对3个输出分别构造损失函数，再通过加权的方式整合在一起作为总体的损失函数。这样3个处于不同深度的输出，分别反向传播梯度值，同时配合使用ReLU激活函数，就比较好地解决了梯度消失问题。

小明还是有些不太明白，问道：采用3个输出怎么就解决了梯度消失问题呢？

艾博士：我们以高楼供水系统为例做个类比。在高层住宅楼中，如果只用一套供水系统，低层住户用水正常时，高层住户可能由于水压不够而水流很小甚至无水。这就相当于出现了梯度消失现象。

小明：加大水的压力不就解决了吗？

艾博士：不是那么简单。水压太大的话，可能会造成低层的水管、水龙头破裂，即便没有这些情况的发生，由于水压太大，水流太急，对住户来说也很不友好。所以不能随意加大水压。

小明：那么高层住宅楼是如何解决用水问题的呢？

艾博士：高层住宅楼是采用多套供水系统解决这个问题的。如图1.34给出了一个高楼供水系统示意图。图中采用了分层供水的方法，即将高楼划分为低、中、高3个区域，每个区域单独供水，这样就解决了高楼供水中的"梯度消失问题"。

小明：原来高层住宅楼是这样解决供水问题的。

艾博士：GoogLeNet也采用类似的原理解决梯度消失问题。当然在GoogLeNet中神经网络是一个整体，不可能划分为几个独立的部分单独训练，而是每个输出均反传梯度信息，并综合在一起使用更新权重。对于比较靠近最终输出层的神经元，全部梯度信息来自输出softmax2，对于中间附近的神经元，梯度信息分别来自softmax1和softmax2，而对于靠近输入层的神经元来说，则接受来自3个输出的梯度信息，虽然从输出softmax2获得的梯度信息可能性很小，但是从softmax0处可以得到足够的梯度信息，从softmax1处也可以获取一些梯度信息，这样就比较好地解决了神经网络训练中可能出现的梯度消失问题。

小明不禁赞叹道：这真是一种巧妙的解决办法。

小明又问道：GoogLeNet神经网络有3个输出，训练好后如何使用呢？

艾博士：在GoogLeNet中，最上边的softmax2是真正的输出，另外两个是辅助输出，只用于训练，训练完成后就不再使用了。

艾博士继续讲解道：GoogLeNet的第二个特点是整个网络由9个称作inception的模块组成，图1.33中虚线框出来的部分就是第一个inception模块，后面还有8个这样的模块。

小明：艾博士，这个inception模块是什么意思呢？

艾博士：我们先从最原始的inception模块讲起，如图1.35(a)所示的就是一个原始的inception模块，它由横向的4部分组成，从左到右分别是1×1卷积、3×3卷积和5×5卷积，最右边还有一个3×3的最大池化。每种卷积都有多个卷积核，假定1×1卷积有a个卷积核，3×3卷积有b个卷积核，5×5卷积有c个卷积核，那么这3个卷积得到的通道数就分

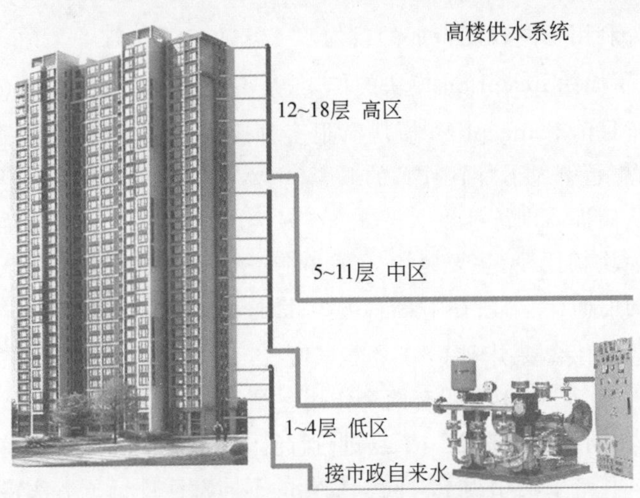

图 1.34　高楼供水系统示意图

别为 a、b、c 个，最右边的 3×3 最大池化得到的通道数与输入一致，假设为 d。将这 4 部分得到的通道再并列拼接在一起，则每个 inception 的输出共有 $a+b+c+d$ 个通道。

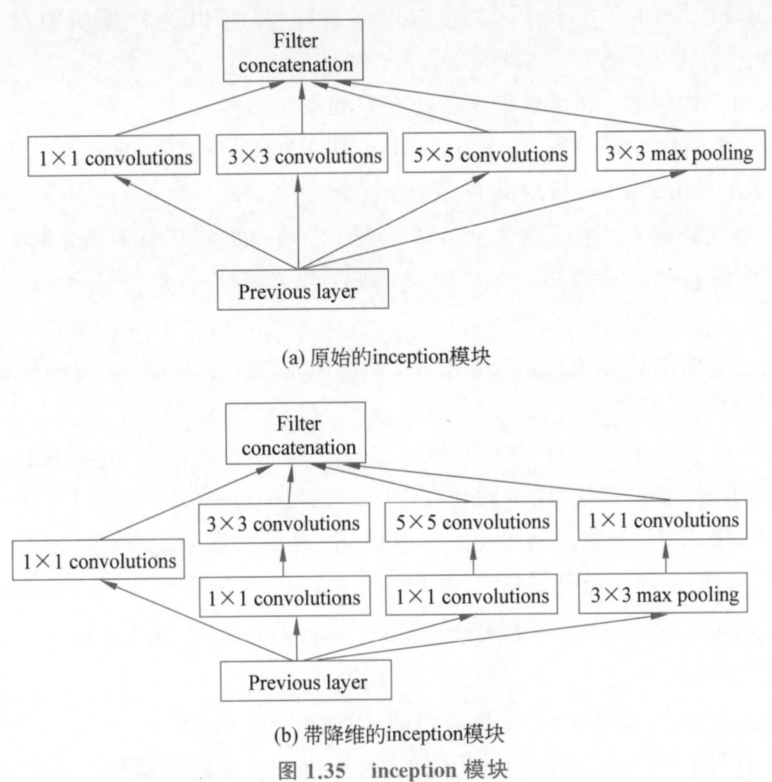

图 1.35　inception 模块

小明看着原始 inception 模块的示意图问艾博士：这里为什么用不同大小的卷积核呢？以前介绍的卷积神经网络，同一层用的都是大小相同的卷积核。

艾博士回答说：这也是 GoogLeNet 的创新之一。我们介绍过，不同大小的卷积核可以抽取不同粒度的特征，GoogLeNet 通过 inception 模块在每层都抽取不同粒度的特征再聚合在一起，达到更充分利用不同粒度特征的目的。

小明：我明白了原始inception模块的作用，是不是还有改进型的inception模块啊？

艾博士：是的，目前对inception模块有很多种改进，我们下面介绍一个比较典型的改进模块。其基本思想是引入了"网中网"的概念，主要目的是为了减少神经网络的参数量，也就是权重的数量，从而提高训练速度。图1.35(b)给出的就是一个带降维的inception模块示意图，与原始的模块相比较，主要是引入了3个1×1卷积核，其中两个分别放在了3×3卷积和5×5卷积的前面，一个放在了最右边3×3最大池化的后面。

小明：艾博士，为什么要引入1×1卷积核呢？

艾博士回答说：引入1×1卷积有两个作用。第一，1×1卷积核由于还有个厚度，相当于在每个通道上的相同位置各选取一个点进行计算，每个点代表了某种模式特征，不同通道代表不同特征，所以其结果就相当于对同一位置的不同特征进行了一次特征组合。第二，就是用1×1卷积对输入输出的通道数做变换，减少通道数或者增多通道数，如果输出的通道数少于输入的通道数，就相当于进行降维，反之则是升维。比如输入是100个通道，如果用了60个1×1的卷积核，则输出具有60个通道，通道数减少了40%，就实现了降维操作。在inception模块中增加的3个1×1卷积均属于降维，所以这种模块被称为带降维的inception模块。

小明不太明白地问道：降维后带来了什么好处呢？

艾博士说：小明你计算一下，假设inception模块的输入有192个通道，使用32个5×5的卷积核，那么原始inception模块共有多少个参数呢？

小明认真地计算起来：由于输入是192个通道，则一个卷积核有5×5×192+1个参数，其中的1是偏置b。一共32个卷积核，则全部参数共有(5×5×192+1)×32=153632个。

艾博士看着小明的计算说：如果在5×5卷积前增加一层具有32个卷积核的1×1的卷积的话，则总参数又是多少个呢？

小明又埋头计算起来：1×1卷积的输入是192个通道，则一个卷积核的参数个数为1×1×192+1，共32个卷积核，则参数共有(1×1×192+1)×32=6176个。1×1的卷积输出有32个通道，输入32个卷积核的5×5卷积层，这层的参数总数为(5×5×32+1)×32=25632个。两层加在一起共有6176+25632=31808个参数。

艾博士：小明你看，在没有降维前参数共有153632个，降维后的参数量只有31808个，只占降维前参数量的20%左右，可见降维的作用明显。

小明恍然大悟道：原来是为了减少参数的计算量。

小明又指着图1.35(b)右边问道：艾博士，这里在最大池化后面加入1×1卷积层又是为了什么呢？

艾博士回答说：这里就纯粹是为了降维，因为输入的通道数可能比较多，用1×1卷积把通道数降下来。

图1.36给出了GoogLeNet中第一个inception模块采用的卷积核数，我就不具体讲了，小明你自己看就可以了，有了前面卷积的知识很容易看懂。

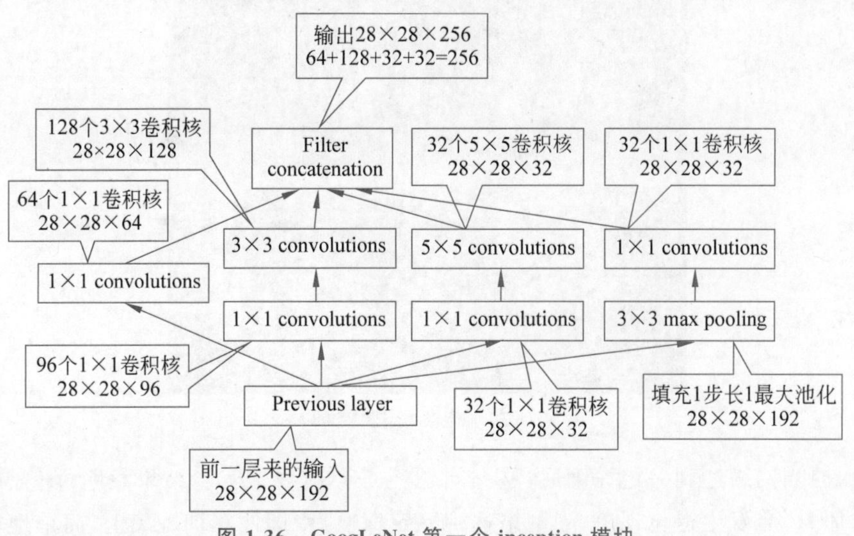

图 1.36　GoogLeNet 第一个 inception 模块

小明：好的，我自己课后仔细对照着看看。艾博士，除了介绍的两个特点外，GoogLeNet 还有哪些特点呢？

艾博士：除此以外，GoogLeNet 还用了一些小技巧。在靠近输出层用了一层 7×7 的平均池化。在一般的神经网络中这一层一般是个全连接层，GoogLeNet 用平均池化代替了一个全连接层。由于池化是作用在单个通道上的，而每个通道抽取的是相同模式的特征，所以平均池化反映了该通道特征的平均分布情况，起到了对特征的平滑作用。据 GoogLeNet 的提出者介绍说，这样不仅减少了参数量，还可以提高系统性能。另外就是在第一个 inception 模块之前分别加入了两层局部响应归一化。在适当的地方加入归一化层是一种常用的手段，其目的是为了防止数据的分布产生太大的变化，因为神经网络在训练过程中每一层的参数都在更新，如果前面一层的参数分布发生了变化，那么下一层的数据分布也会随之变化，归一化的作用就是防止这种变化不要太大。除了局部响应归一化外，现在用得更多的是批量归一化。具体的归一化方法我们就不介绍了，有兴趣的话，可以参阅有关文献。

小明听了艾博士的讲解，又很好奇地问道：艾博士，GoogLeNet 中的模块为什么叫 inception 呢？

艾博士解释说：inception 一词来源于电影《盗梦空间》的英文名，如图 1.37 所示。电影中有一句对话：We need to go deeper（我们需要更加深入），讲述的就是如何在某人大脑中植入思想，寓意进行更深刻的感知。这些年来，神经网络一直在向更深的方向发展，层数越来越多，"更加深入"也正是神经网络研究者所希望的，所以就以 inception 作为了模块名。

小明：好有意思，原来还跟电影有关。为什么神经网络需要更多的层数呢？

艾博士说：原则上来说，神经网络越深其性能应该越好，假设已经有了一个 k 层的神经网络，如果在其基础上再增加一层变成 $k+1$ 层后，由于又增加了新的学习参数，$k+1$ 层的神经网络性能应该不会比原来 k 层的差。但是如何建造更深的网络并不是那么容易，往往简单地增加层数效果并不理想，甚至会更差。所以，我们虽然希望构建更深层的神经网络，但由于有梯度消失等问题，深层神经网络训练会更加困难。虽然有些方法可以减弱梯度消

图 1.37 电影《盗梦空间》

失的影响，但当网络达到一定深度后，这一问题还是会出现。实验结果表明，随着神经网络层数的增加，还会发生退化现象，当网络达到一定深度后，即便在训练集上，简单地增加网络层数，损失函数值不但不会减少，反而会出现增加的现象。注意这个现象即便在训练集上也会出现，与后面我们将要讲到的过拟合问题还不是一回事。图 1.38 给出了这样的例子。

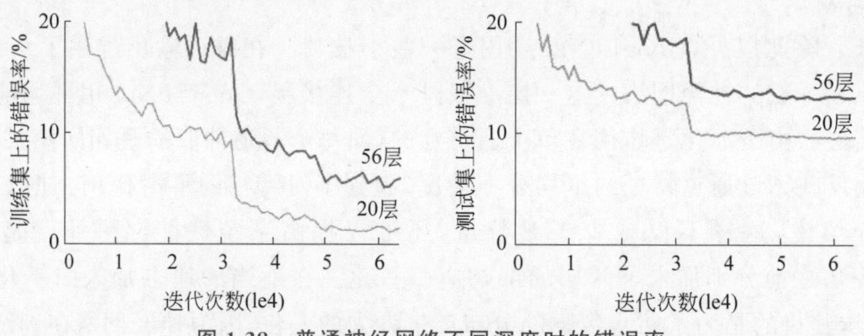

图 1.38 普通神经网络不同深度时的错误率

在图 1.38 中，横坐标是训练的迭代次数，纵坐标是错误率，其中左边是在训练集上的错误率，右边是在测试集上的错误率。从图中可以看出，无论是在训练集上还是在测试集上，56 层神经网络的错误率都高于 20 层神经网络的错误率。

小明惊愕地问道：为什么会出现这种情况呢？

艾博士回答说：这个问题比较复杂，并不是单纯地因为梯度消失问题造成的。原因可能有很多，还有待于从理论上进行分析和解释。这个例子说明，虽然神经网络加深后原则上效果应该会更好，但是并不是简单地加深网络就可以的，必须有新的思路解决网络加深后所带来的问题。

小明不等艾博士说完着急地问道：有什么好方法吗？

艾博士说：残差网络(ResNet)就是解决方案之一。残差网络在 GoogLeNet 之后，曾经以 3.57%的错误率获得 ImageNet 比赛的第一名，在 ImageNet 测试集上首次达到了低于人类错误率的水平。

图 1.39 给出了一个 34 层的残差网络示意图，而参加 ImageNet 比赛的残差网络，达到了 152 层。图中最上面是神经网络的输入层，最下边是输出层。

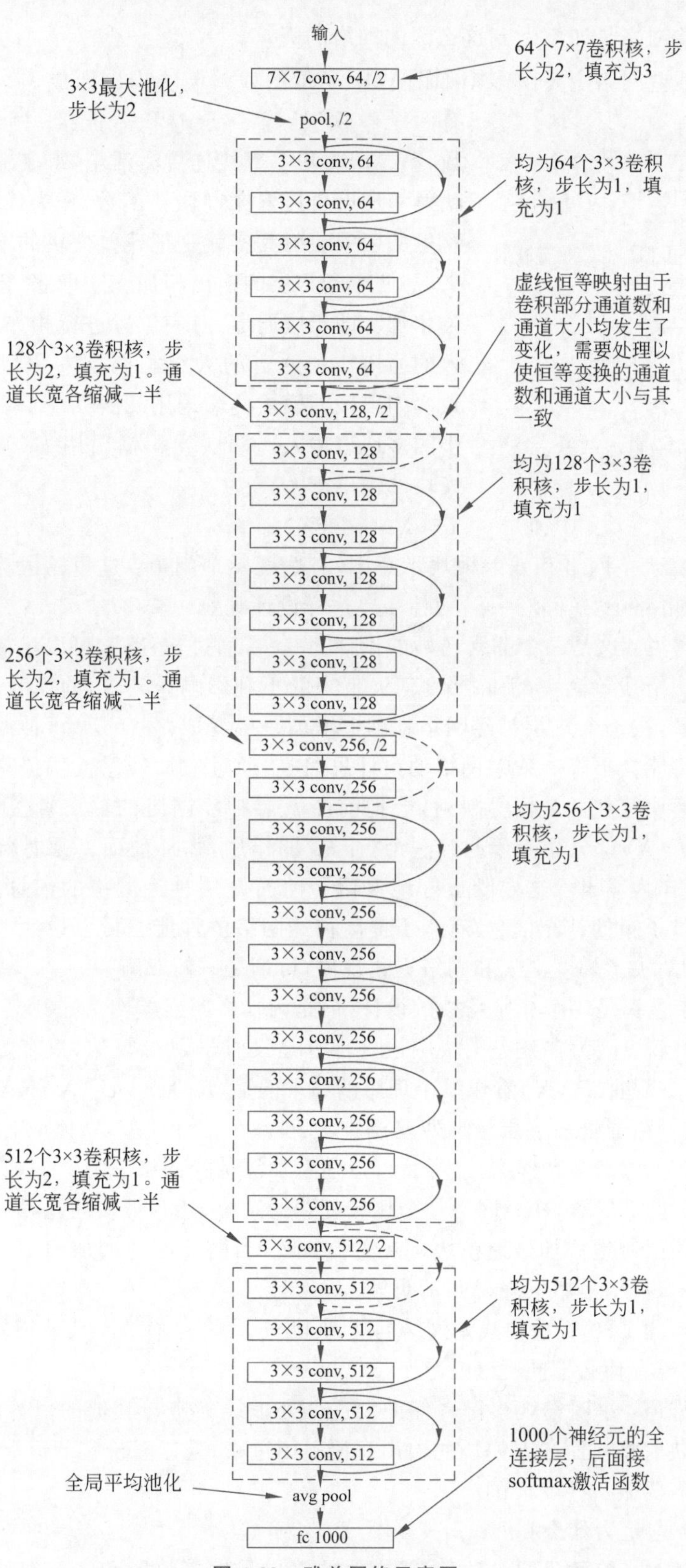

图 1.39　残差网络示意图

小明：残差网络是如何做到这么深的网络的呢？

艾博士：残差网络主要由多个如图 1.40 所示的残差模块堆砌而成。一个残差模块含有两个卷积层：第一层卷积后面接一个 ReLU 激活函数，第二层卷积不直接连接激活函数，其输出与一个恒等映射相加后再接 ReLU 激活函数，作为残差模块的输出。这里的恒等映射其实就是把残差模块的输入直接“引”过来，与两个卷积层的输出相加。这里的“相加”指的是“按位相加”，即对应通道、对应位置进行相加，显然这要求输入的通道数和通道的大小与两层卷积后的输出完全一致。如果残差模块的输入用 X 表示（X 表示具有一定大小的多通道输入），两层卷积输出用 $F(X)$ 表示，则残差模块的输出 $F'(X)$ 为：

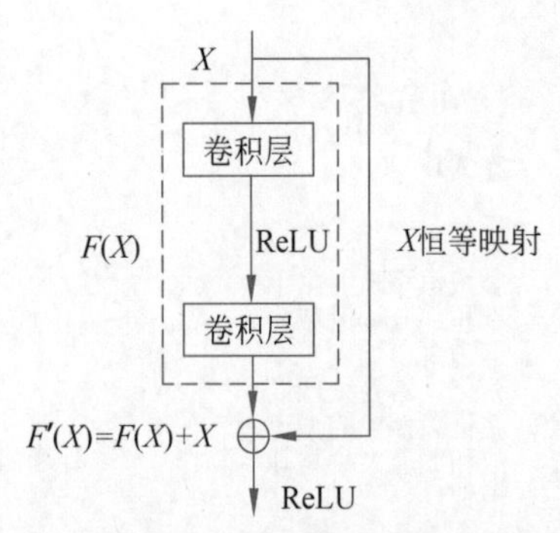

图 1.40　残差模块示意图

$$F'(X)=F(X)+X$$

小明对比着残差网络和残差模块示意图，有些疑惑地问道：这里的恒等映射看起来有些奇怪，感觉像电路中“短路”一样，为什么要这样设计呢？

艾博士回答说：这是一个非常巧妙的设计。其一，通过“短路”，可以将梯度几乎无衰减地反传到任意一个残差模块，消除梯度消失带来的不利影响。其二，前面我们说过，由于存在网络退化现象，在一个 k 层神经网络基础上增加一层变成 $k+1$ 层后，神经网络的性能不但不能提高还可能会下降。残差网络的设计思路是，通过增加残差模块提高神经网络的深度。由于残差模块存在一个恒等映射，会把前面 k 层神经网络的输出直接“引用”过来，而残差模块中的 $F(X)$ 部分相当于起到一个“补充”的作用，弥补前面 k 层神经网络不足的部分，二者加起来作为输出。这样既很好地保留了前面 k 层神经网络的信息，又通过新增加的残差模块提供了新的补充信息，有利于提高神经网络的性能。可以说残差网络通过引入残差模块，同时解决了梯度消失和网络退化现象，可谓是一箭双雕。

小明问道：这真是一个非常巧妙的设计，但是为什么叫残差网络呢？

艾博士解释说：因为在残差模块中恒等部分是没有学习参数的，只有 $F(X)$ 部分有需要学习的参数，如果把 $F'(X)$ 看作一个理想的结果的话，$F(X)=F'(X)-X$ 就相当于对误差的估计，残差网络通过一层层增加残差模块，逐步减少估计误差，所以取名残差网络。

小明醒悟道：原来是这样啊，这样就可以任意加深神经网络了吧？

艾博士说：也不尽然，神经网络是个比较复杂的系统，还有很多问题没有研究透。残差网络也不可以无限制地添加残差模块。有实验表明，当网络深度增加到 1000 多层时，性能也会出现下降的现象，虽然下降得并不明显。

小明又指着图 1.39 所示的残差网络问艾博士：这个图中有 3 个残差模块的恒等映射画成了虚线，与实线有什么不同呢？

艾博士赞许道：小明你观察得真仔细！这 3 处虚线确实与其他的恒等映射有所不同。画实线的恒等映射将前面残差模块的输出直接引用过来，是货真价实的恒等映射，而画虚线的恒等映射是需要做一些变换的。

小明问道：这是为什么呢？

艾博士回答说：前面我们讲过，残差模块的输出是恒等映射和 2 个卷积层的输出按位相加后再连接激活函数，按位相加就必须通道数一样、通道的大小也一样。而在画虚线的残差模块中，第一个卷积核的步长是 2，使得通道大小的宽和高各缩减了一半，另外卷积核的个数与输入的通道数也不一样了，这样就造成了在该残差模块的卷积层输出不能与恒等映射的输出直接相加了。为此需要对恒等映射进行改造，使得其输出的通道数和通道大小与卷积层的输出一致。

小明：怎么进行改造呢？

艾博士：一种简单的办法就是在恒等映射时加上一个 3×3 的卷积层，其步长和卷积核数与该模块的第一个卷积层一致，这样就得到和模块的两个卷积层之后同样大小、同样通道数的"恒等映射"输出，可以实现直接按位相加了。当然这样处理后的恒等映射已经不是纯粹的恒等映射了。

艾博士又补充说：还有一点需要说明一下，图 1.39 所示的残差网络中，同 GoogLeNet 一样，在输出层的前面用一个平均池化代替一个全连接层，但是这里用的是一个全局平均池化。

小明问道：什么是全局平均池化呢？

艾博士反问道：小明，你还记得 GoogLeNet 中用的是多大的平均池化？

小明想了想回答道：我记得是 7×7 的平均池化。

艾博士称赞道：小明你记得很对。残差网络中用的也是平均池化，但是其大小刚好与输入的通道大小一样，也就是说，经过全局平均池化后，每个通道就变成了只有一个平均数，或者说，通道的大小变成 1×1 了。这相当于用一个具有代表性的平均值代替了一个通道。测试表明其效果不仅有效减少了要学习的参数个数，还可以提高神经网络的性能。

小明赞叹道：神经网络的设计中真是充满了各种小技巧啊。

小明读书笔记

BP 算法是通过反向传播方法一层一层由输出层向输入层将梯度反传到神经网络的每一层的，在神经网络层数比较多的情况下，梯度值可能会逐步衰减趋近于 0，从而造成距离输入层比较近的神经元的权重无法得到有效修正，达不到训练的目的。这种现象称为梯度消失问题。

为了消除梯度消失问题带来的影响，提出了一些解决方法。

当激活函数采用 sigmoid 函数时这种现象尤为严重，因为在 BP 算法中每次传播都要乘一个激活函数的导数，而 sigmoid 函数的导数值一般比较小，更容易造成梯度消失问题。用 ReLU 激活函数代替 sigmoid 函数是一种消除梯度消失问题的有效手段，因为 ReLU 函数当输入大于 0 时，其导数值为 1，不会由于在反传过程中乘以激活函数的导数而导致梯度消失。这也是这些年来 ReLU 激活函数被广泛使用的原因之一。

在 GoogLeNet 中，为了解决梯度消失问题，除了使用 ReLU 激活函数外，还在神经网络的不同位置设置了 3 个输出，损失函数将 3 部分综合在一起，减少了梯度消失问题带来的不良影响。GoogLeNet 由多个 inception 模块串联组成，每个 inception 模块中采用了不同大小的卷积核，将不同粒度的特征综合在一起。同时采用 1×1 卷积核做信息压缩，有效减少了训练参数，加快了训练速度。

原则上来说，神经网络越深其性能应该越好，但是一些实验表明，当网络加深到一定程度之后，即便是在训练集上也会出现随着网络加深而性能下降的现象，这一现象称为网络退化。这是个比较复杂的问题，并不是单纯的梯度消失造成的，还有待于从理论上进行分析和解释。

为解决网络退化问题，提出了残差网络 ResNet。残差网络由多个残差模块串联而成，每个残差模块含有两个卷积层，并通过一个恒等映射和卷积层的输出按位相加在一起。从消除梯度消失的角度来说，残差网络由于恒等映射的存在，可以将梯度信息传递到任意一个残差模块；从消除网络退化的角度来说，残差网络由于恒等映射的存在，每增加一个残差模块都会把前面的神经网络输出直接“引用”过来，而残差模块中的 $F(X)$ 部分相当于起到一个“补充”的作用，弥补前面神经网络不足的部分，二者相加作为输出，这样既很好地保留了前面神经网络的信息，又通过新增加的残差模块提供了新的补充信息，有利于提高神经网络的性能。

1.6 过拟合问题

小明：艾博士，这些神经网络设计得好复杂啊，这些复杂的神经网络也是通过 BP 算法进行训练的吗？

艾博士回答说：这些年神经网络的发展确实是越来越复杂了，应用领域越来越广，性能也越来越好，但是训练方法还是依靠 BP 算法。也有一些对 BP 算法的改进算法，但是大体思路基本是一样的，只是对 BP 算法个别地方的一些小改进，比如变步长、自适应步长等。还有就是，由于训练数据存在噪声，训练神经网络时也并不是损失函数越小越好。当损失函数特别小时，可能会出现“过拟合”问题，导致神经网络在实际使用时性能严重下降。

小明不解地问：什么是过拟合问题呢？

艾博士解释说：如图 1.41 所示，图中蓝色圆点给出的是 6 个样本点，假设这些样本点来自某个带噪声曲线的采样，但是我们又不知道原曲线是什么样子，如何根据这 6 个样本点“恢复”出原曲线呢？这就是曲线拟合问题。图 1.41 给出了 3 种拟合方案，其中绿色的是一条直线，显然拟合得有些粗糙，蓝色曲线有点复杂，经过了每一个样本点，该曲线与 6 个采样点完美地拟合在一起，似乎是个不错的结果，但是为此付出的代价是曲线弯弯曲曲，感觉是为拟合而拟合，没有考虑 6 个样本点的分布趋势。考虑到采样过程中往往是含有噪声的，这种所谓的完美拟合其实并不完美。红色曲线虽然没有经过每个样本点，但是更能反映 6 个样本点的分布趋势，很可能更接近于原曲线，所以有理由认为红色曲线更接近原始曲线，是我们想要的拟合结果。如果我们用拟合函数与样本点的误差平方和作为拟合好坏的评价，也就是损失函数，绿色曲线由于距离样本点比较远，损失函数最大，蓝色曲线由于经过了每个样本点，误差为 0，损失函数最小，而红色曲线的损失函数介于二者之间。绿色曲线由于拟合得不够，我们称作欠拟合，蓝色曲线由于拟合过度，我们称为过拟合，而红色曲线是我们希望的拟合结果，我们称为恰拟合。在神经网络的训练中，也会出现类似的欠拟合和过拟合的问题，我们希望得到一个恰拟合的结果。

小明不太明白地问道：欠拟合显然是不好的结果，过拟合为什么不好？会带来什么问

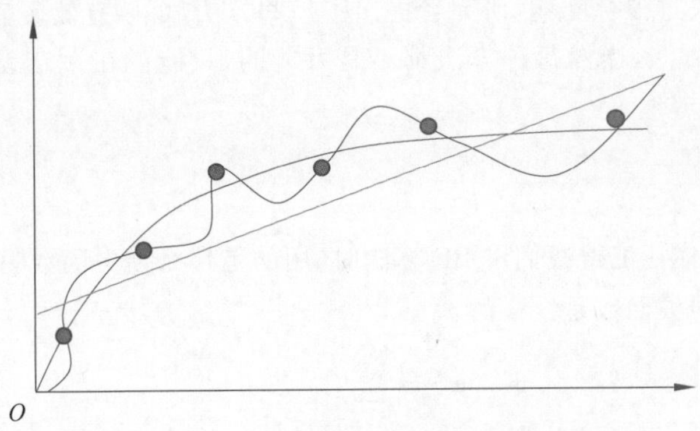

图 1.41　过拟合问题示意图(见彩插)

题呢?

艾博士解释说:我们把样本集分成训练集和测试集两个集合,训练集用于神经网络的训练,测试集用于测试神经网络的性能。如图 1.42 所示,纵坐标是错误率,横坐标是训练时的迭代轮次。红色曲线是在训练集上的错误率,蓝色曲线是在测试集上的错误率。每经过一定的训练迭代轮次后,就测试一次在训练集和测试集上的错误率。从图中可以发现,在训练的开始阶段,由于处于欠拟合状态,无论是在训练集上的错误率还是在测试集上的错误率,都随着训练的进行逐步下降。但是当训练迭代轮次达到 N 次后,测试集上的错误率反而逐步上升了,这就是出现了过拟合现象。测试集上的错误率相当于神经网络在实际使用中的表现,因此,我们希望得到一个合适的拟合结果,使得测试集上的错误率最小。所以应该在迭代轮次达到 N 次时就结束训练,以防止出现过拟合现象。

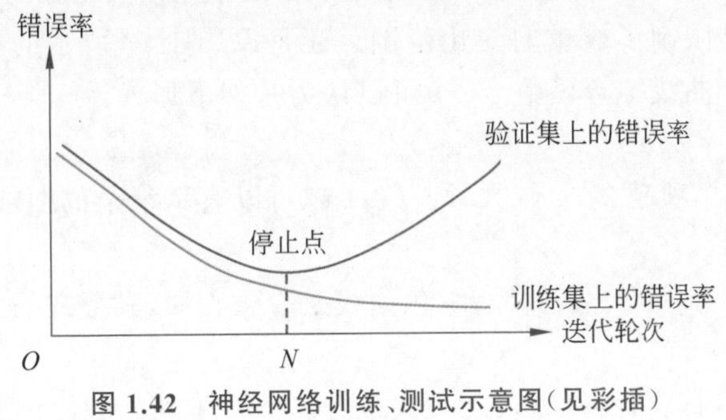

图 1.42　神经网络训练、测试示意图(见彩插)

小明:我明白了,所以说训练时并不是损失函数越小越好。那么如何知道是否过拟合了呢?

艾博士:这是一个非常好的问题。何时开始出现过拟合并不容易判断。一种简单的方法就是使用测试集,做出像图 1.42 那样的错误率曲线,找到 N 点,使用在 N 点得到的参数值作为神经网络的参数值就可以了。

小明:这种办法倒是简单、直观。

艾博士:这种方法要求样本集合比较大才行,因为无论是训练还是测试都需要足够多的样本。而实际使用时往往是面临样本不足的问题。

小明:那怎么办呢?还有其他什么办法呢?

艾博士：为解决过拟合问题，研究者提出了一些方法，可以有效缓解过拟合问题。下面我们讲几种常用的方法，当然每种方法都不是万能的，只能说在一定程度上弱化了过拟合问题。

1. 正则化项法

艾博士：小明，你还记得我们讲BP算法时，用的是什么损失函数吗？

小明：我记得损失函数是这样的：

$$E_d(\boldsymbol{w})=\sum_{k=1}^{M}(t_{kd}-o_{kd})^2$$

艾博士：对，小明记得很清楚。我们在这个损失函数上增加一个正则化项$\|\boldsymbol{w}\|_2^2$，变成如下式所示：

$$E_d(\boldsymbol{w})=\sum_{k=1}^{M}(t_{kd}-o_{kd})^2+\|\boldsymbol{w}\|_2^2$$

其中，$\|\boldsymbol{w}\|_2$ 表示权重 $\boldsymbol{w}$ 的2-范数；$\|\boldsymbol{w}\|_2^2$ 表示2-范数的平方。

小明不解地问道：$\boldsymbol{w}$ 的2-范数？2-范数是什么意思呢？

艾博士解释说：$\boldsymbol{w}$ 的2-范数就是每个权重 w_i 的平方和再开方，这里用的是2-范数的平方，所以就是权重的平方和了。如果用 $w_i(i=1, 2, \cdots, N)$表示第 i 个权重，则

$$\|\boldsymbol{w}\|_2^2=w_1^2+w_2^2+\cdots+w_N^2$$

当然这里并不局限于2-范数，也可以用其他的范数。

小明问道：为什么增加了正则化项后就可以避免过拟合呢？

艾博士：添加了正则化项的损失函数，相当于在最小化损失函数的同时，要求权重也尽可能地小，简单说就是限制了权重的变化范围。还是以图1.43所示的曲线拟合为例说明，作为一般的情况，一个曲线拟合函数 $f(x)$可以认为是如下形式：

$$f(x)=w_0+w_1x+w_2x^2+\cdots+w_nx^n$$

如果 $f(x)$中包含的 x^n 项越多，n 越大，则 $f(x)$越可以表示复杂的曲线，拟合能力就越强，也更容易造成过拟合。

比如在图1.43中所示的3条曲线，绿色曲线是一条直线，其形式为：

$$f(x)=w_0+w_1x$$

只含有 x 项，只能表示直线，所以就表现为欠拟合。而对于其中的蓝色曲线，其形式为：

$$f(x)=w_0+w_1x+w_2x^2+w_3x^3+w_4x^4+w_5x^5$$

含有5个 x^n 项，表达能力比较强，从而造成了过拟合。而对于其中的红色曲线，其形式为：

$$f(x)=w_0+w_1x+w_2x^2$$

含有2个 x^n 项，对于这个问题来说，可能刚好合适，所以体现了比较好的拟合效果。但是在实际当中呢，我们很难知道应该有多少个 x^n 项是合适的，有可能 x^n 项数多于实际情况，通过在损失函数中加入正则化项，使得权重 $\boldsymbol{w}$ 尽可能地小，在一定程度上可以限制过拟合情况的发生。比如对于蓝色曲线：

$$f(x)=w_0+w_1x+w_2x^2+w_3x^3+w_4x^4+w_5x^5$$

虽然它含有5个 x^n 项，但是如果我们最终得到的 w_3、w_4、w_5 都比较小的话，那么也就与红色曲线：

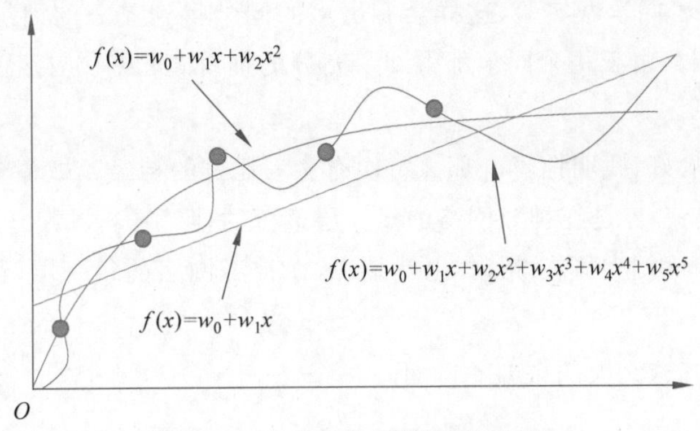

图 1.43　拟合函数示意图(见彩插)

$$f(x)=w_0+w_1x+w_2x^2$$

比较接近了。

对于一个复杂的神经网络来说,一般具有很强的表达能力,如果不采取专门的方法加以限制的话,很容易造成过拟合。

小明:我理解为什么要加正则化项了,通过在损失函数中增加正则化项可以一定程度上弱化过拟合问题。

2. 舍弃法

艾博士解释说:所谓的舍弃法,就是在训练神经网络的过程中,随机地临时删除一些神经元,只对剩余的神经元进行训练。哪些神经元被舍弃是随机的,并且是临时的,只在这次权重更新中被舍弃,下一次更新时哪些神经元被舍弃,再重新随机选择,也就是说每进行一次权重更新,都要重新做一次随机舍弃。图 1.44 给出了一个舍弃法示意图,图中虚线所展示的神经元表示被临时舍弃了,可以认为这些神经元被临时从神经网络中删除了。舍弃只发生在训练时,训练完成后在使用神经网络时,所有神经元都被使用。

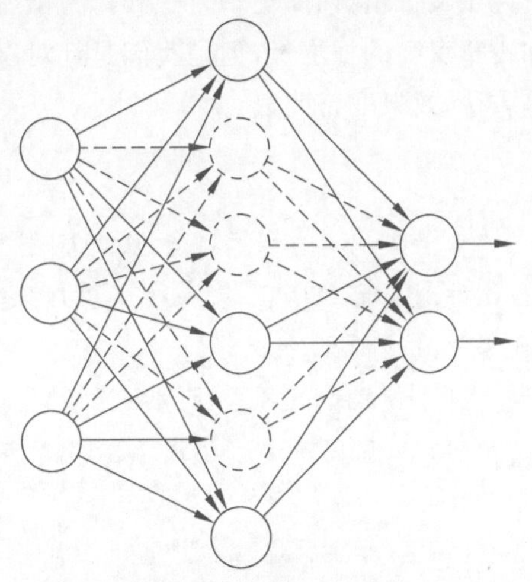

图 1.44　舍弃法示意图

小明不解地问道:这么做为什么可以减少过拟合呢?

艾博士回答说:一个神经网络含有的神经元越多,表达能力越强,越容易造成过拟合。所以简单地理解就是在训练阶段,通过舍弃减少神经元的数量,得到一个简化的神经网络,降低了神经网络的表达能力。但是由于每次舍弃的神经元又是不一样的,相当于训练了多个简化的神经网络,在使用神经网络时又是使用所有神经元,所以相当于多个简化的神经网络集成在一起使用,既可以减少过拟合,又能保持神经网络的性能。举一个例子说明这样做的合理性。比如有 10 个同学组成一个小组做实验,如果 10 个同学每次都一起做,很可能就是两三个学霸在起主要作用,其他同学得不到充分的训练。但是如果引入“舍弃机制”,每次都随机地从

10名同学中选取5名同学做实验，这样会有更多的同学得到充分的训练。当10名同学组合在一起开展研究时，由于每个同学都得到了充分的训练，所以10人组合在一起会具有更强的研究能力。

小明：这个比喻好，我明白了。那么每次有多大比例的神经元被舍弃呢？

艾博士回答说：舍弃是在神经网络的每一层进行的，除了输入层和输出层外，每一层都会发生舍弃，舍弃的比例大概在50%，也就是说，在神经网络的每一层，都大约舍弃掉50%的神经元。

小明：原来会有这么大的舍弃比例啊。

3. 数据增强法

艾博士接着讲道：还有一种防止过拟合的方法称作数据增强法。在曲线拟合中，如果数据足够多，过拟合的风险就会变小，因为足够多的数据会限制拟合函数的激烈变化，使得拟合函数更接近原函数。

小明问艾博士：那么如何得到更多的数据呢？

艾博士说：除了尽可能收集更多的数据外，可以利用已有的数据产生一些新数据。比如想识别猫和狗，我们已经有了一些猫和狗的图片，那么可以通过旋转、缩放、局部截取、改变颜色等方法，将一张图片变换成很多张图片，使得训练样本数量数十倍、数百倍地增加。实验表明，通过数据增强可以有效提高神经网络的性能。辛顿教授和他的学生采用深度学习方法参加ImageNet比赛时，就采用了这种数据增强方法。我们在20世纪90年代中期研究中文古籍《四库全书》识别时，为了解决古籍汉字样本少的问题，也采用了类似的思想增加古籍汉字的样本量，但是我们是针对汉字特点做的数据增强，不是简单地采取旋转、缩放等方法，效果非常明显。

小明读书笔记

由于数据存在噪声等原因，在神经网络的训练过程中并不是损失函数越小越好，因为当训练到一定程度后，进一步减少训练集上的误差，反而会加大在测试集上的误差。这一现象称为过拟合。

有3种减少过拟合的方法。

(1) 正则化项法。也就是在损失函数中增加正则项，让权重尽可能小，达到防止过拟合的目的。

(2) 舍弃法。在训练过程中，随机地临时舍弃一部分神经元，每次舍弃都相当于只训练一个子网络。其结果相当于训练了多个子网络再集成在一起使用，网络的每个部分都得到了充分的训练，从而提高了神经网络的整体性能。

(3) 数据增强法。一般来说，训练数据越大，训练的神经网络性能会越好。当没有足够多的训练数据时，可以通过对已有数据进行处理产生新的数据的办法，增大训练数据。这一方法称为数据增强方法。比如对于图像数据，可以通过旋转、缩放、局部截取、改变颜色等方法，将一张图片变换成很多张图片，使得训练样本数量数十倍、数百倍地增加。

1.7　词向量

1.7.1　词的向量表示

小明：艾博士，您讲解的这些内容基本是处理图像的，神经网络只能处理图像信息吗？能不能处理文本信息呢？

艾博士回答说：小明，神经网络不仅仅可以处理图像，同样也可以处理文本。由于处理图像讲起来比较形象，更容易理解，所以我们基本是以图像处理为例讲解的。

小明：那么如何处理文本呢？

艾博士：图像处理之所以讲起来比较形象，是因为图像的基本元素是像素，而像素是由数字表示的，可以直接处理。而文本的基本元素是词，要处理文本的话，首先要解决词的表示问题。

小明：是啊，可是词如何表示呢？

艾博士：最简单的表示方法称作"独热"(one-hot)编码。我们举例说明独热编码方法。假设有这么一个句子：

我在清华大学读书，生活在美丽的清华园中。

我们以这句话中出现的词组成一个共有 8 个词的词表：

{我，在，清华大学，读书，生活，美丽的，清华园，中}

独热编码方法就是用一个与词表等长的向量表示一个词，该向量只有一个位置为 1，其他位置均为 0。具体哪个位置为 1 呢？就看单词在词表中处于第几位，如果处于第 n 位，那么在向量的第 n 个位置就为 1。这也是"独热编码"一词的来源。

比如"清华大学"一词处于词表的第 3 个位置，则该词就可以表示为

"清华大学"=[0,0,1,0,0,0,0,0]

同样地，"清华园""美丽的"可以分别表示为

"清华园"=[0,0,0,0,0,0,1,0]

"美丽的"=[0,0,0,0,0,1,0,0]

这种表示的优点是比较简单，事先做好一个词表，词表确定后词的表示就确定了。但有很多不足。比如：如果处理真实文本，常用词至少需要 10 万个，每个词都需要表示为一个长度为 10 万的向量。显然这种表示方法过于庞大了，而且也无法通过计算的办法获得两个词的相似性。比如在自然语言处理中，常常用欧氏距离衡量两个词的相似性或者是否近义词，欧氏距离越小，就说明两个词越相似。但是对于独热编码来说，任何词都只有一个位置为 1，且只要是非同一个词，则 1 的位置一定是不一样的，所以任何两个词的欧氏距离都是 $\sqrt{2}$，比如"清华大学"与"清华园"的欧氏距离为

$$\begin{aligned}&\|\text{“清华大学”}-\text{“清华园”}\|_2\\&=\sqrt{(0-0)^2+(0-0)^2+(1-0)^2+(0-0)^2+(0-0)^2+(0-0)^2+(0-1)^2+(0-0)^2}\\&=\sqrt{2}\end{aligned}$$

"美丽的"与"清华园"的欧氏距离为

$$\|\text{"美丽的"}-\text{"清华园"}\|_2$$
$$=\sqrt{(0-0)^2+(0-0)^2+(0-0)^2+(0-0)^2+(0-0)^2+(1-0)^2+(0-1)^2+(0-0)^2}$$
$$=\sqrt{2}$$

从语义的角度来说，理应“清华大学”与“清华园”的距离应该小于“美丽的”与“清华园”的距离才比较合理。

小明问：那么有没有更好的表示方法呢？

艾博士：为了解决独热编码存在的不足，研究者提出了“稠密向量”表示方法。还是用向量表示一个词，但不再是一个向量只有一位为 1，其余位为 0 了，而是向量的每一位都有具体的数值，并且数值也不只限于 0 和 1，而是可以是任何实数，这也是为何称为“稠密向量”的原因。这种表示方法，由于“动用”了向量的每一位“联合起来”表示一个词，所以向量长度也没有必要和词表一样长，一般只需要几百位就可以了，大幅节省了表示空间，而且还可以利用向量间的距离求解两个词的语义相似性。由于向量的每一位都参与了词的表示中，所以这种方法又称为词的分布式表示。

小明：听起来有些神奇，如何用稠密向量表示一个词呢？

艾博士：我们还是通过例子说明吧。假设我们想表达一些动植物有关的词，那么我们可以从哪几个角度表示呢？动植物可能是动物，也可能是植物，动植物也有可能作为食物。为了简单起见，我们假设就从动物、植物、食物这 3 个角度表示动植物有关的词，这样我们可以动物、植物、食物分别作为坐标轴建立一个三维空间，而动植物有关的词表示为三维空间上的一个点，点的坐标就组成了一个三维向量，该向量就是对应词的稠密向量表示。

如图 1.45 所示，给出了猪、羊、熊猫、白菜和竹子在该空间上的表示。

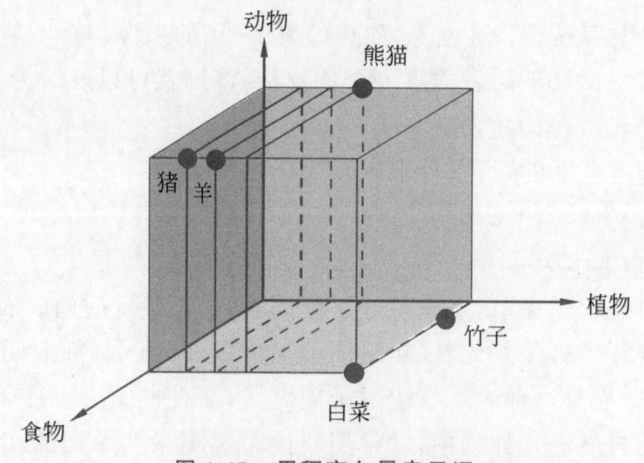

图 1.45　用稠密向量表示词

小明：这个图是什么意思呢？我还是看不太明白这个图是什么含义。

艾博士：我解释一下你就清楚了。比如说“猪”是动物，所以其在该空间的动物坐标值就可以认为是 1.0，又由于猪也是食物，所以其食物坐标值也认为是 1.0，虽然猪不是植物，但由于猪吃草等植物，也与植物有些关系，假设其植物坐标值为 0.1。这样，如果用(〈动物〉,〈植物〉,〈食物〉)三维坐标表示猪这个词的话，就得到了猪的向量表示为(1.0,0.1,1.0)。“羊”跟“猪”具有差不多的属性，但由于羊主要以植物为其食物，所以相对来说羊与植物的联系比猪更强一些，因此可以假定羊的植物坐标值为 0.2。这样就得到“羊”这个词的向量表示为(1.0,0.2,1.0)。“熊猫”与“猪”和“羊”的区别是不能作为食物，所以其食物坐标值为 0.0，由于熊猫主要以竹子为食物，可以认为熊猫与植物的关系更强一些，假定其植物坐标为 0.3，这样就获得了“熊猫”的向量表示为(1.0,0.3,0.0)。同样我们也可以给出“白菜”“竹子”分别表示为(0.0,1.0,1.0) 和(0.0,1.0,0.1)。依据这些词的坐标值分别将它们标注在三维空间上，就得到了图 1.45。

小明：听了您的解释，我了解了用稠密向量表示词的方法。这种表示方法有什么好处呢？

艾博士：这种表示方法从某种程度来说表达了词的语义信息，语义相近的词在空间中的位置也比较相近。比如从图 1.45 可以看出，猪、羊语义相近，在空间上的位置也比较相近，熊猫与猪、羊的语义就远一点，在空间上距离猪、羊也比较远，但是比熊猫距离白菜的距离要近一些。而熊猫距离白菜的距离又远于距离竹子的距离，这是因为熊猫以竹子为主要食物，二者应该更接近一些。这些都可以根据词的坐标计算得到，比如熊猫与白菜、竹子的欧氏距离分别如下：

$$\|\text{熊猫}-\text{白菜}\|_2=\sqrt{(1.0-0.0)^2+(0.3-1.0)^2+(0.0-1.0)^2}=1.57$$

$$\|\text{熊猫}-\text{竹子}\|_2=\sqrt{(1.0-0.0)^2+(0.3-1.0)^2+(0.0-0.1)^2}=1.22$$

小明：计算结果与您的分析是一致的，看来这种稠密向量词表示方法确实有其优势所在。

1.7.2　神经网络语言模型

小明：艾博士，您在前面的例子中，通过分析得到了词在空间中的坐标，对于少量简单的词可能可以这么做。实际应用中面对几万、十几万的词汇，如何获得词的稠密向量表示呢？我想不会是手工完成吧？一方面工作量太大，另一方面很多词也难于确定具体的坐标值。

艾博士笑道：我们在讲人工智能，肯定不是依靠手工操作了。这种稠密向量表示方法一般是通过训练得到的，为此我们先从神经网络语言模型开始讲起。

小明：什么是神经网络语言模型呢？

艾博士：简单地说，当给定了一句话的前 $n-1$ 个词后，预测第 n 个词是什么词的概率，这样的一个预测模型称为语言模型。比如给定了前 4 个词是“清华大学”“计算机”“科学”“与”，那么第 5 个词可能是什么词呢？第 5 个词是“技术”的可能性比较大，因为这句话很可能是说“清华大学计算机科学与技术系”。第 5 个词是“工程”的可能性也不小，因为“清华大学计算机科学与工程系”也比较通顺。但是如果是“清华大学计算机科学与白菜”，虽然从语法层面这句话也没有什么问题，但是很少出现将“计算机科学”和“白菜”并列的情况，所以第 5 个词是“白菜”的概率就非常小了。语言模型就是用来评价一句话是否像“人话”，如果像“人话”则概率比较大，否则概率就比较小甚至为 0。如果语言模型是用神经网络实现的，则称为神经网络语言模型。

小明：这里说的前 $n-1$ 个词一定是从一句话的开始计算吗？

艾博士：这也不一定，从一句话的任意一个位置开始都是可以的，总之是当前词前面的

$n-1$ 个词就可以，而不管当前词具体在哪个位置。如果前面不足 $n-1$ 个词，则有几个词就算几个。比如当前词在第 t 个位置，则其前面 $n-1$ 个词为 $w_{t-n+1}w_{t-n+2}\cdots w_{t-2}w_{t-1}$，这 $n-1$ 个词称作 w_t 的"上下文"，用 context(w_t)表示，其中 w_i 表示词，n 被称作窗口的大小，表示只考虑窗口内的 n 个词。

图 1.46 给出了一个最常见的用全连接神经网络实现的神经网络语言模型示意图。在这个图中，我们简化了其中的各种连接，下面我们具体解释一下这个模型。

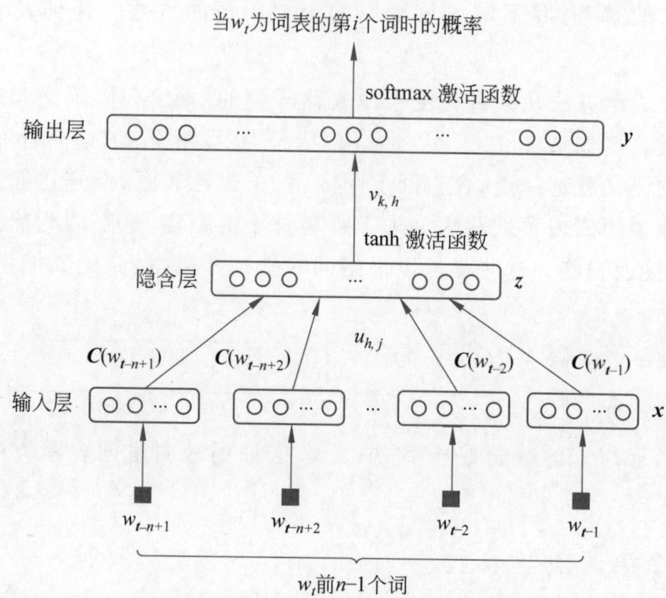

图 1.46　神经网络语言模型示意图

图 1.46 所示的语言模型就是一个全连接神经网络，与普通的全连接网络不同的是，输入层分成了$(n-1)$组，每组由 m 个输入组成，共 $m(n-1)$个输入。每组中 m 个数值组成一个向量，对应 w_t 的上下文中的一个词，该向量用 $\boldsymbol{C}(w_{t-l})(l=1,2,\cdots,n-1)$表示。所有的 $\boldsymbol{C}(w_{t-l})$拼接在一起组成一个长度为 $m(n-1)$的向量，用 $\boldsymbol{x}=[x_1,x_2,\cdots,x_{(n-1)m}]$表示。如果不考虑分组的话，与普通全连接神经网络的输入层是一样的，也就是 $\boldsymbol{x}$ 是神经网络的输入。

小明不解地问道：为什么要对输入分组呢？

艾博士回答说：每一组输入组成的向量对应当前上下文的一个词，当上下文发生变化时，要通过查表的办法将组成上下文的词对应的向量取出来，放到神经网络输入层的相应位置。为此在构建神经网络语言模型时，首先要确定一个词表，这个词表通常很大，要包含所有可能出现的词，通常有几十万个词。每个词对应一个长度为 m 的向量，并在词和向量之间建立某种联系，以便需要时可以方便地提取出来。

小明：这个长度为 m 的向量如何得到呢？

艾博士：小明你先不要着急，现在只需知道一个词对应一个向量就可以了，后面我们再说如何得到这个向量。

小明：好的，我就暂时先认为已经得到了这些向量。

艾博士：我们接下来看图 1.46 的隐含层，这一层没啥特殊性，就是普通的隐含层，共 H 个神经元，每个神经元都与输入层的神经元有连接，权重为 $u_{h,j}$，表示输入层第 j 个输入到隐含层第 h 个神经元的连接权重。隐含层的每个神经元连接一个双曲正切激活函数(tanh)作为该神经元的输出。隐含层所有神经元的输出组成向量 $\boldsymbol{z}=[z_1,z_2,\cdots,z_H]$，第 h 个神经元的输出用公式表示如下：

$$z_h=\tanh(u_{h,1}x_1+u_{h,2}x_2+\cdots+u_{h,(n-1)m}x_{(n-1)m}+p_h)$$

其中，p_h 为第 h 个神经元的偏置。

输出层神经元的个数与词表的大小一致，一个神经元对应一个词，神经元连接 softmax 激活函数得到输出结果，每个神经元的输出值表示在当前上下文环境第 n 个词 w_n 为该神经元对应的词时的概率。例如，假定输出层的第 3 个神经元对应"技术"一词，第 5 个神经元对应"工程"一词，当上下文为"清华大学 计算机 科学 与"时，则输出层第 3 个神经元的输出值就表示"清华大学 计算机 科学 与"之后连接"技术"一词的概率，而第 5 个神经元的输出值表示"清华大学 计算机 科学 与"之后连接"工程"一词的概率。

从隐含层到输出层也是全连接，每个输出层的神经元都与隐含层的神经元有连接，权重为 $v_{k,h}$，表示隐含层第 h 个神经元到输出层第 k 个神经元的连接权重。为了在输出层得到一个概率输出，最后加一个 softmax 激活函数。假设输出层所有神经元在连接激活函数前的输出组成向量 $\boldsymbol{y}=[y_1,y_2,\cdots,y_K]$，其中 K 为词表长度，则第 k 个神经元的输出用公式表示如下：

$$y_k=v_{k,1}z_1+v_{k,2}z_2+\cdots+v_{k,H}z_H+q_k$$

其中，q_k 为输出层第 k 个神经元的偏置。

加上 softmax 激活函数后，输出层第 k 个神经元的输出为

$$p(\boldsymbol{w}=k\mid\text{context}(\boldsymbol{w}))=\frac{\mathrm{e}^{y_k}}{\sum_{i=1}^{K}\mathrm{e}^{y_i}}$$

表示的是输出层第 k 个神经元所对应的单词 $\boldsymbol{w}$ 出现在当前上下文后面的概率。

小明问：那么如何确定输出层哪个神经元对应哪个词呢？

艾博士：这个是人为事先规定好的，哪个神经元对应哪个词并不重要，只要事先规定好一个神经元对应唯一的词就可以了。

小明：那么这个神经网络语言模型如何训练呢？

艾博士：为了训练这个模型，需要有训练样本，对于语言模型来说，样本就是一个含有 n 个词的词串，前 $n-1$ 个词就是上下文，第 n 个词相当于标记。我们可以收集大量的文本构成训练语料库，库中任意一个长度为 n 的连续词串就构成了训练样本。比如语料库中有语句"清华 大学 计算机 科学 与 技术 系"，假定窗口大小为 5，则"清华 大学 计算机 科学与""大学 计算机 科学 与 技术""计算机 科学 与 技术 系"都是训练样本。

有了训练样本后，还需要定义一个损失函数。我们先看一个例子。假定语料库就 3 句话："计算机 科学""计算机 科学""计算机 工程"，窗口大小为 2，我们希望通过该语料库估计出两个概率值：p(科学|计算机)和 p(工程|计算机)，分别表示当前一个词为"计算机"时，后一个词为"科学"的概率和后一个词为"工程"的概率。这两个概率分别取多少才是合理的呢？语料库中的 3 句话可以看成 3 个样本，我们假定这 3 个样本的出现是独立的，所以

它们的联合概率可以用各自出现概率的乘积表示,即

p(“计算机 科学”,“计算机 科学”,“计算机 工程”)

=p(科学|计算机)·p(科学|计算机)·p(工程|计算机)

=p(科学|计算机)^2·p(工程|计算机)

由于这个例子中“计算机”后面出现的词只有“科学”和“工程”两种可能,所以在“计算机”后面出现“科学”或者“工程”的概率之和应该等于 1,即

p(科学|计算机)+p(工程|计算机)=1

所以有：

p(“计算机 科学”,“计算机 科学”,“计算机 工程”)

=p(科学|计算机)^2·(1−p(科学|计算机))

对于不同的概率取值,p(“计算机科学”,“计算机科学”,“计算机工程”)的值是不同的,比如当 p(科学|计算机)=0.5 时：

p(“计算机 科学”,“计算机 科学”,“计算机 工程”)

$=0.5^2\times(1-0.5)$

$=0.125$

而当 p(科学|计算机)=0.6 时：

p(“计算机 科学”,“计算机 科学”,“计算机 工程”)

$=0.6^2\times(1-0.6)$

$=0.144$

小明不解地问道：那么概率取多大才应该是合理的呢?

艾博士解释说：目前我们只有语料库提供的 3 句话,所以只能以这 3 句话为依据进行估计,既然这 3 个样本同时出现了,那么我们就应该接受这个事实,让它们同时出现的联合概率最大,所以估计概率的原则就是当 p(科学|计算机)取值多少时,能使它们的联合概率最大。

艾博士对小明说：你会求解这个问题吗?

小明思考了一会儿说：我们学过求最大值的方法,对于这个比较简单的问题,令联合概率的导数等于 0,就可以求解了。

艾博士：小明你求解一下试试。

小明认真地求解起来：

p(“计算机 科学”,“计算机 科学”,“计算机 工程”)的导数

=p(科学|计算机)^2·(1−p(科学|计算机))的导数

=2p(科学|计算机)−3p(科学|计算机)^2

令：2p(科学|计算机)−3p(科学|计算机)^2=0,有

2−3p(科学|计算机)=0

所以

p(科学|计算机)$=\dfrac{2}{3}$

由于

p(科学|计算机)+p(工程|计算机)=1

所以

$$p(\text{工程}|\text{计算机})=\frac{1}{3}$$

艾博士边看小明求解的结果边说：小明你看，这个结果是不是与我们直观想象的结果一致？

小明：是啊，还真是这样的。语料库中有两句话是“计算机 科学”，一句话是“计算机 工程”，当前面一个词是“计算机”时，后面出现“科学”的概率不就是 2/3、出现“工程”的概率不就是 1/3 吗？

艾博士：通过让联合概率最大化估计概率的方法称作最大似然估计。但是一般来说并不是直接估计概率值，因为一般来说联合概率分布是一个含有参数的函数，而是通过最大似然方法估计该联合概率分布的参数。对于神经网络语言模型来说，概率是用神经网络表示的，所以就是估计神经网络的参数。根据我们前面介绍过的神经网络语言模型(见图 1.46)，对于语料库中的任何一个词 $\boldsymbol{w}$，我们假定窗口大小为 n，依据 $\boldsymbol{w}$ 在语料库中的位置，会有一个 $\boldsymbol{w}$ 的上下文 context($\boldsymbol{w}$)，也就是 $\boldsymbol{w}$ 的前 $n-1$ 个词，以 context($\boldsymbol{w}$)作为神经网络语言模型的输入，在输出层词 $\boldsymbol{w}$ 所对应的位置 k 会得到一个输出值，该值表示的是在给定的上下文环境下，下一个词是 $\boldsymbol{w}$ 的概率。依据最大似然估计方法，我们希望在该语料库上，所有词在给定上下文环境下的概率乘积最大，即

$$\max_{\theta}\prod_{\boldsymbol{w}\in C}p(\boldsymbol{w}=k \mid \text{context}(\boldsymbol{w}),\theta)$$

其中，θ 表示神经网络的所有参数；C 表示语料库；符号 Π 表示连乘的意思。式子 $\prod_{\boldsymbol{w}\in C}p(\boldsymbol{w}=k \mid \text{context}(\boldsymbol{w}),\theta)$ 称为似然函数。所以，我们的目标就是训练神经网络语言模型，确定参数 θ，使得似然函数在给定的训练集上最大。

小明：我们训练神经网络一般是用 BP 算法求损失函数最小，这里是要求最大，怎么求解呢？

艾博士：通过一个变换就可以将最大化问题转换为最小化问题。为了计算方便，我们首先通过对似然函数做对数运算，将连乘变换为连加，因为经过对数运算后，原来的连乘就变换为连加了。

$$\max_{\theta}\prod_{\boldsymbol{w}\in C}p(\boldsymbol{w}=k \mid \text{context}(\boldsymbol{w}),\theta)$$

取对数后为

$$\max_{\theta}\ln\prod_{\boldsymbol{w}\in C}p(\boldsymbol{w}=k \mid \text{context}(\boldsymbol{w}),\theta)=\max_{\theta}\sum_{\boldsymbol{w}\in C}\ln p(\boldsymbol{w}=k \mid \text{context}(\boldsymbol{w}),\theta)$$

如果我们在上式前面增加一个“负号”，原来的最大化就可以变成最小化问题了，即

$$\min_{\theta}\left(-\sum_{\boldsymbol{w}\in C}\ln p(\boldsymbol{w}=k \mid \text{context}(\boldsymbol{w}),\theta)\right)$$

这样我们就可以用下式作为损失函数，然后用 BP 算法求解：

$$L(\theta)=-\sum_{\boldsymbol{w}\in C}\ln p(\boldsymbol{w}=k \mid \text{context}(\boldsymbol{w}),\theta)$$

其中，$-\sum_{\boldsymbol{w}\in C}\ln p(\boldsymbol{w}=k \mid \text{context}(\boldsymbol{w}),\theta)$ 称为负对数似然函数。

小明：这样一来，这个神经网络语言模型就跟普通的全连接神经网络没有任何区别了。

艾博士：基本上是这样的。其实从这里也可以看出来，神经网络只是提供了一个一般性方法，具体用它求解什么问题，根据问题的特点，定义好输入输出以及损失函数就可以了。但是，在这个问题中，与普通神经网络还有一个不太一样的地方。

小明不解地问道：哪里不一样呢？

艾博士：小明你还记得吗？我们前面在介绍神经网络语言模型结构时，还留下了一个伏笔。

小明想了想回答说：我想起来了。在讲解图 1.46 所示的神经网络语言模型时，您说每个词 $\boldsymbol{w}$ 都对应一个长度为 m 的向量 $\boldsymbol{C}(\boldsymbol{w})$，这些向量拼接在一起构成了神经网络语言模型的输入 x。当时并没有说如何得到 $\boldsymbol{C}(\boldsymbol{w})$。

艾博士：对，如何获得 $\boldsymbol{C}(\boldsymbol{w})$ 也是神经网络语言模型与普通全连接神经网络不一样的地方。开始训练时 $\boldsymbol{C}(\boldsymbol{w})$ 的值是随机设置的，词表中每个词均对应一个随机设置的向量 $\boldsymbol{C}(\boldsymbol{w})$。在训练过程中，同神经网络的权重一样，$\boldsymbol{C}(\boldsymbol{w})$ 也一同被训练，把它当作参数看待就可以了。当训练结束时，词表中的每个词都得到了一个对应的向量，这个向量就是该词的一种稠密向量表示。我们称这个向量为词向量。

小明：艾博士，以前我们说的训练都是指训练神经网络的权重，BP 算法也是这么推导出来的，而 $\boldsymbol{C}(\boldsymbol{w})$ 是神经网络的输入，怎么训练呢？不是太明白，还请您给讲讲。

艾博士：$\boldsymbol{C}(\boldsymbol{w})$ 虽然是神经网络的输入，但是也可以像权重那样进行训练，道理是一样的。我们还是举一个例子来说吧。

图 1.47(a)是一个简单的神经网络，x_1、x_2、x_3 是输入，w_1、w_2、w_3 是权重。我们像图 1.47(b)那样，在下边增加一个只含有一个输入的输入层，输入恒定为 1，中间 3 个原来的输入看作隐含层的神经元，而将 x_1、x_2、x_3 看作输入层到隐含层的 3 个权重。这样右边的神经网络与左边的神经网络是完全等价的。所以，x_1、x_2、x_3 这 3 个原来的输入就可以当作权重看待像训练权重一样训练了。小明你说是不是这样的？

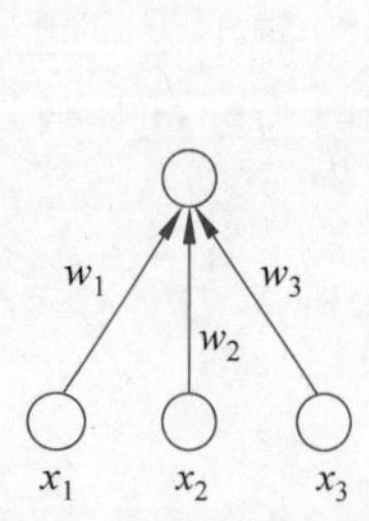

(a) 简单的神经网络

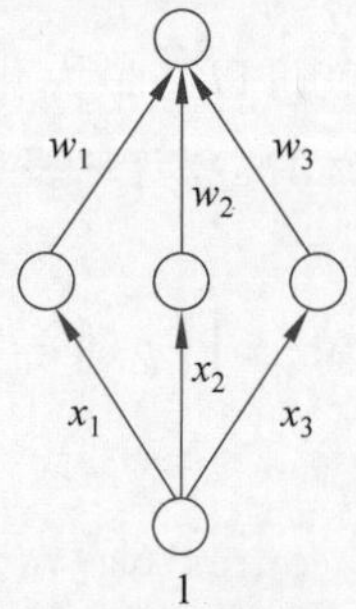

(b) 增加一个输入层后的神经网络

图 1.47　简单的神经网络和增加一个输入层后的神经网络

小明对照着图想了想说：还真是一样的。

艾博士：通过这样的方法，我们就可以得到词的稠密表示——词向量了。

小明：原来词向量是这样得到的啊。本来想知道词的稠密表示方法，一直在听您讲语言模型，还想这和词的表示有什么关系呢？原来通过训练神经网络语言模型就同时得到了词的向量表示。这样得到的词向量有什么特点呢？

艾博士解释说：一般来说，语义相近的词，其上下文也往往会比较一致，比方说“计算机”“电脑”两个词，几乎可以任意互换，这样语义近似的词得到的词向量也会比较接近，就可以通过计算两个词向量的距离等方式“计算”两个词的语义相似性。这样得到的词向量还可以进行向量运算，满足一些向量的性质。

如图 1.48 所示，给出了“国王”“王后”“男人”“女人”4 个词的词向量示意图。“国王”相对于“男人”的关系，可以等同地看作“王后”与“女人”的关系，所以

$$\boldsymbol{C}(\text{国王})-\boldsymbol{C}(\text{男人})=\boldsymbol{C}(\text{王后})-\boldsymbol{C}(\text{女人})$$

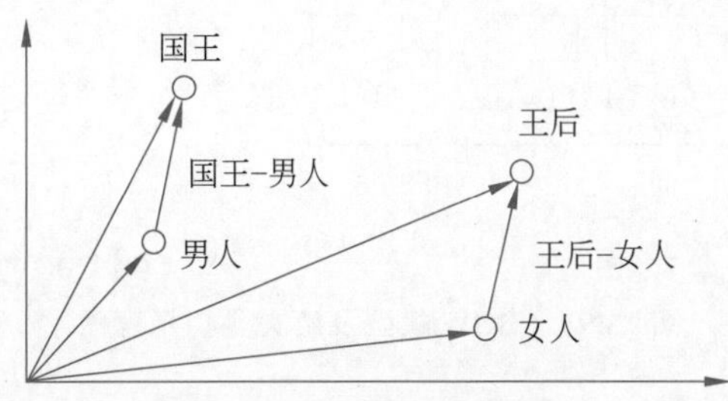

图 1.48　词向量关系示意图

其中，$\boldsymbol{C}(\boldsymbol{w})$表示词 $\boldsymbol{w}$ 的词向量；符号“－”表示向量减法，下面用到的符号“＋”也是指向量加法。这样，如果假设我们不知道“王后”的词向量，就可以利用向量运算计算得到：

$$\boldsymbol{C}(\text{王后})=\boldsymbol{C}(\text{女人})+\boldsymbol{C}(\text{国王})-\boldsymbol{C}(\text{男人})$$

小明看到这个结果很是惊喜：还能进行这样的计算，真是神奇。

艾博士：这些都体现了这种词向量表示的优越性，也体现了这样得到的词向量确实能够体现出词义信息。

1.7.3　word2vec 模型

艾博士：前面介绍的这个神经网络语言模型有个明显不足，就是计算起来太慢了。

小明问道：为什么会慢呢？

艾博士回答说：常用词一般会有几十万个，每个词均对应一个神经网络的输出，又由于采用了 softmax 激活函数，每次计算 softmax 需要用到所有的输出值。

小明：还真是这样，计算 softmax 时分母部分要对所有输出计算 e^{y_k}，再求和，运算量很大，确实会影响速度。如何解决这个问题呢？

艾博士：为此提出了一种称作 word2vec 的简化模型，如图 1.49(a)所示。word2vec 模型有两种实现方式，这里给出的是其中的一种，称作连续词袋模型(CBOW)。

在这个模型中，输入的上下文不是当前词的前 $n-1$ 个词，而是当前词 w_t 的前 c 个词 w_{t-c}，…，w_{t-1} 和后 c 个词 w_{t+1}，…，w_{t+c}，窗口大小为 $2c$。同样，上下文中的每个词对应一个长度为 m 的向量 $\boldsymbol{C}(w_i)$，共有 $2c$ 个。$\boldsymbol{C}(w_i)$的含义与前面介绍的神经网络语言模型一样，是对应词的词向量。中间层的构成是将这 $2c$ 个向量按位相加在一起，构成向量 $\boldsymbol{x}_w$，该向量的长度同样为 m，而不是像前面介绍的神经网络语言模型那样将词向量拼接在一起，减少了神经网络的参数量。该模型的输出同样是在给定上下文环境下某个词 w_t 的概率，但是为了避免计算 softmax 以提高计算速度，采用了一种称作层次 softmax 的方法近似 softmax 的效果。

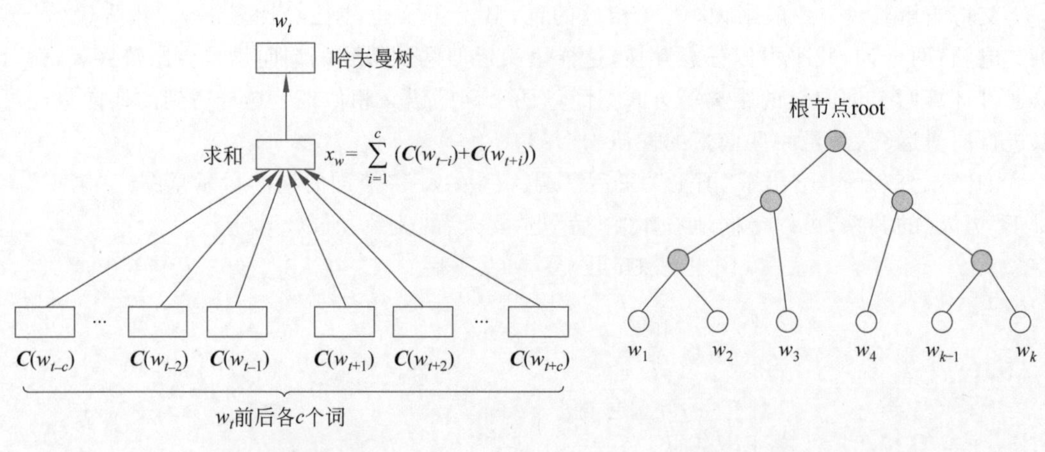

(a) CBOW模型示意图

(b) CBOW模型中的哈夫曼树示意图

图 1.49　CBOW 模型及哈夫曼树示意图

小明：是怎么近似的呢？

艾博士：这里用到了哈夫曼树的概念，我们先介绍一下什么是哈夫曼树。

如图 1.49(b)所示，是一个词表的哈夫曼树示意图。最上边的实心圆为树的根节点 root，下边的空心圆为叶节点，每个叶节点对应词表中的一个词，词表有多大，就有多少个叶节点。哈夫曼树是一个二叉树，也就是说，每个节点最多可以有两个子节点。从哈夫曼树可以得到词表中每个词的唯一编码。

小明问道：如何从哈夫曼树得到词的编码呢？

艾博士：小明你看图 1.49(b)，从根节点 root 到任何叶节点都存在一条路径，从 root 开始向下，每遇到一个节点需要选择向左还是向右，最终可以到达某个叶节点。从 root 开始，选择“左左右”就到达了 w_2，选择“左右”就到达了 w_3。如果“左”用 1 表示，“右”用 0 表示，就可以得到一个词的编码，比如 w_2 的编码为 110，w_3 的编码为 10 等。这就是词的哈夫曼编码。这种编码的特点是不等长，哈夫曼树可以根据每个词的使用频度产生，可以使得常用词的编码短，非常用词的编码长，而且任何一个短的编码都不会是另一个长的编码的前一部分，比如 10 是 w_3 的编码，则除了 w_3 以外，不可能还有其他词的编码是以 10 开始的。所以如果用哈夫曼编码表示一篇文章的话，词的编码之间不需要空格等分隔符就可以区分出来。比如 10110 只能拆分为 10、110，而不可能有其他的拆分结果。由于越是常用词其编码越短，所以哈夫曼编码也是一种平均编码长度最短的编码方法。

小明：哈夫曼编码还有这么多的好处，那么如何得到哈夫曼树呢？

艾博士：建立一棵哈夫曼树并不复杂，这部分内容我们就不展开讲了，知道如何根据哈夫曼树得到一个词的编码就可以了，如果有兴趣可以阅读相关资料。

小明：好的，我课后再找相关资料学习一下。但是这个哈夫曼树怎么跟我们要讲的语言模型联系在一起呢？

艾博士：在图 1.49(a)中，词 w_t 的上下文对应的词向量经求和后得到 $\boldsymbol{x}_w$。哈夫曼树的每一个非叶节点，也就是图中的灰色节点，都单独看作一个神经元，输入是 $\boldsymbol{x}_w$，输出是一个概率值，表示到达这个节点后向右走的概率 $p(\mathrm{R})$，那么向左走的概率就是 $p(\mathrm{L})=1-$

$p(\mathrm{R})$。这样的话，任何一个词 w 依据其哈夫曼编码就可以得到一个从 root 到达该词的概率。比如对于词 w_2 其哈夫曼编码为 110，从 root 开始，第一个节点应该向左走，其概率为 $p_1(\mathrm{L})$，第二个节点还是向左走，其概率为 $p_2(\mathrm{L})$，第三个节点是向右走，其概率为 $p_3(\mathrm{R})$。这样，从 root 到达 w_2 的概率就应该是 3 个概率的乘积，即

$$p_1(\mathrm{L}) \cdot p_2(\mathrm{L}) \cdot p_3(\mathrm{R}) = (1 - p_1(\mathrm{R})) \cdot (1 - p_2(\mathrm{R})) \cdot p_3(\mathrm{R})$$

在训练时，对于词表中的每一个词，也就是哈夫曼树的任何一个叶节点，都对应着这样的概率，训练目标就是使该概率值最大。同前面讲的神经网络语言模型一样，我们也同样通过求对数再加负号的办法，将该最大值问题转换为最小值问题，并以此作为损失函数，以便可以用 BP 算法求解。比如对于词 w_2 来说，其损失函数就是

$$-(\ln(1 - p_1(\mathrm{R})) + \ln(1 - p_2(\mathrm{R})) + \ln p_3(\mathrm{R}))$$

小明有些疑问地问道：概率 $p(\mathrm{R})$、$p(\mathrm{L})$ 如何计算呢？

艾博士：前面提到过，哈夫曼树的每个非叶节点都看作一个神经元，注意不是神经网络，就是一个单独的神经元，每个神经元的输入都是一样的，均为 $\boldsymbol{x}_w = [x_1, x_2, \cdots, x_m]$，但是每个神经元有各自的参数即权重 $\boldsymbol{w}$，最后再加一个 sigmoid 激活函数，神经元的输出就是向右走的概率，而用 1 减去向右走的概率就是向左走的概率。

小明：原来是这样的，我明白了。

艾博士进一步解释说：这样做的好处是，每次训练一个词时只需修改与本词相关的参数，不涉及其他参数，不像前面讲过的神经网络语言模型那样计算 softmax 时，要计算所有词的概率值，从而提高了训练速度。同时由于使用了哈夫曼编码，常用词的编码短，涉及的神经元就少，从而进一步提高了计算速度。

艾博士又强调说：另外再重申一下，这也是一种神经网络语言模型，作为词向量的输入也同前面讲过的神经网络语言模型一样，通过训练得到。以上就是 word2vec 模型的实现方法之一——连续词袋模型（CBOW）。

小明：那么 word2vec 模型是否还有其他的实现方法呢？

艾博士：word2vec 模型除了连续词袋模型外，还有一种模型称作跳词模型（Skip-Gram）。

对于连续词袋模型来说，是通过词 w 两侧的上下文预测 w 出现的概率，而跳词模型刚好相反，是通过词 w 预测它两侧出现哪些词的概率。图 1.50 给出了跳词模型的示意图，我们就不做详细介绍了。

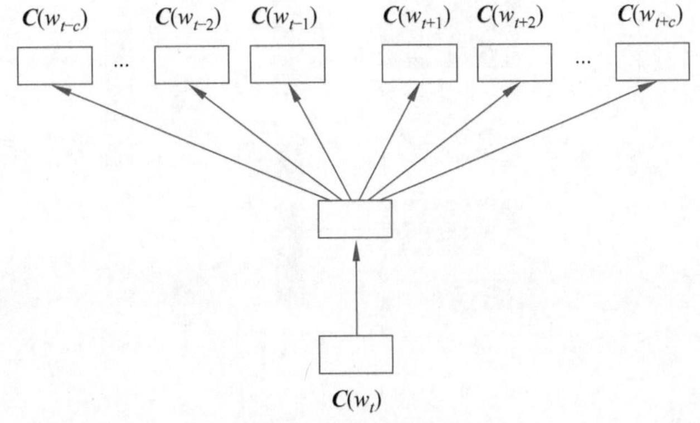

图 1.50　跳词模型示意图

艾博士总结说：总之，我们通过训练神经网络语言模型的办法，可以获得词的向量表示，有了这种向量表示后，就可以用神经网络进行文本处理了。

1.7.4 词向量应用举例

小明：艾博士，能否举个文本处理的例子呢？对于如何用神经网络处理文本还是比较模糊。

艾博士：好的，我们下面就举一个用神经网络对一句话的情感信息进行分类的例子。在这个例子中，同时用到了全连接神经网络和卷积神经网络。

小明：什么叫情感分类呢？

艾博士：我们举个例子说明吧。比如说刚看完一部电影，你说："我很喜欢这部电影"，这就体现了正的情感，如果说的是："这部电影不好看"，体现的就是负的情感。把一句具有感情色彩的话分成正的情感或者负的情感，就是情感分类问题。

图1.51给出了一个用于情感分类的神经网络示意图，该模型被称作TextCNN，Text就是文本的意思，而CNN则是卷积神经网络的英文缩写。下面我们仔细解释一下这个神经网络。首先说明一下，这只是一个示意图，只是为了举例用，图中的一些超参数（人为设定的参数，如卷积核的个数、词向量长度等均属于超参数）并不是真实的数值，比如词向量长度图中设定为5，实际系统中词向量长度可能是300、400左右。

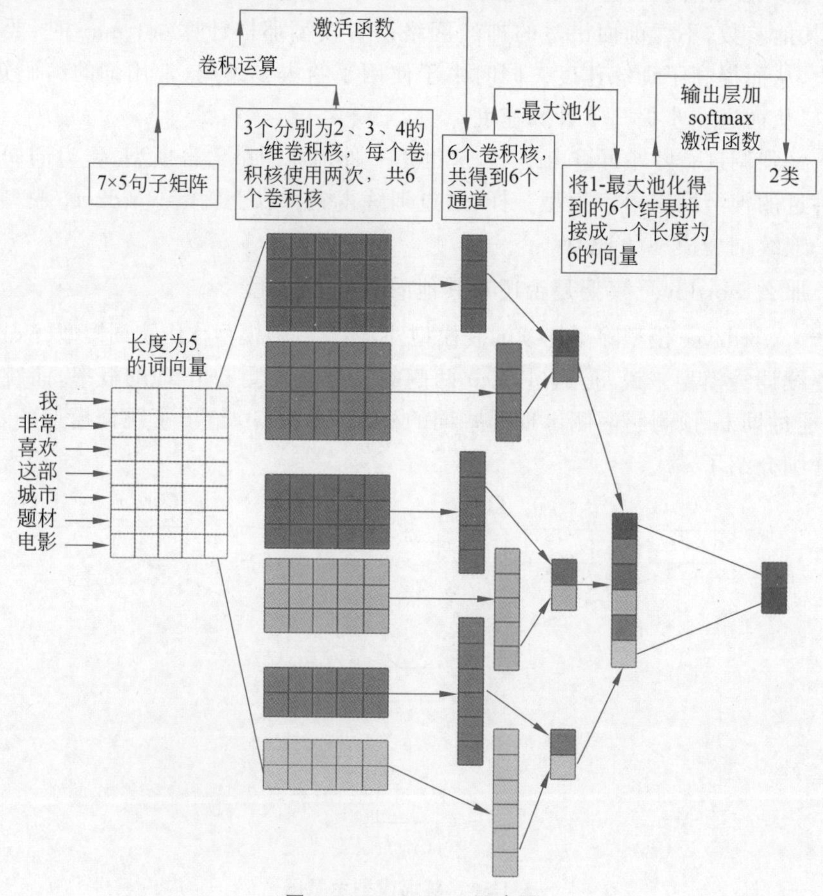

图1.51 TextCNN示意图

该神经网络的输入是一句话，图中示例的是“我 非常 喜欢 这部 城市 题材 电影”，共 7 个词组成。假定事先训练好了长度为 5 的词向量，依次取出句中每个词的词向量，一个词向量占一行，从上到下排列，这样就得到了一个 7 行 5 列的句子矩阵。

小明：这个句子矩阵看起来跟一幅“图像”没啥区别，是不是就可以像处理图像那样对句子用神经网络处理了？

艾博士：基本是这样的，但是有一个问题。在处理图像时，卷积核一般是方形的，大小是 3×3、5×5 等，但是对于文本来说，由于每行对应一个独立的词，一个词向量不方便从中间断开处理，所以在做卷积的时候需要有些变化，以便适应这个情况。

小明：那么应该如何变呢？

艾博士：对于 3×3、5×5 这样的卷积核，我们称为二维卷积，对于文本来说，我们要用到一维卷积。也就是说，卷积核的宽度默认与词向量的长度一致，我们只规定卷积核的高度，而卷积核按照给定的步长，只在纵向移动，其他的与前面讲的卷积运算是一样的。

下面给一个文本一维卷积的例子，如图 1.52 所示。

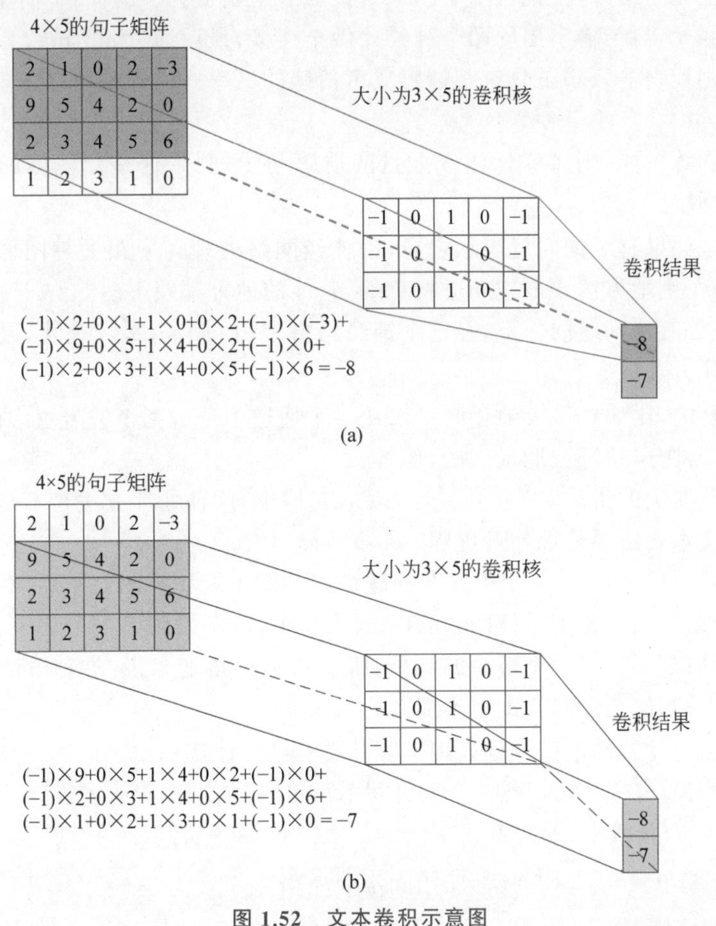

图 1.52　文本卷积示意图

在该图中输入是一个 4×5 的句子矩阵，词向量长度为 5，卷积核的大小为 3×5，即卷积核的高为 3，宽与词向量长度一致为 5。卷积得到两个结果，一个是卷积核与句子矩阵上面

3行的卷积结果，为−8，如图1.52(a)所示。然后按照卷积步长为1，向下移动一行后，得到卷积的第二个结果，即句子矩阵后3行与卷积核的卷积结果为−7，如图1.52(b)所示。这里只是为了示意如何做一维卷积，卷积结果没有连接激活函数，实际系统中一般要连接激活函数。

小明：我明白了，在处理图像时，卷积核要先行后列对图像进行扫描，用的是二维卷积。但是在处理文本时，由于一行与一个词向量对应，不能将词向量断开处理，所以采用一维卷积进行处理，只沿着纵向扫描。

艾博士：是这样的，这就是文本卷积与图像卷积的不同之处，其他的都是一样的。比如多个卷积核就可以得到多个通道，对于多通道卷积，卷积核也有"厚度"，其厚度值与输入的通道数一致，这些也都是默认的。

艾博士接着说：弄清楚了一维卷积运算之后，图1.51的其他部分就不难懂了。在这个神经网络中，输入层直接连了一个卷积层，共有6个不同大小的卷积核，大小分别为2、3、4，每种各两个，共获得6个通道。卷积时没有加填充，所以不同大小的卷积核得到的通道大小也不一样，分别为6、5、4。然后对每个通道做一次"1-最大池化"，也就是每个通道中选取一个最大值作为池化的结果，再把这6个结果拼接成一个长度为6的向量，向量的每个元素可以看作一个神经元，再与输出层的两个神经元做全连接，最后通过softmax输出。输出层的两个神经元分别代表输入句子具有正情感或负情感的概率。这样就可以实现对句子情感的两级分类。

如果是在训练阶段，则需要标注好大量的情感句子，利用这些标注好的样本，采用BP算法训练神经网络。

小明：看来如果有了词向量表示之后，用神经网络处理句子跟处理图像也确实没有太大的差别，除了个别地方需要考虑句子特点外，其他的地方都差不多。

艾博士，我还有个问题问一下，在这个神经网络中用到了1-最大池化，是不是也可以用其他的最大池化方法呢？

艾博士：是的，比如在最大池化时可以从一个通道中选取两个或者更多的元素，也可以把通道分成若干部分，每部分取最大的，等等。

小明听着艾博士的讲解，思考了一会儿说：艾博士，这种处理方法是不是要求文本是等长的呢？如果文本长短不等如何处理呢？

艾博士说：小明，你提了一个很好的问题。当固定了卷积核的大小后，对于不同长度的文本，卷积后结果的大小是不一样的，在TextCNN中，由于采用了1-最大池化，无论句子长短，一个通道最后都得到了一个最大的结果，所以从某种角度来说，这种方法也是可以处理不同长度的文本的，但是文本长度也不能变化太大。

小明：那么有没有其他更好的处理不等长文本的方法呢？

艾博士回答说：有这样的办法，今天时间不早了，我们下次再接着讲。

小明说：好的，艾博士，下次见。

小明读书笔记

要用计算机处理自然语言，首先遇到的一个问题是如何表达一个词，以便让计算机能够处理。"独热"是一种简单的词的表示方法，该方法用一个与词表等长的向量表示一个词，在词表的对应位为1，其余位为0。比如某词在词表中处于123的位置，则独热表示法就是一个向量，只在向量的第 123 位为 1，其他位都是 0。这是一种非常稀疏的表示方法，优点是简单，缺点有很多，比如向量太长、不能根据词的表示计算词间相似性等。

与独热表示法相对应的是词的稠密表示法，一个词也是表示为一个向量，但是向量长度一般是几百维，远小于词表的长度。另外就是表示词的向量几乎每一位都不为 0，向量的每一位都参与词的表示中，所以这种方法又称为词的分布式表示。

词用向量表示又称为词向量。词向量可以通过神经网络语言模型得到。所谓神经网络语言模型，就是在给定输入上下文环境下，下一个词是哪个词的概率。通过训练神经网络语言模型可以获得词向量。神经网络语言模型同样通过 BP 算法进行训练，与普通的神经网络训练过程不同的是，在修改权重的同时，还要同时对输入进行修改。对输入的修改可以等价成对权重的修改，二者并没有本质的不同。最终在神经网络训练结束后，在输入层就得到了词向量。

为了解决神经网络语言模型训练速度慢的问题，提出了 word2vec 模型，与哈夫曼编码方法相结合，可以加快语言模型的训练过程。

1.8　循环神经网络

小明一直想着如何用神经网络处理不等长文本的方法，这天又来找艾博士。艾博士知道小明非常好学，一见到小明就知道了他的来意。

艾博士：小明，我们今天接着上课，今天讲一种处理不等长文本的神经网络——循环神经网络(Recurrent Neural Network，RNN)。

艾博士：上次我们讲了用词向量表示词，一句话也可以表示为一个向量。

小明：一句话也可以表示为一个向量？应该怎么表示呢？

艾博士：我们在阅读一个句子时，是一个词一个词地阅读的，当阅读了前几个词之后，对句子所表达的内容就已经有所了解，每增加一个词，句子表达的意思就清楚一些，直到看完了句子的全部词，就完全了解了该句子所要表达的准确含义。对句子的理解是一点一点渐进地理解的。

比如前面我们举例的这个句子："我非常喜欢这部城市题材电影"。第一个词只有一个"我"，这时我们知道这句话可能是要表达"我如何"；当第二个词"非常"出现后，就了解到这句话可能是想表达"我非常如何"，可能是喜欢，也可能是讨厌等。随着第三个词"喜欢"的出现，我们就知道可能是想表达"我非常喜欢"某种东西或者某件事情……，以此类推，直到句子结束，我们就知道了这句话表达的是什么内容。这个过程用图示的形式表达出来如图 1.53 所示，图中每个圆圈接受当前词和之前所有词的语义信息作为输入，而圆圈的输出就是到当前这个词时，包括当前词在内的前面几个词合在一起的语义信息，最后一个圆圈的输出则表达了整个句子的语义信息。

小明：这个图倒是很好地表达出了我们理解句子的过程。

艾博士：我们是否也可以按照这个思路设计一个神经网络呢？

小明：艾博士，您快给讲讲，这个模型具体应该怎么设计呢？

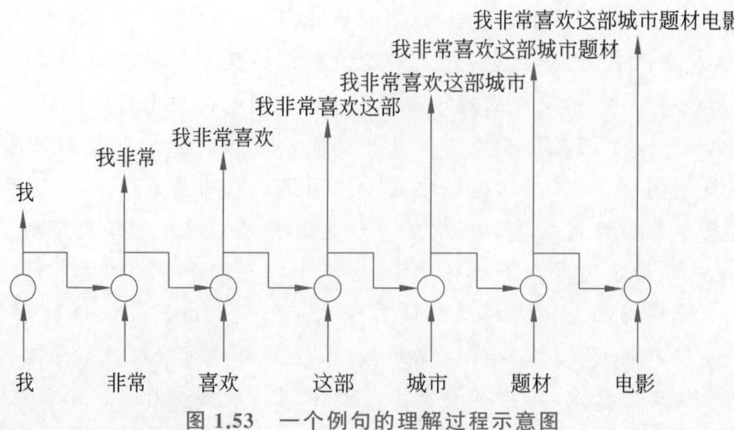

图 1.53　一个例句的理解过程示意图

艾博士：假设第 i 个词用长度为 n 的词向量 $\boldsymbol{x}^{(i)}=[x_1^{(i)},x_2^{(i)},\cdots,x_n^{(i)}]$表示，一句话从第一个词到第 i 个词所包含的语义信息我们用长度为 m 的向量 $\boldsymbol{h}^{(i)}$ 表示，$\boldsymbol{h}^{(i)}=[h_1^{(i)},h_2^{(i)},\cdots,h_m^{(i)}]$，那么就可以设计如图 1.54 所示的一个循环神经网络，图中每个圆圈可以看成一个只有输入层和输出层的全连接神经网络，我们称为子网络。该循环神经网络由若干这样的子网络由左到右连接组成，其中，第 i 个子网络的输入分别为当前词的词向量 $\boldsymbol{x}^{(i)}$、前面 $i-1$ 个词的向量表示 $\boldsymbol{h}^{(i-1)}$，输出为前面 i 个词合在一起的向量表示 $\boldsymbol{h}^{(i)}$。这样一句话中最后一个子网络的输出 $\boldsymbol{h}^{(t)}$ 就可以认为是这句话的向量表示，我们可以称为句向量。这种神经网络由于是一个词一个词地处理一句话中的每一个词，所以称为循环神经网络，简称 RNN。

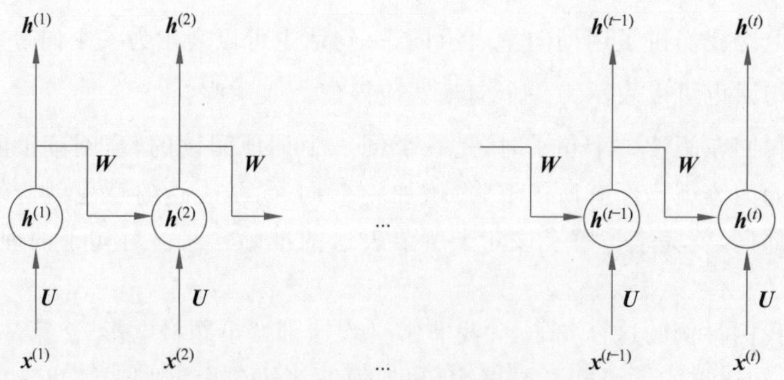

图 1.54　与图 1.53 对应的循环神经网络示意图

小明：艾博士，您可以详细讲解一下吗？我还是看不太懂这个循环神经网络。

艾博士：好的，我们详细讲解一下。我们拆开来看，就像前面已经说过的，图中每个圆圈就是一个只有输入层和输出层的全连接神经网络——我们称为子网络，每个子网络如图 1.55(a)所示，输入分别是词向量 $\boldsymbol{x}^{(i)}$、前面 $i-1$ 个词的向量表示 $\boldsymbol{h}^{(i-1)}$，输出是前 i 个词合在一起的向量表示 $\boldsymbol{h}^{(i)}$。为了表达得更清楚起见，我们可以将图 1.55(a)画成图 1.55(b)的样子，这样更容易与一个全连接神经网络对应起来。输入分成了 $\boldsymbol{h}^{(i-1)}=[h_1^{(i-1)},h_2^{(i-1)},\cdots,h_m^{(i-1)}]$和 $\boldsymbol{x}^{(i)}=[x_1^{(i)},x_2^{(i)},\cdots,x_n^{(i)}]$两组，这两组输入连接在一起可以看成子网络的输入，输出层每个神经元对应 $\boldsymbol{h}^{(i)}$ 的一个分量，$\boldsymbol{h}^{(i-1)}$ 和 $\boldsymbol{x}^{(i)}$ 的每个分量到输出层的每个神经元都有

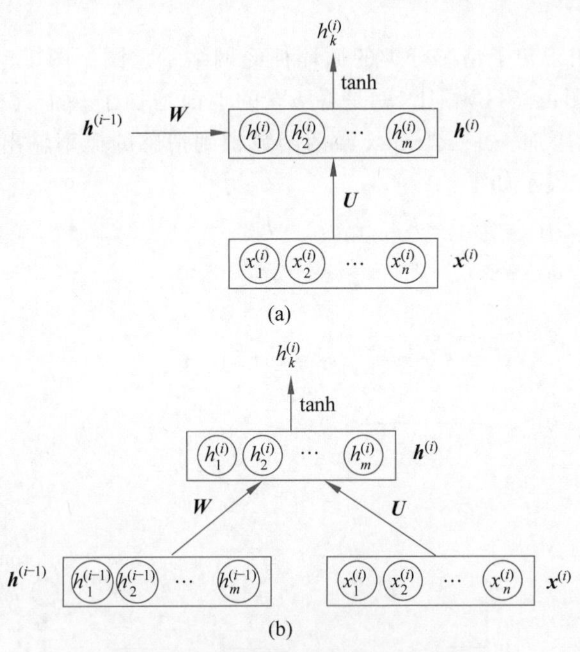

图 1.55　循环神经网络局部示意图

连接，如果 $\boldsymbol{h}^{(i-1)}$ 的第 j 个分量到输出层第 k 个神经元的权重为 $w_{k,j}$，$\boldsymbol{x}^{(i)}$ 的第 l 个分量到输出层第 k 个神经元的权重为 $u_{k,l}$，则施以 tanh 激活函数后，输出层第 k 个神经元的输出 $h_k^{(i)}$ 为

$$h_k^{(i)} = \tanh(w_{k,1} \cdot h_1^{(i-1)} + w_{k,2} \cdot h_2^{(i-1)} + \cdots + w_{k,m} \cdot h_m^{(i-1)} + u_{k,1} \cdot x_1^{(i)} + u_{k,2} \cdot x_2^{(i)} + \cdots + u_{k,n} \cdot x_n^{(i)})$$

小明：这么一解释就清楚了，每个子网络就是一个标准的全连接神经网络，然后若干子网络再横向串联在一起，就组成了循环神经网络。但是对于第一个子网络怎么处理呢？计算 $\boldsymbol{h}^{(1)}$ 时要用到 $\boldsymbol{h}^{(0)}$，$\boldsymbol{h}^{(0)}$ 怎么得到呢？

艾博士：$\boldsymbol{h}^{(0)}$ 默认为 **0** 就可以了，也就是 $\boldsymbol{h}^{(0)}$ 的每个分量都设置为 **0**，相当于对于 $\boldsymbol{h}^{(1)}$ 来说，只有输入 $\boldsymbol{x}^{(1)}$ 而没有 $\boldsymbol{h}^{(0)}$ 一样。

小明看着图 1.54 所示的循环神经网络，又陷入了深思，问道：艾博士，这个循环神经网络怎么训练呢？看前面讲的无论是训练全连接神经网络，还是训练神经网络语言模型，总有一个希望的输出，并以此为根据设计损失函数，用 BP 算法求损失函数最小，从而达到训练目的。但是在循环神经网络中，只是说一个句子中最后一个子网络的输出 $\boldsymbol{h}^{(t)}$ 是句向量，并不知道句向量的希望输出是什么，如何构造损失函数呢？

艾博士：小明你分析的是对的，这样的循环神经网络并不能直接用于训练，一般会在 $\boldsymbol{h}^{(t)}$ 上面再连接一层，用于求解某个任务，该任务是有明确的希望输出的，这样就可以构造损失函数了。也就是说要结合具体任务进行训练。

小明着急地说：艾博士，举个例子吧。

艾博士：比如前面我们曾经举过的短文本情感分类的例子，我们可以在图 1.54 的基础上，在 $\boldsymbol{h}^{(t)}$ 上面再接一个具有两个神经元的全连接层 $\boldsymbol{o}^t = [o_1^{(t)}, o_2^{(t)}]$，最后通过 softmax 激活函数获得两个输出 $\boldsymbol{y}^t = [y_1^{(t)}, y_2^{(t)}]$，分别表示输入句子属于正情感的概率和负情感的概率。

图1.56给出了用于句子情感分类的循环神经网络示意图。图1.57则给出了最后一个子网络的示意图,与图1.55(b)相比,就是在 $\boldsymbol{h}^{(t)}$ 的上面增加了一个具有两个神经元的全连接层 $\boldsymbol{o}^{t}=[o_1^{(t)},o_2^{(t)}]$,再加一个 softmax 激活函数得到情感的概率输出。设 $h_k^{(t)}$ 到 $o_l^{(t)}$ 的连接权重为 $v_{l,k}$,用公式表示如下:

$$o_1^{(t)}=v_{1,1}\cdot h_1^{(t)}+v_{1,2}\cdot h_2^{(t)}+\cdots+v_{1,m}\cdot h_m^{(t)}$$

$$o_2^{(t)}=v_{2,1}\cdot h_1^{(t)}+v_{2,2}\cdot h_2^{(t)}+\cdots+v_{2,m}\cdot h_m^{(t)}$$

$$y_1^{(t)}=\frac{\mathrm{e}^{o_1^{(t)}}}{\mathrm{e}^{o_1^{(t)}}+\mathrm{e}^{o_2^{(t)}}}$$

$$y_2^{(t)}=\frac{\mathrm{e}^{o_2^{(t)}}}{\mathrm{e}^{o_1^{(t)}}+\mathrm{e}^{o_2^{(t)}}}$$

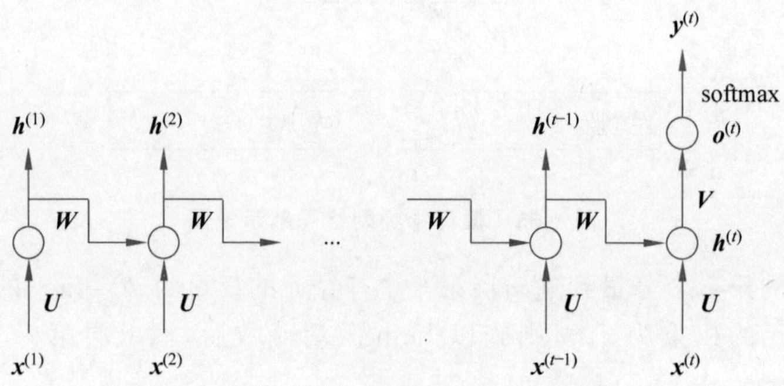

图 1.56 用于句子情感分类的循环神经网络示意图

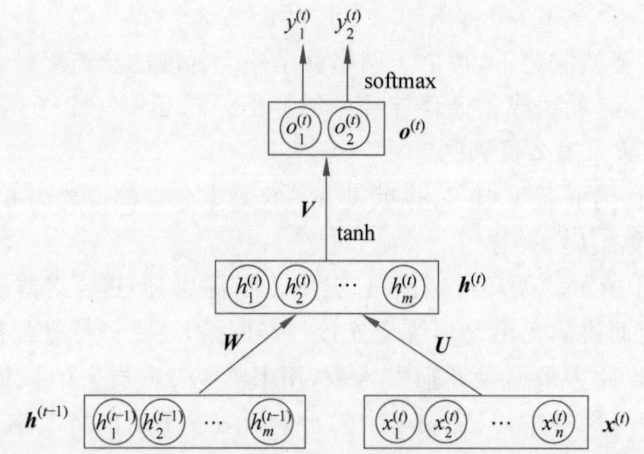

图 1.57 用于句子情感分类的循环神经网络最后一个子网络示意图

小明:我明白了,结合具体任务就可以进行训练了,在您给的这个例子中,由于属于分类问题,可以用交叉熵损失函数进行训练。

艾博士夸奖道:小明你是越来越入门了,总结得非常正确。其实不只是在最后一个子网络可以添加全连接层,更一般的情况下,每个子网络也都可以添加全连接层,如图1.58所示,给出的就是每个子网络都增加了全连接层的情况。在有些任务下,可能会用到所有子网络的输出。

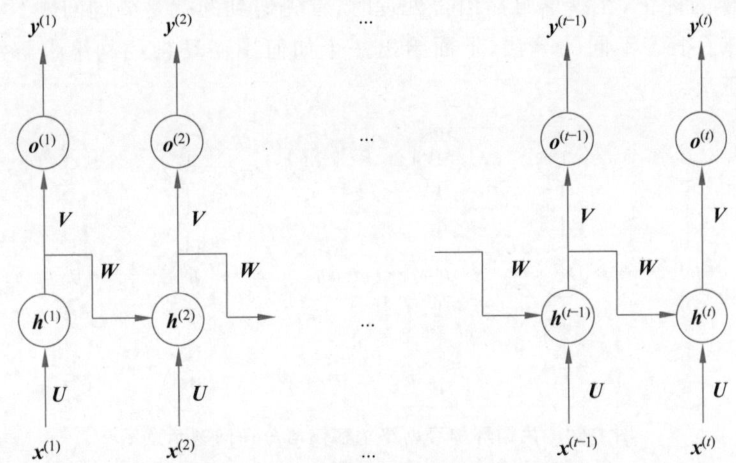

图 1.58 一般的循环神经网络示意图

小明忙问道：什么任务会用到所有子网络的输出呢？

艾博士：小明你别着急，我们在后面会举例说明。

小明说：好的。不过我还有一个问题不明白。引入循环网络的目的之一就是为了处理不定长短文本问题，但是在循环神经网络中，子网络的数量是与句子中的词数量一致的，如何处理不定长的短文本呢？

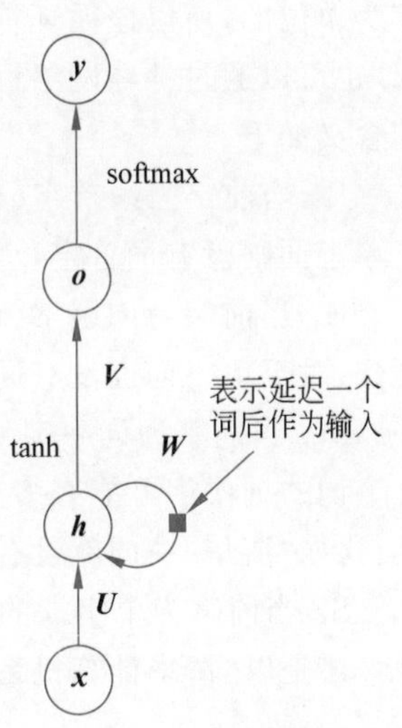

图 1.59 一般的循环神经网络示意图

艾博士：这是个好问题，也正是我下面要说明的内容。就像你说的那样，在循环神经网络中子网络的数量与句子中词的数量一样多，但是每个子网络都是一样的，包括子网络中的那些权重 $\boldsymbol{W}$、$\boldsymbol{U}$、$\boldsymbol{V}$ 等，在不同的子网络中都是共享的，也就是说每个子网络的权值都是一样的，所以本质上只有一个子网络，只是一个词一个词地输入进来，每输入一个词就可以得到一个输出，直到句子结束就获得了整个句子的输出，我们之所以展开成了多个子网络串联在一起只是为了更容易理解，实际上图 1.58 所示的一般的循环神经网络可以画成如图 1.59 所示的形式，这种形式更体现出了“循环”神经网络的含义。图中的黑方块■表示延迟一拍的意思，也就是表示前面 $n-1$ 个词的向量表示与当前词的词向量一起作为输入。这样的话，循环神经网络实际上只有一个子网络，该子网络被一句话中不同的词共享，每输入一个词，都会得到一个输出，句子中的词全部输入结束后，就得到了句子的向量表示。所以对输入的句子长度没有限制，有多少个词都可以，从而达到了处理不定长短文本的目的。

小明：您这么一解释我就明白了，确实解决了处理不定长短文本的问题。

艾博士：下面我们就举例介绍几种循环神经网络的应用，在例子中，我们只对网络的关键部分加以说明，其他部分就不详细说明了，跟前面的内容大同小异。

1. 汉语句子分词问题

艾博士：汉语中句子是以字为单位书写的，但是理解是以词为单位的，由于书写时词间没有像空格这样的标记，在汉语自然语言处理时，首先遇到的就是分词问题。分词问题有很多研究，也提出了很多不同的算法，下面给出一个如何用循环神经网络求解汉语分词的例子，如图 1.60 所示。

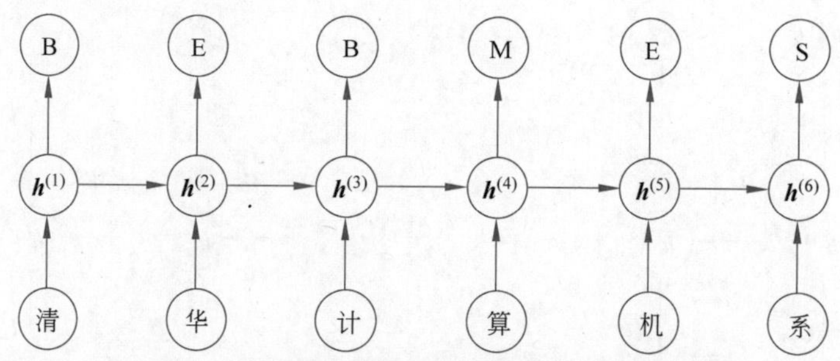

图 1.60　用循环神经网络求解汉语分词问题示意图

以“清华计算机系”为例，分词结果应该为“清华 计算机 系”。由于分词问题输入是以字为单位的，所以该循环神经网络的输入是一句话中所含字的字向量。字向量与词向量类似，也可以通过神经网络语言模型获得。输出是 B、E、M 和 S 这 4 个字母的概率，4 个字母的含义如下。

B：当前字为词首字（也就是词的第一个字）的概率，比如“计算机”中“计”为词首字。对于单字词则没有词首字，会单独处理。

E：当前字为词尾字（也就是词的最后一个字）的概率，比如“计算机”中“机”为词尾字。同样，对于单字词也没有词尾字。

M：当前字为词中字（也就是处于词的中间）的概率，比如“计算机”中“算”为词中字。一个词的词中字可能有多个，比如“人工智能”中，“工”和“智”都是词中字，也可能没有词中字，比如“清华”一词就没有词中字。

S：当前字为单字词的概率。比如“系”就是一个单字词。

还是以“清华计算机系”为例，正确的标记为：

清/B 华/E 计/B 算/M 机/E 系/S

子网络的输出共 4 个神经元，分别对应是这 4 个字母的概率。这样分词问题就变成了对句子中的字进行分类的问题。

小明：我明白了，原来循环神经网络还可以这样用。

2. 看图说话问题

艾博士：小明，小时候是否做过“看图说话”？

小明：小学时经常做“看图说话”，练习写作能力。

艾博士：用循环神经网络也可以做“看图说话”，如果输入如图 1.61 所示的照片，神经网络根据照片内容输出“草地上有一只漂亮的小狗”。

小明：这个很有意思，怎么用循环神经网络实现呢？

艾博士：首先对于循环神经网络来说，输入是一个序列，比如我们在前面的例子中，输入是词的序列。而看图说话问题输入只有一张图像，可以认为是这张图像重复多次而构成一个序列，或者说对于循环神经网络的每个子网络，其输入都是一样的，都是这张图像。

图 1.61 看图说话：草地上有一只漂亮的小狗

其次，循环神经网络的输入是一个向量，而图像是二维的，需要将二维的图像信息转换为一个向量。最简单的方法就是直接将图像展开成一个向量，比如可以将图像信息看成一个矩阵，然后一行一行地连接在一起，构成一个一维向量。由于图像一般比较大，显然这种方法不是一个好方法。另外一种方法就是像前面介绍的处理图像的各种神经网络那样，将图像输入一个神经网络，最后一层用一个全连接层，得到一个图像的向量表示。

图 1.62 给出了一个用循环神经网络实现的“看图说话”系统示意图。图中 $\boldsymbol{x}^{(t)}$ 为图像的向量表示，就像刚才说过的一样，该图像要输入循环神经网络的每个子网络中。输出是与图像内容相关的一句话，$\boldsymbol{y}^{(t)}=[y_1^{(t)},y_2^{(t)},\cdots,y_K^{(t)}]$对应这句话的第 t 个词，其中 K 为词表长度，$y_k^{(t)}$ 表示句中第 t 个词为词表中第 k 个词的概率。

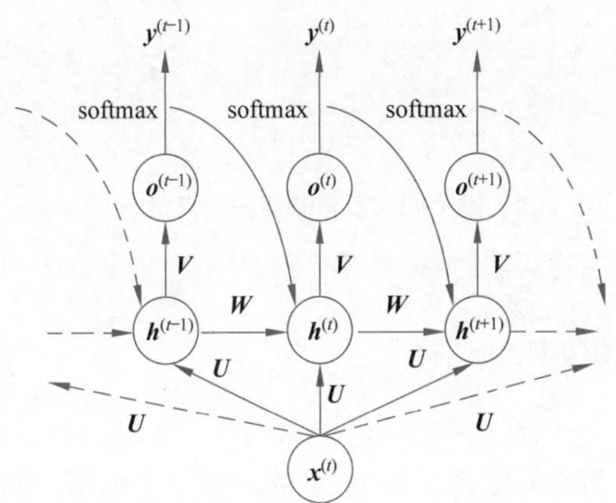

图 1.62 用循环神经网络实现的“看图说话”示意图

由于一句话中前后词之间是有关联的，所以在普通循环神经网络的基础上，图 1.62 增加了将第 $t-1$ 个输出，也就是 $\boldsymbol{y}^{(t-1)}$ 引入第 t 个子网络的输入，以适应这种前后词之间的关联。

小明：这种处理还真是挺巧妙的！训练时如何组织训练样本呢？

艾博士：样本就是“图像—内容描述”对，由多个这样的样本组成训练集，训练算法还是 BP 算法。

小明：看来这里边有很多灵活运用的问题，运用好的话，循环神经网络可以求解很多问题。

艾博士：是这样的，但是在应用中还存在一些问题。比如，循环神经网络在处理文本时，是从前向后一个词一个词地处理的，当一个句子比较长时，前面的内容就有可能被后面的内容淹没，从而影响对一句话的全面表达。

小明：那么如何解决这个问题呢？

艾博士：为此研究者提出了双向循环神经网络，如图1.63所示。其基本思路就是对于一个输入序列，正向处理一次，反向处理一次，然后将两次处理的结果拼接在一起用于后续处理。比如"我 喜欢 看 电影"这句话，正向处理就是"我 喜欢 看 电影"，反向处理就是"电影 看 喜欢 我"，这样对于这句话的第 i 个词我们可以从正向得到一个向量表示 $\boldsymbol{h}^{(i)}$，也可以从反向得到一个向量表示 $\boldsymbol{g}^{(i)}$，然后将 $\boldsymbol{h}^{(i)}$ 和 $\boldsymbol{g}^{(i)}$ 拼接成一个向量使用，其他就与普通循环神经网络一样了。由于正向、反向各计算了一次，从而削弱了一句话中前面内容被后面内容淹没的问题。

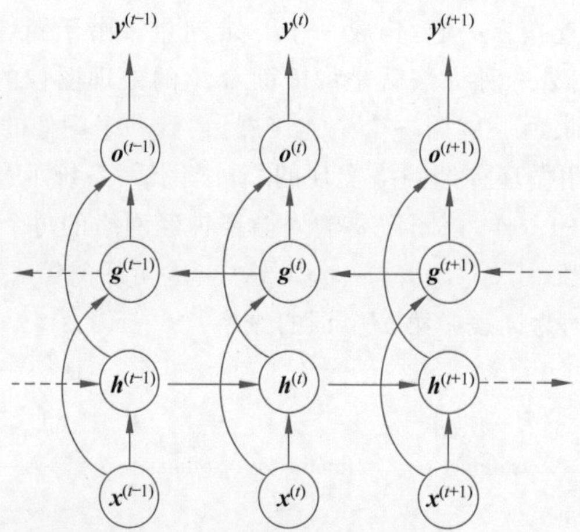

图1.63 双向循环神经网络

小明：啊，这种用法感觉挺有意思。

3. 序列到序列循环神经网络

艾博士：在前面我们介绍的句子情感分类例子中，循环神经网络将一个句子表达为一个向量，然后再做分类。而在看图说话例子中，输入是一个向量，通过循环神经网络将向量又表达为一个序列。其实我们也可以把这两种循环神经网络连接在一起，先将一句话表达为一个向量，再通过一个循环神经网络将该向量表达为一个序列。如图1.64所示。其中将一个句子表达为向量我们常称为编码，而将一个向量又表达为一个序列称为解码。这种循环神经网络我们称为序列到序列循环神经网络。

小明：这种序列到序列循环神经网络有什么用处呢？

艾博士：这种循环神经网络有很多用处，比如用作机器翻译。编码部分将一种语言进行编码，而在解码部分将得到的编码解码为另一种语言，就实现了语言翻译。也可以用在问答系统中，编码部分将自然语言表述的问题进行编码，解码部分将编码解码为问题的答案。这样就实现了输入一个问题描述得到问题的答案的目的。

小明看到这个结果不禁惊呼道：循环神经网络竟然还能这样用，太神奇了！

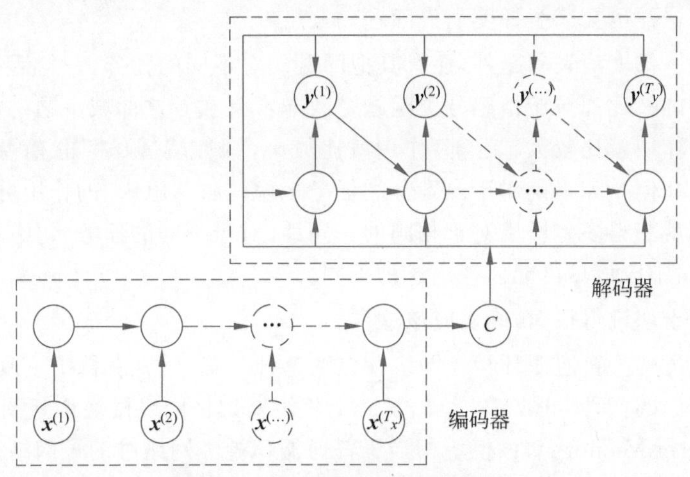

图 1.64　序列到序列循环神经网络

艾博士最后强调说：循环神经网络不仅仅可以求解自然语言处理相关的问题，还可以用于求解很多其他方面的问题，只要该问题可以表达为一个序列求解问题。比如语音识别问题，输入是一个语音序列。

小明读书笔记

循环神经网络主要用于处理序列输入，在序列处理结束时，获得输入序列的向量表示。如果输入的是一个句子，则相当于是词序列，句子处理结束后就可以得到该句子的向量表示。循环神经网络共用一个处理单元，以当前输入(输入序列中的当前处理元素)和此输入之前的序列向量为输入，得到到目前为止的序列向量。

循环神经网络的训练一般需要和一个具体任务相结合，根据任务目标给出损失函数，用 BP 算法训练。所以循环神经网络得到的序列表示也是与任务有关的。

为了防止当输入序列很长时，序列中处于前面的元素被逐渐淡化的问题，可以采用双向循环神经网络，也就是同一个序列正向处理一次，逆向再处理一次，然后组合在一起使用。

循环神经网络可以用到很多任务中，比如机器翻译、看图说话、中文分词等。

1.9　长短期记忆网络

艾博士：我们到目前介绍的循环神经网络中，每个子网络还比较简单，存在不少问题。比如当句子比较长时，也存在类似梯度消失的问题，只是这种梯度消失不是沿着纵向发生的，而是沿着横向产生的。

小明不解地问道：横向产生是什么意思呢？

艾博士：我们以图 1.56 所示的句子情感分类为例说明。这种方法其实是先将句子编码为一个向量，再利用该向量进行情感分类。这样在用 BP 算法求解时，梯度是从最后的输出反传到句子的最后一个词，再到倒数第二个词，……，这样一个词一个词地最后传到第一个词。这样的反传过程中，与层数比较多的神经网络一样，可能会造成梯度消失问题。

小明：原来这样也会产生梯度消失问题。

艾博士：除了梯度消失问题外，还有其他问题。对不同的任务，一句话中不同的词所起的作用是不一样的。比如对于情感分类问题，“我非常喜欢看这部城市题材电影”这句话中，“非常”“喜欢”的作用就比较大，“这部”作用就比较小，“城市”“题材”也有些作用，但远没有“喜欢”的作用大。但是如果是对于内容分类任务来说，“看”“电影”的作用可能就比较大，而“喜欢”可能作用就小得多。所以对于相同的一句话，对于不同的任务，句中每个词的作用是不一样的，在网络中应该尽可能体现出这种不同。

小明：艾博士您说得很对，确实应该这样。

艾博士：为了解决普通循环神经网络存在的这种不足，研究者提出了改进方案，长短期记忆网络就是其中的一种。图1.65给出了一个长短期记忆网络模块示意图，简称为LSTM(Long Short-Term Memory)，该模块相当于普通循环神经网络中的子网络。

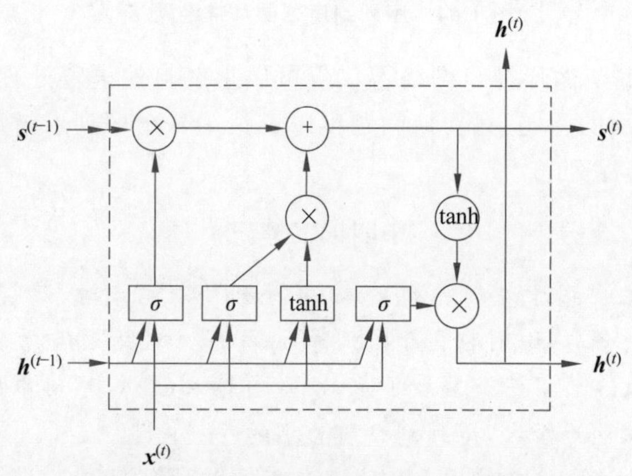

图1.65　长短期记忆网络模块示意图

小明：看起来这个模块挺复杂的，还是请艾博士解释一下吧。

艾博士：在LSTM中，最主要的是引入了遗忘门、输入门和输出门3个门。

小明：门？什么是门呢？

艾博士：所谓“门”其实就是一个只有输入层和输出层的神经网络，输出层连接sigmoid激活函数，每个神经元的输出为0～1的一个值，用于对某些信息进行选择。如图1.66(a)给出了一个门的示意图，图1.66(b)是它的简化图，其中虚线框出部分就是一个“门”，输入为$\boldsymbol{x}=[x_1,x_2,\cdots,x_n]$，输出为$\boldsymbol{g}=[g_1,g_2,\cdots,g_m]$，由于在输出层使用了sigmoid激活函数，所以输出层的每个神经元的输出值g_i都满足$0\leqslant g_i\leqslant 1$。门是一种可选的让信息通过的方式，如果用$g_i$去乘以某个量，则实现了对该量有选择地通过的目的。当$g_i=1$时，则该量全部通过；$g_i=0$时，则该量被阻挡；而当g_i介于0～1时，则该量部分通过，这也是“门”名称的由来。图1.66(a)中最上边$\boldsymbol{s}=[s_1,s_2,\cdots,s_m]$就是被门控制的向量，其每个元素$s_i$与$g_i$相乘(图中⊗表示相乘)，根据$g_i$的大小对$s_i$进行选择，选择后的结果形成向量$\boldsymbol{s}'=[s_1',s_2',\cdots,s_m']$。

小明：我明白了什么是门，以及门的作用了。

艾博士：我们再回过头来看图1.65所示的LSTM模块，图中$\boldsymbol{h}^{(t)}=[h_1^{(t)},h_2^{(t)},\cdots,h_m^{(t)}]$

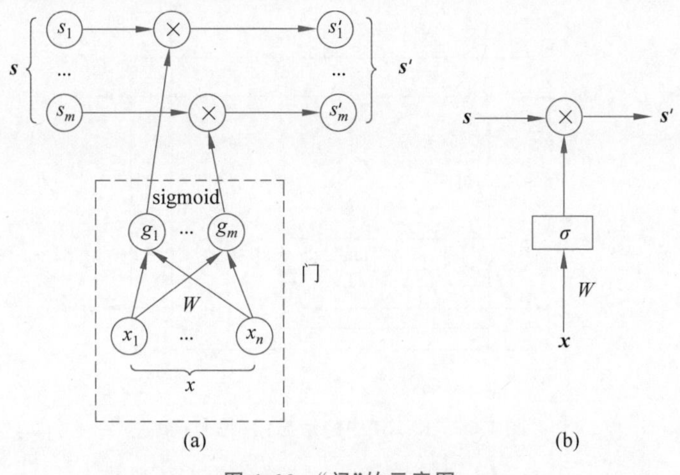

图 1.66　“门”的示意图

是模块的输出，与图 1.58 所示的普通循环神经网络中的 $\boldsymbol{h}^{(t)}$ 含义是一样的。与普通循环神经网络不同的是多了一个表示状态的向量 $\boldsymbol{s}^{(t)}=[s_1^{(t)},s_2^{(t)},\cdots,s_m^{(t)}]$，如图 1.67 红色部分所示。引入状态是为了信息在横向连接的各模块中畅通，其作用是防止信息被淹没和梯度消失现象。但是状态并不是直接传递到下一个模块的，而是经过了一个被称作遗忘门的选择(图中红色部分的⊗)以及添加了与当前输入有关的信息后(图中红色部分的⊕)再传递到下一个模块，其作用就是有选择地对之前的状态信息加以利用，并同时叠加上当前输入的信息。

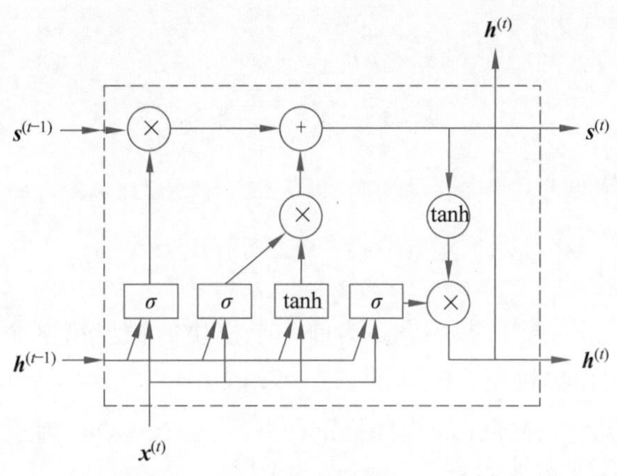

图 1.67　LSTM 中的状态 s(见彩插)

小明：对状态的选择是不是就是通过门进行的？

艾博士：小明你真聪明，刚学的知识就用上了，真是学以致用。你看图 1.68 中的红色部分就是 LSTM 的遗忘门，输入是前一个模块的输出 $\boldsymbol{h}^{(t-1)}=[h_1^{(t-1)},h_2^{(t-1)},\cdots,h_m^{(t-1)}]$与当前输入 $\boldsymbol{x}^{(t)}=[x_1^{(t)},x_2^{(t)},\cdots,x_n^{(t)}]$的拼接，输出是 $\boldsymbol{f}^{(t)}=[f_1^{(t)},f_2^{(t)},\cdots,f_m^{(t)}]$。如同前面介绍过的，遗忘门就是一个典型的只有输入层和输出层的全连接神经网络，只是输入由 $\boldsymbol{x}^{(t)}$ 和 $\boldsymbol{h}^{(t-1)}$ 两部分组成，相当于两个向量拼接成一个长度为 $n+m$ 的向量共同组成输入。图 1.69 给出了遗忘门的示意图。

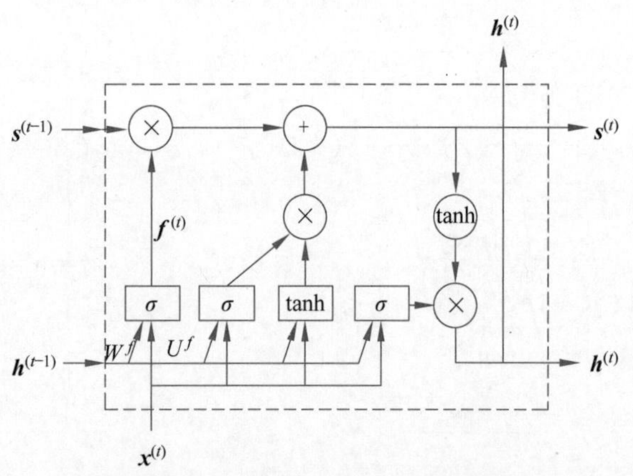

图 1.68 LSTM 中的遗忘门(见彩插)

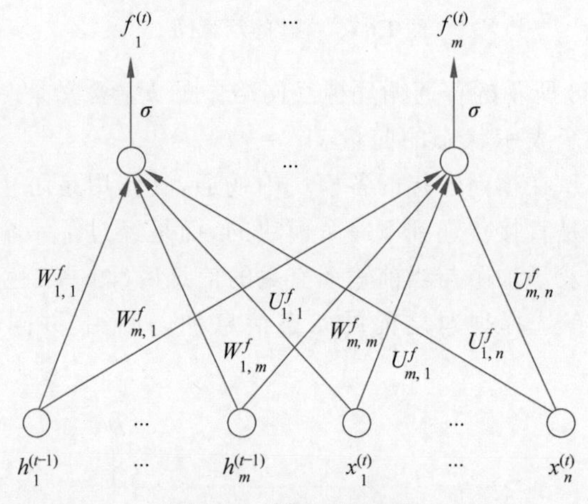

图 1.69 遗忘门示意图

遗忘门的具体计算如下：

$$f_i^{(t)}=\sigma\left(\sum_{j=1}^{m}W_{i,j}^{f}h_j^{(t-1)}+\sum_{j=1}^{n}U_{i,j}^{f}x_j^{(t)}+b_i^f\right)$$

其中，$W_{i,j}^f(i=1,2,\cdots,m;j=1,2,\cdots,m)$为前一个模块的输出第 j 个分量 $h_j^{(t-1)}$ 到遗忘门输出层第 i 个神经元的连接权重；$U_{i,j}^f(i=1,2,\cdots,m;j=1,2,\cdots,n)$为当前输入第 j 个分量 $x_j^{(t)}$ 到遗忘门输出层第 i 个神经元的连接权重；$b_i^f(i=1,2,\cdots,m)$为遗忘门输出层第 i 个神经元的偏置；σ 为 sigmoid 激活函数。

小明有些疑惑地问：为什么叫遗忘门呢？

艾博士说：遗忘门的作用是对前一个状态 $\boldsymbol{s}^{(t-1)}$ 进行选择，重要的信息选择通过，非重要的信息选择不通过，也就是“遗忘”，所以叫遗忘门。$\boldsymbol{s}^{(t-1)}$ 经选择后再加上当前输入信息有关的内容，成为该模块的状态输出 $\boldsymbol{s}^{(t)}$。具体的计算方法等介绍完输入信息的处理后再详细介绍。

艾博士继续讲解说：LSTM 模块的第二个门是输入门，是对当前输入信息进行选择，如图 1.70 所示。输入门的结构与遗忘门基本是一样的，其输入也是前一个模块的输出 $\boldsymbol{h}^{(t-1)}=[h_1^{(t-1)},h_2^{(t-1)},\cdots,h_m^{(t-1)}]$与当前输入 $\boldsymbol{x}^{(t)}=[x_1^{(t)},x_2^{(t)},\cdots,x_n^{(t)}]$的拼接，输出是

$\boldsymbol{g}^{(t)}=[g_1^{(t)},g_2^{(t)},\cdots,g_m^{(t)}]$。输入门的具体计算如下：

$$g_i^{(t)}=\sigma\left(\sum_{j=1}^{m}W_{i,j}^{g}h_j^{(t-1)}+\sum_{j=1}^{n}U_{i,j}^{g}x_j^{(t)}+b_i^{g}\right)$$

其中，$W_{i,j}^{g}(i=1,2,\cdots,m;j=1,2,\cdots,m)$为前一个模块的输出第 j 个分量 $h_j^{(t-1)}$ 到输入门输出层第 i 个神经元的连接权重；$U_{i,j}^{g}(i=1,2,\cdots,m;j=1,2,\cdots,n)$为当前输入第 j 个分量 $x_j^{(t)}$ 到输入门输出层第 i 个神经元的连接权重；$b_i^{g}(i=1,2,\cdots,m)$为输入门输出层第 i 个神经元的偏置；σ 为 sigmoid 激活函数。

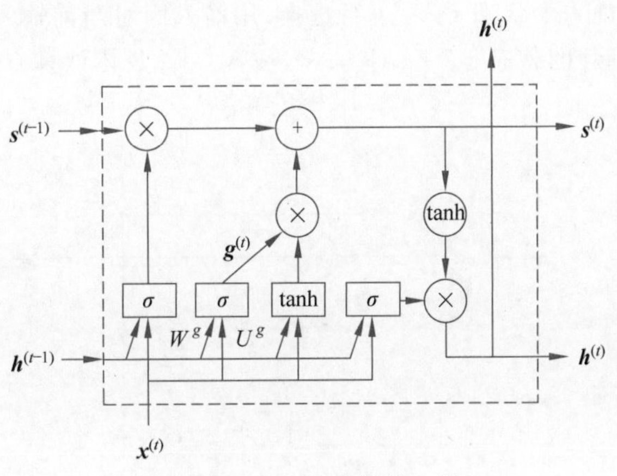

图 1.70　LSTM 中的输入门

小明：输入门控制的应该是输入相关的信息吧？LSTM 是如何处理输入相关的信息呢？

艾博士：图 1.71 给出了 LSTM 处理输入信息的示意图，为了表述方便我们称为输入处理单元。从图中可以看出，输入处理单元与输入门也基本一样，只是输出的激活函数换成了双曲正切(tanh)，输入也是前一个模块的输出 $\boldsymbol{h}^{(t-1)}=[h_1^{(t-1)},h_2^{(t-1)},\cdots,h_m^{(t-1)}]$与当前输入 $x^{(t)}=[x_1^{(t)},x_2^{(t)},\cdots,x_n^{(t)}]$的拼接，输出是 $\boldsymbol{i}^{(t)}=[i_1^{(t)},i_2^{(t)},\cdots,i_m^{(t)}]$。这里的 $i^{(t)}$ 就是对输入信息处理的结果，每一维 $i_i^{(t)}$ 是一个$-1\sim1$ 的数值，然后用输入门与其按位相乘，实现对输入信息的选择。具体计算如下：

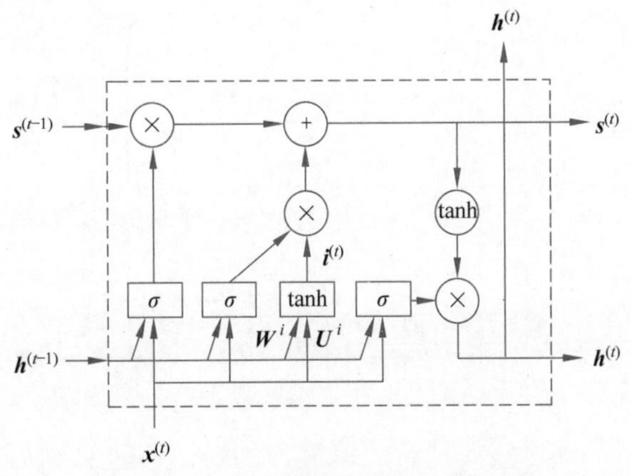

图 1.71　LSTM 中输入处理单元示意图

$$i_k^{(t)} = \tanh\left(\sum_{j=1}^{m} W_{k,j}^{i} h_j^{(t-1)} + \sum_{j=1}^{n} U_{k,j}^{i} x_j^{(t)} + b_k^{i}\right)$$

其中，$W_{k,j}^{i}(k=1,2,\cdots,m;j=1,2,\cdots,m)$为前一个模块的输出第 j 个分量 $h_j^{(t-1)}$ 到输入处理单元输出层第 k 个神经元的连接权重；$U_{k,j}^{i}(k=1,2,\cdots,m;j=1,2,\cdots,n)$为当前输入第 j 个分量 $x_j^{(t)}$ 到输入处理单元输出层第 k 个神经元的连接权重；$b_k^{i}(l=1,2,\cdots,m)$为输入处理单元输出层第 k 个神经元的偏置，激活函数为 tanh 激活函数。

有了遗忘门和输入门之后，就可以获得新的状态信息了，图 1.72 给出了示意图。简单地说就是用遗忘门对前一个状态 $\boldsymbol{s}^{(t-1)}$ 进行选择，用输入门对当前输入相关信息 $\boldsymbol{i}^{(t)}$ 进行选择，然后二者相加得到新的状态 $\boldsymbol{s}^{(t)}=[s_1^{(t)},s_2^{(t)},\cdots,s_m^{(t)}]$。具体计算方法如下：

$$s_j^{(t)} = f_j^{(t)} \times s_j^{(t-1)} + g_j^{(t)} \times i_j^{(t)}$$

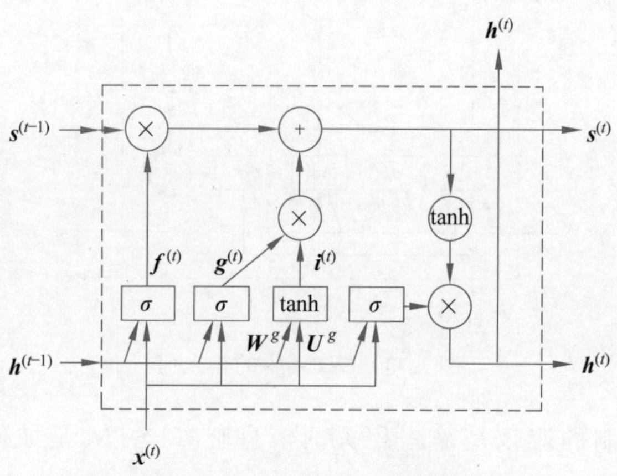

图 1.72　新状态获取示意图

LSTM 模块的第三个门是输出门，顾名思义是对模块的输出信息进行选择，如图 1.73 所示。输出门的结构同遗忘门基本也是一样的，其输入是前一个模块的输出 $\boldsymbol{h}^{(t-1)}=[h_1^{(t-1)},h_2^{(t-1)},\cdots,h_m^{(t-1)}]$与当前输入 $\boldsymbol{x}^{(t)}=[x_1^{(t)},x_2^{(t)},\cdots,x_n^{(t)}]$的拼接，输出是 $\boldsymbol{q}^{(t)}=[q_1^{(t)},q_2^{(t)},\cdots,q_m^{(t)}]$。输出门的具体计算如下：

$$q_i^{(t)} = \sigma\left(\sum_{j=1}^{m} W_{i,j}^{q} h_j^{(t-1)} + \sum_{j=1}^{n} U_{i,j}^{q} x_j^{(t)} + b_i^{q}\right)$$

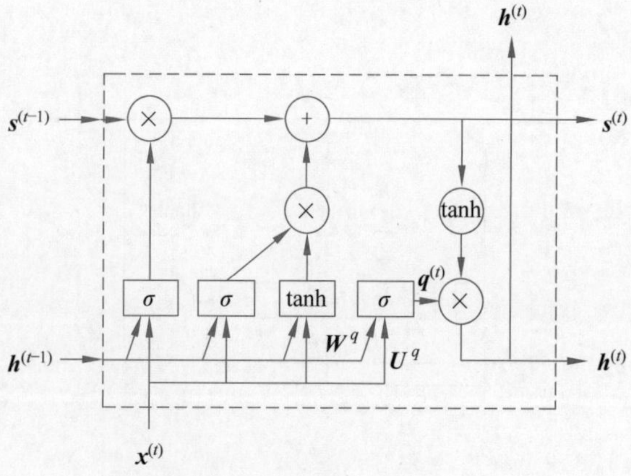

图 1.73　LSTM 中的输出门

其中，$W^q_{i,j}(i=1,2,\cdots,m;j=1,2,\cdots,m)$为前一个模块的输出第 j 个分量 $h_j^{(t-1)}$ 到输出门输出层第 i 个神经元的连接权重；$U^q_{i,j}(i=1,2,\cdots,m;j=1,2,\cdots,n)$为当前输入第 j 个分量 $x_j^{(t)}$ 到输出门输出层第 i 个神经元的连接权重；$b^q_i(i=1,2,\cdots,m)$为输出门输出层第 i 个神经元的偏置；σ 为 sigmoid 激活函数。

小明问道：输出门是不是和输入门类似，是控制模块的输出信息呢？

艾博士回答说：是这样的。图 1.74 给出了 LSTM 处理输出信息的示意图。同样，为了表述方便我们称为输出处理单元。但是与输入处理单元不同的是，输出处理单元没有参数，只是简单地用一个 tanh 激活函数对状态 $\boldsymbol{s}^{(t)}=[s_1^{(t)},s_2^{(t)},\cdots,s_m^{(t)}]$进行转换，然后用输出门对其进行选择，得到模块的输出 $\boldsymbol{h}^{(t)}=[h_1^{(t)},h_2^{(t)},\cdots,h_m^{(t)}]$，如图 1.75 所示。具体计算如下：

$$h_i^{(t)}=q_i^{(t)}\tanh(s_i^{(t)})$$

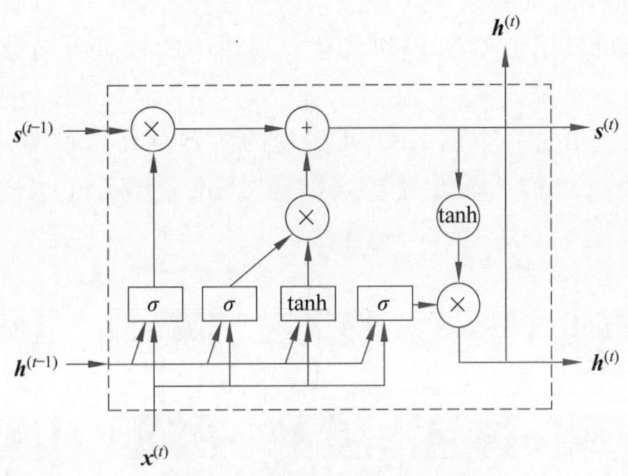

图 1.74　LSTM 的输出处理单元

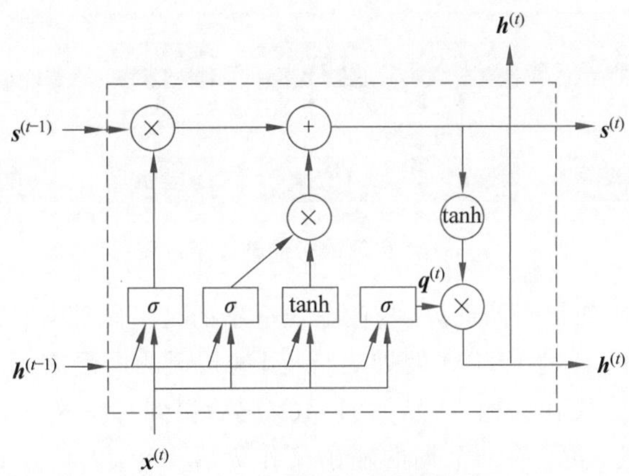

图 1.75　LSTM 模块的输出

艾博士总结说：至此我们就介绍完了 LSTM，与一般的循环神经网络相比，主要引入了一个状态 $\boldsymbol{s}$，用于传递不同模块之间的信息，通过引入遗忘门、输入门和输出门 3 个门，对状态、输入和输出进行有针对性的选择。3 个门结构上是完全一样的，输入也一样，但是各自有自己的参数，也就是权重，从而实现对不同信息的选择。

需要强调的是，LSTM 是循环神经网络的一种具体实现，与一般的循环神经网络中子网络是共用的一样，LSTM 模块也是共用的，并不是由多个模块横向串联在一起，只是不同时刻 t 输入信息不一样，输出也不同。当 LSTM 处理完一个序列后，最后的输出就是对该序列的一个表达。

另外，LSTM 还有多个变种，其中最常用的一个简化版是 GRU，我们就不一一介绍了，有兴趣的读者请参阅有关资料。

小明听完艾博士的讲解说道：LSTM 看起来有点复杂，但是用的都是已有的知识，您这样分解讲解后，就清楚多了。

艾博士接着说：是的，每一部分的组成和功能都很清晰。

小明：但是这样的 LSTM 应该怎么用呢？

艾博士：与前面介绍过的普通循环神经网络用法一样，事实上，前面说过的所有循环神经网络中的子网络，都可以用 LSTM 模块代替。模块中的权重等参数也是通过 BP 算法进行学习的。

最后作为例子，我们给出一个用 LSTM 实现的机器翻译示意图，如图 1.76 所示，输入是中文“我是一个学生<EOS>”，输出是英文翻译“I am a student <EOS>”，其中<EOS>是一句话的结束标记。

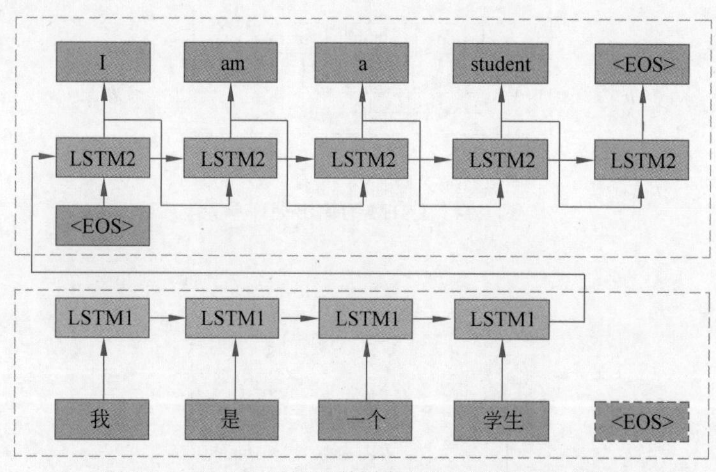

图 1.76 用 LSTM 实现的机器翻译示意图（见彩插）

图 1.76 中分为编码和解码两部分，绿色虚线框出的是编码部分，输入是一句中文，句中每个词均用词向量表示，经过 LSTM 处理后，得到这句话的向量表示。黄色虚线框出的是解码部分，将编码后的中文作为输入，经 LSTM 解码后得到对应的英文。在解码的过程中，为了体现前后词之间的关系，前一个词的输出又作为后一个 LSTM 模块的输入，以提高解码的准确率。

小明看着图示，忍不住插嘴道：这个就跟图 1.64 所示的序列到序列的循环神经网络是一样的吧？只是用 LSTM 模块代替了其中的子网络。

艾博士回答说：完全正确，就是一样的。就像刚才讲过的一样，LSTM 是循环神经网络的一种，前面介绍过的汉语分词、看图说话等中用到的循环神经网络，都可以用 LSTM 替换。

小明读书笔记

长短期记忆网络 LSTM 是循环神经网络的一种具体实现，主要是为了解决长序列输入时遇到的梯度消失问题。与一般的循环神经网络相比，LSTM 模块引入了一个保持信息传递的状态量 s。LSTM 模块主要包含 3 个处理过程。

(1) 遗忘过程：通过遗忘门对前一个状态信息进行选择，简单地说，就是保留重要的信息，遗忘不重要的信息。

(2) 记忆阶段：通过输入门对当前的输入信息进行有选择地记忆，也就是说，着重记忆输入信息中有用的信息，减少不重要信息的记忆。选择后的输入信息叠加到状态信息中。

(3) 输出阶段：通过输出门对经过 tanh 函数处理后的状态信息进行选择，得到模块的输出。

遗忘门、输入门和输出门 3 个门的结构是完全一样的，只是分别拥有自己的参数即权重。3 个门的输入都是前一个模块的输出和当前输入的拼接，输出是 0～1 的数值，分别构成了不同的选择信号，用于对不同信息的选择。

1.10　深度学习框架

小明：艾博士，我看这些神经网络越来越复杂，都是用 BP 算法求解。我看了一些 BP 算法的推导过程，还是挺复杂的，网络有些变化就可能需要重新推导，而在实验过程中可能会做很多尝试，这样每次都重新推导 BP 算法岂不是太麻烦了？

艾博士：你说得很有道理，好在现在有了很多深度学习框架，这些框架是专门为搭建各种神经网络设计的，你说的这些麻烦就不存在了，只要你设计好了神经网络，框架就可以自动实现 BP 算法，不需要自己推导了。

小明：这可太方便了，都有哪些框架可以用呢？

艾博士：很多公司设计了很多不同的框架，目前用得比较多的有 TensorFlow、PyTorch、Keras 等，近几年国内也推出了一些框架，比如百度公司的飞桨(paddlepaddle)、一流科技公司的 OneFlow 等，都是可以选用的框架。这些内容涉及很多编程的内容，而且一直在发展中，我们就不介绍了，有很多参考书可以参考。

1.11　总结

艾博士：小明，关于神经网络我们就介绍这么多，你总结一下，我们关于神经网络都讲了哪些内容？

小明边回忆边回答说：让我想想，还是讲了很多内容的。

(1) 以一个简单的数字识别引出了什么是神经元，什么是神经网络。

(2) 详细介绍了神经元的结构以及全连接神经网络，并以如何调节热水器作类比，讲解了神经网络训练的基本原理和 BP 算法。

(3) 介绍了神经网络训练中可能会遇到的过拟合问题、梯度消失问题，以及常用的解决方法。

(4) 介绍了什么是卷积神经网络，并列举了一些具体用例。

(5) 介绍了什么是循环神经网络，并列举了一些具体用例。

(6) 简单介绍了深度学习框架。

艾博士：小明总结得非常全面，但这些内容还只是最基本的内容，这些年神经网络的研究和应用发展都非常快，出现了很多新的网络结构和应用，要想解决实际问题，还需要多看相关的论文，了解别人的工作，结合自己要解决的问题，提出合适的架构。有了这些基础，其他内容学习起来也就相对比较容易了。

小明：谢谢艾博士给我讲解了这么多的内容，使我对神经网络有了基本的了解，我一定努力学习，做出更好的实用系统来。

艾博士：小明，加油！

第2篇

计算机是如何学会下棋的

艾博士导读

下棋一直被认为是人类的高智商活动,从人工智能诞生的那一天开始,研究者就开始研究计算机如何下棋问题。图灵很早就对计算机下棋做过研究,信息论的提出者香农早期也发表过论文《计算机下棋程序》,提出了极小极大算法,成为计算机下棋的最基础的算法。著名人工智能学者、图灵奖获得者约翰·麦卡锡在20世纪50年代就开始从事计算机下棋方面的研究工作,并提出了著名的α-β剪枝算法的雏形。很长时间内,α-β剪枝算法成为计算机下棋程序的核心算法,著名的国际象棋程序深蓝采用的就是该算法框架。

1996年,正值人工智能诞生40周年之际,一场举世瞩目的国际象棋大战在深蓝与卡斯帕罗夫之间举行,可惜当时的深蓝功夫欠佳,以2∶4的比分败下阵来。1997年,经过改进的深蓝再战卡斯帕罗夫,这次深蓝不负众望,终于以3.5∶2.5的比分战胜卡斯帕罗夫,可以说是人工智能发展史上的一个里程碑事件。

到了2006年,为了庆祝人工智能诞生50周年,中国人工智能学会主办了浪潮杯中国象棋人机大战,先期举行的机器博弈锦标赛获得前5名的中国象棋系统,分别与汪洋、柳大华、卜凤波、张强、徐天红5位中国象棋大师对弈,人机分别先行共战两轮10局比赛,双方互有胜负,最终机器以11∶9的总成绩战胜人类大师队。

转眼到了2016年,又值人工智能诞生60周年,人工智能的发展已不可同日而语,呈现出蓬勃发展之势。沉默多年的计算机围棋界突然冒出个AlphaGo,先是4∶1战胜韩国棋手李世石,转年又战胜我国著名棋手柯洁。至此,在计算机下棋这个领域,机器已经完全碾压人类棋手,机器战胜人类最高水平棋手已无任何悬念。

3次重要事件均与人工智能提出的秩年有关,3大棋类机器战胜人类顶级棋手的时间顺序也刚好与3大棋类可能出现的状态数的多少一致,这也许只是一种巧合,在本篇正文中你可以看到,状态数的多少并不是棋类难度的主要问题。

那么计算机是如何学会下棋的呢?本篇将逐一解开这个谜团。

本篇内容按照难易程度划分为3个等级,读者可以根据自身需要有选择地选读其中几节或者全部内容。

第一级:2.1～2.4节,主要介绍有关计算机下棋的基础模型,以及α-β剪枝算法、蒙特卡洛树搜索算法。这两个算法构成了当今两个主要的计算机下棋的算法框架,也刚好构成了深蓝和AlphaGo的主要算法框架。

第二级:2.5节,主要介绍AlphaGo的实现原理,通过这一节的学习,读者可以完全掌握AlphaGo战胜人类围棋大师的奥秘。在阅读这一节之前,需要读者掌握有关深度学习、神经网络方面的知识，如果你还不具备相关知识，请先阅读本书第 1 篇“神经网络是如何实现的”。

第三级：2.6 节、2.7 节，先介绍深度强化学习的有关概念，然后结合计算机围棋的特点，介绍 3 种典型的计算机围棋中用到的强化学习方法，最后介绍 AlphaGo Zero 的实现原理，这是一种从零学习的方法，通过自我博弈，利用强化学习方法逐步提高计算机下棋的水平。同第二级一样，需要读者掌握深度学习、神经网络方面的相关知识，如果你还不具备相关知识，请先阅读本书第 1 篇“神经网络是如何实现的”。

时间定位在 2016 年 3 月 9 日，这一年是人工智能诞生 60 周年，一场世界瞩目的围棋人机大战正在李世石与 AlphaGo 之间展开（见图 2.1）。韩国棋手李世石曾经 10 次获得过世界冠军，是当今世界上最优秀的围棋手之一，而 AlphaGo 是谷歌公司旗下的人工智能实验室 DeepMind 最新推出的围棋系统，在此之前，DeepMind 曾经在多个游戏人机大战中战胜过人类，因此这场人机大战受到了世界范围的广泛关注。6 天以后的 3 月 15 日，经过 5 场比赛之后，AlphaGo 以 4∶1 的比分完胜李世石。一年以后，水平更高的 AlphaGo Master 又战胜了世界排名第一的我国棋手柯洁，轰动了世界。

图 2.1 李世石、柯洁分别对战 AlphaGo

小明是一位人工智能爱好者，平时就比较喜欢下棋，全程观看了比赛后非常兴奋，求知的欲望又涌现了出来：计算机究竟是如何学会下棋的呢？带着这个疑问，小明又找到了万能的艾博士，请艾博士讲讲这个问题。

2.1 能穷举吗？

艾博士一见到小明，就猜出了他的来意：小明，这几天看了李世石与 AlphaGo 的人机大战了吧？有什么感想？

小明忍不住说道：艾博士，我看了全部比赛的转播，真是太震撼了，没有想到计算机下棋水平发展这么快。

艾博士：这次 AlphaGo 以 4∶1 战胜李世石确实出乎很多人的意外，因为围棋被认为是计算机下棋中最难的问题，可以说是计算机下棋的最后一个堡垒被攻克了。

小明：最后一个堡垒？以前计算机也战胜过人类下棋大师吗？

艾博士：1997 年 IBM 公司的深蓝，是一台会下国际象棋的计算机，就首次在正式比赛中以 3.5∶2.5 的比分战胜了国际象棋大师卡斯帕罗夫（见图 2.2），卡斯帕罗夫是当时国际上最顶尖的国际象棋大师，曾经连续 10 年获得国际象棋比赛的世界冠军。

图 2.2　卡斯帕罗夫与深蓝对弈

小明：1997 年就有了这样的成绩啊，那时我还没有出生呢。

艾博士：2006 年为纪念人工智能诞生 50 周年，中国人工智能学会主办了浪潮杯中国象棋人机大战(见图 2.3)，先期举行的机器博弈锦标赛获得前 5 名的中国象棋软件，分别与汪洋、柳大华、卜凤波、张强、徐天红 5 位中国象棋大师对弈，人机分别先行共战两轮 10 局比赛，双方互有胜负，最终机器以 11∶9 的总成绩战胜人类大师队。

(a) 比赛前的记者见面会

(b) 5人同时在对局室内对战

图 2.3　浪潮杯中国象棋人机大战

小明：这次的人机大战有 5 个不同的软件参赛啊？看来普遍水平都很高啊。但是计算机是如何学会下棋的呢？

艾博士：小明你先别着急，我们先看一个“分钱币”游戏的例子。

分钱币游戏是这样的，桌上有若干堆钱币，每次对弈的一方选定一堆钱币，并将该堆钱币分成不等的两堆，这一过程称为行棋。甲乙双方轮流行棋，直到有一方不能行棋为止，则对方取胜。图 2.4 给出了初始状态为 8 个钱币的例子，图中给出了该问题所有可能的走法。

假设甲方先行行棋，甲方可以将 8 枚硬币分成(6,2)两堆，或者(5,3)两堆，或者(7,1)两堆，但不能分成(4,4)，因为这是分成了相等的两堆，是规则所不允许的。下一步轮到乙方行棋，1 这堆不能选，因为无法分成两堆，2 这堆也不能选，因为不能分成不相等的两堆，6、5、7 都是可选的，但是要注意 6 只能分成(4,2)或者(5、1)，而不能分成(3,3)，因为(3,3)是相等的两堆。按照这样的原则，我们在图 2.4 中给出了所有可能的行棋方法。

艾博士问小明：你能看出什么规律吗？

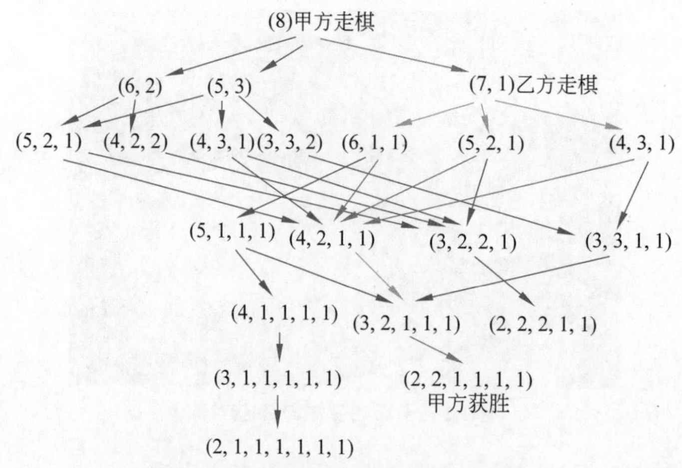

图 2.4　分钱币问题状态图(见彩插)

小明看了看摇摇头说：还看不出有啥规律。

艾博士指着图说：甲方如果按照红色箭头走成(7,1)，则乙方只能选择 7 这堆，将 7 分成(6,1)或者(5,2)或者(4,3)，也就是图中按照黄色箭头得到(6,1,1)、(5,2,1)、(4,3,1)。无论对于这 3 种情况中的哪一种，甲方都可以按照红色箭头选择行棋到(4,2,1,1)，比如乙方行棋到了(6,1,1)，则甲方将 6 分成(4,2)，如果乙方走的是(5,2,1)，则甲方将 5 分成(4,1)即可。而一旦甲方走到了(4,2,1,1)，则乙方只能行棋到(3,2,1,1,1)，这时甲方只需将 3 分成(2,1)，得到(2,2,1,1,1,1)，则乙方无棋可走，必输无疑。也就是说，对于这样一个分钱币游戏，甲方是存在必胜策略的。

小明恍然大悟道：还真是这样啊，只要甲方走棋正确，乙方无论如何是不可能获胜的。难道计算机下棋依靠的就是这种穷举方法找到必胜策略吗？

艾博士马上纠正说：不是这样的。对于分钱币游戏这样的简单问题，或者再稍微复杂一点的游戏，依靠穷举所有可能的方法也许可以找到必胜策略，但是对于象棋、围棋这样的变化非常多的棋类，是不可能穷举其所有可能的。这也是目前在一些人中存在的误解，认为现在计算机速度这么快，存储这么大，对于国际象棋、中国象棋这样的棋类，完全可以依靠穷举战胜人类。其实这是非常错误的看法。

小明不解地问道：我也听说过这种说法，但是为什么是错误的看法呢？

艾博士回答说：我们以中国象棋为例分析一下。在考虑不同的走棋顺序的情况下，总的状态数大约为 10^{150} 个，假设 1 纳秒可以产生一个状态，则产生出这些状态大约需要 10^{134} 年。这是什么概念呢？从存储上考虑，地球上的原子总数约 10^{50} 个，如果一个原子可以存储一个状态的话，则需要 10^{100} 个地球才有可能存储得下这么多状态。从时间上考虑，按照宇宙大爆炸的理论推算，宇宙年龄大概为 1.38×10^{10} 年，假设从宇宙诞生那一刻起就有一台高速计算机以每纳秒生成一个状态的速度在运行，到目前为止也只产生了其中的 $1.38\times10^{-124}\%$，也就是 0.0000000000000000000000000000000000000000000000000000000000000000000000000000000000000000000000000000000000000000000000000000138%。

小明听着艾博士的讲解惊愕道：中国象棋的状态数竟然有这么多啊，看来依靠穷举所有可能的状态获得必胜策略的想法是行不通的。

艾博士接着讲解说：国际象棋的状态数稍微少一些，但也没有质的差别，围棋状态数则更多。所以结论就是不能靠穷举出所有可能状态的方法找到必胜的行棋策略。

小明读书笔记

棋类历史上有过 3 次著名的人机大战事件。大家对计算机围棋系统 AlphaGo 战胜李世石、柯洁，计算机国际象棋系统深蓝战胜卡斯帕罗夫比较熟悉，在这两次人机大战之间，我国的 5 套计算机中国象棋系统战胜了人类 5 位中国象棋大师，也是人工智能发展史上的一件大事。

在一些人中经常有这样的误解：认为现在计算机速度这么快，存储这么大，对于国际象棋、中国象棋这样的棋类，计算机完全可以依靠穷举出其所有可能状态的方法战胜人类，这是非常错误的看法。无论是国际象棋还是中国象棋，由于其可能出现的状态数过于庞大，是不可能通过穷举所有可能状态的方法找到必胜策略的。3 次人机大战均与人工智能提出的秩年有关，3 大棋类机器战胜人类顶级棋手的时间顺序也刚好与 3 大棋类可能出现的状态数的多少一致(按照可能出现的状态数从小到大排序依次为国际象棋、中国象棋和围棋)，这也许只是一种巧合。

2.2　极小-极大模型

艾博士接着问小明：你会下象棋，请说说你在下象棋时是如何考虑走哪步棋的？

小明说：在轮到我行棋时，我会考虑有哪几种下法，再考虑对于我的每种下法对方会如何考虑，我再如何考虑，……然后看几步棋之后的局面如何，我再选择一个我认为好的走步。我水平不太行，大概只能考虑 4、5 步棋，听说那些职业棋手能考虑到 7、8 步呢。

艾博士：你的这个思考过程可以用图 2.5 来示意。图中最上方的方框表示当前棋局，轮到甲方行棋，甲方考虑自己有 a 和 b 两种走法，下一步轮到乙方行棋，针对棋局 a，乙方可以有 c、d 两种走法，而对于棋局 b，乙方可以有 e、f 两种走法。下一轮又该轮到甲方行棋……。假设甲方只思考了 4 步棋，则形成了图 2.5 的搜索图，最后一行就是双方走 4 步棋后可能出现的棋局。从甲方的角度来说，他希望最后走到一个对自己有利的局面，而对乙方来说他也希望走到一个对乙方有利的局面。

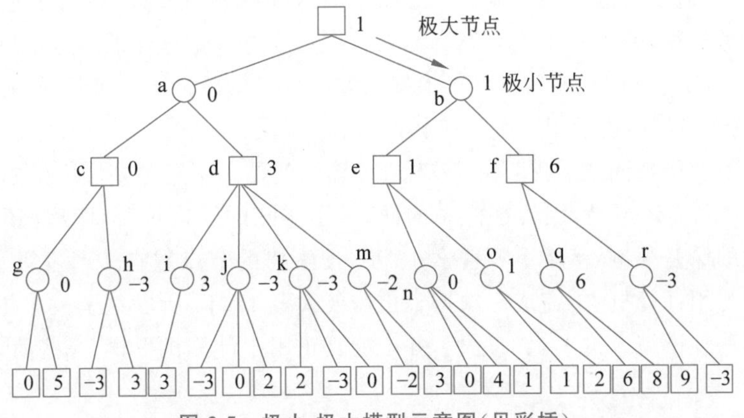

图 2.5　极小-极大模型示意图(见彩插)

假设局面是否有利可以用一个分值表示，大于0的分值表示对甲方有利，而小于0的分值表示对乙方有利，等于0则表示双方势均力敌，是一个双方都可以接受的局面。我们从倒数第二行的圆圈开始考虑，这一行应该轮到乙方行棋。比如对于节点g，乙方可以有两个选择，一个可以得到分值0，一个可以得到分值5。由于分值越小对乙方越有利，所以乙方肯定会选择走获得0分值的那一步，而不会选择走获得5分值的那一步。对于节点h也同样，乙方肯定会选择获得−3分值的那一步。这一行的其他节点也一样，都是从其子节点中选择获得分值最小的那步棋。所以我们可以总结为，对于这一层来说，乙方总是选择具有极小值的节点作为自己的走步。图中倒数第二行节点边标的数字就是乙方所获得的分值。

我们再看倒数第三行的方框，这一行应该轮到甲方行棋。甲方刚好与乙方相反，他肯定会选择子节点中分值最大的那步棋。比如对于节点c，甲方可以选择走到g，可以获得0分值，也可以选择走到h获得−3分值。由于分值越大对甲方越有利，甲方只会选择行棋到g获得0分值，而不会选择走到h获得−3分值。这一行的其他节点也同样，图中标出了其他节点可以获得的分值。

最后我们再看a、b两个节点。这两个节点又是轮到乙方行棋。乙方同样会从其子节点中选取分值小的节点作为走步，这样a可以获得0分值，b可以获得1分值。而a和b是当前局面下可能的两个选择。如果选择a，无论对方如何行棋，甲方都可以获得至少0分值；如果选择b，无论对方如何行棋，甲方都可以至少获得1分值。虽然0分值对于甲方也是可以接受的，但是1分值结果会更好。所以经过这么一番思考之后，甲方决定如图2.5中红色箭头所示的，选择行棋到b。这是一个模仿人类下棋的过程，小明，你下棋时是不是也是类似这样思考的呢？

小明说：确实是差不多的过程，只是对于最后可能形成的局面我并没有计算什么分值，只是大概估计一下是否对我有利。

艾博士说：这里之所以用数字表示，一方面是为了量化局面的有利程度，另一方面是为了以后用到计算机下棋上，计算机处理的话，必须表示为数字。

艾博士又进一步讲解说：由于这种方法一层求最小值、一层求最大值交替进行，所以称作极小-极大模型，是通过模仿人类的下棋过程得到的一个模型。其中求最小值的节点称作极小节点，求最大值的节点称作极大节点。

讲到这里，艾博士又进一步强调说：上面说的这些内容，都是甲方为了走一步棋，而在他大脑内的思考过程，并不是甲乙双方真的在行棋。经过一番这样的思考之后，甲方选择一步行棋，等待乙方下完一步棋后，甲方再根据乙方的行棋结果再次进行这样的思考。所以上述极小-极大模型只是描述了甲方走一步棋的过程。

小明又迫不及待地问道：我明白了，难道计算机就是采用这种办法下棋的吗？

艾博士回答说：还不是，因为这样做的话，对于实际的下棋过程计算量还是非常大的。以下国际象棋的深蓝为例，基本上要搜索12步，搜索树的节点数在10^{18}量级，据估算，即便在深蓝这样的专用计算机上，完成一次搜索也需要大概17年，所以这个极小-极大模型只是用来描述这样一种模拟人类下棋的过程，并不能真正用于计算机下棋，一些简单的棋类或许可以。

小明读书笔记

人类在下棋过程中，一般是通过向前考虑若干步的方法找到自认为比较好的走法。受人类棋手下棋过程的启发，提出了计算机下棋的极小-极大模型。该模型是在有限搜索深度内穷举所有可能的状态，从中找出一个在该搜索深度内的最好走法。

由于搜索深度越深计算机下棋的水平越高，极小-极大模型虽然限制了搜索的深度，但是对于真实的棋类问题，要达到与人类大师抗衡的水平，还是因为计算量过大、耗时过多而不能满足实际要求。以深蓝为例，搜索深度限制为 12 步，用极小-极大方法实现的话，完成一次搜索需要耗时 17 年。这显然是不现实的。

2.3　α-β 剪枝算法

听了艾博士的结论，小明不免有些沮丧：本以为这样就可以实现计算机下棋了，原来还是不行啊。

艾博士回答说：小明你不要沮丧，有困难不怕，想办法解决就是了。请再想想，刚才提到你下棋时只能考虑 4、5 步棋，但是这 4、5 步棋中是所有情况都考虑吗？

小明回答说：那肯定不是，所有可能的走步都考虑的话，我根本就记不住，只是考虑我觉得最重要的几步棋吧？比如下象棋时，开始几步我可能只考虑炮、马、车等，肯定不会考虑帅、士等。

艾博士：人类棋手在下棋时，会根据自己的经验只考虑在当前棋局下最重要的几个可能的走法，但是计算机没有这种经验。

小明还不等艾博士说完就问道：那要总结知识让计算机使用吗？

艾博士：这类知识太复杂了，需要考虑很多具体的情况，一旦知识总结得不到位，可能就会出现大的差错，这条路应该是走不通的。

小明：那就不知道怎么办好了。

艾博士：小明你别着急，我们再想想看是否有其他办法。我们换一个思路，假设并不是一开始就将整个搜索图生成出来，而是按照一定的原则一点一点地产生。比如图 2.6 是一个搜索图，我们假设一开始并没有这个图，而是按照从上到下从左到右的优先顺序来生成这个图。我们先从最上边一个节点开始，按顺序产生 a、c、g、r 4 个节点，假设就考虑 4 步棋，这时就不再向下生成节点了。由于 r 的分值为 0，而 g 是极小节点，所以我们知道 g 的分值应该小于或等于 0。接下来再生成 s 节点，由于 s 的分值为 5，g 是极小节点且没有其他子节点了，所以 g 的分值等于 0。由于 c 是极大节点，根据 g 的分值为 0，我们有 c 的分值大于或等于 0。再看 c 的其他后辈节点情况，生成 h 和 t 两个节点，由于 t 的分值为 −3，而 h 是极小节点，所以有 h 的分值小于或等于 −3。

到这里，小明你注意一下，c 的分值大于或等于 0，而 h 的分值小于或等于 −3，所以这时是不是 u 的分值是多少都无关紧要了？

小明仔细想了一下说：确实是这样。图中 u 的分值如果大于 h 的当前分值 −3，则不影响 h 的分值，即便 u 的分值小于 −3，比如 −5，虽然改变了 h 的分值小于或等于 −5，但是由于 c 是极大节点，c 的当前分值已经至少为 0 了，所以 h 的分值变小也不会改变 c 的分值。

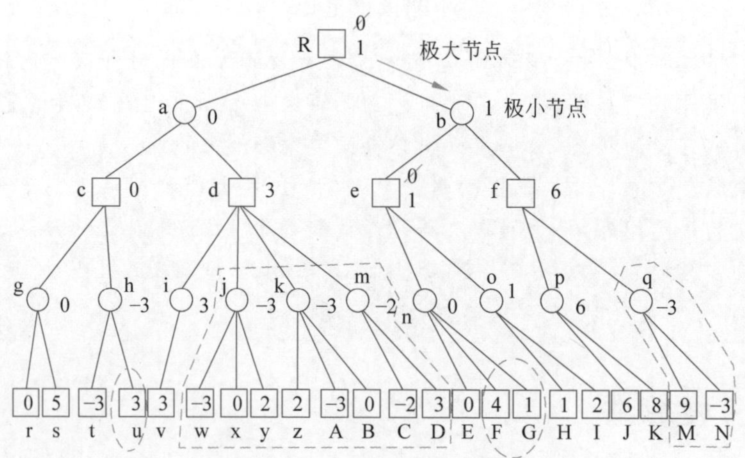

图 2.6 α-β 剪枝示意图(见彩插)

艾博士说：小明分析得很正确。这样的话，遇到图中这种 h 的当前分值小于 c 的情况时，由于 u 的分值是多少都不会影响 c 的分值，所以就没有必要生成 u 这个节点。这种情况我们称为剪枝，其剪枝条件是如果一个后辈的极小节点(如图 2.6 中的 h)，其当前的分值小于或等于其祖先极大节点的分值时(如图 2.6 中的 c)，则该后辈节点的其余子节点(如图 2.6 中的 u)就没有必要生成了，可以被剪掉。注意我们这里用的是后辈节点和祖先节点，这是一种推广，因为这种剪枝并不局限于父节点和子节点的关系，后面我们会给出具体的例子。

在确认了 c 的分值为 0 之后，同样的理由，我们可以确认 a 的分值小于或等于 0。生成 a 的后辈节点 d、i、v，由于 v 的分值为 3，且 d 向下就一条路，所以有 d 的分值大于或等于 3。由于 a 的分值最大为 0，而 d 的分值最小为 3，所以大的红圈圈起来的那些分支的分值是多少又没有意义了，a 取 c 和 d 中分值最小的，最终 a 取值为 0，大红圈圈起来的部分都没有必要生成了，又可以被剪掉。这里我们又发现了另外一个剪枝条件：如果一个后辈的极大节点的分值(如图 2.6 中节点 d)大于或等于其祖先极小节点的分值时(如图 2.6 中节点 a)，则该后辈节点还没有生成的节点可以被剪掉，如图 2.6 中大红圈圈起来的那些节点。

a 的分值被确定为 0 之后，就可以确定 R 的分值大于或等于 0，继续向下生成节点 b、e、n、E，由于 E 的分值为 0，所以有 n 的分值小于或等于 0。n 是极小节点，其极大节点祖先有 e 和 R，e 这时还没有值，但是 R 的分值大于或等于 0，所以满足后辈极小节点的分值小于或等于其祖先极大节点分值的剪枝条件，n 的两个子节点 F 和 G 都没有生成的必要，又可以被剪掉了。

小明插话说：艾博士，我明白了，你前面讲到剪枝条件时提到不只是跟父节点做比较而是要考虑祖先节点，就是这种情况吧？

艾博士回答说：对，这一点是非常需要注意的，很容易被初学者漏掉。

艾博士接着讲：n 的分值被确定为 0，从而有 e 的分值大于或等于 0。接着生成节点 o 和 H，由于 H 的分值为 1，有 o 的分值小于或等于 1，不满足剪枝条件，生成节点 I，I 的分值为 2，o 是极小节点，所以 o 的分值确定为 1。e 是极大节点，从 n 和 o 的分值中选取较大的，从而更新 e 的取值，由原来的 0 修改为 1。e 的分值确定为 1 后，有 b 的分值小于或等于 1。继续生成 b 的后辈节点 f、p、J，J 的分值为 6，得到 p 的分值小于或等于 6，不满足剪枝条件，继续生成子节点 K，得到 K 的分值为 8，p 是极小节点，选取子节点中最小的值 6，从而确定 f 的分值大于或等于 6。后辈极大节点 f 的分值 6 大于或等于其前辈极小节点 b 的分值 1，满足剪枝条件，q、M、N 3 个节点被剪枝，从而确定 b 的分值为 1。R 的分值取 a、b 中最大者，从而用从节点 b 得到的 1 代替原来从 a 得到的 0。搜索过程到此结束，按照刚才的搜索结果，甲方应该选择 b 作为行棋的最佳走步，如图 2.6 中的红色箭头所示。

这种方法就是 α-β 剪枝算法，其核心思想是利用已有的搜索结果，剪掉一些不必要的分枝，有效提高了搜索效率。

小明：深蓝就是采用的这种算法吗？

艾博士说：是的，深蓝采用的就是 α-β 剪枝算法，从而可以在规定时间内完成一次行棋过程。

小明又问道：艾博士，那么这种 α-β 剪枝算法得到的最佳走步跟极小-极大模型得到的结果是一样的吗？

艾博士说：这是个很好的问题，从前面的介绍可以知道，α-β 剪枝只是剪掉了那些不改变结果的分枝，所以不影响最终选择的走步，得到的结果与极小-极大模型是一样的。

小明：我还有个疑问，就是那些分值是如何得到的呢？何处发生剪枝完全取决于那些分值，如果分值不准确则得到的结果也就值得怀疑了。

艾博士：小明你说得非常正确，这些分值是非常重要的。据深蓝的研发者介绍说，他们聘请了好几位国际象棋大师帮助他们整理知识用于估算分值。但是基本思想并不复杂，大概就是根据甲乙双方剩余棋子进行加权求和，比如一个皇后算 10 分，一个车算 7 分，一个马算 4 分等。然后还要考虑棋子是否具有保护，比如两个相互保护的马，分数会更高一些，其他棋子也是大体如此。然后再考虑各种残局等，按照残局的结果进行估分。当然，这里我们给出的各个棋子的分数只是大概而已。最后甲方得分减去乙方得分就是该棋局的分值。

小明：我大概明白了，这个估值虽然看起来有些粗糙，但是由于在剪枝过程中探索得比较深，对于象棋来说，无论是国际象棋还是中国象棋，在探索得比较深的情况下，凭借棋子的多少基本就可以评判局面的优劣了，所以可以得到比较准确的估值。

艾博士补充说道：所以对于计算机下棋来说，探索得越深其棋力也就越强，在可能的情况下，应该尽可能探索得更深一些。

最后艾博士总结说：我再把 α-β 剪枝的关键点总结一下。

(1) 在判断是否剪枝时，都是后辈极小节点与祖先极大节点进行比较、后辈极大节点与祖先极小节点做比较。当后辈极小节点的值小于或等于祖先极大节点的值时，发生剪枝；当后辈极大节点的值大于或等于前辈极小节点的值时，发生剪枝。

(2) 在判断是否剪枝时，一定要注意不只是与父节点做比较，还要考虑祖先节点。

(3) 在完成一次 α-β 剪枝后，只是选择了一次行棋，下一次应该走什么棋，应该在对方走完一步棋后，根据棋局变化再次进行 α-β 剪枝过程，根据搜索结果确定如何行棋。

小明读书笔记

对于真实的棋类游戏，由于其状态数过于庞大，不可能通过穷举所有状态的方法获得最佳走步。受人类下棋时思考过程的启发，提出了计算机下棋的极小-极大模型。该模型只在有限步内搜索，获得有限范围内的最佳走步。但同样由于棋类变化太多，即便是有限范围的搜索也是非常花费时间的。人类棋手在做极小-极大搜索时，并不是考虑有限范围内的每一种可能的走法，而是根据经验砍掉大量的不合理分枝，从而极大地缩小搜索范围。受此启发提出 α-β 剪枝算法，与人类利用经验砍掉大量不合理分枝不同，计算机并没有这种经验，而是利用已有的搜索结果，砍掉没有必要产生的分枝，有效提高了搜索效率。深蓝采用的就是这种方法。

α-β 剪枝条件如下。

(1) 当后辈的极小节点值小于或等于其祖先的极大节点值时，发生剪枝。

(2) 当后辈的极大节点值大于或等于其祖先的极小节点值时，发生剪枝。

注意：比较时不只是与其父节点做比较，还要与其祖先节点做比较，只要有一个祖先节点满足比较的条件，就发生剪枝。

α-β 剪枝算法所得到的最佳走步质量严重依赖于最底层节点估值的准确性，搜索越深，估值越准确。这是因为越深的节点其对应的棋局中棋子越少，而棋子比较少的情况下，其局面的估值也就会比较准确。这与人下棋时的思考也是一致的。

α-β 剪枝算法结束时得到的只是当前棋局下的一步走法，相当于我们思考了半天决定了一步棋如何走，后面如何进行，需要待对方走完一步棋后再次进行 α-β 剪枝搜索获得下一步棋的走法。也就是说，每行棋一次都需要进行一次 α-β 剪枝搜索。

2.4 蒙特卡洛树搜索

小明听完艾博士的讲解，赞叹道：看起来 α-β 剪枝算法的效果还是非常显著的，但是为什么一直没有应用于围棋呢？

艾博士：α-β 剪枝算法不仅是在国际象棋上取得了成功，在中国象棋上也取得了成功。前面介绍过的浪潮杯中国象棋人机大战，采用的就是 α-β 剪枝方法。这种方法也不是没有用到围棋上，只是基本不成功，采用这种方法设计的围棋软件水平很低，别说是专业棋手了，就连普通业余棋手也不能战胜。

小明不解地问：那是为什么呢？

艾博士解答说：很多人对此进行过分析，其中的一个观点是，围棋可能的状态多，比象棋复杂，所以实现的计算机下棋软件水平不行。这种观点是不对的。围棋可能的状态数确实比象棋多，可能的状态数多也确实带来了很大的难度，但这并不是根本原因。前面我们讨论过，α-β 剪枝算法严重依赖于对局面评估的准确性，在这方面无论是国际象棋还是中国象棋，都相对容易一些，而且不同高手间对于局面评估的一致性也比较好。也就是说，对于同一个局面究竟是对甲方有利，还是对乙方有利，不同棋手之间看法基本一致，不会有太大的分歧。但是对于围棋来说，局面评估难度就大多了，而且由于不同棋手之间的风格不同，局面评估的一致性也比较差。另外，对于象棋来说，棋子之间的联系不像围棋那么大，可以通过对每个棋子评估实现对整个局面的评估，像前面提到过的，通过对每颗棋子单独评分再求和就可以实现对整个局面的评估。而围棋棋子之间是紧密联系的，单个棋子一定要与其他棋子联系在一起考虑，才有可能体现出它的作用。这些均给围棋局面评估带来很大的难度。另外，脑科学研究也表明，棋手在下象棋时用得更多的是左半脑，而下围棋时则用得更多的是右半脑，而一般认为左半脑负责逻辑思维，右半脑负责形象思维，而计算机处理逻辑思维的能力强于处理形象思维的能力。

小明：还真存在您说的这些问题。

艾博士继续说道：正是由于这样的原因，以前以 α-β 剪枝算法为基础的围棋程序都没有取得成功。所以如果想提高计算机下围棋的水平，首先要解决围棋的局面评估问题。正是在这一背景下，蒙特卡洛树搜索方法被提了出来。

小明有些疑惑地问道：蒙特卡洛树搜索？

艾博士进一步解释说：这一方法是将传统的蒙特卡洛方法与下棋问题中的搜索树相结合而产生的一种方法。

下面简单介绍一下蒙特卡洛方法。这个方法是一类基于概率方法的统称，不特指某种具体的方法，最早由冯·诺依曼和乌拉姆等人发明，用概率方法求解一些计算问题，“蒙特卡洛”这个名称来源于摩纳哥一个赌场的名字。

为了对这一方法有所体会，我们举一个用蒙特卡洛方法计算 π 值的例子。

艾博士问小明：小明，你知道 π 如何计算吗？

小明回答说：有很多种方法可以计算 π，最早祖冲之就采用割圆术计算 π 值，得出了 π 值介于 3.1415926 和 3.1415927 之间的结论。

艾博士称赞说：小明你记得很准确，在当时没有任何计算工具的情况下，这是一项很了不起的成就。如果只给你一张带格子的稿纸和一根针，你能求出 π 值吗？

小明摸着自己的小脑瓜说：只有一张稿纸和一根针，这怎么能求出 π 值呢？

艾博士说：法国数学家蒲丰就给出了一种称作“蒲丰投针”（见图 2.7）的计算 π 值的方法，其实就是最早的蒙特卡洛方法的运用。

小明迫不及待地说；这太神奇了，艾博士你快讲讲。

艾博士：如图 2.8 所示，假设有一张放在桌子上带格子的稿纸，随机向纸上扔一根针，那么针与格子之间会呈现出不同的状态，有时针会与格子相交，有时针会落在两条线之间。

图 2.7　蒲丰投针

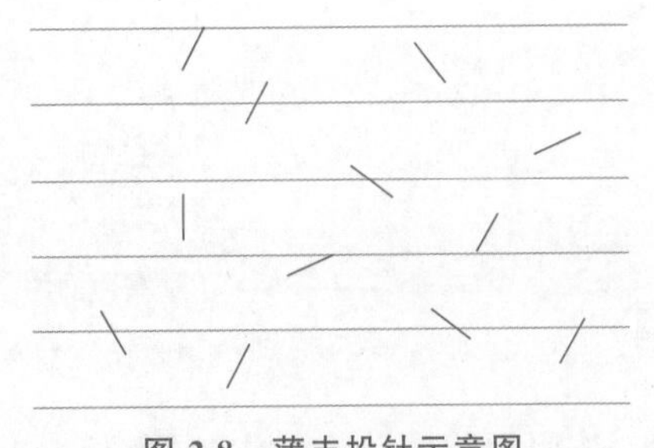

图 2.8　蒲丰投针示意图

为了方便计算，我们可以将蒲丰投针问题简化为图 2.9 所示的情况。图中左边是针与格子相交的情况，假设针的长度为 l，格子的宽度为 d，针与格子底线的夹角为 α，针的中间位置到格子底线的距离为 x。图中右边是一种针刚好与底线相交的边缘情况，针如果再向上一点，就不会与格子底线相交了。所以这时的 x_0 就是针与底线相交的最大值。当 $x \leqslant x_0$ 时，针与底线是相交的，否则针就不会与底线相交。

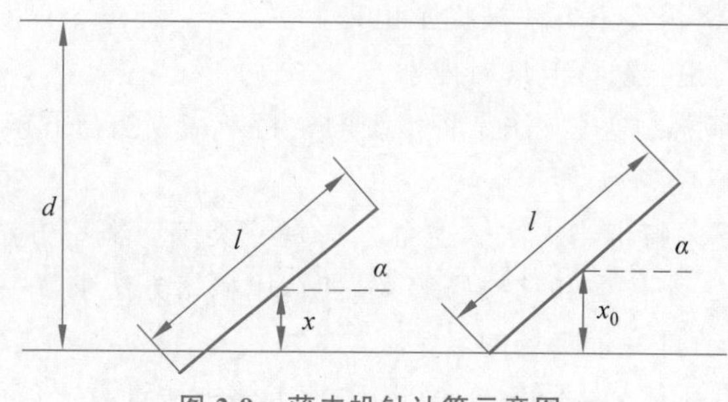

图 2.9 蒲丰投针计算示意图

按照三角函数公式，我们有

$$x_0 = \frac{l}{2}\sin(\alpha)$$

所以针与底线相交的条件就是

$$x \leqslant \frac{l}{2}\sin(\alpha)$$

夹角 α 的可能变化范围应该是$[0,2\pi]$，对于针来说如果我们不区分针头和针尾的话，夹角 α 处于$[0,\pi]$和$[\pi,2\pi]$是一样的，所以为了简化起见，我们只考虑$[0,\pi]$这一变化区间。同理对于针的中间位置是处于格子的上半段还是下半段也是一样的，因为如果处于下半段就看是否与底线相交，如果处于上半段就看是否与顶线相交，所以我们也只考虑是否与底线相交这种情况。在这样的假定下我们有 x 的取值范围为$[0,d/2]$，α 的取值范围为$[0,\pi]$。

一旦确定了 α 和 x 之后，针的位置就确定了。如图 2.10 所示，绿色长方形内任何一点(α,x)就确定了一次投针的位置，按照针与底线相交的条件，黄色区域代表针与底线相交，绿色长方形内的白色区域，代表针没有与底线相交。所以黄色区域的面积除以绿色长方形的面积，就是针与底线相交的概率 $p_{相交}$。

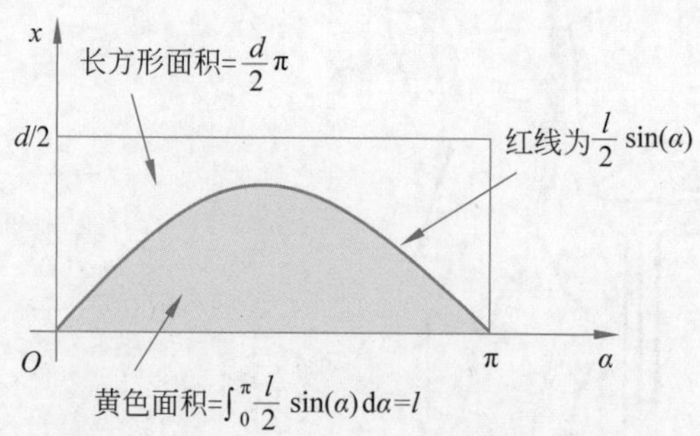

图 2.10 蒲丰投针计算 π 值示意图(见彩插)

按照面积的计算公式，绿色长方形的面积为

$$S_{长方形} = \frac{d}{2}\pi$$

黄色部分的面积为

$$S_{黄色} = \int_0^{\pi} \frac{l}{2}\sin(\alpha)\,d\alpha = l$$

所以有针与底线相交的概率为

$$p_{相交} = \frac{S_{黄色}}{S_{长方形}} = \frac{l}{\frac{d}{2}\pi} = \frac{2l}{d\pi}$$

艾博士问小明：这里用到了定积分，你还会计算吗？

小明回答说：这个定积分应该不难，我会计算。

艾博士：好的，如果忘记了回去自己复习一下。

艾博士接着讲道：如果我们投掷了 n 次针，其中有 m 次针是与底线相交的，那么针与底线相交的概率就是

$$p_{相交} = \frac{m}{n}$$

所以有

$$\frac{2l}{d\pi} = \frac{m}{n}$$

所以

$$\pi = \frac{2nl}{md}$$

只要投掷针的次数足够多，就可以求得一个一定精度的 π 值。

小明看着艾博士的推导赞叹道：竟然还可以这样求解 π 值，可真是神奇。

艾博士说：这种方法就是蒙特卡洛方法，通过将一个计算问题转换为概率问题后，利用随机性，通过求解概率的方法求解原始问题的解。小明，你回去后可以编写一个程序，利用随机数发生器随机产生一些满足要求的 x 和 α，通过模拟投针的办法计算 π 值。

小明说：好的，我回去一定试试这个神奇的方法。那么这种方法如何应用到围棋中呢？

艾博士：小明，围棋程序遇到的最大问题是什么？

小明回答说：刚才您讲过了，主要是对棋局的估值问题。

艾博士：对啊，既然这个棋局估值问题不容易解决，我们是否也可以利用随机模拟的办法评价一个棋局呢？比如说，对于给定的围棋棋局我们让计算机随机地交替行白棋和黑棋，直到一局棋结束，判定出胜负。这样就得到了一次模拟结果。当然一次模拟结果不说明任何问题，计算机的优势就是速度快，可以在短时间内几万、几十万次地进行模拟。如果模拟的次数足够多，我们就可以相信这个模拟结果。如果大量的模拟结果显示黑棋获胜概率大，那么就有理由认为当前的棋局对黑方有利，否则就认为对白方有利。

小明说：竟然这么简单啊，棋局估值问题解决了，是不是就可以写出高水平的围棋程序了？

艾博士：还没有这么简单，这只是一个思路，但是确实给实现高水平围棋程序指明了方向。

小明问道：那么还存在什么问题呢？

艾博士提示说：小明你想想，下棋是甲乙双方一步一步轮流进行的，我们在模拟过程中是否需要考虑这个因素呢？就像前面我们讲过的极小-极大模型中说过的一样，甲方希望走对自己最有利的棋，乙方也希望走对自己最有利的棋，双方是一个对抗的过程。所以在模拟过程中应该考虑到这种一人一步的对抗性问题，将搜索树考虑进来。正是在这样的思想指导下，才提出了我们马上要讲的蒙特卡洛树搜索方法，在随机模拟的过程中，将一人一步的搜索过程考虑进来。

小明：我明白了，确实需要考虑这个问题，否则就是只想着自己怎么行棋，完全不考虑对方可能的行棋方法，这样不可能达到高水平的。

艾博士：为此有研究者将蒙特卡洛方法与下棋问题的搜索树相结合，提出了蒙特卡洛树搜索方法。

蒙特卡洛树搜索方法如图2.11所示，共包括4个过程。

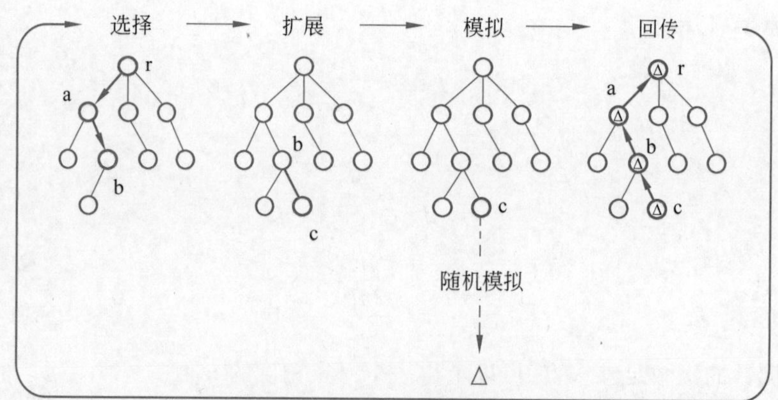

图2.11 蒙特卡洛树搜索方法

(1) 选择过程：如图2.11第一个图所示，从根节点r出发，按照某种原则自上而下地选择节点，直到第一次遇到一个节点，该节点还存在未生成的子节点为止。如图所示，从根节点r开始，从r的3个子节点中按照某种原则选择一个节点，假设选择了节点a。接下来又从a的子节点中选择节点，假设选择了b。这时发现b还存在子节点没有生成，则选择过程结束，节点b被选中。

(2) 扩展过程：如图2.11第二个图所示，生成出被选中节点的一个子节点，并添加到搜索树中。由于在上一步选中的节点为b，所以生成出b的一个子节点c，然后将节点c添加到搜索树中。

(3) 模拟过程：如图2.11第三个图所示，对新生成的节点c进行随机模拟，即黑白轮流随机行棋，直到分出胜负为止。然后根据模拟的胜负结果计算节点c的收益Δ。

(4) 回传过程：如图2.11第四个图所示，将收益Δ向节点c的祖先进行传递。因为对节点c的一次模拟也相当于对c的祖先节点b、a、r各进行了一次模拟，所以要将对节点c的模拟结果回传到c的祖先节点b、a、r。

在上述4个过程中，第二个扩展过程比较简单，直接生成一个被选中节点的子节点，并添加到搜索树上就可以了。第三个模拟过程也比较简单，就是随机地轮流选择黑白棋，按规则行棋就可以了，直到能分出胜负为止。当然具体如何随机行棋、如何计算胜负等与具体的围棋规则有关，我们就不具体讨论了。第四个回传过程与具体的收益表示方法有关，我们留待后面结合具体例子再详细讲解，下面我们重点介绍第一个过程——选择过程。

选择过程就是选择哪个节点进行模拟，这里的模拟不一定是直接对该节点做随机模拟，也可能是通过对其后辈节点的模拟达到对该节点模拟的目的。因为就如同在回传过程中所说的那样，后辈节点的一次模拟，也相当于对其祖先节点做了一次模拟。所以在选择过程中，如果一个节点的子节点全部生成完了，则要继续从其子节点中进行选择，直到发现某个节点，它还有未生成的子节点为止。

小明不太明白地问：为什么要进行选择呢？或者说选择的目的是什么呢？

艾博士：选择的目的是要在有限的时间内对重点节点进行模拟，以便挑选出最好的行棋走步。我举个例子说明吧，假设你是班级体委，学校要举行篮球比赛，你要挑选上场队员。有些同学你比较了解，因为你知道这些同学以前打球比较好，有些同学你不太了解，不知道水平如何。为了确定上场队员，你计划打几场热身赛对同学们进行考察。考察过程中，对于以前你认为打球好的同学，你可能让他们上场打打试试，看是否还继续保持高水平。对于你不太了解的同学，你也可能让他们上场试试，以便了解他们的水平究竟如何。

小明：如果我是班级体委确实要这么做，以便挑选出真正有实力的队员。

艾博士：在热身赛中考查队员的过程中，利用了两个挑选上场队员的原则。

(1) 对不充分了解的同学的考察。

(2) 对以往水平比较高同学的确认。

选择哪些节点进行模拟就如同在热身赛中考查队员，也遵循这两个原则。在蒙特卡洛树搜索的过程中，根据到目前为止的模拟结果，搜索树上的每个节点都获得了一定的模拟次数和一个收益值，模拟次数可能有多有少，收益值也有大有小。收益值大的节点就相当于以往打球水平比较高的同学，这些节点是真的收益值高呢？还是因为模拟得不够充分暂时体现出虚假的高分呢？需要进一步模拟考查。而对于那些模拟次数比较少的节点，相当于不充分了解的同学，由于模拟的次数比较少，无论其收益值高低，都应该优先选择以便进一步模拟，了解其真实情况。

在这样的原则下，选择节点时应该要同时考虑到目前为止节点的收益值和模拟次数，比如对于某个节点 x，如果它的收益值又高、模拟次数又少，这样的节点肯定要优先选择，以便确认它的收益值的真实性。如果它的收益值比较低、模拟次数又多，说明这个低收益值已经比较可靠了，没有必要再进一步模拟了。所以我们可以得出结论：节点被选择的可能性与其收益值正相关，而与其模拟次数负相关，可以将收益值和模拟次数综合在一起确定选择哪个节点。

小明：那么具体如何选择呢？

艾博士：类似的问题早就有人研究过，我们可以借用过来。比如多臂老虎机模型就是求解此类问题的一种模型。

小明：多臂老虎机？这是个什么模型呢？还与赌博有关？

艾博士：很多概率问题的研究都与赌博有关，我们正在介绍的蒙特卡洛树搜索不也是因摩纳哥的一个赌城而得名吗？赌博不能沾，但是相关的研究成果我们可以利用，来求解我们的问题，为人类服务。

多臂老虎机(见图 2.12)是一个具有多个拉杆的赌博机，投入一个筹码后，可以选择拉动一个拉杆，每个拉杆的中奖概率不一样。多臂老虎机问题就是在有限次行动下，通过选择不同的拉杆，以获得最大的收益。

图 2.12 多臂老虎机示意图

小明：这个多臂老虎机与蒙特卡洛树搜索中的选择过程具有什么关系呢？

艾博士：选择哪个节点进行模拟，就相当于选择拉动多臂老虎机的哪个拉杆，而模拟得到的收益，则相当于拉动拉杆后获得的收益。

小明：这么一对比就将两个看似无关的问题对应起来了。

艾博士：经过学者们的研究，对于多臂老虎机问题，提出了一种称作信心上限(Upper Confidence Bound，UCB)的算法。

该算法的基本思想是，作为初始化，先每个拉杆拉动一次，记录每个拉杆的收益和被拉动次数，此时拉动次数都是 1。然后按照下式计算拉杆 j 的信心上限值 I_j：

$$I_j = \bar{X}_j + \sqrt{\frac{2\ln(n)}{T_j(n)}}$$

信心上限算法就是每次选择拉动 I_j 值最大的拉杆。其中，$\bar{X}_j$ 表示第 j 个拉杆到目前为止的平均收益；n 是所有拉杆被拉动的总次数；$\ln(n)$是以 e 为底取对数运算；$T_j(n)$是总拉动次数为 n 时，第 j 个拉杆被拉动的次数。重复以上过程直到达到拉杆被拉动的总次数结束。

上述信心上限方法可以推广到蒙特卡洛树搜索过程的选择过程，也就是从上向下一层层选择节点时，按照信心上限方法，选择 I_j 值最大的子节点，直到某个含有未被生成子节点的节点为止。在具体使用的过程中，一般会增加一个调节系数，以方便调节收益和模拟次数间的权重，如下式所示：

$$I_j = \bar{X}_j + C\sqrt{\frac{2\ln(n)}{T_j(n)}}$$

小明：我明白了可以用信心上限方法选择模拟节点。

艾博士：下面通过一个例子说一下蒙特卡洛树搜索的具体过程，同时也通过这个例子说明如何实现收益的回传过程。为此先给出记录收益和模拟次数的方法。对于搜索树中的每个节点，我们用 m 和 n 记录该节点的获胜次数 m 和模拟次数 n，收益用胜率表示，即 $m/$

n。注意这里的“获胜”均是从节点本方考虑的，也就是这个节点是由甲方走成的，则获胜是指甲方获胜；如果这个节点是由乙方走成的，则获胜指乙方获胜。比如在图 2.11 中最后一个图中，假设对节点 c 的模拟结果是获胜，则 c 的获胜数加 1，同时向上传递该结果，由于 b 是对方走成的节点，我方获胜就是对方失败，所以 b 的获胜次数不增加。模拟收益再向上传到节点 a，a 也是我方走成的节点，c 获胜也相当于 a 获胜，所以 a 的获胜数也加 1。同样节点 r 是对方走成的节点，所以 r 的获胜次数就不增加。

小明：由于搜索树是双方轮流行棋而形成的，所以获胜次数向上传递也是每次相隔一个节点增加的。

艾博士说：小明说的是对的，回传过程正是这样进行的。不过如何回传与我们选用的表示方法有关，如果采用其他的表示方法可能就会有所变化。比如说如果获胜用 1 表示，失败用 −1 表示，则回传时就可能是加 1、减 1 交替地进行。

小明：明白了，原来回传方法还与如何表示有关。

艾博士：所以如果看其他的参考资料的话，一定要先弄清楚具体的表示方法。

艾博士：请看图 2.13，我们用这个例子再说明一下蒙特卡洛树的搜索过程。为了简单起见，在计算信心上限 I_j 时，我们假定收益 $\bar{X}_j$ 为胜率，并假定调节参数 $C=0$，也就是说，假定信心上限 $I_j=\bar{X}_j$。当然这只是为了举例方便计算才这样假设的，实际使用时不会这样。

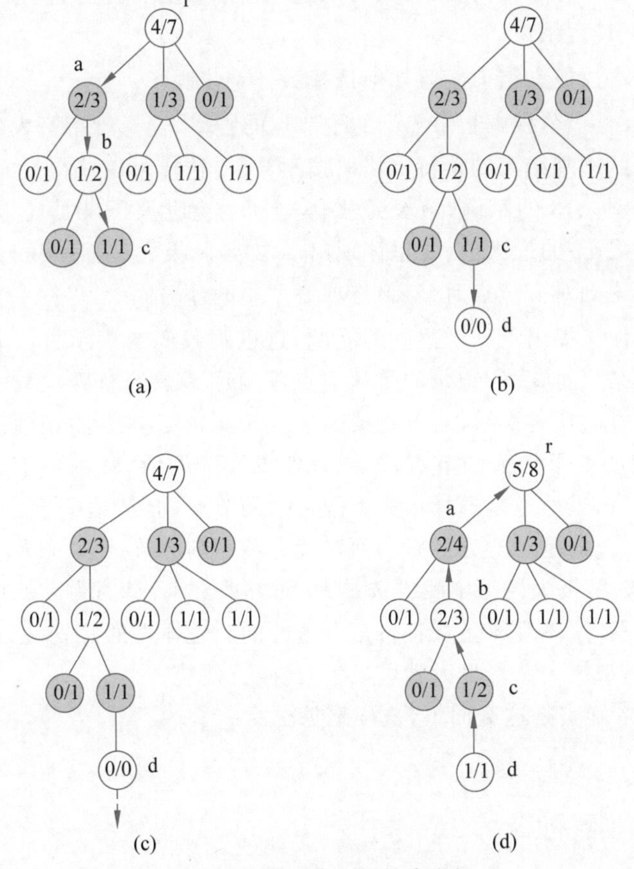

图 2.13　蒙特卡洛树搜索举例

图 2.13(a)是当前的搜索树，从节点 r 开始进行选择，节点 r 的 3 个子节点中，a 的信心上限值最大为 2/3，所以选择节点 a。假定 a 没有其他未生成的子节点了，所以继续从 a 的两个子节点中选择，节点 b 的信心上限值最大为 1/2，同样假定 b 也没有其他未生成的子节点了，继续从 b 的两个子节点中进行选择，节点 c 的信心上限值最大为 1/1，而且由于 c 存在未生成的子节点，所以选择过程结束，节点 c 被选中。

进入扩展过程，如图 2.13(b)所示，节点 d 被生成并添加到搜索树中成为节点 c 的子节点。扩展过程结束。

接下来进入模拟过程，如图 2.13(c)所示，对节点 d 进行随机模拟，黑白双方随机选择行棋点，直到决出胜负。假定模拟结果是胜利，也就是说节点 d 经模拟后获得了一次胜利。模拟过程结束。

最后是回传过程，首先记录节点 d 的模拟结果为 1/1，表示 d 被模拟了一次，获胜一次。向上传递。节点 c 之前的模拟结果是 1/1，这次由于 d 被模拟一次，所以相当于 c 也被模拟了一次，但是从 c 的角度来说，这次的模拟结果是失败。所以 c 的模拟次数增加一次，但获胜次数保持不变，更新 c 的模拟结果为 1/2。继续回传到 b，b 之前的模拟结果为 1/2，这时模拟次数和获胜次数均被加 1，所以更新 b 的模拟结果为 2/3。再回传到节点 a，该节点只增加模拟次数 1 次，不改变获胜次数，更新 a 的模拟结果为 2/4。最后再回传到根节点 r，该节点获胜次数和模拟次数均增加 1 次，所以模拟结果为 5/8。

至此完成了一轮蒙特卡洛树搜索，反复该过程，直到达到一定的模拟次数或者规定的时间，蒙特卡洛树搜索过程结束。

小明：蒙特卡洛树搜索结束之后如何选择最佳走步呢？

艾博士：搜索结束后，根据根节点 r 的子节点的胜率，选择胜率最大的子节点作为我方的行棋点。因为按照刚刚结束的蒙特卡洛树搜索结果，这样可以获得最大收益。

小明仔细看着图 2.13 的示例，陷入沉思中，过了一会儿又问艾博士：在选择过程中，一直都是选择信心上限 I_j 的最大值，哪里体现出了像极小-极大过程中我方取最大、对方取最小的思想呢？按理说到对方节点时，应该选取胜率小的才对啊。

艾博士：小明你又提出了一个很好的问题，这也跟我们的表示方法有关。还记得刚才讲解如何标记模拟结果时，我们记录的是从节点方角度考虑的获胜次数。也就是我方走成的节点记录的是我方的获胜次数，对方走成的节点记录的是对方的获胜次数。所以当我方选择时选择的是信心上限最大的节点，如果只考虑胜率的话，就相当于选择胜率最大的节点。而当对方选择时，虽然也是选择信心上限最大的节点，但是其中与胜率有关的 $\overline{X}_j$ 用的是对方的胜率，所以选的是对对方最有利而对我方最不利的节点。所以与极小-极大模型也是一致的，之所以极小-极大模型中我方选最大、对方选最小，是因为表示棋局的数字都是从我方角度考虑的，而在这里胜率是从各自角度考虑的。这样做的好处是，在选择过程中可以不考虑我方和对方，都统一选择最大就可以了，比较方便统一。

小明想了想说：确实是这么回事，这样感觉更简单了。

小明读书笔记

蒙特卡洛方法是一类基于概率方法的统称，最早由冯·诺依曼和乌拉姆等提出，通过概率求解一些计算问题。“蒙特卡洛”这个名称来源于摩纳哥一个赌场的名字。为了解决围棋局势不容易判断的问题，将蒙特卡洛方法引入进来，通过随机模拟的方法判断棋局的局势。结合围棋下棋双方轮流走子的特点，提出了蒙特卡洛树搜索方法。

蒙特卡洛树搜索方法包含 4 个过程。

(1) 选择过程：这是蒙特卡洛树搜索的重点，借助于多臂老虎机模型的已有研究成果，从搜索树的根节点开始，从上到下依次选择信心上限最大的节点，直到遇到第一个含有子节点未被扩展的节点。

信心上限的计算公式为

$$I_j = \bar{X}_j + C\sqrt{\frac{2\ln(n)}{T_j(n)}}$$

其中，$\bar{X}_j$ 为第 j 个子节点的平均收益；n 为父节点的模拟次数；$T_j(n)$ 为第 j 个子节点的模拟次数；C 为调节系数。

多臂老虎机模型综合体现了以下两个原则。

① 对收益好的节点的确认。

② 对不充分了解的节点的考查。

(2) 扩展过程：为被选择的节点生成一个新的子节点，也就是一种可行的走步之后得到的棋局。

(3) 模拟过程：从新的子节点开始进行随机模拟，直到分出胜负。

(4) 回传过程：将模拟结果向上回传到新节点的祖先各节点，回传时要注意对弈双方各自的立场。

当蒙特卡洛树搜索结束时，从根节点的各个子节点中选取平均收益最大的子节点作为最佳走步。

需要注意的是，每次轮到机器行棋时，都要以当前棋局作为根节点进行一次蒙特卡洛树搜索，以便找出当前棋局下计算机应该选择的走步。

2.5　AlphaGo 是如何下棋的

艾博士继续讲道：蒙特卡洛树搜索方法于 2006 年被应用于计算机围棋中，使得计算机围棋的水平有了质的飞跃，可以达到业余中高手的水平，可以说是计算机围棋发展史上的一个里程碑。但是，距离职业棋手的水平还有很大差距，经历了一段时间的发展后，很快又进入停滞期，水平很难再次提高。

小明问：这是为什么呢？从原理上来说蒙特卡洛树搜索方法是个很靠谱的方法啊。

艾博士解释说：依靠随机模拟的方法估算概率必须有足够的模拟次数，由于围棋可能的状态数太多，虽然在蒙特卡洛树搜索中通过信心上限有选择地做模拟，但是模拟得还是有些盲目，没有利用到围棋本身的一些特性或者知识，在规定的时间内模拟次数不够，估算的概率不够准确，从而影响了计算机围棋的水平。

小明：如何解决这个问题呢？

艾博士：取得突破的就是AlphaGo了。AlphaGo将深度学习方法，也就是神经网络与蒙特卡洛树搜索有效地结合在一起，巧妙地解决了这个问题。

小明：AlphaGo是如何解决的呢？

艾博士：小明你还记得前面我们分析为什么以前的计算机围棋水平比较低吗？

小明想了想回答说：艾博士，您讲了几条原因，第一条说的就是局势评估问题。但是局势评估采用蒙特卡洛树搜索方法已经解决了，您问的应该不是这个问题。我猜想是您最后提到的有关逻辑思维、形象思维问题，您提到人在下围棋的过程中用到的更多的是形象思维，而不是逻辑思维。

艾博士：小明说得非常正确。长期以来一直认为计算机更擅长处理逻辑思维问题，而不擅长处理形象思维问题，但是深度学习方法的提出改变了这一看法，利用深度学习也可以很好地处理一些形象思维的问题，如图像识别等。围棋的棋局看起来更像一幅图像，所以可能更适合用深度学习方法处理，通过深度学习方法从围棋棋谱中学习围棋知识，与蒙特卡洛树搜索结合在一起，提高蒙特卡洛树搜索的效率和随机模拟的准确性。

事实上，如何下围棋问题可以等效为一个图像分类问题。

小明：围棋和图像分类有什么关系呢？

艾博士：围棋就是在给定的棋局下，选择一个好的落子点行棋。如果将给定棋局看作是一个待识别图像的话，那么在哪一点行棋就可以看成图像的分类标记。这样一来，将给定棋局作为待识别图像，下一步最佳落子点当作是图像的标记，则围棋问题就可以用类似图像识别的方法，采用神经网络学习给定棋局下的最佳落子点。图2.14给出了一个示意图。

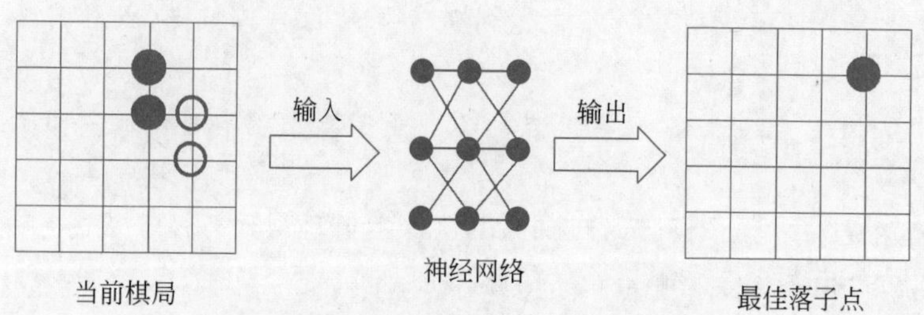

图2.14 将围棋问题类比为图像分类问题

小明问道：那么如何获取训练样本呢？

艾博士：历史上有很多专业棋手的下棋棋谱，这些棋谱都可以当作训练样本使用。假定棋谱中胜方每一步棋都是正确的走步，胜方的每一步棋都可以对应一个训练样本——当前棋局作为输入，下一步行棋点作为该输入的分类标记，这样根据历史棋局就可以获得大量的训练用样本了。

小明：这倒是一个很好的思路，AlphaGo具体是如何实现的呢？

艾博士：在此想法的指导下，AlphaGo构建了两个神经网络：一个是策略网络；另一个是估值网络。我们先介绍这两个神经网络的功能以及具体的实现方法。

策略网络由一个神经网络构成，其输入是当前棋局，输出共19×19＝361个，每个输出对应棋盘上落子点的行棋概率。行棋概率越大的点，越说明这是一个好的可下棋点，应该优先选择在这里行棋。

图 2.15 给出了 AlphaGo 的策略网络示意图。输入由 48 个大小为 19×19 的通道组成，表示当前棋局。

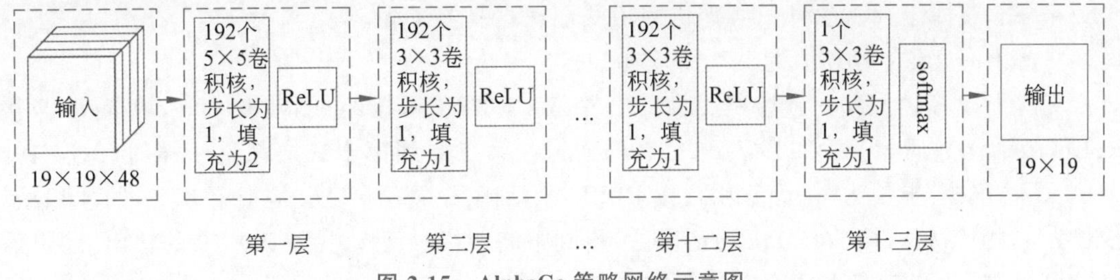

图 2.15 AlphaGo 策略网络示意图

小明问道：我知道 19×19 是因为围棋棋盘的大小是 19×19 的，但是为什么有 48 个通道呢？

艾博士解释说：每个通道用来表示当前棋局的一些特征。比如：一个通道是当前棋局有我方棋子的位置为 1，其他位置为 0；一个通道是当前棋局有对方棋子的位置为 1，其他位置为 0；还有一个通道是当前棋局中没有落子的位置为 1，其他位置为 0。用 8 个通道分别表示当前棋局中一个棋链所具有的气数，这里的棋链可以理解为连接在一起的相同颜色的一块棋。比如一个棋链的气数是 5，则在气数为 5 的通道中用 1 表示，其他位置为 0。这样 8 个通道分别表示气数 1 到气数 8。

小明听得有些迷糊，问艾博士：什么叫棋链的气数啊？

艾博士回答说：气数是围棋中一个很重要的概念，涉及一些围棋知识，我们就不详细介绍了，简单地说就是与棋链紧邻位置为空的数量。还有 8 个通道记录最近的 8 个棋局。其余的几个通道我们就不具体说了，都与围棋知识有关。类似的特征共用了 48 个通道表示，表 2.1 给出了所有 48 个通道的简要说明，大概了解就可以了。

表 2.1 AlphaGo 用到的输入通道说明

特　征	通道数量	描　　述
执子颜色	3	分别为执子方、对手方、空点位置
壹平面	1	全部填入 1
零平面	1	全部填入 0
明智度	1	合法落子点且不会填补本方眼位，若填入则为 1，否则为 0
回合数	8	记录一个落子距离当前的回合数，第 n 个通道记录到当前 n 个回合的落子
气数	8	当前落子棋链的气数
动作后气数	8	落子之后剩余气数
吃子数	8	落子后吃掉对方棋子数
自劫争数	8	落子后己方有多少子会陷入劫争（可能会被提掉）
征子提子	1	这个子是否会被征子提掉
引征	1	这个子是否起到引征的作用
当前执子方	1	当前执子为黑棋则全部填 1，否则全部填 0，该通道只用于估值网络，策略网络不使用

小明：输入竟然这么详细。

艾博士：接下来就是一个普通的卷积神经网络，不知小明是否还记得卷积神经网络的相关内容，如果记不清楚了请复习我们前面讲过的第 1 篇内容“神经网络是如何实现的”。

小明：艾博士，我记得呢，听您讲完后我还认真复习了呢。

艾博士夸奖说：小明真是一个好学生。

艾博士接着说：第一个卷积层由 192 个 5×5 的卷积核组成，步长为 1，填充为 2，接 ReLU 激活函数后，得到 192 个 19×19 的通道。第二层到第十二层都是一样的，每层 192 个 3×3 卷积核，步长为 1，填充为 1，接 ReLU 激活函数。第十三层是 1 个 3×3 的卷积核，步长为 1，填充为 1，接 softmax 激活函数，得到策略网络最终大小为 19×19 的输出，输出值范围为 0～1，表示棋盘上每个点的行棋概率。

小明问：棋盘上有些地方已经有棋子了，这些地方是不能再落子的，为什么输出是 19×19、是整个棋盘呢？

艾博士解释说：神经网络本身是很难做出这些判断的，在使用策略网络的输出结果时，会专门用程序判断一下，剔除这样的点。

小明问：程序判断一下倒是比较容易。怎么获得策略网络的训练数据呢？

艾博士：在 AlphaGo 中共用了 16 万盘人类棋手的棋谱进行训练，棋谱的每一步行棋都可以作为一个训练样本。策略网络的目标就是学会“像人类那样下棋”。所以如果棋谱中人类棋手在 a 处走了一步棋，则可以认为在 a 处下棋的概率为 1，我们用 t_a 表示。如果用 p_a 表示策略网络给出的在 a 处下棋的概率，则 p_a 应该逼近 t_a。前面我们介绍过，围棋问题可以类比为一个图像分类问题，所以可以采用分类问题中常用的交叉熵损失函数，即

$$L(\boldsymbol{w})=-t_a\log_2(p_a)$$

这样我们就可以通过逐步优化该损失函数，使得策略网络的性能逐步逼近人类棋手的水平。

小明：如果只是逼近人类棋手，如何做到战胜人类围棋高手呢？

艾博士：首先这种逼近是对 16 万盘人类棋谱的逼近，可以说是扬长避短，吸取了众多高手的精华。其次，后面我们还要讲到，AlphaGo 是将策略网络等与蒙特卡洛树搜索融合在一起，通过大规模的随机模拟选取一个最佳走步，蒙特卡洛树搜索相当于起到了一个“智力放大器”的作用，这可能是 AlphaGo 强大的真正原因。

小明：艾博士您这么一讲解，就明白怎么训练了，就像您前面讲过的跟神经网络用于图像分类原理是一样的，当前棋局相当于图像，在哪个位置行棋相当于类别标记。

艾博士：对，就是相当于一个图像分类问题。所以说在求解一个新问题时，要看看是否能套到一个已知问题上，如果可以的话，就可以用已有的办法求解了。

下面再介绍 AlphaGo 用到的另一个神经网络——估值网络。估值网络对当前棋局进行评估，输入是当前棋局，输出是一个 −1～1 的数值，表示棋局对当前执子方的有利程度，即收益。当数值大于 0 时，表示对当前执子方有利；当数值小于 0 时，表示对对方有利。

图 2.16 给出了估值网络的示意图。输入为 49 个大小为 19×19 的通道，其中前 48 个通道与策略网络的输入通道是一样的，但是比策略网络多了一个与当前执子方有关的通道，如果执子方为黑棋，则该通道全部为 1，否则全部为 0。估值网络共由 16 层组成，其中第一

层为 192 个 5×5 的卷积核,步长为 1,填充为 2,后面接 ReLU 激活函数。第二层到第十三层是完全一样的卷积层,每层为 192 个 3×3 的卷积核,步长为 1,填充为 1,后面接 ReLU 激活函数。第十四层为 1 个 1×1 的卷积核,步长为 1,后面接 ReLU 激活函数。第十五层为含有 256 个神经元的全连接层,每个神经元接 ReLU 激活函数。第十六层为只有一个神经元的全连接层,该神经元接 tanh 激活函数,得到取值为−1～1 的整个神经网络的输出。

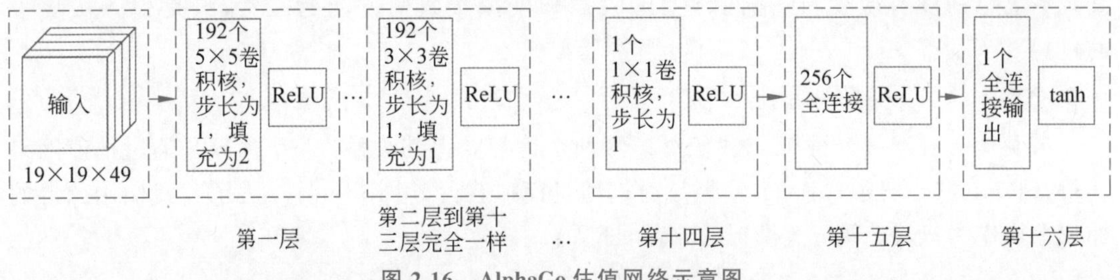

图 2.16　AlphaGo 估值网络示意图

估值网络的训练样本同样来自 16 万盘人类棋手的棋谱,一盘棋出现的所有棋局作为训练样本,获胜方的棋局标签为 1,失败方的棋局标签为−1。估值网络的目标就是预测一盘棋的胜负,对我方占优的局面,其输出值应该接近于 1;对对方占优的局面,其输出应该接近于−1。为此损失函数可以采用误差的平方。具体的损失函数如下:

$$L(\boldsymbol{w})=(R-V(s))^2$$

其中,s 表示棋局,即输入的样本;R 为该局棋的胜负情况,若获胜则 R 取值为 1,若失败则 R 取值为−1;$V(s)$为估值网络的输出。

小明听着艾博士的讲解领悟道:如果熟悉了神经网络,策略网络和估值网络看起来并不难。

艾博士:确实是这样的,无论是策略网络还是估值网络,其实就是一个普通的卷积神经网络。其实也不是 AlphaGo 第一次将神经网络用于围棋中,以前也有团队曾经做过尝试。AlphaGo 的主要贡献是将神经网络与蒙特卡洛树搜索巧妙地结合在一起,这才有了战胜人类最高水平棋手的能力。

小明:AlphaGo 是怎样将神经网络和蒙特卡洛树搜索结合在一起的呢?

艾博士:在蒙特卡洛树搜索中最主要的就是如何选择待模拟的节点,小明还记得如何选择吗?

小明想了想说:优先选择信心上限最大的节点,该策略同时考虑了收益和模拟次数两方面的因素,第 j 个落子点的信心上限 I_j 计算公式如下:

$$I_j=\bar{X}_j+c\sqrt{\frac{2\ln(n)}{T_j(n)}}$$

其中,$\bar{X}_j$ 是落子点 j 的平均收益;$T_j(n)$是落子点 j 的模拟次数;n 是 j 的父节点的模拟次数;c 为加权系数。

艾博士:小明你记得很清楚。在蒙特卡洛树搜索中,收益值是通过随机模拟获得的,被选择模拟的次数越多其收益值越准确。一方面,信心上限策略对于已经被选择过多次的节点,其收益值已经比较可信,倾向于选择收益最好的节点,以便进一步确认其收益值。另一方面,对于被选择次数比较少的节点,其收益值的多少并不可信,希望再多被选择几次,以便提高其收益值的准确性。在 AlphaGo 中又增加了第 3 个原则，策略网络会提供每个可落子点的概率，具有高概率的可落子点应该是一个比较好的走步，希望具有高概率的可落子点被优先选择。

为此 AlphaGo 对信心上限的计算做了修改，以便更多地利用策略网络和估值网络的结果，因为这两个网络是从人类棋手的棋谱中学到的，有理由相信这两个网络的计算结果，但其基本思想并没有改变，还是同时考虑收益和模拟次数两方面的因素，只是引入了更多的量。

小明：都引入了哪些量呢？

艾博士：对于一个棋局 s，我们可以从两个途径获得其收益：一个途径是通过估值网络获得，用 $\text{value}(s)$表示；另一个途径是通过随机模拟获得，用 $\text{rollout}(s)$表示。我们用二者的加权平均作为棋局 s 第 i 次模拟的收益，即

$$v_i(s)=\lambda\text{value}(s)+(1-\lambda)\text{rollout}(s)$$

其中，$0\leqslant\lambda\leqslant1$ 为加权系数。

为了方便起见，我们假设当前棋局为 s，一个可行的落子点为 a，在棋局 s 下在 a 处落子后得到的棋局用 s_a 表示，用 $Q(s_a)$表示棋局 s_a 的平均收益，则

$$Q(s_a)=\frac{\sum_{i=1}^{n}v_i(s_a)}{n}$$

$Q(s_a)$相当于信心上限 I_j 计算公式中的平均收益 $\bar{X}_j$。对于还没有模拟过的节点，$Q(s_a)=\text{value}(s)$。

在 AlphaGo 中定义了一个与模拟次数有关的函数 $u(s_a)$，并引入了可落子点概率，即

$$u(s_a)=c\cdot p(s_a)\frac{\sqrt{N(s)}}{N(s_a)+1}$$

其中，$p(s_a)$为策略网络给出的在 s 棋局下在 a 处行棋的概率；$N(s)$为棋局 s 的模拟次数；$N(s_a)$为棋局 s_a 的模拟次数，注意 s_a 是在 s 棋局下在 a 处行棋后得到的棋局；c 为加权系数。

$u(s_a)$与信心上限 I_j 计算公式中的第二项 $c\sqrt{\frac{2\ln(n)}{T_j(n)}}$ 对应。所以在蒙特卡洛树搜索的选择阶段，用 $Q(s_a)+u(s_a)$代替信心上限 I_j，优先选择 $Q(s_a)+u(s_a)$大的子节点。

这样在选择过程中，从搜索树的根节点开始，从上向下每次都优先选择 $Q(s_a)+u(s_a)$大的子节点，直到被选择的节点是叶节点为止，该叶节点被选中，选择过程结束。

小明：明白了，这里很好地利用了策略网络和估值网络。但是艾博士，我有个问题，在前面讲蒙特卡洛树搜索时，选择过程是遇到一个含有未扩展的子节点的节点时，选择过程结束。这里为什么是被选择的节点为叶节点时结束呢？

艾博士解释说：AlphaGo 在这方面做了一点小改进，这与下面将要讲到的扩展方式有关。在 AlphaGo 中是一次性扩展出被选中节点的所有子节点，但只对被选中的节点进行模拟，这是因为即便是没有模拟过的节点，也可以根据策略网络和估值网络的输出计算出 $Q(s_a)+u(s_a)$从而进行选择。这样就可以只对被选中的节点进行模拟，从而提高了效率。

小明：原来是这样，我明白了。

艾博士接着说：如同刚才讲过的，扩展过程就是生成出被选中节点的所有子节点，每个子节点对应一个可能的走步，并通过策略网络、估值网络分别计算出每个子节点的行棋概率和估值。

接下来就是模拟过程，对被选中的节点进行随机模拟。如果模拟结果获胜，则收益为1，模拟结果为失败，则收益为－1。模拟结果和估值网络计算出的收益估值加权平均后作为被选中节点本次模拟的收益 $v_i(s)$。这里有个需要注意的地方，就是模拟的是被选中的节点，而不是该节点的子节点，这些子节点是否被模拟以及什么时候被模拟，需要看后续是否被选中。这也是与之前讲的传统蒙特卡洛树搜索不一样的地方。

在蒙特卡洛树搜索的模拟过程中，AlphaGo 并不是完全随机地行棋模拟，而是按照策略网络给出的每个落子点的概率进行模拟。前面我们说过，随机模拟的次数越多，其结果越可信，为了在一定的时间内获得更多次的模拟，AlphaGo 中又设计了一个快速网络，该网络的功能与策略网络完全一样，只是神经网络的结构更简单，虽然牺牲了一些性能，但是速度很快，大概是策略网络的 1000 倍。

小明：竟然快了这么多啊，为了更多的模拟次数，牺牲一些性能也是值得的。

艾博士：在蒙特卡洛树搜索的回传过程中，对每次模拟得到的结果 $v_i(s)$要逐层向上回传到其祖先节点，在回传过程中要注意正负号的变化，因为对于一方是正的收益的话，对于另一方就是负的收益。如图 2.17 所示，a 是当前棋局，b、c、d 是依次产生的后辈节点，经模拟后 d 获得收益 v，该收益依次向上传，由于 b 和 d 是同一方产生的节点，所以 d 的收益要加到 b 的总收益中，而 c、a 是 d 对手方产生的节点，所以要从 c、a 的总收益中减去 v。

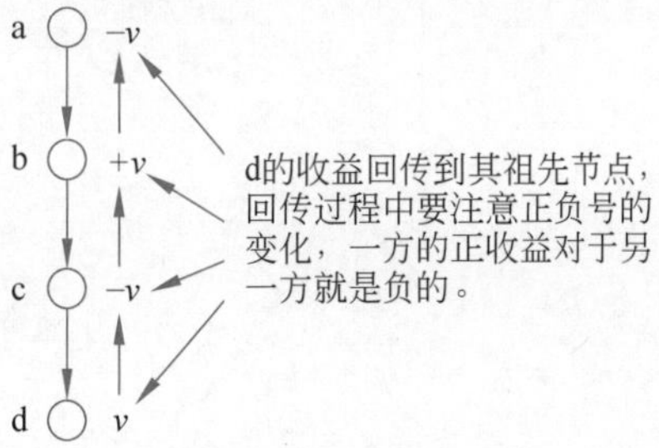

图 2.17 回传过程示意图

小明说：原来是这样，我明白了。

艾博士：除了刚刚讲过的选择过程中的小改进外，在 AlphaGo 中还有几个小改进。

(1) 在蒙特卡洛树搜索中，并不是一直生成新的节点，当达到指定深度后，就不再生成新的子节点了。也就是说，只生成指定深度以内的节点。

(2) 规定了一个总模拟次数，当达到该模拟次数后，则蒙特卡洛树搜索结束。选择当前棋局的子节点中被模拟次数最多的节点作为选择的行棋点，而不是收益最高的子节点。

小明：这是为什么呢？为什么不选择收益最高的子节点？

艾博士解释说：主要为了防止由于模拟次数不足造成的虚假高收益。不过按照蒙特卡洛树搜索的选择方法，绝大多数情况下模拟次数最多的节点与收益最高的节点是一致的，个别情况下不一致时，宁愿选择模拟次数最多的节点，这样更加可靠。

小明：听您这么一讲觉得挺有道理的啊。

艾博士：最后我们再把 AlphaGo 的蒙特卡洛树搜索过程梳理一遍，图 2.18 给出搜索示意图，这是一个简化图，一些节点并没有画出来。

(1) 每个节点记录以下信息。

① 总收益。总收益包括该节点初次被选中时通过模拟和估值网络获得的加权平均收

益，以及在搜索过程中，其后辈节点收益回传得到的收益总和。

② 行棋概率。从其父节点行棋到该节点的概率值，通过策略网络计算得到。

③ 选中次数。该节点被选中的总次数。

（2）以当前棋局为根节点开始进行蒙特卡洛树搜索。

（3）选择过程如图 2.18(a)所示，从根节点开始从上到下依次选择 $Q+u$ 最大的子节点，直到被选择的节点为叶节点为止。图中假定先后选择了 a、b、c，其中 c 为最后选定的节点。

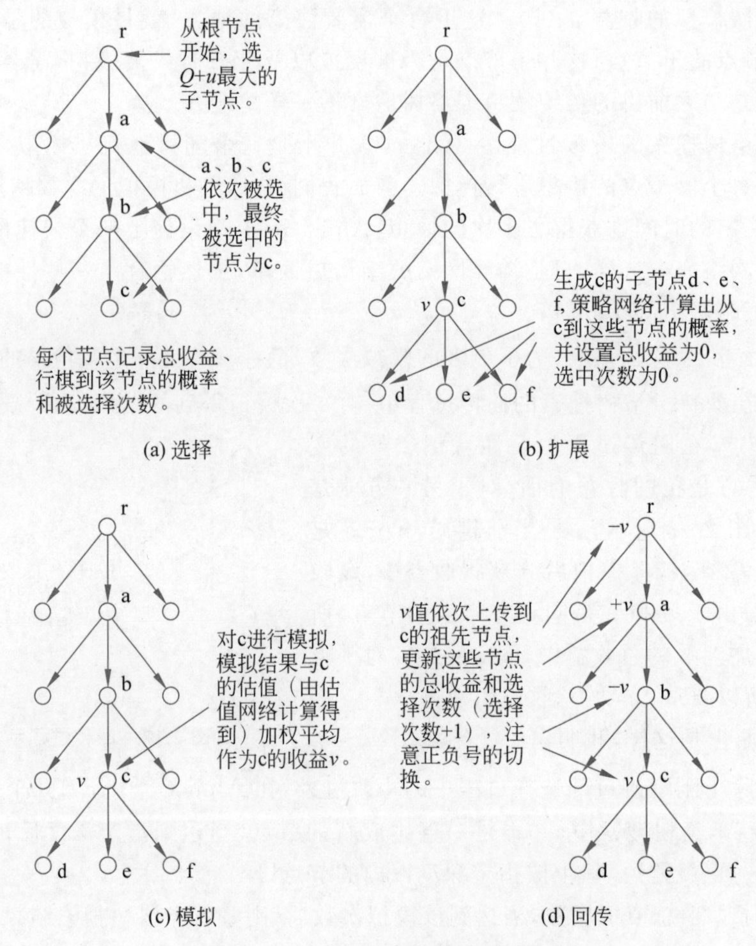

图 2.18 AlphaGo 的蒙特卡洛树搜索

（4）扩展过程如图 2.18(b)所示，生成 c 的所有子节点，并通过策略网络计算出从节点 c 到每个子节点的概率，通过估值网络计算出 c 的每个子节点的估值。设置这些子节点的总收益为 0，选中次数为 0。在 AlphaGo 中为了不使搜索树过于庞大，限定了一个最大搜索深度，如果被选定的节点已经达到了这个深度，就不再对其做扩展，也就是不再生成其子节点。

（5）模拟过程如图 2.18(c)所示，随机对 c 进行模拟，根据模拟结果获得收益，获胜为 1，失败为−1。计算模拟结果和估值收益的加权平均值作为 c 的此次模拟的收益 v。注意，这里模拟的对象是 c，而不是 c 的子节点。这与一般的蒙特卡洛树搜索有所不同。

（6）回传过程如图 2.18(d)所示，将 c 的收益 v 回传给 c 的祖先节点，注意，对于一方的收益为 v 的话，对于另一方的收益就是 $-v$，所以在回传时 v 的正负号要交替改变，按照回

传的正负号将收益 v 或者 $-v$ 累加到 c 的祖先节点中，更新这些节点的总收益，并且对包括 c 在内的相关节点的选中次数加 1。

(7) 重复(3)～(6)的过程，直至达到了给定的模拟次数，或者用完了给定的时限。

(8) 从根节点的所有子节点中选择一个被选中次数最多的节点，作为本轮的行棋点下棋。等待对手行棋后，根据对手的行棋情况再次进行蒙特卡洛树搜索，选择自己的行棋点，直到双方分出胜负，对弈结束。

小明读书笔记

AlphaGo 的基本框架是蒙特卡洛树搜索，在蒙特卡洛树搜索中引入了两个神经网络——策略网络和估值网络。

策略网络的输入是当前棋局，输出是每个可落子点的行棋概率。该网络通过学习人类棋手的 16 万盘棋谱得到，采用的是交叉熵损失函数。

估值网络输入是当前棋局，输出是当前棋局的收益估值，取值为 -1～1。同样是通过学习人类的 16 万盘棋谱得到，采用的是误差的平方损失函数。

此外，AlphaGo 还有一个快速网络，功能与策略网络是一样的，只是结构更简单，速度更快，比策略网络大概快 1000 倍，用于蒙特卡洛树搜索中的模拟过程。

AlphaGo 对蒙特卡洛树搜索做了如下改进。

(1) 在选择过程中，从根节点开始从上向下每次优先选择 $Q+u$ 值大的子节点，该值综合考虑了落子点的概率、估值和模拟次数。

(2) 在扩展过程中，并不是一直生成新的节点，当达到指定深度后，就不再生成新的子节点了。也就是说，只生成指定深度以内的节点。

(3) 规定了一个总模拟次数，当达到该模拟次数后，则蒙特卡洛树搜索结束。选择当前棋局的子节点中被选中次数最多的节点作为选择的行棋点，而不是收益最高的子节点。

2.6 围棋中的深度强化学习方法

小明：艾博士，听说 AlphaGo 还采用了一种左右手互搏的学习方法？

艾博士：左右手互搏是一种通俗的说法，AlphaGo 采用深度强化学习方法，通过自己与自己对弈提高自己的下棋水平。

小明：什么是深度强化学习呢？

艾博士：小明你一定看过动物表演吧？一群可爱的小狗在训狗师的带领下，会表演很多复杂的动作。这些小狗是如何学会表演的呢？训练起来并不容易。开始小狗可能什么也不知道，在训狗师的指挥下做动作，有时动作可能做对了，更多的时候可能做得不对。每当做对了一个动作时，训狗师就给小狗一些奖励，比如一些小狗喜欢吃的东西；做错了，可能小狗会被训斥，甚至挨打。慢慢地小狗就学会了在什么情况下做什么动作。训练过程中的小狗就是在进行强化学习。这里有两个主要的内容：一个是交互，即训狗师的手势和小狗的动作；另一个是收益，得到了小狗喜欢的食物就是正的收益，而被训斥就是负的收益。对于一个聪明的小狗来说，它总是想获得更多的正的收益。开始小狗并不知道训狗师的手势是什么意思，它只是尝试做出一些动作，慢慢地通过是否获得奖赏或惩罚，小狗就明白了训狗师各种手势的不同含义，并做出正确的动作，学会了表演。图 2.19(a)给出了小狗训练示意图。

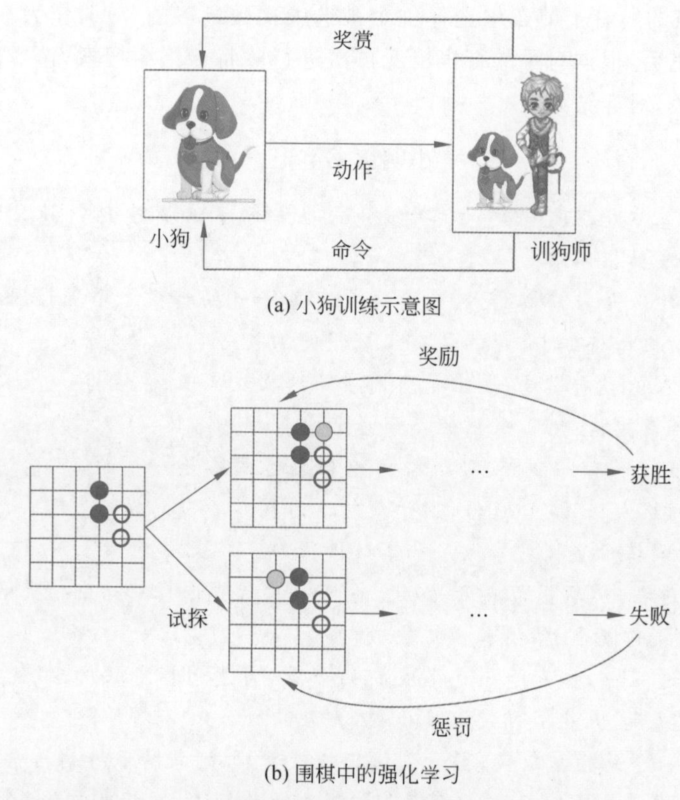

(a) 小狗训练示意图

(b) 围棋中的强化学习

图 2.19　强化学习示意图

小明：那么如何将这一思想用到围棋中呢？

艾博士：在训练小狗的任务中，训狗师会发出指令，并根据小狗接收到指令后的动作给出奖赏或者惩罚，人的奖励或者惩罚，也就是小狗的收益是很及时的，小狗马上就知道刚才的动作是对还是错。这对小狗的学习是非常有利的。但是在围棋场景下，并没有一个人类围棋大师随时对计算机走的每一步棋做出评价。对于计算机来说，只能在一局棋结束之后才会知道哪一方获得了胜利，哪一方获得了失败，存在奖惩延迟的问题，如图 2.19(b)所示。

另外，一局棋是由很多步完成的，获胜方并不是每步行棋都是正确的，失败方也不是每一步都走得不好。这也正是围棋中的强化学习与训练小狗所不同的地方。

小明：那么如何解决这个问题呢？

艾博士：在围棋中，虽然不能保证胜利方每一步走的都是正确的，但是对于胜利一方来说，绝大多数行棋还是正确的，这样的假设应该是基本合理的。围棋中的强化学习就是利用这个假设，将自我对弈得到的棋谱作为训练样本，胜方的每步行棋都认为是正确的，应该加大其正确行棋的概率，而失败方的每步行棋都认为是不好的，应该减弱其相应的行棋概率。在这样的思想下，可以设计不同的强化学习方法。

小明：那么都有哪些深度强化学习方法呢？

艾博士：所谓的深度强化学习实际上就是用神经网络实现的强化学习方法。围棋中最常用的强化学习方法有 3 种，都是结合神经网络实现的，所以都属于深度强化学习方法。这里的关键因素就是如何确定训练样本、如何标记和定义什么样的损失函数。确定了这些内容之后，剩下的工作就跟普通神经网络的训练没有啥本质区别，还是用 BP 算法对神经网络的权重进行调节、训练。简单地说，围棋中的强化学习方法，就是利用计算机自我对弈产生的数据，用对局的胜负作为标记，再定义适当的损失函数，利用 BP 算法进行训练的过程。

小明：计算机如何实现自我对弈呢？

艾博士：这个实现起来并不难，假设已经有了一个策略网络，这个策略网络可以是根据人类棋手的棋谱训练出来的，也可以是随机设定的权值得到的一个初始网络，那么对于任何一个棋局，策略网络都可以给出所有可落子点的概率值。我们把策略网络复制成两份，一个当作甲方，另一个当作乙方，甲乙双方依据策略网络给出的落子概率实现对弈。最后双方究竟谁是获胜者，可以用一个写好的程序来判定，至于具体的判定方法由于涉及很多围棋知识，我们不再介绍了。在甲乙双方下棋过程中，记录下每一步棋局，并标记最终的胜方或者负方，这些具有胜负标记的棋局就可以作为样本用于强化学习了。

下面我们介绍围棋中 3 种常用的强化学习方法。

2.6.1　基于策略梯度的强化学习

艾博士：假设当前棋局为 s，a 是在自我对弈过程中甲方选择的走步，p_a 是策略网络输出的在 a 处行棋的概率，并且假定最终甲方获得了胜利。由于在 a 处行棋最终获胜了，所以我们有理由认为在 s 棋局下在 a 处行棋是合理的，此时在 a 处行棋的理想概率 t_a 应该为 1，而其他可落子点的理想概率应该为 0。经过训练后，p_a 应该逼近 t_a 才是合理的。为了达到这一目的，我们可以选择交叉熵损失函数，即

$$L(\boldsymbol{w})=-t_a\log_2(p_a)$$

因为当用交叉熵损失函数进行优化时，刚好起到让 p_a 尽可能逼近 t_a 的目的。

由于甲方获胜时 t_a 为 1，所以实际上损失函数就是

$$L(\boldsymbol{w})=-\log_2(p_a)$$

小明：对于甲方获负的情况如何处理呢？是不是 t_a 为 -1 就可以了？

艾博士：确实这么处理的，但是对于交叉熵损失函数来说，理论上来说不能直接处理获负的情况，因为这里用的是概率，而概率不能是负数。这么处理的话需要一个合理的解释。

小明赶紧问道：怎么解释呢？

艾博士：在获胜的情况下，BP 算法根据梯度的大小和方向通过调节神经网络的权重达到提高 p_a 值的目的。在获负的情况下，说明在 a 处不是一个好的行棋点，应该减小在 a 处下棋的概率，也就是应该调整权重使得策略网络在 a 处的输出值 p_a 下降。我们可以认为，对于获胜或者获负对权重调整的大小是一样的，只是方向相反。比如对于获胜的情况，如果对于某个权重 w_i，BP 算法是加大了 w_i 的值，则同样条件下，对于获负的情况就应该是减少 w_i 的值，且加大或减少的大小是一样的。反之也一样。在这样的假设下，对于获负的样本，我们直接令 t_a 为 -1 就可以了，因为对于交叉熵损失函数来说，这样处理后的梯度方向

刚好与获胜样本的梯度是相反的，而梯度的绝对值又是一样大的，刚好符合我们希望的结果。

小明：这么一解释就比较合理了。

艾博士：下面我们给出基于策略梯度的强化学习方法的学习流程，如图2.20所示。

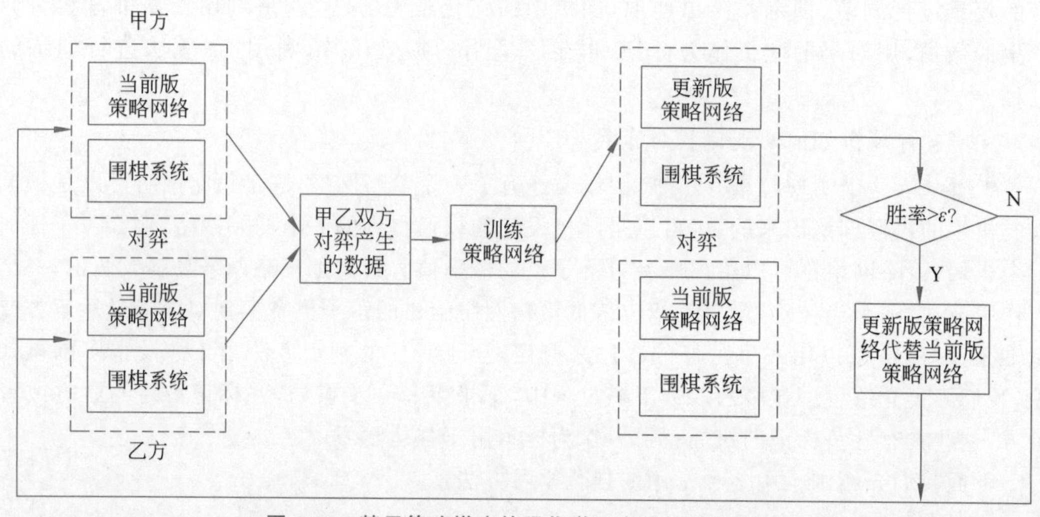

图2.20 基于策略梯度的强化学习方法的学习流程

首先用当前已有的策略网络构建一个围棋系统，初始的策略网络通过对权重随机赋值获得。分别复制该系统为甲方和乙方进行多轮对弈，记录其行棋过程获取数据，然后用基于策略梯度的强化学习方法训练该策略网络，得到更新版策略网络。由于数据是通过自我对弈产生的，不能保证数据的质量，尤其是在初始阶段数据质量更差，所以这样得到的更新版策略网络性能不能得到保证。为此用更新版策略网络构建的围棋系统和当前版进行多轮对弈，计算更新版的胜率，如果胜率大于给定值ε，则接受更新版，用更新版代替当前版继续进行新一轮的强化学习，否则就舍弃更新版继续用当前版进行强化学习。反复重复以上过程，直到获得一个性能满意的策略网络为止。

艾博士强调说：这里有两点需要注意，一是在强化学习过程中，每个样本只使用一次，因为强化学习的样本是自我对弈产生的，如同前面说过的一样，对于获胜者来说，并不是他的每步行棋都是正确的，可能含有很大的噪声，尤其是在学习的早期阶段，当策略网络性能比较差的时候更是如此。所以为了防止错误的样本被强化，每个样本只使用一次。由于样本来自自我对弈，可以产生足够多的样本，所以也不存在样本不够的问题，需要多少产生多少就可以了。这与非强化学习中用人类棋手棋谱训练时样本被多次反复使用有所不同，因为人类棋谱质量是比较可靠的，而且棋谱也是有限的，不可能随意增加。二是基于策略梯度的强化学习方法学习的是在每个可落子点行棋的获胜概率，因为样本标记就是获胜或者获负。这与从人类棋谱中学习策略网络也有所区别，后者学习的是在某个可落子点行棋的概率。虽然概念上有所不同，但是都可以作为策略网络使用。

2.6.2 基于价值评估的强化学习

艾博士：小明，看过围棋比赛直播吗？

小明：艾博士，我会点围棋，经常看电视转播，很喜欢听讲解员的讲解。

艾博士：讲解员在讲解时经常会说这步棋下在这里比较好、下在那里不太好、这是一步好棋等，或者说目前的局势对黑方有利或者对白方有利、双方局面相差不多等。类似的评论信息其实就是对围棋局面的评估。基于价值评估的强化学习就是想训练一个称作行动-价值网络的神经网络，对每一个可能的走步做出评估。

行动-价值网络如图 2.21 所示，有两个输入：一个输入为当前棋局，另一个输入为可能的落子点，输出是一个 $-1\sim1$ 的数值，表示这步棋之后所形成的棋局的估值，也就是收益。输出大于 0 表示对我方有利，输出小于 0 表示对对方有利。

训练样本同样来自自我博弈，当前棋局以及下一步的行棋点作为一个样本，这盘棋的最终胜负作为样本的标记，获胜标记为 1，获负标记为 -1，这也是行动-价值网络的学习目标。行动-价值网络的输出为 $-1\sim1$ 的一个数值，该数值是对这盘棋最终胜负情况的一个预测。所以行动-价值网络的输出应该尽可能接近 1 或者 -1，为此我们可以选择误差的平方作为损失函数，也就是棋局最终的胜负值与行动-价值网络的输出值之差的平方作为损失函数，即

$$L(w)=(R-V(s,a))^2$$

其中，R 为胜负标记；$V(s,a)$ 为当前棋局 s 下，在 a 处落子时估值网络的输出。

小明：艾博士，经您的讲解，我大概明白了基于价值评估的强化学习方法，通过一个神经网络实现行动-价值网络，并用强化学习方法训练得到该网络。那么，这个行动-价值网络大概是个什么样的呢？

艾博士：图 2.22 给出了行动-价值网络示意图。对于当前棋局输入部分，先通过几个卷积层、全连接层处理后，再与当前落子点输入部分“汇合”，再经过几个全连接层，最后有一个单个神经元的输出层，经过 tanh 激活函数将输出转换到 $-1\sim1$，这也是我们所希望的输出范围。

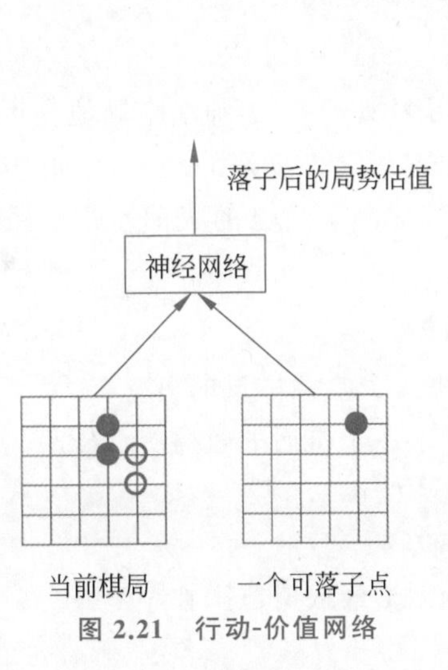

图 2.21　行动-价值网络

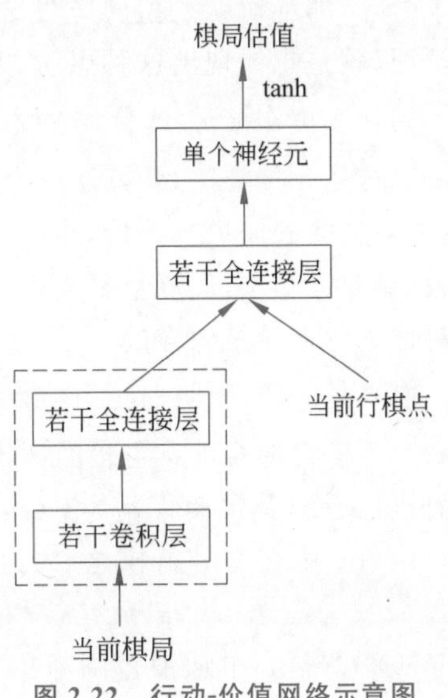

图 2.22　行动-价值网络示意图

小明：在行动-价值网络中为什么两个输入是先分开处理，最后再合并呢？

艾博士：图 2.22 中虚线部分可以认为是照搬策略网络过来的，在策略网络中为了得到每个行棋点的行棋概率，需要对当前棋局做详细的分析。在行动-价值网络中，为了预测局势估值，有理由认为在策略网络中用到的这些分析也是必需的，所以在对当前局势进行一定处理之后，再与当前选择的行棋点相结合，对局势估值进行预测。图 2.22 给出的行动-价值网络就是在这样的想法下给出的示意图，当然也不排除有其他的设计思想，并没有定论一定需要这样的设计。

小明：我明白了，原来是这样的设计思想。

艾博士：基于价值评估强化学习方法采用图 2.20 类似的学习流程，只是要把其中的策略网络替换成行动-价值网络，这里就不再介绍了。

2.6.3 基于演员-评价方法的强化学习

艾博士：小明你会下围棋，每次下完棋后是否要复盘呢？

小明：在围棋班学习时，老师每次都要求我们复盘，进行总结。尤其是跟老师下棋时，老师会非常认真地对我们的每一步走法进行评价，这对我们学习围棋非常重要。

艾博士：有些读者可能还不知道什么叫复盘，小明你给解释一下？

小明：所谓复盘就是对刚下完的一盘棋一步一步再复现一次，分析哪一步走得好，哪一步走得不好，尤其是分析那些具有决定作用的行棋，比如走得特别好的、确定了优势的走步，或者走得不好的、从此转向劣势的走步，对这些行棋做重点分析。

艾博士：这里特别强调那些扭转乾坤或者被扭转乾坤的行棋。这就好比在篮球比赛中，在比分已经领先比较多的情况下，投进几个 3 分球固然精彩，但是对于胜败所起的作用并不大，但是如果在落后的情况下，比如在最后几秒钟还落后 1 分或 2 分的情况下，投进一个压哨的 3 分球，那绝对就是扭转乾坤之举，直接关系到了最后的胜败。基于演员-评价方法的强化学习，就是想体现出这种想法，重点学习那些决定成败的走法。

小明：为什么称作演员-评价方法呢？

艾博士：这是一种类比，就好比一个演员在学习表演，一位老师在指导他。每次演员表演完后，老师对他的表演进行评价，指出做得好的地方和做得不好的地方，演员按照老师的评价，发扬优点改进不足，反复重复下去，演员逐渐就提高了自己的表演水平。跟老师在围棋复盘时对你进行指导是一样的。

小明：原来是这样，我明白了，挺形象的一个名称。

艾博士：为了实现对重点走步的评价，我们引进一个收益增量的概念。

设当前棋局为 s，其预期收益为 $V(s)$，在 a 处走了一步棋后的收益为 $Q(s,a)$，二者的取值范围为 $-1\sim1$。则在 a 处行棋之后的收益增量 A 为

$$A=Q(s,a)-V(s)$$

由于 $V(s)$、$Q(s,a)$ 的取值范围都在 $-1\sim1$，所以 A 的取值范围在 $-2\sim2$。

小明：如何理解这个收益增量呢？

艾博士：可以这样来理解收益增量这个概念。假设当前棋局 s 已经对甲方很有利了，

也就是 $V(s)$ 值很大已经接近于 1 了，那么当在 a 处行棋之后，局面仍然对甲方有利，在 a 处行棋的收益增量并不是很大，就如同在篮球比赛中处于绝对领先的情况下，投进了一个三分球一样。但是如果在 a 处行棋之后，本来处于优势的甲方变成劣势了，那么在 a 处行棋的收益增量就是负的，说明走了一个败招。反之，如果当前局势对甲方是不利的，也就是 $V(s)$ 值是负的，如果这时在 a 处行棋之后，局势变得对甲方有利了，那么在 a 处的行棋就绝对是一步扭转乾坤的棋，获得比较大的收益增量。

小明：我明白了收益增量的概念，就是对关键棋的分析。收益增量在 0 左右时，说明下了一步比较正常的棋，在 a 处行棋前后双方局势没有大的变化。收益增量接近 2 时，则是下了一步妙招，而收益增量接近 -2 时，则表示走了一个大败招。这两种情况均表示双方的局面发生了大逆转。

艾博士：小明越来越会思考了，你总结得非常到位。接下来的问题是如何计算 $V(s)$、$Q(s,a)$ 这两个量。

小明：是啊，怎么计算呢？

艾博士：$V(s)$ 的值我们可以用一个神经网络进行估计，$Q(s,a)$ 的值可以用一盘棋最终的收益 R 代替，获胜时 R 值为 1，获负时 R 值为 -1。这样实际应用时收益增量通过以下公式计算：

$$A = R - V(s)$$

这里的收益增量 A 就相当于老师对演员的评价。

小明：收益增量 A 相当于老师的评价，那么谁是演员呢？

艾博士：小明你提了一个好问题。我们用强化学习训练的还是策略网络，策略网络就相当于演员。我们希望利用“老师”信息 A 辅助训练策略网络。实际上，基于演员-评价方法的强化学习相当于我们前面讲过的基于策略梯度的强化学习和基于价值评估方法的强化学习两种方法的融合。

小明：是怎么将两种方法融合在一起的呢？

艾博士：在基于演员-评价方法的强化学习中，采用了一个具有两个输出的神经网络，分别作为策略网络的输出和收益 $V(s)$，如图 2.23 所示。该网络称作演员-评价网络。

在进行强化学习时，样本同样来自自我对弈产生的棋谱，每一个棋局标记一个这局棋的胜负收益，即 1 或者 -1，同时还有一个通过 $A=R-V(s)$ 计算得到的收益增量，其中 R 就是这局棋的胜负收益，而 $V(s)$ 就是图 2.23 所示的演员-评价网络右边的输出值，也就是预测的当前棋局收益。

小明：对于这种具有两个不同输出的网络，损失函数是怎么定义的呢？

艾博士：两个输出分别定义损失函数，然后再通过加权的形式组合在一起。对于演员-评价网络来说，相当于策略网络和估值网络两个网络的组合。对于其中的策略网络部分来说，损失函数选取类似于前面讲过的基于策略梯度的强化学习方法中的交叉熵损失函数，只是将损失函数中的胜负值用这里给出的收益增量代替，这也是为了体现加强对重点走法的学习，因为收益增量可以评价每种走法的重要程度。具体如下。

设 s 是当前棋局，p_a 是策略函数部分给出的在 a 处下棋的概率，A 是收益增量，则这部分的损失函数如下所示，可以看作采用收益增量加权的交叉熵损失函数。

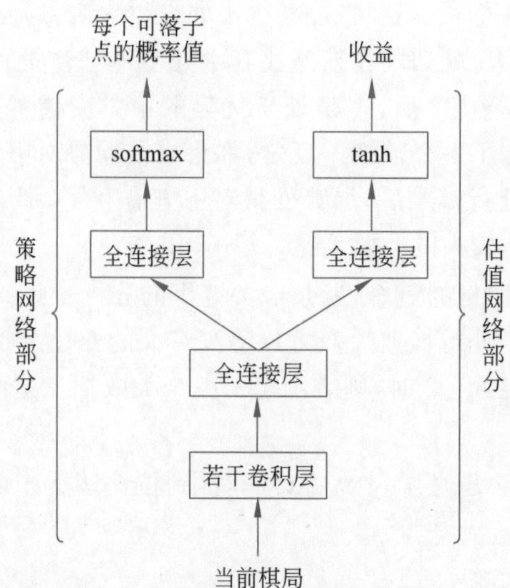

图 2.23　演员-评价网络示意图

$$L_1(\boldsymbol{w}) = -A\log(p_a)$$

对于估值网络部分来说，输出 $V(s)$就是对胜负值 R 的预测，这种情况下一般会采用误差的平方损失函数，即

$$L_2(\boldsymbol{w}) = (R - V(s))^2$$

两个损失函数组合在一起作为演员-评价网络总的损失函数：

$$L(\boldsymbol{w}) = L_1(\boldsymbol{w}) + \lambda L_2(\boldsymbol{w}) = -A\log(p_a) + \lambda(R - V(s))^2$$

其中，λ 为调整参数，在两个损失函数之间进行调节。

通过图 2.23 所示的神经网络，以及上述的组合损失函数，基于演员-评价的强化学习方法，同时学习策略网络和估值网络，并通过将收益增量引入损失函数中，实现对重要走法的学习。

基于演员-评价强化学习方法的学习流程也同图 2.20 类似，只是要把其中的策略网络替换成演员-评价网络。

艾博士总结说：上面我们介绍了 3 种典型的用于计算机围棋的强化学习方法，这 3 种方法总体上来说大同小异，都是通过自我博弈实现自我学习，逐步提高下棋水平。3 种方法学习重点不同，通过设计不同的损失函数达到不同的学习目的。对于基于策略梯度的强化学习方法来说，通过每局棋的胜负指导学习，学习到的是每个落子点获胜的概率，在使用时依据获胜概率选择行棋点。对于基于价值评估的强化学习方法来说，虽然也是通过每局棋的胜负指导学习，但学习到的是在每个落子点的胜负收益，在使用时按收益概率选取行棋点。而对于基于演员-评价的强化学习方法来说，强调的是重要行棋点的学习，也就是一局棋中一些重要走法的学习，通过收益增量对每种走法的重要性进行评价，最终策略网络学习到的是每个落子点获得最大收益增量的概率。

回想一下 AlphaGo 中的策略网络，是利用人类棋谱作为样本进行学习的，其习得的是人类棋手在该点行棋的概率。所以，虽然最终训练的都是策略网络，但是其具体含义是不同的，体现了不同的学习策略。

小明读书笔记

强化学习是通过自我产生数据进行学习的一种方法，深度强化学习就是采用神经网络实现的强化学习方法。

强化学习的重点是如何利用自我产生的数据设计训练样本，以及如何根据训练样本包含的相关信息设计损失函数。当样本和损失函数确定后，深度强化学习和普通的深度学习，也就是神经网络训练并没有什么本质区别。不同的损失函数体现了不同的训练思想。

基于策略梯度的强化学习方法，利用结果的胜负作为标记，采用交叉熵损失函数进行学习，训练的是在每个落子点获胜的概率。采用了一个小技巧处理失败情况下的样本，当获胜时增加相应位置行棋的概率，而当失败时则减少相应位置的行棋概率。这种方法只能应用于交叉熵损失函数这种情况，对其他损失函数可能并不合适。

基于价值评估的强化学习方法，学习的是每个落子点的收益，它以当前棋局和一个落子点作为输入，输出在该落子点行棋后的收益预测。收益是对该局棋胜负的预测，用误差的平方作为损失函数进行学习。

基于演员-评价的强化学习方法，引入了收益增量的概念，该概念是对一步棋重要性的评价，重点学习那些直接关乎胜负的走法。该方法将策略网络和估值网络融合为一个网络一起学习，具有两个输出，分别对应于策略网络的输出和估值网络的输出。在策略网络部分利用收益增量作为标记，使用类似于交叉熵函数的损失函数。在估值网络部分，还是用误差的平方作为损失函数。

在强化学习中，由于样本是通过自我对弈产生的，往往噪声比较大，所以在训练时一般每个样本只使用一次，而不像一般的深度学习中样本被反复使用，好在样本是自我产生的，可以产生足够多的样本满足需要。

2.7　AlphaGo Zero 是如何自学成才的

艾博士继续介绍说：AlphaGo Zero 是继 AlphaGo 之后的一个升级版本，完全抛弃了人类数据，实现了从零学习，这也是其名称的由来，英文 Zero 是零的意思。

小明不解地问道：从零学习是什么意思呢？

艾博士：AlphaGo 有策略网络和估值网络两个神经网络，训练时用到了大约 16 万盘的人类棋谱，虽然也用到了一些深度强化学习技术，但是主要还是从人类棋谱中学习。而 AlphaGo Zero 不再用任何人类棋谱，利用深度强化学习方法，从开始的随机下棋开始，不断地总结学习，逐步提高其下棋水平，并且最终达到了远高于 AlphaGo 的水平。从零学习指的就是在训练过程中不用任何人类提供的相关数据。

小明：这也太神奇了，AlphaGo Zero 是如何做到这一点的呢？

艾博士：为了实现从零学习，AlphaGo Zero 从总体框架上做了一些改进，在构建策略网络和估值网络时，采用了第 1 篇中我们介绍过的性能更好的残差网络 ResNet，并且将策略网络和估值网络整合在一起构建了一个“双头”神经网络，即同时包含策略网络输出和估值网络输出两个“头”，而共用残差网络组成的神经网络“体”。又将深度强化学习与蒙特卡洛树搜索紧密地结合在一起，使得深度强化学习更加有效。

小明着急地说：艾博士，您就快讲讲是如何改进的吧，我都有点等不及了。

艾博士：小明，着急吃不了热豆腐，我们一点一点地讲起。小明，先问问你，策略网络和估值网络各自的功能是什么？

小明回忆了一下说：这两个网络输入的都是当前棋局，策略网络输出在每个可落子点行棋的概率，估值网络输出当前棋局的收益。

艾博士：对！我们先看看 AlphaGo Zero 是如何将这两个网络融合在一起的，为了说明方便，我们将整合后的网络称作策略-估值网络，图 2.24 给出了策略-估值网络的示意图。

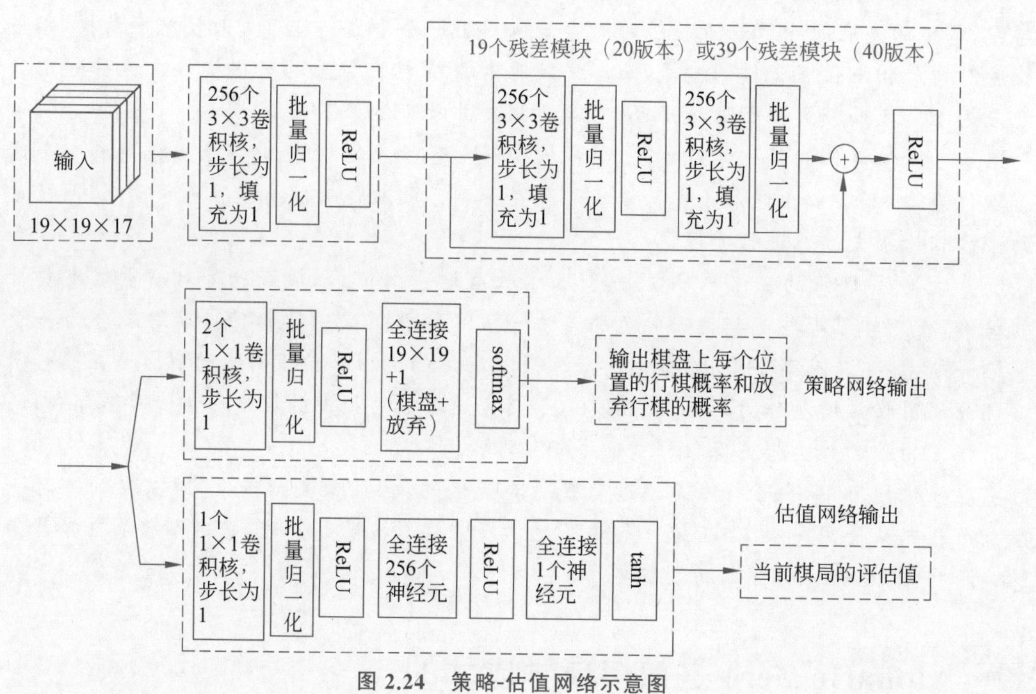

图 2.24 策略-估值网络示意图

图中上半部分是一个残差网络，组成了策略-估值网络的“体”，称作策略-估值网络体，输入为 17 个大小为 19×19 的通道。与 AlphaGo 的策略网络有 48 个输入通道和估值网络有 49 个输入通道不同，AlphaGo Zero 的策略-估值网络只用了 17 个输入通道，而且这些通道都是围棋中很自然的特征，排除了一些人为抽取的特征，以体现 AlphaGo Zero 从零学习的特性。这 17 个通道分别为：①1 个通道记录当前棋局黑棋在棋盘上的位置，有黑棋的位置为 1，否则为 0；②1 个通道记录当前棋局白棋在棋盘上的位置，有白棋的位置为 1，否则为 0；③用 14 个通道分别记录前 7 个棋局，每个棋局用 2 个通道分别记录有黑棋的位置和有白棋的位置，7 个棋局共 14 个通道；④1 个通道记录当前的行棋方，轮到执黑棋方行棋则全部填 1，轮到执白棋方行棋则全部填 0。这样共 17 个通道，完全是对棋局的自然记录，没有任何人工的处理。

策略-估值网络的第一层是卷积层，有 256 个 3×3 的卷积核，步长为 1，填充为 1，后接一个批量归一化后再接 ReLU 激活函数。

小明不解地问：什么是批量归一化呢？

艾博士解释说：这里的批量指的是采用 BP 算法进行训练时，每次选取的样本个数，在每个批量完成参数更新之后，对卷积层的输出做一次均值为 0、方差为 1 的归一化，以防止训练过程中数据产生漂移。批量归一化的引入可以有效提高训练速度，并减少过拟合现象的发生。相关内容我们就不讲解了，有兴趣的话可以查看相关资料。

接下来是连续 19 个残差模块或者 39 个残差模块，对应 AlphaGo Zero 的策略-估值网络的两个不同版本。除了组成的残差模块数量不同以外，其他部分都是相同的。每个残差模块由两层卷积网络组成，第一个卷积层为 256 个大小为 3×3 的卷积核，步长为 1，填充为 1，经批量归一化后接 ReLU 激活函数。第二个卷积层同样是 256 个大小为 3×3 的卷积核，步长为 1，填充为 1，经批量归一化后，与该残差模块的输入相加后再接 ReLU 激活函数。这是策略-估值网络共用的"体"部分，接下来分成两路分别组成策略网络和估值网络两个"头"部输出。对于策略网络部分来说，其头部由两层组成：第一层是 2 个 1×1 的卷积核，步长为 1，经批量归一化后接 ReLU 激活函数；第二层是 19×19+1 个神经元组成的全连接层，接 softmax 激活函数后作为策略网络的输出。

小明又有些不明白了，急忙问道：策略网络的输出是在每个可落子点行棋的概率，围棋棋盘大小是 19×19，有 19×19 个输出就可以了，为什么要加 1 呢？

艾博士解释说：在围棋中，甲乙双方在下棋过程中都可以选择放弃行棋，如果双方都选择了放弃行棋，那么这局棋就结束了。在 AlphaGo 中何时选择放弃是通过一段程序判断的，AlphaGo Zero 为了突出从零学习的特点，尽可能减少人为的干预，"放弃"也作为一步行棋，通过学习获得。所以这里的策略网络的输出就需要多一个，用来表示放弃行棋的概率。

小明：原来是这样啊，我明白了。

艾博士：对于估值网络部分来说，其头部由 3 层组成：第一层是 1 个 1×1 的卷积核，步长为 1，经批量归一化后接 ReLU 激活函数；第二层是 256 个神经元组成的全连接层，后接 ReLU 激活函数；第三层是只有一个神经元的全连接层，经 tanh 激活函数后得到估值网络的输出。

小明问艾博士：这里为什么要用 tanh 激活函数呢？

艾博士解释说：估值网络输出的是当前棋局的收益，收益的取值范围为 −1～1，大于 0 时表示正的收益，小于 0 时表示负的收益。所以通过 tanh 激活函数将估值网络的输出变换到 −1～1。

小明：我明白了，刚才没有转过弯来。那么这个策略-估值网络是如何训练的呢？

艾博士：小明，我们先假定策略-估值网络已经训练好了，至于如何训练得到，我们后面再说。我们先讲讲 AlphaGo Zero 是如何将策略-估值网络与蒙特卡洛树搜索相结合实现下棋的，这对于理解其训练过程有帮助。

AlphaGo Zero 中的蒙特卡洛树搜索与 AlphaGo 的基本差不多，只有一个变化，我们只讲这个变化就可以了，其他相同的部分就不再讲解了。

在 AlphaGo 中，当选择到一个叶节点后，会通过两种办法计算该节点的收益：一种是通过估值网络计算；另一种是通过随机模拟获得，并将二者的加权平均值作为该节点的收益。而在 AlphaGo Zero 中，去掉了随机模拟过程，直接用估值网络的计算结果作为该节点的收益。其他地方基本就与 AlphaGo 一样，我们不再详细讲解。

小明：为什么可以去掉模拟过程呢？

艾博士解释说：在 AlphaGo 中最后选择要模拟的节点，其收益通过下式将估值网络的计算结果和随机模拟结果进行加权平均获得：

$$v_i(s)=\lambda \text{value}(s)+(1-\lambda)\text{rollout}(s)$$

其中，value(s)表示通过估值网络计算得到的收益；rollout(s)表示通过随机模拟得到的收益；$0\leqslant\lambda\leqslant1$ 为加权系数。

而在 AlphaGo Zero 中直接使用估值网络的计算结果作为该节点的收益，相当于 λ 取 1 的情况。之所以这么做，是因为 AlphaGo Zero 的设计者认为估值网络的结果已经足够可信，不再需要进行随机模拟。这样一来，当需要随机模拟时，直接通过估值网络计算就可以，加快了蒙特卡洛树搜索的速度。

小明想了想说：似乎是很有道理的。

艾博士：下面我们说说 AlphaGo Zero 是如何实现深度强化学习的。

在 AlphaGo Zero 中采用的深度强化学习方法与我们前面介绍过的深度强化学习方法总体上思路差不多，通过自我博弈产生样本，用于训练策略-估值网络，从而提高系统的下棋水平。在 AlphaGo 的强化学习中，自我对弈只使用了策略网络和估值网络，并通过深度强化学习方法改善策略网络和估值网络的性能，在强化学习阶段并没有与蒙特卡洛树搜索结合在一起。既然策略网络和估值网络与蒙特卡洛树搜索结合后可以表现出更强的下棋能力，为什么不在强化学习阶段就将蒙特卡洛树搜索结合进来呢？这样通过自我博弈产生的训练数据不是更可靠吗？AlphaGo Zero 正是采用了这样的方法。

小明思考一会儿后说道：感觉这样做是有道理的。结合了蒙特卡洛树搜索后系统的下棋水平更高，获得的训练数据也就更可靠，应该可以提高强化学习效果。

艾博士：图 2.25 给出了 AlphaGo Zero 中采用的深度强化学习流程。开始时先随机设置策略-估值网络中的参数，作为当前版的策略-估值网络使用。复制两套系统作为甲乙双方进行对弈，对弈时均结合蒙特卡洛树搜索，获得若干盘对弈结果作为棋谱保留。用得到的棋谱采用深度强化学习方法对策略-估值网络进行调整训练，得到更新版策略-估值网络。为了测试更新版策略-估值网络的性能，用更新版和当前版策略-估值网络进行若干盘对弈，

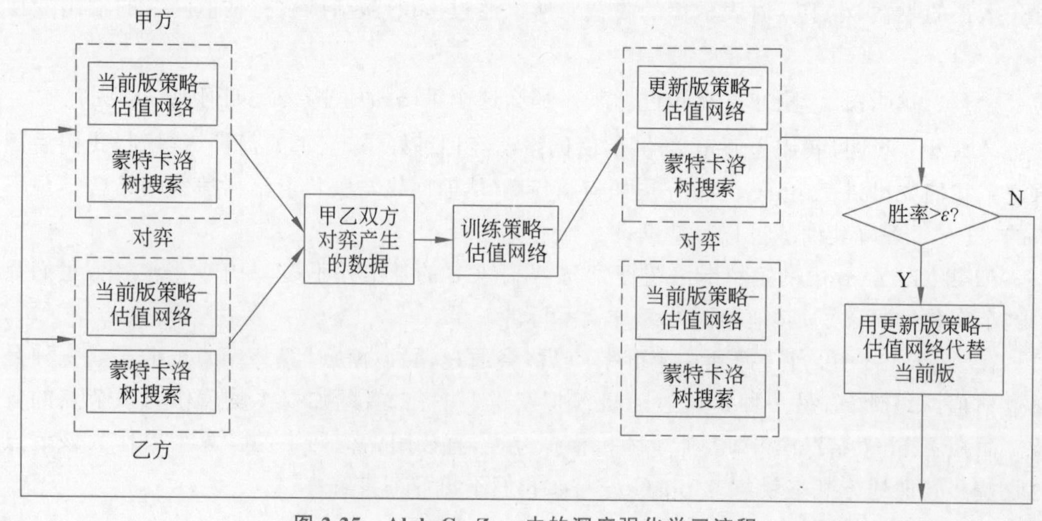

图 2.25 AlphaGo Zero 中的深度强化学习流程

二者均结合蒙特卡洛树搜索。如果更新版胜率大于给定值 ε，则接受更新版，用更新版代替当前版策略-估值网络，否则保留当前版策略-估值网络，甲乙双方再次进行多轮对弈获取数据。重复以上过程直到达到了一定的更新次数，获得了一个高水平的策略-估值网络为止。

小明：原来 AlphaGo Zero 是这样进行从零学习的，看起来计算量非常大，需要花费很长时间吧？

艾博士：计算量确实大，AlphaGo 团队也一直在改进其方法，使得训练更加有效。在比较早期的版本中，采用了 176 个 GPU 进行训练，而与李世石比赛的版本用了几台机器和 48 个 TPU（TPU 是谷歌公司专门用于深度学习的加速器）。到了 AlphaGo Zero，其效率有极大提高，只用了一台配备 4 个 TPU 的机器就完成了训练，不过用时还是比较长的，虽然训练 3 天后就可以战胜与李世石比赛的版本，但是需要训练 40 天才能赶上与柯洁比赛的版本。这也说明了与柯洁的比赛版本具有更好的性能。

小明：AlphaGo Zero 是怎么训练的？采用什么损失函数呢？

艾博士：首先 AlphaGo Zero 在自我对弈的过程中，要记录下全部棋谱用于强化学习，用这些棋谱当作训练样本，对策略-估值网络进行训练。

策略-估值网络有两个输出，分别用了两个不同的损失函数组合在一起。对于估值网络部分，其输出只有一个收益，用的是误差的平方损失函数，即

$$L_{估值}=(z-v)^2$$

其中，z 为自我博弈的结果，获胜时为 1，失败时为 -1；v 为估值网络的输出，其值为 $-1\sim1$，通过训练使得 v 的值尽可能地与 z 接近。

策略网络部分的损失函数在 AlphaGo Zero 中又使用了一个技巧，这也是将蒙特卡洛树搜索融合到强化学习中比较关键的一点。小明，是否记得在蒙特卡洛树搜索结束后，如何选择一个最佳行棋点？

小明考虑了一下：我印象中是选择选中次数最多的节点作为最佳行棋点。

艾博士赞许地说：对，前面我们解释过这样选择可以使系统性能更稳定。我们刚才说过，AlphaGo Zero 在进行强化学习时，是和蒙特卡洛树搜索紧密结合在一起的，既然搜索结束后是选择选中次数最多的节点为最佳行棋点，那么我们在用 BP 算法优化时，也可以按照选中次数进行优化。

小明有些不太明白地问道：怎么对选中次数进行优化呢？

艾博士解释说：假设 s 是当前棋局，在完成蒙特卡洛树搜索之后，其每个子节点，也就是在棋局 s 下所有可能的行棋点，都有一个选中次数，最佳走步就是选中次数最多的子节点。为了优化选中次数，AlphaGo Zero 将选中次数转换为概率，并训练策略网络的输出尽可能与该概率一致，从而实现优化选中次数的目的。

小明有些疑惑地问道：具体怎么做的呢？还是不太明白。

艾博士：我们举个例子说明吧。

如图 2.26 所示，假设 a、b、c 是当前棋局 s 的 3 个子节点，在蒙特卡洛树搜索结束时，3 个子节点被选中的次数分别为 7、20、13，每个节点被选中的概率就是该节点的选中次数除以 3 个节点选中的总次数。这样 a、b、c 3 个节点的选中概率我们用 π 表示，

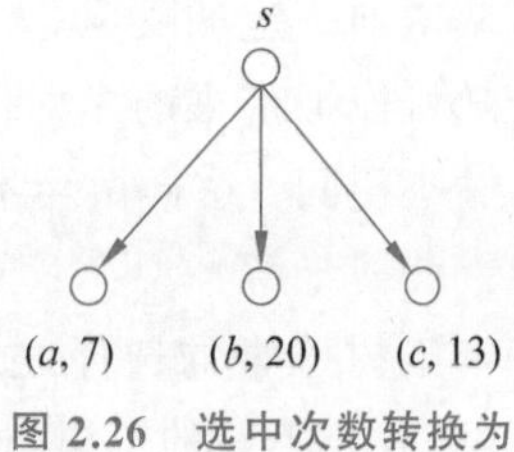

图 2.26　选中次数转换为概率示意图

分别如下：

$$\pi(a)=\frac{7}{7+20+13}=0.175$$

$$\pi(b)=\frac{20}{7+20+13}=0.5$$

$$\pi(c)=\frac{13}{7+20+13}=0.325$$

这 3 个概率是通过蒙特卡洛树搜索得到的。对于策略网络部分来说，当输入当前棋局 s 后，对 a、b、c 3 个子节点也会输出概率值，我们记为 $p(a)$、$p(b)$、$p(c)$。$p(a)$、$p(b)$、$p(c)$的值应该尽可能与 $\pi(a)$、$\pi(b)$、$\pi(c)$的值接近，这是我们的训练目标。为此可以采用交叉熵损失函数达到这一目的，因为交叉熵损失函数可以衡量两个概率分布的差异性。

$$L=-\pi(a)\log_2(p(a))-\pi(b)\log_2(p(b))-\pi(c)\log_2(p(c))$$

在 AlphaGo Zero 中，策略网络部分也采用同样的损失函数。为了表达方便，我们用 $\pi_i(i=1,2,\cdots,362)$ 表示通过蒙特卡洛树搜索得到的当前棋局 s 的每个子节点的选中概率，之所以共有 362 个，是因为在 19×19 的围棋盘上共有 361 个行棋点，然后将是否放弃行棋也作为一个行棋点对待，所以共有 362 个。策略网络部分的输出也是 362 个，分别用 $p_i(i=1,2,\cdots,362)$ 表示，这样交叉熵损失函数可以表示为

$$L_{策略}=-\pi_1\log_2(p_1)-\pi_2\log_2(p_2)-\cdots-\pi_{362}\log_2(p_{362})$$

因为在 AlphaGo Zero 中策略网络和估值网络融合在一起形成了一个神经网络，所以需要将两个网络的损失函数合并在一起，同时为了减少过拟合现象的发生，在损失函数中又增加了一个正则化项，综合以后的损失函数为

$$\begin{aligned}L&=L_{估值}+L_{策略}+\|\theta\|_2^2\\&=(z-v)^2-\pi_1\log_2(p_1)-\pi_2\log_2(p_2)-\cdots-\pi_{362}\log_2(p_{362})+\|\theta\|_2^2\end{aligned}$$

其中，θ 表示神经网络的所有参数；$\|\theta\|_2^2$ 是 2-范数正则化项。有关过拟合与正则化项的关系，可以参看第 1 篇相关内容。

小明：谢谢艾博士的讲解，这些内容实际上您之前都讲过，这样综合起来使用，不但了解了 AlphaGo Zero 是如何从零学习的，也对以前学过的知识有了更深入的理解。

艾博士：是这样的，很多创新都是在已有工作的基础上完成的，所谓站在巨人的肩膀上，做研究一定要对前人的工作有深入的了解，不能闭门造车。

艾博士又继续补充说：通过自我对弈实现从零学习是 AlphaGo Zero 的最大特点，由于这种学习是完全没有人类指导的随机学习，就像人会迷路一样，可能会走向错误的方向。为了防止这种现象的发生，一种有效的方法就是在蒙特卡洛树搜索过程中，对策略网络得到的概率增加一定的噪声，人为加大某些落子点的行棋概率，探索更多的行棋可能性，减少因缺少随机模拟带来的多样性不够问题。

小明问：这样做会不会造成学习到一些不太好的走法？

艾博士解释说：不会的。因为如果这些落子点不是一个好的行棋点的话，经过多次蒙特卡洛树搜索的选择之后，其收益会逐步降低，选择过程最终还是会选择那些更好的行棋点，而放弃不好的行棋点。但万一是好的行棋点呢？就会像发现新大陆一样，探索出一片新天地。这也是蒙特卡洛树搜索的特点之一，在多次搜索之后，是有机会摆脱掉那些不好的探

索方向的。

小明问：那么如何增加噪声呢？

艾博士回答说：AlphaGo Zero 采用了利用狄利克雷分布抽取噪声的方法。狄利克雷分布是一个关于概率分布的概率分布，在参数的控制下，可以产生一些符合一定条件的概率分布。狄利克雷分布有两个参数：一个是向量长度 n，即产生的概率分布由多少个元素组成，这 n 个元素组成的向量构成了狄利克雷分布的抽样结果。由于抽样结果也是一个概率分布，所以应该满足概率分布的一些性质，比如 n 个元素值之和为 1。另一个参数是分布浓度 α，当 α 比较大时，产生的概率分布比较平缓，也就是说 n 个元素的概率值相差不大。当 α 比较小时，产生的概率分布具有"突变"性，也就是说 n 个元素中绝大部分取值接近于 0，但有少量几个元素值比较大。图 2.27 给出一个当 α 比较小时狄利克雷分布采样示意图。

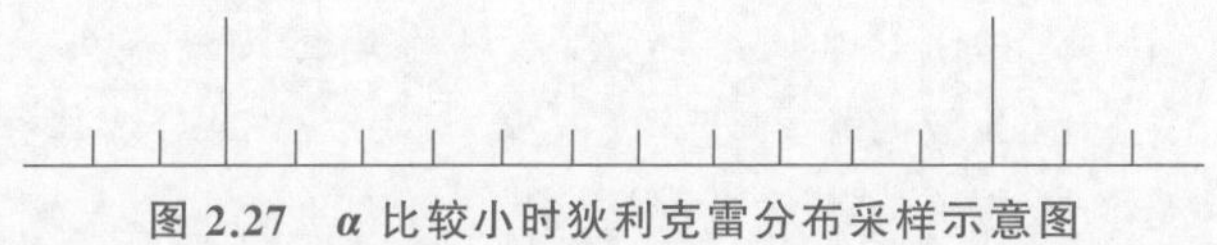

图 2.27　α 比较小时狄利克雷分布采样示意图

在 AlphaGo Zero 中，利用 α 比较小时狄利克雷分布采样的这种性质，通过狄利克雷分布产生一个与策略网络输出同样大小的向量作为噪声，然后在策略网络输出与狄利克雷分布输出之间做加权平均，用以代替策略网络的输出。

设 p_a 是策略网络给出的落子点在 a 处的行棋概率，p_d 是通过狄利克雷分布采样得到的 a 处的概率，则加入噪声后在 a 处的行棋概率为

$$\lambda p_a + (1-\lambda) p_d$$

其中，$0 \leqslant \lambda \leqslant 1$ 为加权因子。

由于这样得到的狄利克雷分布采样的绝大部分元素接近于 0，所以策略网络的绝大部分输出并没有受到什么影响，只有那些个别的处于"突变"点上的概率被人为加大了，这也刚好符合我们对落子概率增加噪声的初衷。

小明：狄利克雷分布，又是一个以前不知道的知识点，看来需要广泛地学习各种知识，以备不时之需。

艾博士：从以上介绍可以看出，AlphaGo Zero 将深度学习与蒙特卡洛树搜索巧妙地融合在了一起，神经网络部分也简化成了一个，并在蒙特卡洛树搜索中取消了随机模拟，用估值结果代替。不但性能得到极大的提高，计算量反而降低了，在一台服务器上加 4 个 TPU 就可以完成训练。这也是不断磨炼、精益求精的结果。

小明读书笔记

AlphaGo Zero 完全摆脱了人类数据，实现了从零学习，这不仅体现在训练时不再使用人类棋谱，完全依靠自我对弈产生的数据进行学习，还反映在输入上，由原来的 48 个通道减少到 17 个通道，而这 17 个通道除了一个通道表示黑白方谁走棋外，其他 16 个通道就是到目前为止的 8 个棋局，每个棋局用两个通道表示，不需要任何人为构造的特征。另外，对于是否需要"放弃"行棋，也作为一个"行棋"来考虑，通过搜索得到，而不是像以前那样依靠程序判断。某种意义上真正做到了从零学习。当然这种从零学习利用了下棋可以自行判断胜负这一特点，并不容易推广到其他的应用方面。

AlphaGo Zero 将深度强化学习与蒙特卡洛树搜索融合在一起，在自我对弈时就用到了蒙特卡洛树搜索，这样可以获得质量更好的训练数据。而由于最后选择的是根节点所有子节点中被选择次数最多的子节点作为最佳走步，所以在训练时也是将选择次数转换为概率进行训练，从而策略网络学习追求的目标是被选择次数的最大化。

AlphaGo Zero 将策略网络和估值网络合并在一起，组成了一个策略-估值网络。该网络由共用的网络"体"和两个独立的网络"头"组成，网络体部分采用残差网络，然后分成两个头部，分别对应策略网络的输出和估值网络的输出。策略网络的输出为 362 个，其中 361 个为可落子点的行棋概率，另一个为放弃行棋的概率，这是 AlphaGo Zero 特有的一个输出，以判断什么时候就不再下棋了。当对战双方都选择放弃时，对局结束。估值网络的输出只有一个介于−1～1 的值，是当前棋局收益的估计。

训练采用的损失函数，对于策略网络部分，采用的是交叉熵损失函数，由选择次数转换的概率作为标记，与策略函数的输出计算交叉熵。对于估值网络部分，采用误差的平方作为损失函数，以对局的胜负作为训练目标，与估值网络的输出构成误差的平方。两个损失函数加权平均后作为策略-估值网络的总的损失函数，用 BP 算法进行统一优化。

由于深度强化学习并不能保证总是沿着正确的方向优化，为此采用了两个策略：一是利用狄利克雷采样，随机地加大策略网络某些输出的概率，以便进行更广泛的探索；二是每训练一个周期后，都要与之前得到的模型进行若干次对弈，以便评判哪个模型更好，只有新模型显著好于旧模型时，新模型才会被接受，并在此基础上继续进行强化学习。

2.8 总结

艾博士：小明，关于计算机如何学会下棋的内容，我们就介绍这么多，请你总结一下我们都讲了哪些内容？

小明边回忆边回答说：还是讲了很多内容的，让我总结一下。

(1) 通过一个简单分钱币问题引出了计算机下棋问题。对于简单的下棋问题或许可以通过穷举所有可能状态的方法找出最佳的行棋策略。但是对于像围棋、象棋这样的棋类，由于其庞大的状态空间，是不可能通过穷举的办法寻找最佳行棋策略的。

(2) 受人类下棋思考过程的启发，提出了下棋的极小-极大模型。但是由于该模型需要搜索给定深度内的所有可能的状态，搜索时间过长，同样不适合于像围棋、象棋这样的棋类。

(3) 为了减少一些不必要的搜索，提出了 α-β 剪枝算法。α-β 剪枝算法利用已有的搜索结果，剪掉一些不必要的分枝，有效提高了搜索效率。国际象棋、中国象棋的计算机程序均采用了这个框架。

(4) α-β 剪枝算法的性能严重依赖于棋局的估值，由于围棋存在不容易估值问题，该方法不适用于计算机求解围棋问题。为此引入了蒙特卡洛树搜索方法，通过随机模拟的方法解决围棋棋局估值的问题，使得计算机围棋水平有了很大提高。

(5) 蒙特卡洛树搜索仍然具有盲目性，没有有效地利用围棋的相关知识。AlphaGo 将深度学习，也就是神经网络与蒙特卡洛树搜索有效地融合在一起，利用策略网络和估值网络引导蒙特卡洛树搜索，有效提高了计算机围棋的性能，达到了战胜人类大师的水平。

(6) 强化学习利用自己产生的数据进行学习。深度强化学习是一种用神经网络实现的强化学习方法。根据围棋的特点,提出了 3 种常用的深度强化学习方法:基于策略梯度的强化学习、基于价值评估的强化学习和基于演员-评价方法的强化学习。3 种方法均利用自我对弈产生的数据进行训练,但解决问题的角度不同,主要体现在不同的损失函数定义上,但最终殊途同归,均通过强化学习、自我提高的方法训练策略网络和估值网络。

(7) AlphaGo Zero 实现了从零学习,并达到了更高的围棋水平。AlphaGo Zero 完全抛弃了人类棋手的棋谱,完全利用自我对弈产生的数据和强化学习方法从零开始学习,逐步提高下围棋的水平。

艾博士:小明总结得非常全面。我们学习计算机是如何下棋的,并不单纯是学习这些方法,编写一个下棋程序,更重要的是从中学习解决问题的思想。无论是 AlphaGo 还是 AlphaGo Zero,并没有什么创新的新技术,更多的是如何利用已有技术,将围棋问题转换为这些技术能求解的问题,并有机地将这些方法融合在一起,最终达到战胜人类最高水平棋手的目的,是集成创新的典范。

第3篇

计算机是如何找到最优路径的

艾博士导读

最优路径问题是人工智能研究中的一个重要问题，很多问题都可以转换为最优路径求解问题，如语音识别、汉字识别后处理、拼音输入法等。

A^*算法是求解最优路径的一个重要算法，在人工智能中具有重要地位，曾经被列为计算机领域最重要的32个算法之一。

那么都有哪些最优路径搜索算法呢？这些算法各自的特点是什么？每种算法是否可以找到最优路径？或者在什么条件下可以找到最优路径？本篇将逐一介绍，解开这些谜团。

本篇内容按照难易程度划分为3个等级，读者可以根据自身需要有选择地选读其中几节或者全部内容。

第一级：3.1节、3.2节、3.3节和3.5节。介绍什么是最优路径问题，然后通过一个实际例子，引出了宽度优先搜索算法，介绍宽度优先搜索算法的具体过程，有哪些性质，以及存在的不足。在此基础上，引出迪杰斯特拉算法，介绍该算法的求解过程以及所具有的性质，并分析该算法存在的不足。介绍什么是深度优先搜索算法及其性质。

第二级：3.4节。针对迪杰斯特拉算法的不足，引入启发函数的概念，给出了A算法，介绍A算法的求解过程。然后通过对启发函数加以必要的限制，引出A^*算法，介绍A^*算法的性质，介绍如何设计启发函数的基本思路，并给出几个具体例子。介绍如何评价两个不同的启发函数的方法。针对A^*算法存在的问题，引出单调启发函数的概念，分析单调启发函数的性质。最后介绍如何克服A^*算法存在的不足，提出改进的A^*算法。

第三级：3.6～3.8节。针对宽度优先搜索算法、A^*算法存在的占用空间过大的问题，提出迭代加深式搜索的概念，利用深度优先搜索占用空间比较小的优势，与宽度优先搜索算法、A^*算法相结合，提出迭代加深式宽度优先搜索算法、迭代加深式A^*算法，实现在占用较小空间的情况下求解最优路径问题。介绍一种常用的动态规划算法——Viterbi算法，介绍算法适用的问题和实现的基本原理。最后通过一个拼音输入法问题实例，介绍如何将该问题转换为一个最优路径问题，并给出用Viterbi算法求解拼音输入法问题的方法。

秋天到了，正是看红叶的季节。北京香山公园的红叶最为著名，小明计划周末和同学们一起骑车去香山公园看红叶，线路图如图3.1所示。小明虽然以前多次和父母去过香山公园，但是每次都是爸爸开车去的，小明并不熟悉如何到达香山公园。不过这也难不倒小明，手机上有导航软件，输入目的地香山公园后，很容易就可以找到到达香山公园的路线。现在的导航软件做得真好，可以提供好几条路线供选择：有距离最短，有花费时间最短，还有经

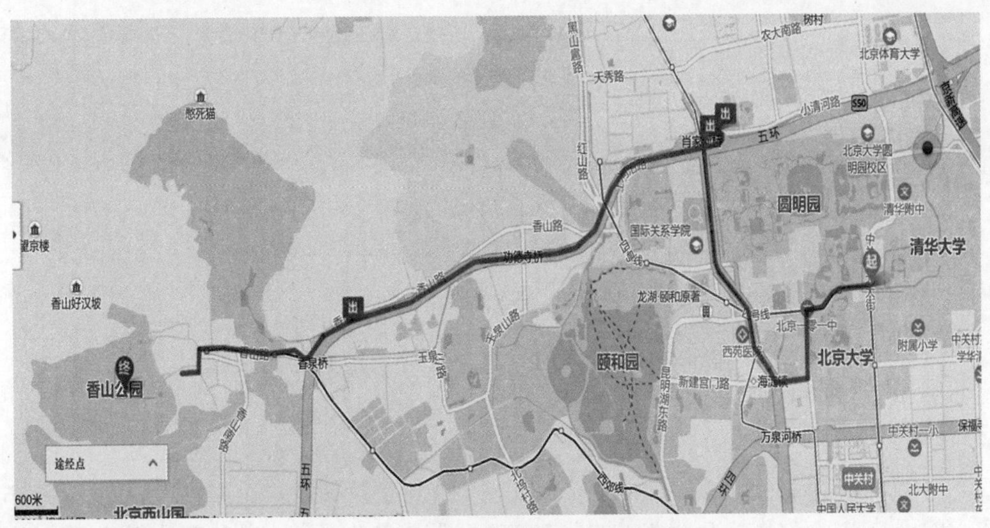

图 3.1 从清华大学到香山公园路线

过的红绿灯最少等，给出的是不同条件下的最优路径。这引起了小明强烈的好奇心：计算机是如何找到最优路径的呢？

游完香山公园回来之后，带着这个问题，小明又来找艾博士请教。

3.1 路径搜索问题

明白了小明的来意之后，艾博士从书柜里找出了一张很久未用的纸质地图。

艾博士指着地图对小明说：现在真是太方便了，无论想去哪里，导航软件都能很快给出路径。以前我们都是依靠这种地图，在地图上查找半天，才能找到一条合适的路线。

艾博士让小明尝试着找到一条去香山公园的路。小明由于是第一次使用这种纸质地图，在地图上探索半天，才好不容易找到了一条到达香山公园的路线。

艾博士问小明：小明，你刚才是怎么找到去香山公园的路线的呢？

小明回答说：刚开始我有些不得要领，完全是无规律地乱找。后来我发现主要是找路口，重要的是在哪个路口应该向哪个方向走，因为相邻的两个路口之间只有一条路，是不需要考虑如何走的。

艾博士夸奖道：小明你真聪明！其实所谓的路线，就是将经过的路口——包括道路的入口和出口——连接在一起。所以找路线，重要的就是找到这些必须经过的路口。

为此，我们可以将路口看作一个状态，相邻的路口用称作“边”的连线连接在一起，这样地图就可以用这种状态连接图表示了。如图 3.2 所示，就表示了一个简单的地图，图中 A、B、C 等表示的是路口，两个相邻路口用边连接在一起。边旁边的数字表示两个路口之间的距离。比如 S 到 A 的距离为 6。这里的状态，在图中又称作节点。

艾博士总结说：在地图上找出从起始地点 S 到目标地点 T 的路线，就是在这样的状态连接图上寻找出几个状态，这些状态连接在一起，可以从起始点 S 到达目标地点 T。这就是路径搜索问题。如果找到的路径满足一定的最优条件，则是最优路径搜索问题。由于这种搜索是在状态连接图上进行的，所以又可以称为状态搜索问题。

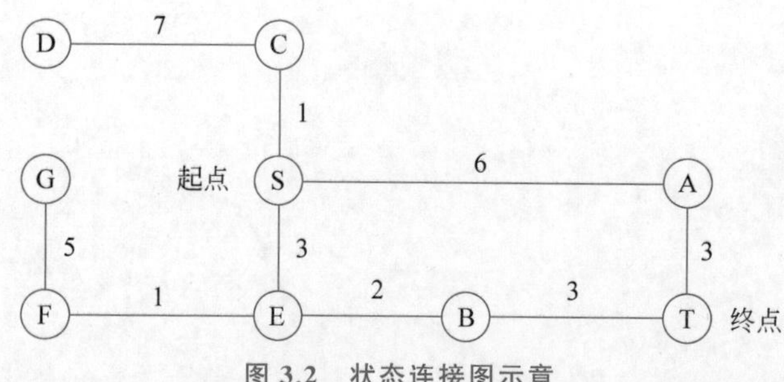

图 3.2 状态连接图示意

小明着急地问道：艾博士，那么如何通过状态连接图搜索到路径呢？

艾博士：小明，我们先不着急介绍具体的搜索算法，先来看看这里的关键问题是什么。以图3.2为例，假设S是所在的起点，T是要去的终点。从S出发可以到达A、C、E，我们用图3.3所示的搜索图表示。图中由于A、C、E 3个节点是从S生成出来的，所以这3个节点称作S的子节点，S称作这几个节点的父节点。父节点产生子节点的过程称作扩展。

由于连接S的只有A、C、E这3个路口，所以要到达目标T的话，必须经过这3个路口中的一个，那么下一步应该选择哪个节点扩展呢？假设选择了节点E扩展，则生成子节点B和F，得到的搜索树如图3.4所示。

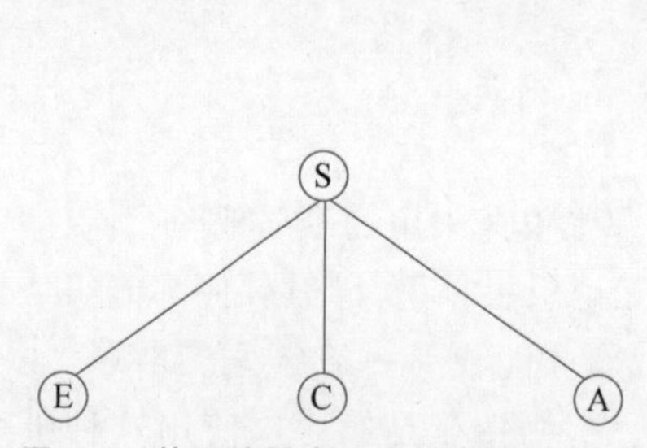

图 3.3 从S扩展出3个子节点A、C、E

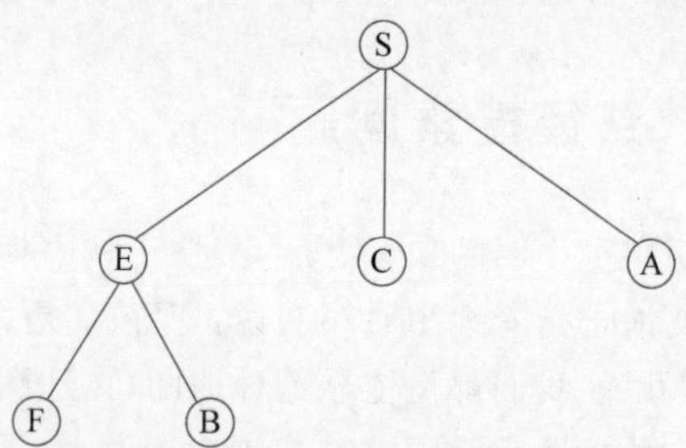

图 3.4 扩展节点E生成出子节点B、F

到这一步之后，又面临选择哪个节点扩展的问题，从可能经过的A、B、C、F 4个路口中选择一个节点扩展。

讲到这里，艾博士问小明：小明你说说看，这里的关键问题是什么？

小明想了想回答道：这里的关键问题应该是如何选择哪个节点优先扩展。

听了小明的回答，艾博士非常高兴：小明，你说得很对。如何选择节点优先扩展是状态搜索问题的关键所在。事实上，不同的选择方法，就构成了不同的搜索算法。不同的算法具有不同的性质，下面我们分别介绍几个常用的方法。

另外我们需要强调的是，通过状态搜索不只可以求解路径问题，其他很多问题也都可以转换为状态搜索问题进行求解。比如八数码问题。

小明不解地问道：八数码问题是个什么问题呢？

艾博士解释说：八数码问题是一个智力游戏问题。在3×3组成的九宫格棋盘上，摆有8个将牌，每一个将牌都刻有1～8数码中的某一个数码。棋盘中留有一个空格，允许其周围的某一个将牌向空格移动，这样通过移动将牌就可以不断改变将牌的布局。这种游戏求解的问题是：给定一种初始的将牌布局(初始状态)和一个目标布局(目标状态)，问如何通过移动将牌,实现从初始状态到达目标状态的转变。图 3.5 给出了一个八数码问题的示意图。

小明:我明白什么是八数码问题了,但是这与路径搜索问题有什么关系呢?

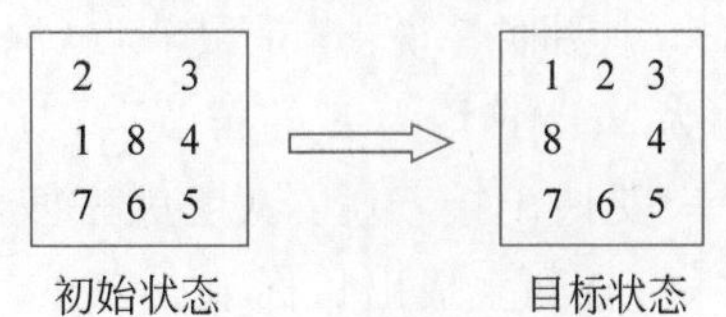

图 3.5 八数码问题示例

艾博士解释说:这个问题实际上跟路径搜索问题是一样的。初始状态可以认为是出发点,在这个状态下走一个将牌形成的新状态可以看作与初始状态相邻的"路口"。八数码问题的解就是找到若干相邻的"路口"(状态),可以从初始状态一步步达到目标状态。

小明恍然大悟道:经您这么一解释,八数码问题还真是和路径搜索问题是一样的。

艾博士:还有定理证明问题,从搜索的角度来说,也可以认为是寻找路径的过程。

小明:定理证明也跟路径搜索问题有关?

艾博士:你学过几何吧?几何证明题一般是怎么描述的?又是怎么证明的?

小明想了想回答说:一般都是先给几个已知条件,然后要求证明某个结论,比如证明两条直线平行、两个角相等等。证明过程一般是用某个定理,从已知条件推理出某个结论,然后再反复运用已知的定理得出更多的结论,直到最终得出要求证明的结论。

艾博士:这里的已知条件就相当于路径搜索问题中的起始状态,而要证明的结论就相当于目标状态。运用定理推导出的一些中间结果可以认为是搜索过程中出现的中间状态,从一个状态推导出另一个状态所用的定理,就相当于连接两个状态的边。所以从搜索的角度描述定理证明的话,就是找到一条从初始条件出发,通过一系列定理连接的、到达要证明的结论的路径。

小明认真思考后说:仔细想想还真是这么一回事。

艾博士:很多问题都可以转换为路径搜索问题,在下面的讲解中,除非特殊说明,我们均以状态连接图上的路径搜索为例做介绍。

小明读书笔记

路径搜索问题就是在一个状态图上,如何选择被扩展的节点,不同的选择方法就构成了不同的搜索算法。

路径搜索方法不仅适用于求解地图上查找路线问题,这里的"路径"是广义的路径概念,很多问题可以转换为路径搜索问题来求解。

3.2 宽度优先搜索算法

艾博士:小明,我们首先从宽度优先算法开始介绍。所谓宽度优先算法,就是选择节点深度最浅的节点优先扩展。

小明:什么是节点深度呢?

艾博士解释说:在搜索图中,第一个节点称作根节点,根节点的深度为 0,其他节点的深度为其父节点的深度加 1。简单地说,根节点深度为 0,根节点的子节点深度为 1,再下一层子节点深度为 2,……

艾博士：小明，你说说看，图 3.4 中几个节点的深度分别多少？

小明回答说：S 是根节点，深度为 0；A、C、E 3 个节点均为 S 的子节点，所以它们的深度均为 1；B、F 均为 E 的子节点，节点的深度均为 2。

艾博士接着说：宽度优先搜索就是从根节点开始，每次选择一个节点深度最浅的节点扩展，直到生成出目标节点为止。

小明问道：艾博士，如果深度最浅的节点存在多个时如何选择呢？

艾博士：这种情况下可以随机选择一个深度最浅的节点进行扩展。

下面我们以图 3.2 为例介绍如何采用宽度优先搜索求解从起点 S 到终点 T 的路径。图 3.6 给出了该问题的搜索图，其中红圈数字表示节点被扩展的次序，这里假定当深度一样时，排在左边的节点优先扩展。

该搜索过程首先选择深度最浅的根节点 S 进行扩展，产生了 3 个子节点 A、C、E；由于这时这 3 个节点的深度都是 1，我们根据假定优先扩展左边的节点 E，产生节点 B、F；这时 A、C 的节点深度最浅，我们选择 C 扩展，产生节点 D；这时 A 的深度最浅，扩展后产生节点 T。而这时 T 就是终点节点，搜索结束，得到路径 S-A-T。

这个问题比较简单，很快就找到了达到终点也就是目标状态的路径。对于复杂一些的情况，需要继续寻找节点深度最浅的节点扩展，直到找到目标为止。

小明问艾博士：宽度优先搜索如何求解其他问题呢？比如前面提到过的八数码问题。

艾博士：当然可以求解八数码问题，方法是一样的。对于图 3.7 所示的八数码问题，图 3.8 给出了用宽度优先搜索求解该八数码问题的搜索图，其中红圈中的数字表示的是该节点被扩展的次序。

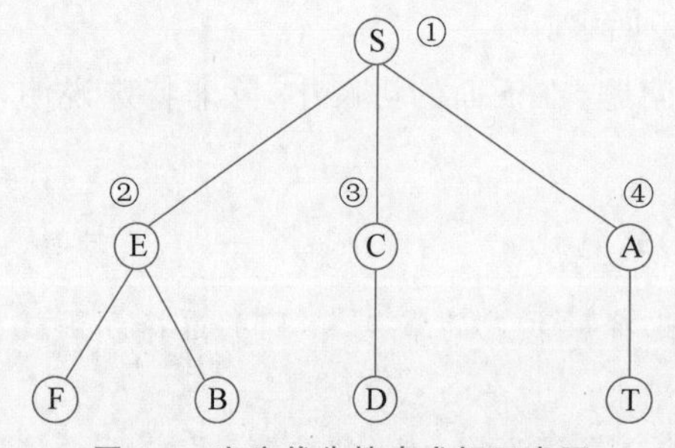

图 3.6　宽度优先搜索求解示意图

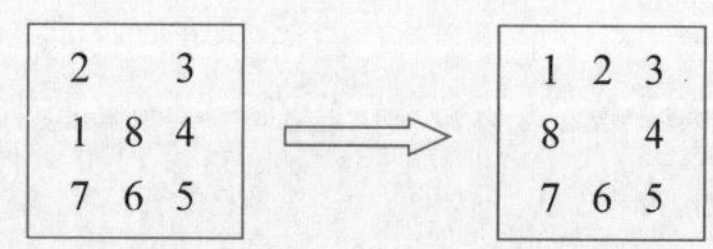

图 3.7　八数码问题

艾博士对照着图 3.8 给出的八数码问题搜索图说：我们来看看用宽度优先搜索求解八数码问题的搜索过程。开始只有初始节点 S，对 S 进行扩展，生成 A、B、C 3 个子节点。由于 A、B、C 3 个节点的深度是一样的，深度均为 1，按照约定选择最左边的节点 A 扩展，生成 D、E、F 3 个子节点。这时节点 B、C 的深度最浅，同样选择排在左边的节点 B 扩展，生成出子节点 G。再选择深度最浅的节点 C 扩展，生成出子节点 H。此时深度最浅的节点有 D、E、F、G、H 5 个节点，深度均为 2。同样依次扩展节点 D、E、F、G，当扩展到节点 G 时，其子节点中出现了目标节点，搜索到此结束。通过搜索图，可以得到该八数码问题的解，也就是为达到目标状态将牌的移动方法：将牌 2 右移，将牌 1 上移，将牌 8 左移。

小明听着艾博士的讲解，有些不太明白地问道：艾博士，这种方法为什么叫宽度优先搜索呢？

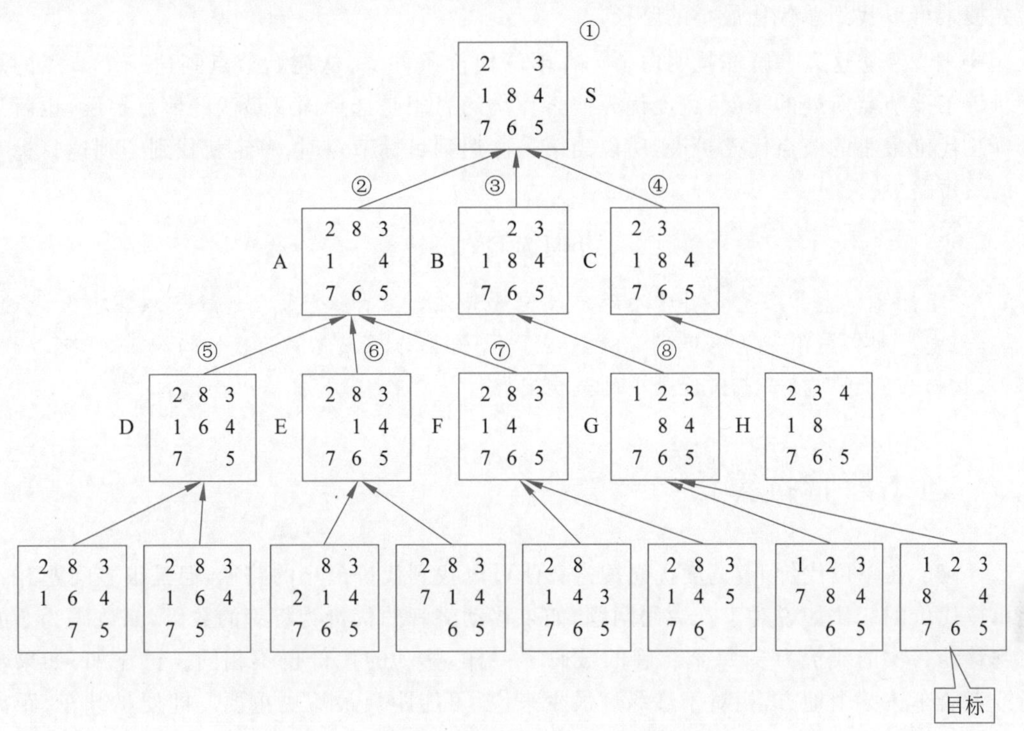

图 3.8　宽度优先搜索求解八数码问题搜索图

艾博士解释说：小明你看图 3.8 中所示的节点扩展次序，是沿着“横向”进行的，先优先扩展第一层节点，再扩展第二层、第三层……这就是宽度优先名称的由来。

小明：明白了。那么宽度优先搜索有什么特点呢？

艾博士：宽度优先搜索有一个重要的结论，就是在单位代价下，当问题有解时，可以找到问题的最优解，也就是路径总代价最小的解。

小明：单位代价是什么意思呢？

艾博士：我们先解释一下什么是代价。所谓代价就是父节点到子节点的广义“距离”。比如从路口 A 到路口 B 距离多少千米可以是代价，需要用多长时间也是代价，花费多少钱也是代价。而单位代价指的是任何两个父子节点间的代价总是为 1。比如在上面的八数码问题中，如果移动一个将牌的代价为 1 的话，则该问题就是单位代价的。在单位代价下，我们用宽度优先搜索得到的八数码问题的解，就是总代价最小的，也就是将牌的移动次数最少的解。

对于地图上求两个地点间的一条路径，如果认为两个相邻路口的代价为 1，则找到的是经过的路口最少的路径。当每个路口都有红绿灯时，实际上就是经过的红绿灯最少的路径。在城市中，寻找一条红绿灯最少的路径也是很有意义的。

小明问：为什么在单位代价下宽度优先搜索得到的就是代价最小的路径呢？

艾博士解释说：如同前面说过的，宽度优先搜索在搜索图上体现的是“横着”走，先扩展深度为 1 的节点，再扩展深度为 2 的节点……逐步加深扩展节点的深度。假设从初始节点到目标节点存在不同的路径，通过这些路径到达目标节点的深度也不相同。宽度优先搜索优先选择深度最浅的节点扩展，所以当第一次出现目标节点时，一定是经过这条路径计算的目标节点深度最浅。在单位代价下，节点深度就是初始节点到目标节点的总代价，所以宽度优先搜索可以找到总代价最小的路径。

小明：经您这么一解释就明白了。在单位代价条件下，从初始节点到达一个节点的总代价等于该节点所处的深度，宽度优先搜索算法的思想是选择深度最浅的节点扩展，也就是选择总代价最小的节点优先扩展，所以当第一次遇到目标节点时，一定就找到了到达目标节点的最短路径。

小明读书笔记

宽度优先搜索算法是一种常用的路径搜索算法，其特点是每次选择节点深度最浅的节点优先扩展。当问题是单位代价时，也就是任何相邻节点之间的代价均为 1 时，可以找到从初始节点到目标节点代价最小的最优路径。

3.3 迪杰斯特拉算法

小明：在单位代价下，宽度优先搜索算法可以找到代价最小的路径，但是很多问题并不是单位代价的。比如说对于八数码问题，如果移动将牌的代价为将牌的数码，如数码为 5 的将牌移动一次的代价为 5，每个将牌的数码不一样，移动的代价也不相同。再比如，如果步行或者骑车去某个地方，相对于红绿灯最少来说，可能距离最短更重要。即便是开车，距离也是一个重要的影响因素。那么是否有办法求解一般情况下总代价最小路径的方法呢？

艾博士反问小明：小明，宽度优先搜索是如何选择被扩展节点的？

小明马上回答说：优先选择深度最浅的节点扩展。

艾博士：小明回答得很好。如果我们用 $g(n)$ 表示从初始节点到节点 n 的一条路径的代价，节点 n 的深度就相当于单位代价下的 $g(n)$。所以，宽度优先搜索优先选择深度浅的节点，就相当于单位代价条件下优先选择 $g(n)$ 小的节点扩展。我们修改一下宽度优先搜索算法，优先选择 $g(n)$ 小的节点扩展，宽度优先搜索算法就变成了迪杰斯特拉算法。但是需要修改一下结束条件：当目标节点的 $g(n)$ 值最小时，算法才结束，而不是只要目标一出现就马上结束。

小明问：为什么要加上这样的条件呢？

艾博士：这个条件很关键，我们后面再讲为什么要有这样的条件。

我们还是通过图 3.2 介绍迪杰斯特拉算法，为了看起来方便，我们将图 3.2 的状态连接图重画在图 3.9 中，图 3.10 给出了该问题的搜索图。同样，红圈里的数字表示节点被扩展的顺序，连接线旁边的数字表示的是两个节点间的距离。

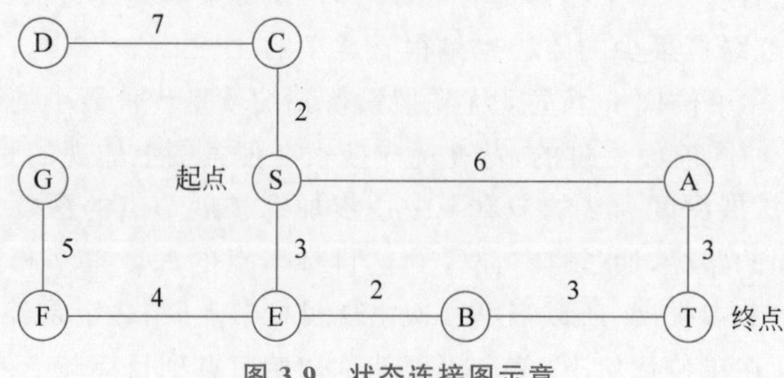

图 3.9 状态连接图示意

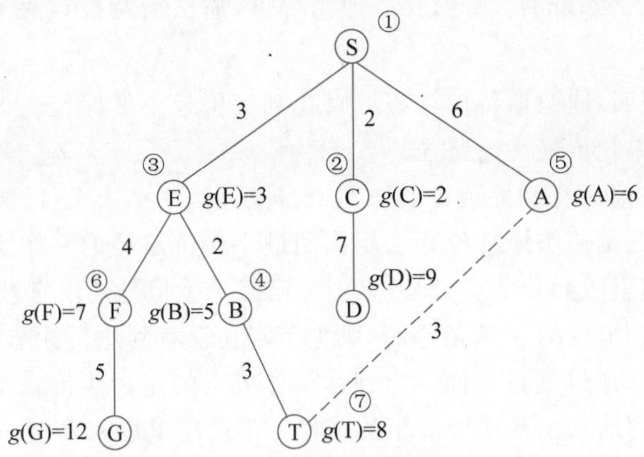

图 3.10　迪杰斯特拉算法搜索示意图

在图 3.10 中，首先扩展初始节点 S，生成出节点 A、E、C，按照 S 到这 3 个节点的距离，分别得到：

$$g(\mathrm{A})=6$$

$$g(\mathrm{C})=2$$

$$g(\mathrm{E})=3$$

由于 g(C)最小，所以第二次选择 C 扩展，生成出节点 D，并得到 $g(\mathrm{D})=g(\mathrm{C})+7=9$。

接下来从 A、D、E 中选择一个 g 值最小的节点，$g(\mathrm{E})=3$ 被选中第三个扩展，产生节点 B、F，分别计算出：

$$g(\mathrm{B})=5$$

$$g(\mathrm{F})=7$$

在 A、D、B、F 几个节点中，$g(\mathrm{B})=5$ 最小，成为第四个被选择扩展的节点，生成出节点 T，经计算有

$$g(\mathrm{T})=8$$

这时虽然已经找到一条从初始节点 S 到目标节点 T 的路径 S-E-B-T，但是由于 g(T)并不是最小的($g(\mathrm{A})=6$、$g(\mathrm{F})=7$，均小于 $g(\mathrm{T})=8$)，所以算法并不停止，继续选择 g 值最小的节点扩展。

接下来第五个被选择扩展的节点是 A，再一次生成出节点 T。这时找到了两条到达 T 的路径，一条是之前找到的 S-E-B-T，另一条是刚找到的 S-A-T。这种情况下，需要做一次选择，保留代价最小的路径，由于通过路径 S-E-B-T 计算 g(T)为 8，而通过路径 S-A-T 计算 g(T)为 9，所以保留前者，而忽略后者，图中用虚线表示。

这时 g(F)又成为了最小的，所以第六次选择节点 F 扩展，生成出节点 G，并计算 g 值为

$$g(\mathrm{G})=12$$

这时，已经生成但还未被扩展的节点有 F、G、T，3 个节点中 T 的 g 值最小，而 T 又是目标节点，算法结束。

这样就找到了从初始节点 S 到达目标节点 T 的路径 S-E-B-T。

小明：艾博士，迪杰斯特拉算法每次选择 g 值最小的节点扩展，当问题是单位代价时，

与宽度优选搜索算法是等价的。那么在一般情况下，迪杰斯特拉算法一定能够找到最小代价的路径吗？

艾博士：可以证明，迪杰斯特拉算法可以找到代价最小的路径。即便不满足单位代价条件，找到的也一定是代价最小的路径。

但是一定要记住前面我们提到过的迪杰斯特拉算法的结束条件，当目标节点的 g 值最小时，算法才结束。这是迪杰斯特拉算法能找到最小代价路径的一个重要条件。因为迪杰斯特拉算法总是从搜索图的叶节点（即搜索图中已经产生但是还没有被扩展的节点）中选择一个节点扩展，当目标节点的 g 值最小时，其他节点还没有到达目标节点，其 g 值就已经比目标节点的 g 值大了，所以通过其他节点到达目标节点的路径代价肯定不会比目前得到的这条路径小，从而找到的一定是代价最小的路径。不过这里也需要做一个补充说明，即代价都是大于 0 的，不存在负的代价。

小明还是有些不太明白地问道：在上面的例子中，最初就找到了路径 S-E-B-T 为什么不能马上结束呢？最终找到的最短路径也是这一条路径啊。

艾博士解释说：小明你看图 3.10 所示的搜索图，图中虚线部分的代价如果不是 3 而是 1，会出现什么情况？这时从 S 到 T 的最短路径应该是 S-A-T，而非 S-E-B-T，如果开始找到了 S-E-B-T 就马上停止，还能找到最短路径吗？

小明想了想明白了：确实是这样的，所以迪杰斯特拉算法的这个结束条件是必须有的，否则就不能保证找到最优路径。

艾博士进一步补充说：我们还需要强调一下，一般介绍迪杰斯特拉算法时，叙述方法可能与我们这里介绍的不太一样，但是其核心思想是一样的。我们之所以这样讲解，主要是为了从宽度优先搜索算法扩展到迪杰斯特拉算法，后面还将再次扩展到启发式搜索方法，将这几个方法采用同一个框架连贯、统一起来。事实上，宽度优先搜索算法没有利用两个节点间的代价信息，所以只能在单位代价下找到最优路径。而迪杰斯特拉算法利用了两个节点间的代价信息，适应面更加广泛，在非单位代价情况下，也同样能找到最优路径。

小明读书笔记

迪杰斯特拉算法充分利用了到达每个节点的代价信息，优先选择代价最小的节点扩展，即便问题是非单位代价时，也可以找到最优路径。需要强调的是，当被选择扩展的节点是目标节点时算法才结束，而不是一发现目标节点马上就结束，只有这样才能保证算法找到最优解。

3.4 启发式搜索

3.4.1 A 算法

艾博士：迪杰斯特拉算法具有很好的性质，可以找到最小代价的路径。但是该算法也存在明显的不足。小明你想想看，有什么不足？

小明仔细看着图 3.10 所示的搜索图思考了一下说：艾博士，我一时还说不出来有什么不足。

艾博士启发小明说：你把图 3.10 所示的搜索图中节点的扩展次序标注到图 3.9 所示的状态连接图上，是否会发现点什么问题？

小明思考了一下，按照艾博士的要求在状态连接图上标识出节点的扩展次序，如图 3.11 所示。

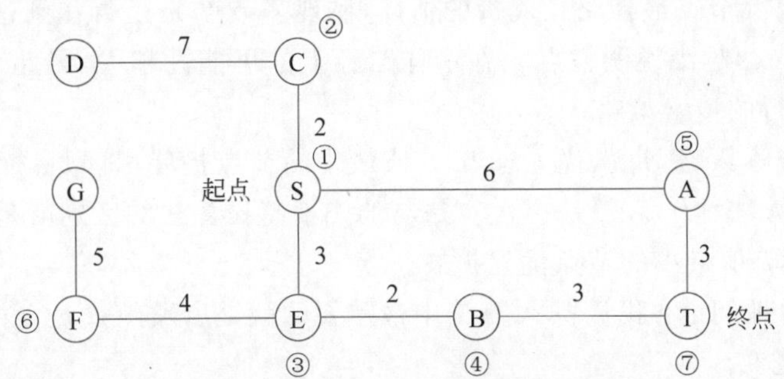

图 3.11　标注了扩展次序的状态连接图

然后，小明看着图思考起来。不一会儿小明就发现了问题，对艾博士说：我知道了迪杰斯特拉算法存在的不足了，我试着说一下，请艾博士看看是否正确。

在图 3.11 中，状态 C 是远离目标状态的，却第二个就被扩展，比距离目标更近且方向也正确的 E、B 先扩展。而状态 F 不仅远离目标状态，方向也是完全相反的，却也要尝试进行扩展。这是不是就是该算法存在的问题？

艾博士高兴地说：小明你分析得非常正确，这正是该算法存在的不足。算法只利用了节点的 g 值，优先扩展 g 值小的节点，而完全没有考虑这个节点是否距离目标更近。这样会造成很多不必要的节点扩展，严重降低算法的求解效率。

小明忍不住问艾博士：那么怎么克服这一不足呢？

艾博士：一种解决办法就是在选择待扩展节点时，不只是考虑该节点的 g 值，同时还要考虑该节点到目标节点的距离。假设我们用 $h(n)$ 表示节点 n 到目标节点的距离，那么：

$$f(n)=g(n)+h(n)$$

就反映了从初始节点 S 经过节点 n 到达目标节点 T 的路径距离，也就是这条路径的代价。比如在前面的例子中，由于 C 和 F 都是远离目标状态的，它们的 h 值就会比较大，从而导致 f 值比较大，就有可能避免对这两个节点的扩展，从而提高了算法的效率。

听到这里，小明很高兴地说：对啊，这样的话就可以提高搜索效率了。

刚说到这里，小明刚刚还在微笑的面孔突然又凝固起来：可是，一个节点的 h 值怎么计算呢？我们如何知道一个节点到达目标的距离呢？

艾博士说：你的疑虑是对的，一个节点的 h 值确实无法事先知道，但是我们可以大概估计，如果可以估计出一个节点到达目标的大概距离，哪怕是不太准确，那么对于搜索路径也是很有帮助的。

小明：想一想是这样的道理。艾博士，公式中的 $f(n)$、$g(n)$ 和 $h(n)$ 这 3 个函数具有什么物理含义吗？

艾博士：这 3 个函数都具有明确的物理含义，我们具体总结一下。$g(n)$ 表示的是从初始节点 S 到达节点 n 最短路径代价的估计值，通常为搜索图中已经找到的从 S 到 n 的路径代价。$h(n)$称作启发函数，表示的是从节点 n 到达目标节点 T 最短路径代价的估计值，该值的计算与具体问题有关。$f(n)$称作评价函数，表示的是从 S 出发、经过节点 n 到达目标节点 T 最短路径代价的估计值，该值通过累加 $g(n)$和 $h(n)$获得。$f(n)$是对节点 n 的总体评价，既考虑了从初始节点 S 到节点 n 的代价，又考虑从节点 n 到目标节点 T 的代价，是对通过节点 n 到达目标节点最佳路径代价的估计，体现了节点 n 是否在到达目标节点最佳路径上的可能性。$f(n)$越小说明节点 n 在最佳路径上的可能性越大，因此优先扩展 $f(n)$小的节点，是一个可行的搜索策略。

采用这样的搜索策略，每次优先选取 f 值最小的节点扩展，直到目标节点的 f 值最小为止，这样的搜索算法称作 A 算法。A 算法与迪杰斯特拉算法的区别就是用节点的 f 值代替 g 值，每次选取 f 值最小的节点优先扩展。

小明有些着急地问道：我觉得 A 算法中最重要的就是启发函数 $h(n)$的计算，那么如何估计节点的 h 值呢？

看着小明的样子，艾博士安慰说：先不用着急，这个问题我们后面再详细讲解。先假定已经给出了节点的 h 值，看看 A 算法是如何工作的。

还是以上面说的问题为例，但是这次我们给出了每个节点的 h 值，如图 3.12 所示。

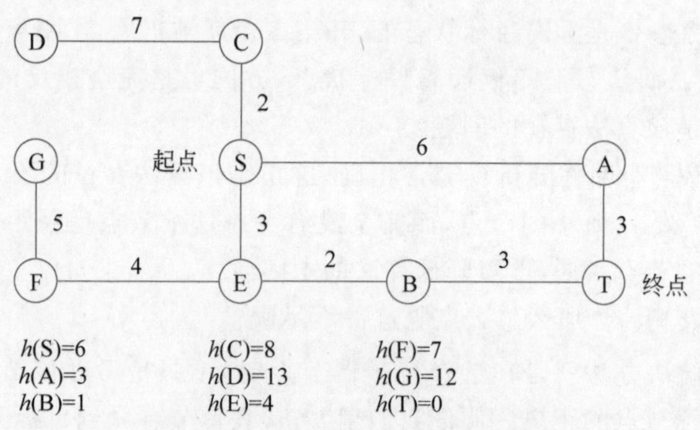

图 3.12 给出了节点 h 值的示意图

艾博士对小明说：这次你尝试着用 A 算法求解一下试试。

小明马上找来一张纸画了起来，得到了图 3.13 所示的搜索图。

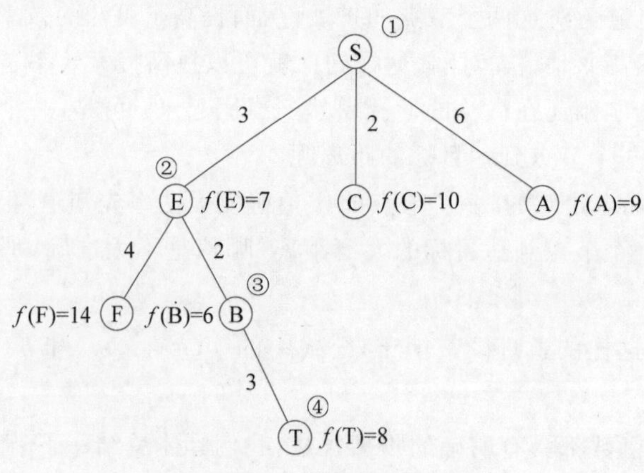

图 3.13 A 算法搜索示意图

艾博士对小明说：请你解释一下做的过程。

小明对照着图 3.13 解释说：首先以初始节点 S 建立根节点，计算 S 的 f 值：

$$f(\mathrm{S})=g(\mathrm{S})+h(\mathrm{S})$$

由于 S 是初始节点，所以 $g(\mathrm{S})=0$，而 $h(\mathrm{S})$图 3.12 中给出的结果是 6，所以 $f(\mathrm{S})=6$。这时待扩展节点只有一个节点 S，选择 S 扩展，生成子节点 A、C、E。分别计算这 3 个节点的 f 值：

$$f(\mathrm{A})=g(\mathrm{A})+h(\mathrm{A})=6+3=9$$
$$f(\mathrm{C})=g(\mathrm{C})+h(\mathrm{C})=2+8=10$$
$$f(\mathrm{E})=g(\mathrm{E})+h(\mathrm{E})=3+4=7$$

从 A、C、E 3 个待扩展节点中，选择 f 值最小的节点 E 优先扩展，生成子节点 B、F。同样计算这两个节点的 f 值：

$$f(\mathrm{B})=g(\mathrm{B})+h(\mathrm{B})=5+1=6$$
$$f(\mathrm{F})=g(\mathrm{F})+h(\mathrm{F})=7+7=14$$

这样待扩展节点为 A、C、B、F 这 4 个节点。从中选择 f 值最小的 B 节点进行扩展，生成出节点 T，计算 T 的 f 值：

$$f(\mathrm{T})=g(\mathrm{T})+h(\mathrm{T})=8+0=8$$

此时待扩展节点为 A、C、F、T 4 个节点，其中 f 值最小的是节点 T，同时 T 也是目标节点，所以算法结束，得到路径 S-E-B-T。

看到小明的求解结果，艾博士夸奖道：小明讲解得非常清楚，尤其最后特意指明 $f(\mathrm{T})$ 最小才结束，这一点是非常重要的。

在 A 算法中，还有一些细节需要处理，为此我们先给出 A 算法的详细描述，以便说清楚这些细节。

在介绍算法之前，先介绍几个算法中用到的符号。S 为给定的初始节点。OPEN 是一个表，当前的待扩展节点放在该表中，并按照 f 值从小到大排列。CLOSED 也是一个表，所有扩展过的节点放在该表中。

A 算法。

初始化：OPEN=(S)，CLOSED=( )，计算 $f(\mathrm{S})$；

循环做以下步骤直到 OPEN 为空结束：

循环开始

　从 OPEN 中取出第一个节点，用 n 表示该节点；

　如果 n 就是目标节点，算法结束，输出节点 n，算法成功结束；

　否则将 n 从 OPEN 中删除，放到 CLOSED 中；

　扩展节点 n，生成出 n 的所有子节点，用 m_i 表示这些子节点；

　计算节点 m_i 的 f 值，由于可能存在多个路径到达 m_i，用 $f(n,m_i)$表示经过节点 n 到达 m_i 计算出的 f 值，不同的到达路径其 $g(m_i)$值可能不同，但是 $h(m_i)$是一样的，因为 $h(m_i)$是从 m_i 到目标节点路径代价的估计值，与如何从初始节点到达 m_i 无关；

　如果 m_i 既不在 OPEN 中，也不在 CLOSED 中，说明这是一个新出现的节点，则

将 m_i 加入 OPEN 中，并标记 m_i 的父节点为 n；

如果 m_i 在 OPEN 中，并且 $f(n,m_i)<f(m_i)$，则 $f(m_i)=f(n,m_i)$，并标记 m_i 的父节点为 n；

如果 m_i 在 CLOSED 中，并且 $f(n,m_i)<f(m_i)$，则 $f(m_i)=f(n,m_i)$，并标记 m_i 的父节点为 n，将 m_i 从 CLOSED 中删除并重新加入 OPEN 中；

对 OPEN 中的节点按照 f 值从小到大排序；

循环结束

没有找到解，算法以失败结束。

下面我们对 A 算法做具体解释。

A 算法的基本思想是从待扩展节点中，选一个 f 值最小的节点扩展。为了表述方便，我们将待扩展节点放在 OPEN 中，并对 OPEN 中的节点按照 f 值从小到大排序，这样 OPEN 中的第一个节点就是 f 值最小的节点。而被扩展的节点放在 CLOSED 中。最开始，待扩展节点只有初始节点 S 在 OPEN 中，CLOSED 节点为空。

然后就是循环操作，每次从 OPEN 中取出第一个节点 n，也就是 f 值最小的节点，首先判断 n 是否目标节点，如果是目标节点，输出该目标节点，A 算法结束。否则就扩展节点 n，产生 n 的所有子节点 m_i，然后将 n 从 OPEN 中删除，加入 CLOSED 中。由于从 S 到达 m_i 的路径可能有多个，通过不同路径计算的 $g(m_i)$ 也可能不同，计算出的 f 值也会不同。我们只需要保留一个最小的 f 值即可。由于这次是通过节点 n 扩展出的 m_i，所以我们用 $f(n,m_i)$ 表示经过节点 n 到达 m_i 计算出的 f 值。如果 m_i 既不在 OPEN 中，也不在 CLOSED 中，说明 m_i 是第一次出现的节点，直接将 m_i 加入 OPEN 中，并标记 m_i 的父节点为 n，表示 m_i 是从 n 节点产生的。如果 m_i 在 OPEN 中，说明到达 m_i 至少有两条路径，之前已经从其他路径产生过节点 m_i，并且 m_i 还没有被扩展过。通过之前路径计算得到的 $f(m_i)$ 与通过 n 节点这条新路径计算得到的 $f(n,m_i)$ 进行比较，哪个路径计算的 f 值小就保留哪条路径。如果以前路径计算的 $f(m_i)$ 小，就保持不变，忽略从 n 产生 m_i 这条路径。如果新路径的 $f(n,m_i)$ 小，就标记 m_i 的父节点为 n，并用 $f(n,m_i)$ 作为节点 m_i 的 f 值。如果 m_i 在 CLOSED 中，同样说明到达 m_i 至少有两条路径。如果 m_i 之前的 f 值小于新路径的 f 值 $f(n,m_i)$，则保持不变，忽略从 n 产生 m_i 这条路径。如果新路径的 $f(n,m_i)$ 小，就标记 m_i 的父节点为 n，并用 $f(n,m_i)$ 作为节点 m_i 的 f 值。但是由于 m_i 是在 CLOSED 中的，说明 m_i 已经被扩展过，其子节点已经生成，如果 m_i 的父节点被修改了，则到达 m_i 的子节点及其后续节点(如果已经产生的话)的路径也被改变了，g 值将有所变化，所以 m_i 的子节点及其后续节点的 f 值也应该有所改变。为了处理这种情况，A 算法采用了一种简化处理的方法，先将 m_i 从 CLOSED 中删除，然后将 m_i 重新放回到 OPEN 中，当以后该节点排在 OPEN 中的第一位、m_i 节点再次被选择进行扩展时，重新生成其子节点，这时按照 A 算法自然就修改了 m_i 的子节点的 f 值，简化了 A 算法的处理过程。最后对 OPEN 中的节点按照 f 值大小进行排序，再次循环进行以上操作，直到算法结束。

A 算法有两个结束出口：第一个出口是，当 OPEN 的第一个节点是目标节点时，说明找到了从初始节点到目标节点的路径，算法找到解成功结束；第二个出口是，当 OPEN 中不含有任何节点，也就是 OPEN 为空时，算法退出循环结束，此时表示算法已经遍历了所有的可能，但是仍然没有找到解，算法失败结束。

介绍完 A 算法之后，艾博士再次强调说：请注意 A 算法的结束条件，必须是当目标节点的 f 值在 OPEN 中最小，也就是目标节点排在 OPEN 表的第一个位置时，算法才成功结束，而不是目标一出现就结束算法。这是初学者最容易犯的错误，一定要牢记这一点。该结束条件与迪杰斯特拉算法是一样的。

听了艾博士的讲解，小明说：谢谢艾博士的讲解，我一定牢记住这个结束条件。能否再举一个 A 算法求解的例子呢？

艾博士：好的，我们再举一个用 A 算法求解八数码问题的例子。该八数码问题如图 3.14 所示。

艾博士：为了用 A 算法求解八数码问题，需要先定义 h 函数，以便计算 f 值。我们定义 h 函数为“不在位的将牌数”。也就是说，看一个状态的所有将牌所在的位置，与目标状态将牌所在位置进行比较，看有多少个将牌位置与目标状态不一致。不在位将牌的数量就是该状态的 h 值。比如图 3.15 所示的状态，与目标相比 1、2、6、8 四个将牌不在目标位置，所以该状态的 h 值就是 4。由于八数码问题一次只能移动一个将牌，在将牌移动一次的代价为 1 的情况下，不在位将牌数一定程度上体现了一个状态与目标状态的距离，可以用来估计其到达目标所需要的代价。

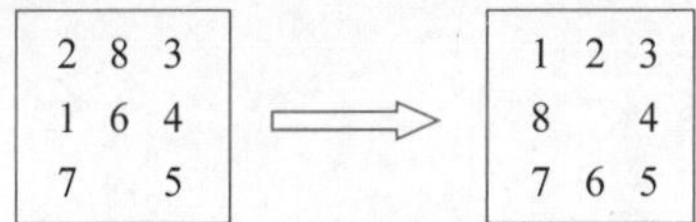

图 3.14　八数码问题举例

```
2 8 3
1 6 4
7   5
```

图 3.15　不在位将牌数作为 h 函数计算举例

图 3.16 给出了采用 A 算法求解该八数码问题的搜索图。图中红圈中的数字表示节点被扩展的次序，英文字母旁括号中的数字表示计算出的该节点的 f 值。

按照 A 算法，S 首先被扩展，产生 A、B、C 3 个子节点，并标注这 3 个节点的父节点为 S，图中用指向 S 的箭头表示，S 被放入 CLOSED 中。由于这 3 个节点都是经过一步产生的，所以 g 值都是 1。节点 A 有 1、2、6、7、8 五个将牌不在位，所以 h(A)＝5，加上 A 的 g 值 1，有 f(A)＝1＋5＝6，同理可以得到 f(B)＝4、f(C)＝6。这样 OPEN 和 CLOSED 分别如下：

OPEN＝(B(4)，A(6)，C(6))

CLOSED＝(S(4))

从 OPEN 中取出第一个节点 B(4) 放入 CLOSED 中，扩展 B(4) 生成子节点 D、E、F，并标注这 3 个节点的父节点为 B。这 3 个节点均是经过两步走成的，所以 g 值均为 2。节点 D、E 都是 1、2、8 三个将牌不在位，所以 h 值都是 3。节点 F 是 1、2、4、8 四个将牌不在位，其 h 值为 4。这样得到 f(D)＝f(E)＝2＋3＝5，f(F)＝2＋4＝6。D(5)、E(5)、F(6) 分别放入 OPEN 中并按照 f 值排序，有

OPEN＝(D(5)，E(5)，A(6)，C(6)，F(6))

CLOSED＝(S(4)，B(4))

从 OPEN 表中取出第一个节点 D(5)放入 CLOSED 中，扩展 D(5)生成子节点 G、H，并标注这两个节点的父节点为 D，计算有 f(G)＝6、f(H)＝7，分别放入 OPEN 中并排序，有

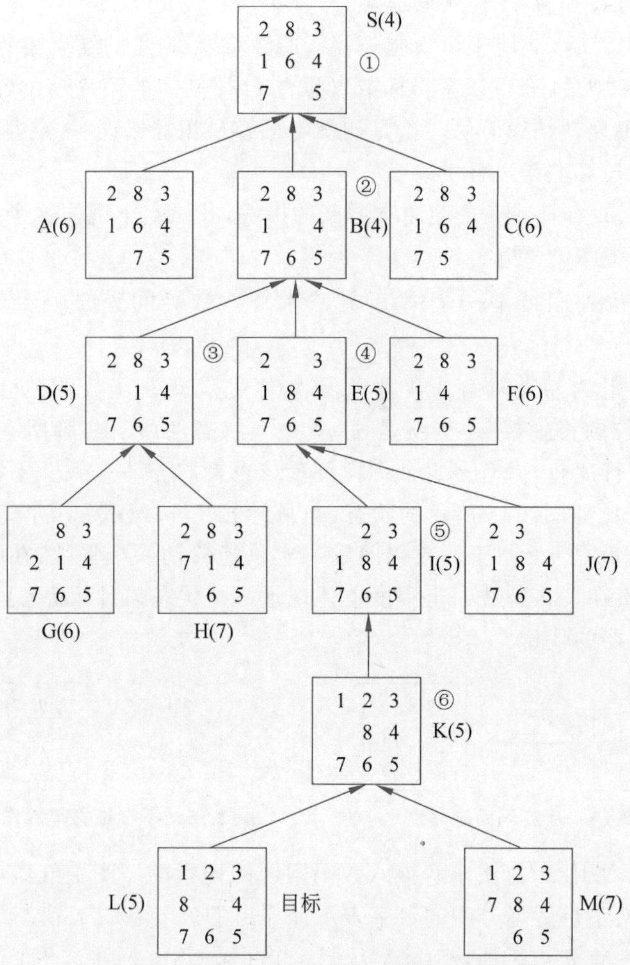

图 3.16 A 算法求解八数码问题的搜索图

OPEN＝(E(5),A(6),C(6),F(6),G(6),H(7))

CLOSED＝(S(4),B(4),D(5))

从 OPEN 表中取出第一个节点 E(5)放入 CLOSED 中,扩展 E(5)生成子节点 I、J,并标注这两个节点的父节点为 E,计算有 f(I)＝5、f(J)＝7,分别放入 OPEN 中并排序,有

OPEN＝(I(5),A(6),C(6),F(6),G(6),H(7),J(7))

CLOSED＝(S(4),B(4),D(5),E(5))

从 OPEN 表中取出第一个节点 I(5) 放入 CLOSED 中,扩展 I(5) 生成子节点 K,并标注 K 的父节点为 I,计算有 f(K)＝5,放入 OPEN 中并排序,有

OPEN＝(K(5),A(6),C(6),F(6),G(6),H(7),J(7))

CLOSED＝(S(4),B(4),D(5),E(5),I(5))

从 OPEN 表中取出第一个节点 K(5)放入 CLOSED 中,扩展 K(5)生成子节点 L、M,并标注这两个节点的父节点为 K,计算有 f(L)＝5、f(M)＝7,分别放入 OPEN 中并排序,有

OPEN＝(L(5),A(6),C(6),F(6),G(6),H(7),J(7),M(7))

CLOSED＝(S(4),B(4),D(5),E(5),I(5),K(5))

从 OPEN 中取出第一个节点 L(5)，发现 L 就是目标节点，算法结束输出目标节点 L。

小明听着艾博士的讲解，对照着图 3.16 所示的搜索图说：不在位的将牌数虽然看起来是一个并不太准确的路径代价估计值，但是效果还是挺好的，看来 A 算法是一个不错的算法。但是我还有个问题，虽然 A 算法最终找到了目标节点，但是算法并没有说如何得到这条解路径，如何获得从初始节点到达目标节点的解路径呢？对于八数码问题来说，我们更关心的应该是如何移动将牌到达目标，而不是目标本身。

艾博士说：小明你提了一个很好的问题。虽然 A 算法并没有说如何得到解路径，但是保留了相关的信息。比如每个产生的节点都有一个父节点标记，算法成功结束时输出的是找到的目标节点，这样从目标节点开始，一步步沿着父节点标志反向寻找到初始节点，就得到了需要的解路径。

小明：我明白如何得到解路径了。对于图 3.16 所示的搜索图来说，算法输出的是目标节点 L，由 L 知道其父节点是 K，而 K 的父节点是 I，以此类推，我们可以得到该问题解路径的逆序表示为 L-K-I-E-B-S，将其反转过来就是 S-B-E-I-K-L，就得到了该问题的解。也就是将牌 6 下走一步，将牌 8 下走一步，将牌 2 右走一步，将牌 1 上走一步，将牌 8 左走一步，就实现了从给定的初始状态通过将牌的移动达到目标状态。

艾博士：正是这样的。

3.4.2　A* 算法

艾博士：小明，你发现没有，我们一直没有说 A 算法是否能够找到最优路径？

小明：确实啊。从前面的八数码问题例子看，A 算法的求解效率还是很高的，但是是否能保证找到最优解呢？

艾博士：我们在解释一个节点的 h 值时，只说了是该节点到达目标节点路径代价的一个估计值，并没有对 h 函数做具体的限制。所以在对 h 函数没有任何限制的情况下，不好讨论 A 算法的性质。

可以证明，对于任何一个节点 n，如果 $h(n) \leqslant h^*(n)$ 的话，则 A 算法一定可以在有解的情况下找到最优解，也就是代价最小的路径。其中 $h^*(n)$ 表示从节点 n 到达目标节点最优路径的代价。

有关 A* 算法的性质及其证明，请参见附录 C。

当满足条件 $h(n) \leqslant h^*(n)$ 时，A 算法称作 A* 算法，其中 $h(n) \leqslant h^*(n)$ 称作 A* 条件。

小明有些不太明白地问：当 h 函数满足 A* 条件时，A 算法就是 A* 算法吗？

艾博士肯定地回答说：是的，从算法描述的角度来说，A* 算法与 A 算法是完全一样的，只是对 h 函数加上了 A* 条件限制。

小明又有些疑惑地问道：一般来说，在求解之前我们并不知道 $h^*(n)$ 的具体大小，那么如何判断 h 函数是否满足 A* 条件呢？

艾博士：这又是一个很好的问题。我们需要根据具体问题具体判断。比如说我们在地图上用 A* 算法求给定两点的最短路径，假设我们知道每个路口，也就是节点的坐标的话，就可以将 h 函数定义为每个路口到达终点的欧氏距离(欧几里得度量)。因为欧氏距离是两点间的最短距离，所以一个路口到达终点的实际最短距离不可能小于欧氏距离，所以这样的 h 函数是满足 A* 条件的。

再比如，在前面的八数码问题例子中，我们定义 h 函数为不在位的将牌数。由于八数码问题每次只能移动一步将牌，而移动一步将牌理想情况下最多也是把一个不在位的将牌移动到位，所以当有 m 个不在位将牌时，至少需要 m 步才可能把所有将牌移动到位，这样的 h 函数也是满足 A^* 条件的。

小明：我明白了，判断一个 h 函数是否满足 A^* 条件，需要根据具体问题具体分析，根据问题和定义的 h 函数判断是否满足 A^* 条件。

艾博士肯定地说：就是这样的，这里并不存在一般的方法，只能具体问题具体分析，根据实际问题判断是否满足 A^* 条件。

3.4.3 定义 h 函数的一般原则

小明又问艾博士：A^* 算法最重要的就是一个满足 A^* 条件的 h 函数。那么应该如何定义 h 函数呢？

艾博士：如何定义 h 函数是 A^* 算法应用中最重要的内容，只能根据具体问题具体讨论，但还是有一般原则的。

小明忙问道：有哪些一般原则呢？

艾博士：一个重要的原则可以总结为，放宽原问题的限制条件，在宽条件下求解一个状态到目标状态的最优路径代价，以此代价作为该状态的 h 值。在宽条件下求解的最小代价，不会比严格条件下的最小代价大，所以这样得到的 h 函数肯定可以满足 A^* 条件。

小明：应该怎样放宽条件呢？

艾博士：这个问题比较重要，而且与具体问题有关，我们通过几个例子加以说明，从简单问题到复杂一些的问题。

1. 地图上求解两点间的最优路径问题

艾博士：地图上求解两点间的最优路径问题，其限制条件是必须沿着道路前进，道路不一定是笔直的，可能有弯曲，甚至在某段路可能会向相反的方向行进。我们可以放宽这个条件，比如任何两点间都可以直行，不必沿着道路行进。这样放宽条件后，任何一个路口到终点的路径最小代价都可以用欧氏距离计算，该距离一定不会大于严格条件下最优路径的代价，所以用欧氏距离定义 h 函数一定可以满足 A^* 条件。

小明：这里例子比较容易理解，欧氏距离肯定是两点间的最短距离。

2. 八数码问题

艾博士：八数码问题的限制条件是将牌每次只能移动一步，而且只能移动到空格位置。我们把这一限制条件放宽，假定每个将牌可以"跳跃"，从当前位置跳跃到目标位置，而且不管目标位置是否有其他将牌存在，都可以跳跃过去。这样当有 m 个将牌不在位时，采用这种跳跃的方式，最多经过 m 次跳跃，就达到了目标状态。因此，这种宽条件下所移动的将牌次数不会多于原问题严格条件下的将牌移动次数，所以用"不在位的将牌数"定义 h 函数，可以满足 A^* 条件，而且不在位将牌的多少，也一定程度上反映了该状态到达目标状态的距离。

小明恍然大悟道：原来用不在位将牌数作为 h 函数值是这样定义出来的。但是对于八数码问题来说，将限制放宽到可以跳跃，似乎条件放得太宽了，是否可以收紧一些呢？

艾博士：这正是我想要说的，其实条件可以再收紧一些。八数码问题将牌每次只能移动一步，我们可以继续保留这个限制，但是放宽只能移动到空格位置这个条件，也就是不管旁边位置是否有将牌，都可以移动过去。在这样的宽松条件下，每个不在位的将牌需要移动 k 步到达目标位置，而 k 就是该将牌到达目标位置的距离。所以我们可以用"每个不在位将牌到其目标位置的距离和"来定义 h 函数。这是在宽松条件下达到目标状态所需要的最小代价，所以一定不会多于严格条件下所需要的代价，满足 A^* 条件。

下面我们举例说明这种情况下如何计算一个状态的 h 值。在图 3.17 给出的例子中，1、2、6、8 四个将牌不在目标位置，其中 1、2、6 三个将牌距离目标位置均为 1，也就是经过 1 步移动就可以到达目标位置，将牌 8 需要移动两步才能到达目标位置，所以将牌 8 到达目标位置的距离为 2，这样四个不在位将牌距离目标位置的距离和为 1＋1＋1＋2＝5，则该状态的 h 值为 5。

2	8	3
1	6	4
7		5

图 3.17　用不在位将牌距离目标位置距离和作为 h 函数计算举例

小明：八数码问题这两个例子很好地说明了如何通过放宽条件，在宽松条件下定义 h 函数的问题，很受启发，大概了解了如何定义 h 函数的思路了。

3. 传教士与野人问题

艾博士：下面我们再举一个稍微复杂一点的例子——传教士与野人问题。

传教士与野人问题描述如下。

有 5 个传教士和 5 个野人来到河边准备渡河，河岸有一条船，每次至多可供 3 人乘渡。问如何规划摆渡方案，使得任何时刻，在河的两岸以及船上的野人数目总是不超过传教士的数目(但允许在河的某一岸或者船上只有野人而没有传教士)。假设传教士和野人都会划船，而没有传教士和野人以外的其他划船人。

在这里我们主要讨论如何设计 h 函数，以便可以用 A^* 算法求解该问题。

我们假设开始时传教士和野人在河的左岸，目标是乘船到达河的右岸。由于总人数是固定的，所以我们可以考虑用左岸传教士和野人的人数，以及船在河的哪边表示一个状态。比如表达为一个如下三元组：

$$(M, C, B)$$

其中，M、C 分别表示在左岸的传教士和野人人数；B 表示船在河的哪一边，船在左岸时 $B=1$，船在右岸时 $B=0$。

该问题的一个特点是船在河的两岸转换，如果这个状态船在左岸，则下一个状态船在右岸；如果这个状态船在右岸，则下一个状态船在左岸。所以在定义 h 函数时要考虑这种情况，需要分别考虑船在不同的岸边的情况。同时我们假设，摆渡一次船的代价为 1，而不考虑船上具体有多少人。

如何通过放宽条件的方法得到该问题的 h 函数呢?

对于传教士和野人问题,主要的限制条件是在摆渡的过程中"在河的两岸以及船上的野人数目总是不超过传教士的数目",我们将这个限制条件去掉,只考虑船每次最多可供 3 人乘渡这一个条件。

先考虑船在左岸的情况。如果不考虑限制条件,也就是说,船一次可以将 3 人从左岸运到右岸,然后再有 1 人将船送回来。这样,船一个来回可以将 2 人运过河,而船仍然在左岸。而最后剩下的 3 人,则可以一次将他们全部从左岸运到右岸。所以,在不考虑限制条件的情况下,至少需要摆渡 $\left\lceil\frac{M+C-3}{2}\right\rceil\times 2+1$ 次。其中分子上的"-3"表示剩下 3 人留待最后一次运过去。除以 2 是因为一个来回可以运过去 2 人,需要 $\frac{M+C-3}{2}$ 个来回把除了最后 3 人外的其他所有人运送过去,因为"来回"数不能是小数,需要向上取整,这个用符号$\lceil\ \rceil$表示。乘以 2 是因为一个来回相当于两次摆渡,总代价要乘以 2。最后的"$+1$",则表示将剩下的 3 人运过去,需要一次摆渡。可以说,$\left\lceil\frac{M+C-3}{2}\right\rceil\times 2+1$ 是在宽松条件下,把所有的传教士和野人全部从左岸摆渡到右岸所需要的最小摆渡次数。

化简有

$$\left\lceil\frac{M+C-3}{2}\right\rceil\times 2+1\geqslant\frac{M+C-3}{2}\times 2+1=M+C-3+1=M+C-2$$

所以,当状态是船在左岸时,需要的摆渡次数至少为 $M+C-2$ 次,其中 M、C 分别为当前状态在左岸的传教士和野人人数。

再考虑船在右岸的情况。同样不考虑限制条件。船在右岸,需要一个人将船运到左岸。因此对于状态 $(M,C,0)$ 来说,其下一个状态是 $(M+1,C,1)$ 或者是 $(M,C+1,1)$,具体看是传教士将船运到左岸,还是野人将船运到左岸,在宽松条件下我们并不需要具体区分这两种情况,我们假设下一个状态为 $(M+1,C,1)$,这时就相当于船在左岸的情况了。按照前面的分析,我们将此时左岸的传教士人数 $M+1$ 和野人人数 C 代入上面分析的船在左岸的情况,可以得到对于状态 $(M+1,C,1)$ 至少需要 $(M+1)+C-2$ 次摆渡。但是我们需要计算的是船在右岸时状态 $(M,C,0)$ 所需要的最少摆渡次数,而状态 $(M+1,C,1)$ 是状态 $(M,C,0)$ 经过一次摆渡达到的,所以 $(M+1,C,1)$ 所需要的最少摆渡次数加 1,就是 $(M,C,0)$ 所需要的最少摆渡次数。所以有 $(M,C,0)$ 需要的最少摆渡次数为 $(M+1)+C-2+1$,化简有 $M+C$。

总结以上情况:

对于船在左岸时的状态 $(M,C,1)$,需要的最少摆渡次数为 $M+C-2$。

对于船在右岸时的状态 $(M,C,0)$,需要的最少摆渡次数为 $M+C$。

考虑到船在左岸时 $B=1$,船在右岸时 $B=0$。两种情况可以综合在一起,状态 (M,C,B) 需要的最少摆渡次数为 $M+C-2B$。

由于该摆渡次数是在不考虑限制条件下推出的最少所需要的摆渡次数。因此,当有限制条件时,最优的摆渡次数不可能小于该摆渡次数。所以这样定义的 h 函数一定满足 A^* 条件。

小明：这个例子确实有点复杂，但也可以很好地体现通过放宽限制条件定义 h 函数的思想。如果不采用降低条件的方法，都不知道从何处着手。

3.4.4　h 函数的评价

听完艾博士的介绍，小明又提出了一个问题：对于同一个问题，可以定义不同的 h 函数，比如对于八数码问题，我们就定义了"不在位的将牌数"和"不在位将牌距离目标位置的距离和"两个 h 函数。从感觉上来看，"不在位将牌距离目标位置的距离和"由于考虑了将牌到目标位置的距离应该更好一些。那么有什么方法评价两个 h 函数的好坏吗？

艾博士：小明你问的这个问题非常好，当对于同一个问题定义了多个不同的 h 函数时，确实应该有个比较方法判断哪个 h 函数更好一些。

对于这个问题，首先要定义评价 h 函数好坏的标准。我们定义 h 函数的目的就是通过 A^* 算法尽快找到问题的解，所以可以用求解时扩展的节点数作为评判标准。对于同一个问题如果定义了两个不同的 h 函数，用其中一个 h 函数扩展的节点数少于用另一个 h 函数扩展的节点数，则说明前一个 h 函数更好。

对此我们有如下定理。

设对同一个问题定义了两个满足 A^* 条件的 h 函数 h_1 和 h_2，如果对所有非目标节点有 $h_2(n)>h_1(n)$，则当 A^* 算法结束时，用 h_2 扩展的每一个节点，也必定由 h_1 所扩展，即用 h_1 扩展的节点数$\geqslant$用 h_2 扩展的节点数。

这里"用 h_i 扩展的节点"的含义是，当 h 函数采用 h_i 时，A^* 算法所扩展的节点。

由于两个 h 函数均满足 A^* 条件，所以取值越大的 h 函数，说明对最小路径代价的估值越准确。该定理表明，估计越准确的 h 函数，其性能越好。

小明又问道：艾博士，定理中要求对于所有非目标节点有 $h_2(n)>h_1(n)$，也就是要求 $h_2(n)$恒大于 $h_1(n)$，这里可以加上等号吗？即 $h_2(n)\geqslant h_1(n)$。

艾博士摇了摇头说：是不可以的，因为我们可以很容易举出反例来。小明你还记得我们反复强调过的 A^* 算法的结束条件吗？

小明：您强调过多次这个问题，只有当目标节点排在 OPEN 的第一个位置时算法才成功结束。

艾博士：是的，这一点很重要，是 A^* 算法可以找到最优解的一个重要条件。但是当多个节点的 f 值相等时，这些节点在 OPEN 中如何排序，算法并没有说明。问题也就出现在这里。比如有非目标节点 m，刚好有 $f(m)=f(\mathrm{T})$，其中 T 是目标节点。在这种情况下，如果 m 在 OPEN 中排在了 T 的前面，则 A^* 算法将会扩展 m 节点；如果 m 排在了 T 的后面，则 T 被从 OPEN 中取出后算法就结束了，节点 m 并不会被扩展。如果是 $h_2(n)\geqslant h_1(n)$，并且刚好有 $f_1(m)=f_2(m)=f_1(\mathrm{T})=f_2(\mathrm{T})$，其中 f_1、f_2 分别指用 h_1、h_2 计算的 f 值。由于 m 排序位置的不确定性，可能会导致 h_2 扩展了 m 节点，但是 h_1 不扩展 m 的情况发生，这样定理就不成立了。所以这个等号是不能加的。但是，如果在计算扩展的节点时排除这样的节点，均排在目标节点的后边，则即便加上等号定理也同样成立。

小明：这么一解释就明白了为什么定理中不能加上等号了。

艾博士举例说：比如对于前面八数码的例子，我们定义：

h_1 ="不在位将牌数"

h_2 ="不在位将牌距离目标位置的距离和"

满足 $h_2(n) \geqslant h_1(n)$，并不符合定理的条件，所以也就不能保证 h_2 的性能不会比 h_1 差，但是如果像上面介绍的一样，排除这样的特殊节点的话，则 h_2 的性能一定不会比 h_1 差。

艾博士：这里我们再强调一下，在这个定理中说的是"扩展的节点数"而不是"扩展的节点次数"。

小明：这两个有什么区别呢？

艾博士：在后面我们会看到，A^* 算法可能会存在重复扩展节点问题，也就是说，某个节点可能会被重复多次扩展。"扩展的节点数"指的是有多少个节点被扩展了，而不考虑一个节点被扩展了多少次。而"扩展的节点次数"指的则是节点扩展一次计算一次，如果有重复扩展节点的情况，则也要计算在内。比如 A 节点被扩展了 3 次，B 节点被扩展了 2 次，从"扩展的节点数"角度考虑，则是只有两个节点被扩展，也就是说扩展的节点数为 2。而从"扩展的节点次数"角度考虑，则是一共扩展了 5 次节点。上述定理是说，当 $h_2(n) > h_1(n)$ 时，用 h_2 扩展的节点数不大于用 h_1 扩展的节点数，没有考虑节点被重复扩展的情况。

小明：我明白了，如果不是艾博士强调，还真没有注意到这个问题。在实际问题中，情况可能比较复杂，可能并不容易比较两个 h 函数的大小。或者出现这种情况，总体上 h_2 比较大，但是个别情况下也存在小于 h_1 的情况，这时有什么方法判断哪个 h 函数更好吗？

艾博士：这时可以采用实验的方式进行比较，找出一个相对好的 h 函数。为了方便测试比较，同样需要有一个评价指标。我们看看有什么样的指标可以利用。

图 3.18 给出了一个深度为 3 的满二叉树示意图。

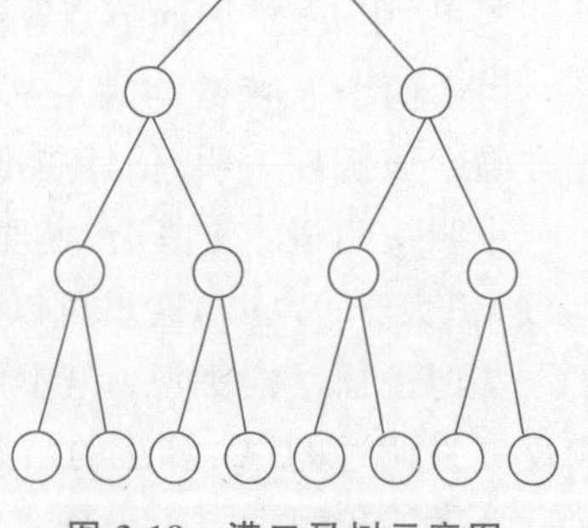

图 3.18 满二叉树示意图

小明不解地问：满二叉树是什么意思？与我们要寻找的评价指标又有什么关系呢？

艾博士：所谓二叉树，就是每个节点最多只有两个子节点的树，而满二叉树指的是除了叶节点(也就是最下面的节点)外，每个节点都有两个子节点，且所有叶节点的深度都是一样的树。一般情况下，我们也可以定义深度为 d 的满 b 叉树。

对于一个深度为 d 的满 b 叉树，其节点总数 N 可以由下式给出：

$$N = \frac{(b^{d+1} - 1)}{b - 1}$$

如果我们把深度为 d 的满 b 叉树想象成是一个目标节点深度为 d 的搜索图，则 b 越大搜索的范围越多，求解效率就越低。相反，如果 b 越小，则搜索的范围越小，求解效率就越高。因此我们希望 b 越小越好。

对于一个实际搜索图来说，不可能刚好是一个 b 叉树，但是我们可以根据搜索图中总的节点数以及目标节点的深度，按照上式求解一个分叉的平均值，就是当搜索图中节点总数为 N、目标节点深度为 d 时，所对应的平均分叉数满足上述公式。这样我们就可以用平均分叉数的大小来评价 h 函数的搜索效果了。

小明：怎么评价呢？请您具体讲讲。

艾博士：简单说就是，对于给定的问题，定义一个 h 函数，用该 h 函数进行 A^* 搜索，A^* 算法结束时可以得到共产生了多少个节点 N，以及目标节点所在的深度 d。将 N 和 d 代入公式：

$$N=\frac{(b^{d+1}-1)}{b-1}$$

中，就可以计算出平均分叉数 b。不过根据该式并不能求出 b 的解析表达式，只能通过数值计算的方法计算出 b 值。b 越小就说明该 h 函数越好。

小明：按照这个公式求得的平均分叉数一定是整数吗？

艾博士：不是的，应该绝大多数情况下都不是整数，除非遇到很特殊的情况，因为这是一个平均的概念。

我们还是以八数码问题为例，设 h 函数分别为

h_1＝"不在位将牌数"

h_2＝"不在位将牌距离目标位置的距离和"

我们随机生成 2 个八数码问题的初始状态，最佳解路径的长度分别为 14 和 20，分别采用两个不同的 h 函数用 A^* 算法求解，并计算不同情况下的平均分叉数 b。结果如表 3.1 所示。

表 3.1　八数码问题不同 h 函数时的平均分叉数

实验样例	目标节点深度	h 函数	产生的节点数 N	平均分叉数 b
样例 1	14	h_1	539	1.44
		h_2	113	1.47
样例 2	20	h_1	7276	1.23
		h_2	676	1.27

从表 3.1 中可以看出，采用 h_2 时效果明显好于 h_1 的效果，这与我们的直觉也是一致的。对于不同深度的目标节点，当采用同一个 h 函数时，求得的平均分叉数 b 也是基本相同的，变化并不大，说明平均分叉数是一个比较好的评价指标。

小明：就是说当我们不能从理论上评价两个 h 函数的好坏时，可以通过实验求取平均分叉数的方法评价，平均分叉数越小的 h 函数越好。

艾博士：对，就是通过测试的方法对比不同 h 函数的优劣。

3.4.5　A^* 算法存在的不足

艾博士：A^* 算法体现出了很好的性能，也是人工智能研究领域一个重要的算法。但是 A^* 算法也存在一些不足。

小明：A^* 算法存在哪些不足呢？

艾博士：小明，请你说说 A^* 算法中，当新产生的节点已经在 CLOSED 中时是如何处理的？

小明想了想回答说：对于从节点 n 产生的节点 m_i，如果 m_i 已经在 CLOSED 中，则要比较通过 n 产生 m_i 计算的 $f(n,m_i)$ 与以前得到的 $f(m_i)$ 之间的大小，当 $f(n,m_i)<f(m_i)$ 时，说明通过 n 到 m_i 这条路径代价更小。按照 A* 算法，这时要把 m_i 从 CLOSED 中取出，重新放回 OPEN 中。

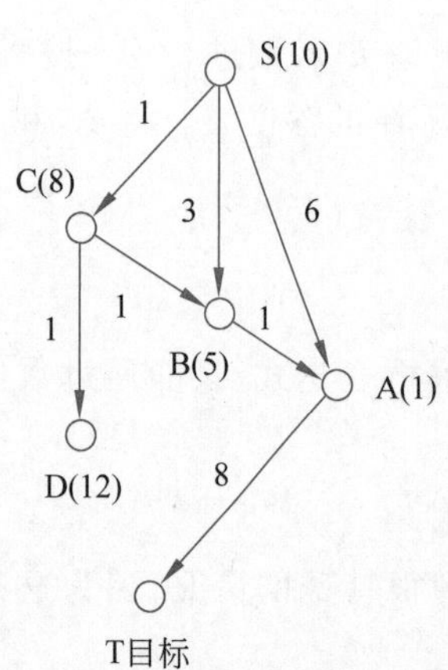

图 3.19　某问题状态连接图

艾博士对小明的回答非常满意：回答得很好，看来是认真复习了。

m_i 在 CLOSED 中，说明节点 m_i 之前已经被扩展过，现在又将 m_i 重新放回到 OPEN 中，那么 m_i 就有可能被再次扩展，也就是说存在同一个节点被重复扩展的可能。如果有多个节点反复被重复扩展，显然就降低了 A* 算法的搜索效率。

我们看一个例子。假设某问题状态连接图如图 3.19 所示。其中字母旁括号中的数字表示该节点的 h 值，连线边的数字表示两个节点间的代价。表 3.2 给出了以 OPEN、CLOSED 表示的搜索过程，字母后面括号中的数字为该节点的 f 值，当算法结束时，找到了从 S 到 T 的最佳路径 S-C-B-A-T。

表 3.2　图 3.19 所示问题的搜索过程

OPEN	被选择节点	CLOSED
S(10)	S(10)	S(10)
A(7)B(8)C(9)	A(7)	S(10)A(7)
B(8)C(9)T(14)	B(8)	S(10)A(7)B(8)
A(5)C(9)T(14)	A(5)	S(10)B(8)A(5)
C(9)T(12)	C(9)	S(10)A(5)C(9)
B(7)T(12)D(14)	B(7)	S(10)C(9)B(7)
A(4)T(12)D(14)	A(4)	S(10)C(9)B(7)A(4)
T(11)D(14)	T(11)	

艾博士：我们来分析一下这个问题的搜索过程。

开始时 OPEN 表中只有一个初始节点 S(10)，扩展 S 产生节点 A(7)、B(8)、C(9)，这 3 个节点的父节点均为 S。节点 A(7)的 f 值最小，被从 OPEN 中取出扩展，产生子节点 T(14)放入 OPEN 中，节点 A(7)被从 OPEN 中删除放入 CLOSED 中。这时虽然已经找到了一条从初始节点 S 到目标节点 T 的路径 S-A-T，但是由于目标节点 T 没有排在 OPEN 的第一个位置，继续搜索。从 OPEN 中取出第一个节点 B(8)，产生子节点 A，由于节点 A 已经在 CLOSED 中，而通过节点 B 新产生的节点 A 的 f 值为 5，小于之前 A 的 f 值 7，所以将节点 A 从 CLOSED 中删除，重新放回 OPEN 中，节点 A 的 f 值修改为 5，其父节点修改为节点 B。节点 A(5)再次被排在 OPEN 的第一个位置，从 OPEN 中取出放入 CLOSED 中，产生子节点 T。节点 T 已经在 OPEN 中了，到达 T 的新路径 f 值为 12，小于之前的 f 值 14，修改 T 的 f 值为 12，仍然在 OPEN 中。经排序后，C(9)在 OPEN 的第一个位置，从

OPEN 中取出 C(9)放入 CLOSED 中，扩展节点 C(9)产生节点 B(7)和节点D(14)。节点 D(14)是新节点，直接放入 OPEN 中，标记其父节点为节点 C。B(8)节点已经在 CLOSED 中，而通过节点 C 产生的节点 B 的 f 值为 7，小于之前的 f 值 8，所以 B 被从 CLOSED 中取出放回到 OPEN 中，B 以 7 的 f 值又排在了 OPEN 中第一个位置，其父节点也被修改为节点 C。B(7)被从 OPEN 中取出，放入 CLOSED 中，扩展节点 B(7)再次产生节点 A(4)，而节点 A(5)在 CLOSED 中，到达 A 的新路径 f 值为 4，小于之前路径的 f 值 5，所以 A 被重新放回 OPEN 中，以 f 值 4 又一次排在了 OPEN 的第一个位置。节点A(4)再次被扩展，产生节点 T(11)。节点 T 已经在 OPEN 中，到达节点 T 的新路径的 f 值 11 小于之前的 f 值 12，修改节点 T 的 f 值为 11。OPEN 表经重新排序后，节点 T 排在了 OPEN 的第一个位置，当节点 T 被从 OPEN 中取出后，发现 T 就是目标节点，所以算法结束，找到了从初始节点 S 到目标节点 T 的路径为 S-C-B-A-T，路径长度为 11。

讲解完这个例子的搜索过程之后艾博士问小明：从表 3.2 给出的搜索过程看出什么问题吗？

小明：在听您的讲解过程中，就发现节点 A 和 B 被多次从 CLOSED 中取出重新放回 OPEN 中，导致这两个节点被反复扩展多次，节点 A 被重复扩展了 3 次，节点 B 被重复扩展了 2 次。为什么会出现这种情况呢？

艾博士：小明你观察得很仔细，该例子说明，A^* 算法确实存在一个节点被多次重复扩展的情况发生，这就是我们要讨论的 A^* 算法存在的不足，将影响算法的搜索效率。

之所以会出现这样的问题，是因为如果到达一个节点存在多条路径，而第一次扩展时找到的不是到达该节点的最短路径，那么在后续扩展中该节点就有可能被多次扩展。以该例子为例，由于节点 A 是从初始节点 S 到达目标节点 T 的必经之路，A^* 算法为了找到到达目标节点 T 的最优路径，必然会多次扩展节点 A，直到寻找到了从 S 到达 A 的最短路径，这样才有可能搜索到到达目标节点 T 的最短路径。

小明：那么出现这种情况的根源是什么呢？

艾博士：这是由于 h 函数设计不合理带来的问题。因为 A^* 算法只要求对于任何节点 n 满足 $h(n) \leqslant h^*(n)$ 即可，并没有其他方面的要求。

3.4.6　单调的 h 函数

小明：我们是否还可以对 h 函数增加其他方面的限制呢？

艾博士：我们先来讨论一下一个合理的 h 函数应该满足什么样的条件。我们设想，当你距离一个目标比较近时，估计的到目标的距离会比较准确，而当距离目标比较远时，估计的到目标的距离误差会大一些。也就是说，距离目标越远，估计的距离误差越大，而距离目标越近，估计的距离误差越小。如果我们要求 h 函数满足这样的要求，应该是一个合理的限制条件。反之，如果定义的 h 函数距离目标比较近时估计的误差反而更大，则说明该 h 函数定义的不太合理。

小明：我感觉这个要求是合理的，距离目标越近应该越容易估计，也就应该估计的越准确。

艾博士：由于 $h^*(n)$ 是节点 n 到达目标节点 T 最短路径的真实代价，而 $h(n)$ 是

$h^*(n)$的估计值，所以$h(n)$的估计误差可以表示为

$$h^*(n)-h(n)$$

设n_i是n_j的父节点，n_i、n_j之间的代价用$C(n_i,n_j)$表示。当n_j比n_i更接近目标节点时，按照上述限制条件，应该有

$$h^*(n_j)-h(n_j)\leqslant h^*(n_i)-h(n_i)$$

整理有

$$h(n_i)-h(n_j)\leqslant h^*(n_i)-h^*(n_j)$$

如果n_j在节点n_i到目标节点T的最短路径上，则

$$h^*(n_i)-h^*(n_j)=C(n_i,n_j)$$

所以

$$h(n_i)-h(n_j)\leqslant C(n_i,n_j)$$

如果n_j不在节点n_i到目标节点T的最短路径上，说明n_i经过n_j到达目标节点T的最短路径代价$C(n_i,n_j)+h^*(n_j)$要大于节点n_i到目标的最短路径代价$h^*(n_i)$，因此有

$$C(n_i,n_j)+h^*(n_j)\geqslant h^*(n_i)$$

所以

$$C(n_i,n_j)\geqslant h^*(n_i)-h^*(n_j)$$

同样有

$$h(n_i)-h(n_j)\leqslant C(n_i,n_j)$$

所以满足"距离目标越远，估计的距离误差越大，而距离目标越近，估计的距离误差越小"的必要条件就是满足不等式条件：

$$h(n_i)-h(n_j)\leqslant C(n_i,n_j)$$

由于$h^*(\mathrm{T})$表示的是目标节点T到自己的最佳路径代价，所以有$h^*(\mathrm{T})=0$，因此我们可以再加上一个条件，要求：

$$h(\mathrm{T})=0$$

整理一下，我们认为h函数一个更合理的条件是满足以下限制条件：

$$\begin{cases}h(n_i)-h(n_j)\leqslant C(n_i,n_j)\\ h(\mathrm{T})=0\end{cases}$$

我们称该条件为单调条件，满足该条件的h函数称作是单调的。

小明：当h函数满足单调条件时，有什么好处呢？

艾博士：对于满足单调条件的h函数，我们有如下定理。

若h函数满足单调条件，则A^*选择一个节点扩展时，就找到了到达该节点的最优路径，即：此时有$g(n)=g^*(n)$。

小明看完该定理的描述，马上高兴地说：艾博士，我明白了。前面说之所以A^*算法会出现重复扩展节点问题，就是因为A^*算法第一次扩展一个节点时，找到的不一定是到达该节点的最优路径。而该定理说：如果h函数满足单调条件，A^*选择一个节点扩展时，就找到了到达该节点的最优路径。这样的话，如果h函数满足单调条件，A^*算法就不会出现重复扩展节点的问题了。

艾博士夸奖道：小明你分析得非常正确，只要h函数是单调的，则A^*算法一定不会出现重复扩展节点问题。因为第一次扩展就找到了到达该节点的最优路径，那么后续即便又

发现到达该节点的其他路径，其 f 值也不可能小于第一次找到的路径的 f 值，所以就不会出现将该节点从 CLOSED 中取出重新放回到 OPEN 中的情况，也就不会出现重复扩展节点的问题。

小明：是这个道理。那么如何判断一个 h 函数是否满足单调条件呢？

艾博士：这需要结合具体问题判定是否满足单调条件。

比如八数码问题 h 函数定义为“不在位的将牌数”，假设移动一次将牌的代价为 1，则：

$$C(n_i, n_j) = 1$$

从父节点 n_i 移动一个将牌到子节点 n_j，可能出现的情况共有如下 3 种。

(1) 将一个不在位的将牌移动到位了，则不在位将牌数减 1。

(2) 将一个在位的将牌移动不在位了，则不在位将牌数加 1。

(3) 一个不在位的将牌移动后仍然不在位，则不在位将牌数不变。

对以上 3 种情况，分别有

$$h(n_i) - h(n_j) = \begin{cases} 1 \\ -1 \\ 0 \end{cases}$$

均满足条件

$$h(n_i) - h(n_j) \leqslant C(n_i, n_j)$$

同时由于目标节点不在位将牌数为 0，所以满足

$$h(\mathrm{T}) = 0$$

从而说明以“不在位的将牌数”定义的 h 函数满足单调条件。

艾博士提醒小明说：在判断是否满足单调条件时，一定不要忘记 $h(\mathrm{T})=0$ 这个条件，这也是初学者容易忘记的。

艾博士继续讲解说：我们再看图 3.19 所示的例子，对于 A、B 两个节点，B 是 A 的父节点，图中给出了 $h(\mathrm{B})=5$，$h(\mathrm{A})=1$，$C(\mathrm{B},\mathrm{A})=1$。代入单调条件中，有

$$h(\mathrm{B}) - h(\mathrm{A}) = 5 - 1 = 4 > C(\mathrm{B},\mathrm{A}) = 1$$

不满足 h 函数的单调条件，所以出现了节点被多次重复扩展的问题。

小明问道：在介绍 h 函数的单调条件时，并没有明确说 h 函数是否满足 A^* 条件，需要加上这个条件吗？

艾博士：小明真是一个好学的聪明孩子，总是能提出一些关键问题。可以证明，满足单调条件的 h 函数一定满足 A^* 条件，所以就不需要再加上 A^* 条件了。

小明：明白了。只要是满足单调条件的 h 函数，就一定满足 A^* 条件。相反，满足 A^* 条件的 h 函数，不一定满足单调条件。

艾博士：是这样的。最后我再说一下如何记忆单调条件。

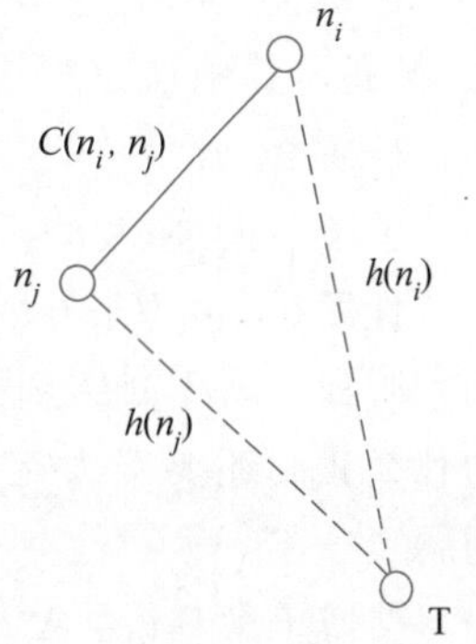

图 3.20　单调条件与三角不等式关系示意图

如图 3.20 所示，节点 n_i 是节点 n_j 的父节点，T 是目标节点，图中虚线表示 $h(n_i)$、$h(n_j)$，可以看成是一个三角形的两个边，而 n_i、n_j 之间的代价 $C(n_i, n_j)$ 可以看成是三角形的另一个边。这样 h 函数的单调条件 $h(n_i)-h(n_j)\leqslant C(n_i, n_j)$ 刚好满足三角不

等式。

小明对照着图和单调条件说：果然是这样的，这真是一个好的记忆方法，对照着三角不等式更方便记忆了。

艾博士提醒说：但是千万不要忘记，单调条件还有另一个条件 $h(\mathrm{T})=0$，只有在这种情况下才可以从 h 函数满足单调条件推导出也同时满足 A^* 条件。

小明回答说：谢谢艾博士提醒，我记住了。不过我还有一个问题，为什么满足这样条件的 h 函数被称作是单调的？这里单调的含义是什么？

艾博士解释说：可以证明，当 h 函数满足单调条件时，A^* 算法选择扩展的节点序列，其 f 值是单调非减的，也就是说，在后面扩展的节点的 f 值一定不会比前面扩展的节点的 f 值小，f 值只会是越来越大或者相等，不可能出现 f 值下降的情况。这就是被称作单调 h 函数的原因。

小明：我明白了，原来是这样的。

3.4.7 改进的 A^* 算法

小明：艾博士，通过您的讲解，我明白了当 h 函数满足单调条件时，可以保证 A^* 算法不会出现重复扩展问题。但是，如果因为问题比较复杂，我们定义不出满足单调条件的 h 函数，是否有办法解决节点重复扩展问题呢？

艾博士：这种情况下我们也可以通过修改 A^* 算法来解决这个问题，不过不能从根本上彻底解决。也就是说，改进后的 A^* 算法比原始的 A^* 算法可以减少重复节点扩展问题，但并不能从根本上避免这个问题，只是减少了重复节点扩展的可能性。这就是下面我们将要介绍的改进的 A^* 算法。

小明迫不及待地问道：怎么改进的呢？请您给讲讲。

艾博士：首先我们确定算法改进的原则。一是不要多扩展节点，因为我们减少重复扩展节点的目的就是为了提高算法的搜索效率，如果为了减少重复节点而多扩展了其他节点，将会得不偿失。二是不要额外增加算法的计算量。要在这两个原则下对 A^* 算法进行改进。

为此，我们先介绍 A^* 算法的两个性质，这是 A^* 算法改进的理论基础。

性质 1：在 A^* 算法结束之前，OPEN 中任何满足 $f(n)<f^*(\mathrm{S})$ 的节点 n，一定会被 A^* 扩展。其中 $f^*(\mathrm{S})$ 表示从初始节点 S 到目标节点 T 最短路径的代价。

性质 2：A^* 选作扩展的任何节点 n，一定满足 $f(n)\leqslant f^*(\mathrm{S})$。

关于单调性，我们再增加一个性质。

性质 3：恒等于 0 的 h 函数满足单调性质。

听到艾博士介绍到性质 3，小明有些不解地问：既然恒等于 0 的 h 函数满足单调性质，为什么我们还要费力定义 h 函数呢？直接取 0 不就可以了？还可以避免重复节点扩展问题。

艾博士解释说：A^* 算法的目的就是尽可能地减少扩展节点，恒等于 0 的 h 函数虽然满足单调条件，但是缺少必要的启发信息，会多扩展很多节点。所以还是要尽可能地定义 h 函数。

小明：我明白了，恒等于 0 的 h 函数虽然满足单调条件，但是缺乏启发信息。

艾博士接着讲解说：在 A^* 算法中，OPEN 中的节点是按照 f 值从小到大排列好的，根据 $f^*(S)$ 的值可以将 OPEN 划分为前后两部分。前一部分为 f 值小于 $f^*(S)$ 的节点，为了表述方便我们将这部分节点放在 NEST 中。后一部分为 f 值大于或等于 $f^*(S)$ 的节点，如图 3.21 所示。

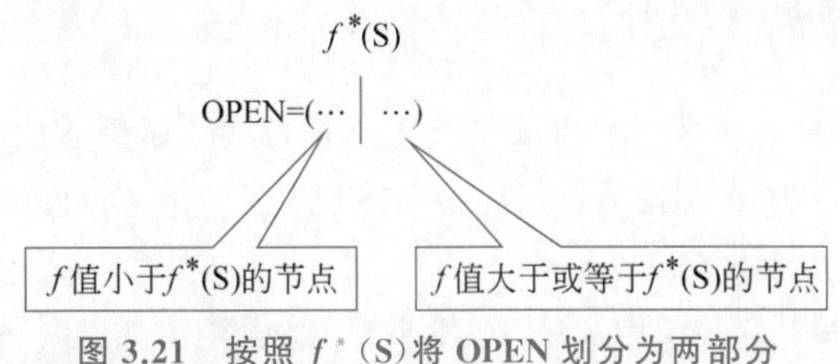

图 3.21　按照 $f^*(S)$ 将 OPEN 划分为两部分

根据性质 1，在 NEST 中的节点是肯定被 A^* 算法扩展的，既然都被扩展，我们换一个选择扩展节点的策略也不会多扩展节点。

根据性质 3，恒等于 0 的 h 函数满足单调性质，所以当 NEST 中有节点存在时，我们可以令这部分节点的 h 值为 0，这样既不会多扩展节点，也可以避免因这部分节点引起的重复扩展问题，也没有额外增加计算量，是不是一个两全其美的方案？

小明听后高兴地说：这可太好了，算法改变并不大，但确实可以避免重复节点扩展问题。

艾博士提醒小明说：小明，你不要高兴的太早了。想想看，如果让你按照这个改进的思路写一个程序，这程序能工作吗？

小明听艾博士这么说，就知道这里边一定还存在什么问题，认真地思考起来：艾博士，我明白了，一般来说我们并不知道一个问题的 $f^*(S)$，所以不能确定哪些节点在 NEST 中，所以这一改进方案虽然很巧妙，但是并不能解决问题。那可怎么办呢？

艾博士鼓励小明说：小明，你也不用沮丧，我们想想有什么解决的办法。A^* 算法核心思想之一就是估计，h 值就是对 h^* 值的估计，我们也可以对 $f^*(S)$ 进行估计，如果能大概估计出 $f^*(S)$ 的值，用这个估计值代替 $f^*(S)$ 就可以了。

小明：这是一个好想法，但是怎么估计呢？

艾博士：首先 $f^*(S)$ 的估计值不能大于 $f^*(S)$，因为如果用大于 $f^*(S)$ 的值代替 $f^*(S)$，NEST 就可能存在 f 值大于 $f^*(S)$ 的节点。根据性质 2，这样的节点不会被 A^* 算法扩展，但是按照前面说的改进方案，对 NEST 中的节点令 h 值为 0，就会被扩展了，会存在多扩展节点的可能，不符合我们前面说的对 A^* 算法进行改进的基本原则。

我们可以这样估计 $f^*(S)$ 的值。根据性质 2，被 A^* 选作扩展的任何节点 n，一定有 $f(n) \leqslant f^*(S)$，所以我们可以从已经被扩展的节点中，选一个最大的 f 值作为 $f^*(S)$ 的估计值，该 f 值我们记作 f_m。这样，用 f_m 代替 $f^*(S)$ 对 OPEN 中的节点进行划分，确定 NEST 的节点就可以了。这样确定的 NEST，其中的节点可能会少一些，但是也会一定程度地避免一些重复节点的扩展问题。

艾博士：小明，你再想想，这样是否就可以编写程序了？

小明想了想说：应该没有问题了，需要的信息全都有了。

艾博士：按照这样的改进思路，我们给出改进的 A* 算法，该算法与前面介绍的 A 算法基本一致，主要是增加了一些对 NEST 的处理。

改进的 A* 算法。

1 初始化：OPEN=(S)，CLOSED=( )，计算 $f(S)$，$f_m=0$；

2 循环做以下步骤直到 OPEN 为空结束：

3 循环开始

4 将 OPEN 中 f 值小于 f_m 的节点放入 NEST 中，如果 NEST 中存在节点，则选取一个 g 值最小的节点作为 n，否则 NEST 中不存在节点，则从 OPEN 中取出第一节点作为 n，$f_m=f(n)$；

5 如果 n 就是目标节点，算法结束，输出节点 n，算法成功结束；

6 否则将 n 从 OPEN 中删除，放到 CLOSED 中；

7 扩展节点 n，生成出 n 的所有子节点，用 m_i 表示这些子节点；

8 计算节点 m_i 的 f 值，由于可能存在多个路径到达 m_i，用 $f(n,m_i)$ 表示经过节点 n 到达 m_i 计算出的 f 值，不同的到达路径其 $g(m_i)$ 值可能不同，但是 $h(m_i)$ 是一样的，因为 $h(m_i)$ 是从 m_i 到目标节点路径代价的估计值，与如何从初始节点到达 m_i 无关；

9 如果 m_i 既不在 OPEN 中，也不在 CLOSED 中，则将 m_i 加入 OPEN 中，并标记 m_i 的父节点为 n；

10 如果 m_i 在 OPEN 中，并且 $f(n,m_i)<f(m_i)$，则 $f(m_i)=f(n,m_i)$，并标记 m_i 的父节点为 n；

11 如果 m_i 在 CLOSED 中，并且 $f(n,m_i)<f(m_i)$，则 $f(m_i)=f(n,m_i)$，并标记 m_i 的父节点为 n，将 m_i 从 CLOSED 中删除、加入 OPEN 中；

12 对 OPEN 中的节点按照 f 值从小到大排序；

13 循环结束

14 没有找到解，算法以失败结束。

改进的 A* 算法相对于原始算法，只是对第 4 步做了一些修改。原始算法中是直接从 OPEN 中取出第一个节点作为 n，改进的算法中，先将 OPEN 表中 f 值小于 f_m 的节点放入 NEST 中。如果 NEST 中存在节点，则从中选取一个 g 值最小的节点，也就是相当于 h 恒等于 0 后，f 值最小的节点，该节点作为 n。如果 NEST 中不存在节点，就同原始算法一样，从 OPEN 中取出第一个节点作为 n。由于 f 值小于 f_m 的节点会被放在 NEST 中，当 NEST 中没有节点时，说明 OPEN 中的节点的 f 值均大于或等于 f_m，所以当从 OPEN 中取出第一个节点 n 时，$f(n)$ 一定是大于或等于 f_m，而 f_m 记录的又是已经扩展的节点中最大的 f 值，所以这时需要用 $f(n)$ 修改 f_m，即 $f_m=f(n)$，以维护 f_m 为到目前为止扩展的节点中 f 值的最大值。

讲解到这里，艾博士对小明说：小明，你是否学会了改进的 A* 算法？请你用改进的 A* 算法求解一次图 3.19 所示的问题。

小明：好的，我尝试着用改进的 A* 算法求解，请艾博士看看我做的是否正确。

说完，小明认真地做了起来。

为了方便求解，小明首先重画了图 3.19 所示的问题，如图 3.22 所示，然后用 OPEN、CLOSED 的变化情况，给出了该问题的搜索过程，如表 3.3 所示。

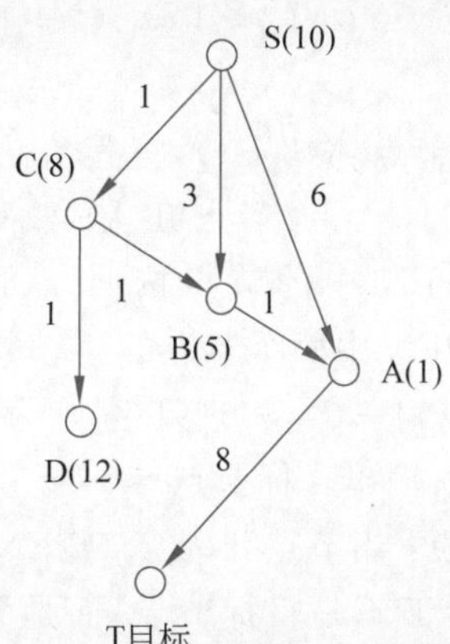

图 3.22　某问题状态连接图

表 3.3　改进的 A* 算法求解示例

OPEN	NEST	被选择节点	CLOSED	f_m(=0)
S(0+10)	空	S(0+10)	S(0+10)	10
A(6+1),B(3+5),C(1+8)	A(6+1),B(3+5),C(1+8)	C(1+8)	S(0+10),C(1+8)	10
A(6+1),B(2+5),D(2+12)	A(6+1),B(2+5)	B(2+5)	S(0+10),C(1+8),B(2+5)	10
A(3+1),D(2+12),	A(3+1)	A(3+1)	S(0+10),C(1+8),B(2+5),A(3+1)	10
T(11+0),D(2+12)	空	T(11+0)		

求解完之后，小明开始解释自己是如何求解的：开始时，f_m 设为 0，CLOSED 是空的，OPEN 中只有 S(0+10)一个节点，为了方便求解，这里将 $g+h$ 在括号中标明。

由于 f_m 为 0，所以 NEST 也是空的，算法从 OPEN 中取出第一个节点 S(0+10)，从 OPEN 中删除该节点，放入 CLOSED 中，修改 f_m 的值为 f(S)，即 10。然后扩展 S(0+10)，产生节点 A(6+1)、B(3+5)、C(1+8)，这 3 个节点均没有在 OPEN、CLOSED 中出现过，全部放入 OPEN 中，设置这 3 个节点的父节点为 S，并按照 f 值从小到大对 OPEN 中的节点进行排序。

由于节点 A(6+1)、B(3+5)、C(1+8)的 f 值均小于 $f_m=10$，所以全部进入 NEST 中。从 NEST 中取出一个 g 值最小的节点 C(1+8)，并将其从 OPEN 中删除放入 CLOSED。扩展 C(1+8)产生节点 B(2+5)和 D(2+12)，由于节点 B 已经在 OPEN 中，所以需要比较 f(C,B)和 f(B)的大小。由于 f(C,B)=2+5=7，小于 f(B)=3+5=8，所以修改 f(B)为 f(C,B)=7，并修改节点 B 的父节点为 C。节点 D 直接放入 OPEN 中，设置 D 的父节点为 C。对 OPEN 中的节点重新按 f 值大小排序。这时 OPEN=(A(6+1),B(2+5),D(2+12))，由于 A(6+1),B(2+5)两个节点的 f 值小于 f_m，所以 NEST 中的节点为 A(6+1),B(2+5)。

从 NEST 中取出 g 值最小的节点 B(2+5)，将其从 OPEN 中删除，加入 CLOSED 中，扩展节点 B(2+5)，产生节点 A(3+1)。A 已经在 OPEN 中，由于 f(B,A)=4 小于 f(A)=7，所以将 f(A)修改为 f(B,A)=4，并修改 A 的父节点为 B。对 OPEN 中的节点按照 f 值从小到大排序后有 OPEN=(A(3+1)，D(2+12))，由于 A(3+1)的 f 值小于 f_m，所以有 NEST=(A(3+1))。

从 NEST 中取出 g 值最小的节点 A(3+1)，将其从 OPEN 中删除，加入 CLOSED 中，扩展节点 A(3+1)，产生节点 T(11+0)。节点 T 是第一次出现的节点，直接加入 OPEN 中，并设置其父节点为 A。对 OPEN 中的节点按照 f 值从小到大排序后，有 OPEN=(T(11+0)，D(2+12))。由于 OPEN 中两个节点的 f 值均大于 f_m，所以这时 NEST 为空，直接从 OPEN 取出第一个节点 T(11+0)，发现 T 刚好为目标节点，并且其 f 值是 OPEN 中最小的，所以算法到此成功结束，输出目标节点 T。

艾博士听完小明的介绍补充说：当节点 T 被从 OPEN 中取出后，这时 T 刚好是目标节点，所以算法就结束了。如果这时 T 不是目标节点，而是另一个节点 D，按照改进的 A* 算法，这时需要用 f(D)修改 f_m 值，即 $f_m=f$(D)。当然这种情况并没有发生，因为从 OPEN 中取出节点 T 后，发现 T 是目标节点，算法就结束了。

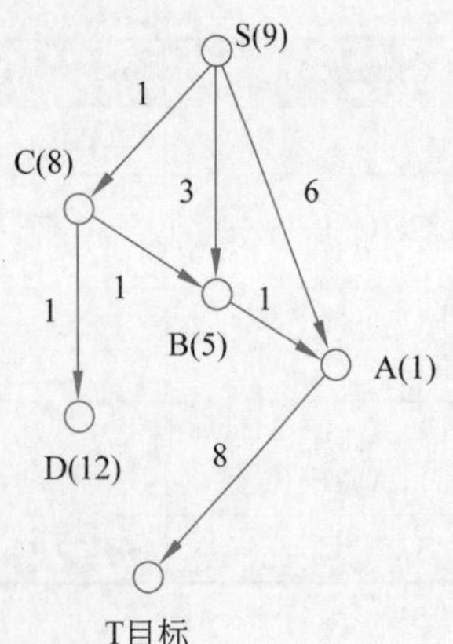

图 3.23 某问题状态连接图

讲到这里艾博士问小明：你看还有重复节点扩展问题吗？

小明高兴地说：一次重复扩展节点的情况也没有发生，比起用原始的 A* 算法求解，效率提高了不少。

艾博士解释说：需要再次强调一下，改进的 A* 算法并不能保证一定没有重复节点扩展，只是有可能减少重复节点扩展问题。比如在这个例子中，如果 S 节点的 h 值修改为 9，其他保持不变，如图 3.23 所示，你再求解一次，看会出现什么情况？

小明又认真做了起来，表 3.4 给出了搜索过程。

艾博士看着表 3.4 对小明说：你的求解过程是对的，从搜索过程可以看出，节点 A 和 B 分别被扩展了两次，可见改进的 A* 算法并不能完全杜绝重复节点扩展问题，最坏情况下可能跟改进前的结果是一样的。

表 3.4 搜索过程

OPEN	NEST	被选择节点	CLOSED	f_m(=0)
S(0+9)	空	S(0+9)	S(0+9)	9
A(6+1)，B(3+5)，C(1+8)	A(6+1)，B(3+5)	B(3+5)	S(0+9)，B(3+5)	9
A(4+1)，C(1+8)	A(4+1)	A(4+1)	S(0+9)，B(2+5)，A(4+1)	9
C(1+8)，T(12+0)	空	C(1+8)	S(0+9)，A(4+1)，C(1+8)	9
B(2+5)，T(12+0)，D(2+12)	B(2+5)	B(2+5)	S(0+9)，C(1+8)，B(2+5)	9
A(3+1)，T(12+0)，D(2+12)	A(3+1)	A(3+1)	S(0+9)，C(1+8)，B(2+5)，A(3+1)	9
T(11+0)，D(2+12)	空	T(11+0)		

小明读书笔记

迪杰斯特拉算法虽然可以找到到达目标节点的最优路径，但是只利用了到达节点的代价，而没有利用节点到目标节点路径的代价，从而导致搜索效率低，产生过多的无用搜索。从一个节点到达目标节点的路径一般是不知道的，如何利用该信息呢？A 算法采用估计的方法，定义一个启发函数 $f(n)$，利用该函数估计节点 n 到达目标节点路径的代价。

A 算法定义评价函数 $f(n)$ 为

$$f(n)=g(n)+h(n)$$

其中，$g(n)$为从初始节点到节点 n 的路径代价；$h(n)$为从节点 n 到达目标节点路径代价的估计值；$f(n)$为从初始节点经过节点 n 到达目标节点路径代价的估计值。

A 算法优先选择 f 值最小的节点扩展，同迪杰斯特拉算法一样，只有当选择扩展的节点为目标节点时算法才结束。

对于任何节点 n，当满足条件 $h(n)\leqslant h^*(n)$时，A 算法称为 A* 算法，该条件称为 A* 条件。A* 算法可以保证找到路径的最优解。

定义 h 函数的一般原则：放宽原问题的限制条件，在宽条件下计算从节点 n 到达目标节点的最短路径，以该路径的代价作为 h 函数的取值。如何放宽条件与具体问题有关。

当对于同一个问题定义了两个不同的 h 函数 h_1 和 h_2 时，如何评价哪个 h 函数更好呢？如果对于除了目标节点以外的任何节点 n，满足 $h_2>h_1$，则采用 h_2 构成的 A* 算法扩展的节点一定会被采用 h_1 构成的 A* 算法扩展。因为两个 h 函数都是满足 A* 条件的，越大的 h 函数说明其估计值越准确，所以估计越准确的 h 函数其效果就越好，至少不会变差。

也可以采用实验的办法，通过计算平均分叉数来评价两个 h 函数的好坏。平均分叉数越小的 h 函数，其性能越好。

A* 算法存在可能重复扩展节点的问题，影响求解效率。有两个办法解决这个问题，一是定义满足单调条件的 h 函数，即满足条件：

$$\begin{cases}h(n_i)-h(n_j)\leqslant C(n_i,n_j)\\ h(\mathrm{T})=0\end{cases}$$

其中，T 为目标节点；n_i 是 n_j 的父节点；$C(n_i,n_j)$为节点 n_i 到 n_j 的代价。当 h 函数满足单调条件时，就不会出现重复扩展节点的问题。

如果 h 不满足单调条件时，可以通过改进 A* 算法的方法，减少重复扩展节点的可能性。

改进的 A* 算法，设置一个变量 f_m，记录已经扩展节点中最大的 f 值。当 OPEM 中存在 f 值小于 f_m 的节点时，将这些节点放入 NEST 中。如果 NEST 不空，则优先从 NEST 中选择 g 值最小的节点扩展，如果 NEST 中没有任何节点，则同 A* 算法一样，选择 OPEN 中第一个节点扩展，并用该节点的 f 值修改 f_m 值。其他部分与 A* 算法完全一样。改进的 A* 算法可以减少重复节点扩展，但并不保证一定不会出现重复扩展节点问题。

3.5 深度优先搜索算法

小明：艾博士，我听说还有一种称作深度优先的搜索算法？

艾博士：是的，下面我们就介绍一下深度优先搜索算法。小明，你说说宽度优先搜索算法是如何选择被扩展节点的？

小明想了一下回答说：宽度优先搜索算法优先选择节点深度最浅的节点扩展。

艾博士：小明说得非常正确。与宽度优先搜索算法相反，深度优先搜索算法优先选择深度最深的节点扩展。

小明问道：深度优先搜索算法具体是如何实现的呢？

艾博士：深度优先搜索算法有不同的实现方法，一种最常用的实现方法是利用回溯方法实现的。

小明：什么是回溯方法呢？

艾博士：假如我们走迷宫。我们事先规定好某种策略，比如每次遇到路口时，优先选择最左边的路口进入，如果遇到死胡同，则退回来试探第二个路口。当然很多情况下并不是直接就遇到死胡同，而是探索了若干个可能的走法之后才发现进入这个路口是不可行的，这样也相当于遇到了死胡同，退回来再选择其他可能的路口进行试探。这种遇到死胡同就退回的方法称为回溯方法。

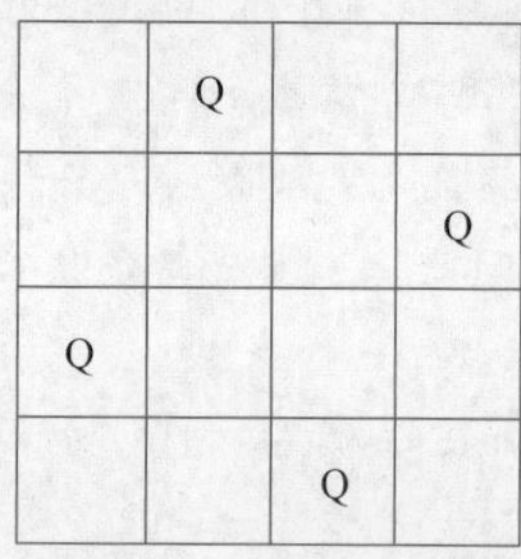

图 3.24 四皇后问题

为了介绍如何用回溯方法实现深度优先搜索，我们通过四皇后问题的求解，介绍深度优先搜索方法。

小明：请艾博士介绍一下什么是四皇后问题。

艾博士：所谓四皇后问题，就是在一个 4×4 的棋盘上，如何摆放 4 个皇后，使得任何两个皇后都不在一条直线上，包括横线、纵线和斜线。比如图 3.24 所示的就是四皇后问题的一个解，其中 Q 表示皇后。

为了叙述方便，我们设棋盘从上到下为第一行、第二行……从左到右为第一列、第二列……我们用棋盘上皇后所在的坐标组成的表表示四皇后问题的一个状态。比如图 3.24 所示的状态可以表示为

((1,2),(2,4),(3,1),(4,3))

图 3.25 给出了采用深度优先搜索算法求解四皇后问题的搜索图。在求解过程中，我们从第一行开始，一行一行地进行由上到下探索。而在每一行，我们从第一列开始，一列一列地从左到右进行探索。具体过程如下。

图中最开始是一个空表，表示棋盘上没有皇后。然后在(1,1)位置放置一个皇后，得到状态((1,1))。

然后在第二行从左到右按列探索。第二行的一、二列都不能再放置皇后了，所以只能在第三列放置第二个皇后，得到状态((1,1),(2,3))。此时我们得到的皇后摆放情况如图 3.26 所示。

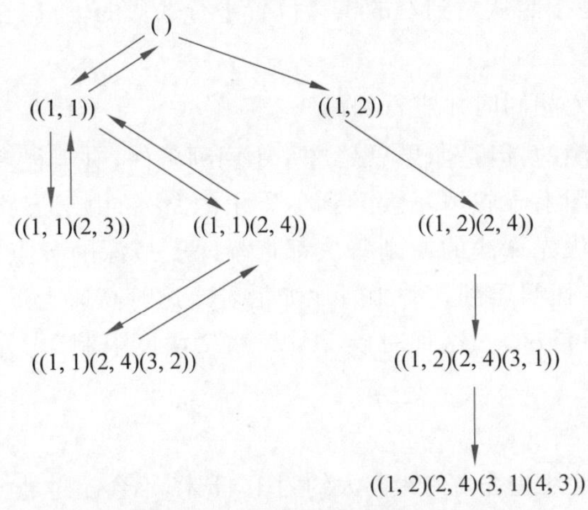

图 3.25　四皇后问题搜索图

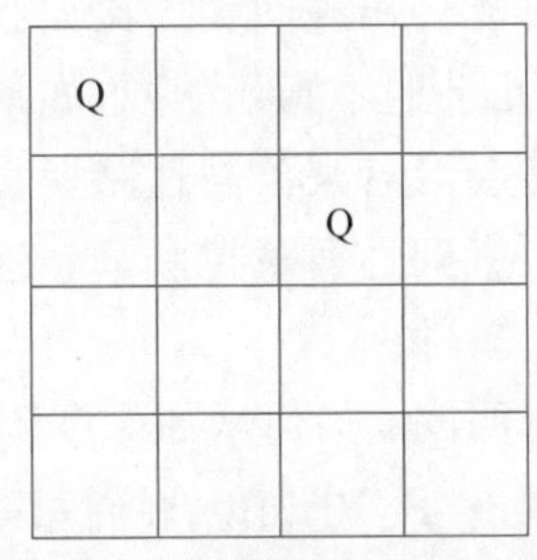

图 3.26　皇后的摆放情况示意图

从图中我们可以看出，此时第三行已经不能再放皇后了。虽然第四行还可以继续放皇后，但是由于在 4×4 的棋盘上摆放 4 个皇后，每行必须有一个皇后，所以这时就没有必要试探第四行了，相当于进入了死胡同，需要回溯。

回溯的结果是放弃第二个皇后，将其摆放在二行四列试试，得到状态((1,1),(2,4))。

接下来我们可以在第三行的第二列摆放第三个皇后，得到状态((1,1),(2,4),(3,2))。其皇后的摆放情况如图 3.27 所示。

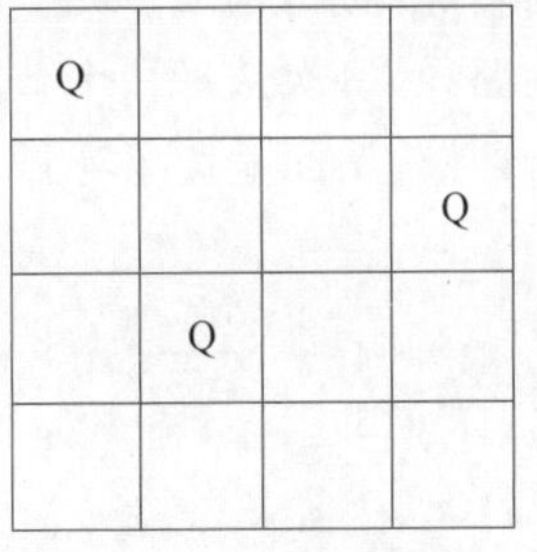

图 3.27　皇后的摆放情况示意图

这时我们又发现，第四行也没有任何位置可以放皇后了，说明前面皇后摆放的有问题，再次进入死胡同，需要回溯。

仔细观察图 3.27 就会发现，第二行、第三行可以摆放皇后的位置都试探过了，不再存在其他的可以摆放皇后的位置，需要连续两次回溯，又回到最初的状态，棋盘上只有(1,1)处有一个皇后。如果在(1,1)有皇后的话，后续就不能按照规则放皇后了，说明(1,1)位置不是一个正确的选择，也需要回溯，这时又变成了一个皇后都没有的空棋盘，似乎又回到了最原始状态。但是与最初的空棋盘不同的是，我们知道了不能在(1,1)位置摆放皇后这一信息。接下来就可以试探在(1,2)这个位置摆放皇后，得到状态((1,2))。

然后在第二行第四列放置皇后，得到状态((1,2),(2,4))。

再在第三行第一列放置皇后，得到状态((1,2),(2,4),(3,1))。

最后在第四行第三列放置皇后，得到状态((1,2),(2,4),(3,1),(4,3))。

至此我们就得到了该四皇后问题的解，图 3.25 清楚地给出了以上搜索过程的示意图。从图中也可以看出，深度优先搜索算法每次优先选择节点深度最深的节点扩展，当被选择的节点没有新的子节点可以生成时，也就是进入了“死胡同”时，则回溯一步，探讨其他的节点深度最深的节点，一直到找到到达目标的解路径为止，算法成功结束。或者在探索了所有可能之后，仍然没有找到到达目标节点的路径，算法失败退出。

小明问艾博士：如果节点深度最深的节点有多个时如何选择呢？

艾博士回答说：与宽度优先搜索算法一样，可以随机选择一个或者按照某种约定好的规则选择。在这个例子中，我们实际上是按照从左到右的棋盘位置进行选择的，所以在每行试探时，总是先从左边开始试探。

小明：深度优先搜索算法只有遇到死胡同时才进行回溯吗？

艾博士：遇到死胡同是必须进行回溯的，但是如果只是这一个回溯条件，对于很多实际问题可能会出现问题。比如我们想在地图上寻找清华大学到达香山的路径，由于道路四通八达，几乎遇不到死胡同，如果按照深度优先算法的原则每次都选择深度最深的节点扩展，则可能会沿着某条高速路一直搜索下去，而很难到达香山。比如沿着八达岭高速走下去，可能就一直到达西藏拉萨了。这显然是不可取的。这种时候，可以设置“深度限制”作为回溯的一个条件。

小明问：如何增加深度限制呢？

艾博士：比如说，我们知道从清华大学到达香山的距离大约为 15 千米，不会超过 20 千米，则可以设置深度限制为 20 千米，如果从初始节点到被选择扩展的节点距离超过了 20 千米，虽然不是死胡同，也按照进入了死胡同一样进行回溯，不再试探下去。

小明：这倒是一个解决办法。

艾博士：深度优先搜索中可能还会遇到“死循环”问题。还是以搜索从清华大学到香山的路径为例，假如走到了北京四环路上，四环路是一个环形公路，进入以后就可能沿着四环路转起圈来，构成了死循环。一种解决办法就是在搜索过程中，记录从初始节点到目标节点的路径，每次选择一个节点扩展时，判断一下该节点是否在该路径上，如果在该路径上就进行回溯，从而避免了死循环情况的发生。

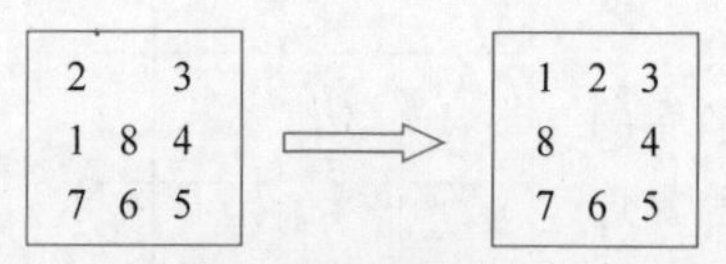

图 3.28　八数码问题

加深度限制和循环检测是深度优先搜索算法中除了死胡同以外的两个常用回溯点。

接下来艾博士给小明留了一个练习题，用深度优先搜索算法求解如图 3.28 所示的八数码问题，并假定深度限制为 4。

小明见艾博士留了练习题，马上认真做了起来，不一会儿工夫就给出了如图 3.29 所示的该问题的搜索图。图中用带红圈的数字和英文字母表示节点的扩展次序（1～9 以后用 a、b、c…表示），每次达到深度限制条件时进行回溯。通过搜索图可以得到该八数码问题的解为：将牌 2 右移、将牌 1 上移、将牌 8 左移。

等小明做了练习题，艾博士又继续讲解道：深度优先搜索算法属于盲目搜索算法，最坏的情况下等同于穷举搜索。但有时结合具体问题，也可以在深度优先搜索中引入知识，利用知识减小问题的搜索范围。

小明：深度优先搜索算法还可以引入知识？怎么引入呢？

艾博士：我们通过一个例子说明这个问题。设有 1～9 九个数字，9 个数字的任何一个排列都组成了一个 9 位数整数。问是否存在一个排列，使得前 i 个数字组成的 i 位整数能被 i 整除。比如 327654189 是一个 9 位数整数，前 1 位数字组成的整数为 3，肯定能被 1 整除，前 2 位组成的整数为 32，也容易验证能被 2 整除，前 3 位组成的整数为 327，也满足条件能被 3 整除……，一直验证下去，发现前 7 位组成的整数 3276541 是不能被 7 整除的，前 8 位组成的整数 32765418 也不能被 8 整除，所以这个 9 位数整数不符合题目要求。那么是否

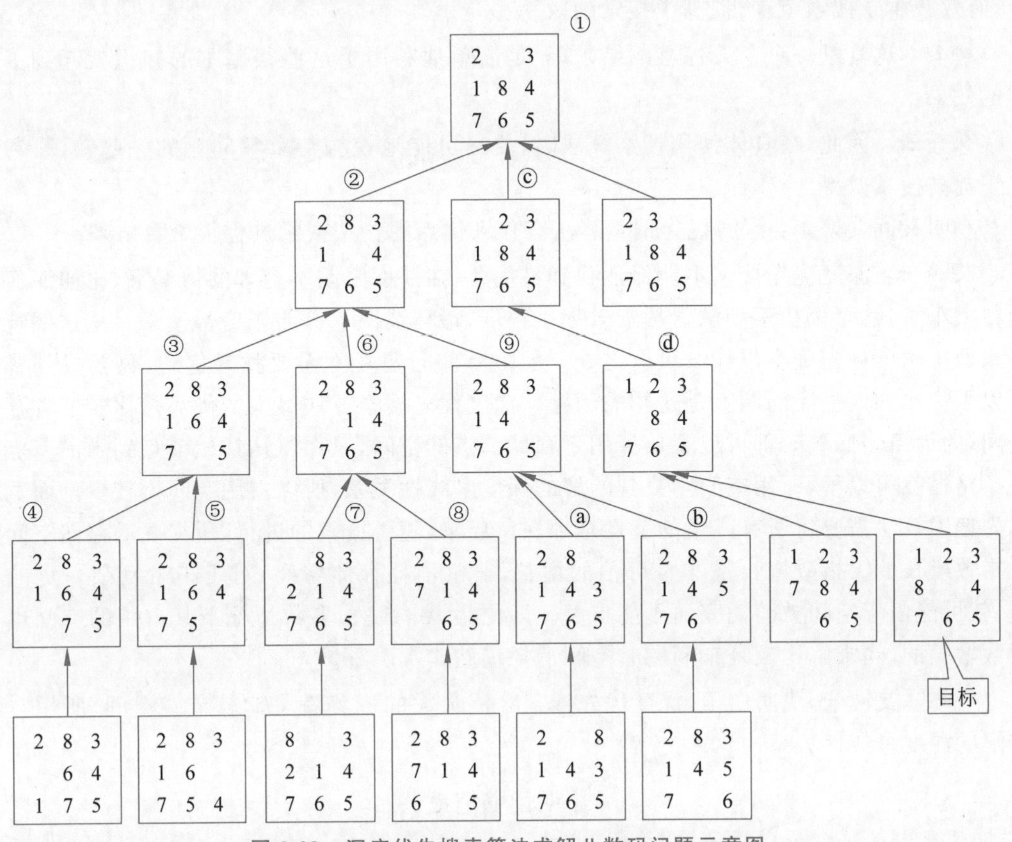

图 3.29　深度优先搜索算法求解八数码问题示意图

存在某个排列满足题目的要求呢？如果用深度优先搜索算法直接求解的话，9 个数字的排列数共有 9！＝362880 个。能否利用知识减少这个问题的搜索范围呢？答案是肯定的，一些简单的知识就可以大幅度减少该问题的搜索范围。

小明：有哪些知识可以利用呢？又如何利用这些知识呢？

艾博士：小明，首先我们看“前 5 位数组成的整数被 5 整除”。什么样的数字才能被 5 整除呢？

小明回答说：最后一位是 5 或者是 0 的整数才能被 5 整除。

艾博士：对，这就是一个可用的知识。在我们这个问题中，不包含数字 0，所以如果这个 5 位数能被 5 整除的话，只有一种情况满足这个条件，就是第 5 位必须为 5。依据这条知识，5 这个数字只能也必须排在第 5 位。

小明：确实只能是这个结果，否则就不能满足“前 5 位数组成的整数被 5 整除”这个条件了。

艾博士：能被 2、4、6、8 整除的整数，最后一位必须是偶数，所以排在偶数位的数字必须是偶数。共有 4 个偶数位，偶数也是 4 个，所以排在偶数位的数字只能是这 4 个偶数。还剩下 1、3、7、9 四个数字，这 4 个数字也就只能排在 1、3、7、9 这 4 个位置了。这样一来，2、4、6、8 这 4 个数字有 4 个位置可放，1、3、7、9 这 4 个数字也有 4 个位置可放，5 只有第 5 位这一个位置，所以可能的组合共有 4！×4！＝576 个，比起 9 个数字的排列数 9！＝362880 少太多了，有效减少了搜索范围，提高了搜索的效率。

小明：这真是一个令人惊喜的结果，只是简单地利用了这些很基本的知识就起到了这样的效果。

艾博士：因此，在具体使用搜索算法时，要尽可能地挖掘待求解问题的一些知识，利用知识提高搜索效率。

小明又问艾博士：深度优先搜索算法有什么优点呢？从搜索过程很难看出来。

艾博士：深度优先搜索不能保证找到最优解，在深度限制不合理的情况下，比如深度限制得太小了，甚至都找不到解。搜索效率也很低，最坏情况下等同于穷举搜索。从这些特点看来似乎深度优先确实没什么可取之处。但是有些问题并不需要找最优解，只要找到解就可以了。比如四皇后问题就是这样的问题。深度优先搜索算法最大的优势是比较节省存储空间，因为每当回溯时都可以释放掉用于存储节点的空间，只保留从初始节点到当前节点的一条路径就可以了，所用空间与找到的解的深度呈线性关系，所以占用空间比较少。而宽度优先搜索算法需要将所有产生的节点全部保留起来，随着搜索的进行，所需要的存储空间是呈指数增长的。指数增长是非常可怕的增长，非常消耗存储空间，对于稍微复杂一点的问题，就可能由于空间被消耗完而不能求解。即便是 A^* 算法，多数情况下其占用的空间也是指数增长的，当求解比较复杂问题时空间消耗仍然非常严重。

小明：艾博士，我明白了，深度优先搜索算法最大的优势就是比较节省空间，所用空间与解的深度呈线性关系。

小明读书笔记

深度优先搜索算法每次选择节点深度最深的节点扩展，由于存在可能的“深渊”或者“死循环”，一般会加上深度限制和循环检测。深度优先搜索不能保证找到最优解，如果深度限制不当，还可能找不到解，即便问题是有解的。深度优先搜索的优势是占用空间比较少，因为每次回溯时，都可以将相关节点释放掉，只保留从初始节点到当前节点的路径即可。

在深度优先搜索算法中也可以利用知识减少搜索范围，根据待求解问题的特点，适当地引入知识，可以有效提高算法的搜索效率。

3.6 迭代加深式搜索算法

小明：深度优先搜索算法虽然比较节省内存，但是不能保证找到最优解，能找到最优解的宽度优先搜索算法、A^* 算法等占用空间又比较大，如果需要找到最优解，空间又不够用时有什么好办法吗？

艾博士：一种解决办法就是将深度优先搜索算法与其他方法相结合，做到既节省空间，又可以找到最优解。

小明不解地问道：会有这么两全其美的方法吗？

艾博士：我们将要介绍的迭代加深式搜索算法就属于这类方法，但是是以增加算法的运行时间为代价的。下面我们介绍其中的两个方法：一个是深度优先搜索算法与宽度优先搜索结合得到的迭代加深式宽度优先搜索算法；另一个是深度优先搜索算法与 A^* 算法结合得到的迭代加深式 A^* 算法。这两个算法的特点是利用原有算法的思想，用深度优先搜索算法实现，达到既节省算法占用空间，又可以找到最优解的目的。

3.6.1　迭代加深式宽度优先搜索算法

艾博士：宽度优先搜索算法实质上是先扩展深度为 1 的节点，再扩展深度为 2 的节点，逐渐加深扩展节点的深度。利用这一特性，我们可以用带深度限制的深度优先搜索算法模拟宽度优先搜索。具体说就是，设置一个深度限制 d，从 $d=1$ 开始做深度优先搜索，然后逐渐增加 d 的值，直到找到目标节点为止。

小明：是不是 $d=1$ 做一次深度优先搜索，$d=2$ 做一次深度优先搜索，……一直做下去，直到找到了目标节点为止？

艾博士：正是这样的。这与宽度优先搜索算法的效果是完全一样的，找到的解也是一样的。在单位代价条件下宽度优先搜索算法可以找到最优解，那么这种迭代加深式宽度优先搜索算法也同样可以找到最优解结束。

小明：但是由于深度优先搜索算法每次只保留从初始节点到当前节点的一条路径，也正是因为这样，才使得深度优先搜索算法比较节省空间。但是在迭代加深式搜索中，当深度限制被改变时，岂不是每次都需要从头开始做一次深度优先搜索？这样搜索速度是不是就太慢了？

艾博士：确实影响了搜索速度。这种方法一般是在由于存储空间不够用的情况下才采用的方法，速度慢一些总比因空间不够无法求解要好，对不对？

小明：这一点确实是这样的，能求出解总比求不出来强得多。

艾博士：事实上，迭代加深式宽度优先搜索算法相比原始的宽度优先搜索算法也不是想象的那么慢，其速度还是可以接受的。下面我们就分析一下，看看迭代加深式搜索算法会慢到什么程度。

为了分析上的方便，我们假设在一个满 b 叉树上进行搜索，目标节点的深度为 d。有理由认为算法所需要的时间与所产生的节点数成正比，这样，我们只需分析两个算法所产生的节点数的关系即可。

讲到这里艾博士问道：小明，你知道如何计算一个深度为 d 的满 b 叉树的节点数吗？

小明思考了一下回答说：设宽度优先搜索算法产生的节点数记为 N_{BF}，则有

$$N_{BF}=1+b+b^2+\cdots+b^d$$

艾博士又接着问：同样是这个深度为 d 的满 b 叉树，如果采用迭代加深式宽度优先搜索算法，会产生多少个节点呢？

小明思考了一会儿后回答说：这个要复杂一些，因为对于迭代加深式宽度优选搜索算法来说，从深度 0 开始到深度 d 为止，每个深度下都要搜索一遍，而每一遍搜索都会产生和同样深度下宽度优先搜索算法同样多的节点数。即第 i 次搜索产生的节点数为

$$1+b+b^2+\cdots+b^i$$

由于目标节点的深度为 d，这样就需要从 $i=0$ 到 $i=d$ 做 d 次这样的搜索，所有的这些

节点累加起来就是迭代加深式宽度优先搜索算法所产生的节点数。

设迭代加深式宽度优先搜索算法产生的节点数为 N_{IDBF}，则有

$$\begin{aligned}N_{IDBF}=1+&\\ &1+b+\\ &1+b+b^2+\\ &1+b+b^2+b^3+\\ &\cdots\\ &1+b+b^2+\cdots+b^i\\ &\cdots\\ &1+b+b^2+\cdots+b^d\end{aligned}$$

其中第 i 行对应着第 i 次搜索所产生的节点数。整理后有

$$N_{IDBF}=(d+1)+db+(d-1)b^2+\cdots+2b^{d-1}+b^d$$

这个求和并不好直接求解，我们做一个变换：

$$\begin{aligned}b\cdot N_{IDBF}-N_{IDBF}&=((d+1)b+db^2+(d-1)b^3+\cdots+2b^d+b^{d+1})-\\ &\quad((d+1)+db+(d-1)b^2+\cdots+2b^{d-1}+b^d)\\ &=((d+1)b+db^2+(d-1)b^3+\cdots+2b^d+b^{d+1})-\\ &\quad(db+(d-1)b^2+\cdots+2b^{d-1}+b^d+d+1)\\ &=b+b^2+\cdots+b^d+b^{d+1}-(d+1)\\ &=b(1+b+b^2+\cdots+b^d)-(d+1)\end{aligned}$$

而其中的 $(1+b+b^2+\cdots+b^d)$ 刚好是我们前面计算的宽度优先搜索算法产生的节点数 N_{BF}，所以有

$$b\cdot N_{IDBF}-N_{IDBF}=b\cdot N_{BF}-(d+1)$$

求解有

$$N_{IDBF}=\frac{b}{b-1}N_{BF}-\frac{d+1}{b-1}$$

艾博士看着小明的求解结果夸奖道：小明很擅长求和计算，正是这个结果。

紧接着艾博士分析说：由于分叉数 $b\geqslant 2$，所以

$$\frac{d+1}{b-1}>0$$

所以有

$$N_{IDBF}<\frac{b}{b-1}N_{BF}$$

也就是说，在一个满的 b 叉树上进行搜索的话，迭代加深式宽度优先搜索算法产生的节点数小于宽度优先搜索算法产生的节点数的 $\frac{b}{b-1}$ 倍。分支数越大，二者所用时间越接近。表3.5给出了不同 b 值时所用时间比 k，当 $b=2$ 时 k 值最大为2。也就是说，迭代加深式宽度优先搜索算法所用时间不会超过宽度优先搜索算法所用时间的2倍。当然这是在满的 b 叉树上做搜索得到的结论，实际情况可能会有些不同，但大体上差不多是这个结论。

表 3.5　迭代加深式宽度优先搜索所有时间比

b	2	3	4	5	6	7	8	9	10
时间倍数 k	2	1.5	1.33	1.25	1.2	1.17	1.14	1.13	1.11

看完艾博士给出的结果，小明有些惊愕：迭代加深式宽度优先搜索算法所用的时间确实比想象的要少，当空间不够用时，确实是一种可采用的方法。

艾博士：迭代加深式搜索算法除了为节省空间使用外，还可以应用到一些在规定的时间内，尽可能做出最优选择的场合。比如我们在第 2 篇介绍的 α-β 剪枝算法，一般来说搜索的深度越深，其性能越好，但是一般情况下每一步的下棋时间会有所限制，不能超时。这时也可以采用这种迭代加深式搜索，在做 α-β 剪枝时，并不限制一个固定的深度，而是逐步加深搜索范围，在限时快结束时，用当前得到的最好结果作为决策。否则如果开始设置的搜索深度过深，可能限时结束时还得不到结果。反之如果设置搜索深度过浅，则没有充分利用时间，没能得到一个更好的下棋决策。

小明：迭代加深式搜索算法还可以这么用啊，还真没有想到。

3.6.2　迭代加深式 A* 算法

艾博士：同迭代加深式宽度优先搜索算法一样，类似的思想也可以与 A* 算法相结合，得到迭代加深式 A* 算法，用比较少的空间，获得和 A* 算法一样的搜索效果，这样的算法称作迭代加深式 A* 算法——IDA* 算法。

在迭代加深式宽度优先搜索中，通过限制被扩展节点的深度，并逐渐加深该限制，实现用深度优先搜索算法模拟宽度优先搜索算法的目的。IDA* 算法也是类似的思想，只是把深度限制用 A* 算法中的 f 函数值代替，在每次做深度优先搜索时，如果被选中扩展的节点的 f 值大于给定值 f_0 时，则进行回溯。如果本次深度优先搜索没有找到目标节点，则加大 f_0 值，再次进行深度受限的深度优先搜索。采用这种循环调用深度优先搜索的方法，逐渐加大 f_0 值，直到找到目标节点为止。

小明：对于迭代加深式宽度优先搜索，每次对深度限制加 1 就可以了，在 IDA* 中如何加大 f_0 的值呢？

艾博士：一种简单的方法就是记录本次深度优先搜索过程中，因选中扩展的节点 f 值大于 f_0 而进行回溯时的节点，选择其中最小的 f 值，作为下次深度优先搜索时的 f_0 值。这样 IDA* 算法就可以用比较少的搜索空间，而达到和 A* 算法同样的目的，得到问题的最优解。

小明：看起来迭代加深式搜索算法对于解决空间不足的问题是一种很有效的方法，虽然会增加一些运算时间。

艾博士：迭代加深式搜索算法其中心思想就是用时间换取空间，这是解决空间不足问题时一种常用的解决思路。

小明读书笔记

宽度优先搜索、A* 算法具有比较好的性质，但是由于搜索过程中会保留全部生成出的节点，当问题比较复杂时，占用空间比较大，以至于可能因为空间不够而不能求解。

可以将深度优先搜索算法和宽度优先搜索算法、A^* 算法结合起来，在占用空间比较少的情况下，达到宽度优先搜索算法或者 A^* 算法的搜索性能，找到问题的最优解。其基本思想就是通过逐步加深搜索的方法模拟宽度优先搜索或者 A^* 算法。这类搜索方法称为迭代加深式搜索。

深度优先搜索算法与宽度优先搜索算法结合，是设置一个搜索深度限制 d，然后用深度优先搜索算法进行搜索，如果找不到解，就将深度限制加 1，逐步加深搜索限制，直到找到解为止。该方法模拟了宽度优先搜索算法一步步加深搜索的过程，所以找到的解和宽度优先搜索算法找到的解是一样的，同样可以在单位代价下找到最优解。

深度优先搜索算法与 A^* 算法结合也采用类似的思想，得到的算法称为 IDA^* 算法。同样设置一个搜索深度限制，只是不用节点的深度作为限制条件，而是将所允许的最大 f 值 f_0 作为限制条件。在进行深度优先搜索过程中，增加一个回溯条件：如果被选择扩展的节点其 f 值大于 f_0，则发生回溯。如果找不到解，就加大 f_0 值，再次调用深度优先搜索。通过逐步加大 f_0 的方法，逐渐扩展搜索范围，直到找到解为止。

如何加大 f_0 值呢？一种可行的办法是，从因 f 值大于 f_0 而发生回溯的节点中，选择一个最小的 f 值，作为下次深度优先搜索时的 f_0。

这样就实现了在占用空间比较小的情况下，达到找到最优解的目的。

3.7 动态规划与 Viterbi 算法

艾博士：动态规划是求解决策过程最优化的一种方法，Viterbi 算法是其中一种常用的算法，是针对篱笆型有向图最短路径问题而提出的一种有效方法。从理论上来说，Viterbi 算法与 $h=0$ 时的 A^* 算法是等价的，但是对于一类特殊问题，具有比较高的求解效率，应用广泛。

小明：什么是篱笆型有向图最短路径问题？

艾博士：图 3.30 所示的就是一个篱笆型有向图最短路径问题示意图。该图由 $s_0, s_1, \cdots, s_{n+1}$ 共 $n+2$ 列组成，每列包含有数目不等的节点，w_{ij} 表示第 i 列的第 j 个节点，第 $i-1$ 列第 j 个节点到第 i 列第 k 个节点的代价用 $D(w_{i-1,j}, w_{i,k})$ 表示。要求从每一列中选择一个节点构成从 w_0 到 w_{n+1} 的路径，并使得该路径的总代价最小。这就是篱笆型有向图最短路径问题，其名称来源于图中节点是一列列组成的，像一个篱笆一样，而左右两个“篱笆”间的两个节点是从左到右有向连接的。

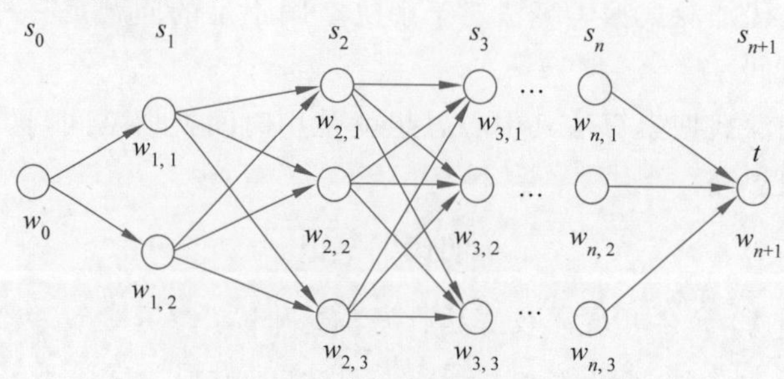

图 3.30 篱笆型有向图示意图

小明：这个名称倒是比较形象。

艾博士：Viterbi 算法是求解该类问题的有效算法，Viterbi 算法按列从左向右依次计算到达每个节点的最短路径，直到求得到达 w_{n+1} 的最短路径为止。

以图 3.30 为例，先计算到达 $w_{1,1}$、$w_{1,2}$ 两个节点的最短路径，由于到达这两个节点都只有一条路径，所以最短路径分别为 $w_0-w_{1,1}$、$w_0-w_{1,2}$。接下来计算到达第 2 列 $w_{2,1}$、$w_{2,2}$、$w_{2,3}$ 3 个节点的最短路径。对于 $w_{2,1}$ 来说，可以通过 $w_{1,1}$ 到达，也可以通过 $w_{1,2}$ 到达，我们从两条路径中选取一个最小代价的路径作为到达 $w_{2,1}$ 的最短路径。由于前面已经求出了到达 $w_{1,1}$ 的最短路径，所以通过 $w_{1,1}$ 到达 $w_{2,1}$ 的最短路径代价为到达 $w_{1,1}$ 的最短路径代价加上 $w_{1,1}$ 和 $w_{2,1}$ 之间的代价，这样就求出了通过 $w_{1,1}$ 到达 $w_{2,1}$ 的最短路径。同样的方法可以计算出通过 $w_{1,2}$ 到达 $w_{2,1}$ 的最短路径代价。从两个最短路径中选取一个代价最小的路径就得到了到达 $w_{2,1}$ 的最短路径，并记录该路径是通过 $w_{1,1}$ 还是 $w_{2,1}$ 到达的。同样的方法可以求出到达 $w_{2,2}$、$w_{2,3}$ 的最短路径。依照此方法，利用到达左边一列节点的最短路径计算出到达右边一列节点的最短路径，依次推算下去，就求得了到达终点节点 w_{n+1} 的最短路径，也就是从 w_0 到 w_{n+1} 的最短路径。这就是 Viterbi 算法。

综合以上过程，我们可以得到求解到达每个节点最短路径的递推公式：

$$Q(w_{i,j})=\begin{cases}\min\limits_{k}(Q(w_{i-1,k})+D(w_{i-1,k},w_{i,j})) & i\neq 0\\ 0 & i=0\end{cases}$$

其中，$Q(w_{i,j})$ 表示从初始节点 w_0 到达节点 w_{ij} 的最短路径的代价；$D(w_{i-1,k},w_{i,j})$ 表示节点 $w_{i-1,k}$ 到节点 $w_{i,j}$ 的代价。

小明：大概理解了 Viterbi 算法的求解过程，可以举一个具体的求解例子吗？

艾博士：好的，我们下面就给一个具体的求解例子，问题如图 3.31 所示。

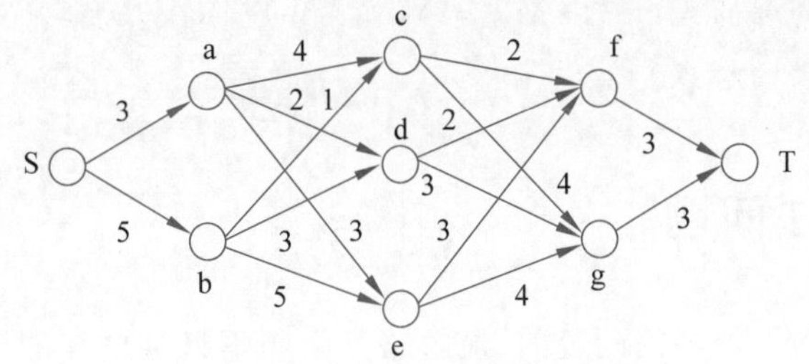

图 3.31　Viterbi 算法示意图

从 S 到 a、b 两个节点都只有一条路径，所以到 a 的最短路径为 S-a，其最短路径长度 Q(a)＝3，到 b 的最短路径为 S－b，其最短路径长度 Q(b)＝5。

到达节点 c 有两条路径，通过 a 到 c 的路径为 S-a-c，路径长度为 Q(a)＋D(a,c)＝3＋4＝7，通过节点 b 到 c 的路径为 S-b-c，路径长度为 Q(b)＋D(b,c)＝5＋1＝6。两条路径中 S-b-c 的长度 6 更短，所以 Q(c)＝6。

到达节点 d 也有两条路径，分别是 S-a-d、S-b-d，路径长度分别为 5 和 8，前者更短，所以有 Q(d)＝5。

到达节点 e 也有两条路径，分别是 S-a-e、S-b-e，路径长度分别为 6 和 10，前者更短，所以有 Q(e)＝6。

至此得到了到达第2列c、d、e 3个节点的最短路径。

再看第3列f、g两个节点。有3条路径可以到达f节点，分别通过节点c、d、e。对于通过c到达f的路径长度为$Q(\mathrm{c})+D(\mathrm{c},\mathrm{f})=6+2=8$，通过d到达f的路径长度为$Q(\mathrm{d})+D(\mathrm{d},\mathrm{f})=5+2=7$，而通过e到达f的路径长度为$Q(\mathrm{e})+D(\mathrm{e},\mathrm{f})=6+3=9$。3条路径中通过节点d到达f的路径最短，其路径长度为7，所以该条路径为到达f的最短路径，$Q(\mathrm{f})=7$。

同理我们可以得到通过节点d到达g的最短路径，其路径长度为8，所以有$Q(\mathrm{g})=8$。

最后，到达目标节点T有两条路径，分别经过节点f、g。对于通过节点f到达T的路径，其长度为$Q(\mathrm{f})+D(\mathrm{f},\mathrm{T})=7+3=10$，而对于通过节点g到达T的路径，其长度为$Q(\mathrm{g})+D(\mathrm{g},\mathrm{T})=8+3=11$。两条路径中，通过节点f到达T的路径最短，其路径长度为10，所以我们有$Q(\mathrm{T})=10$。

到此，我们就求得了从初始节点S到达目标节点T的最短路径为S-a-d-f-T，其路径长度为10。

艾博士最后总结说：Viterbi算法求解最优路径问题最主要的思想就是充分利用第$i-1$列已经求得的节点的最优路径，计算第i列节点的最优路径，从而有效提高了算法的求解效率。

初学者容易犯的错误是，求到达第i列第j个节点的最优路径时，又从头开始计算求解，没有利用第$i-1$列已经求解的结果，从而导致求解效率低下，这一点一定要注意。

小明读书笔记

动态规划是求解决策过程最优化的一种方法，Viterbi算法是其中一种常用的算法，是针对篱笆型有向图最短路径问题而提出的一种有效方法。

Viterbi算法从左到右一列列地求解到达每列节点的最短路径，其核心思想是利用左边已有的结果，计算紧邻的右边节点的最短路径，通过递推的方法达到高效求解的目的。这是Viterbi算法最大的特点。

3.8 拼音输入法问题

艾博士：就如同前面曾经提到过的，最短路径问题不只是单纯的可以求解狭义的路径问题，很多问题可以转换为最短路径问题。比如拼音输入法问题。

小明：什么是拼音输入法问题？拼音输入法与最短路径问题又是什么关系？

艾博士：所谓拼音输入法问题，就是输入一个拼音串如何转换为对应的汉字问题，现在很多人用的输入法就属于这样的问题。该问题实际上可以转换为求最短路径问题。

小明：拼音输入法还跟最短路径有关？听起来有些神奇，请艾博士快给讲讲。

艾博士：小明你看看下面一串拼音应该对应什么汉语句子？

ji qi xue xi ji qi ying yong

小明边看边思考，想了一会儿说：应该是"机器学习及其应用"。

艾博士：小明你反应真快。

在这串拼音中，每个拼音对应着很多汉字，图3.32给出了每个拼音对应的部分汉字。

艾博士指着图对小明说：小明你看，拼音 ji 可以对应“及、计、机”等汉字，拼音 qi 可以对应“期、器、其”等汉字……从每个拼音对应的汉字中取出一个汉字，就可能对应着一句汉语句子，比如小明说的“机器学习及其应用”，但是也有可能是“机器学习机器应用”，或者“及其学习及其应用”等。

ji	qi	xue	xi	ji	qi	ying	yong
及	期	学	系	及	期	应	勇
计	器	雪	习	计	器	英	用
机	其	薛	西	机	其	营	永
…	…	…	…	…	…	…	…

图 3.32　每个拼音对应多个汉字示意图

说到这里，艾博士反问小明：这串拼音可以对应很多个句子，你为什么只选择“机器学习及其应用”这句话呢？

小明想了想说：因为感觉这句话比较通顺，是一句话，而其他的似乎不太通顺。比如您提到的“及其学习及其应用”就不通顺，让人看不明白在说什么。“机器学习机器应用”这句话看起来还有些通顺，但是不如“机器学习及其应用”这句话更像正常的句子。至于其他的，就更不像句子了。

艾博士：小明回答得很好。虽然这串拼音可以组成很多种不同的句子，但是绝大多数一看就不像句子，比如我们取图 3.32 中的第一行汉字“及期学系及期应勇”，一看就不是句子。我们人类很聪明，很快就可以挑选出正确句子，关键是我们有多年的阅读经验，很快可以把明显不是句子的淘汰掉，选择出正确的句子。

事实上，如果不考虑声调的话，汉语约有 400 个音，常用汉字大概有 4000 个，平均一个音对应 10 个汉字。据统计，汉语句子的平均长度约为 11 个汉字。如果按照每个拼音对应 10 个汉字的平均值计算，一个具有 11 个拼音的拼音串，对应着 10^{11} 个可能的句子。这是什么概念呢？假设 1 毫秒生成一个句子的话，大约需要 3 年才能把这些句子全部生成出来。

小明听到这里忍不住惊呼道：竟然需要这么长的时间！

艾博士：所以说，拼音输入法问题是一个比较复杂的问题。这里主要涉及两个问题：一个问题是如何判断一个句子是否通顺，另一个问题是如何快速地将最通顺的这个句子找出来。

小明：是啊，平时每天都在使用拼音输入法，早已习以为常，没想到竟然会这么复杂。

艾博士：为了求解拼音输入法问题，需要将该问题转换为一个计算机可以求解的问题，然后再利用已有的算法进行求解。

小明：应该怎么转换呢？

艾博士：在讲解如何求解输入法问题之前，我们先简要介绍一下贝叶斯公式，因为在讲解输入法问题时，需要用到贝叶斯公式。

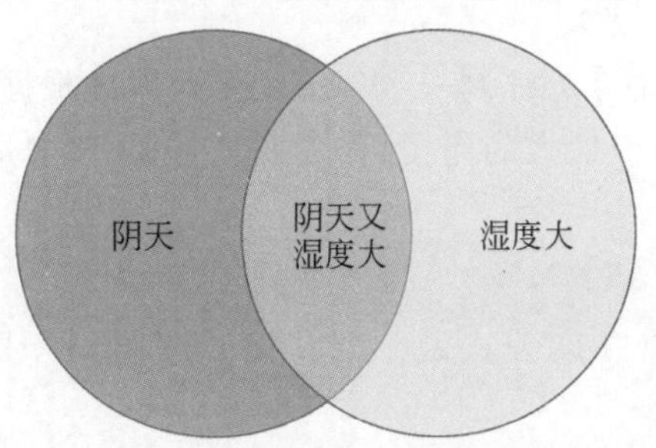

图 3.33　贝叶斯公式示意图

贝叶斯公式用来描述两个条件概率之间的关系。如图 3.33 所示，左边的圆表示“阴天”，右边的圆表示“湿度大”，两圆重叠的部分表示“阴天又湿度大”。如果“阴天”的概率用 P(阴天)表示，“湿度大”的概率用 P(湿度大)表示，“阴天的条件下湿度大”的概率用 P(湿度大|阴天)表示，“湿度大的条件下阴天”的概率用 P(阴天|湿度大)，“阴天且湿度大”

的概率用 P(阴天且湿度大)表示，则“阴天且湿度大”的概率可以表示为

$$P(\text{阴天且湿度大})=P(\text{湿度大}|\text{阴天})\cdot P(\text{阴天})$$

小明：如何理解这个公式呢？

艾博士：这个公式可以这样理解，阴天的情况下，可能湿度大，也可能湿度不大，所以在阴天的情况下，有个湿度是否大的概率，即 P(湿度大|阴天)。但是阴天也是有时发生有时不发生的，也存在概率问题，我们只考虑阴天的情况下湿度是否大的概率，所以阴天且湿度大的概率就是阴天的情况下湿度大的概率乘以阴天的概率。

小明：我明白了。先考虑阴天情况下湿度大的概率，再考虑阴天的概率，二者相乘就是阴天又湿度大的概率。

艾博士：这是从“阴天”的角度求解“阴天且湿度大”的概率。同理，也可以从“湿度大”的角度求“阴天且湿度大”的概率，则“阴天且湿度大”的概率可以表示为

$$P(\text{阴天且湿度大})=P(\text{阴天}|\text{湿度大})\cdot P(\text{湿度大})$$

两个公式是对称的，从不同角度求解了“阴天且湿度大”的概率。两个概率应该是相等的，所以有

$$P(\text{湿度大}|\text{阴天})\cdot P(\text{阴天})=P(\text{阴天}|\text{湿度大})\cdot P(\text{湿度大})$$

整理有

$$P(\text{湿度大}|\text{阴天})=P(\text{阴天}|\text{湿度大})\cdot P(\text{湿度大})/P(\text{阴天})$$

扩展到一般情况，我们用 A 表示“阴天”，B 表示“湿度大”，则上述公式可以表示为

$$P(B|A)=\frac{P(A|B)P(B)}{P(A)}$$

这就是贝叶斯公式。如果想计算概率 $P(B|A)$，但又不方便计算时，可以通过该公式转换为计算$\frac{P(A|B)P(B)}{P(A)}$，如果这个公式更容易计算的话。

小明：贝叶斯公式跟拼音输入法问题有什么关系呢？

艾博士：我们的目的就是想利用贝叶斯公式将拼音输入法问题转换为我们熟悉的最短路径问题，通过求解最短路径问题，确定拼音串对应的汉语句子。

小明：我一时还想不明白二者之间具有什么关系。

艾博士：小明你别着急，我们慢慢讲解你就明白了。

我们假设用字母 O 表示给定的拼音串，其可能对应的汉语句子为 S。如何判断 S 是否通顺呢？我们计算给定 O 时对应句子是 S 的概率 $P(S|O)$。如果这个概率计算是合理的，则有理由相信概率越大的句子其成为句子的可能性就越大。

所以，拼音输入法问题就是用概率 $P(S|O)$的大小作为评判一个句子是否通顺的根据，从拼音串 O 对应的所有可能句子中，找出概率 $P(S|O)$最大的句子，作为拼音串 O 所对应的句子。

小明有些不太明白地问道：可是如何计算概率 $P(S|O)$呢？我没有一点思路。

艾博士：直接计算确实有困难，我们可以利用贝叶斯公式做一个转换。按照贝叶斯公式

$$P(S|O)=\frac{P(O|S)P(S)}{P(O)}$$

其中，$P(S)$表示 S 是一个句子的概率；$P(O)$表示 O 这个拼音串出现的概率；$P(O|S)$表示句子 S 对应的拼音串是 O 的概率。

每个拼音对应的汉字确定后，拼音串 O 对应的可能句子也是确定的，虽然可能会很多。我们的目的是从这些众多的句子中选出概率最大的句子，并不关心具体概率是多少，只要该句子的概率最大即可。

由于当前讨论的是给定拼音串所对应的句子，拼音串 O 是给定好的，所有句子都是针对该拼音串说的，所以对这些不同的句子来说，概率 $P(O)$的值是固定的常量，因此，在求概率最大的句子时可以不考虑 $P(O)$的大小，概率 $P(S|O)=\dfrac{P(O|S)P(S)}{P(O)}$最大对应的句子 S，与 $P(O|S)P(S)$最大对应的句子是同一个句子。

在汉语句子中，虽然会有多音字，但是一旦句子给定后，其对应的拼音串基本也是固定的，因为绝大多数多音字在句子中的读音是确定的。比如：

“反省一下省下来的钱干什么”

虽然“省”字是个多音字，有 sheng 和 xing 两个读音，但在上述句子中，第一个“省”读 xing、第二个“省”读 sheng 是确定的。所以对于句子 S 所对应的拼音串是 O 的概率 $P(O|S)$可以认为约等于 1，也是个常量。

这样一来，$P(S|O)$最大对应的句子 S，与 $P(S)$最大对应的句子又是同一个句子了。所以我们只要求概率 $P(S)$最大对应的句子就可以了，只是这些句子被限制在是拼音串 O 所限制的范围内。

小明：$P(S)$表示的是 S 成为句子的概率，这个概率怎么计算呢？

艾博士：要计算 S 成为句子的概率 $P(S)$，这就要用到统计语言模型了。

设一个含有 N 个汉字的句子为：

$$w_1 w_2 \cdots w_N$$

其中，$w_i\,(i=1,2,\cdots,N)$表示汉字。

在统计语言模型中，假定句子中第 i 个汉字的出现与该句子中前面 $i-1$ 个汉字的出现有关，一个句子的概率则是该句子中所有汉字出现概率的乘积，其计算公式由下式给出：

$$P(S)=\prod_{i=1}^{N} P(w_i \mid w_1 w_2 \cdots w_{i-1})$$

其中，$P(w_i|w_1 w_2 \cdots w_{i-1})$表示当句子中前 $i-1$ 个汉字为 $w_1 w_2 \cdots w_{i-1}$时，第 i 个汉字为 w_i 的概率；符号“$\prod$”表示“连乘”，也就是每个汉字出现在句子中的概率连乘在一起就是句子的概率。

当句子比较长时，这样的语言模型参数会非常多，为了减少模型的参数，一般会假定句子中一个汉字的出现只与其前面 $n-1$ 个汉字有关，称作 n 元语言模型。这样句子概率的计算可以修改为

$$P(S)=\prod_{i=1}^{N} P(w_i \mid w_{i-n+1} w_{i-n+2} \cdots w_{i-1})$$

当 $n=2$ 时我们可以得到二元语言模型：

$$P(S)=\prod_{i=1}^{N} P(w_i \mid w_{i-1})$$

为了简化计算，我们下面采用二元语言模型计算一个句子 S 的概率。

小明：艾博士，我明白了如何用统计语言模型计算一个句子的概率，但是如何得到概率 $P(w_i|w_{i-1})$ 呢？

艾博士：这个概率值可以通过统计的办法获得。

首先我们从网络上抓取大量的文本信息作为语料库。然后根据语料库统计计算获得概率值 $P(w_i|w_{i-1})$。比如，"清"后面出现"华"的概率 P(华|清)：

$$P(\text{华}|\text{清})=\frac{\text{语料库中“清华”出现的次数}}{\text{语料库中“清”出现的次数}}$$

采用类似的方法，对于任何两个汉字，都可以计算出当一个汉字出现时另一个汉字出现的概率。事先计算好这些概率值存储起来，等待需要时可以随时调用使用。

小明：即便是只考虑常用汉字，也大概有 4000 多个，任何两个汉字都需要统计计算并存储保存，是不是计算量、存储量都很大啊？

艾博士：事实上在实际的句子中，并不是任何两个汉字都会前后同时出现的，只有少量的汉字具有这种同现关系，所以大量的概率值都是 0，非 0 概率所占比例并不大。不过虽然比例并不大，但是由于基数大，非 0 概率的量还是不少的。

小明：好的，我明白了。至此我们知道了如何计算一个句子的概率，但是如何用到拼音输入法问题上，解决拼音输入法问题呢？

艾博士：有了语言模型之后，输入法问题就变成了从拼音串对应的可能汉语句子中，找出概率最大的句子问题了。也就是求

$$P(S)=\prod_{i=1}^{N}P(w_i \mid w_{i-1})$$

最大时对应的句子 S，而 S 的候选是拼音串所对应的所有可能的句子。

小明：把所有可能的句子都生成出来，一个一个计算每个句子的概率吗？

艾博士：前面已经说过，由于对应的可能句子太多，是不可能通过产生所有句子的办法获得最大概率的句子的。

小明想起来了，说道：前面分析过，按照平均句子长度为 11 个汉字，每个拼音对应 10 个汉字的平均值计算，一个具有 11 个拼音的拼音串，对应着10^{11}个可能的句子。假设 1 毫秒生成一个句子的话，大约需要 3 年才能把这些句子生成出来。

艾博士：这时就需要算法的力量了。

为了计算方便，我们对下式两边取对数：

$$P(S)=\prod_{i=1}^{N}P(w_i \mid w_{i-1})$$

有：

$$\ln(P(S))=\sum_{i=1}^{N}\ln(P(w_i \mid w_{i-1}))$$

这样一方面可以将乘法运算变成加法运算，另一方面 $P(S)$ 最大对应的句子 S 与 $\ln(P(S))$ 最大对应的句子 S 是一致的，所以求 $\ln(P(S))$ 最大对应的句子就可以了。

再有，求 $\ln(P(S))$ 最大与求 $-\ln(P(S))$ 最小是等价的，所以问题就又变成了求 $-\ln(P(S))$ 最小对应的句子 S。也就是求下式：

$$-\ln(P(S)) = -\sum_{i=1}^{N}\ln(P(w_i \mid w_{i-1})) = \sum_{i=1}^{N}(-\ln(P(w_i \mid w_{i-1})))$$

最小时对应的句子 S。

小明不太解地问道：这么变换的目的是什么呢？

艾博士：不要着急，很快你就可以看到为什么做这些变换了，总的来说，就是想把拼音输入法问题变换为求最短路径问题。

前面说过，拼音串中每个拼音对应若干个汉字，我们将这些汉字称作候选汉字。如果将每个候选汉字看作是一个节点，前后两列间的候选汉字从左到右做一个连接，用 $-\ln(P(w_i \mid w_{i-1}))$ 当作连接间的代价，其中 w_{i-1}、w_i 为拼音串对应的一个可能句子中前后两个相邻的汉字。这样所有候选汉字就可以组成一个篱笆型有向图，如图 3.34 所示给出了一个这样的例子，其对应的拼音串就是我们前面提到过的“ji qi xue xi ji qi ying yong”，其中，我们在前后增加了一个初始节点和目标节点。图中从初始节点到目标节点的一条路径，就对应了拼音串对应的可能句子，而 $\sum_{i=1}^{N}(-\ln(P(w_i \mid w_{i-1})))$ 就是该路径的总代价。

根据前面的分析，拼音输入法问题就是求 $\sum_{i=1}^{N}(-\ln(P(w_i \mid w_{i-1})))$ 最小时所对应的句子，也就是图 3.34 所示的最优路径。

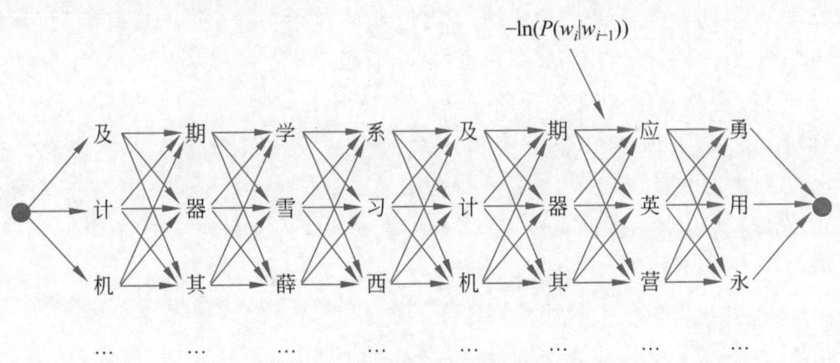

图 3.34　候选汉字组成的篱笆型有向图

这样一来，我们就将拼音输入法问题转换为了求解篱笆型有向图最优路径问题，可以采用前面介绍过的 Viterbi 算法求解。

小明：这样我就理解了为什么前面做那些转换了，经过这样的转换后，拼音输入法问题就纯粹是一个最优路径求解问题了。现在有很多拼音输入法，都是采用这样的方法实现的吗？

艾博士：现在大家使用的拼音输入法基本都是采用这样的原理实现的，只是我们为了简化问题，假定了拼音之间具有空格，省略了其中的拼音分词(字)问题。另外，我们这里采用的是关于字的二元语法，也就是只考虑一句话中两个相邻汉字之间的概率关系，也可以采用关于字的三元语法，或者更多元的语法，效果会更好，当然同时也会加大计算量。甚至可以考虑关于词的二元语法，或者是词的三元语法，一般来说，采用词的语言模型的效果要好于采用字的语言模型的效果，但由于词的数量要远远多于字的数量，其计算量、存储量也会更大，求解起来也会更加复杂。无论具体是几元语法，采用字模型还是词模型，基本原理都是一样的。

小明：这真是一个很好的应用例子，初看起来拼音输入法跟最短路径问题没啥关系，通过一定的变换后，二者其实是同样的问题，利用已有的方法就可以求解了。

艾博士：在用人工智能求解具体问题时往往采用的都是这种方法，将待求解问题转换到一个已知问题后，再采用已有的方法求解。像AlphaGo就是把下围棋问题转换为了一个图像分类问题。围棋盘上的任何一点都可以看作是一个类别，在当前局势下在哪里下棋，可以认为是将该棋局分类到哪个类别。AlphaGo利用深度学习实现了这一点，但是AlphaGo又有发展，针对下棋问题的特点，将该"分类"问题融入蒙特卡洛树搜索中，有效提升了下围棋的性能。所以在学习人工智能方法时，要学会触类旁通、举一反三地求解问题。

小明读书笔记

对于给定一个拼音串如何确定其对应的汉语句子？这就是拼音输入法问题。由于每个拼音对应多个汉字，所以一个拼音串可能对应的汉语句子会非常多。

在汉语中约有400个不带声调的音，常用汉字也大概有4000个，平均一个音对应10个汉字。而据统计，汉语句子的平均长度为11个汉字。如果按照每个拼音对应10个汉字的平均值计算，一个具有11个拼音的拼音串，对应着10^{11}个可能的句子。这是什么概念呢？假设1毫秒生成一个句子的话，大约需要3年才能把这些句子生成出来。如何从这么多可能的汉语句子中找出拼音串最可能对应的句子，是一个比较困难的问题，需要解决两个主要问题：一是如何评价一个句子是否通顺；二是如何从这么多句子中快速找出最通顺的句子，也就是最像汉语句子的句子。

通过贝叶斯公式，我们可以将拼音输入法问题转换为最短路径求解问题。如果任何两个汉字之间的连接概率用$P(w_i|w_{i-1})$表示的话，其中w_i表示给定拼音串对应的一个可能句子中的第i个汉字，则拼音输入法问题可以转换为求解下式最小问题：

$$\sum_{i=1}^{N}(-\ln(P(w_i \mid w_{i-1})))$$

如果句子中两个汉字之间的代价表示为$-\ln(P(w_i|w_{i-1}))$，则拼音输入法问题实际上就是求由给定拼音串中拼音对应的所有候选汉字组成的篱笆型有向图的最短路径问题，每个句子的路径长度由上式给出，通过Viterbi算法就可以得到该问题的最优解，从而得到给定拼音串最对应的汉语句子，也就是概率最大的句子。

其中用到的任意两个汉字之间的连接概率，可以通过语料库统计获得。

这里介绍的是以字为单位的二元语言模型，也可以采用以字为单位的三元语言模型，或者是以词为单位的二元语言模型，甚至三元语言模型。

3.9 总结

最后，在艾博士的建议下，小明对本篇内容做了总结。

(1) 首先介绍了路径搜索问题的基本概念，以如何去香山举例说明了什么是路径搜索问题，很多问题也可以转换为路径搜索问题求解，比如八数码问题。

(2) 介绍了什么是宽度优先搜索算法，在宽度优先搜索算法中，优先选择节点深度最浅的节点扩展，通过例子讲解宽度优先搜索算法的具体求解过程。当问题为单位代价时，也就是任何相邻的两个节点间的代价为1时，宽度优先搜索算法可以找到最优路径，也就是代价最小的路径。

(3) 宽度优先搜索算法只利用了节点的深度信息，而没有利用从初始节点到达待选择节点的路径代价。迪杰斯特拉算法充分利用了这一点，选择从初始节点到待选择节点路径最短的节点优先扩展。当被选择的节点是目标节点时算法结束，此时找到的到达目标节点的路径为最短路径。即便是非单位代价时，迪杰斯特拉算法也总是可以找到最优路径。这里一定要注意迪杰斯特拉算法的结束条件，必须是被选择扩展的节点是目标节点时算法才结束，而不是只要找到了一条到达目标节点的路径就立即结束，否则不能保证找到的是最佳路径。

(4) 迪杰斯特拉算法虽然用到了到节点的路径代价，但是并没有利用从一个节点到目标节点路径的代价，从而导致搜索效率低下，扩展过多的无用节点。但是一般情况下我们并不知道一个节点到目标节点的路径代价，A算法采用估计的方法估计出一个节点到目标节点的代价。定义节点 n 的评价函数 $f(n)=g(n)+h(n)$，其中，$g(n)$ 为从初始节点到达节点 n 的路径代价，$h(n)$ 为从节点 n 到达目标节点最优路径代价的估计，$f(n)$ 为从初始节点经过节点 n 到达目标节点最优路径代价的估计。A算法优先选择 $f(n)$ 最小的节点扩展，当目标节点的 f 值最小时，算法结束。注意，A算法的结束条件同迪杰斯特拉算法一样，必须是当被选择扩展的节点是目标节点时算法才结束。

(5) 在A算法中，对 h 函数并没有具体的要求，只是说是从节点 n 到目标节点最优路径代价的估计值。在A算法中，如果对于任何节点 n 有 $h(n)\leqslant h^*(n)$，则A算法就成为了 A^* 算法，其中 $h^*(n)$ 为节点 n 到目标节点最佳路径的代价。从算法描述的角度，A^* 算法与A算法是完全一样的，只是 A^* 算法要求满足 A^* 条件 $h(n)\leqslant h^*(n)$。当问题有解时，A^* 算法可以保证找到最优解结束。

(6) 对于同一个问题，如果定义了两个满足 A^* 条件的 h 函数 h_1 和 h_2，那么如何评价哪个 h 函数更好呢？有定理保证，对于除了目标节点的任何节点 n，如果总有 $h_2>h_1$，则采用 h_2 的 A^* 算法扩展的节点数不会多于采用 h_1 的 A^* 算法扩展的节点数。也就是说，采用 h_2 时的效果不会比采用 h_1 时的效果差。由于两个 h 函数都满足 A^* 条件，所以越大的 h 函数其对最佳路径代价的估计越准确，该定理说明采用更准确的 h 函数效果不会变差，所以应该尽可能定义更好的，也就是更准确的 h 函数。

(7) 可以通过实际测试的方法评价两个不同的 h 函数的效果。定义状态搜索树的平均分叉数，通过实际实验，计算出采用不同的 h 函数时得到的平均分叉数，平均分叉数越小说明 h 函数的效果越好。

(8) A^* 算法存在可能重复扩展节点的问题。当 h 函数定义不合理时，就可能会造成这种情况，从而降低算法的求解效率。如果 h 函数满足单调条件，则 A^* 算法不会出现重复扩展节点的问题。h 函数满足如下条件时，则称 h 函数是单调的：

$$\begin{cases} h(n_i)-h(n_j)\leqslant C(n_i,n_j) \\ h(\mathrm{T})=0 \end{cases}$$

其中，T为目标节点，n_i 是 n_j 的父节点，$C(n_i,n_j)$ 是 n_i、n_j 间的代价。

(9) 当 h 函数不满足单调条件时，也可以通过修改 A^* 算法的方式，减少重复节点扩展。

设 f_m 为目前为止扩展的节点中 f 函数的最大值。在改进的 A^* 算法中，对于 OPEN 表中 f 值小于 f_m 的节点，放入 NEST 中，如果 NEST 中存在节点，则优先选择 NEST 中 g 值最小的节点优先扩展，当 NEST 中没有节点时，同 A^* 算法一样，选择 OPEN 中的第一个节点扩展，并修改 f_m 值为该节点的 f 值，其他均与 A^* 算法一致。改进后的 A^* 算法可以有效减少节点的重复扩展。

(10) 同宽度优先搜索算法相反，深度优先搜索算法每次优先选择节点深度最深的节点扩展，一般要加上深度限制和对循环路径的检测，以便防止搜索过程中陷入深渊或者死循环。深度优先搜索算法的最大特点是占用空间少，只需要记录从初始节点到当前节点的路径即可。为了解决宽度优先搜索算法、A^* 算法存在的占用空间过大问题，将深度优先搜索算法与这些算法结合，就有了迭代加深式搜索算法，包括迭代加深式宽度优先搜索算法和迭代加深式 A^* 算法。这类算法的特点是既保留了深度优先搜索占用空间少的特点，又可以像宽度优先搜索算法、A^* 算法一样，找到问题的最优解。不足是会花费更多的搜索时间。

(11) 动态规划是求解决策过程最优化的一种方法，Viterbi 算法是其中一种常用的算法，特别适合求解篱笆型有向图最短路径问题。从本质上来说，Viterbi 算法与 $h=0$ 时的 A^* 算法是等价的，但是对于一类特殊问题，具有比较高的求解效率，具有非常广泛的应用。Viterbi 算法从左到右一列一列地递推计算到达每个节点的最优路径，充分利用已有的求解结果，从而提高求解的效率。

(12) 最后列举了一个拼音输入法问题作为应用举例。通过利用贝叶斯公式以及一些必要的推导过程，可以将拼音输入法问题转换为最优路径求解问题，利用语料库统计获得任意两个汉字之间的连接概率 $P(w_i|w_{i-1})$，并用 $-\ln(P(w_i|w_{i-1}))$ 表示两个汉字之间的代价，这样，利用 Viterbi 算法通过求解最短路径问题就可以得到给定拼音串对应的概率最大的句子。

第4篇

如何用随机算法求解组合优化问题

艾博士导读

在实际问题中经常遇到求解给定约束条件下的最优解问题，当可能解的数量是有限个时这类优化问题被称为组合优化问题。由于组合优化问题可能解的数量是有限的，当问题规模不大时，可以通过穷举的方法求解其最优解。但是由于组合优化问题解的数量往往是随问题的规模呈指数增长的，就使得该问题变得难于求解，至今没有有效的求解算法。随机算法是求解组合优化问题的方法之一，其特点是在算法中引入随机因素，算法每次运行的结果不一定一样，也不能保证每次都能够求得最优解，但是在满足一定条件下，可以以概率 1 收敛到最优解。

本篇将介绍两个常用的随机算法——模拟退火算法和遗传算法。

本篇内容按照难易程度划分为 3 个等级，读者可以根据自身需要有选择地选读其中的部分或者全部内容。

第一级：4.1～4.3 节，介绍什么是组合优化问题，通过爬山法引出局部搜索算法，结合具体的例子讲解局部搜索算法求解问题的过程，并给出一个利用局部搜索算法求解百万皇后问题的例子。分析局部搜索算法存在的几个问题，给出解决问题的基本思想。

第二级：分为两部分内容——模拟退火算法和遗传算法。

4.4 节通过一个制作弹簧的实验引出物理中的金属退火现象，并详尽分析为什么退火过程最终会以概率 1 达到系统最小内能状态。为此引入一个"怪杯子"实验，通过类比实验，形象地讲解退火过程中系统状态随温度变化呈现的特性。对于第二级读者这部分内容可以只关注与"怪杯子"有关的内容及得到的相关结论，跳过其中详细的数学推导部分。

4.5 节通过将组合优化问题与退火过程建立对应关系，给出模拟退火算法，通过模拟退火过程实现改进局部搜索算法，用于求解组合优化问题。

4.7 节给出一个利用模拟退火算法求解旅行商问题的例子，对运算结果给出详细分析。

4.8 节、4.9 节简要介绍达尔文进化论的基本思想，通过将组合优化问题与生物进化建立对应关系，给出遗传算法，利用生物进化过程的优胜劣汰思想求解组合优化问题。通过一个简单的求解最大值的优化问题，详细介绍了遗传算法的求解过程，最后给出一个遗传算法的一般性框架。

4.11 节给出利用遗传算法求解旅行商问题的例子。

4.13 节、4.14 节对比了模拟退火算法和遗传算法的异同，以猴子为例对两个算法的特点进行对比分析。最后对本篇内容做了一个全面的总结。

第三级：4.4 节通过对退火过程的详细分析，给出了详细的数学推导，从理论上分析了为什么退火过程最终以概率 1 达到内能最小状态。

4.6 节对模拟退火算法中的参数选择，包括初始温度的设置、温度下降方法、每个温度下的循环次数、算法的终止条件等，给出详细的指导性建议。

4.10 节对遗传算法的实现问题给出详细的介绍，包括二进制编码、整数编码，以及相应的交叉操作方法、变异操作方法等。

4.12 节讨论了遗传算法的性能评价问题，给出一组用于评价算法性能的函数集。

这天是周末，小明看到一个有趣的题目——旅行商问题，尝试通过编程求解该问题。

旅行商问题是这样的：一个商人，要去 n 个城市卖货，要求每个城市都必须去一次，并且只能去一次，最后再回到商人的出发城市，希望找到一条满足条件的最短行走路径。

小明一开始并没有觉得这个问题有多难，没有多想，打开计算机就埋头编写起了程序。小明采用的是一种比较简单的算法：穷举所有可能的走法，从中选出一条最短的路径。

很快小明就写好了程序，先从 5～6 个城市开始，逐渐增加到 10 个城市做测试，程序都很快运行出结果，经检验后结果正确。小明很高兴，一下子把城市数增加到了 20 个，这次出问题了，程序一直没有返回结果。小明开始以为程序可能存在错误，经反复检查后没有发现任何问题。小明看天色不早了，就想着让计算机运行一晚上，自己去睡觉休息，等第二天再看结果。第二天一早醒来，小明马上去计算机上查看，发现程序还在运行中，没有得出任何结果。

小明有些沮丧不明白这是为什么，吃完早饭后就去找万能的艾博士，希望从艾博士那里找到答案。

4.1 组合优化问题

听了小明的疑问后，艾博士哈哈大笑起来：小明啊，你想用穷举的方法一个晚上就求出 20 个城市的旅行商问题吗？那是不可能的。旅行商问题是一个著名的组合优化问题，当城市数量增多时，会出现组合爆炸问题，可能的路线非常多，以至于不可能在短时间内穷举出所有可能的路线。

小明有些不解地问道：这个问题有这么复杂吗？

艾博士：我们一起来分析一下这个问题吧，分析完你就知道这个问题有多么复杂。对于 n 个城市的旅行商问题，可能的路线总数共有 $n!$ 个，当城市数为 20 时，$20!$ 等于 2432902008176640000，这是个非常庞大的数字。据估算在 10 亿次/秒的计算机上穷举出所有可能的路线的话，需要六七十年。

小明惊叹道：真是没有想到，竟然需要这么长时间啊，这个问题有什么好的算法吗？

艾博士：对于组合优化问题，目前提出了一些求解算法，其中随机算法是求解组合优化问题的一类可行的算法，今天我们就讲解一下这类随机算法。

小明：什么是随机算法呢？

艾博士：随机算法就是引入了随机因素的算法，每次运行结果存在一定的随机性，但是当运行次数足够多以后，可以大概率找到一个还不错的解。

小明迫不及待地说：那就请艾博士给我介绍一下随机算法吧。

艾博士：好的，我们先从组合优化问题说起。

一般的优化问题可以描述如下。

设 x 是决策变量，D 是 x 的定义域，$f(x)$是指标函数，$g(x)$是约束条件。则优化问题可以表示为求解满足 $g(x)$的 $f(x)$最小值问题，即

$$\min_{x \in D}(f(x) \mid g(x))$$

如果在定义域 D 上，满足约束条件 $g(x)$的解的总数是有限的，则优化问题称为组合优化问题。

比如旅行商问题，其约束条件就是每个城市去一次，并且只去一次，在此约束条件下，求到达所有城市并回到出发城市的最短路径。每一个可能的路线就是问题的一个解，对于 n 个城市的旅行商问题解的个数为 $n!$ 个，虽然解的数目很多但是是有限个，所以该问题属于组合优化问题。

对于组合优化问题，由于其解的个数是有限的，当问题规模比较小时，可以通过穷举的办法求解，但是当问题规模比较大时，由于解的数量实在太多，以至于无法在短时间内求解，所以就不可能用穷举的办法求解了。

小明：我采用的就是穷举法求解该问题，难怪当 5～6 个城市时很快就能得到结果，而城市数达到 20 个时就无能为力了。

艾博士：有很多组合优化问题，除了旅行商问题外，常见的有背包问题、装箱问题等，我们不再多做介绍，有兴趣了解的话，网上有很多的介绍，可以去找找看。

小明：类似旅行商问题这样的组合优化问题，有什么实际意义吗？

艾博士：一些著名的组合优化问题都是真实应用问题的抽象化，都具有重要的实际意义和工程背景。比如旅行商问题最初就是为交通运输设计行驶路线而提出来的。比如一架飞机航线的安排，快递员给多个不同地址的客户送快递，校车的行驶路线等，这些都是旅行商问题最直接的应用。还有很多问题可以转换为旅行商问题求解，比如在制作印刷电路板时，要在上面打成百上千个孔，打孔机通过移动钻头位置实现打孔，如何设计钻头的移动线路而使得打完全部孔后移动的距离最短呢？这其实就是典型的旅行商问题。

小明：看来还真是有很多实际的应用背景。

艾博士：由于这些问题都有很强的实际应用背景，为此人们研究一些不一定能求得最优解，但往往能得到一个满意解的算法，以此来降低算法的复杂性，以便在一个可以接受的时间内得到一个还不错的解。对于实际问题，很多情况下追求最优解并不一定有意义，一个满意解可能就足够了。这就如同夏天去买西瓜，你没有必要非要买一个北京市最甜的西瓜，甚至于也没有必要买一个西瓜摊中最甜的西瓜，因为这样选择西瓜的工作量太大了。你只需从面前的 3～5 个西瓜中选择一个最好的就可以了。如果你对西瓜的评价是正确的话，那么这样选择出来的西瓜应该是一个可以令你满意的西瓜，而且与“最甜的西瓜”也不一定有多大的差别。

局部搜索算法就属于这样的一种算法。

小明：这是一个很有意思的问题。前几天同学来我家玩，我们一起讨论过最优路径的问题，从我家到同学家最短路径怎么走？经用导航软件多次测量，我们平时凭感觉走的基本就是最短路径，可能就是您说的满意解吧？因为如果非要走一条最短路径的话，会觉得比较

复杂，第一步就不知道怎么迈了，因为随便迈一步出去就可能偏离了最短路径，虽然可能只是相差几厘米。

艾博士：对，就像小明说的那样，这就是满意解和最优解的区别。如果去同学家只想走一条比较近的路的话，我们可以不假思索地就出发，虽然可能不是最短路径，但一般情况下比最短路径也长不了多少。但是如果非要求走一条最短路径，那么这个问题就复杂多了，以至于第一步都不知道迈向哪里。

小明读书笔记

给定约束条件下的最优化问题，如果解的数量有限时就是组合优化问题。对于组合优化问题，解的数量往往随问题规模呈指数增长，所以当问题规模比较小时可以通过穷举出所有解的方法求解其最优解，但是当问题规模比较大时，由于解的数量过于庞大不可能在允许的时间内穷举出所有可能存在的解，从而使得组合优化问题变得困难起来，至今还没有有效的求解算法。寻求满意解而不一定是最佳解是求解组合优化问题的路径之一。

4.2 局部搜索算法

艾博士：在讲解求解组合优化问题的随机算法之前，我们先从局部搜索算法开始讲起。

在第3篇中我们讲解过寻找最佳路径的A*算法。A*算法寻找的是从初始位置a到达目标位置b的最佳路径，也就是说我们知道目标位置，也知道每个节点达到目标位置最佳路径的估计值，也就是启发函数$h(n)$。从某种程度来说，算法“看到”的是“全局”信息，从而最终找到的也是全局最优解。

小明：这么说像A*算法这类的最短路径算法就不能用于求解组合优化问题了吗？

艾博士：也不是不可以，只要能定义启发函数$h(n)$就可以用A*算法求解，问题是能否定义一个有效的启发函数。

局部搜索指的是看不到全局信息，也不知道目标的具体位置，对于组合优化问题来说，目标可能只是满足约束条件的最优解。比如对于旅行商问题来说，求解的是满足“每个城市必须去一次且每个城市只能去一次、最后再回到出发城市”的最短路径。对于这样的问题，只能利用局部信息进行搜索。比如爬山法就是典型的局部搜索算法。

小明：什么是爬山法呢？

艾博士：假设有一座山，想爬到山峰上去。如果你时刻能看到山峰在哪里，就可以大概向山峰方向前进，这样就可以爬到山峰上去。这属于全局搜索。

如果蒙上你的眼睛，让你看不到山峰在哪里，或者因为山林太茂密，看不到山峰在哪个方向，只能看到眼前的局部地理情况，如何爬到山峰上去呢？这属于局部搜索。

小明：这看起来有些难度。

艾博士：在蒙上眼睛的情况下，看不到任何东西，假设给你一根拐杖，拐杖是探索周围环境的唯一工具。在这种情况下，唯一可以依赖的工具就是这根拐杖。

小明：利用这根拐杖就可以爬到山顶吗？

艾博士：一种可行的方法是，先原地不动，在身体周围用拐杖进行试探，看哪个方向更高一些，然后向高的方向迈进一步。重复刚才的动作，一步一步地向高的方向移动，就有可能到达山顶。如果山坡是光滑的，并且只有一个山峰，这应该是可以到达山峰的一种办法。

小明：这样似乎是可以到达山顶的。

艾博士：我们总结一下爬山法，首先我们站在一个位置上，在该位置所在的一个范围内，找一个最高的位置，也就是最好的位置，然后移动到该位置，将该位置作为新的起点，反复重复以上动作(见图 4.1)。

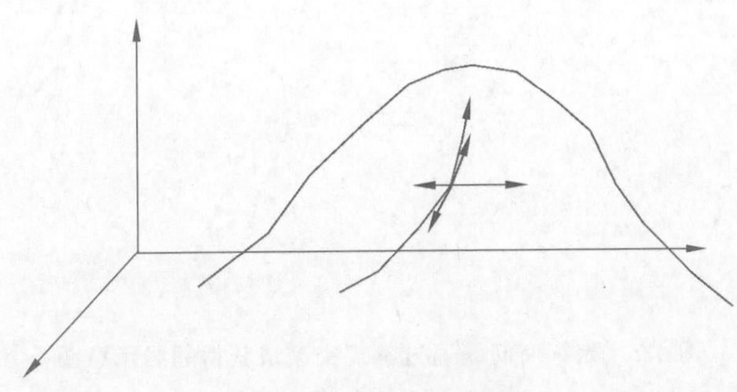

图 4.1　爬山法示意图

这里的范围，就是拐杖所能触及的、以拐杖为半径的一个圆，我们称作邻域。但是组合优化问题变量一般是离散的，没有半径的概念。一般来说，对一个解做一些简单变换后得到的另一个解可以视其为一个邻居，所有邻居的集合我们称作邻域。下面我们结合具体问题举例说明邻居和邻域的概念。

1. 四皇后问题

艾博士：在 4×4 的棋盘上，如何摆放 4 个皇后，使得棋盘上任何一条直线上最多有一个皇后，也就是任何一行、任何一列，以及任何对角线上，都最多只能摆放一个皇后。我们用一个整数的序列表示棋盘上皇后的位置，其中整数在序列中的位置表示皇后所在的行，而该整数值表示皇后所在的列。例如(2,4,1,3)表示第 1 行第 2 列、第 2 行第 4 列、第 3 行第 1 列、第 4 行第 3 列摆放有皇后，也就是四皇后问题的一个解。如果我们采用任意交换两个皇后位置的方法获得其邻居，则(2,4,1,3)的所有邻居，也就是邻域为

$$\{(4,2,1,3),(1,4,2,3),(3,4,1,2),(2,1,4,3),(2,3,1,4),(2,4,3,1)\}$$

小明：原来邻域指的是这个意思，以一个解为基础，采用简单变换的方法获得的一组解就是该解的邻域。

2. 旅行商问题

艾博士：我们用城市的一个序列表示旅行商问题的一个可能路径 $S=(x_1, x_2, \cdots, x_{i-1}, x_i, x_{i+1}, \cdots, x_{j-1}, x_j, x_{j+1}, \cdots, x_n)$，可以通过任意交换两个城市 x_i、x_j 在序列中的位置得到 S 的邻居 S' 如下所示：

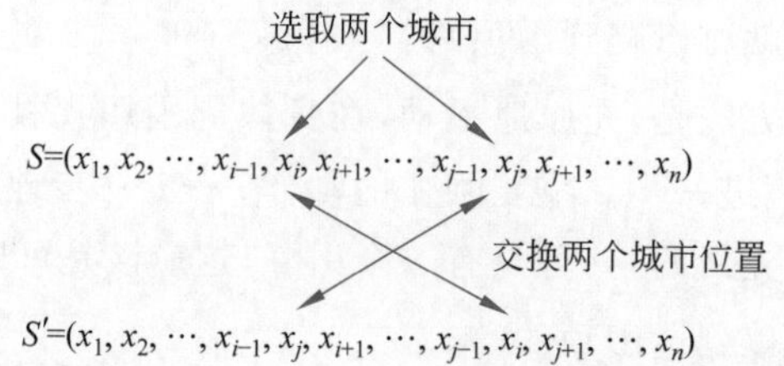

交换前后的路径变化情况如图 4.2 所示，这种获得邻居的方法称为“常规交换法”。

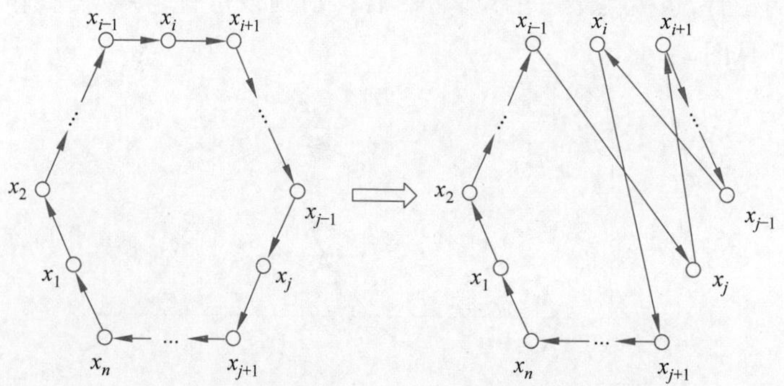

图 4.2 旅行商问题通过常规交换法获得邻居示意图

对于旅行商问题也可以采取“逆序交换法”获得邻居。对于任意两个城市 x_i、x_j，我们可以通过逆序排列 x_i、x_j 两个城市之间的城市次序来得到 S 的邻居 S'，如下所示：

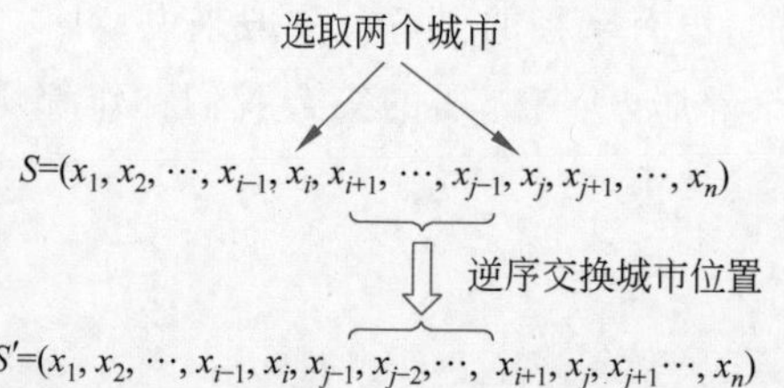

所谓的逆序交换法，就是对于两个城市 x_i、x_j 之间的城市，原来的排列次序是 x_{i+1}，⋯，x_{j-1}，经逆序交换后，排列变成了 x_{j-1}，x_{j-2}，⋯，x_{i+1}。

讲到这里艾博士提醒说：注意这里 x_i、x_j 两个城市的位置并不发生变化，而是这两个城市之间的城市发生了逆序变化。交换前后的路径变化情况如图 4.3 所示。

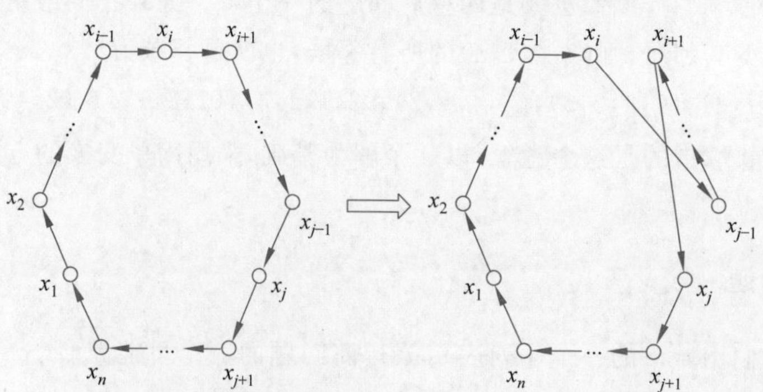

图 4.3 旅行商问题通过逆序交换法获得邻居示意图

小明：对于旅行商问题您介绍了两种不同的获得邻居的方法，是不是可以说获取邻居的方法并不是唯一的，可能有不同的变换方法。

艾博士：是的。有了邻域的概念之后，我们就可以将爬山法推广为局部搜索算法求解组合优化问题。

小明：如何推广呢？

艾博士：对于局部搜索来说，首先定义一个指标函数 f，该函数相当于山峰的高度，一个初始的解，相当于在山上的位置，每个解均可以计算其指标函数 f，也就是该位置所处的高度。然后按照给定的求解邻域的方法获得邻域，从邻域中取一个指标函数 f 最大的邻居作为一个新的位置。

小明：这看起来跟爬山法差不多啊。

艾博士：确实差不多，本来爬山法就是局部搜索算法的一种。由于爬山法更容易理解，所以我们从爬山法开始讲起。

艾博士问小明：小明，你想想局部搜索算法应该什么时候结束呢？

小明不假思考地回答：指标函数最大了就可以结束了。

艾博士笑了笑说：小明你想得有点简单了，我们确实要求指标函数最大值，但是我们怎么知道一个指标函数是否最大呢？

小明：是啊，一般来说确实不知道啊。

艾博士：还是以前面说的蒙上眼睛爬山为例。如果真要你去这样爬上，由于被蒙上了眼睛，你会什么时候结束爬山呢？

小明思考了一会儿说：在爬山过程中，我会每次用拐杖四周探索，探索到一个高点就走过去，依次这样做，一点点向山上爬行。如果走到了某个位置，发现用拐杖如何探索都找不到比自己所处位置更高的点了，我就会停止爬山过程。因为眼睛被蒙上了，看不到周围的环境，用拐杖也找不到更高的地方了，只好到此停止。

艾博士：正是这样的，当在一个邻域内找不到更好的解，也就是指标函数 f 更大的解时，算法就可以结束了。

小明：但是这样就一定能找到最优解吗？

艾博士：一般情况下是不能保证找到最优解的，但是如果山峰只有一个高峰，而且山坡也是非常平滑时，是可以找到最高峰的。

小明：一般的组合优化问题满足这样的条件吗？

艾博士：一般的组合优化问题并不满足这一条件，这也是为什么说组合优化问题求解比较复杂的原因。

小明：这样的话，局部搜索算法有什么实际意义呢？

艾博士：有一些改进的办法我们将在后面介绍。下面我们先给出局部搜索算法的一般性描述。在该算法中，并不像爬山法那样，每次从邻域中找出一个最好的解，而是将邻域分成若干个子邻域，每次从子邻域中找出一个最好的解，如果该解比当前解好的话就接受，否则再考虑其他子邻域，直到所有子邻域的最好解都不如当前解好为止，算法结束。

小明：就是把邻域划分成了几部分，一个部分一个部分地做试探，如果遇到比当前解更好的解，那么就“前进”一步，接受这个解。

艾博士：局部搜索算法可以求最大值，也可以求最小值，一般在描述局部搜索算法时用的是求最小值，下述算法也同样假设求最小值，很容易将其修改为求解最大值。

在算法中，$f(x)$表示指标函数，算法的目的就是求 $f(x)$取最小值时 x 的取值。变量 x_b 为到目前为止得到的最好解，$N(x_b)$表示 x_b 的邻域。

局部搜索算法具体描述如下。

局部搜索算法(Local Search)。

1 随机地选择一个初始的可能解 $x_0 \in D, x_b = x_0, P = N(x_b)$；
2 如果不满足结束条件，则
3 Begin
4 　选择 P 的一个子集 P'，x_n 为 P'中的最优解；
5 　如果 $f(x_n) < f(x_b)$，则 $x_b = x_n, P = N(x_b)$，转 2；
6 　否则 $P = P - P'$，转 2；
7 End
8 输出计算结果；
9 结束。

小明：算法大概看懂了，但是最好能结合一个具体的例子讲解一下。

艾博士：好的，下面我们就举一个5城市旅行商的例子。5城市旅行商问题如图4.4所示，共有A、B、C、D、E 5个城市，A为出发城市，遍历其他4个城市之后还要回到A城市，图中的数字给出了任意两个城市间的距离。

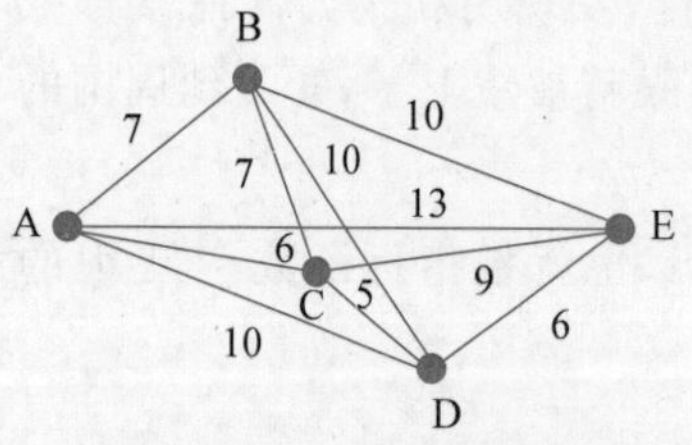

图 4.4　5城市旅行商问题

艾博士：我们用局部搜索算法求解该问题，首先要定义指标函数。小明，你认为对于这个问题指标函数应该怎么定义呢？

小明想了想说：5城市旅行商问题就是求走遍5个城市再回到出发城市长度最短的路径，可以用路径长度作为指标函数吧？

艾博士：是的，指标函数与所求的问题相对应，对于旅行商问题路径长度就是指标函数。下面我们一步步地按照局部搜索算法求解该旅行商问题。

首先我们先生成一个初始解，假设为 $x_0 = (A,B,C,D,E)$，表示旅行商行走的一条路径A-B-C-D-E-A，注意，最后要回到出发城市A。当前只有 x_0 一个结果，所以当前最好结果为 $x_b = x_0$。计算 x_b 的指标函数值 $f(x_b) = 7+7+5+6+13=38$。我们按照交换两个城市位置的方法得到 x_b 的邻域 P，P 中每个元素都是一个解，即一条可能的行走路线。由于A是出发城市，我们只对其他城市做了交换，A保持在第一个位置不动。

$$P = \{(A,C,B,D,E),(A,D,C,B,E),(A,E,C,D,B),(A,B,D,C,E),\\(A,B,E,D,C),(A,B,C,E,D)\}$$

按照局部搜索算法，每次从 P 中选取其中的 P'部分，我们假设每次只选取一个解，用

x_n 表示。

第一次循环。

从 P 中随机选择一个解，假设为 $x_n=(A,C,B,D,E)$，则 $f(x_n)=6+7+10+6+13=42$。由于 $f(x_n)>f(x_b)$，不是一个更好的解，所以不接受该结果，将 x_n 从 P 中删除，有

$$P=P-\{x_n\}=\{(A,D,C,B,E),(A,E,C,D,B),(A,B,D,C,E),\\(A,B,E,D,C),(A,B,C,E,D)\}$$

第二次循环。

从 P 中随机选择一个解，假设为 $x_n=(A,D,C,B,E)$，则 $f(x_n)=10+5+7+10+13=45$。由于 $f(x_n)>f(x_b)$，也不是一个更好的解，不接受该结果，将 x_n 从 P 中删除，有

$$P=P-\{x_n\}=\{(A,E,C,D,B),(A,B,D,C,E),(A,B,E,D,C),(A,B,C,E,D)\}$$

第三次循环。

从 P 中随机选择一个解，假设为 $x_n=(A,E,C,D,B)$，则 $f(x_n)=13+9+5+10+7=44$。由于 $f(x_n)>f(x_b)$，还是没有得到更好的解，同样不接受该结果，将 x_n 从 P 中删除，有

$$P=P-\{x_n\}=\{(A,B,D,C,E),(A,B,E,D,C),(A,B,C,E,D)\}$$

第四次循环。

从 P 中随机选择一个解，假设为 $x_n=(A,B,D,C,E)$，则 $f(x_n)=7+10+5+9+13=44$。由于 $f(x_n)>f(x_b)$，不是一个更好的解，不接受该结果，将 x_n 从 P 中删除，有

$$P=P-\{x_n\}=\{(A,B,E,D,C),(A,B,C,E,D)\}$$

第五次循环。

从 P 中随机选择一个解，假设为 $x_n=(A,B,E,D,C)$，则 $f(x_n)=7+10+6+5+6=34$。由于 $f(x_n)<f(x_b)$，这次得到了一个目前为止最好的解，接受该结果，更新 $x_b=(A,B,E,D,C)$。

重新计算 x_b 的邻域 P：

$$P=\{(A,E,B,D,C),(A,D,E,B,C),(A,C,E,D,B),(A,B,D,E,C),\\(A,B,C,D,E),(A,B,E,C,D)\}$$

第六次循环。

从 P 中随机选择一个解，假设为 $x_n=(A,E,B,D,C)$，$f(x_n)=44$，由于 $f(x_n)>f(x_b)$，有

$$\begin{aligned}P&=P-\{x_n\}\\&=\{(A,D,E,B,C),(A,C,E,D,B),(A,B,D,E,C),(A,B,C,D,E),(A,B,E,C,D)\}\end{aligned}$$

第七次循环。

从 P 中随机选择一个解，假设为 $x_n=(A,D,E,B,C)$，$f(x_n)=39$，由于 $f(x_n)>f(x_b)$，有

$$\begin{aligned}P&=P-\{x_n\}\\&=\{(A,C,E,D,B),(A,B,D,E,C),(A,B,C,D,E),(A,B,E,C,D)\}\end{aligned}$$

第八次循环。

从 P 中随机选择一个解，假设为 $x_n=(A,C,E,D,B)$，$f(x_n)=38$，由于 $f(x_n)>f(x_b)$，有

$$P = P - \{x_n\}$$
$$= \{(A,B,D,E,C),(A,B,C,D,E),(A,B,E,C,D)\}$$

第九次循环。

从 P 中随机选择一个解，假设为 $x_n=(A,B,D,E,C)$，$f(x_n)=38$，由于 $f(x_n)>f(x_b)$，有

$$P = P - \{x_n\} = \{(A,B,C,D,E),(A,B,E,C,D)\}$$

第十次循环。

从 P 中随机选择一个元素，假设为 $x_n=(A,B,C,D,E)$，$f(x_n)=38$，由于 $f(x_n)>f(x_b)$，有

$$P = P - \{x_n\} = \{(A,B,E,C,D)\}$$

第十一次循环。

从 P 中随机选择一个，假设为 $x_n=(A,B,E,C,D)$，$f(x_n)=41$，由于 $f(x_n)>f(x_b)$，有

$$P = P - \{x_n\} = \{\}$$

经过 11 次循环之后，由于当前得到的最好解 x_b 的所有邻居都试探了一遍，P 等于空，说明 x_b 的邻域中不存在比 x_b 更好的解了，算法结束，而从得到当前最好解为 $x_b=(A,B,E,D,C)$，其指标函数 $f(x_b)=34$。

听艾博士讲解完例题，小明问道：看起来局部搜索算法效果挺好吗，这个解是路径最短的解吗？

艾博士：这个解刚好是该 5 城市旅行商问题的最优解，但是一般情况下，局部搜索只是找到一个局部最优解，并不能保证找到全局最优解，与很多因素有关，这也是局部搜索算法存在的问题。

艾博士接着说：小明，我们下面再举一个用局部搜索算法求解百万皇后问题的例子。

小明：百万皇后问题？我没有听错吧？真是一百万个皇后？

艾博士：确实没有听错，就是在一百万乘一百万大小的棋盘上，如何摆放一百万个皇后的问题。以前在第 3 篇中我们介绍过用深度优先搜索算法求解四皇后问题，当皇后数比较多时，深度优先搜索算法就有些无能为力了，别说是一百万个皇后，就是一百个皇后都比较困难。

小明有些疑惑地问道：皇后问题不是最优化问题啊，也可以用局部搜索算法求解吗？

艾博士：皇后问题确实不是一个最优化问题，但是我们也可以把它转换为一个最优化问题求解。

小明很感兴趣地问道：这倒是一个很有意思的求解问题的思路，怎么转换呢？

艾博士：我们可以定义一个指标函数，如果这个指标函数的最优解刚好对应皇后问题的一个解，就可以用局部搜索算法求解了。

小明：怎么定义指标函数呢？

艾博士：比如我们可以定义指标函数为“棋盘上皇后的冲突数”。皇后问题要求棋盘上任何一条直线上都只能有一个皇后，无论是横、竖还是斜线都是如此。我们定义棋盘上任意两个皇后在一条直线上，就是一次冲突，冲突数就是发生冲突的总次数。

例如在图 4.5 中，A、B、C、D 为皇后，A 与 D 是一次冲突，D 与 A 也是一次冲突，B 与 C 是一次冲突，C 与 B 是一次冲突，所以冲突数为 4。

满足皇后问题条件的解应该无任何皇后发生冲突，所以冲突数为 0，其他情况下冲突数均大于 0，所以皇后问题就转换为求冲突数最小的问题。

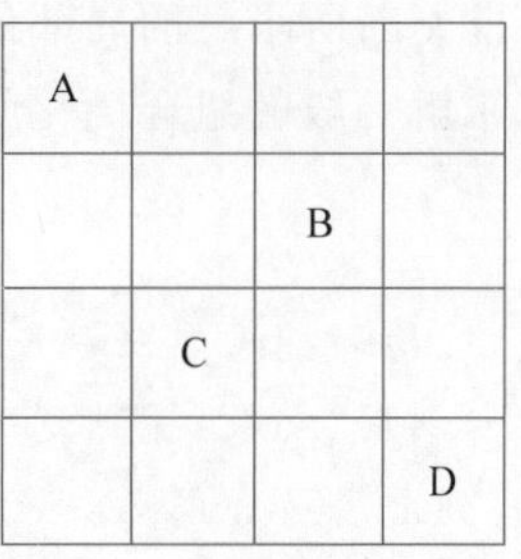

图 4.5　皇后问题冲突数计算示意图

小明：经过这样转换后，皇后问题就变成了求最小值的最优化问题。有意思，又掌握了一种求解问题的方法。

艾博士：为了求解方便，我们采用前面曾经介绍过的一种皇后问题的表示方法。我们用一个整数的序列表示棋盘上皇后的位置，其中整数在序列中的位置表示皇后所在的行，而该整数值表示皇后所在的列。例如(2,4,1,3) 表示第 1 行第 2 列、第 2 行第 4 列、第 3 行第 1 列、第 4 行第 3 列摆放有皇后，也就是四皇后问题的一个解。

用局部搜索算法求解百万皇后问题的思想非常简单，开始时先随机地在每行每列摆放一个皇后作为初始解，这一点并不难做到。如果冲突数为 0，则求解结束，得到了一个解；如果冲突数不为 0，则任选两个皇后交换其位置，相当于得到了当前解的一个邻居。如果交换位置后冲突数是下降的，则接受该解；如果交换后冲突数上升，则放弃此次交换，再任选两个皇后做交换。重复以上过程，直到冲突数为 0 算法得到一个解结束，或者当所有交换完成后冲突数仍不下降，说明进入了局部最小值。这种情况下，我们放弃此次求解，再重新开始做一次局部搜索，直到得到了一个冲突数为 0 的解为止。

采用局部搜索算法求解百万皇后问题的算法如下。

皇后搜索算法(Queen Search)。

以整数序列表示皇后在棋盘上的位置。

1　随机地将 n 个皇后分布在棋盘上，使得棋盘的每行、每列只有一个皇后；

2　计算皇后间的冲突数 conflicts；

3　如果冲突数 conflicts 等于 0，则转 7；

4　任选两个皇后交换她们在序列中的位置，相当于两个皇后交换了所在的行而列不变；

5　如果交换后的冲突数 conflicts 减少，则接受这次交换，更新冲突数 conflicts，转 3；

6　如果陷入了局部极小，即交换了所有的皇后后，冲突数仍然不能下降，则转 1；

7　输出结果；

8　结束。

听完艾博士的讲解小明称赞道：这么简单的算法竟然可以求解百万皇后问题？真是神奇啊。

艾博士：之所以局部搜索算法可以求解百万皇后问题，主要是利用了皇后问题的一个特点，就是其最优值我们是事先知道的。这是因为我们通过定义指标函数为冲突数将皇后问题转换为最优化问题，而皇后问题满足条件的解刚好对应指标函数的最小值 0。所以在求解过程中是否得到了全局最优解我们是可以判断的。如果找到了全局最优解，则算法结束；如果找到的是非全局的局部最优解，则放弃此次求解，再重新开始求解，直到找到全局最优解为止。但是对于一般的组合优化问题，我们一般并不知道全局最优解是多少，所以也就不能判断所求解的局部最优解是否是我们希望得到的全局最优解，所以用局部搜索算法直接求解一般的组合优化问题会存在很多问题，这也是组合优化问题难以求解的原因之一。

小明读书笔记

局部搜索算法试图利用局部信息搜寻全局最优解。爬山法是一种典型的局部搜索算法，利用“拐杖”探测到的局部信息一点点爬向山峰。当具有多个山峰时，爬山法不能保证找到全局最优解。

“拐杖”所能探索的范围，也就是以拐杖为半径形成的一个圆称作邻域，邻域由若干邻居组成。在组合优化问题中没有半径的概念，邻居通过简单变换获得，邻居的集合构成了邻域。对于旅行商问题，可以通过常规交换法或者逆序交换法获得邻居。每个邻居对应一个可能的解。

有了邻域的概念后，就可以将爬山法推广到求解一般的组合优化问题的局部搜索算法。在一般的局部搜索算法中，将邻域划分为若干子邻域，每次从子邻域选择一个最好的解，如果该解好于当前最好解，则接受该解，相当于向山上爬了一步，并以该解为新的起点做局部搜索。否则再试探其他的子邻域，直到再也找不到一个更好的解为止。

同爬山法一样，局部搜索算法不能保证找到全局最优解。

有些问题本身并不是最优化问题，但也可以将其转换为最优化问题求解。比如皇后问题，通过定义皇后的冲突数可以将皇后问题转换为求解冲突数最小问题，也就是冲突数为 0 时的解。利用皇后问题事先可以知道其最小值为 0 的特点，有研究者利用局部搜索算法实现了求解百万皇后问题。

4.3 局部搜索算法存在的问题

小明：请问艾博士，局部搜索算法存在哪些问题呢？

艾博士：局部搜索算法主要的问题是不能保证找到全局最优解，当待求解问题具有多个极值点时，该问题更加突出。下面我们分析一下都与哪些具体的因素有关。

1. 局部最优问题

为了更形象地说明问题，下面我们假设求问题的最大值，以爬山过程为例做讲解，这样更容易理解。

如图 4.6 所示的山峰，具有 A、B、C 多个局部最优值，只有 A 是我们希望的全局最优解。如果用局部搜索算法进行求解，则可能到达任何一个局部最优解后，由于满足算法的结束条件导致算法结束。这时可能是 A、B、C 中的任何一点，因此存在找不到全局最优解的可能性。这就是局部最优问题。

小明：是否有解决局部最优解的办法呢？

艾博士：我们可以给算法增加一些随机因素。在局部搜索算法中，每次接受邻域内的

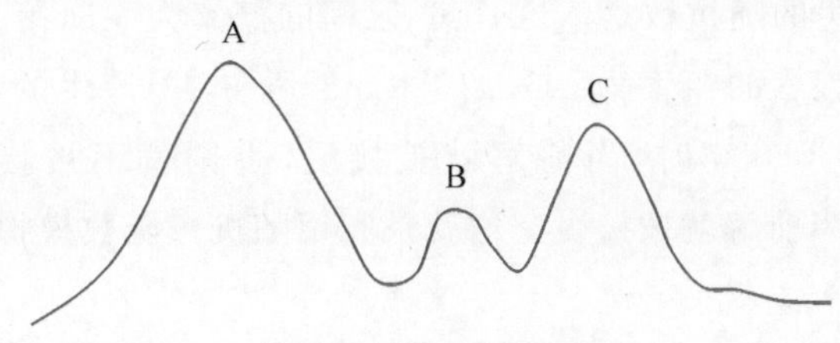

图 4.6　局部最优问题

一个最好的结果，也正是由于这种“贪婪”的选择，才会导致在某个局部最优点而非全局最优点结束。一种解决办法是，在局部搜索算法中，我们按概率接受一些好解，也按概率接受一些差解，越好的解被接受的概率越大，越差的解被接受的概率越小。这样在算法搜索过程中，就有一定的概率逃离局部最优点，而奔向全局最优点。也就是说，从邻域中随机选择一个解，如果该解的指标函数好于当前已知的最好解，则以大概率接受该解，否则就以小概率接受该解，而不只是一味地接受好解，拒绝差解。也就是所谓的“迂回，是为了更好地前进”。

小明：那么如何计算接受概率呢？

艾博士：当求指标函数的最大值时，可以按照下式计算接受概率：

$$P_{\max}(x_i)=\frac{f(x_i)}{\sum\limits_{x_j\in N(x_b)} f(x_j)}$$

其中，x_b 为当前获得的最好解；$N(x_b)$为 x_b 的邻域；x_i 为邻域中的一个解；$P_{\max}(x_i)$为 x_i 被接受的概率，指标函数值 $f(x_i)$越大的解，其被接受的概率也越大。

小明：如果想求最小解怎么办呢？

艾博士：求最小解时，应该刚好反过来，$f(x_i)$越小的解，其被接受的概率越大，而 $f(x_i)$越大的解，其被接受的概率越小。一种简单的办法可以这样计算：

$$P_{\min}(x_i)=\frac{1-P_{\max}(x_i)}{\sum\limits_{x_j\in N(x_b)}(1-P_{\max}(x_j))}$$

也可以设立一个比较大的常数 $M>0$，通过求 $M-f(x_i)$的最大值求解 $f(x_i)$的最小值。

小明：这倒是挺方便的。有了接受概率，如何根据接受概率判断是否接受了呢？

艾博士：小明这个问题问得好！我们可以通过随机数发生器模拟按概率接受这一随机现象。

小明：什么是随机数发生器？怎么用来模拟随机现象呢？

艾博士：一般的程序设计语言中都会有一个随机数发生器函数，利用该函数可以产生一个[0,1]区间的均匀分布的随机数。设 random(0,1)为随机数发生器，每调用一次就产生一个[0,1]区间的随机数。设被接受的概率为 P，为[0,1]区间的一个小数。为了方便说明，我们假设 $P=0.6$。

如图 4.7 所示，如果当前解被接受的概率为 0.6，那么该解是否被接受呢？这时就要看 random(0,1)的值了。由于 random(0,1)是在[0,1]区间

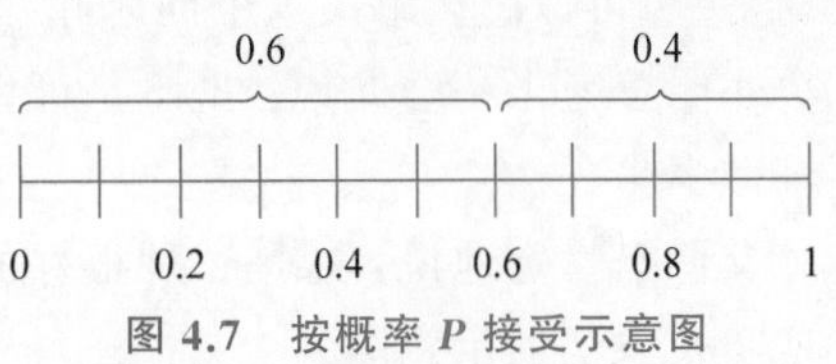

图 4.7　按概率 P 接受示意图

均匀分布的，所以其产生的随机数落入[0,0.6]区间的概率为 0.6，落入[0.6,1]区间的概率为 0.4。现在当前解被接受的概率为 0.6，如果 random(0,1) 产生的随机数落入[0,0.6]区间，也就是该随机数小于 0.6 时，当前解就被接受，否则就不被接受。一般情况下，当 random(0,1) $<P$ 时，当前解就被接受。这就是利用随机数函数模拟按照概率接受一个差解的方法。

小明：原来随机数函数还可以这么用，又长知识了。

艾博士：这样我们就得到了一个改进的局部搜索算法，该方法按照概率接受一个新解。

局部搜索算法 1(Local Search 1)。

1 随机地选择一个初始的可能解 $x_0 \in D, x_b = x_0, P = N(x_b)$；

2 对于所有的 $x \in P$ 计算指标函数 $f(x)$，并计算 x 被接受的概率 $P(x)$；

3 如果不满足结束条件，则：

4 Begin

5 　从 P 中随机选择一个解 x_n；

6 　　如果 random(0,1) $<P(x_n)$ 则接受 $x_n, x_b = x_n, P = N(x_b)$，转 2；

7 　　否则将 x_n 从 P 中删除，如果 P 为空则转 9，否则转 5；

8 End

9 输出计算结果；

10 结束。

---

2. 步长问题

艾博士：局部搜索算法存在的第二个问题是步长问题。

小明：什么是步长？步长问题又是指什么问题？

艾博士：简单地说，步长就相当于爬山法中“拐杖”的长度，相当于探寻到的局部信息的范围。如图 4.8 所示，如果山峰比较尖，而步长比较大的话，就可能出现越过山峰最高点的情况，找到了一个错误的最高峰。

小明：哪有那么大的步子啊？另外，我们变小步长不就可以了？

艾博士：这只是一个比喻。因为实际问题中，我们往往并不知道山峰的宽度有多大，也正因为如此，我们也往往不知道多大的步长是个合适的步长。如果步长太小的话，移动得太慢，严重影响求解效率；如果步长过大的话，则可能出现刚刚说过的错过最高峰的情况。小明，你想想可以怎么解决这个问题呢？

小明思考了一会儿说：是不是可以这样解决？开始步长可以大一点，然后再改变步长，逐渐减少步长。

艾博士肯定地说：这是一种很好的解决办法，这就是“变步长”方法。图 4.9 给出了这种变步长方法的示意图。

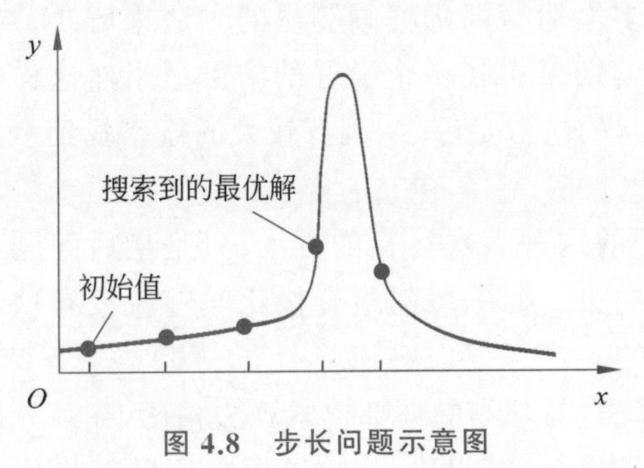

图 4.8　步长问题示意图

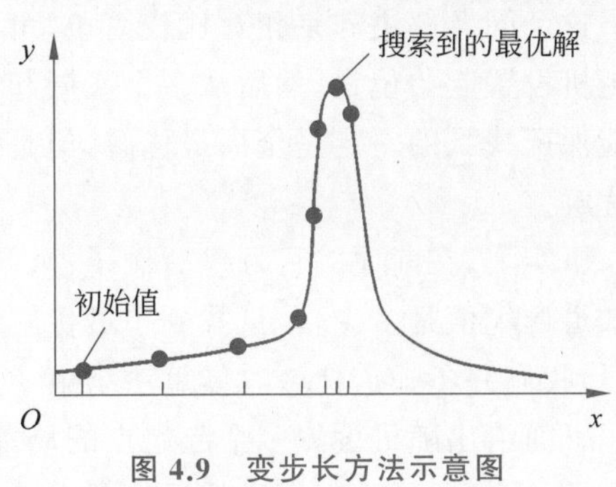

图 4.9　变步长方法示意图

小明：但是怎么实现变步长呢？应该如何改变步长才合适呢？

艾博士：是的，这是一个问题。变步长很容易想到，问题是怎么变步长才合适，这是一个需要思考的问题。

下面我们给出变步长的局部搜索算法，该算法每次获得一个新解后改变一次步长，在新步长下计算解的邻域。

局部搜索算法 2(Local Search 2)。

1　随机选择一个初始的可能解 $x_0 \in D$，$x_b = x_0$，按步长计算邻域 $P = N(x_b)$；

2　如果不满足结束条件，则：

3　Begin

4　　选择 P 的一个子集 P'，x_n 为 P' 中的最优解；

5　　如果 $f(x_n) < f(x_b)$，则 $x_b = x_n$，改变步长计算邻域 $P = N(x_b)$，转 2；

6　　否则 $P = P - P'$，转 2；

7　End

8　输出计算结果；

9　结束。

---

3. 起始点问题

艾博士：当具有多个山峰时，局部搜索算法能得到什么样的结果，取决于起始点的位置，开始位置不同，得到的结果就可能不同。如图 4.10 所示，如果起点位置在 A 处，就可以找到全局最优值，如果起点位置在 B 处，就只能找到局部最优值。

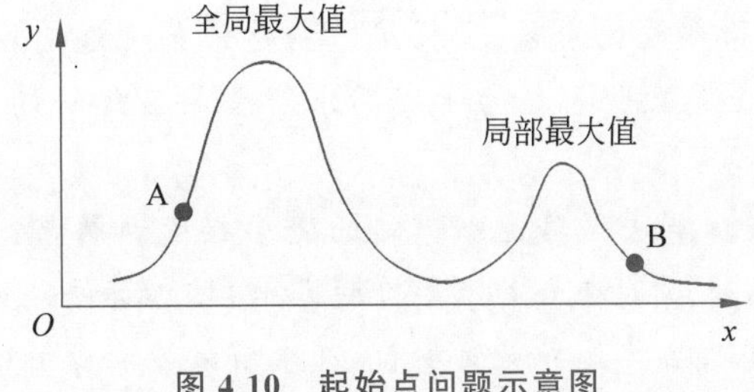

图 4.10　起始点问题示意图

这个问题解决起来相对比较简单，可以通过多次运行局部搜索算法的方法来解决。每次随机设置起始位置，然后从多个不同起始位置的结果中找一个最好的结果。当然这样也不能保证找到的一定是全局最优解，但是如果运行的次数足够多，则有较大的概率找到全局最优解。

事实上，在前面的百万皇后例子中，就是采用的这种多次运行的方法，只是皇后问题事先知道最优值是多少，一旦找到了最优解就可以结束。而一般的组合优化问题就没有这么幸运，我们并不知道什么时候算法结束才是合适的。

下面给出随机设置多个起始点的局部搜索算法，与基本的局部搜索算法相比，在最外层增加了一个循环，控制算法的运行总次数，并从多次运行结果中，选取一个最好的结果作为算法的输出。

局部搜索算法 3（Local Search 3）。

1 $k=0$；

2 随机地选择一个初始的可能解 $x_0 \in D$，$x_b = x_0$，$P = N(x_b)$；$N(x_b)$ 为求 x_b 的邻域；

3 如果不满足结束条件，则：

4 Begin

5 选择 P 的一个子集 P'，x_n 为 P' 中的最优解；

6 如果 $f(x_n) < f(x_b)$，则 $x_b = x_n$，$P = N(x_b)$，转 3；$f(x)$ 为指标函数；

7 否则 $P = P - P'$，转 3；

8 End

9 $k = k+1$；

10 如果 k 达到了指定的次数，则从 k 个结果中选择一个最好的结果输出，否则转 2；

11 输出计算结果；

12 结束。

艾博士最后总结说：以上就是局部搜索算法存在的几个问题，以及解决这些问题的思路。这些方法还只是一些原则性的方法，还需要进一步地具体实现。4.4 节介绍的模拟退火算法就属于将局部搜索算法 1 和局部搜索算法 2 两种方法结合起来实现的一个局部搜索算法，如果再加上算法的多次运行，就实现了 3 种改进方法的融合。

小明读书笔记

局部搜索算法存在局部最优问题、步长问题和起始点问题 3 个问题，从而使得局部搜索算法不能保证求解到全局最优解。为了提高求解全局最优解的概率，针对不同的问题可以寻求不同的改进思路。

针对局部最优值问题，解决思路是以一定的概率接受新解，越好的解接受概率越大，越差的解接受概率越小，核心是以一定概率接受差解，增加算法跳出局部最优解的可能。

针对步长问题，解决思路就是实现变步长，在求解效率和解的质量之间建立平衡。

针对起始点问题，解决思路是随机设立多个起始点，通过多次运行算法解决。

4.4　退火过程及分析

小明：刚才您提到模拟退火算法，听起来这个算法怎么还和物理有关呢？

艾博士：模拟退火算法是为了解决局部搜索算法存在的问题，受物理中金属退火现象的启发而提出的一个随机算法。作为求解复杂组合优化问题的一种有效方法，模拟退火算法已经在许多工程和科学领域得到广泛的应用。

小明：原来模拟退火算法名称来源于此。

4.4.1　退火现象

艾博士：我们先回顾一下物理中的退火现象。小明，我们先做个实验吧。这里有一根细钢丝，你可以用这根钢丝做一个弹簧（见图 4.11）吗？

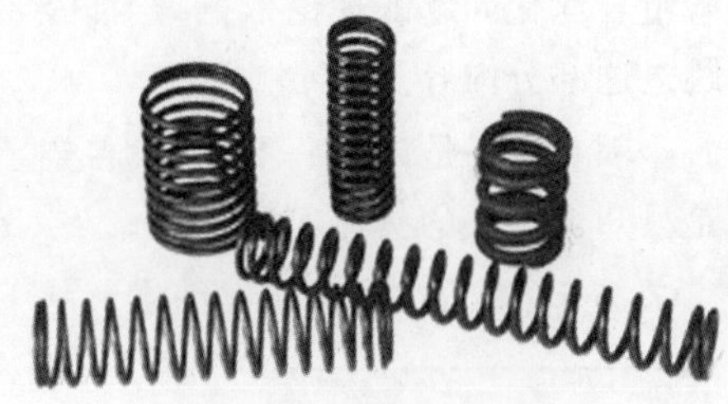

图 4.11　弹簧示意图

小明找来一段钢筋，努力地将钢丝缠在钢筋上，做成弹簧的形状。但是由于钢丝具有很好的弹性，好不容易缠好的钢丝，一松手就立即恢复了原状，无论如何也做不好一个弹簧。

看着小明满头大汗、垂头丧气的样子，艾博士说：由于钢丝具有弹性，这样是不可能做好一个弹簧的。这样吧，我们先将钢丝加热一下，再将它放置在房间里，让它慢慢冷却，再看情况会发生什么变化。

艾博士点燃了煤气灶，用一把钳子夹着钢丝，在煤气灶上对钢丝进行加热，边加热边不停地移动钢丝，让钢丝尽可能地受热均匀。不一会儿，钢丝就被烧得通红。

艾博士对小明说：加热的钢丝需要慢慢冷却，今天时间也不早了，我们就先讲到这里，明天我们再看冷却后的钢丝会发生什么变化。

小明一晚上都在想着实验的事，第二天一早就来到艾博士家，想尽快知道结果。

艾博士对小明说：你再试试看，这次是否容易一些了？

小明拿着处理过的钢丝，再次在钢筋上缠绕起来，发现原来硬邦邦、具有弹性的钢丝，变得非常“温顺”起来，很容易就将钢丝做成了一个弹簧状的样子。

小明：这次做起来容易多了，但是这样做成的“弹簧”没有任何弹性啊，只是形状像个弹簧样，根本起不到弹簧的作用。

艾博士解释说：是的，这样做成的还不能叫弹簧，还需要再处理一下。

说着，艾博士又用钳子夹着做好的弹簧在煤气灶上加热起来。艾博士让小明准备好一盆冷水，等弹簧被烧得慢慢变红之后，艾博士迅速地将火红的弹簧扔到冷水中，随着“吱吱”的响声，盆中冒起来“白烟”。不一会儿，弹簧就被冷却了。

艾博士拿起冷却后的弹簧对小明说：你再试试看，是不是有弹性了？

小明拿起弹簧用手拉伸了一下说：好神奇啊，这次果然有弹性了。这是为什么呢？

艾博士解释说：第一次我们将钢丝加热后，让其慢慢地冷却，这叫“退火”。经退火处理的钢丝，其内能处于一种最低状态，这时原来的钢丝就变得很柔软，失去了弹性。第二次我们将做好的弹簧再次加热，将其放入冷水中使其快速地降温，这叫“淬火”。经淬火处理后的弹簧，其内能处于一种高能状态，就又使得弹簧恢复了弹性。

小明：原来是这样啊，很有意思的现象。

艾博士：模拟退火算法就是利用退火的这种现象，将组合优化问题与退火现象对应起来，用算法模拟退火过程，当内能处于最低状态时，刚好对应组合优化问题的最优解。小明，我们先对退火过程做一个详细的分析，了解退火过程为什么会使得金属处于最低内能状态，然后再介绍如何利用退火现象求解组合优化问题。

4.4.2 退火过程分析

艾博士：这部分内容是一些基本的理论分析，也是将退火过程通过模拟的方法应用于求解组合优化问题的理论依据，会涉及不少的公式推导，如果对理论推导不感兴趣的话，可以跳过这部分内容。

小明：您还是讲解一下吧，我希望了解为什么模拟退火算法可以求解组合优化问题，而不是只知道算法的具体实现过程。

艾博士：好的，我们就详细讲解一下。在具体讲解之前，我们先介绍一个奇怪的杯子。假设有图 4.12 所示的怪杯子。该杯子杯壁上有很多的小凹槽，杯底部也有几个一样的小凹槽。这个杯子可以帮助我们理解退火现象。

图 4.12 奇怪的杯子

艾博士的话一下子就抓住了小明的好奇心：这个奇怪的杯子跟退火现象有什么关系呢？

艾博士：我们先大概介绍一下退火过程。金属的退火过程是一种物理现象，属于热力学和统计物理学的研究范畴。当对一个金属进行加热时，粒子的热运动不断增加，随着温度的不断上升，粒子逐渐脱离开其平衡位置，变得越来越自由，直到达到金属的溶解温度，粒子排列从原来的有序状态变为完全的无序状态。这就是金属的溶解过程。退火过程与溶解过程刚好相反。随着温度的下降，粒子的热运动逐渐减弱，粒子逐渐停留在不同的状态，其排列也从无序向有序方向发展，直至到温度很低时，粒子重新以一定的结构排列。粒子不同的排列结构，对应着不同的内能水平。如果退火过程是缓慢进行的，也就是说，温度的下降如果非常缓慢的话，使得在每个温度下粒子的排列都达到一种平衡状态，则当温度趋于绝对 0 度时，系统的内能将趋于最小值。

说着艾博士拿起一粒豆子放进了怪杯子里，用力摇晃起来。边摇晃杯子艾博士边解释说：这个豆子就代表了粒子的运动，杯子的摇晃速度就代表了系统所处的温度，越用力摇动杯子表示温度越高。杯壁上的很多小凹槽代表了不同的内能水平，越处于杯子上部的凹槽表示内能越高，越是处于杯子下部的凹槽表示内能越低，而杯子底部的几个凹槽就是内能最低的位置。当我们非常用力地摇晃杯子时，豆子在杯子里激烈地跳动，可能会出现在杯子的任何位置。如果我们缓慢地降低摇晃杯子的速度，由于摇晃的速度越慢，豆子越容易向下落,所以在这种情况下,豆子总体上会趋向于落向下方。当我们最终停止摇动杯子时,豆子会大概率地落入杯子底部的凹槽中,也就是内能最低的位置。小明你看,这个奇怪的杯子是不是跟退火现象非常像?

听完艾博士这样介绍,小明高兴地说:用这个怪杯子类比退火现象太形象了,容易理解多了。

艾博士继续讲解说:当然引入这个怪杯子的目的只是为了帮助我们理解退火过程,为什么退火过程最终会趋于内能最小的状态,还必须从数学上给出信服的分析。同样地,为了帮助理解,在数学推导过程中会与怪杯子对应起来,以便帮助大家理解。

小明兴奋地说:这样就太好了,更容易理解了。

艾博士:如果以粒子的排列或者相应的内能表达金属所处的状态,则在温度 T 下,金属所处的状态具有一定的随机性。一方面,物理系统倾向于内量较低的状态;另一方面,热运动又妨碍了系统准确地落入低内能状态。

用怪杯子比喻的话,由于杯子处于摇晃状态,豆子落入哪个凹槽中具有一定的随机性。由于豆子具有重量会倾向于落入较低的凹槽中,但是由于晃动的存在,又妨碍了豆子准确地落入处于下方的凹槽。

对于这一物理现象,物理学家 Metropolis 给出了从状态 i 转换为状态 j 的转换准则。

如果 $E(j)\leqslant E(i)$,则状态转换被接受。

如果 $E(j)>E(i)$,则状态转移被接受的概率为

$$e^{-\frac{E(j)-E(i)}{KT}} \tag{4.1}$$

其中,$E(i)$、$E(j)$分别表示在状态 i、j 下的内能;T 是绝对温度;$K>0$ 是物理中的玻尔兹曼常数。

Metropolis 准则表达了这样一种现象:在温度 T 下,系统处于某种状态,由于粒子的移动,系统的状态发生微小的变化,并导致了系统内能的变化。如果这种变化使得系统的内能减少,则接受这种转换;如果变换使得系统的内能增加,则以一定的概率接受这种转换。概率的大小与温度有关,温度越高转换概率越大,温度越低转换概率越小。

这就相当于怪杯子中的豆子,一旦遇到一个低位置的凹槽就马上落入该凹槽;如果遇到一个高位置的凹槽,则以一定概率落入其中,概率的大小与杯子的晃动程度有关,晃动越激烈落入高位置凹槽的概率就越大,晃动越缓慢落入高位置凹槽的概率就越小。

在给定的温度 T 下,当进行足够多次的状态转换后,系统将达到一种热平稳状态。此时系统处于某个状态 i 的概率 $P_i(T)$由玻尔兹曼分布给出:

$$P_i(T)=\frac{e^{-\frac{E(i)}{KT}}}{Z_T} \tag{4.2}$$

其中,$Z_T=\sum_{j\in S}e^{-\frac{E(j)}{KT}}$ 为归一化因子;S 是所有可能状态的集合。

对于怪杯子来说,如果我们保持晃动杯子的速度不变,则豆子在杯子里不停地跳动,一会儿落入这个凹槽中,一会儿落入那个凹槽中,如果时间足够长就会达到一种平稳状态,即落入每个凹槽的概率会达到一个稳定值。

做完怪杯子演示艾博士接着说:为了说清楚为什么退火过程最终会趋向于落入最低内能的状态,下面我们分别以下面 4 种情况,考察一下式(4.2)给出的温度 T 下落入状态 i 的

概率随温度 T 的变化情况。

(1) 同一温度下两个内能不同的状态。

(2) 高温下的情况。

(3) 低温下的情况。

(4) 当温度缓慢下降时的情况。

1. 同一温度下两个内能不同的状态

艾博士问小明：假设 i、j 是怪杯子上的两个凹槽，并假定 i 的位置低于 j 的位置。当匀速晃动杯子时，豆子处于凹槽 i、凹槽 j 的概率哪个更大呢？

小明回答说：豆子应该更倾向于落入位置低的凹槽吧？所以应该是处于凹槽 i 的概率大于处于凹槽 j 的概率。

艾博士：小明说的是对的。在退火过程中也存在类似的现象。在给定的温度 T 下，设有 i、j 两个状态，并假设两个状态的内能 $E(i)<E(j)$，我们比较一下落入状态 i 和状态 j 的概率的大小。

由式(4.2)有

$$P_i(T)-P_j(T)=\frac{e^{-\frac{E(i)}{KT}}}{Z_T}-\frac{e^{-\frac{E(j)}{KT}}}{Z_T}=\frac{1}{Z_T}e^{-\frac{E(i)}{KT}}\left[1-\frac{e^{-\frac{E(j)}{KT}}}{e^{-\frac{E(i)}{KT}}}\right]$$

$$=\frac{1}{Z_T}e^{-\frac{E(i)}{KT}}\left[1-e^{-\frac{E(j)-E(i)}{KT}}\right] \tag{4.3}$$

由于 $E(i)<E(j)$，玻尔兹曼常数 $K>0$，绝对温度 $T>0$，所以

$$e^{-\frac{E(j)-E(i)}{KT}}<1$$

从而有：

$$1-e^{-\frac{E(j)-E(i)}{KT}}>0$$

而 Z_T、$e^{-\frac{E(i)}{KT}}$ 也都是大于0的，所以有

$$P_i(T)-P_j(T)>0$$

即

$$P_i(T)>P_j(T) \tag{4.4}$$

上式说明，在温度 T 下落入低内能状态 i 的概率大于落入高内能状态 j 的概率。

从而得出结论：**在任何温度 T 下，系统处于低内能状态的概率大于处于高内能状态的概率。**

2. 高温下的情况

艾博士对小明说：你用力摇晃这个怪杯子，有多大力用多大力，观察一下豆子的情况。

小明按照艾博士说的，用力地摇晃起杯子，观察一会儿后说：当我用力地摇晃杯子的时候，豆子在里边到处乱跳，无论是杯子上边还是下边都能看到豆子，感觉豆子在任何地方的机会都差不多，看不出有什么差别。

艾博士：当你用力摇晃杯子的时候，就相当于高温情况下的退火过程，当温度足够高时，粒子落入任何状态的概率都是一样的。我们通过求解当温度 T 趋近于无穷时，落入状

态 i 的概率可以得到这个结论。

当温度很高时，我们考虑当温度 T 趋于无穷大时的情况，由式(4.2) 有

$$\lim_{T\to\infty}(P_i(T))=\lim_{T\to\infty}\left[\frac{e^{-\frac{E(i)}{KT}}}{\sum_{j\in S}e^{-\frac{E(j)}{KT}}}\right]=\frac{1}{|S|} \tag{4.5}$$

其中，$|S|$ 表示系统所有可能的状态数。由该结果可以看出，当温度趋于无穷大时，处于各个状态的概率是均匀分布的，都是状态数分之一，与状态的内能大小无关。对于怪杯子来说，当摇晃得足够快时，无论凹槽在杯子的什么位置，豆子都会等概率落入其中。这与小明刚刚观察到的情况是一致的。

从而我们得出结论：当温度趋近于无穷大时，系统处于各个状态的概率相等，处于平均分布，与所处状态的内能无关。

3. 低温下的情况

艾博士：请小明再次做个实验，先是用力摇晃杯子，然后慢慢地降低摇晃的速度，看看最终当停止摇晃时，豆子会处在什么位置。

小明连续做了几次实验后说：只要我慢慢地降低速度，最终停止摇晃的时候，豆子基本都落入了杯子底部的凹槽中，也就是位置最低的凹槽中了。

艾博士：退火过程也是类似的情况，我们分析一下，看看当温度逐渐降低到很低时退火过程会发生什么变化。

当温度很低时，我们考虑当温度趋于绝对 0 度时的极限情况。

由式(4.2)有

$$\lim_{T\to 0}(P_i(T))=\lim_{T\to 0}\left[\frac{e^{-\frac{E(i)}{KT}}}{\sum_{j\in S}e^{-\frac{E(j)}{KT}}}\right] \tag{4.6}$$

设 S_m 表示系统最小内能状态的集合，E_m 表示系统的最小内能。

小明：最小内能状态为什么用集合表示？会有多个内能最小的状态吗？

艾博士：就像怪杯子底部有几个一样的凹槽一样，这些凹槽的位置一样高。一个物理系统也可能有多个最小内能的状态，所以我们用集合 S_m 表示，而 $|S_m|$ 表示最小内能状态的数量。

小明：我明白了，原来是这样的。难怪在前面介绍怪杯子的时候，强调在杯子底部有几个一样的凹槽。

艾博士：为了求解上式的极限，我们对式(4.6) 做个变换，分子、分母同乘以 $e^{-\frac{E_m}{KT}}$ 有

$$\begin{aligned}\lim_{T\to 0}(P_i(T))&=\lim_{T\to 0}\left[\frac{e^{-\frac{E(i)-E_m}{KT}}}{\sum_{j\in S}e^{-\frac{E(j)-E_m}{KT}}}\right]=\lim_{T\to 0}\left[\frac{e^{-\frac{E(i)-E_m}{KT}}}{\sum_{j\in S_m}e^{-\frac{E(j)-E_m}{KT}}+\sum_{j\notin S_m}e^{-\frac{E(j)-E_m}{KT}}}\right]\\&=\lim_{T\to 0}\left[\frac{e^{-\frac{E(i)-E_m}{KT}}}{\sum_{j\in S_m}e^{-\frac{E(j)-E_m}{KT}}}\right]=\begin{cases}\frac{1}{|S_m|} & \text{如果 } i\in S_m\\ 0 & \text{如果 } i\notin S_m\end{cases}\end{aligned} \tag{4.7}$$

在上面的推导过程中，由于 T 表示的是绝对温度，一定是大于 0 的，所以 T 趋近于 0 只

能是从大于0的方向趋近于0,在推导过程中利用了这一点。

上面的推导结果说明,当温度趋近于绝对0度时,系统处于非最小内能状态的概率为0,处于某个最小内能状态的概率为最小内能状态数分之一。如果系统处于任何一个最小内能状态就属于处于最小内能状态的话,则系统处于最小内能状态的概率为1。

由此可以得出结论:当温度趋近于绝对0度时,系统以等概率趋近于几个内能最小的状态之一,而系统处于其他状态的概率为0。也就是说,系统达到内能最小状态的概率为1。

小明:我明白了,这个结论说明了为什么退火过程最终会趋向于内能最小的状态。

4. 当温度缓慢下降时的情况

艾博士:小明你再摇晃怪杯子,这次看看摇晃速度稍微缓慢下降一点时,豆子会怎样变化?

这次实验做起来有些难度,下降速度不太好控制。当速度变化很小时,也难于观察豆子的变化情况。在艾博士的帮助和启发下,经反复实验、仔细观察之后小明终于有了结果。

小明总结说:当摇晃速度缓慢下降时,每下降一次摇晃速度,豆子的位置总体上趋向于向下一些,虽然还是在上下跳动,但是向上去的情况逐渐减少,而向下去的情况逐渐增多。

艾博士夸奖说:小明总结得很好,就是这样的结果。我们看看当温度小范围变化时,退火过程会发生什么变化。

为了考察退火过程中温度小范围变化时的情况,我们计算一下处于状态 i 的概率对温度 T 的偏导数。因为偏导数反映了温度 T 时处于状态 i 的概率的变化趋势,我们看看该概率是如何变化的。

我们先计算处于状态 i 的概率对温度 T 的偏导数:

$$\begin{aligned}\frac{\partial P_i(T)}{\partial T}&=\frac{\partial}{\partial T}\left[\frac{\mathrm{e}^{-\frac{E(i)}{KT}}}{Z_T}\right]=\frac{E(i)}{KT^2}\frac{\mathrm{e}^{-\frac{E(i)}{KT}}}{Z_T}-\frac{1}{Z_T^2}\mathrm{e}^{-\frac{E(i)}{KT}}\frac{\partial Z_T}{\partial T}=\frac{E(i)}{KT^2}P_i(T)-\frac{P_i(T)}{Z_T}\frac{\partial Z_T}{\partial T}\\&=\frac{E(i)}{KT^2}P_i(T)-\frac{P_i(T)}{Z_T}\frac{1}{KT^2}\sum_{j\in S}E(j)\mathrm{e}^{-\frac{E(j)}{KT}}=\frac{P_i(T)}{KT^2}\left[E(i)-\sum_{j\in S}E(j)\frac{\mathrm{e}^{-\frac{E(j)}{KT}}}{Z_T}\right]\\&=\frac{P_i(T)}{KT^2}\left[E(i)-\sum_{j\in S}E(j)P_j(T)\right]=\frac{P_i(T)}{KT^2}(E(i)-\overline{E_T})\end{aligned}\tag{4.8}$$

其中:

$$\overline{E_T}=\sum_{j\in S}E(j)P_j(T)\tag{4.9}$$

是温度 T 下,各状态内能的平均值。

由于 $P_i(T)$、K、T 均大于0,因此由式(4.8),我们有

$$\frac{\partial P_i(T)}{\partial T}\begin{cases}>0 & \text{如果 } E(i)>\overline{E_T}\\<0 & \text{如果 } E(i)<\overline{E_T}\end{cases}\tag{4.10}$$

也就是说,在温度 T 下,当状态 i 的内能大于平均值时,处于状态 i 的概率对温度 T 的偏导数大于0;而当状态 i 的内能小于平均值时,处于状态 i 的概率对温度 T 的偏导数小于0。

小明:这个结果说明了什么问题呢?我还是看不太明白。

艾博士：为了讲解方便，我们将内能大于平均值的状态，也就是 $E(i)>\overline{E_T}$ 的状态 i，称作高能状态；而把内能小于平均值的状态，也就是 $E(i)<\overline{E_T}$ 的状态 i，称作低能状态。注意这里的平均内能 $\overline{E_T}$ 是与温度 T 有关的，不同温度下的平均值可能不相同，因此一个状态属于高能状态还是低能状态，也是与温度 T 有关的，在一个温度 T 下的低能状态，在另一个温度下可能就是高能状态。

偏导数为概率 $P_i(T)$ 在 T 点的切线斜率，对于高能状态，温度 T 处的偏导数大于 0，其切线如图 4.13 所示，从左下到右上。在一个比较小的温度变化范围内，概率 $P_i(T)$ 的变化趋势与切线一致，所以我们通过分析当温度从 T_0 下降到 T_1 时切线的变化获知概率 $P_i(T)$ 的变化趋势。如图 4.13 所示，如果温度从 T_0 下降到 T_1，则系统处于状态 i 的概率从 $P_i(T_0)$ 下降到 $P_i(T_1)$。也就是说，当温度缓慢地下降一点时，处于高能状态的概率会随温度下降而下降。

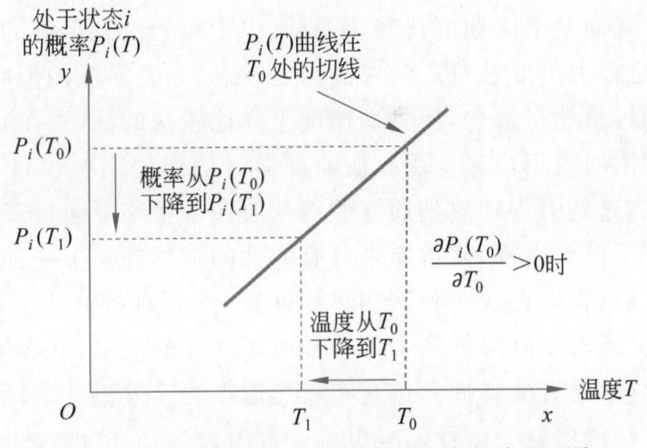

图 4.13　处于高能状态的概率随温度下降而下降

同样地，对于低能状态，温度 T 处的偏导数小于 0，其切线如图 4.14 所示，从左上到右下。如图所示，如果温度从 T_0 下降到 T_1，则系统处于状态 i 的概率从 $P_i(T_0)$ 上升到 $P_i(T_1)$。也就是说，当温度缓慢地下降一点时，处于低能状态的概率会随温度下降而上升。

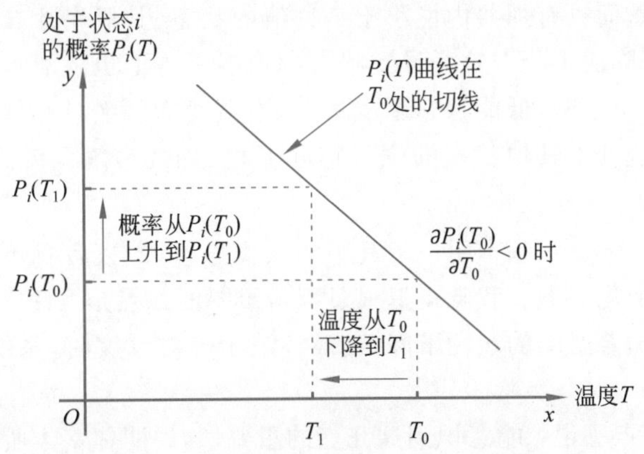

图 4.14　处于低能状态的概率随温度下降而上升

从以上分析我们可以得出结论：**系统落入高能状态的概率随温度 T 下降单调下降，而**

系统处于低能状态的概率随温度 T 下降单调上升。也就是说，系统处于低能状态的概率随着温度的下降单调上升，而系统处于高能状态的概率随着温度的下降单调下降。随着温度的缓慢下降，由于处于低能状态的概率越来越大，处于高能状态的概率越来越小，导致状态的内能平均值$\overline{E_T}$随温度下降而下降，从而使得更多的状态属于高能状态，越来越少的状态属于低能状态。最终，当温度降低到趋近于绝对0度时，只有具有最小内能的状态才属于低能状态。这也从另一个角度说明了当温度趋近于绝对0度时，为什么系统处于最小内能状态的概率为1，这与我们前面的分析是一致的。

小明慢慢地体会着艾博士说的每一句话，思考了一会儿说：我明白了，以上4点从不同角度分析了处于某个状态 i 的概率及其变化情况，这4点也是相互有联系的，综合在一起构成了整个退火过程。比如开始时必须有足够高的温度，这样才可能让粒子充分运动。就好比晃动怪杯子，如果开始时不具备足够的晃动速度，偶然落入较高位置凹槽的豆子，可能由于晃动速度不够导致无法跳出凹槽，一直到慢慢停止晃动时豆子依然在这个凹槽里。还有如果温度不是缓慢下降而是下降速度比较快的话，由于粒子没有足够的交换时间，温度突然就降下来的话，系统也极大可能被"冻结"在高内能状态，失去向低内能状态转移的机会。比如刚开始怪杯子晃动得虽然足够快，但晃动速度下降比较快的话，豆子很有可能会停留在一个位置比较高的凹槽内而跳不出来。用我们前面做过的弹簧实验也可以说明这一点，退火后的钢丝会变得很软，这是因为加热到通红的钢丝放在了室温下缓慢降温，最终降温到与室温一样。这样就完成了退火过程，使得原来具有弹性的钢丝处于了一种低内能状态，变得很软。当加工好弹簧之后，我们再次对弹簧加热到通红，然后直接放入到冷水中，这种突然降温，使得粒子来不及交换温度就降低到了几乎和冷水一样的低温，从而使得弹簧处于某个高内能状态，钢丝又恢复了已有的弹性。这其实就是退火的反过程——淬火过程。

艾博士：小明总结得很好。梳理一下以上4点内容，我们可以得出如下结论。

在高温下，系统基本处于无序的状态，以等概率处于各个不同的状态。在给定的温度下，系统处于低能状态的概率大于系统处于高能状态的概率，这样在同一温度下，如果系统交换的足够充分，则系统会趋向于处于较低内能的状态。随着温度的缓慢下降，系统处于低能状态的概率逐步增加，而处于高能状态的概率逐步减少，使得系统各状态内能的平均值随温度的下降单调下降，而只有那些内能小于平均值的状态，其概率才会随温度下降而增加，其他状态均随温度下降而下降。这样导致状态的内能平均值也随温度下降而下降。因此，随着内能平均值的逐步下降，低能状态逐步减少，当温度趋于绝对0度时，只剩下那些具有最小内能的状态，系统处于其他状态的概率趋近于0。因此最终系统将以概率1处于最小内能状态。

小明：听您讲了这么多，基本明白了其中的大概思想，回去后我再好好复习复习，内容有些多，还需要整理消化一下。我觉得退火过程最重要的几点是：具有足够高的初始温度，温度下降足够缓慢，随着温度的缓慢下降，当最终趋于绝对0度时，系统将以概率1处于最低内能的状态。

艾博士赞许地点点头说：能意识到这几点的重要性，说明你基本听懂了。

接下来艾博士总结说：最后我们再总结一下退火现象的要点：当处于较高温度时，系统基本以等概率处于任何一种状态。当温度缓慢下降时，系统处于低能状态的概率增加，而处于高能状态的概率下降。当温度缓慢下降逐渐趋近于绝对0度时，系统以概率1处于内能最小的状态。在这个过程中必须满足以下 3 个条件。

(1) 初始温度必须足够高。

(2) 在每个温度下状态的交换必须足够充分。

(3) 温度 T 的下降必须足够缓慢。

在这 3 个条件都满足的情况下，当温度趋于绝对 0 度时，系统才有可能以概率 1 处于内能最小的状态。实际上，即便系统最终没有落入内能最小的状态，只要满足以上几个条件，一般也会处于一个内能比较小的状态。

小明：经过您的以上讲解，终于明白了为什么在我们做弹簧实验时，要先将钢丝烧得通红，然后再在室温下慢慢冷却，虽然最后没有降温到绝对 0 度，但相对于烧得通红的钢丝来说，室温已经很低了。这样处理后，钢丝就处于一个很低的内能状态，所以会变得很软，从而很容易加工。

艾博士：就是这个道理，模拟退火算法就是受这样的退火过程启发提出的一种随机算法。

小明读书笔记

将金属加热到高温后再慢慢地冷却下来，金属将处于一个内能最小的状态，这就是物理中的退火过程。

为什么退火过程会达到内能最小状态呢？可以将退火过程类比做一个“怪杯子”，杯子的摇晃程度相当于温度，杯壁上的一些小凹槽相当于系统所处的状态，凹槽的不同位置代表了不同的内能，杯子中的豆子相当于粒子的运动。怪杯子形象地“演示”了退火现象。

退火现象的几个性质：当处于高温时，系统几乎以等概率处于不同内能的状态；当温度缓慢下降时，处于高能状态的概率下降，而处于低能状态的概率上升；在温度不变时，系统处于低能状态的概率高于处于高能状态的概率；当温度趋近于绝对 0 度时，系统以概率 1 处于内能最小的状态。

退火过程必须满足的 3 个条件：初始温度必须足够高，每个温度下状态的交换必须足够充分，温度下降必须足够缓慢。只有这样才能使得当温度趋近于绝对 0 度时，系统以概率 1 趋近于内能最小状态。

在退火过程中，状态交换时按照概率 1 接受低内能状态，按照概率 $e^{-\frac{E(j)-E(i)}{KT}}$ 接受高内能状态，这正是改进局部搜索算法所希望具有的性质。

4.5　模拟退火算法

小明：如何利用退火过程的这些性质，改进局部搜索算法呢？

艾博士：在退火过程中，遇到一个高内能状态时，会以一定的概率转移到该状态，相当于在局部搜索中以一定的概率接受差解，这正是解决局部搜索算法中存在局部最优值所要采用的改进策略。模拟退火算法也正是要借鉴退火过程中的这个现象，改进局部搜索算法。为此首先我们要将组合优化问题与退火过程做个类比，之后就可以给出模拟退火算法了。

表 4.1 给出了组合优化问题与退火过程的类比关系。

表 4.1 组合优化问题与退火过程的类比关系

退 火 过 程	组合优化问题	退 火 过 程	组合优化问题
物理系统中的一个状态 i	组合优化问题的解 i	内能最低状态	最优解
状态的内能 $E(i)$	解的指标函数 $f(i)$	温度 T	控制参数 t

设 S 是某组合优化问题所有可能解的集合，集合 S 中任一元素 i 是该问题的一个解，$f(i)$是解 i 的指标函数。由表 4.1 给出的类比关系，i 对应物理系统的一个状态，$f(i)$对应该状态的内能 $E(i)$。与温度 T 对应的是一个控制参数 t，用于控制算法的进程，其值随算法进程缓慢递减，最终接近于 0。退火过程中粒子的热运动则用解在邻域中的交换来代替。这样就将一个组合优化问题与退火过程建立了对应关系。

在求解组合优化问题时，首先给定一个比较大的 t 值，这相当于在退火过程中首先将物体加热到很高的温度。然后随机给定一个问题的初始解 i，随机从 i 的邻域中选择一个新解 j。

讲到这里，艾博士问小明：那么如何接受这个新解 j 呢？

小明回答说：按照标准的局部搜索算法，只有当新解 j 好于解 i 时，才会接受新解 j。但是这样会存在局部最优值问题。按照改进局部搜索算法的思路，应该随机地接受一些差解。

艾博士：正是这样的。如何随机地接受一些差解，正是我们要向退火过程“学习”的地方。

我们前面讲过，在退火过程中按照 Metropolis 准则接受新状态。

如果 $E(j) \leqslant E(i)$，则状态转换被接受。

如果 $E(j) > E(i)$，则状态转移被接受的概率为

$$e^{-\frac{E(j)-E(i)}{KT}} \tag{4.11}$$

Metropolis 准则表明，如果新状态的内能小于或等于当前状态，则 100%地接受该状态；如果新状态的内能大于当前状态，则按照概率接受。如果我们求解问题的最小解，则新状态的内能小于或等于当前状态，相当于遇到了一个好解，这时马上接受该状态。否则就相当于遇到了一个差解，按照概率接受该状态。按照这样的准则，退火过程可以以概率 1 达到内能最小的状态。这不正好是我们希望改进后的局部搜索算法所要达到的效果吗？

小明：是啊，正是我们希望的效果。

艾博士：在退火过程中，$K>0$ 是玻尔兹曼常数，温度 T 是控制退火过程的变量。而对于局部搜索算法来说，可以将 KT 一并表示为控制参数 t，因为玻尔兹曼常数 K 对于算法来说没有任意意义，但是我们仍然称其为 Metropolis 准则，并称 t 为温度。按照 Metropolis 准则我们可以得到从解 i 到新解 j 的接受概率 $P_{i\Rightarrow j}(t)$ 为

$$P_{i\Rightarrow j}(t)=\begin{cases}1 & \text{如果 } f(j)\leqslant f(i)\\ e^{-\frac{f(j)-f(i)}{t}} & \text{其他}\end{cases} \tag{4.12}$$

这样就可以得到一个改进的局部搜索算法。首先随机产生一个解 i，从解 i 的邻域中随机选择一个新解 j，按照 Metropolis 准则，如果新解 j 被接受，则以解 j 代替解 i，否则继续

保持解 i。重复该过程,直到在温度 t 下达到某种平衡。然后与退火过程中的温度 T 缓慢下降相对应,在进行足够多的状态交换之后,温度 t 需要缓慢下降,并在每个温度 t 下重复以上过程,直到温度 t 降低到足够小为止。最终我们将以大概率求得该组合优化问题的最优解。由于该算法是通过模拟退火过程得到的,所以被称为模拟退火算法。

下面,我们给出模拟退火算法的具体描述。

模拟退火算法。

1　随机选择一个解 i, $k=0$, $t_0=T_{\max}$(初始温度),计算指标函数 $f(i)$;
2　$t=t_k$,如果满足结束条件,则转 15;
3　Begin
4　　如果在该温度内达到了平衡条件,则转 13;
5　　Begin
6　　　　从 i 的邻域 $N(i)$ 中随机选择一个解 j;
7　　　　计算指标函数 $f(j)$;
8　　　　如果 $f(j)\leqslant f(i)$,则接受 j, $i=j$, $f(i)=f(j)$,转 4;
9　　　　否则计算 $P_{i\Rightarrow j}(t)=\mathrm{e}^{-\frac{f(j)-f(i)}{t}}$;
10　　　　　如果 random(0,1)$<P_{i\Rightarrow j}(t)$,则接受 j, $i=j$, $f(i)=f(j)$;
11　　　　转 4;
12　　End
13　　对 t 降温, $t_{k+1}=\mathrm{Drop}(t_k)$, $k=k+1$,转 2;
14　End
15　输出结果;
16　结束。

艾博士解释说:该算法有内外两层循环。内循环模拟的是在给定温度下系统达到热平衡的过程。每次循环随机地从解 i 的邻域中随机选择一个新解 j,然后按照 Metropolis 准则,如果新解 j 比解 i 好,则 100%接受新解 j;如果新解 j 不如解 i,则按概率 $P_{i\Rightarrow j}(t)$接受新解 j。

小明:在算法中如何实现按概率 $P_{i\Rightarrow j}(t)$接受新解 j 呢?

艾博士:在 4.3 节讲解如何解决局部最优化问题时曾经介绍过,这里就不再详细讲解,课后你可以再去看看。这里主要利用一个[0,1]区间均匀分布的随机数函数 random(0,1)随机产生一个[0,1]区间的随机数,如果该随机数小于接受概率 $P_{i\Rightarrow j}(t)$,则接受差解 j,否则就不接受。

小明:我想起来了,是曾经讲过,等下课后我再复习一下。

艾博士继续讲解道:算法的外循环模拟的是温度的下降过程。t_k 起到与退火过程中温度 T 相类似的作用,表示的是第 k 次循环时系统所处的温度。算法中的 Drop(t_k)是一个温度下降函数,它按照一定的原则实施温度缓慢下降,直到当 t_k 趋近于 0 时算法结束。

模拟退火算法与局部搜索算法很相似,二者最大的不同是模拟退火算法按照 Metropolis 准则随机地接受一些差解,即指标函数值大的解。当温度比较高时,接受差解的概率比较大，在初始高温下，几乎以接近100%的概率接受差解。随着温度的下降，接受差解的概率逐渐减少，直到当温度趋近于0时，接受差解的概率也同时趋近于0。这样采用类似于退火过程的方法，将有利于算法跳出局部最优解，大概率求得问题的全局最优解。

小明：谢谢艾博士，我大体上明白了模拟退火算法的计算过程。但是算法中还是有些不确定的描述，比如内循环中的“在该温度达到了平衡条件”，什么是平衡条件呢？外循环的“如果满足结束条件”，什么情况下满足结束条件呢？还有初始温度如何设置？温度又是如何下降的？这些算法中都没有说明啊。

艾博士：很高兴你提出这样的问题。上述模拟退火算法只是给出了一个算法的框架，其中重要的4个条件：初始温度的选取、内循环的结束条件、外循环的结束条件和温度如何下降，算法中都没有提及，而这正是模拟退火算法的关键所在。正像前面叙述过的那样，对于退火过程来说，要最终使得物理系统以概率1处于内能最小的一个状态，在退火过程中必须满足以下3点。

(1) 初始温度必须足够高。

(2) 在每个温度下状态的交换必须足够充分。

(3) 温度 T 的下降必须足够缓慢。

这3点刚好与算法中未提及的4个重要条件有关。与退火过程一样，为了使得模拟退火算法以概率1求解到问题的最优解，则至少也要满足这3点。理论上来说，初始温度越高越好，温度下降得越慢越好，每个温度下交换的次数越多越好。然而这将严重降低算法的求解效率。但是如果不能满足这几点要求的话，也会影响算法求解最优解的效果，可能会得不到一个比较好的解。如何在求解效率与求解效果之间做一个平衡？也是模拟退火算法必须考虑的问题。就好比前面做弹簧的实验中，将钢丝加热到通红就可以了，没有必要再进一步加热。降温时，也是在室温中慢慢降温就可以了，没有必要弄一个保温箱控制其温度的下降速度。同样地，温度也是降低到室温就满足要求。因为我们的目的是做一个弹簧，只要处理后的钢丝柔软到可以方便加工就可以了，而不是必须让钢丝达到最软的程度。就如同我们前面曾经举例说过的买西瓜的例子，我们只需买一个吃起来满意的西瓜就好，而不是必须购买一个世界上最甜的西瓜。在模拟退火算法中会综合考虑这些因素，有一些指导性的设置这些参数的方法。有关内容我们留待4.6节再专门介绍。

小明：艾博士，模拟退火算法有哪些性质呢？

艾博士：下面我们就分析一下模拟退火算法的性质。

在模拟退火过程中，给定温度下状态(解)的转移可以看作是一个马尔可夫链。对于任意两个状态 i 和 j，能否从状态 i 转移到状态 j 呢？这需要两个条件，一个条件是能否从状态 i 产生出状态 j，以及从 i 产生 j 的概率是多少，简单地说就是 j 是否是 i 的邻居，如果是邻居，有多大的概率能从 i 的邻域中选中 j。另一个条件是，当 j 被选中时能否被接受，这与从 i 到 j 的接受概率有关。所以从 i 转移到 j 的概率就是从 i 产生 j 的概率乘以从 i 到 j 的接受概率。我们用 $P_{i\Rightarrow j}(t)$ 表示温度 t 下，从状态 i 转移到状态 j 的一步转移概率，则有

$$P_{i\Rightarrow j}(t)=\begin{cases}G_t(i,j)A_t(i,j) & \text{如果 } i\neq j\\ 1-\sum\limits_{l\in N(i),l\neq i}G_t(i,l)A_t(i,l) & \text{如果 } i=j\end{cases}\tag{4.13}$$

其中，$G_t(i,j)$是产生概率，表示从状态 i 产生状态 j 的概率。如果在邻域内等概率选取的

话,邻域外的状态被产生的概率为 0,邻域内的状态被产生的概率为邻域大小分之一,即

$$G_t(i,j)=\begin{cases}0 & \text{如果 } j \notin N(i) \\ \dfrac{1}{|N(i)|} & \text{如果 } j \in N(i)\end{cases} \tag{4.14}$$

$A_t(i,j)$ 是接受概率,表示在状态 i 产生状态 j 后,接受状态 j 的概率。如按照 Metropolis 准则的接受概率为

$$A_t(i,j)=\begin{cases}1 & \text{如果 } f(j)<f(i) \\ e^{-\frac{f(j)-f(i)}{t}} & \text{其他}\end{cases} \tag{4.15}$$

在定义的邻域满足一定条件情况下,可以证明,这样得到的马尔可夫链其平稳分布唯一存在,在给定的 t 下,经过足够多次的转移之后,得到状态 i 的概率为

$$P_i(t)=\frac{e^{-\frac{f(i)}{t}}}{\sum\limits_{j\in S} e^{-\frac{f(j)}{t}}} \tag{4.16}$$

该式与退火过程中的式(4.2)基本一致,仿照前面对退火过程类似的分析,可以得到

$$\lim_{t\to 0} P_i(t)=\begin{cases}\dfrac{1}{|S_m|} & \text{如果 } i \in S_m \\ 0 & \text{如果 } i \notin S_m\end{cases} \tag{4.17}$$

其中,S_m 表示满足最优解的状态集合;$|S_m|$ 表示最优解的个数。也就是说,当温度 t 趋近于 0 时,模拟退火算法将以等概率得到多个最优解中的一个,其概率为最优解个数分之一。如果算法的目的就是求得一个最优解的话,则获取最优解的概率为 1,即

$$\lim_{t\to 0} P_{i\in S_m}(t)=\sum_{j\in S_m}\frac{1}{|S_m|}=1 \tag{4.18}$$

以上结果说明,只要在每个 t 下进行足够多次的状态转移,使得达到式(4.16)所示的平衡分布,当温度 t 缓慢地趋近于 0 时,则模拟退火算法将以概率 1 得到问题的全局最优解。

小明:艾博士,应该如何理解这里的“以概率 1 获得最优解”呢?

艾博士:模拟退火算法由于具有一定的随机性,每次求得的结果可能是不一样的,也有可能陷入某个局部最优解,所以也就不能保证每次运行都能获得最优解,但是获得最优解的概率是很大的。如果算法多次运行,则几乎可以找到最优解。当然前提条件是算法设置了合适的参数。

小明:艾博士,我又想到了一个问题。在开始介绍模拟退火算法时,您曾经提到模拟退火算法是为了解决局部搜索算法存在的前两个问题——局部最优值问题和变步长问题而提出来的改进算法。为解决局部最优值问题,模拟退火算法按照退火现象中的 Metropolis 准则以一定的概率接受差解。这一点算法中体现得很明显。但是模拟退火算法是如何体现变步长的呢?算法中似乎没有看到这一点。

艾博士:小明你提出了一个很好的问题。我们还是以爬山法为例说明变步长问题。在爬山法中,步长可以认为就是拐杖的长度。拐杖越长所选择的范围就越广,变步长就相当于改变拐杖的长度。对于组合优化问题来说,没有一个直观的“步长”概念,大的步长可以认为是邻域比较大,可选择的新状态比较多;而小步长则相反,可以认为是邻域比较小,可接受的新状态比较少。而变步长就相当于在求解过程中,逐步缩小邻域的范围。在模拟退火算法

中，当温度比较高时，从一个状态几乎可以转移到任何其他状态，相当于步长比较大，而随着温度缓慢降低，处于低内能状态的概率加大，从低内能状态转移到高内能状态的概率逐渐减少，就相当于逐步缩小了邻域范围。当然这里并不是真的缩小了邻域范围，而是通过逐渐减小接受概率的方式达到缩小邻域范围的目的，是一种"软"的变步长方法。不知道小明是否明白了这个道理。

小明歪着小脑瓜思考了一会儿说：我终于明白了，模拟退火算法中的"变步长"是通过概率方式改变"步长"的，相当于拐杖还是那个拐杖，但是能探索的范围是受概率控制的。刚开始时可以随便用拐杖进行探索，但是慢慢地拐杖探索的范围按照概率向身边收缩，能探索到远处的概率越来越小，而越靠近身边的近处探索概率越来越大，相当于拐杖变短了。

艾博士夸奖道：小明你这个类比非常好，就是这个意思。

小明读书笔记

受退火现象的启示，将组合优化问题与退火过程建立对应关系，提出了模拟退火算法。组合优化问题的解对应物理系统的状态，解的指标函数对应状态的内能，最优解对应内能最低的状态，参数 t 则对应温度。

模拟退火算法完全模拟退火过程，并像退火过程那样以概率接受差解，从本质上来说，模拟退火算法就是一个改进的局部搜索算法，包括两点：一是以概率接受差解；二是变步长。这里的变步长是以概率形式体现的"软"步长，随着温度的降低，接受差解的概率越来越小。

可以证明，在初始温度足够高、在每个温度下交换足够充分、温度下降足够缓慢的条件下，可以概率1求解到最优解。

4.6 模拟退火算法的参数选择

小明：艾博士，从您的介绍看，参数选择对于模拟退火算法是否能找到最优解起着非常关键的作用，如何合理地设置模拟退火算法的参数呢？

艾博士：接下来我们就介绍模拟退火算法中一些参数的选择原则。

从上面的分析我们知道，模拟退火算法以概率1找到全局最优解的基本条件，是初始温度必须足够高，在每个温度下状态的交换必须足够充分，温度 t 的下降必须足够缓慢。因此，初始温度 t_0、在每个温度下状态的交换次数、温度 t 的下降方法，以及温度下降到什么程度算法结束等参数确定，成为模拟退火算法求解实际问题时必须考虑的首要问题。

并不是任何一组参数，都能够保证模拟退火算法收敛于最优解或者某个满意的近似最优解，大量的实验表明，解的质量与算法的运行时间成正比，很难做到两全其美。下面我们给出模拟退火算法中一些参数或者准则的确定方法，试图在求解时间与解的质量之间做一个折中的选择。这些参数或者准则如下。

(1) 初始温度 t_0。

(2) 温度 t 的衰减函数，即温度的下降方法。

(3) 算法的终止准则，终止温度 t_f 或者终止条件。

(4) 每个温度 t 下的马尔可夫链长度 L_k，即算法的内循环次数。

4.6.1　起始温度t_0的选取

艾博士：模拟退火算法要求初始温度足够高，这样才能够使得在初始温度下，以等概率处于任何一个状态。多高的温度才算"足够高"呢？这显然与具体的问题有关，就像金属材料中，不同的材料具有不同的溶解温度一样。因此，初始温度应根据具体的问题而定。

小明：那么是否有一个基本的确定初始温度的方法呢？

艾博士：有一些基本原则，从不同的角度也可以给出不同的确定初始温度的方法，在实际中一般也需要多次尝试才能有一个比较好的结果。

什么是合适的初始温度呢？一个合适的初始温度，应保证到达每一个状态的概率基本相等，也就是接受概率 P_0 近似等于 1。由于模拟退火算法接受好解的概率为 1，只有遇到差解时才以概率接受，所以在 Metropolis 准则下，初始温度应该使得接受差解的概率接近于 1，即

$$e^{-\frac{\Delta f(i,j)}{t_0}} \approx 1 \tag{4.19}$$

其中，$\Delta f(i,j)$为状态 j 与状态 i 的指标函数差，并假定了 $f(j)>f(i)$。

如果我们给定一个比较大的接受概率 P_0，比如 $P_0=0.9$ 或者 $P_0=0.95$，就可以从式(4.19)计算出 t_0 值：

$$t_0=\frac{\Delta f(i,j)}{\ln\left(P_0^{-1}\right)} \tag{4.20}$$

其中，$\Delta f(i,j)$可以通过随机产生一个状态序列 S 计算得出。具体方法可以取序列中最大指标函数值与最小指标函数值的差值：

$$\Delta f(i,j)=\max_{i\in S}(f(i))-\min_{i\in S}(f(i)) \tag{4.21}$$

也可以取序列中任意两个状态指标函数差值的平均值：

$$\Delta f(i,j)=\frac{\sum\limits_{i,j\in S}|f(i)-f(j)|}{|S|^2} \tag{4.22}$$

或者是序列中相邻两个状态指标函数差值的平均值：

$$\Delta f(i,j)=\frac{\sum\limits_{i=0}^{|S|-1}|f(S(i))-f(S(i+1))|}{|S|} \tag{4.23}$$

其中，$S(i)$表示序列 S 的第 i 个元素。

下面给出一个具体的计算例子。假定 $P_0=0.9$，$\Delta f(i,j)=100$，那么初始温度 t_0 是多少呢？请小明计算一下。

小明认真计算起来，很快有了计算结果：

$$t_0=\frac{\Delta f(i,j)}{\ln\left(P_0^{-1}\right)}=\frac{100}{\ln(0.9^{-1})}=949$$

艾博士检查了小明的计算结果无误后继续讲道：我们也可以从另外的角度考虑如何计算初始温度 t_0。

假设我们随机地生成一个状态序列，对于该序列中任意相邻两个状态 i 和 j，假设 i 在前 j 在后，则从状态 i 到状态 j 可能被接受，也可能不被接受。如果两个状态的指标函数值

$f(j) \leqslant f(i)$，则一定会被接受，设序列中这样的情况共有 m_1 个。如果两个状态的指标函数值 $f(j) > f(i)$，则按照概率 $e^{-\frac{f(j)-f(i)}{t_0}}$ 接受。如果用 $\overline{\Delta f(i,j)}$ 表示 $f(j)-f(i)$ 的平均值，则平均接受概率为 $e^{-\frac{\overline{\Delta f(i,j)}}{t_0}}$。设序列中 $f(j) > f(i)$ 的情况共有 m_2 个，则 m_2 种情况中平均接受次数为

$$m_2 e^{-\frac{\overline{\Delta f(i,j)}}{t_0}}$$

所以该序列中任意两个相邻的状态共有 $m_1 + m_2$ 个，从前一个状态 i 到后一个状态 j 的接受总次数为两种情况相加，即 $m_1 + m_2 e^{-\frac{\overline{\Delta f(i,j)}}{t_0}}$。这样可以得到平均接受率为

$$P_0 = \frac{m_1 + m_2 e^{-\frac{\overline{\Delta f(i,j)}}{t_0}}}{m_1 + m_2} \tag{4.24}$$

从式(4.24)可以求解出初始温度 t_0 为

$$t_0 = \frac{\overline{\Delta f(i,j)}}{\ln\left(\dfrac{m_2}{m_2 P_0 - m_1(1-P_0)}\right)} \tag{4.25}$$

如果给定了一个初始接受概率 P_0，再随机地产生一个状态序列，则可以计算出初始温度 t_0。

艾博士介绍到这里问小明：以上我们介绍了两种确定初始温度 t_0 的办法，小明你看这两种方法有什么不同呢？

小明：我觉得这两种方法基本思路是一样的，都是根据设定的初始接受概率计算初始温度 t_0。第一种方法相当于直接用 $e^{-\frac{\overline{|\Delta f(i,j)|}}{t_0}}$ 计算初始接受概率，而没有考虑状态序列中前一个状态的指标函数值大于后一个状态的情况，而在这种情况下后一个状态是被 100%接受的。所以这样得到的初始接受概率值偏低，计算出的 t_0 会稍微大一点。而第二种方法则是分别考虑了序列中后一个状态指标函数值小于或等于前一个状态和大于前一个状态两种情况，估计的初始接受概率会比第一种方法稍大，得到的初始温度 t_0 也会相对小一些。

艾博士：小明你分析的是对的。对比式(4.20)和式(4.25)也可以发现，在不考虑 m_1 的情况下，这两个计算公式是一样的。对比式(4.20)和式(4.25)分母中的括号部分，式(4.25)有

$$\frac{m_2}{m_2 P_0 - m_1(1-P_0)} = \frac{1}{P_0 - \dfrac{m_1}{m_2}(1-P_0)} \geqslant \frac{1}{P_0} \tag{4.26}$$

由此可见，式(4.25)的分母部分大于或等于式(4.20)的分母，从而由式(4.25)计算得到的 t_0 要小于或等于由式(4.20)计算得到的 t_0。这与小明的分析完全一致。

表 4.2 给出了在 $m_1 = m_2$ 的情况下，由式(4.20)得到的 t_0 与由式(4.25)得到的 t_0 之比值(表 4.2 中用 $t_0(20)/t_0(25)$ 表示)，由表中可以看出，式(4.20)得到的 t_0 大约是式(4.25)得到的 t_0 的 2 倍。当然这个结果与假设 $m_1 = m_2$ 有关。

表 4.2　分别由式(4.20)和式(4.25)得到的 t_0 之比值

P_0	$t_0(20)/t_0(25)$	P_0	$t_0(20)/t_0(25)$
0.8	2.29	0.9	2.12
0.85	2.20	0.95	2.05

艾博士继续讲解道：仿照金属的升温过程，我们也可以通过逐步升温的方法，得到一个合适的初始温度。基本思想就是先设定一个比较小的初始温度，随机产生一个状态序列，按照 Metropolis 准则计算状态的接受次数，从而计算出接受概率。如果计算的接受概率比较小，则逐步升温，直到接受概率满意为止。

小明：这种方法就好比摇晃怪杯子，先以一个较慢的速度摇晃，然后观察豆子在杯子中的跳动情况。如果豆子基本在杯子下部分运动，则说明摇晃的速度不够，应该增加摇晃速度。一点点增加摇晃速度，直到豆子在杯子中几乎上下均匀地跳动为止，就认为达到了一个合适的初始速度。

艾博士：就是这样的思想。通过升温方法获得初始温度 t_0 的算法如下。

1　给定一个希望的初始接受概率 P_0，给定一个较低的初始温度 t_0，比如 $t_0=1$；

2　随机地产生一个状态序列，并计算该序列的接受率：

$$接受率=\frac{接受的状态数}{产生的状态总数}$$

如果接受率大于给定的初始接受概率 P_0，则转 4；

3　提高温度，更新 t_0，转 2；

4　结束。

其中更新 t_0 可以采用每次乘一个大于 1 的常数 K 的方法：

$$t_0=K\times t_0$$

也可以采用每次累加固定值的方法：

$$t_0=t_0+T$$

这里的 T 为一个事先给定的常量。

小明：感觉这也是一种比较好的方法，完全依靠产生的状态序列实验决定初始温度 t_0。

艾博士强调说：也不好说具体哪种方法更好，需要结合具体问题多次实验决定，以上几种方法都只是给出一个大概的参考值。

4.6.2　温度的下降方法

艾博士：退火过程的条件之一是要求温度下降足够缓慢，因此模拟退火算法的降温过程也必须足够缓慢才行。在模拟退火算法中常用的温度下降方法有以下 3 种。

1. 等比例下降方法

该方法通过设置一个衰减系数 α，使得温度每次以相同的比例下降：

$$t_{k+1}=\alpha t_k,\quad k=0,1,2,\cdots$$

其中，t_k 是当前温度；t_{k+1} 是下一个时刻的温度；$0<\alpha<1$ 是一个常数。α 越接近于 1，温度下降得越缓慢，一般可以选取 0.9～0.98 的一个值。该方法简单实用，是一种常用的温度下降方法。

小明：如果要求温度下降足够缓慢，是不是 α 越大越好呢？α 越大就越接近与 1，温度下降就越慢。

艾博士：从"温度下降越缓慢越好"的角度来说，确实 α 越大越好，但是如果 α 过大的话(在 α 小于1的前提下)，最终温度要下降到接近于0度所需要的时间也就越长，严重影响算法的计算效率。所以必须选择一个合适的 α 值，在效率与效果之间折中选择。

2. 等值下降方法

艾博士：温度下降的另一种方法是采取等值下降的方法。顾名思义，所谓等值下降方法就是温度每次下降一个固定值，而不考虑当前的温度是多少。

$$t_{k+1}=t_k-\Delta t$$

设 K 是希望的温度下降总次数，则

$$\Delta t=\frac{t_0}{K}$$

其中，t_0 是初始温度。

该方法的好处是可以控制总的温度下降次数，但由于每次温度下降的是一个固定值，如果设置过小，在高温时温度下降太慢；如果设置过大，在低温下温度下降又可能太快。

小明：看起来这种方法不是太好，很难照顾到高温和低温的情况。

3. 基于距离参数的下降方法

艾博士：对于状态 i 和 j，如果温度从 t_k 下降到 t_{k+1} 的话，当温度下降幅度很小时，则在温度 t_k 下从状态 i 到状态 j 的被接受概率 $P_{i\Rightarrow j}(t_k)$ 应该与在温度 t_{k+1} 下从状态 i 到状态 j 的被接受概率 $P_{i\Rightarrow j}(t_{k+1})$ 差别不大，两个概率之比应该接近于1。所以有

$$\frac{1}{1+\delta}<\frac{P_{i\Rightarrow j}(t_k)}{P_{i\Rightarrow j}(t_{k+1})}<1+\delta \tag{4.27}$$

其中，δ 是一个较小的正数，被称作距离参数。

假定状态 i 的指标函数值小于状态 j，则有

$$\frac{P_{i\Rightarrow j}(t_k)}{P_{i\Rightarrow j}(t_{k+1})}=\frac{\mathrm{e}^{-\frac{f(j)-f(i)}{t_k}}}{\mathrm{e}^{-\frac{f(j)-f(i)}{t_{k+1}}}}<1+\delta \tag{4.28}$$

由式(4.28)有

$$\mathrm{e}^{-\frac{f(j)-f(i)}{t_k}}<(1+\delta)\mathrm{e}^{-\frac{f(j)-f(i)}{t_{k+1}}}$$

两边取以e为底的对数，整理后有

$$t_{k+1}>\frac{t_k}{1+\dfrac{t_k\ln(1+\delta)}{f(j)-f(i)}} \tag{4.29}$$

当给定 δ 后，式(4.29)虽然可以由 t_k 计算出 t_{k+1}，但是公式中涉及两个状态 i 和 j 的指标函数值。我们希望温度下降方法与具体的状态无关，可以取一个比较保守的数值，用3倍的 σ_{t_k} 代替 $f(j)-f(i)$，其中 σ_{t_k} 为温度 t_k 下状态的指标函数值的标准差，实际计算时，可通过在该温度下随机产生若干个状态统计得到。

小明：这里为什么用3倍标准差代替 $f(j)-f(i)$ 呢？

艾博士：在统计学中有一个3倍标准差原则，如果假设状态的指标函数值服从正态分

布，则超过 99%的情况下 3 倍标准差会大于任意两个状态的指标函数差值 $f(j)-f(i)$，因此用 3 倍标准差代替 $f(j)-f(i)$将会涵盖多于 99%的情况。这属于一种比较保守的估计。

用 $3\sigma_{t_k}$ 代替 $f(j)-f(i)$后，可得温度的衰减函数：

$$t_{k+1}=\frac{t_k}{1+\dfrac{t_k\ln(1+\delta)}{3\sigma_{t_k}}} \tag{4.30}$$

小明：这里的 δ 值如何确定呢？

艾博士：δ 是一个大于 0 的比较小的数，可以设为 0.01、0.02 等，一般也是要根据具体问题实验确定。

小明：这 3 种温度下降方法，各自有哪些特点呢？

艾博士：在以上温度下降方法中，方法 1 和方法 2 独立于具体的问题，而方法 3 是与具体问题有关的温度下降方法，因为用到了与问题有关的状态指标函数值的标准差。第一种等比例下降方法由于其简单有效，用得比较多。第二种等值下降方法存在的问题比较多，用得比较少。而第三种基于距离参数的下降方法也经常被采用。

4.6.3　每一温度下的停止准则

艾博士：根据前面的分析，模拟退火算法在每个温度下必须有足够的交换，才能使得到达任何状态的概率趋于稳定值。从找到最优解的角度来说，交换的次数越多越好，从求解效率上来说，则交换的次数不能太多，因此，又是一个需要折中考虑的问题。

如果用 L_k 表示在温度 t_k 下的迭代次数的话，也就是算法内循环的循环次数，则 L_k 应使得在这一温度下的状态交换尽可能充分。

小明：如何判断是否充分交换了呢？

艾博士：客观地说，也没有什么太好的方法，有以下几个常用的停止准则。

1. 固定长度方法

艾博士：固定长度方法，就是说算法内循环的循环次数是固定的，不随温度等因素而变化，这是最简单的一种方法，在每一个温度下，都使用相同的 L_k。L_k 的选取与具体的问题相关，一般与邻域的大小直接关联，由于邻域越大可选的状态越多，所以需要更多的循环次数才有可能达到充分交换的目的。通常选择为问题规模 n 的一个多项式函数。例如，对于 n 城市旅行商问题中，如果采用交换两个城市的方法产生邻域的话，邻域的大小为 $\frac{n(n-1)}{2}$，则 L_k 可以选取如 Cn、Cn^2 等，其中 C 为常数。

小明：这里的固定长度指的是问题规模确定后内循环次数是固定的吧？并不是在任何规模下都是一个固定值。

艾博士：是这样的，规模越大内循环次数应该越多，因为问题规模大了以后，可能的状态数也会更多，没有足够的循环次数很难达到平衡。

2. 基于接受率的停止准则

艾博士：由前面我们对退火过程的分析知道，在比较高的温度时，系统处于每一个状态的概率基本相同，而且每一个状态的接受概率也接近于1。因此在高温时，即便比较小的迭代数，也可以基本达到平稳状态。而随着温度的下降，被拒绝的状态数随之增加，因此在低温下迭代数应增加，以免由于迭代数太少，而过早地陷入局部最优状态。因此，一个直观的想法就是随着温度的下降适当地增加迭代次数。

一种方法就是，规定一个接受次数 R，在某一温度下，只有被接受的状态数达到 R 时，在该温度下的迭代才停止，转入下一个温度。因为随着温度的下降，状态被接受的概率随之下降，所以这样的一种准则是满足随着温度的下降适当地增加迭代次数的原则。但由于在温度比较低时，接受差解的概率很低，为了防止出现过多的迭代次数，一般设置一个迭代次数的上限，当迭代次数达到上限时，即便不满足接受次数 R，也停止这一温度的迭代过程。

与上一种方法相类似，可以规定一个状态接受率 R，R 等于该温度下接受的状态数除以生成的总状态数。如果接受率达到了 R，则停止该温度下的迭代，转入下一个温度。为了防止迭代次数过少或者过多，一般定义一个迭代次数的下限和上限，只有当迭代次数达到了下限并且满足所要求的接受率 R 时，或者达到了迭代次数的上限时，才停止这一温度的迭代。

还可以通过引入"代"的概念来定义停止准则。在迭代的过程中，若干相邻的状态称为"一代"，如果相邻两代解的指标函数差值小于规定值的话，则停止该温度下的迭代。

在某一温度下的迭代次数与温度的下降幅度是紧密相关的。如果温度每次下降的幅度比较小的话，则相邻两个温度之间的平稳分布相差也应该比较小。一些研究表明，过长的迭代次数对提高解的质量影响并不大，只会导致增加系统的运算时间。因此，一般选取比较小的温度衰减值，只要迭代次数适当大就可以了。

小明：我大体上了解了每一温度下的停止原则，具体如何确定迭代次数，同前面讲过的算法其他参数一样，还是需要通过实验决定。

艾博士：确实是这样的，实际问题千变万化，有很多不确定的因素，只能根据这些基本原则通过实验确定具体的参数值。

4.6.4 算法的终止原则

艾博士：模拟退火算法从初始温度 t_0 开始逐步下降温度，最终当温度下降到接近绝对0度时，算法结束。合理的结束条件，应使得算法收敛于问题的某一个近似解，同时应能保证解具有一定的质量，并且应在一个可以接受的有限时间内算法停止。

同样，一般有下面几种确定算法终止的方法或者原则。

1. 零度法

艾博士：从理论上讲，当温度趋近于0时，模拟退火算法才结束。因此，可以设定一个常数 $\varepsilon>0$，当 $t_k<\varepsilon$ 时算法结束。

小明：这个跟算法的理论要求是一致的，只要 ε 足够小就可以了。

艾博士：是这样的。但是这里同样有效果与效率的平衡问题。理论上是温度越接近0

度越好，但是太低的温度则会影响求解效率，需要寻找一个合适的结束温度。什么样的温度才是一个合适的结束温度，可能与我们求解的具体问题有关。比如我们前面遇到的做弹簧例子，温度只要降到室温就可以了，没有必要放到冰箱里。但是有些情况下，则可能降低到室温是不行的，需要进一步降低温度才行。

2. 循环总控制法

艾博士：循环总控制法就是给定一个指定的温度下降次数 K，当温度的下降次数达到 K 次时则算法停止。这要求给定一个合适的 K。如果 K 值选择不合适，对于小规模问题将导致增加算法无谓的运行时间，而对于大规模问题，则可能难于得到高质量的解。

小明：那么这个 K 设置多大才合适呢？该不是又是实验确定吧？

艾博士听小明这么说，哈哈大笑起来：确实需要由实验确定。但是我们可以观察算法停止前几个温度下得到的解的变化情况。如果最后几个温度下得到的解还在发生变化，则说明 K 设置得有些过小，需要加大 K 值。如果算法结束前多个温度下的解基本都是不变的，则说明 K 值设置得有些过大，可以适当减少 K 值。如果最后两三个、三四个温度下得到了一个基本不变的解，而之前的温度下解有一定的变化，则说明得到了一个比较合适的值。

3. 无变化控制法

艾博士：随着温度的下降，虽然模拟退火算法会随机地接受一些不好的解，但从总体上来说，得到的解的质量应该逐步提高，在温度比较低时，更是如此。如果在相邻的 n 个温度中，得到的解的指标函数值无任何变化，则说明算法已经收敛。即便是收敛于局部最优解，由于在低温下跳出局部最优解的可能性也已经很小，因此算法可以终止了。

讲到这里艾博士问小明：你说说看方法 3 和方法 2 有什么关系吗？

小明认真对比之后说：感觉这两种方法本质上是一样的，只是方法 2 是人为地判断终止条件，而方法 3 是把人的查看改成了算法自动控制结束条件。

艾博士：非常正确，正是这样的。一般当相邻的两三个结果没有变化时，就可以考虑停止了。但是也可能会存在一些偶然的结果，在比较高的温度下凑巧相邻的几次结果没有发生变化，这种情况虽然发生的概率比较小，但也是有可能发生的。为避免这种情况的发生，可以再设定一个温度值，只有当温度低于该设定值时，并且相邻的几个结果一致时，算法才结束。

小明：明白了，这样就可以防止一些偶然结果的出现，提高了算法的求解质量。

4. 接受概率控制法

艾博士：当温度比较低时，从一个状态到另一个状态的接受概率会非常小，无论是陷入局部最优解还是全局最优解，都很难从当前解跳出来。我们设定一个比较小的概率值 P_f，如果在当前温度下除了当前状态外，其他状态的接受概率均小于 P_f 值，则算法结束。

5. 邻域平均概率控制法

艾博士：这种方法是方法 4 的一种推广，自动确定概率值 P_f。具体实现方法是：设大

小为 N 的一个邻域，在邻域内一个状态被接受的平均概率为 $1/N$。设 f_0、f_1 为该邻域中的局部最优值和局部次最优值。按照式(4.14)、式(4.15)给出的产生概率和接受概率，则次最优解是除了局部最优解以外接受概率最大的，其接受概率为

$$\mathrm{e}^{-\frac{f_1-f_0}{t}}$$

如果该概率值小于平均值 $1/N$ 时，即 $\mathrm{e}^{-\frac{f_1-f_0}{t}}<\frac{1}{N}$。

可以认为从局部最优解跳出的可能性已经很小了，因此可以终止算法。此时的终止温度 t_f 为

$$t_f<\frac{f_1-f_0}{\ln N} \tag{4.31}$$

小明：这里的 f_0、f_1 怎么计算呢？

艾博士：就是目前得到的最好解和次最好解。

6. 相对误差估计法

艾博士：我们多次提到，很多情况下并不一定要求得到最优解，只要获得一个满意解就可以了。

小明：但是如何知道解是否满意呢？

艾博士：这确实是一个问题，我们并不好评价解的满意性。如果在计算过程中我们能大体估计出解的误差，可以用该误差评价解的满意性。

小明：但是又怎么估计误差呢？

艾博士：假设 t_0 是初始温度，t_f 是结束温度，$\overline{f(t_0)}$是初始温度 t_0 时指标函数的平均值，$\overline{f(t_f)}$是结束温度 t_f 时指标函数的平均值，$\overline{f^2(t_f)}$是结束温度 t_f 时指标函数平方的平均值。则可以给出解 $f(t_f)$对于$\overline{f(t_0)}$的相对误差估计为

$$\frac{\overline{f^2(t_f)}-\overline{f(t_f)}^2}{t_f\,\overline{f(t_0)}} \tag{4.32}$$

如果 $\varepsilon>0$ 是给定的相对误差，则得到算法的停止条件为

$$\frac{\overline{f^2(t_f)}-\overline{f(t_f)}^2}{t_f\,\overline{f(t_0)}}<\varepsilon \tag{4.33}$$

$$\overline{f(t_f)}=\frac{1}{n}\sum_{i=1}^{n}f(x_i) \tag{4.34}$$

$$\overline{f^2(t_f)}=\frac{1}{n}\sum_{i=1}^{n}f^2(x_i) \tag{4.35}$$

其中，$x_i(i=1,2,\cdots,n)$是温度为 t 时产生的解序列。

小明有些看不懂为什么是这个结果，问道：艾博士，这个结果是怎么得到的？

艾博士：这个结果推导起来有些麻烦，我就不讲解了，有兴趣的话可以参看有关书籍。

小明：好的，我课后找相关书籍看看。

艾博士最后再次强调说：小明，以上介绍了用模拟退火算法求解组合优化问题时确定

算法参数的一些方法，这些方法基本上都是基于经验的，基本上是一些指导性的原则，在具体使用时需要根据具体的问题具体分析，经多次实验、反复调整后，确定具体的参数。

小明读书笔记

实现一个好的模拟退火算法，其参数选择至关重要。主要参数包括初始温度、温度的下降方法、每个温度下算法的循环次数、算法的终止条件。

初始温度的选择有几种方法，但其中心思想是在初始温度下接受任何一个状态，也就是接受任何解的概率接近于1。按照这样的思路，从不同的角度可以有几种设置初始温度的方法。

最常用的温度下降方法是等比例下降，也就是每次乘一个接近于1的衰减系数 α。另外还有基于距离参数的下降方法，其思想来源于当温度下降一个很小的幅度时，相邻两个温度下从状态 i 转换到状态 j 的概率应该变化很小。如果给定了一个概率允许的变化范围，则可以估计温度下降允许的最大幅度，那么温度下降不超过该估计值即可。

一般来说每个温度下算法的循环次数与待求解的问题规模成多项式关系，问题规模越大循环次数应该越多，以便达到充分交换的目的。

算法的终止条件主要依据是温度趋近于0度，当温度值小于某个给定值时，算法就可以结束了。但是温度多低算是接近于0度呢？可能与具体的问题有关。一种最常用的办法是无变化控制法，即如果相邻几个温度下求解的结果都不再发生变化了，算法就认为可以结束。因为这种情况下，即便是陷入了局部最优解，也很难从中跳出来。通过估计解的相对误差也是一种判断算法是否结束的方法。

4.7　模拟退火算法应用举例

小明：艾博士，我们讲了这么多的方法，请您介绍一个具体的应用例子吧。

艾博士：好的，下面就以旅行商问题为例，看看如何利用模拟退火算法求解该问题。

例：旅行商问题。

设有 n 个城市，城市间的距离用矩阵 $\boldsymbol{D}=[d_{ij}](i,j=1,2,\cdots,n)$ 表示，其中 d_{ij} 表示城市 i 与城市 j 之间的距离。有一个旅行商从一个城市出发，每个城市访问一次，并且只能访问一次，最后再回到出发城市。问如何行走才能使得行走的路径长度最短。

下面讲解一下用模拟退火算法求解旅行商问题需要确定的几个问题。

1. 解空间

艾博士：首先分析一下旅行商问题的解空间有多大，以便了解该问题的求解难度。n 个城市的任何一种排列 $(\pi_1,\pi_2,\cdots,\pi_n)$ 均是问题的一个可能解。其中 $\pi_i=j(j=1,2,\cdots,n)$ 表示第 i 个到达的是城市 j，并且默认 $\pi_{n+1}=\pi_1$，也就是最后要返回到出发城市。解空间的规模也就是所有可能的行走路线共有 $n!$ 个，当城市数为10时，解的规模为 $10!=3628800$。如果说这个规模还可以通过穷举方法求解的话，则当城市数为20时，解的规模约为 $20!\approx 2.43\times10^{18}$，据估算在10亿次/秒的计算机上把所有的路径都穷举一遍的话，需要六七十年，这时就完全不可能通过穷举的办法求解。

小明：这个数量确实有些吓人啊。

2. 指标函数

艾博士：利用模拟退火算法求解组合优化问题，首先要确立一个指标函数。由于旅行商问题本身要求解最短长度的行走路径，很自然可以选用访问所有城市的路径长度为问题的指标函数，即

$$f(\pi_1,\pi_2,\cdots,\pi_n)=\sum_{i=1}^{n}d_{\pi_i\pi_{i+1}} \tag{4.36}$$

需要注意的是，这里默认 $\pi_{n+1}=\pi_1$，因为最后要返回到出发城市。

3. 新解的产生

艾博士：需要确认的第二个问题是如何从当前解产生一个新解，也即邻居。这里采用前面曾经介绍过的逆序交换法，随机选中两个城市，然后将两个城市之间的城市进行逆序交换得到一个新解。具体如下。

设当前解是$(\pi_1,\pi_2,\cdots,\pi_n)$，随机选中的两个城市为第 u 个和第 v 个到访的城市，假设 $u<v$，$u\geqslant0$，$v\leqslant n+1$。则逆序排列 u 和 v 之间的城市，得到问题的新解为

$$(\pi_1,\pi_2,\cdots,\pi_u,\pi_{v-1},\cdots,\pi_{u+1},\pi_v,\pi_{v+1},\cdots,\pi_n) \tag{4.37}$$

小明：这里的 u 和 v 为什么取值范围是 $u\geqslant0$、$v\leqslant n+1$？解序列$(\pi_1,\pi_2,\cdots,\pi_n)$中，表示城市的下标是从 1 到 n 啊？为什么会有 $u\geqslant0$、$v\leqslant n+1$ 呢？

艾博士：很高兴小明注意到了这个问题，这是初学者很容易犯的一个错误。由于这里产生新解的方法是对 u、v 之间的城市进行逆序交换，并不包含 u、v 两个城市，所以如果 u 不包含 0、v 不包含 $n+1$ 的话，就会将这个解序列的第一个城市 π_1 和最后一个城市 π_n 固定住，永远得不到交换。对于第一个城市 π_1 还好，因为是出发城市，即便固定住也没有关系；但是对于最后一个城市 π_n 是不能固定在最后一个位置的，除非最优解 π_n 就是在最后一个位置。

小明：我明白了。但是如果 u 含有 0 的话，就有可能把第一个城市交换到其他位置了，这样出发城市不就变了吗？

艾博士：由于这 n 个城市是循环连接在一起的，即便出发城市换了位置也没有关系，当得到最优解之后，再从出发城市开始转一圈就可以了。比如假设算法求得的最佳路径是 B-E-A-D-C，而 A 是出发城市，可以得到路径 A-D-C-B-E。

小明恍然大悟道：确实是这样啊，因为路径是循环的，具体哪个城市在第一个位置并不重要。

艾博士：由于路径是循环的，所以在用逆序方法获得新解时，也不一定要求 $u<v$。当 $u<v$ 时就按正常操作交换 u、v 之间的城市；当 $u>v$ 时，则交换 u 之后到 v 之前的城市。

如图 4.15 和图 4.16 所示，给出了这两种交换方法的示意图。在实际编程实现时，我们采用了第二种方法，取得了比较好的应用效果。

小明：这两个图很形象地给出了逆序交换法的求解方法，更容易理解了。实际上由于路径是循环的，所以无论是 u 比 v 大还是 u 比 v 小，都可以看作是从 u 的下一个城市到 v 之前的城市之间做逆序交换。

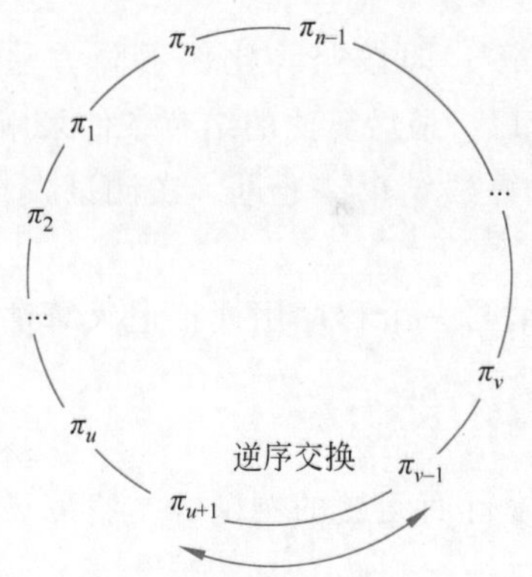

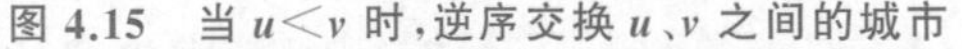

图 4.15　当 $u<v$ 时，逆序交换 u、v 之间的城市

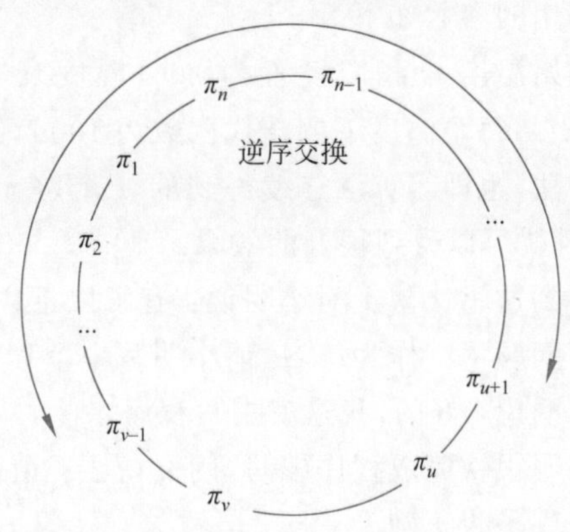

图 4.16　当 $u>v$ 时，交换 u 之后到 v 之前的城市

艾博士肯定地说：对，就是这样的。

4. 指标函数差

艾博士：在模拟退火算法中，当解 i 的指标函数值 $f(i)$ 小于解 j 的指标函数值 $f(j)$ 时，则温度 t 下从 i 到 j 的接受概率为 $P_{i\Rightarrow j}(t)=\mathrm{e}^{-\frac{f(j)-f(i)}{t}}$，这里需要计算 i、j 两个解之间的指标函数差。对于旅行商问题来说，当然可以分别计算出两个解对应的路径距离再相减得到。但是当采用逆序交换法产生新解时，可以更简单地计算出两个解对应路径距离的差值。

小明：如何计算出两个解对应路径的距离差呢？

艾博士：设当前解 i 为

$$(\overbrace{\pi_1,\pi_2,\cdots,\pi_u}^{\text{红颜色部分}},\overbrace{\pi_{u+1},\cdots,\pi_{v-1}}^{\text{蓝颜色部分}},\overbrace{\pi_v,\cdots,\pi_n}^{\text{绿颜色部分}})$$

经逆序交换后得到的新解 j 为

$$(\overbrace{\pi_1,\pi_2,\cdots,\pi_u}^{\text{红颜色部分}},\overbrace{\pi_{v-1},\cdots,\pi_{u+1}}^{\text{蓝颜色部分}},\overbrace{\pi_v,\cdots,\pi_n}^{\text{绿颜色部分}})$$

对比上述两个解，红颜色部分和绿颜色部分的局部路径是一样的，其路径长度也一样。蓝颜色部分的局部路径只是方向不一样，一个是从 π_{u+1} 到 π_{v-1}，另一个是反过来从 π_{v-1} 到 π_{u+1}，但是相邻的城市都是一样的，所以这部分的路径长度也是一样的。所以在计算 $f(j)-f(i)$ 时，这 3 段路径长度会被抵消掉，不同的地方只是发生在颜色变化的交界处。在解 i 中 π_u,π_{u+1}、π_{v-1},π_v 两处连接，在解 j 中变成了 π_u,π_{v-1} 和 π_{u+1},π_v。所以在计算 $f(j)-f(i)$ 时，只需考虑这 4 处不同的地方就可以了。所以有

$$\Delta f=f(j)-f(i)=(d_{\pi_u\pi_{v-1}}+d_{\pi_{u+1}\pi_v})-(d_{\pi_u\pi_{u+1}}+d_{\pi_{v-1}\pi_v}) \tag{4.38}$$

其中，$d_{\pi_a\pi_b}$ 表示 π_a、π_b 两个城市之间的距离（这里是一般情况说明）。

这样按照 Metropolis 准则，在温度 t 下从解 i 到解 j 的接受概率为

$$P_{i\Rightarrow j}(t)=\begin{cases}1 & \text{当 } \Delta f\leqslant 0\\ \mathrm{e}^{-\frac{\Delta f}{t}} & \text{其他}\end{cases} \tag{4.39}$$

小明：这样一来确实简化了计算，提高了求解效率。

5. 其他参数的确定

艾博士：还有几个参数需要确定。这个问题我曾经编写过程序，做过一些对比实验，实

验中采用的参数如下。

初始温度 t_0 我们设置为 200；温度衰减系数 $\alpha=0.95$，即按照等比例下降方法降温 $t_{k+1}=\alpha t_k$；每个温度下的迭代次数为 $100n$，其中 n 为城市数；最后算法的结束条件采用无变化控制法，也即当算法连续得到的 n 个解无任何变化时算法结束。通过多次测试发现，当 $n=2$ 时就可以得到很好的效果。

讲到这里艾博士对小明说：有了以上内容，就可以编写一个程序用模拟退火算法求解旅行商问题了。作为练习，请小明写一个程序吧。

小明说：好的，我这就去写程序。

小明很快完成程序编写，问艾博士：请问有具体的旅行商问题的例子吗？我测试一下写的程序是否正确。

艾博士从书柜里拿出一本 Nirwan Ansari 和 Edwin Hou 两人合写的《用于最优化的计算智能》，对小明说：小明，这本书中给出了两个例子，分别是 10 城市和 20 城市的旅行商问题，你可以用于测试。

小明接过书，从中找到了这两个例子，分别如表 4.3 和表 4.4 所示。

表 4.3 10 城市旅行商问题

城市	x 坐标	y 坐标	城市	x 坐标	y 坐标
A	0.4000	0.4439	F	0.8732	0.6536
B	0.2439	0.1463	G	0.6878	0.5219
C	0.1707	0.2293	H	0.8488	0.3609
D	0.2293	0.7610	I	0.6683	0.2536
E	0.5171	0.9414	J	0.6195	0.2634

表 4.4 20 城市旅行商问题

城市	x 坐标	y 坐标	城市	x 坐标	y 坐标
A	5.294	1.558	K	4.399	1.194
B	4.286	3.622	L	4.660	2.949
C	4.719	2.774	M	1.232	6.440
D	4.185	2.230	N	5.036	0.244
E	0.915	3.821	O	2.710	3.140
F	4.771	6.041	P	1.072	3.454
G	1.524	2.871	Q	5.855	6.203
H	3.447	2.111	R	0.194	1.862
I	3.718	3.665	S	1.762	2.693
J	2.649	2.556	T	2.682	6.097

艾博士解释说：表中分别给出了 10 个城市和 20 个城市的坐标，英文字母表示城市名，任何两个城市之间的距离按照欧几里得距离通过城市坐标计算。

艾博士：Nirwan Ansari 和 Edwin Hou 两人在书中给出了一组参数如下。

初始温度 t_0 是采用升温的方法获得，具体方法为：从 $t_0=1$ 出发，并以 $t_0=1.05t_0$ 对 t_0 进行升温，直到接受概率大于 0.9 时为止，此时得到的温度为初始温度 t_0。

在每个温度下采用固定的迭代次数 $L_k=10n$，其中 n 为城市数。

温度的衰减系数 $\alpha=0.95$，即 $t_{k+1}=0.95t_k$。

算法的停止准则为温度低于 0.01 时结束。

艾博士进一步说明道：采用这样的参数，书中给出的求解结果如表 4.5 和表 4.6 所示。表中的出现次数是 1000 次运行中出现该结果的次数，平均转移次数是每次运行中状态被接受的平均转移次数，路径是城市的访问次序，路径长度是该路径的长度。最差解指的是 1000 次运行中得到的最差结果。

对于 10 城市旅行商问题，在 1000 次运行中，共有 906 次求得了最优解，得到最优解的有效解答率为 90.6%，平均转移次数为 3952 次。

对于 20 城市旅行商问题，在 1000 次运行中，共有 792 次求得了最优解，得到最优解的有效解答率为 79.2%，平均转移次数为 8740 次。

从表 4.5 和表 4.6 中可以得出结论：模拟退火算法求解旅行商问题还是非常有效的，大多数情况下都能找到最优解结束，即便不是最优解，也是一个可以接受的满意解，即使是最差的结果，与最优解的差距也不是很大。

表 4.5　10 城市旅行商问题求解结果

级别	路径长度	出现次数	平均转移次数	路　径
最优	2.691	906	3952	BCADEFGHIJ
次优	2.752	46	4056	BCADEGFHIJ
第三	2.769	10	4053	DEFGHIJCBA
最差	2.898	5	4497	ABCDEFHIJG

表 4.6　20 城市旅行商问题求解结果

级别	路径长度	出现次数	平均转移次数	路　径
最优	24.52	792	8740	ACLBIQFTMEPRGSOJHDKN
次优	24.62	167	8638	ADCLBIQFTMEPRGSOJHKN
第三	25.17	39	9902	ANKDHIOJSGRPEMTFQBLC
最差	25.50	1	5794	AQFTMEPRGSJOIBLCDHKN

小明：看起来这个结果很好啊，从产生的平均转移次数看，求解速度也应该是很快的。

艾博士：是这样的，我曾经编程实现过这个程序，速度非常快，基本上是瞬间就出来结果。前面讲解中向你提供的一些参数的设置建议，就是我具体编程实现时采用的参数。你可以运行一下你的程序，跟这本书中提供的结果做一个对比。

像书中一样，对于 10 城市和 20 城市小明分别将程序循环运行 1000 次，记录每次的运行结果。程序运行确实非常快，即便是循环运行 1000 次，也很快就结束了。

刚一看到结果，小明就惊呼起来：不会吧？怎么 1000 次运行中每次都得到了最优解？

效果会这么好吗？

艾博士说：确实是这样的，我写的程序也是这个结果。在确定具体参数时，除了参考了Nirwan Ansari和Edwin Hou两人在书中给出的参数外，我还参考了康立山等人编写的《演化计算》一书中给出的参数设置。该书给出的参数设置如下。

初始温度 $t_0=280$。

在每个温度下采用固定的迭代次数 $L_k=100n$，其中 n 为城市数。

温度的衰减系数 $\alpha=0.92$，即 $t_{k+1}=0.92t_k$。

算法的停止准则为：当相邻两个温度得到的解无任何变化时算法停止。

综合参考上述两本书，经多次实验、反复调试、对比、修改之后，才最终得到现在的参数设置，即便效果好一些，也是因为参考了别人的方法。

小明：看来做什么都不能闭门造车，要在别人工作的基础上总结提高。

小明读书笔记

以旅行商问题为例，详细讨论了模拟退火算法的具体实现问题。包括指标函数的选择、新解的产生、初始温度的设定、温度下降方法、同一温度下的循环次数，以及算法的结束条件等。结合两个具体例子——10城市和20城市旅行商问题，对运行结果进行了分析。

4.8 遗传算法

艾博士：遗传算法是另一种求解组合优化问题的随机算法，是受达尔文进化论的启发而提出来的一种优化算法。

小明：这个算法竟然和进化论有关。

艾博士：小明，你大概了解进化论吧？

小明：在生物课上老师讲过达尔文的进化论，核心思想就是8个字："物竞天择、适者生存"。记得老师用长颈鹿举例说：早期的长颈鹿脖子虽然有长有短，但是差别并不大，正常环境下，地上有草，有灌木丛，也有树，这些都可以作为长颈鹿的食物，无论脖子长短都不影响长颈鹿的生存。但是由于环境恶化，作为长颈鹿食物的草和灌木丛逐渐减少，适于长颈鹿生存的食物越来越少，慢慢地几乎只剩下树叶是其赖以生存的食物。这样脖子长的长颈鹿由于更容易获取食物就比较容易生存下来，而脖子短的长颈鹿由于获取食物困难，就比较容易被淘汰。经过多少代的遗传、变异、自然选择之后，脖子长的长颈鹿比较适应生存环境，更容易生存下来，而脖子短的长颈鹿难以适应生存环境，逐渐被淘汰，慢慢地长颈鹿就成为现在大家所看到的个个都是长脖子了。

艾博士：小明很好地解释了进化论"物竞天择、适者生存"的核心思想。

根据达尔文的进化论，在生物进化的过程中，只有那些最能适应环境的种群才得以生存下来。生物的进化过程可以用如图4.17所示的进化圈表示，这是一个长期的循环演化过程。

该进化圈以群体为一个循环的起点。按照优胜劣汰的原则，经过自然选择后，一部分群

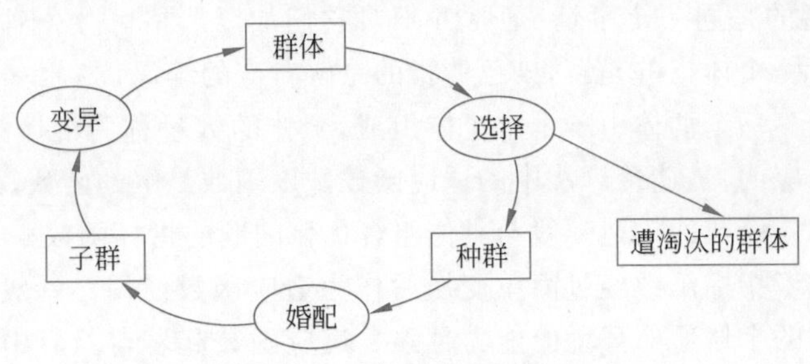

图 4.17　生物进化圈示意图

体由于无法适应环境而遭淘汰退出进化圈。在自然界中,自然选择包括恶劣的天气和气候、食物的短缺、天敌的侵害等。另一部分群体,由于适应环境的能力强而生存下来。它们或者是因为身体强壮而逃脱天敌的侵害,或者因为耐寒冷、耐饥饿能力强而存活下来。总之,这些群体之所以能够生存,是因为它们具有某种适应周围环境的能力。从适应环境的能力方面来说,这些群体从总体上考察是优良的,被淘汰的是那些体弱病残、不能适应环境生存的个体。即便因偶然因素一些弱者侥幸生存了下来,但在婚配的竞争中它们也往往处于劣势。因此可以说只有那些适应环境能力强的优良品种才能够成为新的种群。经过种群的婚配,繁衍出下一代子群。一般来说子群中的个体遗传了父母双亲的优势,加快了后代的进化,使之更能够适应环境。比如,一个身体强壮的个体和一个耐寒冷能力强的个体繁衍的后代可能会同时具有身体强壮和耐寒冷的能力。在进化的过程中,个别的个体可能会发生一些变异,从而产生新的个体,使得群体的组成更加多样化。综合以上过程,经过一个循环的进化,新的群体生长起来,取代旧群体,又进入新的一轮进化之中。经过长期的竞争、淘汰、进化过程,最终的群体中生存下来的是那些最能适用环境生存的优秀个体。

总之,生物在进化过程中,经过优胜劣汰的自然选择,会使得种群逐步优化,经过长期的演化,优良的物种得以保留。不同的环境,不同物种的基因结构,导致最终的种群不同,但它们都有一个共同的特征:最能适应自己所处的生存环境。

艾博士总结说:从最优化的角度来讲,环境可以认为是约束条件,而进化选择之后的获胜者可以认为是在给定约束条件下的最优解。不同的约束条件,最优解也是不同的,所谓的最优解都是相对于约束条件而说的。就好比说在那个特殊的环境下进化出了长颈鹿,如果当初没有这样的环境,还是这个群体可能就进化出了其他的物种。如果不是在这个特殊的环境下,也许这个世界上就没有了长颈鹿,而被其他某种物种所代替。

小明:想一想这个世界之所以有千奇百怪的动物,也许就是不同的环境造成的吧?那么如何借助进化论的思想发展出遗传算法呢?

艾博士:受达尔文进化论"物竞天择、适者生存"思想的启发,美国密歇根大学的Holland教授把最优化问题与生物进化过程对应起来,将生物进化的思想引入复杂问题求解中,提出了求解组合优化问题的遗传算法。同模拟退火算法将组合优化问题与退火现象建立类比关系一样,这里关键的问题是如何将组合优化问题与进化过程建立对应关系。

染色体是物种的基本表达,进化也发生在染色体上,不同的染色体也体现了相应物种适应环境的能力。在遗传算法中,组合优化问题的一个解对应生物中的个体,首先对组合优化问题可能的解,也就是个体进行编码,编码后的解与染色体相对应,也称作染色体。在这里,个体、解、染色体指的是同一个事情，通常并不对它们加以严格区分，不同的场合下也会混用，如果说区别的话，个体指的是解，染色体指的是解对应的编码，二者一一对应。组成染色体的元素称为基因。一个群体由若干个个体组成，个体的数量称为群体的规模。与自然界中的生存环境相对应的，是遗传算法中的适应函数。该函数是解的函数，是对一个解适应环境程度的评价。适应函数的构造一般与具体组合优化问题的指标函数相关，简单的情况下，直接用指标函数或者指标函数经过简单变换后作为适应函数使用。一般情况下，适应函数值越大表示所对应的个体适应环境的能力越强。适应函数起着自然界中环境的作用，当适应函数确定后，自然选择规律将以适应函数值的大小来决定一个个体是否继续生存下去的概率。生存下来的个体成为种群的一员，以一定的概率进行婚配，繁衍出下一代群体。婚配是一个繁衍过程，发生在两个染色体之间，作为双亲的两个染色体，交换部分基因之后，生殖出两个新的染色体，即问题的新解，作为新个体加入群体中。婚配在遗传算法中称作交叉操作，是遗传算法区别于其他优化算法的主要特征之一。在进化的过程中，染色体的某些基因可能会发生变异，即表示染色体的编码发生了某些突变。一个群体的进化需要染色体的多样性，而变异对保持群体的多样性具有一定的作用。

表4.7给出了生物进化中的概念与遗传算法中的作用之间的对应关系。

表4.7 生物进化中的概念与遗传算法中的作用之间的对应关系

生物进化中的概念	遗传算法中的作用
环境	适应函数
适应性	适应函数值(适应值)
适者生存	以适应值的大小决定生存概率，适应函数值大的解生存下来的概率大，适应函数值小的解生存下来的概率小
个体	问题的一个解
染色体	解的编码
基因	组成编码的元素
群体	被选定的一组解(以编码形式表示)
种群	根据适应函数选择的一组解(以编码形式表示)
婚配	以一定的方式由双亲产生后代的过程，在遗传算法中称作交叉操作
变异	编码的某些基因分量发生变化的过程

小明看着表4.7所示的生物进化与遗传算法之间的对应关系，挠挠头说：听完您的介绍，虽然大体明白了什么意思，但是还是感觉有些虚，不知道算法究竟是如何操作的。

艾博士：这些还只是一些基本思想，你想不清楚也是正常的。下面我们具体讲解一下，再结合一些具体实例，就容易明白了。

为了更容易理解遗传算法与生物进化的对应关系，我们结合下面这个例子进行一步步讲解。

例：求解下列函数的最大值，其中 x 的取值为区间[0, 31]上的整数。

$$f(x)=x^2$$

该问题比较简单，因为在区间[0, 31]上 $f(x)$是单调上升的，其最大值显然在 $x=31$ 处取得。我们关注的是如何利用遗传算法求解这个最大值问题。

艾博士讲解说：在该问题中，x 的取值范围为区间[0,31]上的整数，因此 0～31 的每个整数都可能是问题的解，x 每个可能的取值都可以看作是一个个体。首先要对个体进行编码，编码的要求是，任何一个 x 可能的取值，也就是可能的解，与编码之间具有一一对应的关系。就是说对于任意一个解都有唯一的编码，而任何一个编码都唯一对应一个解。由于 0～31 的整数共有 32 个，如果采用二进制编码的话，可以考虑用 5 位二进制数进行编码。比如，整数 0 可以表示为 00000，整数 1 可以表示为 00001，整数 2 可以表示为 00010，……，整数 31 可以表示为 11111。

小明：二进制编码就是将整数表示为对应的二进制数吗？

艾博士：并没有这样的要求。只要解和编码之间具有一一对应关系就可以了，并不要求整数和二进制编码之间具有相等的关系。比如在这个例子中，我们也可以反过来用 11111 表示整数 0，用 00000 表示整数 31。

这样得到的每一个编码就是一个染色体，其中的 0、1 就是基因，而多个染色体，也就是多个个体构成了一个群体。

小明：原来是这样的对应关系啊，通过这个例子的讲解就容易明白了。

艾博士：生物是通过婚配繁衍后代的，其特点是子女的染色体具有父母双方基因的特征。在遗传算法中通过交叉操作达到类似生物繁衍后代的过程，由双亲产生后代。

小明：遗传算法中的繁衍后代过程为什么叫交叉操作呢？

艾博士：一会儿我们介绍交叉操作的操作过程你就明白了。交叉操作发生在两个染色体之间，由两个被称为双亲的父代染色体，经交叉操作后产生两个具有双亲的部分基因的新的染色体，这两个新的染色体被称作后代。下面还是以二进制编码形式为例，介绍交叉操作的具体操作过程。

设 a、b 是两个进行交叉操作的双亲染色体：

$$a: a_1 a_2 \cdots a_i a_{i+1} \cdots a_n$$

$$b: b_1 b_2 \cdots b_i b_{i+1} \cdots b_n$$

其中 a_i、b_i 取值 0 或者 1，是组成染色体的基因。交叉操作是这样进行的：随机地产生一个交叉位设为 i，则 a、b 两个染色体从 $i+1$ 以后的基因进行交换，得到两个新的染色体，即两个后代。图 4.18 给出了两个染色体的交叉操作示意图。

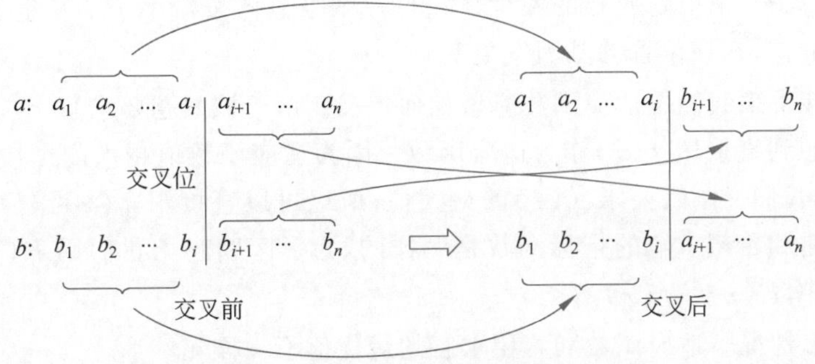

图 4.18　两个染色体的交叉操作示意图

从图4.18中可以看出，后代1的染色体由两部分组成，交叉位之前部分来自双亲1，而交叉位之后部分来自双亲2。而后代2刚好与后代1相反，交叉位之前部分来自双亲2，而交叉位之后部分来自双亲1。

例如，对于 $x_1=11001$ 和 $x_2=01111$ 两个染色体，当交叉位等于2时，产生两个后代染色体 y_1 和 y_2：

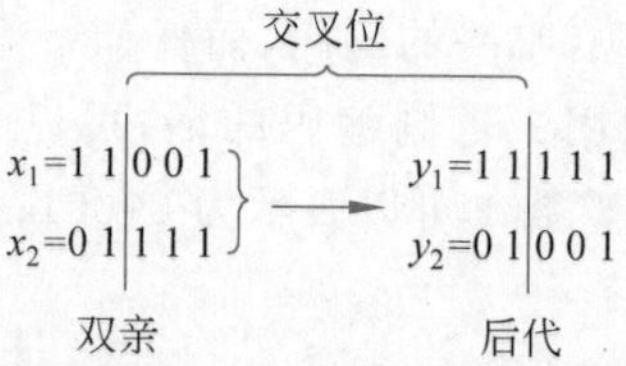

交叉位

$$\left.\begin{array}{l} x_1=11|001 \\ x_2=01|111 \end{array}\right\} \longrightarrow \begin{array}{l} y_1=11|111 \\ y_2=01|001 \end{array}$$

双亲　　　　后代

讲到这里艾博士问小明：小明，现在你明白了为什么遗传算法中的繁衍后代过程叫交叉操作了吧？

小明马上回答说：明白了，"交叉"一词很形象地反映了遗传算法中繁衍后代的具体操作方法。

艾博士：在进化过程中，交叉操作通常是以一定的概率 P_c 发生。从新种群中随机选择两个染色体作为双亲，然后以概率 P_c 进行交叉操作。如果发生交叉操作，则用其两个后代代替两个双亲放入种群中；如果没有发生交叉操作，则两个双亲原样放入种群中。

讲到这里，艾博士问小明：这里的"以概率 P_c 进行交叉操作"你知道如何实现吧？

小明回答说：类似问题我已经多次遇到，用随机数函数 random(0,1) 产生一个0～1均匀分布的随机数，当该随机数小于概率 P_c 时，则发生交叉操作，否则就不发生交叉操作。就实现了"以概率 P_c 进行交叉操作"。

艾博士称赞了小明之后接着讲道：生物进化过程中，变异起到了重要作用。在遗传算法中，所谓变异就是某个基因发生突变。在二进制编码中，基因只有0和1两种情况，所以当发生变异时，该基因或者由1变成0，或者由0变成1。例如，对于染色体 $x=11001$，如果变异位发生在第三位，由于第三位是0，所以变异后第三位由0变成了1，则变异后的染色体变成了 $y=11101$。

小明：艾博士，这里的第几位是怎么数的呢？

艾博士：是从左到右数的，最左边为第一位，其他以此类推。

小明：明白了。

艾博士：变异对于一个群体保持多样性具有好处，但也有很强的破坏作用，因此总是以一个很小的概率 P_m 来控制变异的发生。一旦一个染色体按概率 P_m 发生了变异，则要随机产生一个变异位，在该位置的基因发生变异。

艾博士：接下来我们看适应函数应该如何定义。由于该问题要求解 $f(x)$ 的最大值，很自然地就可以想到直接用 $f(x)$ 作为适应函数。因为适应函数值越大的个体被选择保留下来的概率越大，我们又刚好要求 $f(x)$ 的最大值，所以可以直接用 $f(x)$ 作为适应函数。适应函数并不总是和希望求解的指标函数是一样的，为了区别起见我们用 $F(x)$ 表示适应函数。在该问题中，$F(x)=f(x)$。

小明：什么情况下适应函数和希望求解的最优值不一样呢？

艾博士：一般来说，遗传算法适用于求解最大值问题，如果是求解最小值问题，就需要对指标函数做一个变换，变成求解最大值问题。另外，适应函数要求大于或等于 0，如果待求解函数最大值也是小于 0 的，就需要对该函数加一个比较大的常数，使得函数值大于 0。还有的情况下，为了加快求解的速度也会对指标函数做一定的变换后再作为适应函数使用。这些内容我们后续会一一介绍。

适应函数值简称适应值，表示个体对环境的适应程度，适应值越大说明适应能力越强。依据适应值的大小对群体中的个体进行选择，就体现了进化论中"物竞天择，适者生存"的核心思想。从规模为 N 的群体中，依据个体适应值的大小随机选择若干个个体构成新的种群，这一过程称作选择操作。选择操作前后群体规模可以相同，也可以不同，为了叙述方便，我们假定二者的群体规模大小是一致的，即从一个群体规模为 N 的群体中，依据适应值随机地选择 N 个个体构成新的种群。由于是依据适应值的大小随机选择的，因此虽然选择操作前后群体的规模大小一样，但是两个群体并不完全一样，因为适应值大的个体可能会多次从群体中选出，而适应值小的个体可能会因没有机会选中而被淘汰。因此，一些适应值大的染色体可能会重复出现在种群中，而一些适应值小的染色体则可能被淘汰。这一点体现的正是自然界中"物竞天择、适者生存"的进化规律。

小明：这样看来适应函数就相当于生存环境，如何做到依据适应值从群体中选择个体呢？

艾博士：可以有多种方式从群体中选择存活的个体，只要能满足"适应值大的个体被选中的概率大，适应值小的个体被选中的概率小"这个原则就可以。其中被经常使用的是一种被称为"轮盘赌"的方法。

小明："轮盘赌"是一种什么方法呢？

艾博士：以前每逢节假日公园里都有很多游戏，其中就有与图 4.19 所示类似的"幸运大转盘"游戏。

小明看到图马上说：我小时候玩过类似的游戏。一个大的转盘上画有多个小扇区，有大有小，每个扇区上写有各种不同的奖品。用力转动转盘，当转盘停下来时，指针指向了哪个扇区，就可以获得该扇区写的奖品。

艾博士：对，就是这种玩法。转盘上划分的扇区大小，决定了一个扇区被选中的概率，越大的扇区被选中的概率越大，越小的扇区被选中的概率越小。所以你喜欢的东西总是写在一个很小的扇区上，而最大的扇区……

还没等艾博士说完，小明抢先说道：最大的扇区总是"谢谢"，我就多次转到"谢谢"。

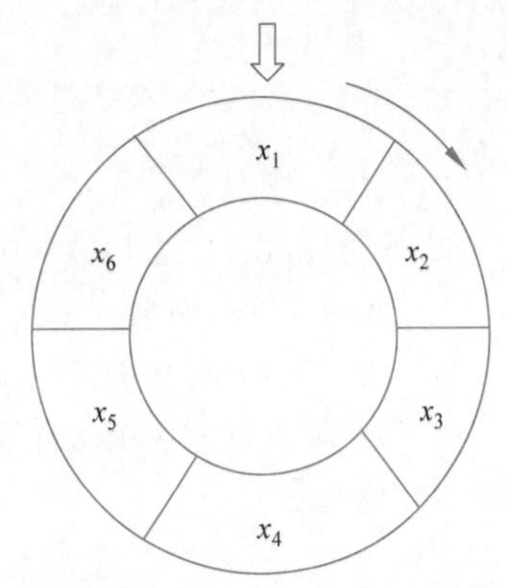

图 4.19 "幸运大转盘"示意图

听小明说完，艾博士哈哈大笑起来：就是这样的。如果群体中每个个体对应一个转盘的扇区，而扇区的大小与个体的适应值相对应，就可以采用这种"轮盘赌"的方法对个体进行选择了。

小明：这种方法倒是简单易行，也能体现出"适应值大的个体被选中的概率大，适应值小的个体被选中的概率小"这个原则，但是如何实现呢？总不能让计算机去转转盘吧？

艾博士听完又是哈哈大笑：当然不能让计算机去转转盘，我们可以通过模拟的方法实现“轮盘赌”。

小明：怎么模拟呢？

艾博士：首先我们简化“轮盘赌”，假定每次最多转一圈。或者说，前面转的若干完整的圈对于最终选中哪个扇区没有关系，我们只关心最后一圈(实际上是 0～1 圈)就可以了。我们将转盘的扇区展开成一个长度为 1 的长条，长条被划分为 N 块，每块对应群体中的一个个体，每块的大小为对应个体被选中的概率。其中个体 x_i 被选中的概率由下式给出：

$$P(x_i)=\frac{F(x_i)}{\sum_{j=1}^{N}F(x_j)} \tag{4.40}$$

其中，N 为群体的规模；$x_i(i=1,2,\cdots,N)$为群体中的个体；$F(x_i)$为个体 x_i 的适应值。

如图 4.20 所示是一个含有 8 个个体的“轮盘赌”示意图，设想有一个指针 r 沿着长条从左到右移动，当指针停止时，指针所指向块所对应的个体就是被选中的个体。

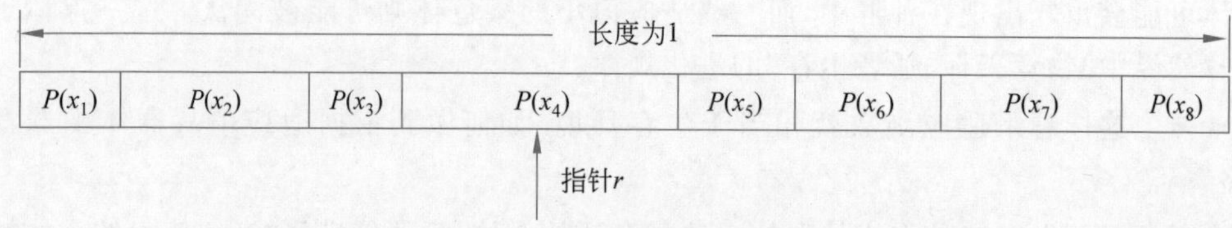

图 4.20 模拟“轮盘赌”示意图

小明：现在的问题就是如何模拟指针 r 移动。

艾博士：这个问题很容易解决，用随机数函数 random(0,1)产生一个 0～1 均匀分布的随机数就可以实现，该随机数的大小就决定了指针 r 的位置。

下面给出模拟“轮盘赌”的具体算法。该算法依次累加个体 x_i 的被选择概率，当累加值第一次大于随机数 r 时，则最后一个被累加的个体即为被选中的个体，相当于指针指向了该个体。

“轮盘赌”算法。

1 $r=\text{random}(0,1)$，$s=0$，$i=0$；

2 如果 $s>r$，则转 4 ；

3 $i=i+1$，$s=s+p(x_i)$，转 2；

4 x_i 即为被选中的染色体，输出 i；

5 结束。

其中，random(0,1)是一个产生在[0,1]均匀分布的随机数函数，一般的编程语言中都会提供一个类似的随机数函数。

这样经过 N 次“轮盘赌”之后，就可以从一个规模为 N 的群体中选择出一个新的规模同样为 N 的种群。这就是遗传算法的选择过程。

小明：艾博士，您给举一个例子吧，选择过程如何按照概率从群体中选择 N 个个体得到新的种群？

艾博士：好的。还是以前面提到的求 $f(x)=x^2$ 在区间[0,31]上最大值的问题为例。

我们以 5 位二进制对该问题进行编码。假设当前的群体为

01101,11000,01000,10011

对应 x 的 4 个取值分别为 13、24、8、19，适应函数按照 $F(x)=x^2$ 计算，分别为 169、576、64、361，选择概率按照式(4.40)计算，得到 4 个个体的选择概率：

$$P(13)=\frac{F(13)}{F(13)+F(24)+F(8)+F(19)}=\frac{169}{169+576+64+361}=14.44\%$$

$$P(24)=\frac{F(24)}{F(13)+F(24)+F(8)+F(19)}=\frac{576}{169+576+64+361}=49.23\%$$

$$P(8)=\frac{F(8)}{F(13)+F(24)+F(8)+F(19)}=\frac{64}{169+576+64+361}=5.47\%$$

$$P(19)=\frac{F(19)}{F(13)+F(24)+F(8)+F(19)}=\frac{361}{169+576+64+361}=30.86\%$$

如图 4.21 所示，按照轮盘赌算法我们从该群体中选择 4 次，假设第一次 random(0,1) 函数产生的随机数为 0.8，则 $x=19$ 这个个体被选中。第二次产生的随机数为 0.3，则 $x=24$ 这个个体被选中。第三次产生的随机数为 0.1，则 $x=13$ 这个个体被选中。第四次产生的随机数为 0.5，则 $x=24$ 这个个体再次被选中。至此，$x=13$、$x=19$ 两个个体分别被选中 1 次，$x=24$ 被选中了 2 次，而 $x=8$ 被淘汰。这样就得到了新的种群：

01101,11000,11000,10011

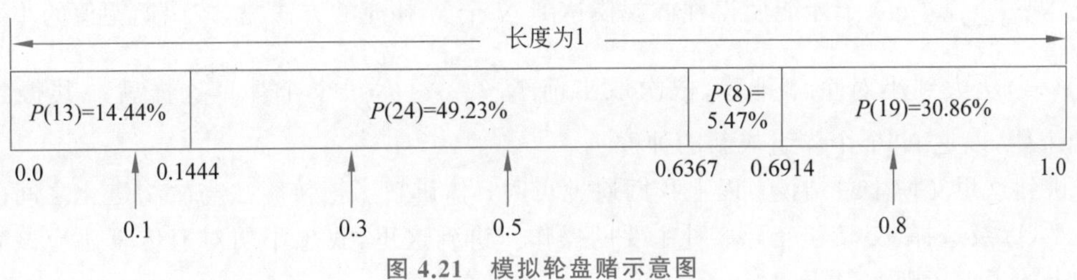

图 4.21　模拟轮盘赌示意图

小明：最后得到的种群与 random(0,1)产生的随机数关系很大啊，不同的随机数可能会有不同的结果。

艾博士：确实是这样的，这也是随机算法的特点，每次的结果具有一定的随机性。但是选择概率大的个体被选中的概率大，这一点是不变的。

艾博士接着说："轮盘赌"方法是遗传算法中选择过程常用的方法，但是由于存在随机性，对于调试程序会造成一些不便。下面再介绍一种"确定性"选择方法，该方法完全按照概率值的大小进行选择操作，而不依赖于随机数，所以称作"确定性"方法。该方法对于调试程序比较方便。

对于规模为 N 的群体，一个选择概率为 $P(x_i)$的个体 x_i 被选中次数的期望值$e(x_i)$为

$$e(x_i)=P(x_i)N$$

小明不解地问道：期望值是个什么概念呢？

艾博士：期望值可以近似看作就是平均值。假设按照"轮盘赌"方法进行了很多次选择操作，每次产生一个种群。由于具有一定的随机性，则每次得到的种群中某个个体被选中的次数可能不一样。但是进行足够多次选择操作之后，某个体被选中的平均值会逐渐趋于一

个稳定值，该值就是该个体被选择次数的期望值。比如前面的例子中，$x=24$ 被选中了2次。如果多做几次实验，有时可能被选中3次，有时可能被选中1次，甚至也可能会被淘汰，虽然被淘汰的概率很小。如果经过足够多次实验之后，当假定群体规模为4时，$x=24$ 被选中的平均值会逐渐趋近于 $e(24)=P(24)\times 4=49.23\%\times 4=1.97$ 次。这就是期望值的含义。

小明：原来是这样啊，我明白了。所以"确定性"方法不像"轮盘赌"方法那样每次随机做选择了，而是按照选中的期望值直接进行选择，期望值是多少就选择多少次，是这样吧？

艾博士：小明很聪明，稍微点拨一下马上就明白了。但是期望值一般是带有小数的，而选择次数必须是整数，所以需要特殊处理一下，但是基本思想确实就是这样的。

小明：对啊，还有这样的问题呢，选择次数必须是整数才行。

艾博士接着讲解说：为了叙述方便，我们将个体 x_i 被选中次数的期望值划分为整数部分和小数部分，其中整数部分用 $e_i(x_i)$ 表示，小数部分用 $e_f(x_i)$ 表示。比如 $x=24$ 被选中次数的期望值为1.97次，则 $e_i(24)=1$，$e_f(24)=0.97$。

这样，"确定性"方法对于群体中的每一个体 x_i，首先按照期望值的整数部分选择 $e_i(x_i)$ 次。这样共选择到的个体总数为 $\sum_{i=1}^{N}e_i(x_i)$。因为我们要求新的种群规模也是 N，目前只是按照期望值的整数部分进行了选择，一般情况下选中的个体数量不足 N 个，需要补充 $N-\sum_{i=1}^{N}e_i(x_i)$ 个才能使得种群规模达到 N 个。补充的方法是，按照期望值的小数部分 $e_f(x_i)$ 从大到小对个体排序，依次取出前 $N-\sum_{i=1}^{N}e_i(x_i)$ 个个体。这样就一共得到了 N 个个体，以这 N 个个体组成新的种群。

讲到这里艾博士总结说：以上我们通过实例具体讲解了遗传算法与生物进化之间的对应关系，以及选择、交叉和变异3种主要的操作。讲到这里，我想小明对遗传算法应该有了大体上的了解了吧？

小明：是的。通过您结合具体实例的详细讲解，我对遗传算法有了基本的了解，大体上明白了算法的执行过程。

艾博士：好的。下面我们就给出遗传算法的具体描述。其中，每完成一轮选择、交叉和变异操作就认为是进化了一代，每一代中群体的规模是固定不变的，变量 t 表示当前的代数。当算法结束时，进化过程中适应值最大的解即为求得的最优解。

遗传算法。

1 给定群体规模 N，交配概率 P_c 和变异概率 P_m，$t=0$；

2 随机生成 N 个个体作为初始群体；

3 对于群体中的每一个个体 $x_i(i=1,2,\cdots,N)$ 分别计算其适应值 $F(x_i)$；

4 如果算法满足停止准则，则转10；

5 对群体中的每一个个体 x_i 依下式计算其选择概率：

$$P(x_i)=\frac{F(x_i)}{\sum_{j=1}^{N}F(x_j)}$$

6　依据选择概率，从群体中随机地选取 N 个个体，得到种群；

7　依据交叉概率 P_c 从种群中随机选择两个个体作为双亲进行交叉操作，其两个后代进入新的群体，种群中未进行交叉操作的个体，直接复制到新群体中；

8　依据变异概率 P_m 从新群体中选择个体进行变异操作，用变异后的个体代替新群体中的原个体；

9　用新群体代替旧群体，$t=t+1$，转 3；

10　进化过程中适应值最大的个体，作为算法得到的最优解输出；

11　结束。

艾博士：以上给出的是遗传算法的一个基本框架，有些算法细节并没有给出，比如算法第 4 行"如果算法满足停止准则"，并没有说明什么情况下算法就可以结束了。这些我们后面还会结合具体情况给予讲解。另外我要特别强调一下，算法第 10 行"进化过程中适应值最大的个体"这句话的具体含义是指，从第 0 代开始就要设置一个变量用于保留进化过程中到目前为止得到的最好解，算法最终以该解作为最后的输出，而不是算法结束时最后一代中最好的解。也就是说，算法输出的结果不一定出现在最后一代中，可能是之前某一代中的一个结果。极限情况下，是第 0 代的结果也是有可能的。这一点是初学者最容易犯的错误，往往会将最后一代中得到的最好解输出。这是不对的，一定要记住这一点。

小明：如果您不提醒我还没有注意到遗传算法的这个特点。我印象中在模拟退火算法中，输出的结果是算法结束时所得到的解，并没有要求记录模拟退火过程中得到的最好解。

艾博士回答说：对于模拟退火算法来说最后得到什么解输出的就是什么解，而遗传算法有所不同，必须记录遗传过程中得到过的最好解，并以此作为算法的最后输出。

小明：明白了。模拟退火算法是不是也可以这么处理呢？一直保留一个模拟退火过程中的最好结果作为最后的输出。

艾博士：对于模拟退火算法也是可以这么做的，但是从理论上来说，模拟退火算法并不要求这么做，虽然这么做在实际中确实可以提高获得最优解的可能性。

小明：了解了。虽然理论上来说模拟退火算法最后以概率 1 获得最优解，但是实际使用时还是有可能陷入局部最优解。这种情况下，由于在模拟退火过程中状态一直在做各种交换，有可能在某次交换中获得一个比最终结果更好的解，输出这个结果对我们求解更好的结果也是有利的。

小明读书笔记

受达尔文进化论"物竞天择，适者生存"思想的启发提出了遗传算法。生物之所以产生进化，是优胜劣汰选择的结果，"适"者即为"优"者，什么是"优"，完全依靠自然选择。

遗传算法在生物进化和组合优化问题之间建立对应关系，用适应函数对应环境，适应值对应适应性，以适应值的大小决定生存概率，按照生存概率进行优胜劣汰选择，对应进化过程中的“适者生存”。问题的解对应生物个体，解的编码对应个体染色体，组成编码的元素对应基因。遗传算法通过选择操作、交叉操作和变异操作，按照进化思想求解最优解。

常用的选择操作是“轮盘赌”方法，通过模拟轮盘赌的方式按照概率选择种群，适应值越大的个体被选择的概率越大。确定性方法也是一种选择方法，其基本思想是按照选择次数的期望值选择种群。

交叉操作由两个双亲产生两个后代，体现了生物繁衍后代的过程。

变异操作是生物多样性的体现，一般以小概率发生，在遗传过程中起重要的作用。交叉操作和变异操作是遗传算法必须有的两个操作。

遗传算法在求解过程中一定要保留遗传过程中得到的最好结果，并以此为输出。最好结果不一定出现在最后一代中，可能是在其中的某一代中出现。这一点必须要牢记在心。

4.9 遗传算法应用举例

艾博士：下面我们通过前面提到过的求最大值的例子，说明遗传算法是如何求解这个问题的。

例：求解下列函数的最大值，其中 x 的取值为[0, 31]的整数。

$$f(x)=x^2$$

前面已经介绍了该问题如何编码，以及具体的选择、交叉和变异操作，这里直接引用前面的结果，将注意力主要关注在遗传算法的具体求解过程。

(1) 编码。用 5 位二进制进行编码，如 00000 表示 $x=0$，10101 表示 $x=21$，11111 表示 $x=31$ 等。其中的 0、1 为基因。

(2) 适应函数。用 $f(x)$作为适应函数，$F(x)=f(x)$。

(3) 初始参数。假设群体的规模 $N=4$，交叉概率 $p_c=100\%$，变异概率 $p_m=1\%$。设随机生成的初始群体为

01101，11000，01000，10011

(4) 选择方法。采用“确定性”方法。

小明：您曾经提到过，遗传算法中一般要求具有比较大的群体规模，才有利于遗传进化。这个例子中群体规模只有 4，是不是有点小啊？

艾博士：这个群体规模确实有点小，这里只是为了举例，以便简化求解过程，才用了一个比较小的群体规模。

表 4.8 给出了第 0 代群体的总体情况。

表 4.8 第 0 代群体的总体情况

序号	群体	适应值	选择概率/%	期望次数	选中次数
1	01101	169	14.44	0.58	1
2	11000	576	49.23	1.97	2
3	01000	64	5.47	0.22	0
4	10011	361	30.86	1.23	1

由表 4.8 可以得到，在第 0 代中，最大适应值为 576，最小适应值为 64，平均适应值为 292.5。我们用 F_m 记录到目前为止得到的最大适应值，用 x_m 记录对应的染色体，所以有 $F_m=576$，$x_m=11000$。

采用"确定性"方法获取选择后的种群。在表 4.8 中，第二个、第四个染色体的期望选择次数整数部分均为 1，所以这两个染色体各自被选中一次。由于群体规模为 4，需要根据选中次数期望值的小数部分，依次选择两个小数部分大的染色体补充到种群中。这时第二个、第一个染色体被选中期望值的小数部分最大，所以这两个染色体也被选入种群中。这样第二个染色体 11000 被选中了两次，第一个染色体 01101、第四个染色体 10011 分别被选中了一次，而第三个染色体由于适应值太小而被淘汰。经选择后得到第 0 代的种群为

01101，11000，11000，10011

由于假定了交叉概率为 100%，所以种群中的所有染色体均参与交叉操作。我们假定种群中的染色体按顺序两两配对交叉，即第一、第二两个染色体交叉，第三、第四两个染色体交叉，并假定随机产生了交叉位。交叉后的情况由表 4.9 给出。

表 4.9　第 0 代种群的交叉情况

序号	种群	交叉对象	交叉位	后代	适应值
1	01101	2	4	01100	144
2	11000	1	4	11001	625
3	11000	4	2	11011	729
4	10011	3	2	10000	256

经过交叉操作后得到的新群体为

01100，11001，11011，10000

其中最大适应值为 729，最小适应值为 144，平均适应值为 438.5。与第 0 代群体相比，最大适应值由 576 提高到 729，平均适应值由 292.5 提高到 438.5。由于出现了更大的适应值，所以 F_m、x_m 分别修改为 $F_m=729$、$x_m=11011$。

由于变异概率比较小，假定在这次循环中没有变异发生，则得到第 1 代群体：

01100，11001，11011，10000

表 4.10、表 4.11 给出了第 1 代群体选择操作和交叉操作之后的情况。第 1 代群体经交叉操作后虽然平均适应值由 438.5 提高到 584.75，但是最大适应值没有发生任何变化，F_m、x_m 保持不变。

表 4.10　第 1 代情况表

序号	群体	适应值	选择概率/%	期望次数	选中次数
1	01100	144	8.21	0.33	0
2	11001	625	35.63	1.43	1
3	11011	729	41.56	1.66	2
4	10000	256	14.60	0.58	1

表 4.11　第 1 代种群的交叉情况

序号	种群	交叉对象	交叉位	后代	适应值
1	11001	2	3	11011	729
2	11011	1	3	11001	625
3	11011	4	1	10000	256
4	10000	3	1	11011	729

对于这个简单问题来说，我们很容易知道最优解发生在染色体 11111，而从得到的新群体 11011、11001、10000、11011 来看，第三位基因均为 0，因此已经不可能通过交叉操作达到最优解了。这种过早陷入局部最优解的现象称为早熟。

扩大群体的规模可以防止早熟现象的发生。因此，遗传算法一般要求具有一定的群体规模。变异也可以提高群体的多样性，从而为防止出现早熟起到一定的作用。比如，在表 4.11 的后代中，如果在第二个染色体的第三位发生了变异，则该染色体由原来的 11001 变为 11101，这样就得到了第 2 代群体：

11011，11101，10000，11011

表 4.12 给出了这种变异的情况，变异之后，适应值最大值又提高到 841，F_m、x_m 分别修改为 $F_m=841$、$x_m=11101$。

表 4.12　第 1 代变异情况

序号	群体	是否变异	变异位	新群体	适应值
1	11011	N		11011	729
2	11001	Y	3	11101	841
3	10000	N		10000	256
4	11011	N		11011	729

小明：应该如何确定变异位呢？

艾博士：在解决实际问题中，由于问题的复杂性，我们不可能知道变异位应该发生在哪里对我们求解有利。实际问题中的变异位是随机产生的，通过按照一定的概率随机发生变异，提高群体的多样性，通过多样性尽可能避免出现早熟现象。

表 4.13、表 4.14 给出了第 2 代群体选择操作和交叉操作之后的情况。得到了第 3 代群体：

表 4.13　第 2 代情况表

序号	群体	适应值	选择概率/%	期望次数	选中次数
1	11011	729	28.53	1.14	1
2	11101	841	32.92	1.32	1
3	10000	256	10.02	0.40	1
4	11011	729	28.53	1.14	1

表 4.14　第 2 代种群的交叉情况

序号	种群	交叉对象	交叉位	后代	适应值
1	11011	2	3	11001	625
2	11101	1	3	11111	961
3	10000	4	4	10001	289
4	11011	3	4	11010	676

11001,11111,10001,11010

其中,平均适应值为 637.75,得到的新的适应值最大值 961,F_m、x_m 分别修改为 $F_m=961$、$x_m=11111$。

表 4.15、表 4.16 给出了第 3 代群体选择操作和交叉操作之后的情况。得到第 4 代群体:

11011,11101,11110,11011

其中,平均适应值为 799.75,到目前为止的适应值最大值仍然是 961,F_m、x_m 保持不变,分别是 $F_m=961$、$x_m=11111$。

表 4.15　第 3 代情况表

序号	群体	适应值	选择概率/%	期望次数	选中次数
1	11001	625	24.50	0.98	1
2	11111	961	37.67	1.51	2
3	10001	289	11.33	0.45	0
4	11010	676	26.50	1.06	1

表 4.16　第 3 代种群的交叉情况

序号	种群	交叉对象	交叉位	后代	适应值
1	11001	2	3	11011	729
2	11111	1	3	11101	841
3	11111	4	4	11110	900
4	11010	3	4	11011	729

艾博士:假定遗传算法到此结束,小明请你说说,算法应该输出什么结果?

小明想了想说:艾博士您前面强调过,遗传算法应该输出进化过程中得到的最大适应值对应的个体。在这个例子中,F_m 保存的就是进化过程中的适应值最大值 961,其对应的染色体是 x_m,也就是 11111。将其解码后我们就可以得到遗传算法的输出,即编码 11111 对应的 x 取值 31。这应该就是算法的输出结果,x 为 31,求得的最大值为 961。

艾博士:小明说的是对的。在遗传算法中,输出的不一定是最后一代中的最好结果,而是进化过程中的最好结果,必须牢记住这一点。

小明:在这个例子中,第 2 代结束时就得到了这个问题的最大值,为什么这时不结束算法，而是继续遗传下去呢？

艾博士：对于实际问题来说，我们事先并不知道最大值是多少，所以也就无从判断什么时候得到了最大值。关于遗传算法什么时候结束的问题，目前还没有有效的判定方法，一般可以通过规定进化的最大代数来定义，在达到了指定的进化代数后，算法停止。或者定义为经过连续的几代进化后，得到的最优解没有任何变化算法停止。

图 4.22 给出了该例题的最大适应值和平均适应值随进化过程的变化情况。其中，纵坐标是适应函数值，横坐标是进化代数，代与代之间的一个点是交叉后的结果。从图中可以看出，无论是最大适应值还是平均适应值，均随着进化的进行呈上升趋势。我们也可以通过观察该进化曲线判断算法是否可以结束了，如果曲线变化基本处于平稳了算法就可以结束，否则就需要继续运行下去。

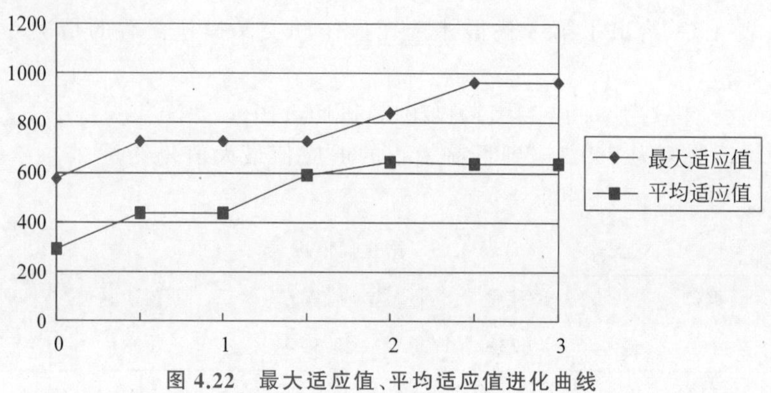

图 4.22 最大适应值、平均适应值进化曲线

小明：这个例子通俗易懂，详细说明了遗传算法的各个过程，对于了解遗传算法很有帮助。艾博士，我想知道遗传算法找到解的质量如何？能否保证找到最优解？

艾博士：与模拟退火算法一样，遗传算法属于随机算法，每次运行结果可能是不一样的，并不能保证每次都可以得到最优解。但是在一定条件下，遗传算法和模拟退火算法一样，可以以概率 1 收敛到最优解。下面这个定理说明了这一点。

如果在代的进化过程中，遗传算法每次保留到目前为止的最好解，并且算法以交叉和变异为其随机化操作，则对于一个全局最优化问题，当进化代数趋于无穷时，遗传算法找到最优解的概率为 1。

该定理从理论上保证了只要进化的代数足够多，则遗传算法找到最优解的可能性会非常大。在实际使用中，由于要考虑在可接受的有限时间内算法的停止问题，因此，解的质量与算法的参数，如群体的规模、交叉概率、变异概率和进化代数等有很大的关系。这些与遗传算法实现紧密相关的参数选取问题将在 4.10 节讨论。

讲到这里艾博士总结说：通过以上介绍，我们可以总结出遗传算法具有如下 4 个特点。

(1) 遗传算法是一个随机搜索算法，适用于数值求解具有多参数、多变量、多目标等复杂的最优化问题。

(2) 遗传算法对待求解问题的指标函数没有什么特殊的要求，比如不要求诸如连续性、导数存在、单峰值假设等。甚至于不需要显式地写出指标函数，只要能计算就可以。

(3) 在经过编码以后，遗传算法几乎不需要任何与问题有关的知识，唯一需要的信息是适应值的计算。也不需要使用者对问题有很深入的了解和求解技巧，通过选择、交叉和变异等简单的操作求解复杂的问题，是一个比较通用的优化算法。

(4) 遗传算法具有天然的并行性，交叉、变异等操作都可以并行进行，适用于并行求解。

小明读书笔记

通过一个求解最大值的例子，给出了遗传算法的详细求解过程，可以更好地理解什么是遗传算法。

4.10　遗传算法的实现问题

艾博士：在前面遗传算法的介绍中我们只是给了一个基本的算法框架，要用遗传算法求解实际问题，还有很多问题需要解决，比如编码问题、参数设置问题等。下面就一一讨论这几个问题，给出一些指导性的建议。

4.10.1　编码问题

艾博士：在用遗传算法求解问题时，首先遇到的是编码问题。将问题的解以适合于遗传算法求解的形式进行编码，称为遗传算法的表示。而交叉、变异等操作是与具体的编码形式有关的。因此，在对问题进行编码时，要考虑到交叉、变异如何操作等问题。

最简单的编码是二进制编码，此外还有整数编码、实数编码、树编码等。采用什么样的编码与具体的问题有关。下面给出几个采用二进制方式进行编码的例子。

例：对于前面例题中区间[0,31]上函数 $f(x)=x^2$ 最大值问题，当 x 不限于整数时，如何编码？

艾博士问小明：你还记得这个题目是如何编码的吗？

小明回答说：当时的题目要求是 x 的取值为区间[0,31]上的整数，在这个区间上共有 32 个取值，所以刚好可以用 5 位二进制数表示，因为 5 位二进制数从 00000 到 11111 刚好可以表示 32 个不同的数。但是对于一般情况如何编码我就不知道怎么做好了。

艾博士：这其实涉及编码表示的精度问题。因为遗传算法只能处理离散变量，对于连续变量必须做离散化处理，才有可能用遗传算法求解。比如对于这个例题，如果我们不限制 x 的取值为整数而是可以是区间[0,31]上的任何实数，就需要先对 x 取值进行离散化处理再进行编码。由于编码是离散的，必然涉及表示精度问题。比如如果每 0.1 为一个间隔，则 x 的取值范围为 0.0、0.1、0.2、0.3、……、30.1、30.2、……、30.9、31.0，其表示精度就是 0.1。如果每 0.5 为一个间隔，则 x 的取值范围为 0.0、0.5、1.0、1.5、……、30.0、30.5、31.0，其表示精度为 0.5。从求解结果的角度，当然是精度越高越好，但是精度越高的话，所要表达的离散值就越多，每个个体的编码就越长，从而会影响算法的求解效率和效果。所以应该在满足表示精度的情况下，尽可能采用较短的编码长度。

小明：那么表示精度与编码长度之间具有什么关系呢？

艾博士：我们从更一般的情况考虑这个问题。假定$[a,b]$为 x 的取值区间，n 为二进制编码长度，$\varepsilon>0$ 为所允许的表示误差。则 n 位二进制数可以表示 0 到 2^n-1 共 2^n 个数。

所以 n 位二进制数可以表示的最大精度为

$$\frac{b-a}{2^n-1}$$

所以只要所选取的 n 能满足

$$\frac{b-a}{2^n-1} \leqslant \varepsilon \tag{4.41}$$

就可以满足精度要求。

比如如果 x 是区间[0,31]上的整数，则相当于 $a=0$、$b=31$、精度 $\varepsilon=1$，所以当 n 取5时：

$$\frac{b-a}{2^n-1}=\frac{31-0}{2^5-1}=\frac{31}{31}=1 \leqslant \varepsilon$$

刚好满足精度要求。

由式(4.41)可以得到一般情况下编码长度 n 为

$$n \geqslant \log_2\left(\frac{b-a}{\varepsilon}+1\right) \tag{4.42}$$

由于编码长度必须为整数，所以当这样计算得到的 n 含有小数时，就要选取一个大于计算值的最小整数为编码长度。比如还是这个例子，当精度 $\varepsilon=0.5$ 时，则由式(4.42) 求得编码长度：

$$n \geqslant \log_2\left(\frac{31-0}{0.5}+1\right)=\log_2(63) \approx 5.98$$

大于计算结果的最小整数为6，所以得到编码长度为6。

小明：可以对计算结果采用“四舍五入”的方法得到编码长度吗？

艾博士：当结果“五入”时没有问题，但是当结果“四舍”时，由于得到的编码长度小于计算结果，可能达不到精度要求。所以必须是只要计算结果含有小数位，就必须“入”到比该结果大的整数。

如果是手工计算的话，一种方便的方法是在取对数前做适当的放大处理，比如：

$$\log_2(63)<\log_2(64)=\log_2(2^6)=6$$

小明：我明白了，这个方法更直接、方便。有了二进制编码长度 n，每个二进制编码与 x 取值如何对应呢？

艾博士：对于在区间 $[a,b]$ 上的实数 x，n 位二进制数可以表示 $0\sim 2^n-1$，共 2^n 个数，按从小到大的顺序，第 i 位编码对应 x 的第 i 个取值 x_i，则

$$x_i=a+i\times\frac{b-a}{2^n-1}, \quad (i=0,1,2,\cdots,2^n-1) \tag{4.43}$$

例如，对于区间[0,31]上的数值 x，当精度 $\varepsilon=0.5$ 时，计算的编码长度为6，则离散化得 x 取值分别是 0、0.49、0.98、1.47、……、30.51、31，对应的编码分别是 000000、000001、000010、000011、……、111110、111111。

讲到这里艾博士又强调说：前面我曾经强调过，这里我再强调一次，二进制编码并不是十进制数转换为二进制数，二者不一定相等，只要有一一对应关系即可，这个例子很好地说明了这个问题。这一点也是初学者容易理解错的地方。

小明看着这个结果有些不解地问：我想象的误差 0.5 应该是离散化的，x 每个取值都应该在 0.5 的倍数上，而这个结果显然不是这样的。

艾博士：这与 x 的取值区间有关。按照式(4.42)计算出的编码长度肯定可以满足精度要求，比如在这个例子中，实际计算出的精度约为 0.49，满足 0.5 的精度要求。如果区间修改为[0,31.5]，小明你算算结果会怎么样？

小明认真计算起来：

$$n=\log_2\left(\frac{31.5-0}{0.5}+1\right)=\log_2(64)=6$$

$$x_i=0+i\times\frac{31.5-0}{2^6-1}=i\times\frac{31.5}{63}=i\times 0.5$$

小明：这样修改 x 的取值区间后，离散化的 x 取值果然就是 0.5 的倍数了。但是如果不想改变 x 的取值区间，是不是可以这样处理：因为以 0.5 为间隔取值的话，则在[0,31]区间上 x 共有 63 个值，而 6 位二进制数可以表示 $2^6=64$ 个数，我们只用其中的 63 个编码，比如丢弃 111111 这个编码，只用 000000 到 111110 这 63 个编码表示 x 的 63 个取值，是不是就可以了？

艾博士回答说：这样也是可以的，但是需要解决一个问题。因为在交叉操作或者变异操作中，有可能产生 111111 这个编码，而该编码又不对应任何 x 的取值，需要特殊处理一下。

小明用手摸着自己的头有点不好意思地说：是有这个问题，我想得简单了。

艾博士：不过这个问题解决起来也不难，只要令 111111 的适应值等于 0 就可以了。这样即便在交叉、变异操作中产生了 111111 这个编码，由于其适应值为 0，选择概率也是 0，在接下来的选择操作中自然会被淘汰。

小明：这倒是一个很好的解决办法。

艾博士：下面我们再举一个“十杆桁架问题”的例子，该例子选自刘勇等的著作。

例：十杆桁架问题如图 4.23 所示，其中有 10 个截面积分别为 A_1、A_2、…、A_{10} 的杆组成。该桁架由左边的墙支撑，并且它必须承受如图所示的两个负载。每个杆上的应力必须控制在一个允许的范围内，该范围由该杆的应力以某种约束形式表示。问题是如何设计每个杆的截面使得建造该桁架的材料总费用最少。

我们在这里只讨论编码问题，不涉及杆的应力是否满足约束问题。假设每个杆的截面积为 0.1～10.0，在该范围内有 16 个可能的取值。这样我们可以用 4 位二进制编码表示截面积的可能取值，其中 0000 表示 0.1，1111 表示 10.0，余下的 14 位二进制编码表示其他的截面积的可能取值。这样的话，一个杆需要的截面积就可以用 4 位二进制表示，共有 10 个杆，从左到右顺序排列起来，用 40 位二进制编码就可以表示该十杆桁架问题了。例如，该问题的一个染色体为

0010 1110 0001 0011 1011 0011 1111 0011 0011 1010

从左到右每 4 位二进制表示一个杆的截面积。

小明：竟然还可以这样编码，将多个杆的编码组合成一个编码。

艾博士解释说：由于遗传算法不能处理多因素问题，如果涉及多个因素时，就要通过这种办法组合成一个编码。这样才可能用遗传算法求解。

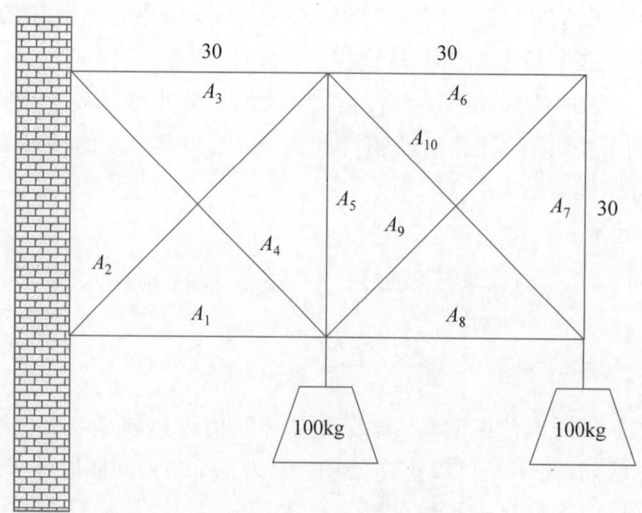

图 4.23　十杆桁架问题

艾博士继续讲解道：小明，看起来二进制编码是不是很简单？但是有时候也会遇到问题。

小明：会遇到哪些问题呢？

艾博士：下面我们以旅行商问题为例说一下可能会遇到的问题，以及解决方案。

对于 n 个城市的旅行商问题，可以用一个矩阵来表示一个可能解。比如对于 4 城市的旅行商问题，如下的矩阵可以表示一个可能解。

$$\begin{array}{c} \\ A \\ B \\ C \\ D \end{array}\begin{array}{c} \begin{array}{cccc} 1 & 2 & 3 & 4 \end{array} \\ \begin{bmatrix} 0 & 1 & 0 & 0 \\ 1 & 0 & 0 & 0 \\ 0 & 0 & 0 & 1 \\ 0 & 0 & 1 & 0 \end{bmatrix} \end{array}$$

其中，行表示不同的城市，列表示城市的访问顺序。第 i 行第 j 列如果为 1 的话，则表示第 j 个访问的城市是城市 i，并默认最后一个城市之后回到第一个城市。由于旅行商问题要求每个城市都必须去 1 次，而且只能去 1 次，所以这个矩阵的每一行、每一列必须有一个 1，而且也只能有一个 1。这是由旅行商问题的约束条件决定的。上例中由于第 1 列第 2 行为 1，所以出发城市为城市 B；第 2 列第 1 行为 1，说明第 2 个访问的城市为 A，以此类推，我们可以得到该矩阵所表达的旅行商旅行路线是 B-A-D-C-B。如果按行展开该矩阵，则该可能解可以用一个长度为 4×4 的二进制编码表示为

$$0100\ 1000\ 0001\ 0010$$

所以对于一个 n 城市的旅行商问题，可以用 $n\times n$ 位二进制编码表示一个可能的旅行路线，也就是解。

一个 $n\times n$ 位二进制编码，所有可能的编码个数为 $2^{n\times n}$，而一个 n 城市旅行商问题的可能解个数为 $n!$ 个。当 n 比较大时虽然 $n!$ 是个很大的数，但是比起 $2^{n\times n}$ 来又是小巫见大巫了，只占编码总个数非常小的比例。以 $n=10$ 为例，编码个数为可能解个数的 3.49×10^{23} 倍。可见可能解在整个状态空间中是非常稀疏的，交叉或变异操作所产生的结果可能是大

量的非可能解，也就是不满足旅行商约束条件的编码。比如某行或者某列多于一个 1，或者没有 1 等。可以想象，对于旅行商问题来说，这样的编码方式将导致求解效率非常低下，大量时间会花费在非可能解的处理上。所以说对于旅行商问题来说，这样的二进制编码就不是一种可以采用的编码。

小明：那么这个问题怎么解决呢？

艾博士：对于 n 城市旅行商问题，一种很自然的想法是，对城市进行编号，每个城市分别用 $1\sim n$ 不同的整数表示，n 个整数的一个排列就代表了旅行商问题的一个可能解。这就是整数编码问题。

小明：整数编码？您快给介绍介绍。

艾博士：整数编码其实并不复杂，对于 n 城市旅行商问题，从 1 到 n 给每个城市唯一的整数编号，这组整数任意一个排列就代表了旅行商问题的一个可能解，其整数编号的顺序就代表了一条可能的旅行路径。比如对于含有 A、B、C、D、E 5 个城市的旅行商问题，分别用 1、2、3、4、5 作为城市 A、B、C、D、E 的编号，则旅行路径 B-A-D-C-E-B 的编码可以表示为 21435。由于这个编码中每个城市的编号都出现了一次，并且只出现了一次，所以是一个满足旅行商问题约束条件的解。

小明：这种整数编码只适用于求解旅行商问题吗？

艾博士：不是的，比如对于皇后问题也可以采用整数编码。小明还记得什么是皇后问题吧？

小明：我记得呢。皇后问题就是在大小为 $n\times n$ 的棋盘上，摆放 n 个皇后，使得每行、每列和任何对角线上最多只能有一个皇后。

艾博士：对皇后问题也可以采用整数编码，用从 1 到 n 共 n 个整数的排列表示一个可能的解，其中整数值表示皇后所在的列，整数所在的位置，即排列的第几个数，表示皇后所在的行。比如对于四皇后问题，2413 表示第一行第二列、第二行第四列、第三行第一列和第四行第三列位置各有一个皇后。

小明：我想起来了，前面您讲局部搜索算法时，曾经采用过这种表示方法。

小明接着问道：对于整数编码如何进行交叉操作和变异操作呢？

艾博士：在这里我们先只讲编码，其他问题我们将会在后面结合相关内容再做具体讲解。

艾博士继续介绍说：除了二进制编码、整数编码外，还有一些其他的编码方法，比如实数编码、树编码等，这些我们就不做介绍了，有兴趣的话可以参阅有关书籍。

小明：好的，课后我去图书馆找找相关内容的书籍。

4.10.2　二进制编码的交叉操作规则

艾博士：在遗传算法中通过交叉操作达到繁衍后代的目的。交叉操作规则与具体的编码方式有关，下面介绍几种二进制编码中常用的交叉操作规则。

1. 双亲双子法

艾博士：双亲双子法就是前面我们已经介绍过的最常用的交叉方法。当参与交叉的两个双亲染色体确定后，随机地产生一个交叉位，双亲染色体交换各自的交叉位之后的基因给对方，得到两个后代染色体。其交叉操作示意图如图 4.24 所示。

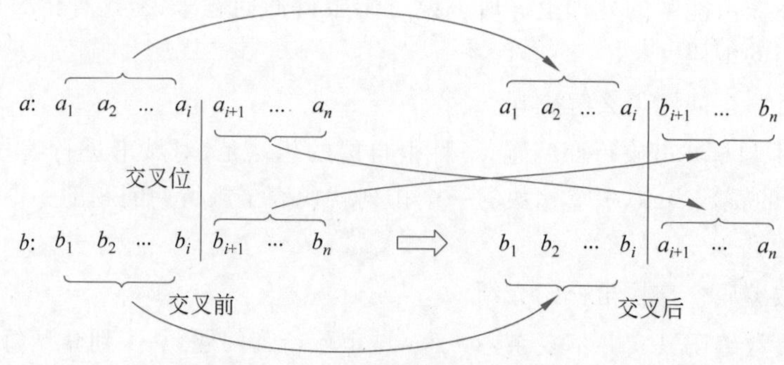

图 4.24　双亲双子法交叉示意图

2. 变化交叉法

艾博士：该方法是对双亲双子法的一种改进。交叉操作的目的就是产生具有双亲基因又与双亲有差别的后代。但是在有些特殊情况下，采用双亲双子法交叉得到的两个子染色体可能与其双亲完全一样，这样就失去了交叉操作的意义。比如下面所示的两个染色体：

1 1 0 1 0 0 1

1 1 0 0 0 1 0

由于两个双亲染色体的前 3 位完全一样，因此当交叉位出现在前 3 位时，其后代染色体将与两个双亲染色体完全一样。

变化交叉法就是在随机产生交叉位时，排除掉这样的可能结果，产生与双亲不一样的后代。

小明：也就是说，当发现后代与双亲一样时，再重新选择交叉位，以便产生与双亲不一样的后代。

艾博士：对，就是这样的。

3. 多交叉位法

艾博士：前面讲的双亲双子法只有一个交叉位，也可以随机产生多个交叉位，在交叉操作时采用交叉区间交替进行的方法。对于长度为 n 的染色体，设随机产生了 m 个交叉位，m 个交叉位将双亲染色体划分成 $m+1$ 段。在交叉操作时，从双亲 1 取奇数段，从双亲 2 取偶数段，按顺序拼接在一起作为后代 1 的染色体。然后再从双亲 2 取奇数段，从双亲 1 取偶数段，按顺序拼接在一起作为后代 2 的染色体。

比如图 4.25 中给出的是 3 个交叉位的情况，3 个交叉位分别处于 2、4、6 位置，得到的两个后代如图 4.25 右边所示。

小明：多交叉位法是一种更通用的方法吧？双亲双子法应该是只有一个交叉位时的特例。

艾博士：确实如小明所说，多交叉位法包含了双亲双子法。

小明：如何确定具有几个交叉位呢？

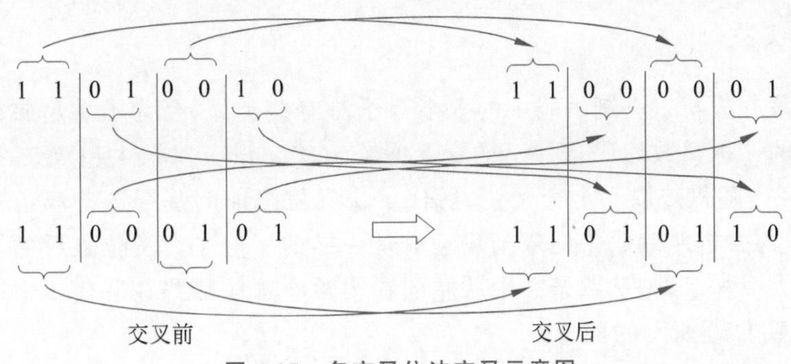

图 4.25　多交叉位法交叉示意图

艾博士：具体有几个交叉位也可以随机产生，并不要求每次交叉操作时是一样的。

4. 双亲单子法

艾博士：双亲单子法顾名思义就是每次交叉只产生一个后代。一般是从交叉法得到的两个后代染色体中，随机选择一个，或者选择适应值大的那一个子染色体作为后代，淘汰没有选中的另一个后代。

小明：这样的话就会减少新产生的种群中个体的数量，需要补充吗？

艾博士：这里有很多种处理办法，比如从双亲中再随机选择一个加入新的种群中，或者将两个双亲和一个后代都加入新种群中，做选择操作时从新种群中选择指定规模的个体作为新的群体。

4.10.3　整数编码的交叉操作规则

小明：前面您介绍了旅行商问题可以采用整数编码，那么整数编码情况下如何做交叉操作呢？

艾博士：整数编码情况下如果采用类似二进制编码中双亲双子法那样的交叉操作，在有些情况下也许是可行的，但是对于旅行商问题，产生的后代染色体不一定刚好满足"每个城市必须去一次且只能去一次"的约束条件，从而产生无效解。

例如下面这个例子，采用类似于双亲双子法的交叉操作，将双亲 1 交叉位前的基因与双亲 2 交叉位后的基因拼接在一起得到后代 1：

	交叉位			交叉位	
双亲1：	1234	5678	后代1：	1234	3846
双亲2：	5217	3846	后代2：	5217	5678

这样交叉产生的后代 1 为 12343846，城市 3 和城市 4 分别被访问了两次，而城市 5 和城市 7 则一次也没有访问。所以这样产生的后代是一个无效解。后代 2 也有类似的问题。

小明：看来整数编码也有问题啊。

艾博士：我们可以针对以整数编码表示的旅行商问题设计一些交叉操作的规则，使其繁衍的后代满足旅行商问题的约束条件。下面就以旅行商问题为例，介绍几种整数编码的交叉操作规则。

1. 常规交叉法

艾博士：该方法与二进制编码中的双亲双子法有些类似，是为了满足旅行商问题的约束条件而设计的一种整数编码条件下的交叉操作方法。设有双亲 1 和双亲 2，交叉后产生后代 1 和后代 2。随机选取一个交叉位，后代 1 交叉位之前的基因选自双亲 1 交叉位之前的基因，这一点与二进制编码中的双亲双子法是一样的。但是交叉位之后的基因选取与双亲双子法就不太一样了，是从双亲 2 中从左到右按顺序选取那些在后代 1 中还没有出现过的基因。例如图 4.26 所示的例子。

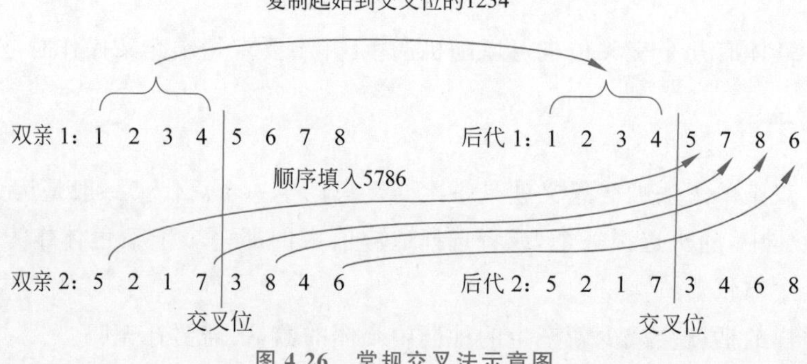

图 4.26　常规交叉法示意图

在这个例子中，后代 1 交叉位前的 4 个基因 1234 选取自双亲 1 的前 4 个基因。这样后代 1 就已经有了 1、2、3、4 这 4 个基因，还缺少 5、6、7、8 这几个基因。然后在双亲 2 中找到 5、6、7、8 这几个基因，并按照它们在双亲 2 中的位置排列，得到 5786 这个基因次序，将这 4 个基因按顺序放到后代 1 的后 4 个位置，这样就获得了后代 1 的染色体 12345786。对于后代 2 也同样处理，就可以得到后代 2 的染色体 52173468。这样交叉得到的后代，由于每个用于编码的整数基因都出现了一次，并且只出现了一次，所以是满足旅行商问题约束条件的解。

小明：这种处理方法比较巧妙地解决了整数编码时旅行商的交叉操作问题。

艾博士：常规交叉方法我们还可以给出更一般的形式。在图 4.27 所示的例子中，假设随机选取的两个交叉位是 a 和 b。当 $a<b$ 时，将双亲 1 中 a、b 之间的基因直接复制到后代 1 中，这样后代 1 中还缺少 1、2、7、8 这 4 个基因，按照这 4 个基因在双亲 2 中的位置，顺序填入后代 1 的相应位置中。这样就得到了后代 1 为 27345618。同样的方法我们也可以得到后代 2 为 24731658。

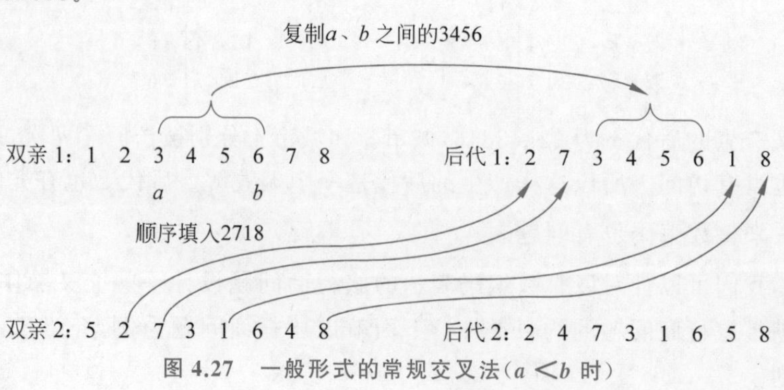

图 4.27　一般形式的常规交叉法（$a<b$ 时）

如果 $a>b$ 时，将编码看成是循环的，则是将 a 后面到 b 之前的基因复制到后代 1 的相应位置中，其他基因按照其在双亲 2 中的位置顺序补充。这样就可以得到后代 1 为 12536478，类似地可以得到后代 2 为 52136748，如图 4.28 所示。

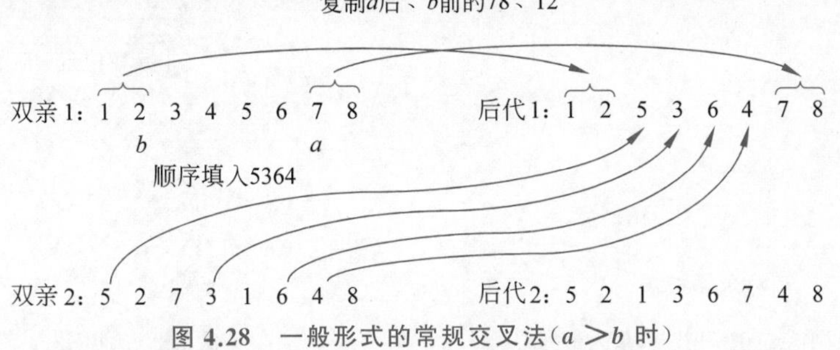

图 4.28　一般形式的常规交叉法（$a>b$ 时）

小明：这个就更具有一般性了，常规交叉法可以看成是这种方法当 a 为 1、b 为交叉位时的特例。

2. 基于次序的交叉法

艾博士：对于两个选定的双亲 1 和双亲 2，首先随机地选定一组位置，如图 4.29 所示例子，标 * 的就是选定的位置。

依次从双亲 1 中取出与选定位置相对应的数字，在图 4.29 所示例子中取出的数字为 2358，然后在双亲 2 中找到这几个数字，用表示空位的字母 b 代替它们的位置，如图 4.30 所示。

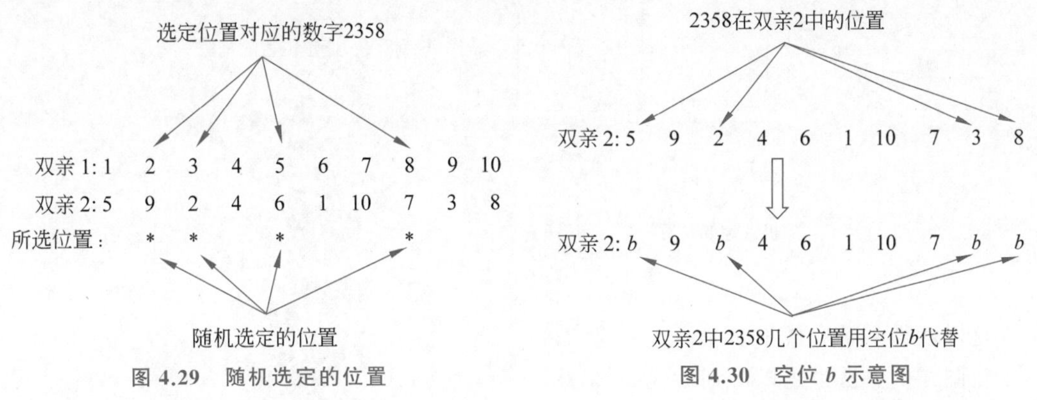

图 4.29　随机选定的位置　　图 4.30　空位 b 示意图

最后按照 2358 的顺序将这 4 个数字填入双亲 2 的空位中，就得到了后代 1，如图 4.31 所示。

这样就得到了后代 1 为 2 9 3 4 6 1 10 7 5 8。

同样的办法可以得到后代 2 为 1 9 3 4 5 2 6 8 7 10。

3. 基于位置的交叉法

艾博士：该方法与方法 2 有些类似，对于两个选定的双亲 1 和双亲 2，首先随机产生一组位置。对于这些位置上的基因，后代 1 从双亲 2 中直接复制得到，后代 1 的其他位置的基因，按顺序从双亲 1 中选取那些不重复的基因。

在图 4.32 所示的例子中，* 标注的是随机产生的位置，双亲 2 在这些位置对应的数字为 9263。

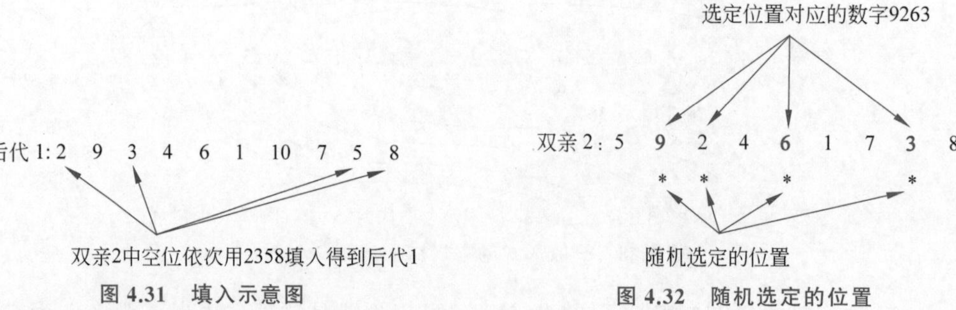

图 4.31 填入示意图

图 4.32 随机选定的位置

双亲 2 中被选中位置的基因为 9263，它们分别在双亲 2 的第 2、3、5、8 个位置上，因此后代 1 的第 2、3、5、8 个位置上的基因依次用 9、2、6、3 填入。后代 1 的其他位置上的基因，从父代 1 中按顺序选取除了 9、2、6、3 以外的其他基因，按顺序填补到后代 1 中，如图 4.33 所示。

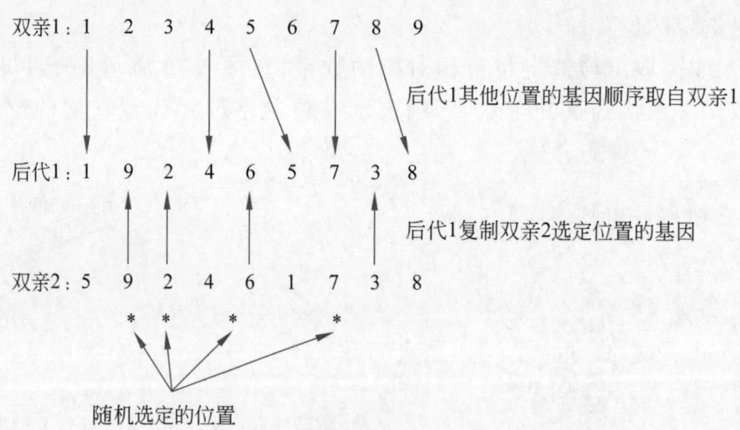

图 4.33 基于位置的交叉法

这样就得到了后代 1：1 9 2 4 6 5 7 3 8。

依同样的办法也可以得到后代 2：9 2 3 4 5 6 1 8 7。

小明：在方法 2、3 中，都涉及了随机产生几个位置的问题，共产生几个位置是如何决定的？

艾博士：位置的数量可以是事先确定的，也可以是随机产生的。

4. 基于部分映射的交叉法

艾博士：对于两个选定的双亲 1 和双亲 2，随机产生两个位置，则两个位置之间的基因按照其位置产生一一对应关系，然后用这种“对应关系对”分别去替换两个双亲的基因，从而产生两个后代。例如图 4.34 所示的例子，其中 * 表示随机产生的两个位置。

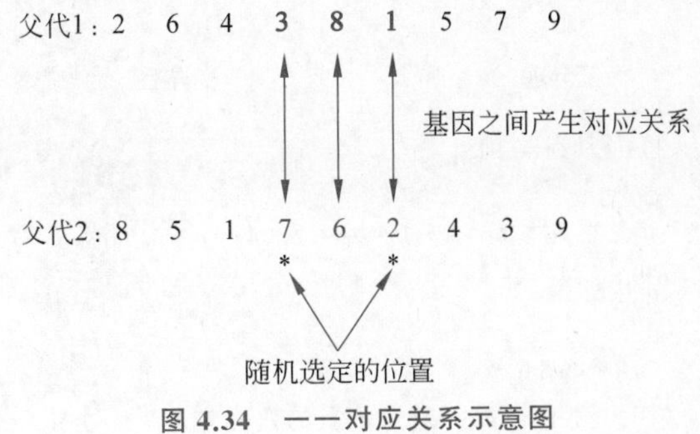

图 4.34　一一对应关系示意图

该例得到的基因对应关系为 3：7、8：6、1：2。然后按照该对应关系分别去替换双亲 1 和双亲 2 中的基因，也就是说，原染色体中的基因 3 用 7 替换、基因 7 用 3 替换，8 用 6 替换、6 用 8 替换，1 用 2 替换、2 用 1 替换。这样就得到了两个后代：

后代 1：1 8 4 7 6 2 5 3 9

后代 2：6 5 2 3 8 1 4 7 9

艾博士：以上就是一些常用的交叉操作方法，除此之外还有一些其他方法，这里不再一一列举。

4.10.4　变异规则

艾博士：变异是生物进化的重要条件，也是遗传算法以概率 1 收敛到最优解必须具备的操作。变异发生在某个染色体的某个基因上，它将可变性引入群体中，增强了群体的多样性，从而提供了一种从早熟中逃脱出来的手段。变异虽然可以带来群体的多样性，但因其具有很强的破坏性，因此一般通过一个很小的变异概率来控制它的使用。

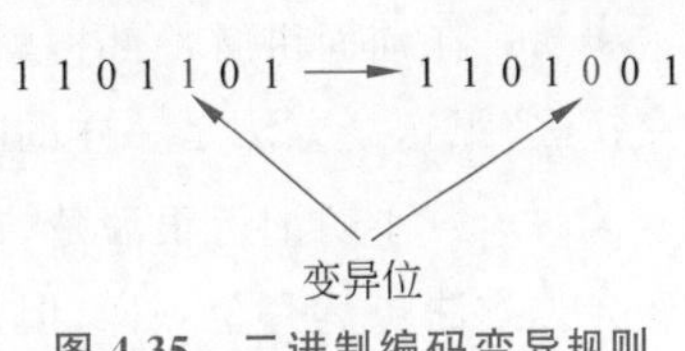

图 4.35　二进制编码变异规则

在二进制编码情况下，变异方法比较单一，一般是随机地产生一个变异位，被选中的基因如果是 0 则变为 1，如果是 1 则变为 0。例如图 4.35 所示例子，假定变异发生在染色体的第五位，则变异前后的二进制编码变化如图中所示。

小明：我知道了，这就是我们前面介绍过的方法。

艾博士：在二进制编码中比较容易实现变异，因为只有 0 或者 1 两个基因。当问题以整数形式进行编码时，也可以采用类似二进制编码的方法，被选中的基因可以由一个整数随机地变为另一个整数，但这时还必须要考虑染色体的合理性，是否满足约束条件等。这时需要根据问题本身的性质，合理地定义变异方法。比如对于旅行商问题需要满足该问题的约束条件。下面介绍几种整数编码时的变异方法。

1. 基于位置的变异

艾博士：该方法随机地产生两个变异位，然后将第二个变异位上的基因移动到第一个变异位之前。例如图 4.36 所示例子，假定两个变异位分别为 2 和 5，则变异前后的整数编码变化如图中所示。

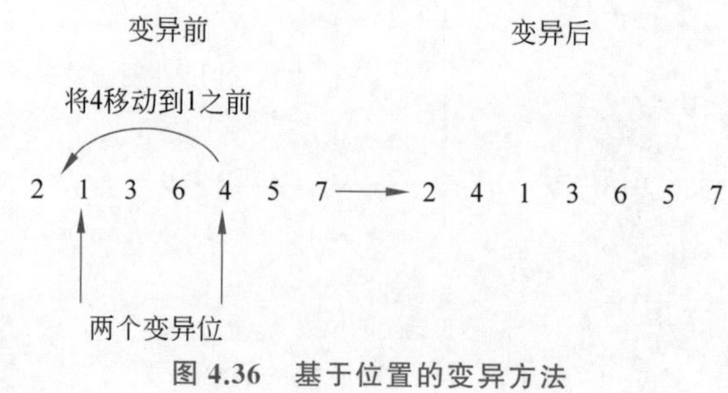

图 4.36 基于位置的变异方法

2. 基于次序的变异

艾博士：该方法也是随机地产生两个变异位，然后交换这两个变异位上的基因。例如图4.37所示例子，假定两个随机产生的变异位分别为2和5，则变异前后的整数编码变化如图中所示。

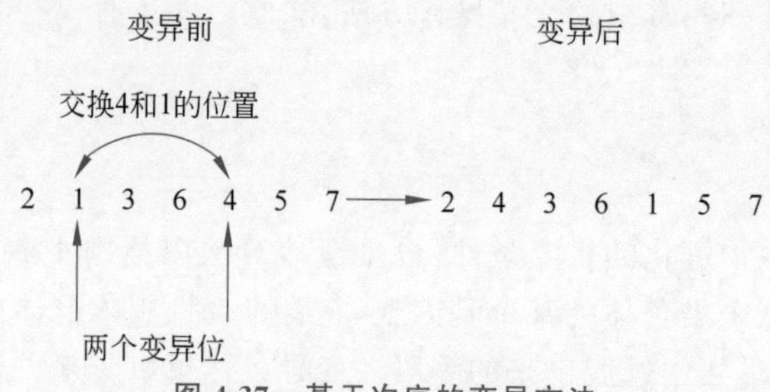

图 4.37 基于次序的变异方法

小明：在前面讲解局部搜索时，以旅行商问题为例介绍过邻居的产生方法，其中的"常规交换法"跟这个方法是一样的吧？

艾博士：小明记得很清楚，二者确实是一样的。只是一个用来产生邻居，另一个用来进行变异。方法虽然完全一样，但是概念完全不同。

3. 打乱变异

艾博士：打乱变异就是随机选取染色体上的一段基因，然后打乱该段内的基因次序。例如图4.38所示例子，假设随机选取的片段为染色体的第2～6位，则对于变异前的整数编码，其可能的一种变异结果如图中所示。

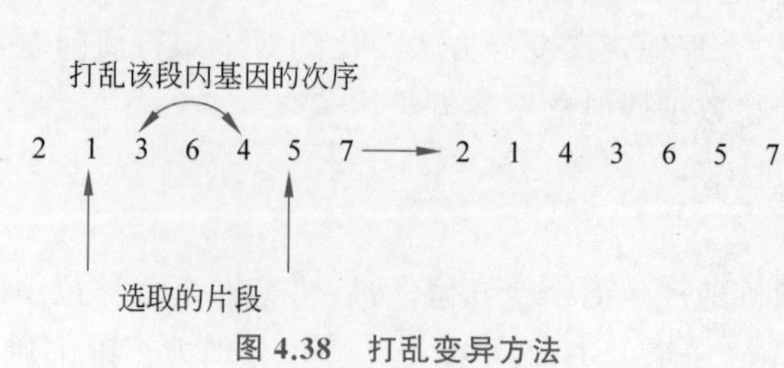

图 4.38 打乱变异方法

小明：打乱顺序时没有把处于片段两端的基因 1 和 5 包含在内吗？

艾博士解释说：例子中确实没有包括两端的基因。也可以包括，自己定义清楚就可以了。

讲到这里艾博士问小明：我们前面还讲过旅行商问题产生邻居的另一种方法——"逆序交换法"，小明还记得这个方法吗？

小明：记得呢。我在编写用模拟退火方法求解旅行商问题的程序时，采用的就是这个方法。该方法随机产生两个位置，然后对两个位置之间的城市做逆序交换，就得到了一个邻居。

艾博士：小明说得很清楚，但是你知道逆序交换法跟这里的打乱变异法有什么关系呢？

小明认真思考后恍然大悟道：我知道了，逆序交换法应该是打乱变异法的一个特例，因为如果打乱时采用逆序方法的话，打乱变异法就跟逆序交换法是一样的了。

艾博士：完全正确。我们在学习的时候一定随时了解不同方法之间的区别和联系，这样会更有利于帮助我们学习和掌握学习内容，很多内容都是可以相互借鉴的。

4.10.5　适应函数

艾博士：在遗传算法中，通过将适应函数转换为选择概率，从而实现优胜劣汰的选择策略，所以如何定义适应函数也是采用遗传算法求解实际问题时需要解决的一个重要问题。

一般情况下，我们可以直接选取问题的指标函数作为适应函数。如求函数 $f(x)$的最大值，就可以直接采用 $f(x)$为适应函数。我们前面就有过这样的例子。但是有些情况下也不是直接拿来就可以用的。

小明：什么情况下不能直接将指标函数拿来当作适应函数使用呢？

艾博士：在遗传算法中，适应值必须大于 0，因此如果一个函数 $f(x)<0$，就不能直接用 $f(x)$当作适应函数使用。还有，如果希望求 $f(x)$的最小值而不是最大值，也不能直接将 $f(x)$当作适应函数使用，因为遗传算法求的是适应函数的最大值。

小明：确实存在这样的问题，这种情况下应该怎么定义适应函数呢？

艾博士：处理起来也很简单。如果是求最大值，当 $f(x)<0$ 时，我们可以对 $f(x)$加一个充分大的常数 M，使得 $f(x)+M$ 在 x 的部分取值下满足 $f(x)+M>0$ 就可以了。

小明：为什么不要求 x 在定义域上全部满足 $f(x)+M>0$ 的要求呢？

艾博士：因为我们用遗传算法求的是 $f(x)+M$ 的最大值，如果在 x 取值范围内，部分取值使得 $f(x)+M>0$，则 $f(x)+M$ 的最大值一定出现在 x 的这几个取值处，而不会出现在 $f(x)+M<0$ 的地方。所以只要在 x 的取值范围内，部分取值使得 $f(x)+M>0$ 就可以了，没有必要要求在 x 的全部定义域上满足 $f(x)+M>0$。

小明：但是即便如此，还是可能会出现 x 的有些取值使得 $f(x)+M<0$，这样的话也不能直接用 $f(x)+M$ 作为适应函数啊。

艾博士：还需要做一个简单处理，当 $f(x)+M<0$ 时令其适应函数值为 0 就可以了。也就是像下面这样定义适应函数：

$$F(x)=\begin{cases}f(x)+M & \text{如果 } f(x)+M>0 \\ 0 & \text{其他}\end{cases} \tag{4.44}$$

小明：这样就没有问题了，即便有可能存在 $f(x)+M<0$ 的情况，我们只在 $f(x)+M>0$ 的范围内求解就可以了。

艾博士：对于求最小值的情况，我们通过增加负号的方法将最小值问题变换为求最大值问题，也就是说，求 $f(x)$ 的最小值和求 $-f(x)$ 的最大值是等价的。然后再依照上述方法选取一个合适的常数 M 得到适应函数：

$$F(x)=\begin{cases}M-f(x) & \text{如果 } M-f(x)>0 \\ 0 & \text{其他}\end{cases} \tag{4.45}$$

小明：这样一来，前面提到的两个问题就都解决了。

艾博士：定义适应函数还有一些技巧。一般来说，我们希望适应函数的变化不要太平缓，因为变化太平缓的话，每个个体的选择概率都差不太多，难于体现出优胜劣汰这一进化特性。所以一些研究者提出了一些对适应函数进行"加速"的方法。为了讨论方便，下面我们默认问题的指标函数 $f(x)>0$，并且是求最大值。

小明：加速是什么意思？如何实现对适应函数加速呢？

艾博士：所谓加速就是加快遗传算法"优胜劣汰"的进程，提高算法的求解效率。其基本思想也比较简单，假设 $f(x)$ 是问题的指标函数，如果 $f(x)$ 在最大值附近变化比较缓慢的话，即便是比较好的解，在选择过程中也不具备竞争优势，从而导致进化过程不明显。一种解决方法就是定义一个与 $f(x)$ 变化趋势一致，但是在最大值附近比较陡峭、变化比较大的适应函数，从而使得比较好的解具有比较大的适应值，提高好解的竞争优势。图 4.39 给出了一个适应函数加速示意图。

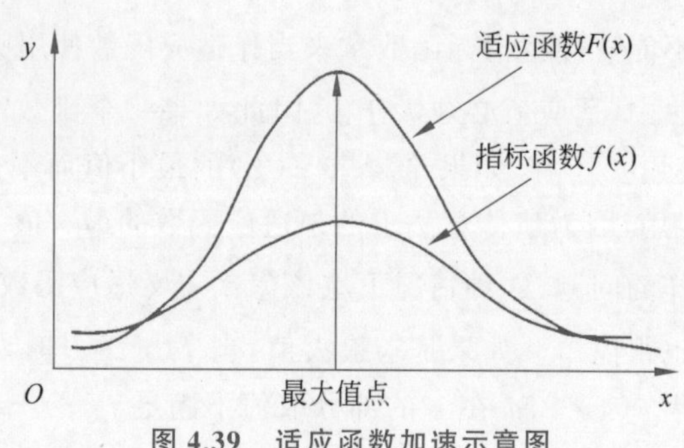

图 4.39　适应函数加速示意图

小明：这是一个很好的想法，问题是如何实现这种加速呢？

艾博士：下面介绍几个适应函数的加速方法。

1. 非线性加速适应函数

艾博士：第一种方法是非线性加速适应函数，该方法利用已有的信息构造适应函数：

$$F(x)=\begin{cases}\dfrac{1}{f_{\max}-f(x)} & \text{如果 } f(x)<f_{\max} \\ M & \text{其他}\end{cases} \tag{4.46}$$

图 4.40 给出了该适应函数的示意图。

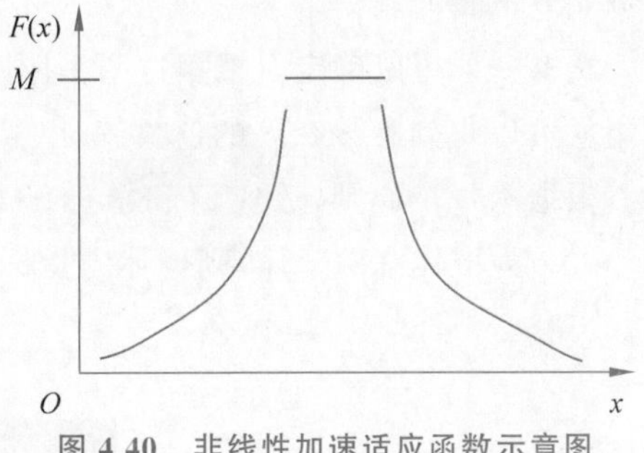

图 4.40　非线性加速适应函数示意图

其中，$f(x)$是问题的指标函数，f_{max}是当前得到的最大的指标函数值，M 是一个充分大的数。M 值的大小将影响算法以怎样的概率选取种群。M 不一定是一个常量，可以随着算法的进行而变化，开始时可以相对小一些，以保证种群的多样性，然后可以逐步增大。

小明：为什么这样就起到了加速作用呢？

艾博士：从图 4.40 可以看出，在 $f(x)$的最大值附近其适应函数值取比较大的 M 值，而其他地方则迅速衰减，从而加大不同个体间适应函数的区分度，发挥其优胜劣汰的作用。

小明：明白了，原来是这样起到加速作用的。

2. 线性加速适应函数

艾博士：与非线性加速适应函数相对应的是线性加速适应函数，适应函数与指标函数具有线性关系。其定义如下：

$$F(x)=\alpha f(x)+\beta \tag{4.47}$$

小明：这里的参数 α、β 如何确定呢？

艾博士：我们可以设立两个原则用于确定线性变换的两个参数 α 和β。

(1) 适应函数与指标函数在群体内的平均值相等。

(2) 群体内最大的适应函数值是群体内指标函数平均值的 M 倍，其中 M 是一个比较大的常数。

小明思考了一下问道：为什么要设立这样的原则呢？出发点是什么？

艾博士解释说：这两条原则，第一条是说适应函数和指标函数的平均值相等；第二条是说适应函数的最大值是指标函数平均值的 M 倍。在离散的情况下，平均值可以认为是按区间归一化后函数曲线下面的面积。适应函数最大值如果等于指标函数平均值的 M 倍，而面积又与其相等，则适应函数只能是又“高”又“瘦”的形状，如图 4.41 所示。

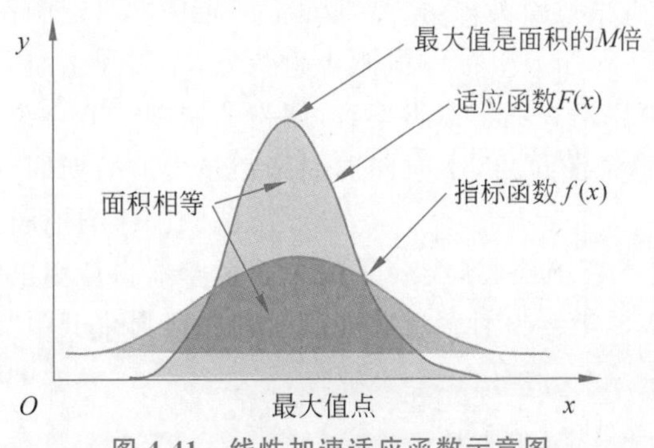

图 4.41　线性加速适应函数示意图

小明看着图 4.41 说：这个图很好地说明了两个原则的含义，由这两个原则就可以确定

参数 α、β 的值吗？

艾博士：可以确定。根据这两个原则，我们可以给出一个二元一次方程组，求解这个方程组就可以得到参数 α、β 的值。

根据第一个原则，适应值和指标函数的平均值相等。假设群体规模为 N，x_i（$i=1,2,\cdots,N$）为群体中的个体，则群体内指标函数的平均值为

$$\frac{\sum_{i=1}^{N} f(x_i)}{N}$$

群体内适应函数的平均值为

$$\frac{\sum_{i=1}^{N}(\alpha f(x_i)+\beta)}{N}=\frac{\sum_{i=1}^{N}\alpha f(x_i)+\sum_{i=1}^{N}\beta}{N}=\alpha\frac{\sum_{i=1}^{N} f(x_i)}{N}+\beta$$

令二者相等我们得到方程组的第一个方程：

$$\alpha\frac{\sum_{i=1}^{N} f(x_i)}{N}+\beta=\frac{\sum_{i=1}^{N} f(x_i)}{N} \tag{4.48}$$

根据第二个原则，群体内适应函数的最大值等于指标函数平均值的 M 倍。我们先看群体内适应函数的最大值，即

$$\max_{1\leqslant i\leqslant N} F(x)=\max_{1\leqslant i\leqslant N}(\alpha f(x_i)+\beta)=\alpha\max_{1\leqslant i\leqslant N}(f(x_i))+\beta$$

而群体内指标函数平均值的 M 倍为

$$M\frac{\sum_{i=1}^{N} f(x_i)}{N}$$

同样令二者相等我们又得到了方程组的第二个方程：

$$\alpha\max_{1\leqslant i\leqslant N}(f(x_i))+\beta=M\frac{\sum_{i=1}^{N} f(x_i)}{N} \tag{4.49}$$

从而我们得到一个二元一次方程组：

$$\begin{cases}\alpha\dfrac{\sum_{i=1}^{N} f(x_i)}{N}+\beta=\dfrac{\sum_{i=1}^{N} f(x_i)}{N}\\[2ex]\alpha\max\limits_{1\leqslant i\leqslant N}(f(x_i))+\beta=M\dfrac{\sum_{i=1}^{N} f(x_i)}{N}\end{cases} \tag{4.50}$$

艾博士：小明，二元一次方程组你会求解吧？

小明：我们初中就学过了，很容易求解。

说着，小明就拿起笔在纸上演算起来，不一会儿就给出了答案。

小明将答案展示给艾博士：您看，这是我求得的结果：

$$\alpha=\frac{(M-1)\dfrac{\sum_{i=1}^{N}f(x_i)}{N}}{\max\limits_{1\leqslant i\leqslant N}(f(x_i))-\dfrac{\sum_{i=1}^{N}f(x_i)}{N}} \tag{4.51}$$

$$\beta=\frac{\sum_{i=1}^{N}f(x_i)}{N}\left(\frac{\max\limits_{1\leqslant i\leqslant N}(f(x_i))-M\dfrac{\sum_{i=1}^{N}f(x_i)}{N}}{\max\limits_{1\leqslant i\leqslant N}(f(x_i))-\dfrac{\sum_{i=1}^{N}f(x_i)}{N}}\right) \tag{4.52}$$

艾博士夸奖道：小明你计算得又快又正确，点赞！这个适应函数与每一代的群体有关，不同代中个体的适应值并不是固定的，每次更新新的种群后，都要重新计算一次适应值。

3. 基于排序的适应函数

艾博士：最后我们再介绍一种定义适应函数的方法，该方法先对个体按照其指标函数值从小到大进行排序，然后将个体的排列序号作为其适应函数值。

设群体规模为 N，群体内个体按照其指标函数值从小到大排序，其序号分别为 1 到 N。我们定义排序在第 i 位的个体 x_i 被选中的概率为

$$P(x_i)=\frac{i}{\sum_{i=1}^{N}i}=\frac{2i}{N(N+1)} \tag{4.53}$$

按此概率对群体进行选择操作。

该方法的特点是一个个体被选中的概率与指标函数的区分度无关，只与该个体在群体中的排序位置有关。具有最大指标函数值的个体总是以固定的$\dfrac{2}{N+1}$的概率被选中，而具有最小指标函数值的个体被选中的概率则总是$\dfrac{2}{N(N+1)}$。最大选择概率是最小选择概率的 N 倍，当群体规模比较大时，也是一个区分性不错的适应函数。

小明：这种方法挺有意思的，原来还可以这样定义选择概率。

4.10.6　遗传算法的停止准则

艾博士：前面我们曾介绍过，当进化代数趋于无穷时，有定理保证遗传算法找到最优解的概率为 1。从定理的角度来说，肯定是算法运行的时间越长越好，但显然会存在运行效率问题。在实际计算时，我们希望随时了解遗传算法的进展情况，监视算法的变化趋势，在适当的时候停止算法的运行。常用的监视方法有如下 3 种。

1. 当前最好法

艾博士：该方法在每一代进化过程中，记录到目前为止得到的最好解，通过观察最好

解的变化,了解算法的变化趋势。不同的算法之间,也可以通过最好解的变化情况进行横向比较。

2. 在线比较法

艾博士：该方法用当前代中个体的平均指标函数值来刻划算法的变化趋势。计算方法如下：

$$v_{\text{online}} = \frac{1}{N}\sum_{i=1}^{N} f(x_i) \tag{4.54}$$

其中,N 为群体规模;$f(x_i)$为个体 x_i 的指标函数值。

对于最大化问题,遗传算法总是以大概率选择指标函数值大的个体,所以在进化过程中虽然每代的值可能会出现一些波动,但总的趋势应该是上升的,并逐渐趋于稳定。

3. 离线比较法

艾博士：该方法与在线比较法有些相似,但是用进化过程中每代最好解的指标函数值的平均值来评价算法的进化过程。计算方法如下：

$$v_{\text{offline}} = \frac{1}{T}\sum_{t=1}^{T} f^*(t) \tag{4.55}$$

其中,T 是到目前为止的进化代数;$f^*(t)$是第 t 代中个体的最好指标函数值。在以最大化为问题的优化目标时,随着算法的进化,该值具有上升趋势。

艾博士总结说：以上每一种方法,都可以监控算法的进化趋势,掌握遗传算法的进化进程,从而决定算法是否停止。

小明读书笔记

用遗传算法求解实际问题时,涉及很多具体的实现问题,这些实现细节对于有效求解实际问题至关重要,包括如何编码、交叉操作、变异操作和适应函数的定义等。

编码方法包括二进制编码、整数编码等,需要根据待求解问题的特点选择合适的编码方式。

交叉操作与具体的编码方法有关,中心问题是如何从两个双亲中选取不同的基因产生两个后代,同时还要考虑产生的后代是否满足问题的约束条件等。

对于二进制编码,交叉操作有双亲双子法,该方法随机产生一个交叉位,交叉位将双亲染色体划分为前后两部分,两个双亲前后部分分别组合在一起,构成了两个后代的染色体。多位交叉法是该方法的推广,每次随机产生多个交叉位,将双亲染色体划分为多个片段,从一个双亲中选择奇数片段,从另一个双亲中选择偶数片段,拼接在一起后就构成了两个后代。

对于整数编码,交叉操作有常规交叉法,该方法随机产生一个交叉位,交叉位将双亲染色体划分为前后两部分,双亲 1 交叉位之前的片段组成后代 1 的前半部分,从双亲 2 中按顺序选择那些后代 1 中还没有出现的基因填充到后代 1 的后半部分,从而构成了后代 1 的染色体。类似的方法又可以产生后代 2。此外还有基于次序的交叉法、基于位置的交叉法,其基本思想是从一个双亲中选取部分基因到后代中,再从另一个双亲中补充后代中还没有的基因，构成一个后代的染色体。类似的方法再构成另一个后代。基于部分映射的交叉法则是随机产生两个位置，两个位置之间的对应基因构成对应关系，按照对应关系对双亲基因做替换得到两个后代。

变异操作按照概率令某个基因发生突变，对于二进制编码来说，被选中的基因由0变成1或者由1变成0，取决于变异时该基因的取值。对于整数编码来说，有基于位置的变异，该方法随机选择两个基因，将第二个基因放置到第一个基因之前。基于次序的变异方法则是调换两个基因的位置。而打乱变异则是随意打乱两个随机产生的位置之间的基因顺序，逆序交换法是该方法的一个特例。

选取合适的适应函数对于遗传算法有效求解实际问题起着重要作用。为了提高遗传过程中优胜劣汰的效率，提出了非线性加速和线性加速两种适应函数构造方法。其基本思想都是通过让适应函数变得更加陡峭，提高不同个体间选择概率的区分度。

一般通过观察一些变量的变化情况判断遗传算法是否可以结束。常用的观察方法包括当前最好法、在线比较法和离线比较法等。

4.11　用遗传算法求解旅行商问题

小明：关于遗传算法介绍了这么多的内容，请艾博士举一个具体求解的例子吧。

艾博士：好的，下面我们还是以旅行商问题为例，看看如何用遗传算法求解该问题。之前我曾经编写过一个遗传算法求解旅行商问题的程序，下面将程序中用到的参数和方法做介绍。

(1) 编码方案采用整数编码。

(2) 群体规模 N 为400，程序中要求群体规模为偶数，因为在做交叉操作时，需要群体中的个体两两配对。

小明：群体规模为偶数是遗传算法的要求吗？

艾博士：遗传算法并没有要求群体规模一定为偶数，但考虑到交叉操作是成对进行的，群体规模为偶数更方便一些。

(3) 进化代数为500代，也就是完成了500代进化后算法就结束。

(4) 选择操作采用轮盘赌的方法进行。

(5) 适应函数采用非线性加速方法。由于旅行商问题求解的是最短路径，在程序中将非线性加速方法做了如下修改，以适应求解最小值问题，其中的 M 取20。

$$F(x)=\begin{cases}\dfrac{1}{f(x)-f_{\min}} & \text{如果 } f(x)>f_{\min}\\ M & \text{其他}\end{cases}$$

艾博士：小明你看这个适应函数与我们在前面介绍过的非线性加速方法有什么区别？

小明对比了一下两个公式后说：将原来公式分母中的 $f_{\max}-f(x)$ 修改为了 $f(x)-f_{\min}$，我明白了，这样修改后就将一个最小值问题转换为了最大值问题，挺巧妙的一个方法。

艾博士：对，这是将最小值问题转换为最大值问题的一种方法，同时又起到了加速的作用，可谓是一箭双雕。

(6) 交叉概率 P_c 选取为0.6,采用常规交叉法进行交叉操作,具体请看前面常规交叉法的讲解。

(7) 变异概率 P_m 选取为0.2,采用逆序交换的方法进行变异操作。

讲解到这里艾博士对小明说：上述内容我们前面都讲解过了,作为练习,你回家后写一个用遗传算法求解旅行商问题的程序吧？前面也给过10城市和20城市的例子,你可以做一个测试,看看结果如何。

小明：好的,我这就回去写程序,艾博士,再见。

第二天小明带着自己写的程序来找艾博士：艾博士,程序我写好了,也进行了测试。开始时我并没有用您提供的参数,想自己试试看看什么样的参数是合适的。但是刚开始效果很不好,运行多次也很难找到最优解。经过几次参数调整后,虽然提高了找到最优解的概率,但是觉得效果还是不太理想,找到最优解的概率比较低。最后我采用了您提供的参数和交叉、变异的操作方法,发现效果非常好,运行了几千次,几乎每次都能得到最优解。我想知道您是如何做到这一点的?

艾博士笑了笑说：刚开始时我跟你是一样的,效果也是很不理想,经过反复调整测试,才有了现在这个结果。

小明：看来还是需要多调整多测试啊。

艾博士：我们讲解的只是算法的基本原理,在具体使用这些算法解决实际问题时,还会遇到很多的问题。当运行结果不理想时,不要轻易否定算法的实用性,可能需要反复调整参数和具体方法,才可能会有比较好的结果。

小明：我记住了,谢谢艾博士的反复教诲。

小明读书笔记

结合旅行商问题实例,给出利用遗传算法求解该问题的具体方法,包括编码方法、群体规模、选择方法、交叉方法、变异方法和适应函数等。

4.12 性能评价问题

小明：艾博士,遗传算法中有很多参数需要确定,如何进行交叉操作、变异操作,适应函数如何定义等,也都有很多方法,如何评价这些方法的好坏呢?

艾博士：如何对遗传算法的性能进行评价是一件很困难的事情,为此需要确定性能度量方法和一些具有代表性的函数。一般可以用达到最优解时指标函数值的平均计算次数或计算所需要的时间来进行度量。一些学者给出了一些测试函数集,这些函数或者是多峰值的,或者是不连续的,或者是具有一定的噪声的,对于求解它们的最优值具有一定的难度。没有哪种方法在所有问题中都优于其他方法,这就需要一个相对来说比较全面的评价,看每种方法的综合效果如何。下面给出的是一个求函数最小值的测试函数集。

$$F_1: f_1(x)=\sum_{i=1}^{3} x_i^2,\quad -5.12 \leqslant x_i \leqslant 5.12$$

$$F_2: f_2(x)=100\,(x_1^2-x_2)^2+(1-x_1)^2,\quad -2.048 \leqslant x_i \leqslant 2.048$$

$$F_3: f_3(x) = \sum_{i=1}^{5} \text{integer}(x_i), \quad -5.12 \leqslant x_i \leqslant 5.12$$

$$F_4: f_4(x) = \sum_{i=1}^{30} i x_i^4 + \text{Gauss}(0,1), \quad -1.28 \leqslant x_i \leqslant 1.28$$

$$F_5: f_5(x) = 0.002 + \sum_{j=1}^{25} \frac{1}{j + \sum_{i=1}^{2} (x_i - a_{ij})^6}, \quad -65.536 \leqslant x_i \leqslant 65.536$$

其中：

$$a_{1j} = \{-32, -16, 0, 16, 32, -32, -16, 0, 16, 32, -32, -16, 0, 16, 32, -32, -16, 0, 16, 32, -32, -16, 0, 16, 32\}$$

$$a_{2j} = \{-32, -32, -32, -32, -32, -16, -16, -16, -16, -16, 0, 0, 0, 0, 0, 16, 16, 16, 16, 16, 32, 32, 32, 32\}$$

$$F_6: f_6(x) = nA + \sum_{i=1}^{n} [x_i^2 - A\cos(2\pi x_i)], \quad -5.12 \leqslant x_i \leqslant 5.12$$

$$F_7: f_7(x) = -\sum_{i=1}^{n} x_i \sin\left(\sqrt{|x_i|}\right), \quad -500 \leqslant x_i \leqslant 500$$

$$F_8: f_8(x) = \sum_{i=1}^{n} \frac{x_i^2}{4000} - \prod_{i=1}^{n} \cos\left(\frac{x_i}{\sqrt{i}}\right) + 1, \quad -600 \leqslant x_i \leqslant 600$$

$$F_9: f_9(x) = [1 + (x_1 + x_2 + 1)^2 (19 - 14x_1 + 3x_1^2 - 14x_2 + 6x_1x_2 + 3x_2^2)][30 + (2x_1 - 3x_2)^2 (18 - 32x_1 + 12x_1^2 + 48x_2 - 36x_1x_2 + 27x_2^2)], \quad -2 \leqslant x_i \leqslant 2$$

$$F_{10}: f_{10}(x) = a\,(x_2 - bx_1^2 + cx_1 - d)^2 + e(1-f)\cos(x_1) + e, \quad -5 \leqslant x_1 \leqslant 10, 0 \leqslant x_2 \leqslant 15$$

其中：$a=1, b=\frac{5.1}{4\pi^2}, c=\frac{5}{\pi}, d=6, e=10, f=\frac{1}{8\pi}$。

$$F_{11}: f_{11}(x) = \frac{\pi}{n}\left\{k_1 \sin^2(\pi y_1) + \sum_{i=1}^{n-1} (y_i - k_2)^2 [1 + k_1 \sin^2(\pi y_{i+1})] + (y_n - k_2)^2\right\}, \quad -10 \leqslant x_i \leqslant 10$$

其中：$y_i = 1 + \frac{1}{4}(x_i + 1), k_1 = 10, k_2 = 1$。

$$F_{12}: f_{12}(x) = k_3\left\{\sin^2(\pi k_4 x_1) + \sum_{i=1}^{n-1} (x_i - k_5)^2 [1 + k_6 \sin^2(\pi k_4 x_{i+1})] + (x_n - k_5)^2 [1 + k_6 \sin^2(\pi k_7 x_n)]\right\}, \quad -5 \leqslant x_i \leqslant 5$$

其中，$k_3 = 0.1, k_4 = 3, k_5 = 1, k_6 = 1, k_7 = 2$。

作为参考，以上各函数中的 n 可以分别取以下值（用 $n(i)$ 表示 n 在函数 F_i 中的值）：$n(6)=20, n(7)=10, n(8)=10, n(11)=3, n(12)=5$。

小明：这些函数看起来好复杂啊。

艾博士：这些测试函数都是研究者为测试最优化问题求解方法性能而提出来的，有单峰值的，也有多峰值的，还有存在随机噪声的，可以反映最优问题求解的各种问题。我们学习了模拟退火算法和遗传算法，小明你可以用学过的方法尝试求解这些问题，对各种不同的方法做一个测试。

小明：好的，我回去后写个程序测试一下。

小明读书笔记

无论是模拟退火算法还是遗传算法，在求解实际问题时都会涉及很多具体实现上的问题，如何评价哪种算法更好是件比较困难的事情，不存在"全胜"的方法。为此研究者提供了一些测试函数集，通过在测试集上的综合比较，测试所用方法的综合性能。

4.13 模拟退火算法与遗传算法的对比

小明：艾博士，您分别介绍了模拟退火算法和遗传算法，这两种算法都属于随机算法，那么它们之间有哪些异同呢？

艾博士：为了说明这两个算法之间的异同，我们做个类比。

模拟退火算法相当于一只喝醉了酒的猴子爬香山。

小明：喝醉了酒的猴子？这个比喻有些新鲜啊。

艾博士：一只喝得酩酊大醉的猴子去爬香山，由于醉酒使得猴子神志不清、步履蹒跚，向上一步、下滑一步地在山上四处乱走，没有明确的行进方向。这就好比在温度非常高时的退火现象，达到各个地方的概率是近乎相等的。

小明：咦，这个比喻确实比较形象。

艾博士：随着时间的流逝，猴子逐渐有些清醒，它慢慢地知道自己要爬向香山的顶峰，步履也不是那么蹒跚，但由于还没有完全清醒，还是会出现向下滑动的情况，但是总的来说向上爬的情况越来越多了，而向下滑的情况越来越少。这就相当于退火过程的温度缓慢下降时，接受好解的概率越来越大，而接受差解的概率越来越小。

慢慢地猴子越来越清醒，也就越来越增加了向上爬的可能性，而降低了向下滑的可能性。最后猴子终于清醒的时候，也就大概率地爬到了香山的最高峰。这就好比是退火过程中当温度最终趋近于绝对 0 度时，以概率 1 趋近于最优解。

小明：这个比喻真的太好了。

艾博士：在猴子爬香山的过程中，猴子是有意识、有目标的，它的心里知道自己的目标是香山的最高峰。但是由于醉酒的关系，猴子做不到每一步都向上爬，尤其是刚开始、正酩酊大醉的时候，但是随着逐渐清醒，会越来越爬向香山山顶的方向。这里强调的是，猴子是有意识的，目标就是爬到香山的最高峰。这一点一定要记住。

小明：好的，我记住了这一点。

艾博士：遗传算法好比是生活在香山上的一群猴子。

小明：为什么遗传算法要用一群猴子类比呢？

艾博士：生物遗传必须要达到一定的群体规模才能实现进化，所以遗传算法中需要一个具有一定规模的群体。

小明：我明白了，遗传进化必须有一定的群体来保证。

艾博士：假定一群猴子生活在香山上，分布在香山上的不同位置，有些在山脚下，有些在半山腰。这些猴子自己并没有意识，没有爬到香山顶峰的愿望，只是上蹿下跳自在地生活着。突然来了一帮猎人分散在香山的四周，他们随机地向着山上射击。由于位置的关系，山脚下子弹比较密集，越往山上子弹越稀疏。这样就导致了越是在山脚下的猴子越容易被猎人的子弹打中，从而被淘汰。而越是处于高处的猴子越不容易被打中，从而生存下来的概率就越大。

小明：我知道了，猎人的子弹就相当于环境的变化，猴子所处的高度就相当于适应值，适应值越大的猴子被选择保留下来的概率就越大，反之被淘汰的概率就越大。

艾博士：正是这样的一个结果。随着时间的推移，生活在山脚下，也就是适应值低的猴子就逐渐被淘汰了，而生活在高处的猴子生存了下来，继续过着它们的生活，繁衍后代。

小明：那这些猴子为了能生存下去、不被淘汰，是不是要往山上跑呢？

艾博士：这正是我想要说的，并不是这样的。这些猴子不知道向哪个方向跑生存的概率大，因此猴子本身并没有意识到向山上跑生存的可能性会更大。只是由于环境的自然选择，也就是猎人的猎枪使得生活在山下的猴子越来越少，越往山顶存活的猴子越多。经过若干代进化之后，一些存活下来的猴子到达了山顶。这也是达尔文进化论的主要贡献之一，即进化是无方向的，只是能适应环境生活的那些生物被自然选择保留了下来。就好比说长颈鹿，它们并不知道脖子长就可以生存下来，然后有意识地向脖子长的方向进化，而是各种进化都有，只是最终脖子长的被环境选择生存了下来。

刚才讲模拟退火算法的类比时，提到过那里的猴子是有意识地要爬到香山最高峰，也一直努力向最高峰爬，虽然有时候由于醉酒的关系并不能做到步步如愿。而遗传算法中的猴子是无意识的，这也是遗传算法的特点。这正是两种算法的不同特点。

小明：那么是否也可以让遗传算法中的猴子具有意识呢？这样是不是就可以尽快实现优胜劣汰，达到香山的顶峰，而不是被动的选择？

艾博士：小明说得很有道理，有学者将模拟退火算法和遗传算法结合在一起就是基于这样的想法。

小明：这两种完全不同的算法怎么结合在一起呢？

艾博士：有两种结合方式，一种是以遗传算法为基本框架，在遗传过程中引入模拟退火算法，让每个"猴子"具有意识。另一种方法是以模拟退火算法为基本框架，在模拟退火过程中引入遗传算法，使得"猴子"在降温过程中获得优秀的基因。

小明：看起来这些都是比较有意思的研究工作。

艾博士：这里我们只简要说明了一下基本思想，两种算法结合也存在很多需要解决的问题，具体就不做介绍了，有兴趣的话可以参阅有关书籍和论文。

小明：谢谢艾博士给我讲解了这么多很有意思的工作，了解了使用随机方法求解组合优化问题的方法。

小明读书笔记

模拟退火算法和遗传算法都属于随机算法,有各自不同的特点。模拟退火算法相当于有意识的猴子爬山,它的目标是爬到山的顶峰,但由于醉酒等因素使得猴子不能准确地做到每一步都向上爬。"有意识、有目标、主动向上"是模拟退火算法的特点。遗传算法相当于一群生活在山上的猴子,这些猴子并不知道如何行动可以更好地生存下来,只是由于环境的问题,自然选择淘汰了更多的生活在比较靠近山脚下的猴子,让生活在高处的猴子获得了更大的生存可能。这样一代代地遗传、进化,让更多的猴子达到了山顶。"无意识、无目标"是遗传算法的特点。可以将两种不同的随机算法结合在一起,让"遗传"中的猴子具有"意识",或者让"退火"中的猴子具有"遗传",发挥两个算法的特点,更有效地求解复杂问题。

4.14 总结

艾博士：小明,这篇如何用随机算法求解组合优化问题我们就讲这么多,请你总结一下我们都讲解了哪些内容。

小明边回忆边回答说：这篇内容讲得挺多的,重点是两个随机算法——模拟退火算法和遗传算法,我试着总结一下。

(1) 首先讲解了什么是组合优化问题。求给定条件下某问题的最优解,当解的数量是有限个时,该问题就属于组合优化问题。一般来说,组合优化问题属于比较难求解的问题,目前还没有有效的求解算法。

(2) 以爬山法为例,引出了局部搜索算法的概念,如何利用局部信息寻求问题的最优解是局部搜索算法的特点。当问题具有多个局部最优值时,局部搜索算法不能保证找到全局最优解,存在诸如局部最优问题、步长问题和起始点问题等,可以通过随机接受差解、变步长、随机产生起始点多次运行等思路弱化这些问题的影响。

(3) 通过一个做弹簧的例子引出了物理中的金属退火现象,通过将组合优化问题与退火现象做类比,提出了模拟退火算法。总体上来说模拟退火算法还是属于局部搜索方法,受物理退火现象中依据 Metropolis 准则接受新状态的启发,采用同样的策略改进局部搜索算法,这也是模拟退火算法这一名称的来源。

(4) 具体分析了为什么满足一定条件下退火过程最终当温度趋近于绝对 0 度时,系统趋向于内能最低状态的概率为 1。在讲解过程中引入了一个"怪杯子"做类比实验,结合具体的数学分析,从感性和理性两方面了解了退火过程背后所蕴含的理论原理。

(5) 退火过程需要满足的 3 个条件：足够高的初始温度、每个温度下足够充分的状态交换和温度下降足够缓慢。在"3 个足够"的条件下,当温度趋近于绝对 0 度时,系统以概率 1 处于内能最小状态。

(6) 模拟退火算法用于求解实际问题时,需要解决初始温度如何设定、温度如何下降、每个温度下解的交换次数、算法结束条件等问题,介绍了解决这些问题的一些原则和方法。以旅行商问题为实例,讲解了如何用模拟退火算法求解该问题。

(7) 为引入遗传算法,介绍了达尔文进化论"物竞天择、适者生存"的基本思想。所谓的

“适者”就是一定条件下的“优者”。那么是否可以将进化论思想用于求解组合优化问题呢？遗传算法就是基于这样的想法提出来的一个用于求解组合优化问题的随机算法。

(8) 将生物的进化过程与遗传算法建立了对应关系，通过求解给定范围下 x^2 最大值问题，介绍了如何通过定义编码、交叉操作、变异操作、适应函数和选择过程，与进化过程建立起具体的对应关系，实现“优胜劣汰”的进化思想。

(9) 介绍了具体的遗传算法框架，并通过求解给定范围下的 x^2 最大值问题，详细介绍了遗传算法求解问题的具体步骤和过程。

(10) 分别结合不同的实例，讲解了二进制编码和整数编码方法，以及不同编码下相应的交叉操作、变异操作方法。

(11) 介绍了以指标函数为基础的定义适应函数的方法，以及提高“优胜劣汰”效果、加快进化过程的适应函数加速方法，包括线性加速和非线性加速两种方法，以及算法的停止准则。

(12) 结合旅行商问题，给出了一个用遗传算法求解该问题的实例。

(13) 最后，以猴子为例，讲解了模拟退火算法和遗传算法两个算法间的不同之处，模拟退火算法是“有意识”地、“主动”地达到最优值，而遗传算法是“无意识”“无目的”的进化，通过“优胜劣汰”达到最优值，体现了“适”就是“优”的思想。两种算法求解问题的思路不同，各有各的特点，可以将两个不同的算法结合在一起构造出综合各自特点的新算法。

艾博士：小明总结得非常全面。我们学习这些算法，一方面是掌握算法的具体内容，利用这些算法求解实际问题，另一方面是了解算法的基本原理和提出思想，掌握算法的精髓，为改进甚至提出新算法掌握基本的技能。

第5篇

统计机器学习方法是如何实现分类与聚类的

艾博士导读

统计机器学习方法在人工智能发展历史上曾经起到重要作用，当20世纪90年代初期人工智能陷入低谷时，正是统计机器学习的发展才使得人工智能走出低谷，逐渐得到广泛的应用。当前的人工智能发展高潮与统计机器学习方法的发展紧密相关，即便在今天，统计机器学习方法也有着广泛的应用。

统计机器学习的最大特点是具有良好的理论基础，可能正因为如此，本篇内容具有较多的公式，也打破了我在写作本书时定下的尽可能少用公式的禁忌。不过大家在学习本篇内容时，不要被大量出现的公式所吓倒，我会尽可能说明每个公式的含义及来龙去脉，即便你没有弄清楚具体的推导过程，也可以了解其中的思想。

本篇主要介绍统计机器学习方法中几个典型的监督与非监督学习方法，按照难易程度可以划分为3个不同的等级，读者可以根据自身需要有选择性地阅读其中几节或者全部内容。

第一级：5.1节，介绍统计机器学习的基本概念。5.3节到5.3.1小节之前的部分，介绍决策树的基本概念。5.4节，介绍k近邻分类方法。5.5节中的5.5.1小节，介绍支持向量机的基本概念。5.6节开始部分，介绍聚类问题的基本概念。5.9节，介绍统计机器学习中的验证与测试方法，以及分类问题的评价指标。

第二级：5.2节，介绍朴素贝叶斯分类方法。5.3节开始部分以及其中的5.3.1小节，介绍构建决策树的ID3方法。5.5节中的5.5.2小节，介绍线性可分支持向量机。5.6节介绍k均值聚类方法。5.7节介绍层次聚类方法。

第三级：5.3节中的5.3.2～5.3.4小节，介绍构建决策树的C4.5方法；介绍建造决策树过程中可能出现的过拟合问题，以及解决过拟合问题的剪枝方法；介绍什么是随机森林以及构建方法。5.5节中的5.5.3～5.5.6小节，介绍线性支持向量机以及非线性支持向量机；介绍求解非线性支持向量机的核方法；介绍如何用二分类支持向量机求解多分类问题。5.8节介绍基于密度的聚类方法DBSCAN算法。5.10节结合文本分类问题和脱机手写汉字识别问题，分别介绍两种抽取特征的方法。

这天正在学习人工智能的小明，看到了这样一道题目。如表5.1所示，给出的是一个男女性别样本数据表。该表共有称作样本的15组数据，每组数据对应一个样本，每个样本有“年龄”“发长”“鞋跟”“服装”4种特征，最后一列给出了是“男性”或者“女性”的性别分类。

其中年龄划分为老年、中年和青年，发长划分为短发、中发和长发，鞋跟划分为平底和高跟，服装划分为深色、浅色和花色，这些称为特征的取值。比如第一组数据，表示的是"一位老年人，留有短发，穿着平底鞋，身穿深色服装，其性别为男性"。而第三组数据，表示的是"一位老年人，留有中发，穿着平底鞋，身穿花色服装，其性别为女性"。题目要求根据这些样本数据建立一个人工智能系统，当任意输入一个人的"年龄""发长""鞋跟""服装"这 4 个特征的取值后，即便是表 5.1 中不存在的样本，系统也可以判断出该人的类别，即是男性还是女性。

表 5.1　男女性别样本数据表

ID	年龄	发长	鞋跟	服装	性别
1	老年	短发	平底	深色	男性
2	老年	短发	平底	浅色	男性
3	老年	中发	平底	花色	女性
4	老年	长发	高跟	浅色	女性
5	老年	短发	平底	深色	男性
6	中年	短发	平底	浅色	男性
7	中年	短发	平底	浅色	男性
8	中年	长发	高跟	花色	女性
9	中年	中发	高跟	深色	女性
10	中年	中发	平底	深色	男性
11	青年	长发	高跟	浅色	女性
12	青年	短发	平底	浅色	女性
13	青年	长发	平底	深色	男性
14	青年	短发	平底	花色	男性
15	青年	中发	高跟	深色	女性

小明第一次遇到这样的题目，思考了一会儿后也没有想到什么好的求解方法，又来请教艾博士。

5.1　统计学习方法

了解了小明的来意之后，艾博士讲解起来：这个问题属于统计学习方法研究的范畴，我们先简单介绍一下什么是统计学习方法。

统计学习方法又称作统计机器学习方法，属于机器学习的一种。

小明：什么是机器学习呢？

艾博士：我们人之所以能做很多事情，重要的就是具有学习能力。我们从小到大一直在学习，通过学习提高我们做事情的能力。计算机也一样，我们也希望计算机能像人一样，拥有学习能力，一旦拥有了这种学习能力，计算机就可以帮助人类做更多的事情。这也是人工智能追求的目标。

著名学者司马贺(赫伯特·西蒙)教授曾经对机器学习给出过一个定义："如果一个系统能够通过执行某个过程改进它的性能,这就是学习。"

小明：这和我们人类的学习也差不多,我们学习不就是提升自我做事的能力吗？

艾博士：统计机器学习就是计算机系统通过运用数据及统计方法提高系统性能的机器学习,其特点是运用统计方法,从数据出发提取数据的特征,抽象出问题的模型,发现数据中所隐含的知识,最终用得到的模型对新的数据进行分析和预测。

统计机器学习一般具有两个过程：一个是学习,又称作训练,是从数据抽象模型的过程;另一个是使用,用学习到的模型对数据进行分析和预测。为了实现第一个过程,一般需要一个供学习用的数据集,又称作训练集,训练集是由训练样本组成的集合,这是学习、训练的依据。

像小明刚刚提到的这道题目,表5.1给出的就是数据集,数据集中的每一个样本由若干特征和类别标签组成,其中"年龄""发长""鞋跟""服装"就是特征,而性别就是类别标签。依据这个数据集采用某个统计学习方法建立一个男女性别分类模型,当任意给定一个人的"年龄""发长""鞋跟"和"服装"特征时,模型输出该人的性别。

当然这里只是给出了一个例子,对于实际问题来说,这个数据集太小了,需要更多的数据,特征数目也不够多,取值也需要再细化。

小明：统计机器学习都有哪些方法呢？

艾博士：统计机器学习具有很多种方法,从是否有类别标签的角度,可以划分为以下几种。

1. 有监督学习

艾博士：有监督学习(见图5.1)又称作监督学习、有教师学习,也就是说给定数据集中的样本具有类别标签。这就好比小孩认识动物一样,看到了一只猫,妈妈告诉小孩这是一只猫;看到了一只狗,妈妈又告诉小孩说这是一只狗。慢慢地小孩就学会了认识猫和狗。

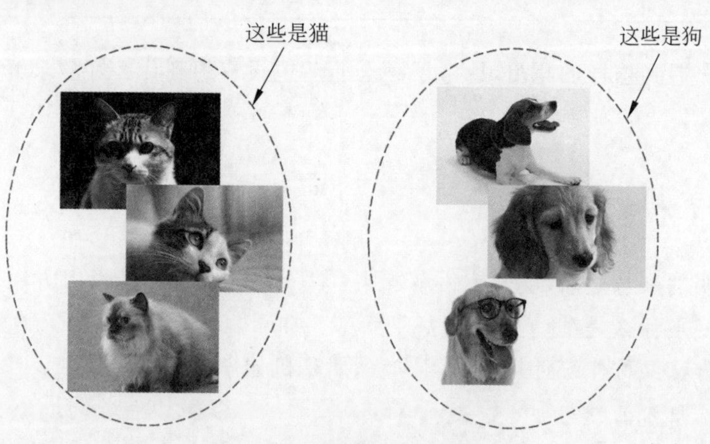

图5.1 有监督学习示意图

小明：这里的"监督"指的就是类别标签吗？

艾博士肯定地说：是的,监督指的就是类别标签信息。这类任务为的是让人工智能系统学会认识某个事物属于哪个类别，也就是根据特征划分到指定类别，一般称作分类。

2. 无监督学习

艾博士：无监督学习（见图5.2）又称作无教师学习，与监督学习刚好相反，给定的数据集中的样本只有特征没有类别标签。比如假设一个人从没有看到过狗和猫，给他一些猫和狗的照片，他虽然不认识哪个是猫哪个是狗，但是该人观看了一会儿照片后，根据两种动物的特点，他可以区分出这是两种不同的动物，进而可以将这些照片划分为两类：一类是狗，另一类是猫，虽然他并不知道每一类是什么动物。

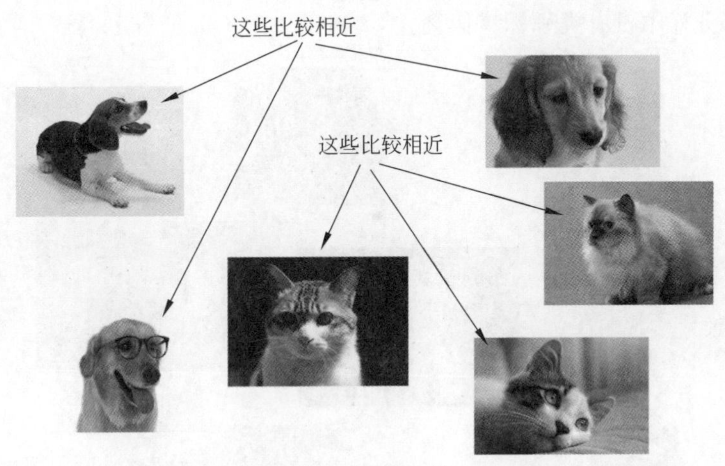

图5.2　无监督学习

小明：由于没有标签信息，这类任务只能做到把类似的东西归纳为一个类别吧？

艾博士：确实如此，这类任务就是将特征比较接近的东西聚集为一类，一般称作聚类。

3. 半监督学习

艾博士：顾名思义，半监督学习（见图5.3）就是数据集中部分样本有标签信息，部分样本没有标签信息。半监督学习就是如何利用这些无标签数据，提高学习系统的性能。比如在一些猫和狗的照片中，一部分照片标注是猫或者是狗，但是也有一部分照片没有任何类别标注。

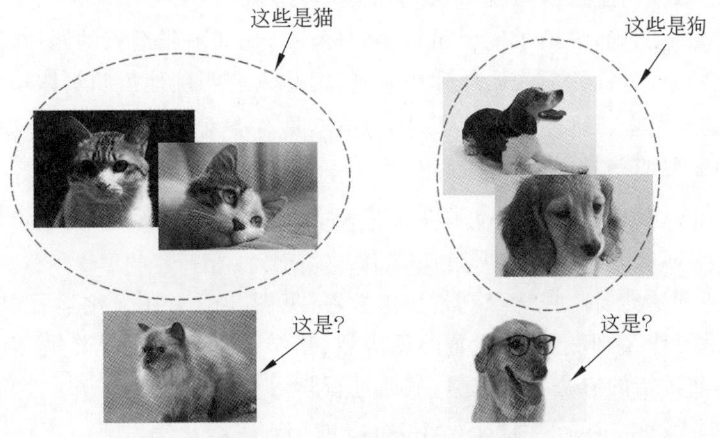

图5.3　半监督学习示意图

小明：如何利用无标签样本呢？

艾博士：一般来说，半监督学习中大部分样本还是有标签的，利用有标签样本可以大概预测出那些无标签样本的类别，利用预测结果可以进一步优化系统的分类性能。当然预测结果会存在一定的错误，这是半监督学习要解决的问题。

4. 弱监督学习

艾博士：弱监督学习指的是提供的学习样本中标签信息比较弱，这又可以分为几种情况。第一种是不完全监督学习（见图 5.4），其特点是标签信息不充分，只有少量样本具有类别标签，而大部分样本没有类别标签信息。

图 5.4　弱监督学习——不完全监督学习

小明：这与半监督学习有什么区别呢？

艾博士：严格来说半监督学习可以归类到这类弱监督学习中，都属于不完全监督学习。但是一般情况下，半监督学习带标签样本会更多一些，而弱监督学习中的带标签样本会更少。

艾博士：第二种弱监督学习是不确切监督学习（见图 5.5），其特点是具有类别标签信息，但是标注对象不明确，只给了一个粗粒度的标注。比如一张遛狗的照片，照片中有狗，也有人，也有其他的东西，标签只说明照片中有狗，但是没有明确地指明具体哪个是狗。

小明：感觉这类学习难度就更大了，因为虽然具有类别标签信息，但是属于粗粒度的标注，学习过程中需要明确具体的标注对象。

艾博士：是的，增加了不少学习难度。这类学习可以把样本想象成一个包，标签信息只说明包内有什么，而没有说明包内的具体所指。

艾博士：还有一类弱监督学习就是强化学习（见图 5.6）。在强化学习中没有明确的数据告诉计算机学习什么，但是可以设置奖惩函数，当结果正确时获得奖励，而结果错误时遭受惩罚，通过不断试错的方法获得数据，从而进行学习。

小明：在第 2 篇中讲的下围棋的 AlphaGo 就用到了强化学习吧？

图 5.5　弱监督学习——不确切监督学习

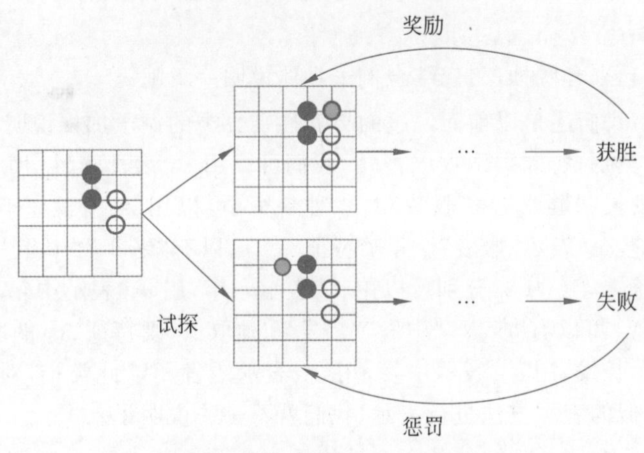

图 5.6　弱监督学习——强化学习

艾博士：AlphaGo 中用到了强化学习，而 AlphaGo Zero 则摆脱了人类数据，完全依靠强化学习达到了人类棋手所不能达到的下棋水平。

除此之外，还有不精确监督学习也属于弱监督学习，其特点是类别标签信息存在错误标注，比如将个别狗的照片标记成了猫，或者将个别猫的照片标记成了狗。一般来说当数据集大了以后都不可避免地会存在一些标注错误，有些机器学习方法对少量标注错误并不敏感，有些方法可能比较敏感，即便存在少量错误标注的样本，也可能会带来比较大的问题，这就涉及如何剔除这些错误标注样本的问题。

以上从样本标签的角度对机器学习方法做了分类，每类还有不同的机器学习方法。下面几节中，我们将介绍其中几个典型的监督和非监督统计机器学习方法。

小明读书笔记

统计机器学习属于机器学习的一种，其特点是运用数学统计方法，抽象出问题的模型，发现数据中蕴含的内在规律，用得到的模型实现对新数据的分析和预测。

统计机器学习分为两个过程：一个是训练过程，从数据抽象模型的过程；另一个是使用过程，用学习到的模型对数据进行分析和预测。为了实现训练过程，需要一个数据集，称作训练集，它是由训练用样本组成的集合，这是训练的依据。

按照是否有标注信息以及标注信息的多少，统计机器学习可以划分为有监督学习、无监督学习、半监督学习和弱监督学习等。

5.2 朴素贝叶斯方法

艾博士：朴素贝叶斯方法是一种基于概率的分类方法，其基本思想是：对于一个以若干特征表示的待分类样本，依次计算样本属于每个类别的概率，其中所属概率最大的类别作为分类结果的输出。

为了叙述方便，我们给出如下符号表示：设共有 K 个类别，分别用 $y_1, y_2, \cdots, y_K$ 表示。每个样本具有 N 个特征，分别为 $A_1, A_2, \cdots, A_N$，每个特征 A_i 又有 S_i 个可能的取值，分别为 $a_{i1}, a_{i2}, \cdots, a_{iS_i}$。

小明：这些看起来有些抽象，您结合例子具体说明一下吧。

艾博士：好的，我们还是以前面说过的男女性别分类的例子加以说明。在该例子中，共有男性和女性两个类别，所以类别数 K 为2，我们可以用 y_1 表示男性，用 y_2 表示女性。每个样本有"年龄""发长""鞋跟"和"服装"共4种特征，可以用 A_1 表示"年龄"，A_2 表示"发长"，A_3 表示"鞋跟"，A_4 表示"服装"。年龄特征 A_1 可以有"老年""中年""青年"3种取值，则特征 A_1 的取值个数 S_1 为3，分别可以用 a_{11} 表示老年，用 a_{12} 表示中年，用 a_{13} 表示青年。同样地，发长特征 A_2 可以有"长发""中发""短发"3种取值，则特征 A_2 的取值个数 S_2 为3，分别可以用 a_{21} 表示长发，用 a_{22} 表示中发，用 a_{23} 表示短发。以此类推，对于特征"鞋跟"和"服装"也可以用类似的表示方法进行表示，我们就不一一说明了。

小明：有了这几个例子就清楚各个符号的具体含义了。

艾博士：对于待分类样本我们用 x 表示：

$$x = (x_1, x_2, \cdots, x_N)$$

其中，x_i 为待分类样本的第 i 个特征 A_i 的取值。

比如：x=(青年，中发，平底，花色)，表示的是一个年龄特征为青年，发长特征为中发，鞋跟特征为平底，服装特征为花色的样本。

我们的目的就是计算给定的待分类样本 x 属于某个类别 y_i 的概率 $P(y_i|x)$，然后将 x 分类到概率值最大的类别中。

小明：这个概率怎么计算呢？

艾博士：一般来说这个概率并不是太好计算，需要转换一下。小明你还记得我们在第3篇求解拼音输入法问题时提到过的贝叶斯公式吗？

小明回想了一会儿回答说：我印象中贝叶斯公式是这样的：

$$P(B \mid A) = \frac{P(A \mid B)P(B)}{P(A)} \tag{5.1}$$

艾博士：对，就是这个贝叶斯公式。我们看看这个贝叶斯公式是否可以帮助到我们。

假设待分类样本的出现表示事件 A，而属于类别 y_i 表示事件 B，则根据贝叶斯公式我们有

$$P(y_i \mid x)=\frac{P(x \mid y_i)P(y_i)}{P(x)} \tag{5.2}$$

式(5.2)中，$P(y_i)$表示类别 y_i 出现的概率，$P(x)$表示 x 出现的概率，$P(x|y_i)$表示在类别 y_i 中出现特征取值为 $x=(x_1,x_2,\cdots,x_N)$的概率。

我们的目的就是通过贝叶斯公式，计算待分类样本 x 在每个类别中的概率，然后以取得最大概率的类别作为分类结果。

由于待分类样本是给定的，所以对于这个问题来说，$P(x)$是固定的，所以求概率 $P(y_i|x)$最大与求 $P(x|y_i)P(y_i)$最大是等价的 [illegible] 们并不关心属于哪个类别的概率具体是多少，而只关心属于哪个类别的概 [illegible]

因此，问题转换为 [illegible] 下最大问题：

[illegible] (5.3)

这是两个 [illegible] 率值 $P(x|y_i)$、$P(y_i)$，那么这个问题也就解决了。

讲到这里艾 [illegible] 计算呢？

小明：概率一 [illegible] 练集，通过训练集是否就可以计算出这两个概率？

我计算一下试试 [illegible] ，为了计算方便，我们将表 5.1 复制过来，如表 5.2 所 [illegible]

ID	年龄	[illegible]	[illegible]	[illegible]装	性别
1	老年				男性
2	老年				男性
3	老年				女性
4	老年				女性
5	老年				男性
6	中年				男性
7	中年				男性
8	中年	长[illegible]			女性
9	中年	中发			女性
10	中年	中发			男性
11	青年	长发			女性
12	青年	短发			女性
13	青年	长发		[illegible]色	男性
14	青年	短发		花色	男性
15	青年	中发	高跟	深色	女性

我觉得类别概率 $P(y_i)$ 比较容易计算，属于类别 y_i 的样本数除以总样本数就可以了，即

$$P(y_i)=\frac{\text{属于类别 } y_i \text{ 的样本数}}{\text{总样本数}} \tag{5.4}$$

表 5.2 中共 15 个样本，其中 8 个类别为男性，7 个类别为女性。所以有

$$P(y_1)=P(\text{男性})=\frac{8}{15}=0.5333$$

$$P(y_2)=P(\text{女性})=\frac{7}{15}=0.4667$$

概率 $P(x|y_i)$ 体现的是类别 y_i 中具有 x 特征的概率，与具体的待分类样本有关，前面给的待分类样本的例子 x=(青年，中发，平底，花色)。我发现数据集中没有一个这样的样本，所以按照该数据集计算的话，得到的概率为 0。这就出现问题了，因为无论是男性类别还是女性类别，式(5.3)的计算结果都为 0，无法判断属于哪个类别的概率更大。是不是训练集数据量太少了？

艾博士：对于我们这个例题来说，数据集确实有点小，但是小明你提到的问题本质上并不是数据集大小的问题，而是组合爆炸问题。

小明：为什么会有组合爆炸问题呢？

艾博士：小明你看，一个样本由多个特征组成，而每个特征又有多个取值，这样每个特征的每一个可能取值都会组成一个样本，再考虑不同的类别，都需要计算其概率值，其总数是每个特征取值数的乘积再乘以类别数，当类别数、特征数和特征的取值数比较多时，就出现了组合爆炸问题。以这个例题为例，特征包含了年龄、发长、鞋跟和服装 4 种特征，而年龄、发长和服装 3 个特征均有 3 个取值，鞋跟特征有两个取值，类别分为男性和女性两个类别，这样可能的组合数就是 3×3×3×2×2=108 种。由于这个例题中特征数、特征的取值数和类别数都比较小，组合爆炸问题还不太明显，如果类别数、特征数和特征可能的取值数比较多时，需要估计的概率值将会呈指数增加，从而造成组合爆炸。这样，需要非常多的样本才有可能比较准确地估计每种情况下的概率值，而对于实际问题来说，很难做到如此全面地采集数据。

小明：那么如何解决这个问题呢？

艾博士：为解决这个问题，我们可以假设各特征间是独立的。在独立性假设下，特征每个取值的概率可以单独估计，不存在组合问题，也就消除了组合爆炸问题。在这样的假设下，给定类别 y_i 时某个特征组合的联合概率等于该类别下各个特征单独取值概率的乘积，即

$$P(x \mid y_i)=P((x_1,x_2,\cdots,x_N) \mid y_i)=\prod_{j=1}^{N} P(x_j \mid y_i)$$

其中，$P(x_j|y_i)$是类别为 y_i 时，第 j 个特征 A_j 取值为 x_j 的概率；N 为特征个数。

在引入独立性假设后，式(5.3)可以写为

$$P(x \mid y_i)P(y_i)=\prod_{j=1}^{N} P(x_j \mid y_i)\cdot P(y_i)$$

$$=P(y_i)\prod_{j=1}^{N}P(x_j \mid y_i) \tag{5.5}$$

这样分类问题就变成了求式(5.5)最大时所对应的类别问题。这种引入了独立性假设后的贝叶斯分类方法称作朴素贝叶斯方法。

小明：这样处理会带来哪些好处呢？

艾博士：这样对于特征每个取值的概率就可以单独计算了，不需要考虑与其他特征的组合情况，减少了对训练集数据量的需求，计算起来更加简单。下面我们给出具体的计算方法。

在给定类别 y_i 的情况下，特征 A_k 取值为 a_{kj} 的概率 $P(a_{kj} \mid y_i)$ 可以通过训练集计算得到

$$P(a_{kj} \mid y_i)=\frac{\text{类别 } y_i \text{ 的样本中特征 } A_k \text{ 值为 } a_{kj} \text{ 的样本数}}{\text{标记为类别 } y_i \text{ 的样本数}} \tag{5.6}$$

回到我们的例题，由于 $x=$(青年，中发，平底，花色)，就是要分别计算以下几个概率的乘积：

$$P(\text{青年} \mid y_i)P(\text{中发} \mid y_i)P(\text{平底} \mid y_i)P(\text{花色} \mid y_i)$$

小明你再试试，看是否可以根据数据集计算出这几个概率来？

小明对照表 5.2 所示的数据认真计算起来。

当类别 y_i 为男性时共有 8 个样本，其中 2 个样本年龄为青年，所以有

$$P(\text{青年} \mid \text{男性})=\frac{2}{8}=0.25$$

其中 1 个样本发长为中发，所以有

$$P(\text{中发} \mid \text{男性})=\frac{1}{8}=0.125$$

其中 8 个样本鞋跟全部为平底，所以有

$$P(\text{平底} \mid \text{男性})=\frac{8}{8}=1$$

其中 1 个样本服装为花色，所以有

$$P(\text{花色} \mid \text{男性})=\frac{1}{8}=0.125$$

再加上我们前面已经计算过的：

$$P(\text{男性})=\frac{8}{15}=0.5333$$

以上结果代入式(5.3)中，有

$$\begin{aligned}P(x \mid \text{男性})P(\text{男性}) &= P(\text{青年} \mid \text{男性})P(\text{中发} \mid \text{男性})P(\text{平底} \mid \text{男性})\\ &\quad P(\text{花色} \mid \text{男性})P(\text{男性})\\ &=0.25\times 0.125\times 1\times 0.125\times 0.5333\\ &=0.002083\end{aligned} \tag{5.7}$$

当类别 y_i 为女性时共有 7 个样本，其中 3 个样本年龄为青年，所以有

$$P(\text{青年} \mid \text{女性})=\frac{3}{7}=0.429$$

其中3个样本发长为中发，所以有

$$P(\text{中发} \mid \text{女性}) = \frac{3}{7} = 0.429$$

其中2个样本鞋跟为平底，所以有

$$P(\text{平底} \mid \text{女性}) = \frac{2}{7} = 0.286$$

其中2个样本服装为花色，所以有

$$P(\text{花色} \mid \text{女性}) = \frac{2}{7} = 0.286$$

再加上我们前面已经计算过的：

$$P(\text{女性}) = \frac{7}{15} = 0.4667$$

以上结果代入式(5.3)中，有

$$\begin{aligned} P(x \mid \text{女性})P(\text{女性}) &= P(\text{青年} \mid \text{女性})P(\text{中发} \mid \text{女性})P(\text{平底} \mid \text{女性}) \\ &\quad P(\text{花色} \mid \text{女性})P(\text{女性}) \\ &= 0.429 \times 0.429 \times 0.286 \times 0.286 \times 0.4667 \\ &= 0.007030 \end{aligned} \tag{5.8}$$

看到小明计算完之后，艾博士说：根据你的计算结果，待分类样本 x=(青年，中发，平底，花色)应该属于哪个类别？

小明对比了式(5.7)和式(5.8)的计算结果后回答道：式(5.8)的计算结果大于式(5.7)的计算结果，说明待分类样本 x=(青年，中发，平底，花色)属于女性的概率大于属于男性的概率，所以应该被分类为女性。

艾博士：小明你看，引入了独立性假设后这个问题是不是就简单多了？即便训练数据集不大的情况下，也可以计算了。

小明：引入了独立性假设后问题确实简单了不少，但是有些特征之间并不是完全独立的。比如年龄特征和鞋跟特征，对于老年人来说，由于行走不方便，自然穿高跟鞋的就少，二者是有一定的相关性的。在实际问题中，特征之间具有一定的相关性的情况肯定会更多，这样的话，朴素贝叶斯分类方法适用于求解实际问题吗？

艾博士解释说：正像小明所说，实际问题中特征之间一般会具有一定的相关性，并不完全满足独立性假设。一方面如果不引入独立性假设，参数量也就是需要估计的概率值太多，很难有足够的数据集支持这些参数的估计。另一方面，朴素贝叶斯分类方法在解决实际问题中的效果还是不错的。所以引入独立性假设也是不得已采用的一种简化手段，以便于真正将这种方法用于解决实际问题。

小明：在实际使用朴素贝叶斯方法的时候，每次都通过训练数据集计算概率值，会不会比较慢？

艾博士：实际使用时，一般是根据训练数据集事先计算好所有的概率值，存储起来，这个过程属于训练过程。在具体分类时直接调用所需要的概率值就可以了，这个过程属于分类过程。

另外，由于概率值一般都比较小，式(5.5)是多个概率值的连乘运算，当特征比较多时，连乘运算的结果会变得越乘越小，可能会出现计算结果下溢的情况，即当运算结果小于计算机所能表示的最小值之后，就被当作 0 处理。为此一般通过取对数的方式将连乘运算转换为累加运算，即用式(5.9)代替式(5.5)，二者取得最大值的类别 y_i 是一样的，不影响分类结果。

$$\begin{aligned}\ln(P(x \mid y_i)P(y_i)) &= \ln\left(P(y_i)\prod_{j=1}^{N}P(x_j \mid y_i)\right) \\ &= \ln(P(y_i)) + \sum_{j=1}^{N}\ln(P(x_j \mid y_i))\end{aligned} \tag{5.9}$$

小明：艾博士，我又想到了一个问题。当用式(5.6)计算概率值时，是不是也会出现概率为 0 的情况？比如对于表 5.2 所示的数据集中，当类别为男性时鞋跟特征取值为高跟的数据一个也没有，这样就会导致概率 P(高跟|男性)为 0 的情况出现。这种情况怎么处理呢？

艾博士：小明提出了一个很好的问题。在实际应用中，训练集再大也不可避免地出现某种情况下样本为 0 的情况发生，为此可以采用拉普拉斯平滑方法避免概率为 0 的情况发生。

小明：什么是拉普拉斯平滑方法呢？

艾博士：拉普拉斯平滑方法很简单，其基本思想是：假定每一种情况都至少出现一次，而无论数据集中是否出现过。也就是说，在用式(5.6)计算概率 $P(a_{kj} \mid y_i)$时，对于分子中的"类别 y_i 的样本中特征 A_k 值为 a_{kj} 的样本数"进行计数时，采用在原有计数的基础上再加 1 的方法，防止出现 0 的情况。对于具有 S_k 个取值的特征 A_k 来说，在类别 y_i 下其所有取值的概率和应该为 1，即

$$\sum_{j=1}^{S_k}P(a_{kj} \mid y_i) = 1 \tag{5.10}$$

为此对式(5.6)的分母应该相应地增加 S_k 以满足概率和为 1 这一条件。这样在采用了拉普拉斯平滑后，式(5.6)就变成了下式：

$$P(a_{kj} \mid y_i) = \frac{\text{类别 } y_i \text{ 的样本中特征 } A_k \text{ 值为 } a_{kj} \text{ 的样本数} + 1}{\text{标记为类别 } y_i \text{ 的样本数} + \text{特征 } A_k \text{ 的可能取值数 } S_k} \tag{5.11}$$

这样就避免了出现概率等于 0 的情况发生。

小明问道：没有太想明白为什么在分母中要加上 S_k 呢？

艾博士：因为特征 A_k 具有 S_k 个取值，计数时每个取值的样本数都增加了一个，相当于多了 S_k 个样本，这样在分母中就需要加上 S_k。这样处理后才能满足式(5.10)概率和为 1 的条件。

小明醒悟道：原来是这样啊，我明白了。

艾博士：对于类别概率也采用类似的办法，假定每个类别至少存在一个样本，这样类别概率计算公式(5.4)就变成了下式：

$$P(y_i) = \frac{\text{属于类别 } y_i \text{ 的样本数} + 1}{\text{总样本数} + \text{类别数 } K} \tag{5.12}$$

讲到这里艾博士问小明：明白这里为什么在分母中加类别数 K 吗？

小明回答道：明白。跟前面式(5.11)是同样的道理，由于每个类别增加了一个样本数，共有 K 个类别，相当于增加了 K 个样本，所以分母中要加上类别数 K，以便满足每个类别

的概率累加和为1的条件。

艾博士：小明，你按照表5.2给出的数据集，计算一下采用拉普拉斯平滑方法后的概率，就只计算两个类别概率和在不同类别下发长特征几个取值的概率吧。其他也都是大同小异，就不一一计算了。

小明边回答说“好的”边计算起来。

表5.2中共有15个样本，男性和女性两个类别，其中男性有8个样本，女性有7个样本。按照式(5.12)我们计算得到类别概率：

$$P(\text{男性})=\frac{8+1}{15+2}=0.5294$$

$$P(\text{女性})=\frac{7+1}{15+2}=0.4706$$

同样对于发长特征共有短发、中发和长发3个取值，在8个男性类别样本中有6个短发样本、1个中发样本和1个长发样本。按照式(5.11)我们计算得到概率：

$$P(\text{短发}\mid\text{男性})=\frac{6+1}{8+3}=0.6364$$

$$P(\text{中发}\mid\text{男性})=\frac{1+1}{8+3}=0.1818$$

$$P(\text{长发}\mid\text{男性})=\frac{1+1}{8+3}=0.1818$$

同样对于发长特征，在7个女性类别样本中有1个短发样本、3个中发样本和3个长发样本。按照式(5.11)计算得到概率：

$$P(\text{短发}\mid\text{女性})=\frac{1+1}{7+3}=0.2$$

$$P(\text{中发}\mid\text{女性})=\frac{3+1}{7+3}=0.4$$

$$P(\text{长发}\mid\text{女性})=\frac{3+1}{7+3}=0.4$$

艾博士检查了小明的计算结果后称赞道：小明计算得真是又快又准确。拉普拉斯平滑方法通过在原有计数基础上加1的方法，解决了因数据不足造成的概率为0问题，这看起来是个小技巧，实际上是有理论依据的，具体就不介绍了。

最后再举一个采用朴素贝叶斯方法做文本分类任务的例子。

小明：什么是文本分类任务呢？

艾博士：文本分类任务就是对于一个给定文本，按照其内容分配到相应的类别中。比如说我们有4个新闻类别，分别为体育、财经、政治和军事，新来了一个新闻稿件，它应该属于哪个类别呢？这就是文本分类任务所要完成的。

小明：这倒是一个很有意思的任务。

艾博士：为了完成这个任务，我们首先要收集包含这4个方面内容的新闻稿件作为训练数据集，我们称为语料库。语料库中每篇新闻稿件作为一个训练样本。收集到的每篇新闻稿件要标注好所属的文本类别，以便用于计算朴素贝叶斯分类方法中所用到的各种概率。为了防止出现概率等于0的情况，我们采用拉普拉斯平滑方法。

首先按照式(5.12)计算 4 个类别的类别概率，以新闻稿件为单位进行计算：

$$P(\text{文本类别}) = \frac{\text{属于该类别的新闻稿件数} + 1}{\text{新闻稿件总数} + \text{类别数}}$$

比如，体育类的概率：

$$P(\text{体育}) = \frac{\text{属于体育新闻的稿件数} + 1}{\text{新闻稿件总数} + 4}$$

我们以新闻稿件中用到的单词为特征，每个具体的单词为特征的取值。为此事先要建立一个词表，可能用到的单词均包含在此表中。

接下来按照式(5.11)计算词表中每个单词在每个类别中出现的概率：

$$P(\text{单词 } i \mid \text{类别 } k) = \frac{\text{单词 } i \text{ 出现在类别 } k \text{ 新闻稿件中的次数} + 1}{\text{语料库中出现的单词总次数} + \text{词表长度}}$$

比如“足球”出现在“体育”类中的概率：

$$P(\text{足球} \mid \text{体育}) = \frac{\text{足球出现在体育类新闻稿件中的次数} + 1}{\text{语料库中出现的单词总次数} + \text{词表长度}}$$

其中，“词表长度”相当于式(5.11)中的“特征可能的取值数 S_k”，词表中有多少个单词，就相当于有多少个可能的取值。

计算完这些概率，取对数后存储起来以便分类时使用，训练过程就结束了。

当来了一个新的新闻稿件之后，该稿件属于哪个类别呢？按照朴素贝叶斯方法，我们分别将体育、财经、政治和军事 4 个类别代入式(5.9)中计算，取值最大者就是新闻稿件所属的类别。

$$\ln(P(\text{类别 } i)) + \sum_{j=1}^{N} \ln(P(\text{稿件中第 } j \text{ 个单词} \mid \text{类别 } i))$$

其中，N 为新闻稿件的长度，即新闻稿件包含的单词数。这样就用朴素贝叶斯方法实现了对新闻稿件的文本分类。

小明：原来可以这样实现文本分类啊，看起来并不难，回家后我就写个程序看看效果如何。

小明读书笔记

朴素贝叶斯方法是一种基于概率的分类方法，对于待分类样本，计算属于每个类别的概率，将所属概率最大的类别作为分类结果。

根据贝叶斯公式，求待分类样本 x 所属概率最大的类别可以转换为求下式最大值问题：

$$P(x \mid y_i)P(y_i)$$

其中，$P(y_i)$是类别 y_i 出现的概率，可以通过训练数据估计得到：

$$P(y_i) = \frac{\text{属于类别 } y_i \text{ 的样本数}}{\text{总样本数}}$$

$P(x|y_i)$是类别 y_i 中特征取值 x 的联合概率。由于联合概率存在组合爆炸问题，为此引入特征独立性假设，联合概率：

$$P(x \mid y_i) = P((x_1, x_2, \cdots, x_N) \mid y_i) = \prod_{j=1}^{N} P(x_j \mid y_i)$$

其中，x_i 为 x 第 i 个特征的取值。

引入独立性假设的贝叶斯分类方法称作朴素贝叶斯方法。概率 $P(x_j | y_i)$ 可以通过训练数据估计得到：

$$P(x_j \mid y_i)=\frac{\text{类别 } y_i \text{ 的样本中第 } j \text{ 个特征取值为 } x_j \text{ 的样本数}}{\text{标记为类别 } y_i \text{ 的样本数}}$$

为了防止概率为0的情况出现，一般采用拉普拉斯平滑方法，即默认任何特征均至少有一个取值。

5.3 决策树

艾博士：我们在对事物进行分类时，常常先用某个特征划分成几个大类，然后再一层层地根据事物特点进行细化，直到划分到具体的类别。

比如，根据饮食习惯可以判断是哪个地方的人。可以先根据是否喜欢吃辣的，划分成喜欢吃辣的和不喜欢吃辣的两大部分。如果是喜欢吃辣的，则可能是四川人或者湖南人，再根据是否喜欢吃麻的这一点，区分是四川人还是湖南人。而对于不喜欢吃辣的这一部分，如果喜欢吃甜的，则可能是上海人。如果不喜欢吃甜的，但喜欢吃酸的，则可能是山西人，否则就可能是河北人。

这一决策过程，可以表示为图5.7。由于其形式类似于数据结构中的一棵树，所以被称作决策树。小明了解什么是树结构吗？

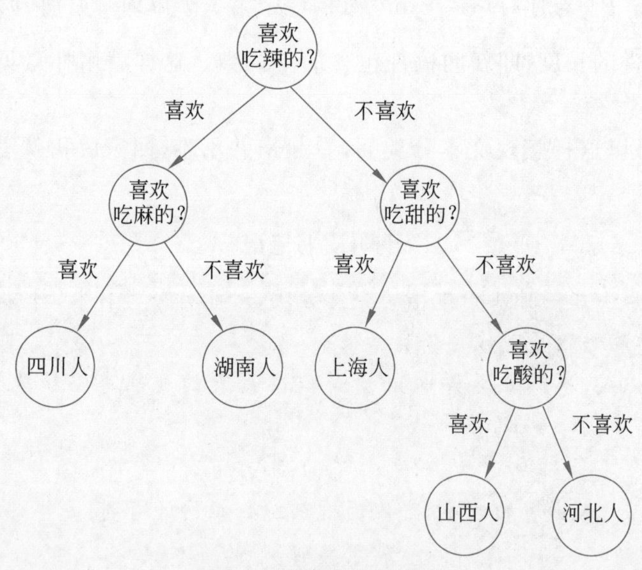

图5.7 决策树示意图(1)

小明：我在数据结构中学习过树结构，这是一种常用的数据结构。图中的圆圈称作节点，节点具有层次性，是一层一层从上到下生成出来的。直接连接在一个节点下面的几个节点称作上面这个节点的子节点，而上面这个节点称作这几个子节点的父节点。子节点和父节点都是相对的，一个父节点可能是其他节点的子节点，同样，一个子节点也可能是其他节点的父节点。比如图5.7中，节点“喜欢吃酸的”是节点“山西人”和节点“河北人”的父节点，同时又是节点“喜欢吃甜的”的子节点。图中最上面的节点，也就是没有父节点的节点，称作根节点。而图中最下面的节点，也就是那些没有子节点的节点，称作叶节点。比如图 5.7 中，节点“喜欢吃辣的”就是这棵树的根节点，而节点“四川人”“湖南人”“上海人”“山西人”“河北人”都属于叶节点。

艾博士：小明解释得很全面，几个重要的概念都介绍到了，我们会用到这些概念。

决策树是一种用于分类的特殊的树结构，其叶节点表示类别，非叶节点表示特征，分类时从根节点开始，按照特征的取值逐步细化，最后得到的叶节点即为分类结果。

小明：决策树这种方法看起来倒是比较直观，关键是如何建立决策树吧？

艾博士：是的。对于同一个问题，特征使用的次序不同，就可以建立多个不同的决策树，比如前面这个例子，也可以建立如图 5.8 所示的决策树。这就遇到了一个问题：如何评价一棵决策树的好坏，因为我们总是希望建立一棵最好的决策树。

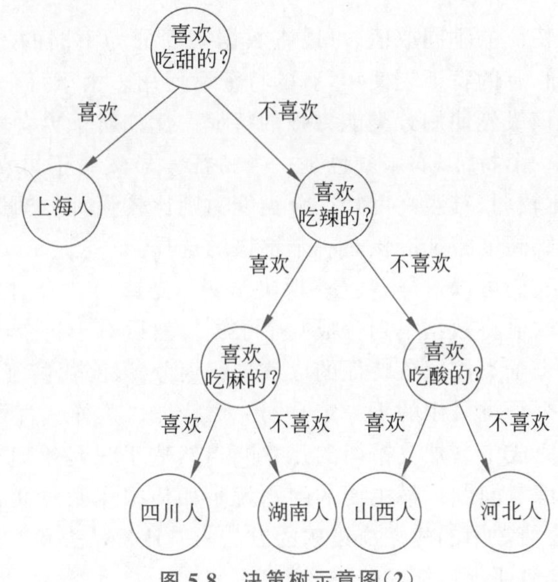

图 5.8　决策树示意图(2)

小明：俗话说，是骡子是马拉出来遛遛。能不能采用测试的方法？利用一些测试数据，测试每一棵决策树的分类性能，哪棵决策树的性能好，就选用哪个。

艾博士：的确是一个办法。但是这里存在一个问题，当特征数量比较多时，可能建立的决策树数量是非常多的，又遇到了组合爆炸问题。我们不可能把所有可能的决策树都建立起来，一棵一棵去测试以便找到一棵最好的决策树。

小明有点不好意思地说：我又把问题想简单了。

艾博士：为了建立一棵决策树，首先要有一个供训练用的数据集，数据集是建立决策树的依据。我们建立的决策树希望尽可能满足两个条件：一个条件是与数据集的矛盾尽可能小，也就是说，用决策树对数据集中的每个样本进行分类，其结果应该尽可能与样本的标注信息一致；另一个条件是在使用该决策树进行实际分类时，正确率尽可能高。后者称作泛化能力，泛化能力越强实际使用分类效果就越好。

听到这里小明急忙问道：难道决策树的分类结果不是应该与训练数据集的标注信息完

全一致吗？为什么是尽可能一致呢？

艾博士解释说：可能有多个原因做不到完全一致，比如采用的特征不合理或者不完备，利用这些特征就做不到与数据集完全一致的分类；或者数据集本身具有一定的噪声，有些标注信息有错误，这种情况下不一致反而是正确的，一致了反而会有问题。还有就是数据集中的一些样本比较特殊，代表性不强，如果强制对这类样本做正确分类，其结果可能会造成决策树泛化能力下降。后面会看到，我们有时会人为地加大决策树分类结果与数据集的不一致性，以便提高决策树的泛化能力。

小明：竟然还会有这样的问题，比较有意思，期待着后面的讲解。

艾博士：既然不可能一棵一棵去测试每一棵可能生成的决策树，就要看看是否有什么办法帮助我们建立一棵比较好的决策树，即便不一定是最优的，但是也是一个比较好的。

首先我们先看看如何建立一棵与数据集尽可能一致的决策树，先从这个角度考虑如何构建决策树问题。

在决策树中，按照特征的不同取值，可以将数据集划分为不同的子集，不同的决策树就是使用特征的顺序不同，有的特征先使用，有的特征后使用。由于每个特征的分类能力是不一样的，所以有理由应该最先使用分类能力强的特征。比如对于男女性别分类问题，年龄是一个特征，鞋跟高度是一个特征，衣服颜色是一个特征。显然对于男女性别分类问题来说，年龄特征的分类能力比较弱，鞋跟高度特征分类能力则比较强，而衣服颜色特征则介于二者之间，所以优先使用鞋跟高度特征应该是一个不错的选择。

按照这样的思路，我们可以这样建立一棵决策树：先选用一个对数据集分类能力最强的特征，按照该特征的取值将数据集划分成几个子类。然后对于每个子类，选用一个分类能力最强的特征，再将每个子类按照该特征的取值进行划分。注意，特征的分类能力与具体的数据集有关，所以这几个子类采用的不一定是同一个特征。这样一直划分下去，直到得到具体的类别为止，这样就完成了一棵决策树的建立。当然这里只是给出了一个建立决策树的基本思路，还涉及很多细节问题。最主要的问题就是如何根据数据集衡量一个特征的分类能力。下面我们介绍两种常用的建立决策树的方法——ID3 算法和 C4.5 算法，不同方法之间最主要的区别就是如何评价特征的分类能力。

5.3.1 决策树算法——ID3 算法

艾博士：为了评价特征的分类能力，我们先看看如何评价一个数据集的混乱程度。以男女性别分类为例，如果一个数据集中既有男性数据也有女性数据，则数据集是比较混乱的；如果一个数据集中只有男性数据或者只有女性数据，则数据集是纯净的。小明你觉得什么情况下这个数据集最混乱呢？

小明思考了一会儿回答道：男女数据各占一半时数据集最混乱吧？因为在这种情况下，如果没有任何其他信息，猜一个样本数据是男性数据还是女性数据的概率是 50%，具有最大的不确定性。如果有些类别的数据多，有些类别的数据少，比如说男性数据占 70%，女性数据占 30%，则在这种情况下，当没有其他可用信息时，让我猜一个样本数据是男性数据还是女性数据，我肯定会猜测是男性数据，因为猜对的概率为 70%。所以对于一个男性数据占 70%、女性数据占 30%的数据集，就不是那么混乱。

艾博士：所以说，一个数据集的混乱程度与其各个类别的占比，也就是概率有关。为此我们可以引用熵的概念，用熵的大小评价一个数据集的混乱程度。

小明：什么是熵呢？

艾博士：熵是度量数据集混乱程度的一种方法，通过数据集中各个类别数据的概率可以计算出该数据集的熵。

假设数据集由 n 个类别组成，每个类别的概率为 P_i，则该数据集 D 的熵 $H(D)$ 由式(5.13)给出：

$$H(D) = -\sum_{i=1}^{n} P_i \cdot \log_2(P_i) \tag{5.13}$$

其中，概率 P_i 由数据集计算得到：

$$P_i = \frac{\text{数据集中第 } i \text{ 类的样本数}}{\text{数据集中样本总数}} \tag{5.14}$$

由于概率 P_i 都是大于或等于 0 且小于或等于 1 的，所以取对数后 $\log_2(P_i)$ 是小于或等于 0 的，也就是或者为 0，或者为负数。这样由式(5.13)可以得到熵一定是大于或等于 0 的。

小明有些疑惑地问道：概率 P_i 是有可能等于 0 的，而 0 的对数是负无穷，这种情况下如何计算熵呢？

艾博士解释说：在计算熵时，对于概率 P_i 等于 0 的情况，我们约定 $P_i \cdot \log_2(P_i)$ 的值为 0。

小明：这样约定就没有问题了。

下面举一个计算熵的例子。比如对于男女性别数据集，当男女数据各占一半时，类别为男性的概率和类别为女性的概率均为 0.5，所以这种情况下该数据集的熵为

$$\begin{aligned} H(D) &= -(\text{男性的概率} \times \log_2(\text{男性的概率}) + \text{女性的概率} \times \log_2(\text{女性的概率})) \\ &= -(0.5 \times \log_2(0.5) + 0.5 \times \log_2(0.5)) \\ &= -(0.5 \times (-1) + 0.5 \times (-1)) \\ &= 1 \end{aligned}$$

当男性数据为 70%、女性数据为 30%时，类别为男性的概率为 0.7，类别为女性的概率为 0.3，所以这种情况下该数据集的熵为

$$\begin{aligned} H(D) &= -(\text{男性的概率} \times \log_2(\text{男性的概率}) + \text{女性的概率} \times \log_2(\text{女性的概率})) \\ &= -(0.7 \times \log_2(0.7) + 0.3 \times \log_2(0.3)) \\ &= -(0.7 \times (-0.5146) + 0.3 \times (-1.7370)) \\ &= 0.8813 \end{aligned}$$

小明：这两个例子确实说明了熵的大小可以反映数据集的混乱程度，熵值越大说明数据集越混乱。这与特征的分类能力有什么关系呢？

艾博士：如果按照特征的取值，将数据集划分成几个子数据集，这些子数据集的熵变小了，就说明采用这个特征后数据集比之前变得更纯净了。使用特征前后数据集熵的下降程度，是否就可以评价特征的分类能力呢？

小明：这是一个巧妙的想法，熵的下降程度越大，说明使用特征后的数据集越纯净，特征的分类能力也就越强。如果使用特征之后划分得到的几个子数据集是完全纯净的，也就是每个子集都是同一个类别的样本数据，则这种情况下熵的下降程度最大，也是我们希望得到的分类结果。

艾博士：但是这时又遇到了问题，采用特征后将数据集划分了几个子数据集，多个子数据集的熵怎么计算呢？

小明：是啊，我又把问题想简单了。

艾博士：这时我们要引用条件熵的概念，也就是按照特征 A 的取值将数据集 D 划分成几个子数据集，综合计算这几个子数据集的熵，称作条件熵，表示为 $H(D|A)$。

假设数据集为 D，所使用的特征为 A，共有 n 个取值，按照 A 的取值将数据集 D 划分成 n 个子数据集 D_i，则条件熵 $H(D|A)$ 为子数据集的熵按照每个子数据集占数据集的比例的加权和，即

$$H(D \mid A)=\sum_{i=1}^{n} \frac{|D_i|}{|D|} H(D_i) \tag{5.15}$$

其中，$|D_i|$ 表示第 i 个子数据集 D_i 的样本数；$|D|$ 表示数据集 D 的样本数；$\frac{|D_i|}{|D|}$ 就是第 i 个子数据集 D_i 占数据集 D 的比例；$H(D_i)$ 是第 i 个子数据集 D_i 的熵，同样按照式(5.13)计算，只是数据采用第 i 个子数据集 D_i 中的样本。

小明：我明白了，条件熵就相当于是每个子数据集熵的加权平均值，权重为每个子数据集占数据集的比例。

艾博士接着讲道：使用特征 A 前后数据集熵的下降程度我们称为信息增益，用 $g(D,A)$ 表示，由式(5.16)给出：

$$g(D,A)=H(D)-H(D \mid A) \tag{5.16}$$

用信息增益就可以对特征的分类能力进行评价了，信息增益越大的特征，说明该特征的分类能力越强。

小明：我明白了。由式(5.16) 可以看出，信息增益最大为 $H(D)$，此时条件熵 $H(D|A)$ 为 0，说明特征 A 完全可以将数据集 D 划分成几个纯净的子数据集，每个子数据集中的样本都是相同的类别。信息增益最小为 0，说明特征 A 使用前后数据集的熵没有变化，特征 A 没有任何分类能力。

接着小明又问道：这样的话，是不是先按照信息增益对特征排一个序，然后按照顺序使用特征建立决策树就可以了？

艾博士：小明你又把问题想简单了，特征的分类能力是与具体的数据集有关的，在一个数据集下分类能力强的特征，换一个数据集分类能力可能就没有那么强了。比如，我们前面讨论过，对于男女性别分类来说，鞋跟高度可能是一个分类能力比较强的特征，这是从一般情况说的，如果一个数据集中全是穿平底鞋的，那么鞋跟高度就没有任何分类能力了。

小明：从式(5.16)也确实可以看出信息增益是与具体的数据集有关。

艾博士：所以说建立决策树时，先用全部数据集 D 按照信息增益选择一个特征 A，按照特征 A 的取值将数据集 D 划分成 $D_1, D_2, \cdots, D_n$ 共 n 个子数据集，对这 n 个子数据集再分别计算每个特征的信息增益，每个子数据集 D_i 分别选出对应的信息增益最大的特征 A_i，这几个特征可能是相同的，也可能是不同的，完全由具体的子数据集决定。

讲到这里艾博士强调说：这种按照信息增益选择特征建立决策树的方法，称作 ID3 算法。

小明：为什么称作 ID3 算法呢？

艾博士：ID3 算法的全称是 Iterative Dichotomiser 3，直译过来就是"第三代迭代二分器"的意思。这里"迭代"的意思是指，对于每个子数据集，包括子数据集的子数据集……，都采用相同的方法选择特征，一层层地逐渐加深建立决策树。而"二分器"指的是每个节点（对应决策树建立过程中的某个数据集）都可以划分成两部分。但是实际上 ID3 算法建立的决策树不仅仅是"二分"的，也可以是"多分"的，之所以叫作"二分器"可能与早期的决策树形式有关，逐渐改进之后也允许"多分"了。

小明：原来是这样的。

艾博士：下面我们首先给出 ID3 算法的具体描述，然后再详细讲解其建立决策树的过程。简单地说，ID3 算法就是采用上面提到的建立决策树的思想，按照信息增益选择特征，按照特征的取值将数据集逐步划分成小的子数据集，采用递归的思想建立决策树。

ID3 算法

输入：训练集 D，特征集 A，阈值 ε

输出：决策树 T

1　如果 D 中所有样本均属于同一类别 C_k，则 T 为单节点树，将 C_k 作为该节点的类别标志，返回 T

2　如果 A 为空，则 T 为单节点树，将 D 中样本最多的类 C_k 作为该节点的类别标志，返回 T

3　否则计算 A 中各特征对 D 的信息增益，选择信息增益最大的特征 A_g

4　如果 A_g 的信息增益小于阈值 ε，则将 T 视作单节点树，将 D 中样本最多的类 C_k 作为该节点的类别标记，返回 T

5　否则按照 A_g 的每个可能取值 a_i，将 D 划分为 n 个子数据集 D_i，作为 D 的子节点

6　对于 D 的每个子节点 D_i，如果 D_i 为空，则视 T_i 为单节点树将 D_i 的父节点 D 中样本最多的类作为 D_i 的类别标记

7　否则以 D_i 作为训练集，以 $A-\{A_g\}$ 为特征集，递归地调用算法的 1～6 步，得到子决策树 T_i，返回 T_i

艾博士：下面我们就具体解释一下 ID3 算法建立决策树的过程。

首先，算法的输入包括：一个用于训练的数据集；一个特征集，特征集包含了所有可以使用的特征；一个大于 0 的阈值 ε，当信息增益小于该阈值时，认为信息增益为 0，特征不具有任何分类能力。

算法的输出就是一棵决策树。由于算法是递归实现的，所以算法输出的也可能只是决策树的某个叶节点，或者是一棵子决策树。比如由某个子数据集建立的子决策树。

算法的前几步为处理几种特殊情况。第一步判断数据集 D 是否都是同一个类别的样本，如果都是同一个类别，则说明该数据集不需要再分类了，应该成为决策树的一个叶节点，按照样本的类别标记该节点的类别。

小明有些不解地问道：为什么会出现数据集 D 都是同一个类别的情况呢？收集数据集时不是要尽可能各种类别都有吗？

艾博士：收集数据集时确实如小明所说，需要各个类别都有。ID3 算法是按照选择的

特征逐渐划分数据集，所以这里的数据集 D 不一定是最原始的训练用数据集，而是算法按照特征对数据集进行划分过程中得到的某个小数据集，这种情况下数据集 D 很可能就是单一类别的样本，而且随着决策树的建立，当用了多个特征对数据集划分之后，我们也希望最后得到的小数据集是由单一样本组成的，这样才说明这些特征具有比较好的分类效果。比如对于男女性别分类问题，如果采用了鞋跟高度特征之后，取值高跟的划分为一个子数据集，取值平底的划分为另一个子数据集，如果穿高跟鞋的刚好都是女性，而穿平底鞋的刚好都是男性，则两个子数据集都是同一个类别的样本数据。

小明：我明白了，由于按照特征的取值对数据进行反复划分，最后得到的数据集就会出现单一类别的情况，而这也正是我们所希望的结果。

艾博士继续讲解说：ID3 算法的第二步，如果特征集 A 为空，这时即便数据集 D 中的样本不是单一类别的，由于已经没有特征可用，也不能继续按照特征的取值对数据集 D 做进一步划分，这时只能将数据集 D 当作决策树的一个叶节点，其类别标记为 D 中类别最多样本的类别。比如如果这时 D 中的样本有 8 个男性、3 个女性，男性样本多于女性的样本，则将该节点标记为男性类别。

小明：为什么会出现特征集为空的情况呢？

艾博士：假设我们用特征 A_g 的取值将数据集 D 划分为 n 个子数据集 D_i，然后再用信息增益最大的特征 A_i 分别对子数据集 D_i 做划分。对于子数据集 D_i 来说，是用特征 A_g 的取值划分得到的，那么再对子数据集 D_i 做划分时，特征 A_g 已经没有意义，需要从特征集中删除特征 A_g，从其他特征中选择一个信息增益最大的特征。同样，在对数据集 D_i 的子数据集做划分时，也要删除所选择的 A_i 这个特征。这样的话，随着按照特征取值对数据集做划分的进行，可用的特征会越来越少，最终就可能出现特征集为空的情况。

小明：这跟随着数据集逐步划分成小数据集，最后会出现单一类别的数据集是同一个道理。

艾博士：但是这时也要注意，避免初学者容易犯的错误。我们通过一个具体例子来说明吧。

如图 5.9 所示，数据集 D 由特征 A_g(假定 A_g 有 3 个取值)划分为 D_1、D_2、D_3 3 个子数据集，这样接下来在对 D_1、D_2、D_3 3 个子数据集做划分时，就不能再用特征 A_g 了，因为这 3 个数据集就是根据 A_g 的取值划分的，再用也没有任何意义。然后 D_1 被特征 A_1 划分为 D_{11} 和 D_{12}、D_2 被特征 A_2 划分为 D_{21} 和 D_{22}、D_3 被特征 A_3 划分为 D_{31} 和 D_{32}。A_1、A_2、A_3 这 3 个特征可能相同也可能不相同，3 个特征之间没有任何关联，完全根据 D_1、D_2、D_3 所包含的样本，依据信息增益进行选择。接下来在对 D_{11} 和 D_{12} 两个数据集做划分时，A_g 和 A_1 两个特征就不能再用了，因为这两个数据集是使用了 A_g 和 A_1 两个特征后得到的数据集，但是特征 A_2 和 A_3 还是可以用的，除非这两个特征与 A_g 或者 A_1 相

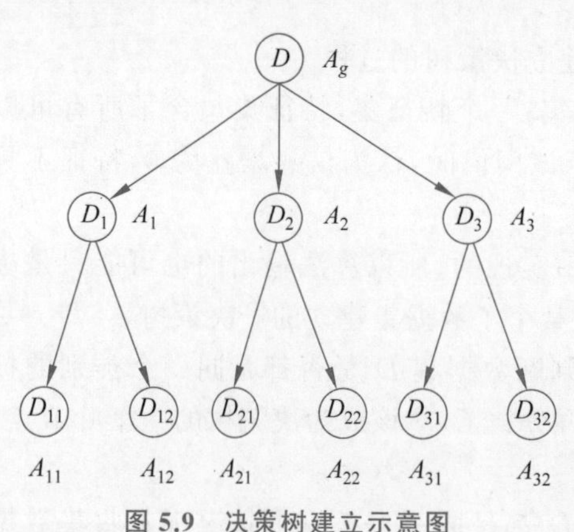

图 5.9 决策树建立示意图

同。同样，在对 D_{21} 和 D_{22} 两个数据集做划分时，A_g 和 A_2 两个特征不能用了，特征 A_1 和 A_3 是可以用的，除非这两个特征与 A_g 或者 A_2 相同。其他的也都类似。

小明：这个例子很说明问题，并不是用过的特征都不能用了，只是与当前数据集有关系的特征不能再使用。比如在这个例子中，D_{11} 和 D_{12} 两个数据集与特征 A_g 和 A_1 有关系，是采用这两个特征后得到的数据集，所以 D_{11} 和 D_{12} 两个数据集不能再用特征 A_g 和 A_1，而特征 A_2 和 A_3 与 D_{11} 和 D_{12} 没有关系，所以还可以使用。

艾博士称赞道：小明总结得很好。

ID3 算法的第三步，特征集 A 中的每个特征计算对数据集 D 的信息增益，从中选择一个信息增益最大的特征 A_g。这一步就是计算信息增益的过程，前面介绍过具体方法，这里不再重复。

ID3 算法的第四步，如果最大的信息增益 A_g 小于给定的阈值 ε，则认为该特征已经没有什么分类能力了，基本等同于算法第二步的特征集 A 为空的情况，按照同样的办法处理，不再赘述。

ID3 算法的第五步，按照特征 A_g 的 n 个取值 $a_1, a_2, \cdots, a_n$ 将数据集 D 划分为 n 个子数据集 D_i，每个子数据集 D_i 作为数据集 D 的子节点连接，如图 5.10 所示。

对于 ID3 算法的第六步，我们暂时先放一放，最后再给出解释。

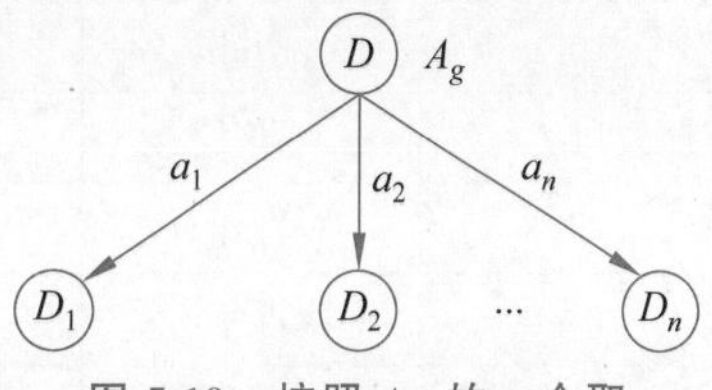

图 5.10　按照 A_g 的 n 个取值对 D 做划分

ID3 算法的第七步，接下来就是以算法第五步产生的每个子数据集 D_i 分别作为训练集，递归地调用 ID3 算法的第一步到第六步，为每个子数据集建立一棵子决策树 T_i。由于这几个子数据集是用特征 A_g 的取值划分得到的，所以在建立子决策树 T_i 时，要将特征 A_g 从特征集 A 中去除，即以 $A-\{A_g\}$ 为特征集。

最后再返回来说说 ID3 算法的第六步，这一步是对可能遇到的特殊情况进行处理。当按照特征的取值对数据集划分时，可能会遇到某个子数据集为空的情况，也就是该子数据集中一个样本也没有。比如在图 5.10 中，如果数据集 D 中没有任何样本的 A_g 特征取值为 a_2，则子数据集 D_2 就为空。这种情况下，也要为子数据集 D_2 标记一个类别，以便在实际使用时，万一有样本落入这个节点时获得一个分类结果。

小明有些不解地问道：这个节点为空说明没有任何训练样本落入这个节点，怎么对它标注类别呢？从算法中看类别标记都是根据样本情况标记的。

艾博士：确实存在小明所说的情况，所以要特殊处理。在这种情况下，我们就是猜测一个类别作为这个叶节点的分类标记。

小明问道：怎么猜测呢？

艾博士：在 ID3 算法中是这样处理的：以其父节点数据集 D 中样本数最多的类别作为该叶节点的类别标记。比如 D 中男性样本多于女性样本，则该节点就标记为男性。

小明：我明白 ID3 算法的处理思路了，就是既然这个节点为空，不能确定其类别标记，就按照其父节点的样本情况，猜测一个分类标记。万一在实际使用中有样本落入该节点时，就以猜测的分类标记作为输出。

艾博士：讲了这么多，还是举例说明如何使用ID3算法建立一棵决策树吧。采用表5.1给出的男女性别数据作为训练集，建立一棵用于男女性别分类的决策树。为了方便计算，再次复制表5.1，如表5.3所示。

表5.3 男女性别样本数据表

ID	年龄	发长	鞋跟	服装	性别
1	老年	短发	平底	深色	男性
2	老年	短发	平底	浅色	男性
3	老年	中发	平底	花色	女性
4	老年	长发	高跟	浅色	女性
5	老年	短发	平底	深色	男性
6	中年	短发	平底	浅色	男性
7	中年	短发	平底	浅色	男性
8	中年	长发	高跟	花色	女性
9	中年	中发	高跟	深色	女性
10	中年	中发	平底	深色	男性
11	青年	长发	高跟	浅色	女性
12	青年	短发	平底	浅色	女性
13	青年	长发	平底	深色	男性
14	青年	短发	平底	花色	男性
15	青年	中发	高跟	深色	女性

首先开始的时候数据集D就是表5.3所示的这个表，先计算数据集D的熵。

数据集D共有15个样本，其中男性样本有8个，女性样本有7个，则男性、女性的概率分别为

$$P(\text{男性})=\frac{8}{15}=0.5333$$

$$P(\text{女性})=\frac{7}{15}=0.4667$$

根据式(5.13)有D的熵为

$$\begin{aligned}H(D)&=-\sum_{i=1}^{n}P_i\times\log_2(P_i)\\&=-(P(\text{男性})\times\log_2(P(\text{男性}))+P(\text{女性})\times\log_2(P(\text{女性})))\\&=-(0.5333\times\log_2 0.5333+0.4667\times\log_2 0.4667)\\&=0.9968\end{aligned}$$

接下来根据式(5.15)计算每个特征的条件熵。

对于年龄特征，共有老年、中年和青年3个取值，每个取值都有5个样本。当取值为老年时，5个样本中有3个男性、2个女性，我们得到这个子数据集下男性、女性的概率分别为：

$$P(\text{男性})=\frac{3}{5}=0.6$$

$$P(\text{女性})=\frac{2}{5}=0.4$$

所以对于取值老年时子数据集的熵，用 H(老年)表示：

$$\begin{aligned}H(\text{老年})&=-(P(\text{男性})\times\log_2(P(\text{男性}))+P(\text{女性})\times\log_2(P(\text{女性})))\\&=-(0.6\times\log_2 0.6+0.4\times\log_2 0.4)\\&=0.9710\end{aligned}$$

相应地，可以计算出取值中年、取值青年时子数据集的熵，下面直接给出计算结果：

$$H(\text{中年})=0.9710$$
$$H(\text{青年})=0.9710$$

小明看着艾博士的计算结果有些疑惑地问道：怎么 3 个子数据集的熵都是 0.9710?

艾博士回答说：是的，恰好都是这个结果。因为对于年龄特征，老年、中年和青年 3 个取值都是各有 5 个样本，而且 3 个取值中不是 3 个男性 2 个女性，就是 2 个男性 3 个女性，这两种情况熵都是一样的。

小明：明白了。

艾博士又继续讲解了起来：根据式(5.15) 有特征年龄的条件熵为

$$\begin{aligned}H(D\mid\text{年龄})&=\sum_{i=1}^{n}\frac{|D_i|}{|D|}H(D_i)\\&=\frac{\text{取值老年的样本数}}{\text{数据集 }D\text{ 的样本数}}H(\text{老年})+\frac{\text{取值中年的样本数}}{\text{数据集 }D\text{ 的样本数}}H(\text{中年})+\\&\quad\frac{\text{取值青年的样本数}}{\text{数据集 }D\text{ 的样本数}}H(\text{青年})\\&=\frac{5}{15}\times 0.9710+\frac{5}{15}\times 0.9710+\frac{5}{15}\times 0.9710\\&=0.9710\end{aligned}$$

由此我们得到年龄的信息增益为

$$\begin{aligned}g(D,\text{年龄})&=H(D)-H(D\mid\text{年龄})\\&=0.9968-0.9710\\&=0.0258\end{aligned}$$

对于发长特征，共有短发、中发和长发 3 个取值，其中短发有 7 个样本，中发和短发各有 4 个样本。当取值为短发时，7 个样本中有 6 个男性、1 个女性，得到这个子数据集下男性、女性的概率分别为

$$P(\text{男性})=\frac{6}{7}=0.8571$$

$$P(\text{女性})=\frac{1}{7}=0.1429$$

所以对于取值短发时子数据集的熵，用 H(短发)表示：

$$\begin{aligned}H(\text{短发})&=-(P(\text{男性})\times\log_2(P(\text{男性}))+P(\text{女性})\times\log_2(P(\text{女性})))\\&=-(0.8571\times\log_2 0.8571+0.1429\times\log_2 0.1429)\\&=0.5917\end{aligned}$$

相应地，可以计算出取值中发和长发时子数据集的熵，下面直接给出计算结果：

$$H(中发)=0.8113$$

$$H(长发)=0.8113$$

根据式(5.15)有发长特征的条件熵为

$$\begin{aligned}H(D\mid 发长)&=\sum_{i=1}^{n}\frac{|D_i|}{|D|}H(D_i)\\&=\frac{取值短发的样本数}{数据集\ D\ 的样本数}H(短发)+\frac{取值中发的样本数}{数据集\ D\ 的样本数}H(中发)+\\&\quad\frac{取值长发的样本数}{数据集\ D\ 的样本数}H(长发)\\&=\frac{7}{15}\times 0.5917+\frac{4}{15}\times 0.8113+\frac{4}{15}\times 0.8113\\&=0.7088\end{aligned}$$

由此得到发长的信息增益为

$$\begin{aligned}g(D,发长)&=H(D)-H(D\mid 发长)\\&=0.9968-0.7088\\&=0.2880\end{aligned}$$

对于鞋跟特征，共有高跟和平底两个取值，其中高跟有5个样本，平底有10个样本。当取值为高跟时，5个样本均为女性，没有男性样本。我们得到这个子数据集下男性、女性的概率分别为

$$P(男性)=\frac{0}{5}=0$$

$$P(女性)=\frac{5}{5}=1$$

所以对于取值高跟时子数据集的熵，用 H(高跟)表示：

$$\begin{aligned}H(高跟)&=-(P(男性)\times\log_2(P(男性))+P(女性)\times\log_2(P(女性)))\\&=-(0\times\log_2 0+1\times\log_2 1)\\&=0\end{aligned}$$

讲到这里艾博士问小明：这里就遇到了对0取对数的问题，由于0的对数是负无穷大，还记得怎么处理这个问题吗？

小明回答说：记得呢，前面我问过这个问题，对于概率等于0的情况，按照 $0\times\log_2 0$ 等于0处理。

艾博士：小明回答得非常正确！

艾博士继续讲道：相应地，可以计算出取值平底时子数据集的熵，下面直接给出计算结果：

$$H(平底)=0.7219$$

根据式(5.15)得到鞋跟特征的条件熵为

$$H(D\mid 鞋跟)=\sum_{i=1}^{n}\frac{|D_i|}{|D|}H(D_i)$$

$$=\frac{\text{取值高跟的样本数}}{\text{数据集 }D\text{ 的样本数}}H(\text{高跟})+\frac{\text{取值平底的样本数}}{\text{数据集 }D\text{ 的样本数}}H(\text{平底})$$

$$=\frac{5}{15}\times 0+\frac{10}{15}\times 0.7219$$

$$=0.4813$$

由此得到鞋跟特征的信息增益为

$$\begin{aligned} g(D,\text{鞋跟}) &= H(D)-H(D\mid \text{鞋跟}) \\ &= 0.9968-0.4813 \\ &= 0.5155 \end{aligned}$$

对于服装特征，共有深色、浅色和花色 3 个取值，其中深色有 6 个样本，浅色有 6 个样本，花色有 3 个样本。当取值为深色时，6 个样本中有 4 个男性、2 个女性，得到这个子数据集下男性、女性的概率分别为

$$P(\text{男性})=\frac{4}{6}=0.6667$$

$$P(\text{女性})=\frac{2}{6}=0.3333$$

所以对于取值深色时子数据集的熵，用 $H(\text{深色})$ 表示：

$$\begin{aligned} H(\text{深色}) &= -(P(\text{男性})\times \log_2(P(\text{男性}))+P(\text{女性})\times \log_2(P(\text{女性}))) \\ &= -(0.6667\times \log_2 0.6667+0.3333\times \log_2 0.3333) \\ &= 0.9183 \end{aligned}$$

相应地，可以计算出取值浅色和花色时子数据集的熵，下面直接给出计算结果：

$$H(\text{浅色})=1$$

$$H(\text{花色})=0.9183$$

根据式(5.15)有服装特征的条件熵为

$$\begin{aligned} H(D\mid \text{服装}) &= \sum_{i=1}^{n}\frac{|D_i|}{|D|}H(D_i) \\ &= \frac{\text{取值深色的样本数}}{\text{数据集 }D\text{ 的样本数}}H(\text{深色})+\frac{\text{取值浅色的样本数}}{\text{数据集 }D\text{ 的样本数}}H(\text{浅色})+ \\ &\quad \frac{\text{取值花色的样本数}}{\text{数据集 }D\text{ 的样本数}}H(\text{花色}) \\ &= \frac{6}{15}\times 0.9183+\frac{6}{15}\times 1+\frac{3}{15}\times 0.9183 \\ &= 0.9510 \end{aligned}$$

由此得到服装的信息增益为

$$\begin{aligned} g(D,\text{服装}) &= H(D)-H(D\mid \text{服装}) \\ &= 0.9968-0.9510 \\ &= 0.0458 \end{aligned}$$

比较年龄、发长、鞋跟和服装 4 个特征的信息增益，鞋跟特征的信息增益最大为 0.5155，所以对于决策树的根节点采用鞋跟特征对数据集 D 做划分，按照特征的高跟和平底两个取值，得到两个子数据集 D_1 和 D_2，如果用样本 ID 的集合表示子数据集，则有

$D_1=\{4,8,9,11,15\}$

$D_2=\{1,2,3,5,6,7,10,12,13,14\}$

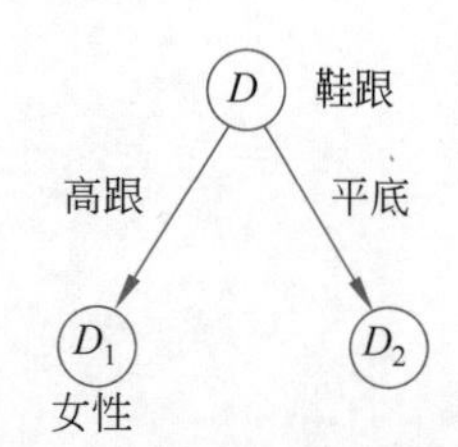

图 5.11 使用鞋跟特征后得到的决策树局部

由于子数据集 D_1 中样本的类别均为女性，所以 D_1 成为决策树的一个叶节点，其类别标记为女性。

到此得到决策树的一个局部，如图 5.11 所示。

由于子数据集 D_1 是单一类别的样本集，不需要再处理，接下来对 D_2 再次应用 ID3 算法。

首先计算数据集 D_2 的熵。D_2 中共有 10 个样本{1,2,3,5,6,7,10,12,13,14}，数字表示样本的 ID，其中 8 个男性样本、2 个女性样本，所以男性、女性的概率分别为

$$P(\text{男性})=\frac{D_2\text{ 中男性样本数}}{D_2\text{ 中的样本数}}=\frac{8}{10}=0.8$$

$$P(\text{女性})=\frac{D_2\text{ 中女性样本数}}{D_2\text{ 中的样本数}}=\frac{2}{10}=0.2$$

所以得到 D_2 的熵为

$$\begin{aligned}H(D_2)&=-(P(\text{男性})\times\log_2(P(\text{男性}))+P(\text{女性})\times\log_2(P(\text{女性})))\\&=-(0.8\times\log_2 0.8+0.2\times\log_2 0.2)\\&=0.7219\end{aligned}$$

下面计算每个特征的信息增益。在计算信息增益时，要将鞋跟特征从特征集中删除，我们再一次计算年龄、发长和服装这 3 个特征的信息增益。

小明：年龄、发长和服装这 3 个特征的信息增益前面已经计算过，为什么不拿过来直接用呢？

艾博士：前面确实计算过这 3 个特征的信息增益，但是是对数据集 D 计算的，而现在是对数据集 D_2 计算。我们曾经说过，信息增益是与数据集相关的，不同的数据集计算得到的信息增益可能不一样。

小明：对啊，您前面曾经讲过这个问题，我给忘记了。

艾博士：好的，下面就分别计算这 3 个特征在数据集 D_2 上的信息增益。

对于年龄特征，共有老年、中年和青年 3 个取值，其中取值老年的样本有 4 个，取值中年和青年的样本各有 3 个。

当取值为老年时，4 个样本中有 3 个男性、1 个女性，我们得到这个子数据集下男性、女性的概率分别为

$$P(\text{男性})=\frac{3}{4}=0.75$$

$$P(\text{女性})=\frac{1}{4}=0.25$$

所以对于取值老年时子数据集的熵，用 $H(\text{老年})$ 表示：

$$\begin{aligned}H(\text{老年})&=-(P(\text{男性})\times\log_2(P(\text{男性}))+P(\text{女性})\times\log_2(P(\text{女性})))\\&=-(0.75\times\log_2 0.75+0.25\times\log_2 0.25)\\&=0.8113\end{aligned}$$

相应地，可以计算出取值中年、取值青年时子数据集的熵，下面直接给出计算结果：

$$H(中年)=0$$

$$H(青年)=0.9183$$

根据式(5.15)有数据集 D_2 关于年龄特征的条件熵为

$$\begin{aligned}H(D_2 \mid 年龄) &= \sum_{i=1}^{n} \frac{|D_{2i}|}{|D|} H(D_{2i}) \\ &= \frac{D_2\text{ 中取值老年的样本数}}{\text{数据集 }D_2\text{ 的样本数}} H(老年) + \\ &\quad \frac{D_2\text{ 中取值中年的样本数}}{\text{数据集 }D_2\text{ 的样本数}} H(中年) + \\ &\quad \frac{D_2\text{ 中取值青年的样本数}}{\text{数据集 }D_2\text{ 的样本数}} H(青年) \\ &= \frac{4}{10} \times 0.8113 + \frac{3}{10} \times 0 + \frac{3}{10} \times 0.9183 \\ &= 0.6\end{aligned}$$

由此得到年龄特征在数据集 D_2 上的信息增益为

$$\begin{aligned}g(D_2, 年龄) &= H(D_2) - H(D_2 \mid 年龄) \\ &= 0.7219 - 0.6 \\ &= 0.1219\end{aligned}$$

对于发长特征，共有短发、中法和长发 3 个取值，其中取值短发的样本有 7 个，取值中发的样本有 2 个，取值长发的样本有 1 个。

当取值为短发时，7 个样本中有 6 个男性、1 个女性，我们得到这个子数据集下男性、女性的概率分别为

$$P(男性)=\frac{6}{7}=0.8571$$

$$P(女性)=\frac{1}{7}=0.1429$$

所以对于取值短发时子数据集的熵，用 H(短发)表示：

$$\begin{aligned}H(短发) &= -(P(男性) \times \log_2(P(男性)) + P(女性) \times \log_2(P(女性))) \\ &= -(0.8571 \times \log_2 0.8571 + 0.1429 \times \log_2 0.1429) \\ &= 0.5917\end{aligned}$$

相应地，可以计算出取值中发、取值长发时子数据集的熵，下面直接给出计算结果：

$$H(中发)=1$$

$$H(长发)=0$$

根据式(5.15)有数据集 D_2 关于发长特征的条件熵为

$$\begin{aligned}H(D_2 \mid 发长) &= \sum_{i=1}^{n} \frac{|D_{2i}|}{|D|} H(D_{2i}) \\ &= \frac{D_2\text{ 中取值短发的样本数}}{\text{数据集 }D_2\text{ 的样本数}} H(短发) +\end{aligned}$$

$$\frac{D_2\text{中取值中发的样本数}}{\text{数据集}D_2\text{的样本数}}H(\text{中发})+$$
$$\frac{D_2\text{中取值长发的样本数}}{\text{数据集}D_2\text{的样本数}}H(\text{长发})$$
$$=\frac{7}{10}\times 0.5917+\frac{2}{10}\times 1+\frac{1}{10}\times 0$$
$$=0.6142$$

由此得到发长特征在数据集 D_2 上的信息增益为

$$\begin{aligned}g(D_2,\text{发长})&=H(D_2)-H(D_2\mid\text{发长})\\&=0.7219-0.6142\\&=0.1077\end{aligned}$$

对于服装特征，共有深色、浅色和花色 3 个取值，其中取值深色的样本有 4 个，取值浅色的样本有 4 个，取值花色的样本有 2 个。

当取值为深色时，4 个样本均为男性，得到这个子数据集下男性、女性的概率分别为

$$P(\text{男性})=\frac{4}{4}=1$$
$$P(\text{女性})=\frac{0}{4}=0$$

所以对于取值深色时子数据集的熵，用 $H(\text{深色})$ 表示：

$$\begin{aligned}H(\text{深色})&=-(P(\text{男性})\times\log_2(P(\text{男性}))+P(\text{女性})\times\log_2(P(\text{女性})))\\&=-(1\times\log_2 1+0\times\log_2 0)\\&=0\end{aligned}$$

相应地，可以计算出取值浅色、花色时子数据集的熵，下面直接给出计算结果：

$$H(\text{浅色})=0.8113$$
$$H(\text{花色})=1$$

根据式(5.15)有数据集 D_2 关于服装特征的条件熵为

$$\begin{aligned}H(D_2\mid\text{服装})&=\sum_{i=1}^{n}\frac{|D_{2i}|}{|D|}H(D_{2i})\\&=\frac{D_2\text{中取值深色的样本数}}{\text{数据集}D_2\text{的样本数}}H(\text{深色})+\\&\quad\frac{D_2\text{中取值浅色的样本数}}{\text{数据集}D_2\text{的样本数}}H(\text{浅色})+\\&\quad\frac{D_2\text{中取值花色的样本数}}{\text{数据集}D_2\text{的样本数}}H(\text{花色})\\&=\frac{4}{10}\times 0+\frac{4}{10}\times 0.8113+\frac{2}{10}\times 1\\&=0.5245\end{aligned}$$

由此得到服装特征在数据集 D_2 上的信息增益为

$$\begin{aligned}g(D_2,\text{服装})&=H(D_2)-H(D_2\mid\text{服装})\\&=0.7219-0.5245\\&=0.1974\end{aligned}$$

比较年龄、发长和服装3个特征对数据集D_2的信息增益，服装特征的信息增益最大为0.1974，所以对于决策树的节点D_2采用服装特征对其做划分，按照服装特征的深色、浅色和花色3个取值，得到数据集D_2的3个子数据集D_{21}、D_{22}和D_{23}，如果用样本ID的集合表示这3个子数据集，则有

$$D_{21}=\{1,5,10,13\}$$

$$D_{22}=\{2,6,7,12\}$$

$$D_{23}=\{3,14\}$$

由于子数据集D_{21}中样本的类别均为男性，所以D_{21}成为决策树的一个叶节点，其类别标记为男性。

到此为止我们得到如图5.12所示的决策树，其中D_{22}和D_{23}两个子数据集还需要进一步处理。

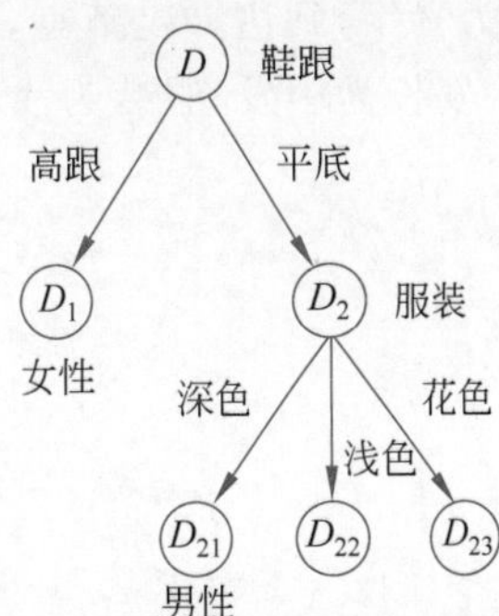

图5.12　决策树中间结果

对于D_{22}和D_{23}两个子数据集均还有年龄和发长两个特征可用。经计算，年龄特征和发长特征两个特征对数据集D_{22}的信息增益分别为0.8113、0.4868，年龄特征的信息增益最大，按照其3个取值老年、中年和青年将数据集D_{22}划分为D_{221}、D_{222}、D_{223} 3个子数据集，拥有的样本分别为

$$D_{221}=\{2\}$$

$$D_{222}=\{6,7\}$$

$$D_{223}=\{12\}$$

其中，D_{221}中的样本为男性，该节点被标注为男性；D_{222}中的样本为男性，节点被标注为男性；D_{223}中的样本为女性，节点被标注为女性。

经计算，年龄特征和发长特征对数据集D_{23}的信息增益都是1，随机选择一个作为信息增益最大的特征，比如选择发长特征，这样数据集D_{23}按照该特征的短发、中发和长发3个取值，被划分为D_{231}、D_{232}、D_{233} 3个子数据集，拥有的样本分别为

$$D_{231}=\{14\}$$

$$D_{232}=\{3\}$$

$$D_{233}=\{\ \}$$

其中，D_{231}中的样本为男性，该节点被标注为男性；D_{232}中的样本为女性，节点被标注为女性；D_{233}中没有样本，小明你说说这种情况下应该如何处理？D_{233}应该如何标注？

小明：刚刚您讲过，对于没有样本的节点，类别按照其父节点中样本最多的类别进行标注。对于D_{233}来说，其父节点为D_{23}，但是D_{23}中只有ID为3和14两个样本，这两个样本又分别为男性和女性，这种情况如何处理我就不知道了。

艾博士：这确实是一个非常特殊的情况，主要是例题样本过少造成的。这种情况下可以继续向上看，根据D_{23}的父节点D_2中的样本情况做标注。在D_2中共有8个男性样本，2个女性样本，所以按照样本多的类别，D_{233}可以标记为男性。

小明：我明白怎么处理了。

艾博士：至此我们采用ID3算法就完成了决策树的建立，建立的决策树如图5.13所示。建立决策树属于训练过程，在实际使用时，对于一个待分类样本，依据决策树，按照样本的特征取值就可以实现分类了。比如对于一个“年龄为青年、鞋跟为平底、发长为中发、服装

为浅色”的样本，应该标记为哪个类别呢？

小明回答说：按照图 5.13 所示的决策树，该样本应该属于女性。因为按照决策树，从根节点开始，根据鞋跟为平底达到 D_2 节点，再依据服装为浅色，到达 D_{22} 节点，最后根据年龄为青年，到达 D_{223} 节点，而该节点的类别标记为女性，所以有样本“年龄为青年、鞋跟为平底、发长为中发、服装为浅色”被分类为女性。

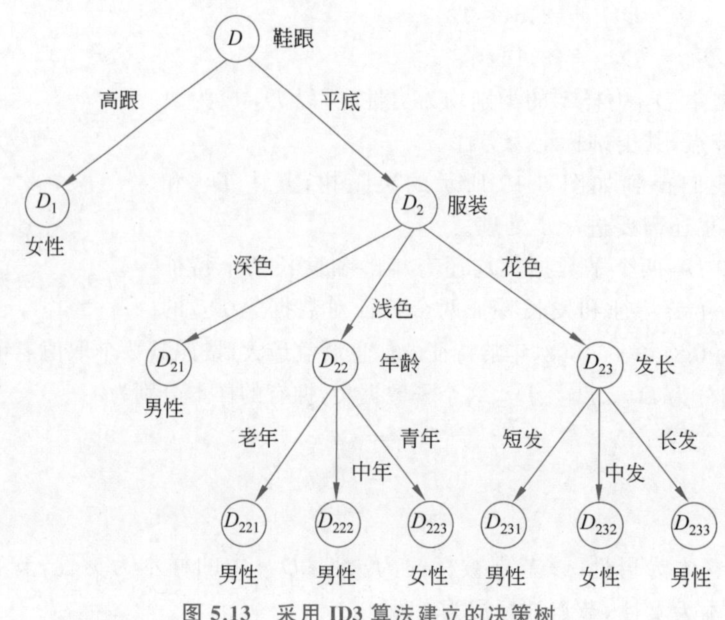

图 5.13 采用 ID3 算法建立的决策树

艾博士：对，决策树就是这样对待分类样本进行分类的。

5.3.2 决策树算法——C4.5 算法

艾博士：ID3 算法是一个被广泛使用的决策树算法，但是它也存在一些不足。

小明：ID3 算法有哪些不足呢？

艾博士：ID3 算法存在的主要问题是，当按照信息增益选择特征时，会倾向于选择一些取值多的特征。

小明有些不解地问道：这是为什么呢？为什么会存在这种倾向性？

艾博士解释说：我们从信息增益的计算方法来分析这个问题。按照式(5.16)，信息增益为

$$g(D,A)=H(D)-H(D\mid A)$$

当数据集确定时，$H(D)$是固定值，信息增益的大小由特征 A 的条件熵 $H(D|A)$的大小决定。当特征 A 的可能取值比较多时，数据集 D 被划分为多个子数据集，每个子数据集中的样本数就可能比较少，这样对于一个含有比较少样本的子数据集来说，里面只包含单一类别样本的可能性就比较大，这样就会导致条件熵比较小，从而使得信息增益比较大。极限情况下，特征 A 的取值特别多，以至于每个样本都有一个不同的取值，这样每个子数据集就只含有一个样本，每个子数据集的类别都是确定的。这种情况下特征 A 的条件熵为 0，信息增益取得最大值。但是这样的特征不具有任何归纳能力，泛化能力会非常差。

小明不太明白地说：艾博士，能否举例说明呢？不太明白为什么特征的取值太多，就可能导致泛化能力差。

艾博士：好的，我们举例说明。假设年龄特征就按照真实年龄取值，而刚好每个人的年龄都不一样，假设样本中 24 岁的是男性，25 岁的是女性，26 岁、27 岁的是男性……，而每个年龄又只有一个样本，这样就完全按照年龄区分了性别，对于待分类样本来说，如果 24 岁的就是男性、25 岁的就是女性，这种情况下的分类结果不是没有任何意义了吗？

小明：明白了，这种情况下确实不具有分类能力了。怎么解决这个问题呢？

艾博士：归根结底出现这个问题的原因还是样本不足造成的。设想一下，如果样本足够多，24 岁的样本中有男有女、25 岁的样本也有男有女，正常情况下男女的比例应该各占50%左右才正常。在这个比例下，年龄特征的条件熵就会比较大，相应地其信息增益也会比较小。但是在建立决策树过程中，数据集是逐渐被划分为一个个子数据集的，多次划分之后，子数据集中的样本量就会急剧减少，这时用取值比较多的特征对数据集做划分，就更容易出现样本不足的情况，从而造成信息增益大的假象。为解决这个问题，提出了信息增益率的概念。

小明：信息增益率是个什么概念呢？

艾博士：类比一下，信息增益好比是绝对误差的话，信息增益率就相当于是相对误差。首先我们给出分离信息（Split Information）的概念，根据分离信息就可以计算出信息增益率。

分离信息本质上还是熵的概念。小明，你说说我们如何计算一个数据集 D 的熵 $H(D)$？

小明：数据集 D 的熵 $H(D)$是按照 D 中的类别标志，计算每个类别的概率 P_i，然后按照下式计算熵 $H(D)$：

$$H(D)=-\sum_{i=1}^{n}P_i\cdot\log_2 P_i$$

艾博士：对的，就是这样计算，这里的要点是“按照类别的概率计算熵”。可以证明熵的最大值是 $\log_2 n$，这里的 n 为类别数。所以熵的最大值是与类别数有关的，类别数越多，其熵的最大值也越大。当然这里要注意，是熵的最大值越大，不是说类别多了熵就一定大，与数据集 D 中样本分布有关。

与通常用分类概率计算熵不同，分离信息是按照特征的取值计算概率，然后按照该概率值计算熵，与样本的分类无关。所以说分离信息本质上还是熵，只是计算角度不同。我们用 $\mathrm{SI}(D,A)$表示特征 A 在数据集 D 上的分离信息，则

$$\begin{aligned}\mathrm{SI}(D,A)&=-\sum_{i=1}^{n}P_i\cdot\log_2 P_i\\&=-\sum_{i=1}^{n}\frac{D\text{ 中特征 }A\text{ 取第 }i\text{ 个值的样本数}}{D\text{ 中的样本数}}\cdot\\&\quad\ \log_2\left(\frac{D\text{ 中特征 }A\text{ 取第 }i\text{ 个值的样本数}}{D\text{ 中的样本数}}\right)\end{aligned}\tag{5.17}$$

其中，n 为特征 A 的可能取值数。

小明：从公式看分离信息的计算确实就是在计算熵，只是概率的计算方法是按照特征取值计算，而不是按照类别计算。

艾博士：刚刚说过，类别越多，熵的最大值就越大。对于分离信息来说，就是特征取值越多，分离信息的最大值越大。所以可以用分离信息作为惩罚项，对信息增益进行惩罚，这样就得到了特征 A 对数据集 D 的信息增益率 $g_r(D,A)$：

$$g_r(D,A)=\frac{g(D,A)}{\mathrm{SI}(D,A)}=\frac{H(D)-H(D\mid A)}{\mathrm{SI}(D,A)} \tag{5.18}$$

信息增益率就是信息增益除以分离信息，对于取值比较多的特征，其分离信息可能比较大，这就弱化了按照信息增益选择特征时倾向于选择取值多的特征的问题。

小明：明白了，原来是这样的。

艾博士：下面给一个计算信息增益率的例子。

在前面男女性别分类数据集中，共有 15 个样本，发长特征有短发、中发和长发 3 个取值，其中取值为短发的有 7 个样本，取值为中发的有 4 个样本，取值为长发的有 4 个样本，那么发长特征在该数据集上的信息增益率是多少呢？小明你计算一下。

小明：我们前面已经计算过在这个数据集上，发长特征的信息增益为 0.2880，我们直接采用这个结果，不再重复计算。

按照式(5.17)，发长特征的分离信息为

$$\begin{aligned}
\mathrm{SI}(D,\text{发长})=&-\sum_{i=1}^{n}\frac{D\text{ 中特征 }A\text{ 取第 }i\text{ 个值的样本数}}{D\text{ 中的样本数}}\times\\
&\log_2\left(\frac{D\text{ 中特征 }A\text{ 取第 }i\text{ 个值的样本数}}{D\text{ 中的样本数}}\right)\\
=&-\left(\frac{D\text{ 中特征 }A\text{ 取值短发的样本数}}{D\text{ 中的样本数}}\times\right.\\
&\log_2\left(\frac{D\text{ 中特征 }A\text{ 取值短发的样本数}}{D\text{ 中的样本数}}\right)+\\
&\frac{D\text{ 中特征 }A\text{ 取值中发的样本数}}{D\text{ 中的样本数}}\times\log_2\left(\frac{D\text{ 中特征取值中发的样本数}}{D\text{ 中的样本数}}\right)+\\
&\left.\frac{D\text{ 中特征 }A\text{ 取值长发的样本数}}{D\text{ 中的样本数}}\times\log_2\left(\frac{D\text{ 中特征 }A\text{ 取值的样本数}}{D\text{ 中的样本数}}\right)\right)\\
=&-\left(\frac{7}{15}\times\log_2\frac{7}{15}+\frac{4}{15}\times\log_2\frac{4}{15}+\frac{4}{15}\times\log_2\frac{4}{15}\right)\\
=&1.5301
\end{aligned}$$

看到小明计算完毕，艾博士接着讲解道：将 ID3 算法中按照信息增益选择特征修改为按照信息增益率选择特征，就成为了 C4.5 算法。也就是说，C4.5 算法是对 ID3 算法的一种改进算法。我们就不给出 C4.5 算法的具体描述了，除了按照信息增益率选择特征以外，二者基本一致。

小明："二者基本一致"，那么就是说还有不一致的地方？

听到小明的问题，艾博士哈哈大笑起来：确实还有一些小的变化和其他改进的地方。下面我们看看在 C4.5 算法中有哪些其他改进的地方。

信息增益率是信息增益除以分离信息，如果数据集按照特征取值划分为几个子数据集

后，不同子数据集中样本的数量偏差比较大，则分离信息就比较小，从而导致比较大的信息增益率。比如某个特征只有 a、b 两个取值，其中绝大部分样本取 a 值，只有少量样本取 b 值，则取值为 a 的概率接近于 1，取值为 b 的概率接近于 0，该特征的分离信息就比较小，从而导致比较大的信息增益率。但是造成这种极端不平衡数据划分的特征对决策树来说并不是一个好的特征，因为其信息增益可能也比较小，应尽量避免使用。为此在 C4.5 算法中的解决方法是，先选择几个信息增益大的特征，然后再从这几个特征中选择信息增益率最大的特征，这样可以保证被选中的特征不仅具有比较大的信息增益率，同时还具有比较大的信息增益，在信息增益和信息增益率之间有所平衡。

小明：那么这里的“几个信息增益大的特征”选择几个才合适呢？

艾博士：一般可以选信息增益大于平均值的特征，有几个特征的信息增益大于平均值就选几个。

C4.5 算法的另一个改进是特征可以取连续值。

小明：特征取连续值是什么含义呢？

艾博士：简单地说，就是允许某些特征按照实际值取值，而不需要离散化处理。比如，发长特征就可以允许取连续值，样本中直接记录其实际发长就可以了。比如 3 厘米、10 厘米等，而不再需要离散化成短发、长发等。

小明有所不解地问道：艾博士，前面您不是讲过，这样的特征具有非常多的取值，泛化能力很差吗？C4.5 算法主要的改进也是采用信息增益率选择特征，目的就是尽量不采用这样的特征。为什么在 C4.5 算法中反而又允许这样的取值呢？

艾博士：小明能提出这样的问题说明你确实在认真思考问题，如果将头发的每一个长度都是作为离散值使用的话，确实会出现你说的问题，之所以对 ID3 算法做改进提出 C4.5 算法，也确实是为了尽可能避免这样的问题出现。但是在 C4.5 算法中这样的特征是当作连续值处理的，如果一个特征被标注为连续取值后，其处理方法与离散值特征并不一样。

小明：如何处理连续特征呢？

艾博士：在 C4.5 算法中对于连续特征是这样处理的。假设特征 A 是连续特征，按照特征 A 的取值对数据集 D 中的样本从小到大排序，排序后第 i 个样本特征 A 的取值为 a_i。对于 D 中任意两个相邻的样本 i 和 $i+1$，我们计算这两个样本特征 A 的中间值 b_i，即

$$b_i = \frac{a_i + a_{i+1}}{2} \tag{5.19}$$

然后按照 b_i 值将数据集 D 划分为两个子数据集，特征 A 取值大于 b_i 的样本为一个子数据集，小于或等于 b_i 的样本为另一个子数据集。经过这样划分后就可以计算该特征的信息增益率。对于具有 m 个样本的数据集 D，排序后任意相邻两个样本可以计算得到一个 b_i，每个 b_i 都可以将数据集 D 划分为两部分，计算出不同的信息增益率。其中最大的信息增益率作为特征 A 的信息增益率，与其他特征的信息增益率进行比较，选出信息增益率最大的特征参与决策树的建立。如果特征 A 的信息增益率刚好最大，则采用信息增益率最大时所对应的 b_i 将数据集 D 划分为两个子数据集。这样就实现了对连续取值特征的处理。

小明：我有些明白了。实际上，对于连续取值的特征，C4.5 算法自动将该特征离散化为两个取值，大于 b_i 是一个取值，小于或等于 b_i 是一个取值，而在多个 b_i 中选择信息增益

率最大的作为最佳划分。

艾博士：小明总结得很好，从本质上来说，C4.5算法处理的还是特征的离散值，只是对于连续特征自动按照信息增益率选择一个比较好的离散点，将该特征离散化为二值后再做处理。

小明：这样的话，对于连续特征就只能将数据集 D 划分为两个子数据集了？而不像其他离散特征那样，有多少个取值就将数据集 D 划分为几个子数据集？

艾博士：就是这样的。还有一点需要强调一下。对于离散特征 A 来说，如果该特征将数据集 D 划分为子数据集 D_1 和 D_2，则在进一步处理 D_1 和 D_2 时，特征 A 要从特征集中删除。但是如果特征 A 是连续取值的话，则特征 A 还需要保留在特征集中，还可以继续在子数据集 D_1、D_2 中使用。这一点也是连续特征与离散特征的不同之处。

小明：这一点如果您不提醒的话还真容易忽略。想一想也容易理解，因为对于连续特征来说，每次只是利用 b_i 值将数据集划分为了两个子数据集，在子数据集中还可以再利用其他的 b_i 做进一步的划分，所以该特征必须被保留在特征集中。

艾博士：下面我们再举一个例子说明连续特征时信息增益率是如何计算的。

假设发长是连续取值特征，样本如表5.4所示，这里我们忽略其他特征的取值。

表5.4 男女性别分类样本

ID	发长/厘米	类别	ID	发长/厘米	类别
1	2	男性	3	10	女性
2	4	男性	4	20	女性

首先计算数据集 D 的熵，D 中共有4个样本，其中男性样本2个、女性样本2个，所以熵 $H(D)$ 为

$$\begin{aligned}H(D)&=-(P(\text{男性})\log_2(P(\text{男性}))+P(\text{女性})\log_2(P(\text{女性})))\\&=-\left(\frac{2}{4}\log_2\frac{2}{4}+\frac{2}{4}\log_2\frac{2}{4}\right)\\&=1\end{aligned}$$

发长有4个取值，样本按发长取值排序，分别可以在2与4、4与10和10与20之间分割，得到数据集的3种划分结果。

(1) 第一个分割点：

$$b_1=\frac{2+4}{2}=3$$

发长值比 b_1 小的样本用样本ID的集合表示为：

$$D_1=\{1\}$$

发长值比 b_1 大的样本用样本ID的集合表示为：

$$D_2=\{2,3,4\}$$

子数据集 D_1 的熵：

$$\begin{aligned}H(D_1)&=-(P(\text{男性})\log_2(P(\text{男性}))+P(\text{女性})\log_2(P(\text{女性})))\\&=-\left(\frac{1}{1}\log_2\frac{1}{1}+\frac{0}{1}\log_2\frac{0}{1}\right)\\&=0\end{aligned}$$

子数据集 D_2 的熵：

$$\begin{aligned}H(D_2) &= -(P(\text{男性})\log_2(P(\text{男性})) + P(\text{女性})\log_2(P(\text{女性}))) \\ &= -\left(\frac{1}{3}\log_2\frac{1}{3} + \frac{2}{3}\log_2\frac{2}{3}\right) \\ &= 0.9183\end{aligned}$$

根据式(5.15)有分割点 $b_1=3$ 时发长特征的条件熵：

$$\begin{aligned}H(D \mid \text{发长}) &= \sum_{i=1}^{2}\frac{|D_i|}{|D|}H(D_i) \\ &= \frac{1}{4}\times 0 + \frac{3}{4}\times 0.9183 \\ &= 0.6887\end{aligned}$$

根据式(5.16)有分割点 $b_1=3$ 时发长特征的信息增益为

$$\begin{aligned}g(D,\text{发长}) &= H(D) - H(D \mid \text{发长}) \\ &= 1 - 0.6887 \\ &= 0.3113\end{aligned}$$

根据式(5.17)有分割点 $b_1=3$ 时发长特征的分离信息为

$$\begin{aligned}\mathrm{SI}(D,\text{发长}) &= -\sum_{i=1}^{n}P_i\times\log_2 P_i \\ &= -\left(\frac{D\text{ 中发长值小于 3 的样本数}}{D\text{ 中的样本数}}\log_2\left(\frac{D\text{ 中发长值小于 3 的样本数}}{D\text{ 中的样本数}}\right) + \right. \\ &\qquad \left.\frac{D\text{ 中发长值大于 3 的样本数}}{D\text{ 中的样本数}}\log_2\left(\frac{D\text{ 中发长值大于 3 的样本数}}{D\text{ 中的样本数}}\right)\right) \\ &= -\left(\frac{1}{4}\log_2\frac{1}{4} + \frac{3}{4}\log_2\frac{3}{4}\right) \\ &= 0.8113\end{aligned}$$

这样，根据式(5.18)有分割点 $b_1=3$ 时发长特征的信息增益率为

$$\begin{aligned}g_r(D,\text{发长}) &= \frac{g(D,\text{发长})}{\mathrm{SI}(D,\text{发长})} \\ &= \frac{0.3113}{0.8113} \\ &= 0.3837\end{aligned}$$

(2) 第二个分割点：

$$b_2 = \frac{4+10}{2} = 7$$

发长值比 b_2 小的样本用样本 ID 的集合表示为

$$D_1 = \{1,2\}$$

发长值比 b_2 大的样本用样本 ID 的集合表示为

$$D_2 = \{3,4\}$$

子数据集 D_1 的熵：

$$\begin{aligned}H(D_1) &= -(P(\text{男性})\log_2(P(\text{男性})) + P(\text{女性})\log_2(P(\text{女性}))) \\ &= -\left(\frac{2}{2}\log_2\frac{2}{2} + \frac{0}{2}\log_2\frac{0}{2}\right) \\ &= 0\end{aligned}$$

子数据集 D_2 的熵：

$$\begin{aligned}H(D_2)&=-(P(\text{男性})\log_2(P(\text{男性}))+P(\text{女性})\log_2(P(\text{女性})))\\&=-\left(\frac{0}{2}\log_2\frac{0}{2}+\frac{2}{2}\log_2\frac{2}{2}\right)\\&=0\end{aligned}$$

根据式(5.15)有分割点 $b_2=7$ 时发长特征的条件熵：

$$\begin{aligned}H(D\mid\text{发长})&=\sum_{i=1}^{2}\frac{|D_i|}{|D|}H(D_i)\\&=\frac{2}{4}\times 0+\frac{2}{4}\times 0\\&=0\end{aligned}$$

根据式(5.16)有分割点 $b_2=7$ 时发长特征的信息增益为

$$g(D,\text{发长})=H(D)-H(D\mid\text{发长})=1-0=1$$

根据式(5.17)有分割点 $b_2=7$ 时发长特征的分离信息为

$$\begin{aligned}\mathrm{SI}(D,\text{发长})&=-\sum_{i=1}^{n}P_i\times\log_2 P_i\\&=-\left(\frac{D\text{ 中发长值小于 7 的样本数}}{D\text{ 中的样本数}}\log_2\left(\frac{D\text{ 中发长值小于 7 的样本数}}{D\text{ 中的样本数}}\right)+\right.\\&\quad\left.\frac{D\text{ 中发长值大于 7 的样本数}}{D\text{ 中的样本数}}\log_2\left(\frac{D\text{ 中发长值大于 7 的样本数}}{D\text{ 中的样本数}}\right)\right)\\&=-\left(\frac{2}{4}\log_2\frac{2}{4}+\frac{2}{4}\log_2\frac{2}{4}\right)\\&=1\end{aligned}$$

这样，根据式(5.18)有分割点 $b_2=7$ 时发长特征的信息增益率为

$$g_r(D,\text{发长})=\frac{g(D,\text{发长})}{\mathrm{SI}(D,\text{发长})}=\frac{1}{1}=1$$

(3) 第三个分割点：

$$b_3=\frac{10+20}{2}=15$$

发长值比 b_3 小的样本用样本 ID 的集合表示为

$$D_1=\{1,2,3\}$$

发长值比 b_3 大的样本用样本 ID 的集合表示为

$$D_2=\{4\}$$

子数据集 D_1 的熵：

$$\begin{aligned}H(D_1)&=-(P(\text{男性})\log_2(P(\text{男性}))+P(\text{女性})\log_2(P(\text{女性})))\\&=-\left(\frac{2}{3}\log_2\frac{2}{3}+\frac{1}{3}\log_2\frac{1}{3}\right)\\&=0.9183\end{aligned}$$

子数据集 D_2 的熵：

$$\begin{aligned}H(D_2)&=-(P(\text{男性})\log_2(P(\text{男性}))+P(\text{女性})\log_2(P(\text{女性})))\\&=-\left(\frac{0}{1}\log_2\frac{0}{1}+\frac{1}{1}\log_2\frac{1}{1}\right)\\&=0\end{aligned}$$

根据式(5.15)有分割点 $b_3=15$ 时发长特征的条件熵：

$$H(D\mid 发长)=\sum_{i=1}^{2}\frac{|D_i|}{|D|}H(D_i)=\frac{3}{4}\times 0.9183+\frac{1}{4}\times 0=0.6887$$

根据式(5.16)有分割点 $b_3=15$ 时发长特征的信息增益为

$$g(D,发长)=H(D)-H(D\mid 发长)=1-0.6887=0.3113$$

根据式(5.17)有分割点 $b_3=15$ 时发长特征的分离信息为

$$\begin{aligned}\mathrm{SI}(D,发长)&=-\sum_{i=1}^{n}P_i\times\log_2 P_i\\&=-\left(\frac{D\text{ 中发长值小于 15 的样本数}}{D\text{ 中的样本数}}\log_2\left(\frac{D\text{ 中发长值小于 15 的样本数}}{D\text{ 中的样本数}}\right)+\right.\\&\qquad\left.\frac{D\text{ 中发长值大于 15 的样本数}}{D\text{ 中的样本数}}\log_2\left(\frac{D\text{ 中发长值大于 15 的样本数}}{D\text{ 中的样本数}}\right)\right)\\&=-\left(\frac{3}{4}\log_2\frac{3}{4}+\frac{1}{4}\log_2\frac{1}{4}\right)\\&=0.8113\end{aligned}$$

这样，根据式(5.18)有分割点 $b_3=15$ 时发长特征的信息增益率为

$$g_r(D,发长)=\frac{g(D,发长)}{\mathrm{SI}(D,发长)}=\frac{0.3113}{0.8113}=0.3837$$

这样我们就得到了3个分割点的信息增益率分别为0.3837、1、0.3837，其中分割点为7时的信息增益率最大，这样我们就以该信息增益率作为发长特征对数据集 D 的信息增益率。

5.3.3 过拟合问题与剪枝

艾博士：过拟合是机器学习中经常遇到的问题，决策树学习也会遇到过拟合问题。

小明：在第1篇神经网络与深度学习中您曾经介绍过过拟合问题，那么决策树学习中的过拟合问题与之前介绍过的过拟合问题有什么不同呢？

艾博士：从本质上来说并没有什么不同，都是由于样本代表性不强造成的。比如我们举一个生活中的例子。一对双胞胎，我们很难认出哪个是哥哥、哪个是弟弟，如果刚好哥哥有颗痣而弟弟没有，则当遇到这一对双胞胎时，可以通过是否有痣区分哥哥和弟弟。但是这显然不具有代表性，只适用于这一对双胞胎，换成其他的双胞胎就完全无效。如果把这种特殊情况学习成一般规律，就属于过拟合了。

小明：过拟合会带来哪些不好的影响呢？

艾博士：最主要的影响就是导致学习到的决策树泛化能力差。图5.14给出了一个过拟合问题的示意图。

假设我们有两个没有重叠的数据集，一个数据集作为训练集用于训练决策树，另一个数据集作为验证集用于测试决策树在不同阶段的性能。在建立决策树的过程中，每增加一个新的节点，就分别用训练集和验证集测试一次决策树的性能，图5.14给出了决策树性能变化的示意图。

图中绿色曲线为在训练集上的错误率曲线，在决策树建立的开始阶段，节点数还比较少，错误率比较高。随着决策树的建立，节点数逐步增多，训练集上的错误率也逐渐减少。这一点比较容易理解，因为在建立决策树的过程中，总是选择信息增益或者信息增益率大的

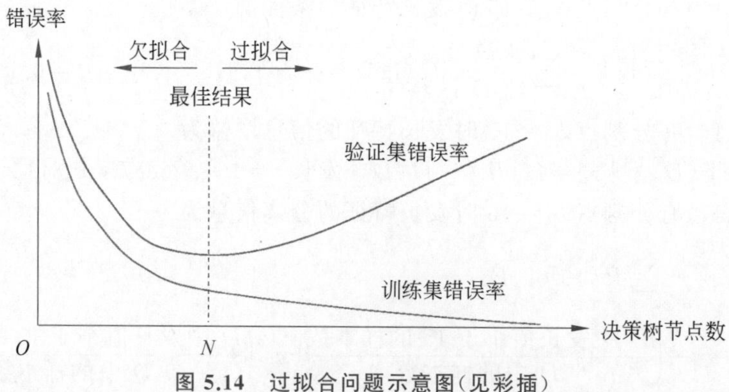

图 5.14 过拟合问题示意图(见彩插)

特征对数据集做划分，每使用一次特征都会降低原来数据集的熵，而熵反映了数据的混乱程度，熵越小说明数据越趋于规整，反映在训练集上就是错误率越来越小。

图中红色曲线是在验证集上的错误率曲线，在决策树建立的开始阶段，同训练集上的错误率一样，验证集上的错误率也是随着决策树的建立逐步降低的，当决策树的节点个数达到N时，验证集上的错误率达到了最小值。但是随后随着决策树节点的增加，验证集上的错误率反而会逐步加大，称为过拟合现象。验证集中的数据由于没有参与训练，所以更接近决策树真实使用时的情况，如果不解决过拟合问题，就会造成决策树的性能下降。

小明：有没有办法解决这个问题呢？

艾博士：从图 5.14 可以看出，当决策树的节点数小于N时，验证集上的错误率比较高，称为欠拟合。过拟合或者欠拟合都不是我们希望的结果，我们希望得到一个恰拟合——最佳拟合结果的决策树，也就是处于N这个位置的决策树。

小明：如何做到这一点呢？

艾博士：这就是我们下面要介绍的剪枝方法。所谓剪枝，就是把过大的决策树剪掉一部分"树枝"，以便使其既不过拟合也不欠拟合，刚好达到恰拟合的效果。

决策树剪枝分为预剪枝和后剪枝两大类方法。预剪枝就是在建立决策树的过程中提前停止决策树某些分枝的建立，达到减小决策树的目的。后剪枝是先按照算法建立好决策树，然后再对决策树做剪枝。小明你还记得在 ID3 算法的第四步，当最大的信息增益小于阈值ε时是如何处理的吗？

小明想了一会儿说：当最大的信息增益小于阈值ε时，认为特征已经不具有分类能力，等同于特征集为空，不再对数据集做划分，该数据集当作决策树的一个叶节点标记其类别。

艾博士：这其实就是一种简单的预剪枝，这种预剪枝是需要的，但是有些简单，还不足以解决过拟合问题。

比较常用的是后剪枝方法，下面我们主要介绍这种方法。我们先举例说明如何做剪枝。

如图 5.15 所示，剪枝是从决策树的底部开始的，将具有同一个父节点的几个叶节点从决策树中删除，只保留其父节点作为一个叶节点，并将父节点中样本最多的类别作为父节点的类别标记，就完成了一次剪枝。图 5.15 中左边是剪枝前的决策树，右边是剪枝后的决策树。图中将D_{11}、D_{12}、D_{13} 3 个叶节点剪掉，D_1成为叶节点，按照D_1中样本最多的类别标注D_1的类别，同样对D_2的子节点也可以做一次剪枝。在完成了这两次剪枝后，D_1、D_2都成为了叶节点，还可以进一步再做剪枝，将 D_1、D_2 剪掉，D 也成为了叶节点。这样自底向上可以一步步完成剪枝操作。

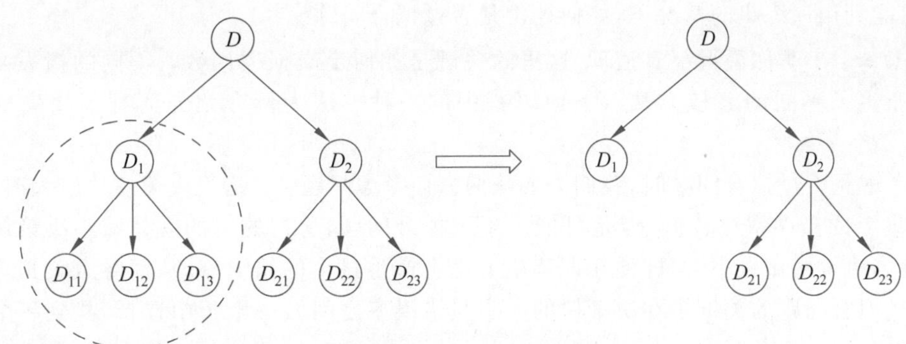

图 5.15　剪枝示意图

小明：那么剪枝到什么时候为止呢？

艾博士：这是一个很好的问题，我们有两种方法可以做出判断。

第一种方法是利用验证集。每做一次剪枝都比较剪枝前后决策树在验证集上的错误率，如果剪枝后错误率下降，则接受这次剪枝，否则就不接受这次剪枝。然后再试探其他可能的剪枝，直到所有可能的剪枝后错误率都不再下降为止。比如图 5.15 中，如果 D_1 的子节点剪掉后错误率下降，则接受这个剪枝，否则就要保留这些子节点；同样如果 D_2 的子节点剪掉后错误率会下降，则也接受这个剪枝，否则就保留这些子节点。如果 D_1、D_2 的子节点都被剪掉了，则作为叶节点 D_1、D_2 也可以被剪掉，至于最终是否被剪掉则取决于剪掉后的错误率变大还是变小。如果 D_1 或者 D_2 中有一个节点的子节点被保留了，那么 D_1、D_2 这两个节点也就不能被剪掉了。

小明：可能被剪掉的节点一定是叶节点，且一定是一个父节点的所有子节点同时被剪掉或者同时保留，而不能是只剪掉一个节点的部分子节点。

艾博士：小明总结得很好。因为所有子节点被剪掉后，其父节点才可能成为叶节点。剪枝操作一定是几个作为子节点的叶节点同时被剪掉，使其父节点成为叶节点，因为只能对叶节点进行类别标注。

小明：明白了，利用验证集的剪枝方法就是通过验证集上的错误率测试剪枝的合理性，自底向上试探每一种可能的剪枝方案，只要错误率下降就认为是合理的、接受该剪枝，直到所有的剪枝方案都不能使得错误率下降为止。

艾博士：下面我们再介绍剪枝的第二种方法。

利用验证集的剪枝方法其优点是简单、可靠，前提是验证集具有足够多的样本。一般来说，在实际问题中收集足够多的数据并不是一件容易的事情，何况在训练决策树时也需要足够多的样本，才有可能得到一棵比较好的决策树。有限多的样本要尽可能用在训练上。为此提出了基于损失函数的剪枝方法。

小明：基于损失函数的剪枝方法就不需要验证集了吗？

艾博士：基于损失函数的方法就是充分利用训练集，通过定义损失函数实现剪枝。其想法与利用验证集的剪枝方法基本相同，也是对建立好的决策树自底向上做剪枝，只是在判断剪枝是否合理时，用损失函数代替验证集上的错误率。

小明：我大概了解了基于损失函数的剪枝方法是如何操作的，关键看如何定义损失函数，在只能利用训练集的情况下，如何评价是否过拟合问题。

艾博士：小明你说得很有道理，这里的关键是如何定义损失函数。不同的损失函数定义方法产生了不同的剪枝方法。下面以其中的一种方法为例介绍如何利用损失函数做剪枝。

在考虑是否过拟合问题时，我们需要从两方面考虑问题：一是当决策树比较大时，虽然在训练集上的错误率比较低，但是可能产生过拟合问题，剪枝的目的就是减小决策树的规模；二是当决策树比较小时，即便在训练集上也会产生过大的错误率，从而导致欠拟合。所以解决过拟合问题的关键是在决策树的大小与错误率之间做一个折中选择，找到一个合适的平衡点。

如何评价决策树的大小呢？决策树的叶节点个数可以作为评价决策树大小的一个指标，叶节点越多，说明决策树越大、越复杂；叶节点越少，说明决策树越小、越简单。如何反映决策树在训练集上的错误率呢？我们说过，熵的大小代表了数据的混乱程度，一个叶节点的熵如果比较小，就说明这个节点的错误率比较小，所以叶节点的熵是与错误率相关的，我们可以用叶节点的熵表示错误率。但是对于具有相同熵的两个叶节点，其包含的样本数如果不同，对错误率的贡献也是不同的，显然包含的样本越多的节点对于错误率的贡献也越大。这样我们应该对叶节点的熵按照样本的多少做加权处理。

为了表示方便，我们用 T 表示一棵决策树，$N(T)$表示决策树叶节点的个数，T_i 表示决策树的第 i 个叶节点，N_i 表示第 i 个叶节点 T_i 包含的样本数，$H(T_i)$表示叶节点 T_i 的熵，α 为加权系数。

这样我们可以定义损失函数：

$$C(T)=\sum_{i=1}^{N(T)} N_i H(T_i)+\alpha N(T) \tag{5.20}$$

式(5.20)的第一部分是叶节点的熵按照节点所含样本数的加权和，反映的是错误率。第二部分是决策树叶节点的个数，反映的是决策树的复杂程度，加权系数 α 在两部分之间起到调节的作用，较大的 α 会选择较简单的决策树，而较小的 α 会选择复杂一些的模型。

基于损失函数的决策树剪枝，就是用损失函数代替验证集上的错误率，用损失函数评价剪枝的合理性，保留那些使得损失函数下降的剪枝，当所有的剪枝都导致损失函数上升时，则停止剪枝。其他方面与使用验证集的剪枝方法是一样的，就不详细叙述了。

小明：基于损失函数的剪枝方法是在训练集上进行的，其效果怎么样呢？能解决过拟合问题吗？

艾博士：基于损失函数的剪枝方法需要调节一个合适的加权系数 α，当 α 选择合适时，其效果还是不错的，可以得到一棵比较好的决策树。

下面以图 5.13 建立的决策树为例，看看如何利用损失函数对决策树进行剪枝。为了方便计算和查看我们将决策树复制于此，如图 5.16 所示。

首先我们计算剪枝前的损失函数，假设加权系数 α 为 2。

该决策树共有 8 个叶节点，每个叶节点中的样本都是“纯的”男性或者女性，叶节点的熵均为 0，所以损失函数第一项为 0。第二项为 α 乘以叶节点个数。所以损失函数为

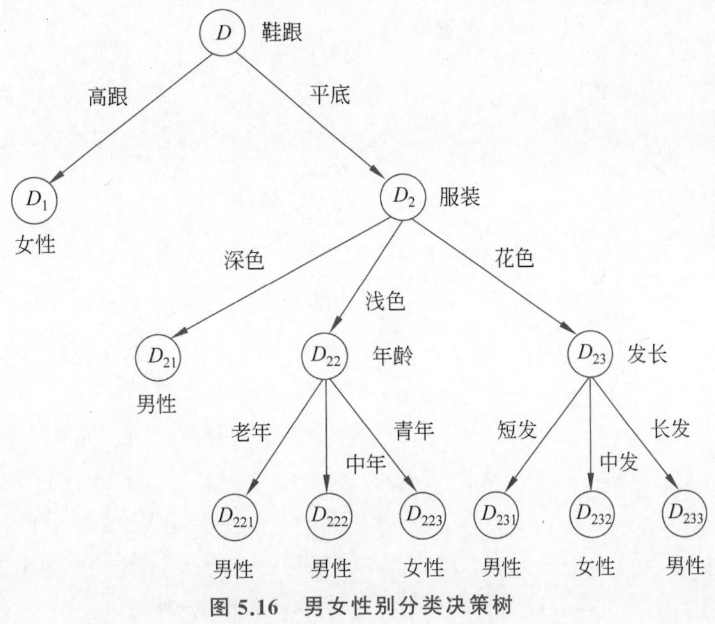

图 5.16　男女性别分类决策树

$$C(T)=\sum_{i=1}^{N(T)}N_iH(T_i)+\alpha N(T)=0+2\times 8=16$$

下面看看如果剪掉节点 D_{22} 的所有子节点是否合理。剪掉节点 D_{22} 的所有子节点后，决策树的叶节点数为 6，除了叶节点 D_{22} 外，其余叶节点没有变，这些叶节点的熵还是 0。下面计算叶节点 D_{22} 的熵。

根据前面的数据，叶节点 D_{22} 中共有 4 个样本，其中 3 个男性样本、1 个女性样本，这样得到 D_{22} 的熵为

$$\begin{aligned}H(D_{22})&=-(P(\text{男性})\log_2(\text{男性})+P(\text{女性})\log_2(\text{女性}))\\&=-\left(\frac{3}{4}\log_2\frac{3}{4}+\frac{1}{4}\log_2\frac{1}{4}\right)=0.8113\end{aligned}$$

所以剪枝后的损失函数为

$$\begin{aligned}C(T)&=\sum_{i=1}^{N(T)}N_iH(T_i)+\alpha N(T)=4\times H(D_{22})+\alpha N(T)\\&=4\times 0.8113+2\times 6=3.2452+12=15.2452\end{aligned}$$

这样剪枝后的损失函数 15.2452 小于剪枝前的损失函数 16，所以这个剪枝是合理的，接受该剪枝，得到剪枝后的决策树如图 5.17 所示。其中由于叶节点 D_{22} 中男性样本多于女性样本，所以类别标记为男性。

接下来再看看如果剪掉节点 D_{23} 的所有子节点是否合理。剪掉节点 D_{23} 的所有子节点后，决策树的叶节点数为 4，我们已经知道叶节点 D_1、D_{21} 的熵为 0，D_{22} 的熵刚刚计算过结果为 0.8113。下面计算叶节点 D_{23} 的熵。

根据前面的数据，节点 D_{23} 中共有 2 个样本，其中 1 个男性样本、1 个女性样本，这样得到 D_{23} 的熵为

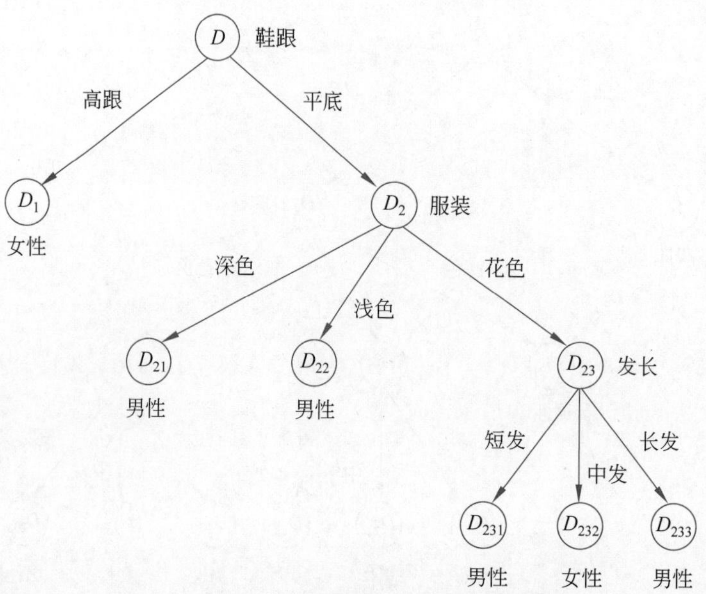

图 5.17 第一次剪枝后的男女性别分类决策树

$$H(D_{23}) = -(P(\text{男性})\log_2(\text{男性}) + P(\text{女性})\log_2(\text{女性}))$$
$$= -\left(\frac{1}{2}\log_2\frac{1}{2} + \frac{1}{2}\log_2\frac{1}{2}\right) = 1$$

所以剪枝后的损失函数为

$$\begin{aligned} C(T) &= \sum_{i=1}^{N(T)} N_i H(T_i) + \alpha N(T) \\ &= 4 \times H(D_{22}) + 2 \times H(D_{23}) + \alpha N(T) \\ &= 4 \times 0.8113 + 2 \times 1 + 2 \times 4 \\ &= 5.2452 + 8 = 13.2452 \end{aligned}$$

这样剪枝后的损失函数 13.2452 小于剪枝前的损失函数 15.2452，所以这个剪枝也是合理的，接受该剪枝，得到剪枝后的决策树如图 5.18 所示。由于叶节点 D_{23} 中男女样本各有一个，类别标记可以是男性也可以是女性，我们假定标注为女性。

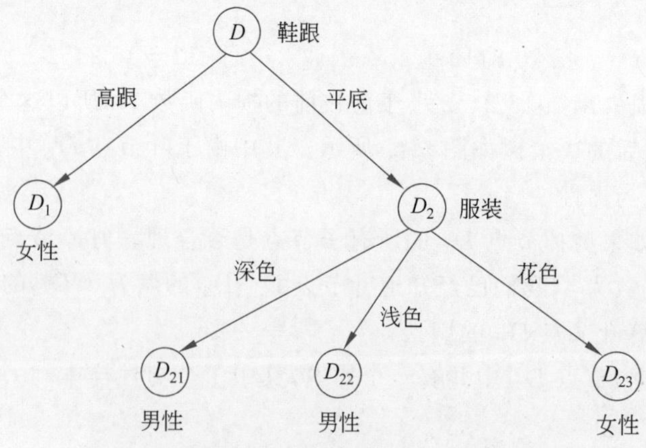

图 5.18 第二次剪枝后的男女性别分类决策树

小明有些疑虑地问道：这里剪枝前的损失函数为什么是 15.2452 而不是 16 呢？

艾博士解释说：这里的"剪枝前"指的是对 D_{23} 的子节点做剪枝前，也就是将 D_{22} 的子节点剪掉之后的结果，不是最开始没有剪枝时的损失函数。

小明不好意思地说：我想错了，这个结果是对的。

艾博士继续讲解说：到这里为止，我们已经完成了两次剪枝，接下来还要看看节点 D_2 的子节点是否可以剪掉。

剪掉节点 D_2 的所有子节点后，决策树的叶节点数为 2，我们已经知道叶节点 D_1 的熵为 0。下面计算叶节点 D_2 的熵。

根据前面的数据，节点 D_2 中共有 10 个样本，其中 8 个男性样本、2 个女性样本，这样得到 D_2 的熵为

$$\begin{aligned}H(D_2) &= -(P(\text{男性})\log_2(\text{男性}) + P(\text{女性})\log_2(\text{女性})) \\ &= -\left(\frac{8}{10}\log_2\frac{8}{10} + \frac{2}{10}\log_2\frac{2}{10}\right) \\ &= 0.7219\end{aligned}$$

所以剪枝后的损失函数为：

$$\begin{aligned}C(T) &= \sum_{i=1}^{N(T)} N_i H(T_i) + \alpha N(T) = 10 \times H(D_2) + \alpha N(T) \\ &= 10 \times 0.7219 + 2 \times 2 = 7.219 + 4 \\ &= 11.219\end{aligned}$$

这样剪枝后的损失函数 11.219 小于剪枝前的损失函数 13.2452，所以这个剪枝也是合理的，接受该剪枝，得到剪枝后的决策树如图 5.19 所示。由于叶节点 D_2 中男性样本多于女性样本，所以叶节点 D_2 标注为男性。

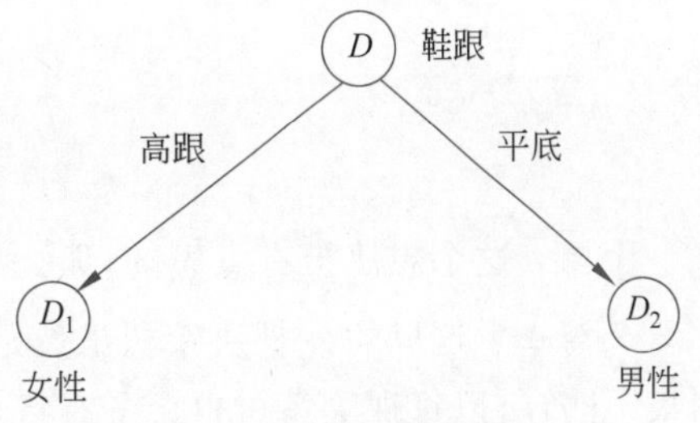

图 5.19　第三次剪枝后的男女性别分类决策树

艾博士继续讲解说：到这里为止，我们完成了 3 次剪枝，接下来还要看看节点 D 的子节点是否可以剪掉。

剪掉节点 D 的所有子节点后，决策树的叶节点数为 1，我们计算节点 D 的熵。

根据前面的数据，节点 D 中共有 15 个样本，其中 8 个男性样本、7 个女性样本，这样得到 D 的熵为

$$\begin{aligned}H(D) &= -(P(\text{男性})\log_2(\text{男性}) + P(\text{女性})\log_2(\text{女性})) \\ &= -\left(\frac{8}{15}\log_2\frac{8}{15} + \frac{7}{15}\log_2\frac{7}{15}\right) \\ &= 0.9968\end{aligned}$$

所以剪枝后的损失函数为

$$\begin{aligned}C(T) &= \sum_{i=1}^{N(T)} N_i H(T_i) + \alpha N(T) = 15 \times H(D) + \alpha N(T) \\ &= 15 \times 0.9968 + 2 \times 1 \\ &= 14.952 + 2 \\ &= 16.952\end{aligned}$$

这样剪枝后的损失函数 16.952 大于剪枝前的损失函数 11.219，所以这个剪枝不是合理的，拒绝该剪枝。

至此，不存在其他可能的剪枝了，剪枝过程结束，图 5.19 所示的决策树就是我们最后得到的决策树。由于这个例子数据并不多，其结果不一定典型，不要太在意最后的结果，我们只是通过这个例子演示剪枝的过程。

小明：我明白您的用意，通过这个例子也清楚地了解了具体的剪枝过程。

5.3.4 随机森林算法

艾博士：下面我们对决策树算法做一个扩展讨论。设想我们有一个足够大的数据集，将该数据集分成 n 份，用每份构建一个决策树，这样我们对同一个问题就有了 n 棵决策树。多棵决策树组合在一起就构成了"决策森林"，如图 5.20 所示。

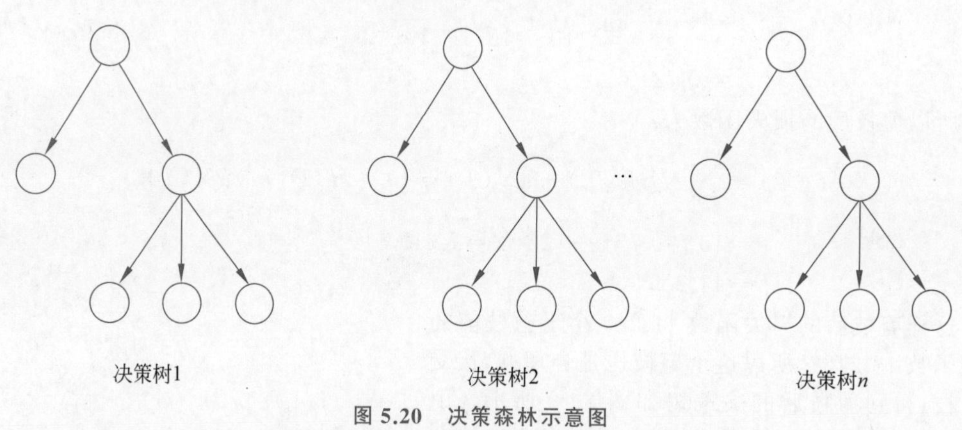

图 5.20 决策森林示意图

小明：这个想法挺有意思的，那么如何使用这个决策森林呢？

艾博士：这里的 n 棵决策树虽然是为了解决同一个问题而建立的，但是由于用到的数据集不同，所以每棵决策树也会各有特点。对于同一个输入的待分类样本，不同的决策树可能会给出不同的分类结果，但是一般情况下，只要每棵决策树具有一定的分类精度，则多数决策树给出的结果应该是正确的分类结果。基于这样的假设，在决策森林中可以采用简单投票的方法，得票最多的类别作为决策森林的输出。比如说对于男女性别分类问题，假定共有 11 棵决策树，将一个待分类样本分别输入这 11 棵决策树中，如果有 6 棵以上的决策树输出为男性，则决策森林输出为男性，否则就输出为女性。

小明：明白了，决策森林的决策方式就是将每棵决策树的输出作为对类别的投票，得票最多的类别就认作是决策森林的输出。如果是多个类别时怎么处理呢？

艾博士：多个类别时也是相同的原则，按照简单多数原则处理就可以，不要求得票数一定过半数。比如说还是 11 棵决策树，共有 a、b、c、d 4 个类别，假定说 a 获得 4 票，b 获得 3 票、c 获得 2 票、d 获得 2 票，则投票结果为 a。

小明：了解了，就是简单多数原则。

艾博士：但是我们多次说过，在实际应用中数据都是非常宝贵的，数据量总是显得不足，建立一个拥有 10 棵决策树的决策森林就需要 10 倍多的数据，因此在决策森林构建问题上，数据不足问题更加严重。

小明：数据量确实是个非常严重的问题，没有足够的数据量就不能构建决策森林吗？

艾博士：为了解决数据不足的问题，提出了随机森林算法。

小明：随机森林算法中的"随机"是什么含义呢？又是如何解决数据不足问题的呢？

艾博士：设有数据集 D，特征集合 A，为了构建一个具有 n 棵决策树的随机森林，在两个地方用到了"随机"。

一是从拥有 N 个样本的数据集 D 中有放回地随机抽取 N 个样本，用随机抽取到的数据集训练决策树，这样通过有放回地抽取数据的方法，就可以构建 n 棵决策树。

小明问道：这里说的"有放回地随机抽取"是什么意思呢？

艾博士解释说："有放回地随机抽取"指的是随机抽取一个样本后，并不把该样本从数据集中删除，下次抽取时还可能会再次被抽取到。这样随机得到的不同数据集之间肯定是有大量重复样本的，即便是同一个数据集里边也会有重复样本。这样获取数据集的方法称作自举法。

小明：这样做有什么好处呢？

艾博士：决策森林里边的每一棵决策树我们都希望是不同的，这样投票才有意义。如何做到不同呢？只能是训练数据集不同。采用这种"有放回地随机抽取"方式得到的数据集具有与原始数据集 D 一样的大小，但是由于可能随机地出现重复样本，这样得到的 n 个数据集也就不同了，从而可以实现用与原始数据集 D 一样多的数据建立 n 个不同的决策树。

随机森林算法用到的第二个"随机"是指对特征做随机抽取。为了得到尽可能不同的 n 棵决策树，除了对数据集做随机抽取外，每次进行特征选择时对特征也做一次随机抽取，只有被抽取到的特征才有可能被选中。这样的话，即便数据集差别不大，但由于特征集有变化，也会得到不同的决策树。

采用这种方法构建的决策森林称作随机森林。

小明：那么随机森林中包括的决策树数应该如何确定呢？

艾博士：原则上来说，决策树越多随机森林的性能会越好，也就是错误率会越小。但是决策树越多，计算量也就越大，效率也就越低，所以应该在错误率和效率之间做一个平衡。同时由于采用有放回的随机抽取方法，采集的数据集数太多时，加大了出现雷同数据集的可能性，这也是我们不希望出现的结果。

小明：我猜测，当决策树数量达到一定程度后，随着决策树数量的增多，错误率应该接近饱和，不会再有显著的下降。所以是否可以以此作为一个原则决定决策树的数量呢？

艾博士：这是一个解决思路。这就涉及如何得到错误率的问题，因为测试错误率也需要数据。在随机森林中，由于每棵决策树是通过随机采样获得的数据建立的，所以每棵决策树都存在"集外"数据，也就是建立该决策树没有用到的数据。这样，可以利用集外数据作为测试用数据。

小明：利用集外数据进行测试确实是一个很好的想法，但是每棵决策树的集外数据是不同的，如何测试也是一个问题吧？

艾博士：是这样的。由于每棵决策树的训练数据集是不同的，所以集外数据也会不同。可以证明，对于每棵决策树来说原数据集 D 中大约有 1/3 的数据采集不到，属于集外数据，准确地说是大约$\frac{1}{e}=37\%$的数据为集外数据。另外，对于数据集 D 中的每个样本来说，大约是1/3决策树的集外数据。这样对于任意一个样本，都可以有大约1/3的决策树组成一个小随机森林，用这个小随机森林对这个样本进行分类。最终可以得到一个分类错误率，该错误率我们称为集外错误率。该集外错误率可以作为随机森林错误率的一个估计。

小明：我了解了，对于任意一个样本，都有约1/3决策树的训练数据集中不包含该样本，也就是集外数据，这样就可以用这1/3的决策树组成一个小随机森林对这个样本做分类。而最终得到的错误率就是集外错误率，可以作为随机森林错误率的一个估计。这真是一个好的方法，充分利用了现有数据，在不增加数据量的情况下，就可以估算随机森林的错误率。

艾博士：大量实践证明，随机森林是一个性能很好的分类器，具有很好的泛化能力。充分体现了"三个臭皮匠顶个诸葛亮"的思想，利用多个"皮匠"(决策树)，通过投票提高分类器的性能。

小明：随机森林中的决策树建造方法与普通的单棵决策树的建造方法有什么不同吗？

艾博士：除了随机抽取数据、随机抽取特征外，决策树的建造方法是完全一样的，而且一般不需要剪枝处理，直接使用建造好的决策树即可。

小明：这样的话不会出现过拟合现象吗？

艾博士：对于每棵决策树来说肯定会有过拟合现象的发生，但是由于随机森林具有多个决策树，通过投票方法决定最终的分类结果，过拟合现象并不明显，因为不同的决策树过拟合发生的位置(决策树的某个节点)是不一样的，通过投票可以一定程度上消除过拟合现象的发生。

小明读书笔记

决策树是一种特殊的树状结构，叶节点表示类别，非叶节点表示特征，按照特征的取值，逐步细化，实现分类。

为了构建一棵比较好的决策树，重要的是如何选择特征的使用次序。ID3算法按照信息增益选择特征，优先使用信息增益大的特征。

一个特征的信息增益是数据集的熵与该特征的条件熵之差，反映了使用该特征之后，熵的降低程度。信息增益越大说明该特征对于该数据集的区分能力越强。

为了解决ID3算法中存在的倾向于优先使用取值多的特征的问题，提出了改进的决策树构建方法C4.5。C4.5按照信息增益率选择特征，并增加了对连续特征属性的处理。

采用剪枝方法可以解决过拟合问题。当数据量充足时，可以采用验证集的方法获得一个最佳的剪枝效果。也可以采用定义损失函数的方法，在训练集上获得一个比较好的剪枝结果。

随机森林是通过有放回采样的方法，随机地抽取多个数据集，利用每个数据集分别建立决策树，通过投票的方式最终决定分类结果。当特征数量比较多时，也可以对特征做采样，用采样得到的特征集构建决策树。

5.4　k 近邻方法

艾博士：俗话说，物以类聚人以群分，如果两个事物距离很接近，那么我们就有理由认为这两个事物很可能是同一个类别。这样，对于一个待分类样本，可以计算其与训练数据集中所有样本的距离，与其最近的一个样本的类别就可以认为是该待分类样本的类别。这种方法称作最近邻方法。

比如男女性别分类问题，我们假定有发长和鞋跟高度两个特征，取值为发长和鞋跟高度的实际值，这样[发长，鞋跟高度]就可以构成平面空间的一个点，如图 5.21 所示。其中，△为训练集中男性样本的坐标，○为女性样本的坐标，x 和 y 为两个待分类样本。从图中可以看出 x 距离样本 a 的距离比较近，而 y 距离样本 b 的距离比较近，而样本 a、b 分别为男性和女性，所以有理由认为 x 的类别为男性，y 的类别为女性。

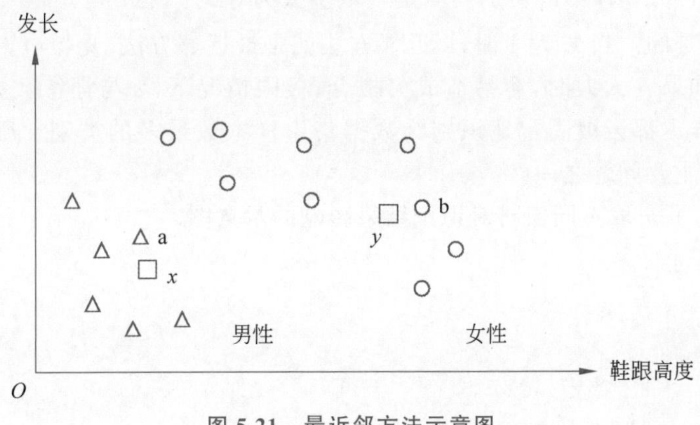

图 5.21　最近邻方法示意图

小明：就是根据距离最近样本的类别作为待分类样本的距离，感觉这种方法既简单又有道理。

艾博士：但是这种方法也有一定的风险，因为数据集大了以后不可避免地会存在噪声或者标识错误，如果样本 a 被错误地标识成女性，那么 x 就会被识别成女性了。

小明：确实存在这样的问题，如果 a 的类别错误标识，则在其附近的待分类样本都会被识别为女性，造成识别错误。

艾博士：一种解决办法就是不仅仅看与待分类样本距离最近的一个样本的类别，而是看距离它最近的 k 个样本的类别，k 个样本中类别不一定完全一样，哪种类别多就认定该待分类样本是哪个类别。这种方法称作 k 近邻方法，简称为 kNN。

图 5.22 给出了 k 近邻方法的示意图。图中距离待分类样本 x 最近的有 5 个样本，虽然样本 a 的类别为女性，但是其余 4 个样本的类别为男性，所以样本 x 还是被识别为男性。这就消除了因个别噪声引起的识别错误。

小明：这是一个好办法。如果是多个类别如何处理呢？

艾博士：多类别时也一样处理，就是 k 近邻中哪个类别的样本最多待分类样本就识别为哪个类别，不要求一定过半数。

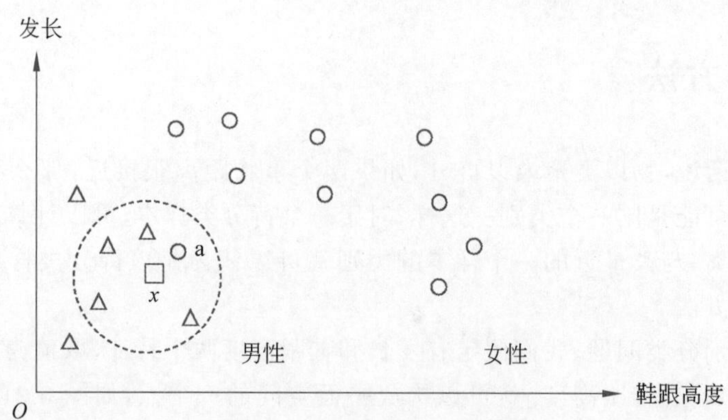

图 5.22 k 近邻方法示意图

小明：了解了。如果将 k 个近邻中的样本类别看成是对待分类样本类别的投票，得票最多的类别就是待分类样本的类别。但是 k 取多大为好呢？是不是 k 越大越好？

艾博士：不是的。当 k 为 1 时，k 近邻方法就是最近邻方法，受噪声影响比较大，类似于过拟合；但是如果 k 太大时，容易造成欠拟合；极限情况下，k 与训练数据集的大小一致时，任何待分类样本都会被固定地识别为数据集中样本数最多的类别。所以，如何选取 k 是 k 近邻方法中主要问题之一。

图 5.23 给出了 k 取不同值时对识别结果影响的示意图。

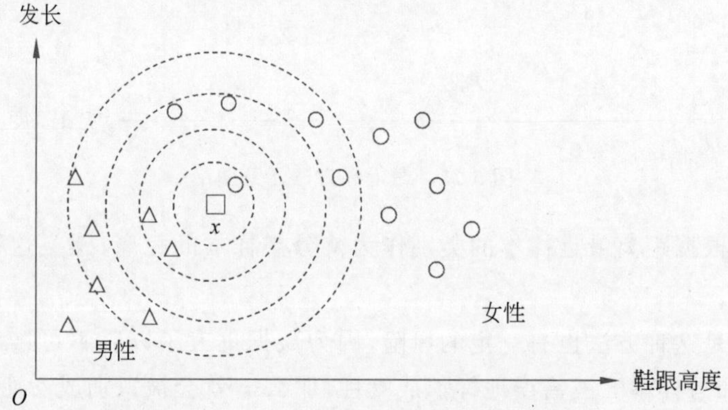

图 5.23 不同 k 值时对结果的影响示意图

从图 5.23 中可以看出，k 为 1 时，x 被识别为女性；k 为 3 时，3 个近邻中有 2 个男性，x 被识别为男性；k 为 5 时，5 个近邻中有 3 个女性，x 又再次被识别为女性；k 扩大为 11 时，11 个近邻中有 6 个男性，x 又是被识别为男性。可见 k 的不同取值对识别结果的影响。多大的 k 值合适，需要根据具体问题的样本情况，通过实验决定，选取一个错误率最小的 k 值。

小明：看起来 k 近邻方法不需要训练？

艾博士：k 近邻方法直接将待分类样本与训练数据集中的每个样本计算距离，所以是不需要训练过程的，直接存储训练数据集就可以了。

小明：在 k 近邻方法中主要就是距离计算，这里的距离就是欧氏距离（欧几里得距离）吗？

艾博士：欧氏距离是比较常用的距离计算方法，但是在 k 近邻方法中并不限于只是使用欧氏距离，任何一种距离计算方法都可以用在 k 近邻方法中。下面介绍几种常用的距离计算方法，在介绍中我们假定每个样本共有 n 个特征，样本 x_i 的 n 个特征取值为 $(x_{i1}, x_{i2}, \cdots, x_{in})$。

1. 欧氏距离

这是最常用的距离计算方法，我们平时说的两点间的距离一般是指欧氏距离。样本 x_i 和样本 x_j 的欧氏距离为两个样本对应特征值之差的平方和再开方，即

$$L_2(x_i, x_j) = \sqrt{(x_{i1}-x_{j1})^2+(x_{i2}-x_{j2})^2+\cdots+(x_{in}-x_{jn})^2} \tag{5.21}$$

2. 曼哈顿距离

曼哈顿距离是样本 x_i 和样本 x_j 对应特征值之差的绝对值之和，即

$$L_1(x_i, x_j) = |x_{i1}-x_{j1}|+|x_{i2}-x_{j2}|+\cdots+|x_{in}-x_{jn}| \tag{5.22}$$

该距离又称作是城区距离，表示的是一个只有横平竖直道路的城区中，任意两点间的距离。

3. 加权欧氏距离

顾名思义，加权欧氏距离就是在计算距离时，每个平方项具有不同的权重 α_k，即

$$L_2(x_i, x_j) = \sqrt{\alpha_1(x_{i1}-x_{j1})^2+\alpha_2(x_{i2}-x_{j2})^2+\cdots+\alpha_n(x_{in}-x_{jn})^2} \tag{5.23}$$

小明：如何给定权重呢？

艾博士：对于 α_k 可以从两方面考虑：一是重要的特征其对应的权重就大，在实际应用中根据情况人为给定权重值；二是从特征取值的差异性角度考虑，比如在男女性别分类中，有发长和鞋跟高度两个特征，如果单位都是厘米，那么鞋跟高度取值区间在 0～10 厘米，而发长取值区间在 0～100 厘米。显然取值区间大的特征其差的平方比较大，取值区间小的特征其差的平方也小，当二者差距比较大时，很有可能距离值基本由取值区间大的特征决定，而淹没了取值区间小的特征的作用。为此我们可以对取值区间大的特征赋予一个相对比较小的权重，而取值区间小的特征赋予一个相对比较大的权重。一种方法就是计算每个特征 k 取值的方差 S_k，用方差 S_k 的倒数作为权重，即

$$\alpha_k = \frac{1}{S_k} \tag{5.24}$$

这种采用方差的倒数作为权重的加权欧氏距离又称作标准欧氏距离，是采用方差归一化的欧氏距离，消除了特征取值区间不同造成的影响。

还有一些其他的距离计算方法，我们不再多说。另外一些相似性评价方法也可以用于 k 近邻中，用相似性取代距离，取 k 个最相似的样本就可以了。

下面给出一个采用 k 近邻方法进行分类的例子。

表 5.5 前 5 列给出了具有 15 个样本的数据集，其中第 1 列是样本 ID，第 2～4 列给出了每个样本的 3 个特征取值，第 5 列是每个样本的所属类别，第 6 列给出了每个样本与待分类样本 $x=(3.5, 3.3, 0.8)$ 的距离，第 7 列给出了按照距离排序后的序号。从表 5.5 中可以看

出，当 k 取值为 5 时，与 x 最近的 5 个样本 ID 分别为 13、14、15、10、2，其中 ID 为 13、14、15 的 3 个样本类别为 C，ID 为 10 的样本类别为 B，ID 为 2 的样本类别为 A。按照 k 近邻方法待分类样本 x 被识别为类别 C。

表 5.5　k 近邻方法分类

ID	特征 1	特征 2	特征 3	类别	与 x 的距离	距离排序
1	0.7	1.2	0.9	A	3.50	15
2	1.5	1.3	0.8	A	2.83	5
3	1.1	0.8	1.2	A	3.49	14
4	0.9	1.1	0.7	A	3.41	12
5	1.2	1.4	1.3	A	3.02	7
6	0.2	3.5	0.3	B	3.34	11
7	0.3	4.1	0.7	B	3.30	10
8	0.3	3.2	1.2	B	3.23	9
9	0.1	2.8	0.5	B	3.45	13
10	0.7	3.3	1.1	B	2.82	4
11	2.8	0.2	1.1	C	3.19	8
12	3.1	0.5	1.5	C	2.91	6
13	4.5	1.2	1.3	C	2.38	1
14	4.1	0.9	0.9	C	2.48	2
15	2.9	0.7	1.2	C	2.70	3

小明读书笔记

k 近邻方法是一种不需训练的分类方法，按照待分类样本周围 k 个已知样本情况做分类，k 个样本中哪个类别的样本最多就将待分类样本归到哪一类。

k 近邻方法最重要的是超参数 k，k 过小容易造成过拟合，而 k 过大容易造成欠拟合，可以通过实验的办法找到一个合适的 k 值。

5.5　支持向量机

5.5.1　什么是支持向量机

艾博士：小明，请看图 5.24 所示的例子，○是一个类别，△是一个类别，如果用一条直线将两类分开，你觉得怎么分好？

小明思考了一会儿说：我觉得如图 5.25 所示，将红线 A 作为两个类别的分界线比较好。

艾博士又接着问小明：如图 5.26 所示，A、B、C、D 等多条直线都可以作为这个问题的分界线，你为什么选择红线 A 呢？

小明：从直觉上看，在两类靠近中间的地方画一条线将两类分开是比较合理的，这样对于一个待分类样本，看它在红线的哪一边，在哪边就将其分类为哪个类别。如果是按照直线

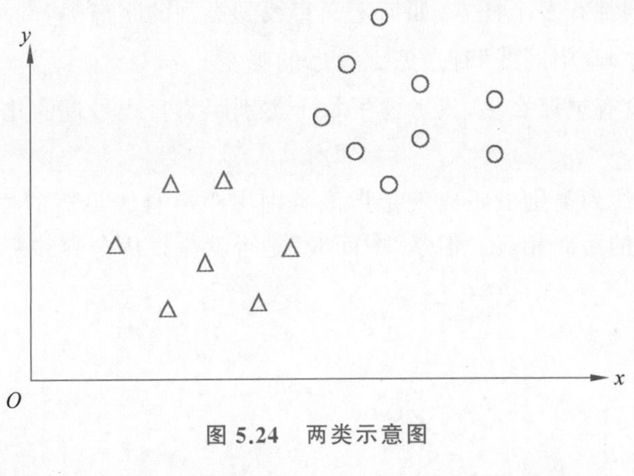

图 5.24　两类示意图

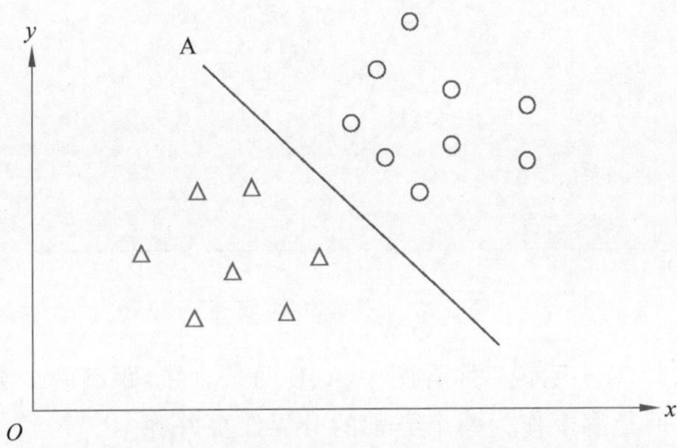

图 5.25　两类示意图——一种划分方法

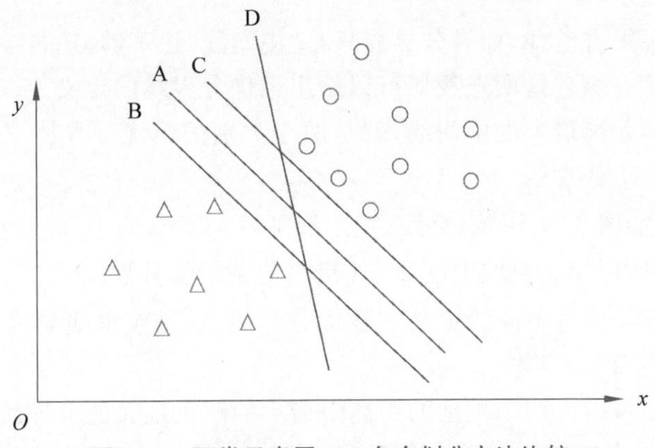

图 5.26　两类示意图——多个划分方法比较

B 或者 C 作为分界线，就太靠近其中的一个类别了，而直线 D 则是两个类别都很靠近，也不是一个好的分界线。因为这几个分界线都不利于将来用于分类。

艾博士：小明的直觉是对的，在 A、B、C、D 这几条分界线中，直线 A 确实是最优的分界线。那么应该如何定义最优分界线呢？我们可以从小明刚才提到的“中间线”着手给出最优分界线的定义。所谓“中间线”就是不偏不倚，距离两个类别的距离是一样的。

小明：每个类别都有多个样本，如何定义直线到类别的距离呢？

艾博士：你刚才画“中间线”时是怎么考虑的呢？

小明：其实并没有想那么多，只考虑了每个类别距离直线最近的几个样本点，完全忽略了其他样本点。

艾博士：对，直线到类别的距离就是指该类别中距离直线最短的样本的距离，而“中间线”就是到两个类别的距离相等。但是“中间线”是否就是最优分界线呢？我们看图5.27所示的情况。

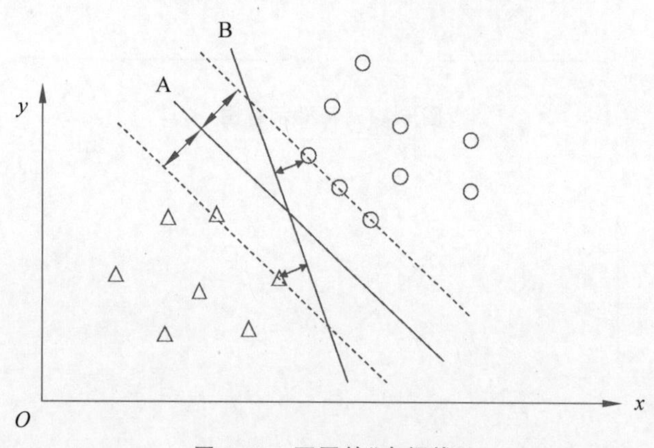

图 5.27　不同的“中间线”

艾博士指着图5.27对小明说：你看图中A、B两条直线，距离两个类别的距离都是相等的，都属于“中间线”，但是哪个作为两个类别的分界线更好呢？

小明不假思索地回答说：肯定是直线A更好啊，因为A到两个类别的距离更远，更适合用于分类。

艾博士：小明说得有道理，如果分界线只是“中间线”还不够，还希望是距离两个类别的距离最远的“中间线”。综合这两点我们可以给出最优分界线的定义。

距离两个类别的距离最大的中间线，就是两个类别的最优分界线。而中间线指的是距离两个类别的距离相等的直线。

小明：明白了，如图5.27所示，直线A、B都是两个类别的中间线，但是直线A距离两个类别的距离更大，所以相比直线B，直线A更可能是最优分界线。

艾博士：上述定义通过中间线定义了最优分界线，这个定义更容易理解。事实上最优分界线可以定义得更简单。

最优分界线是使得距离两个类别的距离中最小的距离最大的分界线。

这个定义中虽然没有提到中间线，但是隐含了中间线信息，因为使得到两个类别的距离中最小的距离最大，就限制了这个分界线一定是中间线。

小明摸着头说：我还是不太明白为什么这样的直线一定是中间线。

艾博士解释说：你可以设想一下，如果不是中间线的话，是不是就会造成距离一个类别近了？比如图5.28所示，红色虚线是中间线，绿色线偏离了中间线后，距离△类更近了，就不满足到两个类别的距离中最小的距离最大这个条件了，这个条件一定会使得分界线处于中间线位置。

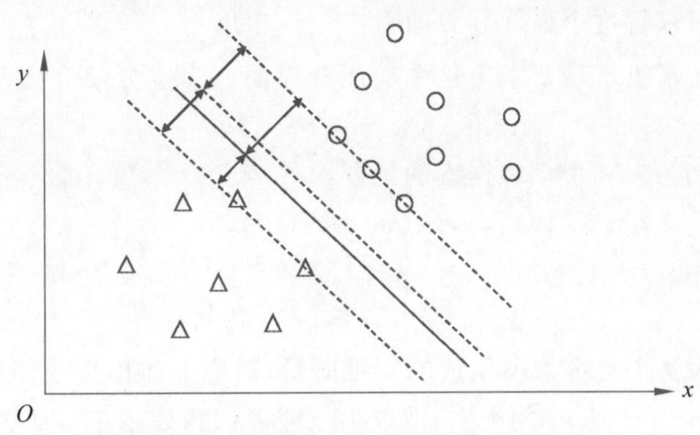

图 5.28　偏离中间线的分界线(见彩插)

小明：我明白了，因为只有中间线才有可能满足到两个类别的距离中最小的距离最大这个条件，而距离两个类别的距离最大的中间线，就是我们希望得到的最优分界线。

艾博士：图 5.29 中红色直线所示的就是最优分界线。由图可以看出，最优分界线只由两个类别边缘上的 a、b、c、d、e 几个样本点决定，其他样本点都属于"打酱油"的，可有可无。由于欧氏空间中的一个点也可以看作是一个向量，因此 a、b、c、d、e 这 5 个样本点被称作支持向量，这 5 个支持向量决定了最优分界线。有了最优分界线之后，就可以用最优分界线对待分类样本做分类了。对于任意一个待分类样本，只要看该样本处于最优分界线的哪一边就可以判断其所属的类别。采用这种方法进行分类的方法称作支持向量机，简写为 SVM。

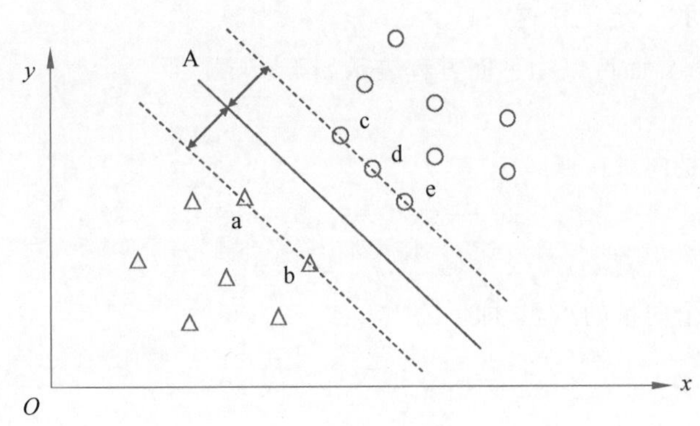

图 5.29　最优分界线示意图(见彩插)

小明：原来支持向量机的名称是这么来的。

艾博士：这里我们一直以平面上的点，也就是样本只有两个特征取值为例进行说明，实际上特征可能是多个，拥有成百上千个特征都是有可能的，这样的样本属于多维欧氏空间中的一个点。在多维的情况下，就不能用直线作为两个类别的分界线了，只能用超平面进行分界，最优分界线就变成了最优分界面。这个最优分界面称作分类超平面。

小明：我们一直在介绍两个类别的情况，支持向量机如何实现多分类呢？

艾博士：原则上来说，支持向量机只能实现二分类，不能直接实现多分类，但是我们后面会讲到，任意一个二分类方法都可以经过一定的组合实现多分类问题。这一点我们留待后面再做介绍，这里先只考虑二分类问题。

小明：那么如何求解这个最优分界面呢？

艾博士：支持向量机就是要求出这个最优分界面。为了方便介绍，下面先介绍几个术语和概念。

设有训练集 T，它是 N 个训练样本的集合：

$$T=\{(x_1,y_1),(x_2,y_2),\cdots,(x_N,y_N)\}$$

其中：

$$\boldsymbol{x}_i=(x_i^{(1)},x_i^{(2)},\cdots,x_i^{(n)})$$

是第 i 个训练样本的 n 个特征取值组成的 n 维向量，对应 n 维欧氏空间中的一个点，$x_i^{(k)}$ 是其第 k 个特征的取值。y_i 是 $\boldsymbol{x}_i$ 的类别，取值为 1 或者 -1，表示正类或者负类。

假设男性类别为 1，女性类别为 -1，一个发长为 10、鞋跟高度为 5 的女性样本可以表示为：

$$((10,5),-1)$$

一个发长为 2、鞋跟高度为 1 的男性样本可以表示为

$$((2,1),1)$$

小明问道：这里的类别 y_i 只能表示为 1 或者 -1 吗？

艾博士：由于支持向量机求解的是二分类问题，只有两个类别，用 1 或者 -1 表示其类别，是为了方便后面的求解。所以一定要记住这里的类别标识 y_i 只能是 1 或者 -1，在后面的推导中我们用到了这一点。

小明：明白了，我一定记住这一点。

艾博士：最优分界面可以用平面方程表示如下：

$$\boldsymbol{w}^*\cdot\boldsymbol{x}+b^*=0 \tag{5.25}$$

其中，$\boldsymbol{w}^*$、$\boldsymbol{x}$ 都是向量：

$$\boldsymbol{w}^*=(w_1^*,w_2^*,\cdots,w_n^*)$$
$$\boldsymbol{x}=(x^{(1)},x^{(2)},\cdots,x^{(n)})$$

$\boldsymbol{w}^*\cdot\boldsymbol{x}$ 表示两个向量的点积，即

$$\boldsymbol{w}^*\cdot\boldsymbol{x}=\sum_{i=1}^{n}w_i^*\cdot x^{(i)}$$

带 * 表示的是最优分界面，如果不带 * 就是一个一般的超平面。一个超平面由 $\boldsymbol{w}$ 和 b 唯一决定，为了方便叙述我们用 $(\boldsymbol{w},b)$ 表示一个超平面。

小明：如果知道了最优分界面方程，如何判断一个待分类样本在最优分界面的哪一边呢？

艾博士：对于最优分界面上的点，代入式(5.25)左边其结果刚好等于 0，而对于不在最优分界面上的点，代入式(5.25)左边其结果或者大于 0，或者小于 0。大于 0 的点在最优分界面的一边，小于 0 的点在最优分界面的另一边，通过判断大于 0 还是小于 0，就可以知道待分类样本输入哪个类别了，大于 0 的为 1 类，小于 0 的为 -1 类。

我们可以再引入一个符号函数 sign，该函数当输入大于 0 时输出为 1，小于 0 时输出为 -1。这样对于一个待分类样本，代入式(5.25)的左边，然后再通过符号函数 sign 就可以直接得到待分类样本的类别为 1 或者 -1 了。我们将函数：

$$f(x)=\text{sign}(\boldsymbol{w}^* \cdot \boldsymbol{x}+b^*) \tag{5.26}$$

称作决策函数，对于任意一个待分类样本 x，函数 $f(x)$ 的输出就是 x 的分类结果。

所以支持向量机就是依据决策函数 $f(x)$ 进行分类的方法。

下面举一个例子。假设二维欧氏空间中的一个最优分界线方程如下：

$$\frac{1}{2}x^{(1)}+\frac{1}{2}x^{(2)}-2=0$$

判别待分类样本 $x_1=(3,4)$ 和 $x_2=(-2,2)$ 所属的类别。小明请你计算一下这两个样本所属的类别。

小明：这个不难，将两个样本分别代入决策函数中就可以了。

根据最优分界线方程，我们有决策函数：

$$f(x)=\text{sign}\left(\frac{1}{2}x^{(1)}+\frac{1}{2}x^{(2)}-2\right)$$

把 $x_1=(3,4)$ 代入决策函数中，有

$$\begin{aligned} f(x_1)&=\text{sign}\left(\frac{1}{2}x^{(1)}+\frac{1}{2}x^{(2)}-2\right)\\ &=\text{sign}\left(\frac{1}{2}\times 3+\frac{1}{2}\times 4-2\right)\\ &=\text{sign}(1.5)=1 \end{aligned}$$

所以 $x_1=(3,4)$ 的类别标记为1，属于正类。

把 $x_2=(-2,2)$ 代入决策函数中，有

$$\begin{aligned} f(x_2)&=\text{sign}\left(\frac{1}{2}x^{(1)}+\frac{1}{2}x^{(2)}-2\right)\\ &=\text{sign}\left(\frac{1}{2}\times(-2)+\frac{1}{2}\times 2-2\right)\\ &=\text{sign}(-2)=-1 \end{aligned}$$

所以 $x_2=(-2,2)$ 的类别标记为 -1，属于负类。

艾博士：从上面这个例子可以看出，不同的样本点 x_i 代入超平面方程 $(\boldsymbol{w},b)$ 中，具有不同的取值，根据点相对于超平面的不同位置，有的大于0，有的小于0，其绝对值的大小反映了该点到超平面的距离。该距离我们称作点 x_i 到超平面 $(\boldsymbol{w},b)$ 的函数间隔。

当 x_i 属于正类时，其对应标记 y_i 等于1；而当 x_i 属于负类时，其对应的标记 y_i 等于 -1，所以点 x_i 到超平面 $(\boldsymbol{w},b)$ 的函数间隔 $\hat{\gamma}_i$ 可以表示为

$$\hat{\gamma}_i=y_i \cdot (\boldsymbol{w} \cdot \boldsymbol{x}_i+b) \tag{5.27}$$

小明：这种表示挺巧妙的，乘以 y_i 后刚好相当于是求绝对值。

艾博士：对于一个超平面 $(\boldsymbol{w},b)$ 来说，$\boldsymbol{w}$ 和 b 同时乘以一个非零的常数 c，该超平面是不变的，也就是说超平面 $(\boldsymbol{w},b)$ 和超平面 $(c\boldsymbol{w},cb)$ 是同一个超平面，但是 x_i 到 $(\boldsymbol{w},b)$ 的函数间隔和到 $(c\boldsymbol{w},cb)$ 的函数间隔显然是不一样的，因为 x_i 到 $(c\boldsymbol{w},cb)$ 的函数间隔：

$$\hat{\gamma}_i=y_i \cdot (c\boldsymbol{w} \cdot \boldsymbol{x}_i+cb)=c(y_i \cdot (\boldsymbol{w} \cdot \boldsymbol{x}_i+b))$$

是 x_i 到 $(\boldsymbol{w},b)$ 函数间隔的 c 倍。

小明：只是因为超平面的不同表示，点 x_i 到同一个超平面的函数间隔竟然不同，这是

不是不太合理啊？

艾博士：确实不合理。但是后面我们也会利用函数间隔的这个特点简化表示，这一点留待后面再讲。

为了解决函数间隔的不合理问题，我们可以对超平面方程做个归一化处理，即将超平面方程($\boldsymbol{w}$,b)除以 $\boldsymbol{w}$ 的范数$\|\boldsymbol{w}\|$后再计算函数间隔，其中范数：

$$\|\boldsymbol{w}\|=\sqrt{w_1^2+w_2^2+\cdots+w_n^2}$$

这样计算得到的函数间隔我们称为几何间隔，用 γ_i 表示：

$$\gamma_i=y_i\cdot\left(\frac{\boldsymbol{w}}{\|\boldsymbol{w}\|}\cdot\boldsymbol{x}_i+\frac{b}{\|\boldsymbol{w}\|}\right) \tag{5.28}$$

对于几何间隔来说，就不会由于同一个超平面的不同表示导致其几何间隔的大小不同了。因为对于超平面($c\boldsymbol{w}$,cb)来说：

$$\begin{aligned}\gamma_i'&=y_i\cdot\left(\frac{c\boldsymbol{w}}{\|c\boldsymbol{w}\|}\cdot\boldsymbol{x}_i+\frac{cb}{\|c\boldsymbol{w}\|}\right)\\&=y_i\cdot\left(\frac{c\boldsymbol{w}}{c\|\boldsymbol{w}\|}\cdot\boldsymbol{x}_i+\frac{cb}{c\|\boldsymbol{w}\|}\right)\\&=y_i\cdot\left(\frac{\boldsymbol{w}}{\|\boldsymbol{w}\|}\cdot\boldsymbol{x}_i+\frac{b}{\|\boldsymbol{w}\|}\right)\end{aligned}$$

函数间隔$\hat{\gamma}_i$与几何间隔 γ_i 的关系如下：

$$\gamma_i=\frac{\hat{\gamma}_i}{\|\boldsymbol{w}\|} \tag{5.29}$$

事实上，几何间隔就是我们平时所说的点到超平面的距离，一个点到一个超平面的距离不会因为超平面的不同表示而导致不同。

我们定义训练集 T 中样本到超平面最小的间隔为训练集 T 到超平面($\boldsymbol{w}$,b)的间隔。这样训练集 T 到超平面($\boldsymbol{w}$,b)的函数间隔为

$$\hat{\gamma}=\min_i\hat{\gamma}_i \tag{5.30}$$

训练集 T 到超平面($\boldsymbol{w}$,b)的几何间隔为

$$\gamma=\min_i\gamma_i \tag{5.31}$$

同样有

$$\gamma=\frac{\hat{\gamma}}{\|\boldsymbol{w}\|} \tag{5.32}$$

根据训练集 T 中样本分布的不同，可以构建线性可分支持向量机、线性支持向量机和非线性支持向量机，下面分别讨论一下这3种不同的支持向量机。

5.5.2 线性可分支持向量机

艾博士：我们首先讨论最简单的线性可分支持向量机。

小明：线性可分支持向量机是个什么概念呢？

艾博士：对于给定的训练集 $T=\{(x_1,y_1),(x_2,y_2),\cdots,(x_N,y_N)\}$，如果采用该训练集求得的最优分界面可以将训练集中两类样本严格分开，则得到的支持向量机为线性可分支持向量机。其中的“线性”指的是采用超平面对样本进行分类，“可分”指的是用一个超平

面可以将训练集中的样本无差错地分开。图 5.29 所示的就是一个线性可分支持向量机。

下面就看看当给定了一个线性可分的训练集后，如何求得一个线性可分支持向量机，也就是如何求得分类所需要的最优分界面。

前面我们曾经说过，最优分界面是使得到两个类别的距离中最小的距离最大的分界面，分解一下，这句实际上包含了两个意思：一个是"到两个类别的距离中最小的距离"实际上就是训练集 T 到超平面的几何间隔 γ，由于 γ 是所有样本点到超平面的几何间隔中最小的，也就隐含了满足条件"训练集 T 中所有样本点到超平面的几何间隔都要大于或等于 γ"；而"到两个类别的距离中最小的距离最大"表达的就是希望训练集 T 到超平面的几何间隔 γ 最大。通过这种求解最优分界面的方法我们称作间隔最大化。

综合上述两点，用数学语言表达就是

$$\begin{aligned}&\max_{\boldsymbol{w},b}\gamma\\&\text{s.t.}\quad y_i\cdot\left(\frac{\boldsymbol{w}}{\|\boldsymbol{w}\|}\cdot\boldsymbol{x}_i+\frac{b}{\|\boldsymbol{w}\|}\right)\geqslant\gamma\quad i=1,2,\cdots,N\end{aligned}\tag{5.33}$$

其中，s.t.表示满足条件的意思，也就是说在满足这个条件下，求一个超平面使得 γ 最大。

式(5.33)中第一个数学表达式说的是求一个超平面($\boldsymbol{w},b$)使得训练集到超平面的几何间隔 γ 最大，第二个不等式是说训练集中所有样本点到超平面的几何间隔要满足大于或等于 γ 这个条件。

式(5.33)是用几何间隔描述的，根据式(5.29)、式(5.32)给出的几何间隔与函数间隔的关系，式(5.33)也可以采用函数间隔 $\hat{\gamma}$ 描述如下：

$$\begin{aligned}&\max_{\boldsymbol{w},b}\frac{\hat{\gamma}}{\|\boldsymbol{w}\|}\\&\text{s.t.}\quad y_i\cdot(\boldsymbol{w}\cdot\boldsymbol{x}_i+b)\geqslant\hat{\gamma}\quad i=1,2,\cdots,N\end{aligned}\tag{5.34}$$

前面我们介绍过函数间隔的特点，可以任意进行缩放，所以为了描述简单，我们可以令 $\hat{\gamma}=1$，这样式(5.34)就可以表述为

$$\begin{aligned}&\max_{\boldsymbol{w},b}\frac{1}{\|\boldsymbol{w}\|}\\&\text{s.t.}\quad y_i\cdot(\boldsymbol{w}\cdot\boldsymbol{x}_i+b)\geqslant 1\quad i=1,2,\cdots,N\end{aligned}\tag{5.35}$$

小明：原来函数间隔可以这么用，真是巧妙。这就相当于在满足约束条件 $y_i\cdot(\boldsymbol{w}\cdot\boldsymbol{x}_i+b)\geqslant 1$ 的情况下，求 $\frac{1}{\|\boldsymbol{w}\|}$ 的最大值问题。那么如何求解这种具有约束条件的最大值问题呢?

艾博士：直接求 $\frac{1}{\|\boldsymbol{w}\|}$ 的最大值有些难度。由于 $\frac{1}{\|\boldsymbol{w}\|}$ 最大与 $\frac{1}{2}\|\boldsymbol{w}\|^2$ 最小是等价的，所以式(5.35)最大值问题可以转换成如下最小值问题：

$$\begin{aligned}&\min_{\boldsymbol{w},b}\frac{1}{2}\|\boldsymbol{w}\|^2\\&\text{s.t.}\quad y_i\cdot(\boldsymbol{w}\cdot\boldsymbol{x}_i+b)\geqslant 1\quad i=1,2,\cdots,N\end{aligned}\tag{5.36}$$

这就是线性可分支持向量机问题。

小明：这里为什么要乘上一个 $\frac{1}{2}$ 呢?

艾博士：乘上一个常数并不影响其最小值的求解，这里乘上$\frac{1}{2}$主要是为了最终得到的结果形式更加简单。

艾博士继续讲解说：图5.30给出了线性可分支持向量机的示意图，图中中间实线为超平面，其方程为$(\boldsymbol{w} \cdot \boldsymbol{x}_i + b)=0$，两条虚线方程分别为$(\boldsymbol{w} \cdot \boldsymbol{x}_i + b)=1$、$(\boldsymbol{w} \cdot \boldsymbol{x}_i + b)=-1$。虚线到超平面的函数间隔为1，虚线上的5个样本点为支持向量，它们到超平面的函数间隔均为1。其他样本点到超平面的函数间隔均大于1。两条虚线之间的函数间隔为2，根据函数间隔与几何间隔之间的关系，我们知道两条虚线之间的几何间隔为$\frac{2}{\|\boldsymbol{w}\|}$，这也是训练集中两类样本间的最大间隔。

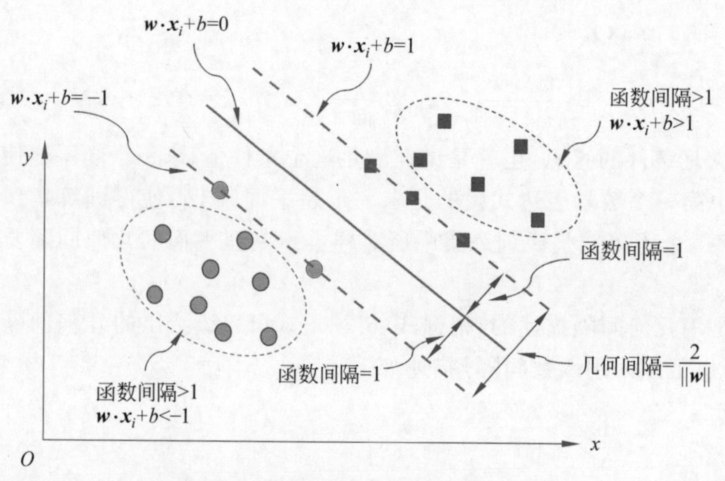

图5.30 线性可分支持向量机示意图

小明：是否按照式(5.36)求出最大间隔的超平面(w,b)就可以了？

艾博士：这是一个具有不等式约束的最优化问题，直接求解比较困难，一般是采用拉格朗日乘子法求解。拉格朗日乘子法是一种常用的求解这类具有不等式约束最优化问题的方法，在一般的最优化方面的书中都有介绍，我们不详细介绍该方法，直接给出如何用拉格朗日乘子法求解该最优化问题，并加以简单的解释。

为了构建拉格朗日函数，先对式(5.36)做一个简单的变换，写成如下形式：

$$\begin{aligned} &\min_{w,b} \frac{1}{2}\|\boldsymbol{w}\|^2 \\ &\text{s.t.} \quad 1-y_i \cdot (\boldsymbol{w} \cdot \boldsymbol{x}_i + b) \leqslant 0 \quad i=1,2,\cdots,N \end{aligned} \tag{5.37}$$

这样，按照式(5.37)就可以直接写出拉格朗日函数$L(\boldsymbol{w},b,\boldsymbol{\alpha})$：

$$L(\boldsymbol{w},b,\boldsymbol{\alpha})=\frac{1}{2}\|\boldsymbol{w}\|^2+\sum_{i=1}^{N}\alpha_i(1-y_i \cdot (\boldsymbol{w} \cdot \boldsymbol{x}_i + b)) \tag{5.38}$$

其中，$\alpha_i \geqslant 0(i=1,2,\cdots,N)$为拉格朗日乘子；$\boldsymbol{\alpha}=(\alpha_1,\alpha_2,\cdots,\alpha_N)$为拉格朗日乘子向量；$N$是训练集样本的个数，即一个训练样本$x_i$对应一个$\alpha_i$。

式(5.38)所示的拉格朗日函数由两部分组成，其中第一部分为式(5.37)中第一个表达式去掉min后的部分$\frac{1}{2}\|\boldsymbol{w}\|^2$，第二部分为式(5.37)中不等式左边部分乘以拉格朗日乘子后

再做累加和。

小明：这个拉格朗日函数与我们要求解的最优化问题有什么关系呢？

艾博士：下面我们简单分析一下这个问题，如果想详细了解其中的数学原理，请参看有关最优化问题的书籍。

我们看下式：

满足约束条件时小于或等于 0

$$L(\boldsymbol{w},b,\boldsymbol{\alpha})=\frac{1}{2}\|\boldsymbol{w}\|^2+\sum_{i=1}^{N}\alpha_i(1-y_i\cdot(\boldsymbol{w}\cdot\boldsymbol{x}_i+b))$$

式中拉格朗日函数被虚线圈起来的部分为要求解的最优化问题的约束条件，由式(5.37)，当满足约束条件时此项应该小于或等于 0，不满足约束时大于 0。由于$\frac{1}{2}\|\boldsymbol{w}\|^2\geqslant 0$、$\alpha_i\geqslant 0$，当满足不等式约束条件时，

$$\sum_{i=1}^{N}\alpha_i(1-y_i\cdot(\boldsymbol{w}\cdot\boldsymbol{x}_i+b))\leqslant 0$$

所以如果我们以 $\boldsymbol{\alpha}$ 为变量求解拉格朗日函数的最大值，就有

$$\max_{\boldsymbol{\alpha}}L(\boldsymbol{w},b,\boldsymbol{\alpha})=\frac{1}{2}\|\boldsymbol{w}\|^2$$

而当不满足不等式约束条件时，$(1-y_i\cdot(\boldsymbol{w}\cdot\boldsymbol{x}_i+b))>0$，当 $\boldsymbol{\alpha}$ 任意大时有

$$\sum_{i=1}^{N}\alpha_i(1-y_i\cdot(\boldsymbol{w}\cdot\boldsymbol{x}_i+b))>0$$

所以有

$$\max_{\boldsymbol{\alpha}}L(\boldsymbol{w},b,\boldsymbol{\alpha})=\infty$$

综合以上表达有

$$\max_{\boldsymbol{\alpha}}L(\boldsymbol{w},b,\boldsymbol{\alpha})=\begin{cases}\frac{1}{2}\|\boldsymbol{w}\|^2 & \text{当满足不等式约束时}\\ \infty & \text{当不满足不等式约束时}\end{cases}\tag{5.39}$$

我们希望得到的超平面应该满足不等式约束，所以就有

$$\min_{\boldsymbol{w},b}\max_{\boldsymbol{\alpha}}L(\boldsymbol{w},b,\boldsymbol{\alpha})=\min_{\boldsymbol{w},b}\frac{1}{2}\|\boldsymbol{w}\|^2\tag{5.40}$$

并且“自动”满足了不等式约束条件：

$$1-y_i\cdot(\boldsymbol{w}\cdot\boldsymbol{x}_i+b)\leqslant 0\tag{5.41}$$

小明：拉格朗日乘子法真是太巧妙了，经过这样的转换后，就“消除”了不等式这个约束条件。但是，这里又引入了新的一组变量 $\boldsymbol{\alpha}$，并且需要求解一次最大化和一次最小化，是不是求解起来更加复杂了？

艾博士：粗看起来确实是更复杂了，且引入了更多的变量 $\boldsymbol{\alpha}$，其分量 α_i 的个数同训练样本一样多。但是由于“消除”了不等式约束条件这个“拦路虎”，变得复杂一些也是值得的，并且还存在简化的可能性。

小明：如何进行简化呢？

艾博士：我们先看看原问题：

$$\min_{w,b}\max_{\alpha} L(\boldsymbol{w},b,\boldsymbol{\alpha})$$

与其对偶问题：

$$\max_{\alpha}\min_{w,b} L(\boldsymbol{w},b,\boldsymbol{\alpha})$$

之间的关系。

小明：什么是原问题的对偶问题呢？

艾博士：简单地说，原问题是先求最大再求最小，其对偶问题就是反过来，先求最小再求最大。

小明：原来是这样的，您这么一说才发现您前面说的两个式子的不同。

艾博士：一般情况下，原问题与其对偶问题之间并不直接相等。比如我们举一个例子，假定一个班级同学中身高有高有矮，年龄有大有小，身高有相同的，年龄也有相同的。我们想求身高最高的同学中年龄最小的同学，也就是先对身高求最大，然后再对年龄求最小。其对偶问题就是年龄最小的同学中身高最高的同学。假设班上身高最高的同学是A、B，A的年龄大于B的年龄，则原问题的解为B同学。再假设C、D是班上年龄最小的两位同学，C的身高比D高，则原问题对偶问题的解是同学C。无论是从身高的角度还是年龄的角度来说，C都不会大于B。因为从身高角度说，B是身高最高的同学之一，所以C的身高不会比B高。从年龄的角度来说，由于C是年龄最小的同学之一，所以C的年龄也不会比B大。所以无论是说身高还是说年龄，都有C≤B，即

身高最高的同学中年龄最小的同学≤年龄最小的同学中身高最高的同学

只有当C和B的身高、年龄都相等时等式才成立，这时C和B可能是同一个同学。

如果等式成立，我们就可以通过求解对偶问题的解得到原问题的解，前提条件是对偶问题更容易求解。

小明：这是一个很好的思路，就看对偶问题是否与原问题相等了。

艾博士：下面我们一步步分析一下这个问题。

拉格朗日函数显然满足下面这个不等式：

$$\min_{w,b}(L(\boldsymbol{w},b,\boldsymbol{\alpha})) \leqslant L(\boldsymbol{w},b,\boldsymbol{\alpha}) \leqslant \max_{\boldsymbol{\alpha}}(L(\boldsymbol{w},b,\boldsymbol{\alpha})) \tag{5.42}$$

式(5.42)中，左边是以 $\boldsymbol{w}$、b 为变量求最小值，拉格朗日函数显然应该大于或等于该最小值；右边是以 $\boldsymbol{\alpha}$ 为变量求最大值，同样拉格朗日函数显然应该小于或等于该最大值。

由式(5.42)有

$$\min_{w,b}(L(\boldsymbol{w},b,\boldsymbol{\alpha})) \leqslant \max_{\boldsymbol{\alpha}}(L(\boldsymbol{w},b,\boldsymbol{\alpha})) \tag{5.43}$$

在任何取值下式(5.43)右边总是大于或等于左边，那么右边的最小值也一定大于或等于左边的最大值，所以有

$$\max_{\boldsymbol{\alpha}}\min_{w,b}(L(\boldsymbol{w},b,\boldsymbol{\alpha})) \leqslant \min_{w,b}\max_{\boldsymbol{\alpha}}(L(\boldsymbol{w},b,\boldsymbol{\alpha})) \tag{5.44}$$

式(5.44)右边刚好就是原问题，左边是它的对偶问题。也就是说，原问题总是大于或等于其对偶问题，这跟我们前面刚讨论的年龄、身高问题的结论是一样的。

那么等号是否成立呢？只有当等号成立时，我们才可以用对偶问题求解原问题的解。可以证明，当问题同时满足KKT条件时，不等式(5.44)中的等式成立。

小明：那么什么是 KKT 条件呢？

艾博士：KKT 条件是以 3 个提出者的姓氏首字母命名的，我们就不详细介绍为什么满足 KKT 条件时不等式(5.44)中的等式成立，只结合我们的问题，给出具体的 KKT 条件如下：

$$\begin{aligned}&\nabla_{w,b}L(\boldsymbol{w},b,\boldsymbol{\alpha})=0\\&\alpha_i(1-y_i\cdot(\boldsymbol{w}\cdot\boldsymbol{x}_i+b))=0\\&(1-y_i\cdot(\boldsymbol{w}\cdot\boldsymbol{x}_i+b))\leqslant 0\\&\alpha_i\geqslant 0\\&i=1,2,\cdots,N\end{aligned}\tag{5.45}$$

我们逐一分析一下这几个条件。

第一条$\nabla_{w,b}L(\boldsymbol{w},b,\boldsymbol{\alpha})=0$，这里的$\nabla$表示求梯度也就是求偏导数的意思。这里的 $\boldsymbol{w}=(w_1,w_2,\cdots,w_n)$是个向量，$b$ 是个标量，梯度等于 0 就相当于条件：

$$\begin{cases}\dfrac{\partial L(\boldsymbol{w},b,\boldsymbol{\alpha})}{\partial w_i}=0\\[2ex]\dfrac{\partial L(\boldsymbol{w},b,\boldsymbol{\alpha})}{\partial b}=0\end{cases}\tag{5.46}$$

由于无论是原问题还是对偶问题都要求拉格朗日函数对 $\boldsymbol{w}$、b 的最小值，梯度为 0 是最小值需要满足的必要条件。

接下来我们先看第三条$(1-y_i\cdot(\boldsymbol{w}\cdot\boldsymbol{x}_i+b))\leqslant 0$，这是式(5.37)中的不等式条件，也是必须满足的条件。

再看第四条 $\alpha_i\geqslant 0$，α_i 是引入的拉格朗日乘子，要求大于或等于 0，所以也是必须满足的条件。

再回头看第二条 $\alpha_i(1-y_i\cdot(\boldsymbol{w}\cdot\boldsymbol{x}_i+b))=0$，要满足这个条件只能是 $\alpha_i=0$，或者是$(1-y_i\cdot(\boldsymbol{w}\cdot\boldsymbol{x}_i+b))=0$，二者至少有一个为 0。由 KKT 条件的第三条和第四条得知，这两个都有可能为 0。当α_i 等于 0 时，$(1-y_i\cdot(\boldsymbol{w}\cdot\boldsymbol{x}_i+b))$的值可以是任意值；当$\alpha_i$ 不等于 0 时，$(1-y_i\cdot(\boldsymbol{w}\cdot\boldsymbol{x}_i+b))$的值必须为 0。同样当$(1-y_i\cdot(\boldsymbol{w}\cdot\boldsymbol{x}_i+b))$的值为 0 时，$\alpha_i$ 的值可以是任意值；当$(1-y_i\cdot(\boldsymbol{w}\cdot\boldsymbol{x}_i+b))$的值不为 0 时，$\alpha_i$ 的值必须是 0 值。

前面我们说过，支持向量到超平面的函数间隔为 1，所以满足$(1-y_i\cdot(\boldsymbol{w}\cdot\boldsymbol{x}_i+b))$的值为 0 的 $\boldsymbol{x}_i$ 刚好就是支持向量。由于每个拉格朗日乘子 α_i 对应一个样本 $\boldsymbol{x}_i$，由此也可以得知，不等于 0 的 α_i 所对应的 $\boldsymbol{x}_i$ 就是支持向量。

小明：原来拉格朗日乘子跟支持向量之间还具有这种关系。

艾博士：这样的话，如果同时满足 KKT 条件，不等式(5.44)就可以写为等式：

$$\max_{\boldsymbol{\alpha}}\min_{w,b}(L(\boldsymbol{w},b,\boldsymbol{\alpha}))=\min_{w,b}\max_{\boldsymbol{\alpha}}(L(\boldsymbol{w},b,\boldsymbol{\alpha}))\tag{5.47}$$

这样原问题$\min\limits_{w,b}\max\limits_{\boldsymbol{\alpha}}(L(\boldsymbol{w},b,\boldsymbol{\alpha}))$就可以通过对偶问题$\max\limits_{\boldsymbol{\alpha}}\min\limits_{w,b}(L(\boldsymbol{w},b,\boldsymbol{\alpha}))$求解了。

小明：对偶问题$\max\limits_{\boldsymbol{\alpha}}\min\limits_{w,b}(L(\boldsymbol{w},b,\boldsymbol{\alpha}))$会更容易求解吗？

艾博士：对偶问题可以进一步化简。我们先来看看极小值部分$\min\limits_{w,b}(L(\boldsymbol{w},b,\boldsymbol{\alpha}))$，为此重写拉格朗日函数如下：

$$L(\boldsymbol{w},b,\boldsymbol{\alpha})=\frac{1}{2}\|\boldsymbol{w}\|^2+\sum_{i=1}^{N}\alpha_i(1-y_i\cdot(\boldsymbol{w}\cdot\boldsymbol{x}_i+b))\tag{5.48}$$

其中 $\boldsymbol{w}$、$\boldsymbol{x}_i$ 均为向量：

$$\boldsymbol{w}=(w_1, w_2, \cdots, w_n)$$
$$\boldsymbol{x}_i=(x_i^{(1)}, x_i^{(2)}, \cdots, x_i^{(n)})$$
$$\|\boldsymbol{w}\|^2=\boldsymbol{w}\cdot\boldsymbol{w}=w_1^2+w_2^2+\cdots+w_n^2$$

所以式(5.48)也可以写为

$$\begin{aligned}L(\boldsymbol{w}, b, \boldsymbol{\alpha})&=\frac{1}{2}\boldsymbol{w}\cdot\boldsymbol{w}+\sum_{i=1}^{N}\alpha_i(1-y_i\cdot(\boldsymbol{w}\cdot\boldsymbol{x}_i+b))\\&=\frac{1}{2}\boldsymbol{w}\cdot\boldsymbol{w}-\sum_{i=1}^{N}\alpha_i y_i\cdot(\boldsymbol{w}\cdot\boldsymbol{x}_i+b)+\sum_{i=1}^{N}\alpha_i\end{aligned}\tag{5.49}$$

或者写为

$$L(\boldsymbol{w}, b, \boldsymbol{\alpha})=\frac{1}{2}(w_1^2+w_2^2+\cdots+w_n^2)+\sum_{i=1}^{N}\alpha_i\left(1-y_i\cdot\left(\sum_{j=1}^{n}w_j x_i^{(j)}+b\right)\right)\tag{5.50}$$

从式(5.50)可以看出拉格朗日函数是 $\boldsymbol{w}$、b 的二次函数，偏导数等于 0 处就是该函数的最小值点，我们可以令偏导数等于 0，求出其极值点。而偏导数为 0 也刚好是应该满足的 KKT 条件中第一个梯度为 0 的条件。

$$\frac{\partial L(\boldsymbol{w}, b, \boldsymbol{\alpha})}{\partial w_j}=w_j-\sum_{i=1}^{N}\alpha_i y_i x_i^{(j)}$$

令上式等于 0 可以求出 w_j：

$$w_j=\sum_{i=1}^{N}\alpha_i y_i x_i^{(j)}\tag{5.51}$$

用向量表示就是

$$\boldsymbol{w}=\sum_{i=1}^{N}\alpha_i y_i \boldsymbol{x}_i\tag{5.52}$$

同样

$$\frac{\partial L(\boldsymbol{w}, b, \boldsymbol{\alpha})}{\partial b}=-\sum_{i=1}^{N}\alpha_i y_i$$

令上式等于 0 就是

$$\sum_{i=1}^{N}\alpha_i y_i=0\tag{5.53}$$

将式(5.52)代入式(5.49)中，有

$$\begin{aligned}L(\boldsymbol{w}, b, \boldsymbol{\alpha})&=\frac{1}{2}\boldsymbol{w}\cdot\boldsymbol{w}-\sum_{i=1}^{N}\alpha_i y_i\cdot(\boldsymbol{w}\cdot\boldsymbol{x}_i+b)+\sum_{i=1}^{N}\alpha_i\\&=\frac{1}{2}\left(\sum_{i=1}^{N}\alpha_i y_i\boldsymbol{x}_i\right)\cdot\left(\sum_{j=1}^{N}\alpha_j y_j\boldsymbol{x}_j\right)-\sum_{i=1}^{N}\alpha_i y_i\cdot\left(\left(\sum_{j=1}^{N}\alpha_j y_j\boldsymbol{x}_j\right)\cdot x_i+b\right)+\sum_{i=1}^{N}\alpha_i\end{aligned}\tag{5.54}$$

小明看着结果有些疑惑地问道：这里为什么 $\boldsymbol{w}$ 有时用 $\sum_{i=1}^{N}\alpha_i y_i\boldsymbol{x}_i$，有时用 $\sum_{j=1}^{N}\alpha_j y_j\boldsymbol{x}_j$ 呢？

艾博士解释道：$\sum_{i=1}^{N}\alpha_i y_i\boldsymbol{x}_i$ 和 $\sum_{j=1}^{N}\alpha_j y_j\boldsymbol{x}_j$ 是一样的，都是表示的是 $\boldsymbol{w}$，做累加时换下标不

影响结果。有时为了方便化简就采用了不同的下标。比如式(5.54)第一项，分别用 i、j 两个下标后，第一项就可以写成如下形式：

$$\frac{1}{2}\left(\sum_{i=1}^{N}\alpha_i y_i \boldsymbol{x}_i\right)\cdot\left(\sum_{j=1}^{N}\alpha_j y_j \boldsymbol{x}_j\right)=\frac{1}{2}\left(\sum_{i=1}^{N}\sum_{j=1}^{N}\alpha_i y_i \alpha_j y_j(\boldsymbol{x}_i\cdot\boldsymbol{x}_j)\right)$$

小明：明白了，这种情况下换了不同的下标表示起来确实比较方便，如果是相同的下标就不能这么写了。

艾博士：式(5.54)第二项可以写为

$$-\sum_{i=1}^{N}\alpha_i y_i\cdot\left(\left(\sum_{j=1}^{N}\alpha_j y_j \boldsymbol{x}_j\right)\cdot x_i+b\right)=-\sum_{i=1}^{N}\sum_{j=1}^{N}\alpha_i\alpha_j y_i y_j(\boldsymbol{x}_j\cdot\boldsymbol{x}_i)-b\sum_{i=1}^{N}\alpha_i y_i$$

由式(5.53)有

$$\sum_{i=1}^{N}\alpha_i y_i=0$$

以上结果代入式(5.54)中有

$$L(\boldsymbol{w},b,\boldsymbol{\alpha})=-\frac{1}{2}\sum_{i=1}^{N}\sum_{j=1}^{N}\alpha_i\alpha_j y_i y_j(\boldsymbol{x}_i\cdot\boldsymbol{x}_j)+\sum_{i=1}^{N}\alpha_i$$

这就是 $\min\limits_{\boldsymbol{w},b}(L(\boldsymbol{w},b,\boldsymbol{\alpha}))$ 的结果，即

$$\min_{\boldsymbol{w},b}(L(\boldsymbol{w},b,\boldsymbol{\alpha}))=-\frac{1}{2}\sum_{i=1}^{N}\sum_{j=1}^{N}\alpha_i\alpha_j y_i y_j(\boldsymbol{x}_i\cdot\boldsymbol{x}_j)+\sum_{i=1}^{N}\alpha_i \tag{5.55}$$

因此，对偶问题就变成了求 $\min\limits_{\boldsymbol{w},b}(L(\boldsymbol{w},b,\boldsymbol{\alpha}))$ 对 $\boldsymbol{\alpha}$ 的最大值问题，即

$$\max_{\boldsymbol{\alpha}}\min_{\boldsymbol{w},b}(L(\boldsymbol{w},b,\boldsymbol{\alpha}))=\max_{\boldsymbol{\alpha}}\left(-\frac{1}{2}\sum_{i=1}^{N}\sum_{j=1}^{N}\alpha_i\alpha_j y_i y_j(\boldsymbol{x}_i\cdot\boldsymbol{x}_j)+\sum_{i=1}^{N}\alpha_i\right) \tag{5.56}$$

同时要满足条件式(5.53)。

对式(5.56)括号内部分增加一个负号，这样最大值问题就转换为了等价的最小值问题，即

$$\min_{\boldsymbol{\alpha}}\left(\frac{1}{2}\sum_{i=1}^{N}\sum_{j=1}^{N}\alpha_i\alpha_j y_i y_j(\boldsymbol{x}_i\cdot\boldsymbol{x}_j)-\sum_{i=1}^{N}\alpha_i\right) \tag{5.57}$$

$$\text{s.t.}\quad \sum_{i=1}^{N}\alpha_i y_i=0$$

$$\alpha_i\geqslant 0,\quad i=1,2,\cdots,N$$

式(5.57)就是最终得到的等价的对偶问题。其中 $\boldsymbol{x}_i\cdot\boldsymbol{x}_j$ 为向量的点积，即

$$\boldsymbol{x}_i\cdot\boldsymbol{x}_j=x_i^{(1)}x_j^{(1)}+x_i^{(2)}x_j^{(2)}+\cdots+x_i^{(n)}x_j^{(n)}$$

小明：我们的目的是求解支持向量机的分界超平面，如何得到超平面呢？

艾博士：满足式(5.57)最小值条件的 $\boldsymbol{\alpha}$ 记作 $\boldsymbol{\alpha}^*$：

$$\boldsymbol{\alpha}^*=(\alpha_1^*,\alpha_2^*,\cdots,\alpha_N^*)$$

最优分界超平面方程记为

$$\boldsymbol{w}^*\cdot\boldsymbol{x}+b^*=0$$

将 $\boldsymbol{\alpha}^*$ 代入式(5.52)，有

$$\boldsymbol{w}^*=\sum_{i=1}^{N}\alpha_i^* y_i\boldsymbol{x}_i \tag{5.58}$$

根据 KKT 条件中的第二条：

$$\alpha_i(1-y_i \cdot (\boldsymbol{w} \cdot \boldsymbol{x}_i + b)) = 0$$

当 $\alpha_i \neq 0$ 时有

$$1 - y_i \cdot (\boldsymbol{w} \cdot \boldsymbol{x}_i + b) = 0 \tag{5.59}$$

我们从 $\boldsymbol{\alpha}^*$ 中任选一个 $\alpha_j^* \neq 0$，同时将 $\boldsymbol{w}^*$ 以及与 α_j^* 对应的 $\boldsymbol{x}_j$、y_j 一起代入式(5.59)，就可以求得 b^* 值如下：

$$b^* = y_j - \boldsymbol{w}^* \cdot \boldsymbol{x}_j = y_j - \sum_{i=1}^{N} \alpha_i^* y_i (\boldsymbol{x}_i \cdot \boldsymbol{x}_j) \tag{5.60}$$

小明看着这个结果有些不解地问道：式(5.60)中，y_j 是不是应该是$\frac{1}{y_j}$才对啊？

艾博士：我猜测到你会问这个问题。在前面我们讲过，y_j 是类别标记，在支持向量机中类别只有正类和负类，分别标记为 1 和 -1，所以 y_j 不是 1 就是 -1，所以 $y_j = \frac{1}{y_j}$。

小明恍然大悟道：对的，您当时还特别强调一定要我记住这一点，说后面推导中会用到，我还是给忘记了。

艾博士：在开始学习时这是很正常的，以后记住就可以了。

艾博士继续讲解道：将式(5.58)所示的 $\boldsymbol{w}^*$ 代入最优分界超平面方程 $\boldsymbol{w}^* \cdot \boldsymbol{x} + b^* = 0$ 中，得到最优分界超平面方程：

$$\sum_{i=1}^{N} \alpha_i^* y_i (\boldsymbol{x} \cdot \boldsymbol{x}_i) + b^* = 0 \tag{5.61}$$

其中，b^* 由式(5.60)给出。

这样我们就得到线性可分支持向量机的分类决策函数：

$$f(x) = \text{sign}\left(\sum_{i=1}^{N} \alpha_i^* y_i (\boldsymbol{x} \cdot \boldsymbol{x}_i) + b^*\right) \tag{5.62}$$

前面我们曾经讲过，与非零的 α_i^* 对应的 $\boldsymbol{x}_i$ 就是支持向量，从式(5.62)也可以看出，分类决策函数只与训练集中的支持向量有关，对于非支持向量，由于其对应的 α_i^* 等于 0，不影响分类决策函数。

小明：这样的话，当支持向量机训练结束后，只需保留那些支持向量和相应的非零 α_i^* 就可以了。

艾博士：小明你说得很对，支持向量机最终的结果只与支持向量有关，而与非支持向量无关，那些非支持向量就不需要再保存了。

下面我们给一个根据训练集样本求解支持向量机的例子。

设有正样本 $x_1=(3,3)$、$x_2=(4,3)$，负样本 $x_3=(6,4)$，求该问题的最优分界面，并据此给出样本(1,1)所属的类别。

根据式(5.57)：

$$\min_{\boldsymbol{\alpha}}\left(\frac{1}{2}\sum_{i=1}^{N}\sum_{j=1}^{N}\alpha_i \alpha_j y_i y_j (\boldsymbol{x}_i \cdot \boldsymbol{x}_j) - \sum_{i=1}^{N}\alpha_i\right)$$

$$\text{s.t.} \quad \sum_{i=1}^{N}\alpha_i y_i = 0$$

$$\alpha_i \geqslant 0, \quad i=1,2,\cdots,N$$

该问题有 3 个样本，所以 $N=3$，有

$$\min_{\boldsymbol{\alpha}}\left(\frac{1}{2}\sum_{i=1}^{N}\sum_{j=1}^{N}\alpha_i\alpha_j y_i y_j(\boldsymbol{x}_i\cdot\boldsymbol{x}_j)-\sum_{i=1}^{N}\alpha_i\right)=\min_{\boldsymbol{\alpha}}\left(\frac{1}{2}\sum_{i=1}^{3}\sum_{j=1}^{3}\alpha_i\alpha_j y_i y_j(\boldsymbol{x}_i\cdot\boldsymbol{x}_j)-\sum_{i=1}^{3}\alpha_i\right) \tag{5.63}$$

为方便计算，先计算好几个样本点的点积：

$$\boldsymbol{x}_1\cdot\boldsymbol{x}_1=3\times3+3\times3=18$$
$$\boldsymbol{x}_2\cdot\boldsymbol{x}_2=4\times4+3\times3=25$$
$$\boldsymbol{x}_3\cdot\boldsymbol{x}_3=6\times6+4\times4=52$$
$$\boldsymbol{x}_1\cdot\boldsymbol{x}_2=\boldsymbol{x}_2\cdot\boldsymbol{x}_1=3\times4+3\times3=21$$
$$\boldsymbol{x}_1\cdot\boldsymbol{x}_3=\boldsymbol{x}_3\cdot\boldsymbol{x}_1=3\times6+3\times4=30$$
$$\boldsymbol{x}_2\cdot\boldsymbol{x}_3=\boldsymbol{x}_3\cdot\boldsymbol{x}_2=4\times6+3\times4=36$$

代入式(5.63)中：

$$\begin{aligned}
&\min_{\boldsymbol{\alpha}}\left(\frac{1}{2}\sum_{i=1}^{3}\sum_{j=1}^{3}\alpha_i\alpha_j y_i y_j(\boldsymbol{x}_i\cdot\boldsymbol{x}_j)-\sum_{i=1}^{3}\alpha_i\right)\\
=&\min_{\boldsymbol{\alpha}}\left(\frac{1}{2}(\alpha_1\alpha_1y_1y_1(\boldsymbol{x}_1\cdot\boldsymbol{x}_1)+\alpha_1\alpha_2y_1y_2(\boldsymbol{x}_1\cdot\boldsymbol{x}_2)+\alpha_1\alpha_3y_1y_3(\boldsymbol{x}_1\cdot\boldsymbol{x}_3)+\right.\\
&\quad\alpha_2\alpha_1y_2y_1(\boldsymbol{x}_2\cdot\boldsymbol{x}_1)+\alpha_2\alpha_2y_2y_2(\boldsymbol{x}_2\cdot\boldsymbol{x}_2)+\alpha_2\alpha_3y_2y_3(\boldsymbol{x}_2\cdot\boldsymbol{x}_3)+\\
&\quad\alpha_3\alpha_1y_3y_1(\boldsymbol{x}_3\cdot\boldsymbol{x}_1)+\alpha_3\alpha_2y_3y_2(\boldsymbol{x}_3\cdot\boldsymbol{x}_2)+\alpha_3\alpha_3y_3y_3(\boldsymbol{x}_3\cdot\boldsymbol{x}_3))\\
&\quad\left.-\alpha_1-\alpha_2-\alpha_3\right)\\
=&\min_{\boldsymbol{\alpha}}\left(\frac{1}{2}(\alpha_1\alpha_1\times1\times1\times18+\alpha_1\alpha_2\times1\times1\times21+\alpha_1\alpha_3\times1\times(-1)\times30+\right.\\
&\quad\alpha_2\alpha_1\times1\times1\times21+\alpha_2\alpha_2\times1\times1\times25+\alpha_2\alpha_3\times1\times(-1)\times36+\\
&\quad\alpha_3\alpha_1\times(-1)\times1\times30+\alpha_3\alpha_2\times(-1)\times1\times36+\\
&\quad\left.\alpha_3\alpha_3\times(-1)\times(-1)\times52)-\alpha_1-\alpha_2-\alpha_3\right)\\
=&\min_{\boldsymbol{\alpha}}\left(\frac{1}{2}(18\alpha_1^2+25\alpha_2^2+52\alpha_3^2+42\alpha_1\alpha_2-60\alpha_1\alpha_3-72\alpha_2\alpha_3)-\alpha_1-\alpha_2-\alpha_3\right)
\end{aligned}$$

$$\text{s.t.}\quad \sum_{i=1}^{3}\alpha_i y_i=0$$
$$\alpha_i\geqslant 0,\quad i=1,2,3$$

为方便起见，上式括号中的部分记为 s：

$$s=\frac{1}{2}(18\alpha_1^2+25\alpha_2^2+52\alpha_3^2+42\alpha_1\alpha_2-60\alpha_1\alpha_3-72\alpha_2\alpha_3)-\alpha_1-\alpha_2-\alpha_3$$

由于同时满足：

$$\sum_{i=1}^{3}\alpha_i y_i=0$$

所以有

$$\alpha_3 = \alpha_1 + \alpha_2 \tag{5.64}$$

代入 s 中化简后有

$$s = \frac{1}{2}(10\alpha_1^2 + 5\alpha_2^2 + 14\alpha_1\alpha_2) - 2\alpha_1 - 2\alpha_2 \tag{5.65}$$

这样对偶问题就变成了求 s 对 α_1、α_2 的最小值问题。由于 s 是关于 α_1、α_2 的二次函数，是一个凸函数，所以其最小值在偏导数等于 0 处，可以通过计算 s 对 α_1、α_2 的偏导数，并分别令其为 0 求解。

$$\frac{\partial s}{\partial \alpha_1} = 10\alpha_1 + 7\alpha_2 - 2$$

$$\frac{\partial s}{\partial \alpha_2} = 5\alpha_2 + 7\alpha_1 - 2$$

令上述两个偏导数等于 0 得到二元一次方程组：

$$\begin{cases} 10\alpha_1 + 7\alpha_2 - 2 = 0 \\ 5\alpha_2 + 7\alpha_1 - 2 = 0 \end{cases}$$

求解该方程组得到

$$\alpha_1 = -4$$

$$\alpha_2 = 6$$

讲解到这里艾博士问小明：这样得到的 α_1、α_2 是不是就是我们想要的结果呢？

小明见艾博士这样询问，心想这里一定有什么问题，想到：s 是关于 α_1、α_2 的二次函数，是个凸函数，最小值一定出现在偏导数等于 0 的地方，应该没有问题啊？艾博士为什么这么问呢？

小明边想边查看前面讲解的内容，突然醒悟道：由于对偶问题要求满足条件 $\alpha_1 \geqslant 0$、$\alpha_2 \geqslant 0$，而这个结果中 $\alpha_1 = -4$，并不满足 α_1 大于或等于 0 的条件。

艾博士夸奖说：小明你说得非常正确，如果 α_1、α_2 都满足大于或等于 0 的条件，则这个结果就是我们希望得到的结果，但是这里求得的 α_1 不满足大于或等于 0 的条件，虽然我们求得的确实是 s 的最小值，但是不是满足约束条件的最小值。如何得到满足约束条件的最小值呢？我们看一下单变量的情况，单变量看起来更加直观。

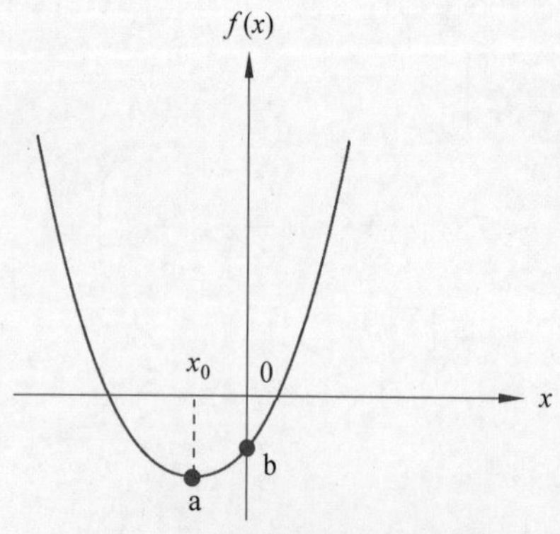

图 5.31 二次函数最小值示意图

假设 $f(x)$ 是 x 的二次函数，其图像如图 5.31 所示。$f(x)$ 在 $x = x_0$ 处取得最小值 a，但是如果要求 x 大于或等于 0 的话，满足要求的 $f(x)$ 的最小值在 $x=0$ 处取得，其值为 b。也就是说，如果函数的实际最小值不在我们要求的定义域范围内，则满足要求的最小值应该发生在定义域的边界处，也就是 $x=0$ 的地方。函数是多变量时，也有类似的结论，只是对于多变量的情况，每个变量都有一个边界，需要计算出每个边界下函数的最小取值，取其中最小的一个就是我们所要求解的最小值。前提条件是函数是一个凸函数，而二次函数刚好是凸函数。

艾博士继续讲解道：我们再回到例题中来，由于 α_1 是负的，不满足我们的要求。按照上述讨论，就要分别计算 $\alpha_1=0$ 和 $\alpha_2=0$ 两个边界条件下 s 的最小值，然后取其中一个最小的结果作为解答。

小明问道：刚刚求解的 α_2 其值为 6，满足大于或等于 0 的条件，也要计算 $\alpha_2=0$ 这个边界下 s 的值吗？

艾博士肯定地说：是的，只要有一个 α_i 的取值不满足条件，就要计算每个 $\alpha_i=0$ 时 s 的最小值，以便从中选择一个最小的结果。

下面分别计算两个边界条件下 s 的最小值。

当 $\alpha_1=0$ 时，代入式(5.65)：

$$\begin{aligned} s &= \frac{1}{2}(10\alpha_1^2+5\alpha_2^2+14\alpha_1\alpha_2)-2\alpha_1-2\alpha_2 \\ &= \frac{1}{2}(5\alpha_2^2)-2\alpha_2 \end{aligned}$$

求 s 对 α_2 的导数：

$$\frac{\mathrm{d}s}{\mathrm{d}\alpha_2}=5\alpha_2-2$$

令其为 0：

$$5\alpha_2-2=0$$

解得：

$$\alpha_2=\frac{2}{5}$$

将 $\alpha_1=0$、$\alpha_2=\frac{2}{5}$ 代入 s 中，求得 $\alpha_1=0$ 时这一边界条件下 s 的最小值为 $-\frac{2}{5}$。

当 $\alpha_2=0$ 时，代入式(5.65)：

$$\begin{aligned} s &= \frac{1}{2}(10\alpha_1^2+5\alpha_2^2+14\alpha_1\alpha_2)-2\alpha_1-2\alpha_2 \\ &= \frac{1}{2}(10\alpha_1^2)-2\alpha_1 \end{aligned}$$

求 s 对 α_1 的导数：

$$\frac{\mathrm{d}s}{\mathrm{d}\alpha_1}=10\alpha_1-2$$

令其为 0：

$$10\alpha_1-2=0$$

解得：

$$\alpha_1=\frac{1}{5}$$

将 $\alpha_1=\frac{1}{5}$、$\alpha_2=0$ 代入 s 中，求得 $\alpha_2=0$ 时这一边界条件下 s 的最小值为 $-\frac{1}{5}$。

比较两个边界条件下 s 的最小值，$s=-\frac{2}{5}$ 更小一些，所以 $\alpha_1=0$、$\alpha_2=\frac{2}{5}$ 为我们求得的结果。

由式(5.64)有

$$\alpha_3=\alpha_1+\alpha_2=0+\frac{2}{5}=\frac{2}{5}$$

至此我们就得到了使得式(5.63)取得最小值并满足约束条件的 α_i^*：

$$\begin{cases}\alpha_1^*=0\\ \alpha_2^*=\dfrac{2}{5}\\ \alpha_3^*=\dfrac{2}{5}\end{cases}$$

非0的 α_i^* 对应的 $\boldsymbol{x}_i$ 为支持向量，所以该例题中，$\boldsymbol{x}_2$、$\boldsymbol{x}_3$ 即为支持向量，$\boldsymbol{x}_1$ 不是支持向量。

由式(5.58)得到超平面方程的 $\boldsymbol{w}^*$ 为

$$\boldsymbol{w}^*=\sum_{i=1}^{3}\alpha_i^* y_i\boldsymbol{x}_i=\alpha_1^* y_1\boldsymbol{x}_1+\alpha_2^* y_2\boldsymbol{x}_2+\alpha_3^* y_3\boldsymbol{x}_3$$

这里：

$$\boldsymbol{w}^*=(w_1^*,w_2^*)$$
$$\boldsymbol{x}_i=(x_i^{(1)},x_i^{(2)})$$

均为向量，写成分量形式为

$$\begin{aligned}w_1^*&=\alpha_1^* y_1x_1^{(1)}+\alpha_2^* y_2x_2^{(1)}+\alpha_3^* y_3x_3^{(1)}\\&=0\times1\times3+\frac{2}{5}\times1\times4+\frac{2}{5}\times(-1)\times6=-\frac{4}{5}\\w_2^*&=\alpha_1^* y_1x_1^{(2)}+\alpha_2^* y_2x_2^{(2)}+\alpha_3^* y_3x_3^{(2)}\\&=0\times1\times3+\frac{2}{5}\times1\times3+\frac{2}{5}\times(-1)\times4=-\frac{2}{5}\end{aligned}$$

选一个不为0的 α_2^*，由式(5.60)得到超平面方程的 b^* 为

$$\begin{aligned}b^*&=y_2-\boldsymbol{w}^*\cdot\boldsymbol{x}_2=y_2-\sum_{i=1}^{3}\alpha_i^* y_i(\boldsymbol{x}_i\cdot\boldsymbol{x}_j)\\&=y_2-(\alpha_1^* y_1(\boldsymbol{x}_1\cdot\boldsymbol{x}_2)+\alpha_2^* y_2(\boldsymbol{x}_2\cdot\boldsymbol{x}_2)+\alpha_3^* y_3(\boldsymbol{x}_3\cdot\boldsymbol{x}_2))\\&=1-\left(0\times1\times21+\frac{2}{5}\times1\times25+\frac{2}{5}\times(-1)\times36\right)=\frac{27}{5}\end{aligned}$$

从而有超平面方程：

$$\boldsymbol{w}^*\cdot\boldsymbol{x}+b^*=0$$

将 $\boldsymbol{w}^*$、b^* 代入有

$$w_1^*\cdot x^{(1)}+w_2^*\cdot x^{(2)}+b^*=0$$
$$-\frac{4}{5}\cdot x^{(1)}-\frac{2}{5}\cdot x^{(2)}+\frac{27}{5}=0 \tag{5.66}$$

式(5.66)就是该例题的最优分界超平面方程，如图5.32所示。

容易验证，由于样本 $\boldsymbol{x}_2$、$\boldsymbol{x}_3$ 为支持向量，它们到该超平面的函数距离均为1，$\boldsymbol{x}_1$ 不是支持向量，其到该超平面的函数距离大于1，等于 $\frac{9}{5}$。

由式(5.66)最优分界超平面方程，可以得到支持向量机的决策函数为

$$f(\boldsymbol{x})=\mathrm{sign}\left(-\frac{4}{5}\cdot x^{(1)}-\frac{2}{5}\cdot x^{(2)}+\frac{27}{5}\right)$$

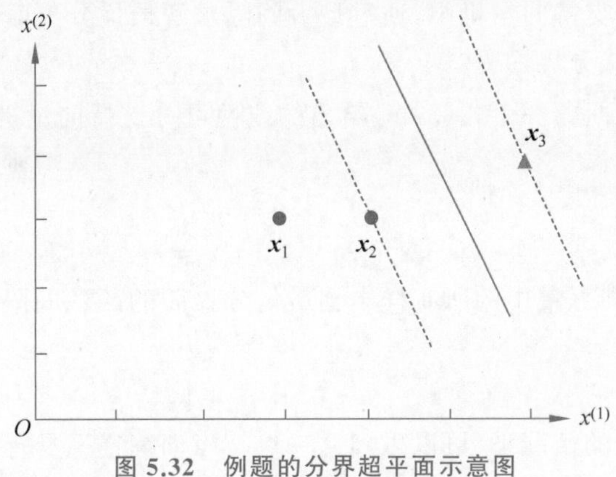

图 5.32　例题的分界超平面示意图

将例题中的待分类样本 $\boldsymbol{x}=(1,1)$ 代入决策函数中：

$$
\begin{aligned}
f(\boldsymbol{x}) &= \operatorname{sign}\left(-\frac{4}{5}\cdot x^{(1)}-\frac{2}{5}\cdot x^{(2)}+\frac{27}{5}\right)\\
&= \operatorname{sign}\left(-\frac{4}{5}\times 1-\frac{2}{5}\times 1+\frac{27}{5}\right)\\
&= \operatorname{sign}\left(\frac{21}{5}\right)=1
\end{aligned}
$$

由此可知，待分类样本 $\boldsymbol{x}=(1,1)$的类别为正类。

5.5.3　线性支持向量机

小明：您前面介绍的支持向量机叫线性可分支持向量机，也就是说，要求训练集中的样本必须是线性可分的。如果训练集不满足线性可分条件，比如说绝大部分样本可以用一个超平面分开，但是有少数样本不能被区分开，如图 5.33 所示两类样本交叉在一起的情况，无论怎么画直线也不能将两类分开，这种情况下还可以使用支持向量机方法构造一个分类器吗？

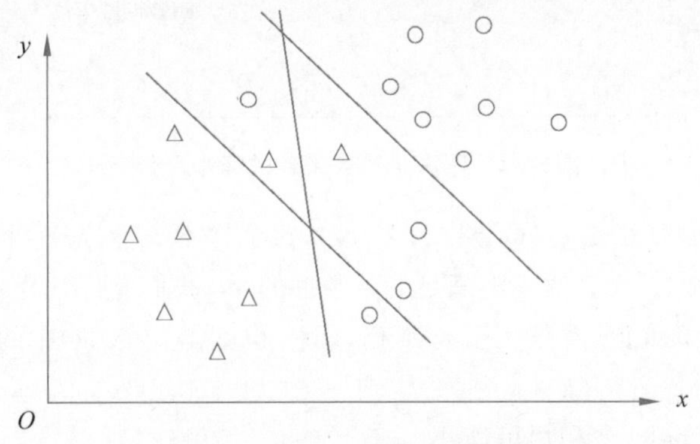

图 5.33　两类样本出现交叉情况示意图

艾博士：前面我们介绍的是线性可分支持向量机，针对的是训练样本线性可分的情况。如果训练集中只有少数样本不具有线性可分性，其他绝大部分样本都可以线性可分时，也可以构造支持向量机，只是这种情况下就不是线性可分支持向量机了，是线性支持向量机，少了“可分”二字。

小明：在线性可分支持向量机中，通过最大间隔求解最优分界面，当训练集不具有线性可分性时，如何求解最优分界面呢？

艾博士：我们先来回顾一下式(5.36)给出的线性可分支持向量机问题：

$$\min_{w,b} \frac{1}{2}\|\boldsymbol{w}\|^2 \tag{5.67}$$
$$\text{s.t. } y_i \cdot (\boldsymbol{w} \cdot \boldsymbol{x}_i + b) \geqslant 1 \quad i=1,2,\cdots,N$$

在该问题中，要求训练集中的所有样本到最优分界面的函数间隔均大于或等于 1，也就是满足条件：

$$y_i \cdot (\boldsymbol{w} \cdot \boldsymbol{x}_i + b) \geqslant 1 \quad i=1,2,\cdots,N$$

在训练集线性可分的情况下，可以做到这一点。当训练集不具有线性可分性时，就需要降低要求，弱化该条件，在大多数样本满足该约束条件的情况下，允许少量样本不满足该条件。这里的关键是如何衡量“允许少量样本不满足该条件”。

小明：那就是满足该条件的样本越少越好，以此为优化条件。

艾博士：当然这么做也不是不可以，但是不满足该条件也有程度上的不同。如图 5.34 所示，假设样本 a 到最优超平面的函数间隔为 0.9，虽然不满足约束条件，但是也只是以微小差距不满足约束条件，样本 b 到最优超平面的函数间隔为 0.1，显然二者不是等价的，如果在 a 与 b 中选择一个样本允许其不满足约束条件的话，我们会更愿意选择 a 而不是 b。再看样本 c，其不但不满足约束条件，还“跑”到了超平面的另一端，更是我们希望尽可能避免的。

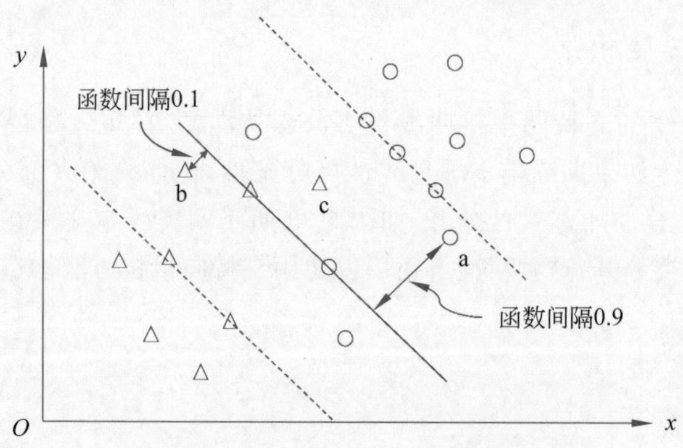

图 5.34　不满足约束条件的样本示例

为此我们引入松弛变量 $\xi_i \geqslant 0 (i=1,2,\cdots,N)$，每个样本 $\boldsymbol{x}_i$ 对应一个 ξ_i，对于满足约束条件的样本 $\boldsymbol{x}_i$，其对应的 $\xi_i=0$。对于不满足约束条件的 $\boldsymbol{x}_i$，我们允许该样本到超平面的函数间隔小于 1，但是也不能太离谱，要求大于或等于 $1-\xi_i$，也就是式(5.67)中的约束条件修改为

$$y_i \cdot (\boldsymbol{w} \cdot \boldsymbol{x}_i + b) \geqslant 1 - \xi_i \quad i=1,2,\cdots,N$$

同时要使得所有的 ξ_i 之和尽可能小。

这样线性支持向量机就变成了求解如下优化问题：

$$\min_{w,b}\left(\frac{1}{2}\|\boldsymbol{w}\|^2 + C \cdot \sum_{i=1}^{N}\xi_i\right) \tag{5.68}$$
$$\text{s.t. } y_i \cdot (\boldsymbol{w} \cdot \boldsymbol{x}_i + b) \geqslant 1 - \xi_i \quad i=1,2,\cdots,N$$
$$\xi_i \geqslant 0 \quad i=1,2,\cdots,N$$

这里将线性可分支持向量机中求 $\frac{1}{2}\|\boldsymbol{w}\|^2$ 的最小值，变成了求 $\left(\frac{1}{2}\|\boldsymbol{w}\|^2+C\cdot\sum_{i=1}^{N}\xi_i\right)$ 的最小值，其中 $C>0$ 为惩罚参数，在二者之间起平衡作用，使得 $\frac{1}{2}\|\boldsymbol{w}\|^2$ 和 $\sum_{i=1}^{N}\xi_i$ 都比较小。

这就是线性支持向量机的优化问题，该问题同样可以采用类似于前面介绍过的拉格朗日乘子法，并转换为对偶问题求解，只是由于又引入了新的变量 ξ_i，变得更加复杂，我们就不做介绍了，直接给出其对应的对偶问题：

$$\min_{\boldsymbol{\alpha}}\left(\frac{1}{2}\sum_{i=1}^{N}\sum_{j=1}^{N}\alpha_i\alpha_j y_i y_j(\boldsymbol{x}_i\cdot\boldsymbol{x}_j)-\sum_{i=1}^{N}\alpha_i\right) \tag{5.69}$$

$$\text{s.t.}\quad \sum_{i=1}^{N}\alpha_i y_i=0$$

$$0\leqslant\alpha_i\leqslant C,i=1,2,\cdots,N$$

讲解到这里艾博士问小明：你看看式(5.69)所示的线性支持向量机对应的优化问题，与我们前面讲的式(5.57)所示的线性可分支持向量机对应的优化问题有什么区别吗？

小明初看并没有发现有什么不同的地方，正想回答说没看出有哪些不同时，突然发现二者确实有少许差别，于是回答道：在式(5.57)中，α_i 只要求大于或等于 0，而在这里要求是大于或等于 0，同时小于或等于 C。除此之外应该就没有其他方面的差别了。

艾博士称赞小明看得认真仔细：确实只有这一个小差别。也就是说，在线性可分支持向量机中，α_i 的值可以任意大，但是在线性支持向量机中，α_i 的变化受到限制，不能大于 C 的值，这里的 C 就是式(5.68)中的惩罚参数。可以设想，如果 C 接近于无穷大时，式(5.68)所示的最小值问题只能是 ξ_i 趋近于 0，这时线性支持向量机就与线性可分支持向量机完全一样了，可见线性可分支持向量机是线性支持向量机当 C 趋近于无穷时的一个特例。

同样，满足式(5.69)最小值条件的 $\boldsymbol{\alpha}$ 我们记作 $\boldsymbol{\alpha}^*$：

$$\boldsymbol{\alpha}^*=(\alpha_1^*,\alpha_2^*,\cdots,\alpha_N^*)$$

最优分界超平面方程为

$$\boldsymbol{w}^*\cdot\boldsymbol{x}+b^*=0$$

其中：

$$\boldsymbol{w}^*=\sum_{i=1}^{N}\alpha_i^* y_i\boldsymbol{x}_i \tag{5.70}$$

我们从 α^* 中任选一个 $\alpha_j^*\neq0$ 且 $\alpha_j^*\neq C$，$\boldsymbol{x}_j$、y_j 为与 α_j^* 对应的样本及其类别，则 b^* 值如下：

$$b^*=y_j-\boldsymbol{w}^*\cdot\boldsymbol{x}_j=y_j-\sum_{i=1}^{N}\alpha_i^* y_i(\boldsymbol{x}_i\cdot\boldsymbol{x}_j) \tag{5.71}$$

将 $\boldsymbol{w}^*$ 代入最优超平面方程 $\boldsymbol{w}^*\boldsymbol{x}+b^*=0$ 中，有

$$\sum_{i=1}^{N}\alpha_i^* y_i(\boldsymbol{x}\cdot\boldsymbol{x}_i)+b^*=0 \tag{5.72}$$

由此得到线性支持向量机的分类决策函数：

$$f(\boldsymbol{x})=\text{sign}\left(\sum_{i=1}^{N}\alpha_i^* y_i(\boldsymbol{x}\cdot\boldsymbol{x}_i)+b^*\right) \tag{5.73}$$

同样，与非零值 α_i^* 对应的样本就是支持向量，只是这里的支持向量有两类。一类是到

最佳分界面的函数间隔等于 1 的样本，这是标准的支持向量，与这类样本对应的 $\xi_i=0$、$0<\alpha_i^*<C$。还有一类是到分界面的函数间隔小于 1 的样本，或者是“跑”到了最优分界面另一面的样本(即分类错误的样本)，也被称作支持向量，与这类样本对应的 $\xi_i>0$、$\alpha_i^*=C$。当 $\xi_i=1$ 时，对应的样本刚好在最优分界面上，分类决策函数为 0，无法判断其对应样本的类别；当$\xi_i<1$ 时，其对应的样本可以得到正确分类；当 $\xi_i>1$ 时，其对应的样本被错分为另一类。与 $\alpha_i^*=0$ 对应的样本就是非支持向量，最优分界面与这些样本无关，在训练结束后可以将其从训练集中删除。

图 5.35 给出了一个支持向量与 ξ_i 之间的关系示意图。

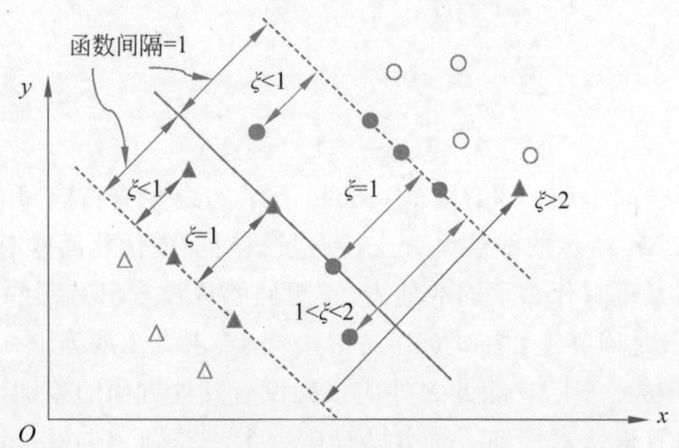

图 5.35　支持向量与 ξ_i 之间的关系示意图(见彩插)

图中实心样本点均为支持向量，空心样本点均不是支持向量。处于虚线上的 3 个绿色样本点和两个蓝色样本点，是标准的支持向量，它们到最优超平面的函数间隔为 1，对应的 ξ_i 值为 0，对应的 α_i^* 满足 $0<\alpha_i^*<C$。$\xi<1$ 对应的样本点，其分类正确，相应的 $\alpha_i^*=C$。$\xi>1$对应的样本点，其分类错误，相应的 $\alpha_i^*=C$。

小明：那么如何得到ξ_i 的值呢？

艾博士：ξ_i 是引入的中间变量，线性支持向量机并不需要知道 ξ_i 的值。如果想了解每个样本 $\boldsymbol{x}_i$ 对应的ξ_i 值，可以通过计算得到。首先 $\alpha_i^*=0$ 对应样本点 $\boldsymbol{x}_i$ 不是支持向量，其到最优分界面的函数间隔肯定大于 1，所以对应的 ξ_i 其值也为 0。其次，对于满足条件 $0<\alpha_i^*<C$ 的 α_i^*，其对应的样本点 $\boldsymbol{x}_i$ 是标准的支持向量，其到最优分界面的函数间隔等于 1，所以对应的 ξ_i 其值也为 0。只有 $\alpha_i^*=C$ 所对应的ξ_i 其值为一个大于 0 的数，其对应的 $\boldsymbol{x}_i$ 也为支持向量，应满足条件：

$$y_i\cdot(\boldsymbol{w}\cdot\boldsymbol{x}_i+b)=1-\xi_i$$

所以有

$$\xi_i=1-y_i\cdot(\boldsymbol{w}\cdot\boldsymbol{x}_i+b) \tag{5.74}$$

将 ξ_i 对应的样本 $\boldsymbol{x}_i$、y_i 代入式(5.74)，就可以求得对应的 ξ_i 值。

对于分类正确的样本点，如图 5.35 中所示的 $\xi_i<1$ 的样本点，其到最优分界面的函数间隔大于 0 小于 1，所以自然有 $\xi_i<1$。对于分类错误的样本点，如图 5.35 所示的 $\xi_i>1$ 的样本点，由于出现了分类错误，此时计算的函数间隔 $y_i\cdot(\boldsymbol{w}\cdot\boldsymbol{x}_i+b)$是个负数，所以实际上相当于：

$$\xi_i=1+|\,y_i\cdot(\boldsymbol{w}\cdot\boldsymbol{x}_i+b)\,|$$

所以自然有 $\xi_i > 1$。

小明有些不解地问道：函数间隔为什么还可以是负数呢？

艾博士解释道：在分类正确的情况下，对于正类样本点，$y_i=1$、$(\boldsymbol{w}\cdot\boldsymbol{x}_i+b)>0$，对于负类样本点，$y_i=-1$、$(\boldsymbol{w}\cdot\boldsymbol{x}_i+b)<0$，所以无论是正类还是负类样本点，均有函数间隔大于0的结果。但是当分类错误时，比如对于标记为正类的样本点被错分成了负类，则 y_i 还是为1，但是计算得到的 $(\boldsymbol{w}\cdot\boldsymbol{x}_i+b)$ 会小于0，所以就出现了函数间隔 $y_i\cdot(\boldsymbol{w}\cdot\boldsymbol{x}_i+b)$ 小于0的情况。当标记为负类的样本点被错分成正类时，也会出现同样的结果。也正是由于这一点，对于错分类的样本点，也可以通过式(5.74)计算错分类样本点 $\boldsymbol{x}_i$ 对应的 ξ_i 值。

小明：原来是这样啊，可以认为对于错分类的样本点，其到最优分界面的函数间隔小于0，是个负数，这样更加方便计算。

艾博士：确实是这样的。

5.5.4　非线性支持向量机

小明：前面讲解的，无论是否线性可分，都是线性支持向量机，也就是求解一个最优超平面，将两类样本分开。但是有些情况下样本的分布可能比较复杂，用超平面很难将两类的大部分样本分开，是不是有非线性的支持向量机呢？我想既然不能用超平面分类，那就采用超曲面呀，在二维的情况下就是曲线。

艾博士：这就是我们下面将要讲解的非线性支持向量机。

如图5.36所示，○是一个类别，△是一个类别。在这种情况下，不可能用一条直线将大部分样本正确分开。但是用如图所示红色的椭圆就可以将两个类别正确分开。这是从分界面是曲面的角度思考问题，能否从另一个角度思考一下这个问题呢？就是做一个非线性变换，使得在原来空间不能用超平面分类的样本，经过变换后，在新的空间中可以用超平面分类了。

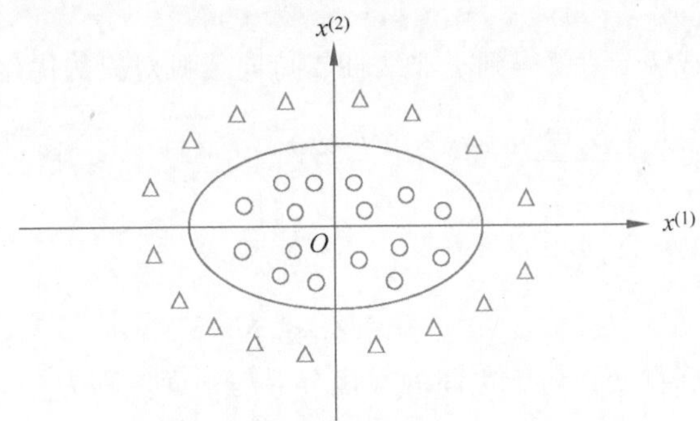

图5.36　非线性分类示意图(见彩插)

小明：如果能做到这一点就好办了，因为在新的空间就可以使用线性支持向量机了，除了增加一个非线性变换外，与前面讲过的线性支持向量机应该没有什么本质的区别。

艾博士：比如对于图5.36给出的示例，设原空间中：

$$\boldsymbol{x}=(x^{(1)},x^{(2)})$$

变换后的新空间中：

$$\boldsymbol{z}=(z^{(1)},z^{(2)})$$

我们可以做这样一个变换：

$$z=\phi(\boldsymbol{x})=((x^{(1)})^2,(x^{(2)})^2)$$

这样原空间中的椭圆方程：

$$w_1(x^{(1)})^2+w_2(x^{(2)})^2+b=0$$

在新空间中就是一条直线：

$$w_1z^{(1)}+w_2z^{(2)}+b=0$$

图5.36经变换后如图5.37所示。

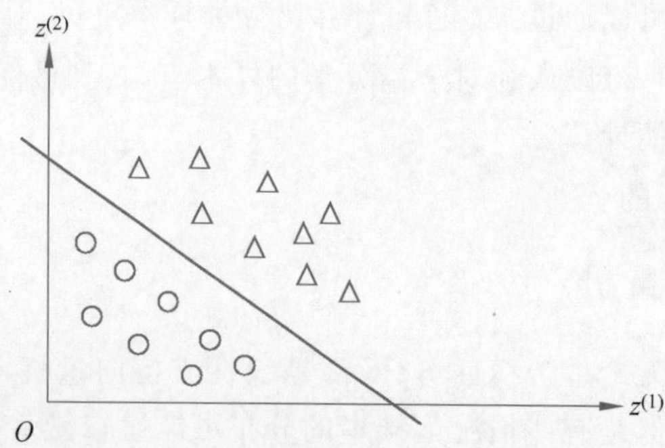

图5.37 变换后新空间样本分布示意图

这样就如同刚才小明说的，在新空间中就可以使用线性支持向量机方法求解最优分界面了，只需要将 $\phi(\boldsymbol{x}_i)$代替 $\boldsymbol{x}_i$ 作为训练样本就可以了。也就是将式(5.69)给出的线性支持向量机所对应的优化问题：

$$\min_{\boldsymbol{\alpha}}\left(\frac{1}{2}\sum_{i=1}^{N}\sum_{j=1}^{N}\alpha_i\alpha_jy_iy_j(\boldsymbol{x}_i\cdot\boldsymbol{x}_j)-\sum_{i=1}^{N}\alpha_i\right) \tag{5.75}$$

$$\text{s.t.}\quad \sum_{i=1}^{N}\alpha_iy_i=0$$

$$0\leqslant\alpha_i\leqslant C,i=1,2,\cdots,N$$

将其中的 $\boldsymbol{x}_i$ 替换成 $\phi(\boldsymbol{x}_i)$就得到了非线性支持向量机对应的优化问题，即

$$\min_{\boldsymbol{\alpha}}\left(\frac{1}{2}\sum_{i=1}^{N}\sum_{j=1}^{N}\alpha_i\alpha_jy_iy_j(\phi(\boldsymbol{x}_i)\cdot\phi(\boldsymbol{x}_j))-\sum_{i=1}^{N}\alpha_i\right) \tag{5.76}$$

$$\text{s.t.}\quad \sum_{i=1}^{N}\alpha_iy_i=0$$

$$0\leqslant\alpha_i\leqslant C,i=1,2,\cdots,N$$

同样，我们可以得到在变换后新空间的最优分界超平面方程为

$$\boldsymbol{w}^*\cdot\phi(\boldsymbol{x})+b^*=0$$

其中：

$$\boldsymbol{w}^*=\sum_{i=1}^{N}\alpha_i^*y_i\phi(\boldsymbol{x}_i) \tag{5.77}$$

我们从 $\boldsymbol{\alpha}^*$ 中任选一个 $\alpha_j^*\neq0$ 且 $\alpha_j^*\neq C$，$\phi(\boldsymbol{x}_j)$、y_j 为与 α_j^* 对应的样本及其类别，则 b^* 值如下：

$$b^*=y_j-\boldsymbol{w}^*\cdot\phi(\boldsymbol{x}_j)=y_j-\sum_{i=1}^{N}\alpha_i^*y_i(\phi(\boldsymbol{x}_i)\cdot\phi(\boldsymbol{x}_j)) \tag{5.78}$$

将 w^* 代入最优超平面方程 $w^* \cdot \phi(x)+b^*=0$ 中，有

$$\sum_{i=1}^{N}\alpha_i^* y_i(\phi(x)\cdot\phi(x_i))+b^*=0 \tag{5.79}$$

由此得到非线性支持向量机的分类决策函数：

$$f(x)=\text{sign}\left(\sum_{i=1}^{N}\alpha_i^* y_i(\phi(x)\cdot\phi(x_i))+b^*\right) \tag{5.80}$$

小明：感觉非线性支持向量机的难点问题就是如何定义变换函数 $\phi(x)$，一旦有了变换函数 $\phi(x)$，非线性支持向量机的求解就与线性支持向量机求解完全一样了。

艾博士：一般是通过升维的办法定义变换函数 $\phi(x)$，因为在 n 维空间如果不能实现线性可分的话，升维到更高的维度就可能实现线性可分了。我们给一个具体的例子。

设 $x_1=(0,0)$、$x_2=(1,1)$ 属于正类，$x_3=(1,0)$，$x_4=(0,1)$ 属于负类，如图 5.38 所示。很显然在二维平面上该问题不可能用一条直线将两个类别分开。

但是如果我们通过一个变换，将该问题升维到三维空间，结果会如何呢？

我们假设有如下的变换函数 $\phi(x)$，将二维空间上的点 $x=(x^{(1)},x^{(2)})$ 升维到三维空间后对应的点为 $z=(z^{(1)},z^{(2)},z^{(3)})$：

$$z=\phi(x)=((x^{(1)})^2,\sqrt{2}x^{(1)}x^{(2)},(x^{(2)})^2) \tag{5.81}$$

这样 x_1、x_2、x_3、x_4 4 个点经变换后分别为

$$z_1=\phi(x_1)=((x_1^{(1)})^2,\sqrt{2}x_1^{(1)}x_1^{(1)},(x_1^{(2)})^2)=(0,0,0)$$

$$z_2=\phi(x_2)=((x_2^{(1)})^2,\sqrt{2}x_2^{(1)}x_2^{(1)},(x_2^{(2)})^2)=(1,\sqrt{2},1)$$

$$z_3=\phi(x_3)=((x_3^{(1)})^2,\sqrt{2}x_3^{(1)}x_3^{(1)},(x_3^{(2)})^2)=(1,0,0)$$

$$z_4=\phi(x_4)=((x_4^{(1)})^2,\sqrt{2}x_4^{(1)}x_4^{(1)},(x_4^{(2)})^2)=(0,0,1)$$

z_1、z_2、z_3、z_4 4 个点在三维空间上如图 5.39 所示，从图中可以看出，在三维空间上，就可以用图中所示的红色平面将两个类别分开。

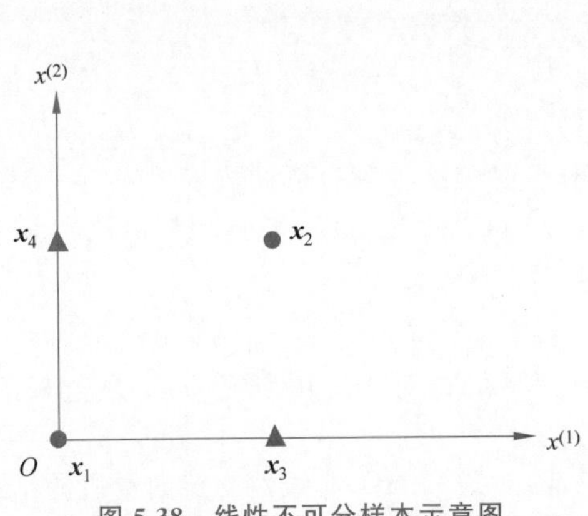

图 5.38　线性不可分样本示意图

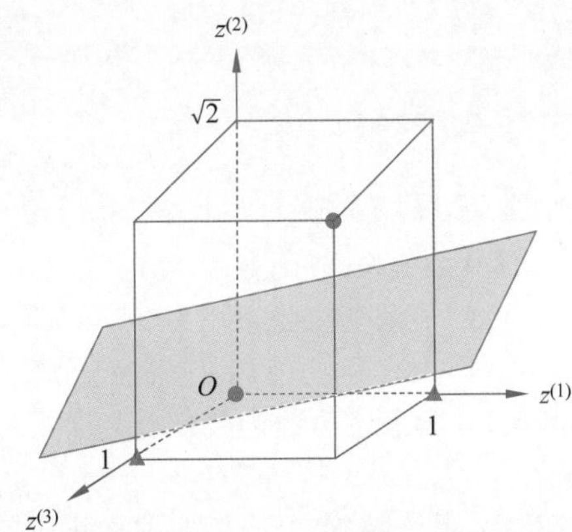

图 5.39　变换后在三维空间的示意图(见彩插)

理论上可以证明，对于分布在 n 维空间上的两类样本点，总可以找到一个更高维的空间，在该高维空间上两类是线性可分的。不过这个更高维的空间其维度可能比原空间高很多维，甚至可能是无穷维的。

虽然可以通过升维的办法实现线性可分，但是如何定义变换函数 $\phi(x)$是一个比较困难的问题，因为实际问题中样本的分布可能非常复杂，以至于很难定义一个变换函数 $\phi(x)$，使

得变换后的训练集是线性可分的，或者训练集中的绝大部分样本是线性可分的。

小明：这样的话，非线性支持向量机不就没有任何实际意义了吗？

艾博士：小明你别着急，要相信科学家们的能力，他们经过不懈努力，终于提出了一种称作核方法的方法，非常完美地解决了这个问题。下面我们首先介绍一下什么是核方法。

5.5.5 核函数与核方法

艾博士：简单地说，如果函数 $K(\boldsymbol{x}_i,\boldsymbol{x}_j)=\phi(\boldsymbol{x}_i)\cdot\phi(\boldsymbol{x}_j)$，则称 $K(\boldsymbol{x}_i,\boldsymbol{x}_j)$ 为核函数。

注意核函数是在原空间计算的函数，而 $\phi(\boldsymbol{x}_i)\cdot\phi(\boldsymbol{x}_j)$ 是在变换后新空间的向量点积。我们看式(5.76)非线性支持向量机对应的最优化问题：

$$\min_{\boldsymbol{\alpha}}\left(\frac{1}{2}\sum_{i=1}^{N}\sum_{j=1}^{N}\alpha_i\alpha_j y_i y_j(\phi(\boldsymbol{x}_i)\cdot\phi(\boldsymbol{x}_j))-\sum_{i=1}^{N}\alpha_i\right)$$

$$\text{s.t.}\quad \sum_{i=1}^{N}\alpha_i y_i=0$$

$$0\leqslant\alpha_i\leqslant C, i=1,2,\cdots,N$$

这里主要是计算 $\phi(\boldsymbol{x}_i)\cdot\phi(\boldsymbol{x}_j)$，如果能直接计算出 $\phi(\boldsymbol{x}_i)\cdot\phi(\boldsymbol{x}_j)$ 的值，我们并不关心具体的变换函数 $\phi(\boldsymbol{x}_i)$ 是什么。

小明：对啊，我们关心的是 $\phi(\boldsymbol{x}_i)\cdot\phi(\boldsymbol{x}_j)$ 而不是 $\phi(\boldsymbol{x}_i)$，如果知道了核函数 $K(\boldsymbol{x}_i,\boldsymbol{x}_j)$，利用核函数直接计算出 $\phi(\boldsymbol{x}_i)\cdot\phi(\boldsymbol{x}_j)$ 就可以了。但是，存在这样的核函数吗？即便存在，感觉核函数更复杂了，会比变换 $\phi(\boldsymbol{x}_i)$ 更容易定义吗？如果还是难于定义，那还是不解决问题啊。

艾博士：小明的担心是有道理的，如果不能更容易地获得核函数，那么这种通过核函数计算变换后的点积 $\phi(\boldsymbol{x}_i)\cdot\phi(\boldsymbol{x}_j)$ 的方法也就没有实际意义。

首先，核函数是存在的。比如对于刚才举例的式(5.81)这个变换：

$$\phi(\boldsymbol{x})=((x^{(1)})^2,\sqrt{2}x^{(1)}x^{(2)},(x^{(2)})^2)$$

其对应的核函数是

$$K(\boldsymbol{x}_i,\boldsymbol{x}_j)=(\boldsymbol{x}_i\cdot\boldsymbol{x}_j)^2$$

很容易验证：

$$K(\boldsymbol{x}_i,\boldsymbol{x}_j)=\phi(\boldsymbol{x}_i)\cdot\phi(\boldsymbol{x}_j)$$

小明经过简单的验证后说：二者果然相等啊，但是怎么找到合适的核函数呢？

艾博士：首先核函数对应的变换并不是唯一的，容易验证与核函数 $K(\boldsymbol{x}_i,\boldsymbol{x}_j)=(\boldsymbol{x}_i\cdot\boldsymbol{x}_j)^2$ 对应的变换也可以是

$$\phi(\boldsymbol{x})=((x^{(1)})^2,x^{(1)}x^{(2)},x^{(1)}x^{(2)},(x^{(2)})^2)$$

其次，科学家们已经为我们找好了一些常用的核函数，对于应用研究来说，拿过来用就可以了。

在定义了核函数之后，依照前面讲过的式(5.76)～式(5.80)非线性支持向量机的结果，非线性支持向量机对应的最优化问题为

$$\min_{\boldsymbol{\alpha}}\left(\frac{1}{2}\sum_{i=1}^{N}\sum_{j=1}^{N}\alpha_i\alpha_j y_i y_j(\phi(\boldsymbol{x}_i)\cdot\phi(\boldsymbol{x}_j))-\sum_{i=1}^{N}\alpha_i\right)\tag{5.82}$$

$$\text{s.t.}\quad \sum_{i=1}^{N}\alpha_i y_i=0$$

$$0\leqslant\alpha_i\leqslant C, i=1,2,\cdots,N$$

用核函数表示就是

$$\min_{\boldsymbol{\alpha}}\left(\frac{1}{2}\sum_{i=1}^{N}\sum_{j=1}^{N}\alpha_i\alpha_j y_i y_j K(\boldsymbol{x}_i,\boldsymbol{x}_j)-\sum_{i=1}^{N}\alpha_i\right) \tag{5.83}$$

$$\text{s.t.}\ \sum_{i=1}^{N}\alpha_i y_i=0\quad 0\leqslant\alpha_i\leqslant C,i=1,2,\cdots,N$$

设该最小值问题的解：

$$\boldsymbol{\alpha}^*=(\alpha_1^*,\alpha_2^*,\cdots,\alpha_N^*)$$

在变换后的新空间得到最优分界超平面方程：

$$\boldsymbol{w}^*\cdot\phi(\boldsymbol{x})+b^*=0 \tag{5.84}$$

其中：

$$\boldsymbol{w}^*=\sum_{i=1}^{N}\alpha_i^* y_i\phi(\boldsymbol{x}_i) \tag{5.85}$$

$$b^*=y_j-\boldsymbol{w}^*\cdot\phi(\boldsymbol{x}_j)=y_j-\sum_{i=1}^{N}\alpha_i^* y_i(\phi(\boldsymbol{x}_i)\cdot\phi(\boldsymbol{x}_j))$$

用核函数表示就是

$$b^*=y_j-\sum_{i=1}^{N}\alpha_i^* y_i K(\boldsymbol{x}_i,\boldsymbol{x}_j) \tag{5.86}$$

其中，$\boldsymbol{x}_j$、y_j 为 $0<\alpha_j^*<C$ 对应的样本及其类别标记。

由于我们并不知道变换函数 $\phi(\boldsymbol{x})$，所以并不能显式地得到 $\boldsymbol{w}^*$，将 $\boldsymbol{w}^*$ 代入最优超平面方程式(5.84)中，有

$$\sum_{i=1}^{N}\alpha_i^* y_i(\phi(\boldsymbol{x})\cdot\phi(\boldsymbol{x}_i))+b^*=0 \tag{5.87}$$

将上式中涉及变换后的点积部分 $\phi(\boldsymbol{x})\cdot\phi(\boldsymbol{y})$ 用核函数 $K(\boldsymbol{x},\boldsymbol{y})$ 代替有

$$\sum_{i=1}^{N}\alpha_i^* y_i K(\boldsymbol{x},\boldsymbol{x}_i)+b^*=0 \tag{5.88}$$

这就是在原空间中用核函数表示的非线性支持向量机对应的最优分界超曲面方程。

由此得到非线性支持向量机的分类决策函数：

$$f(\boldsymbol{x})=\operatorname{sign}\left(\sum_{i=1}^{N}\alpha_i^* y_i K(\boldsymbol{x},\boldsymbol{x}_i)+b^*\right) \tag{5.89}$$

小明：在变换后的新空间中，最优分界面是个超平面，式(5.88) 给出的是在原空间用核函数表示的分界超曲面，不再是一个超平面。

艾博士：下面我们就介绍几个常用的核函数以及相应的最优分界超曲面方程。

1. 线性核函数

$$K(\boldsymbol{x},\boldsymbol{y})=\boldsymbol{x}\cdot\boldsymbol{y}$$

线性核函数其实就是不做任何变换，直接在原空间求解线性支持向量机问题。线性核函数的引入是为了将支持向量机问题统一在核函数框架之下。

2. 多项式核函数

$$K(\boldsymbol{x},\boldsymbol{y})=(\boldsymbol{x}\cdot\boldsymbol{y}+1)^d \tag{5.90}$$

其中，d 是正整数。

代入式(5.88)中，有最优分界超曲面方程为

$$\sum_{i=1}^{N}\alpha_i^* y_i(\boldsymbol{x}\cdot\boldsymbol{x}_i+1)^d+b^*=0 \tag{5.91}$$

其中：

$$b^*=y_j-\sum_{i=1}^{N}\alpha_i^* y_i(\boldsymbol{x}\cdot\boldsymbol{x}_i+1)^d$$

分类决策函数为

$$f(\boldsymbol{x})=\operatorname{sign}\left(\sum_{i=1}^{N}\alpha_i^* y_i(\boldsymbol{x}\cdot\boldsymbol{x}_i+1)^d+b^*\right) \tag{5.92}$$

3. 高斯核函数

$$K(\boldsymbol{x},\boldsymbol{y})=\mathrm{e}^{\left(-\frac{\|x-y\|^2}{2\sigma^2}\right)} \tag{5.93}$$

其中，σ 为常量。

代入式(5.88)中，有最优分界超曲面方程为

$$\sum_{i=1}^{N}\alpha_i^* y_i\mathrm{e}^{\left(-\frac{\|x-x_i\|^2}{2\sigma^2}\right)}+b^*=0 \tag{5.94}$$

其中：

$$b^*=y_j-\sum_{i=1}^{N}\alpha_i^* y_i\mathrm{e}^{\left(-\frac{\|x_i-x_j\|^2}{2\sigma^2}\right)}$$

分类决策函数为

$$f(\boldsymbol{x})=\operatorname{sign}\left(\sum_{i=1}^{N}\alpha_i^* y_i\mathrm{e}^{\left(-\frac{\|x-x_i\|^2}{2\sigma^2}\right)}+b^*\right) \tag{5.95}$$

4. sigmoid 核函数

$$K(\boldsymbol{x},\boldsymbol{y})=\tanh(\gamma(\boldsymbol{x}\cdot\boldsymbol{y})+r) \tag{5.96}$$

其中，tanh 为双曲正切函数；γ、r 为常量。

代入式(5.88)中，有最优分界超曲面方程为

$$\sum_{i=1}^{N}\alpha_i^* y_i\tanh(\gamma(\boldsymbol{x}\cdot\boldsymbol{x}_i)+r)+b^*=0 \tag{5.97}$$

$$b^*=y_j-\sum_{i=1}^{N}\alpha_i^* y_i\tanh(\gamma(\boldsymbol{x}_i\cdot\boldsymbol{x}_j)+r)$$

分类决策函数为

$$f(\boldsymbol{x})=\operatorname{sign}\left(\sum_{i=1}^{N}\alpha_i^* y_i\tanh(\gamma(\boldsymbol{x}\cdot\boldsymbol{x}_i)+r)+b^*\right) \tag{5.98}$$

值得注意的是，这里的两个超参数 γ、r 并不是在任意取值下都能使得 sigmoid 核函数满足核函数的条件。也就是说，当 γ、r 取值不当时，式(5.96)并不构成一个核函数，不满足非线性支持向量机的优化条件，这样构成的支持向量机也就不会有一个好的分类结果。

小明：艾博士您介绍了几个常用的核函数，那么在实际使用时，如何选择合适的核函数呢？

艾博士：如何选择核函数是一个经验性的技能。一般来说，如果样本分布是线性可分或者接近线性可分的，则采用线性核函数。多项式核函数也是在样本分布比较接近线性可分时效果比较好；不太适用于样本分布非线性比较严重的场合。高斯核函数是一个比较万能的核函数，多数情况下具有比较好的表现，当对样本分布缺乏了解时，可以首先考虑使用高斯核函数，如果效果不理想再考虑其他的核函数。对于高斯核函数来说，超参数 σ 如何取值也是值得考虑的因素，σ 取值过大容易造成欠拟合，而取值过小又容易造成过拟合，选择一个好的 σ 值，才会有最好的性能。图 5.40 给出了 σ 不同大小情况下最优分界超曲面示意图。图 5.40(a)是 σ 值过大的情况，分界超曲面比较平缓，属于欠拟合。图 5.40(b)σ 值比较合适，分界超曲面比较好地将两类分开，是我们希望得到的恰拟合。图 5.40(c)σ 值过小，将一个类别圈成了若干小的圈圈，圈圈内为一个类别，圈圈外为另一个类别，造成了过拟合。欠拟合、过拟合都不是我们希望的结果。另外，样本 $\boldsymbol{x}$ 是由多个特征的取值构成的向量，有的特征取值范围可能比较大，有的特征取值可能比较小，这种情况下无论对哪种核函数都是不利的，会造成支持向量机分类性能下降。解决办法是对训练集中的样本做归一化处理，尽可能消除因特征取值范围不同造成的影响。这种情况下一定要记住，当使用支持向量机做分类时，对待分类样本也要做同样的归一化处理。总的来说，如何选择核函数并没有什么一定之规，在实际使用时，可以采用不同的核函数，多做些实验验证，哪种方法效果好就采用哪种方法，因为我们毕竟是为了获得一个性能更好的分类器。

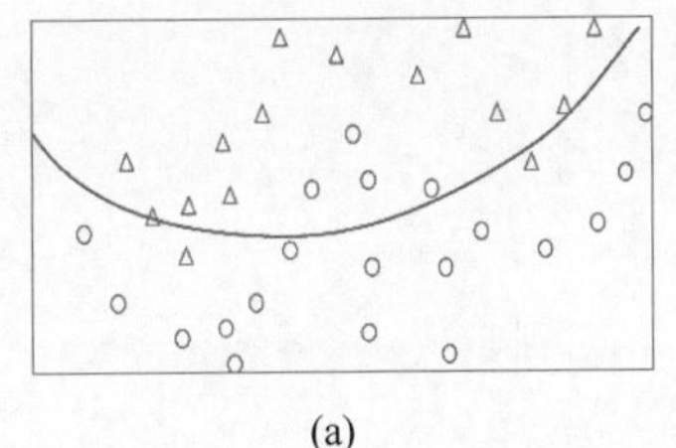

(a)

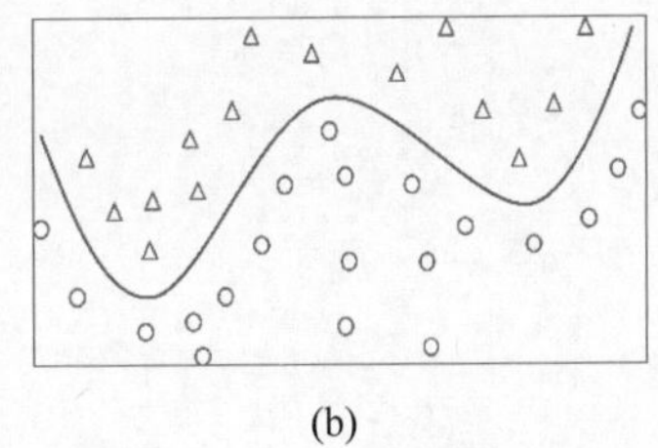

(b)

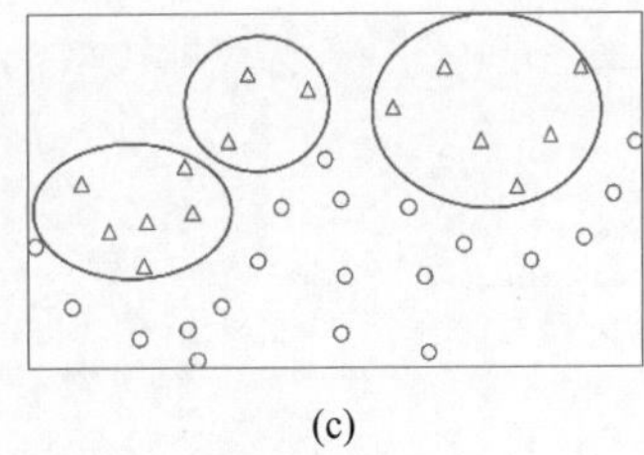

(c)

图 5.40　不同 σ 值下的分界超曲面示意图

小明：我了解了，性能为王，能提高分类性能的就是好方法，而不拘泥于使用哪种方法。

艾博士：下面我们给一个非线性支持向量机的求解例子。

设 $\boldsymbol{x}_1=(0,0)$ 为负类，$y_1=-1$，$\boldsymbol{x}_2=(1,1)$、$\boldsymbol{x}_3=(-1,-1)$ 为正类，$y_2=1$、$y_3=1$。用如下核函数求解非线性支持向量机问题，并判定 $\boldsymbol{x}=(0,1)$的分类结果。

$$K(\boldsymbol{x},\boldsymbol{y})=(\boldsymbol{x}\cdot\boldsymbol{y}+1)^2$$

先计算出几个样本点间的核函数值：

$$K(\boldsymbol{x}_1,\boldsymbol{x}_1)=(0\times0+0\times0+1)^2=1$$
$$K(\boldsymbol{x}_2,\boldsymbol{x}_2)=(1\times1+1\times1+1)^2=9$$
$$K(\boldsymbol{x}_3,\boldsymbol{x}_3)=((-1)\times(-1)+(-1)\times(-1)+1)^2=9$$
$$K(\boldsymbol{x}_1,\boldsymbol{x}_2)=(0\times1+0\times1+1)^2=1$$
$$K(\boldsymbol{x}_1,\boldsymbol{x}_3)=(0\times(-1)+0\times(-1)+1)^2=1$$
$$K(\boldsymbol{x}_2,\boldsymbol{x}_3)=(1\times(-1)+1\times(-1)+1)^2=1$$

根据式(5.83)，令 S：

$$S=\frac{1}{2}\sum_{i=1}^{3}\sum_{j=1}^{3}\alpha_i\alpha_j y_i y_j K(\boldsymbol{x}_i,\boldsymbol{x}_j)-\sum_{i=1}^{3}\alpha_i$$

将核函数 $K(\boldsymbol{x},\boldsymbol{y})=(\boldsymbol{x}\cdot\boldsymbol{y}+1)^2$ 代入上式：

$$\begin{aligned}S&=\frac{1}{2}\sum_{i=1}^{3}\sum_{j=1}^{3}\alpha_i\alpha_j y_i y_j K(\boldsymbol{x}_i,\boldsymbol{x}_j)-\sum_{i=1}^{3}\alpha_i\\&=\frac{1}{2}\sum_{i=1}^{3}\sum_{j=1}^{3}\alpha_i\alpha_j y_i y_j(\boldsymbol{x}_i\cdot\boldsymbol{x}_j+1)^2-\sum_{i=1}^{3}\alpha_i\end{aligned}$$

根据式(5.83)中的限制条件：

$$\sum_{i=1}^{3}\alpha_i y_i=0$$

有：

$$\alpha_1=\alpha_2+\alpha_3$$

代入 S 中，化简后有

$$\begin{aligned}S=&-2(\alpha_2+\alpha_3)+0.5\cdot(\alpha_2+\alpha_3)^2\cdot 1+0.5\cdot\alpha_2^2\cdot 9+0.5\cdot\alpha_3^2\cdot 9-\\&(\alpha_2+\alpha_3)\cdot\alpha_2\cdot 1-(\alpha_2+\alpha_3)\cdot\alpha_3\cdot 1+\alpha_2\cdot\alpha_3\cdot 1\\=&-2(\alpha_2+\alpha_3)+4\alpha_2^2+4\alpha_3^2\end{aligned}$$

为了求 $\min\limits_{\alpha_i} S$，分别求 S 对 α_2、α_3 的偏导，并令其为 0，有方程组：

$$\begin{cases}-2+8\alpha_2=0\\-2+8\alpha_3=0\end{cases}$$

求解有

$$\alpha_2^*=\frac{1}{4}$$

$$\alpha_3^*=\frac{1}{4}$$

$$\alpha_1^*=\alpha_2^*+\alpha_3^*=\frac{1}{2}$$

选不为 0 的 α_1^*，代入式(5.86)，有

$$b^*=y_1-\sum_{i=1}^{3}\alpha_i^* y_i K(\boldsymbol{x}_i,\boldsymbol{x}_1)=-1-\left(-\frac{1}{2}+\frac{1}{4}+\frac{1}{4}\right)=-1$$

由式(5.88)得到该例题的最优分界超曲面方程：

$$\sum_{i=1}^{3}\alpha_i^* y_i K(\boldsymbol{x},\boldsymbol{x}_i)+b^*=0$$

代入核函数和 $b^*=-1$ 有

$$\sum_{i=1}^{3}\alpha_i^* y_i(\boldsymbol{x}\cdot\boldsymbol{x}_i+1)^2-1=0$$

代入具体的 α_i^*、$\boldsymbol{x}_i$ 并化简后得到在原空间的最优分界超曲面方程为

$$\frac{1}{2}(x^{(1)}+x^{(2)})^2-1=0$$

从而得到决策函数：

$$f(\boldsymbol{x})=\text{sign}\left(\frac{1}{2}(x^{(1)}+x^{(2)})^2-1\right)$$

将待分类样本 $\boldsymbol{x}=(0,1)$ 代入决策函数：

$$f(\boldsymbol{x})=\operatorname{sign}\left(\frac{1}{2}\times(0+1)^2-1\right)=\operatorname{sign}\left(-\frac{1}{2}\right)=-1$$

从而得到待分类样本 $\boldsymbol{x}=(0,1)$的类别为负类。

图 5.41 给出了该问题的示意图，在原空间中，最优分界超曲面实际上是两条红色的直线，处于两条直线之间的样本点为负类，两条直线之外的样本点为正类。

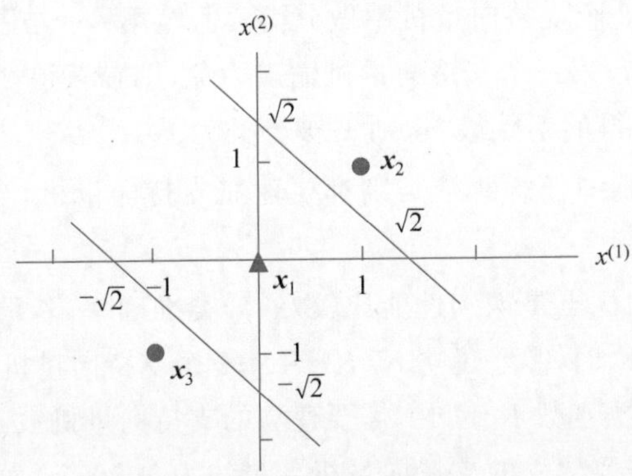

图 5.41　例题的最优分界超曲面示意图(见彩插)

小明：从前面给的两个支持向量机的例子可以看出，虽然通过对偶问题的求解已经大大简化了支持向量机的求解，但无论是线性支持向量机还是非线性支持向量机求解起来还是比较麻烦的，尤其是当训练样本比较多的时候更是如此。在实际问题中，支持向量机是如何求解的呢？

艾博士：小明你提到了一个很重要的问题，如果没有一个高效的求解算法，则支持向量机很难在实际中得到应用。

支持向量机问题，无论是线性的还是非线性的，最终都转换为了一个满足一定约束条件下关于 α_i 的二次函数求最小值问题。由于是一个二次的凸函数，具有唯一的最小极值点，有很多算法可以求解该问题。但是当训练样本比较多时，求解效率是一个问题。事实上在支持向量机提出来的一段时间内，由于缺乏高效的求解算法，支持向量机方法应用得并不多，直到有了快速有效的方法提出来之后，才得到了广泛的应用。

序列最小最优化算法(sequential minimal optimization，SMO)是一个典型的求解支持向量机问题的算法。SMO 算法采用启发式方法，每次选择两个变量进行优化，迭代地一步步逐步逼近问题的最优解。我们将在附录 B 中详细给出 SMO 算法，这里就不多叙述了。

5.5.6　支持向量机用于多分类问题

小明：艾博士，前面我们讲解的支持向量机都是针对二分类问题的，也就是说只有两个类别，如何用支持向量机求解多分类问题呢？

艾博士：支持向量机也可以求解多分类问题，但不是直接求解，而是通过多个二分类支持向量机组合起来求解多分类问题。也有多种不同的组合方法，为了简单起见，下面我们以线性支持向量机为例介绍几个常用的组合方法，也同样适用于非线性支持向量机。

1. 一对一法

设共有 K 个类别，则任意两个类别建立一个支持向量机，对于一个待识别样本 $\boldsymbol{x}$，送入到每个支持向量机中做分类。这样每个支持向量机都会有一个结果，该结果可以看作是对 $\boldsymbol{x}$ 所属类别的一次投票，哪个类别获得的票数最多，$\boldsymbol{x}$ 就属于哪个类别。比如说想识别猫、狗、兔 3 种动物，则分别用猫和狗、猫和兔、狗和兔建立 3 个支持向量机，对于一个待分类的动物样本 $\boldsymbol{x}$，分别送到这 3 个支持向量机中做分类。假定第一个支持向量机输出为猫，第二个支持向量机也输出为猫，第三个支持向量机输出为兔，则猫获得 2 票，兔获得 1 票，狗获得 0 票，根据投票结果，猫获得的票数最多，则 $\boldsymbol{x}$ 被分类为猫。

小明：如果 K 个类别中任意两个类别都要建立支持向量机，当 K 比较大时岂不是要建立很多个支持向量机？

艾博士：一对一法的优点是识别性能比较好，分类准确率高，但不足就是需要的支持向量机比较多，当类别数为 K 时，需要建立 $K(K-1)/2$ 个支持向量机，约等于 $K^2/2$ 个。比如对于 0～9 数字识别问题，类别数 K 为 10，需要建立的支持向量机数量为 $10\times(10-1)/2=45$ 个；当类别数为 100 时，需要建立的支持向量机数量约为 5000 个；而当类别数为 1000 时，需要建立的支持向量机数量则要达到约 500 000 个。

图 5.42 给出了一对一法做三分类时的示意图。图中绿、红、蓝 3 种颜色分别代表类 1、类 2 和类 3，任意两类之间共建立了 3 个支持向量机，其最优分界线分别为 d_{12}、d_{13} 和 d_{23}。

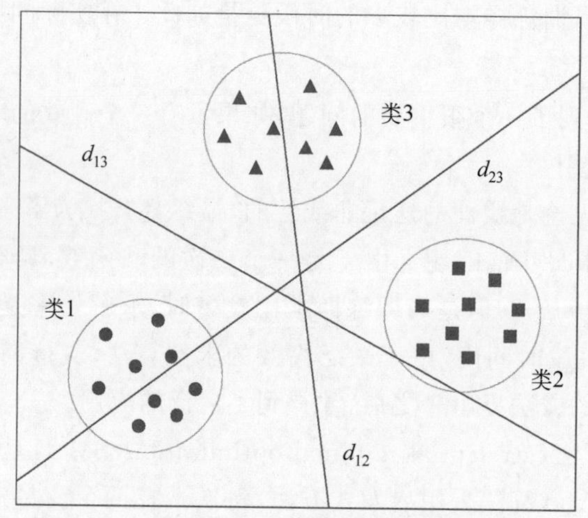

图 5.42　一对一法三分类方法示意图(见彩插)

图 5.43 给出了 3 个类别最优决策边界示意图，其中浅绿色区域为类 1，浅红色区域为类 2，浅蓝色区域为类 3，待识别样本落入了哪个区域，就被分类为哪个类别。图中央的黄色三角区域为“三不管地带”，因为落入这个区域的样本每个类别都会获得一票，从而导致不能分类。这时可以去掉决策函数 $f(\boldsymbol{x})=\text{sign}(\boldsymbol{w}^*\cdot\boldsymbol{x}+b^*)$ 中的符号函数 sign，以 $f(\boldsymbol{x})=\boldsymbol{w}^*\cdot\boldsymbol{x}+b^*$ 作为带符号的函数间隔，按照待识别样本 $\boldsymbol{x}$ 到 3 个支持向量机最优分界线的带符号函数间隔判别其所属类别，距离哪个分界面的带符号函数间隔越大，就分类到哪个类别。

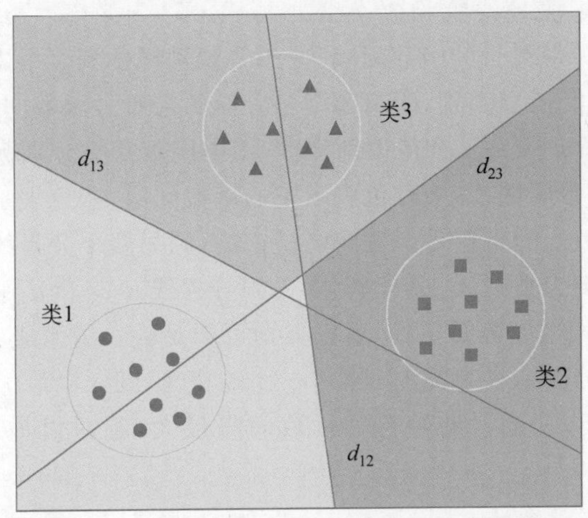

图 5.43　3 个类别最优决策边界示意图(1)(见彩插)

2. 一对多法

对于具有 K 个类别的分类问题，一对多法就是分别用每个类别做正类，其余 $K-1$ 个类别合并在一起做负类，共构建 K 个支持向量机。还是以识别猫、狗、兔 3 种动物为例，需要分别以"猫为正类，狗和兔为负类""狗为正类，猫和兔子为负类""兔为正类，猫和狗为负类"构建 3 个支持向量机。

图 5.44 给出了一个具有 3 个类别情况下的示意图，其中直线 $d_{1\text{-}23}$ 表示"类 1 为正类，类 23 为负类"构建的支持向量机的最优分界线，其中"类 23"表示类 2、类 3 两个类别合并后的类别。直线 $d_{2\text{-}13}$、$d_{3\text{-}12}$ 也是同样的含义，不再多述。

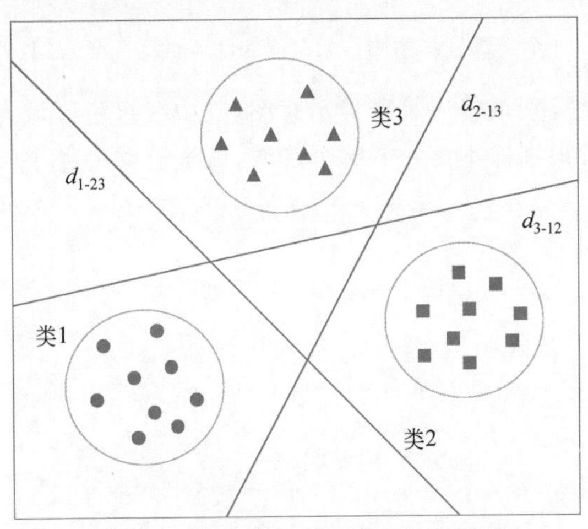

图 5.44　一对多法三分类方法示意图

小明：这种情况如何用于分类呢？感觉不能采用投票法了，因为在 K 个支持向量机中，每个分类结果只有一个正类，而且 K 个结果没有重复，每个类别最多会得到一票，并且会有多个类别得到一票。

艾博士：小明的分析是对的，对于一对多法不能采用投票法做决策。像在一对一法中处理“三不管地带”一样，去掉决策函数 $f(\boldsymbol{x})=\mathrm{sign}(\boldsymbol{w}^{*}\cdot\boldsymbol{x}+b^{*})$ 中的符号函数 sign，以 $f(\boldsymbol{x})=\boldsymbol{w}^{*}\cdot\boldsymbol{x}+b^{*}$ 作为带符号的函数间隔，按照待识别样本到 3 个支持向量机最优分界线的带符号函数间隔判别其所属类别，距离哪个分界面的带符号函数间隔越大，就分类到哪个类别。图 5.45 中给出了 $\boldsymbol{x}$、$\boldsymbol{y}$、$\boldsymbol{z}$ 3 个待识别样本，图中用双箭头分别标出了 3 个样本到 3 个最优分界线的带符号函数间隔，其中红色表示正的函数间隔，蓝色表示负的函数间隔。对于样本 $\boldsymbol{x}$，只有到分界线 $d_{3\text{-}12}$ 的带符号函数间隔是正的，到另两个分界线的带符号函数间隔均是负的，所以自然被分类为类别 3。对于样本 y，到分界线 $d_{1\text{-}23}$ 和 $d_{2\text{-}13}$ 的带符号函数间隔是正的，到 $d_{3\text{-}12}$ 的带符号函数间隔是负的，所以类别可能是类 1 或者类 2，由于到 $d_{1\text{-}23}$ 的带符号函数间隔更大，所以分类结果为类 1。样本 z 比较特殊，到 3 个最优分界线的带符号函数间隔都是负的，但是由于到 $d_{2\text{-}13}$ 的带符号函数间隔最大(绝对值最小)，所以分类结果为类 2。

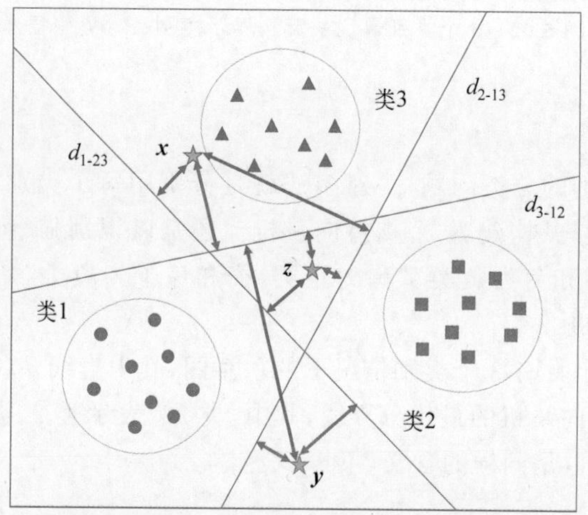

图 5.45 3 个待识别样本到 3 条分界线的函数间隔示意图(见彩插)

图 5.46 给出了 3 个类别最优决策边界示意图，其中浅绿色区域为类 1、浅红色区域为类 2、浅蓝色区域为类 3，待识别样本落入了哪个区域，就被分类为哪个类别。

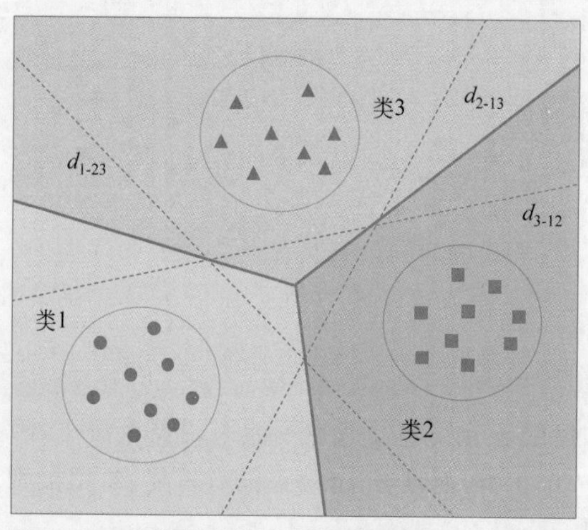

图 5.46 3 个类别最优决策边界示意图(2)(见彩插)

一对多法的特点是支持向量机数量比较少，效果也不错。不足是需要处理样本不均衡问题。因为正类只有一个类别，而负类有 $K-1$ 个类别，在训练支持向量机时往往负类样本数量远多于正类样本数量。这样得到的支持向量机一般会偏向于负类，影响分类效果。一种解决办法是在求解支持向量机过程中，对正负两类样本设置不同的参数 C，对于正类样本对应的 α_i 用 α_i^+ 表示，对于负类样本对应的 α_i 用 α_i^- 表示，则限制条件中要求满足：

$$0 \leqslant \alpha_i^+ \leqslant C^+$$

$$0 \leqslant \alpha_i^- \leqslant C^-$$

取一个比较大的 C^+ 值可以一定程度上缓解训练样本不均衡所带来的问题。

3. 层次法

对于 K 个类别的分类问题，先将其合并成两大类构建支持向量机，然后再将每个类别分别合并成两类构建支持向量机，以此类推，直到最后能区分出每个类别。对于待分类样本，按次序输入到每个支持向量机做分类，由前一次分类结果决定下一步采用哪个支持向量机，直到最后得到分类结果。这种方法有点像一棵二叉决策树，从根节点开始用支持向量机决策所选择的子节点。图 5.47 给出了用层次法求解四分类问题的示意图。层次法的最大特点就是构建的支持向量机数量少，不足是会造成错误的传递，一旦前面的支持向量机出现分类错误，由于后面的分类是以此为基础的，所以只能是"将错就错"，没有任何补救的机会。

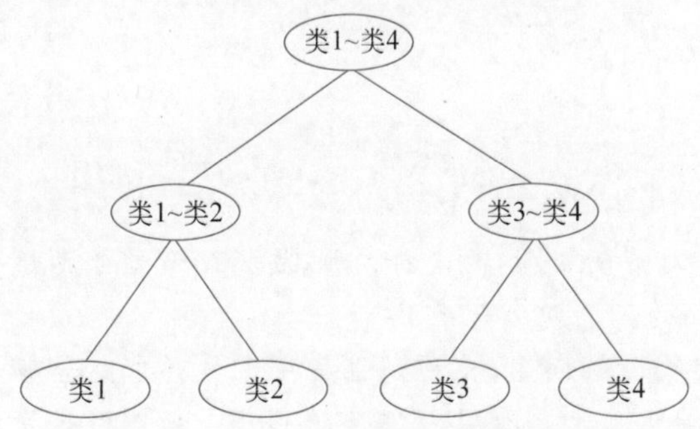

图 5.47　层次法求解四分类问题示意图

小明：如果类别数是奇数时怎么划分为两个类别呢？

艾博士：类别数为奇数时也是一样的，比如有 5 个类别，则可以按照其中 2 个类别合并为一类，另 3 个类别合并为另一类就可以了。

小明读书笔记

支持向量机是一种二分类方法，通过求解最优分界面实现分类。

(1) 对于线性可分支持向量机问题，要求训练集中每个样本到最优分界面的函数间隔大于或等于 1，对应如下的最优化问题：

$$\min_{\boldsymbol{w},b} \frac{1}{2}\|\boldsymbol{w}\|^2$$

$$\text{s.t. } y_i \cdot (\boldsymbol{w} \cdot \boldsymbol{x}_i + b) \geqslant 1 \quad i=1,2,\cdots,N$$

可以转换为如下的对偶问题求解：

$$\min_{\boldsymbol{\alpha}}\left(\frac{1}{2}\sum_{i=1}^{N}\sum_{j=1}^{N}\alpha_i\alpha_j y_i y_j(\boldsymbol{x}_i\cdot\boldsymbol{x}_j)-\sum_{i=1}^{N}\alpha_i\right)$$

$$\text{s.t.}\quad \sum_{i=1}^{N}\alpha_i y_i=0$$

$$\alpha_i\geqslant 0,i=1,2,\cdots,N$$

设最优解为

$$\boldsymbol{\alpha}^*=(\alpha_1^*,\alpha_2^*,\cdots,\alpha_N^*)$$

最优分界超平面方程为

$$\boldsymbol{w}^*\cdot\boldsymbol{x}+b^*=0$$

其中：

$$\boldsymbol{w}^*=\sum_{i=1}^{N}\alpha_i^* y_i\boldsymbol{x}_i$$

$$b^*=y_j-\sum_{i=1}^{N}\alpha_i^* y_i(\boldsymbol{x}_i\cdot\boldsymbol{x}_j)$$

$\boldsymbol{x}_j$、y_j 是任意一个不等于0的 α_j^* 对应的样本及其标注。

代入 $\boldsymbol{w}^*$ 得到超平面方程：

$$\sum_{i=1}^{N}\alpha_i^* y_i(\boldsymbol{x}\cdot\boldsymbol{x}_i)+b^*=0$$

分类决策函数为

$$f(\boldsymbol{x})=\text{sign}\left(\sum_{i=1}^{N}\alpha_i^* y_i(\boldsymbol{x}\cdot\boldsymbol{x}_i)+b^*\right)$$

每个不为0的 α_j^* 对应的 x_j 均为支持向量，支持向量到分界超平面的函数间隔为1，其他样本到分界超平面的函数间隔大于1。

(2) 对于线性支持向量机问题，允许训练集中少数样本到分解超平面的函数间隔小于1，但是要求大于或等于 $1-\xi_i$，希望 ξ_i 尽可能地小。所以线性支持向量机对应如下的优化问题：

$$\min_{w,b}\left(\frac{1}{2}\|\boldsymbol{w}\|^2+C\cdot\sum_{i=1}^{N}\xi_i\right)$$

$$\text{s.t.}\quad y_i\cdot(\boldsymbol{w}\cdot\boldsymbol{x}_i+b)\geqslant 1-\xi_i\quad i=1,2,\cdots,N$$

$$\xi_i\geqslant 0\quad i=1,2,\cdots,N$$

同样可以通过如下的对偶问题求解：

$$\min_{\boldsymbol{\alpha}}\left(\frac{1}{2}\sum_{i=1}^{N}\sum_{j=1}^{N}\alpha_i\alpha_j y_i y_j(\boldsymbol{x}_i\cdot\boldsymbol{x}_j)-\sum_{i=1}^{N}\alpha_i\right)$$

$$\text{s.t.}\quad \sum_{i=1}^{N}\alpha_i y_i=0$$

$$0\leqslant\alpha_i\leqslant C,\quad i=1,2,\cdots,N$$

与前面线性可分支持向量机的唯一区别，就是对 α_i 的限制不同，线性可分支持向量机是当 C 趋于无穷时线性支持向量机的特例。

设最优解为

$$\boldsymbol{\alpha}^* = (\alpha_1^*, \alpha_2^*, \cdots, \alpha_N^*)$$

最优分界超平面方程为

$$\boldsymbol{w}^* \cdot \boldsymbol{x} + b^* = 0$$

其中：

$$\boldsymbol{w}^* = \sum_{i=1}^{N} \alpha_i^* y_i \boldsymbol{x}_i$$

$$b^* = y_j - \sum_{i=1}^{N} \alpha_i^* y_i (\boldsymbol{x}_i \cdot \boldsymbol{x}_j)$$

$\boldsymbol{x}_j$、y_j 是任意一个不等于 0 也不等于 C 的 α_j^* 对应的样本及其标注。

代入 $\boldsymbol{w}^*$ 得到超平面方程：

$$\sum_{i=1}^{N} \alpha_i^* y_i (\boldsymbol{x} \cdot \boldsymbol{x}_i) + b^* = 0$$

分类决策函数为

$$f(\boldsymbol{x}) = \operatorname{sign}\left(\sum_{i=1}^{N} \alpha_i^* y_i (\boldsymbol{x} \cdot \boldsymbol{x}_i) + b^*\right)$$

每个不为 0 的 α_j^* 对应的 $\boldsymbol{x}_j$ 均为支持向量，对于 $0 < \alpha_j^* < C$ 对应的支持向量到分界超平面的函数间隔为 1，对于 $\alpha_j^* = C$ 对应的支持向量，到分界超平面的函数间隔大于或等于 $1-\xi_i$，当 $\xi_i < 1$ 时，对应的样本分类正确；当 $\xi_i > 1$ 时，对应的样本分类错误，其他样本到分界超平面的函数间隔大于 1。

(3) 非线性支持向量机通过一个变换，将在原空间不能线性可分的数据，映射到新的空间中，在新空间中构造支持向量机。核函数提供了一种在原空间计算新空间向量点积的方法，这样就可以在不知道变换函数的情况下，直接在原空间求解新空间中最优超平面。新空间的超平面对应原空间的一个超曲面。

非线性支持向量机问题对应的就是用核函数表示的如下最优化问题：

$$\min_{\boldsymbol{\alpha}} \left(\frac{1}{2} \sum_{i=1}^{N} \sum_{j=1}^{N} \alpha_i \alpha_j y_i y_j K(\boldsymbol{x}_i, \boldsymbol{x}_j) - \sum_{i=1}^{N} \alpha_i \right)$$

$$\text{s.t.} \quad \sum_{i=1}^{N} \alpha_i y_i = 0$$

$$0 \leqslant \alpha_i \leqslant C, \quad i = 1, 2, \cdots, N$$

其中，$K(\boldsymbol{x}_i, \boldsymbol{x}_j)$ 表示核函数。

在原空间用核函数表示的最优分界超曲面方程为

$$\sum_{i=1}^{N} \alpha_i^* y_i K(\boldsymbol{x}, \boldsymbol{x}_i) + b^* = 0$$

其中：

$$b^* = y_j - \sum_{i=1}^{N} \alpha_i^* y_i K(\boldsymbol{x}_i, \boldsymbol{x}_j)$$

$\boldsymbol{x}_j$、y_j 为 $0 < \alpha_j^* < C$ 对应的样本及其类别标记。

分类决策函数为

$$f(\boldsymbol{x})=\operatorname{sign}\left(\sum_{i=1}^{N}\alpha_i^* y_i K(\boldsymbol{x},\boldsymbol{x}_i)+b^*\right)$$

(4) 常用的核函数如下。

① 线性核函数：

$$K(\boldsymbol{x},\boldsymbol{y})=\boldsymbol{x}\cdot\boldsymbol{y}$$

② 多项式核函数：

$$K(\boldsymbol{x},\boldsymbol{y})=(\boldsymbol{x}\cdot\boldsymbol{y}+1)^d$$

③ 高斯核函数：

$$K(\boldsymbol{x},\boldsymbol{y})=\mathrm{e}^{\left(-\frac{\|x-y\|^2}{2\sigma^2}\right)}$$

④ sigmoid 核函数：

$$K(\boldsymbol{x},\boldsymbol{y})=\tanh(\gamma(\boldsymbol{x}\cdot\boldsymbol{y})+r)$$

(5) 组合多个二分类支持向量机可以构建多分类支持向量机。主要的方法有：

① 一对一法。任意两个类构建一个支持向量机，通过投票法，得票最多的类为分类结果。

② 一对多法。对于 k 分类问题，选择其中一类为正类、其余 $k-1$ 类为负类，构建 k 个支持向量机，计算待分类样本到每个支持向量机最优分界曲面的带符号函数间隔，取其中带符号函数间隔最大的类别为分类结果。

③ 层次法。通过将训练样本逐步分成两类的方式构建具有二叉树结构的多个支持向量机，一步一步自顶向下完成分类。

5.6 k 均值聚类算法

小明：艾博士，您介绍了几个常用的分类算法，那么有哪些聚类算法呢？

艾博士：前面我们介绍的几种方法都属于分类方法，属于有监督学习，其特点是训练集中每个样本均给出了类别的标注信息，统计学习方法根据样本的特征取值以及标注信息进行学习，然后利用学习到的分类器实现对待分类样本的分类。而聚类问题面对的是只有特征取值而无标注信息的样本，目的是按照样本的特征取值将最相近的样本聚集在一起，成为一个类别。由于聚类问题缺乏标注信息，不同的相似性评价标准会造成不同的结果。

俗话说：物以类聚，人以群分。什么是“类”？什么是“群”？反映的是具有某种相同特征的物或者人聚集在一起，但是什么是相同特征？角度不同也可能会有不同的结果。比如图 5.48 所示的 6 个样本，如果按照形状聚类，a 和 d、b 和 e、c 和 f 分别为一类；如果按照大小聚类，则 a、b、c 为一类，d、e、f 为另一类；如果按照颜色聚类，则有 a 和 e、b 和 f、c 和 d 各为一类。按照哪种标注聚类都有其一定的道理。

小明：看起来聚类问题比分类问题更加复杂。

艾博士：相对来说，分类问题研究得比较充分，有很多比较成熟的算法，而聚类问题则研究得还比较欠缺，不如分类问题那么成熟，k 均值算法是其中一种常用的聚类算法。

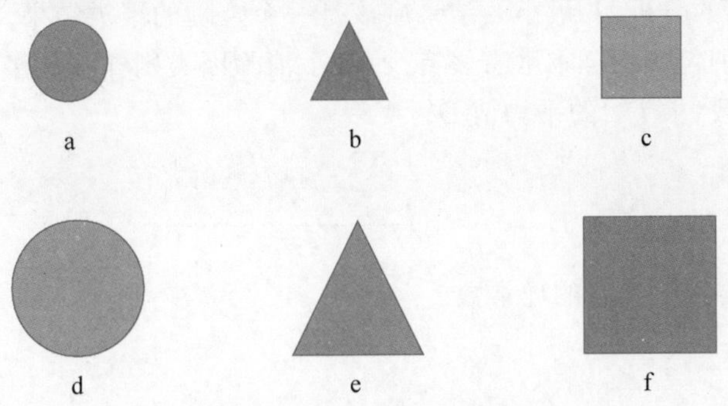

图 5.48　聚类问题示意图(见彩插)

我们看图 5.49 所示的红绿蓝 3 种颜色的样本点(暂时先忽略掉其中的 3 个黄色五角星☆),小明如果你看到这样的样本分布,你会把它们聚集成几个类别呢?

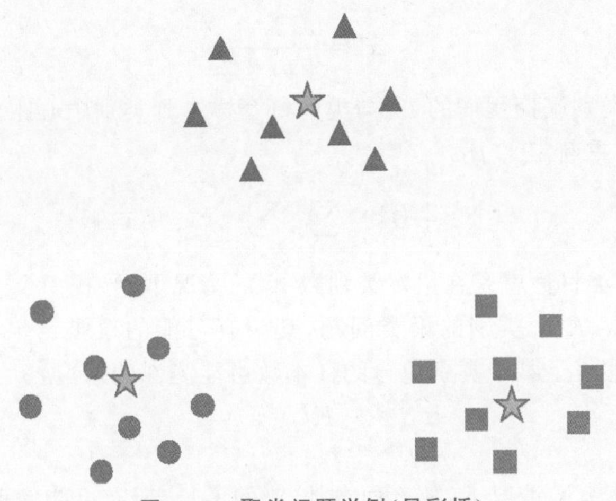

图 5.49　聚类问题举例(见彩插)

小明不假思索地回答说:从图中的样本分布情况看,结果是很显然的,每种颜色的样本点聚集在一起,聚集成 3 个类别就可以了。

艾博士:是的,我们一看就明白,相同颜色的样本应该聚集在一起,因为这些样本彼此之间都比较密集,距离比较近,相互簇拥在一起,而与其他颜色的样本距离比较远。因此,我们可以很容易想到,可以采用聚集后相同类别中样本之间的距离之和,也就是簇拥程度来评价聚类结果的性能。类内样本越是紧密地簇拥在一起,说明聚类效果越好。

如果用 c_k 表示第 k 个类别,则类别 c_k 的簇拥程度可以用类中任意两个样本间的距离平方和 D_k 做评价:

$$D_k = \sum_{\boldsymbol{x}_i, \boldsymbol{x}_j \in c_k} \|\boldsymbol{x}_i - \boldsymbol{x}_j\|^2 \tag{5.99}$$

其中,$\boldsymbol{x}_i (i=1,2,\cdots,N)$为训练样本;$\boldsymbol{x}_i, \boldsymbol{x}_j \in c_k$ 表示被归到 c_k 类的任意两个样本。

我们的目的是希望聚集后的所有类别均比较好地簇拥在一起,所以可以用所有类别的 D_k 之和 J 做评价指标:

$$J = \sum_{k=1}^{K} D_k \tag{5.100}$$

因此，按照前面的分析，J 最小的结果应该是一个合理的聚类结果。

考虑到不同类别包含的样本数有多有少，为了消除因类别样本数多少带来的影响，我们除以类别中的样本数，求 D_k 的平均值 D'_k：

$$D'_k=\frac{D_k}{n_k}=\frac{\sum_{x_i,x_j\in c_k}\|\boldsymbol{x}_i-\boldsymbol{x}_j\|^2}{n_k} \tag{5.101}$$

其中，n_k 为第 k 个类别中含有的样本数。

容易证明①：

$$D'_k=\frac{\sum_{x_i,x_j\in c_k}\|\boldsymbol{x}_i-\boldsymbol{x}_j\|^2}{n_k}=2\sum_{x_i\in c_k}\|\boldsymbol{x}_i-\overline{\boldsymbol{x}_k}\|^2 \tag{5.102}$$

其中，$\overline{\boldsymbol{x}_k}$ 为类别 k 中所有样本点的平均值，也就是类别中心：

$$\overline{\boldsymbol{x}_k}=\frac{\sum_{x_i\in c_k}\boldsymbol{x}_i}{n_k}$$

由此得知，反映类别簇拥程度的 D'_k 与类内每个样本到类别中心距离的平方和等价。

这样，我们用 D'_k 重新定义 J：

$$J=\sum_{k=1}^{K}\frac{1}{2}D'_k=\sum_{k=1}^{K}\sum_{x_i,x_j\in c_k}\|\boldsymbol{x}_i-\overline{\boldsymbol{x}_k}\|^2 \tag{5.103}$$

所以我们得到聚类目标就是在给定类别数 K 的情况下，寻找一个 J 最小的聚类结果。

对于 N 个样本数、K 个类别的聚类问题，其所有可能的聚类结果数为(为了得到一个简单的表达式，这里假设了某个类别包含的样本数可能为0的情况)：

$$\frac{K^N}{K!}$$

即便类别数 K 不大的情况下，随着样本数 N 的增长，所有可能的聚类结果数将很快达到天文数字。比如当 $K=3$、$N=1000$ 时，所有可能的聚类结果数为 2.20×10^{476}，即便在当今最快的计算机上，产生出所有可能聚类结果需要的时间可能比宇宙的年龄还要长。所以不可能采用先产生出所有的聚类结果，然后从中挑选出 J 值最小结果的方法实现聚类。

小明：那么应该如何实现聚类呢？

艾博士：按照式(5.103)，为了使得 J 最小，就应该使每个训练样本到其所在类的中心距离的平方最小。如果假设我们知道 K 个类别中心 $\overline{\boldsymbol{x}_k}$ 的话，把每个样本归类到其距离类中心最近的类别就可以了。也就是分别计算每个样本到 K 个类别中心的距离，到哪个类别中心的距离最近，就将该样本归类到哪个类别中。因为任何一个样本如果不按照该原则进行归类，都会导致 J 值增加，所以这样得到的结果应该是 J 值最小。

---

① 证明如下：$\sum_{x_i,x_j\in c_k}\|\boldsymbol{x}_i-\boldsymbol{x}_j\|^2=\sum_{x_i\in c_k}\sum_{x_j\in c_k}\|\boldsymbol{x}_i-\boldsymbol{x}_j\|^2=\sum_{x_i\in c_k}\sum_{x_j\in c_k}(\boldsymbol{x}_i-\boldsymbol{x}_j)^2=\sum_{x_i\in c_k}\sum_{x_j\in c_k}(\boldsymbol{x}_i-\overline{\boldsymbol{x}_k}+\overline{\boldsymbol{x}_k}-\boldsymbol{x}_j)^2=\sum_{x_i\in c_k}\sum_{x_j\in c_k}((\boldsymbol{x}_i-\overline{\boldsymbol{x}_k})^2+(\boldsymbol{x}_j-\overline{\boldsymbol{x}_k})^2-2(\boldsymbol{x}_i-\overline{\boldsymbol{x}_k})(\boldsymbol{x}_j-\overline{\boldsymbol{x}_k}))=n_k\sum_{x_i\in c_k}(\boldsymbol{x}_i-\overline{\boldsymbol{x}_k})^2+n_k\sum_{x_j\in c_k}(\boldsymbol{x}_j-\overline{\boldsymbol{x}_k})^2=2n_k\sum_{x_i\in c_k}(\boldsymbol{x}_i-\overline{\boldsymbol{x}_k})^2=2n_k\sum_{x_i\in c_k}\|\boldsymbol{x}_i-\overline{\boldsymbol{x}_k}\|^2$，所以有：$\frac{\sum_{x_i,x_j\in c_k}\|\boldsymbol{x}_i-\boldsymbol{x}_j\|^2}{n_k}=2\sum_{x_i\in c_k}\|\boldsymbol{x}_i-\overline{\boldsymbol{x}_k}\|^2$，得证。

小明：这是一个很好的归类样本的方法，但是我们并不知道 K 个类别中心$\overline{\boldsymbol{x}_k}$，在不知道类别中心的情况下，如何实现聚类呢？

艾博士：k 均值算法就是为解决该问题提出的一种聚类算法，该算法通过迭代的方法逐步确定每个类别的聚类中心。在开始的时候，先随机地从训练样本集中选择 K 个样本作为类别中心，然后按照距离，将样本归类到距离类别中心最近的类别中，这样每个类别就有了一些样本。将同一个类别中的所有样本累加在一起，再除以该类别中的样本数，对类别中心进行更新。然后再按照新的类别中心对样本做聚类。重复以上操作，直到所有的类别中心不再有变化为止。这就是 k 均值聚类算法，通过一步步迭代的方式逐步确定类别中心，并实现对样本的聚类。

下面举一个例子，样本分布如图 5.50 所示，共有 6 个样本，分别为

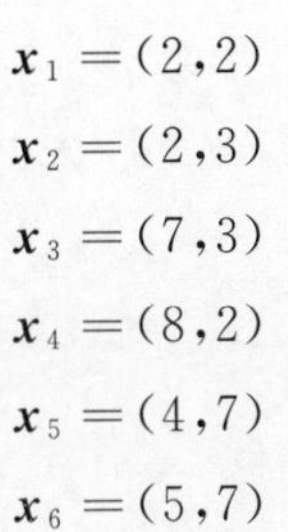

$$\boldsymbol{x}_1=(2,2)$$
$$\boldsymbol{x}_2=(2,3)$$
$$\boldsymbol{x}_3=(7,3)$$
$$\boldsymbol{x}_4=(8,2)$$
$$\boldsymbol{x}_5=(4,7)$$
$$\boldsymbol{x}_6=(5,7)$$

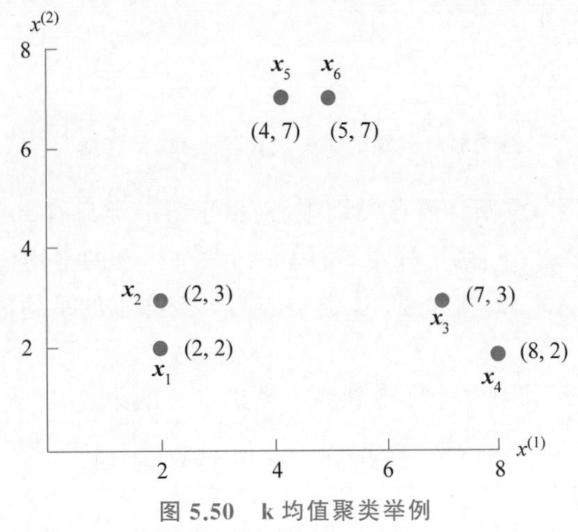

图 5.50　k 均值聚类举例

如何用 k 均值算法将这 6 个样本聚集成 3 个类别？

首先我们随机选择 3 个样本作为初始的类别中心。从图 5.50 中可以看出，6 个样本刚好组成了 3 个簇团，如果选择的 3 个样本刚好在 3 个不同的簇团中的话，比如说是 $\boldsymbol{x}_1$、$\boldsymbol{x}_3$、$\boldsymbol{x}_5$，则以这 3 个样本点作为 3 个类别的中心，很容易就将 $\boldsymbol{x}_1$ 和 $\boldsymbol{x}_2$ 归类到一个类别、$\boldsymbol{x}_3$ 和 $\boldsymbol{x}_4$、$\boldsymbol{x}_5$ 和 $\boldsymbol{x}_6$ 分别归类到另两个类别中，这也是我们希望得到的结果。

但是一般来说我们没有这么好的运气，这时就要通过迭代，一步步地逐步获得每个簇团的类别中心。比如说初选的 3 个样本是 $\boldsymbol{x}_1$、$\boldsymbol{x}_2$、$\boldsymbol{x}_3$，分别以这 3 个样本作为类 1、类 2、类 3 3 个类别的中心，计算所有样本到 3 个类别的距离，结果如表 5.6 所示。

表 5.6 样本点到类别中心的距离(1)

类别	x_1	x_2	x_3	x_4	x_5	x_6
类 1	0	1	26	36	29	34
类 2	1	0	25	37	20	25
类 3	26	25	0	2	25	20

由表 5.6 可以看出，样本 $\boldsymbol{x}_1$ 距离类 1 最近，样本 $\boldsymbol{x}_2$ 和 $\boldsymbol{x}_5$ 距离类 2 最近，样本 $\boldsymbol{x}_3$、$\boldsymbol{x}_4$、$\boldsymbol{x}_6$ 距离类 3 最近，由此得到聚类结果：$\boldsymbol{x}_1$ 在第一类、$\boldsymbol{x}_2$ 和 $\boldsymbol{x}_5$ 在第二类，$\boldsymbol{x}_3$、$\boldsymbol{x}_4$、$\boldsymbol{x}_6$ 在第三类，如图 5.51 所示。至此我们得到了第一次聚类结果。

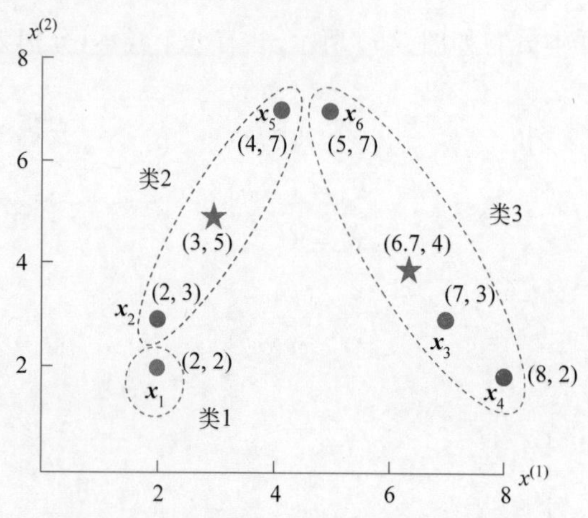

图 5.51 例题的第一次聚类结果(见彩插)

根据第一次聚类结果，重新计算各类别中心，由于第一类只有 $\boldsymbol{x}_1$ 一个样本，所以类别中心还是 $\boldsymbol{x}_1$。第二类含有 $\boldsymbol{x}_2$、$\boldsymbol{x}_5$ 两个样本，类中心为两个样本的平均值(3,5)，图 5.51 中蓝色★所示。第三类含有 $\boldsymbol{x}_3$、$\boldsymbol{x}_4$、$\boldsymbol{x}_6$ 3 个样本，类中心为 3 个样本的平均值(6.7,4)，图 5.51 中绿色★所示。

以新的类别中心再次计算每个样本到 3 个类别中心的距离，如表 5.7 所示。

表 5.7 样本点到类别中心的距离(2)

类别	x_1	x_2	x_3	x_4	x_5	x_6
类 1	0	1	26	36	29	34
类 2	10	5	20	34	5	8
类 3	25.8	22.8	1.1	5.8	16.1	11.8

依据表 5.7，我们有样本 $\boldsymbol{x}_1$ 和 $\boldsymbol{x}_2$ 距离类 1 最近，被归类到类 1；样本 $\boldsymbol{x}_5$ 和 $\boldsymbol{x}_6$ 距离类 2 最近，被归类到类 2；样本 $\boldsymbol{x}_3$ 和 $\boldsymbol{x}_4$ 距离类 3 最近，被归类到类 3。

图 5.52 给出了这次的聚类结果。至此我们得到了第二次聚类结果。

再次根据新的聚类结果更新 3 个类别中心，得到新的类别中心分别为(2,2.5)、(4.5,7)、(7.5,2.5)，根据此结果再次对样本聚类，结果如图 5.53 所示，其中 3 个不同颜色的★代表了 3 个类别中心。该结果与上一次聚类结果一致，更新后的类别中心不再发生变化，k 均值算

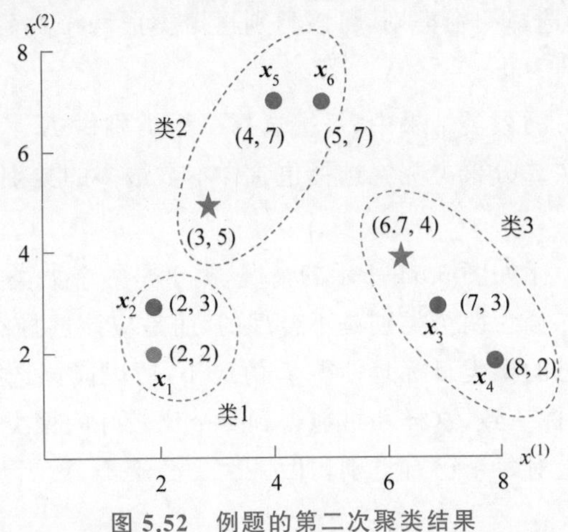

图 5.52　例题的第二次聚类结果

法结束。得到的最终聚类结果为：类 1 包含样本 $\boldsymbol{x}_1$、$\boldsymbol{x}_2$，类 2 包含样本 $\boldsymbol{x}_5$、$\boldsymbol{x}_6$，类 3 包含样本 $\boldsymbol{x}_3$、$\boldsymbol{x}_4$，与我们预想的结果一致。

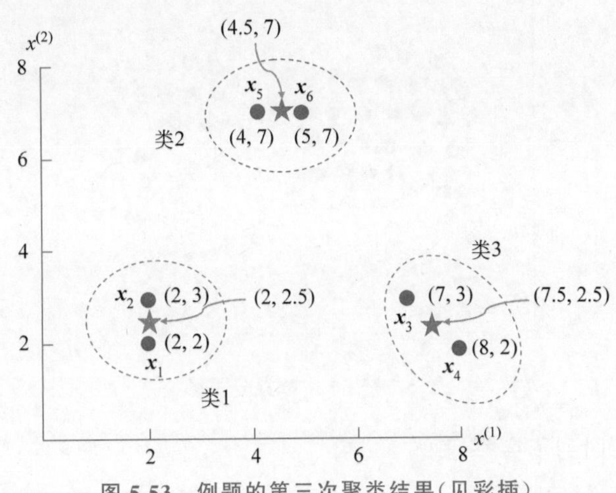

图 5.53　例题的第三次聚类结果(见彩插)

小明：k 均值聚类算法看起来并不复杂，从例题看效果也很好。但是这样得到的类别中心一定是实际的类别中心吗？

艾博士：小明提出的问题确实是 k 均值算法存在的一个问题，因为算法得到的类别中心与初始 K 个样本点的选择有关。不同的选择结果，最终得到的聚类结果可能会不一样。为此一般是做若干次聚类，从中选择一个聚类效果好，也就是 J 值(见式(5.103))最小的结果作为最终的聚类结果。

小明：除此以外是否还有其他的方法呢？总觉得做若干次聚类会影响聚类效率，做几次合适似乎也不明确。

艾博士：确实是这样的，原则上来说，做的聚类次数越多，找到最好的聚类结果的可能性也就越大，但是效率也就越低。为此也有学者提出了二分 k 均值聚类算法，该算法相对来说对初始类别中心的选择不是那么敏感，可以获得比较好的效果。

二分 k 均值聚类算法的基本思想也比较简单，先将原始样本用 k 均值算法聚类成两个类别，然后从聚类结果中选择一个类别，将该类别再聚类成两个类别，这样一次次“二分”下去，直到得到了 K 个类别为止。

小明：就是说从已有的聚类结果中，每次选择一个类别做 K 为 2 的 k 均值聚类，如何选择哪个已有类别做下次二分聚类呢？选择包含样本数最多的类别？或者按照式(5.99)选择 D_k 最大的类别？

艾博士：也不尽然。比如图 5.54 所示的情况，类 1 是一个大类，D_k 也比较大。但是这个例子中显然将类 1 再二分为两个类别是不合理的，而是应该选择类 2，将类 2 二分成两类才比较合理。由于我们总的聚类目标是使得 J 值最小，所以应该选择二分后能最大降低 J 值的类别，与聚类的总目标一致，这样才可能得到一个比较好的聚类结果。如何做到这一点呢？一种简单的办法就是对每个已有类别均做一次二分聚类，然后从中选择产生 J 值最大降幅的类别作为结果。

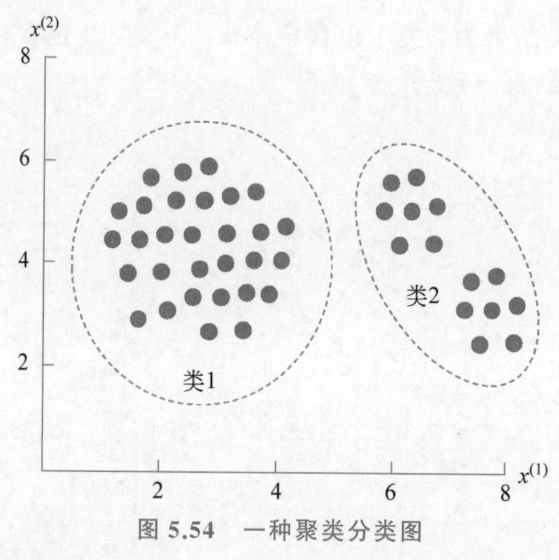

图 5.54　一种聚类分类图

小明：这不是又回到了穷举吗？

艾博士：一般来说类别数不是太大，而且聚类与类别数是线性关系，所以这种情况下穷举还是可以接受的。

小明：艾博士，您在前面的介绍中，无论是 k 均值算法还是二分 k 均值算法，都假定了聚类的类别数 K 是已知的。那么如何确定类别数 K 呢？

艾博士：如何确定类别数 K 确实是一个重要的问题，因为类别数对聚类结果会有比较大的影响。不只是 k 均值算法存在这个问题，很多其他的聚类算法也存在类似的问题，或者要求给出类别数，或者虽然不直接要求类别数，但也往往是转换为其他的指标。下面给出一个相对比较简单的确定类别数 K 的方法。

因为我们希望的聚类结果是 J 值最小，那么就可以在给定多个不同 K 的情况下做聚类，观察 J 值的变化情况。

小明听到这里马上回应说：给定多个不同的 K，选择一个 J 值最小的结果是不是就可以了？

艾博士：一般情况下，K 越大 J 值就会越小，极限情况下，每个样本为一类时，J 值达到最小值 0，而显然一个样本一个类别不是我们想要的结果，所以不能简单地以 J 值最小作为选择 K 值的原则。

小明不好意思地说：我又把问题想简单了。

艾博士：一般来说，当逐步增加 K 值时，开始阶段 J 值会随着 K 值的增加下降得比较快，下降到一定程度之后，随着 K 值的增加 J 值的下降就开始变得比较缓慢了。因此，一种确定 K 值的办法就是先做出 K 值与 J 值的关系曲线，在曲线上找到 J 值下降变缓的拐点，以此处的 K 值作为聚类的类别数。如图 5.55 所示，当 K 从 1 增加到 4 时，J 值一直下降得比较快，然后 J 值开始下降得比较缓慢，所以类别数为 4 是一个比较合适的结果。

还有一些其他确定 K 值的方法，我们就不详细叙述了。

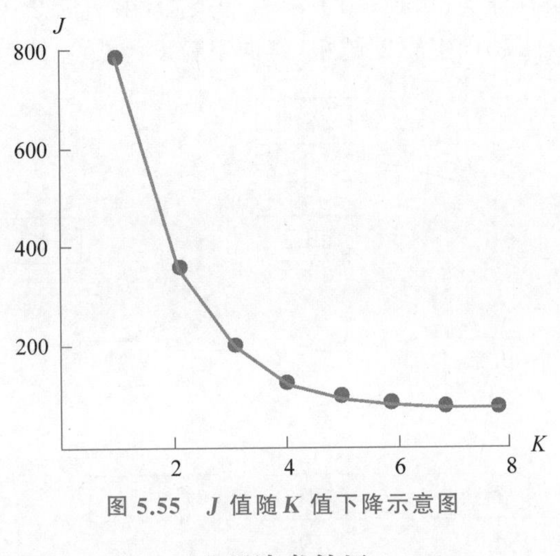

图 5.55　J 值随 K 值下降示意图

小明读书笔记

k 均值算法是一种聚类算法，其特点是数据集中的样本不具有标签信息，根据每个样本的特征，将最相近的样本聚集在一起。

k 均值算法随机地选取 K 个样本作为初始的类别中心，按照到哪个类别中心距离最近归类到哪个类别的方法，将所有样本归类到 K 个类别中。然后用每个类别中所有样本特征的平均值作为该类别的新的类别中心，再次将所有样本进行归类。反复该过程，直到所有类别中心不再发生变化为止。

k 均值算法的聚类结果受初始类中心的选择影响比较大，可以通过多次聚类，从中选择一个 J 值最小的结果作为最终的聚类结果。

相对来说二分 k 均值聚类受初始类中心的选择影响比较小。其方法是刚开始所有样本为一个大类别，采用 k 均值算法将其聚类为两个类别。然后从已有的类别中选择一个类别，再次将该类别聚集为两个类别，直到得到了 K 个类别为止。每次选择使得 J 值下降最大的类别做二分 k 均值聚类。

一般来说，随着 K 值的增加，J 值会逐渐下降。开始时 J 值下降得比较快，然后下降得越来越缓慢。从 K-J 变化图中选择一个 K 值，当 K 再增加时 J 值下降开始变缓了，则以该 K 值作为聚类的类别数。

5.7 层次聚类算法

艾博士：层次聚类算法假设数据具有一定的层次结构，按照分层聚类的方式进行聚类。

小明：什么是数据的层次结构呢？

艾博士：很多数据都有层次上的结构特性。比如在体育比赛中，100米、200米、400米都属于短跑项目，800米、1500米属于中跑项目，3000米、5000米、10000米属于长跑项目；跳高、跳远属于跳跃项目；标枪、铁饼属于投掷项目；而短跑、中跑和长跑又属于径赛项目；跳跃、投掷属于田赛项目；径赛项目和田赛项目又同属田径项目……如图5.56所示，第一层就是体育一个大类，第二层有球类、田径、水上项目等类别，第三层是田赛、径赛项目……不同层次类别粒度大小不一样，越向上粒度越粗，越向下粒度越细。

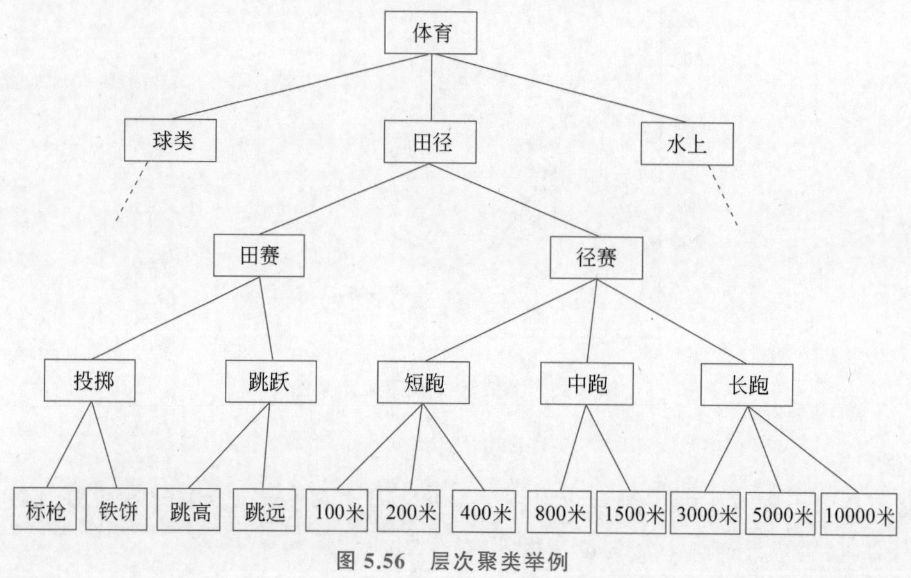

图5.56 层次聚类举例

小明：看起来层次聚类可以得到不同粒度下的聚类结果，可以根据需要选择聚类结果了。

艾博士：是这样的，层次聚类结果可以如图5.56所示那样，采用树结构将所有聚类结果保存下来，根据需要可以自由选择不同层次的聚类结果。

层次聚类一般采取自底向上的方式进行。最开始，每个样本为一个类别，然后每次合并两个最相似的类别，逐步增加类别的粒度。如果事先规定了希望聚类的类别数K，则聚成K个类别后算法就可以停止了，或者一直到最终聚成了一个类别为止。

小明：如何判断两个类别的相似性呢？

艾博士：可以按照距离来计算相似性，距离最近的两个类别最相似；也可以采用相似度的计算方法，相似度最大的两个类别最相似。无论是距离还是相似度都有很多种不同的方法，每种方法都可以用来度量两个类别的相似性，我们不再多做介绍了。下面通过图5.57说明层次聚类算法的聚类过程。

图5.57(a)给出的是原始8个样本，开始时每个样本为一个类别。按照距离计算任意两

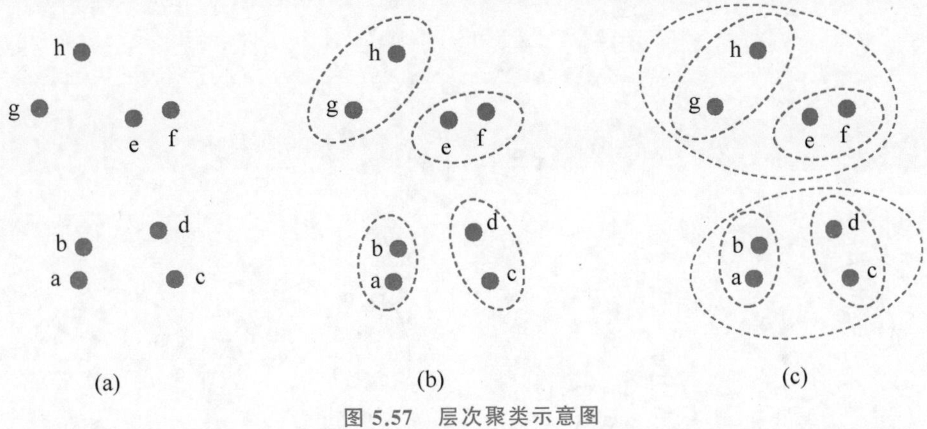

图 5.57　层次聚类示意图

个样本的距离，选出距离最小的两个类别聚集为一类。假设 a、b 间距离最小，故将 a、b 合并为一类，称为 ab 类。按此方法依次分别得到 ef 类、dc 类和 gh 类共 4 个类别，如图 5.57(b)所示。如果我们希望的类别数为 4，那么聚类到此结束，否则继续聚类。分别计算 ab、ef、dc 和 gh 4 个类别相互之间的距离，选出距离最小的一对类别，假设是 ab 类和 cd 类距离最近，则将 ab 类和 cd 类合并为一个类别 abcd 类。如果我们希望的类别数是 3，则得到了 abcd 类、ef 类和 gh 类 3 个类别，否则继续聚类。再次计算 abcd 类、ef 类和 gh 类 3 个类别相互之间的距离，选出距离最小的一对类别，假设是 ef 类和 gh 类，将它们合并为一个类别 efgh。至此只有两个类别了，聚类结束，得到了图 5.57(c)所示的聚类结果。

小明：这是一个很形象的例子，通俗易懂地给出了层次聚类的具体过程。

艾博士：前面说过，度量两个类别的相似性从距离角度、从相似性角度都有很多不同的方法，即便度量方法确定后，如何具体计算两个类的距离也有不同的方法，方法不同，也会得到不同的聚类结果。下面介绍几种常用的方法。

(1) 中心距离法。以两个类别中心的距离作为两个类别之间距离的度量，其中类别中心为该类别中所有样本点的平均值。

(2) 平均距离法。以两个类别中任意两个样本间距离的平均值作为两个类别之间距离的度量。注意这里的“两个样本”分别来自不同的类别。

(3) 最小距离法。以两个类别中任意两个样本间距离的最小值作为两个类别之间距离的度量。同样，这里的“两个样本”分别来自不同的类别。

(4) 最大距离法。与方法(3)刚好相反，以两个类别中任意两个样本间距离的最大值作为两个类别之间距离的度量。

小明：这里的前两种方法比较容易理解，后面的最小距离法和最大距离法有什么特点呢？

艾博士：不同方法得到的聚类结果是不同的，最小距离法常常会使得类别边界靠的比较近的类别连接起来，可能会得到条状的聚类结果。而最大距离法则强调同一个类别中距离最大的样本点相聚的别太远。图 5.58 给出了这样的例子，其中图 5.58(a)是原始样本点，图 5.58(b)是采用最小距离法得到的聚类结果，图 5.58(c)是采用最大距离法得到的聚类结果。

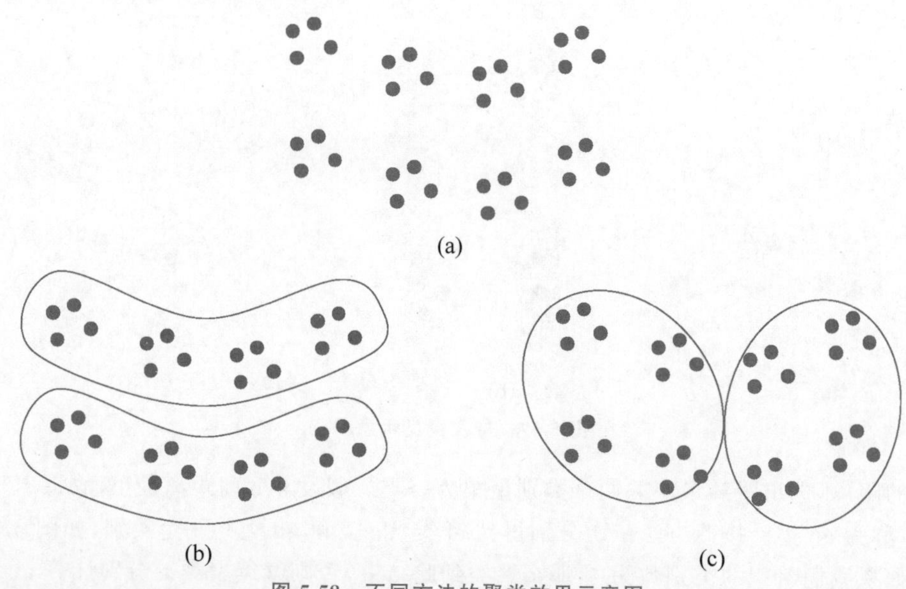

图 5.58 不同方法的聚类效果示意图

小明：看来不同的距离计算方法确实可以得到不同的聚类结果，看起来也都有道理。

小明读书笔记

分层聚类方法假定数据具有一定的层次结构，按照自底向上的方法逐步实现聚类。最开始的时候，每个样本为一个类别。每次选择两个距离最近的类别合并为一个类别，直到获得了指定的 K 个类别，或者只剩下两个类别为止。层次聚类可以得到一个具有层次性结构的聚类结果，可以根据需要选择不同粒度的聚类结果。

有不同的方法计算两个类别的距离，包括中心距离法、平均距离法、最小距离法和最大距离法等，不同的计算方法可能会得到不同的聚类结果。

5.8 DBSCAN 聚类算法

艾博士：在实际应用中，采集的数据往往是带有噪声的，噪声对聚类结果可能会带来很大的影响，严重影响聚类效果。如图 5.59 所示，彩色样本点的数据比较可靠，黑色样本点大概率是噪声数据。另外，从直观上看，相同颜色的样本点应该属于同一个类别，聚集后每个类别的形状也存在很大的不同，前面介绍的一些方法难于胜任这种情况下的聚类问题。

观察图 5.59 中数据的分布情况，数据有疏有密，不同区域包含的样本点的密度不同，我们有理由认为处于密度大的区域的样本应该聚集成一个类别，而处于过于稀疏区域的样本点，大概率属于噪声点。这样就提出了基于密度的聚类算法，DBSCAN（density-based spatial clustering of applications with noise）是其中的典型代表，不仅可以实现对包含不同“形状”样本的聚类，还可以同时消除噪声样本，是一种常用的聚类算法。

小明：这是一个很有意思的想法。我们看图 5.59，之所以认为每种颜色的样本应该组成一个类别，很大程度上是利用了样本分布的密度信息。但是计算机处理问题容易“只见树

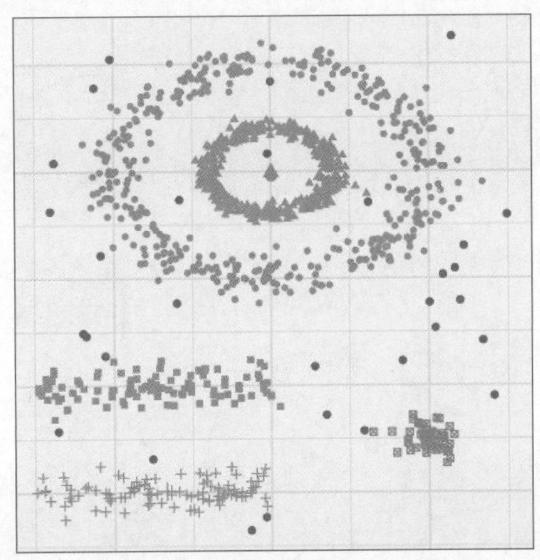

图 5.59　不同类别形状并带有噪声的样本示意图(见彩插)

木不见森林”,DBSCAN 算法是如何实现基于密度的聚类呢?

艾博士:为了便于说明,我们先介绍几个基本概念。

(1) 核心样本。以某个样本 p 为圆心、r 为半径做圆,如果包括该样本在内圆内至少包含有 minPts 个样本,则称 p 为核心样本。圆内的任一样本 q 称作被 p 包含,或者说 q 相对 p 来说直接可达。其中 r、minPts 为事先给定的参数。核心样本的物理含义是说明该样本处于一个密度比较高的区域,被核心样本包含的样本应该同属一个类别。

(2) 异常样本。如果一个样本既不是核心样本,也不被任何核心样本所包含,则称该样本为异常样本。异常样本说明该样本处于一个比较稀疏的区域,大概率是一个噪声样本。

图 5.60 给出了一些样本,并以每个样本为圆心、r 为半径做圆,为了看起来更直观,图中圆心和圆用了相同的彩色。我们假设 minPts 为 3,则从图中可以看出,c、d、e、f、j、k 这几个样本均至少包含了 3 个样本,所以属于核心样本。a、b、h、n 这几个样本包含的样本数均少于 3 个,而且没有被任何核心样本所包含,所以属于异常样本。g、i、m 这几个样本虽然包含的样本也少于 3 个,但是由于它们被核心样本所包含,所以不属于异常样本,当然也不属于核心样本。

DBSCAN 算法的核心思想是,先选取一个核心样本 p,将 p 所包含的所有样本加入到类 c 中,标记样本 p 被处理过。从类 c 中依次选取没有处理过的样本 q,并将 q 所包含的样本加入类 c 中,标记样本 q 被处理过。在这个过程中,类 c 中的样本逐渐增加,新增加的样本有核心样本也有非核心样本。重复以上过程,直到类 c 中所有核心样本被标记处理过,则完成了第一个类别的聚类,类 c 中的所有样本为一个类别。再选取一个没有被处理过的核心样本,按照上述方法完成第二个类别的聚类。依次进行下去,直到最后所有的核心样本被处理完,则结束聚类,剩下的异常样本当作噪声被过滤掉。

下面以图 5.60 所示的样本分布为例,说明 DBSCAN 算法是如何实现聚类的。

假设首先选取的核心样本为 c,将 c 及 c 包含的样本 d、e 合并在一起算作类别 1,并标记 c 被处理过。从类别 1 中选取一个没有被处理过的核心样本,假设是样本 d。将 d 包含的样本 c、e 加入类别 1 中,由于这两个样本已经在类别 1 中,所以不做操作,标记 d 被处理过。

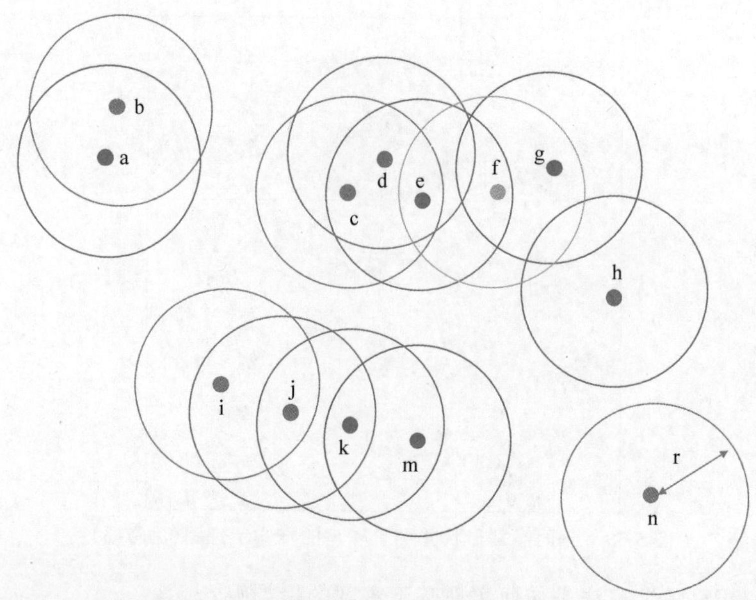

图 5.60 核心样本和异常样本示意图(见彩插)

再次从类别 1 中选取一个没有被处理过的核心样本,假设是样本 e。e 包含的样本中只有样本 f 没有在类别 1 中,将样本 f 加入类别 1 中,标记 e 被处理过。接着从类别 1 中选择核心样本 f,将被 f 包含而且没有在类别 1 中的样本 g 加入类别 1 中,标记 f 被处理过。由于 g 不是核心样本,所以此时类别 1 中已经没有未被处理过的核心样本,到此我们得到了第一个聚类结果,类别 1 中包含了样本 c、d、e、f、g。

选择一个未被处理过的核心样本,假设是 j,将 j 包含的样本 i、j、k 一起组成类别 2,标记 j 被处理过。从类别 2 中选择一个核心样本,由于 i 不是核心样本,所以只能选择 k,将 k 包含并且没在类别 2 中的样本 m 加入类别 2 中,标记样本 k 被处理过。此时类别 2 中已经不存在未被处理过的核心样本,所以聚类结束,得到第二个聚类结果,类别 2 中包含了样本 i、j、k、m 4 个样本。

至此所有的核心样本均已经被处理,得到了聚集而成的两个类别。剩余的样本 a、b、h、n 均为异常样本,不在任何聚类结果中,算法结束。

小明:通过算法介绍和例题讲解我明白了 DBSCAN 算法的聚类过程,简单说就是以一个核心样本为基础,把该核心样本所包含的样本加入一个类别中,然后再一步步地将该类别中其他核心样本所包含的样本也加入这个类别中,直到该类别中所有的核心样本均被处理过为止,这样就完成了一个类别的聚类。然后再按照同样的方法,完成所有类别的聚类。在这个聚类过程中似乎没有要求事先知道类别数 K,DBSCAN 算法可以自动获取类别数 K 吗?

艾博士:小明你观察得很仔细,DBSCAN 算法确实不需要知道类别数 K 就可以实现聚类。我们前面提到过,任何聚类算法或者需要知道类别数 K,或者转换为了其他的参数。DBSCAN 算法虽然不需要类别数 K,但是要事先定义圆的半径 r 和核心样本包含的最小样本数 minPts,这两个参数对最终获得的聚类结果和类别数会产生影响,不同的取值会有不同的结果。

小明思考了一会儿说：确实是这样的，以图 5.60 为例，如果 minPts 为 2 的话，那么 a、b 就可以聚为一类，就多了一个类别。如果 r 再小一点儿的话，类 1 或者类 2 被分为两个类别也是有可能的。

小明读书笔记

DBSCAN 算法是一种基于密度的算法，按照数据分布的密度，实现不同“形状”的聚类，可以消除噪声，减少噪声数据对聚类结果的影响。

该算法需要设定一个半径 r 以及圆内至少包含的样本数 minPts。以一个样本为圆心 r 为半径画圆，如果圆内包含至少 minPts 个样本，则该样本称作核心样本。

DBSCAN 算法的核心思想是，选取一个核心样本，将该样本所包含的所有样本作为一个类别。如果类别中还有其他核心样本，则将这些核心样本包含的其他样本也加入这个类别中，直到类别中所有的核心样本都被处理完，则完成了一个类别的聚类。再选择其他没有处理过的核心样本完成下一个类别的聚类，直到所有的核心样本被处理完。剩余的没有被任何类别所包含的样本则认为是噪声样本。

5.9　验证与测试问题

艾博士：在机器学习中经常会遇到超参数确定问题，比如在支持向量机中，高斯核函数的 σ 就是一个超参数。如果 σ 过大，容易造成欠拟合，反之如果 σ 过小则容易造成过拟合，我们希望确定一个合适的 σ，以保证得到一个比较好的分类性能。这就是机器学习中的调参问题，参数确定的是否合理，可能对系统的性能有很大的影响。另外，一个训练好的系统具体的分类性能又能达到多少呢？这些都可以通过数据测试确定。

由于可能会存在过拟合问题，所以用于确定超参数的数据以及测试性能的数据最好是与训练数据分开的，以便得到一个相对客观的参数和系统性能。

为此我们一般将数据集划分成训练集、验证集和测试集 3 部分，以便将训练、调参和性能测试 3 部分独立出来。训练集只用于系统训练，这就不用多说了。验证集用于调参，一般是针对不同的超参数取值分别进行训练，然后在验证集上分别测试其性能，取一个性能最好的超参数值作为最终的结果。由于调参是在验证集上选取的最好结果，所以在验证集上获得的系统性能一般会偏高，一般在调节完参数之后，需要在测试集上测试，这个结果会更接近于真实情况，因为测试集中的样本既没有参与过训练，又没有参与调参，是完全独立的样本，测试结果更加可信。总之就是训练集用于训练，验证集用于调参，测试集用于测试分类性能。

小明：这种方法看起来既简单又方便。

艾博士：无论是训练、验证还是测试，每个数据集都需要比较多的数据，所以当数据量足够多时，通过将数据集划分为训练集、验证集和测试集的方法，确实是一种既简单又有效又可信的方法。但事实上我们往往面临数据量不足的问题。

小明：那么除了增加数据量外，还有其他的比较好的方法吗？

艾博士：为了充分利用已有的数据，研究者提出了交叉验证方法，又称作 k 折交叉验证。

小明：这是一种什么方法呢？

艾博士：k 折交叉验证将数据划分为 k 等份，使用其中的 $k-1$ 份作为训练集，1 份作为验证集。

小明：这样做的结果验证集中的样本数是不是就太少了？

艾博士：如果只这样做一次，验证集确实有点小，但是如果每份数据轮流做验证集，剩余的 $k-1$ 份做训练集，我们就可以得到 k 个结果，以 k 个结果的平均值作为最终的性能测试结果。这样的话，虽然每次验证集并不大，但是综合后的效果相当于利用了整个数据集作为验证，充分利用了数据集中的每一个数据。一般情况下 k 取 2～10 就可以了，k 太大会造成训练次数过多，而 k 太小则可能导致用于训练的数据不足，因为每次只能用 $k-1$ 份数据做训练。极限情况下，k 最大取值可以为数据个数，每次验证集只剩余一个数据，故这种方法也被称作"余一法"。如果不考虑训练效率问题的话，余一法是最充分利用数据的方法。

小明：交叉验证方法挺巧妙的，相当于一份数据同时担当训练集和验证集的作用，又保持了两个数据集的相对独立性。

艾博士：在使用交叉验证方法时一定要注意数据划分的随机性，训练集中各个类别的比例与整个数据集中的比例最好基本一致，尽量避免训练集中某个类别过于集中的情况出现。

小明：通过交叉验证的方法解决了验证集的问题，但是测试集怎么解决呢？

艾博士：有两种方法，一种方法就是把验证集的测试性能当作最终的分类性能，当然这种方法得到的性能普遍偏高。另一种方法就是扩展一下交叉验证方法，每次取一份当作验证集，再取一份当作测试集，剩余的 $k-2$ 份用于训练，数据循环多次使用，最后用测试集上的平均性能作为最终的测试结果。

小明：我们一直在说系统的性能，那么如何评价系统的性能呢？

艾博士：对于分类系统来说常用的性能指标有准确率、召回率和 F_1 值等，而每个指标又分宏平均和微平均两种。宏平均指的是先分别计算每个类别的各个指标，然后再计算各个类别的平均值，而微平均指的是按照每个样本分类正确与否计算各个指标。下面分别介绍一下各个性能指标是如何计算的，假设共有 K 个类别，N 个样本。

1. 准确率

类别 i 的准确率 P_i 定义为 i 类中分类正确的样本数除以分类到 i 类的样本总数：

$$P_i=\frac{i\text{ 类中分类正确的样本数}}{\text{分类到 }i\text{ 类的样本总数}} \tag{5.104}$$

则宏平均准确率 Macro_P 为所有类别准确率之和除以类别数：

$$\text{Macro\_P}=\frac{1}{K}\sum_{i=1}^{K}P_i \tag{5.105}$$

微平均准确率 Micro_P 是所有分类正确的样本数除以样本总数：

$$\text{Micro\_P}=\frac{\text{所有分类正确的样本数}}{\text{样本总数}} \tag{5.106}$$

准确率是从类别的角度考虑，被分类到这个类别中的样本，有多大程度确实属于这个类别。

2. 召回率

类别 i 的召回率 R_i 定义为 i 类中分类正确的样本数除以所有样本中应该属于这个类别的样本数：

$$R_i = \frac{i\text{ 类中分类正确的样本数}}{\text{属于 }i\text{ 类的样本总数}} \tag{5.107}$$

则宏平均召回率 Macro_R 为所有类别召回率之和除以类别数：

$$\text{Macro\_R} = \frac{1}{K}\sum_{i=1}^{K} R_i \tag{5.108}$$

微平均召回率 Micro_R 是所有分类正确的样本数除以样本总数：

$$\text{Micro\_R} = \frac{\text{所有分类正确的样本数}}{\text{样本总数}} \tag{5.109}$$

在分类场景下，微平均召回率等于微平均准确率。

召回率是从样本的角度，有多大比例的样本被分类到了正确的类别。

3. F_1 值

类别 i 的 F_1 值为该类别准确率与召回率的调和平均值：

$$F_{1i} = \frac{2}{\dfrac{1}{P_i} + \dfrac{1}{R_i}} = \frac{2P_iR_i}{P_i + R_i} \tag{5.110}$$

则宏平均 F_1 值为所有类别 F_1 值之和除以类别数：

$$\text{Macro\_F}_1 = \frac{1}{K}\sum_{i=1}^{K} F_{1i} \tag{5.111}$$

宏平均 F_1 值也有用宏平均准确率与宏平均召回率的调和平均值计算的，即

$$\text{Macro\_F}_1 = \frac{2\text{Macro\_P} \cdot \text{Macro\_R}}{\text{Macro\_P} + \text{Macro\_R}} \tag{5.112}$$

但是前者用得更多一些。

微平均 F_1 值是微平均准确率和微平均召回率的调和平均值：

$$\text{Micro\_F}_1 = \frac{2\text{Micro\_P} \cdot \text{Micro\_R}}{\text{Micro\_P} + \text{Micro\_R}} \tag{5.113}$$

对于分类问题，由于微平均准确率等于微平均召回率，所以微平均 F_1 值也与它们相等，即有

$$\text{Micro\_F}_1 = \text{Micro\_P} = \text{Micro\_R}$$

准确率和召回率从两个不同的角度分别考察了分类系统的性能，F_1 值是准确率和召回率的调和平均值，是这两个指标的综合体现。由于宏平均指标受测试样本中不同类别样本的比例影响比较小，所以宏平均指标比微平均指标用得更多一些，如果没有具体说明时，大多指的是宏平均指标。

小明读书笔记

为了选择确定且合适的超参数并测试分类模型的性能指标，当数据集比较充足时，常常将数据集划分为 3 部分：训练集用于训练，验证集用于确定超参数，测试集用于测试分类模型的性能。

一般来说数据集总是不足的，为了充分利用数据集，提出了 k 折交叉验证方法。该方法将数据集划分为 k 等份，1 份用于验证，其余 $k-1$ 份用于训练，循环使用数据，得到 k 个结果，k 个结果的平均值为分类模型在验证集上的性能，利用该结果确定合适的超参数。

也可以 1 份作为验证，1 份作为测试，其余 $k-2$ 份用于训练，同样通过取平均值的方法得到分类模型的测试性能。注意在确定超参数时，不能利用测试结果调整超参数，否则就失去了测试的意义。

常用的性能指标包括准确率、召回率和 F_1 值，根据不同的计算方法这 3 个指标又分别有宏平均和微平均指标，一般宏平均指标用得比较多，当没有明确说明时，往往指的是宏平均指标。

5.10 特征抽取问题

小明：在讲统计机器学习方法时，我们常常用特征取值的向量表示样本，那么应该如何定义特征及其它们的取值呢？

艾博士：确实如小明所说的那样，在统计机器学习中，样本一般用特征取值的向量表示，人们称为特征向量，请注意这里的特征向量与线性代数中特征向量的区别，二者说的不是一个意思。如何抽取特征也是统计机器学习中的关键问题，经常会听到这样的说法：如果特征选取得好的话，则用什么方法就显得不是那么重要了。这话虽然说的有些极端，不能说方法并不重要，但也确实反映了特征抽取的重要性。

小明：为什么特征抽取在统计机器学习中这么重要呢？

艾博士：我们人类在识别事物时具有很大的灵活性，可以很好地把握什么时候使用什么特征、什么时候需要组合哪些特征等问题。比如对于认识汉字来说，如何区别“清”和“请”？由于这两个字右边是完全一样的，区别只是在左边的偏旁不同，所以只需关注左边是什么偏旁就可以了。但是对于计算机来说这是个非常困难的事情，计算机如何知道右边是一样的？又如何知道偏旁是什么？让计算机分清楚“右边相同”“左边偏旁不一样”这件事的难度并不比识别汉字更容易。所以抽取计算机更容易使用而且具有一定区分性的特征就成为了统计机器学习中重要的问题。这里的要点一是“计算机可以使用”，二是“具有一定的区分性”，缺一不可。

小明：我有些理解了，看起来特征抽取确实是非常重要。

艾博士：抽取什么样的特征与具体要解决的问题有关。下面我们分别通过两个例子说明如何实现特征抽取。

1. 文本分类问题

艾博士：比如我们想建立一个新闻网站，随时收集各种新闻报道。为了方便阅读，我们可以对新闻做分类，把类似内容的新闻放在一起。比如我们可以建立体育类、财经类、军事类和政治类 4 个类别，这样读者就可以选择自己感兴趣的新闻阅读。每来一篇新的新闻报道，系统就自动地将其分类到相应的类别中，这就是文本分类问题。

任何一种分类方法都可以用于文本分类，这里我们只说明如何抽取特征，构建表示每篇新闻的特征向量。

艾博士问小明：如果让你人工实现对新闻的分类，你会如何做呢？

小明：我首先阅读新闻，理解这篇新闻是讲什么的，然后根据其内容分类到相应的类别中。

艾博士：你这属于基于内容的分类，按理说让计算机实现分类也应该是首先理解新闻的内容再做分类。但是由于目前计算机还难于做到理解内容，只能通过使用的词汇判别新闻的类别。比如如果新闻中有比较多的用于描述体育比赛的词汇，则该新闻是体育类的概率比较大。所以我们可以以词汇作为分类的特征。

为此我们首先建立一个词表，这个词表可能会比较大，把新闻中所有可能用到的词基本都包括进来，可能要涉及几万甚至几十万个词汇。设词表长度，也就是词表包含的词汇数量为 K，则最简单的方法是第 i 篇新闻用一个长度为 K 的向量 $\boldsymbol{T}_i$ 来表示，新闻中出现的词在向量的相应位置为 1，否则为 0。

$$\boldsymbol{T}_i=(w_{i1},w_{i2},\cdots,w_{iK}) \tag{5.114}$$

如果词表中第 j 个词汇出现在了训练集第 i 篇新闻中，则 w_{ij} 为 1，否则为 0。

这种方法只关注了一个词汇是否在新闻中出现，而没有考虑词汇出现的次数，显然词汇出现的次数对新闻所属的类别也是有影响的。

因此，式(5.114)中的 w_{ij} 可以表示为词表中第 j 个词汇出现在训练集第 i 篇新闻中的数量。

单纯采用词汇出现的数量也存在问题，还需要考虑新闻的长度，在词汇出现数量相同的情况下，该词汇对于短新闻的作用应该大于对长新闻的作用。为了消除新闻长短对分类的影响，可以考虑用词频 tf_{ij} 代替式(5.114)中的 w_{ij}。其中 tf_{ij} 表示词表中第 j 个词汇出现在第 i 篇新闻中的词频，即

$$\mathrm{tf}_{ij}=\frac{\text{词表中第 } j \text{ 个词汇出现在第 } i \text{ 篇新闻中的数量}}{\text{新闻的长度}} \tag{5.115}$$

其中，新闻的长度用新闻中包含的词汇数量表示。这样第 i 篇新闻就可以表示为

$$\boldsymbol{T}_i=(\mathrm{tf}_{i1},\mathrm{tf}_{i2},\cdots,\mathrm{tf}_{iK}) \tag{5.116}$$

这是一种基于词频的特征表示方法。

讲解到这里艾博士问小明：小明，你觉得这种词频表示法是否也存在不足呢？

小明思考了一会儿回答说：这种基于词频的特征表示方法，一个假设是新闻中出现的某个词汇数量越多，则这个词汇在分类中就越重要。但是有些词数量多确实对分类所起的作用大，比如乒乓球、足球等这些与体育紧密相关的词汇，新闻中包含的越多，其所属体育类的可能性就越大。但是有些没有明显的具体含义但是又经常被使用的词汇，可能在各个类别的新闻中都会经常出现，那么这样的词汇即便再多，对分类也起不到什么作用，比如“的”“地”“得”这些词汇，还有“我们”“他们”等。

艾博士：小明说得非常正确，这样的词汇确实对分类起不到什么作用，还可能会起到反

作用。

小明：那么是否可以把这些词汇删除掉呢？

艾博士：对词汇表做筛选确实是一种可行的方法，但是我们还是想探讨一些“自动”筛选词汇的方法。

比如说，可以引入这样的假设：一个词汇只在少数新闻中出现，则该词汇对分类的作用可能比较大，比如前面我们提到的“乒乓球”“足球”等。如果一个词汇在很多新闻中都出现，极限情况下，几乎在所有新闻中都出现，则这样的词汇对分类的作用比较小，比如“的”“地”“得”等。

小明：引入这样的假设具有一定的合理性，但是如何在特征表示中体现出这一点呢？

艾博士：一种体现方式就是以词频为基础，对词频做加权处理。对于像“乒乓球”“足球”这样的在少数新闻中出现的词汇，给予一个比较大的权重，而对于“的”“地”“得”这样的词汇，给予一个比较小的权重。这样就在一定程度上体现了不同词汇的重要程度。

小明：如何做到这一点呢？

艾博士：一种实现方法就是在训练集中统计每个词汇共出现在多少个新闻中，出现该词汇的新闻越多说明该词汇对分类的作用越小，出现该词汇的新闻越少说明该词汇对分类的作用越大。也就是说，词汇的重要性与出现该词汇的新闻数成反比。为此我们定义词汇 j 的逆文档频率 idf_j：

$$\mathrm{idf}_j=\frac{\text{训练集中新闻的数量}}{\text{出现词汇 } j \text{ 的新闻数量}+1} \tag{5.117}$$

式(5.117)分母中之所以要加1，是为了防止除以0的情况出现。这样，就可以用逆文档频率 idf_j 对词表中的第 j 个词汇的词频做加权，即式(5.114)中的 w_{ij} 为

$$w_{ij}=\mathrm{tf}_{ij}\cdot\mathrm{idf}_j \tag{5.118}$$

这样第 i 篇新闻就可以表示为

$$\boldsymbol{T}_i=(\mathrm{tf}_{i1}\cdot\mathrm{idf}_1,\mathrm{tf}_{i2}\cdot\mathrm{idf}_2,\cdots,\mathrm{tf}_{iK}\cdot\mathrm{idf}_K) \tag{5.119}$$

这种方法被称作 tf-idf 方法。

在实际使用时，tf-idf 方法具有很多变形，常用的一种变形是对式(5.117)取对数，仍然叫作 idf_j：

$$\mathrm{idf}_j=\ln\left(\frac{\text{训练集中新闻的数量}}{\text{出现词汇 } j \text{ 的新闻数量}+1}\right) \tag{5.120}$$

tf-idf 特征不仅仅用在文本分类中，很多文本处理任务也经常使用该特征，是统计机器学习中用得比较多的一种文本特征表示方法。

2. 脱机手写体汉字识别问题

艾博士：汉字识别就是让计算机认识汉字，这属于分类问题。手写体汉字识别分为两种情景：一种叫联机手写体汉字识别，也就是边写边识别，手机上的手写输入就是这种方式。这种方式的特点是计算机可以获取书写的笔画及顺序信息，识别起来相对容易一些。另一种叫脱机手写体汉字识别，这种方式是对手写在纸上的汉字，经扫描仪扫描后汉字作为图像传递给计算机做识别，由于可利用的信息少，识别起来难度也比较大。下面以脱机手写体汉字识别为例说明如何寻找合适的特征，如果没有特殊说明，后面所说的汉字识别均指脱

机手写体汉字识别。

人认识汉字依靠的是偏旁部首、横、竖、撇、捺等信息，这些信息可以认为是人采用的特征。但是这些特征对于计算机来说并不合适，因为提取偏旁部首、横、竖、撇、捺等信息并不容易，其难度不亚于对汉字的识别。所以必须寻找既能区分不同汉字、计算机又可以自动处理的特征，才可以比较好地实现汉字识别。

汉字是由横、竖、撇、捺等笔画构成的，不同的笔画、不同的位置，就构成了不同的汉字。我们虽然很难提取出这些笔画信息，但是如果能表示出在哪些地方具有"横、竖、撇、捺"这些笔画元素，也可以把每个汉字的特征表达出来。这样就提出了一种用于脱机手写体汉字识别的方向线素特征，每个特征可以认为是一个反映笔画的"元素"，多个"元素"就表达出了一个汉字。

小明：听起来感觉是对的，具体如何实现呢？

艾博士：扫描的汉字图像是由像素组成的，假设每个笔画宽度都是单像素的，则在具有"横"笔画的位置，两个相邻像素间大多是左右关系；具有"竖"笔画的位置，两个相邻像素间大多是上下关系；而具有"撇"或者"捺"的位置，相邻像素间则大多是左下右上或者左上右下的关系。我们把这 4 种不同的像素关系称作元素，不同的元素反映了不同的笔画，如图 5.61 所示。

我们将一个汉字均匀地划分成几个区域，比如说 8×8 共 64 个区域，如图 5.62 所示。分别统计不同区域内不同元素的数量，就可以反映出相应位置出现横、竖、撇、捺的可能性，从而可以作为表示汉字的特征。这样一个汉字被划分为 64 个区域，每个区域有 4 个特征，一个汉字就可以用一个长度为 256 的特征向量表示了。

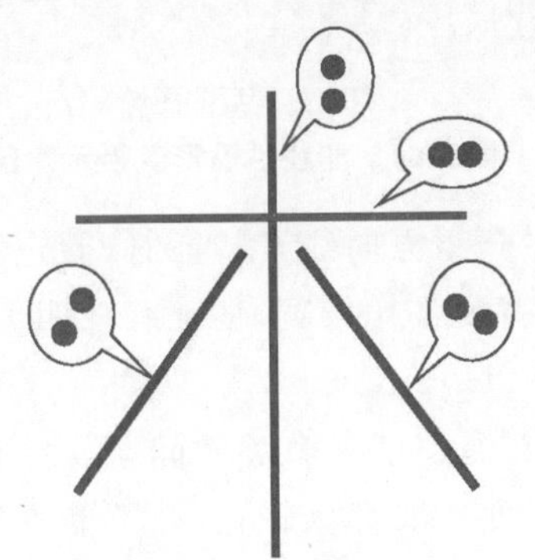

图 5.61　汉字元素示意图

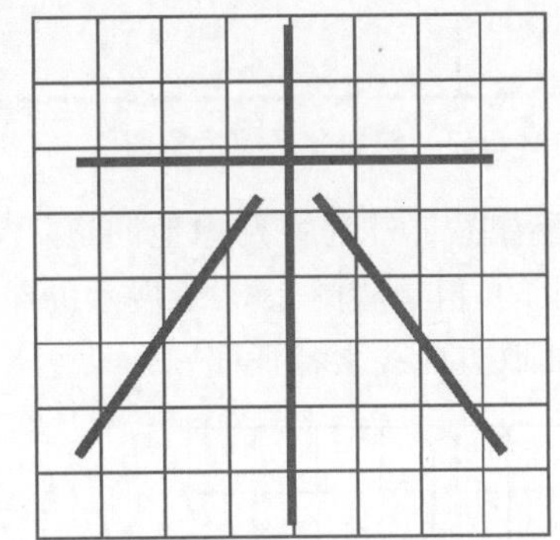

图 5.62　汉字划分成 8×8 个区域示意图

小明：手写汉字很不规范，笔画的位置也具有一定的随意性，比如"木"字的一横，写得靠上一些，就可能进入上面的几个区域；写得靠下一点儿，又可能进入下面的几个区域，这种特征是不是稳定性并不好？

艾博士：小明说得很有道理。为此一般还要做些改进，尽可能减少书写随意性带来的影响。比如说，在划分区域时不是采用图 5.62 这种硬化分，而是采用软化分。也就是划分区域时，相邻的区域间具有一定的重叠覆盖。图 5.63 给出了一个中间区域采用软化分的示意图，其中虚线是硬化分的结果，而中间的实线框是软化分的结果，其区域扩大到了相邻的几个区域，在计算区域内的元素个数时，按照软化分的区域进行计算，并且软划分区域内不同位置的元素具有一定的加权，越是靠近中间位置权重越大，越是靠近边缘位置权重越小。这样就可以减小书写随意性带来的不良影响。根据这样的想法，定义方向线素所属区域的隶属度函数，就构成了模糊方向线素特征，这是我们在方向线素特征的基础上提出的一种改进方法。

另外，一般在抽取特征之前还要采用一些整形变换方法等对手写汉字图像做预处理，以便使得不同书写者书写的同一个汉字尽可能地一致。我们曾经提出过一种非线性整形变换方法，对汉字图像做预处理，图 5.64 给出了几个非线性整形变换的实例，其中图 5.64(a)给出的是书写的原始汉字图像，从图中可以看出很不规整。图 5.64(b)给出的是经非线性整形变换处理后的对应图像，从图中可以看出，预处理后的汉字图像显然规整多了，进一步减少了书写不规整带来的影响。

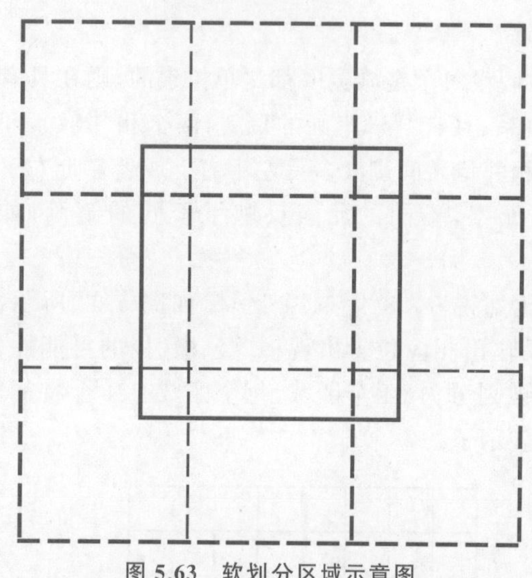

图 5.63　软划分区域示意图

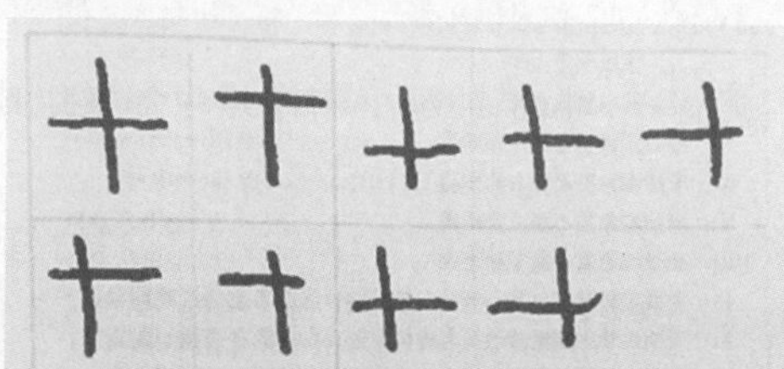

(a) 原始图像

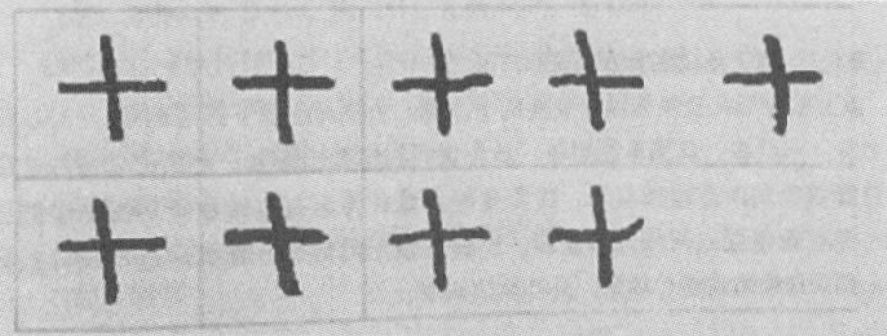

(b) 处理后的图像

图 5.64　非线性整形变换示意图

小明看着图 5.64 有些疑虑地问道：艾博士，您在介绍方向线素特征时，假定了笔画宽度是单像素的，但是从图 5.64 所展示的结果看，笔画宽度都比较宽，估计有三四个像素宽，那么如何抽取方向线素特征呢？

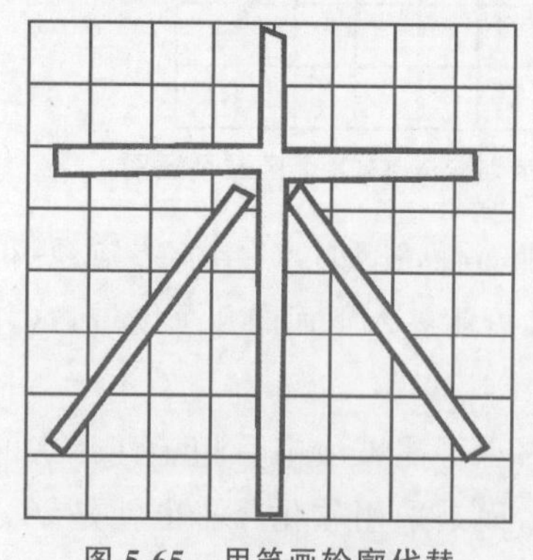

图 5.65　用笔画轮廓代替笔画骨架示意图

艾博士：小明又提到了一个关键问题。经扫描得到的汉字图像，笔画宽度一般都比较宽，并不能直接抽取方向线素特征，需要先抽取汉字笔画的“骨架”，对笔画做细化处理，也就是将笔画宽度自动地处理成单像素宽度。但是细化处理并不是一件简单的事情，通常处理结果并不满意。为此我们采用汉字笔画的轮廓代替笔画“骨架”，对汉字笔画的轮廓抽取方向线素特征，而轮廓抽取相对来说要简单得多，这样就比较好地解决了脱机手写体汉字方向线素特征的抽取问题。图 5.65 给出了用笔画的轮廓代替笔画骨架的示意图。

采用以上非线性整形变换方法以及模糊方向线素特征表示方法，并结合汉字识别的特点改进的统计机器学习方法，我们曾经成功地实现了大型中文古籍《四库全书》的识别，完成了《四库全书》的数字化。

小明：从您举的这个汉字识别的例子可以看出，解决实际问题是件复杂的事情，需要用到很多技术，综合实现才有可能比较好地解决实际问题。

艾博士：小明说得非常正确，我们这里只是介绍一些核心算法，必须同时结合很多“外围”技术才有可能解决好实际问题。

小明读书笔记

统计机器学习一般以特征作为输入，如何抽取特征在统计机器学习中起着举足轻重的作用。特征抽取与具体的任务有关，没有通用方法，本节以文本分类和脱机手写体汉字识别两个问题为例介绍了如何抽取特征问题。

对于文本分类任务，tf-idf 是一种常用的特征。首先定义一个词典，第 i 篇文本表达为一个与词典长度相等的向量：

$$\boldsymbol{T}_i=(w_{i1},w_{i2},\cdots,w_{iK})$$

其中，w_{ij} 为词典中第 j 个词在第 i 个文本中的 tf-idf 特征：

$$\mathrm{tf}_{ij}=\frac{\text{词表中第 } j \text{ 个词汇出现在第 } i \text{ 篇文本中的数量}}{\text{文本的长度}}$$

$$\mathrm{idf}_j=\frac{\text{训练集中文本的数量}}{\text{出现词汇 } j \text{ 的文本数量}+1}$$

$$w_{ij}=\mathrm{tf}_{ij}\cdot\mathrm{idf}_j$$

常用的一种变形是

$$\mathrm{idf}_j=\ln\left(\frac{\text{训练集中文本的数量}}{\text{出现词汇 } j \text{ 的文本数量}+1}\right)$$

对于脱机手写体汉字识别任务，方向线素是一种有效的特征。假设汉字的笔画宽度为一像素，将一个汉字划分为 8×8 个区域，在每个区域内容数左右、上下、左上右下、右上左下排列的像素个数，一个区域用得到的 4 个数值表示，这样一个汉字就可以表示为 8×8×4=256 个元素的特征向量。

为了克服汉字笔画位移带来的不良影响，在划分区域时可以考虑相邻的区域具有一定的重叠，在对不同的像素个数计数时，按照其所在位置给予一定的加权，越靠近区域中间位置权重越大，越靠近区域边缘位置权重越小。基于这样的思想，定义每个方向线素所属区域的隶属度函数，就构成了模糊方向线素特征，一个汉字同样表示为长度为 256 的特征向量。

由于汉字图像笔画具有一定的宽度，而抽取笔画骨架的细化处理又有一定的难度，为此可以用笔画轮廓代替笔画骨架抽取特征。

5.11　总结

本篇主要结合一些典型的分类、聚类算法介绍统计机器学习方法。

(1) 统计机器学习是依据统计学原理而提出的机器学习方法，其特点是，从以特征表示的数据出发，抽象出问题的模型，发现数据中隐含的规律和知识，再用获得的模型对新的数据做出分析和预测。

一般来说，统计机器学习方法，都事先假定了所要学习的模型的“样子”，不同的“样子”就决定了不同的学习方法，最终通过数据训练得到模型所需要的参数。比如支持向量机就假定了模型的“样子”是个超平面，学习的目的就是依据训练数据找到一个最优的分界超平面。

(2) 贝叶斯方法按照特征的概率分布，依据所属类别的概率大小，将待识别样本分类到概率最大的类别。由于存在特征组合爆炸的问题，假设特征间具有独立性，这样特征的联合分布就可以用每个特征分布的乘积代替，简化了问题的求解。这种引入独立性假设的贝叶斯方法称作朴素贝叶斯方法。

(3) 决策树是一种用于分类的特殊树结构，叶节点代表类别，非叶节点表示特征。依据特征的取值逐步细化，实现分类。构建决策树的关键问题就是如何依据训练数据选择特征问题，不同的选择原则就有了不同的决策树构建方法，也即决策树的训练方法。

按照信息增益选择特征的方法称作 ID3 方法。一个特征的信息增益定义为数据集的熵与该特征条件熵的差值，信息增益越大说明该特征分类能力越强，ID3 方法选择信息增益最大的特征优先使用。

针对 ID3 算法存在的倾向于选择分值多的特征的问题，提出了 C4.5 方法。C4.5 方法与 ID3 方法的主要区别是采用信息增益率选择特征。信息增益率定义为特征的信息增益与其分离信息之比。特征的分离信息是按照特征取值计算的熵，其最大值反映了特征取值的多少。同时 C4.5 还引入了连续特征，允许特征取连续值。

(4) 按照“近朱者赤近墨者黑”的原则，根据距离最近的样本类别对未知样本分类的方法称作最近邻方法。如果根据最近的 k 个样本中含有最多样本的类别作为未知样本的类别，这种分类方法称作 k 近邻方法。k 近邻方法最主要的问题就是如何选择 k 值，恰当的 k 值可以达到比较理想的分类效果。可以通过实验测试的方法获取一个比较合理的 k 值，在多个不同的 k 值中，选取错误率最小的 k 值。

(5) 支持向量机是以两个类别间隔最大化为原则的二分类方法，按照训练样本的分布情况，分为线性可分支持向量机、线性支持向量机和非线性支持向量机 3 种情况。

线性可分支持向量机要求最优分界面到两类样本的函数间隔大于或等于 1，到最优分界面函数间隔等于 1 的样本就是支持向量。通过求解对偶问题最优解 α_i^* 的方法可以得到原问题的最优分界面，其中 $\alpha_i^* \geqslant 0$，不等于 0 的 α_i^* 所对应的样本就是支持向量，其他样本为非支持向量。

线性支持向量机允许部分样本到最优分界面的函数间隔小于 1，但要求大于 $1-\xi_i$，其中 $\xi_i \geqslant 0$。在满足间隔最大化的同时，线性支持向量机要求所有的 ξ_i 之和尽可能地小。同样通过求解对偶问题最优解 α_i^* 的方法得到原问题的最优分界面，与线性可分支持向量机不同的是要求满足条件 $0 \leqslant \alpha_i^* \leqslant C$。

非线性支持向量机是通过一个变换函数将原问题变换到一个新空间中求解，要求在新空间中样本的分布可以用线性支持向量机求解。一般采用核函数的方法，在不需知道变换函数的情况下，在原空间通过核函数求得新空间的最优分界面，同样用核函数得到原空间的最优分界超曲面。

通过多个二分类支持向量机的组合可以得到多分类支持向量机。组合方法包括一对一法、一对多法、层次法等。

(6) k均值算法是一种聚类算法，在给定类别数的情况下，通过迭代的方式逐步实现聚类。一般来说，k均值方法对初始值比较敏感，不同的初始值可能会得到不同的聚类结果。二分k均值方法每次选定一个类别将其划分为两类，通过逐步划分的方法得到聚类结果，其特点是对初始值敏感性不强。

K 值的选取对于k均值算法至关重要，通常是做出 J 值随 K 值的变化曲线，从比较小的 K 值开始，逐步增加 K 值，当 K 值增加 J 值变化不大时，就认为得到了一个比较好的 K 值。

(7) 层次聚类采用自底向上的方法实现聚类，开始时每个训练样本为一个类别，然后逐步合并两个最相似的类别，直到总类别数为指定的类别为止，或者只剩下了两个类别。其特点是可以得到不同粒度下的聚类结果。

(8) DBSCAN算法是一种典型的基于密度的聚类方法。该方法指定一个半径 r 和最少包含的样本数minPts，以任意一个样本为圆心，以 r 为半径画圆。如果圆内包含的样本数大于或等于minPts，则称该样本为核心样本。从一个核心样本开始，将其包含的所有样本归为一类，如果类中含有其他核心样本，则将这些核心样本包含的样本也加入进来，迭代该过程，直到类中所有核心样本都处理完毕，就得到了一个聚类结果。重复该过程，直到完成所有类别的聚类。

(9) 一个数据集可以划分为训练集、验证集和测试集。训练集用于训练分类器，验证集用于得到合适的超参数，测试集用于测试分类器的性能。这3个数据集是各自独立的，不包含重复样本，比较适用于数据量比较大的场合。为了充分利用数据集，可以采用 k 折交叉验证的方法，其基本方法是将数据分为 k 等份，然后1份作为验证集、$k-1$ 份作为训练集。循环使用这些数据，用 k 个验证集的平均指标作为验证集上的结果，用于选择合适的超参数。进一步也可以扩展为用其中的1份做验证集、另取1份做测试集，剩余的 $k-2$ 份做训练集，同样采用循环使用数据的方法，用平均值作为验证集和测试集上的测试结果，选择超参数的同时，也测试得到了分类器的性能。

分类器常用的评价指标有准确率、召回率和 F_1 值。准确率反映的是分类器得到的结果的可信性，召回率反映的是一个样本被分类到正确类别的可信性。F_1 值是准确率、召回率的调和平均值，是二者的综合评价。

(10) 统计机器学习方法处理的是特征数据，好的特征是模型性能的基本保证，如何抽取特征在统计机器学习方法中起着非常重要的作用。好的特征，一方面对面临的任务具有很好的区分性；另一方面计算机可以自动抽取。本篇的最后部分以文本分类任务和脱机手写体汉字识别任务为例，分别介绍了两种不同的特征抽取方法。

第6篇

专家系统是如何实现的

艾博士导读

在人工智能发展的初期，由于对人工智能面临的困难估计不足，很快陷入了困境。在总结经验教训的过程中，研究者认识到知识的重要性。一个专家之所以成为该领域的专家，是因为专家具备了该领域的知识，可以熟练地运用知识解决该领域的问题。如果将专家的知识整理出来，以一种计算机可以使用的形式存放到计算机中，是不是计算机就可以使用这些知识像专家那样解决相关领域的问题了？在这样的背景下，诞生了专家系统。

所谓的专家系统，斯坦福大学的费根鲍姆教授将其定义为"一种智能计算机程序，它运用知识和推理来解决只有专家才能解决的复杂问题"。本篇内容介绍专家系统是如何实现的，结合一些实例介绍专家系统的基本概念和实现方法。

本篇内容按照难易程度划分为3个等级，读者可以根据自身需要有选择地选读其中的部分或者全部内容。

第一级：6.1～6.3节，介绍什么是专家系统，专家系统的基本结构，最基本的推理方法——正向推理和逆向推理，一个简单的专家系统实例：动物识别专家系统的实现。

第二级：6.4～6.5节，介绍非确定性推理方法。以置信度方法为例，介绍非确定性推理方法中如何表示事实、规则，如何实现逻辑运算和规则运算，以及规则的合成方法。介绍一种用于分层次组织数据和知识的模型——黑板模型。

第三级：6.6～6.10节，介绍知识的结构化表示方法——语义网络和框架，介绍专家系统实现工具，简要介绍骨架型工具和语言型工具两类建造专家系统工具的特点。介绍专家系统的应用情况以及专家系统存在的局限性。最后是本篇的总结。

这天是周末，小明来到动物园游玩。小明看到一只可爱的动物，但是一时想不起来是什么动物，就打电话询问万能的艾博士。于是在小明和艾博士之间就产生了如下对话。

艾博士：你看到的动物有羽毛吗？

小明：有羽毛。

艾博士：会飞吗？

小明：（经观察后）不会飞。

艾博士：有长腿吗？

小明：没有。

艾博士：会游泳吗？

小明：(看到该动物在水中)会。

艾博士：颜色是黑白的吗？

小明：是。

艾博士：这个动物是企鹅。

小明觉得这个问题挺有意思的，在从动物园回来的路上，就开始反复思考这个问题：艾博士怎么就想到了询问这几个问题？为什么最后就确认是企鹅？小明想在现实生活中也有很多类似的问题，比如识别花草、医生看病等，似乎都是差不多的过程。就拿医生看病为例，医生往往先问病人几个问题，根据病人的回答再问一些新的问题，经过一番诊断之后，会建议病人去做 B 超、CT 等检查，再根据检查结果确认病人得的是什么病，从而给病人医疗建议。医生给病人看病的过程跟上面认识企鹅的过程基本差不多，虽然可能要复杂得多。小明就想这个过程是否可以用人工智能方法实现呢？带着这样的问题，小明一回到家就又来请教艾博士。

6.1　什么是专家系统

明白小明的来意之后，艾博士解释说：这样的系统在人工智能中叫作专家系统，是人工智能研究的一个重要方向，在人工智能历史上起到过举足轻重的作用，人工智能技术应用于解决实际问题，就是从专家系统开始的。

小明：什么是专家系统呢？

艾博士：在人工智能发展初期，由于对实现人工智能的难度估计不足，人工智能的研究很快就陷入困境。在总结经验教训时，研究者逐渐认识到知识的重要性。一个专家之所以是专家，之所以能求解本领域的问题，重要的是具有该领域的专门知识。如果将专家的知识总结出来，并以计算机可以使用的形式表示出来，那么计算机不就可以像专家那样利用这些知识求解问题了吗？这就是专家系统的由来。

小明：专家系统原来是这么来的。

艾博士：在这样的思想指导下，1965 年，斯坦福大学的费根鲍姆教授和化学家勒德贝格教授合作，研发了世界上第一个专家系统 DENDRAL，用于帮助化学家判断某待定物质的分子结构。之后，费根鲍姆教授领导的小组又研制了著名的专家系统 MYCIN，该系统可以帮助医生对住院的血液感染患者进行诊断和选用抗生素类药物进行治疗。可以说 MYCIN 确定了专家系统的基本结构，为后来的专家系统研究奠定了基础。XCON 是最早投入实际使用的专家系统，是由 R1 专家系统发展而来，该系统可以按照用户的需求，帮助 DEC 公司为其生产的 VAX 型计算机系统自动选择组件。

作者也曾经多年从事专家系统的研究工作，先后研制过火车编组站专家系统、货物轮船积载系统、雷达故障诊断专家系统和市场报告自动生成专家系统等，并在一些企业得到了应用。

小明：专家系统都有哪些特点呢？

艾博士：专家系统研究的先驱、图灵奖获得者费根鲍姆教授将专家系统定义为：一种智能的计算机程序，它运用知识和推理来解决只有专家才能解决的复杂问题。这里的知识

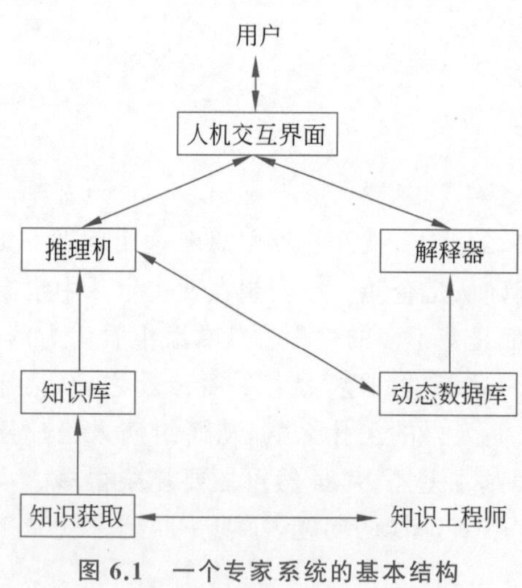

图 6.1 一个专家系统的基本结构

和问题，都属于同一个特定领域。

从该定义可以看出，首先专家系统是一个计算机程序，但又不同于一般的计算机程序，专家系统以知识库和推理机为核心，可以处理非确定性问题，不追求问题的最佳解，利用知识得到一个满意解是系统的求解目标。专家系统强调知识库与包括推理机在内的其他子系统的分离，一般来说知识库是与领域强相关的，而推理机等子系统具有一定的通用性。

一个专家系统的基本结构如图 6.1 所示。

小明：请艾博士具体解释一下这个专家系统的基本结构，各个组成部分都是什么含义。

艾博士：我们先简单介绍一下这个基本结构，让大家对专家系统有一个基本了解，后面还会结合具体内容做详细说明。

知识库用于存储求解问题所需要的领域知识和事实等，知识一般以如下形式的规则表示：

```
if  <前提> then  <结论>
```

表示当＜前提＞被满足时，可以得到＜结论＞。例如：

```
if 阴天 且 湿度大 then 下雨
```

这里的“阴天 and 湿度大”就是前提，“下雨”就是结论，表示“如果阴天 and 湿度大，则会下雨”这样一条知识。

当然这是一条确定性的规则，实际问题中规则往往不是确定性的，而是具有一定的非确定性，关于非确定性的规则表示问题，我们将在后面叙述。

规则的＜结论＞可以是类似上例中的“下雨”这样的结果，也可能是一个“动作”，例如：

```
if 下雨   then  带上雨伞
```

表示的是“如果下雨了出门要带上雨伞”。

也可能是其他的类型，比如删除某个数据、替换某个数据等。比如一个老年人健康护理专家系统，早上的时候可能记录的是老人没有吃药，一旦老人吃药后，就要从记录中删除“没有吃药”这条信息，并增加“已吃药”信息。

推理机是一个执行机构，它负责对知识库中的知识进行解释，利用知识进行推理，相当于人的大脑。例如，假设知识以规则的形式表示，推理机会根据某种策略，对知识库中的规则进行检测，选择一个＜前提＞可以满足的规则，得到该规则的＜结论＞，并根据＜结论＞的不同类型执行不同的操作。

动态数据库是一个工作存储区，用于存放初始已知条件、已知事实和推理过程中得到的中间结果，以及最终结果等。知识库中的知识在推理过程中所用到的数据以及得到的结果，均存放在动态数据库中。

人机交互界面是系统与用户的交互接口，系统在运行过程中需要用户输入的数据，用户通过该交互接口输入到系统中，系统需要显示给用户的信息通过该交互接口显示给用户。

讲解到这里艾博士问小明：小明如果去看医生，你会信任医生的诊断结果吗？为什么信任他？

小明回答说：首先医生是看病的专家，对于医生的诊断结果我还是比较信任的，但是也会向医生提出一些问题，请医生解释说明。

艾博士：对，医生不仅会诊断你有什么病，还会向你解释为什么得的是这种病，病人之所以会信任医生的诊断结果，与医生的解释是分不开的。所以具有解释能力也是专家系统的重要特征。解释器是专家系统特有的负责解释的模块，也是与一般的计算机软件系统的区别之一。在专家系统与用户的交互过程中，如果用户有需要系统解释的内容，专家系统通过解释器对用户进行解释。解释一般分为 Why 解释和 How 解释两种，Why 解释回答“为什么”这样的解释，How 解释回答“如何得到的”这样的解释。例如，在一个医疗专家系统中，系统给出让病人验血的建议，如果病人想知道为什么让自己去验血，用户只要通过交互接口输入 Why，则系统会根据推理过程，给出为什么会让病人去验血，让用户明白验血的意义。如果专家系统最终诊断病人患有某种疾病，病人想了解专家系统是如何得出这个结果的，只要通过交互接口输入 How，则专家系统会根据推理过程，对用户做出解释，根据什么症状判断用户患有的是这种疾病。这样可以让用户对专家系统的推理结果有所了解，而不是盲目信任。“可解释”是专家系统中非常重要的组成部分。现在很多数据驱动的人工智能系统，大多是黑箱模型，对结果缺乏可解释性，可解释性也是目前人工智能领域一个重要的研究课题。

听艾博士这样讲解后小明点点头说：具有解释能力确实是专家系统的重要特征，不能盲目信任专家系统的结论，必须给出合理的解释才可以获得信任。

艾博士：知识获取模块是专家系统与知识工程师的交互接口，知识工程师通过知识获取模块将整理的领域知识加入到知识库中，也通过知识获取模块对知识进行管理和维护。专家系统主要是依靠人工整理获取知识。

小明：那么专家系统是怎样一个工作流程呢？

艾博士：专家系统一般都是某个领域的专用系统，即便是医疗领域的专家系统，也会像医生看病一样，划分为几个专科，每个专科看专门的疾病。比如我国曾经建造过一个“关幼波肝病诊疗程序”的专家系统，就是根据著名肝病诊疗专家关幼波大夫的经验建造的一个专家系统。

对于一个已经建造好的专家系统，因应用领域的不同其工作流程可能会有一些差别，一个基本流程是这样的。

用户根据自己的需要选定一个专家系统，输入一些基本情况。比如以看病为例，可能要先告知自己身体哪里不舒服，有哪些症状等，专家系统会根据用户提供的基本信息做出一些判断，询问用户一些更详细的问题，或者让用户做些必要的检查。经过几轮交互之后，最终专家系统会给出一个结果，确诊是什么疾病，给出治疗方案。如果在这个过程中用户有哪些疑问，均可以通过解释器与系统做交互，得到专家系统的解答。其他的应用场景也是类似的过程。

小明：这个流程确实跟我们看病过程差不多。

艾博士：是这样的，专家系统就是某种程度上对人类专家的模仿。前面咱们两个关于识别动物的那个对话过程，就是一个典型的专家系统工作流程，你完全可以把我当作一个动物识别专家系统看待。

小明：谢谢艾博士的耐心解答，我对专家系统有了初步的认识。

艾博士：下面详细地介绍每个部分的具体实现方法，由于有很多不同的实现方法，我们选择一些相对简单又有代表性的方法加以介绍。

小明读书笔记

一个领域的专家，之所以能成为该领域的专家，是因为掌握了该领域的相关知识，可以利用这些知识解决该领域的问题。如果能将专家的知识整理出来，以计算机可以使用的形式存储到计算机中，那么计算机也可以使用这些知识像专家一样解决该领域的问题。这就是专家系统。

一个专家系统基本由知识库、推理机、动态数据库、解释器、人机交互界面等几部分组成。

知识库用于存储知识，最常用的知识表示形式是规则。规则具有如下形式：

```
if <前提> then <结论>
```

表示当＜前提＞成立时，＜结论＞成立。

例如：

```
if 阴天 and 湿度大 then 下雨
```

表示的是"如果阴天并且湿度大，则会下雨"这样的一条规则。

推理机是专家系统的执行机构，负责对知识库中的知识进行解释，利用知识进行推理。

动态数据库是一个工作存储区，专家系统工作中获得的数据，包括初始的已知条件、已知事实、用户的输入、推理过程中获得的结论等，均存放在动态数据库中。

人机交互界面负责人与计算机的交互，系统运行过程中需要用户输入的数据通过人机交互界面输入，系统需要显示给用户的信息也通过人机交互界面显示给用户。

解释器是专家系统特有的组成部分，可以对专家系统获得的结论进行解释。一般至少有 Why 解释和 How 解释两种解释功能。Why 解释负责回答类似于"为什么这样做"这样的问题，How 解释负责回答类似于"如何得到的"这样的问题。

6.2 推理方法

艾博士：专家系统的推理机就相当于我们的大脑，具有一定的通用性，与具体的任务领域无关。就像我们人类一样，具有了哪个领域的知识就可以求解哪个领域的问题，也就成为了哪个领域的专家，但是大脑都是一样的，具有通用性，只是应用的知识不一样。

小明：专家系统中的推理机是如何利用知识库进行推理的呢？

艾博士：推理机制与具体的知识表示方法有关，根据知识表示方法的不同推理方法也会有所不同。在专家系统中，规则是最常用的一种知识表示方法，下面以规则为例展开说明。

小明：规则就是前面提到过的如下这种形式吗？

```
if  <前提> then  <结论>
```

艾博士：是的，规则就是这种形式，其中＜前提＞是一些条件的逻辑组合，包括“与”“或”“非”等，而＜结论＞是某种可能的结果或者某些动作等。

按照推理的方向，推理方法可以分为正向推理和逆向推理。

正向推理，就是正向地使用规则，从已知条件出发，向目标进行推理。其基本思想是，检验是否有规则的前提被动态数据库中的已知事实满足，如果被满足，则将该规则的结论放入到动态数据库中，再检查其他的规则是否有前提被满足，反复该过程，直到目标被某个规则推出结束，或者再也没有新结论被推出为止。由于这种推理方法是从规则的前提向结论进行推理，是规则的一种正向使用形式，所以称为正向推理。由于正向推理是通过动态数据库中的数据来“触发”规则进行推理的，所以又称为数据驱动的推理。

例如，设有规则：

```
r1: if A and B then C
r2: if C and D then E
r3: if E then F
```

并且已知 A、B、D 成立，求证 F 成立。

其中 r1、r2 等是规则名，“A and B”“C and D”等是规则的前提，“A and B”表示“A 与 B 同时成立”，“C and D”表示“C 与 D 同时成立”。

我们看看，如果采用正向推理的方法，如何根据这些规则，从已知条件推导出目标 F 成立。

初始时 A、B、D 在动态数据库中，由于 A 与 B 均成立，规则 r1 的前提成立，所以由规则 r1 推导出 C 成立，并将 C 加入动态数据库中。由于 D 是已知成立的，刚刚又由规则 r1 推导出了 C 成立，所以规则 r2 的前提成立，根据规则 r2，推出 E 成立，将 E 加入动态数据库中。这样规则 r3 的前提也是成立的，根据规则 r3，推出 F 成立，将 F 加入动态数据库中。由于 F 就是求证的目标，所以结论成立，推理结束。这就是正向推理过程，图 6.2 给出了该过程的示意图。

小明：我有一个问题，如果在推理过程中，同时有多个规则的前提都成立，这时如何选择规则呢？

艾博士：如果在推理过程中，有多个规则的前提同时成立，如何选择规则称为冲突消解问题。最简单的办法是按照规则的自然顺序，选择第一个前提被满足的规则执行。也可以对多个满足条件的规则进行评估，优先选择前提条件多的规制执行。

小明：这是为什么呢？

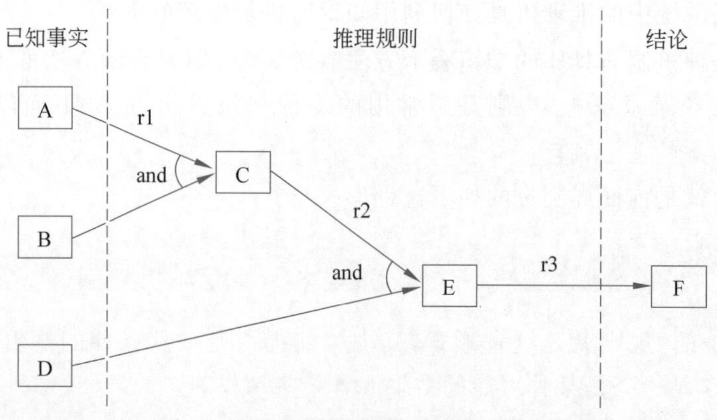

图 6.2 正向推理示意图

艾博士：由于这样的规则涉及的前提条件比较多，不容易被满足，一旦前提条件被满足，其结论可能是一个比较重要的结果。

也可以从规则的结论距离要推导的结论的远近来考虑，这里说的“远近”是指一旦有了该结果，还需要应用多少条规则才能推导出最终结论。距离目标越近的规则越是要优先执行。也可以人为地对每条规则的重要程度做出规定，重要的规则具有较高的优先级。比如说有如下3个规则：

```
r1: if 生病 then 休息
r2: if 病重 then 去看医生
r3: if 昏厥 then 打电话叫 120
```

这3条规则的重要性程度显然是不一样的，当3条规则的前提均被满足时，应该优先执行规则r3，打电话叫120抢救。这种情况下，可以在构建知识库时，对规则的重要性进行评价，给出优先级，当发生冲突时按照优先级执行规则。

小明：有正向推理，是不是也有逆向推理呢？

艾博士：与正向推理对应的就是逆向推理。逆向推理又被称为反向推理，这种推理方法的特点是逆向使用规则。

小明：我不是太明白，逆向使用规则是什么意思呢？

艾博士：我们举例说明。假设有规则：

```
if A and B then C
```

我们想知道C是否成立，就看该规则的前提是否成立，为此就要看A、B是否成立。为了知道A是否成立，就要看是否某个规则的结论为A，然后看该规则的前提是否成立。这就是逆向使用规则。

小明：我明白了，所谓逆向使用规则，就是从规则的结论出发，反过来看规则的前提是否成立，一步一步由后向前推，看是否满足条件。

艾博士：在逆向推理中，按照逆向使用规则的思想，首先将求证的目标作为假设放入假设集中，查看是否有某条规则支持该假设，即规则的结论与假设是否一致，然后看结论与假设一致的规则其前提是否成立。如果前提成立(在动态数据库中进行匹配),则假设被验证,结论放入动态数据库中,否则将该规则的前提加入到假设集中,一个一个地验证这些假设,直到目标假设被验证为止。由于逆向推理是先假设目标成立,逆向使用规则进行推理的,所以这种推理方法又称为目标驱动的推理。

例如,在前面正向推理的例子中,如何使用逆向推理推导出目标 F 成立呢? 小明我们看一下推导过程。

首先将 F 作为假设,发现规则 r3 的结论可以推导出 F,然后检验 r3 的前提 E 是否成立。目前动态数据库中还没有记录 E 是否成立,由于规则 r2 的结论可以推出 E,依次检验 r2 的前提 C 和 D 是否成立。首先检验 C,由于 C 也没有在动态数据库中,再次找结论含有 C 的规则,找到规则 r1,发现其前提 A、B 均成立(在动态数据库中),从而推出 C 成立,将 C 放入动态数据库中。再检验规则 r2 的另一个前提条件 D,由于 D 在动态数据库中,所以 D 成立,从而 r2 的前提条件全部被满足,推出 E 成立,并将 E 放入动态数据库中。由于 E 已经被推出成立,所以规则 r3 的前提也成立了,从而最终推出目标 F 成立。这就是逆向推理过程,图 6.3 给出了该过程的示意图。

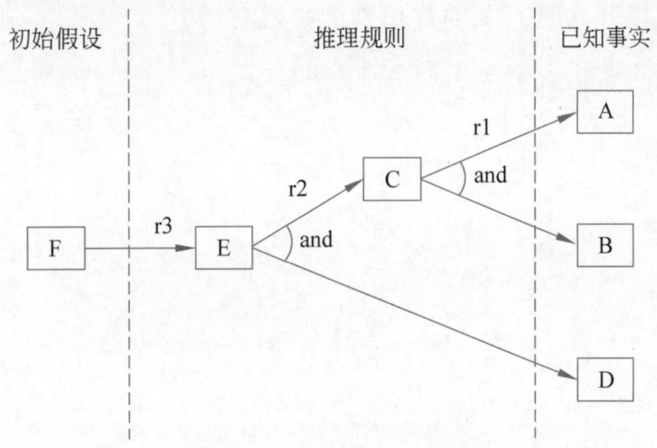

图 6.3　逆向推理示意图

小明:逆向推理是不是也和正向推理一样,存在冲突消解问题呢?

艾博士:在逆向推理中也同样存在冲突消解问题,想验证某个假设是否成立时,可能有多个规则的结论与该假设有关,优先选择哪个规则呢? 可采用与正向推理一样的方法解决。

在具体实现时,正向推理一般采用类似宽度优先搜索的方式,一步一步由已知条件向目标结论推进,而逆向推理则一般采用类似深度优先搜索的方式,一步一步产生假设,从目标结论开始反向使用规则,对假设进行验证。这里的宽度优先、深度优先搜索与第 3 篇介绍的方法会有些不同,因为规则的前提中会有“与”“或”等逻辑运算,在搜索过程中需要考虑这些因素,但基本思想是一样的,很容易扩展过来。

一般的逻辑推理都是确定性的,也就是说前提成立结论一定成立,比如在几何定理证明中,如果两个同位角相等,则两条直线一定是平行的。但是在很多实际问题中,推理往往具有模糊性、非确定性。比如,如果阴天则可能下雨,阴天了不一定就肯定下雨。这就属于非确定性推理问题。关于非确定性推理问题,我们将在后面做详细介绍。

小明读书笔记

最基本的推理方法包括正向推理和逆向推理两种。所谓的正向推理是从事实出发，正向使用规则，一步一步地推出结论。正向推理又称作是数据驱动的推理。

逆向推理是先提出假设，逆向使用规则验证能得出该假设的规则前提是否成立。如果不能直接验证相关规则的前提是否成立，则进一步将相关规则的前提作为新的假设添加到假设集中，直到所有的假设被验证得出结论，或者一些假设被否定得不出结论为止。逆向推理又被称作目标驱动的推理。

无论是正向推理还是逆向推理均存在冲突消解问题。所谓的冲突消解，就是当同时有多个规则满足触发条件时，如何选择一个规则执行。可以有多个冲突消解解决策略，比如按照规则的排列顺序、按照规则前件已经满足的程度，按照规则优先级等。

6.3 一个简单的专家系统

艾博士：下面通过一个简单的实例，说明一下专家系统是如何构建和工作的。

我们再来看看本篇开始时有关动物识别的一段对话。

艾博士：你看到的动物有羽毛吗？

小明：有羽毛。

艾博士：会飞吗？

小明：(经观察后)不会飞。

艾博士：有长腿吗？

小明：没有。

艾博士：会游泳吗？

小明：(看到该动物在水中)会。

艾博士：颜色是黑白的吗？

小明：是。

艾博士：这个动物是企鹅。

在以上对话中，当小明告诉我动物有羽毛后，依据所掌握的知识，我就知道了该动物是鸟类，于是我就向小明提问该动物是否会飞，当小明回答说不会飞后，我最先猜到的是这个动物可能是鸵鸟，于是再次问小明该动物是否有长腿，因为如果有长腿的话，很大可能就是鸵鸟了。在得到小明的否定回答后，我马上意识到鸵鸟这个猜测是错的，于是就想到了可能是企鹅。就接着询问小明动物是否会游泳，在得到小明的肯定答复后，我已经感觉到这个动物大概率是企鹅了。为了进一步确认是不是企鹅，又继续问小明动物的颜色是不是黑白的。小明回答是黑白颜色后，我马上就确认了该动物是企鹅。

在我和小明的这个对话过程中，我首先提问是否有羽毛，目的是先区分出是否鸟类。是否有羽毛这个问题既容易观察，又可以比较大规模地缩小猜测范围，因为无论小明回答是否有羽毛，都可以排除掉很多不相关的动物。如果一上来就提问是不是长腿，就很难达到这样的效果。然后再一步步地，根据小明已有的回答，猜测可能是什么动物，再逐一确认或者否定。这个过程就是一个“猜测—提问—回答—再猜测—再回答”的循环过程。

一个动物识别专家系统，我们也希望能像上面的对话一样，系统通过与用户的交互，回答用户有关动物的问题。

小明：如何实现这样的专家系统呢？

艾博士：为了实现这样的专家系统，首先要把有关识别动物的知识总结出来，并以计算机可以使用的方式存放在计算机中。这些知识包括我们自己掌握的、书本上学来的以及向动物专家请教来的等。可以用规则表示这些知识，为此，我们设计一些表达式，以便方便地表达知识。

小明不解地问道：表达式？这是什么意思呢？

艾博士：为了方便表达规则的前提和结论而设计的一些表达式，一般具有如下三元组的形式：

```
(<名称> <属性> <值>)
```

在实际表达规则时，其中的<>部分要用具体的内容代替。下面给出几个表达式的例子就容易明白了。

首先是 same，表示动物具有某种属性，比如，可以用(same 羽毛 有)表示是否具有羽毛，当动物有羽毛时为真，否则为假。而 notsame 与 same 相反，当动物不具有某种属性时为真，比如(notsame 飞翔 会)，当动物不会飞翔时为真。

一条规则，一般表达为如下形式：

```
(rule  <规则名>
  (if  <前提>)
  (then  <结论>))
```

其中的<前提>、<结论>均可以用表达式表示。

比如“如果有羽毛则是鸟类”，可以表示为

```
(rule r3
  (if (same 羽毛 有))
  (then (动物 类别 鸟类)))
```

其中 r3 是规则名，(same 羽毛 有)是规则的前提，(动物 类别 鸟类)是规则的结论。这里用到的“same”“动物”等是表达式的名称，“羽毛”“类别”等是表达式的属性，而“有”“鸟类”等则是属性的值。

如果前提有多个条件，则可以通过多个表达式的逻辑组合表示。

比如“如果是鸟类且不会飞且会游泳且是黑白色则是企鹅”，可以表示为

```
(rule r12
  (if (same 类别 鸟类)
      (notsame 飞翔 会)
      (same 游泳 会)
      (same 黑白色 是))
  (then (动物 是 企鹅)))
```

也可以用(or ＜表达式＞ ＜表达式＞)表示“或”的关系，比如：

```
(rule r6
   (if (same 类别 哺乳类)
        (or (same 蹄 有) (same 反刍 是)))
   (then (动物 子类 偶蹄类)))
```

表示“如果是哺乳类且(有蹄或者反刍)则属于偶蹄子类”。

小明：那么需要多少个表达式呢？

艾博士：需要多少个表达式依据求解的任务确定，包括其中的属性、值等，都是根据需要由专家系统建造者确定，并没有统一的定义。

为了建造一个专家系统，首先要确定知识的表达形式，然后就是收集知识。由于知识收集的复杂性，在开始阶段，可以先收集少量的比较典型的知识，先把专家系统建造出来，然后再逐步完善知识。对于动物识别专家系统，我们可以先总结出如下规则组成知识库，当然这里为了举例，简化了一些知识的表达。

```
(rule r1
   (if  (same 毛发 有))
   (then (动物 类别 哺乳类)))
(rule r2
   (if  (same 乳房 有))
   (then (动物 类别 哺乳类)))
(rule r3
   (if  (same 羽毛 有))
   (then (动物 类别 鸟类)))
(rule r4
   (if  (same 飞翔 会)
        (same 下蛋 是))
   (then (动物 类别 鸟类)))
(rule r5
   (if  (same 类别 哺乳类)
        (or (same 吃肉 是) (same 犬齿 有))
        (same 眼睛前视 是)
        (same 爪子 有))
   (then (动物 子类 食肉类)))
(rule r6
   (if  (same 类别 哺乳类)
        (or (same 蹄子 有) (same 反刍 是)))
   (then (动物 子类 偶蹄类)))
(rule r7
   (if  (same 子类 食肉类)
        (same 黄褐色 是)
        (same 暗斑点 有))
   (then (动物 是 豹)))
(rule r8
   (if  (same 子类 食肉类)
        (same 黄褐色 是)
```

```
          (same 黑条纹 有))
    (then (动物 是 虎)))
  (rule r9
    (if  (same 子类 偶蹄类)
         (same 长腿 是)
         (same 长颈 是)
         (same 黄褐色 是)
         (same 暗斑点 有))
    (then (动物 是 长颈鹿)))
  (rule r10
    (if  (same 子类 偶蹄类)
         (same 白色 是)
         (same 黑条纹 有))
    (then (动物 是 斑马)))
  (rule r11
    (if  (same 类别 鸟类)
         (notsame 飞翔 会)
         (same 长腿 是)
         (same 长颈 是)
         (same 黑白色 是))
    (then (动物 是 鸵鸟)))
  (rule r12
    (if  (same 类别 鸟类)
         (notsame 飞翔 会)
         (same 游泳 会)
         (same 黑白色 是))
    (then (动物 是 企鹅)))
  (rule r13
    (if  (same 类别 鸟类)
         (same 善飞 是))
    (then (动物 是 信天翁)))
```

小明：有了知识库，推理机如何利用这些知识进行推理呢？

艾博士：推理机有多种工作方式，我们假设采用逆向推理进行求解。

在逆向推理中，首先要提出假设，因为我们的目的是识别出一个具体的动物，所以需要先假设是某个动物。由于一开始我们并没有任何信息，系统只能把规则的结论部分含有(动物 是 x)的内容作为假设，按照一定的顺序进行验证。在验证的过程中，如果一个事实是已知的，比如已经在动态数据库中有记录，则直接使用该事实。动态数据库中的事实是在推理的过程中，用户输入的或者是某个规则得出的结论。如果动态数据库中对该事实没有记录，则查看是否是某个规则的结论，如果是某个规则的结论，则检验该规则的前提是否成立，实际上就是把该规则的前提当作子假设进行验证，是一个递归调用的过程。如果不是某个规则的结论，则向用户询问，由用户通过人机交互接口获得。在以上过程中，一旦某个结论得到了验证——由用户输入或者是规则的前提成立推出——就将该结果加入动态数据库中，直到在动态数据库中得到最终的结果动物是什么结束，或者推导不出任何结果结束。

假定系统首先提出的假设是“(动物 是 鸵鸟)”，图 6.4 给出了验证该假设的推理过程，下面详细说一下这个过程。

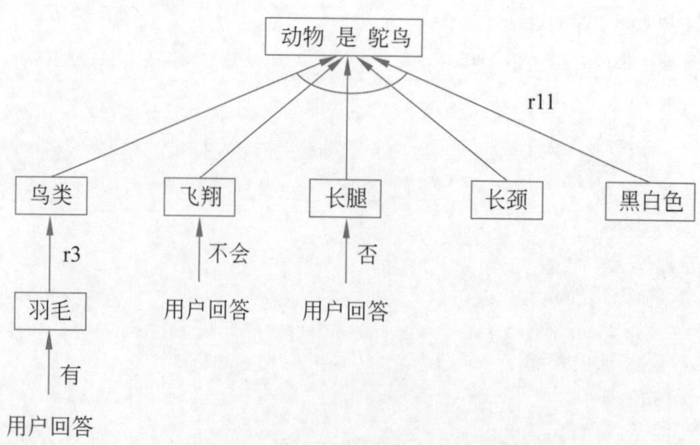

图 6.4 假定"动物 是 鸵鸟"时的推理过程

规则 r11 的结论是"(动物 是 鸵鸟)"，为了验证该假设是否成立，需要对规则 r11 的前提做验证。规则 r11 为

```
(rule r11
   (if  (same 类别 鸟类)
        (notsame 飞翔 会)
        (same 长腿 是)
        (same 长颈 是)
        (same 黑白色 是))
   (then (动物 是 鸵鸟)))
```

首先验证"(same 类别 鸟类)"，即该动物是否为鸟类。动态数据库中还没有相关信息，所以查找结论含有"(动物 类别 鸟类)"的规则，找到规则 r3：

```
(rule r3
   (if  (same 羽毛 有))
   (then (动物 类别 鸟类)))
```

规则 r3 的前提是"(same 羽毛 有)"，即该动物是否有羽毛。该结果在动态数据库中还没有相关信息，也没有哪个规则的结论含有该结果，所以向用户提出询问该动物是否有羽毛，用户回答"有"，得到该动物有羽毛的结论，"(same 羽毛 有)"为真。由于规则 r3 的前提只有这一个条件，所以由规则 r3 得出"(动物 类别 鸟类)"，说明该动物属于鸟类，并将"(动物 类别 鸟类)"这个结果加入动态数据库中。至此规则 r11 前提的第一个条件得到满足，再验证第二个条件"(notsame 飞翔 会)"，也就是是否会飞翔。同样，动态数据库中没有记载，也没有哪个规则可以得到该结论，向用户询问该动物是否会飞翔，得到回答"不会"后，将"(notsame 飞翔 会)"加入动态数据库中，规则 r11 的第二个条件被满足，再验证规则 r11 的第三个条件"(same 长腿 是)"，也就是是否是长腿。这时由于用户回答的是"否"，"(same 长腿 是)"为假，表示该动物不是长腿，"(same 长腿 是)"为假的结果也被放入动态数据库中。由于"(same 长腿 是)"得到了否定回答，不被满足，所以规则 r11 的前提不被满足，故假设"(动物 是 鸵鸟)"不成立。

由于没有得到结果，系统再次提出新的假设"(动物 是 企鹅)"，得到如图 6.5 所示的推理过程。我们再看一下对该假设的推理过程。

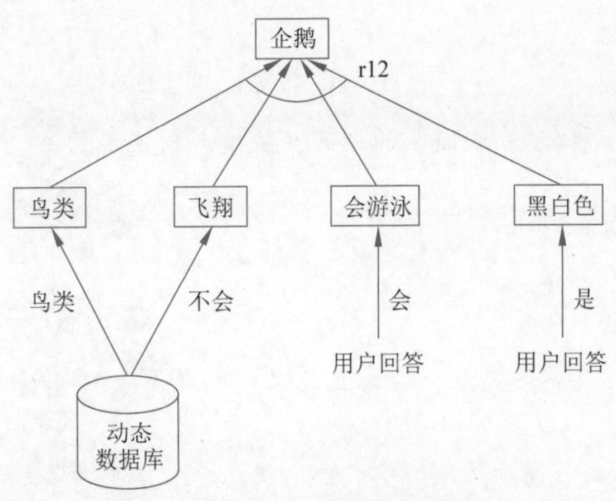

图 6.5　假定"企鹅"时的推理过程

规则 r12 的结论是"(动物 是 企鹅)",为了验证该假设是否成立,需要对规则 r12 的前提做验证。规则 r12 为

```
(rule r12
   (if  (same 类别 鸟类)
        (notsame 飞翔 会)
        (same 游泳 会)
        (same 黑白色 是))
   (then (动物 是 企鹅)))
```

由于在前面的推理中,动态数据库中已经记录了"(动物 类别 鸟类)""(notsame 飞翔 会)"两个条件成立,所以规则 r12 的前两个条件成立,直接验证第三个条件"(same 游泳 会)"和第四个条件"(same 黑白色 是)",这两个条件都需要用户回答,在得到肯定的答案后,规则 r12 的前提条件全部被满足,故系统得出结论:"(动物 是 企鹅)",也就是这个动物是企鹅。

至此系统推理结束,并得到动物是企鹅的结论。

小明:艾博士,通过这个简单的动物识别专家系统我了解了专家系统是如何实现的,以及专家系统的推理过程,那么专家系统如何进行解释呢?

艾博士:由于专家系统的结论是通过规则一步步推导出来的,如果在推理过程中记录下其推导过程,则专家系统的解释器就可以根据推理过程对结果进行解释。比如用户可能会问为什么这个动物不是"鸵鸟"?解释器根据规则和推理过程可以回答:根据规则 r11,鸵鸟具有长腿,而你回答该动物没有长腿,所以不是鸵鸟。如果问为什么是"企鹅"?解释器可以回答:根据你的回答,该动物有羽毛,根据规则 r3 可以得出该动物属于鸟类,根据你的回答该动物不会飞、会游泳、黑白色,则根据规则 r12,可以得出该动物是企鹅。还可以在解释的过程中给出规则的具体内容,让用户更容易理解这个解释以及为什么会得到这样的结果。

讲到这里艾博士总结说:以上我们给出了一个简单的专家系统示例,以及它是如何工作的。实际的系统中,为了提高效率,可能要比这复杂得多,如何提高匹配速度以提高系统的工作效率?如何提出假设,以便系统尽快地得出答案?这都是需要解决的问题。还有一点是更重要的，现实的问题和知识往往是不确定的，如何解决非确定性推理问题，将在6.4节介绍。

小明读书笔记

以动物识别为例介绍了一个简单的专家系统是如何实现的。

规则的表示格式如下：

```
(rule  <规则名>
   (if   <前提>)
   (then <结论>))
```

比如“如果是鸟类且不会飞且会游泳且是黑白色则是企鹅”，可以表示为

```
(rule r12
   (if   (same 类别 鸟类)
         (notsame 飞翔 会)
         (same 游泳 会)
         (same 黑白色 是))
   (then (动物 是 企鹅)))
```

该系统使用逆向推理的方法，对提出的假设逐一进行验证，直到得到某个结论，或者假设得不到验证，推不出结论。

6.4 非确定性推理

小明：在讲解过程中，您多次提到非确定性推理问题，什么是非确定性推理呢？为什么会存在非确定性推理问题呢？

艾博士：数学上的推理都是确定性的，比如“如果角1和角2是同位角，并且角1等于角2，则两条直线平行”就是确定性的，这里的“同位角”是确定的、“两个角相等”是确定的，最终的结论“两条直线平行”也是确定的。但是在现实的实际问题中，往往具有模糊性、非确定性。比如“如果阴天则下雨”，“阴天”就是一个非确定性的东西，是有些云彩就算阴天呢？还是乌云密布算阴天？即便是乌云密布也不确定就一定下雨，只是天阴得越厉害，下雨的可能性就越大，但不能说阴天就一定下雨。这些都是非确定性问题，需要非确定性推理方法才能解决。人类专家在解决实际问题时，往往通过多个非确定性的事实和知识，逐步验证或者否定某个结论。比如还是以“如果阴天则下雨”为例，如果是在夏天、湿度又比较大，则增加了下雨的可能性。

小明：都有哪些因素会导致非确定性呢？

艾博士：随机性、模糊性和不完全性均可导致非确定性，要解决非确定性推理问题，至少要解决以下几个问题。

(1) 事实的表示。

(2) 规则的表示。

(3) 逻辑运算。

(4) 规则运算。

(5) 规则合成。

目前有不少非确定性表示及推理方法,各有优缺点,下面我们以著名的专家系统 MYCIN 中使用的置信度方法(Certainty Factor,CF)为例进行说明。

6.4.1　事实的表示

所谓事实,就是一个事情的真实情况。在确定性推理中,事实是否存在只有“真”和“假”两种可能,“真”或者“假”是确定的。而在非确定性推理中,事实的真假并不是确定的,而是存在一定的非确定性因素。比如前面提到过的“阴天”就有一定的非确定性,因为有个阴天的程度问题。为此在非确定性推理中,首先要给出非确定性事实的表示方法,对一个事实的真假程度给出适当的描述。

为了描述非确定性事实的真假程度,我们用 CF(A)表示事实 A 为真的置信度,取值范围为[−1,1]。当 CF(A)=1 时,表示 A 肯定为真,当 CF(A)=−1 时,表示 A 为真的置信度为−1,也就是 A 肯定为假,CF(A)>0 表示 A 以一定的置信度为真,CF(A)<0 表示 A 为真的置信度为负,也就是以一定的置信度为假,其为假的置信度为−CF(A)。CF(A)=0 表示对 A 一无所知。在实际使用时,一般会给出一个绝对值比较小的区间,只要在这个区间就表示对 A 一无所知,该区间一般取[−0.2,0.2]。

例如:

CF(阴天)=0.7,表示阴天的置信度为 0.7。

CF(阴天)=−0.7,表示阴天的置信度为−0.7,也就是晴天的置信度为 0.7。

小明:什么情况表示对事实 A 一无所知呢?

艾博士解释说:“一无所知”就是对事实 A 没有任何证据为真或者为假。比如早上起来,同屋的同学问你今天是否阴天,由于房间挂着窗帘,看不到外边的天气情况,没有任何证据说明目前是阴天还是晴天,则这时是否阴天的置信度就为 0。

小明:明白了,如果不知道某个事情,其置信度就是 0。

6.4.2　规则的表示

艾博士:前面曾经提到,数学上的推理是确定性的,比如如果两个同位角相等,则两条直线必然平行,没有任何疑问。但是对于实际问题,往往没有这种确定性,而是非确定性的。比如“如果阴天并且湿度大则会下雨”就不是确定性的,这里除了“阴天”“湿度大”具有非确定性外,是否会下雨也具有非确定性,哪怕是在确定知道“阴天”“湿度大”的情况下也是如此。这就需要对于规则的非确定性给出合适的表示方法。

具有置信度的规则,可以表示为如下形式:

```
if A then B CF(B,A)
```

其中 A 是规则的前提,B 是规则的结论,CF(B,A)是规则的置信度,又称为规则的强度,表示当前提 100%为真时,也就是 CF(A)=1 时,结论 B 为真的置信度。同样,规则的置信度 CF(B,A)取值范围也是[−1, 1],取值大于 0 表示规则的前提和结论是正相关的,即前提越成立则结论也越成立。取值小于 0 表示规则的前提和结论是负相关的,即前提越成立则结论越不成立。

小明：请艾博士详细解释一下这里的“正相关”“负相关”是什么含义。

艾博士：所谓的正相关就是规则前提的置信度越大，规则的结论成立的置信度也就越大。比如“如果阴天则会下雨”，“阴天”和“下雨”之间就是正相关，这条规则的置信度应该大于0。如果规则前提的置信度越大，规则的结论成立的置信度越小，就是负相关。比如对于规则“如果晴天则会下雨”，“晴天”和“下雨”之间就是负相关的，这条规则的置信度应该是小于0。

简单地说，一条规则的置信度可以理解为当前提条件的置信度为1时结论为真的置信度。

例如：

```
if 阴天 then 下雨  0.7
```

表示“如果阴天的置信度为1时下雨的置信度为0.7”。

```
if 晴天 then 下雨 -0.8
```

表示“如果晴天的置信度为1时下雨的置信度为−0.8”，实际上说的是“如果晴天则不下雨”的置信度为0.8。

而规则的置信度CF(B,A)等于0，表示规则的前提和结论之间没有任何相关性。例如：

```
if 上班 then 下雨  0
```

表示上班和下雨之间没有任何联系。

规则的前提也可以是复合条件，例如：

```
if 阴天 and 湿度大 then 下雨  0.8
```

表示“如果阴天且湿度大，则下雨”的置信度为0.8。

小明：明白了具有非确定性的规则是如何表示的以及其含义，但是具体应该如何使用呢？

艾博士：后面我们会一一介绍。

6.4.3 逻辑运算

艾博士：在前面的规则表示介绍中，提到了规则的前提可以具有复合关系，也就是通过“与”“或”“非”逻辑运算，将多个事实复合在一起。这就需要确定在具有逻辑运算情况下如何计算置信度的问题。

常用的逻辑运算有“与”“或”“非”，在规则中可以分别用and、or、not表示。在置信度方法中，具有置信度的逻辑运算定义如下：

$$CF(A \text{ and } B)=\min\{CF(A),\ CF(B)\}$$

$$CF(A \text{ or } B)=\max\{CF(A),\ CF(B)\}$$

$$CF(\text{not } A)=-CF(A)$$

分别表示"A and B"的置信度等于 CF(A)和 CF(B)中最小的一个;"A or B"的置信度,等于 CF(A)和 CF(B)中最大的一个;"not A"的置信度等于 A 的置信度前面取负号。

例如,已知:

$$\mathrm{CF}(\text{阴天})=0.7$$

$$\mathrm{CF}(\text{湿度大})=0.5$$

则

$$\begin{aligned}\mathrm{CF}(\text{阴天 and 湿度大})&=\min\{\mathrm{CF}(\text{阴天}),\mathrm{CF}(\text{湿度大})\}\\&=\min\{0.7,0.5\}\\&=0.5\end{aligned}$$

$$\begin{aligned}\mathrm{CF}(\text{阴天 or 湿度大})&=\max\{\mathrm{CF}(\text{阴天}),\ \mathrm{CF}(\text{湿度大})\}\\&=\max\{0.7,0.5\}\\&=0.7\end{aligned}$$

$$\begin{aligned}\mathrm{CF}(\text{not 阴天})&=-\mathrm{CF}(\text{阴天})\\&=-0.7\end{aligned}$$

小明:这几个例子都是两个的逻辑组合,多个情况应该如何计算呢?

艾博士:对于多个逻辑组合的情况也是一样的,可以先两两组合,再与其他的进行组合,或者按照括号进行组合。

比如对于多个"与"的关系,计算 CF(A and B and C)时,可以先计算 CF(A and B)的结果,为方便说明记作 AB,再计算 CF(AB and C)的结果。也就是

$$\mathrm{CF}(\text{A and B and C})=\min(\min(\mathrm{CF}(\mathrm{A}),\mathrm{CF}(\mathrm{B})),\mathrm{CF}(\mathrm{C}))$$

或者按照加括号的方法:

$$\mathrm{CF}(\text{A and B and C})=\mathrm{CF}((\text{A and B})\ \text{and C})$$

同样对于多个"或"的关系时也是类似的:

$$\mathrm{CF}(\text{A or B or C})=\max(\max(\mathrm{CF}(\mathrm{A}),\mathrm{CF}(\mathrm{B})),\mathrm{CF}(\mathrm{C}))$$

或者按照加括号的方法:

$$\mathrm{CF}(\text{A or B or C})=\mathrm{CF}((\text{A or B})\ \text{or C})$$

小明:对于更复杂的情况呢?比如"与""或""非"都出现时,应该怎么计算呢?

艾博士:这并不复杂,按照优先级一点点两两组合就可以了,遇到"非"的情况,先计算"非"内部的情况,再加负号就可以了。比如对于下面这个例子:

$$\mathrm{CF}((\text{not (A and B or C and D)})\ \text{or (E and F)})\tag{6.1}$$

看起来有些复杂,但只要我们一点点拆开计算的话,并不难计算。

按照优先级,"非"的优先级最高,"或"的优先级最低,"与"的优先级居中。所以上式我们应该首先计算"非"部分:

$$\mathrm{CF}(\text{not (A and B or C and D)})$$

但是由于"非"的内部是"(A and B or C and D)",所以要先计算其内部。按照优先级加上括号就是:

$$((\text{A and B})\ \text{or (C and D)})$$

所以,应该先计算 CF(A and B),设为 AB,再计算 CF(C and D),设为 CD,最后再计算:

CF(AB or CD)

这样"非"的内部就计算好了，按照"非"的计算原则，−CF(AB or CD)就是 CF(not (A and B or C and D))的计算结果，我们记作 not1。

在"非"部分计算完之后，接下来计算式(6.1)中的 CF(E and F)部分，记作 EF。

最后式(6.1)的结果为

$$\begin{aligned}\mathrm{CF}((\mathrm{not}\ (\mathrm{A\ and\ B\ or\ C\ and\ D}))\ \mathrm{or}\ (\mathrm{E\ and\ F})) &= \mathrm{CF}(\mathrm{not1\ or\ EF}) \\ &= \max(\mathrm{not1}, \mathrm{EF})\end{aligned}$$

小明：我了解了，这就跟四则运算差不多，按照优先级计算就可以了。

6.4.4 规则运算

小明：在前面讲解非确定性规则表示时，规则的置信度是"当前提条件的置信度为 1 时，结论为真的置信度"。但是规则前提条件的置信度一般不等于 1，那么如何通过一条规则推导出结果的置信度呢？

艾博士：小明提了一个非常好的问题。到目前为止，我们讲的还基本是具有非确定性的事实和规则的表示，以及逻辑运算，还没有涉及非确定性推理问题。非确定性推理就是要解决小明你刚才提到的问题。

这里涉及两个问题，一个问题就是小明刚才提到的，当已知规则前提条件的置信度时，如何通过规则计算出结论的置信度。该问题称作规则运算。另一个问题是，当多个规则支持同一个结论时，也就是有多个规则的结论是一样的，如何得到结论最终的置信度。该问题称作规则合成。我们首先讲解第一个规则运算问题，后面再讲解规则合成问题。

前面提到过，规则的置信度可以理解为是当规则的前提肯定为真时结论的置信度。如果已知的事实不是肯定为真，也就是事实的置信度不是 1 时，如何从规则得到结论的置信度呢？规则运算就是要解决这个问题。

在置信度方法中，规则运算按照如下方式计算。

已知：

if A then B CF(B,A)

CF(A)

则

$$\mathrm{CF}(\mathrm{B}) = \max\{0, \mathrm{CF}(\mathrm{A})\} \times \mathrm{CF}(\mathrm{B}, \mathrm{A})$$

也就是说，当规则前提条件的置信度大于 0 时，则规则结论的置信度为前提条件的置信度乘以规则的置信度。

小明：这里规则前提条件的置信度为什么要求大于 0 呢？

艾博士：由于只有当规则的前提条件为真时，才有可能推出规则的结论，而前提条件为真意味着 CF(A)必须大于 0，CF(A)小于 0 的规则意味着规则的前提条件不成立，不能从该规则推导出任何与结论 B 有关的信息。所以在置信度的规则运算中，通过 max{0,CF(A)}筛选出前提条件为真的规则，并通过规则前提条件的置信度 CF(A)与规则的置信度 CF(B,A)相乘的方式，得出规则的结论 B 的置信度 CF(B)。如果一条规则的前提不为真，即 CF(A)小于 0，则通过该规则得到 CF(B)等于 0，表示该规则得不出任何与结论 B 有关的信息。

注意,这里 CF(B)等于0,只是表示通过该规则得不到任何与B有关的信息,并不表示对B就一定是一无所知,因为还有可能通过其他的规则推导出与B有关的信息。

小明:明白了,原来是这个意思,这里的 max{0,CF(A)}用得比较巧妙。

艾博士:这里的 max{0,CF(A)}只是为了表达简便,实际上一旦得出规则前提条件的置信度小于或等于0,该规则就被暂时"抛弃"了,不再进行与该规则相关的规则运算。对于前提条件的置信度大于0的规则,我们称其为可触发规则,规则运算只在可触发规则中进行。

下面再通过例子说明规则运算的计算方法。

例如,已知:

if 阴天 then 下雨　0.7

CF(阴天)=0.5

则有

$$CF(下雨)=\max(0,0.5)\times 0.7=0.5\times 0.7=0.35$$

即从该规则得到下雨的置信度 CF(下雨)为0.35。

已知:

if 湿度大 then 下雨　0.8

CF(湿度大)=-0.5

则有

$$CF(下雨)=\max(0,-0.5)\times 0.8=0\times 0.8=0$$

即通过该规则得不到下雨的信息。其实当得知规则前提条件为负时,就不需要后面的乘0运算了。

小明:如果规则的前提条件是多个事实的复合关系时怎么计算呢?

艾博士:前面我们介绍过具有置信度的逻辑运算,当规则前提条件是多个事实的复合关系时,按照逻辑运算的方法先获得规则前提条件的置信度,然后再按照规则运算方法计算规则结论的置信度就可以了。

比如,对于规则和事实:

if 阴天 and 湿度大 then 下雨　0.8

CF(阴天)=0.5

CF(湿度大)=0.6

首先计算规则前提条件的置信度,按照逻辑运算有:

$$CF(阴天\ and\ 湿度大)=\min(CF(阴天),CF(湿度大))=\min(0.5,0.6)=0.5$$

然后再按照规则运算计算出结论"下雨"的置信度就可以了,即

$$CF(下雨)=\max(0,CF(阴天\ and\ 湿度大))\times 0.8=\max(0,0.5)\times 0.8=0.4$$

讲到这里艾博士强调说:就像前面我们曾经提到过的一样,在实际使用时,只有当规则前提条件的置信度大于0.2时,规则前提条件才认为为真,这样可以过滤掉大量的小置信度的结果,提高了求解效率。

例如规则为

if 阴天 and 湿度大 then 下雨　0.8

并已知：

$$CF(阴天)=0.1$$

由于该规则前提条件的置信度小于0.2,其结果与阴天的置信度CF(阴天)小于0是一样的,该规则并不会被触发。

6.4.5 规则合成

小明：前面关于下雨的例子有两条规则,从规则和事实：

if 阴天 then 下雨　0.7

CF(阴天)=0.5

得出下雨的置信度CF(下雨)为0.35。

而从规则和事实：

if 湿度大 then 下雨　0.8

CF(湿度大)=0.4

得出下雨的置信度CF(下雨)为0.32。那么下雨的置信度究竟是多少呢?

艾博士：小明你这个问题问得好。

通常情况下,得到同一个结论的规则会不止一条。在确定性推理中,由于不存在不确定因素,一般只要有一个规则推出了某个结论,则该结论就一定为真。但是在非确定性推理中,当有多个规则得出同一个结论时,因为从不同规则得到的同一个结论的置信度可能是不相同的,所以需要将这些不相同的置信度融合在一起。

例如就小明刚才说的例子,有以下两条规则：

if 阴天　then 下雨　0.7

if 湿度大 then 下雨　0.8

且已知：

CF(阴天)=0.5

CF(湿度大)=0.4

则从第一条规则,可以得到：

$$CF(下雨)=0.5\times0.7=0.35$$

从第二条规则,可以得到：

$$CF(下雨)=0.4\times0.8=0.32$$

那么究竟下雨的置信度CF(下雨)应该是多少呢?这就是规则合成问题。

在这个例子中,从第一条规则得出下雨的置信度为0.35,就已经知道可能会下雨了,而从第二条规则又推出了下雨的置信度为0.32,显然这个时候应该是加强了下雨的置信度,规则合成后得到的下雨的置信度,应该比每条规则单独得出的下雨的置信度要大。两条规则相互起到一个加强的作用。

小明：是不是应该把两条规则得出的下雨的置信度相加?这样就起到了相互加强的作用。

艾博士：小明你的基本思想是对的,但是在置信度方法中,任何事实的置信度取值范围为[-1,1],直接相加的话,得到的置信度可能会超出这个范围,不能简单地相加。所以对于两条规则得出的结论均大于 0 时，融合后的置信度按照如下方法计算：

CF(下雨)＝CF1(下雨)＋CF2(下雨)－CF1(下雨)×CF2(下雨)

其中，CF1(下雨)、CF2(下雨)分别表示从第一条规则得到的下雨的置信度和从第二条规则得到的下雨的置信度。

对于前面这个例子，可以得出最终下雨的置信度 CF(下雨)为

CF(下雨)＝0.35＋0.32－0.35×0.32＝0.558

小明：原来规则合成是这么运算的。艾博士，刚才您强调了当两个规则得到的结论的置信度均大于 0 时，规则合成是这样运算的，为什么要强调"均大于 0"呢？

艾博士：因为置信度的表示范围为[－1,1]，不同规则得到结论的置信度可能大于 0，也可能小于 0。两个结论均大于 0 时，说明这两个规则的结论是相互加强的。但如何两个结论的置信度一个为大于 0，另一个为小于 0 时，说明两个规则得出的结论并不一致，既有证据支持这个结论，也有证据否定这个结论，相互之间是削弱的关系，这个时候结论的置信度就要看哪个结论的置信度更强了。就如同法庭上原告律师与被告律师的辩论一样，最终法庭采用更具说服力一方的意见。

所以当两个规则结论的置信度一个大于 0、一个小于 0 时，融合后的置信度为两个置信度相加：

CF(下雨)＝CF1(下雨)＋CF2(下雨)

其中，CF1(下雨)、CF2(下雨)分别表示从第一条规则得到的下雨的置信度和从第二条规则得到的下雨的置信度。

由于两个置信度不同号，一个大于 0 一个小于 0，所以具有相互抵消的作用，最终结论如何，与两个置信度绝对值的大小有关。

例如，有以下两条规则：

if 湿度大 then 下雨　0.8
if 晴天　 then 下雨 －0.9

且已知：

CF(湿度大)＝0.5
CF(晴天)＝0.3

则从第一条规则，可以得到：

CF(下雨)＝0.5×0.8＝0.4

从第二条规则，可以得到：

CF(下雨)＝0.3×(－0.9)＝－0.27

两条规则的结论合成后有：

CF(下雨)＝CF1(下雨)＋CF2(下雨)＝0.4＋(－0.27)＝0.13

说明以 0.13 的置信度支持下雨这个结论。

小明：如果两个规则结论的置信度都小于 0，应该如何计算呢？

艾博士：这种情况下与两个结论的置信度均大于 0 的情况类似。在两个结论的置信度都是大于 0 的情况下，说明两个规则是相互加强结论的，合成的结果将加大结论的置信度。对于两个结论的置信度都是小于 0 的情况，则是相互加强否定这个结论，合成的结果是最

终的置信度取值更小(负数)。所以对于两条规则得出的结论均小于0时，融合后的置信度为：

$$CF(下雨)=CF1(下雨)+CF2(下雨)+CF1(下雨)\times CF2(下雨)$$

小明看着上式有些不解地问道：为什么这里全是相加呢?

艾博士笑了笑说：虽然表面上是相加，但是由于CF1(下雨)、CF2(下雨)均是负数，所以CF1(下雨)乘以CF2(下雨)就是正的，从绝对值的角度就是：

$$|CF(下雨)|=|CF1(下雨)|+|CF2(下雨)|-|CF1(下雨)\times CF2(下雨)|$$

实际上与两个结论的置信度都是大于0的情况下，结果是一样的，只是最终结论的置信度小于0。

小明：我明白了，实际上当两个结论的置信度是同符号时，也就是均大于0，或者均小于0时，二者的计算是一样的。只有两个结论的置信度不同号时计算才有所不同。

艾博士：我们再举一个两个结论的置信度都是小于0的例子。

例如，有以下两条规则：

if 有彩虹 then 下雨 −0.8

if 晴天 then 下雨 −0.9

且已知：

$$CF(有彩虹)=0.8$$
$$CF(晴天)=0.5$$

则从第一条规则，可以得到：

$$CF(下雨)=0.8\times(-0.8)=-0.64$$

从第二条规则，可以得到：

$$CF(下雨)=0.5\times(-0.9)=-0.45$$

两条规则的结论合成后有：

$$\begin{aligned}CF(下雨)&=CF1(下雨)+CF2(下雨)+CF1(下雨)\times CF2(下雨)\\&=(-0.64)+(-0.45)+(-0.64)\times(-0.45)\\&=-0.802\end{aligned}$$

说明以−0.802的置信度支持下雨这个结论，也就是以0.802的置信度支持不下雨。

将以上规则合成方法综合在一起有

$$CF(B)=\begin{cases}CF1(B)+CF2(B)-CF1(B)\times CF2(B), & 当\ CF1(B)、CF2(B)均大于0时\\CF1(B)+CF2(B)+CF1(B)\times CF2(B), & 当\ CF1(B)、CF2(B)均小于0时\\CF1(B)+CF2(B), & 其他\end{cases}$$

小明：以上列举的规则合成方法都是两个规则支持同一个结论的情况，如果是有更多的规则支持同一个结论时，应该如何计算呢?

艾博士：当有3个规则同时支持同一个结论时，可以采用先将两个规则合成，其结果再与第三个规则合成的方法。如果有更多的规则支持同一个结论，按照这样的原则逐渐合成就可以了。

例如，假设有以下规则和事实的置信度，如何计算D的置信度CF(D)?

if A the D　0.5

if B the D　0.6

if C the D　0.7

CF(A)＝0.2

CF(B)＝0.3

CF(C)＝0.4

首先计算每条规则单独得到 D 的置信度，分别用 CF1(D)、CF2(D)、CF3(D)表示：

$$CF1(D)=0.2\times0.5=0.1$$

$$CF2(D)=0.3\times0.6=0.18$$

$$CF3(D)=0.4\times0.7=0.28$$

然后用 CF1(D)和 CF2(D)合成，合成结果用 CF12(D)表示。由于两个均为大于 0，所以有

$$CF12(D)=CF1+CF2-CF1\times CF2=0.1+0.18-0.1\times0.18=0.262$$

再用 CF12 与 CF3 合成，得到 D 的置信度 CF(D)：

$$CF(D)=CF12+CF3-CF12\times CF3=0.262+0.28-0.262\times0.28=0.469$$

所以有 D 的置信度为 0.469。

艾博士接着说：下面给出一个用置信度方法实现非确定性推理的例子。

已知：

r1：if A1　then B1　0.8

r2：if A2　then B1　0.5

r3：if B1　and A3　then B2　0.8

CF(A1)＝1

CF(A2)＝1

CF(A3)＝1

分别计算 CF(B1)、CF(B2)。

由规则 r1 有

$$CF1(B1)=1\times0.8=0.8$$

由规则 r2 有

$$CF2(B1)=1\times0.5=0.5$$

规则 r1 和 r2 的合成得到：

$$\begin{aligned}CF(B1)&=CF1(B1)+CF2(B1)-CF1(B1)\times CF2(B1)\\&=0.8+0.5-0.8\times0.5=0.9\end{aligned}$$

由规则 r3 有

$$CF(B2)=\min(CF(B1),CF(A3))\times0.8=0.9\times0.8=0.72$$

所以得到 B1 的置信度 CF(B1)为 0.9，B2 的置信度 CF(B2)为 0.72。

听完艾博士的讲解，小明思考了一会儿提问道：艾博士，当多个规则进行合成时，两个两个依次合成，其合成结果会不会与合成次序有关呢？比如说有 3 个规则支持结论 D，由 3 个规则得到的 D 的置信度分别为：

$$CF1(D)=0.2$$
$$CF2(D)=0.5$$
$$CF3(D)=-0.4$$

合成后的D的置信度CF(D)理应与规则的排列顺序无关，既可以先合成前两个，然后再与第三个合成，也可以先合成后两个，再与第一个合成。

对于第一种合成方法，先计算CF1(D)与CF2(D)的合成，由于两个均大于0，所以：

$$CF12(D)=CF1(D)+CF2(D)-CF1(D)\times CF1(D)=0.2+0.5-0.2\times 0.5=0.6$$

再与CF3(D)合成，由于CF12(D)为正、CF3(D)为负，所以：

$$CF(D)=CF12(D)+CF3(D)=0.6-0.4=0.2$$

而对于第二种合成方法，先计算CF2(D)与CF3(D)的合成，由于二者一个为正、另一个为负，所以有

$$CF23(D)=CF2(D)+CF3(D)=0.5-0.4=0.1$$

再与CF1(D)合成，由于二者均大于0，所以有

$$CF(D)=CF1(D)+CF23(D)-CF1(D)\times CF23(D)=0.2+0.1-0.2\times 0.1=0.28$$

两种合成方法，一个结果为0.2，另一个结果为0.28，二者并不一致。这是为什么呢？难道是我计算有误？

艾博士：小明提出了一个非常好的问题。你并没有计算错误，最初的置信度方法确实存在这样的问题，虽然在实际应用中并没有太大的影响。

置信度方法除了存在这种与合成次序有关的不足外，还存在一个不太合理的地方。比如如果：

$$CF1=0.3$$
$$CF2=-0.2$$

则合成结果CF为

$$CF=CF1+CF2=0.3-0.2=0.1$$

但是如果：

$$CF1=0.9$$
$$CF2=-0.8$$

则合成结果CF为

$$CF=CF1+CF2=0.9-0.8=0.1$$

两个结果是一样的，这也存在不合理性，因为CF1等于0.9这个置信度已经很大了，即便有否定的置信度为−0.8，合成后的结果也应该相对比较大才合理。为此，当两个不同号的置信度进行合成时，置信度方法可以修改为如下的计算方法：

$$CF12=\frac{CF1+CF2}{1-\min(|CF1|,|CF2|)}$$

所以就有了改进后的置信度合成方法：

$$CF(B)=\begin{cases}CF1(B)+CF2(B)-CF1(B)\times CF2(B), & \text{当 CF1(B)、CF2(B) 均大于 0 时}\\ CF1(B)+CF2(B)+CF1(B)\times CF2(B), & \text{当 CF1(B)、CF2(B) 均小于 0 时}\\ \dfrac{CF1(B)+CF2(B)}{1-\min(|CF1|,|CF2|)}, & \text{其他}\end{cases}$$

这样修改之后的意外之喜是，合成结果与合成顺序无关了。小明，你可以再计算一下前面你说的那个例子，验证一下合成结果是否与合成顺序无关。

小明：改进后的合成方法竟然还带来了这样的好处？我验证一下前面那个例子，看是否真的与合成顺序无关了。

$$CF1(D)=0.2$$

$$CF2(D)=0.5$$

$$CF3(D)=-0.4$$

按照先合成前两个再合成第三个的方法：

$$CF12(D)=CF1(D)+CF2(D)-CF1(D)\times CF2(D)=0.2+0.5-0.2\times 0.5=0.6$$

$$CF(D)=\frac{CF12(D)+CF3(D)}{1-\min(|CF12(D)|,|CF3(D)|)}=\frac{0.6-0.4}{1-0.4}=0.333$$

按照先合成后两个再合成第三个的方法：

$$CF23(D)=\frac{CF2(D)+CF3(D)}{1-\min(|CF2(D)|,|CF3(D)|)}=\frac{0.5-0.4}{1-0.4}=0.167$$

$$CF(D)=CF1(D)+CF23(D)-CF1(D)\times CF23(D)=0.2+0.167-0.2\times 0.167=0.333$$

两个结果果然是一样的，验证了修改后的合成方法确实与合成顺序无关，这个修改真棒！

小明：在确定性推理中存在冲突消解问题，也就是当多个规则同时被满足条件时，优先选择哪个规则的问题。在非确定性推理中是否也存在同样的问题呢？

艾博士：在确定性推理中，由于无论事实还是规则都是确定的，只要一个规则推出某个结论，那么这个结论就为真。所以存在优先选择哪个规则问题。但是在基于置信度的非确定性推理中，即便有多个规则同时支持某个结论，由于存在非确定性，需要通过规则合成逐步修改结论的置信度，这样就需要触发所有与该结论有关的规则，所以也就不存在冲突消解问题了。但是这与具体的非确定性推理方法有关。

6.4.6 置信度方法的理论根据

小明：前面介绍了如何用置信度方法解决非确定性推理问题，感觉还是挺有道理的，那么从理论上来说，是否可以给出合适的解释呢？

艾博士：置信度方法并不是拍脑袋想出来的方法，可以从概率的角度对置信度方法做出解释。

我们先看一个简单的例子。比如现在是阴天，这为是否下雨提供了证据。那么是否会下雨呢？我们先提出下雨的假设，看证据是否能足够支持下雨这个假设。由于现在是阴天，阴天就有可能下雨，所以从阴天的角度，这个证据是支持下雨的，也就是对下雨这个假设的信任度量。但是仔细观察阴天的情况，发现云层比较薄，从这个角度又不支持下雨，也就是对下雨这个假设的不信任度量。这样对于下雨这个假设，就得到了信任和不信任这两个度量。究竟是倾向于下雨还是倾向于不下雨呢？就看这两个度量哪个更大，也就是信任度量与不信任度量的差值。如果差值大于0，则倾向于下雨，否则就倾向于不下雨。信任度量与不信任度量的差值就是下雨的置信度。

对于一般情况，设E是证据，H是假设。用MB(H,E)表示由证据E得到的假设H的信任度量，用 MD(H,E)表示由证据 E 得到的假设 H 的不信任度量。那么由证据 E 得到的假设 H 的置信度 CF(H,E)，就定义为信任度量 MB(H,E)与不信任度量 MD(H,E)的差值：

$$CF(H,E)=MB(H,E)-MD(H,E)$$

小明：原来置信度是这样的含义。那么信任度量 MB(H,E)、不信任度量 MD(H,E)又具有什么含义呢？

艾博士：可以用概率定义信任度量 MB(H,E)和不信任度量 MD(H,E)，我们先给出定义，然后再做简单的解释：

$$MB(H,E)=\begin{cases}1, & \text{如果 } P(H)=1\\ \dfrac{\max(P(H|E),P(H))-P(H)}{\max(1,0)-P(H)}, & \text{其他}\end{cases}$$

$$MD(H,E)=\begin{cases}1, & \text{如果 } P(H)=0\\ \dfrac{\min(P(H|E),P(H))-P(H)}{\min(1,0)-P(H)}, & \text{其他}\end{cases}$$

看着艾博士给出的公式，小明首先产生了一个疑问：公式中的 max(1,0)和 min(1,0)是不是写错了？max(1,0)就是 1，min(1,0)就是 0，为什么要这么写呢？

艾博士称赞了小明的认真态度：你说得是对的，但是这里并没有写错，是故意这么写的。因为这样写之后，两个公式的格式就完全一样了，只是一个是 max、另一个是 min。这么写的目的只是为了表达式更加美观。

艾博士接着说道：下面我们就简单解释一下这两个公式的具体含义。

式中 E 表示证据，H 表示假设，P(H)是假设 H 成立的先验概率，P(H|E)是具有证据 E 后 H 成立的条件概率。信任度量 MB(H,E)计算公式中，分子部分 max(P(H|E),P(H))－P(H)是 H 成立的概率因证据 E 的出现增加了多少，分母部分 max(1,0)－P(H)＝1－P(H)是 H 不成立的先验概率。所以信任度量 MB(H,E)表示的是因证据 E 的出现使得 H 成立的概率增量相对于 H 不成立的增加率。信任度量 MB(H,E)取值总是大于或等于 0，表示由于证据 E 的出现，增加了 H 成立的概率。

而不信任度量 MD(H,E)则与信任度量 MB(H,E)刚好相反，其表达式分子部分是 H 成立的概率因证据 E 的出现减少了多少，取值小于或等于 0，分母部分 min(1,0)－P(H)＝－P(H)是 H 成立的先验概率的负值。所以不信任度量 MD(H,E)表示的是因证据 E 的出现使得 H 成立的概率减量相对于 H 成立的减少率。不信任度量 MD(H,E)取值也总是大于或等于 0，表示由于证据 E 的出现，减少了 H 成立的概率。

就如同前面已经说过的一样，置信度 CF(H,E)就是信任度量 MB(H,E)与不信任度量 MD(H,E)之差：

$$CF(H,E)=MB(H,E)-MD(H,E)$$

从定义可以看出，CF(H,E)大于 0，预示着证据 E 支持假设 H 成立，而 CF(H,E)小于 0，则预示着证据 E 不支持假设 H 成立。CF(H,E)等于 1 表示一定可以从证据 E 推出 H，也就是 H 一定成立。CF(H,E)＝－1，则表示 H 一定不成立。CF(H,E)＝0 则有两种可能：一种可能是 MB(H,E)和 MD(H,E)都为 0，表示证据 E 与 H 无关，既不支持 H 成立，也不支持 H 不成立；另一种情况就是 MB(H,E)和 MD(H,E)相等但不为 0，由证据 E 引起的对 H 的信任度量和不信任度量相互抵消。

小明：艾博士，在实际使用时，如何获得相关的概率值，以便计算 MB(H,E)、MD(H,E)，从而得到置信度 CF(H,E)呢？

艾博士：这里只是用概率解释置信度的含义，在实际使用中，并不要求先给出概率值再计算置信度，因为很多概率值很难获得。就如同前面给出的例子一样，在实际使用时，作为规则的组成部分，由专家直接给出置信度 CF(H,E)。当然这件事情并不简单，收集知识并给出合适的置信度，是一件非常麻烦的事情，可能需要反复调整、测试，才会获得一个比较实用的知识库。知识获取一直是专家系统建造过程中的瓶颈问题，没有合适的知识库，专家系统难于很好地工作，而知识的获取和知识库的构建又是非常棘手的问题，这样某种程度上阻碍了专家系统的实际应用。

艾博士最后总结说：置信度方法是求解非确定性推理的一种方法，可以在一定程度上处理非确定性推理问题，但是也存在一些不足。除了置信度方法外，还有很多其他的非确定性方法，比如专家系统 PROSPECTOR 使用的方法、D-S 证据理论、近似推理等，都各具特点，我们就不一一介绍了。

小明读书笔记

在实际问题中，往往遇到非确定性推理问题。非确定性推理需要解决如下几个问题。

(1) 事实的表示。

(2) 规则的表示。

(3) 逻辑运算。

(4) 规则运算。

(5) 规则合成。

有多种非确定性推理方法，本篇以 MYCIN 中提出的置信度方法为例介绍非确定性推理方法。

在置信度方法中，用 CF(A)表示事实 A 为真的置信度，其取值范围为[−1,1]，当 CF(A)=1 时，表示事实 A 肯定为真；当 CF(A)=−1 时，表示事实 A 肯定为假；CF(A)>0 表示 A 以一定的置信度为真；CF(A)<0 表示 A 以一定的置信度为假；CF(A)=0 表示对 A 的真假一无所知。在实际使用时，一般当|CF(A)|<0.2 时就等价于 CF(A)=0。

具有置信度的规则表示形式如下：

$$\text{if A then B CF(B,A)}$$

其中，A 是规则的前提；B 是规则的结论；CF(B,A)是规则的置信度，又称为规则的强度，表示当 CF(A)=1 时，结论 B 为真的置信度。规则的置信度 CF(B,A)取值范围为[−1,1]，取值大于 0 表示规则的前提和结论是正相关的，取值小于 0 表示规则的前提和结论是负相关的，即前提越是成立则结论越不成立。

常用的逻辑运算有“与”“或”“非”，在规则中可以分别用 and、or、not 表示。在置信度方法中，定义置信度的逻辑运算如下：

$$CF(A \text{ and } B)=\min\{CF(A),CF(B)\}$$
$$CF(A \text{ or } B)=\max\{CF(A),CF(B)\}$$
$$CF(\text{not } A)=-CF(A)$$

在置信度方法中，规则运算按照如下方式计算。

已知：

$$\text{if A then B CF(B,A)}$$
$$\text{CF(A)}$$

则：

$$\text{CF(B)}=\max\{0,\text{CF(A)}\}\times\text{CF(B,A)}$$

在置信度方法中，当两个规则同时支持同一个结论时，设从规则1得到CF1(B)，从规则2得到CF2(B)，则合成后有

$$\text{CF(B)}=\begin{cases}\text{CF1(B)}+\text{CF2(B)}-\text{CF1(B)}\times\text{CF2(B)}, & \text{当 CF1(B)、CF2(B)均大于0时}\\ \text{CF1(B)}+\text{CF2(B)}+\text{CF1(B)}\times\text{CF2(B)}, & \text{当 CF1(B)、CF2(B)均小于0时}\\ \text{CF1(B)}+\text{CF2(B)}, & \text{其他}\end{cases}$$

如果是3个规则同时支持同一个结论，则采取两个结果先合成，再与第三个结果合成的方法。对于更多的规则合成，采取类似的方法进行。

上面这种合成方法与规则的排列顺序有关，不同的合成顺序得到的结果可能会不一样。为此提出了改进的合成方法如下：

$$\text{CF(B)}=\begin{cases}\text{CF1(B)}+\text{CF2(B)}-\text{CF1(B)}\times\text{CF2(B)}, & \text{当 CF1(B)、CF2(B)均大于0时}\\ \text{CF1(B)}+\text{CF2(B)}+\text{CF1(B)}\times\text{CF2(B)}, & \text{当 CF1(B)、CF2(B)均小于0时}\\ \dfrac{\text{CF1(B)}+\text{CF2(B)}}{1-\min(|\text{CF1}|,|\text{CF2}|)}, & \text{其他}\end{cases}$$

改进后的规则合成方法其结果与规则的合成顺序无关。

设E是证据，H是假设，从概率的角度，置信度CF(H,E)被定义为信任度量MB(H,E)与不信任度量MD(H,E)之差：

$$\text{CF(H,E)}=\text{MB(H,E)}-\text{MD(H,E)}$$

其中，信任度量MB(H,E)为由证据E得到的假设H的信任度量：

$$\text{MB(H,E)}=\begin{cases}1, & \text{如果 P(H)}=1\\ \dfrac{\max(\text{P(H}|\text{E)},\text{P(H)})-\text{P(H)}}{\max(1,0)-\text{P(H)}}, & \text{其他}\end{cases}$$

不信任度量MD(H,E)为由证据E得到的假设H的不信任度量：

$$\text{MD(H,E)}=\begin{cases}1, & \text{如果 P(H)}=0\\ \dfrac{\min(\text{P(H}|\text{E)},\text{P(H)})-\text{P(H)}}{\min(1,0)-\text{P(H)}}, & \text{其他}\end{cases}$$

这只是一种理论上的解释，实际使用时直接给出置信度CF。

6.5 黑板模型

艾博士：就如同人类专家只是某个方面的专家一样，专家系统一般也是集中于某个方面的系统，否则会导致系统构造太复杂，以至于难于工作。比如维修专家系统，不会把汽车修理和家电维修构建在一起，应该是分门别类地构建，每个专家系统只专注于一件事情。即

便如此系统也往往会比较复杂，比如构建一个汽车修理的专家系统，汽车有卡车、轿车等不同的种类，不同种类的汽车维修知识并不完全一样，即便是轿车，也有汽油车、柴油车、电动车和混合动力车等。如果把这些不同种类汽车的维修知识都集中放在一起肯定会造成麻烦，也会大大降低专家系统的求解效率，甚至可能会向客户提出一些可笑的问题，比如问一个电动车的客户是否已经加满了汽油。即便都是油车，柴油车要加柴油，汽油车要加汽油，汽油还有 92 号汽油和 95 号汽油等。另外，即便对于同一个型号的汽车，也是由多个部分组成，故障可能出现在发动机部分，也可能出现在变速箱部分等，也需要分门别类地组织不同部分的知识。所以知识需要分组，针对不同部分的维修知识组织在一起，也要分层次，有判断故障可能出现在什么部分的知识，也有判断具体是什么故障的知识。为此，一个专家系统要想高效、可靠地工作，就要分门别类地组织知识、使用知识，在适当的时候使用适当的知识，而不是眉毛胡子一把抓。这样就需要对知识以及推理过程中产生的结论进行组织以及管理，黑板模型就是针对这样的问题而提出来的。

小明：黑板模型是一种什么模型呢？

艾博士：小明，你玩过拼图游戏吧？把一堆零散的卡片拼接在一起，组成一幅画。我们把游戏规则稍微修改一下，假设一个班级的学生分成几组，每组同学有一些卡片，已经拼接好的局部图片放在教室的黑板上，这些局部图片不一定是完全连接在一起的，可能分成几组，连接在一起的卡片为一组。每组同学都查看自己手上的卡片是否可以与黑板上的图拼接在一起，如果可以拼接就举手示意。教师作为监督者和调度者按照某种策略叫举手的同学到黑板前拼图，一次只能上来一个同学。不同组的同学不能相互交流，只能根据黑板上的局部图判断自己手上是否有可以拼接的卡片。图 6.6 给出了这种拼图游戏的示意图。

图 6.6　拼图游戏

黑板模型就是受这种拼图游戏的启发提出来的。其中的学生表示知识，一组学生是一个知识源。知识源具有结构性和层次性，具有相同性质的知识源组合在一起，比如一个知识源是关于汽车发动机故障诊断的，一个知识源是关于变速箱故障诊断的。同时知识源也具有层次性，有些知识源是从汽车整体定位故障到汽车各个组成部分的，有些知识源是在组成部分内部定位具体故障的。黑板上的局部图表示数据，数据也分成若干组，也可能具有不同的层次，比如有些是描述汽车整体故障现象的，有些是描述汽车具体故障的。老师起到监督

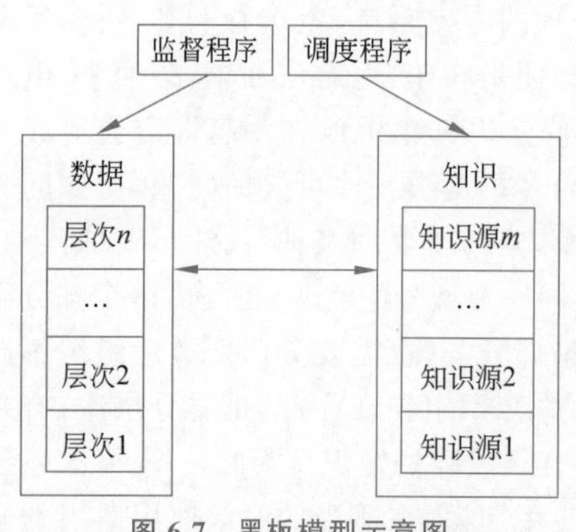

图 6.7 黑板模型示意图

和控制的作用，在黑板模型中就是监督程序和调度程序。监督程序时刻监督着黑板上的数据，一旦发现某些知识可以被触发，就提交给调度程序，调度程序根据某种原则调度知识，触发相应的规则，并将规则得到的结果与黑板上已有的数据合并、整合在一起。这个过程中可能是添加新的数据，也可能是对某些数据进行修改，也可能是删除黑板上的某些数据，这些均由调度程序根据不同的知识进行操作。

一个黑板模型的基本结构如图 6.7 所示。这只是黑板模型的基本组成，还可以增加规划部分、日程表等组成部分。规划负责对要求解的问题进行规划，以便求解更加合理和高效，日程表则是求解任务的计划表，规划结果存放在日程表中，调度程序按照日程表进行求解。

小明读书笔记

黑板模型用于组织和管理层次化的数据和知识。以汽车维修为例，有些知识是针对汽车整体的，有些知识是针对发动机的，有些知识是针对变速箱的，而发动机和变速箱又可以进一步划分为更小的部件。这样，知识和数据也可以按照汽车的不同组成部分划分为不同的层次，按层次对知识和数据进行管理。通过监督程序和调度程序，按照需要使用不同的知识和数据，提高专家系统求解问题的效率。

6.6 知识的结构化表示

艾博士：在专家系统中最重要的就是知识，一个没有足够知识的专家系统不可能成为一个实用的专家系统。知识必须以某种计算机可以使用的形式表示出来，否则专家系统也难于求解实际问题。因此如何表示知识是建造专家系统的重要问题之一。

知识表示方法已经提出了很多种，前面介绍的规则就是常用的知识表示方法之一。然而规则这种知识表示方法也存在一些不足，比如规则是一种非结构化的知识表示方法，无法表示事物之间的关系。研究者也提出了一些结构化的知识表示方法，我们下面介绍常用的两种：语义网络和框架。

6.6.1 语义网络

艾博士：语义网络(semantic network)最早是作为一种表达人类记忆和理解自然语言而提出的一种知识表示方法，通过实体、概念之间的关系表达陈述性事实，后来逐渐成为一种知识表示方法。

小明：语义网络具体是如何表示知识的呢？

艾博士：我们先通过一个例子说明语义网络如何表示知识。如图 6.8 所示给出的是一个表示家庭成员关系的语义网络。

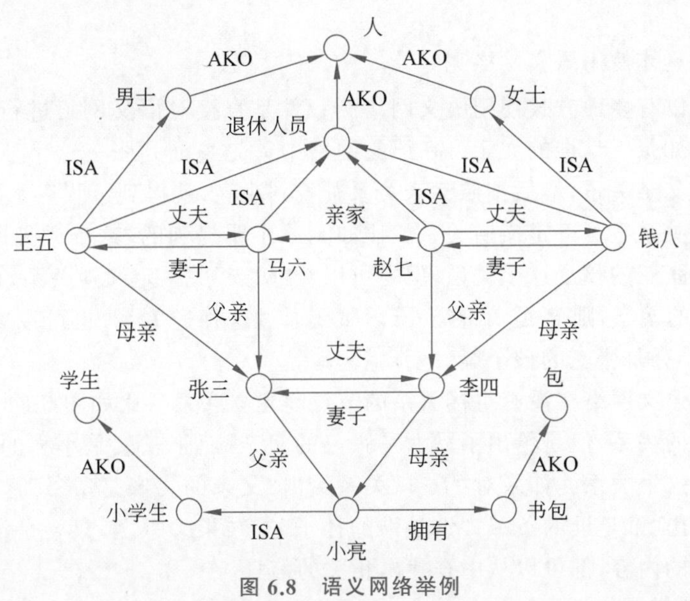

图 6.8　语义网络举例

在图 6.8 中，节点表示实体和概念，如张三、李四、小明等表示的是具体的人，男士、女士、学生等表示的是某个概念。节点之间通过有向弧做连接，表示两个节点之间的关系。比如张三是李四的丈夫，而李四是张三的妻子，张三是小亮的父亲，李四是小亮的母亲。马六是张三的父亲，赵七是李四的父亲，马六和赵七之间互为亲家等。其他节点间也有类似的关系。

小明：我明白了，语义网络原来是这样表达相关知识的。张三是小亮的父亲，那么小亮应该是张三的儿子或者女儿啊，这里为什么没有表示出来呢？

艾博士：小明你说得很对，小亮确实应该是张三的孩子。图 6.8 中并没有表示出所有的关系，只是表示了一部分。

小明又指着图 6.8 问道：其他关系都比较好理解，这里的 ISA、AKO 是个什么关系呢？

艾博士解释说：ISA、AKO 是几乎所有语义网络中都会出现的关系。ISA 表示的是英文"is a ……"，是"是一个……"的意思，表示某个节点是某个概念的一个实例。比如图中小亮与小学生之间就是 ISA 关系，表示小亮是一个小学生。王五、钱八分别与男士和女士之间也是 ISA 关系，表示王五是位男士、钱八是位女士。AKO 则是英文"a kind of ……"的缩写，表示一个节点是另一个节点的子类。比如图中男士与人之间的关系是 AKO，表示男士是人的子类，而女士与人之间的关系也是 AKO，同样表示女士也是人的子类。同样，小学生是学生的子类，书包是包的子类等。

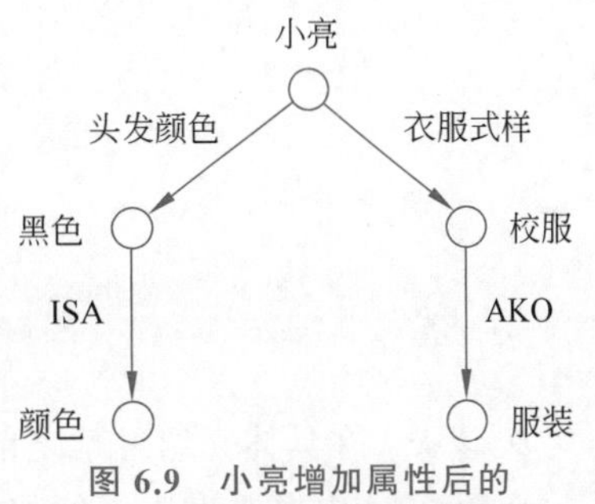

图 6.9　小亮增加属性后的语义网络局部图

艾博士：在语义网络中也可以为节点增加属性，属性可以认为是一种特殊的关系。比如可以在上述语义网络中为小亮增加"头发颜色""衣服式样"等属性，而具体的头发是什么颜色，衣服式样是什么样的，又都可以用节点表示。图 6.9 给出了小亮增加这些属性后语义网络的一个局部图，这些内容本可以直接加在图 6.8 上，单独出来是为了突出加上属性后的变化。

小明：如何具体使用语义网络呢？

艾博士：可以有多种方式使用语义网络。一种是直接对语义网络进行查询，得到某些具体的事实。比如张三是谁的父亲。在语义网络中首先查询到张三这个节点，然后在张三这个节点上查询父亲关系，最后按照父亲关系查找到小亮，就得到了张三是小亮的父亲这个结果。另外有些关系也可以定义逆关系。比如刚才小明提到的，这个语义网络中并没有直接表示出小亮是张三的孩子这个关系，但是可以对“父亲”关系定义逆关系，也就是“孩子”关系，如果 A 是 B 的父亲，则 B 是 A 的孩子。那么通过这种逆关系，也可以查找到小亮的父亲是张三，或者小亮是张三的孩子等。

还可以通过语义网络在没有直接关系的节点间建立联系。比如图 6.8 中并没有直接表示出爷爷与孙辈的关系，但是给出了马六是张三的父亲，而张三又是小亮的父亲，隐含了马六是小亮的爷爷这个关系。如果对“爷爷”关系给出“父亲的父亲是爷爷”这样的规则的话，则同样可以查找出“谁是谁的爷爷”“谁是谁的孙子”等结果。总之，只要是语义网络直接或者间接地表达出的内容，都可以从中查找出相关的信息。

小明：看起来语义网络具有很强的表达知识的能力。

艾博士：除此之外，语义网络还有一个重要的特征就是继承。

小明：继承？具体指什么呢？

艾博士解释说：就如同晚辈可以继承长辈的财产一样，语义网络也具有继承性，从而可以简化语义网络的表达。比如说鸟是有羽毛的，任何一个鸟都有羽毛，这样只要在鸟这个节点上增加有羽毛的属性，其他任何一种特殊的鸟类或者具体的某个鸟，就不需要再增加有羽毛这个属性了，均可以通过鸟这个节点继承得到。图 6.10 给出了一个有关动物的语义网络，我们看看是如何实现继承的。

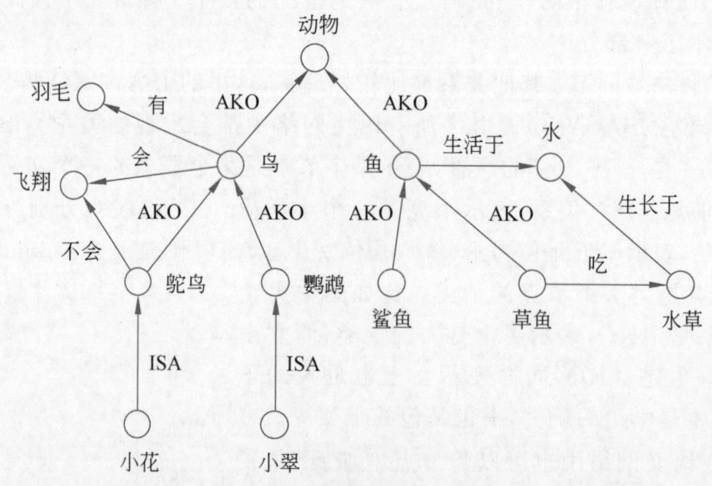

图 6.10 有关动物的语义网络

艾博士：在具体介绍继承之前，我们先看看图 6.10 所示的语义网络表达了哪些知识。

在图 6.10 中主要表达了鸟和鱼这两类动物，通过 AKO 关系表达出鸟和鱼均为动物的子类。对于鸟节点，给出了“有羽毛”和“会飞翔”这两个鸟的属性。接着进一步又列举了鸵鸟和鹦鹉这两个鸟类，它们均是鸟的子类。而小花是一只具体的鸵鸟，小翠则是一只具体的鹦鹉。对于鱼类给出了“生活于水”这个属性，以及鲨鱼和草鱼这两种鱼类。而草鱼吃的是水草，水草又生长于水中。这些都是有关知识的直接表示，下面我们再来看看继承是如何实现的。

在语义网络中一般是通过 ISA 和 AKO 这两个关系实现继承。比如在图 6.10 中，小花和小翠是两个具体的鸟，并没有直接给出是否有羽毛的信息，那么小花和小翠是否有羽毛呢？从语义网络上可以看出，小花是一只鸵鸟（ISA 关系），而鸵鸟是鸟的一种（AKO 关系），由于鸟具有羽毛，所以鸵鸟可以从鸟继承有羽毛这个事实，同样小花又可以从鸵鸟继承有羽毛这个事实，从而得到小花有羽毛这个结论。同理小翠也是有羽毛的。这就是语义网络的继承。

小明疑惑地问道：按照这种继承方法，是不是也可以得到小花会飞翔这个结论呢？因为鸟是会飞翔的。

艾博士：小明又提了一个很好的问题。在语义网络的继承中并不是前辈的所有内容都可以继承下来，这里有默认和“就近”原则。也就是说，如果一个节点记录了某个信息就直接使用该信息，而不会启动继承，只有当没有记录某个信息时才会使用继承。而在继承中，当多个前辈都具有该信息时，采用距离最近的信息。以刚才小明问的小花是否会飞翔这个例子为例，语义网络中没有直接记录小花是否会飞翔，所以启动继承机制，按照 ISA 关系找到鸵鸟节点。由于鸵鸟节点直接记录了不会飞翔这个事实，所以小花继承这个事实，而不会继承鸟会飞翔这个事实，因为小花距离鸵鸟的距离比距离鸟的距离更近。这样在构建语义网络的时候，对于大的类别只需考虑一般情况就可以了，一些特例可以单独描述。在这个例子中，鸟会飞翔就是一般情况，鸵鸟不会飞翔则属于特例。同样，如果问小翠是否会飞翔，由于语义网络中没有直接记录相关信息，则按照 ISA 关系找到鹦鹉，发现鹦鹉也没有记录，再依据 AKO 关系找到鸟。而鸟节点记录了会飞翔，所以小翠继承该结果，得到会飞翔的事实。

语义网络是对现实世界的一种描述，也可以根据实际情况对语义网络进行修改。比如说，小翠是家里养的一只鹦鹉，某天发现它受伤了，不能飞翔了，那么就要在小翠这个节点增加它不会飞翔的属性，实现对真实结果的记录。

小明：原来继承是这样使用的，通过继承确实可以简化语义网络表示，又可以表示具体的特例。在语义网络中只能通过 ISA、AKO 关系实现继承吗？

艾博士：通过 ISA、AKO 关系实现继承是最常用的方法，也可以在设计语义网络时定义如何继承。比如 HASA 关系也是一个比较常用的关系，它对应的英文是“has a ……”，表示某个体或者概念拥有某个属性。比如鸟拥有翅膀、汽车拥有发动机，就可以通过 HASA 关系表示。图 6.11 给出了这样的例子。在该例子中，小白是一只鸟，鸟拥有头，而头拥有眼睛，那么可以通过鸟拥有头、头拥有眼睛这个关系继承得到小白拥有眼睛。

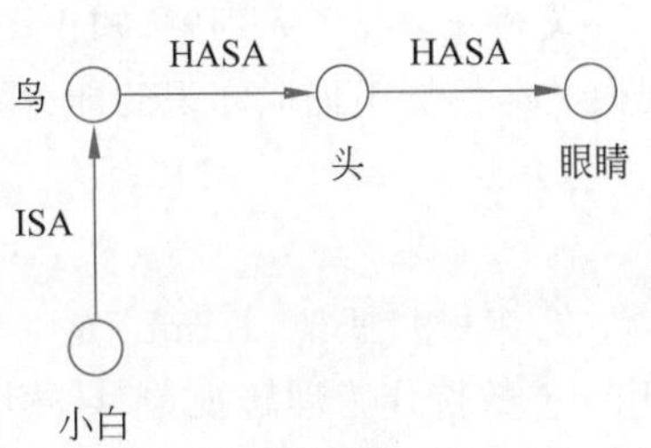

图 6.11　语义网络中 HASA 关系示意图

小明问道：那么语义网络中都具有哪些关系可以使用呢？有统一的定义吗？

艾博士：这是语义网络方法存在的问题之一。在语义网络中，一切都是由建造者设计的，具体有哪些关系，以及关系如何表示都是设计者自定义的，并没有一个统一的约定。

小明：在开始讲解语义网络时您曾经提到，最初提出语义网络与自然语言理解有关，语义网络与自然语言理解有怎样的关系呢？

艾博士：自然语言理解有多种形式，其中一种形式是指对于一段用自然语言描述的文字，计算机程序自动建立语义网络表示，如果表示内容与文字描述是一致的，则认为计算机程序理解了这段文字描述。

比如对于这样一句自然语言描述："张磊和班长李明一起骑车上学"，如果计算机能自动地建立起如图 6.12 所示的语义网络描述，则认为计算机理解了这句话。

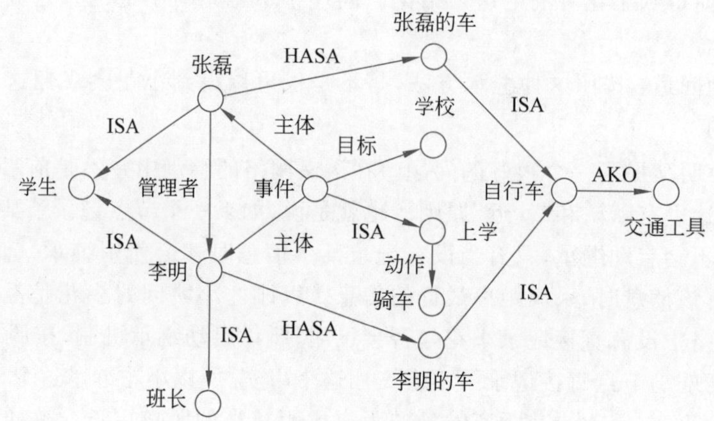

图 6.12　自然语言理解语义网络示意图

艾博士对图 6.12 解释说：作为自然语言理解的组成部分，假定事先已经建立了有关上学、学校、自行车、交通工具等概念的语义网络描述，自然语言理解的目的就是将给定的"张磊和班长李明一起骑车上学"这句话，用语义网络描述出来，并添加到已有的语义网络中。

系统首先识别出这是一个"上学"事件，建立一个虚拟节点"事件"，用 ISA 与上学节点连接，该事件有两个主体，一个是张磊，一个是李明，事件的目标是去学校。用 ISA 分别连接张磊和李明到学生节点，表示他们两个都是学生，并拥有自己的自行车。张磊的管理者是李明，而李明是班长。在上学这个事件中，其动作是骑车。这样就实现了对这句话的理解。

小明：明白了，通过语义网络将"张磊和班长李明一起骑车上学"这句话中所包含的内容都表达了出来，所以可以说理解了这句话。

另外，我觉得语义网络与现在流行的知识图谱很像啊，二者具有什么关系吗？

艾博士：我个人理解，知识图谱就是语义网络的升级版，只不过是规模更大，自动从大规模文本数据中提取知识的能力更强。由于篇幅的限制，我们就不再对知识图谱做介绍。

6.6.2　框架

艾博士：框架（frame）是一种关于个体、概念的结构化表示方法，由图灵奖获得者 Minsky 教授作为理解视觉、自然语言以及其他复杂行为的基础而提出来的，逐步发展成为一种广泛使用的知识表示方法。

框架是根据心理学研究成果而提出的一种知识表示方法。心理学家发现，在人类日常的思维及理解活动中，当分析和解释所遇到的新情况时，人们并不是从头开始分析新情况，然后再建立描述这些新情况的新知识结构，而是使用人们从以前的实践活动中积累的知识，联想出新情况的相应结构，并用新情况的细节装填到该结构中去。例如，当我们走进一家从来没有去过的饭店时，根据以往的经验，可以想象到在这家饭店里将看到菜单、桌子和服务员等，虽然菜单什么式样、桌子是什么颜色的、服务员穿什么衣服等细节事先并不知道，需要在进入饭店之后再仔细观察，但这样的一种知识结构事先是可以预见的。框架就是为了在计算机中表达人们这样的知识而设计的一种组织结构。

小明：这个结构很有道理。比如我第一次到您家之前，并不知道您家里是什么样的，但由于我们住在同一个小区，房间结构、布局应该差不多，厨房在什么位置，厕所在什么位置，即便不到您家来，我也大概知道其位置。但是对于家里的一些细节问题，比如沙发是什么式样、如何摆放的，是否有电视机，门窗什么样等，需要到您家后才能知道。从记忆的角度，我只需要记忆这些细节就可以了，房间布局等并不需要重新记忆。

艾博士：小明说得很对。我们认识一个新事物总有默认的部分和重新认识的部分，默认部分就是小明刚才提到的房间结构等，因为我们住在同一个小区，房间结构基本是一样的，小明知道了自己家的房间结构，也就知道我家的房间结构，这些不需要重新记忆，除非发生了变化。重新认识部分反映了该事物与其他类似事物不一样的特殊性，比如我家的沙发可能跟小明家不一样，这些特殊的东西反映了我们两家房间的不同。

小明：那么框架究竟是如何表示知识的呢？

艾博士：我们先通过一个例子，看看框架是如何表示教室有关知识的。

```
框架名：教室
        功能：上课
        拥有：桌子，椅子，黑板
        …
框架名：椅子
        功能：乘坐
        腿数：4
        后背：有
        …
框架名：三教 2102
        ISA：教室
        位置：清华大学
        座位数：200
        …
框架名：三教 2102 的椅子
        ISA：椅子
        颜色：黄色
        …
```

以上就是有关教室的框架描述，我们只给出了其中的部分内容。下面我们解释一下这些框架描述的具体含义。

首先是教室框架，是对教室的一般性描述，其功能是上课，含有桌子、椅子、黑板等。接下来是对椅子的一般性描述，功能是乘坐，椅子有 4 条腿，具有后背等。然后描述的是清华大学的一个具体的教室三教2102。同语义网络中的含义一样，用ISA指名该框架是一个教室，这样就将三教2102这个框架与一般的教室框架建立了联系。同时用位置指名该教室在清华大学，有200个座位。下面又对三教2102具体的椅子给出了描述：用ISA与椅子框架建立联系，表明它是一把椅子，标注出椅子的颜色为黄色。

单从表示的角度框架与语义网络具有一定的相似性，但是语义网络是二维的，只表示一个节点与另一个节点具有某种关系，而框架的节点可以看做是结构化的，节点内部就可以表示、记录很多相关内容。

小明：那么框架是否也可以继承呢？

艾博士：是的，同语义网络的继承一样，框架也可以继承，后辈可以继承前辈的所有内容，继承操作也遵循默认和就近原则。比如在这个例子中，虽然三教2102的椅子没有直接记录有几条腿，但是可以通过继承，从椅子框架得到具有4条腿。

框架的表达非常灵活，在上面的例子中，像"功能""位置""颜色"等被称作"槽"，每个槽可以有一个或者多个值，称作槽值。像教室框架中，槽"功能"的值就是"上课"，椅子框架中，槽"腿数"的值就是4。一般情况下，一个框架可以有多个槽，一个槽的值也不一定只有一个，也可以有多个值。比如对于三教2102这个教室，可以设置"课程表"这个槽，而其值可以有多个，将在该教室上的所有课程作为它的值。

槽值也可以是其他的框架，比如三教2102这个框架中，槽ISA的值就是教室这个框架。

通过这个例子可以看出，像教室、椅子等这些框架，就是对事物的一般性描述，属于默认部分，而三教2102这个框架是对某个教室的具体描述，与教室有关的默认内容就不需要在这个框架中记录，只需要记录其特殊的内容就可以了。比如教室的位置、座位数等。

在框架中还有些特殊的值，比如if-needed、if-added、if-removal等，这些值往往对应着一段程序，当满足一些特殊的触发条件时，产生相应的动作。if-needed表示当需要某个槽值时需要执行的程序，比如教室温度，当需要了解教室温度时，启动测量程序得到教室的温度。if-added表示当在槽中添加了某个值时需要执行的程序。比如教室中添加了某个设备出现损坏的信息后，就要启动上报维修程序。if-removal表示当需要从框架中删除某个槽的指定值时，启动该程序删除指定的槽值，如果需要的话，还要同时修改与该值有关的其他值。比如某门课只前半学期上课，当半学期结束时，需要从教室的课程表中删除该课，并需要在记录教室是否空闲处标记空闲，以便供学生查找可以自习的教室等。

小明：原来框架具有这么强的表达能力。

小明读书笔记

结构化知识表示方法可以更好地表示事物之间的关系，语义网络和框架是两种常用的结构化知识表示方法。

语义网络最早是作为一种表达人类记忆和理解自然语言而提出的一种知识表示方法，通过实体、概念之间的关系表达陈述性事实，后来逐步演变成为一种知识表示方法。

语义网络由表示事实或者概念的节点以及节点间的关系组成。图6.10是一个典型的语义网络。

该语义网络表达了这样的含义：鸟和鱼都属于动物，鱼生活于水中，草鱼是一种鱼，草鱼吃草。鸵鸟和鹦鹉都属于鸟类，小花是一只鸵鸟，小翠是一只鹦鹉等。

语义网络中 ISA 和 AKO 是两个最常用的关系，ISA 表示"是一个"，用来表示某个具体的个体是一个什么类别。如上述语义网络中，通过 ISA 表示小花是一个鸵鸟。AKO 表示"是一种"，用于表示某个子类属于某个大类。在上述语义网络中，通过 AKO 表示草鱼属于鱼类。

通过 ISA 和 AKO 可以实现继承。比如上述语义网络中，表示了鸟节点具有羽毛，那么由于小花是只鸵鸟，而鸵鸟又属于鸟，那么小花虽然没有记录是否具有羽毛，但也可以从鸟节点继承有羽毛这个事实。在继承过程中，按照就近继承的原则。比如在上述语义网络中，小花通过 ISA 从鸵鸟节点继承了不会飞翔，就不会再从鸟节点继承会飞翔这个事实。

框架是根据心理学研究成果，作为理解视觉、自然语言以及其他复杂行为的基础而提出的一种结构化知识表示方法。框架可以认为是结构化的语义网络，每个节点内部也是结构化的，可以表示、记录很多相关的内容。

一个框架由框架名、槽和槽值组成，一个框架可以有多个槽，一个槽也可以有多个槽值，槽值也可以是另一个框架。多个框架通过相互之间的链接关系，组成了一个框架系统。

一个典型的框架如下。

```
框架名：教室
        功能：上课
        拥有：桌子，椅子，黑板
        …
框架名：椅子
        功能：乘坐
        腿数：4
        后背：有
        …
框架名：三教 2102
        ISA：教室
        位置：清华大学
        座位数：200
        …
框架名：三教 2102 的椅子
        ISA：椅子
        颜色：黄色
        …
```

这里有多个框架。第一个是教室框架，描述了一般的教室结构：功能是上课，拥有桌子、椅子、黑板等。这里的"功能""拥有"等是槽，"上课""桌子、椅子、黑板"等是槽值。

第二个是椅子框架，描述了一般的椅子特性：功能是乘坐，腿数是 4，具有后背等。

第三个是一个具体的教室——三教 2102 这个教室的框架，其本身通过 ISA 指明是一个教室，位置在清华大学，座位数为 200。通过 ISA 与一般的教室框架建立了联系。

第四个是一个具体的椅子——三教2102教室里边的椅子的框架，通过ISA指明是一个椅子，颜色是黄色的等。

在框架中，同样可以通过ISA和AKO进行继承，继承方式与语义网络基本一致。

在框架中有些特殊的值：if-needed、if-added、if-removal等。这些值一般对应着一段程序，当满足一些特殊的触发条件时，产生相应的动作。if-needed表示需要时运行该程序，if-added表示当在槽中添加了某个值时运行该程序，if-removal表示当需要从框架中删除某个槽的指定值时运行该程序。

6.7 专家系统工具

小明：通过您的介绍对专家系统有了一些了解，如果我想建造一个专家系统，具体应该如何实现呢？有什么工具可以使用吗？

艾博士：早期的专家系统是用通用的程序设计语言实现的，像早期著名的专家系统DENDRAL、MYCIN等都是用LISP语言实现的。由于LISP语言的特点，曾经长期占据人工智能程序设计的主导地位，也被称作人工智能程序设计语言。PROLOG语言因其具有一定的自动推理能力也曾经被广泛关注，用于建造专家系统等人工智能系统。也有用FORTRAN、C语言等建造专家系统的。由于专家系统的复杂性，虽然可以用通用程序设计语言构建专家系统，但是存在费事费力、不容易修改等问题。

专家系统的一个特点是知识库与系统其他部分的分离，知识库是与求解的问题领域密切相关的，而推理机等则与具体领域独立，具有通用性。为此，人们就开发了一些专家系统工具，用于快速建造专家系统。

借助之前开发好的专家系统，将描述领域知识的规则等从原系统中“挖掉”，只保留其知识表示方法和与领域无关的推理机等部分，就得到了一个专家系统工具，这样的工具称为骨架型工具，因为它保留了原有系统的主要架构和知识表示方法。

最早的专家系统工具EMYCIN(Empty MYCIN)就是一个典型的骨架型专家系统工具，从其名称就可以看出，它是来自著名的专家系统MYCIN。EMYCIN的适用对象是那些需要提供基本情况数据，并能提供解释和分析的咨询系统，尤其适合于诊断这一类演绎问题。这类问题有一个共同的特点是输入数据比较多，其可能的解空间是事先可列举的。

在EMYCIN中，采用的是逆向深度优先的控制策略，它提供了专门的规则语言来表示领域知识，基本的规则形式是

```
(if <前提> then <行为> [else <行为>])
```

当规则前提为真时，该规则将前提与一个行为结合起来，否则与另一个行为结合起来，并且可以用一个－1～＋1的数字来表示在该前提下行为的可信程度，也就是规则的置信度。如一条判断细菌类别的规则可表示如下：

```
PREMISE: [$ AND (SAME CNTXT SITE BLOOD)
                (NOTDEFINITE CNTXT IDENT)
                (SAME CNTXT STAIN GRAMNEG)
```

```
                (SAME CNTXT MORPH ROD)
                (SAME CNNTXT BURN T)]
ACTION: (CONCLUDE CNTXT IDENT PSEUDOMONAS TALLY 0.4)
```

其含义如下：

如果 培养物的部位是血液
　　 细菌的类别不确定
　　 细菌的染色是革兰氏阴性
　　 细菌的外形是杆状
　　 病人被严重地烧伤
那么 以不太充分的证据(可信程度 0.4) 说明细菌的类别是假单菌

小明：这些内容看起来有些复杂。

艾博士：主要是涉及很多医疗诊断知识，大概了解其含义就可以了，这条规则选自 MYCIN 的知识库。

在 EMYCIN 中，还提供了良好的用户接口，当用户对系统的某个提问感到不解时，可以通过 Why 命令向系统询问为什么会提出这样的问题，并且对于系统所作出的结论，可以通过 How 命令向系统询问它是如何得出这个结论的。这一点对于诊断系统是极为重要的，用户可以避免盲目地按照系统所提供的策略去执行。

此外，EMYCIN 还提供了很有价值的跟踪和调试程序，并附有一个测试例子库，这些特征为用户开发系统提供了极大的帮助。

骨架型专家系统工具使用起来具有简单方便的特点，只需将具体的领域知识，按照工具规定的格式表达出来就可以了，可以有效提高专家系统的构建效率，但是灵活性不够，除了知识库外，使用者很难改变系统其他的任何东西。这是骨架型专家系统工具存在的不足之处。

另一种专家系统工具是语言型工具，提供给用户的是构建专家系统需要的基本机制，除了知识库外，使用者还可以使用系统提供的基本机制，根据需要构建具体的推理机等，使用起来更加灵活方便，使用范围也更广泛。著名的 OPS5 就是这样的工具系统，它以产生式系统为基础，综合了通用的控制和表示机制，为用户提供建立专家系统所需要的基本功能。在 OPS5 中，预先没有设定任何符号的含义以及符号之间的关系，所有符号的含义以及它们的关系，均可以由用户定义，其推理机制、控制策略也作为一种知识对待，用户可以通过规则的形式影响推理过程。这样做的好处是构建系统更加灵活方便，但也增加了构建专家系统的难度，但是比起直接用程序设计语言从头构建专家系统要方便得多。

OPS5 通过如下的循环执行其操作。

(1) 匹配。确定哪些规定满足前提。

(2) 冲突消解。选出一个满足前提的规则，若没有一个满足前提的规则则停止执行。

(3) 执行。执行选定的规则的动作部分。

(4) 循环。转向第一步。

这只是一个简单的控制结构轮廓，具体的求解策略，取决于用户使用 OPS5 定义的产生式系统本身。

在OPS5中，有一个称为工作存储器的综合数据库，它是由一组不变的符号结构组成的，如为了表示“名字叫H2SO4的物质是无色的并且属于酸性”，则可以写为

```
(MATERIAL 'NAME H2SO4 'COLOR COLORLESS 'CLASS ACID)
```

OPS5中的规则可以表示领域知识，也可以表示控制知识，其规则的一般形式为

```
(P <规则名> <前提> → <结果>)
```

例如，一条用于协调整体行动的规则可以如下表示，其具体含义在右边的分号后面加以说明，分号及其后面的文字属于注释。

```
(P  COORDINATE- A                      ;如果有一个目标
     (GOAL
         'NAME  COORDINATE             ;协调系统的任务
         'STATUS  ACTIVE               ;处于激活状态
         - (TASK- ORDER))              ;还没有选定顺序
     →
     (MAKE  GOAL                       ;则制造子目标
         'NAME  ORDER－TASKS           ;确定要求的顺序
         'STATUS  ACTIVE)              ;使其为激活状态
     (MODIFY1                          ;并修改协调目标
         'STATUS  PENDING))            ;改变其状态为挂起
```

小明：这个比前面的EMYCIN看起来更复杂了。

艾博士：OPS5确实更复杂一些，只要能通过分号后面的注释部分，大概了解就可以了。

OPS5提供了一个常规的交互式程序设计环境，很类似于一个典型的LISP系统，它允许用户跟踪或中断程序的运行来检查系统运行状态，或在运行中改变系统等。为了在建立一些较大的系统时调试上的方便，OPS5允许通过规则名调用相应的函数，以便检查某个应该被调用的规则为什么没有被调用，并可以通过命令函数来查看数据库中的某些指定元素，当系统进入不正确的状态时，用户可以让系统后退一步，以便查找出何处出错，如果是因不正确的规则引起的，可以在对规则进行修改后，接着继续运行。

OPS5是用LISP语言实现的，后来为了提高系统的运行速度，又推出了C语言版OPS83。

艾博士最后总结说：前面我们简单介绍了两种典型的专家系统工具，EMYCIN属于骨架型专家系统工具，OPS5属于语言型专家系统工具，两种工具各有特点。骨架型工具的优点是使用方便，但不足是通用性不够，使用起来不够灵活。语言型工具则刚好相反，使用起来要复杂一些，但是更加灵活，具有一定的通用性。功能上的通用性与使用上的方便性是一对矛盾，语言型工具为维护其广泛的应用范围，不得不考虑众多的开发专家系统中可能会遇到的各种问题，因而使用起来比较困难，用户不易掌握，对于具体领域知识的表示也比骨架型工具困难一些，而且在与用户的对话方面和对结果的解释方面也往往不如骨架型工具。

小明读书笔记

为了更方便地构建专家系统，研发了一些专家系统构建工具。常用的专家系统构建工具分为两种类型。一种是骨架型工具，由成熟的专家系统，“挖掉”其与具体任务相关的部分，保留其推理机制和知识表示方法而得到。EMYCIN 就是一个典型的骨架型工具，由专家系统 MYCIN 得到。这类专家系统工具的特点是简单易用，只需要按照要求提供相关任务的知识就可以了，不足是缺乏灵活性。一种是语言型工具，提供给用户的是构建专家系统需要的基本机制，除了知识库以外，使用者还可以使用系统提供的基本机制，根据需要构建具体的推理机等。特点是使用灵活，使用范围广，不足是使用起来比较复杂，对使用者要求比较高。OPS5 是一个典型的语言型工具。

6.8　专家系统的应用

艾博士：专家系统是最早走向实用的人工智能技术，世界上第一个实现商用并带来经济效益的专家系统是 DEC 公司的 XCON 系统。该系统拥有 1000 多条人工整理的规则，根据用户需求为新计算机系统配置订单。1982 年开始正式在 DEC 公司使用，据估计它为公司每年节省 4000 万美元。在 1991 年的海湾危机中，美国军队使用专家系统用于自动制定后勤保障规划和运输日程安排。这是一个同时涉及 50 000 个车辆、货物和人，而且必须考虑到起点、目的地、路径，并解决参数间冲突的复杂规划问题。该专家系统使用人工智能规划技术，在几小时之内就可以产生一个满足条件的规划方案，而以前完成此类规划任务则往往需要花费几个星期。

专家系统在很多领域具有应用，医学领域是比较早应用专家系统的领域，像著名的专家系统 MYCIN 就是一个帮助医生对血液感染患者进行诊断和治疗的专家系统。我国也开发过一些中医诊断专家系统，像总结著名中医专家关幼波先生的学术思想和临床经验研制的“关幼波肝病诊疗程序”等。在农业方面专家系统也有很好的应用，在国家“863”计划的支持下，有针对性地开发出来一系列适合我国不同地区生产条件的实用经济型农业专家系统，为农技工作者和农民提供全面、实用的农业生产技术咨询和决策服务，包括蔬菜生产、果树管理、作物栽培、花卉栽培、畜禽饲养、水产养殖、牧草种植等多种不同类型的专家系统。

我们从 20 世纪 80 年代开始先后参与了多个专家系统的研发工作，包括杂货船积载专家系统、火车编组站调度专家系统、电子设备故障诊断专家系统等。这些专家系统虽然功能上已经达到了实用水平，但是受当时各种客观条件的限制，并没能投入实际应用。

小明：都受哪些客观条件限制呢？

艾博士：比如说在杂货船积载专家系统中，需要把货运单全部输入到计算机系统中，而当时的货运单是手写的，或者是打字机打印的，工作人员并不愿意把货单再输入一遍。如果在收货时就直接把货运单输入计算机中，就解决了这个问题。但是在 20 世纪 80 年代我国计算机应用并不普及，还难以做到这一点。再比如在火车编组站专家系统中，当时 PC 机还没有图形界面，操作起来很不方便，需要培训才能胜任相关工作，而调度人员工作相当紧张，对计算机操作又不是太熟悉，这些均影响到实际运用。

小明：那么您是否建造过实际应用的专家系统呢？

艾博士：专家系统就是面向应用的，能实际使用是对专家系统的最高评价。我们曾经于1996年开发了一个市场调查报告自动生成专家系统在某企业得到应用，该系统根据采集的市场数据，自动生成一份相关内容的市场调查分析报告。该专家系统知识库由两部分知识组成，一部分知识是有关市场数据分析的，来自企业的专业人员，根据这些知识对市场上相关产品的市场形势进行分析，包括市场行情、竞争态势、动态，预测发展趋势等；另一部分知识是有关报告自动生成的，根据分析出的不同的市场形势，撰写出不同内容的图、文、表并茂的市场报告，生成丰富多彩的市场分析报告，并可以根据需要在计算机上显示、朗读出来。在使用该系统之前，即便是比较熟悉市场分析的专业人士也需要大约一周多的时间才能完成一份报告，而利用该专家系统在一小时以内就可以自动完成，在保证报告质量的同时，大大提高了效率。

小明读书笔记

专家系统具有很多应用，为人工智能技术的发展和走向实用化起到了推动作用。XCON是最早使用并带来经济效益的专家系统，该系统根据用户订单自动配置计算机系统。在1991年的海湾战争中，专家系统也得到了很多的应用，将原来需要几个星期才能完成的日程规划等缩短到几小时就可以完成。艾博士也构建过多个不同的专家系统，其中的市场分析报告自动生成专家系统得到了实际应用，该系统可以根据市场数据自动完成市场分析报告，将原来需要一到两周才能完成的市场分析报告，缩短到一小时就可以自动完成。

6.9 专家系统的局限性

艾博士：专家系统虽然得到了很多不同程度的应用，但是仍然存在一些局限性，影响到了专家系统的研制和使用。

首先知识获取的瓶颈问题一直没有得到很好的解决，基本上是依靠人工总结专家经验，获取知识。但是由于专家是非常稀有的，专家知识很难获取。另外即便专家愿意帮助获取知识，但由于实际情况的多种多样，专家很难总结出有效的知识，虽然专家自己可以很好地开展工作、解决问题。举一个简单的例子，很多同学都会骑自行车，假如有人不会骑自行车，一骑上去就会摔倒，看到你骑车技术很好，就好奇地向你咨询：你为什么就可以灵活自由地骑车而不摔倒呢？估计你也总结不出什么知识出来供他使用，虽然你可以很好地骑自行车。这就是专家系统构建中遇到的知识获取的瓶颈问题，这也是困扰专家系统使用的主要障碍之一。

其次知识库总是有限的，它不能包含所有的信息。人类的智能体现在可以从有限的知识中学习到模式和特征，规则是死的但人是活的，可以灵活运用知识解决新问题。知识驱动的专家系统模型只能运用已有知识库进行推理，无法学习到新的知识。在知识库涵盖的范围内，专家系统可能会很好地求解问题，而一点偏离哪怕只是偏离一点点，性能就可能急剧下降甚至不能求解，体现出系统的脆弱性。

另外，知识驱动的专家系统只能描述特定的领域，不具有通用性，难于处理常识问题。然而，知识是动态变化的，特别是在如今的大数据时代，面对多源异构的海量数据，人工或者半自动化建立规则系统的效率太低了，难以适应知识的变化和更新。

小明读书笔记

专家系统最重要的就是知识。很多知识非常难于整理和更新，遇到了所谓的知识获取的瓶颈问题，这为专家系统的推广应用带来了极大的困难。

6.10　总结

艾博士：专家系统在人工智能历史上曾经具有很高的地位，是符号主义人工智能的典型代表，也是最早得到实用的人工智能系统。专家系统强调知识的作用，通过整理人类专家知识，让计算机像专家一样求解专业领域的问题。不同于一般的计算机软件系统，专家系统强调知识库与推理机等系统其他部分的分离，在系统建造完之后，只需通过强化知识库就可以提升系统的性能。推理机一般具有非确定性推理能力，这样就为求解现实问题打下了基础，因为现实中的问题绝大多数具有非确定性的特性。对结果的可解释性也是专家系统的一大特色，可以为用户详细解释得出结论的根据。如何方便地获取知识，成为了专家系统使用的瓶颈问题。

下面请小明总结一下本篇所讲的内容。

小明：好的，我试着总结一下。

(1) 首先介绍了什么是专家系统，专家系统的开创者费根鲍姆教授将专家系统定义为：一种智能的计算机程序，它运用知识和推理来解决只有专家才能解决的复杂问题。

(2) 给出了一个专家系统的基本组成结构，一个专家系统主要由知识库、推理机、动态数据库、解释器和人机交互界面组成。

知识库一般由如下形式的规则组成：

```
if <前提>  then <结论>
```

表示当<前提>被满足时，可以得到<结论>。

推理机是一个执行机构，它负责对知识库中的知识进行解释，利用知识进行推理。

动态数据库是一个工作存储区，用于存放初始的已知条件、已知事实和推理过程中得到的中间结果以及最终结果等。

解释器是专家系统特有的负责解释的模块，通过解释器专家系统可以回答用户关心的一些问题。解释一般分为Why解释和How解释，Why解释回答类似于“为什么”这样的问题，How解释回答类似于“如何得到的”这样的问题。

人机交互界面是专家系统与用户的交互接口，专家系统在运行过程中需要用户输入的数据，以及系统显示给用户的结果等，均通过人机交互界面完成。

(3) 基本的推理方法可以分为正向推理和逆向推理两大类。正向推理指从事实出发正向使用规则逐步推理出结论。逆向推理指从假设出发逆向使用规则，看规则的前提是否成立，从而验证假设是否成立。

(4) 以动物识别为例，介绍了一个简单的专家系统。给出了具体的规则表达方式和知识库，以及如何运用规则进行推理的具体过程。

(5) 介绍了非确定性推理问题。在现实世界中，绝大多数问题都具有非确定性，需要非确定性推理方法。任何一种非确定性推理方法都要解决以下问题。

① 事实的表示。

② 规则的表示。

③ 逻辑运算。

④ 规则运算。

⑤ 规则合成。

以置信度表示方法为例，给出以上几个问题的实现方法，这是在 MYCIN 专家系统中提出的一种解决非确定性推理问题的方法。

(6) 介绍了什么是黑板模型。黑板模型是为了对知识和数据进行层次性组织而提出的一种模型，在该模型中，数据可以具有层次结构，知识也可以具有层次结构，可以更好地实现对数据和知识的组织和管理，提高专家系统的推理效率。

(7) 介绍了一种结构化知识表示方法——语义网络。语义网络最早是作为一种表达人类记忆和理解自然语言而提出的一种知识表示方法，通过实体、概念之间的关系表达陈述性事实，后来逐渐成为一种知识表示方法。

在语义网络中，用节点表示实体或者概念，边表示节点之间的关系。ISA 和 AKO 是两个特殊的关系，ISA 表示某个节点是某个概念的实例，AKO 表示某个节点是另一个节点的子类关系。通过 ISA 和 AKO 关系，节点可以继承其祖先的某些属性值。

(8) 框架是另一种结构化知识表示方法，是根据心理学研究成果提出的一种知识表示方法。在框架中，节点也可以具有结构，可以认为框架是一种结构化的语义网络。一个框架由槽和槽值组成，一个框架中可以含有多个槽，一个槽也可以含有多个值，槽值也可以是另一个框架，表达起来非常灵活方便。多个框架组合在一起则组成了一个框架系统。同语义网络一样，框架可以通过 ISA 和 AKO 继承其他框架的值。

(9) 为了更方便地构建专家系统，设计了一些专家系统建造工具。专家系统工具一般具有两种类型，一种是骨架型工具，另一种是语言型工具。骨架型工具是在原有具体专家系统的基础上，将与具体任务无关的部分抽取出来形成的一种专家系统工具。这类工具的特点是使用方便，只要根据求解的任务提供具体的知识就可以了，不足是灵活性不够。语言型工具的特点是使用灵活，除了知识库以外，使用者还可以借助系统提供的基本机制，构建具体的推理机等，不足是使用起来具有一定的难度，对使用者要求比较高。

(10) 专家系统是最早投入使用的人工智能系统，已经有了很多成功的应用实例。专家系统能否使用的关键是知识库建立的是否完备，而知识获取具有相当的难度，成为了构建专家系统的瓶颈问题。

第 7 篇

细说大模型的基石 Transformer

艾博士导读

2022 年年底，ChatGPT 一经推出就轰动了全世界，不仅在学术界，在社会上也引起了广泛的关注。

ChatGPT 是 OpenAI 公司推出的一个以大模型为基础的"聊天"系统，其强大的语言理解能力和生成能力，让人们看到通用人工智能的曙光，是人工智能发展史上一个重要的里程碑。

虽然国内外很多公司推出了各种大模型系统，但到目前为止均是以 Transformer 为其基本的组成模块，可以说 Transformer 是大模型的重要基石。

Transformer 为什么具有如此大的威力？它是如何实现的？本篇将逐一解开这个谜团。

本篇内容按照难易程度划分为 3 个等级，读者可以根据自身需要有选择地阅读其中几节或者全部内容。

第一级：7.2 节，介绍什么是序列到序列问题。Transformer 是一个典型的序列到序列模型，通过介绍，了解序列到序列问题求解的基本思想，从而了解 Transformer 的基本工作原理。

第二级：7.1 节、7.3～7.6 节。复习矩阵和向量运算的基本知识，介绍组成 Transformer 的几个基本机制：注意力机制、残差连接和层归一化，在此基础上介绍 Transformer 的工作原理。

第三级：7.7 节和 7.8 节。介绍如何用 Transformer 组成 GPT 和 BERT 模型，以及它们的工作原理。

2022 年年底随着 OpenAI 公司推出 ChatGPT，如同一石激起千层浪，将人工智能推向了新的高潮，大模型一时成为人们谈论的热门话题，国内也先后推出了多个大模型。小明在试用了几个大模型之后，被大模型所展现出来的性能所震惊。大模型为何具有如此良好的性能呢？为此小明又来找艾博士请教。

艾博士：小明，我估计你就要来找我了，不用猜，一定是因为大模型的事吧？

小明：艾博士好！我最近一直在试用大模型，发现其功能太强大了，完全超出了我的想象。

艾博士：正如我们在第 0 篇所讲过的一样，大模型能力虽然很强大，但是其本质就是"文字接龙"，也就是依据已有的文字预测下一个文字。所有的能力均通过预测下一个文字实现。

小明：为什么通过简单的“文字接龙”就可以拥有这么强大的能力呢？

艾博士：现有的大模型都是通过一个称为 Transformer 的模块构成的，可以说 Transformer 是实现大模型的重要基石。下面我们就讲解一下 Transformer 的实现原理，并在此基础上介绍大模型的实现原理，其中会用到大量的矩阵、向量计算，为此我们先复习一下有关矩阵和向量的基本知识。

7.1 矩阵和向量的基础知识

艾博士：小明你学过线性代数，应该熟悉有关矩阵和向量计算吧？如果熟悉的话，也可以跳过这部分内容，直接讲解 7.2 节的内容。不过最好复习一下这里有关矩阵与向量运算的几何解释，这对于理解本篇内容将大有裨益。

小明：我虽然学过线性代数，但是有些内容确实忘记了，还是复习一下吧，尤其是有关矩阵和向量运算的几何解释我还真不太清楚。

艾博士：好的，我们一起复习一下本篇将会用到的一些矩阵和向量的运算知识，并对有些运算解释一下其几何意义。

7.1.1 矩阵

括号内（圆括号或者方括号）排列成 m 行 n 列的数字列表称为 m 行 n 列矩阵，或者 $m\times n$ 矩阵。矩阵一般用大写英文黑斜体字母表示，如矩阵 $\boldsymbol{A}$：

$$\boldsymbol{A}=\begin{bmatrix} a_{11} & a_{12} & \cdots & a_{1n} \\ a_{21} & a_{22} & \cdots & a_{2n} \\ \vdots & \vdots & \ddots & \vdots \\ a_{m1} & a_{m2} & \cdots & a_{mn} \end{bmatrix}$$

其中，a_{ij} 为矩阵 $\boldsymbol{A}$ 第 i 行、第 j 列的元素。

一个 m 行 n 列的矩阵可以简记为

$$\boldsymbol{A}=(a_{ij})_{mn}$$

或者：

$$\boldsymbol{A}=A_{mn}$$

当 $m=n$ 时，矩阵 $\boldsymbol{A}$ 称为 n 阶方阵。

1. 矩阵的加减法运算

只有两个同为 m 行 n 列的矩阵才能相加或者相减，结果还是 m 行 n 列矩阵。

矩阵的加减法，其结果等于两个矩阵对应位置元素相加或者相减。

设矩阵 $\boldsymbol{A}=(a_{ij})_{mn}$、$\boldsymbol{B}=(b_{ij})_{mn}$，则

$$\boldsymbol{C}=\boldsymbol{A}\pm\boldsymbol{B}=\begin{bmatrix} c_{11} & c_{12} & \cdots & c_{1n} \\ c_{21} & c_{22} & \cdots & c_{2n} \\ \vdots & \vdots & \ddots & \vdots \\ c_{m1} & c_{m2} & \cdots & c_{mn} \end{bmatrix} \tag{7.1}$$

其中，$c_{ij}=a_{ij}\pm b_{ij}$。

2. 数与矩阵的乘法运算

一个数乘以一个 m 行 n 列矩阵，其结果为该数乘以矩阵的每个元素，还是 m 行 n 列矩阵。

设有数 k、矩阵 $\boldsymbol{A}=(a_{ij})_{mn}$，则 k 乘以 $\boldsymbol{A}$ 为

$$k\cdot\boldsymbol{A}=\begin{bmatrix} ka_{11} & ka_{12} & \cdots & ka_{1n} \\ ka_{21} & ka_{22} & \cdots & ka_{2n} \\ \vdots & \vdots & \ddots & \vdots \\ ka_{m1} & ka_{m2} & \cdots & ka_{mn} \end{bmatrix} \tag{7.2}$$

数与矩阵的乘法满足交换律，即

$$k\cdot\boldsymbol{A}=\boldsymbol{A}\cdot k \tag{7.3}$$

3. 矩阵的乘法

矩阵 $\boldsymbol{A}$ 和 $\boldsymbol{B}$，只有当 $\boldsymbol{A}$ 的列数等于 $\boldsymbol{B}$ 的行数时，矩阵 $\boldsymbol{A}$ 与 $\boldsymbol{B}$ 才能相乘，结果矩阵的行数等于矩阵 $\boldsymbol{A}$ 的行数，结果矩阵的列数等于矩阵 $\boldsymbol{B}$ 的列数。

设矩阵 $\boldsymbol{A}=(a_{ij})_{mk}$、$\boldsymbol{B}=(b_{ij})_{kn}$，则

$$\boldsymbol{C}=\boldsymbol{A}\cdot\boldsymbol{B}=\begin{bmatrix} c_{11} & c_{12} & \cdots & c_{1n} \\ c_{21} & c_{22} & \cdots & c_{2n} \\ \vdots & \vdots & \ddots & \vdots \\ c_{m1} & c_{m2} & \cdots & c_{mn} \end{bmatrix} \tag{7.4}$$

其中，c_{ij} 为 $\boldsymbol{A}$ 的第 i 行元素与 $\boldsymbol{B}$ 的第 j 列对应元素相乘再相加，即

$$c_{ij}=a_{i1}b_{1j}+a_{i2}b_{2j}+\cdots+a_{ik}b_{kj}=\sum_{h=1}^{k}a_{ih}b_{hj} \tag{7.5}$$

矩阵乘法具有如下性质。

（1）一般情况下，矩阵乘法不满足交换律，即

$$\boldsymbol{A}\cdot\boldsymbol{B}\neq\boldsymbol{B}\cdot\boldsymbol{A}$$

（2）矩阵乘法满足结合律，即

$$\boldsymbol{A}\cdot\boldsymbol{B}\cdot\boldsymbol{C}=(\boldsymbol{A}\cdot\boldsymbol{B})\cdot\boldsymbol{C}=\boldsymbol{A}\cdot(\boldsymbol{B}\cdot\boldsymbol{C}) \tag{7.6}$$

（3）矩阵乘法满足分配率，即

$$\boldsymbol{A}\cdot(\boldsymbol{B}+\boldsymbol{C})=\boldsymbol{A}\cdot\boldsymbol{B}+\boldsymbol{A}\cdot\boldsymbol{C} \tag{7.7}$$

$$(\boldsymbol{B}+\boldsymbol{C})\cdot\boldsymbol{A}=\boldsymbol{B}\cdot\boldsymbol{A}+\boldsymbol{C}\cdot\boldsymbol{A} \tag{7.8}$$

4. 矩阵的转置

一个矩阵所有的行按顺序变换成列称为转置，转置得到的矩阵，其行数为原来矩阵的列数，其列数为原来矩阵的行数。矩阵 $\boldsymbol{A}$ 的转置用 $\boldsymbol{A}^{\mathrm{T}}$ 表示。

设 m 行 n 列的矩阵 $\boldsymbol{A}=(a_{ij})_{mn}$，则 $\boldsymbol{B}=\boldsymbol{A}^{\mathrm{T}}$ 为 n 行 m 列的矩阵：

$$\boldsymbol{B}=\boldsymbol{A}^{\mathrm{T}}=(b_{ij})_{nm}$$

其中，$b_{ij}=a_{ji}$。

转置的性质如下。

（1）$(\boldsymbol{A}\pm\boldsymbol{B})^{\mathrm{T}}=\boldsymbol{A}^{\mathrm{T}}\pm\boldsymbol{B}^{\mathrm{T}}$。

（2）$(\boldsymbol{A}\cdot\boldsymbol{B})^{\mathrm{T}}=\boldsymbol{B}^{\mathrm{T}}\cdot\boldsymbol{A}^{\mathrm{T}}$。

（3）$(\boldsymbol{A}^{\mathrm{T}})^{\mathrm{T}}=\boldsymbol{A}$。

（4）$(k\boldsymbol{A})^{\mathrm{T}}=k\boldsymbol{A}^{\mathrm{T}}$，其中 k 为标量，即一个数值。

7.1.2 向量

向量是特殊的矩阵，只有一行或者只有一列的矩阵称作向量，分别称作行向量或者列向量，向量用小写英文字母表示。由于向量只有一行（行向量）或者一列（列向量），所以对于向量来说，只给出其元素个数，对于行向量就是其列数，对于列向量就是其行数。向量的元素个数称为向量的维度。

如含有 n 个元素的行向量：

$$\boldsymbol{x}=(x_1,x_2,\cdots,x_n)$$

含有 n 个元素的列向量：

$$\boldsymbol{x}=\begin{bmatrix}x_1\\x_2\\\vdots\\x_n\end{bmatrix}$$

列向量也可以表示为行向量的转置，即

$$\boldsymbol{x}=\begin{bmatrix}x_1\\x_2\\\vdots\\x_n\end{bmatrix}=(x_1,x_2,\cdots,x_n)^{\mathrm{T}}$$

同样，行向量也可以表示为列向量的转置：

$$\boldsymbol{x}=(x_1,x_2,\cdots,x_n)=\begin{bmatrix}x_1\\x_2\\\vdots\\x_n\end{bmatrix}^{\mathrm{T}}$$

从几何的角度来说，向量是有大小和方向的量，可以用 n 维欧氏空间的有向线段表示，如图 7.1 所示。其中有向线段 ab 就是一个二维空间的向量，其起点坐标为 (x_0,y_0)，终点坐标为 (x_1,y_1)。由于向量具有平移性，所以可以将一个向量的起点平移到坐标原点 O，长度和方向保持不变，这样一个向量就可以用其终点坐标表示，默认起点为坐标原点。如图 7.1 中，有向线段 Oc 与 ab 表示的是同一个向量，可以用 Oc 的终点坐标 (x_1-x_0,y_1-y_0) 表示。所以一个向量与 n 维欧氏空间中的点对应，向量的元素为该点的坐标。这也是为什么称 $(x_1,x_2,\cdots,x_n)$ 或者对应的列向量 $(x_1,x_2,\cdots,x_n)^{\mathrm{T}}$ 为向量的原因。

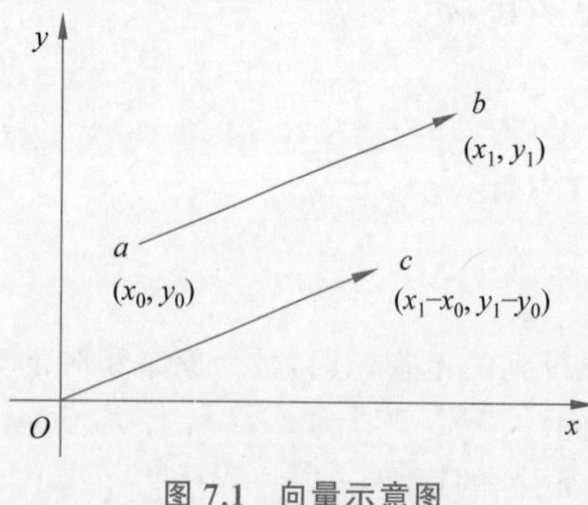

图 7.1 向量示意图

向量是特殊的矩阵，也遵循矩阵的所有运算法则，但作为向量，有其特殊的几何含义。下面介绍有关向量的运算法则，重点解释其几何含义，这对于后面内容的理解会很有帮助。

需要注意的是，本篇中，如果没有特殊说明，向量均默认为行向量，并用行向量的转置表示列向量，比如 $\boldsymbol{a}$ 是一个行向量，则 $\boldsymbol{a}^{\mathrm{T}}$ 表示一个列向量。

1. 向量的加减法

两个向量的加减法要求其维度，也就是含有的元素个数必须是一致的，加减后的向量维度不变。

设向量 $\boldsymbol{a}=(a_1,a_2,\cdots,a_n)$，$\boldsymbol{b}=(b_1,b_2,\cdots,b_n)$，则有：

$$\boldsymbol{c}=\boldsymbol{a}\pm\boldsymbol{b}=(c_1,c_2,\cdots,c_n) \tag{7.9}$$

其中，$c_i=a_i\pm b_i$，$i=1,2,\cdots,n$。

我们从几何角度解释一下向量加减法的含义，如图 7.2 所示。

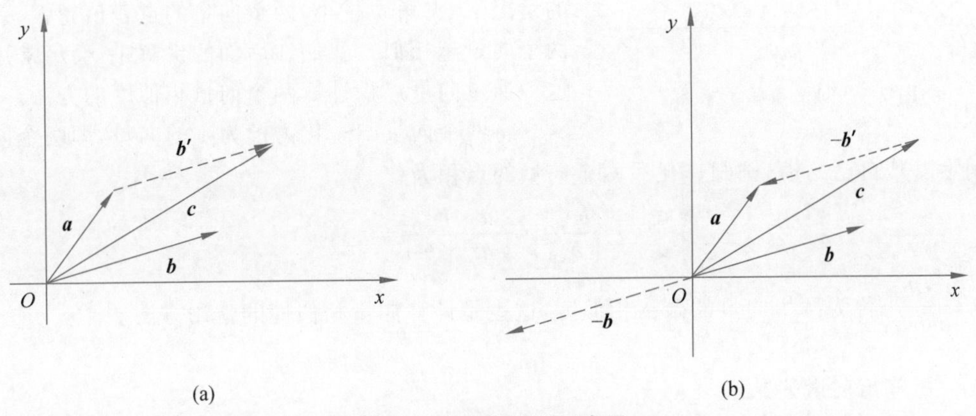

图 7.2　向量加减法示意图

图 7.2(a)中，向量 $\boldsymbol{a}$ 加向量 $\boldsymbol{b}$，相当于将 $\boldsymbol{b}$ 的起点平移到 $\boldsymbol{a}$ 的终点，如图中虚线 $\boldsymbol{b}'$ 所示，这样坐标原点到 $\boldsymbol{b}'$ 终点的有向线段 $\boldsymbol{c}$ 即为向量 $\boldsymbol{a}$ 加向量 $\boldsymbol{b}$，即 $\boldsymbol{c}=\boldsymbol{a}+\boldsymbol{b}$。

图 7.2(b)给出的是向量减法示意图，由于 $\boldsymbol{a}=\boldsymbol{c}-\boldsymbol{b}=\boldsymbol{c}+(-\boldsymbol{b})$，$-\boldsymbol{b}$ 是与 $\boldsymbol{b}$ 大小相等方向相反的向量，将 $-\boldsymbol{b}$ 的起点平移到 $\boldsymbol{c}$ 的终点，如图中虚线 $-\boldsymbol{b}'$ 所示，这样坐标原点到 $-\boldsymbol{b}'$ 终点的有向线段 $\boldsymbol{a}$ 即为向量 $\boldsymbol{c}$ 减 $\boldsymbol{b}$，也就是 $\boldsymbol{a}=\boldsymbol{c}-\boldsymbol{b}$。

2. 数与向量的乘法

一个数乘以一个向量，其结果为该数乘以向量的每个元素后得到的向量。

设有数 k、向量 $\boldsymbol{a}$，则 k 乘以 $\boldsymbol{a}$ 为

$$k\cdot\boldsymbol{a}=(ka_1,ka_2,\cdots,ka_n) \tag{7.10}$$

数乘以向量满足交换律，即

$$k\cdot\boldsymbol{a}=\boldsymbol{a}\cdot k$$

从几何的角度，数乘以向量相当于对向量进行缩放，当 $k>0$ 时，方向与原向量一致；当 $k<0$ 时，方向与原向量相反。

3. 向量的乘法

一个 n 维行向量可以和一个 n 维列向量相乘，其结果为两个向量对应位置的元素相乘，再对所有相乘结果求和，得到的标量称为两个向量的点积或者内积。向量 $\boldsymbol{a}$、$\boldsymbol{b}$ 的点积

记为 $\boldsymbol{a}\cdot\boldsymbol{b}^{\mathrm{T}}$ 或者 $\boldsymbol{a}\boldsymbol{b}^{\mathrm{T}}$。

设 $\boldsymbol{a}=(a_1,a_2,\cdots,a_n)$，$\boldsymbol{b}=(b_1,b_2,\cdots,b_n)$，则向量 $\boldsymbol{a}$ 与 $\boldsymbol{b}$ 的点积为

$$\boldsymbol{a}\cdot\boldsymbol{b}^{\mathrm{T}}=(a_1,a_2,\cdots,a_n)\cdot(b_1,b_2,\cdots,b_n)^{\mathrm{T}}=\sum_{i=1}^{n}a_ib_i \tag{7.11}$$

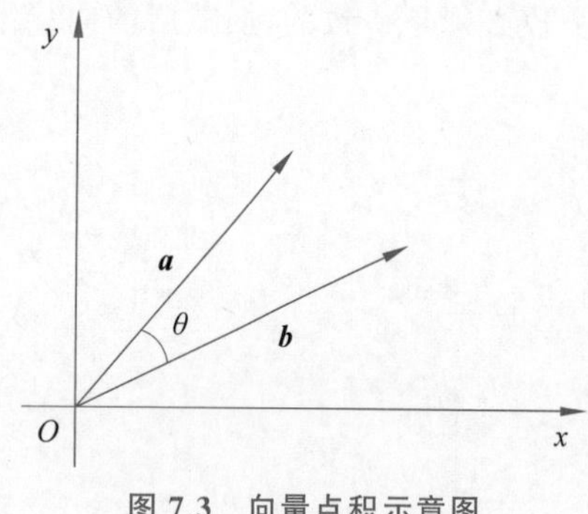

图 7.3　向量点积示意图

两个向量点积的几何意义如图 7.3 所示，由向量点积的余弦定理：

$$\boldsymbol{a}\cdot\boldsymbol{b}^{\mathrm{T}}=|\boldsymbol{a}||\boldsymbol{b}|\cos(\theta) \tag{7.12}$$

其中，$|\boldsymbol{a}|$表示向量 $\boldsymbol{a}$ 的长度，称作 $\boldsymbol{a}$ 的模，由下式给出：

$$|\boldsymbol{a}|=\sqrt{a_1^2+a_2^2+\cdots+a_n^2}$$

θ 为两个向量之间的夹角。在两个向量的长度不变的情况下，夹角 θ 越小，两个向量的点积值越大，表示两个向量越相似。我们在后面的讲解中，会经常用到这种通过向量点积计算两个向量相似度的方法。

将两个向量归一化为模为 1 的向量，即两个向量分别除以其自己的模，则归一化后两个向量的点积为

$$\frac{\boldsymbol{a}}{|\boldsymbol{a}|}\cdot\frac{\boldsymbol{b}^{\mathrm{T}}}{|\boldsymbol{b}|}=\frac{\boldsymbol{a}\cdot\boldsymbol{b}^{\mathrm{T}}}{|\boldsymbol{a}||\boldsymbol{b}|}=\cos(\theta) \tag{7.13}$$

$\dfrac{\boldsymbol{a}\cdot\boldsymbol{b}^{\mathrm{T}}}{|\boldsymbol{a}||\boldsymbol{b}|}$称为两个向量的余弦相似度，这也是计算向量相似性的常用方法。

4. 矩阵与向量的乘法

一个 m 行 n 列的矩阵可以右乘一个 m 维的行向量，其结果为一个 n 维的行向量。右乘指的是在做乘法的时候矩阵在向量的右边。

设矩阵 $\boldsymbol{A}=(a_{ij})_{mn}$，向量 $\boldsymbol{x}=(x_1,x_2,\cdots,x_m)$，由于矩阵 $\boldsymbol{A}$ 的每一列可以看成是一个列向量，我们用 $\boldsymbol{a}_i^{\mathrm{T}}$ 表示 $\boldsymbol{A}$ 的第 i 列组成的列向量，即

$$\boldsymbol{a}_i^{\mathrm{T}}=(a_{1i},a_{2i},\cdots,a_{mi})^{\mathrm{T}}\quad(i=1,2,\cdots,n)$$

$$\boldsymbol{A}=[\boldsymbol{a}_1^{\mathrm{T}},\boldsymbol{a}_2^{\mathrm{T}},\cdots,\boldsymbol{a}_n^{\mathrm{T}}]$$

则 $\boldsymbol{A}$ 右乘 $\boldsymbol{x}$ 相当于 $\boldsymbol{x}$ 与 $\boldsymbol{A}$ 的每一列形成的向量 $\boldsymbol{a}_i^{\mathrm{T}}$ 做点积，即

$$\begin{aligned}\boldsymbol{x}\cdot\boldsymbol{A}&=\boldsymbol{x}\cdot[\boldsymbol{a}_1^{\mathrm{T}},\boldsymbol{a}_2{}^{\mathrm{T}},\cdots,\boldsymbol{a}_n^{\mathrm{T}}]=[\boldsymbol{x}\cdot\boldsymbol{a}_1^{\mathrm{T}},\boldsymbol{x}\cdot\boldsymbol{a}_2{}^{\mathrm{T}},\cdots,\boldsymbol{x}\cdot\boldsymbol{a}_n^{\mathrm{T}}]\\&=\left[\sum_{i=1}^{m}x_ia_{i1},\sum_{i=1}^{m}x_ia_{i2},\cdots,\sum_{i=1}^{m}x_ia_{in}\right]\end{aligned} \tag{7.14}$$

$\boldsymbol{x}\cdot\boldsymbol{A}$ 的结果为一个与矩阵 $\boldsymbol{A}$ 的列数一致的 n 维行向量。

相应地，矩阵也可以左乘一个向量，这时要求向量为列向量，如 $\boldsymbol{A}\cdot\boldsymbol{x}^{\mathrm{T}}$，向量 $\boldsymbol{x}$ 的维度必须与矩阵 $\boldsymbol{A}$ 的列数一致。

矩阵与向量相乘的几何含义可以从两个角度考虑。以矩阵右乘为例，从上述计算过程可以看出，是把矩阵 $\boldsymbol{A}$ 的每一列看作是列向量，然后向量 $\boldsymbol{x}$ 与 $\boldsymbol{A}$ 的每个列向量分别做点积。前面我们说过，向量的点积运算可以看作是计算两个向量的相似度，所以从这个角度来说，矩阵右乘向量就是向量 $\boldsymbol{x}$ 分别与多个列向量计算相似度，结果得到一个反映相似度的行向量，其第 i 个元素为 $\boldsymbol{x}$ 与 $\boldsymbol{A}$ 的第 i 个列向量的相似度。同理，可以把矩阵 $\boldsymbol{A}$ 的每一行看作是行向量，矩阵 $\boldsymbol{A}$ 左乘向量 $\boldsymbol{x}$ 的结果得到一个反映相似度的列向量，其第 i 个元素为 $\boldsymbol{A}$ 的第 i

个行向量与向量 $\boldsymbol{x}$ 的相似度。

从另一个角度看，矩阵 $\boldsymbol{A}$ 右乘向量 $\boldsymbol{a}$ 可以看作是对向量 $\boldsymbol{a}$ 做旋转运算，相乘后得到的向量 $\boldsymbol{b}$ 可以看作是由 $\boldsymbol{a}$ 旋转一个角度 θ 后得到的一个新向量 $\boldsymbol{b}$，如图 7.4 所示。当然在这个旋转过程中向量的长度也可能发生变化。如果某个物体可以用向量 $\boldsymbol{a}$ 表示的话，则旋转运算相当于是从不同的角度观察这个物体。

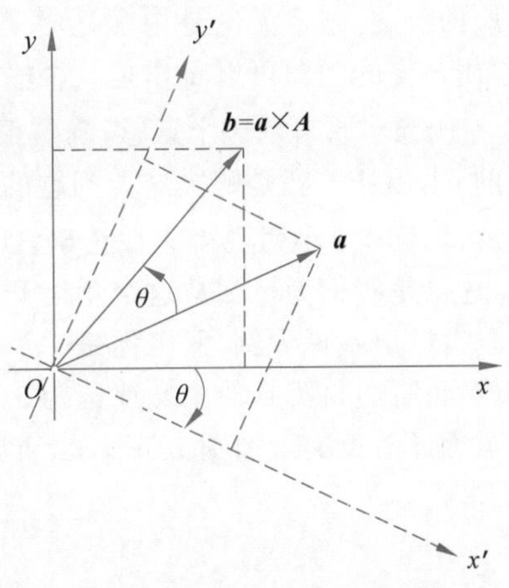

图 7.4　矩阵右乘向量示意图

矩阵 $\boldsymbol{A}$ 右乘向量 $\boldsymbol{a}$ 也可以看作是向量 $\boldsymbol{a}$ 保持不变，而坐标系 Oxy 向与向量 $\boldsymbol{b}$ 相反方向旋转角度 θ，得到一个新的坐标系 $Ox'y'$，$\boldsymbol{a}\cdot\boldsymbol{A}$ 为向量 $\boldsymbol{a}$ 在新坐标系 $Ox'y'$下的向量，如图 7.4 所示。这种情况下，相当于将向量 $\boldsymbol{a}$ 变换到一个新空间，在新空间对向量 $\boldsymbol{a}$ 的观察。这是假设向量 $\boldsymbol{a}$ 与 $\boldsymbol{a}\cdot\boldsymbol{A}$ 的模相等的情况下，如果二者的模不相等的话，$\boldsymbol{a}\cdot\boldsymbol{A}$ 则是向量 $\boldsymbol{a}$ 进行适当伸缩后在新坐标系 $Ox'y'$下的向量。当 $\boldsymbol{A}$ 不是方阵时，比如列数少于行数，变换后得到的新向量维度小于原向量，则相当于将 $\boldsymbol{a}$ 变换到了一个新的子空间。

矩阵 $\boldsymbol{A}$ 左乘向量 $\boldsymbol{x}$ 也同样是对 $\boldsymbol{x}$ 做旋转运算，我们不再多讲。

如果一次性地对多个同维度向量做旋转，则只需以这些向量分别作为矩阵 $\boldsymbol{X}$ 的行，用矩阵 $\boldsymbol{A}$ 右乘矩阵 $\boldsymbol{X}$ 即可，矩阵 $\boldsymbol{X}\cdot\boldsymbol{A}$ 每一行即为旋转后的向量，或者是在新的坐标系 $Ox'y'$下对这些向量的观察。

艾博士：我们就大概复习这些内容吧，已经足够我们使用了。

小明：谢谢艾博士带着我们复习这些矩阵、向量有关的运算，这些运算并不复杂，还都记得，但是一些几何意义以前没太关注，经您这么一解释，感觉理解得更深刻了。

艾博士：理解了这些运算的几何意义，对我们后面内容的理解具有很大帮助。

小明读书笔记

矩阵、向量运算是线性代数中的基本操作。向量分为行向量和列向量，为了表示上的方便，这里统一采用行向量，列向量用行向量的转置表示。

维度为 n 的向量由 n 个元素组成，与 n 维欧氏空间中的点对应，向量的组成元素为该点的坐标。向量的几何含义是 n 维欧氏空间中坐标原点到该坐标点的有向线段。

两个向量的点积(也称为内积)是两个向量对应位置元素相乘，其结果再相加，结果为一个标量，代表了两个向量的相似程度。

矩阵右乘一个向量得到的还是向量，其几何意义是对向量进行旋转后得到一个新的向量，也可以认为是对原坐标做旋转，得到的原向量是在新坐标下的向量。也可以理解为将原向量变换到了一个新的空间或子空间。

7.2　序列到序列问题

艾博士：下面我们进入正题，先从序列到序列问题讲起。

小明：什么是序列到序列问题呢？

艾博士：很多问题可以归纳为序列到序列问题，比如机器翻译，输入一句中文，输出其对应的英文，这里无论是中文还是英文，都可以看成是由单词组成的序列。再比如问答系统，用户提的问题可以看作是一个输入序列，系统给出的回答，可以看作是输出序列。

小明：原来是这个意思，确实很多问题都可以认为是序列到序列问题，现在经常被提起的 ChatGPT 就是解决这类问题的吧？

艾博士：小明说得非常正确，ChatGPT 将所有问题均当作序列到序列问题并加以求解，这也是我们为什么从这个角度开始本篇内容的原因。

以口语翻译为例，假定你是一个中英文口语翻译，当你需要将一段中文口语翻译为英文时，会边听边将听到的中文速记为一串简单的符号表示，需要翻译时，再将这些简单的符号表示翻译为英文。如图 7.5 所示，听到的中文是：

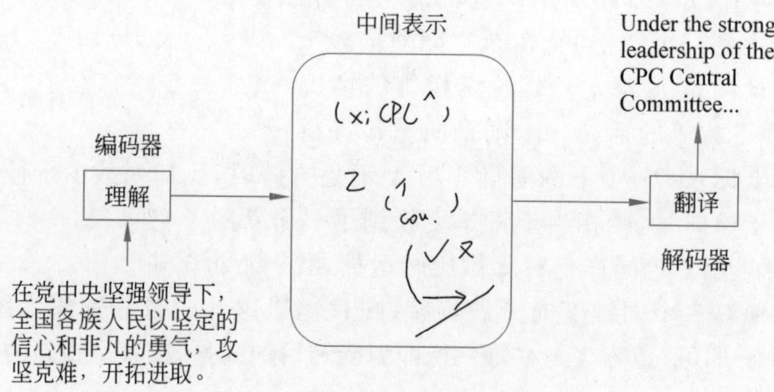

图 7.5 中英文口语翻译示意图

“在党中央坚强领导下，全国各族人民以坚定的信心和非凡的勇气，攻坚克难，开拓进取。”

得到的速记符号为

这串速记符号可以认为是对“在党中央坚强领导下，全国各族人民以坚定的信心和非凡的勇气，攻坚克难，开拓进取。”的中间表示，最后再翻译为对应的英文。

小明：我看过口语翻译的介绍，确实是这样的翻译过程。

艾博士：我们可以用“编码器-解码器”模型描述这个过程，其中的编码器对输入进行处理，得到输入信息的一种中间表示，相当于是对输入的理解，而解码器则依据得到的中间表示，生成输出序列，相当于翻译。

小明：我想起来了，您在第1篇中介绍过这种“编码器-解码器”模型，我印象中是采用循环神经网络实现的。

艾博士：小明的记忆力很好。图 7.6 给出了第1篇中采用循环神经网络实现的序列到序列模型，通过循环神经网络对输入序列进行编码，得到中间表示 C，然后再利用循环神经网络对中间表示 C 进行解码，得到最终的输出结果。

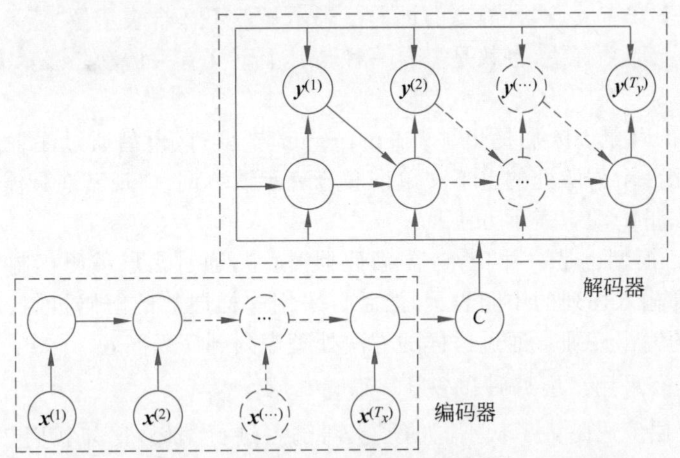

图 7.6　第 1 篇中给出的序列到序列循环神经网络模型

小明：既然在第 1 篇中已经介绍了基于循环神经网络实现的序列到序列模型，为什么我们还要介绍这个问题呢？

艾博士：小明提出了一个很好的问题，下面我们就分析一下循环神经网络存在的问题。

一句话由不同的单词组成，单词往往是多义的，在一句话中一个单词的含义，由该句话中其他的单词决定。比如：

我一边吃苹果一边走进了一家电器店，购买了一个苹果，马上跟朋友联系上了。

前后两个苹果各是什么意思呢？根据上下文，我们很容易理解，第一个“苹果”是指水果，因为其前面的词是“吃”，“吃”的东西只能是水果，这个关系比较直接。第二个“苹果”是什么意思呢？因为去的是“电器店”，后面又说“马上跟朋友联系上了”，那么这个“苹果”大概率是指“手机”，因为电器店不会卖水果“苹果”，也不太可能用水果“苹果”与朋友取得联系。

所以，如果要正确地理解句子，模型就必须具有这种建立句子中词与词之间关系的能力。

对于简单的循环神经网络来说，由于是按照顺序循环处理输入内容，当两个相关的词距离比较近时，是可以建立两个词之间的关系的，比如上例中的“吃”和“苹果”。如果两个相关的词距离比较远的话，就难以建立这个关联关系。比如下面这句：

我买了一个苹果，走在宽敞的大街上，看着熙熙攘攘的人群，一边吃一边走进了一家商店。

估计就很难在“苹果”和“吃”之间建立联系，因为“苹果”与“吃”的距离有点远。这种现象称作长距离依赖。

小明：这个看起来确实有难度。

艾博士：为了解决长距离依赖问题，很多研究者从不同的角度提出改进模型，长短期记忆网络 LSTM 就是为了解决这个问题而提出的。LSTM 通过引入状态 s 和门控机制试图解决这个问题，虽然扩大了对词距离的限制，但也难于有效处理长序列数据。

除此以外，循环神经网络还存在一个问题。小明你还记得循环神经网络中单词是以什么方式输入的吗？

小明想了想回答说：单词是以词向量的形式输入的，每个单词以向量的形式表示。在第 1 篇中您介绍过一种可以通过训练获取词向量的算法 word2vec。

艾博士：是的，word2vec 是比较典型的词向量算法，这类算法的特点是词向量是静态的，每个单词具有唯一的词向量表示。前面我们说过，很多单词具有多义性，一个单词的含义与其所在的上下文有关，这种静态的词向量表示显然不适合表示像“苹果”这类多义词，词的表示应该与其上下文有关，也就是需要一种与其上下文有关的动态表示方法，才可以体现出单词的多义性。

正是在这样的背景下人们提出了 Transformer 模型，该模型通过注意力机制体现不同词之间的关联，用一个词所处的上下文单词联合表示该单词，体现其在具体上下文中的具体含义，是一种词向量的动态表示方法。

Transformer 模型也是一种“编码器-解码器”模型，通过多层编码机制实现对输入序列的深入理解，得到输入序列的中间表示，然后再采用同样层数的解码机制，对中间表示进行解码，得到需要的输出序列。通过这样的方法处理序列到序列问题。

小明：为什么采用多层编码和多层解码呢？

艾博士：多层编码是为了从不同的层次对输入进行编码，比如我们在学习外语时，看到一句相对复杂的句子，我们可能一下子不明白其表达的含义，为了弄明白是什么意思，我们可能先进行一下句法分析，分析哪个是主语，哪个是谓语，修饰关系是怎样的。然后再一层层地向上分析，逐步获取句子每个部分所表达的含义，最终理解了句子本身。

小明：艾博士说得很对，我在学习外语时就经常遇到这样的情况。

艾博士接着说：所以 Transformer 也采用这种类似人类思考的方法，一层层地逐步对输入序列进行分析，得到输入序列的中间表示，该表示体现了输入序列的语义信息。

小明：那么解码就应该是类似编码的反过程，一层层地细化中间表示，最终得到输出序列吧？

艾博士：解码器就是这样的过程，但是在解码的每一层都要“参考”编码器的中间表示，同时由于输出的是一个序列，序列中后面的内容也要“参考”前面已有的输出。

Transformer 的基本结构如图 7.7 所示。

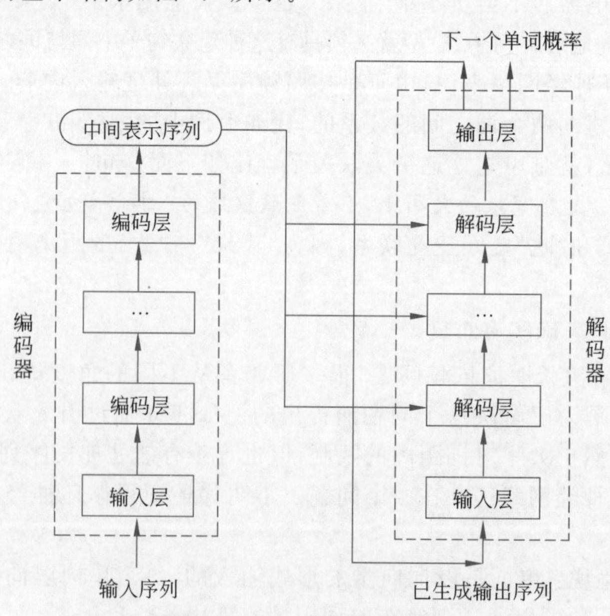

图 7.7 Transformer 示意图

小明：艾博士，为什么这种编码器-解码器模型称作 Transformer 呢？

艾博士：Transformer 具有两个意思。一个意思是变形金刚的意思，这可能与该模型的提出者喜欢变形金刚有关。另一个意思是变压器的意思，编码器-解码器模型类似于变压器，将输入序列转换为输出序列。所以也有将 Transformer 翻译为“转换器”的，不过由于这是一个模型的名称，所以我们直接使用 Transformer 这个名称。

小明：原来 Transformer 的名称来自变形金刚啊，我也很喜欢变形金刚，现在家里还有呢。

艾博士：下面我们以 Transformer 最原始的模型讲解其原理，不涉及其各种改进版本，小明如果对各种改进版本有兴趣，可以在学完本篇内容后查阅相关论文，有了本篇的学习基础，相信理解起来也会比较容易。

下面我们先分别介绍 Transformer 中用到的注意力机制、残差连接和层归一化技术，了解了这些内容，Transformer 模型就容易理解了。

小明读书笔记

很多问题可以归纳为序列到序列问题，机器翻译是典型的代表。比如汉语翻译成英语，输入是汉语句子，也就是汉语单词组成的序列，输出是对应的英语句子，也就是英语单词组成的序列。

循环神经网络虽然也可以在一定程度上求解序列到序列问题，但是循环神经网络存在两个问题。一是词向量是固定的，很难解决词的多义性问题。二是难于解决长距离依赖问题，两个词的距离大到一定程度，就难以在两个词之间建立关联关系。在这样的背景下，Transformer 被提了出来。Transformer 由编码器和解码器组成，并通过多层编码和解码的方式处理序列到序列问题。

7.3 注意力机制

7.3.1 什么是注意力机制

艾博士：为了在输入序列中不同单词间建立关联关系，Transformer 引入了注意力机制。

小明：什么是注意力机制呢？Transformer 又是如何利用注意力机制对序列中不同单词建立关联关系的呢？

艾博士：注意力的概念来自于心理学的研究，指的是个体对环境中不同特定刺激的注意行为，属于一种精神能力。比如我们在看一张照片时，照片中有些内容会引起我们格外注意，而有些内容则可能被忽略，将有限的注意力集中在我们特别关注的内容上。比如对于图 7.8，什么内容最吸引你的注意力呢？

小明：我一眼就看到了一只熊，目光完全被图中的熊所吸引。

艾博士：注意力机制就是借用心理学的概念，按照重要程度的不同，有选择地获取信息，用于概念的组合表示。比如我们存储了一些不同年龄人的收入信息，想了解“中年人”的收入情况。由于“中年人”是个模糊概念，那么在统计收入情况时，应该对不同年龄人的收入

图 7.8　一张含有熊的照片

做加权处理。比如 45 岁的人与"中年人"的相似性比较大,那么其权重应该比较大,而 35 岁或者 55 岁的人,与"中年人"的相似性要小一些,则其权重应该小一些。权重大的就是我们注意力集中的内容,权重小的就是不那么重要的内容。如果我们对相似性做归一化处理,并以相似性作为收入的权重做加权和,则计算结果实际上就是"中年人"收入的加权平均值。这种按照相似性的大小对收入情况做加权处理的方法,就是我们所说的注意力机制。

小明:艾博士您讲的意思我都明白了,但具体又是如何实现的呢?

艾博士:小明请别着急,这里我们只是先介绍一下注意力机制的基本思想,下面我们就开始介绍具体的实现方法。

上例中,我们是以"中年人"作为查询词,以具体的"年龄"作为查询对象,而与"年龄"对应的"收入"是我们想要的结果。一般地,我们将"中年人"称作"查询",用 $\boldsymbol{q}$ 表示,"年龄"称作"键",用 $\boldsymbol{k}$ 表示,与"年龄"对应的"收入"称作"值",用 $\boldsymbol{v}$ 表示。所以注意力机制的基本思想就是以"查询"与"键"的相似性作为权重,计算"值"的加权平均值。

对于数据库查询来说,"查询""键"等都是符号表示的。Transformer 模型的基本框架采用神经网络实现,如同其他的神经网络处理文本数据的方法一样,文本中的词均以词向量的形式表达,所以这里的查询 $\boldsymbol{q}$、键 $\boldsymbol{k}$ 和值 $\boldsymbol{v}$,也均以向量表示。一般情况下向量 $\boldsymbol{q}$ 与 $\boldsymbol{k}$ 的维度相同,与相似度的计算方法有关,向量 $\boldsymbol{v}$ 的维度虽然不要求一定与 $\boldsymbol{q}$、$\boldsymbol{k}$ 一致,但一般也是相等的。

小明:如何得到查询、键、值的向量表示呢?

艾博士:如同我们在第 1 篇中讲过的可以通过神经网络语言模型获取词向量一样,向量表示可以在 Transformer 的训练过程中同时得到,我们先假定已经得到了它们的向量表示。

设查询为 $\boldsymbol{q}$,共有 n 个键 $\boldsymbol{k}_i(i=1,2,\cdots,n)$,其对应的值为 $\boldsymbol{v}_i(i=1,2,\cdots,n)$,$\mathrm{sim}(\boldsymbol{q},\boldsymbol{k}_i)$表示查询 $\boldsymbol{q}$ 与键 $\boldsymbol{k}_i$ 的相似度为一个标量。为了计算值 $\boldsymbol{v}_i$ 的加权平均值,我们要对相似度做归一化处理,也就是要求归一化的相似度满足条件:

$$\sum_{i=1}^{n}\alpha(\boldsymbol{q},\boldsymbol{k}_i)=1 \tag{7.15}$$

其中,$\alpha(\boldsymbol{q},\boldsymbol{k}_i)$是 $\boldsymbol{q}$ 与 $\boldsymbol{k}_i$ 的归一化相似度,可以用 softmax 函数实现相似度的归一化:

$$\alpha(\boldsymbol{q},\boldsymbol{k}_i)=\text{softmax}(\text{sim}(\boldsymbol{q},\boldsymbol{k}_i))=\frac{\mathrm{e}^{\text{sim}(\boldsymbol{q},\boldsymbol{k}_i)}}{\sum_{j=1}^{n}\mathrm{e}^{\text{sim}(\boldsymbol{q},\boldsymbol{k}_j)}} \tag{7.16}$$

艾博士边讲解边问小明：这个公式是不是看着很熟悉？

小明边想边说道：确实熟悉，在神经网络中我们用经常采用该函数作为激活函数使用。

艾博士：正是这样的，在这里我们利用它的归一化功能，将相似度 $\text{sim}(\boldsymbol{q},\boldsymbol{k}_i)$ 变换为归一化相似度。

艾博士接着解释说：经过这样的处理之后，查询 $\boldsymbol{q}$ 的检索结果为以归一化相似度为权重的加权平均值向量 $\boldsymbol{v}$，其中 $\boldsymbol{v}$ 是与 $\boldsymbol{v}_i$ 等维度的向量：

$$\boldsymbol{v}=\sum_{i=1}^{n}\alpha(\boldsymbol{q},\boldsymbol{k}_i)\boldsymbol{v}_i \tag{7.17}$$

其中的 $\alpha(\boldsymbol{q},\boldsymbol{k}_i)$ 又称作注意力权重，因为注意力的大小是由 $\alpha(\boldsymbol{q},\boldsymbol{k}_i)$ 所体现的，而 $\boldsymbol{v}$ 称作注意力向量。

小明：这里的相似度 $\text{sim}(\boldsymbol{q},\boldsymbol{k}_i)$ 怎么计算呢？

艾博士：有多种计算相似度的方法。小明，前面我们介绍过向量运算，你还记得什么运算体现的是两个向量的相似度吗？

小明回想了一下回答说：艾博士，我记得您介绍向量的点积运算时，提到过点积运算实际上反映的是两个向量的相似性。

艾博士听到小明的回答高兴地说：小明说得很对，下面我们就以点积运算作为向量的相似度为例进行讲解。在点积运算中，当向量的维度比较大时可能会得到一个比较大的数值，为此一般会除以向量维度的开方，以便相似度取值在一定的范围以内，这样可以一定程度地防止训练时可能出现的梯度消失问题，即

$$\text{sim}(\boldsymbol{q},\boldsymbol{k}_i)=\frac{\boldsymbol{q}\boldsymbol{k}_i^{\mathrm{T}}}{\sqrt{d}} \tag{7.18}$$

艾博士接着说：从上述计算过程可以得知，注意力机制的本质就是用相关的键值组合表示查询结果，在有些情况下，键 $\boldsymbol{k}$ 和值 $\boldsymbol{v}$ 可能是相同的。比如前面的例子中，我们查询的是“中年人”的加权收入情况，这种情况下，键和值是不同的，但如果我们要查询的是“中年人”的加权年龄情况，键和值就是相同的了，都是年龄。

小明：明白了，原来注意力机制还可以这样用。

艾博士：在注意力机制中，设查询 $\boldsymbol{q}$ 为维度为 d 的行向量，有 n 个用行向量表示的键 $\boldsymbol{k}_i(i=1,2,\cdots,n)$，$\boldsymbol{k}_i$ 的维度为 d，我们可以 $\boldsymbol{k}_i$ 作为矩阵的第 i 行，组成一个 n 行 d 列的矩阵 $\boldsymbol{K}$：

$$\boldsymbol{K}=\begin{bmatrix}\boldsymbol{k}_1\\ \boldsymbol{k}_2\\ \vdots\\ \boldsymbol{k}_n\end{bmatrix}$$

同理，n 个维度为 d 的值 $\boldsymbol{v}_i$ 也可以用矩阵 $\boldsymbol{V}$ 表示：

$$V=\begin{bmatrix} \boldsymbol{v}_1 \\ \boldsymbol{v}_2 \\ \vdots \\ \boldsymbol{v}_n \end{bmatrix}$$

综合式(7.16)～式(7.18)，则查询 $\boldsymbol{q}$ 与键 $\boldsymbol{K}$ 的查询结果也就是注意力可以用向量表示为

$$\operatorname{att}(\boldsymbol{q},\boldsymbol{K},\boldsymbol{V})=\operatorname{softmax}\left(\frac{\boldsymbol{q}\boldsymbol{K}^{\mathrm{T}}}{\sqrt{d}}\right)\cdot\boldsymbol{V} \tag{7.19}$$

其结果是维度为 d 的行向量。

假设有 m 个维度为 d 的查询 $\boldsymbol{q}_i(i=1,2,\cdots,m)$，同样所有查询也可以用矩阵 $\boldsymbol{Q}$ 表示：

$$\boldsymbol{Q}=\begin{bmatrix} \boldsymbol{q}_1 \\ \boldsymbol{q}_2 \\ \vdots \\ \boldsymbol{q}_m \end{bmatrix}$$

每个查询 $\boldsymbol{q}_i$ 均计算与键矩阵 $\boldsymbol{K}$ 的注意力，一个查询得到一个行向量表示的注意力向量(由式(7.19)给出)，这样 m 个查询可以得到 m 个注意力向量。如果以第 i 个注意力向量为矩阵的第 i 行，则可以得到一个 m 行 d 列的注意力矩阵：

$$\begin{aligned}\operatorname{att}(\boldsymbol{Q},\boldsymbol{K},\boldsymbol{V})&=\begin{bmatrix}\operatorname{softmax}\left(\frac{\boldsymbol{q}_1\boldsymbol{K}^{\mathrm{T}}}{\sqrt{d}}\right)\cdot\boldsymbol{V}\\ \operatorname{softmax}\left(\frac{\boldsymbol{q}_2\boldsymbol{K}^{\mathrm{T}}}{\sqrt{d}}\right)\cdot\boldsymbol{V}\\ \vdots \\ \operatorname{softmax}\left(\frac{\boldsymbol{q}_m\boldsymbol{K}^{\mathrm{T}}}{\sqrt{d}}\right)\cdot\boldsymbol{V}\end{bmatrix}\\ &=\operatorname{softmax}\left(\frac{\boldsymbol{Q}\boldsymbol{K}^{\mathrm{T}}}{\sqrt{d}}\right)\cdot\boldsymbol{V}\end{aligned} \tag{7.20}$$

其中，最后一个 softmax 函数是对矩阵的每一行做 softmax 运算。

7.3.2 自注意力机制

小明：艾博士，前面您介绍过，引入注意力机制的目的是为了建立一个序列中单词间的相关关系，注意力机制是如何达到这一目的的呢？我还没有想明白二者之间的关系。

艾博士：下面我们就介绍一下如何用注意力机制建立一个序列中单词间的关联关系。

设长度为 n 的输入序列 $\boldsymbol{x}$ 为 $\boldsymbol{x}_1,\boldsymbol{x}_2,\cdots,\boldsymbol{x}_n$，其中 $\boldsymbol{x}_i$ 是序列中第 i 个位置单词的词向量，维度为 d。我们想知道 $\boldsymbol{x}_i$ 与序列中其他单词间的关联程度，则可以通过注意力机制计算。为此我们可以将 $\boldsymbol{x}_i$ 当作查询 $\boldsymbol{q}$，而序列中的每个单词都当作是键 $\boldsymbol{k}_i$，键 $\boldsymbol{k}_i$ 的值 $\boldsymbol{v}_i$ 就是 $\boldsymbol{k}_i$ 自己，采用这样的方法得到的注意力向量就是用序列中的每个向量对 $\boldsymbol{x}_i$ 的一种表示，体现了序列中第 i 个单词 $\boldsymbol{x}_i$ 在该上下文中的语义信息。

听艾博士讲到这里，小明有些疑问地问道：难道这里查询、键和值都是序列中的词向量吗？

艾博士：确实如小明所讲的，在这里查询、键和值都是序列中的词向量，每个单词都用

序列中的所有词通过计算注意力的方式表达其在序列中的语义信息。所以这种注意力机制又称作自注意力机制，通俗地说，就是计算序列自己跟自己的注意力。

如果以 $\boldsymbol{x}_i$ 作为矩阵的第 i 行，则输入序列可以用 n 行 d 列的矩阵 $\boldsymbol{X}$ 表示：

$$\boldsymbol{X}=\begin{bmatrix}\boldsymbol{x}_1\\ \boldsymbol{x}_2\\ \vdots\\ \boldsymbol{x}_n\end{bmatrix}$$

则在自注意力机制中，查询矩阵 $\boldsymbol{Q}$、键矩阵 $\boldsymbol{K}$ 和值矩阵 $\boldsymbol{V}$ 均为 $\boldsymbol{X}$，代入式(7.20)得到 n 行 d 列自注意力矩阵：

$$\operatorname{att}(\boldsymbol{Q},\boldsymbol{K},\boldsymbol{V})=\operatorname{att}(\boldsymbol{X},\boldsymbol{X},\boldsymbol{X})=\operatorname{softmax}\left(\frac{\boldsymbol{X}\boldsymbol{X}^{\mathrm{T}}}{\sqrt{d}}\right)\cdot\boldsymbol{X} \tag{7.21}$$

其第 i 行就是序列中第 i 个单词的注意力向量，体现的是该单词在序列中的语义信息。

小明：这就如同前面举的“苹果”的例子，究竟是指水果还是指手机，需要通过其所在的上下文信息确定是一样吧？

艾博士：就是这个意思。另外前面我们也说过，在 Transformer 中词向量是根据其上下文动态确定的，也是指的这种自注意力机制，通过自注意力机制实现对词的动态表示，一个单词所在的上下文不同，会得到不同的词向量表示。

小明赞叹道：自注意力机制真是一种巧妙的办法。

7.3.3　多头注意力机制

讲到这里艾博士问小明：卷积神经网络的功能是什么？为什么需要多个卷积核？

小明回忆了一下回答说：卷积神经网络的功能实际上是在提取特征，一个卷积核提取一种特征，如果需要提取多种不同的特征，则需要多个卷积核。

艾博士夸赞道：小明回答得很好！如果与卷积神经网络类比一下的话，注意力机制是在提取不同位置单词间的关联关系，不同的角度，单词间的关联关系可能也是不同的，所以一个单词的向量表示也希望从多个不同的角度体现出来。这就提出了多头注意力机制。多头注意力机制由多个注意力机制组合而成，每个注意力机制的作用就相当于一个卷积核。

小明：如何实现这种多个注意力机制的组合呢？

艾博士：多头注意力机制的实现并不复杂，其基本思想是对查询 $\boldsymbol{Q}$、键 $\boldsymbol{K}$ 和值 $\boldsymbol{V}$ 进行一定的旋转，在新的坐标空间下进行注意力机制计算。如果要计算 h 个头的多头注意力机制，则需要进行 h 次旋转，在 h 个不同的坐标空间中实现 h 次注意力机制计算，然后再将 h 个注意力机制的计算结果组合在一起就可以了。

讲到这里艾博士问小明：前面我们复习过有关矩阵、向量的运算，如何实现对向量做旋转运算呢？

小明回忆了一下说：我记得矩阵右乘向量就是对向量做旋转运算，同时也相当于对坐标轴做旋转得到一个新的坐标空间，矩阵右乘向量的结果为被乘向量在新坐标空间下的坐标。

艾博士赞赏道：小明说得非常正确。在多头注意力机制中就是通过矩阵右乘分别将查询 $\boldsymbol{Q}$、键 $\boldsymbol{K}$、值 $\boldsymbol{V}$ 变换到 h 个不同的新坐标空间中，并分别在每个新坐标空间进行注意力机制计算，最后再组合在一起得到一个总的多头注意力机制计算结果。

小明：艾博士，您说的意思我大概明白了，具体是如何计算的呢？还是有点乱，没有想太明白。

艾博士：我们先考虑一个头的情况。

设有 m 个维度为 d 的查询 $\boldsymbol{q}_i(i=1,2,\cdots,m)$，以 $\boldsymbol{q}_i$ 作为矩阵的第 i 行，组成一个 m 行 d 列的矩阵 $\boldsymbol{Q}$：

$$\boldsymbol{Q}=\begin{bmatrix}\boldsymbol{q}_1\\\boldsymbol{q}_2\\\vdots\\\boldsymbol{q}_m\end{bmatrix}$$

设有 n 个维度为 d 的键 $\boldsymbol{k}_i(i=1,2,\cdots,n)$，以 $\boldsymbol{k}_i$ 作为矩阵的第 i 行，组成一个 n 行 d 列的矩阵 $\boldsymbol{K}$：

$$\boldsymbol{K}=\begin{bmatrix}\boldsymbol{k}_1\\\boldsymbol{k}_2\\\vdots\\\boldsymbol{k}_n\end{bmatrix}$$

每个键 $\boldsymbol{k}_i(i=1,2,\cdots,n)$ 对应一个维度为 d 的值 $\boldsymbol{v}_i(i=1,2,\cdots,n)$，也可以用矩阵 $\boldsymbol{V}$ 表示：

$$\boldsymbol{V}=\begin{bmatrix}\boldsymbol{v}_1\\\boldsymbol{v}_2\\\vdots\\\boldsymbol{v}_n\end{bmatrix}$$

我们用一个 d 行 d_h 列矩阵 $\boldsymbol{W}_q$ 右乘查询矩阵 $\boldsymbol{Q}$，其结果为一个 m 行 d_h 列的矩阵，该矩阵的第 i 行是由第 i 个查询 $\boldsymbol{q}_i$ 经右乘矩阵 $\boldsymbol{W}_q$ 旋转得到的 d_h 维向量，我们以此为新坐标空间下的查询矩阵，即

$$\boldsymbol{Q}'=\boldsymbol{Q}\boldsymbol{W}_q \tag{7.22}$$

采用同样的办法，用 d 行 d_h 列的矩阵 $\boldsymbol{W}_k$、$\boldsymbol{W}_v$ 分别右乘 $\boldsymbol{K}$、$\boldsymbol{V}$，得到新坐标空间下的键矩阵 $\boldsymbol{K}$ 和值矩阵 $\boldsymbol{V}$：

$$\boldsymbol{K}'=\boldsymbol{K}\boldsymbol{W}_k \tag{7.23}$$

$$\boldsymbol{V}'=\boldsymbol{V}\boldsymbol{W}_v \tag{7.24}$$

将式(7.22)～式(7.24)代入式(7.20)，则得到变换后的 m 行 d_h 列注意力矩阵：

$$\mathrm{att}(\boldsymbol{Q}',\boldsymbol{K}',\boldsymbol{V}')=\mathrm{att}(\boldsymbol{Q}\boldsymbol{W}_q,\boldsymbol{K}\boldsymbol{W}_k,\boldsymbol{V}\boldsymbol{W}_v)=\mathrm{softmax}\left(\frac{\boldsymbol{Q}\boldsymbol{W}_q(\boldsymbol{K}\boldsymbol{W}_k)^{\mathrm{T}}}{\sqrt{d}}\right)\cdot\boldsymbol{V}\boldsymbol{W}_v \tag{7.25}$$

为了方便起见，这种带有坐标变换的注意力机制我们还是用 $\mathrm{att}(\boldsymbol{Q},\boldsymbol{K},\boldsymbol{V})$ 表示：

$$\mathrm{att}(\boldsymbol{Q},\boldsymbol{K},\boldsymbol{V})=\mathrm{att}(\boldsymbol{Q}\boldsymbol{W}_q,\boldsymbol{K}\boldsymbol{W}_k,\boldsymbol{V}\boldsymbol{W}_v)=\mathrm{softmax}\left(\frac{\boldsymbol{Q}\boldsymbol{W}_q(\boldsymbol{K}\boldsymbol{W}_k)^{\mathrm{T}}}{\sqrt{d}}\right)\cdot\boldsymbol{V}\boldsymbol{W}_v \tag{7.26}$$

注意这里默认了要分别用 $\boldsymbol{W}_q$、$\boldsymbol{W}_k$、$\boldsymbol{W}_v$ 对 $\boldsymbol{Q}$、$\boldsymbol{K}$、$\boldsymbol{V}$ 3 个矩阵做右乘运算，式(7.20)是 $\boldsymbol{W}_q$、$\boldsymbol{W}_k$、$\boldsymbol{W}_v$ 3 个矩阵均为单位矩阵的特殊情况。

这是一个头的情况，当有 h 个头时，每个头都有 3 个相对应的旋转矩阵，设第 i 个头的

3 个旋转矩阵分别为 $\boldsymbol{W}_q^{(i)}$、$\boldsymbol{W}_k^{(i)}$、$\boldsymbol{W}_v^{(i)}$，由式(7.26)有第 i 个头的自注意力矩阵 $\boldsymbol{U}_i$ 为

$$\boldsymbol{U}_i = \mathrm{att}(\boldsymbol{Q}\boldsymbol{W}_q^{(i)}, \boldsymbol{K}\boldsymbol{W}_k^{(i)}, \boldsymbol{V}\boldsymbol{W}_v^{(i)}),\quad i=1,2,\cdots,h \tag{7.27}$$

每个 $\boldsymbol{U}_i$ 均为 m 行 d_h 列的矩阵。

将 h 个 $\boldsymbol{U}_i$ 拼接在一起，组成一个 m 行 $h \cdot d_h$ 列的矩阵 $\boldsymbol{U}$：

$$\boldsymbol{U} = [\boldsymbol{U}_1;\boldsymbol{U}_2;\cdots;\boldsymbol{U}_h] \tag{7.28}$$

其中，符号“;”表示拼接的意思。

小明有些不解地问道：这里所说的拼接具体是怎么操作的呢？

艾博士解释说：我们举例说明吧。

设词向量的维度是 4，输入序列长度为 5，具有 3 个头的自注意力机制，每个头的输出维度为 2，则 $\boldsymbol{U}_i$ 是一个 5 行 4 列的矩阵，其中 $i=1,2,3$。

设 $\boldsymbol{U}_i$ 分别为

$$\boldsymbol{U}_1 = \begin{bmatrix} 111,112,113,114 \\ 121,122,123,124 \\ 131,132,133,134 \\ 141,142,143,144 \\ 151,152,153,154 \end{bmatrix}$$

$$\boldsymbol{U}_2 = \begin{bmatrix} 211,212,213,214 \\ 221,222,223,224 \\ 231,232,233,234 \\ 241,242,243,244 \\ 251,252,253,254 \end{bmatrix}$$

$$\boldsymbol{U}_3 = \begin{bmatrix} 311,312,313,314 \\ 321,322,323,324 \\ 331,332,333,334 \\ 341,342,343,344 \\ 351,352,353,354 \end{bmatrix}$$

则拼接的结果 $\boldsymbol{U}$ 为一个 5 行 12 列的矩阵：

$$\boldsymbol{U} = \begin{bmatrix} 111,112,113,114, & 211,212,213,214, & 311,312,313,314 \\ 121,122,123,124, & 221,222,223,224, & 321,322,323,324 \\ 131,132,133,134, & 231,232,233,234, & 331,332,333,334 \\ 141,142,143,144, & 241,242,243,244, & 341,342,343,344 \\ \underbrace{151,152,153,154,}_{\boldsymbol{U}_1} & \underbrace{251,252,253,254,}_{\boldsymbol{U}_2} & \underbrace{351,352,353,354}_{\boldsymbol{U}_3} \end{bmatrix}$$

小明：通过这个例子就一目了然了，原来是这样做拼接的。

艾博士继续讲解说：最后，再通过对 $\boldsymbol{U}$ 右乘一个 $h \cdot d_h$ 行 d 列矩阵 $\boldsymbol{W}_o$，将在多个空间计算得到的注意力结果整合在一起，就得到了多头注意力矩阵，即

$$\mathrm{multi\_att}(\boldsymbol{Q},\boldsymbol{K},\boldsymbol{V}) = \boldsymbol{U} \cdot \boldsymbol{W}_o \tag{7.29}$$

其中，$\boldsymbol{U}$ 通过式(7.22)～式(7.28)计算得到。

听着艾博士的讲解，小明思考了一会儿问道：这里右乘矩阵 $\boldsymbol{W}_o$ 的意义是什么呢？

艾博士解释说：经过多头注意力机制之后，得到的 $\boldsymbol{U}$ 是每个头结果的拼接，其列数为 $h \cdot d_h$，也就是说 $\boldsymbol{U}$ 的每一行都是一个维度为 $h \cdot d_h$ 的向量。而 $\boldsymbol{U}$ 的每一行都与一个查询相对应，是该查询以多头注意力机制表示的结果。我们希望经多头注意力机制表示之后其向量的维度保持不变，为此通过右乘一个 $h \cdot d_h$ 行 d 列矩阵 $\boldsymbol{W}_o$ 实现这一目的，将 $\boldsymbol{U}$ 变换为 m 行 d 列的矩阵。这实际上就是多头注意力机制的整合，将多头注意力在多个空间的计算结果，通过线性组合的方式整合在一起，这就是右乘矩阵 $\boldsymbol{W}_o$ 的意义。如果取 $d_h = \dfrac{d}{h}$，则拼接得到的 $\boldsymbol{U}$ 其本身就是 d 列的，则在这种情况下可以省略这个变换，这也是实际当中常用的方法。

小明：多头注意力也可以实现自注意力机制吧？

艾博士：是的，自注意力机制也可以采用多头的方法实现。在自注意力的情况下，只要将查询 $\boldsymbol{Q}$、键 $\boldsymbol{K}$、值 $\boldsymbol{V}$ 均用输入序列矩阵 $\boldsymbol{X}$ 代入就是多头自注意力机制，即

$$\text{multi\_att} = \boldsymbol{U} \cdot \boldsymbol{W}_o \tag{7.30}$$

其中：

$$\boldsymbol{U} = [\boldsymbol{U}_1; \boldsymbol{U}_2; \cdots; \boldsymbol{U}_h] \tag{7.31}$$

$$\boldsymbol{U}_i = \text{att}(\boldsymbol{X}\boldsymbol{W}_q^{(i)}, \boldsymbol{X}\boldsymbol{W}_k^{(i)}, \boldsymbol{X}\boldsymbol{W}_v^{(i)}), \quad i = 1, 2, \cdots, h \tag{7.32}$$

$$\text{att}(\boldsymbol{X}\boldsymbol{W}_q^{(i)}, \boldsymbol{X}\boldsymbol{W}_k^{(i)}, \boldsymbol{X}\boldsymbol{W}_v^{(i)}) = \text{softmax}\left(\frac{\boldsymbol{X}\boldsymbol{W}_q^{(i)} (\boldsymbol{X}\boldsymbol{W}_k^{(i)})^{\mathrm{T}}}{\sqrt{d}}\right) \cdot \boldsymbol{X}\boldsymbol{W}_v^{(i)}, \quad i = 1, 2, \cdots, h \tag{7.33}$$

小明：我明白了，多头自注意力机制就是通过多个自注意力机制实现对输入序列的组合表示，反映了单词在其上下文中的语义信息。这就是您前面曾经说过的词向量的动态表示吧？

艾博士：对，通过多头自注意力机制获取了不同单词间的关联关系，并按照注意力权重对上下文词向量做组合，体现了一个单词在所处上下文中的语义信息。

小明边思考边问道：无论是多头注意力机制还是多头自注意力机制，每个头都用到了3个矩阵 $\boldsymbol{W}_q^{(i)}$、$\boldsymbol{W}_k^{(i)}$、$\boldsymbol{W}_v^{(i)}$，h 个头的话则一共有 $3h$ 个矩阵，再加上矩阵 $\boldsymbol{W}_o$，则共有 $3h+1$ 个矩阵，这些矩阵如何确定呢？

艾博士：这些矩阵都是待确定参数，通过训练确定。事实上，多头注意力机制也可以表示为神经网络的形式。

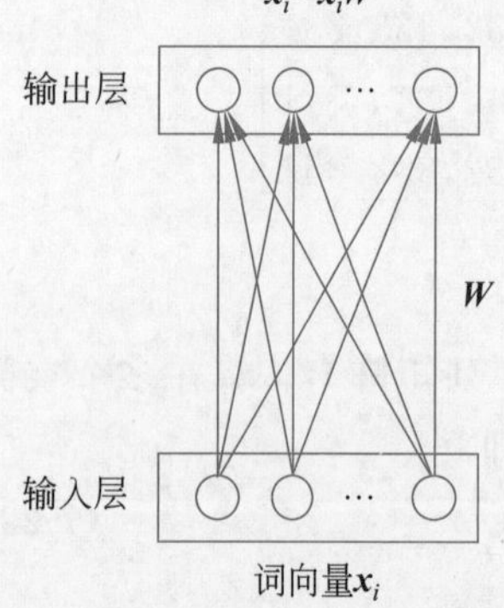

图 7.9 $\boldsymbol{x}_i\boldsymbol{W}$ 的神经网络表示

小明有些疑惑地问道：这与神经网络有什么关系呢？

艾博士解释说：遇到向量与矩阵或者矩阵与矩阵做乘法时，一般都可以等效为一个神经网络，只是有些权重可能是共享的。

下面我们就分析一下，如何用神经网络表达多头注意力机制，为了简单起见我们以多头自注意力机制为例说明。

设长度为 n 的输入序列为 $\boldsymbol{x}_1, \boldsymbol{x}_2, \cdots, \boldsymbol{x}_n$，其中 $\boldsymbol{x}_i$ 是序列中第 i 个位置单词的词向量，维度为 d，$\boldsymbol{X}$ 为 n 行 d 列矩阵，其第 i 行为词向量 $\boldsymbol{x}_i$。

词向量 $\boldsymbol{x}_i$ 右乘矩阵 $\boldsymbol{W}$ 可以表示为图 7.9 所示的一个全连

接神经网络，输入是维度为 d 的词向量，输入层的每个神经元对应词向量的每个元素，所以输入层具有 d 个神经元；输出层是 d_h 个神经元分别对应维度为 d_h 的向量 $\boldsymbol{x}_i'=\boldsymbol{x}_i\boldsymbol{W}$ 的每个元素。d 行 d_h 列矩阵 $\boldsymbol{W}=[w_{kl}]$ 对应的是神经网络的权重矩阵，w_{kl} 为输入层第 k 个神经元到输出层第 l 个神经元的连接权重。

如果对输入序列 $\boldsymbol{X}$ 中的每个词向量均右乘矩阵 $\boldsymbol{W}$，$\boldsymbol{X}'=\boldsymbol{XW}$ 可以表示为如图 7.10 所示的神经网络，其中权重矩阵 $\boldsymbol{W}$ 是共享的，也就是输入序列中的每个词向量，均用同一个矩阵右乘。为了简化起见，图 7.10 中简化了神经元之间的连接线，这样看起来更加简洁。

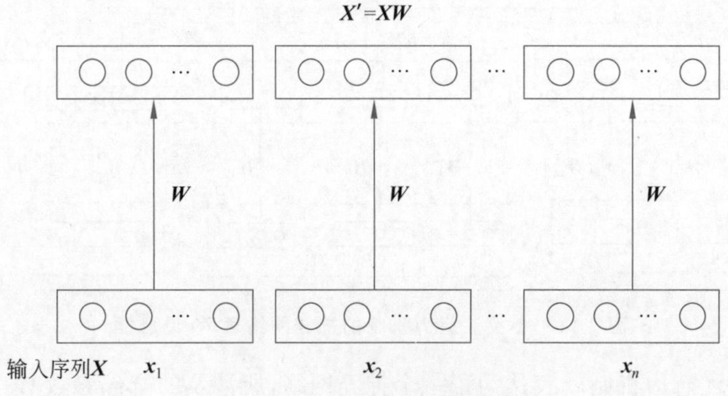

图 7.10　XW 的神经网络表示

采用这种方法，式(7.22)～式(7.24)均可以表示为神经网络，只是图 7.10 中的 $\boldsymbol{W}$ 分别用 $\boldsymbol{W}_q$、$\boldsymbol{W}_k$、$\boldsymbol{W}_v$ 代替即可。

小明听着艾博士的讲解恍然大悟道：原来是这样啊，是一个没有激活函数的神经网络。

艾博士：采用类似的方法，多头注意力机制可以表示为如图 7.11 所示的神经网络，图中只是详细地给出了第 i 个头的示意图，其他头也都具有同样的结构，只是参数不同而已。

图 7.11 由 3 部分组成。最下边绿色虚线框是将查询矩阵 $\boldsymbol{Q}$、键矩阵 $\boldsymbol{K}$、值矩阵 $\boldsymbol{V}$ 分别右乘 $\boldsymbol{W}_q^i$、$\boldsymbol{W}_k^i$、$\boldsymbol{W}_v^i$，得到在新坐标空间下的 $\boldsymbol{Q}_i=\boldsymbol{QW}_q^i$、$\boldsymbol{K}_i=\boldsymbol{KW}_k^i$、$\boldsymbol{V}_i=\boldsymbol{VW}_v^i$。其中最下边 3 个红色虚线框，每个虚线框内各有 $n\cdot d$ 个神经元，分别与 $\boldsymbol{Q}$、$\boldsymbol{K}$、$\boldsymbol{V}$ 对应。上边 3 个红色虚线框则分别对应新坐标空间下的 $\boldsymbol{Q}_i=\boldsymbol{QW}_q^i$、$\boldsymbol{K}_i=\boldsymbol{KW}_k^i$、$\boldsymbol{V}_i=\boldsymbol{VW}_v^i$。

接下来分别以 $\boldsymbol{Q}_i$、$\boldsymbol{K}_i$、$\boldsymbol{V}_i$ 作为查询矩阵、键矩阵、值矩阵进行注意力计算，即

$$\boldsymbol{U}_i=\mathrm{att}(\boldsymbol{Q}_i,\boldsymbol{K}_i,\boldsymbol{V}_i)=\mathrm{att}(\boldsymbol{QW}_q^{(i)},\boldsymbol{KW}_k^{(i)},\boldsymbol{VW}_v^{(i)}) \tag{7.34}$$

这样就得到了多头注意力机制中第 i 个头的注意力矩阵 $\boldsymbol{U}_i$，其行数为 n，列数为 d_h。

讲到这里小明问道：这是在神经网络中加入了注意力机制吗？

艾博士解释说：这里的注意力函数 att 可以当作是一个相对复杂的激活函数看待。

小明恍然大悟道：当作激活函数看待就容易理解了。

艾博士继续讲解说：再看图 7.11 最上面的绿色虚线框。对于 h 个头的多头注意力机制，采用相同的方法分别获得注意力矩阵 $\boldsymbol{U}_i(i=1,2,\cdots,h)$，均为 n 行 d_h 列的矩阵。将全部 $\boldsymbol{U}_i$ 拼接在一起得到一个 n 行 $h\cdot d_h$ 列的多头注意力矩阵 $\boldsymbol{U}$，展开成 $n\cdot h\cdot d_h$ 个神经元，即上面的绿色虚线框中下面一层神经元。该层神经元与最上面一层共 $n\cdot d$ 个神经元进行全连接，权重为 $h\cdot d_h$ 行 d 列矩阵 $\boldsymbol{W}_o$，表示的是该矩阵 $\boldsymbol{U}$ 右乘一个矩阵 $\boldsymbol{W}_o$，最终的输出就是式(7.29)所示的多头注意力矩阵。

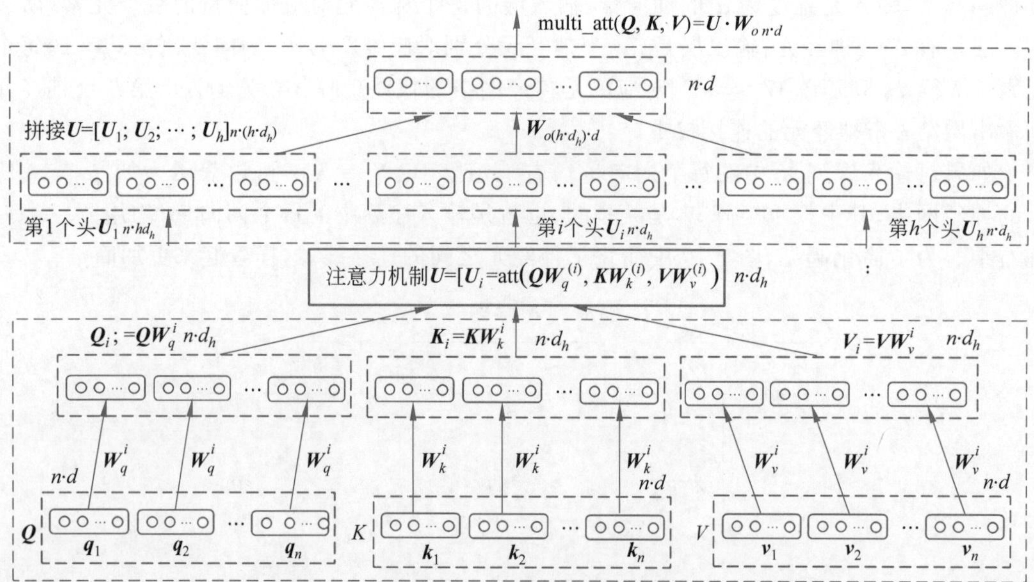

图 7.11　多头注意力机制的神经网络表示(见彩插)

至此，多头注意力机制就表达为了一个神经网络，所涉及的全部参数 W_q^i、W_k^i、W_v^i（$i=1,2,\cdots,h$）和 W_o 均可以通过神经网络的训练获得。如果将图 7.11 中最下面的 Q、K、V 均以输入序列矩阵 X 代替，则是多头自注意力机制。

小明：我明白了，转换为了神经网络表示，所有参数就可以通过训练神经网络获得了。

小明读书笔记

注意力机制来自心理学的研究，将注意力机制借鉴过来，实现按照重要程度不同，有选择地获取信息，用于概念的组合表示。比如对于多义词，其具体的词义可以通过其所处上下文中其他的词表达，比如苹果是表示手机还是表示水果？看苹果一词所处的上下文信息就可以确定了。但是并不是句中所有词对确定苹果的词义都具有相同的作用，有的词作用大一些，比如“吃苹果”中的“吃”就确定了这里“苹果”的词义是水果，而“用苹果与朋友联系”中的“用”“联系”则决定了这里的“苹果”表达的是手机。句子中一个词对确定其他词词义的重要程度称作注意力权重，用句中所有词按照注意力权重计算某个词在句中的词义，就是注意力机制。由于词是用词向量表示的，所以通过注意力机制可以动态表示一个词在所处上下文中的词向量，这样同样是“苹果”，由于其所处的上下文不同，就可以动态地得到不同的词向量表达。这种用上下文中其他词表示句中某个词义的方法称作自注意力机制。

在自注意力机制中，两个词的相似度可以用两个词向量的点积计算得到，而两个词的注意力权重就是用 softmax 做归一化后的相似度。

将句中所有词向量变换到多个不同的新空间中再进行自注意力机制计算，并将不同的自注意机制结果合并在一起的方法，称作多头自注意力机制。

7.4　残差连接

艾博士：小明还记得残差网络吗？

小明：在第 1 篇中您讲过残差网络，图 7.12 是残差网络中用到的典型残差模块，其精华是通过恒等映射实现残差运算。

艾博士：在残差模块中，通过恒等映射直接将模块的输入引到模块的输出，与残差 $F(\boldsymbol{X})$ 相加后作为残差模块的输出。这里的 $F(\boldsymbol{X})$ 不一定是用卷积神经网络实现，可以是任意形式的神经网络，包括注意力机制，因为我们前面介绍了注意力机制也可以表示为神经网络的形式。神经网络的这种连接方式称作残差连接，图 7.13 给出残差连接的一般形式。

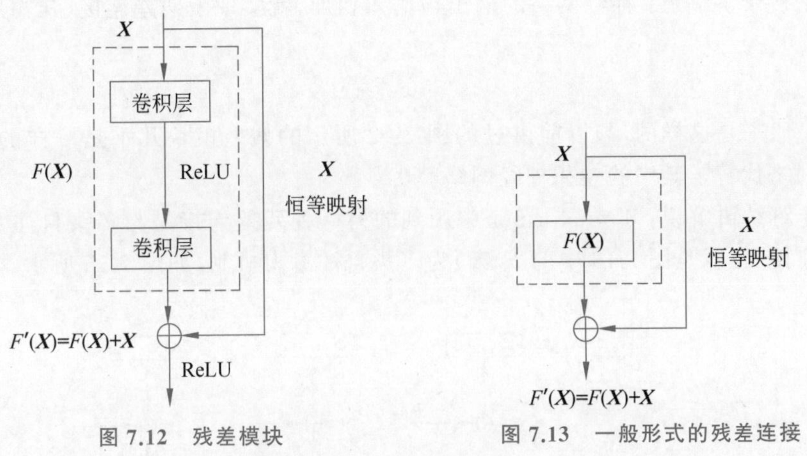

图 7.12　残差模块　　　　图 7.13　一般形式的残差连接

在 Transformer 中用到了两种残差连接。一种是与全连接神经网络结合的残差连接，也就是图 7.13 中的 $F(\boldsymbol{X})$ 为全连接神经网络，这种连接方式与图 7.12 所示的残差模块基本是一致的，只是其中的两层卷积神经网络用两层全连接神经网络代替，如图 7.14 所示。

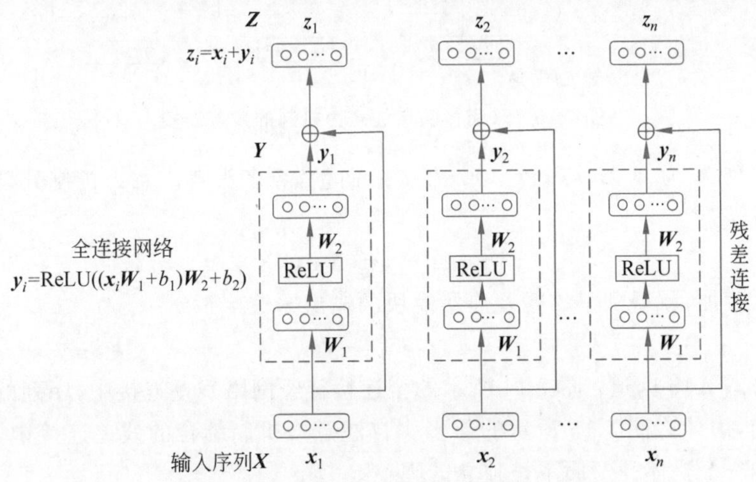

图 7.14　采用全连接神经网络的残差连接

设输入序列 $\boldsymbol{X}$ 为 $\boldsymbol{x}_1,\boldsymbol{x}_2,\cdots,\boldsymbol{x}_n$，$\boldsymbol{x}_i$ 为 d 维向量，每个 $\boldsymbol{x}_i$ 输入一个两层的全连接神经网络，每层有 d 个神经元，第一层神经元接 ReLU 激活函数后全连接到第二层神经元。设 $\boldsymbol{y}_i$ $(i=1,2,\cdots,n)$为与 $\boldsymbol{x}_i$ 对应的第二层全连接神经网络的输出，则

$$\boldsymbol{y}_i = \mathrm{ReLU}((\boldsymbol{x}_i\boldsymbol{W}_1 + b_1)\boldsymbol{W}_2 + b_2) \tag{7.35}$$

其中，$\boldsymbol{W}_1$、$\boldsymbol{W}_2$ 分别为第一层、第二层全连接神经网络的连接权重矩阵；b_1、b_2 分别为第一层、第二层全连接神经网络的偏置，均通过训练得到。

小明：从图 7.14 所示的示意图看，序列中每个位置都对应一个残差连接，图中标出的全连接神经网权重都是 $\boldsymbol{W}_1$、$\boldsymbol{W}_2$，说明这里的全连接神经网络都是相同的吗？

艾博士解释说：是这样的，序列中每个位置的神经网络不仅结构是一样的，其参数也是相同的，都是 $\boldsymbol{W}_1$、$\boldsymbol{W}_2$。

艾博士接着讲解道：神经网络的输出与输入相加，就实现了残差连接，其输出 $\boldsymbol{z}_i$ $(i=1,2,\cdots,n)$为

$$\boldsymbol{z}_i = \boldsymbol{x}_i + \boldsymbol{y}_i \tag{7.36}$$

小明：原来是这样的，与以前讲过的图 7.12 所示的残差模块几乎是一样的，只是用全连接神经网络代替了其中的卷积神经网络。

艾博士继续讲解说：Transformer 中用到的另一种残差连接是与多头自注意力机制结合的残差连接，也就是图 7.13 中的 $F(\boldsymbol{X})$为多头自注意力机制，如图 7.15 所示。

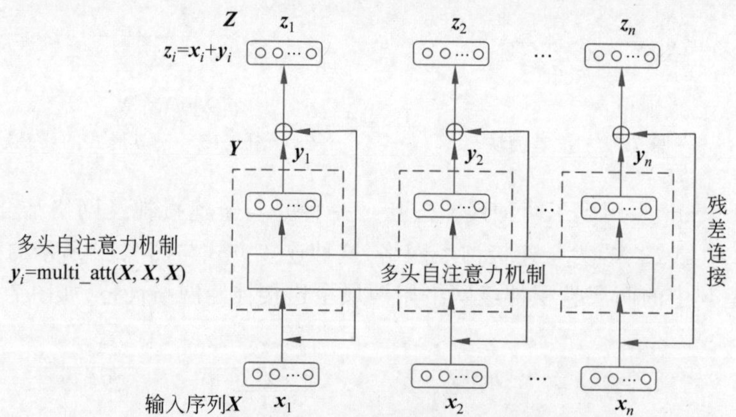

图 7.15 采用多头自注意力机制的残差连接

设输入序列 $\boldsymbol{X}$ 为 $\boldsymbol{x}_1,\boldsymbol{x}_2,\cdots,\boldsymbol{x}_n$，$\boldsymbol{x}_i$ 为 d 维向量，经多头自注意力机制处理得到其输出 $\boldsymbol{y}_i$ $(i=1,2,\cdots,n)$：

$$\boldsymbol{y}_i = \mathrm{multi\_att}(\boldsymbol{X},\boldsymbol{X},\boldsymbol{X}) \tag{7.37}$$

再与输入相加，就得到了该残差连接模块的输出 $\boldsymbol{z}_i$ $(i=1,2,\cdots,n)$：

$$\boldsymbol{z}_i = \boldsymbol{x}_i + \boldsymbol{y}_i \tag{7.38}$$

小明看着图 7.15 问道：图 7.14 所示的全连接神经网络残差连接中，序列的每个输入部分都是独立的，为什么图 7.15 所示的与多头自注意力机制结合的残差连接中，多头自注意力机制部分是一个整体呢？而不是独立的呢？

艾博士解释道：这是因为多头注意力机制的计算与每个输入有关，不能按位置独立开来。

小明反应过来了：我忘记这一点了，多头自注意力机制的计算确实与序列中的每个输

入都有关，不能独立计算。

小明读书笔记

残差网络提供了一种通过恒等映射进行残差连接的机制，这种机制也被引入 Transformer 中。所不同的是，残差网络中的残差连接是与卷积神经网络配合实现，而在 Transformer 中有两种残差连接实现方法。一种是与全连接网络配合实现，将残差网络中的两层卷积替换成两层全连接即可。另一种是与多头注意力机制配合实现，也就是将残差网络中的两层卷积替换成一层多头注意力机制。

7.5 层归一化

艾博士：在 Transformer 中一层一层地对输入序列进行处理，每一层的参数更新都可能会对处理后的数据分布产生变化，经过层层叠加后，任何底层微小的变动，都可能导致高层的数据分布发生剧烈的变化，从而需要不断更新参数以适应底层的参数更新。这会导致系统极度不稳定，给训练带来难度，也不利于使用。这一现象被称作"内部协变量偏移问题"，简称为 ICS(Internal Covariate Shift)问题。

小明：那么如何解决这一问题呢？

艾博士：ICS 问题不仅仅在 Transformer 中存在，几乎在任何神经网络中都有可能出现，常用的解决方法就是归一化，使得数据分布具有相同的均值和均方差。为此针对不同的情况，提出了很多不同的归一化方法，其基本思想大同小异，只是归一化的整体有所不同，也就是从哪个角度做归一化，具体体现在利用哪些数据计算均值和均方差。

小明：在 Transformer 中采用哪种归一化方法呢？

艾博士：在 Transformer 中采用的是层归一化方法，其归一化的整体是每个位置的向量表示。

设序列 $\boldsymbol{Z}$ 为 $\boldsymbol{z}_1,\boldsymbol{z}_2,\cdots,\boldsymbol{z}_n$，$\boldsymbol{z}_i=(z_i^1,z_i^2,\cdots,z_i^d,)$ 为 d 维向量，是某一层第 i 个位置的向量表示。层归一化就是对每个 z_i 做归一化处理，使得其分布满足均值为 0，均方差为 1。

小明：如何做到这一点呢？

艾博士：设 μ_i 为 $\boldsymbol{z}_i$ 的平均值：

$$\mu_i=\frac{1}{d}\sum_{k=1}^{d}\boldsymbol{z}_i^k \tag{7.39}$$

σ_i 为 $\boldsymbol{z}_i$ 的均方差：

$$\sigma_i=\sqrt{\frac{1}{d}\sum_{k=1}^{d}(\boldsymbol{z}_i^k-\mu_i)^2} \tag{7.40}$$

设序列 $\boldsymbol{H}$ 为 $\boldsymbol{h}_1,\boldsymbol{h}_2,\cdots,\boldsymbol{h}_n$，$\boldsymbol{h}_i$ 为 d 维向量，是 $\boldsymbol{z}_i$ 层归一化后的向量表示，则

$$\boldsymbol{h}_i=\frac{\boldsymbol{z}_i-\mu_i\cdot\boldsymbol{1}}{\sqrt{\sigma_i^2+\varepsilon}} \tag{7.41}$$

其中，$\boldsymbol{1}$ 为维度为 d、全部元素均为 1 的 $\boldsymbol{1}$—向量；ε 为设置的常量，防止均方差 σ_i 为 0 的情况出现。

经过这样的变换之后，容易验证 $\boldsymbol{h}_i$ 的均值为0、均方差为1。

小明看着式(7.41)有些不明白地问道：这里为什么要乘以 **1**-向量呢？

艾博士：由于均值 μ_i 为标量，为了与向量 $\boldsymbol{z}_i$ 做减法运算，需要将 μ_i 转换为向量，$\mu_i \cdot \mathbf{1}$ 实际上是每个元素均为 μ_i 的向量。

小明恍然大悟道：原来是这个意思啊，我明白了。

艾博士接着讲道：经过这样的归一化变换后虽然解决了数据分布的统一性问题，但又带来了另外的问题。

小明问道：会带来什么问题呢？

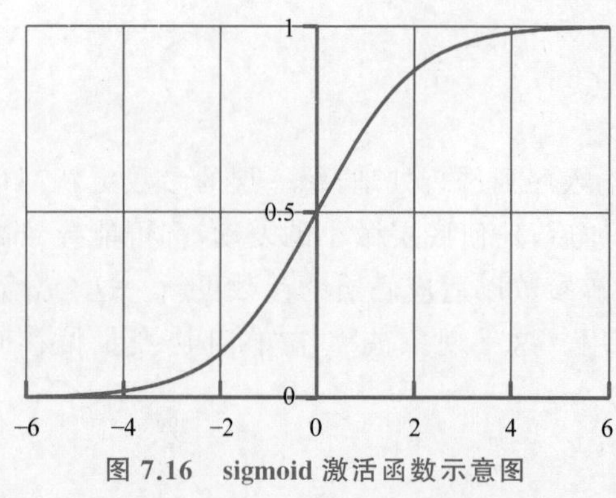

图 7.16 sigmoid 激活函数示意图

艾博士：由于归一化后的数据分布均值为0、均方差为1，则数据主要在0附近变化。在神经网络中常用的激活函数包括 sigmoid、tanh 等，在0附近基本处于线性区，如图7.16所示给出的是 sigmoid 激活函数的示意图，在0附近的[−1,1]范围内可以认为是近似线性的。

小明：从图中可以看出，在[−1,1]这个范围内确实可以认为是线性的，但是会带来哪些问题呢？

艾博士讲解说：神经网络如果缺少了非线性，则无论神经网络有多少层的连接，都可以等效成一个一层的线性网络，这样的话神经网络的能力将会被大打折扣，即便简单的问题都有可能不能求解。由于归一化后的数据分布均值为0、均方差为1，所以在正态分布下，约68%的数据都落入[−1,1]这个线性区域之内。

小明：这样的话，层归一化不是带来了更大的问题吗？

艾博士：为了解决这个问题，研究者提出了改进方法，在归一化的基础上又增加了平移和缩放两个参数，将数据分布控制在一个合理的范围内。实际使用的层归一化方法如下：

$$\boldsymbol{h}_i = \gamma_i \frac{\boldsymbol{z}_i - \mu_i \cdot \mathbf{1}}{\sqrt{\sigma_i^2 + \varepsilon}} + \beta_i \cdot \mathbf{1} \tag{7.42}$$

其中，γ_i 为缩放参数；β_i 为平移参数。γ_i 值决定了正态分布的“宽窄”，即均方差 σ_i 的大小，β_i 值则决定了正态分布的“中心位置”，即均值μ_i 的大小，二者均通过训练得到。图7.17给出了正态分布示意图。

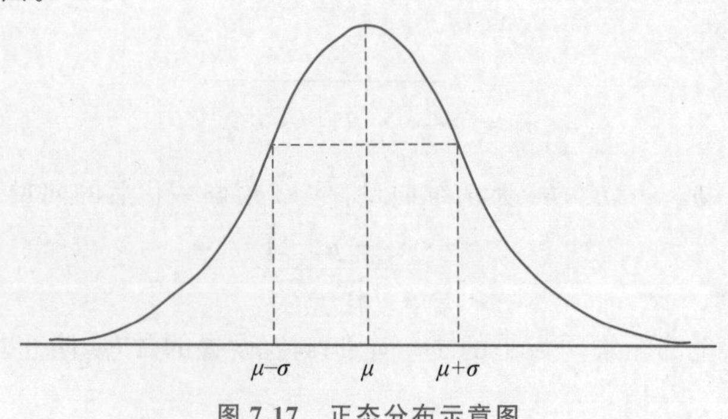

图 7.17 正态分布示意图

小明：明白了，这样就可以避开线性区域，并通过训练得到比较理想的数据分布。

小明想了想又问道：对于 ReLU 激活函数是不是就没有这样的问题呢？

艾博士回答说：对于 ReLU 激活函数遇到的是另外的问题。由于 ReLU 激活函数会滤掉小于 0 的值，所以如果均值为 0 的话，相当于有一半的数值将被过滤掉，所以采用式(7.42)这样的处理方式后，会通过训练选取合适的过滤阈值。

小明：明白了，确实存在这样的问题。

艾博士：现在更常用的一种层归一化方法称作均方根层归一化方法（Root Mean Square Layer Normalization，RMSNorm），计算公式如下：

$$\boldsymbol{h}_i = \gamma_i \frac{\boldsymbol{z}_i}{\mathrm{RMS}(\boldsymbol{z}_i)} \tag{7.43}$$

其中，γ_i 是待学习参数；$\mathrm{RMS}(\boldsymbol{z}_i)$为

$$\mathrm{RMS} = \sqrt{\frac{1}{d}\sum_{k=1}^{d}(\boldsymbol{z}_i^k)^2} \tag{7.44}$$

该方法可以说是上述层归一化方法的简化版，实际测试结果表明该方法不仅计算简单，可以有效提高计算速度，而且效果也不错。

小明：这种简单有效的方法是怎么想到的呢？

艾博士：式(7.42)所示的层归一化方法，本质上是进行了两次平移，第一次平移使得数据分布均值为 0，第二次平移则是通过参数 β_i 控制数据分布的中心位置。研究者通过实验表明，平移的实际作用并不大，可以取消。对比可以发现，式(7.43)、式(7.44)实际上就是式(7.39)～式(7.42)当两个平移参数——均值 μ_i 和 β 均为 0 时的特例。

小明：原来是这样的啊。

小明读书笔记

在 Transformer 中一层一层地对输入序列进行处理，任何底层微小的变动，都可能会导致高层的数据分布发生剧烈的变化，从而需要不断更新参数以适应底层的参数更新。这会导致系统极度不稳定。这一现象被称作"内部协变量偏移问题"(Internal Covariate Shift，ICS)。

ICS 问题不仅仅在 Transformer 中存在，几乎在任何神经网络中都有可能出现，常用的解决方法就是归一化，使得数据分布具有相同的均值和均方差。

有不同的归一化方法，其基本思想大同小异，只是归一化的整体有所不同，也就是从哪个角度做归一化，具体体现在利用哪些数据计算均值和均方差。

在 Transformer 中采用的是层归一化方法，其归一化的整体是每个位置的向量表示。

7.6　Transformer 模型

艾博士：前面我们分别介绍了 Transformer 中采用的多头注意力机制、残差连接和层归一化方法，有了这些基础，Transformer 模型就容易理解了，下面我们一一介绍 Transformer 模型的组成原理。

7.6.1 Transformer 模型的编码器

艾博士：Transformer 模型如图 7.18 所示，由编码器和解码器组成，我们先介绍编码器。

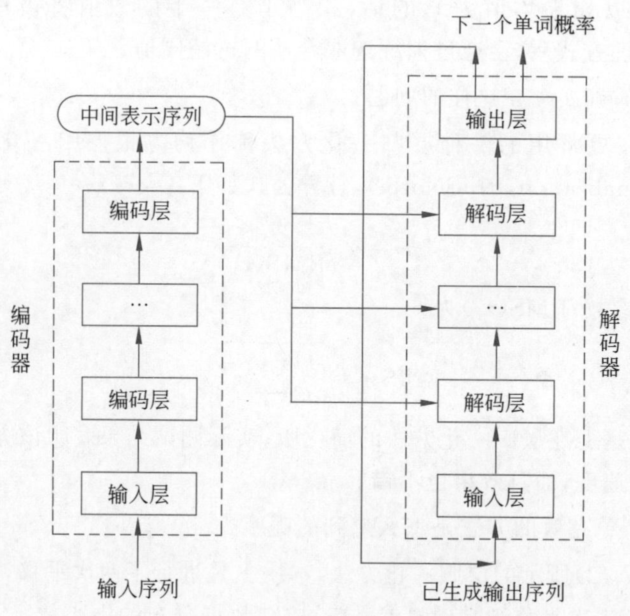

图 7.18　Transformer 模型示意图

1. 输入层

艾博士：句子中单词位置不同可能会影响句子的语义信息，比如“张三比李四高”和“李四比张三高”就表达了两个不同的含义，因此在自然语言理解中，单词的位置信息起着重要的作用。小明你说在循环神经网络中如何体现位置信息呢？

小明思考一会儿后回答说：在循环神经网络中，输入序列是按顺序一个个处理的，所以应该天然地隐含了位置信息。

艾博士夸赞道：小明说的是对的，但是在 Transformer 模型中，主要通过注意力机制体现单词间的关系，从前面的介绍可以看出，注意力机制通过注意力权重强调了哪个单词与哪个单词关联性强，而没有考虑其位置信息。为此有必要在 Transformer 中引入位置信息。

小明：那么如何引入位置信息呢？

艾博士：与单词可以用词向量表示一样，位置信息同样可以编码为位置向量，用一个与词向量同维度的向量表示位置信息。有多种不同的位置编码方法，我们后面再详细介绍，这里先介绍一种最直接的位置编码方法，该方法与词向量方法一样，通过训练得到表示位置信息的位置向量。

设输入序列的第 i 个词向量是维度为 d 的向量 $\boldsymbol{x}_i$，其对应的位置向量为 $\boldsymbol{p}_{E_i}$，输入层就是将两个向量相加在一起，得到含有位置信息的单词的新的向量表示 $\boldsymbol{h}_{E_i}^0$，即

$$\boldsymbol{h}_{E_i}^0 = \boldsymbol{x}_i + \boldsymbol{p}_{E_i} \tag{7.45}$$

与前面我们介绍注意力机制时一样，用 n 行 d 列矩阵 $\boldsymbol{X}$ 表示输入序列，$\boldsymbol{X}$ 的第 i 行表

示输入序列中第 i 个单词的词向量，其中 n 为序列长度，d 为词向量维度。用 n 行 d 列矩阵 $\boldsymbol{P}_E$ 表示序列的位置向量矩阵，其第 i 行为输入序列中第 i 个单词的位置向量。用 n 行 d 列矩阵 $\boldsymbol{H}_E^0$ 表示输入层的输出，其第 i 行为输入序列中第 i 个单词的词向量加位置向量，即

$$\boldsymbol{H}_E^0=\boldsymbol{X}+\boldsymbol{P}_E \tag{7.46}$$

小明：这里多处用到了下标 E，是什么意思呢？上标 0 又表示什么呢？

艾博士：这里的下标 E 表示编码器的意思，上标 0 表示第 0 层即输入层的输出。由于编码器具有多个编码层，第 i 个编码层的输出序列我们用 $\boldsymbol{H}_E^i$ 表示。

图 7.19 给出了编码器输入层的示意图。

2. 编码层

艾博士：在编码器中有多个编码层，每个编码层都具有相同的结构，我们以第一个编码层做讲解，其输入序列是输入层的输出 $\boldsymbol{H}_E^0$，其输出记为 n 行 d 列的矩阵 $\boldsymbol{H}_E^1$，是对 $\boldsymbol{H}_E^0$ 的编码表示。

第一个编码层接受来自输入层的输出 $\boldsymbol{H}_E^0$ 作为输入，先是一个与多头自注意力机制结合的残差连接，然后是一个层归一化，再接一个与全连接神经网络结合的残差连接，最后再一次层归一化后作为第一个编码器的输出 $\boldsymbol{H}_E^1$。图 7.20 给出了第一个编码层的示意图，小明你能看懂这个图吧？

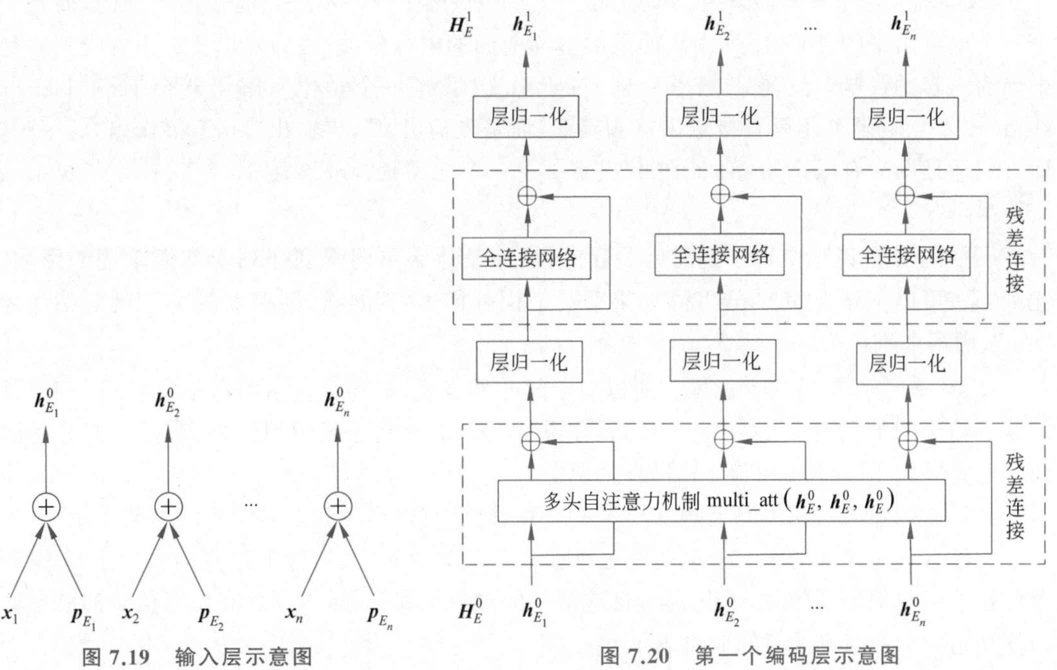

图 7.19　输入层示意图

图 7.20　第一个编码层示意图

小明：由于前面您分别介绍了多头自注意力机制、残差连接和层归一化方法，所以很容易看懂这个图。

艾博士继续讲解说：编码器一般是由多个编码层组成的，其余几个编码层结构与第一个编码层完全一样，多个编码层串接起来就构成了 Transformer 的编码器。编码器的输出，

也就是最后一个编码层的输出，是与输入序列对应的输出序列 $\boldsymbol{H}_E^l$，是对输入序列经过层层编码之后得到的中间表示，其中 l 是编码层的个数。

小明：为什么编码器要采用多个编码层呢？每个编码层的作用是什么呢？

艾博士：小明这个问题非常好。如同卷积神经网络每一层抽取的特征粒度由细粒度到粗粒度一样，每个编码层也是对不同的内容进行编码。有研究者通过实验观察，发现底层的编码层更多的是编码语法层面的特征，而高层的编码器关注更多的是语义层面的特征。

小明：原来是这样，这还真是与您前面举例说的跟我们初学外语时一样，对于复杂的句子，先从语法层面分析，了解了语法关系之后，再考虑语义内容，就明白了句子的内容。

7.6.2 Transformer 模型的解码器

艾博士：接下来我们介绍 Transformer 模型的解码器。解码器的功能就是将编码器得到的输入序列的中间表示，解码为希望的输出序列。比如对于中英翻译任务来说，编码器将中文句子编码为一个中间表示，解码器则根据中间表示输出相应的英文。解码器与编码器大同小异，也是由多头注意力机制、残差连接等组成，但也有其特殊之处。下面我们详细介绍解码器的组成。

1. 输入层

艾博士：对于解码器来说，其输出是一个序列，该序列并不是一起输出出来的，而是一个一个生成出来的，因为序列中后面的内容与前面的内容相关，后面输出什么内容受到序列中前面内容的影响。还是以翻译为例，对于中文“我是一个学生”，解码器会输出“I am a student”。解码器并不是直接输出这句英文，而是先输出“I”，再输出“am”，再输出“a”……，而一句话是前后有联系的，前面的“I”决定了下一个输出是“am”，而“I am”又决定了再下一个输出是“a”等。

小明：就是说一个句子是前后关联的，后面是什么单词受到序列中前面单词的影响。比如“是”可以翻译为“is”“am”等，如果第一个词翻译为“I”的话，则后面的“是”就要翻译为“am”，而不能翻译为“is”。

艾博士：对，就是这个意思。所以对于解码器来说，其输入包括两部分内容：一部分是编码器输出的中间表示，这决定了解码器“说”什么，也就是输出序列的内容；另一部分是解码器已有的输出，这决定了解码器如何“说”。

解码器的输入层与编码器输入层基本一致，是已有输出序列及其位置的编码表示。

设已有输出序列的第 i 个词向量是维度为 d 的向量 $\boldsymbol{e}_i$，其对应的位置向量为 $\boldsymbol{p}_{D_i}$，解码器的输入层与编码器的输入层一样，将这两个向量相加在一起，得到含有位置信息的已有输出序列第 i 个词向量的新的向量表示 $\boldsymbol{h}_{D_i}^0$，即

$$\boldsymbol{h}_{D_i}^0 = \boldsymbol{e}_i + \boldsymbol{p}_{D_i} \tag{7.47}$$

用 n 行 d 列矩阵 $\boldsymbol{E}$ 表示已有输出序列，$\boldsymbol{E}$ 的第 i 行表示已有输出序列中第 i 个单词的词向量，其中 n 为序列长度，d 为词向量维度。用 n 行 d 列矩阵 $\boldsymbol{P}_D$ 表示已有输出序列的位置向量矩阵，其第 i 行为已有输出序列中第 i 个单词的位置向量。用 n 行 d 列矩阵 $\boldsymbol{H}_D^0$ 表示解码器输入层的输出，其第 i 行为已有输出序列中第 i 个单词的词向量加位置向量，即

$$\boldsymbol{H}_D^0 = \boldsymbol{E} + \boldsymbol{P}_D \tag{7.48}$$

其中,下标 D 表示解码器的意思,上标 0 表示第 0 层(即输入层)的输出。同编码器一样,解码器有多个解码层,第 i 个解码层的输出序列我们用 $\boldsymbol{H}_D^i$ 表示。

2. 解码层

听到这里,小明疑惑地问道:输入层没有编码器输出的中间表示吗?编码器的中间表示不也应该是解码器的输入吗?

艾博士解释说:编码器的中间表示确实是解码器的输入,但是不是直接输入到解码器的输入层,而是输入到解码器的每个解码层。

图 7.21 给出解码器第一个解码层的示意图。

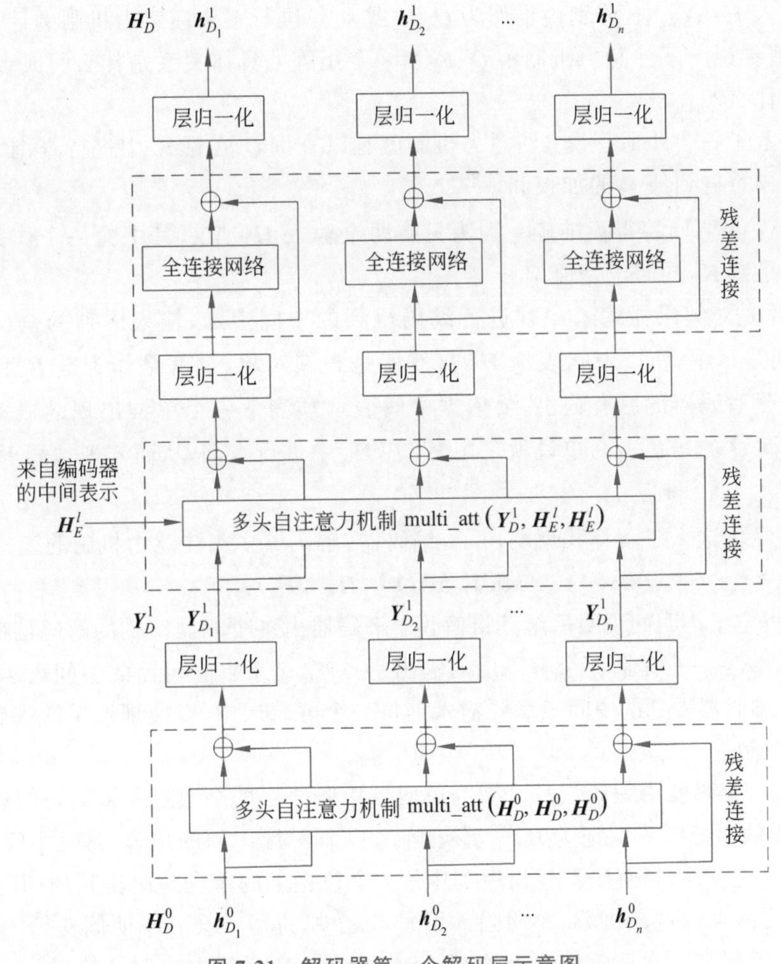

图 7.21　解码器第一个解码层示意图

第一个解码层首先接受来自输入层的输出,计算一次带有残差连接的多头自注意力机制后,接着做层归一化。层归一化后的序列用 n 行 d 列的矩阵 $\boldsymbol{Y}_D^1$ 表示,其第 i 行是与解码器现有输出对应的第 i 个位置的向量表示。接下来用序列矩阵 $\boldsymbol{Y}_D^1$ 与来自编码器的中间表示序列 $\boldsymbol{H}_E^L$ 做一次编码器-解码器多头注意力机制计算,经再一次层归一化后,送入全连接神经网络组成的残差连接,最后经层归一化,就得到了第一个解码层的输出序列矩阵 $\boldsymbol{H}_D^1$。该矩阵同样为 n 行 d 列的矩阵。

听着艾博士的讲解,小明问道：解码层第一个多头自注意力机制与编码器中编码层中的多头自注意力机制完全一样,只是输入不同,比较容易理解。后面的编码器-解码器多头注意力机制还请艾博士仔细讲解一下。

艾博士：我们前面介绍过,多头注意力机制一般的形式是

$$\text{multi\_att}(\boldsymbol{Q},\boldsymbol{K},\boldsymbol{V}) \tag{7.49}$$

其中,$\boldsymbol{Q}$ 是查询矩阵;$\boldsymbol{K}$ 是键矩阵;$\boldsymbol{V}$ 是值矩阵。当 $\boldsymbol{Q}$、$\boldsymbol{K}$、$\boldsymbol{V}$ 相等时就是多头自注意力机制。编码器-解码器多头注意力机制的输入分别来自编码器输出的中间表示 $\boldsymbol{H}_E^l$ 和第一个多头自注意力机制经层归一化后的输出 $\boldsymbol{Y}_D^1$,这时需要确定 $\boldsymbol{Q}$、$\boldsymbol{K}$、$\boldsymbol{V}$ 3 个矩阵的具体取值,也就是说在两个输入 $\boldsymbol{H}_E^l$、$\boldsymbol{Y}_D^1$ 中,分别由谁作为 $\boldsymbol{Q}$、$\boldsymbol{K}$ 或者 $\boldsymbol{V}$ 进行多头注意力机制的计算。

小明,请你说一下注意力机制中 $\boldsymbol{Q}$、$\boldsymbol{K}$、$\boldsymbol{V}$ 3 个矩阵的具体关系是什么？或者说注意力机制的功能是什么？

小明思考了一会儿回答说：注意力机制就是以查询 $\boldsymbol{Q}$ 在键 $\boldsymbol{K}$ 中进行查询,按照查询的相似性作为权重得到值 $\boldsymbol{V}$ 的加权和。

艾博士：小明回答得很准确。因为只有两个输入 $\boldsymbol{H}_E^l$、$\boldsymbol{Y}_D^1$,其中的一个作为查询 $\boldsymbol{Q}$,另一个自然就是键 $\boldsymbol{K}$,同时也是值 $\boldsymbol{V}$。

由于 $\boldsymbol{H}_E^l$ 是对编码器输入序列进行编码得到的中间表示,输入序列的全部信息都"存储"在了中间表示中,所以中间表示 $\boldsymbol{H}_E^l$ 自然就是查询对象,也就是作为键 $\boldsymbol{K}$ 和值 $\boldsymbol{V}$ 使用。而 $\boldsymbol{Y}_D^1$ 表达的是解码器的已有输出,要依据中间表示预测下一个单词出现的概率,所以自然就是充当查询 $\boldsymbol{Q}$ 的角色。简单说就是用 $\boldsymbol{Y}_D^1$ 在 $\boldsymbol{H}_E^l$ 中进行查询,从而实现预测下一个单词的目的。

小明：经你这么一解释我就明白了,编码器-解码器多头注意力机制的表达形式是

$$\text{multi\_att}(\boldsymbol{Y}_D^1,\boldsymbol{H}_E^l,\boldsymbol{H}_E^l) \tag{7.50}$$

艾博士肯定了小明的说明后继续讲解说：解码器由多个相同结构的解码层串联而成,每层都有两个输入：一个是前一个解码层的输出;另一个是来自编码器的中间表示。如图 7.18 所示的那样,编码器得到的中间表示要输入到每一个解码层中,以实现该层的编码器-解码器多头注意力机制。

一般来说,编码器中编码层的个数与解码器中解码层的个数是一致的,都具有 l 层。第 l 层解码层的输出矩阵我们记为 $\boldsymbol{H}_D^l$。该矩阵是一个 n 行 d 列的矩阵,是对中间表示的解码结果,其第 i 行表示的是解码器输出序列中第 i 个位置上的单词解码得到的词向量。

听完了艾博士的这段讲解,小明陷入了思考之中,过了一会儿小明问艾博士：对于编码器来说,输入序列是一次性整体输入的,所以在做多头自注意力机制计算时,是输入序列中任何两个单词之间都做注意力机制计算。但是对于解码器来说,其输入序列是解码器的已有输出序列,而输出序列中的单词是一个一个输出的,这种情况下如何做注意力机制计算呢？

听到小明的疑惑,艾博士夸赞道：小明提出了一个非常好的问题。解码器本质上是一个自回归模型,也就是利用已有的单词预测未来的单词。这就导致了模型中信息的利用必须是单方向的,也就是未来单词的预测可以使用已有的输出,但是已有的输出不能使用未来

的输出,因为还不知道未来输出是什么。为此在解码器的多头自注意力机制中采用了一种称作掩码的技术,也就是在做多头注意力机制计算时,通过掩码掩盖掉未来位置上的信息,起到让多头注意力机制看不到未来位置上信息的目的。

小明:这种掩码技术是如何实现的呢?

艾博士:设查询矩阵为 $\boldsymbol{Q}$、键矩阵为 $\boldsymbol{K}$、值矩阵为 $\boldsymbol{V}$,则注意力机制由式(7.20)给出,我们重写如下:

$$\text{att}(\boldsymbol{Q},\boldsymbol{K},\boldsymbol{V})=\text{softmax}\left(\frac{\boldsymbol{QK}^{\mathrm{T}}}{\sqrt{d}}\right)\cdot\boldsymbol{V} \tag{7.51}$$

由式(7.16)和式(7.18)可以得出 softmax 的具体计算如下:

$$\text{softmax}(\text{sim}(\boldsymbol{q},\boldsymbol{k}_i))=\frac{\mathrm{e}^{\text{sim}(\boldsymbol{q},\boldsymbol{k}_i)}}{\sum_{j=1}^{n}\mathrm{e}^{\text{sim}(\boldsymbol{q},\boldsymbol{k}_j)}} \tag{7.52}$$

$$\text{sim}(\boldsymbol{q},\boldsymbol{k}_i)=\frac{\boldsymbol{qk}_i^{\mathrm{T}}}{\sqrt{d}} \tag{7.53}$$

其中,$\boldsymbol{q}$ 是 $\boldsymbol{Q}$ 的某一行,也就是某个具体的查询向量,$\boldsymbol{k}_i$ 是第 i 个键向量。

由式(7.52)和式(7.53)可知,当 $\boldsymbol{qk}_i^{\mathrm{T}}$ 为负无穷时,则 $\mathrm{e}^{\boldsymbol{qk}_i^{\mathrm{T}}}$ 为 0,相当于 $\boldsymbol{k}_i$ 被掩盖掉了。所以可以通过令被掩盖位置为负无穷的方法实现掩码操作。

为此我们可以引入一个 n 行 n 列的掩码矩阵 $\boldsymbol{M}$,其中 n 为序列长度。$\boldsymbol{M}$ 的定义如下:

$$\boldsymbol{M}=\{m_{ij}\},\quad m_{ij}=\begin{cases}0, & i\geqslant j\\ -\infty, & \text{其他}\end{cases} \tag{7.54}$$

矩阵 $\boldsymbol{M}$ 形如下式所示,左下角及对角线上均为 0、右上角均为 $-\infty$:

$$\boldsymbol{M}=\begin{bmatrix}0 & -\infty & \cdots & -\infty\\ 0 & 0 & \cdots & -\infty\\ \vdots & \vdots & \ddots & \vdots\\ 0 & 0 & \cdots & 0\end{bmatrix}$$

这样,当做注意力机制计算时,将式(7.51)修改为

$$\text{att}(\boldsymbol{Q},\boldsymbol{K},\boldsymbol{V})=\text{softmax}\left(\frac{\boldsymbol{QK}^{\mathrm{T}}+\boldsymbol{M}}{\sqrt{d}}\right)\cdot\boldsymbol{V} \tag{7.55}$$

后面位置单词与前面位置单词的相似性权重没有被改变,还是保持原来的值 softmax $\left(\frac{\boldsymbol{QK}^{\mathrm{T}}}{\sqrt{d}}\right)\cdot\boldsymbol{V}$,而前面位置单词与后面位置单词的相似性权重就为 0 了,对于前面位置的单词来说,相当于后面位置的单词被掩盖掉了。经过这样的处理后,就实现了掩码操作,从而保证解码器是自回归的。

小明赞叹道:这倒是一个非常巧妙的方法,既实现了掩码操作,又统一了多头注意力机制的计算方法,有利于并行计算等操作。

3. 输出层

艾博士:Transformer 解码器的输出层也就是整个 Transformer 的输出层,根据已有输出序列 $w_1w_2\cdots w_{k-1}$ 预测下一个单词为 w_k 的概率,即

$$p(w_k \mid w_1 w_2 \cdots w_{k-1}) \tag{7.56}$$

设解码器最后一个解码层的输出序列矩阵为 $\boldsymbol{H}_D^l$，其第 k 行为以已有输出序列($1 \sim k-1$ 个位置的输出)和编码器得到的中间表示为解码器的输入，解码器预测得到的第 k 个位置单词的向量表示 $\boldsymbol{h}_{D_k}^l$。设 $\boldsymbol{W}_e$ 为词汇表中所有单词的词向量组成的词表矩阵，其第 i 行为词汇表中第 i 个单词的词向量。

讲到这里艾博士问小明：$\boldsymbol{h}_{D_k}^l$ 是解码器预测的第 k 个位置单词的向量表示，如果它与词表矩阵 $\boldsymbol{W}_e$ 中第 i 个词向量很相似，是不是预测的第 k 个位置单词就很可能是词汇表中的第 i 个单词呢？

小明思考了一会儿后，点点头说：确实是这个道理。

艾博士接着又问道：如何计算两个向量的相似性呢？

小明想了想回答说：前面介绍过，向量的相似性可以用两个向量的点积表示。

艾博士：所以，如果用 $\boldsymbol{h}_{D_k}^l$ 与词表矩阵 $\boldsymbol{W}_e$ 的每一行做点积的话，是不是就可以得到 $\boldsymbol{h}_{D_k}^l$ 与词汇表中每个单词的相似性？

小明点点头表示同意。

艾博士接着讲解道：如果按照词汇表的次序，将 $\boldsymbol{h}_{D_k}^l$ 与每个单词的相似性为元素组成向量 $\boldsymbol{e}_k$，则

$$\boldsymbol{e}_k = \boldsymbol{h}_{D_k}^l \cdot \boldsymbol{W}_e^{\mathrm{T}} \tag{7.57}$$

我们最终希望得到的是解码器预测的第 k 个位置为某个单词的概率，为此我们可以通过 softmax 函数将相似性转换为概率：

$$p_k = \mathrm{softmax}(\boldsymbol{e}_k) = \mathrm{softmax}(\boldsymbol{h}_{D_k}^l \cdot \boldsymbol{W}_e^{\mathrm{T}}) \tag{7.58}$$

其中，p_k 的维度为词表长度，其第 i 个元素 p_{ki} 为第 k 个位置为词汇表中第 i 个单词的概率。

小明：就是说词汇表中每个单词都有可能是第 k 个位置的单词，但是概率不同。

艾博士：就是这样的，向量 p_k 给出了词汇表中每个单词为第 k 个位置单词的可能性。

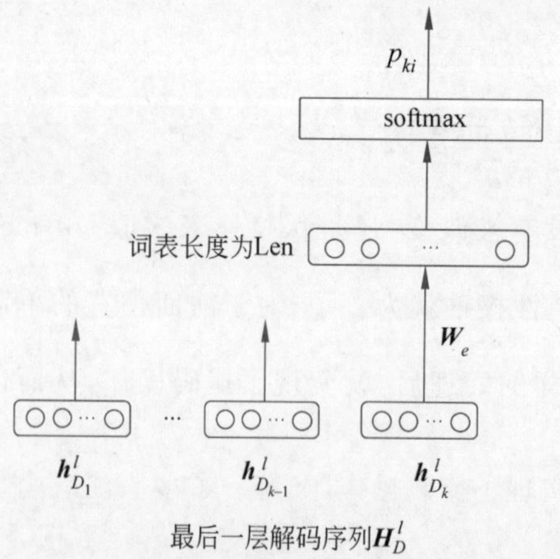

图 7.22 解码器输出层示意图

图 7.22 给出了解码器输出层的示意图。由于解码器的输出层是一个单词一个单词生成出来的，每次预测下一个单词的概率，图中给出的是预测第 k 个位置单词概率时的示意图。

小明：任何一个位置都给出了词表中所有单词出现的概率，那么输出序列如何确定呢？而且解码器是一个单词一个单词预测的，已有输出序列还要作为解码器的输入使用。

艾博士：这是一个好问题。最简单的方法就是贪心方法，也就是每个位置都选预测概率最大的单词作为输出。这样做的不足就是结果缺乏多样性，所以一种简单的替代方案就是按照概率进行随机采样，概率大的单词被采样的机会大，概率小的单词被采样的机会小，但无论概率大小，都存在被采样的可能性，从而

得到尽可能多样化的结果。有多种随机采样方法，总结如下。

1）贪心采样

艾博士：贪心采样方法就是前面介绍过的，每次选择概率最大的单词作为采样结果。其优点是简单有效，不足是缺乏多样性，可能会造成千篇一律的结果。但并不是什么情况下都需要多样性，比如对于"中国的首都是哪里"这样的问题，答案只有"北京"。

2）top-k 采样

艾博士：top-k 采样就是从概率最高的 k 个单词中进行随机采样，而舍弃概率小的单词，因为低概率的单词一旦被采样的话，可能会生成低质量的文本。选择合适的 k 值，既可以保证结果的多样性，又可以避免生成低质量的结果。贪心采样属于 $k=1$ 的特殊情况。

小明：top-k 采样中 k 值是固定的吗？

艾博士：k 值不一定是固定的，可以根据概率分布情况进行动态调整。比如如果概率分布比较平缓，则 k 值可以取得大一点；如果概率分布变化比较剧烈，少数几个单词的概率比较大，其他单词的概率比较小，则 k 值应该取比较小的值，以便保证生成文本的质量。

3）top-p 采样

艾博士：在 top-k 采样方法中，如何确定 k 值是一个比较困难的问题，从而诞生了 top-p 采样。top-p 采样是对 top-k 采样方法的一种改进，该方法按照概率值从大到小累加单词的概率，当累加结果第一次大于 p 时停止，从被累加的单词集合中，按照概率进行采样，而其他概率小的单词则不被考虑。top-p 采样与 top-k 采样的区别就是动态确定被采样的单词集合，减少了因 k 值过大而造成的低概率单词被采样的情况发生，以及因 k 值过小而造成的多样性不够的情况发生。

4）温度采样

艾博士：温度采样是受统计热物理的启发，通过引入温度参数，在生成质量和多样性间保持平衡的一种方法。

如图 7.22 所示，Transformer 解码器的输出层，通过 softmax 函数得到词表中第 i 个单词的预测概率 p_i，其一般形式为

$$p_i=\mathrm{softmax}(x_i)=\frac{\mathrm{e}^{x_i}}{\sum_{k=1}^{\mathrm{Len}}\mathrm{e}^{x_k}}$$

其中，Len 为词表长度。

温度采样方法就是在 softmax 中引入温度参数 T：

$$p_i=\mathrm{softmax}(x_i)=\frac{\mathrm{e}^{x_i/T}}{\sum_{k=1}^{\mathrm{Len}}\mathrm{e}^{x_k/T}}$$

当 $T=1$ 时，概率值没有变化，还是原始的概率值。

当温度非常高时，比如 $T\to+\infty$ 时：

$$p_i=\lim_{T\to+\infty}\frac{\mathrm{e}^{x_i/T}}{\sum_{k=1}^{\mathrm{Len}}\mathrm{e}^{x_k/T}}=\frac{\mathrm{e}^0}{\sum_{k=1}^{\mathrm{Len}}\mathrm{e}^0}=\frac{1}{\mathrm{Len}}$$

得到的单词概率分布为均匀分布，每个单词的采样概率都是一样的，多样性达到了最

大化。

而当温度非常低时，这里的温度采用绝对温度表示，比如当 $T\to 0$ 时：

$$p_i=\lim_{T\to 0}\frac{e^{x_i/T}}{\sum_{k=1}^{\text{Len}}e^{x_k/T}}=\lim_{T\to 0}\frac{\frac{e^{\frac{x_i}{T}}}{e^{\frac{X}{T}}}}{\frac{\left(\sum_{k=1}^{\text{Len}}e^{\frac{x_k}{T}}\right)}{e^{\frac{X}{T}}}}=\lim_{T\to 0}\frac{e^{\frac{x_i-X}{T}}}{\left(\sum_{k=1}^{\text{Len}}e^{\frac{x_k-X}{T}}\right)} \tag{7.59}$$

其中，$X=\max_i x_i$。

由于 X 是所有 x_i 中最大的，所以有

$$\lim_{T\to 0}e^{\frac{x_i-X}{T}}=\begin{cases}1 & \text{如果 } x_i=X\\0 & \text{如果 } x_i\neq X\end{cases}$$

代入式(7.59)，当只有一个最大值时，有

$$\lim_{T\to 0}p_i=\lim_{T\to 0}\frac{e^{\frac{x_i-X}{T}}}{\left(\sum_{k=1}^{\text{Len}}e^{\frac{x_k-X}{T}}\right)}=\begin{cases}1 & \text{如果 } x_i=X\\0 & \text{如果 } x_i\neq X\end{cases}$$

这时等价于贪心采样，每次取概率最大的单词。

当有多个相等的最大值时，假设共有 M 个，则有

$$\lim_{T\to 0}p_i=\lim_{T\to 0}\frac{e^{\frac{x_i-X}{T}}}{\left(\sum_{k=1}^{\text{Len}}e^{\frac{x_k-X}{T}}\right)}=\begin{cases}\frac{1}{M} & \text{如果 } x_i=X\\0 & \text{如果 } x_i\neq X\end{cases}$$

这时以等概率在几个最大概率的单词中随机采样。

温度趋于无穷大或者趋于0，代表了两种极端情况，从多样性最大到多样性最小，如果设置合适的温度 T，则可以通过温度在多样性和生成质量之间保持某种平衡。

小明：这与模拟退火算法中，通过温度控制状态间的交换概率似乎比较像。

艾博士：是的，模拟退火算法也是受统计热物理的启发而提出的算法，二者的思想是一致的。

艾博士进一步解释说：温度采样方法一般与 top-k 采样、top-p 采样等方法结合起来一起使用，通过设置温度、k 或 p，控制生成文本特性，是生成更具多样性还是更具确定性的文本。

小明：是否也可以按照概率求解一个最优解呢？

艾博士：确实可以求解最优解，不过一般来说由于词表比较大，求解最优解过于复杂，无论是时间还是空间都消耗比较大，一种简化方法就是利用集束搜索方法，求解一个相对比较好的结果。

小明：什么是集束搜索呢？

艾博士：集束搜索(Beam Search)是一种为了减少空间和时间而提出的一种搜索方法，通过剪掉一些质量比较差的候选，只限于在少数质量较高的候选中进行搜索，从而提高搜索效率。不过由于不是全空间范围内的搜索，可能会错失最优解，但一般可以找到一个比较满意的解。但是即便如此，对于大模型来说，集束搜索还是过于复杂，随机采样的方法则

是大模型中更常用的方法。

小明：这样的话如何保证输出的质量呢？

艾博士：在大模型场景下，由于输出序列往往比较长，追求最优解意义并不大，合理的采样就可以得到一些满意的结果。

7.6.3　Transformer 模型的训练

小明：前面您介绍了 Transformer 的组成原理，那么如何训练 Transformer 模型呢？

艾博士：本质上 Transformer 是一个语言模型，预测下一个单词的概率，所以训练方法与我们讲过的神经网络语言模型也是一致的。训练的关键是样本和损失函数，训练算法还是 BP 算法。

设 C 为文本组成的训练用语料库，C 中任何一个单词 w，依据 w 在 C 中的位置，其前面 $n-1$ 个词用 context(w)表示，则 context(w)和 w 构成一个训练样本，Transformer 模型就是在给定 context(w)的情况下，预测下一个单词为词表中第 k 个单词 w 的概率，即

$$p(w=k \mid \text{context}(w),\theta)$$

其中，θ 为 Transformer 模型的所有参数。按照与神经网络语言模型同样的方法，我们通过最大似然估计确定参数 θ 的值，也就是最大化 C 中任何一个词在其上下文环境下的概率乘积最大，即

$$\max_{\theta}\prod_{w\in C}p(w=k \mid \text{context}(w),\theta) \tag{7.60}$$

上式取对数后再在前面加一个“－”号，则原式的最大化问题转换为最小化问题，刚好可以作为损失函数：

$$L(\theta)=-\sum_{w\in C}\log_2(p(w=k \mid \text{context}(w),\theta)) \tag{7.61}$$

这样就可以利用 BP 算法训练 Transformer 模型了，本质就是采用自监督学习的预训练方法，得到的就是预训练模型。

在训练过程中，不仅仅训练 Transformer 中的各类参数，如同训练神经网络语言模型一样，同时也得到单词的向量表示，也就是在前面用到的词表矩阵 $\boldsymbol{W}_e$，其第 i 行为词表中第 i 个单词的词向量。如果在编码器输入层或者解码器输入层直接采用单词向量加位置向量方法的话，也同时训练出相应的位置向量。

小明：明白了。我一直在想如何获取词向量和位置向量呢，原来也是同训练神经网络语言模型一样，在训练 Transformer 模型时，也同时得到了词表中每个单词的词向量和输入序列中表示位置信息的位置向量。

7.6.4　位置编码

艾博士：由于 Transformer 模型主要通过注意力机制建立序列中不同单词之间的联系，而注意力机制只关注了两个单词之间的相似性，没有考虑相互的位置关系。为此 Transformer 模型引入位置编码以体现单词的位置关系。

小明：按照位置顺序编码是否就可以呢？比如 1,2,3,…，每个位置给一个编码。

艾博士：这确实是一种位置编码方法，但效果并不好。因为这种编码方法随着序列长

度逐步增加，前面数值比较小，后面的编码数值又比较大，既不能反映位置的重要性程度，也不利于神经网络处理。

小明：那么应该怎样编码才好呢？

艾博士：一个好的位置编码方法，应该满足唯一性、一致性和有界性的要求，具体地说就是具有以下几个特点。

(1) 每个位置应该具有唯一的编码，能反映单词在序列中的绝对或者相对位置关系。

(2) 对于不同长度的序列之间，任何两个单词之间的位置编码差应该保持一致，这样不会由于序列长度不同而导致相同位置的编码不同。

(3) 编码范围有限，不随序列长度增长无限增大，这样比较有利于神经网络的处理。

位置编码分为绝对位置编码和相对位置编码两大类，下面我们介绍几种常用的位置编码方法。

1. 基于训练的位置编码方法

艾博士：基于训练的位置编码方法是一种最基本的编码方法，位置编码被表达为一个与词向量同维度的向量，同词向量一样，位置向量也是通过训练得到。

小明：您在前面讲解 Transformer 的编码器和解码器时，介绍的输入层将输入序列的单词向量与位置向量相加的方法，是不是就属于这种方法呢？

艾博士赞赏道：小明说得很对，如图 7.19 所示介绍的就是这种方法。

以编码器输入层为例，设输入序列的第 i 个词向量是维度为 d 的向量 $\boldsymbol{x}_i$，其对应的位置向量为 $\boldsymbol{p}_{E_i}$，输入层就是将两个向量相加在一起，得到含有位置信息的单词的新的向量表示 $\boldsymbol{h}_{E_i}^0$，即

$$\boldsymbol{h}_{E_i}^0 = \boldsymbol{x}_i + \boldsymbol{p}_{E_i} \tag{7.62}$$

用 n 行 d 列矩阵 $\boldsymbol{X}$ 表示输入序列，$\boldsymbol{X}$ 的第 i 行表示输入序列中第 i 个单词的词向量，其中 n 为序列长度，d 为词向量维度。用 n 行 d 列矩阵 $\boldsymbol{P}_E$ 表示序列的位置向量矩阵，其第 i 行为输入序列中第 i 个单词的位置向量。用 n 行 d 列矩阵 $\boldsymbol{H}_E^0$ 表示输入层的输出，其第 i 行为输入序列中第 i 个单词的词向量加位置向量，即

$$\boldsymbol{H}_E^0 = \boldsymbol{X} + \boldsymbol{P}_E \tag{7.63}$$

这样通过将输入序列与位置序列相加的方法，将位置信息叠加到输入序列中，实现了对位置的编码。

小明：我有一个问题，这里为什么是词向量与位置向量相加呢？在神经网络中经常使用拼接的方法，比如在多头注意力机制中，就是将多个注意力机制的计算结果拼接在一起。那么是否也可以通过与词向量拼接的方法，引入位置编码信息呢？感觉这样可以更直接地体现出位置信息。

艾博士：小明说的很有道理，事实上确实可以通过拼接的方法实现位置编码，这与模型的具体实现方法也很有关系。

设 $\boldsymbol{x}_i$ 是输入序列第 i 个单词的词向量，$\boldsymbol{p}_{E_i}$ 是其对应的位置编码向量，向量维度均为 d。采用拼接方法的话，则拼接后的向量 $\boldsymbol{h}_i$ 维度为 $2d$：

$$\boldsymbol{h}_i = [\boldsymbol{x}_i ; \boldsymbol{p}_{E_i}] \tag{7.64}$$

其中,符号“;”表示两个向量拼接在一起成为一个向量。

在编码器中,接下来是对 $\boldsymbol{h}_i$ 做一个线性变换,也就是对 $\boldsymbol{h}_i$ 右乘 $2d$ 行 d 列矩阵 $\boldsymbol{W}$,以便做多头注意力机制计算。

我们可以把 $\boldsymbol{W}$ 分成上下两部分 $\boldsymbol{W}_x$、$\boldsymbol{W}_p$,均为 d 行 d 列矩阵:

$$\boldsymbol{W}=\begin{bmatrix}\boldsymbol{W}_x\\\boldsymbol{W}_p\end{bmatrix} \tag{7.65}$$

则

$$\boldsymbol{h}_i\cdot\boldsymbol{W}=[\boldsymbol{x}_i;\boldsymbol{p}_{E_i}]\cdot\begin{bmatrix}\boldsymbol{W}_x\\\boldsymbol{W}_p\end{bmatrix}=\boldsymbol{x}_i\cdot\boldsymbol{W}_x+\boldsymbol{p}_{E_i}\cdot\boldsymbol{W}_p \tag{7.66}$$

从式(7.66)可以看出,词向量与位置向量拼接后做一次线性变换,和词向量与位置向量做线性变换后再相加是等价的。所以采用词向量与位置向量相加的方法可以起到和词向量与位置向量拼接的方法相类似的效果,但是减少了需要训练的参数量。

小明:我明白了,在 Transformer 模型下,由于采用了多头注意力机制,所以采用词向量与位置向量相加的方法和词向量与位置向量拼接的方法效果是一样的。

艾博士:对于解码器来说,位置编码可以采用类似的方法,我们不再介绍。

艾博士继续讲解说:这是一种绝对位置的编码方法,每个位置用一个 d 维向量表示。位置向量与词向量一样,通过训练得到。

这种基于训练的绝对位置编码方法存在以下两个不足。

(1) 没有反映相对位置信息。比如说下面两句话:

我吃着苹果

出门的时候我吃着苹果

两句话中都出现了“我吃着苹果”,由于“吃”的出现,决定了后面“苹果”的语义是水果而不是手机,应该只与“吃”和“苹果”的相对位置有关,而不是它们的绝对位置。但是由于在句中的绝对位置不同,造成了位置编码完全不同,体现不出这种相对关系。

(2) 不具有推广能力。由于位置向量是训练得到的,如果训练样本的序列长度最大为 L 的话,则对于实际使用时遇到的序列长度大于 L 的情况,无法处理超出 L 部分的位置。

2. 基于三角函数的位置编码方法

艾博士:基于三角函数的编码方法也属于绝对位置编码方法,但在一定程度上具有相对位置表达能力,也具有一定的推广能力。

假设我们用 4 位二进制数对位置进行编码,则每一个位置可以用一个 4 位二进制数表示,如果将每一位看成是向量的一个维度,则二进制数也可以表达成一个向量,其中二进制数从右往左分别对应向量的第一个维度、第二个维度……,如 1011 可以用向量表示为(1,1,0,1)。表 7.1 给出了这种二进制编码与十进制编码的对应关系。

艾博士指着表 7.1 问小明:你看表中的二进制编码有什么规律吗?

小明看着表 7.1 思考了一会回答道:竖着看二进制编码的每一列发现很有规律,具有周期性。周期与二进制位 k 的关系为 2^{k+1},呈指数变化。比如最右边一列 k 为 0,周期为 2,是 0、1 交替出现的;第二列 k 为 1,周期为 4,是 0、0、1、1 交替出现的……,越是往左则周期越长。

表7.1 4位二进制编码与十进制编码对应关系

十进制编码	二进制编码			
0	0	0	0	0
1	0	0	0	1
2	0	0	1	0
3	0	0	1	1
4	0	1	0	0
5	0	1	0	1
6	0	1	1	0
7	0	1	1	1
8	1	0	0	0
9	1	0	0	1
10	1	0	1	0
11	1	0	1	1
12	1	1	0	0
13	1	1	0	1
14	1	1	1	0
15	1	1	1	1

艾博士：小明观察得非常认真。在这种二进制表示方法中，每个维度都具有不同的周期性，越是右边周期越短，越是左边周期越长。由于其周期性，变化很有规律。受二进制表示具有周期性的启发，提出了三角函数位置编码方法。

小明：就是用三角函数拟合二进制编码方法吗？

艾博士：用三角函数确实可以拟合二进制编码，但是二进制编码只能取值0或者1，有些稀疏，并不是一个好的位置编码方法。我们希望用向量表示不同的位置，每个位置具有唯一的编码，但是向量的每个维度不只是0或者1，而是一个有界的实数。也就是向量的每个维度用一个与位置和维度有关的三角函数值表示。设单词的位置为pos，位置编码为一个d维向量，位置向量用$\boldsymbol{PE}_{\text{pos}}$表示，位置向量的第$k$维用$\boldsymbol{PE}_{\text{pos},k}$表示，则采用三角函数的位置编码可以表示为

$$\begin{cases}\boldsymbol{PE}_{\text{pos},2i}=\sin\left(\dfrac{\text{pos}}{10\,000^{2i/d}}\right)\\\boldsymbol{PE}_{\text{pos},2i+1}=\cos\left(\dfrac{\text{pos}}{10\,000^{2i/d}}\right)\end{cases}\tag{7.67}$$

其中，$i=0,1,2,\cdots,\dfrac{d}{2}-1$；pos表示输入序列中单词的位置，其位置向量为维度为d的向量，向量的偶数维度为$\boldsymbol{PE}_{\text{pos},2i}$，奇数维度为$\boldsymbol{PE}_{\text{pos},2i+1}$。

即

$$
\boldsymbol{PE}_{\text{pos}}=\begin{bmatrix}\sin\left(\frac{\text{pos}}{10\ 000^{2\cdot 0/d}}\right)\\ \cos\left(\frac{\text{pos}}{10\ 000^{2\cdot 0/d}}\right)\\ \sin\left(\frac{\text{pos}}{10\ 000^{2\cdot 1/d}}\right)\\ \cos\left(\frac{\text{pos}}{10\ 000^{2\cdot 1/d}}\right)\\ \sin\left(\frac{\text{pos}}{10\ 000^{2\cdot 2/d}}\right)\\ \cos\left(\frac{\text{pos}}{10\ 000^{2\cdot 2/d}}\right)\\ \vdots\\ \sin\left(\frac{\text{pos}}{10\ 000^{2\cdot\left(\frac{d}{2}-1\right)/d}}\right)\\ \cos\left(\frac{\text{pos}}{10\ 000^{2\cdot\left(\frac{d}{2}-1\right)/d}}\right)\end{bmatrix}^{\mathrm{T}}=\begin{bmatrix}\sin(\text{pos})\\ \cos(\text{pos})\\ \sin\left(\frac{\text{pos}}{10\ 000^{2/d}}\right)\\ \cos\left(\frac{\text{pos}}{10\ 000^{2/d}}\right)\\ \sin\left(\frac{\text{pos}}{10\ 000^{4/d}}\right)\\ \cos\left(\frac{\text{pos}}{10\ 000^{4/d}}\right)\\ \vdots\\ \sin\left(\frac{\text{pos}}{10\ 000^{\frac{d-2}{d}}}\right)\\ \cos\left(\frac{\text{pos}}{10\ 000^{\frac{d-2}{d}}}\right)\end{bmatrix}^{\mathrm{T}} \tag{7.68}
$$

小明：艾博士，我有几个问题想问一下。这样的基于三角函数的位置编码有什么好处呢？为什么三角函数的变量中，分母取 10 000 呢？为什么分母中与向量的每一维度呈指数关系呢？这几个问题想请艾博士详细讲解一下。

艾博士：小明的几个问题非常好，下面我们就详细解释一下。

首先这里的 10 000 是一个根据经验选择的常数，用于调节三角函数频率的下降速度，为了叙述方便我们将这个数记为 C。记 w_i 为

$$
w_i=\frac{1}{C^{2i/d}} \tag{7.69}
$$

则根据式(7.67)有三角函数的周期 T_i 为

$$
T_i=\frac{2\pi}{w_i}=2\pi C^{2i/d} \tag{7.70}
$$

在位置向量的每个维度上，周期从 2π 到 $2\pi C$ 逐步变化。

根据前面的分析，在二进制中周期与二进制位 k 的关系为 2^{k+1}，呈指数变化。所以在三角函数位置编码中，也采用类似的指数周期变化 $2\pi C^{2i/d}$，且当 C 越大时所能表示的范围越广。前面给出的 C 等于 10 000 则是一个经验取值。同时，在三角函数位置编码中，同时交替使用 sin 函数和 cos 函数，会使得位置向量在每一个维度上具有一定的正交性，保证了位置编码在不同维度上的独立性。这种独立性表示，有助于模型可以更加清晰地表示序列中不同位置的特征，不同位置的位置编码具有明显的差异和可区分性。

同时，当 C 取值比较大时，pos 的微小变化，比如相邻的两个位置，其位置编码变化也很小，这样会使得位置编码更加具有鲁棒性，即便一个单词的位置有些微小变化，其位置编码也不会产生太大的变化。

小明：原来是这样啊，明白了。

艾博士：基于三角函数的位置编码方法还有其他一些良好的性质。

小明：都有哪些性质呢？

艾博士：首先我们看位置编码的模，也就是向量的长度。根据向量模的计算方法，位置向量 $\boldsymbol{PE}_{\text{pos}}$ 的模为

$$\begin{aligned} |\boldsymbol{PE}_{\text{pos}}| &= \sqrt{\boldsymbol{PE}_{\text{pos}} \cdot \boldsymbol{PE}_{\text{pos}}^{\mathrm{T}}} \\ &= \sum_{i=0}^{\frac{d}{2}-1}\left(\sin^2\left(\frac{\text{pos}}{10\ 000^{2i/d}}\right) + \cos^2\left(\frac{\text{pos}}{10\ 000^{2i/d}}\right)\right) \\ &= \sum_{i=0}^{\frac{d}{2}-1}(1) = \frac{d}{2} \end{aligned} \tag{7.71}$$

从这里可以看出，基于三角函数编码的位置向量其模为一个固定值，与具体的位置无关，且由于位置向量的每一维都是三角函数，其值在[−1,1]区间变化，所以得到的位置编码不会出现太大或者太小的变化。这样在和词向量做相加运算时，既可以反映出位置信息，又不会由于取值太大“淹没”掉词向量信息。

小明：从这个性质可以看出，基于三角函数的位置编码可以很好地满足“编码范围有限，不随序列长度增长无限增大”的条件。

但是，基于三角函数的位置编码方法本质上还是属于绝对位置编码，其推广能力如何？是否可以体现出位置的相对性呢？

艾博士：小明提出了一个很好的问题。下面我们分析一下三角函数位置编码方法是否具有这方面的性质。

我们先考察一下基于三角函数的位置编码中，pos 与 pos$+k$ 两个位置的关系。由三角函数的性质：

$$\sin(\alpha+\beta) = \sin\alpha \cdot \cos\beta + \cos\alpha \cdot \sin\beta \tag{7.72}$$

$$\cos(\alpha+\beta) = \cos\alpha \cdot \cos\beta - \sin\alpha \cdot \sin\beta \tag{7.73}$$

为了表示方便，我们引入式(7.69)的 w_i 表示三角函数位置编码：

$$w_i = \frac{1}{C^{2i/d}} \tag{7.74}$$

其中，C 为 10 000。

则式(7.67)所示的位置编码可以表示为

$$\begin{cases} \boldsymbol{PE}_{\text{pos},2i} = \sin(w_i \cdot \text{pos}) \\ \boldsymbol{PE}_{\text{pos},2i+1} = \cos(w_i \cdot \text{pos}) \end{cases} \tag{7.75}$$

则有

$$\begin{aligned} \boldsymbol{PE}_{\text{pos}+k,2i} &= \sin(w_i \cdot (\text{pos}+k)) \\ &= \sin(w_i \cdot \text{pos} + w_i \cdot k) \\ &= \sin(w_i \cdot \text{pos}) \cdot \cos(w_i \cdot k) + \cos(w_i \cdot \text{pos}) \cdot \sin(w_i \cdot k) \\ &= \cos(w_i \cdot k) \cdot \boldsymbol{PE}_{\text{pos},2i} + \sin(w_i \cdot k) \cdot \boldsymbol{PE}_{\text{pos},2i+1} \end{aligned} \tag{7.76}$$

$$\begin{aligned} \boldsymbol{PE}_{\text{pos}+k,2i+1} &= \cos(w_i \cdot (\text{pos}+k)) \\ &= \cos(w_i \cdot \text{pos} + w_i \cdot k) \\ &= \cos(w_i \cdot \text{pos}) \cdot \cos(w_i \cdot k) - \sin(w_i \cdot \text{pos}) \cdot \sin(w_i \cdot k) \\ &= \cos(w_i \cdot k) \cdot \boldsymbol{PE}_{\text{pos},2i+1} - \sin(w_i \cdot k) \cdot \boldsymbol{PE}_{\text{pos},2i} \end{aligned} \tag{7.77}$$

由式(7.76)、式(7.77)可以看出,位置 pos+k 的编码完全可以由位置 pos 的编码的线性组合表达出来,所以基于三角函数的位置编码具有推广能力。

比如,第 3 个位置的编码,完全可以用第 2 个位置的编码表示:

$$\boldsymbol{PE}_{3,2i}=\boldsymbol{PE}_{2+1,2i}=\cos(w_i\cdot 1)\cdot\boldsymbol{PE}_{2,2i}+\sin(w_i\cdot 1)\cdot\boldsymbol{PE}_{2,2i+1}$$

$$\begin{aligned}\boldsymbol{PE}_{3,2i+1}&=\boldsymbol{PE}_{2+1,2i+1}\\&=\cos(w_i\cdot 1)\cdot\boldsymbol{PE}_{2,2i+1}-\sin(w_i\cdot 1)\cdot\boldsymbol{PE}_{2,2i}\end{aligned}$$

小明:原来三角函数编码还具有这样的好处。

艾博士接着讲:从另一个角度来看,在 Transformer 中,注意力机制通过两个向量的相乘计算相似性,我们看看将位置向量$\boldsymbol{PE}_{\text{pos}}$与$\boldsymbol{PE}_{\text{pos}+k}$相乘会有什么样的结果:

$$\begin{aligned}&\boldsymbol{PE}_{\text{pos}}\cdot\boldsymbol{PE}_{\text{pos}+k}\\&=\begin{bmatrix}\sin(w_0\cdot\text{pos})\\\cos(w_0\cdot\text{pos})\\\sin(w_1\cdot\text{pos})\\\cos(w_1\cdot\text{pos})\\\vdots\\\sin(w_{\frac{d}{2}-1}\cdot\text{pos})\\\cos(w_{\frac{d}{2}-1}\cdot\text{pos})\end{bmatrix}\cdot\begin{bmatrix}\sin(w_0\cdot(\text{pos}+k))\\\cos(w_0\cdot(\text{pos}+k))\\\sin(w_1\cdot(\text{pos}+k))\\\cos(w_1\cdot(\text{pos}+k))\\\vdots\\\sin(w_{\frac{d}{2}-1}\cdot(\text{pos}+k))\\\cos(w_{\frac{d}{2}-1}\cdot(\text{pos}+k))\end{bmatrix}^{\mathrm{T}}\\&=\sum_{i=0}^{\frac{d}{2}-1}[\sin(w_i\cdot\text{pos})\cdot\sin(w_i\cdot(\text{pos}+k))+\cos(w_i\cdot\text{pos})\cdot\cos(w_i\cdot(\text{pos}+k))]\end{aligned}\tag{7.78}$$

由余弦函数的和差公式:

$$\cos(x-y)=\sin(x)\cdot\sin(y)+\cos(x)\cdot\cos(y)\tag{7.79}$$

式(7.78)可以表示为

$$\begin{aligned}&\sum_{i=0}^{\frac{d}{2}-1}[\sin(w_i\cdot\text{pos})\cdot\sin(w_i\cdot(\text{pos}+k))+\cos(w_i\cdot\text{pos})\cdot\cos(w_i\cdot(\text{pos}+k))]\\&=\sum_{i=0}^{\frac{d}{2}-1}\cos(w_i\cdot\text{pos}-w_i\cdot(\text{pos}+k))\\&=\sum_{i=0}^{\frac{d}{2}-1}\cos(w_i\cdot k)\end{aligned}\tag{7.80}$$

从式(7.80)可以看出,两个位置编码的相似性只与这两个位置的相对距离有关,这也体现了三角函数编码具有表达相对位置信息的能力。

图 7.23 给出了根据式(7.80)计算的位置编码相似性随位置相对距离 k 的变化情况示意图,通过图 7.23 可以看出,当 k 值比较小时位置相似性比较大,随着 k 的增加,位置相似性逐渐衰减。也刚好体现了我们所希望的相对位置越近越相关、相对位置越远越不相关的思想,虽然图中出现一些“波动”现象,但幅度比较小,不影响整个变化趋势。

小明:这些真是一些好的性质,虽然基于三角函数的位置编码是一种绝对位置编码,但

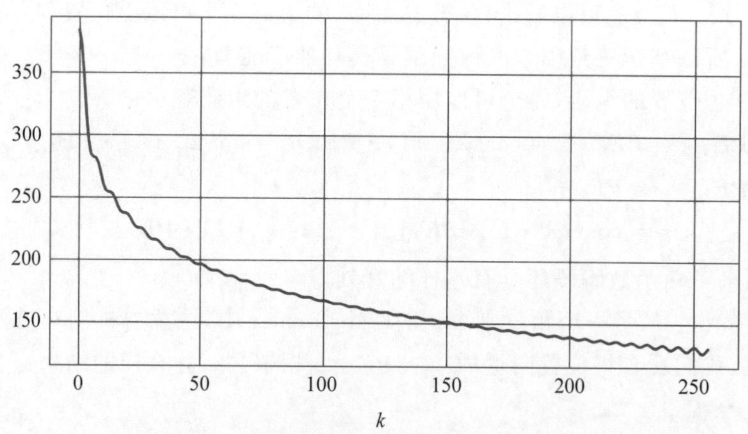

图 7.23 位置编码相似性与相对距离的关系

也体现了相对位置信息，并能反映出随相对位置增加相似性衰减的思想。

艾博士：上述两个性质(式(7.76)、式(7.77)和式(7.80)给出)是基于三角函数的位置编码得以应用的主要原因，因为这种编码方法既可以实现对位置的编码，又具有推广能力，而且还能体现出相对位置信息及衰减变化情况。但是基于三角函数的位置编码也存在一些不足。

小明：都有哪些不足呢？

艾博士：你看式(7.80)，由于 cos 函数是对称函数，k 取正值和取负值结果是一样的，所以虽然能体现出相对位置信息，但没有体现出位置的前后关系。比如说“张三打了李四”和“李四打了张三”，前者张三距离李四的相对位置为-2，后者张三距离李四的相对位置为 2，但代入式(7.80)中相对距离无论是-2还是 2，计算结果都是一样的，但两句话的语义信息完全不一样，所以这种位置编码方法不能反映出相对位置的前后关系。这是基于三角函数编码方法的第一个不足。

小明：还真是存在这样的不足。那么还有第二个不足吗？

艾博士：确实还存在第二个不足。由于在 Transformer 中采用了多头注意力机制，通过右乘变换矩阵的方法，将输入序列的词向量变换到新的空间再做注意力机制计算。有研究者通过实验的方法，验证了经过这种线性变换后，三角函数位置编码方法降低了相对位置编码的能力，很难体现出相对位置信息。

小明：这样看来，基于三角函数的位置编码方法确实存在一些不足。如何解决这些问题呢？

艾博士：为此研究者提出了纯粹的相对位置编码方法，直接对相对位置进行编码，而不是绝对位置。下面介绍这种方法。

3. 相对位置编码方法

艾博士：既然相对位置信息是在做多头注意力机制计算时失去的，那么能否再弥补回来呢？

小明：怎么弥补呢？

艾博士：我们先来看看注意力机制是如何通过绝对位置使用位置信息的。小明，请你讲一下多头注意力机制中，相似性是如何计算的。

小明边回忆边写下了多头注意力机制中相似性的计算方法。

设有 m 个维度为 d 的查询 $\boldsymbol{q}_i(i=1,2,\cdots,m)$，以 $\boldsymbol{q}_i$ 作为矩阵的第 i 行，组成一个 m 行 d 列的矩阵 $\boldsymbol{Q}$：

$$\boldsymbol{Q}=\begin{bmatrix}\boldsymbol{q}_1\\\boldsymbol{q}_2\\\vdots\\\boldsymbol{q}_m\end{bmatrix}\tag{7.81}$$

设有 n 个维度为 d 的键 $\boldsymbol{k}_i(i=1,2,\cdots,n)$，以 $\boldsymbol{k}_i$ 作为矩阵的第 i 行，组成一个 n 行 d 列的矩阵 $\boldsymbol{K}$：

$$\boldsymbol{K}=\begin{bmatrix}\boldsymbol{k}_1\\\boldsymbol{k}_2\\\vdots\\\boldsymbol{k}_n\end{bmatrix}\tag{7.82}$$

用一个 d 行 d_h 列矩阵 $\boldsymbol{W}_q$ 右乘查询矩阵 $\boldsymbol{Q}$，其结果为一个 n 行 d_h 列的矩阵，该矩阵的第 i 行是由第 i 个查询 $\boldsymbol{q}_i$ 经右乘矩阵 $\boldsymbol{W}_q$ 旋转得到的 d_h 维向量，我们以此为新坐标空间下的查询矩阵，即

$$\boldsymbol{Q}'=\boldsymbol{Q}\boldsymbol{W}_q\tag{7.83}$$

采用同样的办法，用 d 行 d_h 列的矩阵 $\boldsymbol{W}$ 右乘 $\boldsymbol{X}$，得到新坐标空间下的键矩阵 $\boldsymbol{K}'$：

$$\boldsymbol{K}'=\boldsymbol{K}\boldsymbol{W}_k\tag{7.84}$$

这样 $\boldsymbol{Q}'$ 与 $\boldsymbol{K}'$ 的相似性矩阵为

$$\begin{aligned}\boldsymbol{Q}'\cdot(\boldsymbol{K}')^{\mathrm{T}}&=(\boldsymbol{Q}\boldsymbol{W}_q)\cdot(\boldsymbol{K}\boldsymbol{W}_k)^{\mathrm{T}}\\&=\boldsymbol{Q}\boldsymbol{W}_q\boldsymbol{W}_k^{\mathrm{T}}\boldsymbol{K}^{\mathrm{T}}\end{aligned}\tag{7.85}$$

写到这里，小明对艾博士说：多头注意力机制中，一个头的相似性应该就是这样计算的，首先通过变换矩阵 $\boldsymbol{W}_q$、$\boldsymbol{W}_k$，将查询矩阵 $\boldsymbol{Q}$、$\boldsymbol{K}$ 变换到新的空间，然后在新空间计算它们的相似性。

艾博士赞许道：小明掌握得很好，就是这样计算的。如果是自注意机制下的情况呢？

小明回答说：在自注意力机制下，$\boldsymbol{Q}$ 与 $\boldsymbol{K}$ 是同样的矩阵，均为输入序列矩阵 $\boldsymbol{X}$。其中输入序列矩阵 $\boldsymbol{X}$ 为 n 个维度为 d 的词向量 $\boldsymbol{x}_i(i=1,2,\cdots,n)$ 组成的 n 行 d 列的矩阵，$\boldsymbol{x}_i$ 为输入序列中第 i 个位置的词向量。

将式(7.85)中的 $\boldsymbol{Q}$、$\boldsymbol{K}$ 分别用 $\boldsymbol{X}$ 代入就得到了自注意力机制下的相似性矩阵：

$$\begin{aligned}\boldsymbol{Q}'\cdot(\boldsymbol{K}')^{\mathrm{T}}&=(\boldsymbol{X}\boldsymbol{W}_q)\cdot(\boldsymbol{X}\boldsymbol{W}_k)^{\mathrm{T}}\\&=\boldsymbol{X}\boldsymbol{W}_q\boldsymbol{W}_k^{\mathrm{T}}\boldsymbol{X}^{\mathrm{T}}\end{aligned}\tag{7.86}$$

艾博士又问道：如果进一步考虑位置信息呢？

小明回答说：在考虑绝对位置信息的情况下，用 $\boldsymbol{X}+\boldsymbol{P}_E$ 代替上式中的 $\boldsymbol{X}$ 即可，其中 $\boldsymbol{P}_E$ 为表示序列位置的 n 行 d 列矩阵，其第 i 行为输入序列中第 i 个单词的位置向量。有

$$\boldsymbol{Q}'\cdot(\boldsymbol{K}')^{\mathrm{T}}=((\boldsymbol{X}+\boldsymbol{P}_E)\boldsymbol{W}_q)\cdot((\boldsymbol{X}+\boldsymbol{P}_E)\boldsymbol{W}_k)^{\mathrm{T}}$$

$$=(\boldsymbol{X}+\boldsymbol{P}_E)\boldsymbol{W}_q\boldsymbol{W}_k^{\mathrm{T}}(\boldsymbol{X}+\boldsymbol{P}_E)^{\mathrm{T}} \tag{7.87}$$

艾博士：小明回答得很好。下面我们展开式(7.87)，看看其中的位置信息是如何表达的。

$$\begin{aligned}&(\boldsymbol{X}+\boldsymbol{P}_E)W_q\boldsymbol{W}_k^{\mathrm{T}}(\boldsymbol{X}+\boldsymbol{P}_E)^{\mathrm{T}}\\&=\boldsymbol{X}\boldsymbol{W}_q\boldsymbol{W}_k^{\mathrm{T}}\boldsymbol{X}^{\mathrm{T}}+\boldsymbol{X}\boldsymbol{W}_q\boldsymbol{W}_k^{\mathrm{T}}\boldsymbol{P}_E^{\mathrm{T}}+\boldsymbol{P}_E\boldsymbol{W}_q\boldsymbol{W}_k^{\mathrm{T}}\boldsymbol{X}^{\mathrm{T}}+\boldsymbol{P}_E\boldsymbol{W}_q\boldsymbol{W}_k^{\mathrm{T}}\boldsymbol{P}_E^{\mathrm{T}}\end{aligned} \tag{7.88}$$

式(7.88)可以划分为两部分：第一部分为第一项，是与位置没有关系的单词间的关联信息；第二部分为第二到第四项，含有位置信息，注意力机制的位置关系完全体现在这一部分。我们可以用一个体现相对位置关系的矩阵 $\boldsymbol{P}_r$ 代替第二部分的3项内容，就可以实现序列的相对位置编码了，其中矩阵 $\boldsymbol{P}_r$ 通过训练获得。

小明有些疑惑地问道：矩阵 $\boldsymbol{P}_r$ 如何体现出相对位置关系呢？

艾博士：首先我们可以这样体现相对位置关系，当前单词位置编码为 p_0，其前面 $k(k>0)$ 个单词的位置编码依次为 $p_{-1},p_{-2},\cdots,p_{-k}$，其后面 k 个单词的位置编码依次为 $p_1,p_2,\cdots,p_k$。我们只表示前后 k 个位置的位置编码，超出该范围的位置，依其在当前单词位置的前面还是后面，分别用 p_{-k} 或者 p_k 表示。

听到这里小明问道：就是说在当前单词位置 k 个词之前的所有位置都表示为 p_{-k}，而在当前单词位置 k 个词之后的位置都表示为 p_k 吗？

艾博士肯定道：就是这样表示的。这样长度为 n 的序列中任何一个位置都可以用与其他位置的相对关系表示为一个以 $p_i(-k\leqslant i\leqslant k)$ 为元素的 n 维向量，n 个位置共有 n 个这样的向量，就组成了前面提到的 n 行 n 列矩阵 $\boldsymbol{P}_r$，该矩阵反映了序列中的相对位置关系，其元素值通过训练得到。

听着艾博士的讲解，小明挠挠头说：大体上明白了是怎么做的，但是具体如何表示还是有些不太明白，请艾博士举个例子吧。

艾博士：好的，我们举个例子就明白了。

假定有分好词的句子：

清华　大学　计算机　科学　与　技术　系

我们在表7.2中给出了当 k 等于3时序列中每个词所在位置是如何表示的。

表7.2　序列的相对位置表示

序　列	清华	大学	计算机	科学	与	技术	系
清华	p_0	p_1	p_2	p_3	p_3	p_3	p_3
大学	p_{-1}	p_0	p_1	p_2	p_3	p_3	p_3
计算机	p_{-2}	p_{-1}	p_0	p_1	p_2	p_3	p_3
科学	p_{-3}	p_{-2}	p_{-1}	p_0	p_1	p_2	p_3
与	p_{-3}	p_{-3}	p_{-2}	p_{-1}	p_0	p_1	p_2
技术	p_{-3}	p_{-3}	p_{-3}	p_{-2}	p_{-1}	p_0	p_1
系	p_{-3}	p_{-3}	p_{-3}	p_{-3}	p_{-2}	p_{-1}	p_0

如表7.2所示，给出了序列中每个词汇与其他词汇的相对位置表示。比如“大学”一词

在第二个位置，与在第一个位置“清华”的相对位置是 −1，所以表示为 p_{-1}；与其自己的相对位置为 0，所以表示为 p_0；与“计算机”的相对位置为 1，所以表示为 p_1；与“科学”“与”的相对位置分别为 2 和 3，所以分别表示为 p_2、p_3，与“技术”“系”的相对位置分别为 4 和 5，均超出了 k 值，所以其相对位置也分别用 p_3 表示。这样我们就得到了“大学”一词的相对位置向量：

$$(p_{-1},p_0,p_1,p_2,p_3,p_3,p_3) \tag{7.89}$$

将序列中每个单词的相对位置组成矩阵，就得到了相对位置矩阵 $\boldsymbol{P}_r$：

$$\boldsymbol{P}_r=\begin{bmatrix} p_0, & p_1, & p_2, & p_3, & p_3, & p_3, & p_3 \\ p_{-1}, & p_0, & p_1, & p_2, & p_3, & p_3, & p_3 \\ p_{-2}, & p_{-1}, & p_0, & p_1, & p_2, & p_3, & p_3 \\ p_{-3}, & p_{-2}, & p_{-1}, & p_0, & p_1, & p_2, & p_3 \\ p_{-3}, & p_{-3}, & p_{-2}, & p_{-1}, & p_0, & p_1, & p_2 \\ p_{-3}, & p_{-3}, & p_{-3}, & p_{-2}, & p_{-1}, & p_0, & p_1 \\ p_{-3}, & p_{-3}, & p_{-3}, & p_{-3}, & p_{-2}, & p_{-1}, & p_0 \end{bmatrix} \tag{7.90}$$

其中的 $p_i(-k\leqslant i\leqslant k)$为参数，通过训练得到。

小明：谢谢艾博士的讲解，我明白是如何处理的了。

艾博士：以上是针对多头注意力机制中的一个头为例说明的，在多个头的情况下，每个头都做类似的处理，添加上相对位置信息。当有 h 个头时，共学习$(2k+1)h$ 个相对位置参数。

这样的位置编码方法既实现了对相对位置的编码，又具有一定的推广能力，因为对于超出前后 k 个位置的词汇，其相对位置均采用统一的 p_k 或者 p_{-k} 进行编码，所以即便出现训练中没有出现过的长序列的情况，也同样可以处理。

还有一些其他的位置编码方法，我们不再介绍。

7.6.5　层归一化的位置

艾博士：在 Transformer 中，每做一次残差连接后，都要做一次层归一化。如图 7.20 所示的那样，在多头注意力机制残差连接和全连接神经网络残差连接后，都要做一次层归一化。这种层归一化方式称作后置层归一化(Post Layer-Norm)，其简化形式如图 7.24 所示。

与后置层归一化方法对应的是前置层归一化(Pre Layer-Norm)方法，其归一化的位置在多头注意力机制或者全连接网络之前，其简化形式如图 7.25 所示。

小明：原来还分后置层归一化和前置层归一化，那么这两种放置位置不同的归一化方法有哪些不同呢？

艾博士：有研究者对这两种不同的位置放置层归一化的方法进行了实验研究，可以说两种方法各具优缺点。对于前置层归一化来说，有助于提高模型训练的稳定性，提高模型训练的收敛速度。不足是需要仔细调整诸如学习率等超参数值和优化策略等。而后置层归一化可以更好地适应下游任务，得到更好的效果。不足是可能会导致训练初期梯度不稳定问题。目前在大模型训练中，更加注重训练过程的稳定性，所以更倾向于采用前置层归一化。

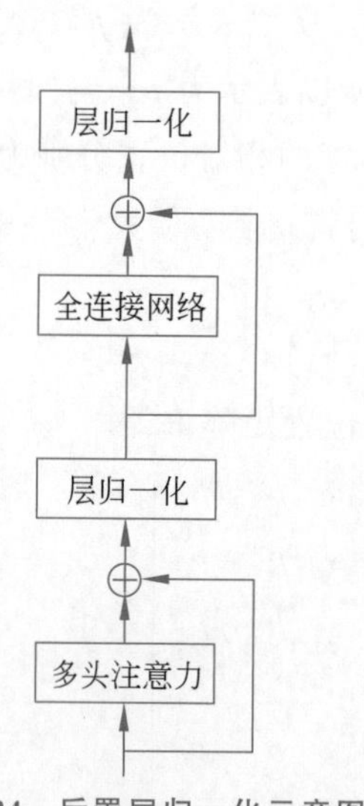

图 7.24 后置层归一化示意图

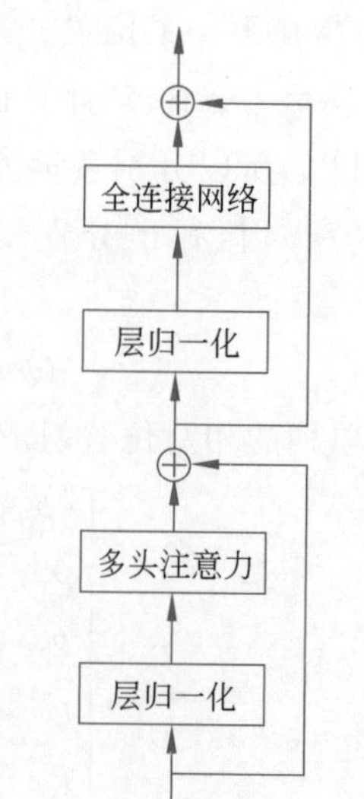

图 7.25 前置层归一化示意图

7.6.6 词元化(tokenization)方法

艾博士：我们在介绍 Transformer 时，为了叙述方便，我们一直以单词作为处理单元，输入是单词的序列。从介绍 Transformer 原理的角度这没有任何问题，也更容易理解。但是在 Transformer 中处理的基本单元是词元，英文称为 token。

小明：什么是词元呢？它与单词又有什么区别呢？

艾博士：词元可以认为是单词的基本组成单位，单词由一个或者若干个词元组成。我们以英文为例，最简单的情况下，一个英文字母就是一个词元，共 26 个，因为所有的英文单词都是由英文字母组成的。但是这种方法把单词切分得太细，丢失了单词本来存在的语义信息。同时由于每个单词都被切分为字母，极大增加了输入序列的长度，增加了计算量。

小明：为什么不以单词为处理单元呢？每个单词都有具体的含义，而且也不会导致输入序列过长。

艾博士：小明说的有一定的道理，与以字母为处理单元所对应的另一个极端情况就是以单词为处理单元。但是由于单词的数量过多，英文单词大约有几十万个，会造成词典规模过于庞大，需要大量的存储空间，并严重影响计算效率。同时在使用时也无法处理未遇到过的新词。

小明：确实存在这样的问题，比如如果以字母为处理单元，由于所有英文单词都是由字母组成的，所以可以表示任何词，即便是未遇到过的新词。但是如果以单词为处理单元的话，遇到新词就可能会有问题，因为新词不一定是由已有单词构成的。

艾博士：所以我们要在字母和单词之间找到一种折中的方法，使得词表规模既不是那么大，每个处理单元又有一定的语义信息，同时用这些基本的处理单元尽可能多地覆盖所有可能出现的单词，以便使其可以处理未遇到过的新词。这样的基本处理单元称作 token，即词元，获得词元的方法称为词元化方法。

小明：听起来词元化是一种不错的处理方法，那么如何得到词元呢？

艾博士：有几种不同的词元化方法，大概的思路都差不多，只是具体的处理方法有所不同，基本思想就是将经常连在一起使用的单词片段组合在一起，形成一个词元。

下面我们介绍两种典型的词元化方法。

1. 字节对编码方法(Byte Pair Encoder，BPE)

艾博士：以英文为例，BPE 方法首先将单词拆分为一个一个字母，初始状态，字母就是词元。然后统计相邻的两个词元的频率，将频率最高的两个词元组合成一个词元，按照这样的处理思路，逐渐增加词元的数量，直到词元数量达到了给定数量为止。

BPE 方法的算法描述如下。

(1) 准备一个一定规模的语料库。

(2) 确定希望的词元数量，也就是词表大小。

(3) 将语料库中的所有单词拆分为字母序列，初始时每个字母即为一个词元。

(4) 统计语料库中任何一对相邻的词元出现的频率。

(5) 将出现频率最高的一对词元拼接成一个新的词元。

(6) 重复过程(4)、(5)，直到词表达到了给定的大小或者最高频率为 1 为止。

这样就得到了所有的词元。在算法实现过程中，也有一些细节需要处理，比如在计算相邻的两个词元的频率时，这两个词元必须同属于一个单词，不能是不同的单词，为此在语料库中需要给出单词的边界，比如在将单词拆分成字母时，在每个单词后面可以加入一个标识符'</w>'。

小明：对于英文这样的拼音文字可以采用 BPE 方法得到词元，但是对于中文、日文这样的非字母语言应该如何处理呢？

艾博士：事实上 BPE 方法分为字母级别和字节级别两种方法。字母级别就是前面介绍的方法，可以处理拼音文字。像中文、日文这样的非拼音文字，则可以采用字节级别的 BPE，也就是以字节为单位进行合并，将前面算法中的字母替换为字节就可以了。另外对于中文来说，也可以是单字级别的，也就是以单字为最基本的处理单位，再逐渐合并得到词元。

小明：我明白了，就是处理的最基本单位不一样，其他的处理思想都是一样的。

2. 词片段方法(WordPiece)

艾博士：WordPiece 是另一种获取词元的方法，该方法同 BPE 方法一样，也是从语料库中选取两个相邻的词元进行拼接，只是选取的方法不一样。BPE 是选取拼接后频率最高的两个词元进行拼接，而 WordPiece 方法则是选择能使语言模型概率最大提升的两个相邻词元做拼接。

小明：这样的话，这里的关键是如何衡量"语言模型概率最大提升"了？

艾博士：小明很能抓住问题的要点。如何计算"语言模型概率最大提升"呢？

假设句子：

$$S=(t_1,t_2,\cdots,t_n) \tag{7.91}$$

其中，t_i 是当前得到的词元。当假定句子中 t_i 相互独立时，句子 S 的概率 $P(S)$ 为每个词元概率的乘积，即

$$P(S)=\prod_{i=1}^{n}P(t_i) \tag{7.92}$$

其对数形式为

$$\log_2(P(S))=\sum_{i=1}^{n}\log_2(P(t_i)) \tag{7.93}$$

假设 t_i 与 t_{i+1} 合并拼接为 t_it_{i+1}，则拼接后式(7.93)的变化值为

$$\begin{aligned}&\log_2(P(t_it_{i+1}))-(\log_2(P(t_i))+\log_2(P(t_{i+1})))\\&=\log_2\left(\frac{P(t_it_{i+1})}{P(t_i)P(t_{i+1})}\right)\end{aligned} \tag{7.94}$$

式(7.94)反映的是 t_i、t_{i+1} 两个词元的互信息，其值越大越说明这两个词元在语言模型上具有较强的相关性，更多地以相邻的方式出现在语料库中。所以选择互信息最大的两个词元进行合并，可以使得语言模型概率具有最大的提升。

小明：明白了，原来是这样进行词元化的。

艾博士：还有其他的词元化方法，我们不再介绍。

为了叙说方便和便于理解，我们在本篇讲解时并不严格地区分单词和词元，在不引起混淆的情况下二者指的是同一个意思，即都是指词元。

小明读书笔记

Transformer 模型由编码器和解码器两部分组成。以中文到英文机器翻译为例，输入是以中文单词组成的序列，也就是中文句子。输出则是对应的英文句子。编码器首先对中文句子进行编码，得到中文句子的中间表示。解码器对中间表示进行解码，生成出对应的英文句子。解码器生成句子的过程是一步步进行的，每次依据已经生成的句子片段和编码器得到的中间表示，生成下一个单词，直到得到一个完整的英文句子。

编码器由若干个编码层串行组合构成，每个编码层的结构是一样的。输入序列中每个单词的词向量与其位置向量相加，构成了编码器的输入，也是 Transformer 的整体输入。每个编码层接受其前一级的输出作为输入，编码器的输入为第一个编码层的输入。每个编码层的结构由两个子层组成，第一个子层为带残差连接的自注意力机制加层归一化，第二层为带残差连接的全连接网络加层归一化。

解码器对编码器得到的中间编码进行解码，输出解码结果。与编码器结构相近，解码器也是由若干个解码层串行组合构成，每个解码层的结构是一样的。解码器有两个输入：一个是已经解码出的句子片段；另一个是从编码器得到的中间表示。同编码器的输入一样，句子片段中的每个单词的词向量与其位置向量相加，构成解码器的一个输入。而从编码器得到的中间表示则输入到解码器的每一层中。

每个解码层接受前一层的输出作为输入，第一个解码层的输入是已输出句子片段中，每个单词的词向量与其位置向量相加的结果。每个解码层由3个子层组成，第一个子层为带有残差连接的自注意力机制加层归一化，第二个子层用来自编码器的中间输出与第一个子层输出计算多头注意力，经残差连接后再加一个层归一化，第三个子层是带残差连接的全连接网络加层归一化。

解码器是一个自回归模型，也就是从左到右单方向预测下一个单词，而注意力机制是双向，为此利用掩码技术将右边单词对左边单词的作用屏蔽掉，从而实现自回归。

Transformer 总体上是一个标准的语言模型，即利用已有信息预测下一个单词出现的概率，可以采用负对数似然函数作为损失函数，用 BP 算法进行训练。

由于 Transformer 通过注意力机制计算序列中不同单词间的相互关系，没有涉及位置信息，为此采用位置编码的方法在输入序列中添加上位置信息。位置编码方法有基于训练的编码方法，这是一种绝对位置编码方法，通过训练得到位置编码，其特点是方法简单，不足是无法表示相对位置，扩展性差。基于三角函数的位置编码方法，这是一种固定的编码方法，也属于绝对位置编码方法，但是由于三角函数的特点，也可以一定程度上体现相对位置信息。相对位置编码方法，分析注意力机制计算中与位置相关的内容，将其中与位置有关的部分用体现相对位置关系的矩阵代替，通过训练得到相对位置信息。

7.7 GPT 模型

艾博士：本节讲述如何用 Transformer 构建 GPT 模型。GPT 模型是目前人工智能界被引起广泛注意的大语言模型，其基本结构由 Transformer 模型构成。下面首先介绍什么是预训练模型，然后根据 GPT 的发展介绍 GPT 的演变过程。

7.7.1 预训练模型

艾博士：Transformer 模型提出后，最早用于机器翻译系统中，并取得了成功。Transformer 优异的性能引起学术界的广泛注意，将其扩展到自然语言处理的多个方面，尤其是以 Transformer 为基础的预训练模型，取得了巨大成功，有效推动了自然语言处理的发展。

小明：什么是预训练模型呢？

艾博士：在第 1 篇中，我们曾经介绍过 ImageNet，它是一个世界上最大的用于图像识别的数据库，提供了带有标注信息的图像，用于训练神经网络。虽然图像的种类五花八门，但是组成图像的基本要素是相差不多的，只是其组合方式不一样，不同的组合方式就构成了不同的图像。在 ImageNet 上训练的神经网络，可以认为已经"完好"地提取出了构成图像的基本要素，这些要素即便对于不包含在 ImageNet 内的图像识别也会有所帮助。所以如果想建造一个新的图像识别系统，比如中草药识别，不必重新构建一个非常大的中草药数据库，可以在 ImageNet 上训练好的神经网络的基础上，再用中草药图像数据对神经网络加以微调，就可以很好地实现对中草药的识别。这样不仅可以减少建造图像数据库的工作量，也可以减少训练时间，有效提高建造神经网络的效率。在 ImageNet 上训练的图像识别的神经网络就可以认为是一个用于图像识别的预训练模型。

小明：我明白了，这就好比组建一个马拉松长跑队，可以从一些中长跑运动员中选择队员一样，虽然这些队员以前并没有跑马拉松这方面的训练，但是他们基本的身体素质和中长跑训练有助于让他们快速成为马拉松运动员一样。

艾博士赞叹道：就是这样的道理。

小明：可是自然语言处理领域并没有一个类似ImageNet那么大规模的标注好的数据集啊。

艾博士：小明很能抓住问题的要点。具有标注信息的图像数据库ImageNet对于图像识别研究的发展起到了非常重要的作用，甚至说推动了人工智能的发展也不为过，因为如果没有ImageNet这样大规模的标注数据，深度学习的优势作用也许难于被人所认可。正如小明所提到的，在自然语言处理领域缺少这样规模的语料库。但是自然语言也具有其本身的特点，可以采用自监督学习的方法训练预训练模型，而不需要标注信息。

听到这里小明惊讶道：这是怎么做到的呢？

艾博士：自监督学习属于无监督学习的一种特殊情况，其方法就是利用语料库提供的文本内容，自己构造标注信息，从而实现学习。在第1篇中的神经网络语言模型中我们已经见到过类似方法。

小明，你还记得神经网络语言模型是如何实现的吗？

小明边回忆边说：我记得是这样的，如图7.26给出了一个神经网络语言模型示意图。其输入是一句话中的前$n-1$个单词，输出预测第n个单词是哪个单词的概率。

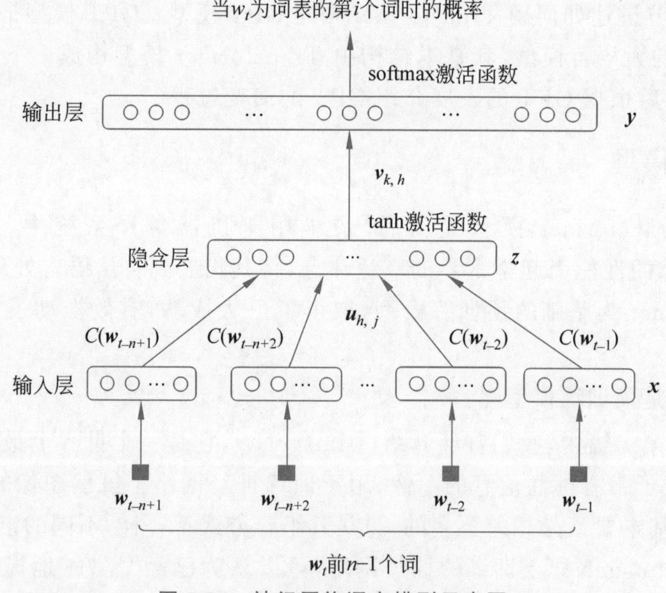

图7.26 神经网络语言模型示意图

艾博士：对，这就是神经网络语言模型。该模型是如何获得训练样本的呢？需要我们对样本给出标注信息吗？

小明：不需要人为标注。因为语料库中有大量的句子，句中任何一个连续的n个单词，都可以作为一个训练样本，其前$n-1$个单词为样本，第n个单词则作为标注信息使用。

艾博士：这种通过语料库自动获取标注信息的方法就是自监督学习，对于自然语言处理来说，可以通过类似的自监督学习方法得到一个预训练模型。所以神经网络语言模型就是一种预训练模型，只是该模型基本属于词汇级别的，通过神经网络语言模型可以很好地获得单词的向量表示，但是还难于表达句子或者更长的段落、篇章级别的信息。而我们前面介绍的 Transformer 模型，利用其强大的基于注意力的编解码机制，不仅可以实现句子、段落、篇章级别的编码和解码，甚至可以扩展到更长的书卷级。因此，完全可以通过 Transformer 的能力，借助自监督学习方法，实现一个与任务无关的文本预训练模型。预训练模型可以认为学习的是一些通用的知识，以该模型为基础，结合具体任务通过微调的方式就可以快速有效地实现不同任务的求解，甚至实现类似 ChatGPT 这种比较通用的系统。

对于文本预训练模型，比较成功的有 GPT 系列和 BERT 系列，7.7 节我们先介绍 GPT 系列，7.8 节介绍 BERT 系列。

7.7.2　GPT-1 模型

艾博士：GPT（Generative Pre-Training①，生成式预训练）是一个系列模型，推出的第一个模型并没有编号，为了与后续模型相区别，我们将第一个模型称为 GPT-1。

小明：从名称可以看出，GPT-1 应该是一个预训练模型吧？

艾博士：是的。GPT-1 是 2018 年由 OpenAI 公司提出的第一个采用 Transformer 实现的预训练模型。

GPT-1 本质上是一个语言模型，根据给定的输入序列，预测下一个单词的概率。GPT-1 采用两阶段的训练方法求解自然语言处理问题，第一个阶段称为预训练阶段，在这个阶段采用大规模自监督学习方法训练一个预训练模型，该模型是与具体任务无关的，可以认为学习的是通用的语法、语义等基础知识，通过预训练之后，GPT-1 就具有了良好的语言能力。打个比喻的话，预训练阶段就相当于我们人类的中小学阶段，大家学的是各种基本知识，是为今后读大学、工作打好基础，这个阶段学习的都是一些通用的知识，而不是针对我们以后做什么设计的学习内容。第二个阶段称为微调阶段，是在预训练阶段的基础上，针对具体的自然语言处理任务，我们称为下游任务，使用具体任务相关的人工标注数据对模型进行微调，使得模型具有求解特定任务的能力。微调阶段相当于我们人类特殊能力的培养，比如我们在大学阶段学的是计算机专业，这时学习的很多课程都是根据计算机专业的需要设计的，使得学生通过这些课程的学习掌握计算机的相关技能。

小明：这样的话，不同的任务是不是都可以在同一个预训练模型上进行微调？就如同我们人类中小学学的内容基本上是相同的，到了大学学习不同的专业，都是以中小学知识为基础，再学习不同专业的内容。

艾博士：正是这样的，这也是预训练模型带来的好处，得到一个预训练模型之后，就可以以此为基础通过微调完成不同的下游任务。并且由于模型具有了预训练阶段的通用知识，通过微调之后可以获得求解特定下游任务更好的性能。

小明：那么 GPT-1 是如何实现两阶段训练的呢？

艾博士：GPT-1 的基本结构采用了变体的 Transformer 模型。我们前面介绍过，Transformer 模型由编码器和解码器构成，之所以采用这种编码器-解码器结构，是因为 Transformer 模型最初是为了翻译任务提出的，在翻译任务中，需要先将源语言进行编码，

---

① 最开始时 GPT 是 Generative Pre-Training 的缩写，由于其是由 Transformer 实现的，后来逐渐演变为是 Generative Pre-training Transformer 的缩写。

然后对其进行解码翻译成目标语言。GPT-1 本质上是一个语言模型，根据给定的输入序列，预测下一个单词的概率，刚好与解码器的功能相符合，所以 GPT-1 抛弃了 Transformer 的编码器部分，直接采用解码器部分实现。

小明有些不解地问道：Transformer 的解码器由多个相同结构的解码层实现，其第一个解码层如图 7.27 所示。由图 7.27 可以看出，解码层的中间部分有一个与编码器输出组成的多头注意力机制及其残差连接，如果取消了编码器，那么这部分内容如何处理呢？

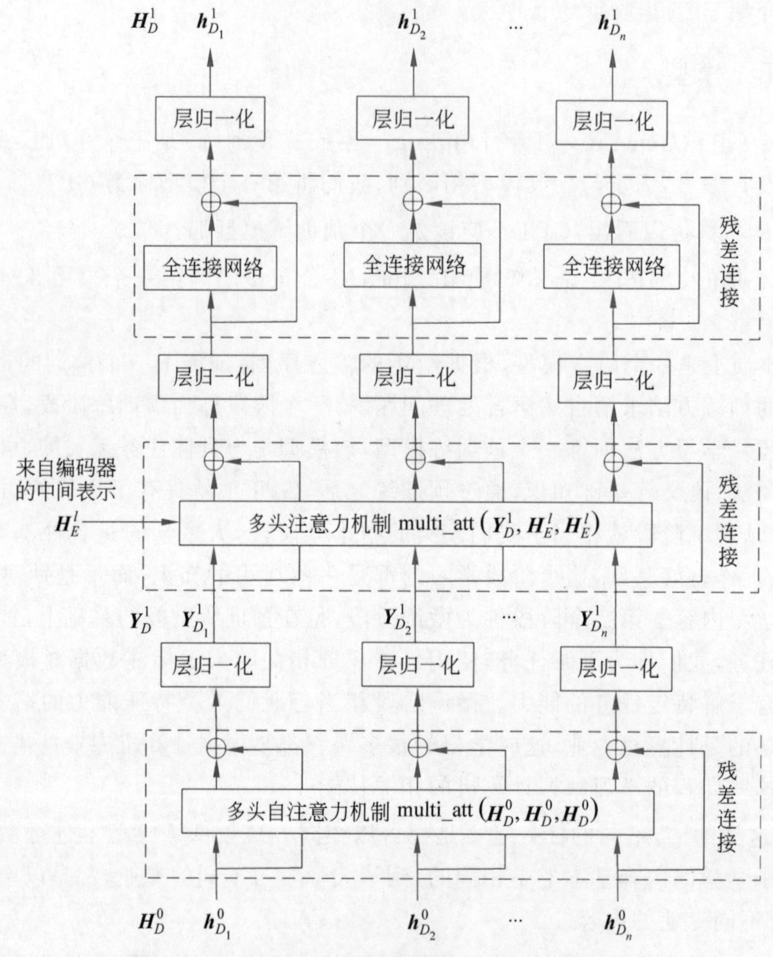

图 7.27 Transformer 解码器的第一个解码层示意图

艾博士：只要将图 7.27 所示的解码层中间部分“与编码器输出组成的多头注意力机制及其残差连接”这部分直接删除就可以了，保留下边的多头自注意力机制及其残差连接和上边的全连接网络及其残差连接。修改后的解码器由若干个解码层串联组成，每个解码层的结构是一致的，其第一层如图 7.28 所示，出于习惯，我们仍然称这种变体的模型为 Transformer 模型。

小明：GPT-1 具体的参数情况是怎样的呢？

艾博士具体介绍说：GPT-1 由一个变体的 Transformer 构成，词表大小为 40 000，也就是说共有 40 000 个词元(token)，其中每个词元用一个维度为 768 的词向量表示。位置编

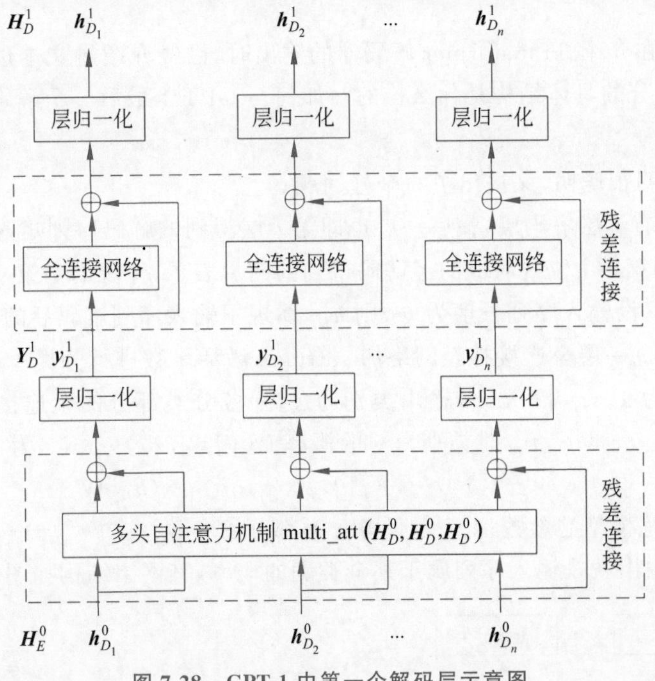

图 7.28　GPT-1 中第一个解码层示意图

码共记录 1～512 个位置，其位置向量维度为 768，与词向量的维度保持一致。GPT-1 共有 12 个解码层，每个解码层的结构都是一样的组织结构，其中多头注意力机制由 12 个头组成，全连接神经网络由一个具有 3072 个神经元的隐含层和一个具有 768 个神经元的输出层组成。GPT-1 需要训练的全部参数量约为 1.17 亿个。预训练阶段使用的训练数据集约为 4.5GB，来自于 7000 本没有发布过的书籍。

小明：训练集采用书籍的理由是什么呢？为什么强调没有发布过呢？

艾博士：采用书籍作为预训练数据集的理由是书籍作为训练集其质量有保障，而且书籍具有更长的上下文依赖关系，模型可以学到比较长的上下文依赖关系。之所以强调书籍是未发布过的，是为了保证在做自然语言任务测试时，与这些任务有关的内容没有被直接训练过，防止出现模型性能“虚高”的现象。

小明：有道理，这样更能体现模型真实的泛化能力。

小明接着问道：GPT-1 的输出与 Transformer 解码器的输出是一样的吗？如何应对您前面介绍过的预训练和微调两个阶段的训练呢？

艾博士：在预训练阶段，主要是通过自监督学习方法训练 GPT-1 的语言能力，其输出与 Transformer 中解码器的输出是一样的，也就是根据当前的输入序列预测下一个单词的概率，称为文本预测。为了适应具体的自然语言处理求解任务，还需要对解码器进行输出扩展，增加一个适应具体的下游任务的全连接层，其输出与具体任务有关，一般是一个任务分类器，后面我们将会看到，GPT-1 将多种不同的任务转换为分类任务进行处理。图 7.29 给出了 GPT-1 的示意图。

图 7.29 中的文本预测就是解码器根据当前的输入序列预测下一个单词的概率，而任务分类则是与具体任务相关的一个单层的全连接网络，通过 softmax 激活函数获得具体的分

类概率。

小明：前面在介绍 Transformer 解码器的输出时，已经介绍过文本预测部分是如何组成的，任务分类部分的具体结构是什么样的？如何与 GPT-1 最后一个解码层的输出结合在一起实现分类呢？

艾博士：小明很聪明，又提出了一个好问题。

设 GPT-1 共有 l 层解码层，最后一层也即第 l 层得到的解码序列矩阵为 $\boldsymbol{H}_D^l$，其第 i 行 $\boldsymbol{h}_{Di}^l$ 为与输入序列第 i 个位置对应的经解码得到的向量表示，体现的是第 i 个位置及其之前位置的解码结果。设输入序列长度为 m，则 $\boldsymbol{h}_{D_m}^l$ 体现了输入序列解码后的整体信息，因此可以 $\boldsymbol{h}_{D_m}^l$ 为输入，通过一层全连接神经网络加 softmax 激活函数进行分类。

设输入序列为 $x_1, x_2, \cdots, x_m$，输出类别为 y，任务分类部分的全连接网络权重矩阵为 $\boldsymbol{W}_c$，则当输入为 $x_1, x_2, \cdots, x_m$ 时类别为 y 的概率 $P(y|x_1, x_2, \cdots, x_m)$ 为

$$P(y \mid x_1, x_2, \cdots, x_m, \theta, \phi) = \text{softmax}(\boldsymbol{h}_{D_m}^l \boldsymbol{W}_c)$$

其中，θ 表示预训练模型的参数；ϕ 表示任务分类部分的参数。

任务分类的输出就是输入序列属于某个类别的概率，其网络结构如图 7.30 所示。

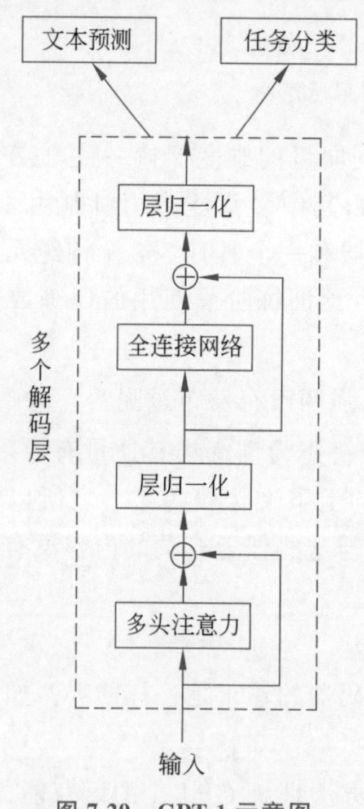

图 7.29 GPT-1 示意图

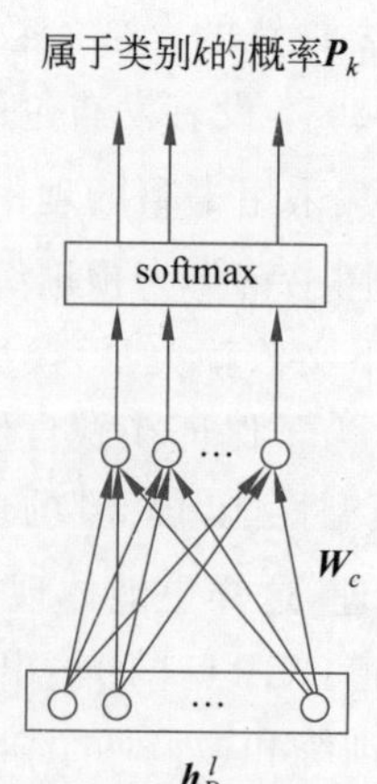

图 7.30 GPT-1 任务分类部分结构示意图

艾博士继续讲解说：GPT-1 的输入与 Transformer 解码器的输入一样，是输入序列的向量矩阵与位置编码矩阵之和，即

$$\boldsymbol{H}_D^0 = \boldsymbol{E} + \boldsymbol{P}_D \tag{7.95}$$

其中，$\boldsymbol{E}$ 为输入序列的向量矩阵，其第 i 行为输入序列中第 i 个单词的词向量；$\boldsymbol{P}_D$ 为位置编码矩阵，其第 i 行为输入序列第 i 个位置的位置编码，这里采用基于训练的绝对位置编码方法。

小明：GPT-1 是如何训练的呢？

艾博士：正如前面提到过的，GPT-1 分为预训练和微调两个训练过程，下面分别介绍这两个过程。

1. 预训练过程

设 C 为文本组成的训练用语料库，C 中任何一个单词 w，依据 w 在 C 中的位置，其前面 n-1 个词用 context(w)表示，则 context(w)和 w 构成一个训练样本，GPT-1 预训练模型就是在给定 context(w)的情况下，预测下一个单词为词表中第 k 个单词 w 的概率，即

$$P(w=k \mid \text{context}(w),\theta)$$

其中，θ 为 GPT-1 模型的所有参数。

因为 GPT-1 本质上就是一个语言模型，所以可以按照与神经网络语言模型同样的方法，通过最大似然估计确定参数 θ 的值，也就是最大化 C 中任何一个词在其上下文环境下的概率乘积最大。即

$$\max_{\theta}\prod_{w\in C}P(w=k \mid \text{context}(w),\theta) \tag{7.96}$$

式(7.96)取对数后再在前面加一个“－”号，则原式的最大化问题转换为最小化问题，刚好可以作为损失函数：

$$L_1(\theta)=-\sum_{w\in C}\log_2(P(w=k \mid \text{context}(w),\theta)) \tag{7.97}$$

这样就可以利用 BP 算法训练 GPT-1 模型了，本质就是采用自监督学习的预训练方法，得到的就是预训练模型。

在训练过程中，不仅仅训练 GPT-1 中的各类参数，如同训练神经网络语言模型一样，同时也得到单词的向量表示，也就是词向量，也同时训练出相应的位置向量。

由于 GPT-1 模型是自回归的，也就是预测下一个单词概率时，只能利用给定单词位置之前的序列预测后面一个单词的概率，所以需要利用式(7.54)、式(7.55)提到的掩码技术，将序列中该单词后面的单词“掩埋”掉，前面已经介绍过，这里不再详细介绍。

2. 微调过程

GPT-1 经过预训练之后，认为已经掌握了基本的语言能力，微调的目的则是使得 GPT-1 具有求解某个特定下游任务的能力。

设输入序列 $\boldsymbol{x}=x_1,x_2,\cdots,x_m$，其对应的类别为 y，定义损失函数：

$$L_2(\theta,\phi)=-\sum_{x,y}\log_2(P(y \mid x_1,x_2,\cdots,x_m,\theta,\phi)) \tag{7.98}$$

这样就可以通过 BP 算法实现任务分类部分的训练。

小明边指着式(7.98)边问道：式中左边包含了分别表示预训练模型的参数 θ 和任务分类部分的参数 ϕ，就是说在微调过程中，不仅仅是训练任务分类部分的参数，同时也要对预训练模型的参数进行调整吗？

艾博士：小明观察得非常仔细，在微调过程中也同时调整预训练模型的参数，使之能够适应任务分类。由于在微调阶段使用的是面向具体任务的训练集，这种调整也可能会使得模型损失通用性和泛化能力，为避免这种情况的出现，一般在微调中使用的损失函数是

$L_1(\theta)$和 $L_2(\theta,\phi)$两个损失函数的加权和：

$$L_3(\theta,\phi)=L_2(\theta,\phi)+\lambda L_1(\theta) \tag{7.99}$$

其中，λ 为加权系数。

在微调阶段采用这种加权形式的损失函数可以同时兼顾模型的通用性和具体任务的求解能力，实践也证明了这一点是有效的。

7.7.3 GPT-1 模型的应用

小明：艾博士，您前面介绍过，在微调阶段 GPT-1 将不同的自然语言处理任务转换为分类任务进行处理，每种任务具有不同需求，那么是如何将不同的任务转换为分类任务的呢?

艾博士：下面我们就结合几个常见的自然语言处理任务介绍一下如何将不同的任务转换为分类任务。

1. 文本分类任务

艾博士：文本分类也有不同的类型，我们以新闻分类为例，假设有体育、政治、军事和经济 4 个类别。

由于文本分类本身就是分类任务，不需要转换就可以用 GPT-1 求解了。由于 GPT-1 将不同的任务统一表达为分类问题，设置了一些格式要求，比如以＜s＞作为序列的开始，以＜e＞作为序列的结束。对于文本分类任务，我们只需要按照这样的格式给出训练样本及其类别标记即可，例如：

＜s＞中国女排夺得世锦赛冠军＜e＞ 体育

＜s＞解放军举行军事演习＜e＞ 军事

小明：GPT-1 在处理时，＜s＞、＜e＞这样的标记也作为输入序列的一员进行处理吗?

艾博士：＜s＞、＜e＞这样的标记也同单词一样，作为输入序列的一员进行处理。前面我们讲过，GPT-1 中的任务分类部分是以最后一个解码层最后一个位置的解码结果 $\boldsymbol{h}_{D_m}^{l}$ 作为输入，实际上就是标记＜e＞在第 l 解码层所对应的解码结果作为任务分类部分的输入。

小明：原来是这样的，我明白了。

2. 文本蕴含任务

艾博士：文本蕴含任务是指判断一个文本(前提)是否能推断出另一个文本(假设)的真实性。

比如一个文本是“你借给我的书等我看完后还给你”，另一个文本是“你的书在我这里”。显然可以从第一个文本推断出第二个文本是真实的。

为了处理文本蕴含任务，GPT-1 将两段文本拼接在一起构成一个文本，中间用分隔符＜＄＞分开前后两个文本，并就是否满足蕴含关系标记类别。上面的句子可以表示为：

＜s＞你借给我的书等我看完后还给你＜＄＞你的书在我这里＜e＞ 是

＜s＞你借给我的书等我看完后还给你＜＄＞我的书在你这里＜e＞ 否

小明：原来是这样处理的，经过这样的转换之后，文本蕴含任务就转换为了一个分类任务。

3. 文本相似度任务

艾博士：文本相似度任务就是判断两个文本在语义上是否具有相似性，其相似程度可以用概率表示。

同文本蕴含任务一样，也是将两段文本拼接成一个文本，中间用分隔符＜＄＞分开前后两个文本，并就是否满足相似关系标记其概率值。例如：

＜s＞清华园很美丽＜＄＞清华园很漂亮＜e＞ 1.0

但是如果只是简单地这样处理的话会带来一个问题。

小明：会有什么问题呢？我想不出来。

艾博士：因为相似性具有对称性，A 与 B 的相似概率应该等于 B 与 A 的相似概率。如果只是这样简单处理的话，不能保证这种对称性。

小明：确实无法保证，那么应该怎么处理才能保证对称性呢？

艾博士：在处理文本相似度任务时，按照 A 与 B 和 B 与 A 的相似性，分别构造两个输入：

＜s＞清华园很美丽＜＄＞清华园很漂亮＜e＞ 1.0

＜s＞清华园很漂亮＜＄＞清华园很美丽＜e＞ 1.0

分别送入 GPT-1 的解码器中，两个输入分别在第一个解码层的最后一个位置获得解码结果，我们分别记为 $\boldsymbol{h}_{m1}$ 和 $\boldsymbol{h}_{m2}$，为了保证相似性的对称性，将 $\boldsymbol{h}_{m1}$ 和 $\boldsymbol{h}_{m2}$ 相加在一起，再送入任务分类部分。其示意图如图 7.31 所示。

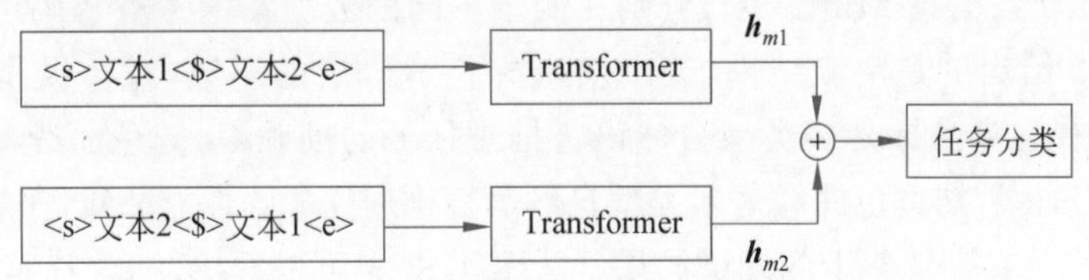

图 7.31　GPT-1 处理文本相似性任务示意图

小明：这是一个很好的处理方法，巧妙地解决了对称性问题。

4. 文本多选任务

艾博士：文本多选任务是根据问题从多个候选答案中选择一个或者多个正确的结果，类似于做选择题。比如类似这样的问题。

问题：清华大学位于哪个城市？

候选：A 北京，B 上海，C 天津

为处理多选任务，GPT-1 采用一一测试的方法，也就是将问题与每个可能的答案组成多个“问题－答案”对，转换为分类问题，分别输入给 GPT-1 处理。如果是单选题，则选择概率最大的答案，如果是多选题，则选择几个概率最大的。对于上面这个例子，分别构造 3 个输入：

＜s＞清华大学位于哪个城市？＜＄＞北京＜e＞ 是

＜s＞清华大学位于哪个城市？＜＄＞上海＜e＞ 否

＜s＞清华大学位于哪个城市？＜＄＞天津＜e＞ 否

经过这样的转换之后，GPT-1 就可以处理文本多选问题了。

小明：通过以上几个例子，我明白了 GPT-1 如何通过分类方法求解不同的自然语言处理任务。一般来说，预训练模型会比较大，参数量比较多，每个具体任务都要配一个预训练模型吗？

艾博士解释说：并不需要为每个具体任务配置一个预训练模型，由于预训练模型具有一定的通用性，多个任务可以共用一个预训练模型，只是任务分类部分各自用具体任务的权重参数。

小明赞叹道：这样真是太好了。

7.7.4 GPT-1 性能分析

艾博士：通过这种预训练加微调的方法，GPT-1 在包括自然语言推理、问答、语义相似度和文本分类等 12 个自然语言处理任务中的 9 个任务中，达到了当时的最佳水平，让人们看到了预训练模型的重要性。而当时的其他方法，都是根据具体任务构建特定的模型架构，不同的任务具有不同的架构和方法。而 GPT-1 采用统一的架构处理不同的任务，可以说 GPT-1 的出现，开启了自然语言处理，乃至人工智能研究的新时代。

接下来研究者还从两个方面对 GPT-1 进行了性能分析。

小明：具体从哪两个方面做了分析呢？其分析的目的又是什么呢？

艾博士：首先，研究者对 GPT-1 解码层的层数对性能的影响做了实验分析，为此选择了两个不同任务的数据集：一个是中小学英语阅读理解考试的数据集 RACE；另一个是多类型自然语言推理数据集 MultiNLI，分别在两个不同的数据集上考查解码层的层数对性能的影响。图 7.32 给出的是实验结果，其中横坐标是解码层的层数，左边纵坐标是阅读理解任务的准确率，右边纵坐标是多类型自然语言推理任务的准确率，蓝色曲线（见彩插）是阅读理解任务的性能曲线，橘黄色曲线是多类型自然语言推理任务的性能曲线，实线是在验证集上的测试结果，虚线是在训练集上的测试结果。从图 7.32 中可以看出，随着解码层层数的增加，两个任务的性能曲线均呈上升趋势，表明随着模型层数的增加，不但可以很好地学习训练集，而且可以很好地将学到的知识应用到验证集上，使得在验证集上的性能也同样随着模型层数的增加而增加。

小明：这是一个很好的结果，说明随着模型层数的增加，模型可以从数据中学到更多的知识。

艾博士：这是第一个实验结果，紧接着研究者又对 GPT-1 在没有任何微调情况下的解题能力进行了测试分析，目的是测试一下即便只使用预训练模型的情况下，GPT-1 是否也具有一定的求解任务的能力。同时为了验证 GPT-1 使用 Transformer 作为其基本框架的合理性，在 4 个不同的任务上在不做任何针对下游任务微调的情况下进行了测试，并与 LSTM 模型的性能做了对比分析。

小明：为什么选择 LSTM 模型作为对比对象呢？

艾博士解释说：因为之前在自然语言处理任务上 LSTM 具有比较好的表现，所以与

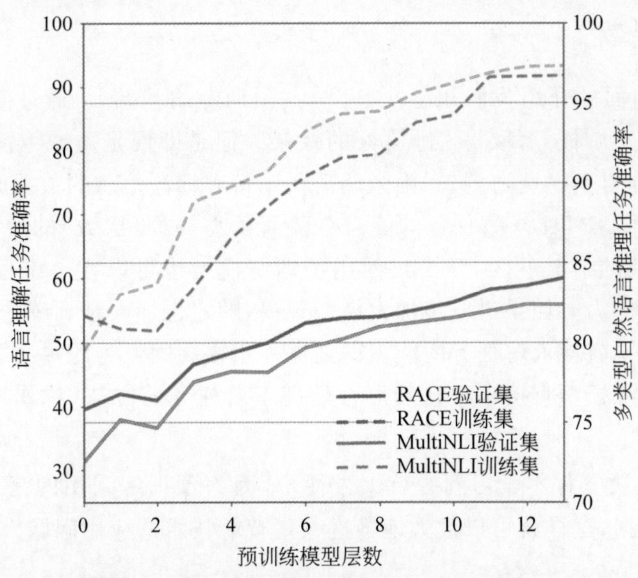

图 7.32　模型层数与模型性能的对比实验(见彩插)

LSTM 做对比具有典型意义。

做测试的 4 个任务分别为：情感分析任务、Winograd 模式挑战任务、语言可接受性任务和问答任务。图 7.33 给出了测试结果，其中横坐标是预训练参数更新次数，纵坐标是相对任务性能，实线是 Transformer 模型的结果，虚线是 LSTM 模型的结果，4 种不同颜色的曲线分别代表了 4 个任务的性能。

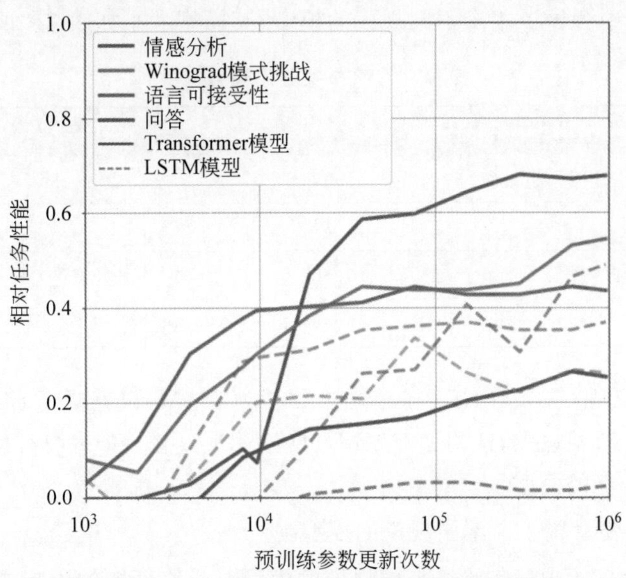

图 7.33　Transformer 与 LSTM 在 4 个不同任务上的对比测试(见彩插)

从图 7.33 中可以看出，两种模型的性能均随训练轮次的增加而增加，但是 Transformer 模型明显比 LSTM 具有更好的表现。由此也可以看出 GPT-1 选择 Transformer 作为其基础模型是一个合理的选择。也正是这种选择，为后来人工智能的发展带来了至关重要的影响。

7.7.5 GPT-2 模型

艾博士：从前面的介绍我们知道，GPT-1 在预训练的基础上，通过微调的方式适应具体的自然语言处理下游任务，取得了非常好的效果。但是即便是微调也需要特定任务的数据，收集起来还是非常费时费力的，因为微调需要用带有标注信息的数据。从前面的介绍中我们也看到，一方面 GPT-1 求解任务的能力会随着模型规模(层数)的增加而增加，另一方面，即便在没有微调的情况下，GPT-1 只使用预训练模型也可以在一定程度上具有求解自然语言处理任务的能力。如果进一步加大模型规模，随之也加大预训练的训练数据，是不是会使得这种不用微调就能求解任务的能力得到进一步提高呢？为此提出了 GPT-2 模型。

这种利用预训练模型直接求解自然语言处理下游任务的方法，称作零样本学习(Zero-Shot Learning)。

小明：如果解决零样本学习问题就太方便了，因为预训练采用的是自监督学习方法，不需要人工标注数据，这样就可以极大地推进人工智能技术的应用问题。为了这样的目标，GPT-2 有哪些改进呢？

艾博士：GPT-2 的模型结构与 GPT-1 基本上一样，有些小的变化，主要如下。

(1) GPT-2 采用了前置层归一化方法，这样更有助于提高模型训练的稳定性，提高模型训练的收敛速度。该方法我们在 7.6.5 节介绍过，不再多说。

(2) 在最后一个解码层之后，又添加了一个层归一化，这个位置相当于是后置归一化。

(3) 输入序列长度增加到 1024 个词元，与 GPT-1 的 512 个词元相比，可处理的序列长度增加了一倍。

(4) 在 GPT-2 中测试了 4 个不同规模的模型，其模型大小如表 7.3 所示。

表 7.3 GPT-2 实验用模型规模

参数量	层数	词向量维度
117M	12	768
345M	24	1024
762M	36	1280
1542M	48	1600

4 个模型中，最小的一个与 GPT-1 一样参数量为 117M，也就是 1.17 亿，最大的一个参数量超过 GPT-1 的 10 倍以上，达到了 1542M，也就是 15.42 亿。如果没有特殊说明，GPT-2 通常指参数量为 15.42 亿的模型。

小明：为什么要设置 4 个不同规模的模型呢？

艾博士：在 GPT-1 中就实验过不同规模的模型对最终性能的影响，GPT-2 设置了 4 个不同规模的模型，是为了进一步测试模型规模的影响，考查模型的增加会带来什么样的影响。

回答完小明的问题，艾博士继续讲解道：模型参数增加以后，原来用于预训练 GPT-1 的数据已经明显不够用了，不足以支持 GPT-2 的训练，有必要采用更大的训练用数据集。小明你想想，什么样的数据获取起来最方便呢？

小明：要说获取容易，当然是网络数据了，但是如何保证网络数据的质量呢？我印象中 GPT-1 用的是书籍数据，因为书籍数据具有质量保证。

艾博士：小明说得很对，网络数据的特点是获取容易，同时内容广泛，非常具有作为预训练数据的潜力。但是也有明显不足，就是小明刚刚提到的如何保证数据质量问题，存在语法错误、逻辑错误、极端言论，以及无意义内容等，这就要对获取的数据进行所谓的清理工作，尽可能保证数据的质量。

小明：怎么做数据清理呢？人工对数据进行清理工作吗？

艾博士：人工整理的话工作量太大了。研究者收集整理了一个来自社交网络的多达 40GB、称作 WebText 的数据集，为了保证数据质量，去除了少于 3 个点赞的数据，这样基本上可以保证数据的质量。

小明：这倒是一个简单有效的数据清理方法，超过 3 个点赞的内容，估计其质量基本是可以得到保证的。

艾博士：表 7.4 给出了 GPT-2 在没有微调的情况下，预训练模型在 8 个语言模型类任务上的表现。其中第一行是 8 个任务的缩写，括号内标注的是评价指标，ACC 表示准确率，该指标越大表明模型越好，其他几个均是与模型困惑度相关的指标，越小表明模型越好。具体的任务和指标含义我们就不做具体介绍了，只关注性能变化就可以了。第二行 SOTA 表示同期其他模型得到的最好指标。后面 4 行给出的是不同参数情况下，GPT-2 在零样本情况下的性能表现。

表 7.4　不同参数下的预训练模型在多个语言模型类任务上的表现

	LAMBADA（PPL）	LAMBADA（ACC）	CBT-CN（ACC）	CBT-NE（ACC）	WikiText 2（PPL）	PTB（PPL）	enwik8（BPB）	text8（BPC）	WikiText 103（PPL）	1BW（PPL）
SOTA	99.8	59.23	85.7	82.3	39.14	46.54	0.99	1.08	18.3	21.8
117M	35.13	45.99	87.65	83.4	29.41	65.85	1.16	1.17	37.50	75.20
345M	15.60	55.48	92.35	87.1	22.76	47.33	1.01	1.06	26.37	55.72
762M	10.87	60.12	93.45	88.0	19.93	40.31	0.97	1.02	22.05	44.575
1542M	8.63	63.24	93.30	89.05	18.34	35.76	0.93	0.98	17.48	42.16

艾博士对照着表 7.4 对小明说：你分析一下表 7.4 给出的测试结果，看有什么结论。

小明认真查看了测试结果后回答说：我觉得可以得出两个结论。第一，在各个任务上的性能均随模型增加而增加。第二，GPT-2 的表现非常好，在参数量为 1542M 的情况下，GPT-2 在 7 个任务中取得了最好成绩，只有 1BW 任务不如 SOTA。

听到小明的回答艾博士赞叹道：小明总结得非常到位，这个实验结果表明 GPT-2 在语言模型类任务上零样本学习的表现是非常好的。至于为什么在 1BW 任务中表现一般，GPT-2 的提出者在论文中也对此做了分析，发现在 1BW 任务中，测试集中约有 13.19％的数据存在于训练集中，而 GPT-2 用于预训练的数据集 WebText 包含的测试数据比较小，只有 3.75％的测试数据存在于 WebText 中。这样的结果导致了测试的不公平，从而影响了 GPT-2 在该任务上的表现。

小明：原来是这个原因啊，这样对比确实对 GPT-2 不公平，否则的话 GPT-2 也可能会取得更好的结果。

艾博士：我们再看一下 GPT-2 在 4 个自然语言处理类任务上零样本学习在不同模型规模上的表现，如图 7.34 所示，由左至右、由上至下分别给出的是阅读理解、机器翻译、摘要和问答 4 个任务 GPT-2 的表现，其中纵坐标是不同的评价指标，横坐标是模型的参数量。图中虚线是一些基线模型的表现。

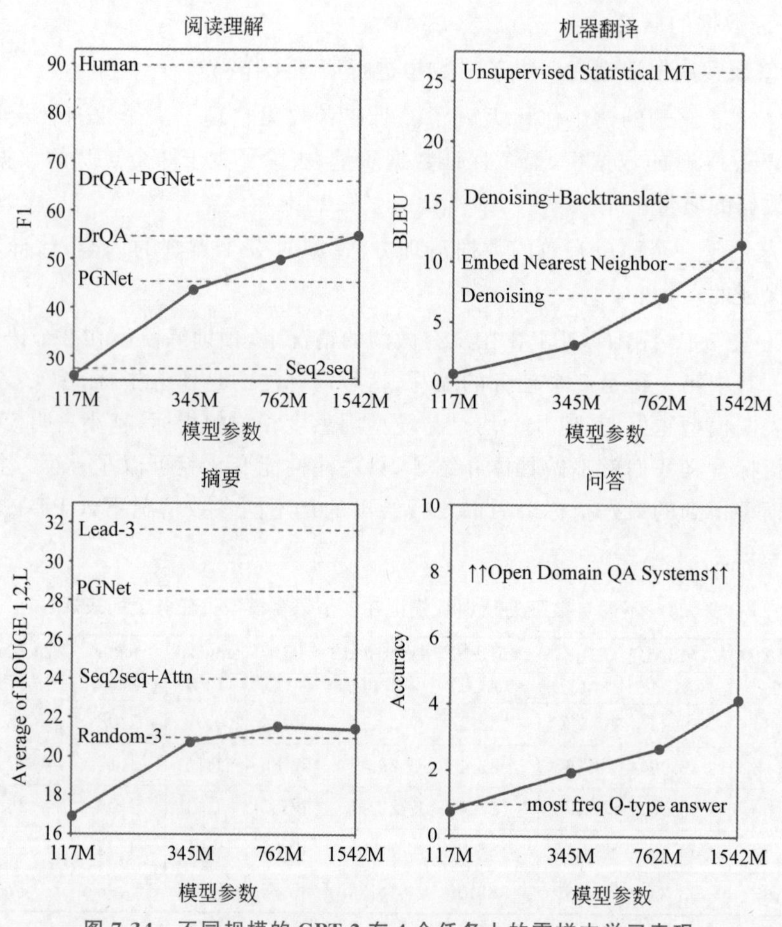

图 7.34　不同规模的 GPT-2 在 4 个任务上的零样本学习表现

听到这里小明问道：什么是基线模型？

艾博士：基线模型简单说就是比较的对象，是一些在这些任务上具有一定代表性的、针对具体任务设计的模型，并且采用了专门的与任务有关的数据进行了训练。

小明：原来是这样，我明白了，这样对比可以体现出零样本学习的表现如何。

艾博士接着说：从图中可以看出，GPT-2 在阅读理解任务上表现最好，超越了 3 个基线模型。但是距离最上面的曲线，也就是人类的表现，还相差比较远。在机器翻译任务上 GPT-2 也取得了比较好的成绩，超越了两个基线模型。但是在摘要任务上表现非常一般，只与随机抽取句子的方法持平。而在问答任务上则与基线模型相差非常远。

小明：如此看来 GPT-2 的表现也是有好有坏，并不均衡。

艾博士：不要忘记，这里的基线模型都是针对具体任务设计的，而且使用了与任务相关的专用标注数据做了训练，GPT-2 模型在只采用预训练的情况下，取得如此成绩可以说是非常惊喜的结果。

小明：确实啊，我竟然忘记了这一点。

7.7.6　GPT-3 模型

艾博士：GPT-2 在有些任务上的零样本表现取得了很好的结果，但在有些任务上的表现却不尽如人意。如何在 GPT-2 的基础上，进一步提高模型求解任务的能力呢？小明，如果是你，你会想到应该怎么做呢？

小明思考了一会回答说：从图 7.34 给出的不同规模的 GPT-2 在 4 个任务上的零样本学习表现可以看出，无论任务表现如何均存在一个规律，性能均随着模型规模的增加而增加，也就是说，规模越大，其性能也会越好，这一点在 GPT-1 时就已经有所体现，GPT-2 的规模比 GPT-1 大了 10 倍以上，性能也明显得到了提高。所以首先容易想到的就是进一步提高模型规模，看看性能是否会进一步提高。其次，我想零样本学习想法固然很好，但是即便是人类，也往往需要给一个或者几个样例，根据样例回答问题。我想是否可以考虑多给几个样例，有了适当的样例，模型也许就可以更好地回答更多的问题。

艾博士夸赞道：小明总结得非常到位，GPT-3 就是想从这几个方面解决问题，一方面进一步增加模型规模，另一方面就像小明刚刚提到的，如果多给几个样例，看看模型求解任务的能力会如何变化。

下面我们分别做介绍。

1. GPT-3 模型的详细设计

艾博士：表 7.5 给出了几个不同模型规模的 GPT-3，第一列为模型名称，第二列为模型的参数量，第三列为模型解码层的层数，第四列为词向量的维度，第五列为多头注意力机制的头数，第六列为多头注意力机制中每个头的输出维度，第七、第八列为训练时的批量大小和学习率。通常所说的 GPT-3 一般指最后一行给出的 175B 也即 1750 亿参数的模型。

表 7.5　测试用模型的详细设计

模型名称	n_{params}	n_{layers}	d_{model}	n_{heads}	d_{head}	批量大小	学习率
GPT-3 Small	125M	12	768	12	64	0.5M	6.0×10^{-4}
GPT-3 Medium	350M	24	1024	16	64	0.5M	3.0×10^{-4}
GPT-3 Large	760M	24	1536	16	96	0.5M	2.5×10^{-4}
GPT-3 XL	1.3B	24	2048	24	128	1M	2.0×10^{-4}
GPT-3 2.7B	2.7B	32	2560	32	80	1M	1.6×10^{-4}
GPT-3 6.7B	6.7B	32	4096	32	128	2M	1.2×10^{-4}
GPT-3 13B	13.0B	40	5140	40	128	2M	1.0×10^{-4}
GPT-3 175B or“GPT-3”	175.0B	96	12 288	96	128	3.2M	0.6×10^{-4}

小明看了看表 7.5 问道：表中给出了好几个不同规模的模型，是为了测试用的吧？

艾博士：是的，为了验证模型在不同规模下的性能，研究者设计了多个不同规模的模型,模型结构均是一样的,只是具体的设计参数有所不同,后面我们会看到不同的实验结果。

2. 数据集

艾博士：模型规模增加了,预训练用的数据集也需要相应地增加,否则会使得训练不够充分。

小明：是需要增加,刚才我忘记还有这个问题了。

艾博士：为此研究者采用了数据量更大的 CommonCrawl 数据集。但是这个大数据集也存在质量不高的问题,含有不少脏数据,需要做清理工作。为此研究者通过分类的方法对 CommonCrawl 数据集进行了清理,其方法就是将已知的高质量数据集,如 GPT-1、GPT-2 所使用的数据集作为正类,CommonCrawl 数据集作为负类构建一个分类器,再用该分类器对 CommonCrawl 数据集进行分类,删除其中的低质量数据,提高 CommonCrawl 数据集的质量,并做了去重处理,删除了数据集中重复出现的内容。另外在此基础上增加一些高质量数据集,如 WebText、Book1、Book2、Wikipedia 等一些已有数据集。这样得到的预训练用数据集如表 7.6 所示。其中第一列为数据集名称,第二列为每个数据集的数据量,第三列为训练时的采样权重,第四列为完成 3000 亿个 token 训练时,每个数据使用到的数据轮次。

表 7.6　预训练用数据集

数 据 集	数据量(tokens)	训练时的采样权重/%	完成 3000 亿个 tokens 训练所使用的数据轮次
CommonCrawl(清理后的)	410 billion	60	0.44
WebText2	19 billion	22	2.9
Books1	12 billion	8	1.9
Books2	55 billion	8	0.43
Wikipedia	3 billion	3	3.4

小明看着表 7.6 有些疑惑地问道：前两列容易明白,第三列、第四列具体是什么意思呢?

艾博士解答道：由于每个数据集含有的数据量不同,训练时如果完全按照平均分布采样,因为 CommonCrawl 的数据量远大于其他数据集,则估计绝大多数数据都会采样自 CommonCrawl 数据集,这样人为地规定一个采样比例,就可以让每个数据集均可以得到采样的机会,而不会被无视。训练时一个数据集全部被使用一次称为一个轮次,由于是按照权重采样,所以有些数据集会被采样的多一些,比如 Wikipedia 数据集被采样了 3.4 个轮次,也就是说该数据集被重复使用了 3.4 次,而 CommonCrawl 数据集只被采样了 0.44 次,就是说该数据集并没有全部被使用,而是只使用了不到一半的数据。

小明：原来是这个意思,我明白了。

3. 语境学习(In-Context Learning)

艾博士：语境学习又称为上下文学习,是在 GPT-3 中提出的概念,指的是在给出与具体任务有关的几个样例的情况下,验证模型求解任务的能力。

小明：这与微调有什么区别呢?

艾博士：语境学习与微调是完全不同的概念。

首先最大的不同是语境学习并不更新模型的参数，而微调是要修改模型参数的。其次是微调网络需要很多与任务有关的样本，而语境学习只需要少量的样本就可以，极端情况下不需要样例，或者只需要一个样例，最多一般也就是几十个样例，很少超过 100 个样例的情况。对应这几种情况，语境学习可以划分为零样本学习、单样本学习和少样本学习。下面结合例子分别介绍什么是语境学习。

- 零样本学习(Zero-Shot Learning)

艾博士：在 GPT-2 中我们已经认识了零样本学习，就是只给出要求解的任务描述，再给出具体任务，不提供任何与任务有关的具体样例，让模型回答问题。

下例就是一个零样本学习的例子，其中任务描述是“请将中文翻译为英文”，要翻译的单词是“狗”。

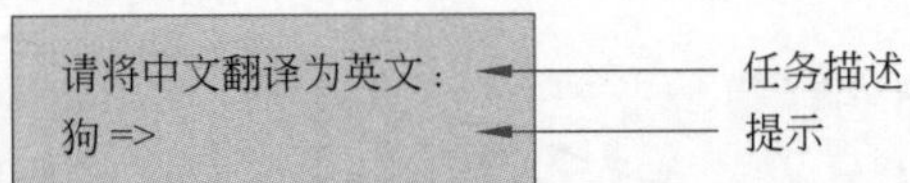

- 单样本学习(One-Shot Learning)

艾博士：单样本学习就是在零样本学习的基础上，给出一个具体的例子。

下面给出的还是翻译问题，除了任务描述外，比零样本学习多给了一个样例，表示中文“猫”的英文是“cat”。

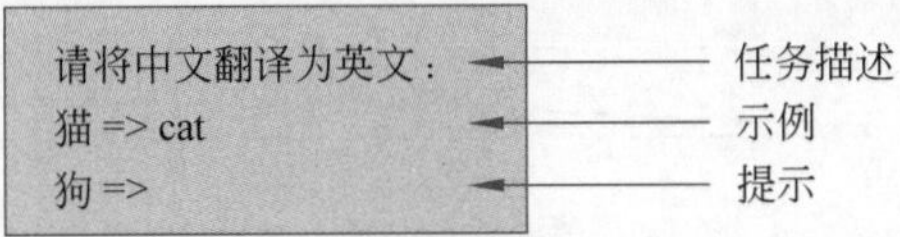

- 少样本学习(Few-Shot Learning)

艾博士：在单样本学习的基础上，多给出几个样例，就是少样本学习，如下面的例子，给出了 3 个汉语翻译为英语的例子，分别是“猫”“兔”“鸟”。

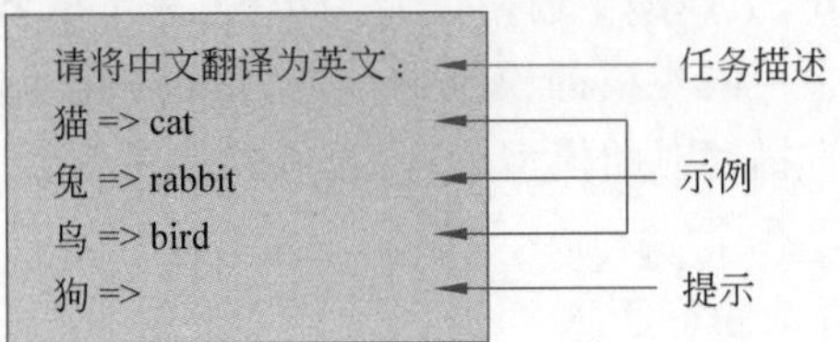

小明：原来这就是语境学习，这几个例子有些简单。

艾博士：这里只是为了解释语境学习的具体用法而给出的几个样例，下面我们再给出一个对电影评论进行分类的例子，按照正面、负面和中性划分成 3 个类别。

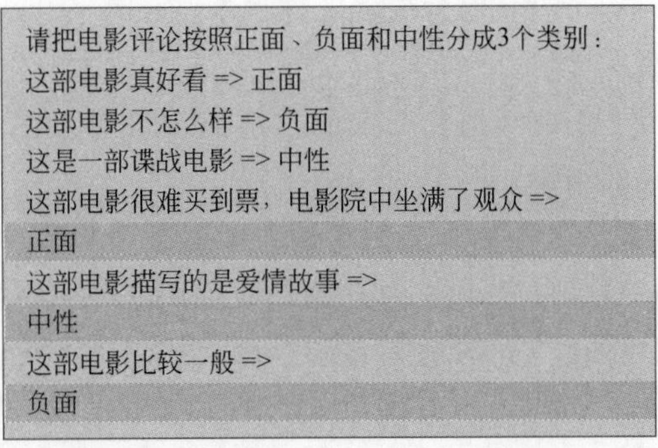

小明：这是一个很好的例子，很好地说明了语境学习是如何使用的。

4. 语境学习性能评价

艾博士：为了说明语境学习的有效性，以及模型规模与语境学习的关系，研究者做了很多实验，并做了详尽的结果分析，我们摘录其中的几个结果加以说明。

第一个结果，研究者构造了一个恢复单词的测试任务，比如将一个单词只保留开始和最后一个字母的正确性，其他位置的字母被打乱顺序，要求恢复为正确的单词，以及给定一个单词字母的倒排序，要求恢复出正确的单词等。在这个测试集上的测试结果如图7.35所示。

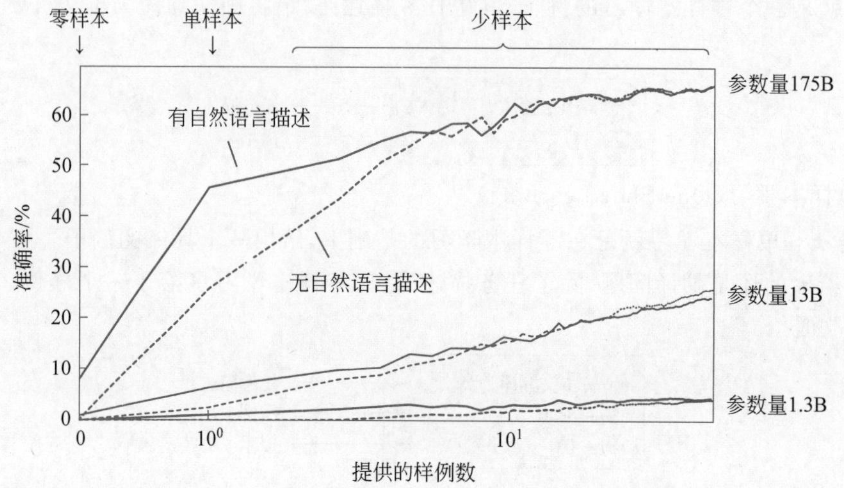

图7.35　不同模型规模下语境学习的性能(见彩插)

图中横坐标是语境学习中给出的样例个数，从0到100个；纵坐标是任务的准确率。图中的B表示10亿，即billion，大模型中通常以B为单位，表示模型的参数量。图中3种不同颜色的曲线分别代表了3个不同规模的模型的性能，最上边蓝色曲线就是GPT-3的性能。实线代表的是具有任务语言描述时的模型表现，虚线代表的是没有任务语言描述时的模型表现。从图中可以得出如下几个结果。

(1) 模型规模越大其性能越好。

(2) 给出的样例越多其性能越好

(3) 当样例比较少时，任务的语言描述起到了比较大的作用，性能明显好于没有语言描述时的模型表现。但是随着样例逐渐增多，语言描述的作用越来越小，显示出当给定足够多的样例之后，语言描述不再起作用，因为更多的样例本身已经可以将任务“描述”清楚了，从而推断出具体的任务类型。

小明：从这个结果看，GPT-3语境学习的表现是非常出色的，不知道在其他的自然语言处理任务上会有什么样的结果。

艾博士：研究者在多达42个自然语言处理任务上做了测试分析，图7.36给出了测试结果，横坐标是模型规模，纵坐标是性能，多个灰暗色的曲线是不同任务的性能曲线，其中3个明亮的蓝色、绿色和橘色曲线，分别对应了零样本、单样本和少样本时，42个任务准确率的平均值。从图7.36中我们同样可以得到与图7.35一样的结论：模型规模越大性能越好，样例越多性能越好。

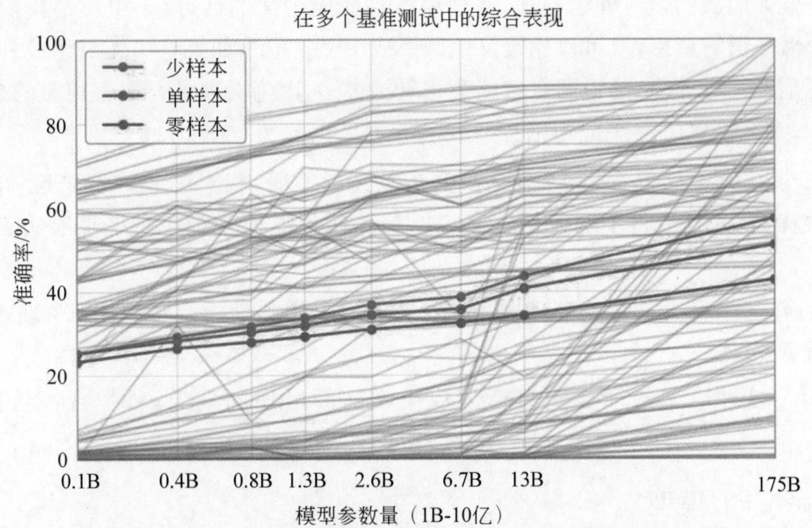

图 7.36　不同规模模型在多个基准测试中的综合表现(见彩插)

艾博士：最后我们再看一个机器翻译的测试结果，如表 7.7 所示，给出了英语和法语、德语、罗马尼亚语 3 种语言的翻译结果，以及与其他方法的对比结果。其中第一行是不同的翻译设置，En 表示英语，Fr 表示法语，De 表示德语，Ro 表示罗马尼亚语，箭头"→"表示翻译的方向，比如"En→Fr"表示从英语翻译为法语。第二行为其他有监督模型得到的最好结果。第三行～第五行是其他一些无监督方法的结果，与 GPT-3 没有做任何与任务有关的设计和训练不同，这些方法采用了一些针对机器翻译任务的设计和训练。第六行～第八行是 GPT-3 分别在零样本、单样本和少样本情况下的翻译结果。

表 7.7　GPT-3 机器翻译测试结果

Setting	En→Fr	Fr→En	En→De	De→En	En→Ro	Ro→En
SOTA(有监督模型)	45.6[a]	35.0[b]	41.2[c]	40.2[d]	38.5[e]	39.9[e]
XLM[LC19]	33.4	33.3	26.4	34.3	33.3	31.8
MASS[STQ+ 19]	37.5	34.9	28.3	35.2	35.2	33.1
mBART[LGG+ 20]	—	—	29.8	34.0	35.0	30.5
GPT-3 Zero-Shot	25.2	21.2	24.6	27.2	14.1	19.9
GPT-3 One-Shot	28.3	33.7	26.2	30.4	20.6	38.6
GPT-3 Few-Shot	32.6	39.2	29.7	40.6	21.0	39.5

从测试结果可以看出，对于法语、德语和罗马尼亚语翻译成英语的情况，GPT-3 的少样本表现非常好，除了罗马尼亚语到英语的结果略微低于监督方法的最好结果外，在法语、德语到英语的翻译中，性能均超过了监督方法最好的结果。这是一个非常可喜的结果，但是反向翻译结果却不是那么令人满意，相比监督方法的最好结果还有差距。

小明不太明白地问道：这是为什么呢？难道不同的翻译方向其难度还会不一样吗？

艾博士解释道：并不是难度问题，而是数据问题。据研究者介绍，预训练数据中 93%都是英文数据，其他语言合在一起只占7%，这样的话英文得到非常充分的训练，英文水平必然比较高。这就如同我们学习外语一样，其他语言翻译成中文的话，由于中文是我们的母语，只要大概能看懂外语的意思，就可以比较好地翻译成中文。但是如果将中文翻译成外语的话，由于我们并不是太熟悉外语，翻译的自然就会相对差很多，因为会涉及与语言相关的表达问题。

小明：这个解释应该能说得通。

艾博士：从实验结果看，对于外语翻译成英文的情况，相对于零样本来说，单样本的表现也有很大提高，并且取得了与采用针对机器翻译任务设计和训练的非监督方法相当的性能表现。

小明：看起来在大幅度地扩大模型规模、采用少样本学习之后，GPT-3 确实取得了令人非常满意的结果。

艾博士：这种模型的性能随着模型规模增加而增加的现象，称作规模法则(Scaling Laws)。

7.7.7 ChatGPT 模型

艾博士：虽然 GPT-3 在多项测试中取得了比较令人满意的结果，但是也存在一些不太好的表现，比如会出现一些乱说的情况，也会出现一些歧视性言论，甚至危害社会的言论等，还会出现不能正确理解用户输入意图、对指令理解不到位的情况。这些都是不好的表现，属于不希望出现的现象。

小明：这样确实非常不好，为什么会出现这种现象呢？

艾博士：好比一个经常看电视的小孩，电视剧中可能会出现一些坏人，说些粗鲁、骂人的话，由于小孩不具有鉴别能力，很可能就会跟着学说这些话。GPT-3 用的训练数据集大部分来自网上，网上言论繁杂，什么内容都有，虽然做了一些过滤处理，但是很难清理干净。一些来自书籍等的数据，虽然属于高质量数据，但也可能会像电视剧一样，由于人物的不同会出现一些不好的言论。在预训练的过程中，GPT-3 并不知道哪些是应该学的，哪些是不应该学的，会一视同仁地学习，从而可能会生成一些不好的言论等。这些属于应该拒绝的内容。

小明：确实，GPT-3 并不知道哪些内容应该学，哪些内容不应该学，也不知道哪些话是应该说的，哪些话是不应该说的，都可能会说出来。这样的话，如果投入到应用中，可能会造成不好的后果。如何控制 GPT-3，让它只说应该说的话呢？

艾博士：就如同我们教育小孩一样，要对小孩平时的言谈话语进行适当的干预。小孩说出礼貌得体的用语，比如见到了邻居等，会主动打招呼问好等，家长要及时地给予肯定和表扬，而当说出一些不得体的话时，要及时提醒小孩这样说话不得体，要改正等。这样长此以往小孩就会成为一个文明礼貌之人。对于大模型，我们也可以采用类似的方法，对 GPT-3 进行“调教”，让它只说应该说的话。这种通过“调教”让模型的回答尽可能符合人类价值观的方法，称作对齐(alignment)。

小明：这听起来有些意思，怎么“调教”GPT-3，使其能够按照用户的意图正确回答问题呢？

艾博士：为此研究者进行了多方面的研究，在 GPT-3 的基础上先后提出了 GPT-3.5、InstructGPT 等，提出了一些有效的方法，告诉模型应该如何回答各种不同的问题，并最终在 GPT-3.5 的基础上，提出了广为人知的 ChatGPT。

小明：原来 ChatGPT 是这样得到的，那么 ChatGPT 具体都采用了哪些方法呢？

艾博士：下面我们就简要介绍一些 ChatGPT 所采用的方法，让一个满腹经纶但没有鉴别能力的模型成为一个理解用户意图、按照用户意图回答问题、与人类价值观对齐的模型。

ChatGPT 提出了一种基于人类反馈的强化学习（Reinforcement Learning from Human Feedback，RLHF）方法，该方法共分为 3 个步骤，下面我们一一介绍。

1. 第一步：学习如何回答问题

艾博士：ChatGPT 是在 GPT-3.5 的基础上提出的改进模型。GPT-3.5 经过预训练之后，已经掌握了大量的语言、语法、语义等信息，但是在回答问题方面还存在欠缺，出现不能正确理解用户意图、胡乱回答问题，甚至出现歧视性语言等。ChatGPT 的第一个目标就是想"调教"它，让它学会正确理解用户意图，掌握回答问题的技巧，正确回答问题。

小明：怎么进行"调教"让 ChatGPT 掌握回答问题的技巧呢？

艾博士：想法也很简单，就是人工提供一些问题及其答案，让 ChatGPT 去学习这些样例，从而学会回答问题和给出答案。这就好比老师在上课时讲解例题一样。

小明不解地问道：这是否又回到了微调模型的方法？GPT 模型一步步走过来，目的不就是舍弃微调吗？

艾博士：很高兴小明能注意到这一点，但是这里的微调与 GPT-1 中采用的微调是不一样的。在 GPT-1 中是针对具体任务做微调，使之能求解特定的任务。而 ChatGPT 虽然也是微调，但是不是针对具体任务的，而是学习回答问题的方法。通过微调的方法让 ChatGPT 正确理解用户指令，做出符合用户指令的回答，学会如何回答问题。

图 7.37 给出了如何学习回答问题的流程。首先从问题库中随机选择问题，然后人工写出问题的答案。将这些答案当作训练样本，通过有监督学习对预训练模型进行微调。多次反复这个过程之后，模型就学到了如何回答问题。在这个过程中，并不是任何问题都给出真实回答，比如说对于如何溜门撬锁这样的问题，就不能提供真实答案，而是会告知溜门撬锁属于违法行为，并以此作为答案让模型去学习。所以在学习如何回答问题这个过程中，不仅仅是要学会正确地回答问题，还要让模型具有与人类一致的价值观。这一过程称作对齐，并且贯穿于包括后面几步在内的 ChatGPT 整个训练过程中。

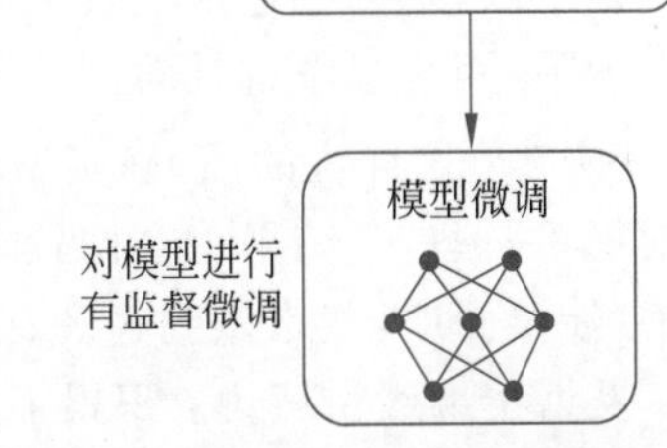

图 7.37　学习如何回答问题流程图

小明：这样看的话，第一步训练过程虽然也是采用有监督的微调方法，但是确实与 GPT-1 所采用的针对具体下游任务的微调不一样，在学习如何回答问题的过程中，更强调的是价值观的对齐。

2. 第二步：学习人类偏好

艾博士：为了做好第一步的微调，实现与人类价值观的对齐，不仅要求训练样本足够多，而且要求样本的覆盖面要广，具有多样性，才能比较全面地“调教”ChatGPT。然而样本标注并不容易，不仅工作量大，对标注人员的要求也高，只有提供高质量的标注样本，才可能达到有效“调教”ChatGPT的目的。

为了减少标注的工作量，研究人员想到了能否采用自我评价的方法，达到自我改进的目的。为此提出了学习人类偏好的方法，通过有监督学习的方法，训练一个具有明辨是非能力的模型。该模型通过人工标注的样本，学习人类偏好，掌握辨别答案好坏的能力。

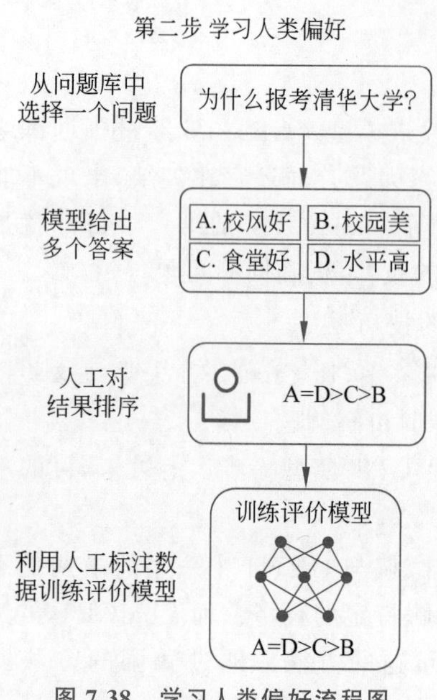

图7.38　学习人类偏好流程图

图7.38给出了学习人类偏好的流程图。同第一步一样，先从问题库中随机抽取问题，但不再需要标注人员回答问题，而是直接让ChatGPT回答问题，并通过随机采样的方式对同一个问题给出多个不同的回答。由于经过第一步微调之后，ChatGPT已经具有了一定的回答问题的能力，所以这一点是可以实现的。在得到ChatGPT给出的几个不同回答之后，标注人员的工作是对这几个答案进行排序，回答比较好的放在前面，比较差的放在后面。比如图中所示的对于“为什么报考清华大学”这个问题，模型给出了4个回答，分别是“A.校风好”“B.校园美”“C.食堂好”“D.水平高”。标注人员认为对于高考选择大学来说，应该更看中学校的水平和校风，因此这两个回答应该放在前面，而食堂和校园不是选择学校的重要标准，所以这两项要放在后边考虑。并认为校风和水平同等重要，所以对这两项给出的排序是“A＝D”。而在食堂和校园两个选项中，标注人员认为食堂的重要性强于校园的重要性，所以给出的最终排序是“A＝D＞C＞B”。

小明：这里为什么采用排序的方法呢？是否也可以让标注人员针对不同答案的质量、水平给出评价分呢？

艾博士：理论上来说应该采用打分的方式对答案做出评价，但是给出绝对的评价分值是一件非常困难的事情，不同的人标准不同，即便是同一个人，不同时间给出的评价分值也不一定一致，这样会造成比较大的混乱。相对来说对不同答案按照回答的质量做出排序就相对容易，因为只考虑针对同一个问题的几个答案做出判断就可以了。

小明：这样说的话，确实做排序比打分更容易一些，因为排序只涉及当前的几个回答，相对简单一些，其结果也会比较客观。而采用打分方法的话，可能需要考虑所有问题的所有回答，涉及面广，很难做到客观、公正。

艾博士继续讲解说：积累了足够多的排序信息之后，可以将排序分解为多个“对比对”，以这些对比对作训练样本，采用监督学习方法，训练一个评价模型，该模型的输出为给定答案的质量，分值越高说明答案质量越高。

小明有些不解地问道：“对比对”是什么意思呢？

艾博士：假定有A、B、C三个答案，排序是A＞B＞C，根据这个排序我们可以得到3个对比对，分别是A＞B、A＞C、B＞C，这三个对比对都用来当作训练样本，使得评价模型的输出满足对比对所给出的大小关系。

小明：哦，我明白了。

3. 按人类偏好优化模型

艾博士：有了评价模型之后，我们就可以利用该评价模型，采用强化学习的方法对 ChatGPT 做进一步的优化，这一过程是自动完成的，不需要人工干预。

图 7.39 给出了按人类偏好优化模型的流程图。

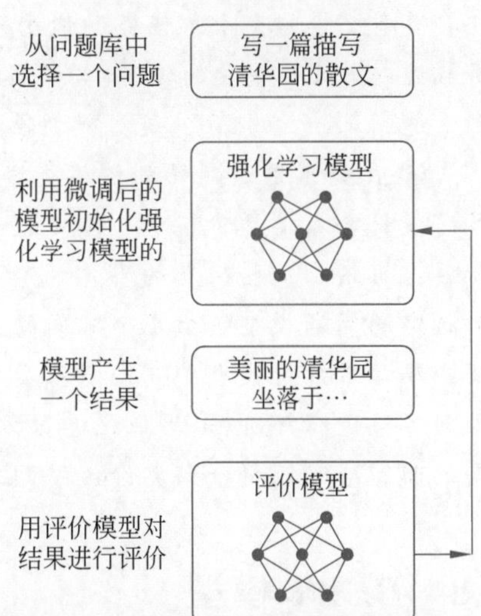

图 7.39　按人类偏好优化模型的流程图

首先还是从问题库中随机抽取一个问题，然后以第一步得到微调后的预训练模型作为强化学习的初始模型，强化学习模型给出一个问题的回答，评价模型对该回答进行评价，得到一个评价值。利用该评价值，采用强化学习方法对强化学习模型的参数进行更新，使模型可以更好地回答问题。经过一定的优化之后，最终得到一个一定程度上满足人类偏好的、可以更好地回答问题的模型——ChatGPT。

小明：原来 ChatGPT 是这样炼成的，可真不容易。从 GPT-1 到 ChatGPT 也是克服了众多的困难，闯过众多的难关，解决一个又一个问题，逐渐才有了今天的成功。ChatGPT 可以说是人工智能发展史上一个重要的里程碑。

小明读书笔记

GPT 是由 Transformer 组成的生成式预训练模型。预训练指的是与具体任务无关的训练方式，通过预训练得到一个通用的语言模型。预训练模型采用自监督训练方式，在不需要标注数据的情况下，通过自监督预训练的方式得到。可以认为预训练模型学到的是有关自然语言的通用知识，包括语法、语义知识。

GPT 是由 OpenAI 提出的一系列模型，提出的第一个模型我们称为 GPT-1。GPT-1 首先采用自监督预训练的方式获得一个预训练模型，在此基础上结合具体的自然语言下游任务对模型进行微调，以适应求解不同的自然语言处理下游任务。在 12 个常见的自然语言处理任务测试中，其中 9 个任务 GPT-1 获得了当时的最好结果。

在 GPT-1 中已经一定程度上体现出来零样本学习能力，也就是在没有微调的情况下，预训练模型直接求解下游任务的能力。如果进一步加大模型规模，模型的能力会如何呢？为此 OpenAI 公司推出了 GPT-2。GPT-2 的模型架构基本上与 GPT-1 是一样的，最主要的差别就是进一步加大了模型规模，参数量增加了 10 倍以上，由 GPT-1 的 1.17 亿个，增加到 15.42 亿个。在不针对具体任务做微调的情况下，在 8 个语言模型类任务中有 7 个超过了当时的最好水平。在阅读理解任务和机器翻译任务上，即便是零样本的情况下，也取得了很好的结果，超过了一些基线模型，但是在摘要任务和问答任务上与基线模型还存在比较大的差距，在不同的任务上 GPT-2 零样本的表现并不均衡。但是无论是什么任务，均表现出其性能随着模型规模的增加而增加的特点。

GPT-2 探讨的是零样本学习的情况，如果在给出一些样例的情况下会如何？GPT-3

提出了语境学习的概念，探讨了在给出少量样本的情况下模型求解自然语言下游任务的能力，分别对包括零样本、单样本和少样本在内的不同情况进行了对比分析。得出结论如下：模型规模越大求解任务的能力越强，给出的样例越多性能越好，当样本比较少时，任务描述起着比较重要的作用，当样例足够多时，任务描述则变得越来越不重要。GPT-3 的参数量达到了 1750 亿个。这种模型性能随模型规模增加而增加的现象称作"规模法则"。

ChatGPT 通过对预训练模型进行"调教"提高其回答问题的能力，并使得模型的回答尽可能符合人类的价值观。调教过程分为 3 个步骤：①学习如何回答问题。其方式是由标注人员给出一些问题的答案，模型采用有监督训练方法进行学习。②学习人类偏好。对选定的问题模型给出几个不同的回答，标注人员按照回答问题的优劣进行排序，模型根据排序学习评价模型。③按照人类偏好优化模型。模型对选定的问题给出答案，评价模型对答案进行评价，采用强化学习方法提高模型求解问题的能力。这种通过"调教"让模型的回答尽可能符合人类价值观的方法称作"对齐"。

7.8 BERT 模型

艾博士：在 GPT-1 论文发表不久，Transformer 模型的提出者、谷歌公司的研究人员就提出了 BERT（Bidirectional Encoder Representations from Transformers，基于 Transformer 的双向编码器表示）模型。BERT 模型也是基于 Transformer 模型实现的，与 GPT-1 不同的是，BERT 是一个双向模型，而 GPT-1 是一个单向模型。

小明有些不太明白地问道：这里的双向模型、单向模型是什么意思？又有什么区别呢？

艾博士回答说：GPT-1 是一个标准的语言模型，是根据输入序列由左向右预测下一个单词的概率，优化的是概率 $P(w_i|w_1w_2\cdots w_{i-1})$。由于 GPT-1 预测下一个单词时，只利用了序列中该位置前面的信息，而没有利用其后面的信息，所以称 GPT-1 是一个单向模型。而 BERT 是双向模型，也就是说预测某个位置的单词时，不仅利用序列中其前面的信息，也利用其后面的信息，从左到右、从右到左同时进行预测，所以称为双向模型。

小明：这样做有哪些好处呢？

艾博士：我们通过一个例子进行说明。比如有这样一个句子：

我今天没有去上班，因为我生病了。

假设将"生病"一词隐含掉，变成：

我今天没有去上班，因为我（ ）了。

如何在括号中填写正确的词呢？

这个问题对于 GPT-1 来说并不难，因为句子中括号左边已经给出了足够的信息，即便是从左到右单向预测，也可以预测出"生病"或者类似的词，比如"受伤"等。

但是这句话如果换一个说法：

因为我（ ）了，今天没有去上班。

这时再让 GPT 做预测就有难度了，因为句子中括号左边的信息量太少了，根本无法预测。

但是如果对于像 BERT 这样的双向模型来说，由于可以同时利用括号左右两边的信息,所以对于这两种不同的句子表达方式,都可以正确预测,难度是一样的。

小明:像 GPT 这样的单向模型其特点是语言生成能力,改用双向模型之后,是不是就丧失了模型的生成能力?因为生成必须是从左到右一个单词一个单词地生成出来啊。

艾博士:小明说得非常正确。BERT 模型就是以牺牲模型的生成能力,而换来更强的语言理解能力。在 BERT 提出时,GPT-1 模型刚刚提出来,重点是解决自然语言理解的下游任务,所以当时这个观点还是被认可的。因为即便是 GPT-1 也还是针对特定的自然语言任务进行求解。当然后来 GPT 模型的发展,大家也逐渐认识到了生成模型的重要性,尤其是在发展通用人工智能方面发挥了重要的作用。

7.8.1　BERT 模型架构

小明:那么 BERT 模型是如何基于 Transformer 模型实现的呢?在模型架构上与 GPT-1 又有哪些不同呢?

艾博士:前面我们介绍过,Transformer 模型由编码器和解码器两部分构成,编码器是对输入序列进行编码,本质上是一个双向模型,而解码器是模型的生成部分,是一个单向模型。与 GPT-1 选用 Transformer 的解码器构成模型不同,BERT 则选用了 Transformer 的编码器构建模型,利用 Transformer 编码器双向模型的性质,实现对输入序列的双向编码表示。图 7.40 给出 BERT 模型的基本模型架构,由多个编码层堆砌而成,图 7.41 给出了第一个编码层的示意图,其他层的结构也都是一样的。

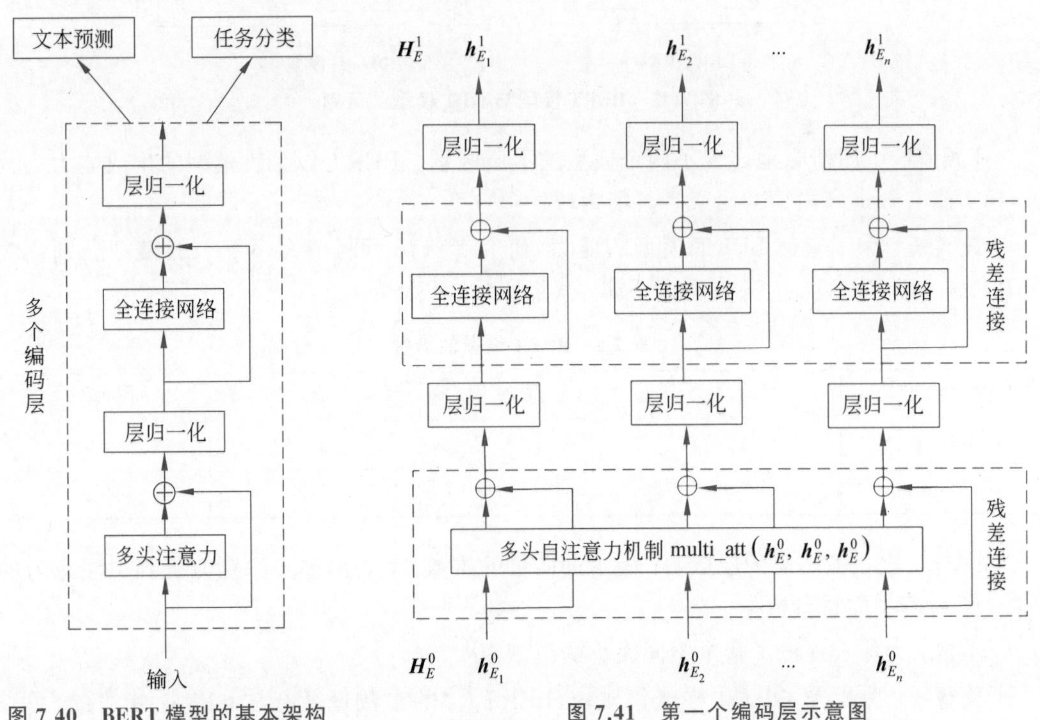

图 7.40　BERT 模型的基本架构

图 7.41　第一个编码层示意图

小明对照着图 7.40、图 7.41 有些迷惑地问道:这两个示意图与图 7.28、图 7.29 所示的 GPT-1 的架构示意图有什么区别呢?从图中没有看出具体的差别来。

艾博士解释说：单纯从这两个图来看的话，二者的结构确实没有什么差别。这需要结合 Transformer 模型的编码器、解码器的具体实现，才可以看出其区别所在，二者的区别也主要体现在是双向模型还是单向模型这一点上。

对于编码器来说，是将输入序列全部输入给编码器，在多头注意力机制计算时，也是不分前后的，序列的任意两个单词均做注意力计算，所以体现的是双向模型机制。而在解码器中，是一个一个地预测下一个单词作为输出，并将预测结果添加到输入序列中，另外在做自注意力机制时，是按照式(7.55)计算的，通过"掩码"的方式强制让自注意力机制只允许前面的单词影响后面的单词，而让后面的单词对前面的单词"失效"，从而体现出模型的单向性。也正是在这一点上体现了 BERT 与 GPT-1 两个模型的本质不同。图 7.42 给出了 BERT 和 GPT-1 的区别所在，其中横排的几个 Trm 表示的是编码层或者解码层，箭头体现了模型的单向性或者双向性。

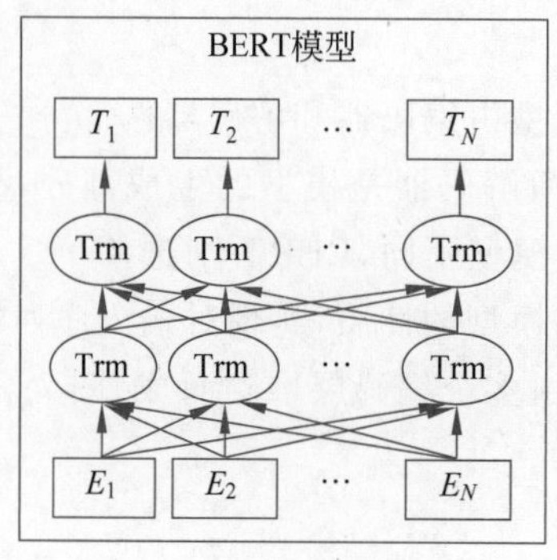

(a) BERT模型

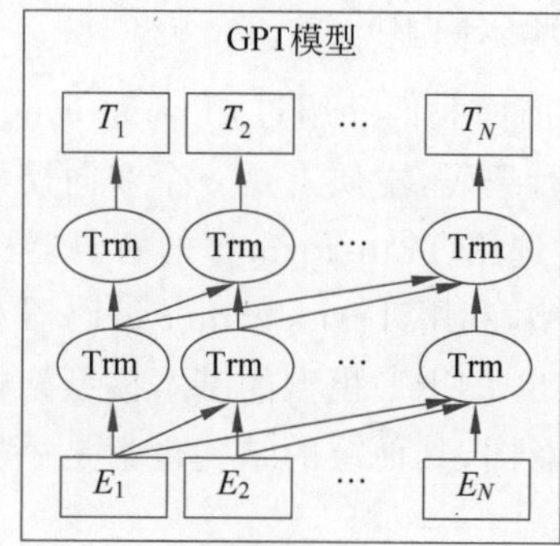

(b) GPT模型

图 7.42　BERT 模型与 GPT 模型的区别

小明：这个图清晰地体现了两个模型的本质区别。BERT 以牺牲模型的生成能力为代价，确实能有效提高模型的语义理解能力吗？

艾博士：为了验证 BERT 模型的能力，研究者给出了两个大小不一的模型分别称为 $\text{BERT}_{\text{BASE}}$ 和 $\text{BERT}_{\text{LARGE}}$，其模型大小如表 7.8 所示。

表 7.8　BERT 模型的参数

模　型	L	H	A	N
$\text{BERT}_{\text{BASE}}$	12	768	12	1.1 亿
$\text{BERT}_{\text{LARGE}}$	24	1024	16	3.4 亿

其中，L 表示编码层的层数，H 表示词向量的维数，A 表示多头注意力机制中注意力的头数，N 为模型的总参数量。

小明：为什么提出了两个不同大小的模型呢？

艾博士：为了与 GPT-1 模型做比较，$\text{BERT}_{\text{BASE}}$ 的参数量具有与 GPT-1 相当的大小，在参数量大小基本一样的情况下比较性能才有意义。$\text{BERT}_{\text{LARGE}}$ 具有更大的参数量，是为了验证在更大参数下 BERT 模型的性能。经过在 11 个典型的自然语言处理下游任务上的对比，BERT 的两个模型均超过了当时最好的模型性能。表 7.9 给出了在一些典型自然语言处理下游任务的对比测试结果。

表 7.9　对比测试结果

系　统	MNLI-(m/mm) 392k	QQP 363k	QNLI 108k	SST-2 67k	CoLA 8.5k	STS-B 5.7k	MRPC 3.5k	RTE 2.5k	平均值 —
Pre-OpenAI SOTA	80.6/80.1	66.1	82.3	93.2	35.0	81.0	86.0	61.7	74.0
BiLSTM+ELMo+Attn	76.4/76.1	64.8	79.8	90.4	36.0	73.3	84.9	56.8	71.0
OpenAI GPT	82.1/81.4	70.3	87.4	91.3	45.4	80.0	82.3	56.0	75.1
$BERT_{BASE}$	84.6/83.4	71.2	90.5	93.5	52.1	85.8	88.9	66.4	79.6
$BERT_{LARGE}$	86.7/85.9	72.1	92.7	94.9	60.5	86.5	89.3	70.1	82.1

其中，第一行给出的是几个典型的自然语言处理下游任务，每个任务下的数字为微调时的训练样本数。第二行“Pre-OpenAI SOTA”为 GPT-1 模型提出之前其他方法在这几个任务上的最好性能。第三行是采用双向 LSTM 模型的性能。第四行“OpenAI GPT”则指的是 GPT-1 模型的性能。最后两行分别是 $BERT_{BASE}$ 和 $BERT_{LARGE}$ 的性能。从表中可以看出，$BERT_{BASE}$ 就已经超出了 GPT-1 模型提出之前的最好性能，也超过了 GPT-1 模型在这些任务上的性能。采用更大参数的 $BERT_{LARGE}$ 模型性能则有了更进一步的提高，体现了模型的规模效应。

7.8.2　BERT 模型的输入

艾博士：BERT 模型采用 Transformer 模型中的编码器实现，所以其输入与 Transformer 的输入有类似的地方，比如输入以词向量表示的序列编码以及每个单词的位置编码，其位置编码采用基于训练的编码方法实现，通过训练得到，而没有采用在 Transformer 中使用的固定的三角函数编码方法。这一点与 GPT-1 的输入是完全一致的。但是 BERT 也有其特殊性，这与 BERT 如何应用于求解自然语言处理任务有关。在自然语言处理任务中，有些任务只输入一个句子即可，而有些任务需要输入两个句子。这里的句子是一个广义的概念，也可能指一段话，为了简便起见，我们均用句子表示。比如情感分类，输入的就是一个句子，判断句子的情感类型。句子相似性判断，输入的就是两个句子，判断两个句子所表达的语义信息是否相似。无论是单句输入还是句对输入，在 BERT 中均当作一个输入序列，为了区分这两种情况，BERT 采用了以下处理方法。

(1) 无论是单句输入还是句对输入，输入序列均以[CLS]这个特殊编码作为输入序列的开始标记。

(2) 引入分隔符编码[SEP]，作为一个句子的结束标记。

比如情感分类时的单句输入：

[CLS]这部电影很好看[SEP]

句子相似性判断时的句对输入：

[CLS]这部电影很好看[SEP]这部电影有意思[SEP]

同时为了明确告诉模型输入序列中哪些单词属于哪个句子，BERT 中还引入了段落标记编码，分别用 $\boldsymbol{E}_A$ 和 $\boldsymbol{E}_B$ 标记当前输入位置的单词属于第一个句子还是第二个句子。这里的单词编码、位置编码和段落标记编码均为向量，分别称为词向量、位置向量和段落向量，均通过训练得到，3 种不同的向量编码相加在一起作为 BERT 的输入。

图 7.43 给出了 BERT 输入的示意图。

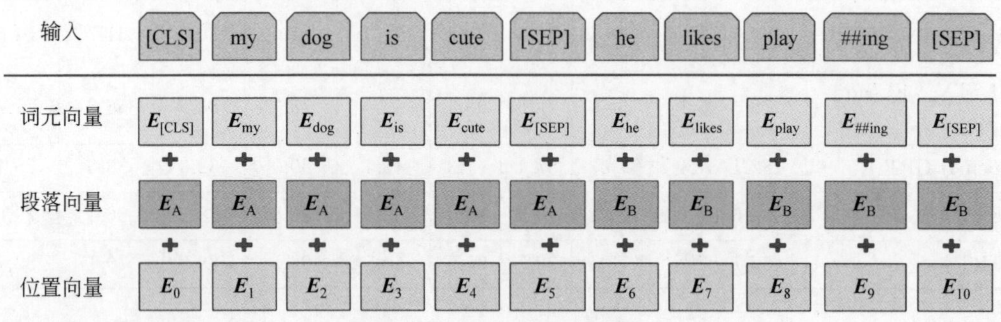

图 7.43 BERT 输入示意图

艾博士解释说：图中第一行是词元化后的两个输入句子，其中的[CLS]、[SEP]是按照 BERT 的输入格式添加的特殊符号。BERT 采用 WordPiece 词元化方法，共有 30 000 个词元，这些词元构成了词表。其中的"##ing"就是单词"playing"按照 WordPiece 方法分成了"paly"和"ing"两个词元(token)，为了表示"ing"是与前面的词元连接在一起的，前面加了两个"#"。

第二行是与输入词元(包括特殊符号)对应的词向量，第三行是段落向量，$\boldsymbol{E}_A$ 表示第一个段落(句子)，$\boldsymbol{E}_B$ 表示第二个段落(句子)，指出输入中哪些词向量属于第一个段落，哪些词向量属于第二个段落。

第三行是位置向量，表示了每个词元所在的位置。

3 行对应位置的向量相加在一起构成了 BERT 的输入。

7.8.3 BERT 模型的预训练方法

小明：那么 BERT 是如何进行预训练的呢?

艾博士：同 GPT-1 采用预训练和针对下游任务的微调一样，BERT 也是采用了这种两阶段的训练方法，预训练采用与具体任务无关的自监督训练方法，在预训练模型的基础之上，再利用针对具体任务的带标签数据进行微调，以适应具体任务求解。

下面我们首先介绍 BERT 的预训练方法，7.8.4 节介绍结合具体任务的 BERT 的微调方法。

在我们小时候学习语言时，经常做一些"完形填空""句子排序"等练习，可以检验我们对语言的理解程度。比如前面提到的"因为我( )了，今天没有去上班"，在括号内填入适当的词就属于完形填空，而对下面几个句子给出正确的排序，以使得句子的连接比较恰当，则属于句子排序。

(a) 可以检验我们对语言的理解程度。

(b) 在我们小时候学习语言时。

(c) 经常做一些"完形填空""句子排序"等练习。

显然(b)(c)(a)是一个比较恰当的排序，因为读起来语义比较顺畅。

BERT 模型采用两种方法进行预训练，两种方法分别对应"完形填空"和"句子排序"，前者称作掩码语言模型(Masked Language Model，MLM)方法，后者称作下句预测(Next Sentence Prediction，NSP)方法，通过这两种方法共同预训练一个 BERT 模型。下面分别介绍这两种方法。

1. MLM 方法

艾博士：对于输入的句子，MLM 方法随机地掩码掉一些词，被掩码掉的词称作掩码词，让模型学习通过上下文预测掩码词的能力。在句中掩码词被代替为[MASK]。

比如对于：

清华[MASK]计算机科学与技术系

根据上下文显然[MASK]应该是"大学"。

在训练时，对于语料库中的文本，随机地选取 15% 的词作为掩码词，用[MASK]代替，掩码词本身作为预测的标准答案，也就是标签，这样就构成了预训练用样本，模型通过预测结果与标签之间的差异进行学习。如果模型能准确地预测出掩码词，则说明正确地理解了输入句子的语义。一句话中不限于只有一个掩码词，也可以同时有多个掩码词，要同时预测所有的掩码词，也就是被[MASK]替换的词。比如：

清华[MASK]计算机[MASK]与[MASK]系

小明：这里标签就是被掩码掉的掩码词，也属于自监督预训练方法吧？

艾博士：是的。这就是一种自监督预训练方法，不需要人工标记标签。预测[MASK]为什么词，本质上是根据上下文预测[MASK]对应于词表中哪个单词的概率，概率最大的单词即为预测结果。

小明：那么 BERT 具体是如何实现预训练的呢？如何得出[MASK]对应于词表中哪个单词的概率？

艾博士：Transformer 编码器对输入序列进行层层编码，在输出层得到与输入序列中的单词一一对应的向量表示。对于输入序列中的每个[MASK]，在输出层也会得到一个对应的向量表示，该向量体现了处于上下文中[MASK]的语义含义，将该向量输入给一个用全连接神经网络实现的分类器，再通过 softmax 激活函数，则可以得到词表中第 i 个词元在这个位置的概率。图 7.44 给出了 MLM 方法的示意图。

图 7.44 中方块为 BERT，方块下面一行为输入序列，方框中最下面一行 $\boldsymbol{E}_C$、$\boldsymbol{E}_1$、$\boldsymbol{E}_2$…为向量表示的输入序列，经层层编码之后，得到方框中最上面一行 $\boldsymbol{C}$、$\boldsymbol{T}_1$、$\boldsymbol{T}_2$…为输出层，得到输入序列的表示向量。

小明：那么训练时采用什么损失函数呢？

艾博士：由于模型只需预测掩码词，所以损失函数只需考虑掩码词即可。设 M 为输入序列中掩码词的个数，m_i 为输入序列中出现的第 i 个掩码词，损失函数可以采用负对数似然函数，则有损失函数：

$$L_1 = -\sum_{i=1}^{M} \log_2 P(m_i \mid \text{context}) \tag{7.100}$$

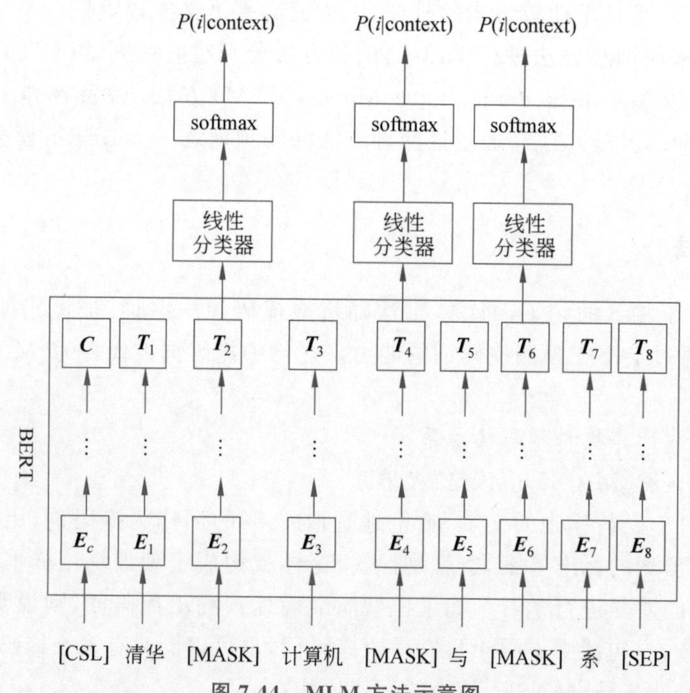

图 7.44 MLM 方法示意图

利用 BP 算法，通过最小化上述损失函数的方法，就可以学习到词汇与其所在的上下文之间的依赖关系，从而习得对语言的理解能力。

但是这种预训练方式还存在一个问题，就是当一个句子中存在多个掩码词时，可能会产生对[MASK]标记的依赖性，因为在实际使用时并不存在[MASK]标记。比如假设 A 和 B 是同一个句子中的掩码词，均被替换为[MASK]，在预测 A 时，B 并不出现，取而代之的是[MASK]标记。而在实际使用时 B 是出现的。为了解决这个问题，在采用 MLM 方法进行预训练时，并不是将所有被选中的掩码词均替换为[MASK]，而是随机地将其中的 80%掩码词替换为[MASK]，10%的掩码词保持不变，10%的掩码词用其他词代替，这样就可以比较好地解决对[MASK]标记的依赖性。

小明有些疑问，问道：为什么要将掩码词随机地替换为其他词呢？这里的 80%、10%、10%又是如何确定的呢？

艾博士回答说：首先这几个比例是通过实验确定的，在这样的比例下可以得到比较好的效果。而将 10%的掩码词随机地替换成其他词，是为了提高模型的容错能力，提高模型的鲁棒性，让模型具有一定的纠错能力。

2. NSP 方法

艾博士：在 BERT 中用到的另一种预训练方法是 NSP(下句预测)方法，目的是学习理解句子之间的关系。

在自然语言处理任务中，经常会遇到输入两个句子的情况，比如判断两个句子语义是否一致、判断两个句子语义上是否具有蕴含关系等，输入的都是两个句子。为了适应这种情况，BERT 采用 NSP 方法预训练两个句子的关联程度，判断两个句子是否是连续的。这是一个二分类任务，当两个句子是连续语句时输出为真，当两个句子不是连续语句时输出为假。

小明：这里的连续语句是如何定义的呢？

艾博士：这里的定义比较简单，在一篇文章中，相邻的两个句子就是连续的，否则就不是连续的。预训练样本也是按照这样的思想选取的：50%的概率从同一个文档中选取两个相邻的句子作为句对，这样得到的句对属于连续句对，标记为真；50%的概率从不同的文档中选取两个句子构成句对，这样得到的句对属于非连续句对，标记为假。

比如：

连续句对：[CLS]清华大学成立于 1911 年[SEP]是一所国际上的著名大学[SEP]

非连续句对：[CLS]清华大学成立于 1911 年[SEP]这部电影很好看[SEP]

小明边思考边问道：艾博士，NSP 方法的基本思想我了解了，但是以什么作为输入判断两个句子是否连续的呢？

艾博士：小明提了一个好问题。我们看图 7.44 给出的示意图，方框表示的是 BERT 模块，在输入的最开始部分，有一个表示句子开始的[CLS]标记，经编码器层层编码之后，在 BERT 的输出层[CLS]被编码为向量 $\boldsymbol{C}$，由于注意力机制的存在，向量 $\boldsymbol{C}$ 实际上反映了输入序列的整体信息，所以以向量 $\boldsymbol{C}$ 作为输入构造一个二分类器就可以实现 NSP 方法。

图 7.45 给出了 NSP 方法的示意图，其中的线性分类器就是一个全连接层，训练时采用交叉熵损失函数。

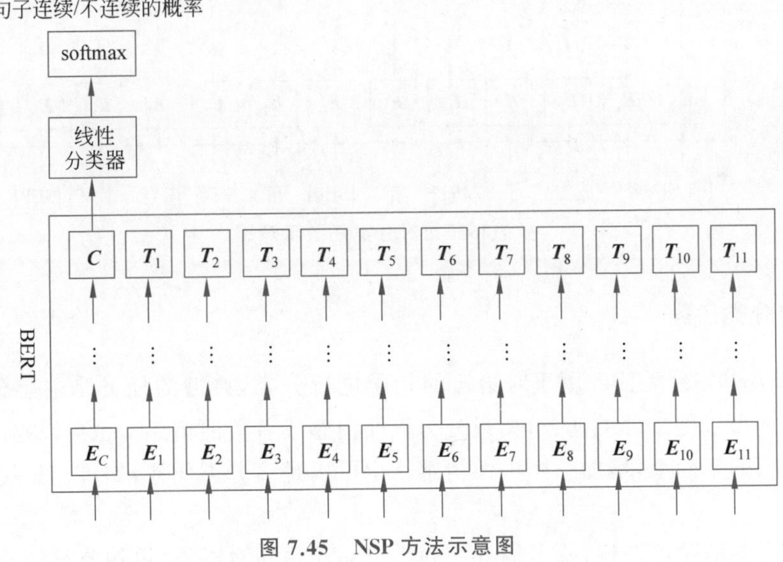

图 7.45　NSP 方法示意图

7.8.4　BERT 模型的微调方法

艾博士：微调是针对具体任务的，在得到 BERT 的预训练模型之后，需要针对具体的下游任务做微调，以便让 BERT 具有求解具体下游任务的能力。

在微调阶段，BERT 的本体部分保持不变（图 7.45 中方框中的内容），通过在 BERT 的输出层之后添加不同的分类器适应求解具体的下游任务。

常见的自然语言处理任务可以划分为如下 4 大类：句对分类、单句分类、文本问答和单句标注，下面我们通过几个不同类型的例子，说明 BERT 是如何进行微调的。

1. 句对分类任务

艾博士：句对分类任务用于对给定的两个句子，判断两个句子之间的关系，对应很多不同的具体任务，如两个句对是否相似，输出相似或者不相似，是一个二分类任务；两个句对是否具有蕴含关系，输出蕴含、矛盾或者中立 3 个类别，属于三分类任务等。对于这类任务，均可以采用图 7.45 类似的结构，只是将最上面的输出修改为对应任务的类别概率即可，如图 7.46 所示，损失函数采用交叉熵损失函数。

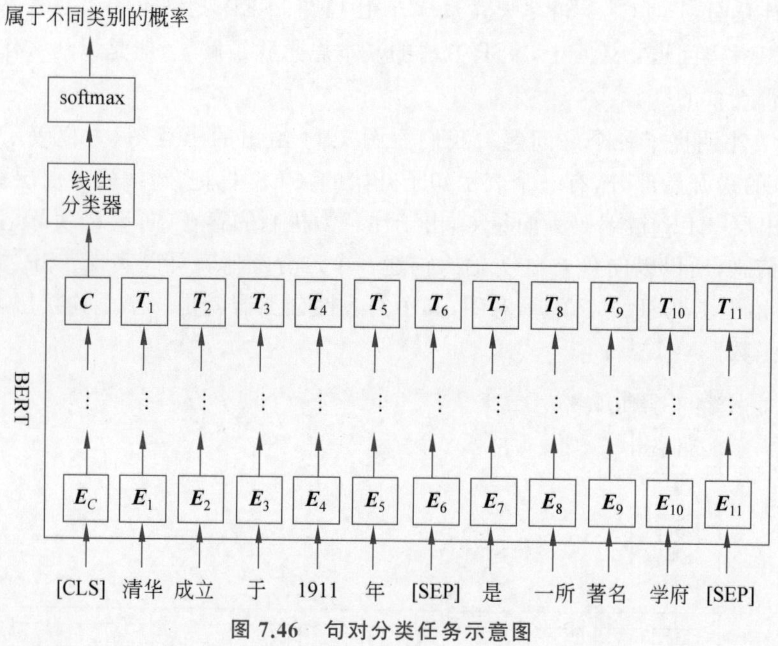

图 7.46　句对分类任务示意图

2. 单句分类任务

艾博士：单句分类任务用于对给定的句子进行分类，典型的任务是情感分类任务，依据情感的类别可以是二分类任务，如只分为正面情感或者负面情感。也可以是三分类任务，在正负面情感的基础上，增加一个中性情感。也可以是多分类任务，如喜、怒、忧、思、悲、恐、惊 7 个类别。

从模型实现的角度来说，除了输入序列是单句还是句对以外，单句分类任务与句对分类任务并没有什么本质区别，完全可以采用与图 7.46 一样的架构实现，这里不再多做介绍。

3. 文本问答任务

艾博士：问答任务指对给定的问题，模型给出相应的回答。这里所说的文本问答任务，指的是一类特殊的抽取式问答，其答案不是生成出来的，而是从一段给定的文本中抽取出问题的答案。比如句子 A 是问题，句子 B 通常是一个相对比较长的段落，段落中包含了答案，要求给出答案在段落中的起始位置。比如对于问题：

清华大学计算机系成立于哪一年？

给定的段落是：

清华大学计算机系成立于一九五八年，拥有国内最好的计算机师资队伍，在多个国际排名中位列国内第一名。

抽取式回答要给出答案的起始位置为 11、终止位置为 15（位置计数从 0 开始），即“一九五八年”。

对于文本问答任务这样的问题，BERT 分别以输出层得到的每个编码向量为输入，用全连接网络加 softmax 组成分类器进行分类，分类器共有两个：一个是起始位置分类器，得到每个位置作为起始位置的概率；另一个是终止位置分类器，得到每个位置作为终止位置的概率，分别以概率最大者作为答案的起始位置和终止位置。但是这里添加了两个条件：一是终止位置必须在起始位置之后；二是要求概率大于一定的阈值，以免得到一些莫名其妙的结果。

图 7.47 和图 7.48 分别给出了利用 BERT 抽取答案起始位置和终止位置的示意图。

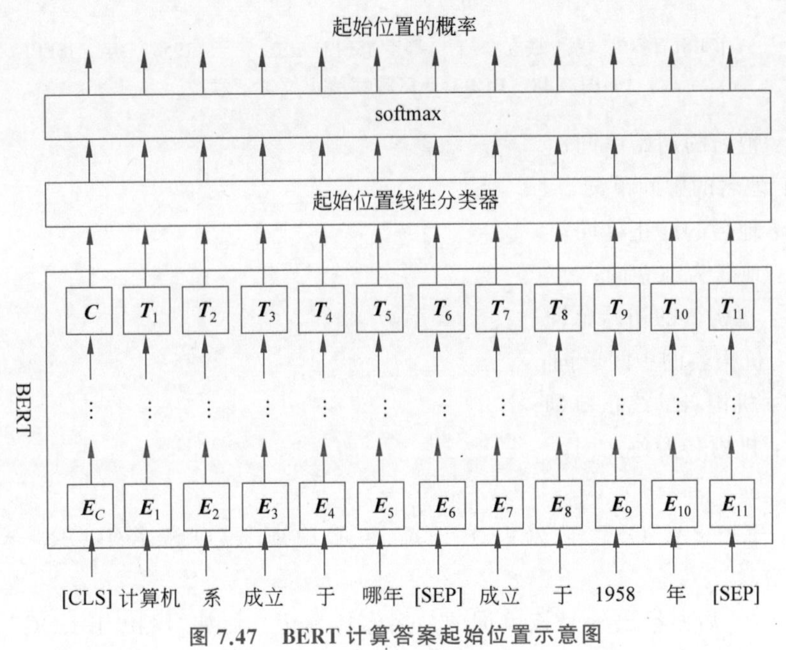

图 7.47　BERT 计算答案起始位置示意图

4. 单句标注任务

艾博士：单句标注任务最典型的就是命名实体识别任务，也就是标识出句子中的人名、地名和机构名等。这一任务的目标就是为输入序列中每个位置标注其是否属于某个命名实体，也就是标注为以下 13 个标签之一，本质上是一个 13 个类别的分类任务。

O：非命名实体，也就是该位置不属于任何命名实体；

B-PER：人名的初始单词；

I-PER：人名的中间单词；

E-PER：人名的终止单词；

S-PER：人名为独立词；

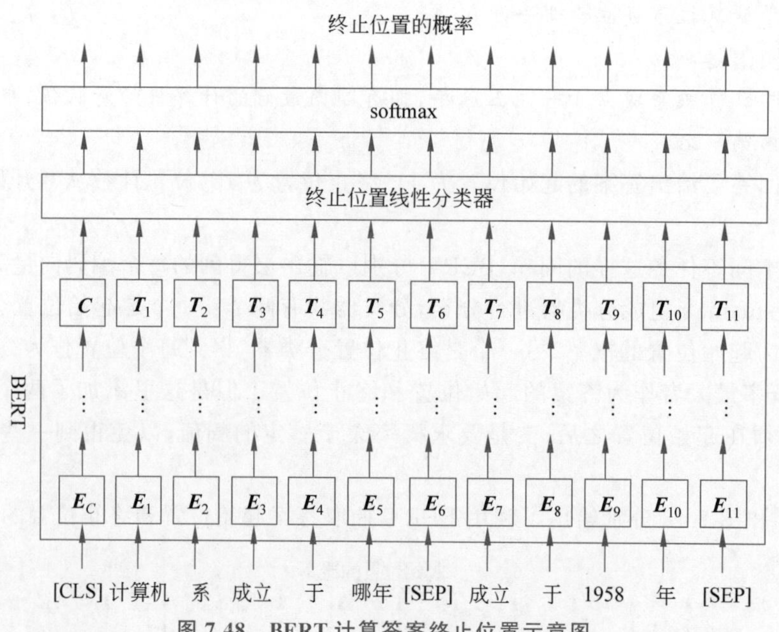

图 7.48 BERT 计算答案终止位置示意图

B-LOC：地名的初始单词；

I-LOC：地名的中间单词；

E-LOC：地名的终止单词；

S-LOC：地名为独立词；

B-ORG：机构名的初始单词；

I-ORG：机构名的中间单词；

E-ORG：机构名的终止单词；

S-ORG：机构名为独立词。

例如：

张三/S-PER 出生/O 于/O 唐山/B-LOC 市/E-LOC 是/O 清华/B-ORG 大学/E-ORG 的/O 教授/O

其中符号"/"后面给出的是该单词的命名实体标记。比如"唐山/B-LOC"表示"唐山"一词是地名"唐山市"的初始单词,"市/E-LOC"表示"市"是地名"唐山市"的终止单词,"唐山/B-LOC"和"市/E-LOC"一起共同标注了"唐山市"是一个地名。

为实现命名实体识别这样的任务,BERT 分别以输出层得到的每个编码向量为输入,用全连接网络加 softmax 组成分类器进行分类,得到命名实体类别标签的概率,根据概率得到命名实体识别的结果。

图 7.49 给出了利用 BERT 进行命名实体识别的示意图。

讲解到这里艾博士总结说：BERT 模型通过预训练学到的是关于语言语义的通用知识,再经过与下游任务有关的微调,具有了有效求解自然语言处理任务的能力,并在多个自然语言处理任务上得到了当时最好的结果,被广泛应用到求解实际问题中。

小明：从您的介绍看,BERT 模型使用起来具有很强的灵活性,结合下游任务微调后

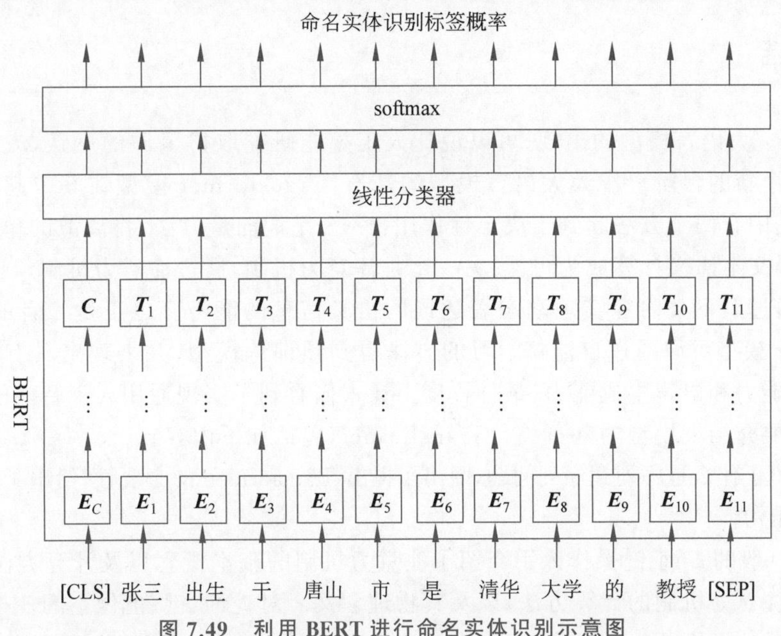

图 7.49　利用 BERT 进行命名实体识别示意图

的 BERT,可以求解各种不同的任务,是一个十分强大的模型。

艾博士：BERT 强大的求解任务能力,是以牺牲生成能力为代价的,与 GPT 模型走的是两条不同的道路,都取得了很大的成功。从后来发展的结果看,尤其是 ChatGPT 的成功,让人们看到了实现通用人工智能的可能性。

小明读书笔记

BERT 是由谷歌公司提出的一个预训练模型,与 GPT 采用 Transformer 解码器作为基本的构成组块不同,BERT 采用了 Transformer 的编码器作为其基本的构成组块,以牺牲模型的生成能力提高模型的语言理解能力。

BERT 采用 MLM 和 NSP 两种方法进行预训练。

MLM 方法随机地将输入语句中 15%的单词用[MASK]代替,双向利用句中的其他单词预测掩码词。为了适应实际使用情况,被选中的掩码词只有 80%被[MASK]替换掉,另有 10%不替换保持原有单词,另有 10%被随机地替换成其他单词。NSP 方法则是对输入的句对是否为连续句对进行分类。BERT 采用这两种方法实现预训练。

BERT 的输入除了输入序列的词向量和位置向量以外,还增加了一个段落向量,三者相加在一起形成输入序列。

为了求解不同的自然语言下游任务,BERT 在预训练模型的基础上,通过添加分类器的方法适应不同下游任务的求解,并利用针对具体任务的标注数据对模型进行微调。在微调时原则上只修改分类器部分的参数,而不修改预训练模型也就是 BERT 主体部分的参数。

7.9 总结

艾博士：大语言模型的出现，可以说让人工智能研究取得了质的飞跃，人工智能的发展迈向了一个新的台阶。作为大语言模型的基石，Transformer 模型在其中起到了至关重要的作用，其中有两个方法起到了决定性作用：一个是词向量方法，将离散的单词嵌入连续空间中，使得文本语义计算成为可能；另一个是注意力机制，通过注意力机制，在词与词之间建立联系，通过上下文内容实现动态表达词的语义信息的能力。也正是二者的结合，使得Transformer 模型可以通过自监督学习的方法得到预训练模型，并表现出具有一定通用性的语言理解能力和语言生成能力，某种程度上让人们看到了实现通用人工智能的可能性。

本篇主要介绍大模型的基石——Transformer，包括如下内容。

(1) 介绍了什么是序列到序列问题，引出了提出 Transformer 的必要性，给出了 Transformer 模型的基本结构。

(2) 从一般的查询-键操作入手介绍了注意力机制的基本概念以及计算方法，在此基础上引出了自注意力机制的计算方法，以及其物理含义。对查询、键、值做空间变换，在不同的空间下计算其注意力再组合，可以实现多头注意力机制，多头注意力机制就是从多个不同的角度计算注意力，从而实现提取多种不同的特征。

(3) 在 Transformer 中引入了 ResNet 网络提出的残差连接机制，但与 ResNet 采用的对卷积网络做的残差连接不同，Transformer 中用了两种不同的残差连接方法：一种是对多头注意力机制做残差连接；另一种是对全连接网络做残差连接。

(4) 为解决内部协变量漂移问题，Transformer 在模型中增加了层归一化运算，依据层归一化所处的位置不同，分为前置层归一化和后置层归一化方法。

(5) 详细给出了 Transformer 的实现方法，包括编码器、解码器的具体构成、位置编码的实现方法、词元化方法等，介绍了 Transformer 的预训练方法。

(6) 分别介绍了基于 Transformer 实现的 GPT 系列原理和具体的实现方法，以及 ChatGPT 的实现方法。

(7) 讨论了基于 Transformer 实现的 BERT 原理和具体的实现方法，以及如何用 BERT 求解具体的自然语言处理下游任务的方法。

附录 A

BP 算法

BP 算法是反向传播(Back Propagation)算法的简称，是训练神经网络的基本算法，神经网络通过 BP 算法确定其网络参数，也就是权重，从而实现某种功能，比如汉字识别、语音识别、机器翻译等。

BP 算法本质上是梯度下降算法，根据给定的训练数据，求解神经网络的权重，使得损失函数最小化。

A.1 求导数的链式法则

BP 算法的推导过程主要就是利用导数计算的链式法则进行推导，为此我们先复习一下复合函数求导数的链式法则，主要有以下两种形式。

1. 单变量链式法则

设

$$y = f(u) \tag{A.1}$$

$$u = g(x) \tag{A.2}$$

则

$$\frac{\mathrm{d}y}{\mathrm{d}x} = \frac{\mathrm{d}y}{\mathrm{d}u}\frac{\mathrm{d}u}{\mathrm{d}x} \tag{A.3}$$

例如，对于 sigmoid 函数：

$$o = \frac{1}{1 + \mathrm{e}^{-\mathrm{net}}}$$

可以写为如下复合形式：

$$o = \frac{1}{u}$$

$$u = 1 + \mathrm{e}^{-\mathrm{net}}$$

则利用复合函数求导数的链式法则有

$$\frac{\mathrm{d}o}{\mathrm{d}\,\mathrm{net}} = \frac{\mathrm{d}o}{\mathrm{d}u}\frac{\mathrm{d}u}{\mathrm{d}\,\mathrm{net}}$$

分别求导有

$$\frac{\mathrm{d}o}{\mathrm{d}u} = \frac{-1}{u^2} = \frac{-1}{(1 + \mathrm{e}^{-\mathrm{net}})^2}$$

$$\frac{\mathrm{d}u}{\mathrm{dnet}}=-\mathrm{e}^{-\mathrm{net}}$$

所以有

$$\frac{\mathrm{d}o}{\mathrm{dnet}}=\frac{\mathrm{d}o}{\mathrm{d}u}\frac{\mathrm{d}u}{\mathrm{dnet}}=\frac{-1}{(1+\mathrm{e}^{-\mathrm{net}})^2}(-\mathrm{e}^{-\mathrm{net}})=\frac{\mathrm{e}^{-\mathrm{net}}}{(1+\mathrm{e}^{-\mathrm{net}})^2}$$

该求导结果也可以用 o 表示如下：

$$\frac{\mathrm{d}o}{\mathrm{dnet}}=\frac{\mathrm{e}^{-\mathrm{net}}}{(1+\mathrm{e}^{-\mathrm{net}})^2}=\frac{1}{1+\mathrm{e}^{-\mathrm{net}}}\frac{\mathrm{e}^{-\mathrm{net}}}{1+\mathrm{e}^{-\mathrm{net}}}=o(1-o) \tag{A.4}$$

在后面的推导过程中会用到这个结果。

2. 多变量链式法则

设

$$\begin{aligned} z&=f(u,v)\\ u&=g(x,y)\\ v&=h(x,y) \end{aligned} \tag{A.5}$$

则

$$\frac{\partial z}{\partial x}=\frac{\partial z}{\partial u}\frac{\partial u}{\partial x}+\frac{\partial z}{\partial v}\frac{\partial v}{\partial x} \tag{A.6}$$

$$\frac{\partial z}{\partial y}=\frac{\partial z}{\partial u}\frac{\partial u}{\partial y}+\frac{\partial z}{\partial v}\frac{\partial v}{\partial y} \tag{A.7}$$

例如，设

$$\begin{aligned} z&=u^2+v^2\\ u&=ax+by\\ v&=qx+py \end{aligned}$$

则

$$\frac{\partial z}{\partial x}=\frac{\partial z}{\partial u}\frac{\partial u}{\partial x}+\frac{\partial z}{\partial v}\frac{\partial v}{\partial x}=2ua+2vq$$

$$\frac{\partial z}{\partial y}=\frac{\partial z}{\partial u}\frac{\partial u}{\partial y}+\frac{\partial z}{\partial v}\frac{\partial v}{\partial y}=2ub+2vp$$

A.2 符号约定

为了叙述方便，我们先给出一些符号说明。

编号为 j 的神经元如图 A.1 所示，其中 $x_{j1},x_{j2},\cdots,x_{jn}$ 表示该神经元的 n 个输入，$w_{j1},w_{j2},\cdots,w_{jn}$ 是其对应的权重，net_j 为该神经元的输入加权和，即

$$\mathrm{net}_j=\sum_{i=1}^{n}w_{ji}x_{ji}+b_j$$

引入 $x_{j0}=1$、$w_{j0}=b_j$，则有

$$\mathrm{net}_j=\sum_{i=0}^{n}w_{ji}x_{ji} \tag{A.8}$$

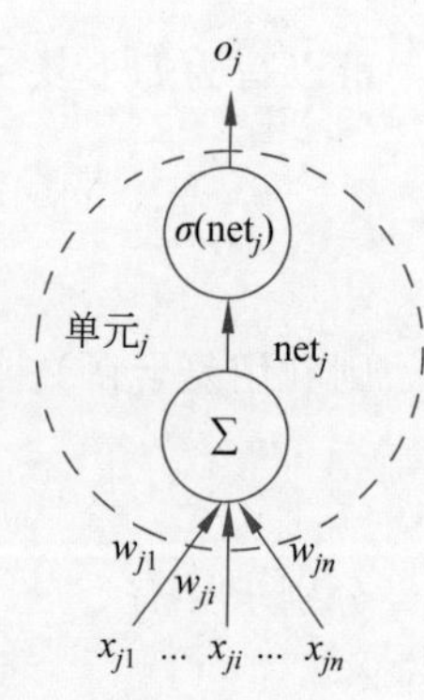

图 A.1 神经元

o_j 为该神经元的输出，σ 为 sigmoid 激活函数，有

$$o_j = \sigma(\mathrm{net}_j) = \frac{1}{1+\mathrm{e}^{-\mathrm{net}_j}} \tag{A.9}$$

设 $E(\boldsymbol{w})$ 为损失函数，其中 $\boldsymbol{w}$ 是神经网络所有权重组成的权重向量。按照梯度下降算法，依照下式对编号为 j 的神经元的第 i 个权重 w_{ji} 进行更新：

$$w_{ji}^{\mathrm{new}} = w_{ji}^{\mathrm{old}} + \Delta w_{ji} \tag{A.10}$$

$$\Delta w_{ji} = -\eta \frac{\partial E(\boldsymbol{w})}{\partial w_{ji}} \tag{A.11}$$

其中，w_{ji}^{old}、w_{ji}^{new} 分别表示 w_{ji} 修改前、修改后的值；$\frac{\partial E(\boldsymbol{w})}{\partial w_{ji}}$ 表示 $E(\boldsymbol{w})$ 对 w_{ji} 的偏导数；η 是常量，表示步长。

这里的关键是如何求解偏导数 $\frac{\partial E(\boldsymbol{w})}{\partial w_{ji}}$，BP 算法的关键就是推导出如何计算该偏导数。

在第 1 篇中我们曾经提到过，用于训练神经网络的梯度下降算法可以分为批量梯度下降、小批量梯度下降和随机梯度下降。为了方便起见，下面的推导以随机梯度下降为例，也就是每处理一个样本就进行一次梯度下降，对权重进行一次调节。

这样，当采用误差的平方作为损失函数时，损失函数定义如下：

$$E(\boldsymbol{w}) = \frac{1}{2}\sum_{k=1}^{m}(t_k - o_k)^2 \tag{A.12}$$

其中，t_k 表示神经网络输出层第 k 个神经元的希望输出值；o_k 表示神经网络输出层的第 k 个神经元的实际输出值。

神经网络的训练，就是使用梯度下降算法求损失函数 $E(\boldsymbol{w})$ 的最小值，为此需要计算偏导数 $\frac{\partial E(\boldsymbol{w})}{\partial w_{ji}}$。由于神经网络构成的复杂性，这是一个比较复杂的复合函数计算偏导数问题，主要通过链式法则求解。

A.3 对于输出层的神经元

假定神经网络如图 A.2(a)所示，神经元 j 是该神经网络输出层的一个神经元，其详细结构如图 A.2(b)所示，我们看看如何求解损失函数对该神经元的权重的偏导数，即 $\frac{\partial E(\boldsymbol{w})}{\partial w_{ji}}$。在下面推导过程中，如果没有特殊说明，激活函数 σ 均为 sigmoid 函数。

为了应用链式法则求偏导数 $\frac{\partial E(\boldsymbol{w})}{\partial w_{ji}}$，人们总是寻找一个中间变量作为过渡。在这里首先选择以图 A.2(b)中的 net_j 作为中间变量，利用链式法则求解有

$$\frac{\partial E(\boldsymbol{w})}{\partial w_{ji}} = \frac{\partial E(\boldsymbol{w})}{\partial\, \mathrm{net}_j}\frac{\partial\, \mathrm{net}_j}{\partial w_{ji}} \tag{A.13}$$

同样，为了求解 $\frac{\partial E(\boldsymbol{w})}{\partial \mathrm{net}_j}$，我们选择神经元 j 的输出 o_j 作为中间变量，有

$$\frac{\partial E(\boldsymbol{w})}{\partial\, \mathrm{net}_j} = \frac{\partial E(\boldsymbol{w})}{\partial o_j}\frac{\partial o_j}{\partial\, \mathrm{net}_j} \tag{A.14}$$

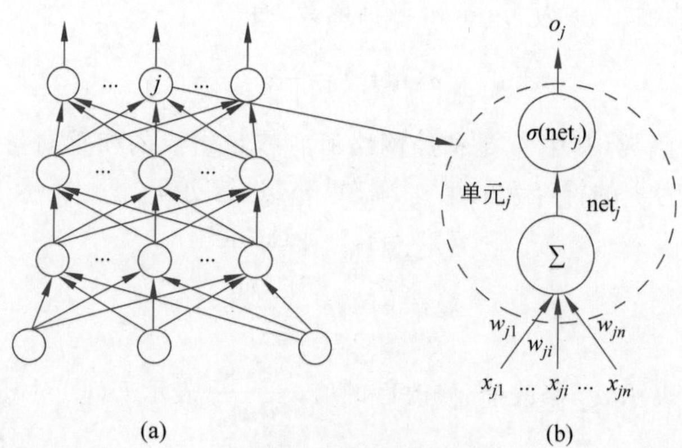

图 A.2 神经网络

由式(A.12)有

$$E(\boldsymbol{w})=\frac{1}{2}\sum_{k=1}^{m}(t_k-o_k)^2$$

求偏导有

$$\frac{\partial E(\boldsymbol{w})}{\partial o_j}=-(t_j-o_j) \tag{A.15}$$

由式(A.9)有

$$o_j=\sigma(\text{net}_j)=\frac{1}{1+\mathrm{e}^{-\text{net}j}}$$

就是 sigmoid 激活函数，前面式(A.4)已经给出了这个函数的偏导数：

$$\frac{\partial o_j}{\partial\ \text{net}_j}=o_j(1-o_j) \tag{A.16}$$

将式(A.15)和式(A.16)代入式(A.14)有

$$\frac{\partial E(\boldsymbol{w})}{\partial\ \text{net}_j}=\frac{\partial E(\boldsymbol{w})}{\partial o_j}\frac{\partial o_j}{\partial\ \text{net}_j}=-(t_j-o_j)o_j(1-o_j) \tag{A.17}$$

由式(A.8)有

$$\text{net}_j=\sum_{i=0}^{n}w_{ji}x_{ji}$$

求偏导数有

$$\frac{\partial\ \text{net}_j}{\partial w_{ji}}=x_{ji} \tag{A.18}$$

为了表示上的方便，令

$$\delta_j=-\frac{\partial E(\boldsymbol{w})}{\partial\ \text{net}_j}$$

由式(A.17)有

$$\delta_j=-\frac{\partial E(\boldsymbol{w})}{\partial\ \text{net}_j}=(t_j-o_j)o_j(1-o_j) \tag{A.19}$$

将式(A.18)和式(A.19)代入式(A.13)有

$$\frac{\partial E(\boldsymbol{w})}{\partial w_{ji}}=\frac{\partial E(\boldsymbol{w})}{\partial \text{ net}_j}\frac{\partial \text{ net}_j}{\partial w_{ji}}=-\delta_j x_{ji} \tag{A.20}$$

这样，对于输出层的神经元，就可以通过式(A.20)计算损失函数对其每个权重的偏导数，从而可以利用式(A.10)和式(A.11)实现对输出层神经元权重的更新，达到训练的目的。

A.4　对于隐含层的神经元

假定神经网络如图 A.3(a)所示，是一个具有两个隐含层的神经网络，假定神经元 j 是该神经网络隐含层 2 中的一个神经元，其详细结构如图 A.3(b)所示。神经元 j 的输出 o_j 作为输出层神经元的输入，连接到输出层的每一个神经元。这些以神经元 j 的输出作为输入的全体神经元，称作神经元 j 的后继。

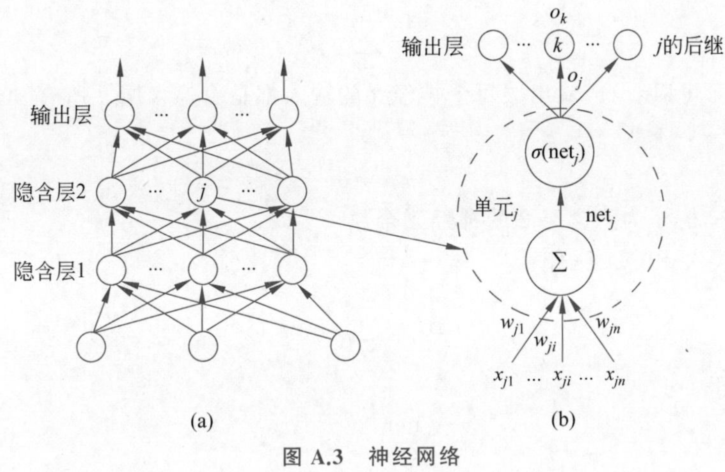

图 A.3　神经网络

我们看看在这种情况下如何求解损失函数对该神经元的权重的偏导数，即$\frac{\partial E(\boldsymbol{w})}{\partial w_{ji}}$。

同样以net_j 为中间变量，采用链式法则有

$$\frac{\partial E(\boldsymbol{w})}{\partial w_{ji}}=\frac{\partial E(\boldsymbol{w})}{\partial \text{ net}_j}\frac{\partial \text{ net}_j}{\partial w_{ji}} \tag{A.21}$$

我们先看$\frac{\partial \text{net}_j}{\partial w_{ji}}$，这个与式(A.18)一样，均是神经元 j 的net_j 对该神经元权重计算偏导数，有

$$\frac{\partial \text{ net}_j}{\partial w_{ji}}=x_{ji} \tag{A.22}$$

与输出层的神经元不同，隐含层 2 的神经元输出会输入输出层的每个神经元，所以为了求解$\frac{\partial E(\boldsymbol{w})}{\partial \text{net}_j}$，我们以输出层神经元 k 的net_k($k=1,2,\cdots,m$，m 为输出层神经元的个数)作为中间变量，按照多变量链式法则求解，有

$$\frac{\partial E(\boldsymbol{w})}{\partial \text{ net}_j}=\sum_{k=1}^{K}\frac{\partial E(\boldsymbol{w})}{\partial \text{ net}_k}\cdot\frac{\partial \text{ net}_k}{\partial \text{ net}_j} \tag{A.23}$$

由于输出层的所有神经元均为神经元 j 的后继，所以上式又可以表示为

$$\frac{\partial E(\boldsymbol{w})}{\partial \text{ net}_j}=\sum_{k \in 后继(j)} \frac{\partial E(\boldsymbol{w})}{\partial \text{ net}_k} \cdot \frac{\partial \text{ net}_k}{\partial \text{ net}_j} \tag{A.24}$$

由于这里的神经元 k 属于输出层,我们前面已经求解出了$\frac{\partial E(\boldsymbol{w})}{\partial \text{net}_k}$,由式(A.19)有

$$\frac{\partial E(\boldsymbol{w})}{\partial \text{ net}_k}=-\delta_k \tag{A.25}$$

对于$\frac{\partial \text{net}_k}{\partial \text{net}_j}$的计算,我们以隐含层 2 的神经元 j 的输出 o_j 作为中间变量,再次运用链式法则有

$$\frac{\partial \text{ net}_k}{\partial \text{ net}_j}=\frac{\partial \text{ net}_k}{\partial o_j} \cdot \frac{\partial o_j}{\partial \text{ net}_j} \tag{A.26}$$

由式(A.8)有

$$\text{net}_k=\sum_{i=0}^{n} w_{ki} x_{ki} \tag{A.27}$$

由图 A.3(a)可以看出,输出层每个神经元的输入都是由隐含层 2 所有神经元的输出构成,所以:

$$x_{ki}=o_i \tag{A.28}$$

其中,$i=1,2,\cdots,n$,n 为隐含层 2 的神经元个数。

式(A.28)代入式(A.27)有

$$\text{net}_k=\sum_{i=0}^{n} w_{ki} o_i \tag{A.29}$$

求偏导数有

$$\frac{\partial \text{ net}_k}{\partial o_j}=w_{kj} \tag{A.30}$$

由式(A.9)有

$$o_j=\sigma(\text{net}_j)=\frac{1}{1+\mathrm{e}^{-\text{net}j}}$$

这个就是 sigmoid 激活函数,前面式(A.4)已经给出了这个函数的偏导数:

$$\frac{\partial o_j}{\partial \text{ net}_j}=o_j(1-o_j) \tag{A.31}$$

式(A.30)和式(A.31)代入式(A.26)有

$$\frac{\partial \text{ net}_k}{\partial \text{ net}_j}=\frac{\partial \text{ net}_k}{\partial o_j} \cdot \frac{\partial o_j}{\partial \text{ net}_j}=w_{kj} o_j(1-o_j) \tag{A.32}$$

式(A.25)和式(A.32)代入式(A.24)有

$$\frac{\partial E(\boldsymbol{w})}{\partial \text{ net}_j}=\sum_{k \in 后继(j)} \frac{\partial E(\boldsymbol{w})}{\partial \text{ net}_k} \cdot \frac{\partial \text{ net}_k}{\partial \text{ net}_j}=\sum_{k \in 后继(j)} -\delta_k w_{kj} o_j(1-o_j) \tag{A.33}$$

注意,这里的 $\delta_k=-\frac{\partial E(\boldsymbol{w})}{\partial \text{net}_k}$对应的是输出层神经元 k,而对于隐含层 2 的神经元 j,也同样采用类似的标记法,令

$$\delta_j=-\frac{\partial E(\boldsymbol{w})}{\partial \text{ net}_j} \tag{A.34}$$

则对于隐含层 2 的神经元，由式(A.33)有

$$\delta_j = -\frac{\partial E(\boldsymbol{w})}{\partial \text{net}_j} = \sum_{k \in 后继(j)} \delta_k w_{kj} o_j (1 - o_j) \tag{A.35}$$

式(A.22)和式(A.34)代入式(A.21)有

$$\frac{\partial E(\boldsymbol{w})}{\partial w_{ji}} = \frac{\partial E(\boldsymbol{w})}{\partial \text{net}_j} \frac{\partial \text{net}_j}{\partial w_{ji}} = -\delta_j x_{ji} \tag{A.36}$$

这样，对于隐含层 2 的神经元 j，我们就得到损失函数对其权重的偏导数，从而利用式(A.10)和式(A.11)实现对隐含层 2 的神经元权重的更新，达到训练的目的。

对比式(A.20)，我们发现无论是输出层的神经元，还是隐含层的神经元，损失函数对其偏导数的计算公式形式上是一样的，只是二者的 δ 计算不同。对于输出层的神经元 k 来说，其 δ_k 按照式(A.19)计算，而对于隐含层 2 的神经元 j 来说，其 δ_j 按照式(A.35)计算，δ_j 的计算中，用到了其后继神经元，也就是输出层神经元的 δ_k。

采用类似的推导方法，可以推导出损失函数对隐含层 1 的神经元权重的偏导数，其计算公式形式上与式(A.36)完全一样，只是这里的 j 表示的是隐含层 1 的神经元，其对应的 δ_j 的计算公式形式上也与式(A.35)完全一样，只是这时式(A.35)中的 k 对应于隐含层 2 的神经元。

由此推广下去，当神经网络有多个隐含层时，每一层的偏导数计算公式都是一样的，均由式(A.35)和式(A.36)给出。首先计算输出层神经元的 δ 值，然后由输出层开始逐层反向传播，由前一层神经元的 δ 值，计算后一层神经元的 δ 值，并通过各自的 δ 值计算损失函数对相应神经元权重的偏导数，最终通过偏导数按照式(A.10)和式(A.11)对每个神经元的权重进行更新。从这里也可以看出 BP 算法——反向传播算法名称的来源。

注意，上述偏导数是在以下假设条件下推导出来的，条件有变化其结果也会随之改变，但是推导的思路是完全一样的。

(1) 全连接网络。

(2) 激活函数为 sigmoid 函数。

(3) 损失函数为误差的平方和函数。

(4) 随机梯度下降方法。

A.5　BP 算法——随机梯度下降版

这样，就可以给出随机梯度下降版的 BP 算法描述。

BP 算法。

1 初始化所有权值为小的随机值(如[−0.05,0.05])；

2 在满足结束条件前：

3　对于训练集中的每个训练样例

4　随机选择一个样例输入神经网络，计算每个单元 u 的输出 o_u；

5　对于输出层单元 k，计算误差项：

$$\delta_k = (t_k - o_k) o_k (1 - o_k)$$

其中，t_k 是神经网络第 k 个神经元的希望输出值，o_k 是其对应的实际输出值；

6 对于每一层隐含层的神经元 h，由上往下逐层反向传播，依次计算每一层隐含层神经元的误差项：

$$\delta_h = o_h(1 - o_h) \sum_{k \in 后继(h)} \delta_k w_{kh}$$

7 更新每个权值：

$$\Delta w_{ji} = \eta \delta_j x_{ji}$$

$$w_{ji} = w_{ji} + \Delta w_{ji}$$

其中，$\eta > 0$ 为步长。

在上述算法中，每次随机选择一个样本进行训练，这也是随机梯度下降法名称的来源。样本集中每个样本被使用一次，称作一个轮次，BP 算法需要反复、多个轮次使用训练集进行训练，直到损失函数 $E(\boldsymbol{w})$ 达到了给定的最小值，或者达到了一定的训练轮次算法结束。

附录 B

序列最小最优化(SMO)算法

非线性支持向量机问题,可以通过如下凸二次规划问题求解:

$$\min_{\boldsymbol{\alpha}}\left(\frac{1}{2}\sum_{i=1}^{N}\sum_{j=1}^{N}\alpha_i\alpha_j y_i y_j K(x_i,x_j)-\sum_{i=1}^{N}\alpha_i\right) \tag{B.1}$$

$$\text{s.t.}\quad \sum_{i=1}^{N}\alpha_i y_i=0 \tag{B.2}$$

$$0\leqslant\alpha_i\leqslant C, i=1,2,\cdots,N \tag{B.3}$$

其中,变量 α_i 为拉格朗日乘子,与训练样本 x_i 一一对应,训练集中有多少个训练样本就有多少个拉格朗日乘子,N 为训练样本的个数,y_i 为样本 x_i 的类别标记,分别用 1、-1 表示正负类别。

对于凸二次规划问题存在唯一的全局最优解,虽然有很多种方法可以求解该优化问题,但当训练样本数也就是变量 α_i 数量比较多时,如何高效求解该优化问题成为了支持向量机解决实际问题的关键。

序列最小最优化(Sequential Minimal Optimization,SMO)算法就是 1998 年由 Platt 提出的一种求解支持向量机问题的快速算法。

下面首先介绍一下 SMO 算法的基本思想,然后再详细介绍该算法的具体实现。

B.1 SMO 算法的基本思想

令

$$W(\boldsymbol{\alpha})=\frac{1}{2}\sum_{i=1}^{N}\sum_{j=1}^{N}\alpha_i\alpha_j y_i y_j K(x_i,x_j)-\sum_{i=1}^{N}\alpha_i \tag{B.4}$$

其中,$\boldsymbol{\alpha}=[\alpha_1,\alpha_2,\cdots,\alpha_N]$。

这样非线性支持向量机问题,转换为在满足式(B.2)、式(B.3)的约束条件下,求 $W(\boldsymbol{\alpha})$ 最小化问题。可以采用梯度下降法求解该最小化问题,即

$$\boldsymbol{\alpha}^{\text{new}}=\boldsymbol{\alpha}^{\text{old}}+\Delta\boldsymbol{\alpha} \tag{B.5}$$

$$\Delta\boldsymbol{\alpha}=-\eta\,\nabla_{\boldsymbol{\alpha}}W(\boldsymbol{\alpha}) \tag{B.6}$$

其中,η 为步长;$\nabla_{\boldsymbol{\alpha}}W(\boldsymbol{\alpha})$表示梯度:

$$\nabla_{\boldsymbol{\alpha}}W(\boldsymbol{\alpha})=\left[\frac{\partial W(\boldsymbol{\alpha})}{\partial\alpha_1},\frac{\partial W(\boldsymbol{\alpha})}{\partial\alpha_2},\cdots,\frac{\partial W(\boldsymbol{\alpha})}{\partial\alpha_N}\right] \tag{B.7}$$

梯度下降法在迭代计算的过程中，综合考虑所有的变量，每次选择最“陡峭”的方向下降，沿着一条最速下降曲线一步步逼近 $W(\boldsymbol{\alpha})$ 的最小值。图 B.1 给出了两个变量时梯度下降法的示意图。

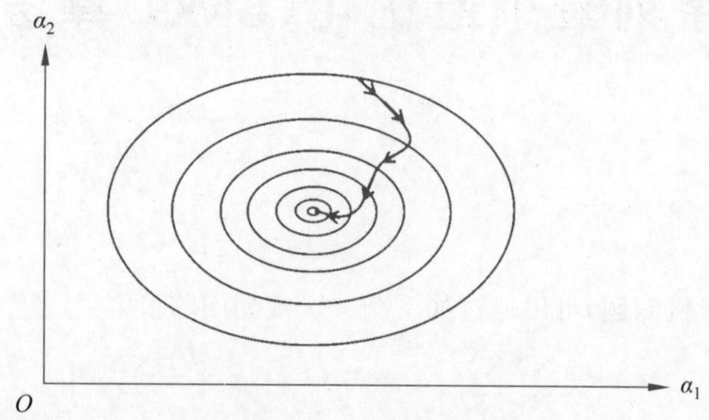

图 B.1 梯度下降法示意图

由于 $W(\boldsymbol{\alpha})$ 是 $\boldsymbol{\alpha}$ 的二次函数，只有一个极值，所以梯度下降法一定可以找到 $W(\boldsymbol{\alpha})$ 的最小值。看起来这是一个不错的算法，但是当变量数比较多时，由于要对每个变量计算偏导数，梯度下降法会变得非常低效，以至于无法应用于实际问题中。

那么有没有提高算法求解效率的方法呢？一种可行的方法是每次只选择一个变量，其他变量暂时当作常量，沿着一个变量的坐标方向下降。也就是在迭代过程中，每次只处理一个变量。这种方法被称作坐标下降法。图 B.2 给出了两个变量时坐标下降法的示意图。

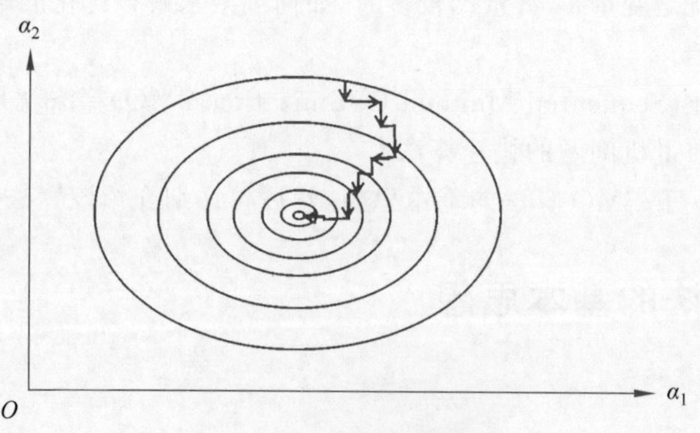

图 B.2 坐标下降法示意图

对于我们的问题，假设选择的变量是 α_1，其他 $\alpha_i(i \neq 1)$ 暂时当作常量，则 $W(\boldsymbol{\alpha}) = W(\alpha_1)$ 是关于 α_1 的二次函数，对于二次函数来说，可以直接求解 $W(\alpha_1)$ 的最优值，而不需要一步步迭代求解，从而提高了求解效率。

例如，对于如下二次函数 $f(x)$，可以通过令其导数等于 0 求解其最优值：

$$f(x) = ax^2 + bx + c$$

求导数：

$$\frac{\mathrm{d}f(x)}{\mathrm{d}x} = 2ax + b$$

令导数等于 0：

$$2ax + b = 0$$

求解得

$$x = \frac{-b}{2a}$$

当然这样得到的只是其他变量暂时固定情况下的最优解，不一定是 $W(\boldsymbol{\alpha})$ 的最优解。如果每次都选择一个变量如此操作，经过多轮迭代计算之后，就可以逐步逼近 $W(\boldsymbol{\alpha})$ 的最优解。

但是对于我们的问题来说，求解的 $\boldsymbol{\alpha}$ 还需要满足式(B.2)给出的约束条件，按照以上方法得到的 $\boldsymbol{\alpha}$ 不一定能满足这个条件。

为此，我们可以每次选择两个变量，假定为 α_1、α_2，其他 $\alpha_i\ (i \geqslant 3)$ 暂时当作常量，则 $W(\boldsymbol{\alpha}) = W(\alpha_1, \alpha_2)$ 是关于 α_1、α_2 的二次函数。

由于 $\boldsymbol{\alpha}$ 还要满足式(B.2)给出的限制条件，所以有

$$\sum_{i=1}^{N} \alpha_i y_i = 0$$

$$\alpha_1 y_1 + \alpha_2 y_2 + \sum_{i=3}^{N} \alpha_i y_i = 0 \tag{B.8}$$

其中，y_1、y_2 为样本 x_1、x_2 的标签。在支持向量机中，标签 y_i 等于 1 或者 -1。

由于暂时假定 $\alpha_i\ (i \geqslant 3)$ 为常量，我们将式(B.8)中的常量部分记作 $-\zeta$，则有

$$\zeta = -\sum_{i=3}^{N} \alpha_i y_i \tag{B.9}$$

$$\alpha_1 y_1 + \alpha_2 y_2 = \zeta \tag{B.10}$$

上式两边同时乘以 y_1，由于 y_1 等于 1 或者 -1，所以 ${y_1}^2 = 1$，有

$$\alpha_1 + \alpha_2 y_1 y_2 = y_1 \zeta \tag{B.11}$$

所以有

$$\alpha_1 = y_1 \zeta - \alpha_2 y_1 y_2 \tag{B.12}$$

将上式代入 $W(\alpha_1, \alpha_2)$ 中，则 $W(\alpha_1, \alpha_2)$ 成为只含有变量 α_2 的二次函数 $W(\alpha_2)$，同样可以通过令导数等于 0 的方法求得 $W(\alpha_2)$ 最优值对应的 α_2，并用式(B.12)求出 α_1。这样求解的 α_1、α_2 自然就满足了式(B.2)给出的约束条件。

这样就可以通过每次选择两个变量的方法，逐步迭代计算 $W(\boldsymbol{\alpha})$ 的最优值，并且满足式(B.2)给出的约束条件。

但是根据式(B.3)还有一个约束条件需要满足

$$0 \leqslant \alpha_i \leqslant C, \quad i = 1, 2, \cdots, N$$

这预示着 α_1、α_2 的取值必须在一个边长为 C 的正方形内，如图 B.3 所示。

怎么解决这个问题呢？那就是在每一步计算出 α_2 之后，如果 α_2 满足这个条件，就不需要任何处理；如果不满足这个条件，就需要对 α_2 进行“裁剪”使它满足这个条件，然后再计算 α_1 的值。

具体裁剪方法如下。

根据式(B.10)，α_1、α_2 满足下式：

$$\alpha_1 y_1 + \alpha_2 y_2 = \zeta \tag{B.13}$$

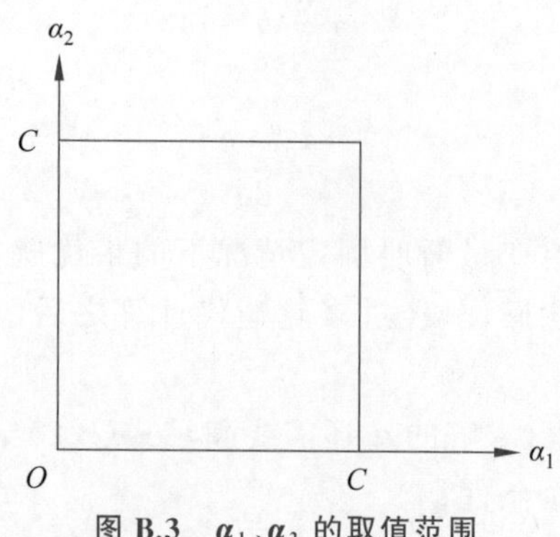

图 B.3 α_1、α_2 的取值范围

其中，ζ 为常数；y_1、y_2 分别取 1 或者 -1。

下面分两种情况讨论一下。

(1) 当 $y_1 \neq y_2$ 时，也就是 y_1、y_2 中一个等于 1，一个等于 -1。由式(B.13)有两种情况：

$$\alpha_1 - \alpha_2 = \zeta \tag{B.14}$$

或者：

$$-\alpha_1 + \alpha_2 = \zeta \tag{B.15}$$

事实上，当 $\zeta<0$ 时，式(B.14)与式(B.15)$\zeta>0$ 的情况等价。同样，当 $\zeta<0$ 时，式(B.15)也与式(B.14)$\zeta>0$ 的情况等价。所以我们只需讨论 $\zeta>0$ 或者 $\zeta<0$ 情况下的式(B.14)就可以了。

虽然 α_1、α_2 的取值范围在如图 B.3 所示的边长为 C 的正方形内，但由于存在式(B.14)给出的约束关系，所以 α_1、α_2 的取值一定在平行于正方形对角线的线段上。当 $\zeta>0$ 时，该线段在对角线的下方；当 $\zeta<0$ 时，该线段在对角线的上方，如图 B.4 所示。

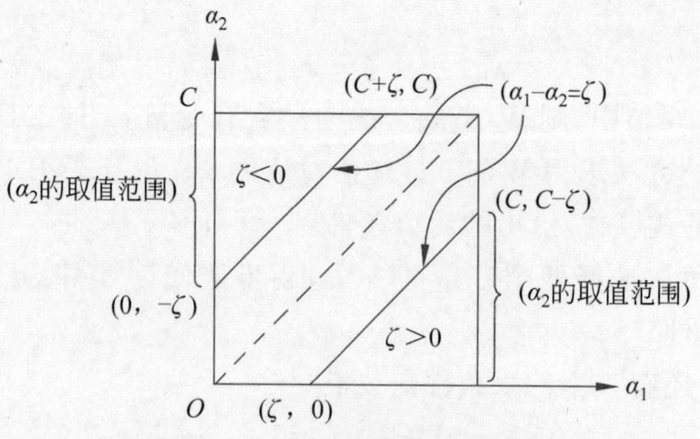

图 B.4 α_1、α_2 取值的约束关系

根据式(B.14)很容易计算出，当 $\zeta>0$ 时，线段与正方形的交点坐标分别为$(\zeta, 0)$和$(C, C-\zeta)$；当 $\zeta<0$ 时，线段与正方形的交点坐标分别为$(0, -\zeta)$和$(C+\zeta, C)$。

从图 B.4 容易看出，α_2 的取值范围为$[0, C-\zeta]$（当 $\zeta>0$ 时），或者$[-\zeta, C]$（当 $\zeta<0$ 时）。综合这两种情况，我们可以知道 α_2 必须同时满足 $\alpha_2 \geqslant 0$、$\alpha_2 \geqslant -\zeta$，也就是 $\alpha_2 \geqslant \max(0, -\zeta)$，以及 α_2 必须同时满足 $\alpha_2 \leqslant C-\zeta$、$\alpha_2 \leqslant C$，也就是 $\alpha_2 \leqslant \min(C-\zeta, C)$。这样如果我们分别用 L、H 表示：

$$L=\max(0,-\zeta) \tag{B.16}$$

$$H=\min(C-\zeta,C) \tag{B.17}$$

则有 α_2 的取值范围为 $[L,H]$。

考虑到是采用迭代的方法逐步更新 α 的值，我们用 α^{old} 表示当前值，用 α^{new} 表示更新后的值，由于更新前后都满足式(B.14)，所以 ζ 可以用 α^{old} 表示：

$$\zeta=\alpha_1^{\text{old}}-\alpha_2^{\text{old}} \tag{B.18}$$

这样式(B.16)、式(B.17)可以表示为

$$L=\max(0,\alpha_2^{\text{old}}-\alpha_1^{\text{old}}) \tag{B.19}$$

$$H=\min(C+\alpha_2^{\text{old}}-\alpha_1^{\text{old}},C) \tag{B.20}$$

这样更新后的 α_2^{new} 的取值范围为

$$\alpha_2^{\text{new}}\in[L,H] \tag{B.21}$$

为了叙述方便，裁剪前的 α_2 我们用 $\alpha_2^{\text{new,unc}}$ 表示，α_2^{new} 表示裁剪后的 α_2。如果 $\alpha_2^{\text{new,unc}}\in[L,H]$ 则 $\alpha_2^{\text{new}}=\alpha_2^{\text{new,unc}}$。如果 $\alpha_2^{\text{new,unc}}\notin[L,H]$，则 α_2^{new} 取边界值 L 或者 H，依据 $\alpha_2^{\text{new}}<L$ 还是 $\alpha_2^{\text{new}}>H$ 而定，即

$$\alpha_2^{\text{new}}=\begin{cases}L & \alpha_2^{\text{new,unc}}<L\\ \alpha_2^{\text{new,unc}} & L\leqslant\alpha_2^{\text{new,unc}}\leqslant H\\ H & \alpha_2^{\text{new,unc}}>H\end{cases} \tag{B.22}$$

α_2^{new} 确定后，由式(B.14)有

$$\alpha_1^{\text{new}}=\zeta+\alpha_2^{\text{new}} \tag{B.23}$$

将式(B.18)代入有

$$\alpha_1^{\text{new}}=\alpha_1^{\text{old}}-\alpha_2^{\text{old}}+\alpha_2^{\text{new}}=\alpha_1^{\text{old}}-(\alpha_2^{\text{old}}-\alpha_2^{\text{new}}) \tag{B.24}$$

由于现在讨论的是 $y_1\neq y_2$ 的情况，所以有

$$y_1y_2=-1 \tag{B.25}$$

所以 α_1^{new} 又可以表示为

$$\alpha_1^{\text{new}}=\alpha_1^{\text{old}}+y_1y_2(\alpha_2^{\text{old}}-\alpha_2^{\text{new}}) \tag{B.26}$$

(2) 当 $y_1=y_2$ 时，也就是 y_1、y_2 均等于 1，或者均等于 -1。

由式(B.13)有

$$\alpha_1+\alpha_2=\zeta \tag{B.27}$$

或者：

$$\alpha_1+\alpha_2=-\zeta \tag{B.28}$$

由于 $\alpha_i\geqslant 0$，所以只有当 $\zeta>0$ 时的式(B.27)或者 $\zeta<0$ 时的式(B.28)能满足约束条件 $\alpha_i\geqslant 0$，而二者又是等价的，所以只需讨论 $\zeta>0$ 下的式(B.27)就可以了。

采用与前面类似的分析方法，可以得到 α_1、α_2 之间的约束关系如图 B.5 所示。我们不再给出具体的推导过程，直接给出结果如下：

$$L=\max(0,\zeta-C) \tag{B.29}$$

$$H=\min(\zeta,C) \tag{B.30}$$

由于更新前后都满足式(B.27)，所以 ζ 可以用 α^{old} 表示：

$$\zeta=\alpha_1^{\text{old}}+\alpha_2^{\text{old}} \tag{B.31}$$

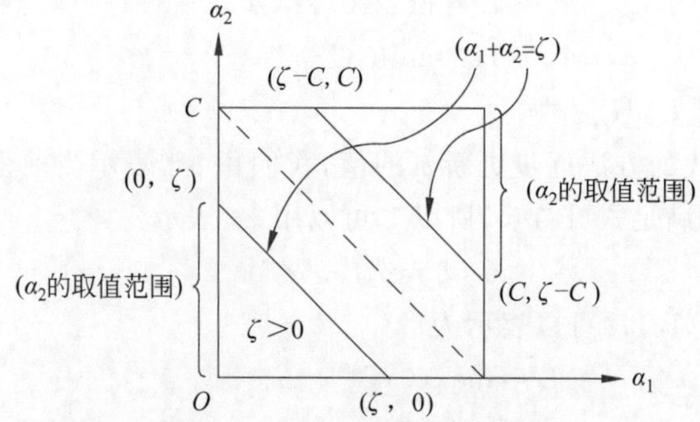

图 B.5　$\boldsymbol{\alpha}_1$、$\boldsymbol{\alpha}_2$ 取值的约束关系

这样式(B.29)、式(B.30)可以表示为

$$L=\max(0,\alpha_1^{\text{old}}+\alpha_2^{\text{old}}-C) \tag{B.32}$$

$$H=\min(\alpha_1^{\text{old}}+\alpha_2^{\text{old}},C) \tag{B.33}$$

$$\alpha_2^{\text{new}}\in[L,H] \tag{B.34}$$

同样，根据 $\alpha_2^{\text{new,unc}}$ 是否在区间内，对 $\alpha_2^{\text{new,unc}}$ 进行裁剪，有

$$\alpha_2^{\text{new}}=\begin{cases}L & \alpha_2^{\text{new,unc}}<L\\ \alpha_2^{\text{new,unc}} & L\leqslant\alpha_2^{\text{new,unc}}\leqslant H\\ H & \alpha_2^{\text{new,unc}}>H\end{cases} \tag{B.35}$$

确定 α_2^{new} 后，由式(B.27)有

$$\alpha_1^{\text{new}}=\zeta-\alpha_2^{\text{new}} \tag{B.36}$$

将式(B.31)代入有

$$\alpha_1^{\text{new}}=\alpha_1^{\text{old}}+\alpha_2^{\text{old}}-\alpha_2^{\text{new}}=\alpha_1^{\text{old}}+(\alpha_2^{\text{old}}-\alpha_2^{\text{new}}) \tag{B.37}$$

由于现在讨论的是 $y_1=y_2$ 的情况，所以有

$$y_1y_2=1$$

所以 α_1^{new} 又可以表示为

$$\alpha_1^{\text{new}}=\alpha_1^{\text{old}}+y_1y_2(\alpha_2^{\text{old}}-\alpha_2^{\text{new}}) \tag{B.38}$$

对比式(B.26)和式(B.38)，我们发现无论是 $y_1\neq y_2$ 还是 $y_1=y_2$ 的情况下，都可以获得一个统一的 α_1^{new} 更新表达式。

最后总结下 SMO 算法的算法思路。

(1) 初始化，令 $\alpha_i=0,i=1,2,\cdots,N$。

(2) 选择两个变量，假定为 α_1、α_2，其他 $\alpha_i(i\geqslant 3)$暂时当作常量。

(3) 依据约束条件(B.2)，令

$$\zeta=-\sum_{i=3}^{N}\alpha_iy_i \tag{B.39}$$

得到

$$\alpha_1=y_1\zeta-\alpha_2y_1y_2 \tag{B.40}$$

(4) 将式(B.40)代入式(B.4)得到关于 α_2 的二次凸函数 $W(\alpha_2)$。

(5) 令

$$\frac{\mathrm{d}W(\alpha_2)}{\mathrm{d}\alpha_2}=0 \tag{B.41}$$

求解得到 $W(\alpha_2)$最优解 $\alpha_2^{\text{new,unc}}$。

(6) 如果 $y_1 \neq y_2$,则按照式(B.19)、式(B.20)计算 L 和 H,否则根据式(B.32)、式(B.33)计算 L 和 H。

(7) 按照式(B.22)或者式(B.35)对 $\alpha_2^{\text{new,unc}}$ 进行裁剪,得到 α_2^{new}。

(8) 按照式(B.26)或者式(B.38)计算 α_1^{new}。

(9) 重复以上过程,直到所有的 α_i 均满足 KKT 条件:

$$\alpha_i=0 \ \Rightarrow \ y_i g(x_i)\geqslant 1 \tag{B.42}$$

$$0<\alpha_i<C \ \Rightarrow \ y_i g(x_i)=1 \tag{B.43}$$

$$\alpha_i=C \ \Rightarrow \ y_i g(x_i)\leqslant 1 \tag{B.44}$$

以上就是 SMO 算法的基本过程,这里还遗留了一些问题,比如如何选择 α_1、α_2 才能使得算法的效率更高,以及一些具体的计算等,我们下面再详细讲解。

B.2 SMO 算法的详细计算过程

下面根据前面给出的 SMO 算法的基本求解思想,给出该算法的详细计算过程。主要就是如何根据上一次的 α 值更新得到新的 α 值。

非线性支持向量机问题,可以通过式(B.1)~式(B.3)给出的凸二次规划问题求解。

还是用 $W(\boldsymbol{\alpha})$表示优化的目标函数,为了方便起见,用 K_{ij} 表示核函数 $K(x_i,x_j)$,这样 $W(\boldsymbol{\alpha})$表示为

$$W(\boldsymbol{\alpha})=\frac{1}{2}\sum_{i=1}^{N}\sum_{j=1}^{N}\alpha_i\alpha_j y_i y_j K_{ij}-\sum_{i=1}^{N}\alpha_i \tag{B.45}$$

同时在下面的推导过程中,要注意核函数是满足对称关系的,即

$$K_{ij}=K_{ji}$$

同前面一样,我们用 α_1、α_2 表示选择的两个变量,其他变量暂时当作常量,从而目标函数是 α_1、α_2 两个变量的函数,则式(B.45)展开后可以表示为

$$\begin{aligned}W(\alpha_1,\alpha_2)=&\frac{1}{2}K_{11}\alpha_1^2+\frac{1}{2}K_{22}\alpha_2^2+y_1y_2K_{12}\alpha_1\alpha_2-\alpha_1-\alpha_2+\\&y_1\alpha_1\sum_{i=3}^{N}y_i\alpha_iK_{i1}+y_2\alpha_2\sum_{i=3}^{N}y_i\alpha_iK_{i2}+\text{constant}\end{aligned} \tag{B.46}$$

其中,constant 是不包含 α_1、α_2 的常数项。

同前面一样,令

$$\zeta=-\sum_{i=3}^{N}\alpha_i y_i \tag{B.47}$$

则根据约束条件式(B.2)有

$$\alpha_1y_1+\alpha_2y_2=\zeta \tag{B.48}$$

由于 y_1、y_2 取值为 1 或者-1,所以有

$$\alpha_1=(\zeta-\alpha_2y_2)y_1 \tag{B.49}$$

上式代入式(B.46)中并化简，得到只含变量 α_2 的目标函数：

$$W(\alpha_2)=\frac{1}{2}K_{11}(\zeta-\alpha_2 y_2)^2+\frac{1}{2}K_{22}\alpha_2^2+y_2K_{12}(\zeta-\alpha_2 y_2)\alpha_2-(\zeta-\alpha_2 y_2)y_1-\alpha_2+(\zeta-\alpha_2 y_2)\sum_{i=3}^{N}y_i\alpha_iK_{i1}+y_2\alpha_2\sum_{i=3}^{N}y_i\alpha_iK_{i2}+\text{constant} \tag{B.50}$$

令

$$v_j=\sum_{i=3}^{N}y_i\alpha_iK_{ij}\quad j=1,2 \tag{B.51}$$

代入式(B.50)中有

$$W(\alpha_2)=\frac{1}{2}K_{11}(\zeta-\alpha_2 y_2)^2+\frac{1}{2}K_{22}\alpha_2^2+y_2K_{12}(\zeta-\alpha_2 y_2)\alpha_2-(\zeta-\alpha_2 y_2)y_1-\alpha_2+(\zeta-\alpha_2 y_2)v_1+y_2\alpha_2v_2+\text{constant} \tag{B.52}$$

这是只含有一个变量 α_2 的二次函数，只存在一个极值，可以通过求导数并令导数等于 0 求得。

$$\frac{\mathrm{d}W(\alpha_2)}{\mathrm{d}\alpha_2}=-y_2K_{11}(\zeta-\alpha_2 y_2)+K_{22}\alpha_2+y_2K_{12}(\zeta-2\alpha_2 y_2)+y_1y_2-1-y_2v_1+y_2v_2 \tag{B.53}$$

由于 y_2 等于 1 或者 −1，所以上式中的 1 可以用 y_2^2 代替，上式化简后有

$$\frac{\mathrm{d}W(\alpha_2)}{\mathrm{d}\alpha_2}=K_{11}\alpha_2+K_{22}\alpha_2-2K_{12}\alpha_2-y_2\zeta K_{11}+y_2\zeta K_{12}+y_1y_2-y_2^2-y_2v_1+y_2v_2 \tag{B.54}$$

令上式等于 0，整理后有

$$(K_{11}+K_{22}-2K_{12})\alpha_2=y_2(\zeta K_{11}-\zeta K_{12}-y_1+y_2+v_1-v_2) \tag{B.55}$$

同前面一样，用 $\alpha_i^{\text{new,unc}}$ 表示裁剪前的 α_i 值，用 α_i^{old} 表示上一次得到的 α_i 值。我们的目的是得到通过 α_i^{old} 计算 $\alpha_i^{\text{new,unc}}$ 的递推公式。

根据式(B.48)、式(B.51)，我们得到用 α_i^{old} 表示的 ζ、v_1、v_2 如下：

$$\zeta=\alpha_1^{\text{old}}y_1+\alpha_2^{\text{old}}y_2 \tag{B.56}$$

$$v_1=\sum_{i=3}^{N}y_i\alpha_i^{\text{old}}K_{i1} \tag{B.57}$$

$$v_2=\sum_{i=3}^{N}y_i\alpha_i^{\text{old}}K_{i2} \tag{B.58}$$

引入 $g(x)$：

$$g(x)=\sum_{i=1}^{N}y_i\alpha_i^{\text{old}}K(x_i,x)+b \tag{B.59}$$

分别用 x_1、x_2 代入有

$$g(x_1)=\sum_{i=1}^{N}y_i\alpha_i^{\text{old}}K(x_i,x_1)+b=\sum_{i=1}^{N}y_i\alpha_i^{\text{old}}K_{i1}+b \tag{B.60}$$

$$g(x_2)=\sum_{i=1}^{N}y_i\alpha_i^{\text{old}}K(x_i,x_2)+b=\sum_{i=1}^{N}y_i\alpha_i^{\text{old}}K_{i2}+b \tag{B.61}$$

分别比较式(B.60)与式(B.57)、式(B.61)与式(B.58)，有

$$v_1=\sum_{i=3}^{N}y_i\alpha_i^{\mathrm{old}}K_{i1}=g(x_1)-\sum_{i=1}^{2}y_i\alpha_i^{\mathrm{old}}K_{i1}-b \tag{B.62}$$

$$v_2=\sum_{i=3}^{N}y_i\alpha_i^{\mathrm{old}}K_{i2}=g(x_2)-\sum_{i=1}^{2}y_i\alpha_i^{\mathrm{old}}K_{i2}-b \tag{B.63}$$

将式(B.56)、式(B.62)、式(B.63)代入方程(B.55)右边，而左边的 α_2 用 $\alpha_i^{\mathrm{new,unc}}$ 表示。注意核函数的对称性，也就是 $K_{12}=K_{21}$，整理后有

$$\begin{aligned}(K_{11}+K_{22}-2K_{12})\alpha_2^{\mathrm{new,unc}}=y_2[&(K_{11}+K_{22}-2K_{12})\alpha_2^{\mathrm{old}}y_2+\\&(g(x_1)-y_1)-(g(x_2)-y_2)]\end{aligned} \tag{B.64}$$

令

$$\eta=K_{11}+K_{22}-2K_{12} \tag{B.65}$$

$$E_1=g(x_1)-y_1 \tag{B.66}$$

$$E_2=g(x_2)-y_2 \tag{B.67}$$

这样就得到了计算 $\alpha_2^{\mathrm{new,unc}}$ 的递推公式：

$$\alpha_2^{\mathrm{new,unc}}=\alpha_2^{\mathrm{old}}+\frac{y_2(E_1-E_2)}{\eta} \tag{B.68}$$

下面再看看 $E_i(i=1,2)$的物理含义。

由式(B.59)可以看出，$g(x)$就是去掉了符号函数后支持向量机的决策函数，相当于是对 x 分类结果的预测值。而 $E_i=g(x_i)-y_i(i=1,2)$反映的是对 x_i 分类结果的预测值与其类别标识的差。

同前面一样，需要对得到的 $\alpha_2^{\mathrm{new,unc}}$ 进行裁剪，设裁剪后的结果为 α_2^{new}，利用式(B.22)或式(B.35)对 $\alpha_2^{\mathrm{new,unc}}$ 做裁剪：

$$\alpha_2^{\mathrm{new}}=\begin{cases}L & \alpha_2^{\mathrm{new,unc}}<L\\ \alpha_2^{\mathrm{new,unc}} & L\leqslant\alpha_2^{\mathrm{new,unc}}\leqslant H\\ H & \alpha_2^{\mathrm{new,unc}}>H\end{cases} \tag{B.69}$$

再利用式(B.26)或式(B.38)对 α_1^{new} 进行更新：

$$\alpha_1^{\mathrm{new}}=\alpha_1^{\mathrm{old}}+y_1y_2(\alpha_2^{\mathrm{old}}-\alpha_2^{\mathrm{new}}) \tag{B.70}$$

这样就可以每次对选择的两个变量 α_1、α_2 进行迭代更新了。

那么应该如何选取这两个变量做更新呢？

我们知道，α_i 应该满足 KKT 条件，即

$$\alpha_i=0\ \Rightarrow\ y_ig(x_i)\geqslant 1 \tag{B.71}$$

$$0<\alpha_i<C\ \Rightarrow\ y_ig(x_i)=1 \tag{B.72}$$

$$\alpha_i=C\ \Rightarrow\ y_ig(x_i)\leqslant 1 \tag{B.73}$$

其中，$g(x_i)$由式(B.59)给出：

$$g(x_i)=\sum_{j=1}^{N}y_j\alpha_jK(x_j,x_i)+b$$

所以可以采用启发式的方法首先选择变量 α_1，也就是选取一个违反 KKT 条件最严重的样本，其对应的变量作为 α_1。具体方法如下。

(1) 遍历所有满足 $0<\alpha_i<C$ 条件的样本点，检验其是否满足 $y_ig(x_i)=1$ 这个条件，找到一个最偏离该条件的样本，将其对应的变量作为 α_1。

(2) 如果不存在这样的样本点，则遍历其他样本点，对于 $\alpha_i=0$ 对应的样本点，检验其是否满足 $y_i g(x_i)\geqslant 1$，对于 $\alpha_i=C$ 对应的样本点，检验其是否满足 $y_i g(x_i)\leqslant 1$。找到一个最为偏离这些条件的样本，将其对应的变量作为 α_1。

确定了 α_1 之后，我们再确定 α_2。原则是我们希望 α_2 的更新量最大，这样可以使得算法尽快收敛。由式(B.68)我们知道 α_2 的更新量依赖于 $|E_1-E_2|$，在 α_1 确定之后，E_1 值也是确定的，因此我们可以选择使得 $|E_1-E_i|$ 最大的样本对应的变量作为 α_2，这样就可以起到让 α_2 更新量最大的目的。

以上只是一个启发式确定 α_1、α_2 的方法，在一些特殊情况下并不一定能做到让目标函数(B.52)有足够的下降。遇到这种情况时，可以采用如下补救方法。

(1) 遍历所有满足条件 $0<\alpha_i<C$ 对应的样本点，其对应的变量作为 α_2，直到找到一个让目标函数足够下降的样本为止。

(2) 如果找不到这样的样本点，则扩充至 $\alpha_i=0$ 对应的样本点或者 $\alpha_i=C$ 对应的样本点，直到找到一个让目标函数足够下降的样本为止。

(3) 如果仍然找不到合适的 α_2，则放弃前面找到的 α_1，重新找一个 α_1，再次依照前面的方法确定 α_2。

在每次对 α_1、α_2 更新之后，需要重新计算式(B.59)$g(x)$ 中偏置 b 的值，我们也希望得到一个更新 b 的递推公式。

根据 KKT 条件式(B.72)，当 $0<\alpha_1^{\text{new}}<C$ 时，有

$$y_1 g(x_1)=1 \tag{B.74}$$

两边乘以 y_1 有(注意 $y_1=1$ 或者 $y_1=-1$)：

$$g(x_1)=y_1 \tag{B.75}$$

用更新后的 α_1^{new} 代入式(B.59)有

$$g(x_1)=\sum_{i=1}^{N} y_i\alpha_i^{\text{new}}K_{i1}+b \tag{B.76}$$

式(B.76)代入式(B.75)有

$$\sum_{i=1}^{N} y_i\alpha_i^{\text{new}}K_{i1}+b=y_1 \tag{B.77}$$

上式可以展开为

$$\sum_{i=3}^{N} y_i\alpha_i^{\text{new}}K_{i1}+y_1\alpha_1^{\text{new}}K_{11}+y_2\alpha_2^{\text{new}}K_{21}+b=y_1 \tag{B.78}$$

由式(B.78)可以得到用 α_1^{new}、α_2^{new} 更新偏置 b 的公式，用 b^{new} 来表示：

$$b^{\text{new}}=y_1-\sum_{i=3}^{N} y_i\alpha_i^{\text{new}}K_{i1}-y_1\alpha_1^{\text{new}}K_{11}-y_2\alpha_2^{\text{new}}K_{21} \tag{B.79}$$

将式(B.60)代入式(B.66)有

$$E_1=\sum_{i=1}^{N} y_i\alpha_i^{\text{old}}K_{i1}+b-y_1 \tag{B.80}$$

上式可以展开为下式，由于这里是通过 α_i^{old} 计算的，所以式中的 b 用 b^{old} 表示：

$$E_1=\sum_{i=3}^{N} y_i\alpha_i^{\text{old}}K_{i1}+y_1\alpha_1^{\text{old}}K_{11}+y_2\alpha_2^{\text{old}}K_{21}+b^{\text{old}}-y_1 \tag{B.81}$$

由上式有

$$y_1-\sum_{i=3}^{N} y_i\alpha_i^{\text{new}}K_{i1}=-E_1+y_1\alpha_1^{\text{old}}K_{11}+y_2\alpha_2^{\text{old}}K_{21}+b^{\text{old}} \tag{B.82}$$

由于我们假设 $\alpha_i(i\geqslant 3)$为常量,在优化 α_1、α_2 的过程中,$\alpha_i(i\geqslant 3)$的值保持不变,所以 $\alpha_i^{\text{old}}=\alpha_i^{\text{new}}(i\geqslant 3)$。这样式(B.82)的左边刚好是式(B.79)的前两项,代入式(B.79)中有

$$b^{\text{new}}=-E_1+y_1\alpha_1^{\text{old}}K_{11}+y_2\alpha_2^{\text{old}}K_{21}+b^{\text{old}}-y_1\alpha_1^{\text{new}}K_{11}-y_2\alpha_2^{\text{new}}K_{21} \tag{B.83}$$

整理后有

$$b^{\text{new}}=-E_1-y_1K_{11}(\alpha_1^{\text{new}}-\alpha_1^{\text{old}})-y_2K_{21}(\alpha_2^{\text{new}}-\alpha_2^{\text{old}})+b^{\text{old}} \tag{B.84}$$

这样当 $0<\alpha_1^{\text{new}}<C$ 时就得到了偏置 b 的迭代计算公式,将其用 b_1^{new} 表示:

$$b_1^{\text{new}}=-E_1-y_1K_{11}(\alpha_1^{\text{new}}-\alpha_1^{\text{old}})-y_2K_{21}(\alpha_2^{\text{new}}-\alpha_2^{\text{old}})+b^{\text{old}} \tag{B.85}$$

同样的推导过程,当 $0<\alpha_2^{\text{new}}<C$ 时,也可以得到偏置 b 的迭代计算公式,将其用 b_2^{new} 表示,有

$$b_2^{\text{new}}=-E_2-y_1K_{12}(\alpha_1^{\text{new}}-\alpha_1^{\text{old}})-y_2K_{22}(\alpha_2^{\text{new}}-\alpha_2^{\text{old}})+b^{\text{old}} \tag{B.86}$$

当同时满足 $0<\alpha_i^{\text{new}}<C(i=1,2)$时,$b_1^{\text{new}}$ 等于 b_2^{new}。其他情况下,α_1^{new}、α_2^{new} 或者为0或者为 C。为0时满足KKT条件式(B.71),为 C 时满足KKT条件式(B.73)。二者均为不等式约束,可以推出这种情况下的偏置在一个区间内满足该KKT条件。这种情况下,仍旧可以通过式(B.85)和式(B.86)计算出 b_1^{new} 和 b_2^{new},然后用二者的平均值作为新的偏置值,即

$$b^{\text{new}}=\frac{b_1^{\text{new}}+b_2^{\text{new}}}{2} \tag{B.87}$$

在完成偏置值的更新后,还需要对 $E_i(i=1,2)$进行更新,设更新后的 E_i 为 E_i^{new},则根据式(B.66)、式(B.67)E_i 的定义,将式(B.60)、式(B.61)代入,用新的变量值和偏置计算有

$$E_i^{\text{new}}=\sum_{j=1}^{N} y_j\alpha_j^{\text{new}}K_{ji}+b^{\text{new}}-y_i,\quad (i=1,2) \tag{B.88}$$

至此完成了SMO算法的全部计算,整理算法如下。

SMO算法。

输入:训练集 $T=\{(x_1,y_1),(x_2,y_2),\cdots,(x_N,y_N)\}$,其中 $\boldsymbol{x}_i\in\boldsymbol{R}^n$ 为第 i 个样本的特征组成的 n 维向量,$y_i\in\{1,-1\}$为第 i 个样本的标记。

输出:满足最优条件式(B.1)~式(B.3)和KKT条件(B.71)~(B.73)的解 $\boldsymbol{\alpha}$。

1 初始化,令 $\alpha_i^{\text{old}}=0,i=1,2,\cdots,N,b^{\text{old}}=0$。

2 选择两个优化变量作为 α_1、α_2,计算:

$$E_i=\sum_{j=1}^{N} y_j\alpha_j^{\text{new}}K_{ji}+b^{\text{new}}-y_i,\quad i=1,2$$

$$\eta=K_{11}+K_{22}-2K_{12}$$

3 更新变量 α_2:

$$\alpha_2^{\text{new,unc}}=\alpha_2^{\text{old}}+\frac{y_2(E_1-E_2)}{\eta}$$

4 裁剪变量 α_2:

$$\alpha_2^{\text{new}}=\begin{cases}L & \alpha_2^{\text{new,unc}}<L\\ \alpha_2^{\text{new,unc}} & L\leqslant\alpha_2^{\text{new,unc}}\leqslant H\\ H & \alpha_2^{\text{new,unc}}>H\end{cases}$$

5 更新变量 α_1：

$$\alpha_1^{\text{new}} = \alpha_1^{\text{old}} + y_1 y_2 (\alpha_2^{\text{old}} - \alpha_2^{\text{new}})$$

6 更新偏置 b：

$$b_1^{\text{new}} = -E_1 - y_1 K_{11} (\alpha_1^{\text{new}} - \alpha_1^{\text{old}}) - y_2 K_{21} (\alpha_2^{\text{new}} - \alpha_2^{\text{old}}) + b^{\text{old}}$$
$$b_2^{\text{new}} = -E_2 - y_1 K_{12} (\alpha_1^{\text{new}} - \alpha_1^{\text{old}}) - y_2 K_{22} (\alpha_2^{\text{new}} - \alpha_2^{\text{old}}) + b^{\text{old}}$$

如果 $0 < \alpha_1^{\text{new}} < C$，则

$$b^{\text{new}} = b_1^{\text{new}}$$

如果 $0 < \alpha_2^{\text{new}} < C$，则

$$b^{\text{new}} = b_2^{\text{new}}$$

否则

$$b^{\text{new}} = (b_1^{\text{new}} + b_2^{\text{new}})/2$$

7 为下次循环做准备：

$$\alpha_1^{\text{old}} = \alpha_1^{\text{new}}$$
$$\alpha_2^{\text{old}} = \alpha_2^{\text{new}}$$
$$b^{\text{old}} = b^{\text{new}}$$

8 重复上述 2～7，直到满足如下 KKT 条件：

$$\alpha_i^{\text{old}} = 0 \quad \Rightarrow \quad y_i g(x_i) \geqslant 1$$
$$0 < \alpha_i^{\text{old}} < C \quad \Rightarrow \quad y_i g(x_i) = 1$$
$$\alpha_i^{\text{old}} = C \quad \Rightarrow \quad y_i g(x_i) \leqslant 1$$
$$i = 1, 2, \cdots, N$$

附录C

A^*算法的性质及证明

为了叙述方便，我们首先给出A算法的形式化描述，有关A算法的说明参见第3篇内容。对于任意节点n，当启发函数满足$h(n) \leqslant h^*(n)$时，A算法即为A^*算法。

A算法。

1 初始化：OPEN=(S)，CLOSED=()，计算$f(S)$；

2 循环做以下步骤直到OPEN为空结束：

3 　循环开始

4 　　从OPEN中取出第一个节点，用n表示该节点；

5 　　如果n就是目标节点，算法结束，输出节点n，算法成功结束；

6 　　否则将n从OPEN中删除，放到CLOSED中；

7 　　扩展节点n，生成出n的所有子节点，用m_i表示这些子节点；

8 　　计算节点m_i的f值，由于可能存在多个路径到达m_i，用$f(n,m_i)$表示经过节点n到达m_i计算出的f值，不同的到达路径其$g(m_i)$值可能不同，但是$h(m_i)$是一样的，因为$h(m_i)$是从m_i到目标节点路径代价的估计值，与如何从初始节点到达m_i无关；

9 　　如果m_i既不在OPEN中，也不在CLOSED中，说明这是一个新出现的节点，则将m_i加入OPEN中，并标记m_i的父节点为n，转到12；

10 　　如果m_i在OPEN中，并且$f(n,m_i) < f(m_i)$，则$f(m_i)=f(n,m_i)$，并标记m_i的父节点为n，转到12；

11 　　如果m_i在CLOSED中，并且$f(n,m_i) < f(m_i)$，则$f(m_i)=f(n,m_i)$，并标记m_i的父节点为n，将m_i从CLOSED中删除并重新加入OPEN中；

12 　　对OPEN中的节点按照f值从小到大排序；

13 　循环结束

14 　没有找到解，算法以失败结束。

定理1　对有限图，如果从初始节点s到目标节点t有路径存在，则A算法一定成功结束，即一定能找到一条从初始节点s到目标节点t的路径。

证明：设A算法搜索失败，即没有找到解，则算法在第2步结束，OPEN表变空，而CLOSED表中的节点是在结束之前被扩展过的节点。由于图有解，令$(n_0=s, n_1, n_2, \cdots, n_k=t)$表示某一解路径，我们从$n_k$开始逆向逐个检查该序列的节点，找到出现在CLOSED

表中的节点 n_i，即 $n_i \in \mathrm{CLOSED}$，$n_{i+1} \notin \mathrm{CLOSED}$($n_i$ 一定能找到，因为 $n_0 \in \mathrm{CLOSED}$，$n_k \notin \mathrm{CLOSED}$)。由于 n_i 在 CLOSED 中，必定在第 6 步被扩展，且 n_{i+1} 被加到 OPEN 中，因此在 OPEN 表空之前，n_{i+1} 一定会被从 OPEN 表中取出。若 n_{i+1} 是目标节点，则搜索成功，否则它被加入 CLOSED 中，这两种情况都与搜索失败的假设矛盾，因此对有限图来说，当问题有解时，A 算法一定能找到解结束。[证毕]

因为 A^* 算法是 A 算法的特例，因此它具有 A 算法的所有性质。这样对有限图来说，如果有解，则 A^* 算法一定能在找到到达目标的路径后结束。下面要证明即使是在无限图的情况下，A^* 算法不但一定能找到解，而且一定能找到最佳解结束。

在以下所有定理证明中，均隐含了如下 3 个假设，这些假设在实际情况中是合理的。

(1) 任何两个节点之间的耗散值都大于某个给定的大于 0 的常量，即不能是负数，也不能是无穷小。

(2) $h(n)$ 对于任何 n 来说，都有 $h(n) \geqslant 0$。如果定义的 $h(n)$ 存在小于 0 的情况，可以令其为 0，因为根据假设(1)，这种处理是合理的。

(3) 目标 t 的 $h(t)$ 函数等于 0，如果定义的 t 的 h 函数不为 0，则可以令其为 0。因为目标到目标的最佳路径耗散值一定为 0。并用到了如下等式：

$$f^*(s) = f^*(t) = h^*(s) = g^*(t) = f^*(n)$$

其中，s 是初始节点；t 是目标节点；n 是 s 到 t 的最佳路径上的节点，$g^*(n)$ 是从初始节点 s 到节点 n 的最佳路径的耗散值，$h^*(n)$ 是节点 n 到目标节点 t 的最佳路径的耗散值，$f^*(n) = g^*(n) + h^*(n)$，是从初始节点 s 出发经过节点 n 到达目标节点 t 的最佳路径的耗散值。理解了这几个符号的含义，就很容易理解上述等式为什么成立，因为 $f^*(s)$、$f^*(t)$、$h^*(s)$、$g^*(t)$、$f^*(n)$ 均表示的是从 s 到 t 的最佳路径的耗散值。

引理 1 对无限图，若有从初始节点 s 到目标节点 t 的一条路径，则 A^* 算法不结束时，在 OPEN 中即使最小的一个 f 值也将增到任意大，或有 $f(n) > f^*(s)$。

证明：设 n 是 A^* 算法生成的搜索树中的叶节点，也即 n 在 OPEN 中，$d^*(n)$ 是从 s 到 n 最短路径经过的节点数($d^*(s) = 0$)，最佳路径上任意两个相邻节点间的耗散值为 $C(n_i, n_{i+1})(i = 0, 1, 2, \cdots, d^*(n))$。令 $e = \min_i(C(n_i, n_{i+1}))$，则 $g^*(n) \geqslant e \times d^*(n)$。而 $g(n) \geqslant g^*(n) \geqslant e \times d^*(n)$，故有

$$f(n) = g(n) + h(n) \geqslant g(n) \geqslant e \times d^*(n)$$

如果 A^* 算法不结束的话，将一直搜索下去，对于一个无限图，必有 $d^*(n)$ 趋于无穷大，所以有 $f(n)$ 值也将会趋于任意大。而从 s 到目标 t 的最佳路径耗散值一定是有界的，所以这种情况下，必有 $f(n) > f^*(s)$。[证毕]

引理 2 A^* 算法结束前，OPEN 表中必存在一个节点 n，$f(n) \leqslant f^*(s)$，且 n 是在从 s 到目标节点 t 的最佳路径上的节点。

证明：设从初始节点 s 到目标节点 t 的一条最佳路径序列为

$$(n_0 = s, n_1, n_2, \cdots, n_k = t)$$

算法初始化时，s 在 OPEN 中，所以开始时 OPEN 中存在最佳路径上的节点 s。

在 $A*$ 算法结束前，最佳路径序列中前面的一些节点被放入 CLOSED 表中，比如第一次扩展后，s 就被放入了 CLOSED 表中，一些节点还在 OPEN 表中。沿着最佳路径序列从 s 开始查找，找到第一个在 OPEN 中的节点 n。由于算法还没有结束，这样的节点肯定存

在。由于 n 是最佳路径上的节点，其在最佳路径序列上的祖先已经全部被扩展了（否则 n 不会是最佳路径序列中第一个在 OPEN 中的节点），所以这时就已经找到了从 s 到 n 的最佳路径，即 $g(n)=g^*(n)$。所以有

$$f(n)=g(n)+h(n)=g^*(n)+h(n)\leqslant g^*(n)+h^*(n)=f^*(n)$$

由于 n 是最佳路径上的节点，所以有 $f^*(n)=f^*(s)$，所以 $f(n)\leqslant f^*(s)$。[证毕]

定理 2 对无限图，若从初始节点 s 到目标节点 t 有路径存在，则 A* 算法也一定成功结束，即一定能找到一条从初始节点 s 到目标节点 t 的路径。

证明：假定 A* 不结束，由引理 2.1 有 $f(n)>f^*(s)$，或 OPEN 表中最小的一个 f 值也变成任意大，这与引理 2 的结论矛盾，所以 A* 只能成功结束。[证毕]

推论 1 OPEN 表上任一具有 $f(n)<f^*(s)$ 的节点 n，最终都将被 A* 算法选作为扩展的节点。

证明：由定理 2 知 A* 算法一定会成功结束，由 A* 算法的结束条件，当 OPEN 表中 $f(t)$ 最小时才结束。而 $f(t)\geqslant f^*(t)=f^*(s)$，所以 OPEN 表中满足条件 $f(n)<f^*(s)$ 的节点 n，一定会被扩展。[证毕]

定理 3 若存在初始节点 s 到目标节点 t 的路径，则 A* 算法必能找到最佳解结束。

证明：

(1) 由定理 1、定理 2 知 A* 算法一定会找到一个目标节点结束。

(2) 设找到一个目标节点 t 结束，但找到的不是 s 到 t 的最佳路径，即

$$f(t)=g(t)>f^*(s)$$

根据引理 2 知算法结束前 OPEN 表上有节点 n，且处在最佳路径上，并有 $f(n)\leqslant f^*(s)$，所以：

$$f(n)\leqslant f^*(s)<f(t)$$

这时 A* 算法应该选 n 作为当前节点扩展，而不是选择目标节点 t，这与假定 A* 算法选 t 结束矛盾，所以 A* 算法只能结束在最佳路径上。[证毕]

推论 2 A* 算法选作扩展的任一节点 n，有 $f(n)\leqslant f^*(s)$。

证明：令 n 是由 A* 算法选作扩展的任一节点，因此 n 不会是目标节点，且搜索没有结束，由引理 2 知在 OPEN 中有满足 $f(n')\leqslant f^*(s)$ 的节点 n'。若 $n=n'$，则 $f(n)\leqslant f^*(s)$，否则选 n 扩展，必有 $f(n)\leqslant f(n')$，所以 $f(n)\leqslant f^*(s)$ 成立。[证毕]

定理 4 设有两个 A* 算法 A_1 和 A_2，若 A_2 比 A_1 有较多的启发信息，即对所有非目标节点均有 $h_2(n)>h_1(n)$，则在具有一条从 s 到 t 的隐含图上，搜索结束时，由 A_2 所扩展的每一个节点，也必定由 A_1 所扩展，即 A_1 扩展的节点至少和 A_2 一样多。

这里所说的两个 A* 算法 A_1 和 A_2，指的是同一个问题定义了两个不同的启发函数 $h_1(n)$ 和 $h_2(n)$，分别用这两个启发函数得到的两个 A* 算法。

证明：使用数学归纳法，对节点的深度进行归纳。

(1) 对深度 $d(n)=0$ 的节点（即初始节点 s），定理结论成立，即若 s 为目标节点，则 A_1 和 A_2 都不扩展 s，否则 A_1 和 A_2 都扩展了 s（归纳法前提）。

(2) 设深度 $d(n)\leqslant k$，对所有路径的端节点，定理结论都成立（归纳法假设）。

(3) 要证明 $d(n)=k+1$ 时，对所有路径的端节点，定理结论成立（归纳法推广）。

我们用反证法证明(3)。

设 A_2 搜索树上有一个节点 $n(d(n)=k+1)$ 被 A_2 扩展了，而对应于 A_1 搜索树上的这个节点 n，没有被 A_1 扩展。由于 n 被 A_2 扩展了，所以其父节点(d(n 的父节点)$=k$)也肯定被 A_2 扩展了。由归纳法假设条件，A_1 也扩展了 n 的父节点，所以 n 在 A_1 搜索树上，因此 A_1 结束时，n 必定保留在其 OPEN 表上，因为 n 没有被 A_1 选择扩展。所以有

$$f_1(n) \geqslant f^*(s)$$

即

$$g_1(n) + h_1(n) \geqslant f^*(s)$$

有

$$h_1(n) \geqslant f^*(s) - g_1(n) \tag{C.1}$$

另一方面 A_2 扩展了 n，有

$$f_2(n) \leqslant f^*(s)$$

即

$$g_2(n) + h_2(n) \leqslant f^*(s)$$

有

$$h_2(n) \leqslant f^*(s) - g_2(n) \tag{C.2}$$

由于 $d=k$ 时，A_2 扩展的节点，A_1 也一定扩展(归纳法假设)，故有

$$g_1(n) \leqslant g_2(n) \tag{C.3}$$

这是因为 A_1 扩展的节点包含了 A_2 扩展的节点，所以 A_1 搜索到的 $g_1(n)$ 不会比 $g_2(n)$ 大。

由式(C.1)、式(C.3)有

$$h_1(n) \geqslant f^*(s) - g_1(n) \geqslant f^*(s) - g_2(n) \tag{C.4}$$

比较式(C.2)、式(C.4)可得：至少在节点 n 上有 $h_1(n) \geqslant h_2(n)$，这与定理的前提条件矛盾，因此存在节点 n 的假设不成立。[证毕]

定理5 若 $h(n)$ 满足单调限制条件，则 A^* 算法扩展了节点 n 之后，就已经找到了到达节点 n 的最佳路径。即若 A^* 算法选 n 来扩展，在单调限制条件下有 $g(n)=g^*(n)$。

证明：设 n 是 A^* 算法选作扩展的任一节点，若 $n=s$，显然有 $g(s)=g^*(s)=0$，因此考虑 $n \neq s$ 的情况。

我们用序列 $P=(n_0=s, n_1, \cdots, n_k=n)$ 表示从 s 到达 n 的最佳路径。现在从 OPEN 中取出非初始节点 n 扩展时，假定没有找到 P，这时 CLOSED 中一定会有 P 中的节点(至少 s 是在 CLOSED 中，n 刚被选作扩展，不在 CLOSED 中)，把 P 序列中(依顺序检查)最后一个出现在 CLOSED 中的节点称为 n_j，那么 n_{j+1} 是在 OPEN 中($n_{j+1} \neq n$)。

由单调限制条件，对任意 i 有

$$g^*(n_i) + h(n_i) \leqslant g^*(n_i) + C(n_i, n_{i+1}) + h(n_{i+1}) \tag{C.5}$$

因为 n_i 和 n_{i+1} 在最佳路径上，所以有

$$g^*(n_{i+1}) = g^*(n_i) + C(n_i, n_{i+1})$$

代入式(C.5)有

$$g^*(n_i) + h(n_i) \leqslant g^*(n_{i+1}) + h(n_{i+1})$$

这个不等式对 P 上所有相邻的节点都适用，若从 $i=j$ 到 $i=k-1$ 应用该不等式，并利用传递性有

$$g^*(n_{j+1}) + h(n_{j+1}) \leqslant g^*(n_k) + h(n_k)$$

由于序列中 n_k 就是 n，所以有

$$f(n_{j+1}) \leqslant g^*(n) + h(n) \tag{C.6}$$

另一方面，A* 算法选择 n 扩展而没有选择 n_{j+1} 扩展，必有

$$f(n) = g(n) + h(n) \leqslant f(n_{j+1}) \tag{C.7}$$

比较式(C.6)、式(C.7)有

$$g(n) \leqslant g^*(n)$$

但已知 $g(n) \geqslant g^*(n)$，因此选 n 扩展时必有 $g(n) = g^*(n)$，即找到了从 s 到达 n 的最佳路径。[证毕]

定理 6　若 $h(n)$ 满足单调限制，则由 A* 算法扩展的节点序列，其 f 值是非递减的，即 $f(n_i) \leqslant f(n_j)$。其中 n_j 在 n_i 的后面被扩展。

证明：如果 n_j 不是 n_i 的子节点，则既然 A* 算法先选择 n_i 扩展，则必有

$$f(n_i) \leqslant f(n_j)$$

所以只需证明 n_j 是 n_i 的子节点的情况。

由单调限制条件：

$$h(n_i) - h(n_j) \leqslant C(n_i, n_j)$$

即

$$(f(n_i) - g(n_i)) - (f(n_j) - g(n_j)) \leqslant C(n_i, n_j) \tag{C.8}$$

由于 n_j 是 n_i 的子节点，所以有

$$g(n_j) = g(n_i) + C(n_i, n_j)$$

代入式(C.8)有

$$f(n_i) - g(n_i) - f(n_j) + g(n_i) + C(n_i, n_j) \leqslant C(n_i, n_j)$$

化简有

$$f(n_i) - f(n_j) \leqslant 0$$

所以

$$f(n_i) \leqslant f(n_j)$$

[证毕]